"十三五"国家重点出版物出版规划项目
国家科技基础性工作专项重点项目
国家社会公益研究专项项目
中国农业科学院科技创新工程

中国土壤剖面数据集

·陕西卷

主　编　张维理

本卷主编　同延安　雷秋良　冀宏杰　高鹏程　高义民

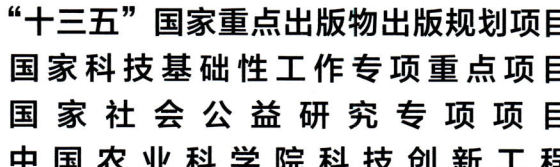

浙江科学技术出版社·杭州

版权所有　侵权必究

图书在版编目（CIP）数据

中国土壤剖面数据集. 陕西卷 / 张维理主编；同延安等本卷主编. -- 杭州：浙江科学技术出版社，2024.6. -- ISBN 978-7-5739-1283-1

Ⅰ．S152.2

中国国家版本馆CIP数据核字第2024PT2821号

书　　名	中国土壤剖面数据集·陕西卷		
主　　编	张维理		
本卷主编	同延安　雷秋良　冀宏杰　高鹏程　高义民		
出版发行	浙江科学技术出版社		
	杭州市拱墅区环城北路177号　邮政编码：310006		
	办公室电话：0571-85152719		
	销售部电话：0571-85176040		
排　　版	杭州万方图书有限公司		
印　　刷	浙江新华数码印务有限公司		
经　　销	全国各地新华书店		
开　　本	787mm×1092mm　1/8	印　　张	62
字　　数	1095千字		
版　　次	2024年6月第1版	印　　次	2024年6月第1次印刷
书　　号	ISBN 978-7-5739-1283-1	定　　价	480.00元
地图审核号	GS浙（2024）312号		
策划组稿	詹　喜　章建林　**责任编辑**　詹　喜　周乔俐		
责任校对	陈宇珊　　　　　　　**责任美编**　金　晖　　　　**责任印务**　叶文炀		

如发现印、装问题，请与承印厂联系。电话：0571-85155604

《中国土壤剖面数据集》
编委会

主　　任　赵其国

副 主 任　张维理

委　　员（按姓氏笔画排序）

毛达如	史学正	刘　旭	刘先林	刘更另
孙　睿	孙九林	孙铁珩	杨　鹏	张洪江
张维理	周健民	赵其国	陶　澍	黄鸿翔
黄德明	傅伯杰			

《中国土壤剖面数据集·陕西卷》
编写人员

主　　编　张维理

本卷主编　同延安　雷秋良　冀宏杰　高鹏程　高义民

本卷编委（按姓氏笔画排序）

同延安	齐雁冰	李　茹	李亚周	宋佳龄
张认连	张怀志	张继宗	张维理	陈　涛
陈印军	陈佑启	徐文华	徐爱国	高义民
高鹏程	黄鸿翔	雷秋良	冀宏杰	

土壤大数据整合与数字制图

设　　计　张维理

制　　作　徐爱国　张认连　冀宏杰

程序编制　贾　萌　吴章生　严　豪

地图编辑　中国地图出版社集团有限公司

内容提要

本数据集以分县主要土壤类型与土壤剖面点分布图、土壤剖面理化性状表的形式，提供了我国各地详尽的土壤资源与质量的科学数据。全集共25卷，收录了全国2200多个县（市、区）的分县土壤图和6万多个土壤剖面的分层理化性状数据。根据各省级行政区土壤剖面数量和地域关联特征，既有一个省（自治区）的单卷，也有多个省（自治区、直辖市、特别行政区）的合订卷。各卷内容包含分县主要土类说明、主要土壤类型与土壤剖面点分布图、中心区气候特征图表，还含有全国和各卷所涉省级行政区的土壤图、土壤有机质含量图与地势图，以便读者在全国、省级和县级不同视角和尺度上，了解土壤资源与质量状况及其空间分布特征，以及土壤类型、土壤肥力与气候条件、地势、地貌之间的相互关联。

陕西省位于我国中部的黄河中游地区，南部兼跨长江支流——汉江流域和嘉陵江上游的秦巴山地区，是我国经纬度基准点——大地原点和中国科学院国家授时中心所在地。陕西省地势南北高、中间低，有高原、山地、平原和盆地等多种地形。北山和秦岭把陕西省分为三大自然区：北部为黄土高原区，中部为关中平原区，南部为秦巴山区。陕西省地跨黄河、长江两大水系，横跨三个气候带，陕北北部长城沿线属中温带季风气候，关中及陕北大部分地区属暖温带季风气候，陕南属北亚热带季风气候。主要土壤类型有黄绵土、黄棕壤、褐土、棕壤、粗骨土、风沙土、新积土、黄褐土、红黏土、黑垆土、石灰（岩）土、潮土、水稻土、石质土、紫色土、暗棕壤、栗钙土、沼泽土、草甸盐土、灰钙土、山地草甸土等21个土类。本卷收录了陕西省94个县（市、区）2215个典型土壤剖面的分层理化性状数据，便于读者了解陕西省主要土壤类型的分布特征及剖面特征，可作为农业、林业、环境、气象、国土、水利、经济等领域的科研、管理、技术人员的工具书和参考书，也适合高等院校相关专业研究生参考使用。

序

万物土中生，有土斯有粮。土为万物之本，土壤的重要性是怎么强调都不为过的。现在，土壤相关数据已成为农业、林业、环境、气象、国土、水利等各部门、各行业的基础数据。土壤研究最基础、最重要的表现形式是土壤剖面数据，其反映了不同层次的土壤理化性状。然而，长期以来，我国一直缺乏一套完整的系统性表现全国各区域土壤性状的剖面数据。

中华人民共和国成立以来，我国曾开展了两次全国性土壤普查，其中 20 世纪 70 年代末开始的全国第二次土壤普查是迄今为止最完整的。当时全国挖掘了 550 余万个剖面，各地分县完成了大比例尺土壤图，数据完整且可靠性高；然而，限于种种因素，当时仅完成了全国范围小比例尺土壤类型图和养分图的汇总，未及时完成全国土壤剖面库的整理。这些纸质资料散落于各地，并且年代久远，面临丢失、损毁的风险。这些宝贵数据具有时空尺度的唯一性，一旦出现问题，将对国家和社会各层面造成无法挽回的损失。

自 2001 年起，在国家社会公益研究专项项目资助下，张维理研究员带领团队，在全国范围开始对分散存留各地的土壤调查资料进行抢救性收集和整理。2006 年，科技部启动了国家科技基础性工作专项项目，"我国 1∶5 万土壤图籍编撰及高精度数字土壤构建"项目被列入首批重点项目并连续获得两期资助。该项目由中国农业科学院农业资源与农业区划研究所牵头，全国近 20 个科研单位（两期）共同承担任务，极大地加快了土壤数据抢救的进程，为编制本数据集奠定了基础。在参与本数据集编制的土壤科技工作者 20 年的持续努力下，在 2019 年度国家出版基金的资助下，在中国农业科学院科技创新工程的持续支持下，本数据集终于得以面世。

本数据集以涵盖全国 2200 多个县的土壤剖面分层数据为主体，首次同时展示了分县土壤图与典型土壤剖面分布图，描述了影响土壤发生的气候特征、主要土类的性状等，内容丰富，兼具专业性和科普性。全集共 25 卷，既有一个省、自治区的单卷，也有多个省、自治区、直辖市、特别行政区的合订卷。鉴于其数据的完整性、系统性、科学性，本数据集可成为我国资源环境领域的必备工具书之一。

本数据集至少可以应用于以下几个方面：

第一，直接服务于农业生产，保障粮食安全和食品安全。全国分县的不同土壤类型分层养分数据、土壤质地信息，可为科学施肥、土壤培肥与耕作措施的制定提供决策依据。

第二，为水利、环境、建筑、旅游等行业提供便捷、直观的土壤分层次基础信息。信息后标有剖面点经纬度，便于查询获取。

第三，对于土壤质量演变、耕地地力演变、碳储量、面源污染、气候变化等多学科研究具有土壤科学起始点数据意义。

我国疆域辽阔，编制本数据集需要对各地分县完成的大比例尺土壤图和土壤调查资料进行数字化整合，创建覆盖我国全域的高精度数字土壤，再进行分县土壤剖面表的提取与分县土壤图的缩编。本数据集的总数据处理量达到 TB 级且数据来源多而复杂、专业性强、处理难度大，按常规方法，需数万人历时多年方能处理完成。张维理研究员创造性地将数据科学、人工智能与人机交互设计原理引入土壤学范畴，首创土壤大数据方法，以土壤科学需求设计统领其他各层级设计，以智能化、自动化、人机交互式的数据分析流程替代人工流程，高效、精准地完成了土壤大数据的时空整合和表达，这一巨著才得以面世。作为两期项目的专家组组长，我亲历了整个项目的全过程，对张维理研究员勇于创新、踏实、勤奋、务实、敬业、有担当的优秀品质印象深刻，也深感钦佩！

本数据集的完成前后历时 20 年之久，直接参与数据收集、编撰人数近百人，涉及我国各省（自治区、直辖市）的土壤肥料相关单位。正是他们的付出和努力，才使得本数据集得以面世。衷心希望本数据集能在农业、林业、环境、气象、国土、水利以及肥料工业等领域发挥积极作用，更好地服务于我国经济和社会发展。

中国科学院院士 赵其国

2021 年 12 月

前 言

土壤是农业的基础，是陆地生态系统生命过程的基础，也是维持地球上能量与水的交换、生命元素循环的重要基础。《中国土壤剖面数据集》首次以分县土壤图和土壤剖面理化性状表的形式，提供了我国陆域全覆盖的土壤资源与质量的科学数据，为农业、林业、环境、气象、国土、水利等部门和相关行业精准了解各地土壤资源分布与质量状况，科学利用土壤资源，发展绿色农业、特色农业和节水农业，进行耕地保育、科学施肥、面源污染防治和基本农田保护等提供了科学依据；也为农业科学、环境科学及地学、气象、测绘、水利等多个学科领域的科研工作者研究陆地生态系统生产力演变、地球物质循环、气候与环境变化提供了基础数据。

编入本数据集的分县土壤图和土壤剖面理化性状表主要源于对全国第二次土壤普查（以下简称"二普"）调查资料的收集、整理、提取与汇总。二普是我国现代规模最大的以查清土壤资源和土壤肥力为主要目标的土壤资源综合调查，既完成了我国迄今为止最详尽的土壤分类调查，也首次在全国范围进行了较高密度的土壤采样化验，开启了我国用土壤理化性状量化指标描述土壤资源与质量状况的时代。二普地面调查采样实施于1979—1987年，通过550万个土壤剖面观测和采样，分县完成了1∶5万比例尺土壤图绘制和10万余个土壤剖面的分层采样、化验、记录，其中的土壤质量稳定性要素，如土体构造、质地、母质、成土条件、土壤类型等时效性长，CRT值（土壤特性响应时间，characteristic response time）达上千年，可长久使用；土壤有机质含量，氮、磷、钾含量，酸碱度，耕层厚度等土壤质量变化性要素为了解土壤与环境质量演变提供了重要信息。无论从数量还是质量上看，二普获取的土壤科学数据至今都是我国最详尽、最有价值的土壤资源基础数据，其精度与质量超过许多发达国家的土壤资源基础数据。

20世纪末期以来，全球性人口和经济快速增长导致的人均土地资源与水资源紧缺、环境污染、气候变化、粮食安全危机，使科学界对土壤及其形成过程的关注度不断提高，关注重点也从了解土壤与环境质量现状转变为弄清演变趋势、引致变化的内在机理和驱动因素。土壤圈处于地球大气圈、水圈、生物圈和岩石圈的交会处。土壤层中的生物过程和物质循环过程既活跃，又具有一定的稳定性，能较好地反映地球水圈、土壤圈、大气圈、生物圈及岩石圈五大圈层动态交互作用的结果。只要对近年来国际上关于碳足迹、气候变化的研究进展稍加关注，就可知晓具有时空维度的土壤科学数据对于阐明土壤与环境过程并弄清其驱动因素、预测未来土壤与环境质量变化具有无可替代的作用。本数据集编入的土壤质量数据既是我国在全国范围内首次完成的土壤理化性状的科学记载，也是40多年前对我国土壤质量变化性要素的客观记录，能帮助我们了解改革开放以来经济、农业高速发展以及农用化学品投入量高速增长对土壤与环境质量的影响，对了解我国土壤与环境质量时空演变亦具有起始点土壤科学数据的意义。本数据集编入的起始点数据使我们对全国土壤及相关过程的认识延伸了40多年。历史上的土壤调查结果不能被新的调查结果替代，这一不可替代性使得本数据集将成为我国农业与环境领域最具影响力的工具书和参考书之一。

本数据集既是我国老一辈土壤与农业科研工作者在全国土壤普查工作中取得的成果，也是数据集编制人员长期以来默默耕耘的结晶。二普完成的大比例尺土壤图件和土壤剖面理化性状主要为手绘纸质图件和非正式出版的铅印或油印资料，份数少且由各地自行保存。二普结束后，随着各地机构调整与人员变动，土壤调查资料被损毁或丢失严重，难以发挥作用。在我国多位知名科学家的倡议和推动下，"十一五"期间，"我国1∶5万土壤图籍编撰及高精度数字土壤构建"项目（2006—2017）被列为国家科技基础性工作专项重点项目。其目的是对各地宝贵的土壤科学数据进行抢救性收集、数字化和整合，提升我国科学研究与管理基础数据的条件。为实现这一目标，项目组研究人员首先对各地分散存留的纸质分县土壤调查资料进行了全面的收集、修复和整理。针对国际范围内缺少对异源、异质、异构、异形土壤大数据的提取、整合方法的难题，项目组研究人员积极探索、勇于创新，融合应用土壤学、地理信息系统技术、数据科学、人工智能、人机交互设计方法，创建了土壤大数据方法，以层级化的流程设计实现土壤科学层面的需求设计统领体系架构、数据流程及模块设计，以独立于数据流程的监控设计实现土壤科学家对全流程的掌控和人工干预，以智能化、人机交互式数据流程替代人工流程，优质、高效地完成了对各地异源土壤资料的审核、提取、过滤、分类、整合与表达，完成了覆盖我国全陆域的1∶5万比例尺土壤图绘制与土壤剖面点空间数据库建设工作。为满足各行各业准确了解我国各地土壤资源与质量状况的广泛需求，编者通过对1∶5万比例尺土壤图数据的缩编表达与10万余个土壤剖面理化性状数据的进一步提取，最终完成了本数据集的编制。

本数据集共25卷，收录了全国2200多个县（市、区）的分县土壤图和6万多个土壤剖面的理化性状数据。根据各省级行政区土壤剖面数量的多寡和地域关联特征，既有一个省（自治区）的单卷，也有多个省（自治区、直辖市、特别行政区）的合订卷。为便于读者了解全国及各省级行政区土壤资源与质量的分布特征，特别编制了全国及各省级行政区土壤图、土壤有机质含量图与地势图三个序图，读者可以方便地查询全国及各省级行政区任何地区拥有的主要土壤类型，了解其土壤有机质含量及地势、地貌特征。在各分卷中，分县土壤资源与质量性状由主要土类说明、中心区气候特征图表、分县主要土壤类型与土壤剖面点分布图以及土壤剖面理化性状表共同呈现。

本数据集既可作为工具书、参考书，供农业、林业、环境、气象、国土、水利、经济等领域的管理人员和技术人员使用，也适合高等院校相关专业研究生参考使用。

我国幅员辽阔，从收集、整理全国分县土壤调查资料，到完成覆盖我国全境的 1∶5 万比例尺土壤图籍，再到完成本数据集的编制，来自全国近 20 家研究机构的科研人员组成项目组，辛苦工作了 20 多年。其间，本项工作得到了国家社会公益研究专项项目、国家科技基础性工作专项重点项目的长期、连续资助和在项目实施年限上给予的充分理解，同时得到了中国农业科学院科技创新工程的资助，全国 50 多家国家级及省级土壤、测绘、农业科研与管理机构的大力支持以及我国老一辈土壤科学家自始至终的关心和鼓励。在整个项目实施期间，有 9 位院士和 7 位长期从事土壤科学、农业资源环境研究的专家给予了直接和全程的指导。近 20 年间，项目组研究人员一方面要承担艰难而繁重的科研任务，另一方面要顶着多年没有科研产出的压力，没有他们的坚持和付出，就没有本数据集的面世。在此，谨向所有参加数据集编制的科研人员及对本项工作给予支持的部门和人员一并表示衷心的感谢！

由于本数据集包含的数据量庞大，且不限于土壤学本身，尽管我们在编撰过程中极尽斟酌，仍难免存在不足之处，敬请读者批评指正，以便今后修订完善。

中国农业科学院研究员 张维理

2021 年 12 月

目　录

第一编　编制说明与序图

编制说明

编制目的 …………………………………………………………………………002
土壤数据基础知识 ………………………………………………………………002
数据集内容 ………………………………………………………………………005
土壤数据来源 ……………………………………………………………………005
编制方法——土壤大数据方法 …………………………………………………006
中国土壤图、中国土壤有机质含量图与中国地势图编制 ……………………007
分省土壤图、分省土壤有机质含量图与分省地势图编制 ……………………009
县域中心区气候特征图表编制 …………………………………………………011
分县主要土壤类型与土壤剖面点分布图编制 …………………………………012
分县土壤剖面理化性状表编制 …………………………………………………012
土壤专题图与土壤剖面数据可靠性检验 ………………………………………017
参编单位 …………………………………………………………………………019

序　图

中国土壤图 ………………………………………………………………………020
中国土壤有机质含量图 …………………………………………………………022
中国地势图 ………………………………………………………………………024
陕西省土壤图 ……………………………………………………………………026
陕西省土壤有机质含量图 ………………………………………………………028
陕西省地势图 ……………………………………………………………………030

第二编　分县土壤图与土壤剖面数据

西　安　市

市辖区……………………… 034	鄠邑区……………………… 048
长安区……………………… 041	蓝田县……………………… 053
高陵区……………………… 045	周至县……………………… 057

铜　川　市

市辖区……………………… 063	宜君县……………………… 069
王益区、印台区………………… 066	

宝　鸡　市

市辖区……………………… 075	陇县………………………… 112
陈仓区……………………… 081	千阳县……………………… 119
凤翔区……………………… 089	麟游县……………………… 123
岐山县……………………… 094	凤县………………………… 128
扶风县……………………… 100	太白县……………………… 134
眉县………………………… 105	

咸　阳　市

杨陵区……………………… 142	长武县……………………… 166
三原县……………………… 145	旬邑县……………………… 170
泾阳县……………………… 149	淳化县……………………… 175
乾县………………………… 155	武功县……………………… 180
礼泉县……………………… 159	兴平市……………………… 183
永寿县……………………… 163	彬州市……………………… 186

渭 南 市

华州区……190	蒲城县……213
潼关县……195	白水县……218
大荔县……201	富平县……221
合阳县……206	韩城市……225
澄城县……210	华阴市……229

延 安 市

市辖区……234	富县……263
安塞区……238	洛川县……266
延长县……241	宜川县……271
延川县……245	黄龙县……276
志丹县……249	黄陵县……282
吴起县……253	子长市……289
甘泉县……257	

汉 中 市

市辖区……294	宁强县……325
南郑区……298	略阳县……330
城固县……304	镇巴县……334
洋县……309	留坝县……338
西乡县……314	佛坪县……342
勉县……319	

榆 林 市

市辖区……347	米脂县……380
横山区……352	佳县……384
府谷县……357	吴堡县……388
靖边县……361	清涧县……391
定边县……369	子洲县……395
绥德县……376	神木市……400

安 康 市

市辖区	403	岚皋县	423
汉阴县	407	平利县	427
石泉县	413	镇坪县	431
宁陕县	417	白河县	434
紫阳县	420	旬阳市	437

商 洛 市

市辖区	441	山阳县	451
洛南县	444	镇安县	455
商南县	447	柞水县	459

附 录

附录 1 陕西省县级行政区及分县主要土壤类型与土壤剖面点分布图地域名对照表 ……464

附录 2 专题图基础地理要素图例 ……466

附录 3 土壤图土类图例 ……467

附录 4 中国主要土壤类型简表 ……469

附录 5 陕西省主要土壤类型表 ……474

附录 6 分省土壤有机质含量图有机质含量分级图例 ……475

附录 7 陕西省典型剖面 0—20cm 土层土壤理化性状中位数与平均数 ……476

附录 8 陕西省主要土地利用类型 0—30cm 土层土壤有机质含量 ……477

附录 9 陕西省耕地、园地、林地和草地中主要土壤类型占比 ……478

附录 10 《中国土壤剖面数据集》参编单位 ……479

参考文献 ……481

中国土壤剖面数据集 · 陕西卷

第一编 | 编制说明与序图

编 制 说 明

编制目的

土壤是农业的基础，也是维持地球碳、氮、硫、磷等重要生命元素正常循环的基础。肥沃的土壤促进了人类文明的诞生和繁荣。科学研究表明，地球上种类繁多、形态各异的土壤是在气候、生物、地形、时间、成土母质五大成土因素共同作用下形成的。北京社稷坛铺设的青、白、红、黑、黄五种不同颜色的土壤（五色土），分别代表我国东、西、南、北、中五大区域的典型土壤。不同类型的土壤性状差别很大。例如，南方红壤呈酸性，易缺乏钾离子、钙离子、镁离子等阳离子，农业生产上要注意调酸和补充富含钾、钙、镁的肥料；而西部土壤有机质含量低，施用有机肥料和秸秆还田对提高地力至关重要。我国人均土地资源紧缺，要实现粮食安全、环境安全和可持续发展，需要精准掌握各地土壤资源与质量状况，做到因土制宜，科学管理。

《中国土壤剖面数据集》是国家自然资源基本资料之一，其首次以分县土壤图和土壤剖面理化性状表的形式，提供了我国各地详尽的土壤资源与质量科学数据，为农业、林业、环境、气象、国土、水利等部门了解各地土壤质量状况，科学利用土壤资源，发展绿色农业、特色农业和节水农业，进行耕地保育、科学施肥、面源污染防治和基本农田保护提供了基础数据，也为农业科学、环境科学及地学、气象、测绘、水利多个学科领域的科研工作者研究陆地生态系统生产力及其演变、地球物质循环、气候与环境变化提供了科学依据。

本数据集编入的土壤质量数据亦是我国在全国范围内首次完成的土壤理化性状的科学记载，对了解我国土壤与环境质量时空演变具有起始点数据的意义。通过这些数据，科研工作者可以追溯我国全国范围土壤与环境相关过程至20世纪80年代，分析和了解导致土壤质量变化的环境和人为因素，并对土壤与环境质量演变趋势进行预报与预警。历史上的土壤调查结果不能被新的调查结果替代，这一不可替代性使得本数据集将成为我国农业与环境领域最具影响力的工具书和参考书之一。

土壤数据基础知识

本数据集收录的土壤数据源于土壤调查。为便于读者了解和应用这些数据，本节对土壤调查的目标、内容与主要方法，土壤数据的时空维度特征，土壤数据的应用领域与时效性做一简要介绍。

（一）土壤调查的目标、内容与主要方法

土壤调查的主要目标是查清一个区域内土壤资源与质量状况及其空间分布特征。19世纪末期至20世纪中后期，各国土壤调查的主要目标是查清土壤类型及分布特征[1-2]。由于不同土壤类型最典型的区别是成土过程中形成的土壤剖面特征，因而在传统的土壤调查中，需要在调查区域内进行多点采样，并在每个采样点对0—1—2m深土体的土壤剖面进行分层采样、观测、理化性状分析，记录剖面各分层土壤理化性状，据此进行土壤

分类、命名，并最终依据多点调查结果完成土壤图的绘制。

20世纪末期以来，全球人口及经济快速增长导致人均土地资源和水资源紧缺、环境污染、气候变化与粮食安全危机，不同行业及学科领域对土壤生产功能和环境功能的关注度不断提高，土壤调查的核心内容也逐步从查清土壤类型分布特征转为土壤功能调查。土壤功能调查的目标是了解土壤生产力、土壤环境质量和土壤健康质量等。例如，为了耕地保育和科学施肥，需要进行土壤有效养分含量状况、土壤障碍因素调查；为了了解环境质量，需要进行土壤污染状况、土壤环境容量调查；为了发展节水农业，需要进行土壤保水性状调查；为了控制水污染，需要进行流域农田土壤氮、磷流失特征与风险调查。土壤功能调查的内容主要为可量化的，或含义单一且明确、易于被其他学科和行业认知的土壤功能性指标，如土壤有机碳含量、土壤重金属含量、土壤质地类型、耕层厚度等。在土壤功能调查中，也需要在调查区进行多点采样，并根据调查目标的不同，选择适宜的采样深度。例如，当调查目标是了解土壤有效养分供应量或农田土壤污染物含量时，通常仅对耕层土壤进行采样；当调查目标是了解土壤保水性能、土壤水土流失与养分流失性状时，则需要对较深的土壤剖面进行分层采样和观测。

较早的土壤调查主要通过地面多点采样来了解一个区域土壤资源与质量性状的空间分布特征。近年来，随着遥感技术、地理信息系统（GIS）技术、模拟技术与大数据技术的发展，土壤质量相关数据（如数字高程、土地覆盖、植被数据等）产生量急剧增长，这使得在大区域尺度内通过多类型相关信息精确地捕捉和表达土壤质量性状以及相关过程成为可能。在国际上，地面采样调查与辅助信息结合的方法——数字土壤制图方法（digital soil mapping）已成为土壤调查的重要方法[3]。该方法能利用采样设计、辅助信息、推理模型与地统计检验，大幅度减少地面采样和土壤理化性状测试分析的工作量。与传统方法相比，采用数字土壤制图方法进行土壤调查，可缩短调查周期，降低调查成本，提高用土壤专题地图表征土壤资源与质量性状空间分布特征的可靠性和精度，从而提高土壤调查的效率与质量。

（二）土壤数据的时空维度特征

在现代社会，农业、环境等领域的专业工作者要了解最新的土壤调查结果，更需要掌握未来土壤质量变化趋势，以便根据变化趋势、自然与人为要素对土壤质量的影响，制定具有针对性的政策与技术措施，实现高产、稳产和环境安全。要精确进行土壤与环境质量预测和预警，就需要对重要的土壤质量性状进行周期性的采样、调查、记录，构建具有时空维度的土壤质量数据。这意味着历史上完成的土壤调查不能被新的调查所替代，所以其结果十分宝贵。

土壤数据最重要的特征之一是时空维度特征。通过历史上的土壤调查结果记录，构建具有时间序列的土壤质量科学数据，能将土壤质量现状与土壤质量演变过程相关联，并以此对土壤质量演变趋势和导致其变化的因素进行分析、预测。而土壤数据标有空间坐标，便于科研工作者将土壤调查结果与其他类别的要素和过程，如与气候、地形、土地利用情况有关的变化信息，以及随施肥投入农田的碳、氮、硫、磷数据等相关联，从而进一步提高分析的精度和预测、预报的可靠性。

土壤圈处于地球大气圈、水圈、生物圈和岩石圈的交会处。土壤层中的生物过程和物质循环过程既活跃，又具有一定的稳定性，能较好地反映地球水圈、土壤圈、大气圈、生物圈及岩石圈五大圈层动态交互作用的结果。具有时空维度的土壤科学数据对于阐明土壤与环境过程并弄清其驱动因素、预测未来土壤与环境质量变化具有不可替代的作用。

近年来，具有地理坐标的土壤剖面点数据受到科学界的广泛关注。剖面数据记载了土体构造、剖面分层土壤理化性状，是了解成土过程的基础，也是构建推理模型，量化表征区域尺度土壤过程、流域水土流失与氮磷流失特征、碳氮循环与环境质量演变的基础。在过去的半个世纪中，尽管完成了大量的土壤剖面调查，但由于在较早的土壤调查中尚未使用全球定位系统（GPS）设备，各国在构建地理坐标的土壤剖面点数据库上差别较大。目前，美国完成了约2万个有地理位点标识的土壤剖面数据[4]，澳大利亚已完成约16万个有地理坐标的土壤剖面数据[5]，欧盟各成员国共享使用的土壤剖面数据库含4000个剖面的分层土壤理化性状数据[6]。本数据集则汇集了我国总计6万多个有地理坐标的土壤剖面数据。

（三）土壤数据的应用领域与时效性

表1汇总了本数据集编入的土壤理化性状及其主要影响因素与过程、时间变化特征、所关联的土壤质量性状和应用领域。

表1 土壤理化性状及其主要影响因素与过程、时间变化特征、所关联的土壤质量性状和应用领域

土壤理化性状	主要影响因素与过程	时间变化特征	所关联的土壤质量性状	应用领域
土壤类型	成土过程	变化慢	土壤肥力与环境质量	农业、水利、环境、建筑、肥料工业等
剖面深度（指剖面各土层厚度的总和）	成土过程	变化慢	土壤肥力、土壤环境容量、土壤保水和保肥性能、土壤持水性能	农业、环境等
土体构造（指土壤剖面各发生层有规律的组合，是土壤剖面最重要的特征）	成土过程	变化慢	土壤肥力、土壤环境容量、土壤保水和保肥性能、土壤持水性能、土壤透水性能	农业、水利、环境等
母质	成土因素	变化慢	土壤肥力、土壤矿物组成、矿质养分含量、土壤质地	农业、水利、环境、肥料工业等
质地	成土过程、母质	变化慢	土壤肥力、土壤环境容量、土壤持水性能、土壤耕性、土壤有机碳与养分含量、土壤重金属吸附性能	农业、水利、环境、建筑等
颜色	土壤氧化还原、淋溶等成土过程，土壤有机质累积过程	变化较慢	土壤肥力、土壤有机碳与养分含量	农业
土壤结构	成土过程、耕作措施	耕层：变化快；深层：变化慢	土壤水分、通气与养分供应状况，土壤持水性能、土壤透水性能、土壤阳离子交换量、土壤孔隙度、土壤松紧度、土壤耕性等多个土壤肥力相关性状	农业
有机质含量	成土过程、质地、土地利用、施肥、轮作等	变化较慢	与多项土壤肥力与环境指标密切相关，是土壤肥力最重要的指标	农业、环境、肥料工业等
全氮含量	成土过程、土地利用、施肥、轮作等	变化较慢	土壤肥力、土壤供氮性能	农业、环境等
全磷含量	成土过程、母质等	变化较慢	土壤肥力、土壤供磷性能	农业、环境等
全钾含量	成土过程、母质等	变化较慢	土壤肥力、土壤供钾性能	农业、环境等
pH	成土过程、酸雨、土壤调理剂施用等	变化快	土壤肥力、土壤养分有效性、土壤结构及重金属吸附性能	农业、环境、肥料工业等
碱解氮含量	土地利用、施肥等	变化快	土壤供氮性能、土壤氮素流失特征	农业、环境、肥料工业等
有效磷含量	土地利用、施肥等	变化快	土壤供磷性能、土壤磷素流失特征	农业、环境、肥料工业等
速效钾含量	土地利用、施肥等	变化快	土壤供钾性能、土壤钾素流失特征	农业、环境、肥料工业等
阳离子交换量	成土过程、黏粒、有机质含量、盐分含量	变化较慢	土壤供肥和保肥性能、土壤重金属吸附性能	农业、环境等

在表1中，主要影响因素与过程指对某项理化性状起主要作用的过程和因素。例如，土壤类型、土壤剖面深度、土体构造、母质、土壤质地类型主要由成土过程或成土条件决定；土壤有机质含量和土壤全氮含量则受成土过程、施肥及轮作等农业技术措施的共同影响；在耕地土壤上，施肥等农业技术措施对土壤碱解氮、有效磷、速效钾等土壤有效养分含量的影响很大。

土壤理化性状的现势性主要取决于其影响因素与过程的时间尺度。自然条件下，成土过程通常需要数万年。受成土过程影响的土壤类型、土层厚度、土体构造、土壤质地类型、母质等土壤理化性状变化很慢，CRT值（土壤特性响应时间，characteristic response time）达上千年，可称为土壤稳定性要素或慢变化性状，其相关数据时效性很长，可长久使用。而农田土壤有效养分含量、酸碱度、耕层厚度等土壤质量性状受施肥和耕作等农业措施影响大，变化较快。例如，农田土壤有效磷、速效钾养分含量，在大量施用磷肥、钾肥条件下，10余年后可成倍提升。这些土壤理化性状亦可称为土壤变化性要素或快变化性状。

不同土壤理化性状的应用范围既取决于其现势性、时空维度特征，又取决于其所关联的土壤质量性状。土壤剖面深度、土体构造、质地、有机质含量等与土壤持水、保肥、通气和透水性能密切相关，可供农业、水利、环境、金融等行业用于农田稳产、高产性能，农田排灌设施规划与灌溉定额编制，农田水土流失风险分级，流域农田蓄水容量与降雨后流失水量分级，农田水、旱灾害风险分级，农田环境容量测算等各方面的地力评价。土壤有效养分含量、pH与土壤需肥性状和调酸性状密切相关，可供农业、肥料生产和销售部门用于科学施肥和土壤改良。土体构造和质地、土壤结构、土壤有效养分含量还影响流域农田土壤养分流失特征，农业和环境部门在进行农业面源污染防控时，可利用这些土壤性状与其他要素共同编制流域污染源解析与控制类型区分布图，以便对农业面源污染采取分类型、分区段的源头控制措施。土壤有机质含量变化也是了解气候变化和碳减排措施效果的基础，对于环境管控和环境外交具有重要意义。

数据集内容

本数据集全集共25卷，收录了我国2200多个县（市、区）的分县土壤图和6万多个土壤剖面的理化性状数据。根据各省级行政区土壤剖面数量的多寡和地域关联特征，既有一个省（自治区）的单卷，也有多个省（自治区、直辖市、特别行政区）的合订卷。

为便于读者了解各地土壤资源与质量分布概况及其主要特征，编者为各分卷编制了省级行政区的土壤图、土壤有机质含量图与地势图三图。读者可通过分省三图查询各省级行政区任何地区拥有的主要土壤类型，了解其土壤有机质含量及其地势、地貌特征。此外，编者还编制了全国土壤图、土壤有机质含量图与地势图三图附于各分卷，供读者比较和了解各省级行政区土壤资源及质量特征同全国其他地区的区别和关联。

各分卷的第二部分为分县土壤图与土壤剖面数据。在每个省级行政区内，各分县按四部分展示土壤及其相关信息，即分县主要土类说明、本区域中心区气候特征、主要土壤类型与土壤剖面点分布图以及土壤剖面理化性状表。在本卷目录中，分县按民政部于2022年3月发布的《2021年中华人民共和国行政区划代码》中的地级、县级行政区顺序排序。各分卷目录中仅收录了县域内有土壤剖面数据的县级行政区，无土壤剖面数据的县级行政区未纳入分卷目录中，并在附录1中对其进行了标注。

土壤数据来源

编入数据集的分县土壤图与土壤剖面理化性状数据主要源于全国第二次土壤普查（以下简称"二普"）。二普是我国现代规模最大的、以查清土壤类型和土壤肥力为主要目标的土壤资源综合调查。二普之前，我国土壤调查以观测性调查和定性评价为主，很少有采样化验。在总结之前国内外土壤调查经验的基础上，二普不仅完成了我国迄今为止最为详尽的土壤分类调查，也首次在全国范围进行了高密度土壤采样化验，开启了我国用土壤理化性状量化指标描述土壤资源与质量状况的时代。

二普地面采样调查实施于1979—1987年，调查区域基本覆盖我国全陆域。二普不仅地面采样密度高，科学性和系统性也比较突出。全国百余名长期从事土壤研究的科研工作者共同制定了全国土壤分类系统和统一的土壤调查技术规程[7]。在地面调查中，各地以1∶1万比例尺地形图作为工作底图，以乡为调查单元进行野外采样作业，全国共挖取土壤观察剖面550余万个，记录了1—2m深土体各发生层形态和特征，并根据土壤分类标准对土壤进行了分类和命名。对边远区、高寒区和无人区应用遥感解译方法，填补了之前土壤调查及成图中上述地区土壤数据的空白。在大量剖面土体观测和采样调查的基础上，完成了全国绝大部分分县1∶5万比例尺土壤图的绘制，牧区和边疆地区完成了1:20万—1:10万比例尺土壤图的绘制。二普还完成了10余万个典型剖面的分层采样，化验分析了剖面分层质地，有机质含量，大量、中量和微量元素含量，pH，阳离子交换量，土壤矿物组成等多项土壤理化性状，编制了分县土壤志。二普通过野外实地调查、采样和测试获取的土壤科学数据，至今仍是我国最详尽、最有实用价值的土壤资源基础数据，其精度与质量超过许多发达国家的土壤资源基础数据[8]。

如图1所示，收录于本数据集的土壤质量数据是对我国40多年前土壤质量状况的客观记录，亦是我国在全国范围内首次完成的土壤理化性状的科学记载，其中的土壤稳定性要素现势性较长，可在今后若干年间长期使用；而土壤变化性要素对了解我国土壤与环境过程的作用亦不可替代。这些数据使我们用现代科学手段研究各地土壤及相关过程的历史可上溯至20世纪80年代。

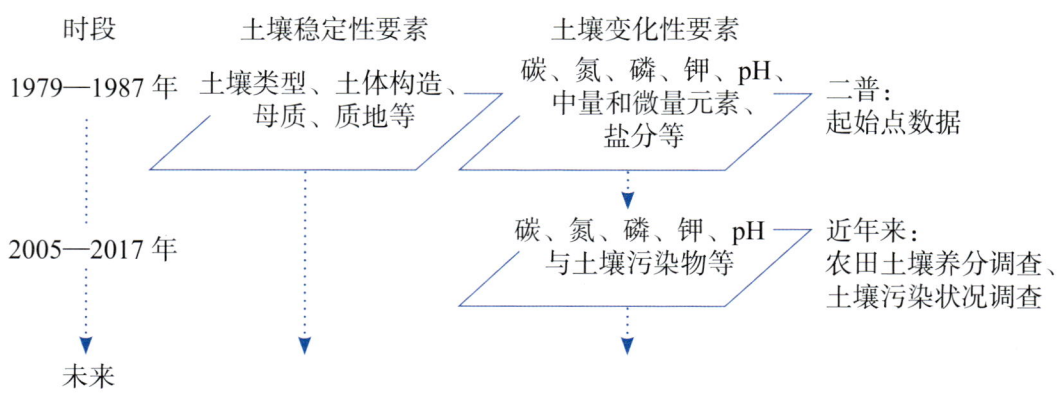

图1 全国性土壤调查所覆盖的时段

受历史条件限制，二普完成的大比例尺土壤图和土壤剖面理化性状主要为手绘纸质图件、非正式出版的铅印或油印资料，份数少且由各地自行保存。二普结束后，随着各地机构调整与人员变动，土壤调查资料被损毁或丢失严重。2000年以来，编者开始对各地分散留存的纸质分县土壤调查资料进行系统性收集、修复与整理，通过对宝贵的土壤科学数据的提取、整合和表达，我国科学研究与管理基础数据的水平得到了提升。本数据集收录的分县土壤图和剖面数据主要源于对全国分县土壤图、分县土种志和分省土种志的整理、提取、汇总与表达（表2）。

表2 数据集主要土壤资料与数据来源

资料类型	资料名称及数量
土壤图（纸质）	1:5万分县土壤图，总计约1600个县
	1:100万—1:50万省级土壤图，总计570个县
土壤剖面资料（纸质）	分县土种志：约2200册，计约2200个县；分省土种志：28册
土壤有机质含量图（纸质）	全国、分省土壤有机质含量图
农区土壤耕层采样数据（电子）	2005—2017年在全国农区采集的、含GPS坐标定位的1000万个采样点耕层有机质含量数据

为编制全国与分省土壤有机质含量分布图，本数据集还使用了我国于二普期间完成的全国、分省土壤有机质含量图纸质图件和于2005—2017年在全国采集的1000万个具有GPS坐标定位的采样点耕层有机质含量数据[9]。

编制方法——土壤大数据方法

我国幅员辽阔，不同地区土壤的土壤类型及其质量状况和分布特征差别较大，各地土壤调查技术条件和水平差别也较大，因此各地分县完成的图件和剖面资料在形式和内容上有较大差异。在用异源土壤数据生成新数据时，新数据的科学性既取决于各异源数据本身的科学性和可靠性，也取决于数据整合采用方法的科学性和可靠性。例如，对分县剖面资料进行整合时，对国标上未出现过的土壤类型名进行归并需要有土壤分类学上的依据；用新的土壤调查数据对原有土壤有机质含量图进行更新，也需要有进行合并表达的科学依据。编制本数据集需要对海量异源数据进行提取、分析、整合、缩编与表达，数据分析流程复杂。同时，在数据分析过程中，土壤专业问题，非标准化数据问题，计算机硬、软件平台系统问题和数据分析员、程序员疏漏问题等可能引致多类别数据分析错误。若既要准确无误地完成各项数据分析技术任务，又要在繁复的数据分析流程中有效贯彻科学原则、实现数据分析科学目标，这就需要一套科学的方法体系。为此，本数据集编者通过研究异源非标准土壤数据特征，融合应用土壤学、数据科学、人工智能、人机交互设计方法与地理信息系统技术，创建了土壤大数据方法[10-11]。

土壤大数据方法是专门供土壤科研工作者使用的一种设计方法，是对经典土壤学研究方法的补充，主要适用于对海量异源土壤数据信息的提取、筛选、分析与表达。通过土壤大数据方法的使用，科研工作者能够分析、认识和阐明土壤性状及相关过程和规律。土壤大数据方法的主要设计规则为以层级化的流程设计实现土壤科学层面的需求设计统领体系架构设计，界定各分段流程目标和关联，部署低层级分段流程、模型和功能模块；以独立于数据流程的监控设计实现土壤科学家对全流程的掌控和人工干预。土壤大数据方法的设计内容包括数据科学分析目标与科学基础界定、数据流程体系架构、流程及软件工具设计、数据流程监控设计。设计中，所有节点均采用双命名制命名，即对流程中各节点数据同时进行土壤科学内涵命名和函数代码命名。应用以上设计方法编制设计文档，能在庞杂的异源、异质、异形、异构大数据分析中，实现以科学目标引领数据分析流程，以自动化、人工智能、人机交互式的数据流程替代人工流程，提高大数据分析效率。

在本数据集编制过程中，编者需要完成图件与资料数字化、矢量化，元数据构建，信息提取、过滤、分类、赋码，土壤空间数据逻辑结构、存储结构归一化，统计检验，数据整合、缩编表达、输出等多项数据分析任务，分段流程达1500余个，需要存储的重要节点数据超过2000个，数据量超过20TB。采用土壤大数据方法，编者自主设计和完成了6个土壤大数据分析工具软件包，其中包含157个功能模块（表3），设计文档的科学和工程目标实现率超过99%，为准确、高效完成数据集编制提供了保障，也为土壤学研究提供了新的方法。

表3 系列化土壤大数据分析软件包及其主要功能与模块数

软件包	主要功能	模块数/个
IMAT2.0（intelligent mapping tools）智能化制图工具	异源土壤空间数据的要素提取、过滤、分类、赋码、坐标转换，空间库要素与字段的编辑，图幅与图层的编辑，土壤要素空间库外挂属性表编辑与管理等	35
IMAT-big（intelligent mapping tools for big data）智能化大数据制图工具	超大土壤及相关要素空间数据的要素筛选、图层拆分、数据整合、节点监控、逻辑结构重组等分析	37
IMAP（intelligent map presentation）智能化地图表达工具	土壤大数据地图制图表达与输出	30
ISPA（intelligent soil profile data analysis）智能化土壤剖面数据分析	异源土壤剖面数据的信息提取、过滤、赋码、坐标匹配、检验、整合与统计等	22
ISPP（intelligent soil profile presentation）智能化土壤剖面表达	土壤剖面图表及辅助信息的表达	12
IMAT-SOM（intelligent mapping tools-SOM）土壤有机质图制图工具	异源土壤有机质数据整合与表达	21

中国土壤图、中国土壤有机质含量图与中国地势图编制

编制全国三图的目的是便于读者在全国视角和尺度上了解我国各地区土壤资源与质量状况空间分布特征，土壤类型和土壤肥力与地势、地貌之间的相互关联。其中，土壤图用于展示土壤资源分布状况及与成土过程相关的土壤质量状况；土壤有机质含量图用于直观反映土壤肥力情况；地势图便于读者了解不同类型和肥力水平土壤的地势、地貌特征。全国三图的制图比例尺为1∶1300万。

全国三图中采用的境界、城市等基础地理信息要素源于中国地图出版社出版的《第一次全国地理国情普查地图集》[12]和《中国地图集》[13]。全国三图中，境界、水系、居民地、地级以上城市等基础地理信息要素的图示与图例表达见附录2。

（一）中国土壤图

由于制图比例尺小，中国土壤图是在二普完成的1∶400万比例尺全国土壤图的基础上进行矢量化和缩编表达获得的。在缩编表达过程中，土壤类型仅保留了我国土壤分类系统中的第三层级——土类。

在土壤图中，土类颜色主要根据不同土类在其成土因素、发育程度下形成的典型颜色进行设计（附录3）。红色系供土壤富铝化程度高的土壤选用，如红壤、砖红壤、赤红壤等；黄色系、棕色系供干旱区发育程度低的土壤选用，如黄绵土、灰漠土、灰棕漠土等。受灌水、耕作和地下水影响大的土壤采用绿色系，如水稻土、灌淤土、潮土、草甸土等，表示土壤肥力较高，绿色植物生长茂盛；黑土、黑钙土、栗钙土、棕壤、褐土、黄棕壤、紫色土等分别选用深棕色系、褐色系、紫色系；盐土、碱土、沼泽土等植物生长有障碍的土类采用暗色系，如暗紫色系、灰褐色系、青灰色系等，表示土壤生产力低下，植物生长较差。这一颜色设计与国标相关规定一致[14]。

在图例中，按照我国主要土壤类型从南到北、从东向西的地带性分布规律对土类进行排序，附录4所列中国主要土壤类型的排序也按此规则编排。

（二）中国土壤有机质含量图

土壤有机质含量是指土壤中各种含碳有机物质的总和。土壤有机质主要包括土壤腐殖质、半分解的动植物残体、与土壤黏粒和细粉粒紧密结合的有机物质、土壤微生物体所含的有机物质等。以动植物残体形式进入土壤的有机物质成为土壤生物的食物，供养土壤生物的生命活动；在土壤生物，特别是土壤微生物作用下生成的土壤腐殖质，能够促进土壤团聚体形成，提高土壤保水、保肥、供水、供肥性能，提高土壤肥力，并大幅度提高耕地土壤高产、稳产性能。因此，土壤有机质含量是最重要的土壤质量指标之一。土壤有机质碳量是大气总碳量的2倍，是地球植被总碳量的3倍，参与地球陆域碳循环总碳量中80%的碳以土壤有机质碳的形式存在。研究显示，土壤有机质含量实质上是土壤有机碳投入和分解之间动态平衡的表现，影响这一平衡的主要因素为气候、土壤质地与土地利用方式，施肥和耕作等农业技术措施对其影响则相对较小。当影响平衡的主要因素未发生变化时，土壤有机质含量也比较稳定[15]。

中国土壤有机质含量图由各分省土壤有机质含量图（0—30cm土层）合并编制生成。制图用源数据和编制方法在分省土壤有机质含量图编制说明中加以叙述。

为展示全国范围的土壤有机质含量空间分布特征，编者在中国土壤有机质含量图的图示和图例表达中采用了有机质含量范围的非等距划分分级方式，将我国土壤有机质含量分为7个等级（表4），各分级所占我国陆域面积的比例也列于表中。其中，占我国陆域面积29%的"很低"和"低"两个分级的土壤（有机质含量小于10g/kg）主要分布于西北干旱地区，而"较高""高""很高"三个分级的土壤（有机质含量大于25g/kg）主要分布于东北、西南地区，这些地区森林覆盖率较高，雨量充沛，温度适宜，有利于土壤有机质的累积。

表4 中国土壤有机质含量（0—30cm土层）分级

分级	分级释义	有机质含量/（g/kg）	换算系数	有机碳含量/（g/kg）	占陆域面积/%
1	很低	≤5	1.724	≤2.9	5
2	低	5—10（含）	1.724	2.9—5.8（含）	24
3	较低	10—15（含）	1.724	5.8—8.7（含）	18
4	中	15—25（含）	1.724	8.7—14.5（含）	19
5	较高	25—35（含）	1.724	14.5—20.3（含）	9
6	高	35—45（含）	1.724	20.3—26.1（含）	16
7	很高	>45	1.724	>26.1	6

（三）中国地势图

地势图是表示制图区域地貌特征的专题地图，强调表现地面的高低起伏、倾斜程度及其区域对比关系，以及与地形密切相关的河流、湖泊等水系要素分布特征，显示出制图区域山河分布的脉络体系、结构形式、各种地貌类型的形态特征。地势是影响土壤类型的重要因素，地势图也是编制土壤图、气候图、植被图等的基础。

中国地势图的地貌晕渲图采用 SRTM3 DEM（shuttle radar topography mission, digital elevation model, 2003）数据，考虑我国地势呈三级阶梯状分布的特点，按 0—50—100—200—500—800—1000—1200—1500—2000—2500—3000—3500—5000m 及以上设计高度表，以深绿色—黄绿色—棕色—紫色色调的象征色表示海拔由低向高过渡。其他矢量数据来源于中国地图出版社编制的 1∶400 万《中国地形图》[16]。河流参照中国地图出版社编制的《中国河流、水运资料图》进行选取、表达，三级及以上河流全部选取，二级及以上河流标注名称，低级别河流适当选取以反映区域水系特点；成图面积 4mm² 以上湖泊和水库全部表示，但仅标注大型湖泊名称，小面积湖泊适当选取以反映区域特点，如青藏高原湖泊群分布；山脉、山峰参照中国地图出版社编制的《中国山脉资料图》选取，三级及以上山脉全部选取、表达，二级山脉主峰及知名山峰标注名称和高程，我国主要高原、平原、盆地和沙漠均选取、表达；自然地理要素分级参考中国地图出版社采用的地图编制分级系统；根据版面载负量情况选取省会、部分地级市和少量县级居民点（主要位于西部地区），居民地主要用于定位参照。

分省土壤图、分省土壤有机质含量图与分省地势图编制

编制分省土壤图、分省土壤有机质含量图与分省地势图三图的主要目的是使读者了解各省级行政区内不同地区土壤类型、土壤肥力与地貌的主要分布特征及其相互关联。其中，土壤图用于展示土壤资源分布状况及与成土过程相关的土壤质量状况；土壤有机质含量图用于直观反映土壤肥力情况；地势图便于读者了解不同类型和肥力水平土壤的地势、地貌特征。为便于比较，每个省级行政区的分省三图采用的比例尺相同，制图则采用幅面固定、各省级行政区制图比例尺自适应方法。

分省三图中采用的境界、城市等基础地理信息要素源于中国地图出版社出版的《第一次全国地理国情普查地图集》[12]和《中国地图集》[13]。分省三图中，境界、水系、居民地、地级以上城市等基础地理信息要素的图示与图例表达见附录2。

（一）分省土壤图

为编制数据集用分省土壤图，编者对二普完成的纸质分省土壤图（原图比例尺主要为 1∶50 万）进行了地理校正、空间要素提取、图层与分级码标准化、土壤学专业校正、属性表制作、挂接和专题图缩编表达。在缩编表达过程中，制图比例尺一般在 1∶200 万—1∶100 万之间。由于制图比例尺较小，土壤类型仅保留了我国土壤分类系统中的第三层级——土类。各土类颜色与中国土壤图中采用的土类颜色相同（附录3）。在分省土壤图中，按照我国主要土壤类型从南到北、自东向西的分布规律对图例中的土壤类型进行排序。附录4所列中国主要土壤类型的排序也按此规则编排。附录5列出了陕西省主要土壤类型及其占省级行政区域面积百分比。

（二）分省土壤有机质含量图

1. 数据源说明

本数据集中，土壤剖面理化性状表给出了有确切时间和空间坐标的剖面信息。分省土壤有机质含量图的主要作用是便于读者直观了解各省级行政区最重要的土壤肥力指标——土壤有机质含量的空间分布特征。

二普中，受当时技术条件限制，全国仅完成了比例尺为1:400万的纸质土壤有机质含量分布图的绘制，19个省、自治区、直辖市完成了比例尺为1:250万—1:50万的纸质分省土壤有机质含量分布图的绘制。直接采用小比例尺纸质图矢量化生成的土壤有机质含量等级划线图作为分省土壤有机质含量图，存在有机质含量分级的级差大、信息均化、图斑大、制图精度不够等问题，难以精细表现一个省级行政区域内土壤有机质含量的空间分布特征。

2005—2017年，我国在农区进行了测土施肥，农田耕层采样点达到1000万个。这批数据的主要优点是采样密度大且有空间坐标，通过对这批数据进行空间插值分析，可较精细地展示各地农田土壤有机质含量分布特征；其缺点是采样点主要集中于占陆域面积不到20%的农田，仅采用这批数据难以绘制覆盖全域的土壤有机质含量分布图。考虑到土壤，尤其是林地、草地土壤的有机质含量变化较慢，在制图中采用了混合时段数据合并表达的方式。对无测土数据的林地、草地等，仍然采用从小比例尺土壤有机质含量等级划线图中提取的数据；对有测土数据的农田，则采用2005—2017年间耕层采样数据，对原有数据进行了更新。通过对两源数据的提取、土层转换、合并、插值，最终生成各省级行政区土壤有机质含量分布图（土层厚度0—30cm），这样既可较精细展示出各省级行政区土壤有机质含量的空间分布特征，也能保证所做专题图有很强的现势性。

三个数据源制图表达结果比较显示，采用异源数据合并表达的方式制图，各分省图展示的有机质含量空间分布特征与二普小比例尺图相近，但制图精度有较大改进，一个省级行政区域内土壤有机质含量的空间分布特征更为清晰（表5）。

表5 三个数据源制图表达结果比较

数据源	土壤有机质含量图制图表达效果	
	优点	存在问题
采用二普完成的手绘图	小比例尺手绘图中，土壤有机质含量地带性分布特征十分明显；基本无数据空区	局部地区图斑大，制图精度不够
采用新的测土数据插值生成	有数据的区域制图精度高	占陆域面积约80%的林地、草地和一些县域无新的测土数据，难以通过采样点插值生成覆盖全域的有机质含量图
异源数据合并表达	基本无数据空区；制图精度有较大改进；小比例尺图中土壤有机质含量的地带性分布特征被保留	用混合时段数据表达全陆域土壤有机质含量分布状况，其中林地、草地数据主要源于20世纪80年代采样数据，农田数据更新至2017年

表6汇总了分省土壤有机质含量图的主要制图信息。制图采用异源数据合并表达的方式，生成的分省土壤有机质含量图所代表的时间段为1979—2017年，图中核算土壤有机质含量的土层厚度为0—30cm。

表6 分省土壤有机质含量图制图信息

制图数据	异源数据合并表达
采样时间	草地、林地及其他非农田土壤采样时间段为1979—1987年，农田土壤采样时间段为2005—2017年
土层厚度	0—30cm（对采样深度不足0—30cm的耕层采样数据，用剖面数据进行了土层厚度转换，统一转换为0—30cm）
制图方法	普通克利金插值（ordinary Kriging）
网格尺寸	200m

2. 制图表达说明

我国地域辽阔，各地土壤有机质含量差异极大。西北部地区降水量少，土壤粗砂粒含量高，风沙土、漠土大量分布，占我国陆域总面积的12.6%，其0—30cm土层内有机质平均含量不到10g/kg；东北部地区雨量充沛，气候、植被有利于土壤有机碳累积，其0—30cm土层有机质平均含量在40g/kg以上。另外，一些省级行政区的土壤有机质含量变化范围很宽，如内蒙古土壤有机质含量主要为4—70g/kg；而北京、山东等地土壤有机质含量变化范围很窄，为7—17g/kg。

为使各省级行政区域内土壤有机质含量空间分布特征均能得到充分展示，编者在分省土壤有机质含量图的图示和图例表达中对有机质含量范围进行等距划分分级，根据各省级行政区土壤有机质含量分布特征，将有机质含量分为7—14个等级。各分级的颜色设计及其RGB与CMYK色码见附录6。

（三）分省地势图

根据各省级行政区的成图比例尺和地形特点，选取合适精度的数字高程模型（DEM）栅格数据，确定设色原则和色层表进行分层设色，编制彩色晕渲的分省地势图。图中的河流水系及山峰、山脉等地理要素基于中国地图出版社研制的多尺度中国地图数据库选取，按各省级行政区地图设定的投影参数和比例尺投影转换后进行数据融合处理，再进行图形化编辑和地图整饰，最后输出成图。各省级行政区的彩色地貌晕渲图，按0—50—200—500—1000—1500—2000—3000—4000—5000—6000m及以上设计统一的高度表，但对一些低海拔平原地区，如天津、山东、上海等省、直辖市，则增添了20m等高距。确定统一的设色原则，建立色层表，以深绿色—黄绿色—棕色—紫色色调的象征色过渡方式表示海拔由低向高过渡，低海拔地区以绿色为主，中海拔地区以棕色为主，高海拔地区的高寒地带则用冷色调紫色。地势图中的其他地理要素，地级市及以上级别居民地全部选取，县级居民地根据图面载负量情况酌情选取；河流按等级选取以反映地域水系结构特点，主要河流加注名称；成图面积4mm²以上的湖泊和水库全部选取，大型湖泊、水库加注名称，适当选取小面积湖泊以反映区域分布特点；山脉按等级选取，仅标注主要山脉主峰和知名山峰。

县域中心区气候特征图表编制

气候是五大成土因素之一，也是土壤质量的重要影响因素。为便于读者了解各地土壤资源与质量状况及其与气候特征的关联，编者编制了各县域中心区（位于各县域中心点、代表面积约为400km²的区域）气候特征值表、月平均气温与月平均降水量分布图。各县域中心区气候特征值是通过对160个中国地面国际交换站的气象年值、月值以及日值数据的计算和空间分析获得的。气象数据的相关用语也采用中国地面国际交换站所用的表达方式。鉴于各地气候特征值需要依据多年气象观测数据分析和提取，而二普采样时段为1979—1987年，因此采用了1971—2000年共计30年的年值、月值和日值气象数据，气象数据时段覆盖二普采样时段。

在分县气候特征值编制过程中，先从相应的各数据源中提取出各站点年值、月值以及日值数据，再按照表7所示计算方法，计算160个站点的各项气候特征值并对其分别进行插值计算，获得覆盖我国全域、网格尺寸约为20km的网格化气候特征年值与月值数据，最后再与县域中心点图层叠加，提取出各县中心区气候特征值。各县所处气候带则是通过县域中心点图层与中国气候区划图叠加后提取获得的[17]。

表7　县域中心区气候特征值的计算方法与数据来源

县域中心区气候特征	计算方法	气象数据来源
年平均气温 /℃	30年的年值平均	中国地面国际交换站气候标准值年值数据集（160个站点，1971—2000年）
年平均最高气温 /℃		
年平均最低气温 /℃		
年降水量 /mm		
年平均相对湿度 /%		
年日照时数 /h		
月平均气温 /℃	30年的月值平均	中国地面国际交换站气候标准值月值数据集（160个站点，1971—2000年）
月平均降水量 /mm		
≥10℃的积温 /℃	一年中日平均气温≥10℃的温度值加和	中国地面国际交换站气候资料日值数据集（160个站点，1971—2000年）
干燥度	修正的谢良尼诺夫公式：$$\text{干燥度} = 0.16 \times \frac{\text{全年} \geq 10℃\text{的积温}}{\text{全年} \geq 10℃\text{期间的降水量}}$$	
气候带	提取	1:3200万中国气候区划图

分县主要土壤类型与土壤剖面点分布图编制

编制分县主要土壤类型与土壤剖面点分布图的主要目的是使读者在一个较小的图幅上也能大致了解一个县域内主要土壤类型概况。编者通过对全国1∶5万土壤图的缩编表达，为有土壤剖面数据的县级行政区编制了分县主要土壤类型图。受地图幅面限制，在分县土壤图中，仅保留了我国土壤分类系统中的第三层级——土类，通过缩编滤掉了亚类、土属、土种信息。

各分县主要土壤类型与土壤剖面点分布图的制图采用幅面固定、制图比例尺自适应的方法，制图比例尺一般为1∶35万—1∶20万，自适应制图由编制者自行设计的软件模块自动完成。

在分县主要土壤类型与土壤剖面点分布图中，各土类颜色与中国土壤图中采用的土类颜色相同（附录3）。图中各土类在图例中的排序则按各土类占本县县域面积比例从大到小的顺序排列，便于读者了解本县内主要土壤类型的分布。

在分县主要土壤类型与土壤剖面点分布图中，为便于读者查找，剖面点按照其在图面的位置，先左后右、先上后下顺序编码，编码过程也由ISPP软件包（表3）中的模块自动完成。

分县主要土壤类型与土壤剖面点分布图中的基础地理底图来源于国家基础地理信息中心提供的1∶25万DLG（公众版）数据（使用许可协议编号：非2011-1011），基础地理信息要素的图示与图例表达主要参照相关国标（详见附录2）。为保证本数据集中主要土壤类型与土壤剖面点分布图的内容和土壤剖面数据表对应，分县主要土壤类型与土壤剖面点分布图中的市级界线、县级界线均采用二普时的普查界线，并以此作为分县主要土壤类型与土壤剖面点分布图的分幅标准。为兼顾地名位置定位准确性和地书实用性，地图中乡镇级及以上居民地分别根据新版《中华人民共和国行政区划简册》和各省级行政区地图册进行了更新，现势性截至2021年12月。为更好地表现全书的系统性与协调性，在地图下方加注说明县级行政区划变更情况，部分市辖区图幅的图名根据图上县级居民点进行了更新。

二普后，随着城市化的加快，城市周边土地利用情况变化很大，居民地面积大幅增加，导致一些分县土壤图中的土壤面积占县域面积比例和分县主要土类说明中的一些土类面积占县域面积比例较二普时均有下降。在一些大城市周边县（市、区），土地利用情况的变化使各类土壤总面积不到县域面积的60%。

二普时，分县完成了1∶5万比例尺土壤图编绘后，还通过省级汇总和缩编制图，完成了1∶50万比例尺省级土壤图。在省级汇总中，对一些分县土壤图中原有土壤类型名进行了修订。例如，浙江在进行省级汇总时，将分县土壤图中原命名为侵蚀型红壤亚类的大部分土属划归粗骨土土类；安徽、湖北等省在省级汇总时将黏盘黄棕壤亚类改为黄褐土类。在对二普调查成果的数字整合中，编者仅收集到约1600个县的大比例尺土壤图（表2）。对大比例尺图数据缺失的县，则以省级土壤图裁切方式进行了补全。这种补全虽有利于完成覆盖我国全域的高、中精度土壤图，但也引起了在一个省级行政区里源于分县和分省的两类土壤图中土壤分类命名不统一的问题，编者在尽量保持调查资料原始记载的前提下，对这类问题进行了力所能及的修订。

分县土壤剖面理化性状表编制

分县土壤剖面理化性状表是本数据集的主体内容。前文已对各项土壤理化性状应用范围以及从分县纸质土种志中进行信息提取、表达和制作的方法做了说明，本节仅对土壤理化性状测试方法、剖面点坐标匹配方法与土壤剖面分类名的修订加以说明。

（一）土壤理化性状测定方法

本数据集所列土壤理化性状的测定方法见表8。其中，土壤有机质含量，土壤氮、磷、钾全量与有效态含量，pH，土壤阳离子交换量的测定方法以及土壤分类方法均为国标方法。剖面理化性状表中的土壤全氮、全磷、全钾、碱解氮、有效磷、速效钾含量均以N、P、K纯养分量计。

在二普中，我国大多数地区土壤质地分级采用了卡庆斯基制，仅极少数地区采用了国际制。其中，卡庆斯基制采用了简制,将土壤质地分为3组9种类型;国际制将土壤质地分为12种类型(表9)。由于两种分级制中的质地分级名并无重复,因此在分县土壤剖面理化性状表中未对两种分级制的分级名进行合并。

表8　土壤理化性状的测定方法

土壤理化性状	测定方法
有机质	湿灰化或干灰化消化后,重铬酸钾滴定法测定(丘林法)
全氮	凯氏定氮法测定
全磷	酸溶或碱熔消化后,钼锑抗比色法测定
全钾	碱熔或酸溶消化后,火焰光度法或四苯硼钠比浊法测定
pH	水浸提法,水土比为5∶1或2∶1
碱解氮	扩散吸收法(康惠法)测定
有效磷	中性及石灰性土壤:Olsen法测定;酸性土壤:Bray法测定
速效钾	醋酸铵浸提后,火焰光度法或四苯硼钠比浊法测定
阳离子交换量	醋酸铵法测定

表9　卡庆斯基制与国际制土壤质地分级名

等级序号	卡庆斯基制[1]土壤质地分级名	等级序号	国际制[2]土壤质地分级名
1	松砂土	1	砂土
2	紧砂土	2	壤质砂土
3	砂壤土	3	砂质壤土
4	轻壤土	4	壤土
5	中壤土	5	粉砂质壤土
6	重壤土	6	砂质黏壤土
		7	黏壤土
7	轻黏土	8	粉砂质黏壤土
		9	砂质黏土
8	中黏土	10	壤质黏土
		11	粉砂质黏土
9	重黏土	12	黏土

注:1)卡庆斯基制指按卡庆斯基粒径分级的质地分类。该分类制有简制和详制两种。简制有3组9种质地,其主要特点是将土粒分为物理性黏粒和物理性砂粒两级;按物理性黏粒或物理性砂粒的数量进行质地分类,而不是按照砂粒、粉粒、黏粒三个粒级的质量比分组。详制是在简制的基础上,把9种质地进一步细分为39种质地类别,把含量最多和次多的粒组作为冠词,顺序放在简制名称前面,主要用于土壤基层分类及大比例尺制图。卡庆斯基还提出根据石砾含量而定的附加分类,也可作为质地分类的冠词,主要应用于山地土壤的质地分类。
2)国际制土壤质地分类在第二届国际土壤学会上通过,根据砂粒(粒径0.02—2mm)、粉粒(粒径0.002—0.02mm)、黏粒(粒径小于0.002mm)三粒组含量的比例,通过国际制土壤质地分类三角图,以黏粒含量为主要标准,小于15%者为砂土质地组和壤土质地组,15%—25%者为黏壤组,黏粒含量大于25%者为黏土组,划定12种质地类别。

(二)土壤剖面点的坐标匹配

含地理坐标的剖面数据可直观展示该土壤剖面点所代表土壤的土层厚度、土体构造及理化性状等特征,也是构建推理模型,进行土壤及其理化性状数字制图的基础。

二普完成的分县土种志中虽无典型剖面地理坐标记载,却有关于剖面采样地点、景观和土壤剖面分类命名的详细记录,如乡镇名、村名、高程和土类、亚类、土属、土种名等。从1∶5万土壤类型图与1∶5万基础地理信息数据库中也能提取出上述信息。在1∶5万比例尺空间数据库中，空间对象分辨率可达到100m×100m精度，折合为1hm²。在全国性土壤调查中，对于选择、确定典型剖面采样点点位，通常要求其所代表的土壤类型在面积上能代表采样点周围100亩（1亩 ≈ 666.7m²）以上的土壤，通过这种匹配方法获得的点位对实际采样点点位有较高的代表性。

为了使分县土种志中记载的剖面数据获得坐标，编者构建了多要素土壤剖面点坐标匹配模型，无空间坐标的土壤剖面从1∶5万土壤类型图和基础地理信息数据库中获得空间坐标。坐标匹配模型工作机制如图2所示。首先，从分县土种志中提取出A源数据，即每个剖面隶属的土类、亚类、土属、土种名及剖面采样点地名、采样点高程等多要素信息；然后，用分县1∶5万土壤图与多要素基础地理信息数据库叠加，生成含土类、亚类、土属、土种名和村名、乡镇名、高程等要素信息的空间数据，即B源数据；最后，利用多要素匹配模型，逐县对A、B两源数据进行匹配。当A源数据中某剖面点土类、亚类、土属、土种名和采样点地名、高程与B源数据中某土壤要素空间对象的四个土壤分类名、地名、高程等多要素信息一致时，该剖面点获得B源数据中土壤要素空间对象中心点坐标。若一个县域内，某剖面点与B源数据中多个空间对象存在配对关系，则取其中面积最大的空间对象的中心点坐标。

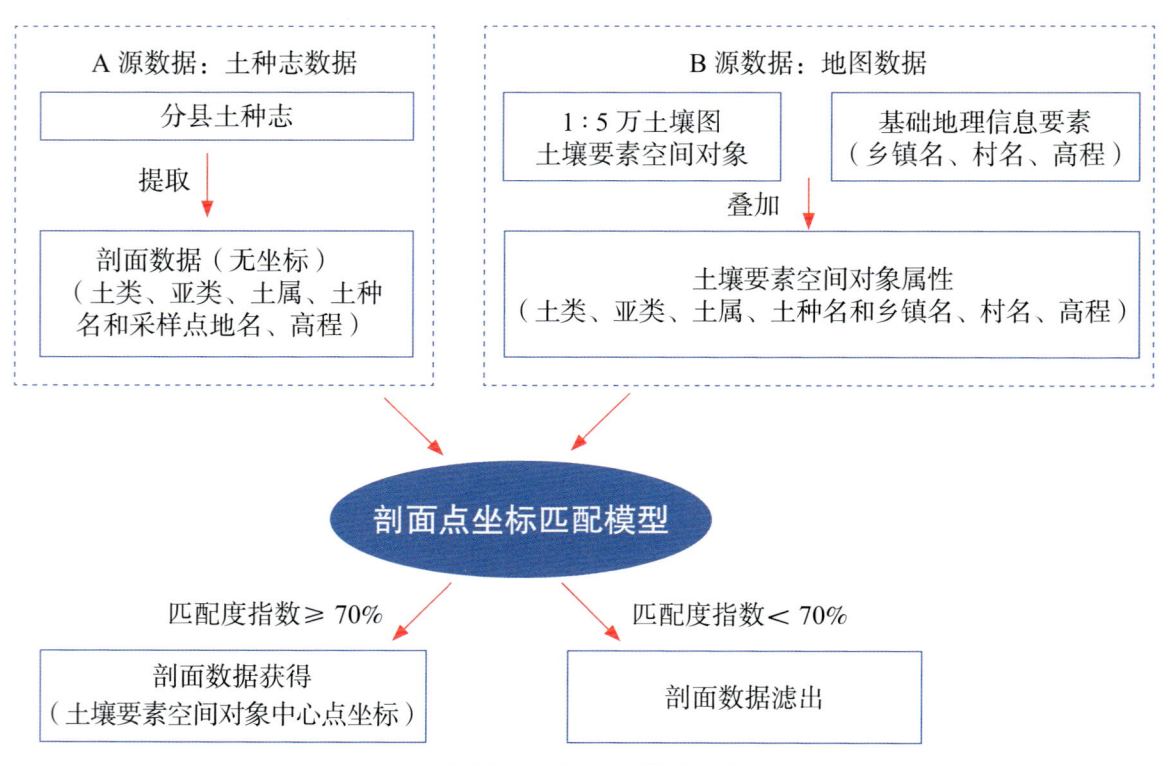

图2　土壤剖面坐标匹配模型工作机制图

为衡量每个土壤剖面坐标匹配的质量，在匹配模型中植入了匹配度评价模型，分析和提取每个土壤剖面点坐标匹配中多要素信息的吻合度。匹配度指数较高，代表两源数据中的土类、亚类、土属、土种名和地名、高程等多要素信息一致性高；匹配度指数较低，代表A、B两源多要素信息存在一些不一致性；匹配度指数小于70%的剖面数据会被滤出，该剖面也会从分县土壤剖面理化性状表中删除（表10）。利用坐标匹配模型，从分县土种志中提取出的10万余个剖面数据中，有6万多个获得了地理坐标并被收录于本数据集的分县土壤剖面理化性状表中，有约3万个由于匹配度指数较低被滤出。

表10　坐标匹配的匹配度指数及释义

匹配度指数 / %	释义
90—100	匹配度高：A（分县土种志）、B（地图）两源数据中乡镇名、村名和三个以上土壤分类名（土类、亚类、土属、土种）、高程均一致
80—90	匹配度较高：A、B两源数据中乡镇名、村名和两个土壤分类名（土类、亚类）、高程一致
70—80	具有一定匹配度：A、B两源数据中乡镇名、村名、土类名、高程一致
<70	匹配度较低：A、B两源数据中地名和土类名不能全匹配

为检验通过匹配模型获得地理坐标的剖面对当地土壤类型是否具有代表性，编者自2008年以来，在河北、

山东、黑龙江、宁夏、海南等地挖取了300余个校验剖面，进行了比对研究。比对研究结果显示，校验剖面与二普完成的剖面记载在土壤类型、土体构造、母质、质地等土壤质量慢变化性状上都有很好的一致性。

（三）土壤剖面分类名的修订

分县土壤剖面理化性状表列出了每个土壤剖面的分类名。土壤分类名是对某一类土壤资源的抽象概括和表达，表述了各类土壤的主要成土过程以及各类土壤综合性的典型特征。如黑土是指在温带半湿润地区草甸草原植被条件下形成的具有深厚均匀腐殖质层的土壤，呈黑色，富含有机质和各种养分；褐土是指在暖温带半湿润地区形成的具有弱腐殖质表层和黏化层的土壤，盐基饱和度较高，呈棕褐色。土壤分类名既具有典型性，又具有综合性，是土壤最基本的属性。

二普中，我国基于全国第一次土壤普查经验制定了六等级土壤分类系统，这也是目前的国标系统。该系统中的六等级分别为土纲、亚纲、土类、亚类、土属和土种，从高级到低级，不同层级之间为隶属关系。其中，土纲用于界定水、温等主要的土壤成土条件，亚纲用来进一步区分土纲内成土条件与过程的差异，土类反映成土条件引致的最典型土壤特征，亚类反映土类内成土条件引致剖面特征的进一步分异，土属反映母质等成土条件引致亚类剖面的分异，土种反映同一土属中土壤的分异或当地群众对该土壤的命名。

在对各地土壤调查数据进行全国汇总时，编者发现，从全国2200多个分县土壤剖面资料中提取出的土壤分类名与我国在1998—2009年发布的三版《中国土壤分类与代码》国标差异较大[18-20]。国标发布的土类、亚类、土属、土种名数量分别为60个、229个、663个和3246个，而从2200多个分县土壤图件与剖面资料中提取出的土类、亚类、土属、土种名数量分别为312个、1520个、12150个和43200个。对国标上从未出现的土壤类型名进行审核和归并需要有土壤分类学上的依据。通过对俄罗斯、美国、加拿大、澳大利亚、德国、英国等各国土壤分类研究及发展状况的研究，编者总结了我国和其他世界各国过去半个世纪中在土壤分类方面的经验，确定了土壤剖面分类名的修订原则[1]。

研究显示，我国国标分类系统中的第三层级——土类（附录4），能很好地反映我国主要土壤类型形态上的典型特征。通过土类及其隶属的12大土纲可清晰展现出我国60个土类受温度、海拔、降雨、土壤发育度、地下水盐运动、耕种垦殖等主要成土条件影响而形成的地带性分布特征。另外，土类本身属于高层级分类，数目有限，命名符合汉语语言特征，易于专业及非专业人员掌握。通过土类名，读者能够辨识各种土壤类型，了解其成土过程、土壤质量与肥力特征。因此，在土壤剖面分类名的修订中，应重视维护土类名的稳定性。根据这一原则，在对分县资料中土壤分类名的编审中，编者将国标发布的60个土类名进行了归并，对亚类及以下的中、低级分类名称则在尽量保留现场获取的一手土壤调查信息的前提下进行适度归并与整合。

为便于读者了解我国目前采用的土壤分类名与国际土壤学会推荐的土壤分类名（world reference base for soil resources，WRB）[21]之间的关联，附录4中还给出了由史学正研究员通过剖面比对建立的WRB土组名与我国60个土类名的关联及WRB土组名对我国土类名的最大可参比性[22]。

（四）剖面土层代码

在形成过程中，由于物质迁移和转化，土壤会分化成一系列组成、性质和形态各不相同的层次，称为发生层或土层。土壤剖面各土层的顺序和变化情况，反映了土壤形成过程及土壤性质。

目前各国尚无统一的土层命名。1967年国际土壤学会提出将土壤剖面划分成O层（有机层）、A层（腐殖质层）、E层（淋溶层）、B层（淀积层）、C层（母质层）和R层（基岩）等6个主要土层。全国土壤普查办公室编制出版的《中国土种志》（6卷）[23-28]、《中国土壤》[29]则将自然土壤剖面划分成O层（凋落物有机质层）、A层（表层）、B层（淀积层）、C层（母质层）、D层（岩石碎屑层）和R层（坚硬岩石层）等6个主要土层；将旱地农田土壤划分成A（耕层）、C_1（心土层）和C_2（底土层）等几个主要土层；将水田土壤划分成Aa（耕作层）、Ap（犁底层）、P（渗育层）、W（潴育层）和G（潜育层）等5个主要土层。

由于分县土种志中，土层代码和释义与以上文献给出的土层码不尽相同，因此在数据集编制中，编者主要保留了2200多个分县土种志中实际采用的土层代码和释义（表11）。为便于读者参考，编者在附录4中列出了引自《中国土壤》部分土类典型剖面的土体构造及其关联的土层代码[29]。

表 11 土壤剖面土层代码和释义[1)]

代码		释义
自然土壤与旱地土壤	Ao	位于土表的枯枝落叶层
	A	自然土壤指表土层，耕地土壤指耕作层
	B	心土层，受成土作用形成的淋溶淀积层
	C	底土层，受成土作用少的母质层，较紧实，通常不受耕作、施肥影响
	D	未风化的母岩层，岩石碎屑层
水田土壤	A	耕作层，亦称淹育层和作物栽培层
	P	犁底层，位于耕作层下，经机械耕作和黏粒淀积，结构较为紧实
	W[2)]	潴育层，位于犁底层下，水田在干湿交替作用下，铁、锰淋溶淀积形成斑纹层，使水稻土有较好的通透性，渗水而不漏水，渍水而不滞水
	G	潜育层，存在于水稻土、沼泽土和泥炭土中。土体长期积水，通透性不良，在还原状态下形成青灰色土层又叫青泥层，作物受还原性物质危害。若在其他土层出现，可用 g 表示，如 Pg、Wg
	E	漂洗层，侧渗作用下黏粒、有机质被淋洗，铁质溶脱，形成灰白色或白色漂洗层

注：1）表中土层代码和释义主要根据全国各分县土种志中实际采用代码和释义进行综合与汇总。土体构造中，两个字母并列表示过渡层土壤，例如 AB 层、BC 层等。
2）一些地区将潴育层细分为 W_1（渗育层）和 W_2（淀积层）两层。渗育层指有明显水化铁层，多见黄色锈斑；淀积层指明显有铁锰淀斑或铁锰结核的土层。

（五）其他

分县土壤剖面理化性状表中，空格代表本项无数据。

若土壤剖面的土层码为数字，则表示调查中未对该剖面的各分层进行土层代码赋码。对这类剖面，编者按从地表至底土顺序赋土层序号 1、2、3……。土层序号不具有土壤发生学上的含义，仅表达每一土层的顺序。

分县土壤剖面理化性状表中土层厚度的上、下边界表示该土层采样范围。例如：土层厚度为 0—17cm，表示土层采自剖面 0—17cm 部位；土层厚度为 50—100cm 表示采自剖面 50—100cm 部位。一些剖面底土的土层厚度仅有上界而无下界。例如：85—，表示该土层采自剖面 85cm 至更深部位。

个别剖面上、下土层的上、下边界相互不衔接，例如：两个土层厚度分别为 0—10cm、30—35cm，表示该剖面的采样为不连贯采样，每个土层只选取了该土层的代表性层段。

一些剖面分层样本上、下土层的上、下边界相互不衔接，例如：按从地表至底土顺序，6 个土层采样范围分别为 0—13cm、13—18cm、18—40cm、18—32cm、32—100cm、50—100cm，其中第三个土层 18—40cm 为额外增加的采样层。在土壤调查中，当调查者认为需要对某些区域或土类的特定土层进行单独采样和分析时，往往会出现这一情形。为了最大限度保持第一手调查资料的完整性，编者将这类土层也编入了分县土壤剖面理化性状表中。

本卷收录的陕西省典型土壤剖面共计 2215 个。通过对剖面数据的土层厚度转换，附录 7 给出了这些典型剖面 0—20cm 土层土壤理化性状中位数与平均数。二普剖面采样为典型土类采样，而非网格化采样。0—20cm 土层土壤理化性状中位数与平均数不代表本省土壤理化性状平均状况。但二普是我国最早的大样本量调查，附录 7 所示的 0—20cm 土层土壤理化性状中位数与平均数对了解陕西省 20 世纪 80 年代土壤肥力性状具有一定参考价值。

附录 8 列出了陕西省耕地、园地、林地、草地和湿地 0—30cm 土层土壤有机质含量的平均值。该值由陕西省土壤有机质含量图和自然资源部土地科学数据中心编制的 2019 年 1:100 万比例尺全国土地利用缩编图通过叠加、计算生成。其中，耕地包括水田、水浇地和旱地三种土地利用类型；园地包括果园、茶园和其他园地三种土地利用类型；林地包括有林地、灌木林地和其他林地三种土地利用类型；草地包括天然牧草地、人工牧草地和其他草地三种土地利用类型；湿地包括沼泽地、沿海滩涂和内陆滩涂三种土地利用类型。鉴于陕西省土壤有机质含量图源于大样本量地面采样，土壤有机质含量亦为变化较慢的土壤质量性状[15]，附录8对了解陕西省耕地、园地、林地、草地和湿地的土壤有机质含量状况及演变具有较高的参考价值。为便于读者了解陕西省耕地、园地、林地和草地四种土地利用类型中受成土过程影响而形成的各主要土壤类型及其在各土地利用类型中的占比情况，附录9给出了主要土壤类型在这四种土地利用类型中的占比。

土壤专题图与土壤剖面数据可靠性检验

该检验目的是对数据集中的土壤专题图和土壤剖面数据能否真实反映土壤资源与土壤理化性状及其空间分布特征给出科学、客观的评价。另外，数据集中的土壤专题图和土壤剖面数据主要源于1979—1987年的二普和2005—2017年在全国测土配方施肥项目中的土壤养分调查，因此，该检验也是对我国两次全国性土壤调查所获成果的质量评估。

对土壤专题图及含地理坐标的剖面数据的检验涉及地图制图学、测绘科学、土壤学、地统计学等多学科内容，而对于不同的学科，数据检验的目标和内容也不同。对于地图制图，精度检验十分重要；而在土壤学范畴，可靠性检验更为重要。精度检验方面，本数据集剖面坐标是通过1:5万比例尺地图数据匹配获得，匹配用地图精度直接影响剖面数据坐标精度。可靠性检验方面，土壤专题图和土壤剖面数据均属于土壤学范畴，还需要从土壤学角度给出科学评价。借助目前仍在发展中的地统计方法，编者最终给出了合理的可靠性检验方法。为便于读者理解，本节将重点说明两点：一是地图精度与土壤专题图制图的关联；二是土壤专题图和剖面数据的地统计检验结果。

在地图制图中，地图精度用于衡量某一地物点或地物轮廓点的平面位置和高程位置偏离其真实位置的平均误差。这里的地物点或地物轮廓点可以是测量控制点、水准点、道路交叉点、境界线方向变化点、山脚点、山顶等。地图精度与地图投影、比例尺、制作方法和工艺有关。地图比例尺不同，误差控制要求也不同。一般来说，地图比例尺越大，误差越小，精度越高。换言之，地图精度或比例尺主要反映对地图中基础地理信息要素，如测量控制点、河流、道路、等高线、境界的误差控制要求。

在土壤专题图制图中，需要用基础地理信息要素标识土壤要素空间位置。在较早的土壤调查中，没有GPS设备，通常用纸质地形图为底图标识采样点位置。地面土壤采样调查完成后，根据底图标记的采样点位置和实测获得的土壤要素值，由经验丰富的土壤科学家依据土壤及相关要素的空间分布、空间相关性和空间依赖性规律进行人工综合判图，在底图上手工完成土壤专题图的勾绘和制图。我国的二普与欧美各国在20世纪80年代之前进行的全国性土壤调查基本均采用这一方法进行土壤专题图编绘。二普为大样本量土壤调查，采样密度高，采用1:1万大比例尺地形图为工作底图，全国共挖取土壤观察剖面550余万个，采集0—20cm土壤表层样本200余万个，通过综合判图和人工勾绘，最终完成分县1:5万比例尺土壤图和各类土壤养分含量图的编制。土壤专题图比例尺不代表地图中对土壤要素的误差控制要求，客观上，地面采样中应用大比例尺的工作底图，采样密度高，土壤采样点均衡分布于调查区域中，以此为依据编制的土壤专题图能精细地表达调查区域内土壤要素的空间变化特征。采样密度低的土壤调查结果则不适合编制大比例尺土壤专题图。

近年来，随着GPS和GIS技术的发展，地统计方法已较多用于反映和研究土壤要素的空间变化规律。地统计方法不仅提供了利用含地理坐标的土壤采样点数据制作土壤专题图的地统计模型，还提供了对模拟结果进行不确定性检验的方法。地统计检验的主要目的是了解模拟结果对真实情况反演的客观性和可靠性，而不是评价地图中土壤要素的精度或误差控制。检验结果既受地面采样原则、采样量的影响，也受所选模型类型、建模过程中是否引入协变量等因素的影响。

由于二普完成的土壤图和养分含量图中没有采样点标注，难以对其进行地统计检验。为此，编者同时对我国在全国测土配方施肥项目中完成的有GPS定位坐标的农田耕层土壤有机质含量数据进行了地统计分析和检验。与二普相似，全国测土配方施肥项目也按网格化均匀分布原则进行大样本量、高密度土壤采样，全国总计完成1000万个农田土壤耕层样本的采集。

检验方法为：首先，在我国东、南、西、北、中不同地域选取7个代表性片区，每片区包含地域相连、域内无大面积剖面点缺失的多个行政县，且含土壤剖面点500个以上。其次，提取7个片区源于二普剖面0—20cm土层和源于2005—2017年0—20cm农田耕层采样的土壤有机质含量数据。二普剖面数据的采样特征为在优先选取典型土壤类型的前提下，尽量均衡分布；样本量较小，全国有6万多个具有匹配坐标的剖面。2005—2017年农田养分调查数据为网格化均衡分布的大样本量，全国完成了1000万个有GPS定位坐标的耕层样本。最后，用普通克利金插值（ordinary Kriging）方法进行地统计分析和检验。在每片区剖面点和耕层采样点的数据中分别随机选取80%作为训练样本集，20%作为验证样本集，同时进行建模；将验证样本预测值与实测值进行线性回归，计算R^2（决定系数）和RMSE（均方根误差），以此评价两组数据表达土壤要素空间分布特征的可靠性和误差。选择土壤有机质含量作为检验指标的原因为该指标是最重要的土壤质量性状之一，且可量化表达，便于进行地统计检验。

二普剖面数据的检验结果显示，在7个代表性片区，剖面点数据表达的有机质含量分布状况可靠性均达极显著水平（表12）。这表明，尽管二普典型剖面数据为非网格化采样，含地理坐标样本量较少，需采用匹配坐标替代原点坐标，但在一个由多县组成的片区内，当剖面样本量达到一定数量后，即使未引入可极大改进R^2的地形、土地利用类型等辅助变量，用普通克利金插值仍然能比较真实、可靠地反演土壤要素空间分布特征。2005—2017年耕层采样点数据的检验结果显示，与二普剖面点数据相比，大部分片区的有机质含量分布数据R^2更大（达到中等相关至强相关），RMSE更小，可靠性和预测精度明显更优，这说明就表征土壤要素空间分布特征而言，网格化均衡分布的大样本量采样得到的数据可靠性和精度相对较高。这为二普大比例尺土壤专题图数据（土壤图和土壤pH、有机质、氮、磷、钾养分含量图）的地统计检验特征提供了佐证。二普大比例尺土壤专题图数据均源于网格化均衡分布的大样本量地面调查，其可靠性和精度应优于二普剖面点数据。

两组数据地统计检验结果还显示，尽管相隔近30年，两时段调查的土壤有机质含量也有一定变化，但各片区土壤有机质含量的空间分布规律总体相近。图3展示了东北片区两组数据通过普通克利金插值获得的土壤有机质含量分布图。可以看出，尽管二普土壤剖面样本数（546）远少于农田耕层土壤样本数（45182），20%校验集所获R^2较低，预测值与实测值偏差较大，但两组数据展示的土壤有机质含量空间分布格局相近，均为东北角最高，西南角最低。另外，该片区2005—2017年的农田耕层有机质含量均值为36.41g/kg，低于1979—1987年的二普采样结果（40.53g/kg），这一结果与东北地区所做长期定位试验结论一致。这表明，本数据集剖面数据可为了解土壤质量时空演变规律提供可靠的数据支持[9]。

表12　二普典型土壤剖面数据和2005—2017年耕层采样点数据的地统计检验结果

编号	片区名	县数	面积/km²	二普剖面土壤有机质含量[1]			耕层土壤有机质含量[2]		
				样本量	R^2[3]	RMSE[3]	样本量	R^2[3]	RMSE[3]
1	东北片区	19	72353	546	0.329**	14.77	45182	0.689**	6.32
2	冀鲁豫片区	64	50071	881	0.363**	5.65	256341	0.429**	3.47
3	江浙片区	53	63003	1312	0.334**	8.83	51759	0.666**	4.05
4	湖北片区	10	21044	515	0.286**	20.21	60545	0.281**	11.09
5	四川片区	39	98052	1283	0.380**	9.20	206682	0.344**	7.08
6	粤闽赣片区	27	58745	801	0.223**	13.33	51759	0.285**	6.42
7	陕甘片区	47	109010	990	0.296**	7.20	256341	0.558**	2.48

注：1）数据源于二普土壤剖面（1979—1987年采样，0—20cm土层）数据库，土壤有机质含量单位为g/kg。
　　2）数据源于2005—2017年农田耕层（0—20cm）土壤养分调查数据库，土壤有机质含量单位为g/kg。
　　3）20%验证样本所获预测值与实测值的线性回归R^2（决定系数，其中**表示1%水平显著）和RMSE（均方根误差）。

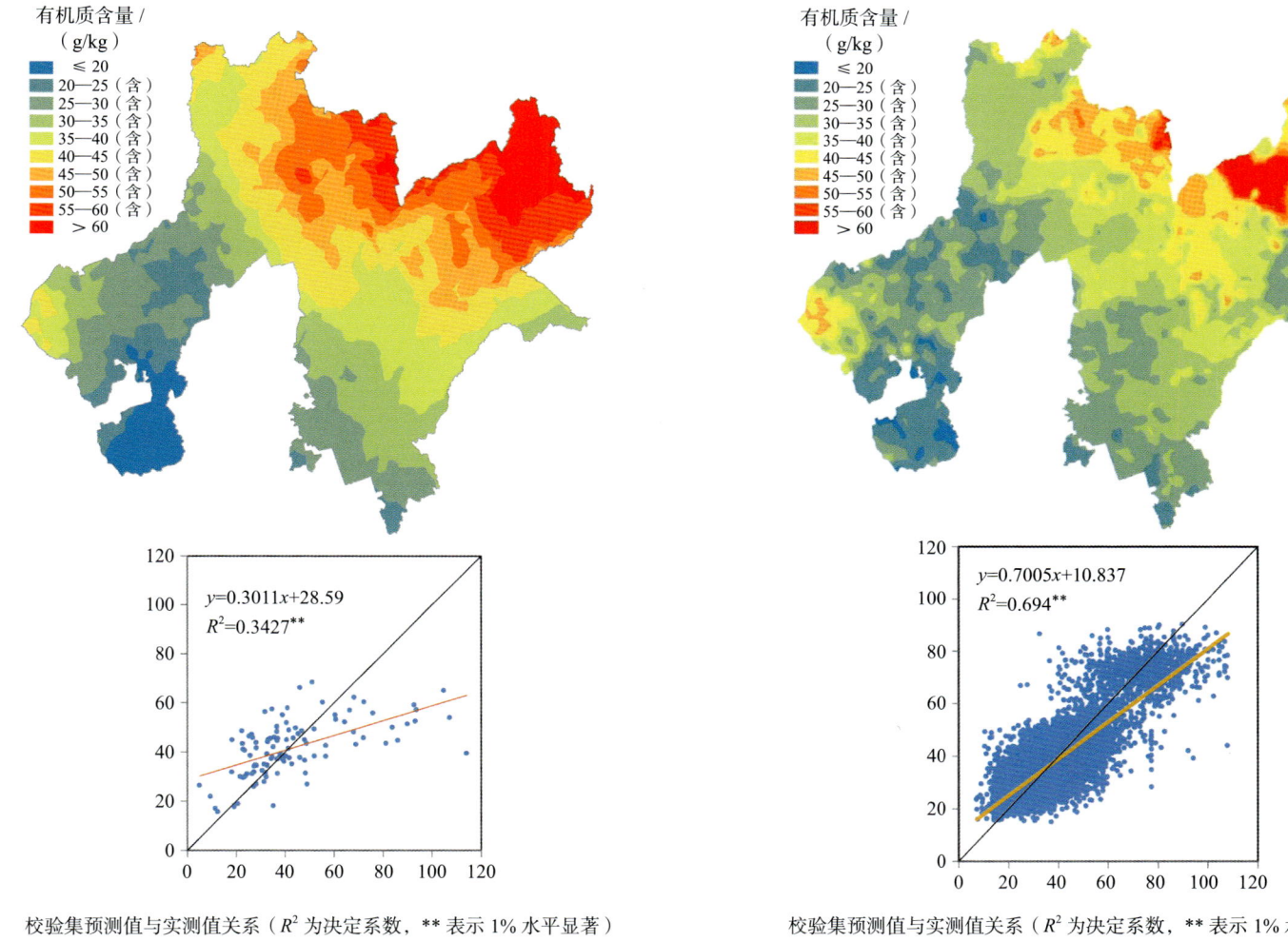

校验集预测值与实测值关系（R^2 为决定系数，** 表示 1% 水平显著）
1979—1987 年二普典型剖面采样，土层厚度 0—20cm

校验集预测值与实测值关系（R^2 为决定系数，** 表示 1% 水平显著）
2005—2017 年农田耕层土壤采样，土层厚度 0—20cm

图 3　东北片区土壤有机质含量分布图及地统计检验结果

参编单位

《中国土壤剖面数据集》的编制工作始于 1998 年。其编制过程主要分为以下两个阶段：

第一阶段为全国 1∶5 万土壤图编制和中国剖面数据库构建阶段。20 世纪末，随着现代科学研究与管理对土壤时空信息的迫切需要和大数据技术的发展，利用土壤调查结果构建我国土壤资源与质量时空数据库日益显现出可行性和必要性。1998 年，我国土壤科技工作者开始对二普分县土壤图件和资料进行系统收集和整理，这项工作曾得到国家社会公益性研究专项的资助。"十一五"期间，"我国 1∶5 万土壤图籍编撰及高精度数字土壤构建"被列为国家科技基础性工作专项重点项目。在全国各地农业、国土、档案等多家单位的大力配合和各地土壤科技工作者的支持下，项目组汇聚全国土壤科学、农业、测绘与环境领域多家专业科研院所的科研力量，深入 31 个省、自治区、直辖市以及数百个县的原始图件与资料存放部门，完成了 2200 多个县的分县大比例尺纸质土壤图与土种志的收集。同时，项目组还收集了 31 个省、自治区、直辖市的分省土壤图、土壤有机质含量图等多类别土壤专题图和分省土壤调查资料，并在此基础上，项目组研究人员通过融合多学科方法创建土壤大数据方法，以方法创新带动异源非标准海量土壤信息的时空整合与表达，至 2017 年，完成了我国 1∶5 万土壤图的整合表达和中国土壤剖面数据库的构建，为编制《中国土壤剖面数据集》奠定了科学基础、方法基础和数据基础。

第二阶段为《中国土壤剖面数据集》编制阶段。为满足我国农业、林业、环境、气象、国土、水利等各部门对公众版土壤资源与质量信息的迫切需求，项目组于 2017 年启动了数据集编制工作。在数据集编制过程中，项目组一方面利用土壤大数据方法进行数据的审核、土壤专题图的缩编与剖面数据表的表达等多项工作，另一方面组织了各省级土壤专业科研院所参与各分卷内容的审核和修订工作。数据集的编制还得到了中国农业科学院科技创新工程的资助。

本数据集的最终面世离不开多家科研单位在过去 20 多年时间里的共同付出。这些单位包括国家科技基础性工作专项重点项目"我国 1∶5 万土壤图籍编撰及高精度数字土壤构建""我国 1∶5 万土壤图籍编撰及高精度数字土壤构建二期工程"主持与参加单位、参加数据集各分卷审核和修订工作的土壤专业科研单位以及参与分县大比例尺纸质土壤图与土种志收集的各地相关管理与科研部门（附录 10）。

（张维理、徐爱国、张认连、冀宏杰）

序图

中国土壤图
1：13 000 000

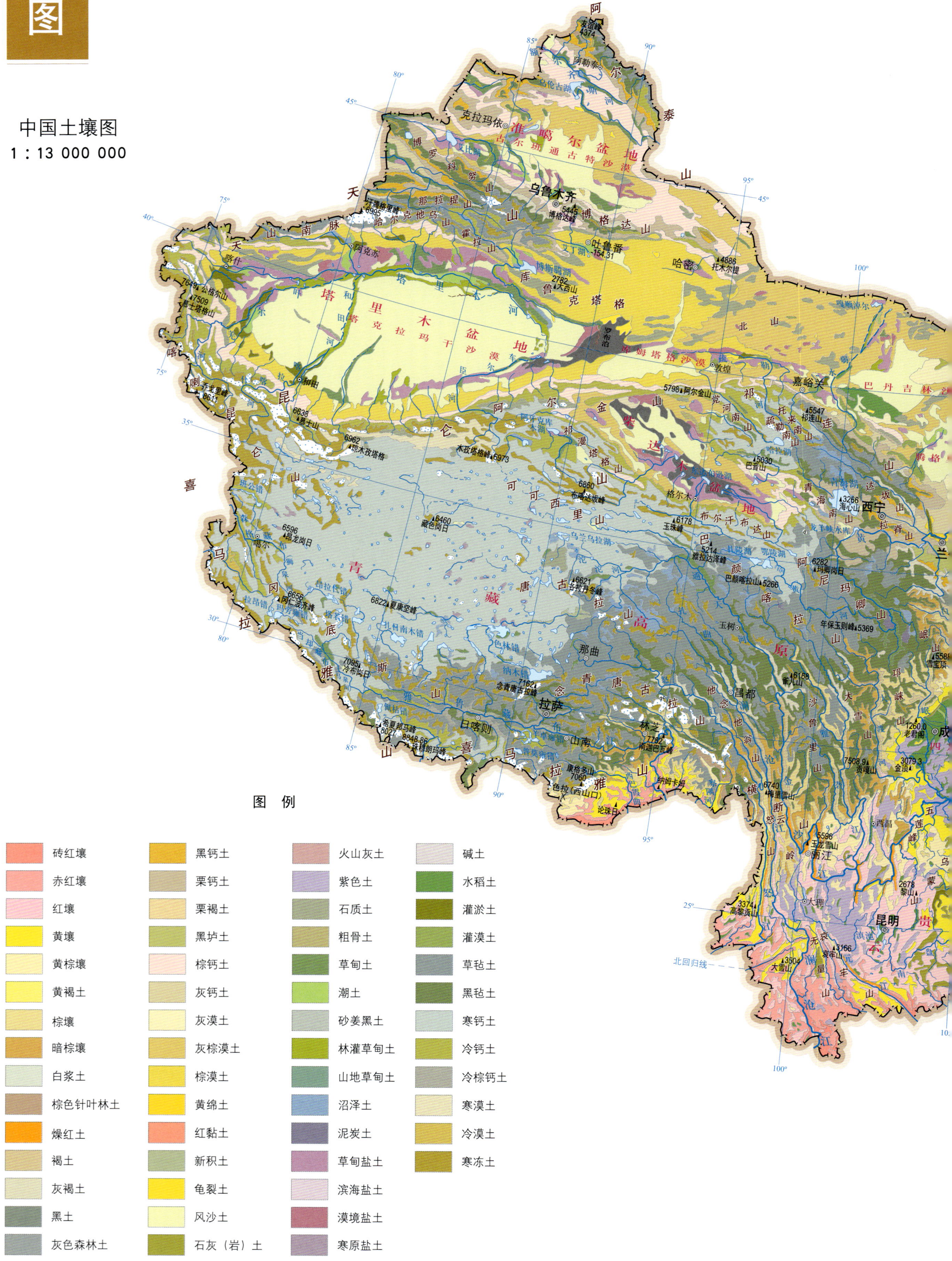

图例

砖红壤	黑钙土	火山灰土	碱土
赤红壤	栗钙土	紫色土	水稻土
红壤	栗褐土	石质土	灌淤土
黄壤	黑垆土	粗骨土	灌漠土
黄棕壤	棕钙土	草甸土	草毡土
黄褐土	灰钙土	潮土	黑毡土
棕壤	灰漠土	砂姜黑土	寒钙土
暗棕壤	灰棕漠土	林灌草甸土	冷钙土
白浆土	棕漠土	山地草甸土	冷棕钙土
棕色针叶林土	黄绵土	沼泽土	寒漠土
燥红土	红黏土	泥炭土	冷漠土
褐土	新积土	草甸盐土	寒冻土
灰褐土	龟裂土	滨海盐土	
黑土	风沙土	漠境盐土	
灰色森林土	石灰（岩）土	寒原盐土	

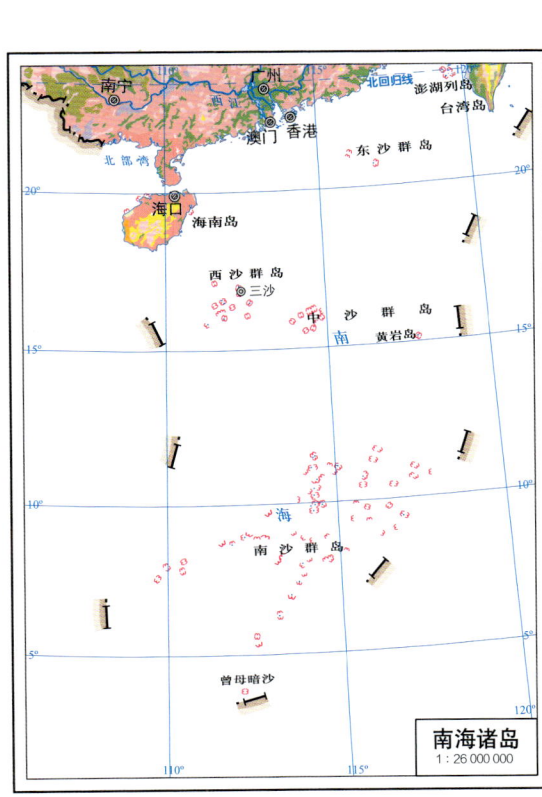

中国土壤有机质含量图
1 : 13 000 000

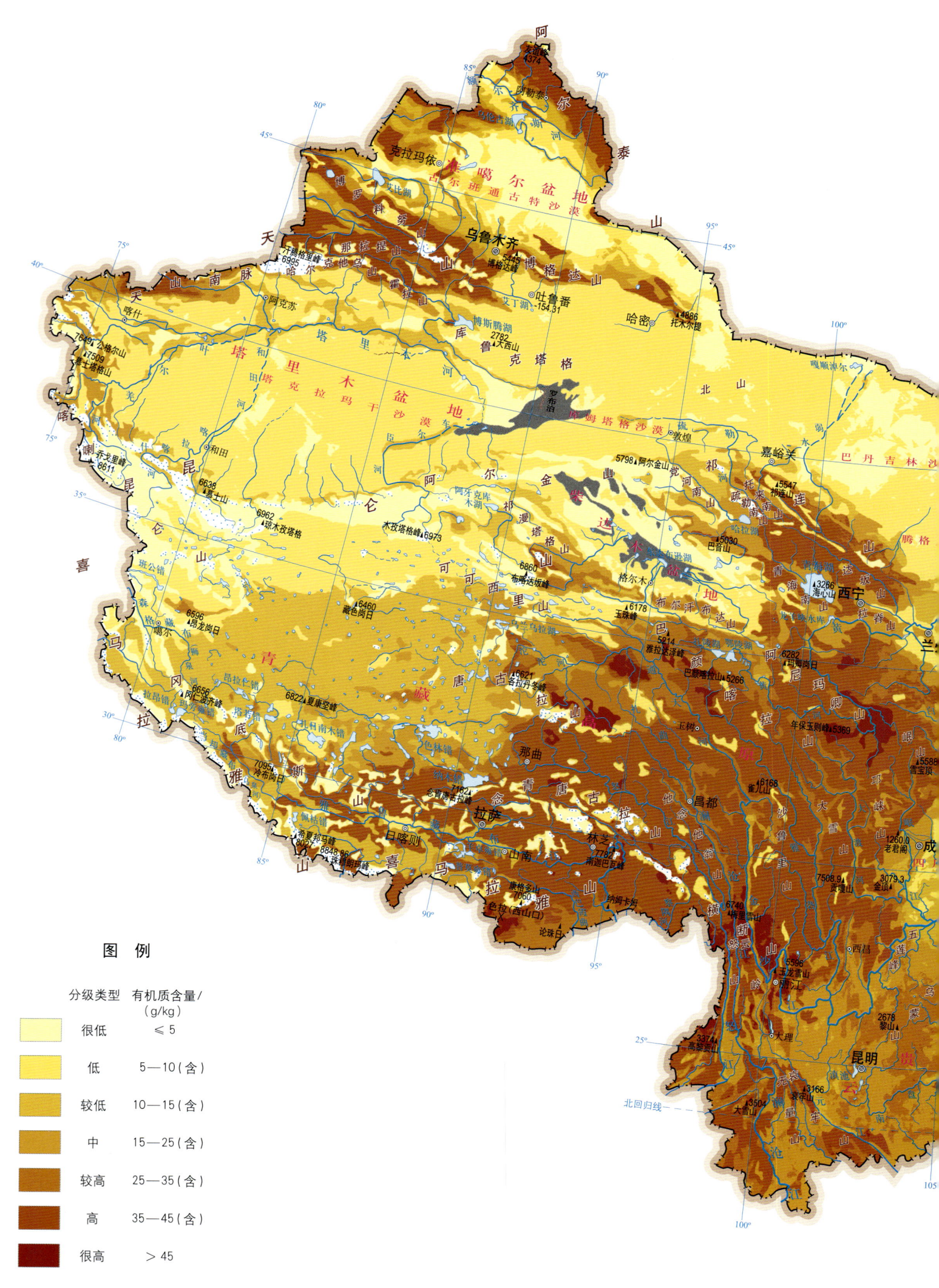

图 例

分级类型	有机质含量/(g/kg)
很低	≤ 5
低	5—10（含）
较低	10—15（含）
中	15—25（含）
较高	25—35（含）
高	35—45（含）
很高	> 45

注：土层厚度为0—30cm。

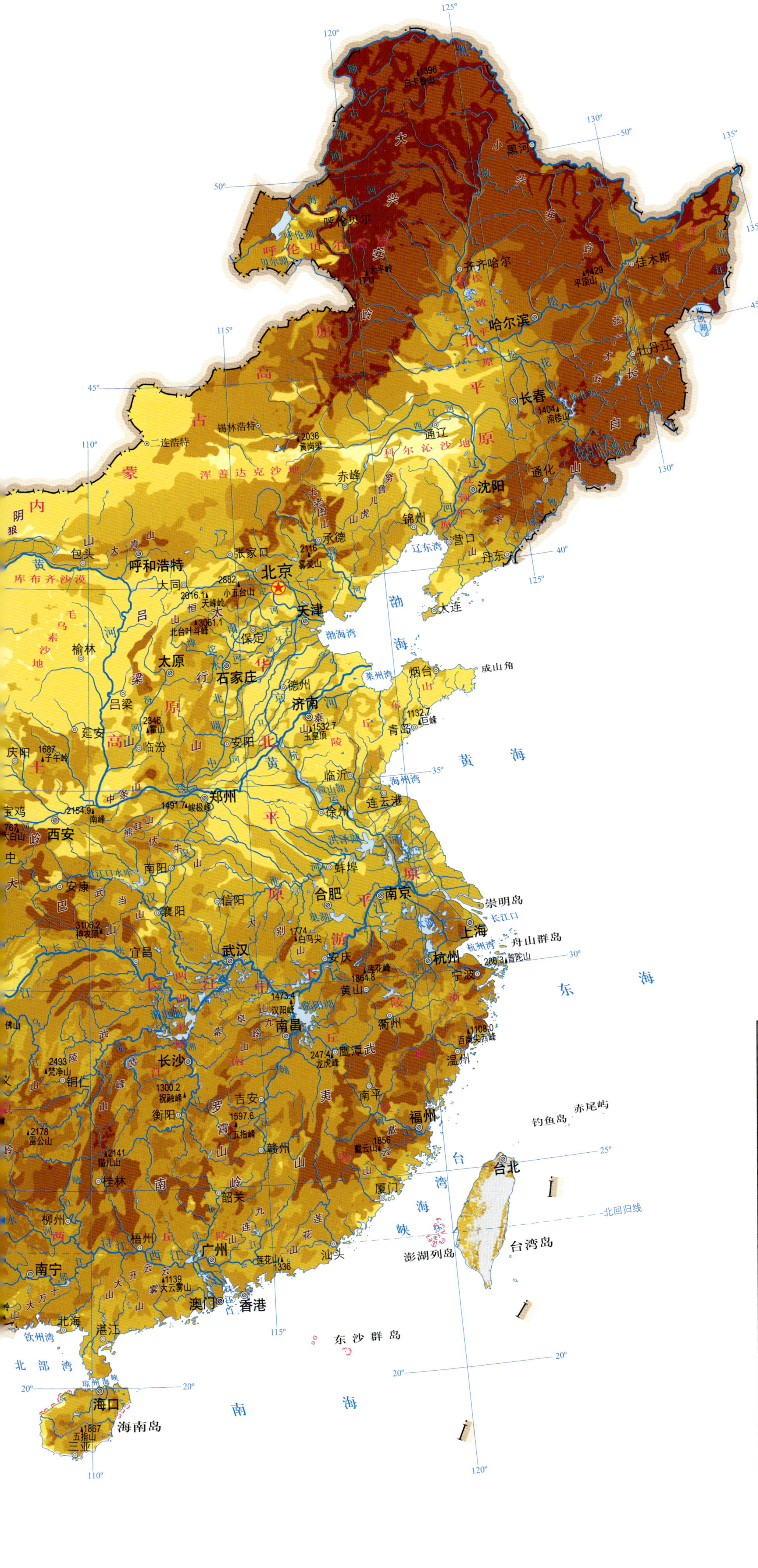

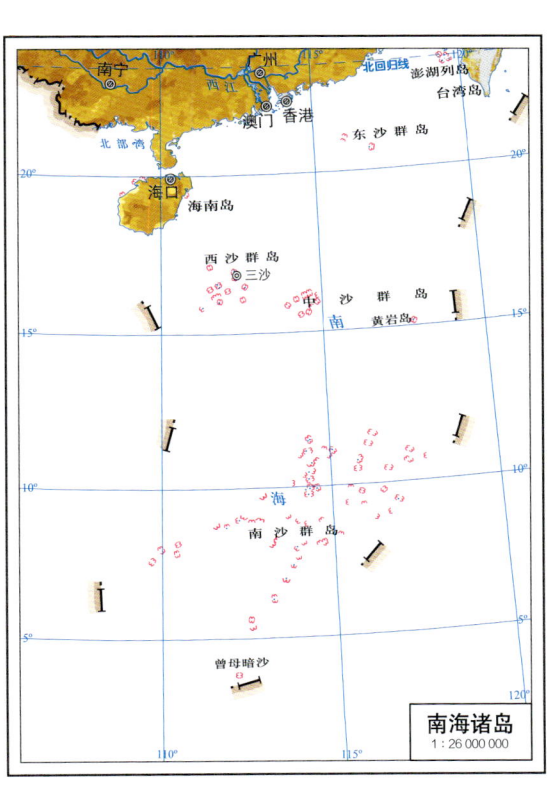

中国地势图

1 : 13 000 000

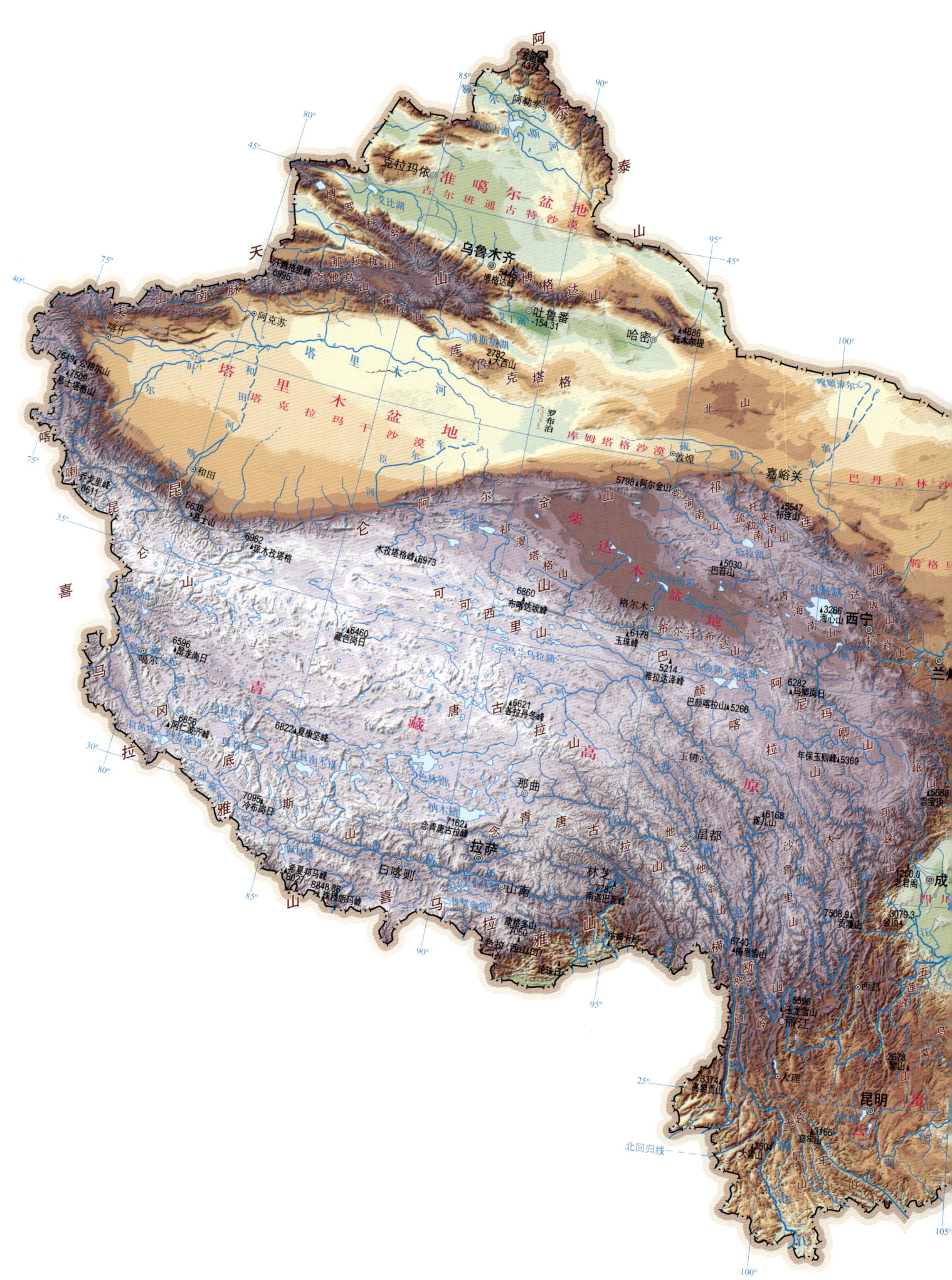

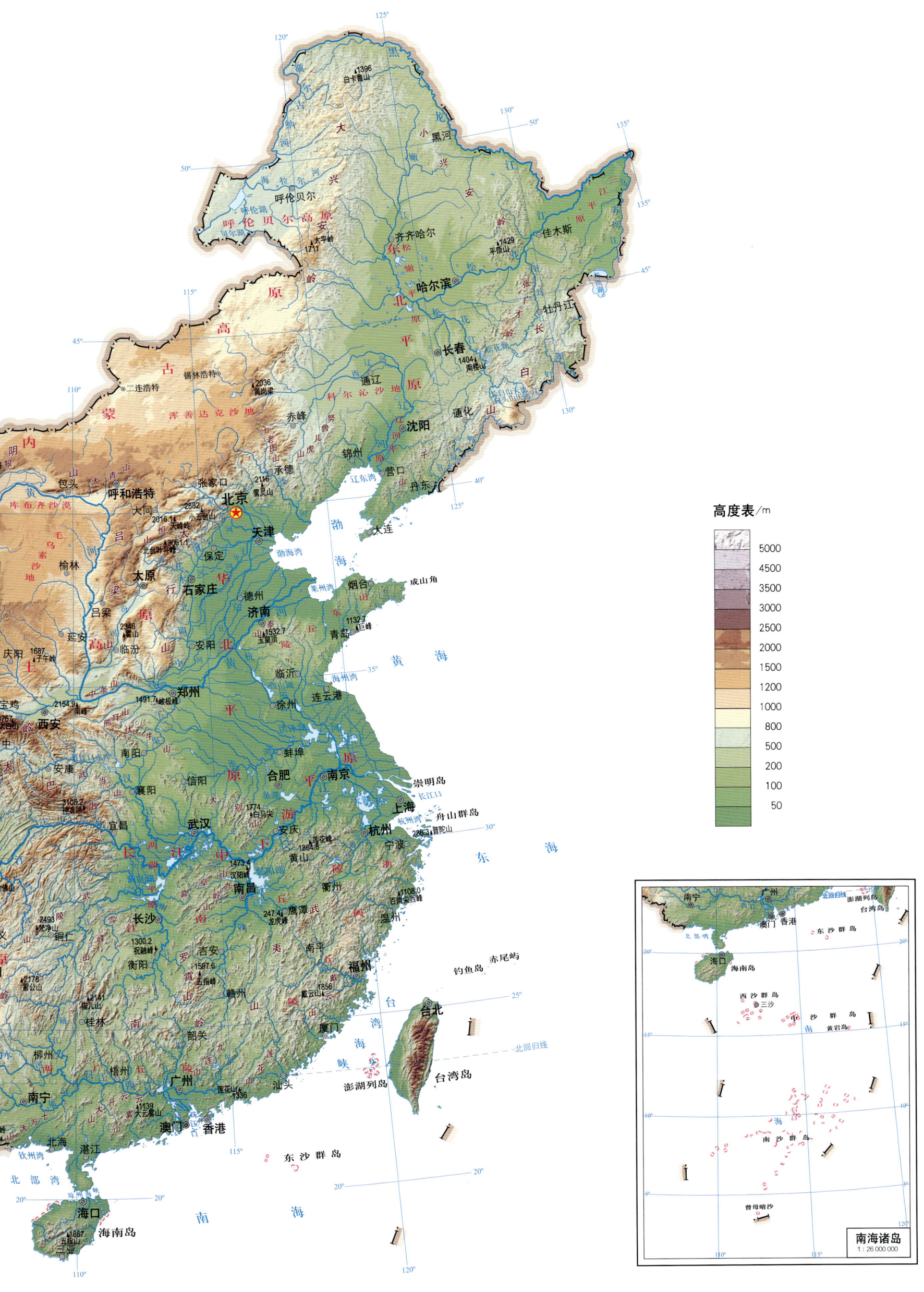

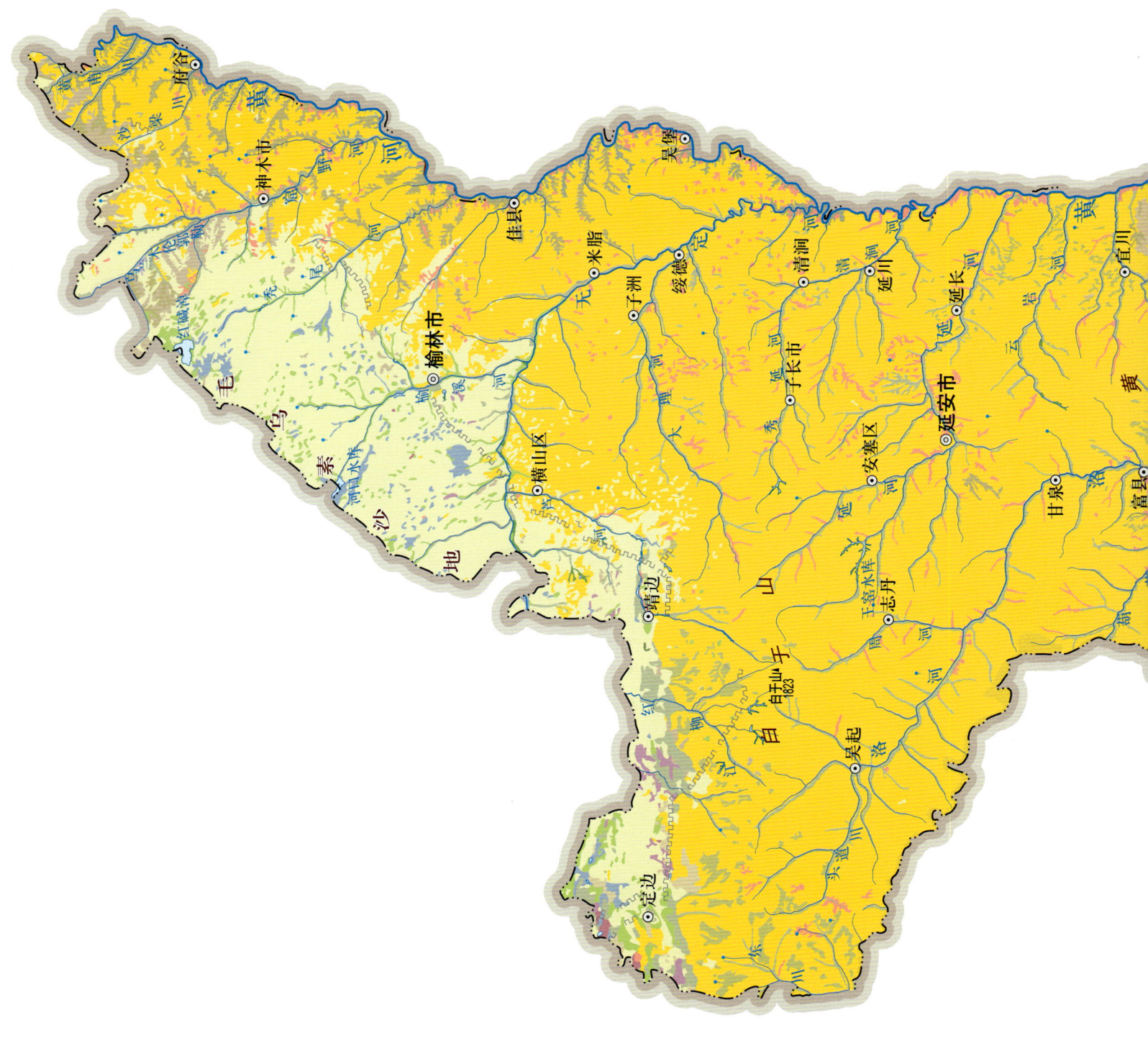

陕西省土壤图
1∶2 000 000

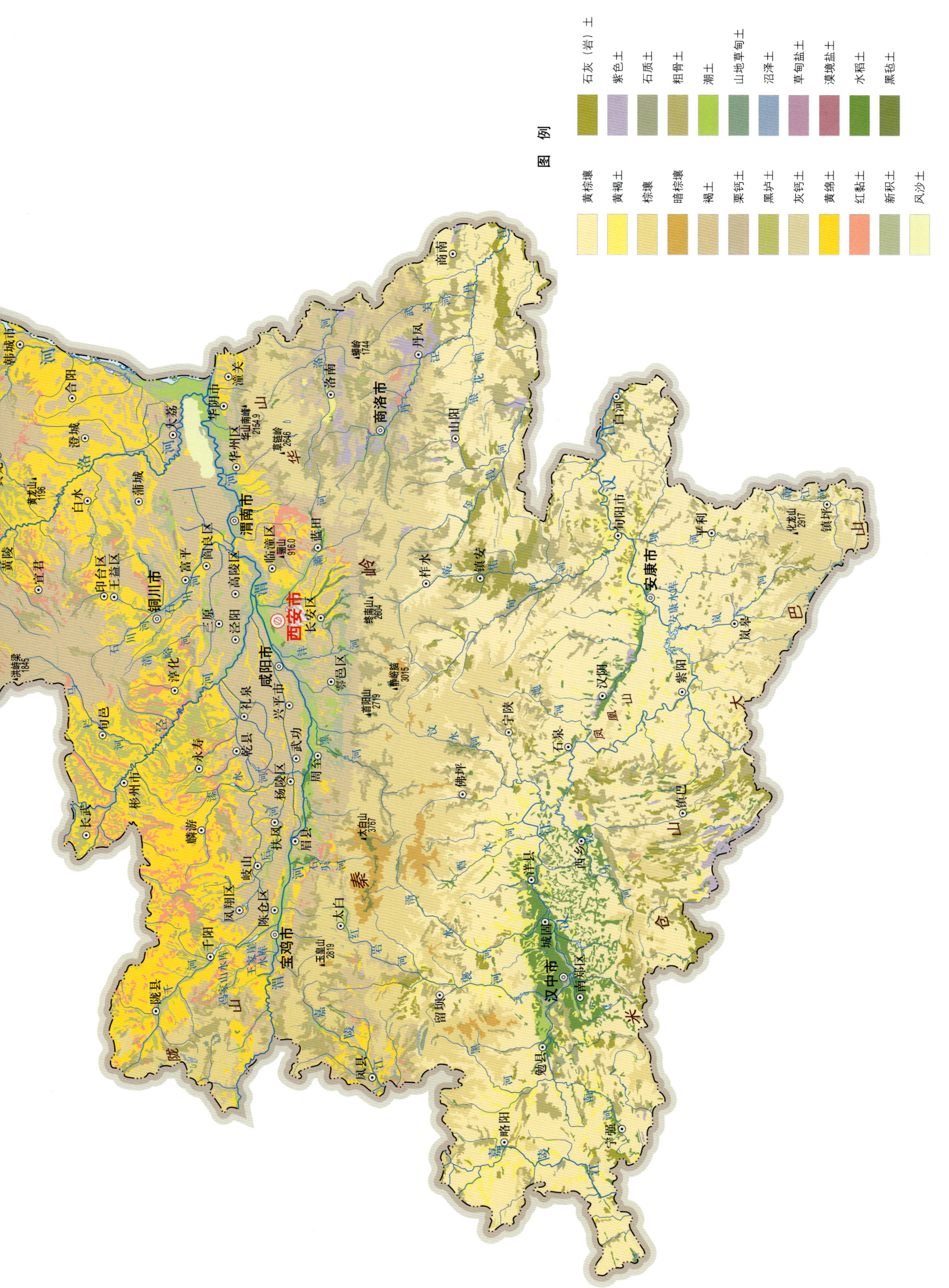

第一编 编制说明与序图 | 027

陕西省土壤有机质含量图
1∶2 000 000

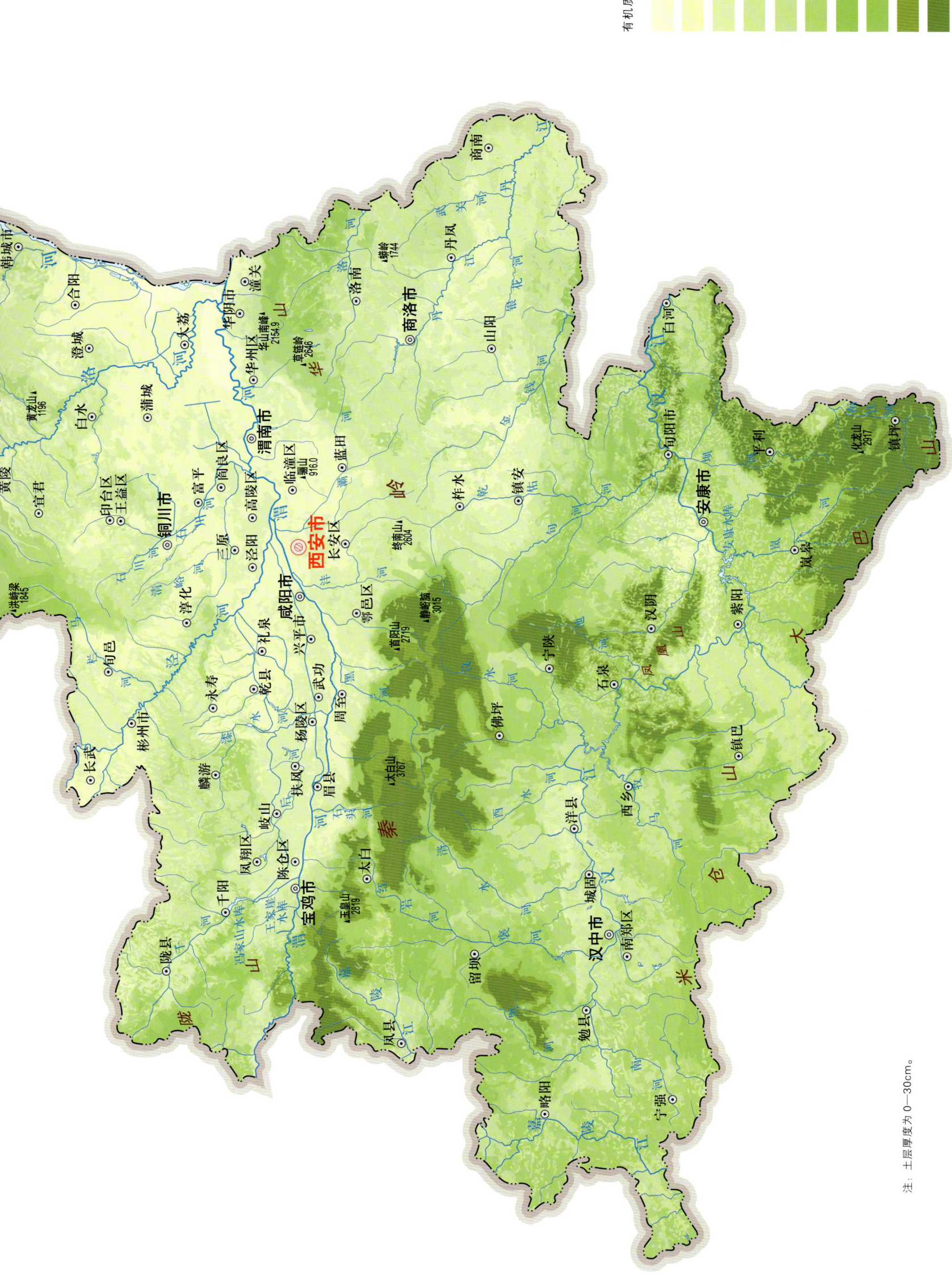

陕西省地势图
1∶2 000 000

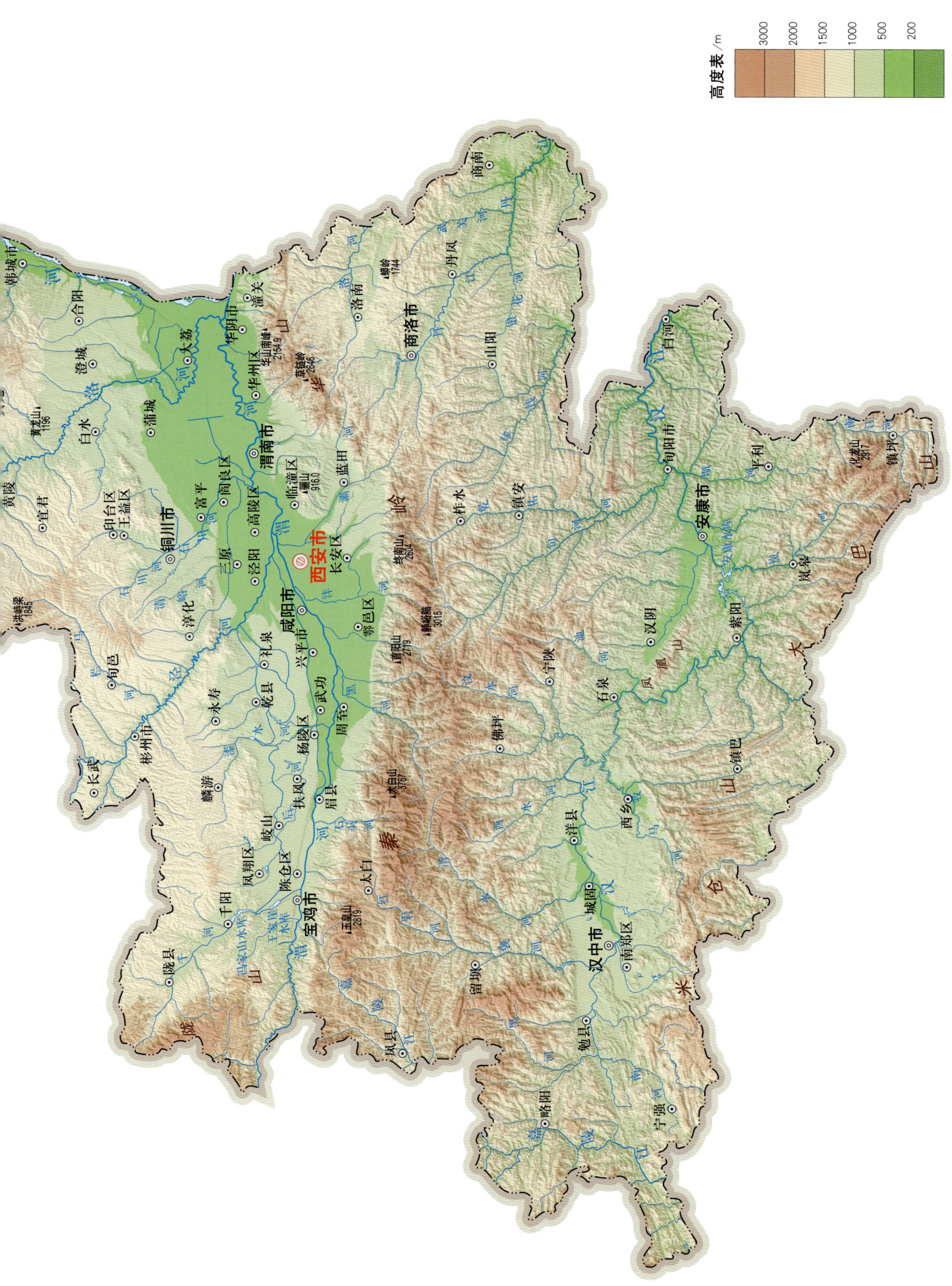

中国土壤剖面数据集·陕西卷

第二编 | 分县土壤图与土壤剖面数据

西 安 市

市 辖 区

主要土类说明

褐土是西安市主要土壤类型，占本市地域面积的 34%。褐土主要发育于暖温带半湿润区，处于硅铝风化阶段，具有明显的黏淀层。在其 A-B-C 剖面构型中，B 层呈棕褐色，B 层下部有假菌丝状钙积层。土壤盐基饱和度在 80% 以上。

黄绵土是西安市第二大土壤类型，占本市地域面积的 24%。黄绵土是由黄土母质直接翻耕形成的初育土，主要分布在有一定侵蚀的山地、沟道及坡度较大的塬边，与褐土交错分布。由于土壤侵蚀严重，表层长期遭侵蚀，只能不断加深耕作黄土母质层，因而母质特性明显。土壤无明显发育，为 A-C 型土。由于风成黄土富含细粉粒，故质地、结构均一，疏松绵软，富含石灰，磷、钾储量较丰富，但有效性差，土壤有机质缺乏。

新积土是西安市第三大土壤类型，占本市地域面积的 11%，主要分布在河流两岸及河漫滩。新积土是由新近冲积、洪积、坡积、塌积或人工堆垫形成的土壤，成土期短，母质特性明显，具 A-C 或（A）-C 剖面构型。

潮土占本市地域面积的 10%，多见于近代河流冲积平原或低平阶地，地下水位高，潜水参与成土过程。在潮土成土过程中，底土氧化还原作用交替进行，形成锈色斑纹和小型铁子。

粗骨土占本市地域面积的 3%，主要分布在石质山地的陡坡地段。粗骨土是在岩石风化碎屑上形成的幼年土壤，发育微弱，属于 A-C 型，甚至（A）-C 型土壤。A 层发育不明显，与母质土层性状相似，略显有机质累积。有时母质层富含砾石，很少出现剖面分异与发育特征。

小于本市地域面积 3% 的土壤类型有红黏土、水稻土、沼泽土。

本区域中心区气候特征

本区域中心区气候特征值 Regional climate characteristics in central area of the region	
气候带：暖温带亚湿润气候 Climate region: Warm temperate subhumid climate	
年平均气温 /℃ Annual average temperature /℃	13.4
年平均最高气温 /℃ Annual average maximum temperature /℃	19.3
年平均最低气温 /℃ Annual average minimum temperature /℃	8.8
年降水量 /mm Annual precipitation /mm	563
≥10℃的积温 /℃ Daily temperature accumulated in a year（≥10℃）/℃	8121
年日照时数 /h Annual sunshine /h	1774
年平均相对湿度 /% Annual average relative humidity /%	69
干燥度 Dryness	1.44

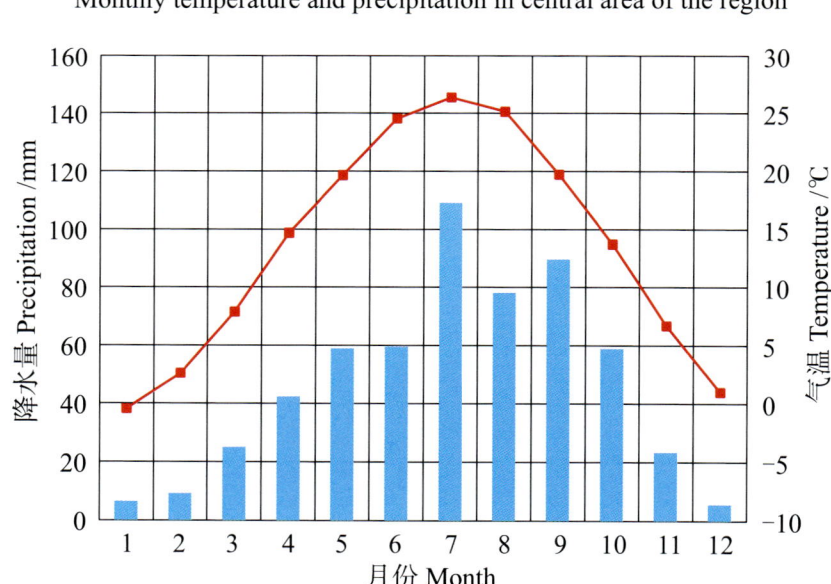

本区域中心区月平均气温与月平均降水量
Monthly temperature and precipitation in central area of the region

西安市市辖区（部分）主要土壤类型与土壤剖面点分布图
1 : 280 000

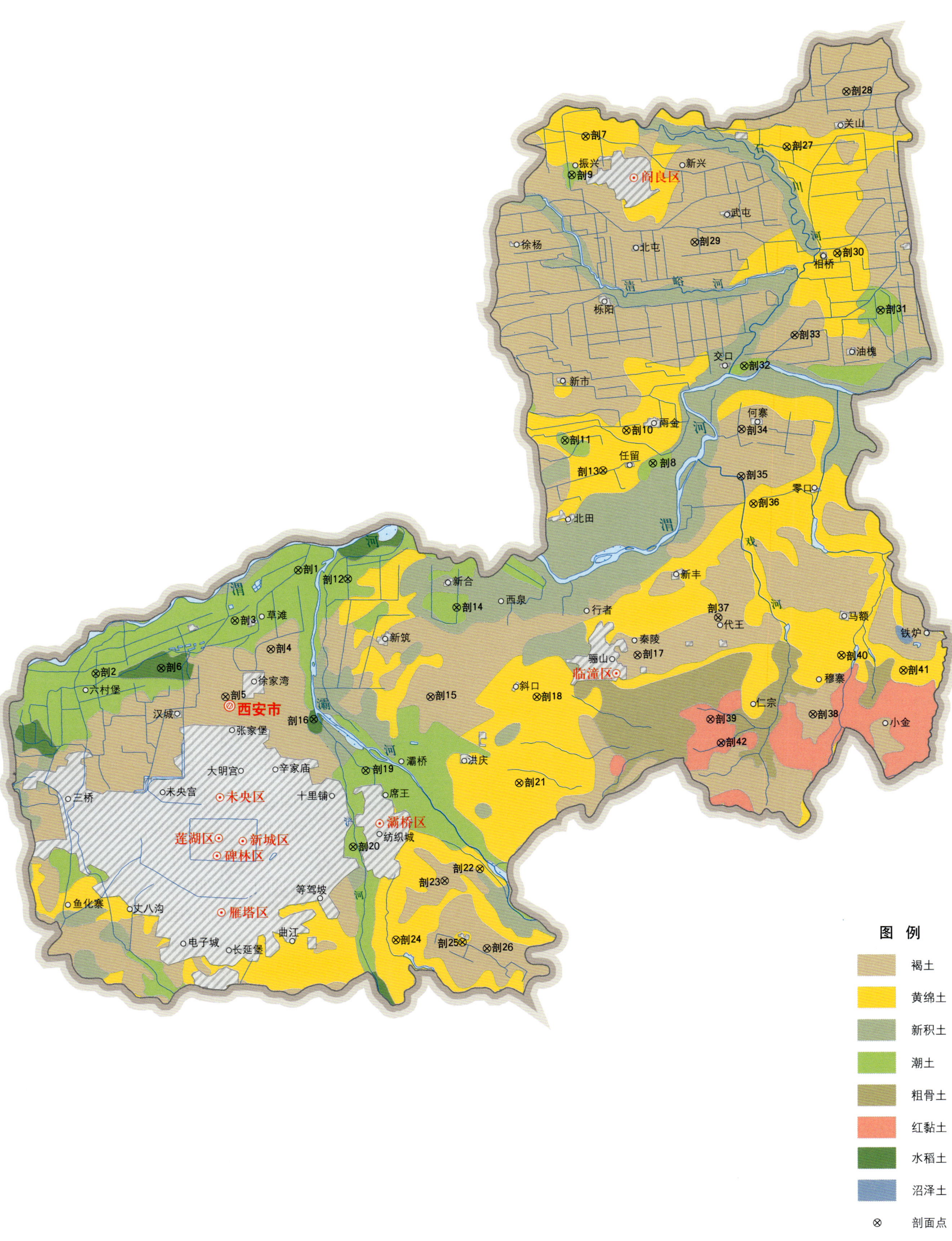

西安市土壤剖面理化性状表

剖面号 Soil profile	土纲 Soil order	土类 Soil great group	亚类 Soil subgroup	土属 Soil genus	土种 Soil species	土层码 Layer code	土层厚度 Depth/cm	颜色 Soil color	质地 Soil texture	土壤结构 Soil structure	pH	有机质 OM/(g/kg)	全氮 TN/(g/kg)	全磷 TP/(g/kg)	全钾 TK/(g/kg)	阳离子交换量CEC/(cmol/kg)	土壤母质 Parent material	剖面点坐标 Profile coordinate	匹配指数 Matching index/%
剖1	半水成土	潮土	褐潮土	泥质褐潮土	泥质褐潮土	A	0—20	灰棕色	中壤土	粒块结构							沉积物	E 108°59′33.9″ N 34°25′27.1″	96
						Ap	20—27	灰棕色	中壤土	块状									
						3	27—72	浅棕色	中壤土	块状									
						W₁	72—105	浅灰棕色	重壤土	块状									
						W₂	105—170	浅灰棕色	轻壤土	块状、小块状									
剖2	半水成土	潮土	盐化潮土	氯化物硫酸盐潮土	轻度盐化潮土	1	0—19	浅灰棕色	轻壤土	粒块状	8.2	11.6	0.69	0.77			冲积物	E 108°50′57.7″ N 34°21′40.4″	77
						Ap	19—26	浅灰棕色	轻壤土	块状	8.5	9.0	0.58	0.70					
						W₁	26—47	浅灰棕色	轻壤土	块状	8.4	9.6	0.57	0.71					
						W₂	47—114	黄棕色	轻壤土	块状	8.3	8.0	0.54	0.70					
						5	114—145	浅黄棕色	细砂土	无明显结构									
剖3	半水成土	潮土	潮褐土	壤质潮土	绵潮土	A₁	0—16	浅灰棕色	壤土	团粒结构	8.5	14.1	0.84	1.00	17.2	6.6	冲积物	E 108°56′53.1″ N 34°23′37.6″	87
						A₂	16—23	灰棕色	壤土	碎块状	8.4	12.2	0.84	1.02	24.2	5.9			
						AC	23—110	黑棕色	壤土	碎块状	8.6	4.8	0.35	0.88	17.2	6.7			
						Cu	110—170	浅棕褐色	粉砂质壤土	小棱块状	8.8	5.7	0.39	0.60	31.9	16.9			
						C	170—180	蓝灰色	垫砂土	小棱块状	8.8	4.6	0.33	0.78	23.8	12.4			
剖4	半淋溶土	褐土	塿土	黑塿土		A	0—24	灰棕色	中壤土	粒块状	9.0	10.2	>6.00	0.74		13.7	淤积物	E 108°58′27.3″ N 34°22′39.1″	86
						Ap	24—30	浅灰棕色	中壤土	块状	8.2	10.6	0.63	0.73		13.3			
						3	30—36	浅灰棕色	中壤土	块状	8.4	8.4	0.59	0.68		10.8			
						Bt₁	36—60	黑棕色	重壤土	小棱块状	8.6	9.0	0.53	0.55		21.3			
						Bt₂	60—112	黑棕色	重壤土	小棱块状	8.8	8.5	0.47	0.51		24.0			
						C	112—130	灰棕色	中壤土	块状	9.0	6.6	0.42	0.49		18.7			
剖5	半淋溶土	褐土	塿土	褐塿土		1	0—21	灰棕色	中壤土	粒块状	8.2	13.0	0.91	0.96	20.0	9.4	黄土	E 108°56′32.3″ N 34°20′56.5″	97
						Ap	21—30	浅灰棕色	中壤土	块状	8.2	8.0	0.61	0.96	22.6	14.8			
						3	30—70	浅灰棕色	中壤土	块状	8.2	8.2	0.61	0.95	39.5	10.8			
						[B]	70—128	褐色	中壤土	棱块状	8.3	6.7	0.51	0.78	24.8	14.1			
						Bk	128—220	黄棕色	中壤土	无明显结构	8.2	3.7	0.39	0.69	17.4	9.4			
剖6	人为土	水稻土	潜育水稻土	冲积洪积型潜育水稻土	青泥田	A	0—15	灰棕色	中壤土	无明显结构							洪冲积物	E 108°53′45.4″ N 34°21′54.3″	91
						G	15—25	青灰色	粗砂土	无明显结构									
						3	25—	浅灰白色	中壤土										
剖7	初育土	黄绵土	黄绵土	黄壤土		1	0—14	浅灰棕色	中壤土	块状		5.6	0.40	1.25		7.7	黄土	E 109°11′35.9″ N 34°40′58.1″	87
						Ap	14—23	黄棕色	中壤土	块状		5.5	0.42	1.41		7.3			
						3	23—104	黄棕色	中壤土	块状		6.1	0.34	1.45		7.2			
						C	104—170	黄棕色	中壤土	无明显结构		5.4	0.37	1.45		6.8			
剖8	半水成土	潮土	潮土	泥质潮土		1	0—14	暗棕色	重壤土	粒状		13.3	0.84	2.01		9.6	洪冲积物	E 109°14′43.2″ N 34°29′27.9″	97
						2	14—67	灰棕色	重壤土	块状		10.8	0.52	1.57		9.9			
						3	67—103	浅灰棕色	轻壤土	块状		7.0	0.52	1.48		12.7			
						W	103—200	浅灰棕色	中壤土	粒状		9.8	0.56	1.43		13.4			
剖9	半水成土	潮土	褐潮土	褐塿土	莱园褐潮土	1	0—22	灰棕色	中壤土	块状							冲积物	E 109°11′01.9″ N 34°39′36.0″	98
						Ap	22—32	灰棕色	中壤土	块状									
						3	32—81	浅灰棕色	中壤土	块状									
						W₁	81—135	浅灰棕色	中壤土	块状									
						W₂	135—180	浅灰棕色	中壤土	棱块状									

续表 Continued

剖面号 Soil profile	土纲 Soil order	土类 Soil great group	亚类 Soil subgroup	土属 Soil genus	土种 Soil species	土层码 Layer code	土层厚度 Depth/cm	颜色 Soil color	质地 Soil texture	土壤结构 Soil structure	pH	有机质 OM/(g/kg)	全氮 TN/(g/kg)	全磷 TP/(g/kg)	全钾 TK/(g/kg)	阳离子交换量CEC/(cmol/kg)	土壤母质 Parent material	剖面点坐标 Profile coordinate	匹配指数 Matching index/%
剖10	初育土	黄绵土	黄绵土	黄绵土	灰黄绵土	1	0–12	灰棕色	中壤土	团块状							黄土	E 109°13′33.8″ N 34°30′37.2″	89
						2	12–30	浅灰棕色	中壤土	块状									
						3	30–42	灰黑色	中壤土	块状									
						4	42–180	黄棕色	轻壤土	块状									
						5	180–200	黄棕色	中壤土										
剖11	半水成土	潮土	盐化潮土	盐化潮土		1	0–5				8.4						冲积物	E 109°10′55.8″ N 34°30′13.8″	88
						2	5–15				8.8								
						3	15–30				8.8								
						4	30–50				8.9								
						5	50–70				8.6								
剖12	半水成土	潮土	盐化潮土	盐化潮土		1	0–5				8.3						冲积物	E 109°01′42.4″ N 34°25′10.5″	77
						2	5–15				8.3								
						3	15–30				8.3								
剖13	初育土	黄绵土	黄绵土	白墡土	梯地白墡土	1	0–18	黄棕色	轻壤土	粒块状		7.0	0.57	1.34	19.4		黄土	E 109°12′35.1″ N 34°29′10.9″	85
						2	18–30	黄棕色	轻壤土	块状		4.9	0.37	1.30	20.3				
						3	30–150					4.8	0.38	1.44	19.0				
剖14	半水成土	潮土	湿潮土	脱湿潮土		1	0–16	深灰棕色	轻壤土	粒块状							洪冲积物	E 109°06′23.6″ N 34°24′14.6″	72
						Ap	16–30	灰棕色	轻壤土	块状									
						3	30–63	浅灰棕色	轻壤土	块状									
						W	63–89	红棕色	中壤土	棱块状									
						G	89–150	灰青色	中壤土	无明显结构									
剖15	半淋溶土	褐土	埁土	黑油土		1	0–13				8.1	12.5	1.60	1.33		18.1	黄土	E 109°05′20.3″ N 34°21′04.7″	80
						2	13–23				8.0	11.7	0.79	1.25		20.8			
						3	23–85				8.1	8.8	0.61	1.01		20.2			
						4	85–197				8.0	13.7	0.73	0.92		23.9			
						5	197–210				8.2	8.6	0.49	1.27		17.0			
剖16		水稻土	潴育水稻土	锈泥田	中位夹砂锈泥田	A	0–15	暗灰棕色	轻壤土	块状	8.2	9.7	0.63	0.77	22.8	4.1	洪冲积物	E 109°00′21.1″ N 34°20′12.3″	75
						P	15–32	浅棕灰色	砂壤土	块状	8.4	2.1	0.36	0.52	21.2	2.7			
						W	32–83	浅灰棕色	轻壤土	块状	8.6	3.2	0.29	0.68	18.3	3.6			
						4	83–100	浅灰黄色	细砂土	无明显结构									
剖17	半淋溶土	褐土	淋溶褐土	黄土质淋溶褐土	耕种胶泥土	1	0–33	灰褐色	重壤土	块状								E 109°14′11.8″ N 34°22′41.1″	84
						2	33–91	棕褐色	重壤土	棱柱状									
						3	91–176	棕褐色	重壤土	棱块状									
						4	176–210	褐色	中壤土	棱块状									
剖18	初育土	黄绵土	黄绵土	黄绵土	梯地黄绵土	1	0–15	灰棕色	中壤土	团块状		9.8	0.69	0.74	19.6	10.5	黄土	E 109°09′54.1″ N 34°21′08.5″	72
						2	15–35	浅灰棕色	中壤土	块状		6.4	0.47	0.70	22.9	10.4			
						3	35–105	黄灰棕色	中壤土	粒状块状		5.4	0.42	0.61	22.0	8.2			
剖19	半水成土	潮土	潮土	泥质潮土		1	0–15	棕色	轻壤土	块状							洪冲积物	E 109°02′36.8″ N 34°18′25.2″	70
						2	15–26	浅灰棕色	中壤土	块状									
						3	26–67	灰棕色	轻壤土	粒状									
						W	67–150	浅灰黄相间	轻壤土	层状									
剖20	半水成土	潮土	褐潮土	褐潮土		1	0–17	棕色	中壤土	块状							洪冲积物	E 109°02′07.6″ N 34°15′42.4″	74
						2	17–113	黑红黄相间	砂壤土	无明显结构									
						W	113–150												
						4	150—												

续表 Continued

剖面号 Soil profile	土纲 Soil order	土类 Soil great group	亚类 Soil subgroup	土属 Soil genus	土种 Soil species	土层码 Layer code	土层厚度 Depth/ cm	颜色 Soil color	质地 Soil texture	土壤结构 Soil structure	pH	有机质 OM/ (g/kg)	全氮 TN/ (g/kg)	全磷 TP/ (g/kg)	全钾 TK/ (g/kg)	阳离子 交换量CEC/ (cmol/kg)	土壤母质 Parent material	剖面点坐标 Profile coordinate	匹配指数 Matching index/%
剖21	初育土	黄绵土	黄绵土	黄墡土		1	0—15				8.5	10.7	0.61	2.12			黄土	E 109°09′12.3″ N 34°18′04.6″	88
						2	15—25				8.5	8.9	0.58	1.97					
						3	25—110				8.7	5.3	0.37	1.83					
剖22	初育土	黄绵土	黄绵土	黄墡土		1	0—24	浅棕色	中壤土	粒块状							黄土	E 109°07′34.4″ N 34°15′04.9″	99
						Ap	24—34	浅棕色	中壤土	块状									
						Bk	34—120	黄棕色	中壤土	块状									
						C	120—150	棕黄色	轻壤土	碎块状									
剖23	半淋溶土	褐土	墡土	黑油土		1	0—31	灰棕色	中壤土	粒状							黄土	E 109°06′04.2″ N 34°14′33.9″	80
						3	31—40	深灰棕色	中壤土	块状									
						Bt	40—68	暗褐色	重壤土	棱柱状									
						Bk	68—130	黄褐色	中壤土	块状									
							130—200	黄棕色	中壤土	粒状									
剖24	初育土	黄绵土	黄绵土	坡地黄墡土		1	0—15	黄棕色	中壤土	块状							黄土	E 109°04′02.0″ N 34°12′26.3″	81
						Ap	15—22	黄棕色	中壤土	块状									
						3	22—48	黄棕色	中壤土	块状									
						C	48—150	黄棕色	中壤土	粒块状									
剖25	初育土	黄绵土	黄绵土	黄墡土		1	0—18	灰棕色	中壤土	块状							黄土	E 109°06′53.0″ N 34°12′24.1″	88
						Ap	18—25	黄棕色	中壤土	块状									
						3	25—49	黄棕色	中壤土	块状									
						C	49—150	黄棕色	中壤土	粒块状									
剖26	半淋溶土	褐土	墡土	褐墡土		1	0—26	浅灰棕色	中壤土	粒块状	8.6	10.9	0.61	2.08		15.4	黄土	E 109°07′56.4″ N 34°12′12.0″	75
						Ap	26—34	灰棕色	中壤土	块状	8.6	8.3	0.58	1.96		14.5			
						[B]	34—100	棕褐色	中壤土	棱块状	8.6	10.1	0.62	1.98		14.3			
						Bk	100—150	黄棕色	重壤土	块状	8.5	7.8	0.55	1.45		19.4			
						5	150—275		中壤土		8.6	4.2	0.27	1.58		11.5			
剖27	初育土	黄绵土	黄绵土	黄墡土		1	0—15	灰棕色	中壤土	粒状		11.6	0.57	1.50		9.9	黄土	E 109°20′16.3″ N 34°40′44.1″	75
						Ap	15—23	灰棕色	中壤土	层状		11.4	0.44	1.41		14.9			
						3	23—52	浅灰棕色	中壤土	块状		8.8	0.43	1.47		10.3			
						4	52—78	黄棕色	重壤土	棱块状		7.2	0.47	1.46		8.0			
						C	78—140	黄棕色	重壤土	块状		5.0	0.34	1.29		7.6			
剖28	半淋溶土	褐土	灰墡土			1	0—15	灰棕色	中壤土	粒状		16.5	0.78	1.50		11.0	黄土	E 109°22′48.5″ N 34°42′43.4″	90
						Ap	15—22	灰棕色	中壤土	片状		9.8	0.59	1.46		13.1			
						3	22—54	浅灰棕色	轻黏土	块状		8.9	0.60	1.54		13.6			
						[B]	54—128	灰褐色	轻黏土	棱块状		7.2	0.52	1.44		15.0			
						Bk	128—200	黄褐色	中壤土	块状		5.2	0.28	1.21		7.1			
剖29	半淋溶土	褐土	灰瓣土	斑斑灰墡土		1	0—17	棕褐色	中壤土	无明显结构							黄土	E 109°16′22.4″ N 34°37′18.3″	95
						Ap	17—26	黄棕色	中壤土	粒状									
						3	26—54	灰棕色	中壤土	块状									
						Bt	54—113	棕褐色	中壤土	棱块状									
						C	113—160	黄褐色	中壤土	块状									
							160—200	黄棕色	中壤土	块状									
剖30	初育土	黄绵土	墡土	淤墡土	淤墡土	1	0—20	灰棕色	轻壤土	团块状		9.2	0.69	1.85	18.9		黄土	E 109°22′31.2″ N 34°37′00.4″	97
						2	20—28	浅灰棕色	轻壤土	块状		7.6	0.48	1.89	15.8				
						3	28—115	黄灰棕色	轻壤土	块状		4.5	0.37	1.48	16.7				
						4	115—141	黄灰棕色	中壤土	块状		3.4	0.26	1.26	17.3				
						5	141—160	黄棕色	轻壤土	块状		5.2	0.44	1.36	19.7				

续表 Continued

剖面号 Soil profile	土纲 Soil order	土类 Soil great group	亚类 Soil subgroup	土属 Soil genus	土种 Soil species	土层码 Layer code	土层厚度 Depth/cm	颜色 Soil color	质地 Soil texture	土壤结构 Soil structure	pH	有机质 OM/(g/kg)	全氮 TN/(g/kg)	全磷 TP/(g/kg)	全钾 TK/(g/kg)	阳离子交换量CEC/(cmol/kg)	土壤母质 Parent material	剖面点坐标 Profile coordinate	匹配指数 Matching index/%
剖31	半水成土	潮土	潮土	潮砂土	潮砂土	1	0—19	灰棕色	中壤土	团块状							冲积物	E 109°24′25.0″ N 34°35′00.7″	99
						2	19—28	黄棕色	中壤土	块状									
						3	28—65	黄棕色	中壤土	块状									
						4	65—89	黄棕色	中壤土	块状									
						5	89—176	灰棕色	轻壤土	块状									
剖32	半水成土	潮土	盐化潮土	盐化潮土	盐化潮土	1	0—5				8.1						冲积物	E 109°18′35.4″ N 34°32′57.4″	90
						2	5—15				8.1								
						3	15—30				8.3								
						4	30—50				8.1								
剖33	半淋溶土	褐土	墣土性	褐墣土	中层褐墣土	1	0—24	灰棕色	中壤土	团块状								E 109°20′44.5″ N 34°34′04.4″	75
						Ap	24—38	灰棕色	中壤土	块状									
						3	38—59	浅灰棕色	中壤土	块状									
						4	59—110	棕褐色	中壤土	棱块状									
						B	110—180	黄棕色	中壤土	块状									
剖34	半淋溶土	褐土	墣土	红油土	中层红油土	A	0—20	浅灰棕色	轻壤土	团块状		12.4	0.83	1.76	13.5		黄土	E 109°18′31.1″ N 34°30′43.9″	78
						Ap	20—28	浅灰棕色	中壤土	块状		10.8	0.76	1.72	12.9				
						3	28—42	灰棕色	中壤土	块状		9.7	0.74	0.94	15.9				
						Bt	42—128	棕褐色	中壤土	棱柱状		7.6	0.59	0.86	12.7				
						B	128—205	黄棕色	中壤土	块状		4.8	0.48	1.40	13.7				
						C	205—240	黄棕色	中壤土	块状		4.7	0.36	0.90	13.1				
剖35	半淋溶土	褐土	褐土性	黄土质褐土性土	坡地黄土质褐土性土	1	0—25	灰褐色	中壤土	团块状		7.4	0.52	1.21	21.6			E 109°18′32.1″ N 34°29′03.8″	91
						2	25—63	棕褐色	重壤土	棱块状		6.6	0.43	0.96	18.1				
						3	63—130	黄褐色	中壤土	块状		4.0	0.30	1.18	18.1				
剖36	初育土	黄绵土	黄绵土	黄墣土	油墣土	A_{11}	0—35	暗灰棕色	黏壤土	团块状	8.1	15.7	0.87	0.96	18.8	12.6	黄土	E 109°19′04.3″ N 34°28′05.8″	74
						A_{12}	35—60	暗灰棕色	黏壤土	小团块状	8.4	13.5	0.76	0.89	18.1	10.3			
						AC	60—137	灰棕色	黏壤土	小团块状	8.2	9.4	0.71	0.79	20.0	10.0			
						C	137—168	浅灰棕色	黏壤土	块状	8.2	6.7	0.49	0.78	19.9	8.6			
剖37	半淋溶土	褐土	墣土	红墣土	中层红墣土	A	0—20	灰棕色	轻壤土	团块状							黄土	E 109°17′38.3″ N 34°24′03.2″	92
						Ap	20—30	黄棕色	中壤土	块状									
						3	30—58	灰棕褐色	中壤土	块状									
						Bt	58—102	浅灰棕色	中壤土	棱柱状									
						Bk	102—173	黄棕色	中壤土	棱块状									
						C	173—200	黄棕色	中壤土	块状									
剖38	半淋溶土	褐土	墣土	灰墣土	厚层灰墣土	A	0—20	灰棕色	重壤土	团块状							黄土	E 109°21′45.3″ N 34°20′40.9″	93
						Ap	20—30	暗棕色	重壤土	核状									
						3	30—70	棕褐色	中壤土	棱柱状									
						Bt_1	70—100	黄褐色	重壤土	棱柱状									
						Bt_2	100—134	黄棕色	中壤土	块状									
						B	134—173	黄棕色	中壤土	块状									
剖39	初育土	红黏土	红土	红色土	鸡粪土	1	0—15	灰棕色	重壤土	团粒状	8.1	10.5	0.68	1.28	24.2	12.6	老黄土	E 109°17′22.2″ N 34°20′27.1″	98
						2	15—60	褐棕色	重壤土	核状	8.4	9.1	0.48	1.14	21.0	10.3			
						3	100—167	棕褐色	重壤土	核状	8.2	8.2	0.39	1.08	24.3	10.0			
剖40	初育土	黄绵土	黄绵土	绵土	油墣绵土	A_{11}	0—35	棕灰色	壤土	团粒团块状	8.1	15.7	0.87	0.96	18.8	12.6	黄土	E 109°22′57.1″ N 34°22′47.2″	87
						A_{12}	35—60	灰黄棕色	黏壤土	小团块状	8.4	13.5	0.76	0.89	18.1	10.3			
						AC	60—137	浊黄橙色	黏壤土	块状	8.2	9.4	0.71	0.79	20.0	10.0			
						C	137—168	浅黄橙色	黏壤土	块状	8.4	6.7	0.49	0.78	19.9	8.6			

续表 Continued

剖面号 Soil profile	土纲 Soil order	土类 Soil great group	亚类 Soil subgroup	土属 Soil genus	土种 Soil species	土层码 Layer code	土层厚度 Depth/cm	颜色 Soil color	质地 Soil texture	土壤结构 Soil structure	pH	有机质 OM/(g/kg)	全氮 TN/(g/kg)	全磷 TP/(g/kg)	全钾 TK/(g/kg)	阳离子交换量CEC/(cmol/kg)	土壤母质 Parent material	剖面点坐标 Profile coordinate	匹配指数 Matching index/%
剖41	初育土	黄绵土	黄墡土	淤墡土		1	0—30	灰棕色	轻壤土	粒状	8.1	18.0	1.22	1.32		11.8	黄土性洪冲积物	E 109°25′37.3″ N 34°22′17.7″	77
						Ap	30—52	灰棕色	轻壤土	层状	8.2	9.1	0.68	0.83		12.2			
						3	52—174	棕色	中壤土	块状	8.3	5.6	0.36	1.10		8.8			
						4	174—300	浅黄色		无明显结构	8.5	1.0	0.15	0.58		2.2			
剖42	初育土	红黏土	红土	红色土	料姜红色土	1	0—19	浅红棕色	重壤土	团块状		13.2	0.74	1.07	19.7		老黄土	E 109°17′50.3″ N 34°19′37.2″	91
						2	19—42	褐棕色	重壤土	块状		5.5	0.38	1.05	20.0				
						3	42—121	暗红棕色	重壤土	块状		7.6	0.45	0.93	23.3				

长 安 区

主要土类说明

棕壤是长安区主要土壤类型，占本区地域面积的35%。棕壤发生于暖温带湿润地区落叶阔叶林下，处于硅铝风化阶段，具有黏化特征。心土层呈棕色，盐基充分淋失，pH为6.0—7.0，见少量游离铁。本区棕壤分为棕壤、石渣棕壤、漂洗棕壤等亚类。本区秦岭山区的特点为山大、沟深、坡陡、侵蚀作用强烈，因而绝大多数是土层薄、石渣多的花岗片麻岩石渣棕壤。仅在山涧鞍部、个别山梁及沟边，有零星小块坡积或残积黄土发育为普通的棕壤亚类。在海拔1700—2300m、土层较厚、坡度较缓的地方，有零星小块漂洗棕壤出现。

褐土是长安区第二大土壤类型，占本区地域面积的33%。褐土是在暖温带半湿润区发育形成的具有黏化与钙质淋移淀积特征的土壤。该土壤盐基饱和，处于硅铝风化阶段，有明显的黏淀层。在其A–B–C剖面构型中，B层呈棕褐色。本区褐土分为塿土、淋溶褐土、褐土性土、石渣褐土等亚类。塿土是在自然褐土的基础上经人工熟化和施加粪肥堆垫而形成的农业土壤，广泛分布在平原地区。塿土上部为人工覆盖层，厚约60cm，包括耕作层、犁底层和古熟化层。耕作层受耕种和施用粪肥的影响，呈灰棕色，具粒状结构，疏松多孔，厚约20cm；犁底层土体紧实，厚约10cm；古熟化层是古老的耕作层，稍紧实。人工覆盖层受黄土母质和农家粪肥的影响，具强石灰反应，并有炭渣、砖块等侵入体。心土为黏化层，是黏粒聚积层，黏重紧实，结构紧密，具棱柱状或棱块状结构，石灰反应较弱。其下为钙积层和母质层，碳酸盐含量较高。

黄绵土是长安区第三大土壤类型，占本区地域面积的10%。黄绵土是由黄土母质直接翻耕形成的初育土。由于土壤侵蚀严重，表层长期遭侵蚀，只能不断加深耕作黄土母质层，因而母质特性明显。土壤无明显发育，为A–C型土。

新积土占本区地域面积的9%，主要分布在各河流的一级阶地、河漫滩、古河道及洪积扇。新积土是由新近冲积、洪积、坡积、塌积或人工堆垫形成的土壤。该土壤成土期短，母质特性明显，具A–C或（A）–C剖面构型。其形成主要受地形条件和母质特性的影响。

水稻土占本区地域面积的6%。本区水稻土分为淹育型、潜育型、沼泽型等亚类。其中，淹育水稻土占本土类面积的81%，主要分布在洪积扇及各河流的一级阶地、河漫滩。

潮土占本区地域面积的4%，多见于近代河流冲积平原或低平阶地，地下水位高，潜水参与成土过程。在潮土成土过程中，底土氧化还原作用交替进行，形成锈色斑纹和小型铁子。本区潮土分为潮土、湿潮土、褐潮土等亚类。

小于本区地域面积3%的土壤类型有暗棕壤、红黏土。

本区域中心区气候特征

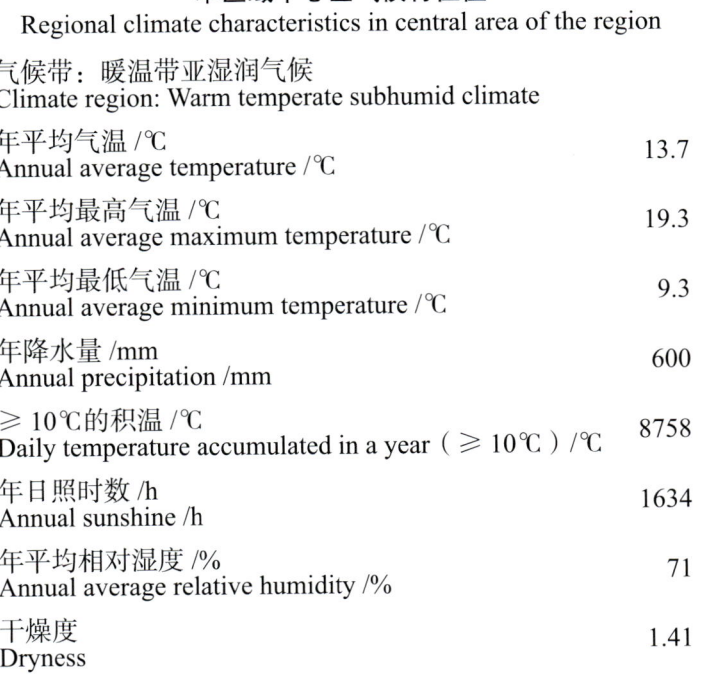

本区域中心区气候特征值
Regional climate characteristics in central area of the region

气候带：暖温带亚湿润气候 Climate region: Warm temperate subhumid climate	
年平均气温 /℃ Annual average temperature /℃	13.7
年平均最高气温 /℃ Annual average maximum temperature /℃	19.3
年平均最低气温 /℃ Annual average minimum temperature /℃	9.3
年降水量 /mm Annual precipitation /mm	600
≥10℃的积温 /℃ Daily temperature accumulated in a year (≥10℃) /℃	8758
年日照时数 /h Annual sunshine /h	1634
年平均相对湿度 /% Annual average relative humidity /%	71
干燥度 Dryness	1.41

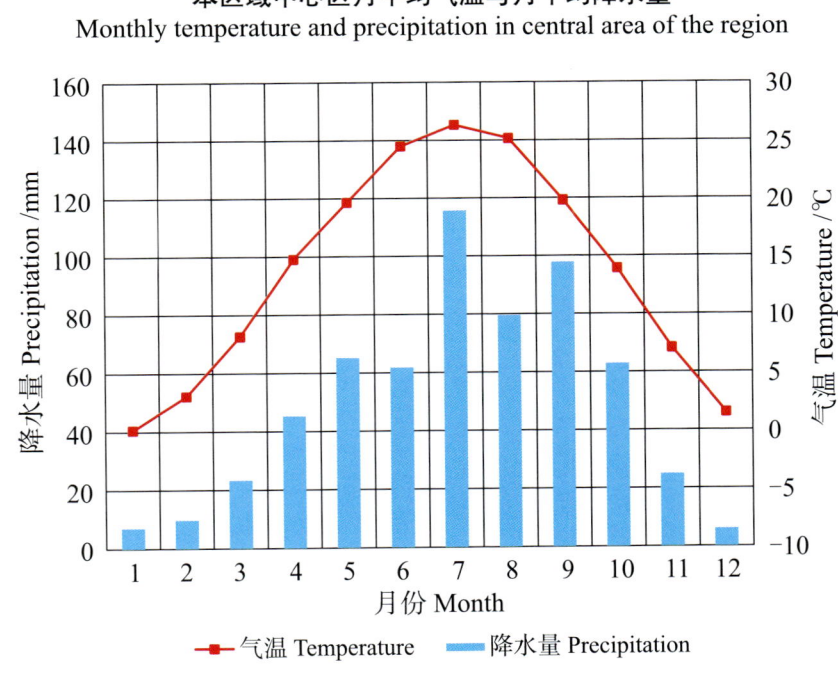

本区域中心区月平均气温与月平均降水量
Monthly temperature and precipitation in central area of the region

长安县主要土壤类型与土壤剖面点分布图
1∶240 000

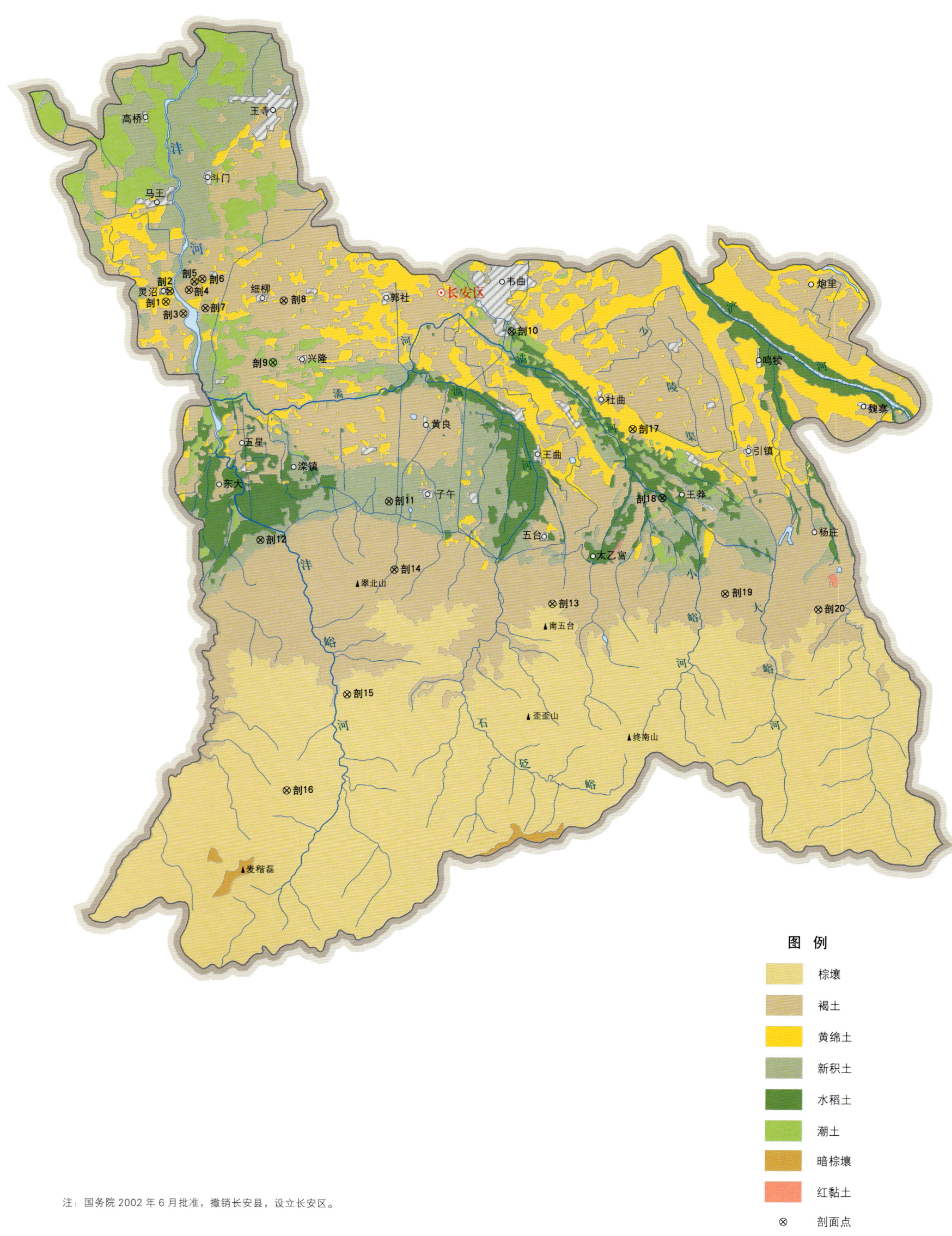

注：国务院 2002 年 6 月批准，撤销长安县，设立长安区。

长安区土壤剖面理化性状表

剖面号 Soil profile	土纲 Soil order	土类 Soil great group	亚类 Soil subgroup	土属 Soil genus	土种 Soil species	土层码 Layer code	土层厚度 Depth/cm	颜色 Soil color	质地 Soil texture	土壤结构 Soil structure	pH	有机质 OM/(g/kg)	全氮 TN/(g/kg)	全磷 TP/(g/kg)	全钾 TK/(g/kg)	阳离子交换量CEC/(cmol/kg)	土壤母质 Parent material	剖面点坐标 Profile coordinate	匹配指数 Matching index/%
剖1	初育土	黄绵土	黄绵土	黄潜土		1	0—30	浅灰棕色	中壤土	粒块状							黄土	E 108°43′42.0″ N 34°09′14.0″	70
						Ap	30—46	浅灰棕色	中壤土	块状									
						3	46—156	浅灰棕色	中壤土	块状									
						4	156—180	浅棕色	中壤土	粒状									
剖2	半淋溶土	褐土	塿土	褐塿土		1	0—28	灰棕色	中壤土	块状							黄土	E 108°43′50.1″ N 34°09′34.1″	95
						Ap	28—38	灰棕色	中壤土	块状									
						3	38—62	棕色	重壤土	棱块状									
						[B]	62—131	棕褐色	重壤土	块状									
						Bk	131—210	黄棕色	中壤土	粒块状									
剖3	半淋溶土	褐土	潮塿土	黑蝼土		1	0—30	灰棕色	中壤土	层状							黄土	E 108°44′22.1″ N 34°08′52.9″	70
						Ap	30—39	灰棕色	中壤土	块状									
						3	39—59	黑棕色	中壤土	小棱块状									
						Bt	59—150	暗棕褐色	轻黏土	块状									
						Bk	150—200		中壤土		8.0	11.6	0.85	0.77		16.3			
剖4	半淋溶土	褐土	潮塿土	黑蝼土		1	0—20		中壤土		7.9	10.5	0.72	0.64		18.5	黄土	E 108°44′34.0″ N 34°09′37.1″	96
						2	20—31		中壤土		7.6	8.7	0.67	0.40		17.5			
						3	31—65		重壤土		7.9	11.1	0.64	0.22		30.7			
						4	65—138		重壤土		7.9	4.6	0.63	0.48					
						5	138—164				8.2	14.8	0.92	0.51					
剖5	半淋溶土	淋溶褐土	耕种淋溶褐土			1	0—15		中壤土		7.9	9.9	0.64	0.38		18.0	黄土	E 108°44′46.0″ N 34°09′52.9″	77
						2	15—140		中壤土		7.7	11.3	0.58	0.26		15.0			
						3	140—250		中壤土		8.7	12.1	0.74	0.89		14.7			
剖6	半淋溶土	褐土	塿土	褐塿土		1	0—21		中壤土		8.3	7.8	0.61	0.83		16.4	黄土	E 108°45′06.1″ N 34°10′00.2″	85
						2	21—40		中壤土		8.2	7.4	0.58	0.73		10.0			
						3	40—55		重壤土		8.1	6.9	0.49	0.74					
						4	55—107		中壤土		8.3	4.8	0.31	0.70					
						5	107—205												
剖7	半淋溶土	石渣褐土	花岗片麻岩石渣褐土			A	0—11	暗棕色	轻壤土	团粒状							花岗片麻岩风化物	E 108°45′11.1″ N 34°09′02.6″	96
						C	11—41	黄灰等	粗砂壤土	屑粒状									
						R	41—												
剖8	半淋溶土	塿土	褐塿土			A₁	0—28	灰棕色	粉砂质黏壤土	粒状	8.2	12.2	0.77	0.90	16.7	20.1	褐土	E 108°48′10.1″ N 34°09′21.4″	71
						A₂	28—40	浅灰棕色	粉砂质黏壤土	块状	8.0	10.3	0.70	0.90	15.8	20.0			
						ABt	40—53	暗棕色	黏壤土	块状	8.2	11.0	0.79	1.16	15.4	19.3			
						Bt	53—120	暗棕色	粉砂质黏壤土	棱柱状	8.1	12.6	0.68	1.16	17.4	35.3			
						Bk	120—175	黄棕色	粉砂质黏壤土	块状	8.1	9.0	0.52		16.4	18.9			
剖9	半水成土	潮土	褐潮土	壤质褐潮土	腰砂褐潮土	A₁	0—15	灰棕色	壤土	小块状							冲积物	E 108°47′49.2″ N 34°07′24.8″	90
						A₂	15—25	灰棕色	砂土	块状									
						C	25—69	浅棕色	壤土	粒状									
						Cu₁	69—90	暗棕棕色	壤土	块状									
						Cu₂	90—150	灰白色	砂土	粒状									
剖10	半淋溶土	褐土	石渣褐土	花岗片麻岩石渣褐土		1	0—38		重壤土		7.5	26.3	1.31	0.48		28.5	花岗片麻岩风化	E 108°56′49.5″ N 34°08′32.5″	93
						2	38—63		中壤土		7.5	19.2	0.96	0.25		23.1			
						3	63—115		重壤土		7.4	8.2	0.64	0.38		37.2			

续表 Continued

剖面号 Soil profile	土纲 Soil order	土类 Soil great group	亚类 Soil subgroup	土属 Soil genus	土种 Soil species	土层码 Layer code	土层厚度 Depth/cm	颜色 Soil color	质地 Soil texture	土壤结构 Soil structure	pH	有机质 OM/(g/kg)	全氮 TN/(g/kg)	全磷 TP/(g/kg)	全钾 TK/(g/kg)	阳离子交换量CEC/(cmol/kg)	土壤母质 Parent material	剖面点坐标 Profile coordinate	匹配指数 Matching index/%
剖11	初育土	新积土	新积土	砾质溚土		1	0—21	灰棕色	中壤土	粒块状							洪积物	E 108°52′20.4″ N 34°03′08.4″	74
						Ap	21—30	灰黄棕色	中壤土	块状									
						3	30—78	黄黄棕色	中壤土	块状									
						4	78—86	深黄棕色	中壤土	块状									
剖12	初育土	新积土	新积土	砾质溚土		1	0—23		中壤土		8.1	12.0	0.67	0.59			洪积物	E 108°47′30.5″ N 34°01′50.1″	73
						2	23—37		砂壤土		7.2	9.4	0.52	0.42					
						3	37—67		砂壤土		7.3	7.8	0.34	0.41					
						4	67—115		砂壤土		7.6	6.2	0.44	0.64					
						5	115—150		重壤土		7.1	10.5	0.65	0.56					
剖13	淋溶土	棕壤	石渣棕壤	花岗片麻岩石渣棕壤		0	0—2										花岗片麻岩风化物	E 108°58′37.5″ N 33°59′52.7″	70
						A	2—30	暗棕色	轻壤土	粒状									
						B	30—55	灰棕色	轻砂质壤土	块状									
						C	55—88	黄棕色	粗砂土	无明显结构									
						R	88—												
剖14	半淋溶土	褐土	褐土性土	麻骨石褐土性土	肝麻骨土	A	0—25	暗灰棕色	多砾质粉砂黏土	粒状	7.5	26.3	1.31	0.48	14.3		花岗岩、花岗片麻岩风化物	E 108°52′36.2″ N 34°01′00.6″	74
						[B]	25—63	暗褐色	多砾质粉砂黏土	块状	7.5	19.2	0.96	0.25	15.4				
						C	63—115	黄棕色	多砾质粉砂黏土	块状	7.4	8.2	0.64	0.38	13.0				
						4	115—												
剖15	淋溶土	棕壤	棕壤	黄土质棕壤	暗泡土	0	0—2										风成黄土	E 108°50′56.3″ N 33°57′03.5″	98
						Ah	2—30	灰棕色	粉砂质黏壤土	团块状	6.4	12.8	0.80	0.44					
						B	30—63	棕色	壤质黏土	棱块状	6.4	5.7	0.50						
						BC	63—130	棕色	壤质黏土	块状	6.8	3.5	0.39						
						C	130—200	黄棕色	粉质壤土		6.8	3.3	0.31						
剖16	淋溶土	棕壤	石渣棕壤	花岗片麻岩石渣棕壤		1	0—12		砂壤土		6.1	58.0	2.88	0.76		16.5	花岗片麻岩风化物	E 108°48′45.0″ N 33°54′00.7″	76
						2	12—30		砂壤土		6.9	35.3	1.73	0.69		11.6			
剖17	初育土	黄绵土	黄绵土	黄墡土		1	0—19		砂土		7.9	12.3	0.83	1.05		19.3	黄土	E 109°01′29.1″ N 34°05′33.7″	88
						2	19—28		中壤土		7.9	11.1	0.75	1.12		20.4			
						3	28—157		中壤土		8.0	7.2	0.52			16.7			
剖18	人为土	水稻土	淹育水稻土	冲积洪积和型淹育水稻土	腰砂砂田	0	0—23	灰黄棕色	壤土	块状							洪冲积物	E 109°02′40.7″ N 34°03′26.0″	99
						Aa	23—34	棕色	壤土	块状									
						Ap	34—67	暗棕色	壤土	小块状									
						P	67—104	浅棕色	砂土										
						C_1	104—142	黄棕色	壤土	小块状									
						C													
剖19	半淋溶土	褐土	耕种石渣褐土	耕种石渣褐土		A_1	0—20	灰棕色	轻壤土	团粒状							花岗片麻岩风化物	E 109°05′08.1″ N 34°00′28.7″	74
						A_2	20—30	灰棕色	轻壤土	粒块状									
						Bg	30—110	棕色	中壤土	块状									
						D	110—												
剖20	淋溶土	棕壤	石渣棕壤	耕种石渣棕壤		1	0—16	暗棕色	中壤土	团粒状							花岗片麻岩风化物	E 109°08′31.4″ N 33°59′56.8″	72
						A	16—30	暗棕色	中壤土	团粒状									
						B	30—65	棕色	中壤土	块状									
						R	65—												

高 陵 区

主要土类说明

新积土是高陵区主要土壤类型，占本区地域面积的61%。本区新积土分为河淤土、灌淤土等亚类。河淤土主要分布在渭河、泾河的新滩地，是在河流新近沉积物上发育的土壤，成土期短，母质特性明显，具A-C或（A）-C剖面构型。受洪水威胁，河淤土难以用作耕地土壤。灌淤土是在灌溉条件下，经灌淤、耕作、培肥而形成的隐域性土壤，是本区主要的农业土壤，其特点是具有深厚的灌溉淤积层，厚度一般为40—80cm，还有厚度超过1m的熟化土层。

褐土是高陵区第二大土壤类型，占本区地域面积的23%。本区褐土主要为墣土亚类，分布在渭河北岸的塬面。墣土上部为人工覆盖层，下部为自然褐土，具有上松下实、抗旱耐涝的特点，是比较肥沃的农业土壤。

潮土是高陵区第三大土壤类型，占本区地域面积的7%，集中分布在渭河的河漫滩和一级阶地，地下水位高，潜水参与成土过程。在潮土成土过程中，底土氧化还原作用交替进行，形成锈色斑纹和小型铁子。在长期耕作条件下，表层有机质含量为10—15g/kg。潮土是由河流冲积物受地下水影响而形成的土壤，通常具有熟化表层和氧化还原层。本区潮土分为潮土、盐化潮土等亚类。

黄绵土占本区地域面积的4%。黄绵土是由黄土母质直接翻耕形成的初育土。由于土壤侵蚀严重，表层长期遭侵蚀，只能不断加深耕作黄土母质层，因而母质特性明显。土壤无明显发育，为A-C型土。由于风成黄土富含细粉粒，故质地、结构均一，疏松绵软，富含石灰、磷、钾储量较丰富，但有效性差，有机质分解快、累积少，含量仅为5g/kg。土壤透性好，阳离子交换量低，保肥、供肥性能差，后劲不足。

本区域中心区气候特征

本区域中心区气候特征值
Regional climate characteristics in central area of the region

气候带：暖温带亚湿润气候 Climate region: Warm temperate subhumid climate	
年平均气温 /℃ Annual average temperature /℃	13.3
年平均最高气温 /℃ Annual average maximum temperature /℃	19.1
年平均最低气温 /℃ Annual average minimum temperature /℃	8.6
年降水量 /mm Annual precipitation /mm	543
≥10℃的积温 /℃ Daily temperature accumulated in a year (≥10℃) /℃	8182
年日照时数 /h Annual sunshine /h	1791
年平均相对湿度 /% Annual average relative humidity /%	68
干燥度 Dryness	1.45

本区域中心区月平均气温与月平均降水量
Monthly temperature and precipitation in central area of the region

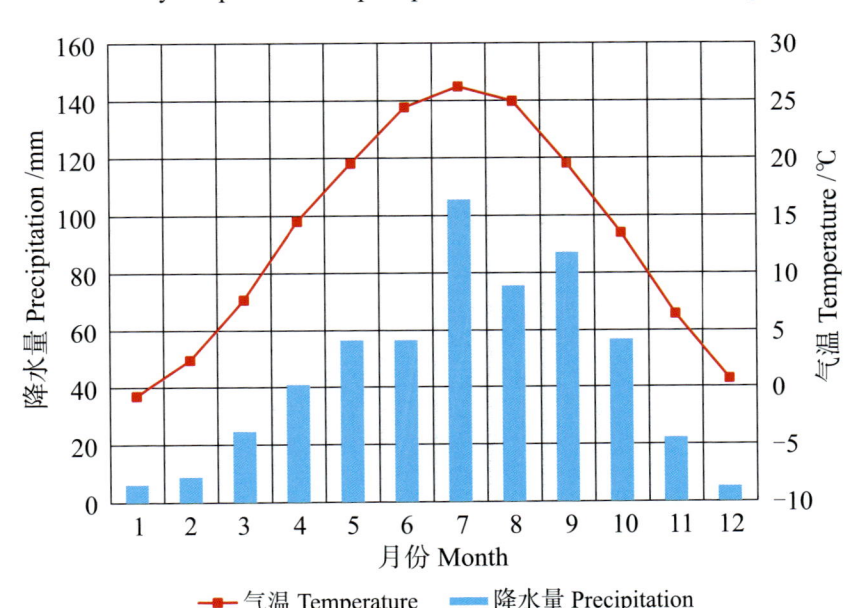

高陵县主要土壤类型与土壤剖面点分布图

1∶90 000

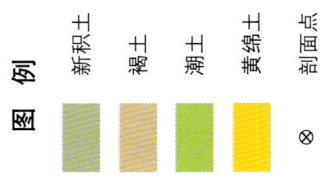

注：国务院 2014 年 12 月批准，撤销高陵县，设立高陵区。

高陵区土壤剖面理化性状表

剖面号 Soil profile	土纲 Soil order	土类 Soil great group	亚类 Soil subgroup	土属 Soil genus	土种 Soil species	土层码 Layer code	土层厚度 Depth/cm	颜色 Soil color	质地 Soil texture	土壤结构 Soil structure	pH	有机质 OM/(g/kg)	全氮 TN/(g/kg)	全磷 TP/(g/kg)	全钾 TK/(g/kg)	碱解氮 AN/(mg/kg)	有效磷 AP/(mg/kg)	速效钾 AK/(mg/kg)	阳离子交换量 CEC/(cmol/kg)	土壤母质 Parent material	剖面点坐标 Profile coordinate	匹配指数 Matching index/%
剖1	初育土	新积土	灌淤土	灌淤土		1	0—21				8.5	14.0	0.82	1.11	19.5	63	11.2	69	8.5	冲积物	E 108°59′35.6″ N 34°33′17.7″	93
						2	21—30				8.4	11.9	0.71	1.11	16.8	51	6.5	189	7.5			
						3	30—38				8.4	6.6	0.53	0.80	18.7	44	3.7	121	7.7			
						4	38—120				8.4	3.5	0.25	0.53	16.7	33	2.2	63	5.0			
						5	120—154				8.4	6.9	0.54	0.96	18.1	51	8.1	125	10.4			
						6	154—200				8.5		0.46	0.75	19.2	43	7.0	167	9.4			
剖2	初育土	新积土	灌淤土	盐化灌淤土		1	0—19				8.8	6.8								冲积物	E 108°59′14.8″ N 34°32′20.2″	85
						2	19—30				8.5	7.7										
						3	30—73				8.2	6.6										
						4	73—200				8.3	5.4										
剖3	半淋溶土	褐土	娄土	灰娄土	中层灰娄土	1	0—30	灰黄棕色	粉砂质黏土		7.9									黄土	E 108°59′31.2″ N 34°31′16.6″	100
						2	30—60	浊黄橙色	粉砂质黏土	粒状	8.0											
						3	60—70	浊黄橙色	壤质黏土	块状	8.1											
						4	70—176	浅黄橙色	壤质黏土	团块状	8.2											
剖4	初育土	新积土	灌淤土	灌淤土		1	0—20			块状	8.3	8.3	0.63	0.63	17.8	58	2.0	168	9.7	冲积物	E 109°03′28.7″ N 34°33′31.0″	81
						2	20—30				8.2	6.9	0.49	0.50	18.7	58	1.0	100	>50.0			
						3	30—60				8.2	5.6	0.41	0.58	17.4	40	1.0	89	9.4			
						4	60—110				8.2	4.8	0.39	0.59	17.6	30	1.8	86	7.7			
						5	110—200				8.1	7.5	0.57	0.59	19.7	43	4.3	147	>50.0			
剖5	初育土	新积土	灌淤土	灌淤灰土		1	0—17				8.6	15.1	0.97	1.38	17.6	74	>100.0	495	7.3	冲积物	E 109°04′11.9″ N 34°32′16.8″	91
						2	17—25				8.5	12.1	0.93	1.45	18.0	77	>100.0	452	7.4			
						3	25—63				8.4	8.0	0.57	2.70	15.9	68	>100.0	489	6.9			
						4	63—160				8.4	8.9	0.60	3.61	17.4	61	97.0	>500	9.1			
						5	160—200				8.5	5.3	0.48	2.02	16.7	45	68.0	>500	5.5			
剖6	半淋溶土	褐土	娄土	灰娄土	厚层灰娄土	1	0—21				8.3	10.5	0.75	0.63	21.5	64	4.6	189	8.5	黄土	E 109°04′51.2″ N 34°30′22.9″	91
						2	21—34				8.4	11.0	0.72	0.62	21.3	59	1.6	120	8.3			
						3	34—79				8.5	5.7	0.48	0.87	19.5	41	1.3	129	7.7			
						4	79—145				8.1	7.0	0.56	0.83	21.8	35	1.3	111	10.1			
						5	145—170				8.1	5.1	0.46	0.69	17.9	30	2.2	102	8.3			
						6	170—200				8.2	4.3	0.40	0.61	19.3	28	1.2	81	6.3			
剖7	初育土	新积土	灌淤土	潜育灌淤土		1	0—20				8.3	11.2	0.88	0.67	17.4	74	3.5	153	7.4	冲积物	E 109°06′19.8″ N 34°30′39.2″	87
						2	20—35				8.5	8.9	0.73	0.68	17.4	57	<1.0	137	7.4			
						3	35—80				8.6	6.3	0.55	0.82	17.4	35	1.6	116	7.4			
						4	80—120				8.5	4.4	0.41	0.53	17.8	25	1.8	85	6.8			
						5	120—200				8.5	5.7	0.48	0.52	18.9	26	1.8	138	7.4			
剖8	半淋溶土	褐土	娄土	灰娄土	中层灰娄土	1	0—20				8.2	12.7	0.88	0.68	18.0	90	2.6	168	9.4	黄土	E 109°00′41.0″ N 34°31′10.0″	83
						2	20—30				8.4	9.6	0.77	0.70	18.2	80	1.9	154	8.4			
						3	30—57				8.3	6.4	0.69	0.82	17.4	53	<1.0	121	8.2			
						4	57—128				8.1	6.1	0.55	0.55	19.0	63	1.5	102	9.4			
						5	128—200				8.0	4.4	0.47	0.58	17.1	80	1.3	117	6.8			

鄠邑区

主要土类说明

褐土是鄠邑区主要土壤类型，占本区地域面积的 33%。褐土是在暖温带半湿润区发育形成的具有黏化与钙质淋移淀积特征的土壤，分布在秦岭北坡中下部及平原地带。该土壤盐基饱和，处于硅铝风化阶段，有明显的黏淀层。在其 A-B-C 剖面构型中，B 层呈棕褐色，B 层下部有假菌丝状钙积层。土壤盐基饱和度在 80% 以上。本区褐土分为塿土、淋溶褐土、褐土性石渣土等亚类。

棕壤是鄠邑区第二大土壤类型，占本区地域面积的 27%。棕壤是在暖温带湿润地区落叶阔叶林下形成的森林土壤，主要分布在海拔 1300—2400m 的秦岭中山区，处于硅铝风化阶段，具 O-A-B-C 剖面构型。该土壤具有较强的黏化过程和淋溶过程，表层腐殖质积累强烈。土体见黏粒淀积，盐基充分淋失，见少量游离铁。本区棕壤分为棕壤、生草棕壤、棕壤性土等亚类。

潮土是鄠邑区第三大土壤类型，占本区地域面积的 16%，分布在河流及其支流的河漫滩和一级阶地，地下水位高，潜水参与成土过程。在潮土成土过程中，底土氧化还原作用交替进行，形成锈色斑纹和小型铁子。在长期耕作条件下，表层有机质含量为 10—15g/kg。潮土是由河流冲积物受地下水影响而形成的土壤，通常具有熟化表层和氧化还原层。本区潮土分为潮土、湿潮土、褐潮土等亚类。

暗棕壤占本区地域面积的 10%，主要分布在海拔 2300—3100m 的秦岭北坡中高山区。暗棕壤是在湿润地区针阔叶混交林下发育的具有明显有机质富集和弱酸性淋溶特征的土壤，具 O-A-B-C 剖面构型。弱酸性淋溶使铁、铝轻微下移。B 层呈棕色，结构面见铁锰胶膜。土壤呈弱酸性，盐基饱和度为 70%—80%。土壤冻结期长。

黄绵土占本区地域面积的 7%，与褐土交错分布。黄绵土是由黄土母质直接翻耕形成的初育土。由于土壤侵蚀严重，表层长期遭侵蚀，只能不断加深耕作黄土母质层，因而母质特性明显。土壤无明显发育，为 A-C 型土。由于风成黄土富含细粉粒，故质地、结构均一，疏松绵软，富含石灰，磷、钾储量较丰富，但有效性差，土壤有机质缺乏。

山地草甸土占本区地域面积的 3%，分布在秦岭顶部的平缓地带，所处地形一般为宽梁。山地草甸土是在中山山顶平台的草甸植被下形成的薄层土壤。其表层为草皮层，其下是有锈色斑纹或络合铁锰胶膜的薄层土壤，具 As-A-C-D 剖面构型。

小于本区地域面积 3% 的土壤类型有水稻土、新积土。

本区域中心区气候特征

本区域中心区气候特征值
Regional climate characteristics in central area of the region

气候带：暖温带亚湿润气候 Climate region: Warm temperate subhumid climate	
年平均气温 /℃ Annual average temperature /℃	13.7
年平均最高气温 /℃ Annual average maximum temperature /℃	19.2
年平均最低气温 /℃ Annual average minimum temperature /℃	9.4
年降水量 /mm Annual precipitation /mm	678
≥10℃的积温 /℃ Daily temperature accumulated in a year（≥10℃）/℃	8040
年日照时数 /h Annual sunshine /h	1620
年平均相对湿度 /% Annual average relative humidity /%	72
干燥度 Dryness	1.31

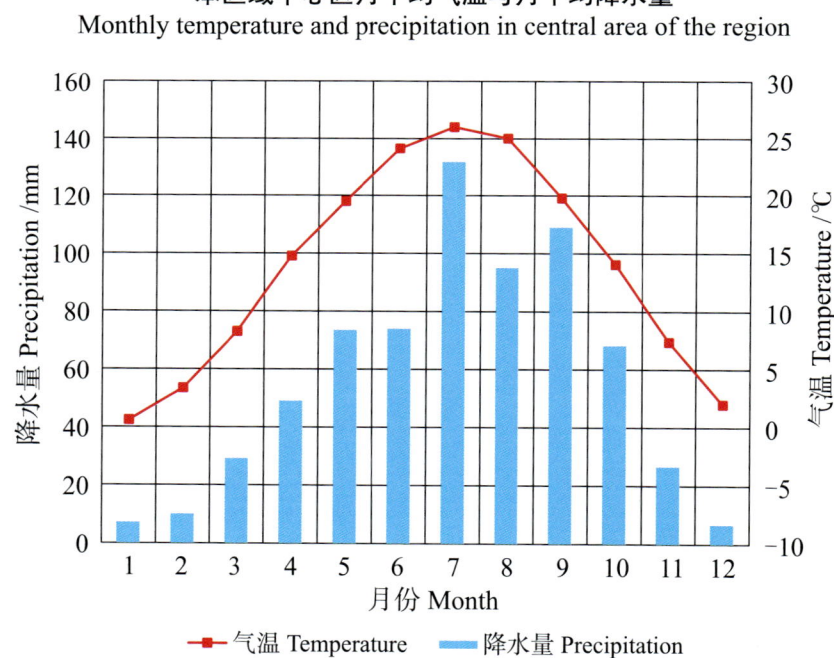

本区域中心区月平均气温与月平均降水量
Monthly temperature and precipitation in central area of the region

户县主要土壤类型与土壤剖面点分布图
1∶190 000

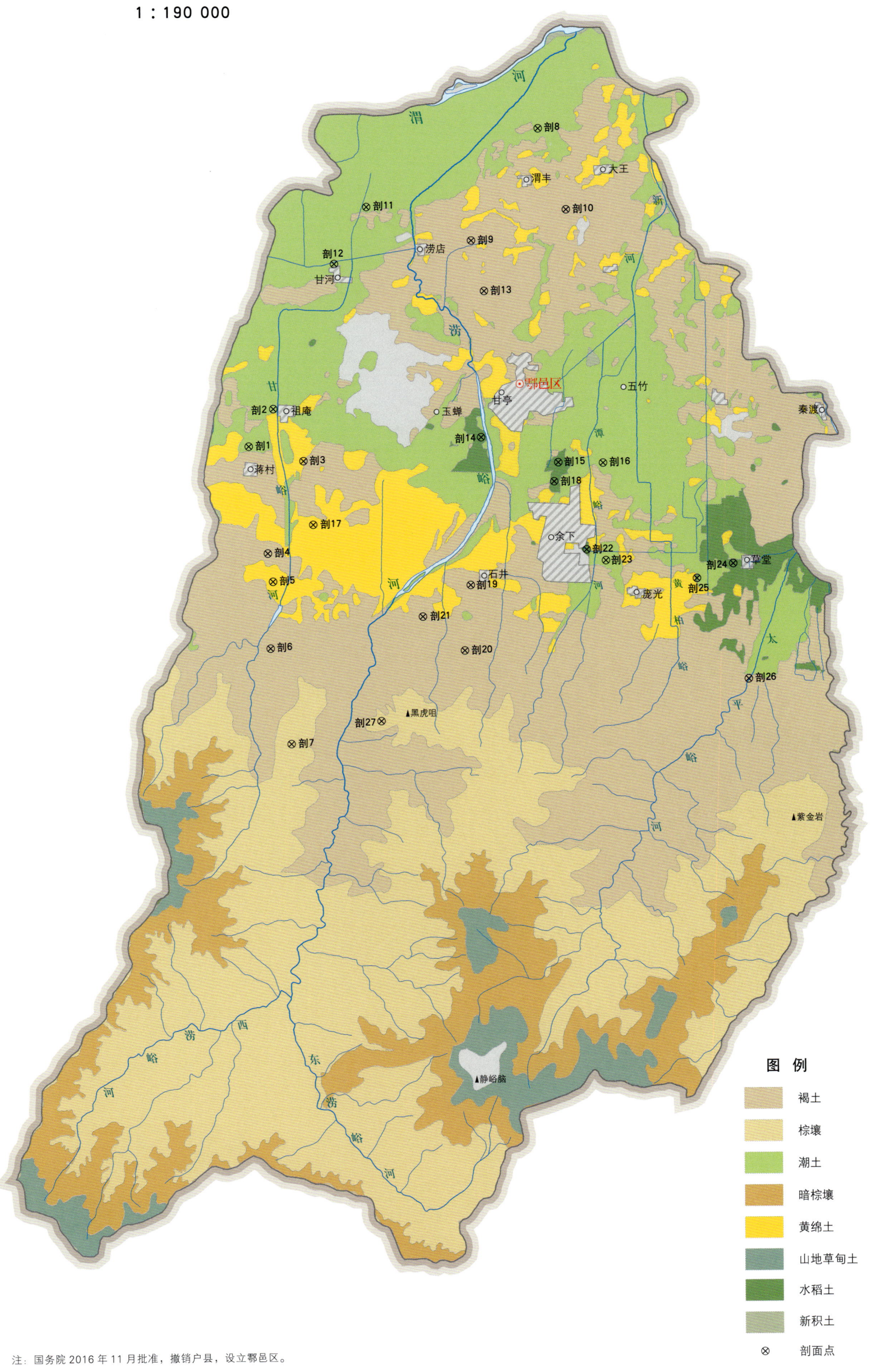

图例：褐土、棕壤、潮土、暗棕壤、黄绵土、山地草甸土、水稻土、新积土、⊗ 剖面点

注：国务院 2016 年 11 月批准，撤销户县，设立鄠邑区。

鄠邑区土壤剖面理化性状表

剖面号 Soil profile	土纲 Soil order	亚类 Soil subgroup	土属 Soil genus	土种 Soil species	土层码 Layer code	土层厚度 Depth/cm	颜色 Soil color	质地 Soil texture	土壤结构 Soil structure	pH	有机质 OM/(g/kg)	全氮 TN/(g/kg)	全磷 TP/(g/kg)	全钾 TK/(g/kg)	阳离子交换量CEC/(cmol/kg)	土壤母质 Parent material	剖面点坐标 Profile coordinate	匹配指数 Matching index/%
剖1	半水成土	湿潮土	泥质湿潮土		1	0—21	灰褐色	轻壤土	粒状、块状	8.3	13.4	0.88	0.93			冲积物	E 108°28′19.0″ N 34°05′24.3″	94
					Ap	21—42	灰褐色	轻壤土	块状	8.3	9.5	0.82	0.69					
					W	42—58	灰棕色	轻壤土	块状	8.2	13.1	0.95	0.79					
					G	58—150	灰蓝色	中壤土	块状	7.1	15.8	1.13	0.73					
剖2	半水成土	黑潮土	鸡粪土		1	0—25		中壤土		8.4	12.0	0.76	0.57			洪积次生黄土	E 108°29′00.1″ N 34°06′18.9″	97
					2	25—50		中壤土		8.1	9.5	0.65	0.46					
					3	50—100		重壤土		7.9	13.4	0.69	0.49					
					4	100—150		重壤土		8.6	6.0	0.28	0.42					
剖3	初育土	黄绵土	黄墡土		1	0—25		中壤土		8.4	8.0	1.18	0.68			黄土	E 108°29′55.0″ N 34°05′05.1″	74
					2	25—47		中壤土		8.5	6.3	1.00	0.68					
					3	47—90		中壤土		8.4	4.9	>6.00	0.70					
剖4	半淋溶土	埁土	黑油土		1	0—20		中壤土		8.3	10.0	0.87	0.47			风成黄土	E 108°28′55.9″ N 34°02′50.1″	72
					2	20—48		中壤土		8.0	9.8	0.61	1.04					
					3	48—80		中壤土		8.0	8.3	0.51	1.23					
					4	80—107		中壤土		7.9	8.7	0.50	1.24					
					5	107—150		中壤土		7.9	6.6	0.49	0.99					
剖5	初育土	黄绵土	黄墡土		1	0—40		轻壤土		8.5	7.6	0.55	0.65			风成黄土	E 108°29′06.1″ N 34°02′10.1″	82
					2	40—84		轻壤土		8.1	9.1	0.68	0.71					
					3	84—110		砂壤土		8.5	3.7	0.32	0.59					
					4	110—150		砂土		8.8	<1.0	<0.10	0.28					
剖6	半淋溶土	褐土性石渣土	片石褐土性石渣土		1	0—6				7.6	65.9	1.01	0.11			千枚岩风化物	E 108°29′04.2″ N 34°00′33.6″	77
					2	6—48		中壤土		7.0	18.5	0.86	0.45					
					3	48—72		中壤土		7.7	14.5	0.74	0.21					
					4	72—150		中壤土		7.7	12.6	0.89	0.22					
剖7	淋溶土	棕壤	棕壤		1	0—3				7.1						黄土	E 108°29′44.3″ N 33°58′16.5″	95
					2	3—10	浅灰棕色	中壤土	团块状	7.3	29.7	0.68	0.10					
					3	10—39	灰棕色	中壤土	层状	6.7	9.3	0.57	0.10					
					4	39—45	灰棕色	中壤土	块状	7.3	11.3	0.45	0.46					
剖8	半水成土	黑潮土	黑油土		1	0—33	灰色	中壤土	块状	8.6	6.8	0.43	0.47			黄土性冲积物	E 108°36′33.3″ N 34°13′12.6″	83
					2	33—44	灰棕色	中壤土	棱块状	8.4	6.4	0.29	0.83					
					3	44—61	黑灰色	重壤土	块状	8.5	4.8	0.56	0.72					
					4	61—102	灰色	重壤土	块状	8.7	11.9	0.42	0.75					
					5	102—149	灰白色	重壤土	棱块状	8.5	6.3	0.56	0.62					
					6	149—200	浅灰色	轻壤土	块状	8.4	9.4	0.77	0.64					
剖9	半淋溶土	褐墡土	褐墡土		1	0—18	浅棕色	中壤土	块状	8.5	7.8	0.50	0.77	22.3	18.2	黄土	E 108°34′40.4″ N 34°10′28.8″	80
					Ap	18—25	浅棕色	中壤土	块状	8.5	5.2	0.57	1.15	24.0	18.3			
					B	25—55	褐色	中壤土	棱柱状	8.5	5.6	0.36	0.69					
					4	55—125	棕色	砂壤土	块状	8.5	2.0	0.45	0.76					
剖10	半淋溶土	立垆土	黑立垆土		1	0—26	灰棕色	中壤土	块状	8.1	14.2	0.85	0.68	20.2	15.7	洪积次生黄土	E 108°37′25.2″ N 34°11′16.7″	88
					2	26—42	浅棕色	中壤土	棱柱状	8.3	8.6	0.76	0.69	20.8	13.3			
					Bt	42—190	暗褐色	重壤土	块状	8.5	9.3	0.75	0.46					
					4	190—230	黄褐色	中壤土	块状	7.9	4.4	0.61	0.81					

续表 Continued

剖面号 Soil profile	土纲 Soil order	土类 Soil great group	亚类 Soil subgroup	土属 Soil genus	土种 Soil species	土层码 Layer code	土层厚度 Depth/cm	颜色 Soil color	质地 Soil texture	土壤结构 Soil structure	pH	有机质 OM/(g/kg)	全氮 TN/(g/kg)	全磷 TP/(g/kg)	全钾 TK/(g/kg)	阳离子交换量CEC/(cmol/kg)	土壤母质 Parent material	剖面点坐标 Profile coordinate	匹配指数 Matching index/%
剖面11	半水成土	潮土	潮土	砂砾质潮土	砾质潮土	A	0—21	灰褐色	多砾壤土	团块状	7.2	5.4	0.38	0.46			洪积物	E 108°31′35.8″ N 34°11′13.6″	81
						Cu	21—40	浅灰棕色	黏壤土	块状	7.3	4.8	0.37	0.48					
						C	40—												
剖面12	半水成土	潮土	褐潮土	褐潮土		1	0—40	灰黄色	轻壤土	团块状	8.5	6.2	0.37	0.66	22.9	17.4	冲积物	E 108°30′41.5″ N 34°09′50.0″	87
						2	40—65	暗灰色	砂壤土	块状	8.6	7.3	0.46	0.60	20.4	30.1			
						3	65—95	浅灰色	砂壤土	小块状	8.8	2.6	0.18	0.68					
						4	95—120	浅灰色	砂壤土	小块状	8.9	1.3	0.14	0.87					
						5	120—210	浅黄色	砂壤土	块状	8.8	2.2	<0.10	0.86					
剖面13	半淋溶土	褐土	埁土	黑油土		A	0—20	浅灰棕色	轻壤土	粒状、块状	8.5	11.7	0.71	0.81	20.9	12.2	风成黄土	E 108°35′05.0″ N 34°09′16.2″	99
						Ap	20—26	灰棕色	中壤土	块状	8.5	9.5	0.59	0.85	21.6	15.1			
						3	26—60	灰棕色	中壤土	块状	8.5	7.3	0.49	0.82					
						Bt	60—130	褐棕色	重壤土	棱柱状	8.5	8.8	0.55	0.61					
						B	130—150	浅黄色	中壤土	块状	8.4	6.0	0.74	0.92					
剖面14	人为土	水稻土	潜育水稻土	青泥砂田		A	0—20	棕灰色	中壤土	块状	5.4	24.9	1.23	0.43	22.3	20.7	冲积物	E 108°35′04.8″ N 34°05′45.1″	86
						G₁	20—45	蓝灰色	中壤土	块状	6.9	14.2	0.73	0.44	21.5	16.1			
						G₂	45—150	浅蓝灰色	轻壤土	棱柱状	7.5	8.9	0.23	0.42					
剖面15	人为土	水稻土	淹育水稻土	泥质田		A	0—28	浅灰色	重壤土	块状	8.3	19.2	1.20	0.80	18.9	30.1	洪积冲积次生黄土	E 108°37′20.5″ N 34°05′11.8″	84
						Ap	28—50	灰色	中壤土	块状	8.2	13.7	1.00	0.62	21.7	14.4			
						B	50—68	灰色	中壤土	块状	8.2	20.0	1.18	0.89					
						C	68—98	黄褐色	中壤土	块状	8.4	14.5	1.05	0.49					
剖面16	半水成土	潮土	黑潮土	鸡粪土		1	0—24	灰褐色	重壤土	粒状、块状	8.3	18.9	1.06	0.48	18.8	48.5	洪积次生黄土	E 108°38′39.0″ N 34°05′12.5″	96
						2	24—35	灰棕色	中壤土	块状	8.1	15.8	0.87	0.45	16.6	34.1			
						3	35—52	浅灰色	重壤土	棱块状	8.1	16.4	0.79	0.47					
						4	52—105	黑色	重壤土	瓣状	8.3	18.8	0.82	0.45					
						5	105—150	灰白色	轻壤土	块状	8.5	10.0	0.43	0.46					
剖面17	初育土	黄绵土	黄绵土	黄谱土		1	0—12	浅棕色	中壤土	粒状、块状	8.5	20.7	1.22	0.46			黄土	E 108°30′14.4″ N 34°03′33.3″	87
						Ap	12—19	黄棕色	重壤土	片状	8.3	23.1	1.26	0.48					
						C	19—150	灰棕色	中壤土	块状	8.2	24.0	1.68	0.44					
剖面18	人为土	水稻土	潜育水稻土	锈泥田		1	0—20	暗灰色	中壤土	块状	8.2	24.8	1.68	0.49			次生黄土	E 108°37′14.3″ N 34°04′43.9″	83
						2	20—32	暗灰色	重壤土	块状	7.8	18.5	1.03	0.14					
						3	32—53	暗灰色	重壤土	块状	7.6	15.0	0.99	0.35					
						4	53—82	灰棕色	黏土	块状	7.4	13.3	0.82	0.45					
						5	82—150	浅灰棕色	中壤土	块状	7.9	9.9	0.67	0.37					
剖面19	半淋溶土	褐土	立荒土	红立荒土		A	0—20	灰棕色	中壤土	棱柱状	7.5	8.2	0.58	0.46			洪积次生黄土	E 108°34′51.7″ N 34°02′11.3″	94
						Ap	20—28	红褐色	重壤土	棱柱状	7.6	6.9	0.52	0.33					
						3	28—63	红褐色	中壤土	块状	7.5	31.5	8.1	0.39					
						Bt₁	63—135												
						Bt₂	135—178												
剖面20	半淋溶土	褐土	褐土性石渣土	片石褐土性石渣土		1	0—30	灰棕色	轻壤土	团块状	7.1	31.5	0.50	0.32			千枚岩风化物	E 108°34′43.6″ N 34°00′36.7″	90
						2	30—60	褐色	中壤土	小棱柱状	6.6	13.9	0.92	0.43					
						R	60—												
剖面21	半淋溶土	褐土	淋溶褐土	淋溶褐土		1	0—30	褐色	中壤土	块状	7.8	13.9	0.92	0.43			黄土	E 108°33′29.3″ N 34°01′24.1″	90
						Bt	30—135	黄棕色	中壤土	块状	7.9	5.5	0.83	0.44					
						C	135—200				7.5	7.5	0.73	0.65					

续表 Continued

剖面号 Soil profile	土纲 Soil order	土类 Soil great group	亚类 Soil subgroup	土属 Soil genus	土种 Soil species	土层码 Layer code	土层厚度 Depth/cm	颜色 Soil color	质地 Soil texture	土壤结构 Soil structure	pH	有机质 OM/(g/kg)	全氮 TN/(g/kg)	全磷 TP/(g/kg)	全钾 TK/(g/kg)	阳离子交换量CEC/(cmol/kg)	土壤母质 Parent material	剖面点坐标 Profile coordinate	匹配指数 Matching index/%
剖22	人为土	水稻土	潴育水稻土	锈泥田		1	0–20		中壤土		7.5	14.0	0.80	0.70	21.3	21.1	次生黄土	E 108°38′13.3″ N 34°03′06.0″	92
						2	20–42		中壤土		7.7	12.3	0.78	0.60	23.1	17.3			
						3	42–65		中壤土		7.5	13.4	0.90	0.68					
						4	65–90		中壤土		7.7	7.5	0.41	0.79					
剖23	半水成土	潮土	潮土	泥质潮土		1	0–25	灰棕色	砂壤土		8.7	9.5	0.73	2.20	21.7	11.5	洪冲积物	E 108°38′47.2″ N 34°02′51.0″	86
						2	25–95	浅灰棕色	中壤土	块状	8.5	6.7	0.44	0.71	20.9	34.7			
						3	95–130	浅黄棕色	中壤土	块状	8.7	5.3	0.27	1.41					
						4	130–160	浅棕黄色	轻壤土	块状	9.0	3.6	0.19	1.34					
剖24	人为土	水稻土	淹育水稻土	砂质田		1	0–20	灰褐色	中壤土	块状	7.9	20.8	1.07	0.56			洪冲积物	E 108°42′29.5″ N 34°02′50.4″	87
						2	20–40	褐色	砂壤土	块状	7.7	9.1	0.53	0.48					
						3	40–75	褐色	轻壤土		7.9	5.1	0.44	0.48					
剖25	人为土	水稻土	潜育水稻土	青泥田		1	0–23	浅灰色	重壤土	无明显结构	7.8	16.9	0.94	0.54			冲积物	E 108°41′26.8″ N 34°02′28.0″	99
						2	23–50	灰色	黏土	无明显结构	7.7	10.4	0.69	0.46					
						3	50–78	灰蓝色	黏土	无明显结构	7.7	11.8	0.67	0.19					
剖26	半淋溶土	褐土	褐土性石渣土	麻石褐土性石渣土		1	0–20	灰褐色	轻砾石土		6.6	22.9	1.17	0.38			花岗岩风化物	E 108°43′00.9″ N 34°00′04.7″	77
						2	20–45	棕红色	轻砾石土		7.0	8.9	0.51	0.33					
						3	45–65	棕黄色	中砾石土		7.3	26.1	1.11	0.38					
剖27	淋溶土	棕壤	棕壤	棕壤		1	0–20	暗棕色	中壤土	块状	7.5	12.4	0.92	0.43			黄土	E 108°32′20.4″ N 33°58′52.4″	71
						2	20–50	红棕色	中壤土	棱块状	7.5	7.9	0.57	0.42					
						3	50–140	棕色	中壤土	块状	8.0	6.4	0.48	0.52					

蓝 田 县

主要土类说明

褐土是蓝田县主要土壤类型，占本县地域面积的40%。褐土是在暖温带半湿润区发育形成的具有黏化与钙质淋移淀积特征的土壤。该土壤盐基饱和，处于硅铝风化阶段，有明显的黏淀层。在其A–B–C剖面构型中，B层呈棕褐色，B层下部有假菌丝状钙积层。土壤盐基饱和度在80%以上。本县褐土分为堘土、褐土性土、褐土、淋溶褐土、石灰性褐土等亚类。堘土占本土类面积的26%，是在自然褐土的基础上经人工熟化和施加粪肥堆垫而形成的农业土壤。堘土上部为人工覆盖层，下部为自然褐土，质地上轻下重，具有上松下实、抗旱耐涝的特点，是比较肥沃的农业土壤。剖面层次为耕作层、犁底层、古熟化层、黏化层、钙积层和母质层。褐土性土占本土类面积的54%，主要分布在本县山区河流沟道两岸平地、缓坡阶地及山前洪积扇下部，剖面中黏化层与淀积层分化不明显，土体中夹有砂石和砾石。

棕壤是蓝田县第二大土壤类型，占本县地域面积的35%，主要分布在海拔1300m以上的秦岭山区。自然植被为针阔叶混交林或落叶阔叶林。棕壤剖面上部为黑色腐殖质层，下部为棕色心土层，母质层多为基岩。因淋溶作用强烈，全剖面无石灰反应，土壤呈中性或弱酸性，盐基不饱和。本县棕壤分为棕壤、漂洗棕壤、粗骨性棕壤等亚类。

黄绵土是蓝田县第三大土壤类型，占本县地域面积的9%，广泛分布在灞河各级阶地和岭区的沟坡底部，与褐土交错分布。黄绵土是由黄土母质直接翻耕形成的初育土。由于土壤侵蚀严重，表层长期遭侵蚀，只能不断加深耕作黄土母质层，因而母质特性明显。土壤无明显发育，为A–C型土。由于风成黄土富含细粉粒，故质地、结构均一，疏松绵软，富含石灰、磷、钾储量较丰富，但有效性差，土壤有机质缺乏。

红黏土占本县地域面积的8%，分布在黄土台塬侵蚀严重的沟谷地带。深厚黄土层下，常见第三纪红色黏土（保德期红黏土）埋藏。厚层黄土层侵蚀殆尽处，红色黏土层露出，形成的母质性状明显的初育土，即红黏土。其黏粒含量高，塑性强，生物作用微弱，母质特性明显。

新积土占本县地域面积的4%，分布在本县主要河流两岸和各支流的出口，发育于河流沉积物和洪积物。该土壤成土期短，母质特性明显，具A–C或（A）–C剖面构型。剖面无明显发育层次，但有明显的淤积层次，各层次间质地差异很大。

小于本县地域面积3%的土壤类型有紫色土、水稻土、潮土、沼泽土、粗骨土。

本区域中心区气候特征

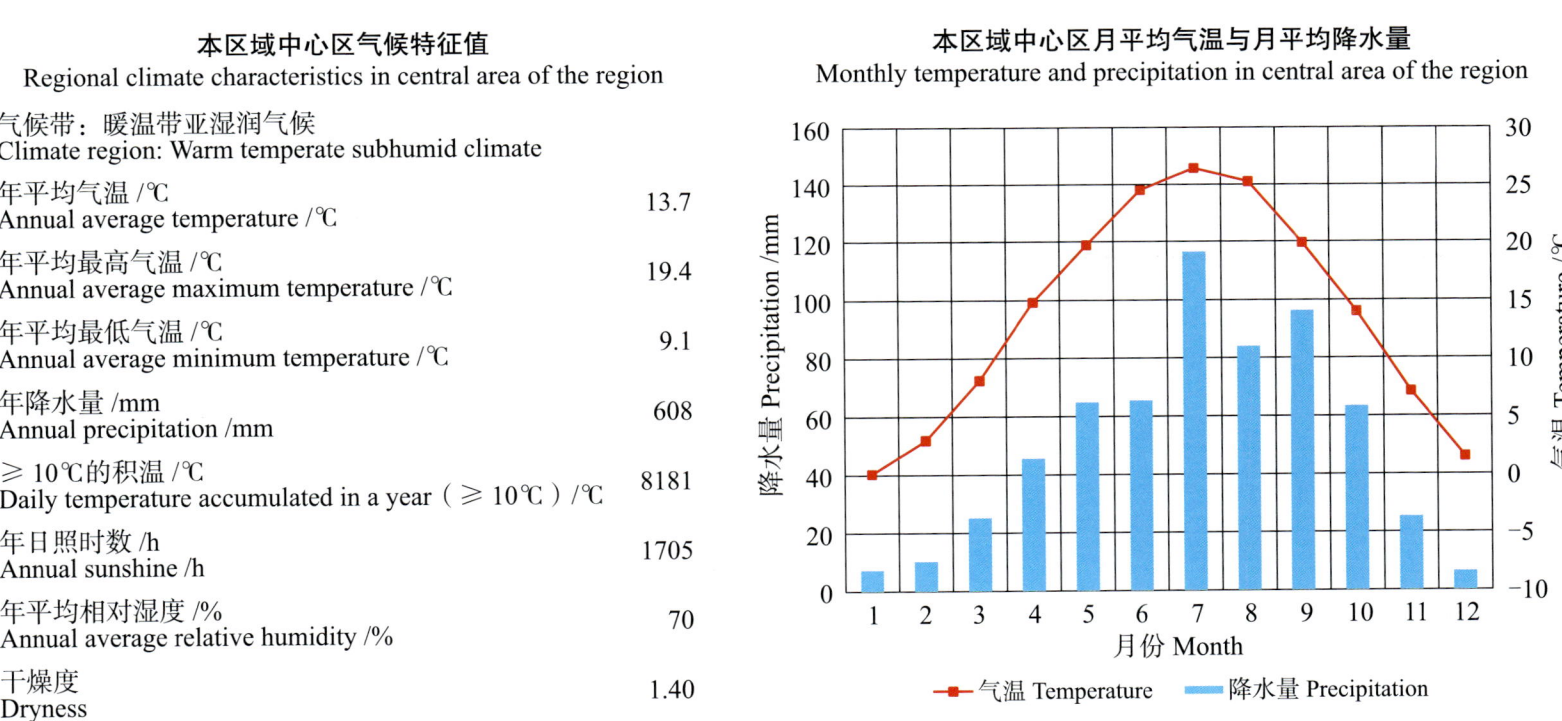

本区域中心区气候特征值
Regional climate characteristics in central area of the region

气候带：暖温带亚湿润气候 Climate region: Warm temperate subhumid climate	
年平均气温 /℃ Annual average temperature /℃	13.7
年平均最高气温 /℃ Annual average maximum temperature /℃	19.4
年平均最低气温 /℃ Annual average minimum temperature /℃	9.1
年降水量 /mm Annual precipitation /mm	608
≥10℃的积温 /℃ Daily temperature accumulated in a year（≥10℃）/℃	8181
年日照时数 /h Annual sunshine /h	1705
年平均相对湿度 /% Annual average relative humidity /%	70
干燥度 Dryness	1.40

本区域中心区月平均气温与月平均降水量
Monthly temperature and precipitation in central area of the region

蓝田县主要土壤类型与土壤剖面点分布图

1:250 000

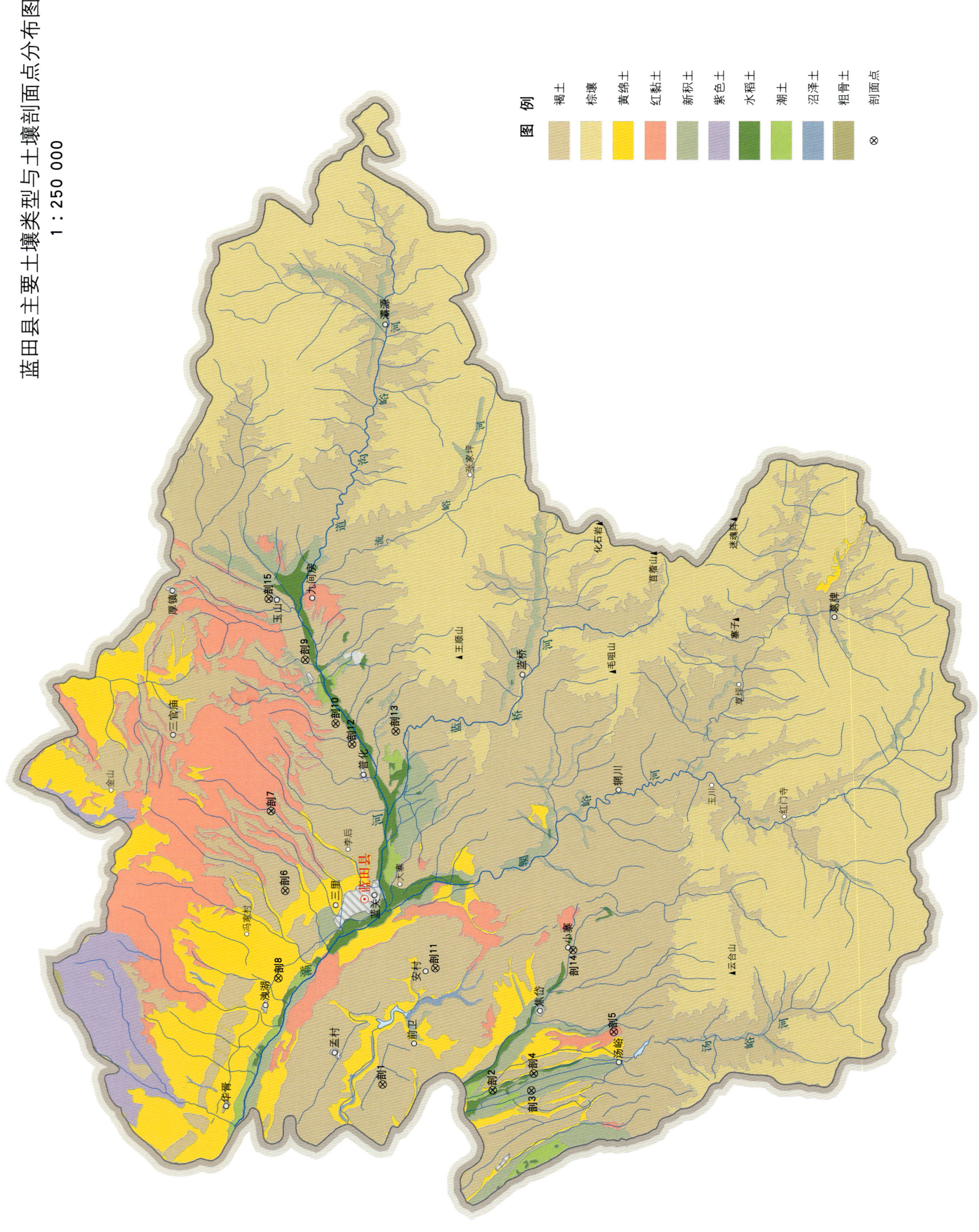

蓝田县土壤剖面理化性状表

剖面号 Soil profile	土纲 Soil order	土类 Soil great group	亚类 Soil subgroup	土属 Soil genus	土种 Soil species	土层码 Layer code	土层厚度 Depth/cm	颜色 Soil color	质地 Soil texture	土壤结构 Soil structure	pH	有机质 OM/(g/kg)	全氮 TN/(g/kg)	全磷 TP/(g/kg)	全钾 TK/(g/kg)	阳离子交换量 CEC/(cmol/kg)	土壤母质 Parent material	剖面点坐标 Profile coordinate	匹配指数 Matching index/%
剖1	半淋溶土	褐土	塿土	红油土		1	0—26	红棕色	中壤土	团块状		11.2	0.94	1.30		17.5	黄土	E 109°11′52.3″ N 34°08′33.5″	82
						Ap	26—38	红棕色	中壤土	团块状		10.7	0.86	1.24		17.7			
						3	38—54	棕褐色	中壤土	棱柱状		8.7	0.74	0.97		18.3			
						Bt	54—165	红褐色	中壤土	棱柱状		7.6	0.50	1.17		15.6			
						B	165—240	黄棕色	中壤土	块状		6.8	0.52	1.39					
剖2	半水成土	潮土	潮土			1	0—24	浅灰棕色	中壤土	团块状	7.6	16.7	1.16	1.69	20.2	18.8	洪积物、洪积物	E 109°11′44.4″ N 34°05′04.5″	81
						W	24—180	黄灰棕色	中壤土	块状	7.4	11.3	0.80	1.69	19.7	19.2			
剖3	初育土	新积土	新积土			1	0—28	浅褐色	中壤土	团块状							沉积物、洪积物	E 109°11′45.5″ N 34°03′50.9″	80
						Ap	28—43	浅褐色	中壤土	块状									
						3	43—83	棕褐色	中壤土	块状									
						4	83—158	灰棕色	中壤土	块状									
剖4	人为土	水稻土	潜育水稻土	淤泥土	厚层淤泥土	1	0—9	浅褐色	重壤土	团块状		16.6	0.99	1.84	19.6	22.9		E 109°12′24.2″ N 34°03′47.3″	78
						2	9—21	浅褐色	重壤土	块状		15.1	0.88	1.94	20.1	21.5			
						3	21—23	浅褐色	重壤土	块状		13.7	0.80	1.89	20.7	20.9			
剖5	初育土	红黏土	红土	红色土		1	0—15	浅红色	重壤土	团块状	7.6	10.2	0.85	0.82	19.8		红土	E 109°14′01.2″ N 34°01′17.1″	88
						2	15—35	浅红色	重壤土	块状	7.4	9.2	0.72	0.72	20.3				
						3	35—150	棕红色	重壤土	棱块状	7.6	7.7	0.66	0.76	18.7				
剖6	半淋溶土	褐土	塿土	黏质塿土性土		1	0—22	棕色	重壤土	团块状							静水沉积物	E 109°19′08.4″ N 34°11′45.5″	76
						2	22—32	灰棕色	重壤土	棱块状									
						3	32—125	灰棕色	重壤土	棱块状									
						B	125—170	棕色	中壤土	块状									
						C	170—200	棕色	中壤土	块状									
剖7	半淋溶土	褐土	塿土	壤质塿土性土		Ap	24—32	褐棕色	中壤土	团块状							洪积、坡积次生黄土	E 109°22′09.0″ N 34°12′15.5″	96
						3	32—155	棕褐色	中壤土	棱块状									
						B	155—203	暗棕色	中壤土	块状									
						C	203—												
剖8	初育土	黄绵土	黄绵土	黄墡土		1	0—25	灰黄棕色	中壤土	团块状	7.6	11.1	0.78	1.52	20.3	19.9	黄土	E 109°15′48.6″ N 34°11′55.4″	99
						2	25—34	浅灰棕色	中壤土	块状	7.7	10.0	0.77	1.44	21.5	19.7			
						3	34—60	灰棕色	轻壤土	块状	7.8	7.2	0.50	1.30	19.3	19.4			
						C	60—171	黄棕色	中壤土	块状		6.2	0.44	1.30					
剖9	半淋溶土	褐土	塿土性	褐塿土		1	0—18	灰棕色	中壤土	团块状		17.3	1.21	2.63			次生黄土	E 109°27′54.0″ N 34°11′16.2″	80
						Ap	18—24	灰棕色	中壤土	团块状		14.9	1.11	2.79					
						3	24—35	灰棕色	中壤土	棱块状		9.1	0.78	1.70					
						4	35—151	黄棕色	中壤土	块状									
						B	151—190	棕色	中壤土	块状									
						C	190—210												
剖10	半淋溶土	褐土	淋溶褐土	花岗岩质淋溶褐土		0	0—2	浅棕色	砂壤土	粒状							花岗岩风化物	E 109°25′31.1″ N 34°10′16.3″	98
						2	2—30	浅红棕色	砂壤土	无明显结构									
						3	30—160												
						4	160—												

续表 Continued

剖面号 Soil profile	土纲 Soil order	土类 Soil great group	亚类 Soil subgroup	土属 Soil genus	土种 Soil species	土层码 Layer code	土层厚度 Depth/cm	颜色 Soil color	质地 Soil texture	土壤结构 Soil structure	pH	有机质 OM/(g/kg)	全氮 TN/(g/kg)	全磷 TP/(g/kg)	全钾 TK/(g/kg)	阳离子交换量CEC/(cmol/kg)	土壤母质 Parent material	剖面点坐标 Profile coordinate	匹配指数 Matching index/%
剖11	半淋溶土	褐土	立茬土	黑立茬土		1	0—22	褐色	中壤土	团粒状		14.8	0.91	1.48		19.5		E 109°16′18.1″ N 34°06′58.0″	70
						2	22—43	浅褐色	中壤土	团块状		13.7	0.81	1.52		19.4			
						Bt₁	43—150	浅褐色	重壤土	棱柱状		8.2	0.52	1.81		19.0			
						Bt₂	150—219	深褐色	重壤土	棱柱状		11.8	0.63	1.64		23.0			
剖12	半淋溶土	褐土	褐土性土	黄土质褐土性土		1	0—25	浅棕褐色	中壤土	团块状		11.8	0.96	1.90			黄土	E 109°24′44.3″ N 34°09′44.6″	88
						2	25—97	浅棕褐色	中壤土	棱块状		6.6	0.57	1.46					
						3	97—167	黄棕褐色	中壤土	块状		3.7	0.29	1.72		17.9			
剖13	半淋溶土	褐土	石灰性褐土			0	0—1	浅灰褐色										E 109°25′15.6″ N 34°08′22.3″	81
						A	1—4	黑褐色	中壤土	团粒状									
						ABt	4—17	褐色	中壤土	块状									
						Bt	17—92	暗褐色	重壤土	小棱柱状									
						D	92—												
剖14	半淋溶土	褐土	淋溶褐土	耕种黄土质淋溶褐土		1	0—17	灰褐色	中壤土	团粒状							黄土	E 109°17′05.5″ N 34°02′39.6″	71
						Ap	17—31	灰褐色	中壤土	块状									
						3	31—70	黄褐色	中壤土	棱柱状									
						Bt	70—160	黄褐色	重壤土	块状									
剖15	半淋溶土	褐土	立茬土	红立茬土		1	0—25	浅褐棕色	中壤土	团块状		11.9	0.88	1.09		18.4		E 109°30′10.7″ N 34°12′27.8″	93
						2	25—43	褐色	中壤土	块状		10.4	0.68	0.92		19.4			
						Bt	43—170	暗褐色	重壤土	棱柱状		8.4	0.63	1.22		21.1			
						B	170—340	红褐色	中壤土	状		8.5	0.50	1.11		21.5			

周 至 县

主要土类说明

　　棕壤是周至县主要土壤类型，占本县地域面积的 50%。棕壤是在暖温带湿润地区落叶阔叶林下形成的森林土壤，主要分布在海拔 1300—2400m 的秦岭中山区，处于硅铝风化阶段。成土母质主要有黄土、千枚岩、页岩、花岗岩、片麻岩等。该土壤具有较强的黏化过程和淋溶过程，表层腐殖质积累强烈，全剖面无石灰反应。棕壤剖面上部为暗褐色腐殖质层，下部为棕色心土层。本县棕壤分为棕壤、生草棕壤、棕壤性土等亚类。

　　褐土是周至县第二大土壤类型，占本县地域面积的 26%。褐土是在暖温带半湿润区发育形成的具有黏化与钙质淋移淀积特征的土壤，分布在秦岭北坡中下部及平原地带。自然植被以落叶阔叶林为主，并伴生草灌。该土壤盐基饱和，处于硅铝风化阶段，有明显的黏淀层。在其 A-B-C 剖面构型中，B 层呈棕褐色，B 层下部有假菌丝状钙积层。土壤盐基饱和度在 80% 以上。本县褐土分为塿土、淋溶褐土等亚类。塿土主要分布在本县西部山前丘陵区的黄土台塬，是肥力较高的农业土壤。

　　潮土是周至县第三大土壤类型，占本县地域面积的 7%，分布在河流及其支流的河漫滩和一级阶地，地下水位高，潜水参与成土过程。在潮土成土过程中，底土氧化还原作用交替进行，形成锈色斑纹和小型铁子。在长期耕作条件下，表层有机质含量为 10—15g/kg。潮土是由河流冲积物受地下水影响而形成的土壤，通常具有熟化表层和氧化还原层。本县潮土分为潮土、湿潮土、盐化潮土等亚类。

　　黄绵土占本县地域面积的 6%，与褐土交错分布。黄绵土是由黄土母质直接翻耕形成的初育土。由于土壤侵蚀严重，表层长期遭侵蚀，只能不断加深耕作黄土母质层，因而母质特性明显。土壤无明显发育，为 A-C 型土。由于风成黄土富含细粉粒，故质地、结构均一，疏松绵软，富含石灰，磷、钾储量较丰富，但有效性差，土壤有机质缺乏。

　　暗棕壤占本县地域面积的 5%，主要分布在海拔 2300—3100m 的秦岭北坡中高山区。暗棕壤是在湿润地区针阔叶混交林下发育的具有明显有机质富集和弱酸性淋溶特征的土壤，具 O-A-B-C 剖面构型。弱酸性淋溶使铁、铝轻微下移。B 层呈棕色，结构面见铁锰胶膜。土壤呈弱酸性，盐基饱和度为 70%—80%。土壤冻结期长。

　　小于本县地域面积 3% 的土壤类型有山地草甸土、水稻土、新积土、红黏土。

本区域中心区气候特征

本区域中心区气候特征值
Regional climate characteristics in central area of the region

气候带：暖温带亚湿润气候 Climate region: Warm temperate subhumid climate	
年平均气温 /℃ Annual average temperature /℃	13.4
年平均最高气温 /℃ Annual average maximum temperature /℃	18.8
年平均最低气温 /℃ Annual average minimum temperature /℃	9.2
年降水量 /mm Annual precipitation /mm	690
≥10℃的积温 /℃ Daily temperature accumulated in a year（≥10℃）/℃	7378
年日照时数 /h Annual sunshine /h	1654
年平均相对湿度 /% Annual average relative humidity /%	73
干燥度 Dryness	1.24

本区域中心区月平均气温与月平均降水量
Monthly temperature and precipitation in central area of the region

周至县主要土壤类型与土壤剖面点分布图

1 : 280 000

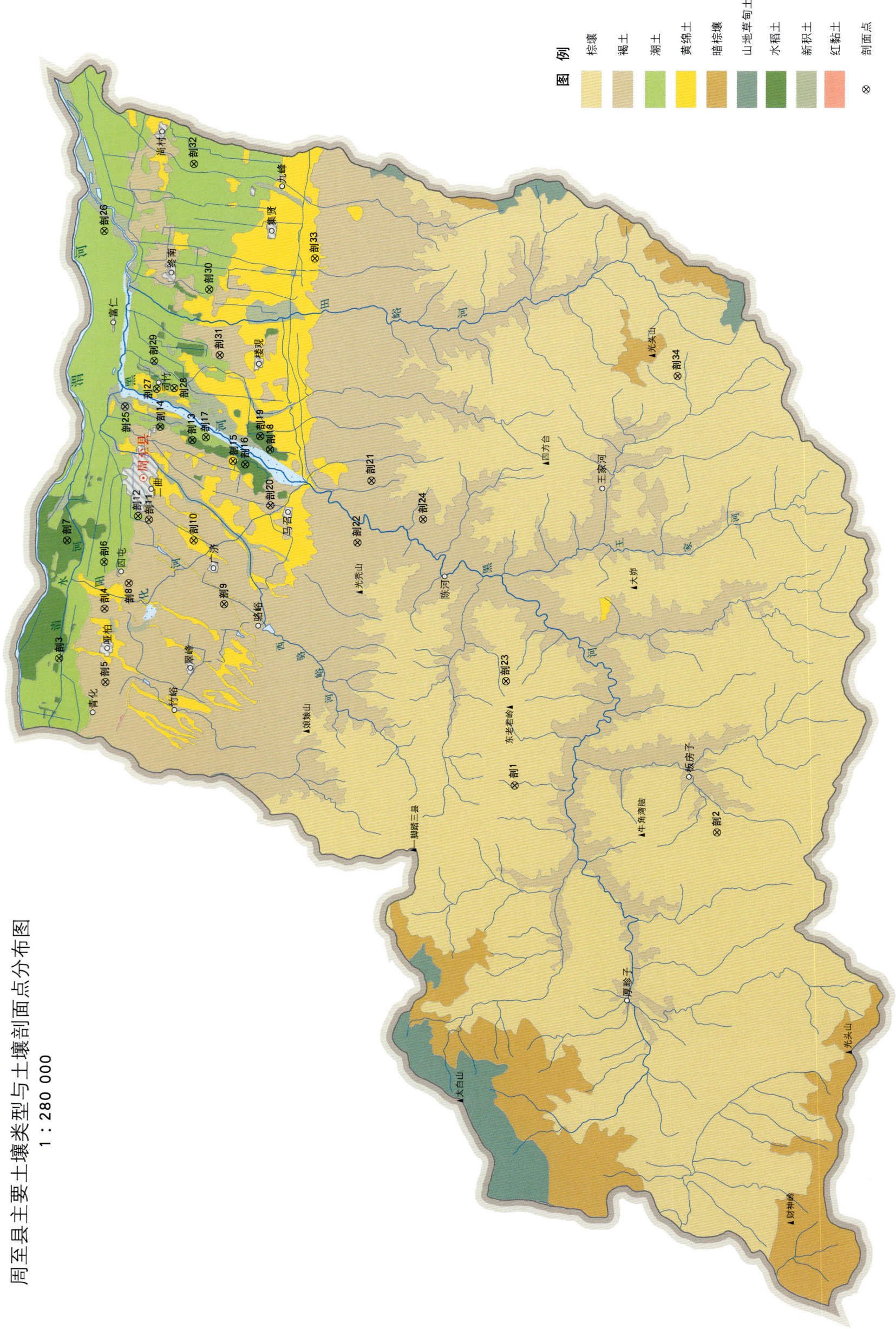

周至县土壤剖面理化性状表

剖面号 Soil profile	土纲 Soil order	土类 Soil great group	亚类 Soil subgroup	土属 Soil genus	土种 Soil species	土层码 Layer code	土层厚度 Depth/cm	颜色 Soil color	质地 Soil texture	土壤结构 Soil structure	pH	有机质 OM/(g/kg)	全氮 TN/(g/kg)	全磷 TP/(g/kg)	全钾 TK/(g/kg)	碱解氮 AN/(mg/kg)	有效磷 AP/(mg/kg)	速效钾 AK/(mg/kg)	阳离子交换量CEC/(cmol/kg)	土壤母质 Parent material	剖面点坐标 Profile coordinate	匹配指数 Matching index/%
剖1	淋溶土	棕壤	棕壤	麻石棕壤		1	0—6	灰棕色	中壤土		6.4	62.5	4.45	0.45	20.4	281	34.4	357	26.0	花岗片麻岩	E 107°59′35.6″ N 33°55′35.2″	77
						2	6—12	灰棕色	中壤土	块状	5.9	23.4	2.83	0.31	20.7	202	6.9	200	23.4			
						3	12—19	灰棕色	重壤土	块块状	5.5	17.6	0.95	0.21	21.2	82	4.6	117	21.5			
						4	19—55	棕色	轻黏土	棱块状	6.2	9.6	0.61	0.27	21.9	44	2.3	104	20.2			
						5	55—80		轻黏土			3.0	0.19	0.46	13.1	21	<1.0	53	14.3			
						6	80—120															
剖2	淋溶土	棕壤	棕壤	片石棕壤		1	0—8	灰棕色	轻壤土	块状	6.8	144.8	>6.00	1.35	16.0	670	32.1	>500	>50.0	千枚岩、页岩	E 107°57′49.3″ N 33°48′03.4″	76
						2	8—44	灰棕色	中壤土	块状	6.5	27.2	1.68	0.67	19.1	141	6.9	298	18.0			
						3	44—150	浅灰棕色	重壤土	块状	6.8	8.0	0.55	0.29	22.7	49	2.3	105	11.5			
剖3	半水成土	潮土	潮土	泥质潮土		1	0—30	褐黄色	重壤土	块状	8.2	10.9	0.83	0.65		87	6.9	162	13.0	洪冲积物	E 108°04′33.7″ N 34°12′34.6″	90
						2	30—59	灰黄色	轻壤土	块状	8.2	8.1	0.70	0.64		68	13.7	198	14.5			
						3	59—80	黄灰色	重壤土	块状	8.2	6.7	0.60	0.75		67	18.3	263	11.3			
						4	80—130	黄灰色	重壤土	块状	8.3	3.6	0.30	0.72		33	11.5	191	4.8			
						5	130—150	棕灰色	轻壤土	块状	8.3	3.6	0.24	0.78		26	6.9	176	7.5			
剖4	半淋溶土	褐土	褐壤土	褐壤土		1	0—14	浅灰棕色	重壤土	块状	8.0	12.8	1.07	0.81	23.7	57	31.9	290	16.0	黄土	E 108°06′49.3″ N 34°10′57.2″	93
						2	14—25	浅棕色	重壤土	块状	8.0	8.8	0.86	0.81	23.7	48	9.2	164	15.4			
						3	25—47	灰棕色	中壤土	块状	8.1	7.9	0.65	0.67	22.8	36	4.6	133	13.4			
						4	47—68	棕褐色	重壤土	柱状	8.1	7.9	0.14	0.64	21.7	41	6.9	134	13.9			
						5	68—112	棕褐色	轻壤土	块状	8.2	10.5	0.80	0.80	23.4	54	11.5	172	20.9			
						6	112—150	棕黄色	重壤土	块状	8.2	9.0	0.67	1.34	22.0	44	32.1	226	15.6			
剖5	半淋溶土	褐土	塿土	红油土		1	0—32	浅灰棕色	中壤土	团块状										黄土	E 108°03′34.4″ N 34°10′50.2″	77
						2	32—45	灰褐色	中壤土	块状												
						3	45—150	棕褐色	重壤土	棱柱状												
剖6	半水成土	潮土	潮土	砂质潮土		1	0—20	浅灰棕色	中壤土	团块状	8.3	5.7	0.45	0.64	19.5	37	6.9	102	4.9	冲积物	E 108°08′54.0″ N 34°11′01.2″	96
						2	20—50	浅灰棕色	中壤土	块状	8.4	4.4	0.33	0.66	20.5	32	4.6	73	4.7			
						3	50—105	灰黄色	中壤土	块柱状	8.6	2.8	0.23	0.62	19.7	21	4.6	63	4.8			
						4	105—150	棕黄色	中壤土	块状	8.6	1.6	<0.10	0.62	16.4	10	2.3	35	2.4			
剖7	人为土	水稻土	潜育水稻土	冲积洪积型潜育水稻土		1	0—23	灰黄色	重壤土	块状	9.2	9.7	0.60	0.62	19.8	49	11.5	217	9.4	洪冲积物	E 108°09′48.0″ N 34°12′25.4″	89
						2	23—83	褐灰色	重壤土	块状	8.3	7.8	0.59	0.59	22.1	58	6.9	139	10.9			
						3	83—106	黄灰色	中壤土	块状	8.7	2.9	0.15	0.62	21.5	14	4.6	49	2.2			
						4	106—136	黄灰色	重壤土	块状	8.3	2.2	0.17	0.80	22.0	66	2.3	70	4.0			
						5	136—150	浅灰黄色	重壤土	块状	8.7	1.6	<0.10	0.33	19.8	7	2.3	28	2.1			
剖8	半淋溶土	褐土	塿土	黑油土		1	0—17	暗灰棕色	中壤土	粒状、块状	8.0	12.6	0.93	0.76	22.1	71	9.2	226	14.4	黄土	E 108°07′59.7″ N 34°10′05.5″	77
						2	17—27	浅灰棕色	重壤土	块状	8.0	10.7	0.80	0.73	21.5	56	4.6	160	13.6			
						3	27—59	灰黄棕色	重壤土	块状	8.2	7.4	0.59	0.56	22.0	66	2.3	131	13.7			
						4	59—220	褐色	重壤土	块柱状	8.1	10.1	0.65	0.54	22.3	45	4.6	164	15.4			
						5	220—280	浅灰黄色	重壤土	块状	8.2	5.1	0.38	0.76	18.4	27	36.6	112	9.1			
剖9	半淋溶土	褐土	塿土	塿黄立土	黑立老土	A_{11}	0—18	浊黄橙色	壤质黏土	粒状、块状	7.1	9.3	0.67	0.53	20.2	41	7.0	129	13.2	黄土	E 108°07′11.2″ N 34°06′32.4″	93
						A_{12}	18—26	浊黄橙色	壤质黏土	片状	7.1	8.3	0.62	0.53	19.9	37	5.0	113	12.5			
						AB	26—50	灰黄棕色	粉砂质黏土	块状	7.4	6.8	0.55	0.45	19.7	35	7.0	110	11.0			
						Bt	50—180	浊棕色	粉砂质黏土	大棱柱状	7.4	7.0	0.53	0.65	21.6	28	7.0	140	19.0			
						Bk	180—220	浊棕色	粉砂质黏土	棱柱状	8.0	6.9	0.57	0.73	19.4	25	9.0	114	16.9			

续表 Continued

剖面号 Soil profile	土纲 Soil order	土类 Soil great group	亚类 Soil subgroup	土属 Soil genus	土种 Soil species	土层码 Layer code	土层厚度 Depth/cm	颜色 color	质地 Soil texture	土壤结构 Soil structure	pH	有机质 OM/(g/kg)	全氮 TN/(g/kg)	全磷 TP/(g/kg)	全钾 TK/(g/kg)	碱解氮 AN/(mg/kg)	有效磷 AP/(mg/kg)	速效钾 AK/(mg/kg)	阳离子交换量CEC/(cmol/kg)	土壤母质 Parent material	剖面点坐标 Profile coordinate	匹配指数 Matching index/%
剖10	初育土	黄绵土	黄绵土	黄垆土		1	0—19	浅灰棕色	中壤土	块状										黄土	E 108°09′57.9″ N 34°07′44.7″	87
						2	19—110	黄棕色	中壤土	块状												
						3	110—	棕色														
剖11	半淋溶土	褐土	斑斑油土	斑斑黑油土		1	0—30	灰棕色	中壤土	块状	8.0	10.2	0.66	0.50	20.4	36	4.6	124	16.4	黄土	E 108°10′49.4″ N 34°09′25.3″	93
						2	30—72	棕色	重壤土	块状	7.9	11.7	0.73	0.55	21.4	35	4.6	140	21.7			
						3	72—114	暗灰棕色	重壤土	核状	7.9	14.6	0.77	0.59	21.2	59	4.6	173	25.4			
						4	114—150	暗褐色	轻黏土	核状	8.0	11.0	0.63	0.66	18.6	29	6.9	130	20.7			
						5	150—	浅灰黄色	轻黏土	块状	8.1	5.9	0.41	0.55	15.4	21	6.9	92	11.6			
剖12	半水成土	潮土	黑潮土	黑潮土		1	0—23	浅灰棕色	重壤土	块状	7.9	15.4	0.92	0.65	18.8	58	2.3	102	18.9	冲积物	E 108°10′57.6″ N 34°09′49.8″	75
						2	23—36	灰棕色	重壤土	层状	7.9	15.4	0.92	0.68	18.7	60	4.6	110	20.0			
						3	36—150	黑灰色	轻黏土	块状	7.9	11.1	0.52	0.61	18.3	29	2.3	76	15.0			
剖13	人为土	水稻土	潜育水稻土	褐土型潜育水稻土		1	0—20	灰灰色	重壤土	无明显结构	7.0	21.7	1.13	0.69	21.2	89	6.9	111	16.1		E 108°14′23.2″ N 34°07′54.9″	97
						2	20—50	灰色	轻黏土	无明显结构	7.2	31.4	1.53	0.67	20.4	102	6.9	100	14.4			
						3	50—100	浅蓝灰色	重壤土	无明显结构	7.6	7.8	0.47	0.72	19.8	28	11.5	122	13.8			
剖14	人为土	水稻土	潜育水稻土	褐土型潜育水稻土		1	0—14	灰色	重壤土	块状	7.1	21.4	1.26	0.75	22.2	85	25.2	167	13.5	冲积物	E 108°14′56.6″ N 34°09′06.2″	75
						2	14—29	灰色	重壤土	片状	7.1	13.2	0.90	0.69	23.3	60	11.5	116	14.4			
						3	29—77	灰色	重壤土	块状	6.3	9.7	0.68	0.79	22.7	46	27.5	109	12.3			
						4	77—115	灰褐色	重壤土	块状	7.2	6.2	0.55	1.00	21.4	29	66.4	133	9.7			
						5	115—150	黄褐色	重壤土	块状	6.7	6.0	0.55	1.00	16.7	27	59.5	152	11.4			
剖15	初育土	黄绵土	黄绵土	非石灰性黄绵土		1	0—23	浅灰棕色	中壤土	团块状	7.8	10.9	0.76	0.47		50	4.6	134	18.6	黄土	E 108°13′31.1″ N 34°06′23.1″	86
						2	23—44	灰黄棕色	中壤土	块状	7.6	6.8	0.54	0.53		30	2.3	90	13.2			
						3	44—100	灰色	中壤土	块状	7.9	8.7	0.55	0.42			2.3	100				
						4	100—150	浅灰棕色	中壤土	块状	7.6	10.0	0.56	0.39		32	4.6	88	19.1			
剖16	人为土	水稻土	淹育水稻土	渗褐泥田	锈斑泥田土	Aa	0—14	浅棕灰色	黏壤土	团块状	7.1	21.4	1.26	0.75	22.2	85	10.0	167	13.5		E 108°13′22.7″ N 34°05′55.2″	84
						Ap	14—29	灰棕色	黏壤土	块状	7.1	13.2	0.90	0.69	23.3	60	5.0	116	14.4			
						P	29—77	棕灰色	黏壤土	块状	6.6	9.7	0.66	0.79	22.7	46	3.0	109	12.3			
						C	77—150	灰褐色	壤质黏土		7.2	6.2	0.55	1.00	21.4	29	7.0	133	9.7			
剖17	半水成土	潮土	潜育水稻土	埂质褐潮土	中层褐泥土（楼土）	A	0—20	暗灰棕色	少砾黏壤土	团块状	6.9	15.6	0.98	0.48	19.6	73	9.2	126	12.1	洪积物	E 108°14′32.1″ N 34°07′24.7″	88
						Cu₁	20—38	灰褐色	少砾黏壤土	块状	7.3	9.1	0.66	0.48	20.0	40	6.9	101	12.4			
						Cu₂	38—150				7.4	8.6	0.58	0.45	21.0	34	6.9	74	15.5			
剖18	人为土	水稻土	淹育水稻土	褐土型淹育水稻土		1	0—15	灰黄色	重壤土	团块状	8.0	18.8	1.04	0.81	20.5	70	9.2	93	6.2		E 108°14′04.4″ N 34°05′01.2″	83
						2	15—71	黄褐色	重壤土	块状	7.9	8.1	0.35	0.78	19.8	34	16.0	55	2.6			
						3	71—150	灰褐色	中壤土	粒状	7.8	25.0	1.13	0.81	21.0	91	43.5	107	9.3			
剖19	人为土	水稻土	潜育水稻土	冲积洪积型潜育水稻土		1	0—34	暗灰蓝色	重壤土	块状	7.9	17.5	1.04	0.70	18.8	64	21.0	143	20.5	洪冲积物	E 108°14′38.7″ N 34°05′24.1″	92
						2	34—51	灰黄棕色	中壤土	粒状	7.9	14.5	0.85	0.59	19.4	45	2.0	116	21.1			
						A₁₁	0—26	浊黄橙色	重壤	核块状	8.0	16.2	0.89	0.63	19.4	48	9.0	136	26.0			
剖20	半淋溶土	褐土	埁土	埁垆土	鸡粪土（楼土）	A₁₂	26—50	浊黄棕色	粉砂质黏土	核块状	8.1	15.3	0.89	0.63	19.4	27	2.0	147	35.4	次生黄土	E 108°11′36.8″ N 34°04′57.1″	91
						AB	50—60	灰黄棕色	粉质黏土	小棱块状	8.5	8.2	0.43	0.41	22.2	22	20.0	113	24.4			
						Bt	60—126	浊黄橙色	粉砂质黏土	块状	7.5	53.7	3.09	0.66	26.1	240	6.9	>500	26.6			
						Bk	126—150	浊黄橙色	粉砂质黏土	块状	7.7	40.7	2.15	0.60	25.6	134	4.6	91	23.7			
剖21	半淋溶土	褐土	淋溶褐土	黄土质淋溶褐土		1	0—6	灰褐色	中壤土	棱状	7.7	12.9	0.89	0.37	18.4	58	2.3	151	14.5	黄土	E 108°12′50.0″ N 34°01′14.6″	86
						2	6—11	灰色	中壤土	棱块状	7.9	6.3	0.50	0.39	17.8	30	59.5	95	17.6			
						3	11—20	棕色	中壤土	棱柱状	7.9	4.5	0.39	0.44	17.6	29	9.2	79	10.4			
						4	20—98	棕色	中壤土	块状	7.1											
						5	98—120	棕黄色	中壤土	块状												

续表 Continued

剖面号 Soil profile	土纲 Soil order	土类 Soil great group	亚类 Soil subgroup	土属 Soil genus	土种 Soil species	土层码 Layer code	土层厚度 Depth/cm	颜色 Soil color	质地 Soil texture	土壤结构 Soil structure	pH	有机质 OM/(g/kg)	全氮 TN/(g/kg)	全磷 TP/(g/kg)	全钾 TK/(g/kg)	碱解氮 AN/(mg/kg)	有效磷 AP/(mg/kg)	速效钾 AK/(mg/kg)	阳离子交换量CEC/(cmol/kg)	土壤母质 Parent material	剖面点坐标 Profile coordinate	匹配指数 Matching index/%
剖22	半淋溶土	褐土	淋溶褐土	千枚岩、页岩淋溶褐土		1	0—18	灰褐色	中壤土	块状	7.8	20.8	1.32	0.69	19.5	79	45.5	184	16.5	千枚岩、页岩	E 108°10′05.6″ N 34°01′41.3″	90
						2	18—25	灰褐色	中壤土	块状	7.8	15.8	1.05	0.54	19.3	63	11.5	132	16.7			
						3	25—57	灰褐色	重壤土	块状	7.9	6.3	0.54	0.40	19.6	31	2.3	97	15.9			
						4	57—97	褐色		棱柱状	8.0	4.4	3.90	0.40	17.8	19	9.2	90	14.0			
						5	97—	黄棕色			8.0	11.7	0.64	0.55	13.3	38	20.6	109	20.0			
剖23	淋溶土	棕壤	棕壤性土	麻骨石棕壤性土	暗冷麻石土	Ao	0—3														E 108°04′10.5″ N 33°56′02.5″	72
						A	3—10	暗灰棕色	黏壤土	粒状	6.3	119.0	3.39	0.49					26.9			
						[B]	10—30	棕色	砂壤土	核块状	6.4	47.1	1.01	0.37					18.9			
						C	30—48	红棕色			6.8	34.8	0.83	1.52					13.8			
						D	48—67					8.9	0.33	>4.00					5.7			
剖24	半淋溶土	褐土	埁土	立苴土	黑立苴土	A₁	0—18	灰棕色	壤质黏土	块状	7.1	9.3	0.67	0.53	20.2	41	7.0	129	13.2	黄土	E 108°11′12.1″ N 33°59′17.5″	83
						A₂	18—26	浅灰棕色	壤质黏土	片状	7.1	8.3	0.62	0.53	19.9	37	5.0	113	12.5			
						ABt	26—50	暗棕色	壤质黏土	棱柱状	7.4	6.8	0.55	0.45	19.7	35	7.0	110	11.0			
						Bt₁	50—180	暗黄棕色	壤质黏土		7.4	7.0	0.53	0.65	21.6	28	7.0	140	19.0			
						BtBk	180—220	浅黄棕色			8.0	6.9	0.57	0.73	19.4	25	9.0	114	16.9			
剖25	初育土	新积土	新积土	淤砂土		2	45—74	灰棕色	中壤土	粒状	8.3	7.6	0.41	0.84	20.3	35	6.9	57	3.3		E 108°15′46.7″ N 34°10′26.2″	88
						3	74—102	浅褐色	中壤土	块状	8.2	5.6	0.29	0.68	15.7	25	2.3	42	3.6			
						4	102—112	灰白色	轻黏土	块状	8.5	2.8	0.13	0.72	19.4	13	4.6	32	2.3			
						5	112—150	浅褐色	轻黏土		8.2	1.6	0.30	0.79	17.3	29	4.6	46	5.1			
剖26	半水成土	潮土	盐化潮土	泥质盐化潮土		1	0—20	灰白色	轻壤土	团块状	8.9	2.5	<0.10	0.55	17.8	8	4.6	24	<2.0		E 108°23′31.4″ N 34°11′23.3″	90
						2	20—45	浅灰棕色	中壤土	块状	8.5	5.2	0.35	0.73	18.2	29	2.3	71	6.4			
						3	45—55	灰褐色	轻黏土	块状	8.1	12.9	0.70	0.75	18.5	50	6.9	97	7.6			
						4	55—69	棕灰色	轻黏土	块状	8.3	6.1	0.36	0.70	18.8	26	6.0	72	5.8			
						5	69—140	棕褐色	轻壤土		8.8	4.2	0.27	0.68	17.9	18	2.3	56	5.3			
剖27	半水成土	潮土	褐潮土	砂砾质褐潮土	表泥砾质褐潮土	A	0—20	浅黄棕色	壤土	粒状	9.0	1.7	<0.10	0.74	21.4	9	2.3	32	2.7	冲积物	E 108°16′44.8″ N 34°09′17.2″	87
						AC	20—50	浅黄棕色	砂土	无明显结构												
						Cu₁	50—110	灰黄棕色	砂土	小块状												
						Cu₂	110—150		砂土	无明显结构												
剖28	半水成土	潮土	湿潮土	砂质湿潮土		1	0—20	棕黄色	中壤土	粒块状	8.4	8.0	0.48	0.87		32	4.6	73	3.6	冲积物	E 108°16′40.5″ N 34°08′38.1″	87
						2	20—35	浅黄棕色	轻壤土	块状	9.5	3.6	0.23	0.84		15	4.6	27	3.1			
						3	35—90	灰白色	中壤土	块状	8.7	2.6	0.15	0.55		7	2.3	20	<2.0			
						4	90—120	灰黄色	轻壤土	块状	9.4	4.9	0.21	0.84		16	4.6	28	2.8			
						5	120—150	蓝色	中壤土	块状	8.0	12.3	0.54	0.79		38	11.5	46	5.1			
剖29	半水成土	潮土	湿潮土	壤质湿潮土	腰砂石湿潮土	A₁	0—20	灰褐色	壤土	团块状	8.4	8.0	0.48	0.52	20.7	32	4.6	73	3.1	冲积物	E 108°17′51.2″ N 34°09′24.5″	89
						A₂	20—35	浅黄棕色	壤土	粒状	8.5	3.7	0.23	0.63		15	2.3	27	<2.0			
						Cu	35—90	灰黄色	砂土	粒状	8.7	2.8	0.16	0.87		7	4.6	20	2.6			
						Cg	90—120	灰蓝色	壤土	块状	8.4	5.0	0.21			16	11.4	29	5.0			
							120—150	灰蓝色	壤土	块状	8.0	12.4	0.54	0.79		39		53	11.2			
剖30	半水成土	潮土	褐潮土	泥质褐潮土		1	0—26	灰黄色	重壤土	团块状	8.1	9.8	0.66	0.73	20.7	35	4.6	90	11.2	冲积物	E 108°21′04.4″ N 34°07′27.0″	87
						2	26—53	暗黄色	重壤土	块状	8.2	10.2	0.61	0.74	21.1	31	2.3	82	13.0			
						3	53—103	浅黄色	中壤土	块状	8.8	6.0	0.38	0.85	19.5	18	4.6	41	8.4			
						4	103—150	浅黄色	重壤土		7.8	11.2	0.62	0.67	23.1	21	6.9	132	18.6			

续表 Continued

剖面号 Soil profile	土纲 Soil order	土类 Soil great group	亚类 Soil subgroup	土属 Soil genus	土种 Soil species	土层码 Layer code	土层厚度 Depth/cm	颜色 Soil color	质地 Soil texture	土壤结构 Soil structure	pH	有机质 OM/(g/kg)	全氮 TN/(g/kg)	全磷 TP/(g/kg)	全钾 TK/(g/kg)	碱解氮 AN/(mg/kg)	有效磷 AP/(mg/kg)	速效钾 AK/(mg/kg)	阳离子交换量CEC/(cmol/kg)	土壤母质 Parent material	剖面点坐标 Profile coordinate	匹配指数 Matching index/%
剖31	半淋溶土	褐土	灰土	灰土		1	0—23	灰棕色	中壤土	团块状	8.2	15.3	0.77	>4.00		36	>100.0	154	18.2	黄土	E 108°18′11.4″ N 34°06′59.6″	94
						2	23—43	暗灰色	中壤土	团块状	8.2	16.6	0.66	>4.00		25	>100.0	142	17.5			
						3	43—74	暗灰色	中壤土	团块状	8.2	16.4	0.77	>4.00		27	>100.0	127	20.9			
						4	74—150	灰色	中壤土	块状	8.1	18.7	0.78	>4.00	18.8	28	>100.0	136	20.5			
剖32	半水成土	潮土	湿潮土	鸡粪土		1	0—26	灰褐色	重壤土	块状	7.9	17.5	1.04	0.70	19.4	64	20.6	143	21.1	冲积物	E 108°26′35.1″ N 34°08′09.4″	84
						2	26—50	灰褐色	重壤土	片状	8.0	14.5	0.85	0.59	19.4	45	2.3	116	26.0			
						3	50—60	暗灰蓝色	重壤土	棱块状	8.0	16.2	0.89	0.63	21.4	48	9.2	136	35.4			
						4	60—126	黑色	轻黏土	瓣状	7.7	15.3	0.70	0.41	22.2	27	2.3	147	24.4			
						5	126—150	灰黄色	轻黏土	棱柱状	7.6	8.2	0.43	0.63		22	20.6	113	7.3			
剖33	初育土	黄绵土	黄绵土	淤墡土		1	0—20	灰棕色	中壤土	块状	8.4	7.7	0.53	0.78		40	11.5	106	7.2	黄土	E 108°22′33.6″ N 34°03′34.4″	96
						2	20—39	褐黄色	中壤土	块状	8.3	6.6	0.51	0.77		32	9.2	187	7.0			
						3	39—55	灰褐色	中壤土	块状	8.4	5.7	0.45	0.71		24	6.9	72	5.0			
						4	55—80	棕褐色	重壤土	块状	9.3	9.6	0.63	0.91		37	11.5	178	6.0			
						5	80—110	褐棕色	中壤土	块状	8.3	5.6	0.39	0.83		22	9.2	67	6.9			
						6	110—150	棕褐色	中壤土	块状	8.4	6.1	0.40	0.93		25	11.5	76	>50.0			
剖34	淋溶土	棕壤	生草棕壤	片石生草棕壤		1	0—1.5					184.3	>6.00	1.05	16.8	689	4.6	>500	26.3	千枚岩、页岩	E 108°17′49.4″ N 33°50′02.7″	100
						2	1.5—8	灰棕色	轻壤土	粒块状	6.8	69.4	3.20	0.60	23.5	246	9.2	>500	19.5			
						3	8—32	灰棕色	中壤土	块状	7.3	45.7	2.45	0.60	22.3	200	9.2	187	10.1			
						4	32—55	浅灰棕色	中壤土	块状	6.7	10.0	0.66	0.29	26.4	85	<1.0	77				
						5	55—87	灰棕色														
						6	87—108	灰棕色														
						7	108—	灰棕色														

铜 川 市

市 辖 区

主要土类说明

褐土是铜川市主要土壤类型，占本市地域面积的57%。褐土是在暖温带半湿润区发育形成的具有黏化与钙质淋移淀积特征的土壤。该土壤盐基饱和，处于硅铝风化阶段，有明显的黏淀层。在其A-B-C剖面构型中，B层呈棕褐色。土壤盐基饱和度在80%以上。本市褐土分为塿土、石灰性褐土、褐土、褐土性土等亚类。塿土分布在海拔800m以下的平坦塬地、凹地和村庄周围，成土母质主要为第四纪风成黄土。

黄绵土是铜川市第二大土壤类型，占本市地域面积的27%。黄绵土是由黄土母质直接翻耕形成的初育土，主要分布在海拔1100m以下的坡地、台塬、梯田和川台旱地，与褐土交错分布。由于土壤侵蚀严重，表层长期遭侵蚀，只能不断加深耕作黄土母质层，因而母质特性明显。土壤无明显发育，为A-C型土。由于风成黄土富含细粉粒，故质地、结构均一，疏松绵软，富含石灰，磷、钾储量较丰富，但有效性差，土壤有机质缺乏。

黑垆土是铜川市第三大土壤类型，占本市地域面积的10%，多分布在海拔800—1100m的残塬和台塬地带，与塿土和黄绵土交错分布。黑垆土是一种古老的耕种土壤，有机质含量低，但腐殖质层深厚。土体原位黏化，但无明显的黏化层，具假菌丝状石灰累积；无盐化，多旱耕。

粗骨土占本市地域面积的4%，主要分布在河谷阶地和低山丘陵。粗骨土是在岩石风化碎屑上形成的幼年土壤，发育微弱，属于A-C型，甚至（A）-C型土壤。A层发育不明显，与母质土层性状相似，略显有机质累积。有时母质层富含砾石，很少出现剖面分异与发育特征。

小于本市地域面积3%的土壤类型有新积土、红黏土。

本区域中心区气候特征

本区域中心区气候特征值
Regional climate characteristics in central area of the region

气候带：暖温带亚湿润气候 Climate region: Warm temperate subhumid climate	
年平均气温 /℃ Annual average temperature /℃	12.1
年平均最高气温 /℃ Annual average maximum temperature /℃	18.2
年平均最低气温 /℃ Annual average minimum temperature /℃	7.2
年降水量 /mm Annual precipitation /mm	513
≥10℃的积温 /℃ Daily temperature accumulated in a year (≥10℃) /℃	6759
年日照时数 /h Annual sunshine /h	2010
年平均相对湿度 /% Annual average relative humidity /%	66
干燥度 Dryness	1.36

本区域中心区月平均气温与月平均降水量
Monthly temperature and precipitation in central area of the region

铜川市市辖区（部分）主要土壤类型与土壤剖面点分布图
1 : 210 000

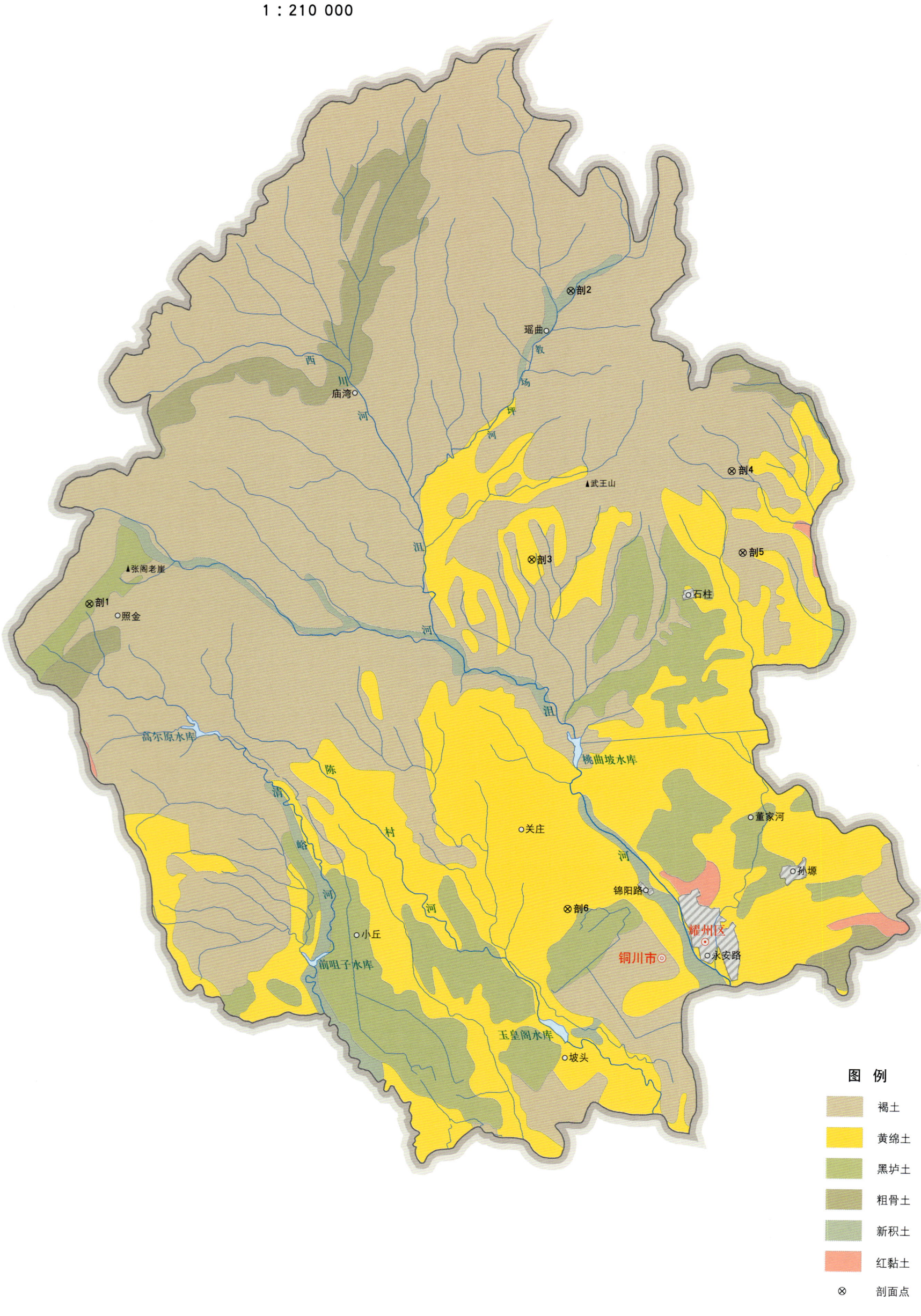

铜川市土壤剖面理化性状表

剖面号 Soil profile	土纲 Soil order	土类 Soil great group	亚类 Soil subgroup	土属 Soil genus	土种 Soil species	土层码 Layer code	土层厚度 Depth/cm	颜色 Soil color	质地 Soil texture	土壤结构 Soil structure	pH	有机质 OM/(g/kg)	全氮 TN/(g/kg)	全磷 TP/(g/kg)	全钾 TK/(g/kg)	碱解氮 AN/(mg/kg)	有效磷 AP/(mg/kg)	速效钾 AK/(mg/kg)	阳离子交换量CEC/(cmol/kg)	土壤母质 Parent material	剖面点坐标 Profile coordinate	匹配指数 Matching index/%
剖1	钙层土	黑垆土	黏化黑垆土	黄盖黏黑垆土	中层黄盖黏黑垆土	1	0—27	灰棕色	中壤土	粒状		17.9	0.97	0.73	18.1					黄土	E 108°37′12.3″ N 35°03′34.9″	76
						Ap	27—34	灰棕色	中壤土	片状		14.8	0.86	0.67	17.9							
						3	34—48	深棕色	中壤土	块状		9.4	0.49	0.55	20.1							
						4	48—85	灰褐色	中壤土	柱状		6.2	0.15	0.68	23.7							
						5	85—140	灰棕色	中壤土	块状		3.1	<0.10	0.70	21.2							
						6	140—	黄棕色	中壤土	块状												
剖2	初育土	新积土	冲积土	砂质冲积土	底泥淤砂土	A	0—20	灰棕色	壤质砂土	粒状	8.5	5.7	0.74	0.65	17.5	46	4.0	146	13.3	冲积物	E 108°53′16.9″ N 35°12′38.8″	90
						C	20—85	棕色	粉砂质壤土	块状	8.5	5.4	0.40	0.72	16.4	17	4.0	83	8.3			
剖3	初育土	黄绵土	黄绵土	黄墡土		1	0—31	棕黄色	中壤土	粒块状		9.6	0.85	0.69	20.2					黄土	E 108°52′12.4″ N 35°05′09.5″	84
						Ap	31—39	灰褐色	中壤土	片状		6.4	0.34	0.86	20.7							
						3	39—50	棕黄色	中壤土	粒块状		6.1	0.31	0.63	22.4							
						4	50—160	棕黄色	中壤土	粒块状												
剖4	半淋溶土	褐土	褐土	耕种砂页岩褐土	耕种砂页岩褐土	0	0—18	灰棕色	中壤土	粒状		15.4	0.63	0.57	17.3					砂页岩	E 108°58′56.0″ N 35°07′46.1″	71
						Ao	18—47	褐棕色	中壤土	粒状		11.8	0.89	0.54	17.0							
						A	47—88	褐色	中壤土	柱状		8.5	0.22	0.55	17.1							
						Bt	88—128	灰褐色	中壤土	柱状		5.4	0.11	0.55	16.2							
						Bk	128—200	灰褐色	中壤土	块状		4.4	<0.10	0.53	16.3							
剖5	半淋溶土	褐土	石灰性褐土	火褐黄土	灰黄旱土	A	0—18	浊红棕色	黏壤土	小块状	8.6	15.4	0.89	0.63	17.3	56	6.0	231	11.3	次生黄土	E 108°59′23.0″ N 35°05′30.0″	99
						Bt	18—47	亮红棕色	黏壤土	块状	8.4	10.0	0.60	0.57	17.0	51	4.0	174	10.5			
						Bk₁	47—88	灰黄棕色	黏壤土	块状	8.7	7.4	0.45	0.57	17.0	29	5.0	114	11.4			
						Bk₂	88—128	灰黄棕色	粉砂质壤土	块状	8.4	5.4	0.38	0.65	16.2	14	7.0	99	13.1			
剖6	初育土	黄绵土	黄墡土	塬地黄墡土	夹灰塬地黄墡土	A	0—20	灰黄色	中壤土	粒状		15.7	0.59	3.59	22.7					黄土	E 108°53′46.8″ N 34°55′28.3″	78
						2	20—40	灰黄色	中壤土	粒状		15.2	0.46	>4.00	22.6							
						3	40—200	深灰色	轻壤土			14.5	0.40	0.31	18.4							

王益区、印台区

主要土类说明

黄绵土是王益区、印台区主要土壤类型，占本区域地域面积的 50%。黄绵土是由黄土母质直接翻耕形成的初育土。由于土壤侵蚀严重，表层长期遭侵蚀，只能不断加深耕作黄土母质层，因而母质特性明显。土壤无明显发育，为 A–C 型土。本区域地处渭北黄土高原，黄绵土分布广泛，是本区域主要的农业土壤，仅有墡土一个亚类，其续分为黄墡土、白墡土和淤墡土三个土属。黄墡土土层深厚，质地为中壤土，土质绵软，透水性、透气性良好，保水性较强。白墡土是由于熟化层严重剥蚀，下部土层（石灰淀积层）裸露地表，经耕种形成的幼年土，通常为料姜白墡土，多分布在沟坡地。淤墡土主要分布在漆水河和白水河两岸，水利条件较好，土壤肥力较高。

褐土是王益区、印台区第二大土壤类型，占本区域地域面积的 42%。褐土是在暖温带半湿润区发育形成的具有黏化与钙质淋移淀积特征的土壤。该土壤盐基饱和，处于硅铝风化阶段，有明显的黏淀层。在其 A–B–C 剖面构型中，B 层呈棕褐色，B 层下部有假菌丝状钙积层。土壤盐基饱和度在 80% 以上。

红黏土是王益区、印台区第三大土壤类型，占本区域地域面积的 4%，分布在黄土台塬侵蚀严重的沟谷地带，是在第四纪红土上形成的幼年土壤。深厚黄土层下，常见第三纪红色黏土（保德期红黏土）埋藏。由于严重水蚀和风蚀，厚层黄土层侵蚀殆尽处，红色黏土层露出，形成的母质性状明显的初育土，即红黏土。该土壤黏重紧实，呈浅红色，具块状结构，易板结，耕性差，有机质含量低，养分缺乏。

小于本区域地域面积 3% 的土壤类型有黑垆土、新积土、粗骨土。

本区域中心区气候特征

本区域中心区气候特征值
Regional climate characteristics in central area of the region

气候带：暖温带亚湿润气候 Climate region: Warm temperate subhumid climate	
年平均气温 /℃ Annual average temperature /℃	12.2
年平均最高气温 /℃ Annual average maximum temperature /℃	18.4
年平均最低气温 /℃ Annual average minimum temperature /℃	7.3
年降水量 /mm Annual precipitation /mm	514
≥10℃的积温 /℃ Daily temperature accumulated in a year (≥10℃) /℃	6778
年日照时数 /h Annual sunshine /h	2011
年平均相对湿度 /% Annual average relative humidity /%	66
干燥度 Dryness	1.38

本区域中心区月平均气温与月平均降水量
Monthly temperature and precipitation in central area of the region

王益区、印台区主要土壤类型与土壤剖面点分布图

1∶200 000

图例：黄绵土　褐土　红黏土　黑垆土　新积土　粗骨土　剖面点 ⊗

第二编　分县土壤图与土壤剖面数据

王益区、印台区土壤剖面理化性状表

剖面号 Soil profile	土纲 Soil order	土类 Soil great group	亚类 Soil subgroup	土属 Soil genus	土种 Soil species	土层码 Layer code	土层厚度 Depth/cm	颜色 Soil color	质地 Soil texture	土壤结构 Soil structure	pH	有机质 OM/(g/kg)	全氮 TN/(g/kg)	全磷 TP/(g/kg)	全钾 TK/(g/kg)	阳离子交换量CEC/(cmol/kg)	土壤母质 Parent material	剖面点坐标 Profile coordinate	匹配指数 Matching index/%
剖1	半淋溶土	褐土	褐土	扁砂泥褐土	灰扁砂马肝土	A	0—20	灰褐色	砂壤土	团块状	7.9	28.1	1.45	0.83	14.1	16.6	泥质岩风化物	E 109°01′38.2″ N 35°13′41.2″	82
						AB	20—40	棕褐色	砂壤土	块状	8.0	10.3	0.74	0.70	13.1	19.2			
						Bt	40—100	浅褐色	黏壤土	棱块状	8.0	7.5	0.55	0.67	13.1	15.7			
剖2	初育土	红黏土				1	0—13	浅红棕色	中壤土	块状		13.5	0.90	1.07	16.9		第四纪红色黏土	E 109°16′11.2″ N 35°07′04.1″	77
						2	13—60	红棕色	重壤土	块状		11.2	0.72	1.14	16.7				
						C	60—	红色	重壤土	块状		3.6	0.38	1.71	15.9				

宜 君 县

主要土类说明

褐土是宜君县主要土壤类型，占本县地域面积的 33%。褐土是在暖温带半湿润区发育形成的具有黏化与钙质淋移淀积特征的土壤。该土壤盐基饱和，处于硅铝风化阶段，有明显的黏淀层。在其 A-B-C 剖面构型中，B 层呈棕褐色，B 层下部有假菌丝状钙积层。土壤盐基饱和度在 80% 以上。成土母质多为含碳酸盐的黄土、红土，也有页岩、砂页岩。本县褐土分为石灰性褐土、淋溶褐土、褐土性土等亚类。石灰性褐土一般分布在海拔 1100—1300m 的地区，全剖面均有不同程度的石灰反应。淋溶褐土中的碳酸盐被强烈淋洗，全剖面无石灰反应。褐土性土含较多砾石，土层发育不明显。

黄绵土是宜君县第二大土壤类型，占本县地域面积的 29%。黄绵土是由黄土母质直接翻耕形成的初育土，是本县重要的农业土壤。由于土壤侵蚀严重，表层长期遭侵蚀，只能不断加深耕作黄土母质层，因而母质特性明显。土壤无明显发育，为 A-C 型土。由于风成黄土富含细粉粒，故质地、结构均一，疏松绵软，富含石灰，磷、钾储量较丰富，但有效性差，土壤有机质缺乏。

红黏土是宜君县第三大土壤类型，占本县地域面积的 15%，分布在黄土台塬侵蚀特别严重的沟谷地带，是在第四纪红土上形成的幼年土壤。深厚黄土层下，常见第三纪红色黏土（保德期红黏土）埋藏。由于严重水蚀和风蚀，厚层黄土层侵蚀殆尽处，红色黏土层露出，形成的母质性状明显的初育土，即红黏土。其黏粒含量高，塑性强，生物作用微弱，母质特性明显，pH 为 7.0—8.0。该土壤黏重紧实，呈浅红色，具块状结构，易板结，耕性差，有机质含量低，养分缺乏。

粗骨土占本县地域面积的 11%，主要分布在石质山地的陡坡地段。粗骨土是在岩石风化碎屑上形成的幼年土壤，发育微弱，属于 A-C 型，甚至（A）-C 型土壤。A 层发育不明显，与母质土层性状相似，略显有机质累积。有时母质层富含砾石，很少出现剖面分异与发育特征。

黑垆土占本县地域面积的 6%，主要分布在渭北旱塬侵蚀轻微的平坦塬面和河谷川台地。黑垆土是在黄土高原上，由黄土发育而成的土壤。该土壤有机质含量低，但腐殖质层深厚。土体原位黏化，但无明显的黏化层，具假菌丝状石灰累积；无盐化，多旱耕。

新积土占本县地域面积的 6%，主要分布在河流两岸及河漫滩。新积土是由新近冲积、洪积、坡积、塌积或人工堆垫形成的土壤。该土壤成土期短，母质特性明显，具 A-C 或（A）-C 剖面构型。

小于本县地域面积 3% 的土壤类型有水稻土。

本区域中心区气候特征

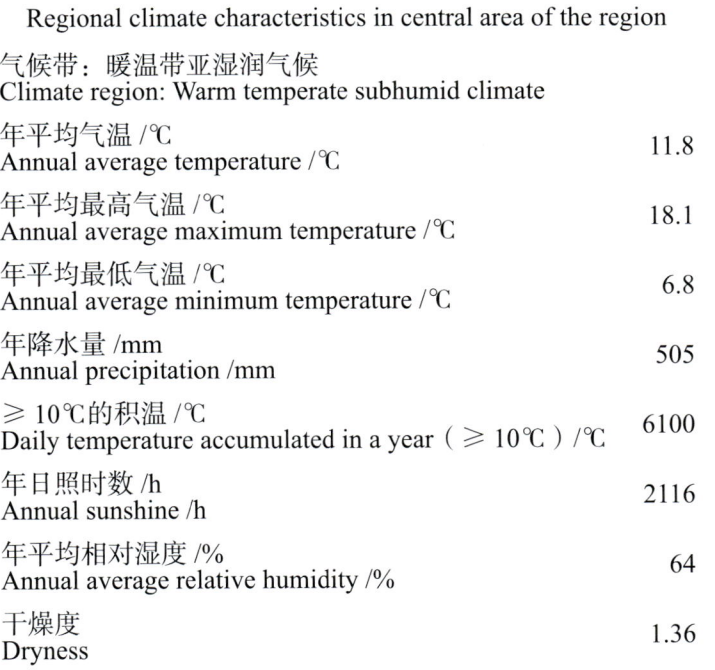

本区域中心区气候特征值
Regional climate characteristics in central area of the region

气候带：暖温带亚湿润气候 Climate region: Warm temperate subhumid climate	
年平均气温 /℃ Annual average temperature /℃	11.8
年平均最高气温 /℃ Annual average maximum temperature /℃	18.1
年平均最低气温 /℃ Annual average minimum temperature /℃	6.8
年降水量 /mm Annual precipitation /mm	505
≥10℃的积温 /℃ Daily temperature accumulated in a year（≥10℃）/℃	6100
年日照时数 /h Annual sunshine /h	2116
年平均相对湿度 /% Annual average relative humidity /%	64
干燥度 Dryness	1.36

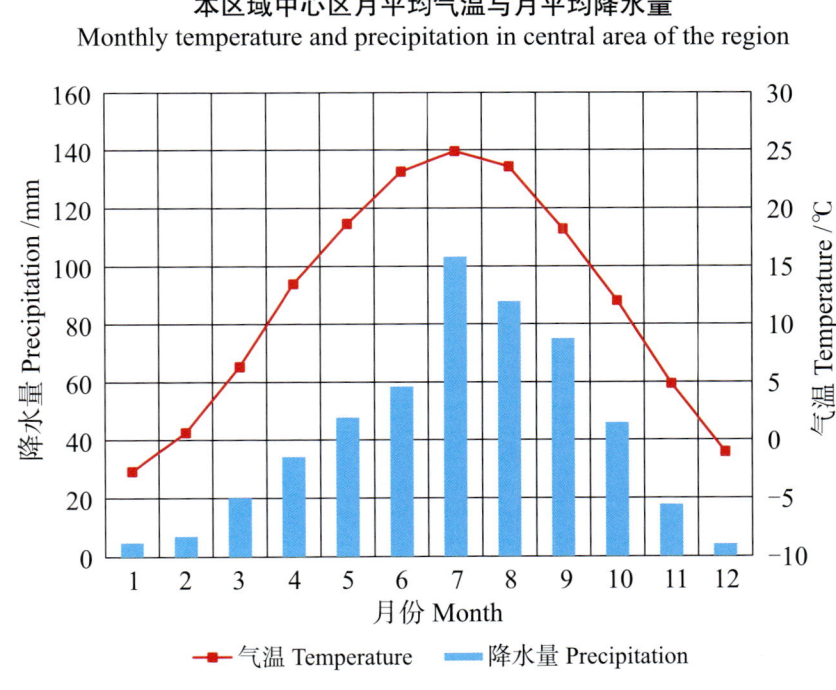

本区域中心区月平均气温与月平均降水量
Monthly temperature and precipitation in central area of the region

宜君县主要土壤类型与土壤剖面点分布图

1：220 000

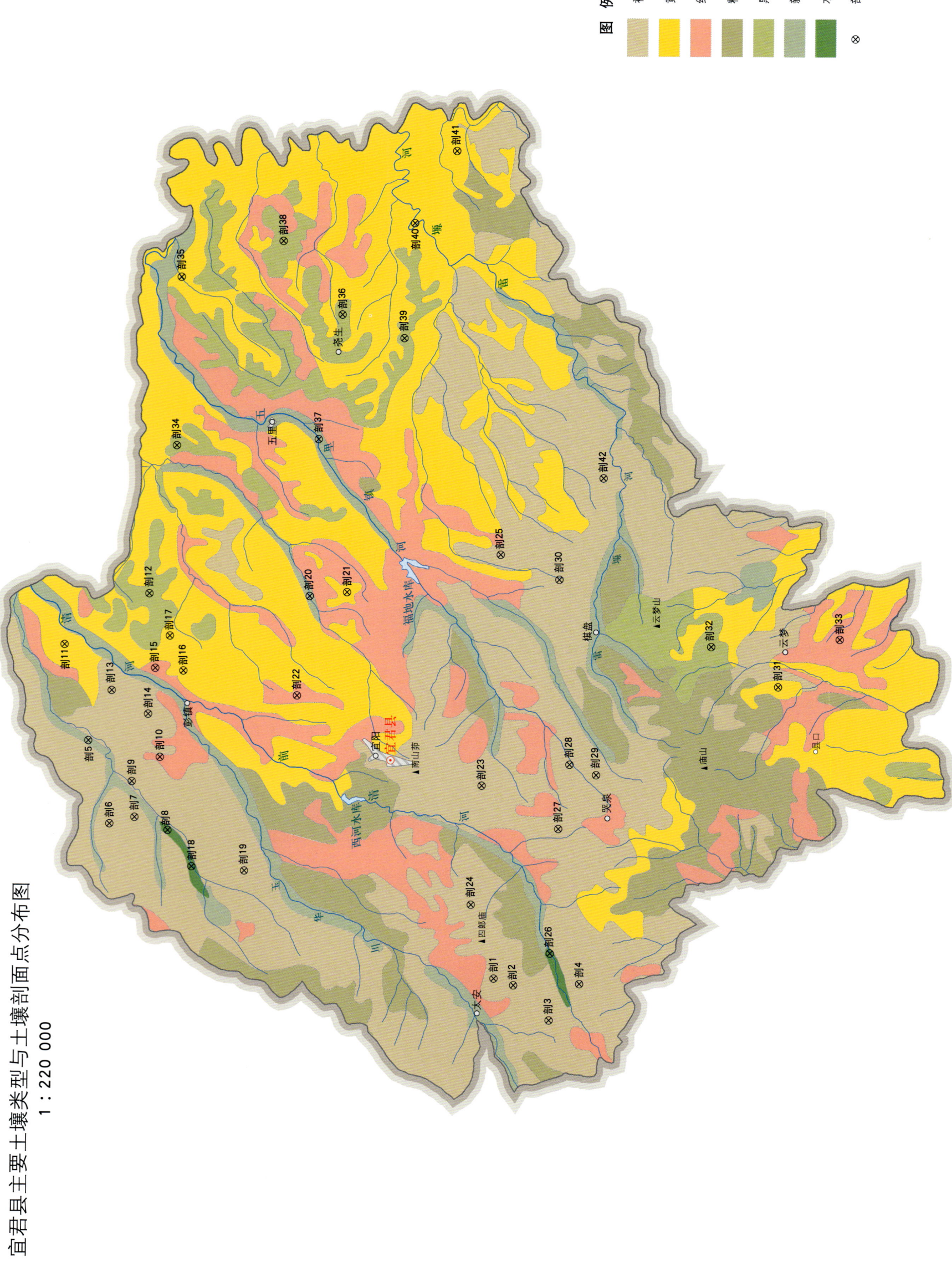

宜君县土壤剖面理化性状表

剖面号 Soil profile	土纲 Soil order	土类 Soil great group	亚类 Soil subgroup	土属 Soil genus	土种 Soil species	土层码 Layer code	土层厚度 Depth/cm	颜色 Soil color	质地 Soil texture	土壤结构 Soil structure	pH	有机质 OM/(g/kg)	全氮 TN/(g/kg)	全磷 TP/(g/kg)	全钾 TK/(g/kg)	阳离子交换量 CEC/(cmol/kg)	土壤母质 Parent material	剖面点坐标 Profile coordinate	匹配指数 Matching index/%
剖1	半淋溶土	褐土	褐土性	砂页岩耕种褐土性土	薄土层耕种褐土性土	1	0–19	红褐色	砂壤土	小块状							砂页岩	E 108°59′14.0″ N 35°20′48.9″	78
						Bt	19–50	红色	砂壤土										
						C	50–	红色											
剖2	半淋溶土	褐土	褐土性	扁砂泥褐土性土	中层肝扁砂土	A₁	0–20	浅灰棕色	壤质黏土	团块状							页岩、板岩、千枚岩等泥质岩风化物	E 108°59′01.3″ N 35°20′14.9″	85
						[B]	20–50	棕褐色	壤质黏土	棱块状									
						C	50–60	灰褐色	壤质砂土	小块状									
剖3	半淋溶土	褐土	褐土性	黄土质耕种褐土性土	中层覆盖耕种褐土性土	A	0–20	棕黄色	中壤土	粒状							黄土	E 108°57′51.7″ N 35°19′13.2″	85
						Bt	20–44	棕黄色	中壤土	碎块状									
						3	44–67	浅褐黄	中壤土	棱块状									
						C	67–164	暗褐色	中壤土	棱块状									
剖4	半淋溶土	褐土	石灰性褐土	黄土质耕种石灰性褐土		1	0–17	黄黄棕色	中壤土	粒状		8.7	0.56	>4.00			黄土	E 108°59′07.9″ N 35°18′22.7″	85
						Bt₁	17–36	灰灰棕色	中壤土	块状		6.2	0.40	>4.00					
						Bt₂	36–83	深棕色	中壤土	块状		5.8	0.35	0.83					
						C	83–	黄黄棕色	中壤土	块状		5.2	0.34	0.64					
剖5	初育土	新积土	新积土	洪积土	腰泥砂砾土	A₁	0–16	灰棕色	砂砾质黏壤土	粒状							洪积物	E 109°07′06.0″ N 35°32′30.9″	96
						A₂	16–21	浅灰棕色	黏壤土	块状									
						C₁	21–73	黄黄棕色	中壤土	块状									
						C₂	73–100	浅黄棕色	砂砾质黏壤土	块状									
剖6	半淋溶土	褐土	石灰性褐土	红土质耕种石灰性褐土	薄熟化层耕种褐土性土	1	0–14	灰棕色	轻壤土	粒状							红土	E 109°04′14.8″ N 35°31′50.7″	98
						A	14–34	褐色	中壤土	棱柱状									
						Bt	34–76	黄棕色	中壤土	块状									
						Bk	76–	浅黄色	中壤土	块状									
剖7	半淋溶土	褐土	褐土性	红土质耕种褐土性土		0	0–1										红土	E 109°04′29.8″ N 35°31′08.4″	96
						2	1–3												
						A	3–14	浅灰棕色	中壤土	粒状									
						Bt	14–23	灰灰棕色	中壤土	棱柱状									
						B	23–130	红棕色	中壤土	块柱状									
						C	130–160		重壤土	大块状									
剖8	人为土	水稻土	淹育水稻土	冲积物淹育水稻土	底砂田	1	0–11	浅灰棕色	中壤土	块状		21.7	1.25	0.43			冲积物	E 109°04′04.5″ N 35°30′11.6″	96
						G	11–38	浅灰棕色	中壤土	粒状		1.0	>6.00	0.40					
						3	38–	浅灰棕色	中壤土	粒状									
剖9	半淋溶土	褐土	石灰性褐土	扁砂泥石灰性褐土	扁肝土	A	0–18	褐色	黏壤土	团粒状		11.9	0.68	0.54			泥质岩风化物	E 109°05′43.4″ N 35°31′14.7″	94
						Bt	18–75	黄棕色	黏壤土	棱柱状		5.0	0.33	0.53					
						Bk	75–150	浅黄色	黏壤土	块状									
						C	150–	黄黄色	黏壤土	块状									
剖10	初育土	红黏土	红黏土	二色土	二色土	1	0–13	黄棕色	轻壤土	粒状		5.6	0.46	0.69			黄土	E 109°06′35.3″ N 35°30′28.2″	99
						Ap	13–18	黄棕色	轻壤土	片状		4.2	0.36	0.34					
						Bt	18–116	棕色	轻壤土	棱状		4.0	0.12	0.48					
						C	116–	浅棕色	轻壤土	块状		2.8	0.35	0.51					
剖11	初育土	黄绵土	黄绵土	坡黄砮土	坡黄砮土	1	0–19	黄棕色	中壤土	粒状		8.6	0.69	0.72			黄土	E 109°10′24.7″ N 35°33′15.5″	92
						2	19–75	黄棕色	中壤土	棱状		4.3	0.34	0.59					
						3	75–					4.8	0.26	0.53					

续表 Continued

剖面号 Soil profile	土纲 Soil order	土类 Soil great group	亚类 Soil subgroup	土属 Soil genus	土种 Soil species	土层码 Layer code	土层厚度 Depth/cm	颜色 Soil color	质地 Soil texture	土壤结构 Soil structure	pH	有机质 OM/(g/kg)	全氮 TN/(g/kg)	全磷 TP/(g/kg)	全钾 TK/(g/kg)	阳离子交换量CEC/(cmol/kg)	土壤母质 Parent material	剖面点坐标 Profile coordinate	匹配指数 Matching index/%
剖12	钙层土	黑垆土	黏化黑垆土	黄盖黏黑垆土	五花土	A	0—20	黄棕色	中壤土	粒状		7.1	0.50	0.60			黄土	E 109°12′14.1″ N 35°30′53.4″	95
						2	20—30	黄棕色	中壤土	块状		4.2	0.36	0.62					
						Bk	30—50	浅黄棕色	中壤土	棱块状		4.7	0.38	0.60					
						C	50—110	浅黄棕色	中壤土	棱块状		5.0	0.40	0.58					
剖13	半淋溶土	褐土	褐土性土	黄土质褐土性土	中层腐殖质黄褐土性土	0	0—1										黄土	E 109°08′50.9″ N 35°31′53.2″	79
						2	1—3												
						A	3—18	暗棕色	轻壤土	粒状									
						Bt	18—64	黄棕色	轻壤土	棱柱状									
						B	64—119	棕色	中壤土	块状									
						C	119—198	黄色	中壤土	棱块状									
剖14	半淋溶土	褐土	石灰性褐土	砂页岩石灰性褐土		0	0—3										砂页岩	E 109°08′03.7″ N 35°30′49.9″	73
						2	3—6												
						A	6—20	深灰褐色	中壤土	粒状		53.6	2.74	0.86					
						Bt₁	20—60	黄褐色	中壤土	核状		25.0	1.46	0.75					
						Bt₂	60—99	灰褐色	中壤土	棱状		17.8	1.05	0.86					
						C	99—												
剖15	初育土	红黏土	红黏土	红黏土	中土层黄胶土	1	0—16	黄棕色	中壤土	粒块状							老黄土	E 109°09′39.5″ N 35°30′39.9″	88
						2	16—38	浅黄棕色	中壤土	棱块状									
						3	38—70		中壤土	块状									
剖16	初育土	黄绵土	黄绵土	坡黄褐土	生草黄褐土	A	0—4	灰棕黄色	中壤土	棱状		17.5	0.95	0.52			黄土	E 109°09′35.8″ N 35°29′51.5″	82
						2	4—19	灰棕黄色	中壤土	棱状		6.5	0.44	0.52					
						3	19—91	灰棕黄色	中壤土	棱状		5.4	0.34	0.51					
						C	91—												
剖17	初育土	黄绵土	黄绵土	坡黄褐土	缓坡黄褐土	1	0—11	黄棕色	中壤土	块状		10.0	0.78	0.72			黄土	E 109°10′47.7″ N 35°30′16.3″	76
						2	11—19	黄棕色	中壤土	块状		9.5	0.72	0.79					
						3	19—120	黄棕色	中壤土	块状		5.1	0.48	0.67					
剖18	人为土	水稻土	潴育水稻土	洪积物潴育水稻田	锈斑石底田	1	0—14	浅灰黄色	中壤土	块状		18.6	1.14	0.69		17.6	洪积物	E 109°02′49.6″ N 35°27′29.0″	85
						Ap	14—22	浅灰黄色	中壤土	块状		15.9	1.01	0.95		20.1			
						W	22—51	暗黄棕色	中壤土	棱柱状		16.3	1.12	0.72		21.4			
						C	51—64	灰黄棕色	轻壤土	小粒状		7.9	0.54	0.57		11.0			
剖19	半淋溶土	褐土	褐土	黄土质耕种褐土	薄层覆盖耕种褐土	1	0—14	暗褐色	中壤土	团粒状							黄土	E 109°02′43.8″ N 35°27′59.1″	75
						A	14—78	褐色	中壤土	棱柱状									
						Bt	78—92	棕色	中壤土	板状									
						Bk	92—	黄棕色	中壤土	块状									
剖20	新积土	淤土	淤土	河淤土	淤二色土	1	0—13	浅棕黄色	轻壤土	粒状		12.5	0.81	0.49		8.7	冲积物	E 109°12′16.3″ N 35°26′19.9″	93
						Ap	13—18	暗黄棕色	轻壤土	片状		10.2	0.73	0.48		9.2			
						3	18—98	灰黄色	中壤土	棱柱状		7.2	0.54	0.42		9.1			
						4	98—	棕色	轻壤土			6.4	0.43	0.40		8.7			
剖21	初育土	黄绵土	黄绵土	堰黄褐土	堰黄褐土	1	0—17	棕色	中壤土	团粒状		9.3	0.74	0.65		9.6	黄土	E 109°12′26.2″ N 35°25′16.7″	92
						Ap	17—23	暗棕色	中壤土	板状		7.5	0.71	0.64					
						3	23—72	暗棕色	中壤土	粒状		5.8	0.62	0.63					
						C	72—	浅棕色	中壤土	棱柱状		4.6	0.41	0.64					
剖22	初育土	红黏土	红土	红土	坡狐灰色土	A	0—21	灰黄色	轻壤土	粒状		5.4	0.37	0.73	23.8	14.7	老黄土	E 109°08′49.7″ N 35°26′37.2″	81
						Bt₁	21—66	灰黄色	中壤土	棱柱状		6.5	0.45	0.71	23.3				
						Bt₂	66—	灰黄色	中壤土	棱状									

续表 Continued

剖面号 Soil profile	土纲 Soil order	土类 Soil great group	亚类 Soil subgroup	土属 Soil genus	土种 Soil species	土层码 Layer code	土层厚度 Depth/cm	颜色 Soil color	质地 Soil texture	土壤结构 Soil structure	pH	有机质 OM/(g/kg)	全氮 TN/(g/kg)	全磷 TP/(g/kg)	全钾 TK/(g/kg)	阳离子交换量CEC/(cmol/kg)	土壤母质 Parent material	剖面点坐标 Profile coordinate	匹配指数 Matching index/%
剖23	半淋溶土	褐土	淋溶褐土	黄土质耕种淋溶褐土	薄层覆盖耕种淋溶褐土	1	0—18	黄棕色	中壤土	粒状							黄土	E 109°05′53.2″ N 35°21′18.4″	92
						2	18—23	深灰色	中壤土	块状									
						3	23—90	深灰色	轻壤土	块状									
剖24	半淋溶土	褐土	褐土性土	砾质褐土性土		1	0—5	暗棕色	轻壤土	片状								E 109°01′45.7″ N 35°21′31.5″	73
						A	5—26	棕黄色	轻壤土	粒状									
						3	26—	棕色	轻壤土	粒状									
剖25	半淋溶土	褐土	石灰性褐土	红土质石灰性褐土		1	0—4	棕色	轻壤土	粒状		25.3	1.65	0.46			红土	E 109°13′50.8″ N 35°20′56.4″	97
						Bt	4—12	暗红棕色	轻壤土	棱柱状		4.8	0.47	0.37					
						B	12—94	浅红棕色	重壤土	小块状		3.4	0.46	0.44					
						C	94—118	红棕色	重壤土	块状		2.4	0.40	0.41					
							118—177												
剖26	人为土	水稻土	潜育水稻土	冲积物潜育水稻土	浅位青泥田	1	0—11	灰黄色	中壤土	小块状		12.3	0.74	0.74	23.5	12.3	冲积物	E 109°00′09.1″ N 35°19′14.5″	78
						Ap	11—18	灰色	中壤土	片状		13.5	0.70	0.65	22.9	12.8			
						G	18—107	深灰色	中壤土	大块状				0.61	25.6	13.8			
剖27	半淋溶土	褐土	褐土性土	砂页岩褐土性土		0	0—2										砂页岩	E 109°04′28.1″ N 35°19′05.8″	99
						A	2—20	灰褐色	中壤土	粒状		48.0	2.60	0.61					
						Bt	20—32	灰褐色	中壤土	粒状		20.0	1.42	0.59					
						C	32—												
剖28	半淋溶土	褐土	淋溶褐土	红土质耕种淋溶褐土	薄熟化层耕种淋溶褐土	1	0—15	黄棕色	中壤土	中壤土							红土	E 109°06′40.7″ N 35°18′50.1″	88
						2	15—100	黑棕色	中壤土	块状									
						3	100—	红棕色	中壤土	粒状									
剖29	半淋溶土	褐土	褐土性土	红土质耕种褐土	厚熟化层耕种褐土	1	0—17	棕色	中壤土	片状							红土	E 109°06′20.6″ N 35°18′04.4″	70
						Ap	17—21	棕色	中壤土	碎块状									
						3	21—36	暗棕色	中壤土	碎块状									
						Bt	36—50	褐色	中壤土	棱柱状									
						5	50—130	褐色	中壤土	大棱柱状									
						C	130—180	灰黄棕色	黏壤土	团粒状									
剖30	半淋溶土	褐土	淋溶褐土	黄土质耕种褐土	淡马肝土	1	0—14	黄棕色	黏壤土	片状	7.6	14.9	0.74	0.55	19.5	21.1	黄土	E 109°13′02.2″ N 35°19′15.4″	97
						A_1	14—19	棕棕色	黏壤土	棱柱状	7.8	11.9	0.62	0.54	19.4	19.2			
						A_2	19—76	棕棕色	砂质黏壤土	块状	7.8	7.3	0.51	0.44	20.2	19.9			
						Bt	76—108	黄棕色	粉砂质黏壤土	粒状	8.2	3.1	0.47	0.47	20.6	18.8			
						Bk	108—150	棕色	中壤土	粒状	8.0	2.7	0.35	0.69	18.3	18.8			
						C								0.83					
剖31	初育土	黄绵土	黄绵土	川台黄绵土	川台黄绵土	1	0—19	黄棕色	中壤土	棱块状	8.3	12.9	0.89	0.69			黄土	E 109°09′31.3″ N 35°12′58.2″	80
						2	19—62	深黄棕色	中壤土	棱块状	8.3	6.1	0.39	0.74					
						C	62—147	浅黄棕色	轻壤土	棱柱状	8.2	6.5	0.46	0.45					
剖32	钙层土	黑垆土	黏化黑垆土	黏黑垆土	黏黑垆土	1	0—12	浅黄棕色	中壤土	粒状	8.3	10.3	0.65	0.43			黄土	E 109°10′51.3″ N 35°14′53.9″	83
						Ap	12—17	浅黄褐色	中壤土	棱柱状	8.2	9.6	0.66	0.41					
						A	17—27	暗棕色	中壤土	块状	8.2	7.8	0.46	0.50					
						4	27—37	浅黄棕色	中壤土	粒状	8.2	5.7	0.36	0.58					
						Bk	37—161					5.2	0.30						
剖33	初育土	红黏土	红土	红土	中土层坡瓜灰色土	1	0—17	暗棕色	重壤土	块状		48.7	2.93	1.14			老黄土	E 109°11′12.7″ N 35°11′15.4″	83
						Bt	17—52	棕褐色	重壤土	块状		12.3	1.93	1.35					
						C	52—												

续表 Continued

剖面号 Soil profile	土纲 Soil order	土类 Soil great group	亚类 Soil subgroup	土属 Soil genus	土种 Soil species	土层码 Layer code	土层厚度 Depth/cm	颜色 Soil color	质地 Soil texture	土壤结构 Soil structure	pH	有机质 OM/(g/kg)	全氮 TN/(g/kg)	全磷 TP/(g/kg)	全钾 TK/(g/kg)	阳离子交换量CEC/(cmol/kg)	土壤母质 Parent material	剖面点坐标 Profile coordinate	匹配指数 Matching index/%
剖34	钙层土	黑垆土	锈黑垆土	锈黑垆土	锈黑垆土	1	0—17	灰褐色	中壤土	团粒状		12.2	0.63	0.97			黄土	E 109°17′21.4″ N 35°30′12.6″	85
						Ap	17—35	深灰褐色	中壤土	块状		10.2	0.46	0.87					
						A	35—70	灰褐色	中壤土	棱柱状		3.2	0.38	0.89					
						4	70—	浅棕色	中壤土	块状		2.6	0.24	0.72					
剖35	初育土	黄绵土	黄褐土	沟条地黄褐土	沟条地黄褐土	1	0—23	棕色	中壤土	粒状		10.5	0.64	0.71			黄土	E 109°23′10.5″ N 35°30′11.3″	83
						2	23—90	浅红棕色	中壤土	小块状		6.4	0.53	0.62					
						C	90—140	棕色	中壤土	块状		4.5	0.54	0.59					
剖36	钙层土	黑垆土	黏化黑垆土	黄盖侵蚀黏黑垆土	黄盖轻度侵蚀黏黑垆土	1	0—19	浅红棕色	中壤土	粒状		7.3	0.60	0.52			黄土	E 109°21′59.3″ N 35°25′35.8″	92
						Ap	19—25	黄褐色	中壤土	板状		5.2	0.46	0.44					
						A	25—62	深棕褐色	中壤土	棱柱状		5.0	0.45	0.47					
						4	62—102	浅黄褐色	中壤土	棱柱状		4.9	0.38	0.51					
						Bk	102—	黄棕色	中壤土	棱柱状		3.7	0.35	0.59					
剖37	初育土	新积土	淤土	河淤土	淤泥砂土	1	0—16	浅黄褐色	轻壤土	团粒状		7.2	0.50	0.70		14.2	冲积物	E 109°17′40.5″ N 35°26′11.5″	74
						Ap	16—21	棕色	轻壤土	片状		8.4	0.52	0.66		14.4			
						3	21—173	棕褐色	轻壤土	片状		6.5	0.49	0.64		15.6			
						G	173—	暗黄棕色	轻壤土	块状		5.3	0.49	0.61		9.6			
剖38	钙层土	黑垆土	黏化黑垆土	黄盖黏黑垆土	薄层黄盖黑垆土	1	0—17	浅黄褐色	中壤土	粒状		8.9	0.66	0.63			黄土	E 109°24′28.8″ N 35°27′19.3″	100
						Ap	17—23	黄棕色	中壤土	棱柱状		8.3	0.58	0.62					
						4	23—69	灰棕色	中壤土	棱柱状		6.4	0.55	0.46					
						Bk	69—114	深棕色	中壤土	棱柱状		6.1	0.44	0.59					
							114—	黄棕色	中壤土	棱柱状		4.9	0.42	0.65					
剖39	钙层土	黑垆土	黏化黑垆土	侵蚀黏黑垆土	强度侵蚀黏黑垆土	1	0—17	浅黄褐色	中壤土	块状		8.6	0.66	<0.10			黄土	E 109°21′13.7″ N 35°23′49.4″	78
						2	17—44	黄褐色	中壤土	小块状		6.1	0.51	<0.10					
						Bk	44—74	浅黄褐色	中壤土	小块状		4.7	0.40	<0.10					
						B_2	74—134	浅黄褐色	中壤土	小块状		4.8	0.39	<0.10					
						C	134—184	黄褐色	中壤土	小块状		4.8	0.36	<0.10					
剖40	初育土	黄绵土	黄褐土	坪黄褐土	坪黄褐土	A	0—20	浅棕色	中壤土	粒状		9.2	0.71	0.54			黄土	E 109°25′11.1″ N 35°23′35.9″	76
						2	20—120	暗棕色	中壤土	棱柱状		5.1	0.42	0.52					
						C	120—	黄棕色		小块状									
剖41	初育土	黄绵土	黄褐土	黄褐土	梯黄褐土	1	0—16	黄棕色	轻壤土	粒状		15.0	1.12	0.55			黄土	E 109°27′42.7″ N 35°22′27.2″	100
						2	16—80	深黄色	轻壤土	片状		12.0	1.01	0.54					
						C	80—	暗黄色	轻壤土	棱柱状		7.3	0.47	0.44					
剖42	半淋溶土	褐土	褐土	红土质耕种褐土		Ap	0—14	浅黄色	轻壤土	棱柱状		3.1	0.35	0.47			红土	E 109°16′33.2″ N 35°18′04.8″	73
						A	14—19	黄棕色	轻壤土	块状									
						Bt	19—44	黄色	轻壤土	块状									
							44—83	黄色	轻壤土										
						C	83—					2.7	0.77	0.69					

宝 鸡 市

市 辖 区

主要土类说明

棕壤是宝鸡市主要土壤类型，占本市地域面积的 43%。棕壤是在暖温带湿润地区落叶阔叶林下形成的森林土壤，主要分布在海拔 1300—2400m 的秦岭中山区，处于硅铝风化阶段。该土壤具有较强的黏化过程和淋溶过程，表层腐殖质积累强烈。土体见黏粒淀积，盐基充分淋失，pH 为 6.0—7.0，见少量游离铁。本市棕壤分为棕壤、生草棕壤、漂洗棕壤、棕壤性土等亚类。

褐土是宝鸡市第二大土壤类型，占本市地域面积的 28%。褐土是在暖温带半湿润区发育形成的具有黏化与钙质淋移淀积特征的土壤，主要分布在秦岭北坡中下部。该土壤盐基饱和，处于硅铝风化阶段，有明显的黏淀层。在其 A-B-C 剖面构型中，B 层呈棕褐色。本市褐土分为塿土、褐土、淋溶褐土、粗骨性褐土等亚类。

黄绵土是宝鸡市第三大土壤类型，占本市地域面积的 10%，分布在秦岭山脚下，与褐土交错分布。黄绵土是由黄土母质直接翻耕形成的初育土，是本市重要的农业土壤。由于土壤侵蚀严重，表层长期遭侵蚀，只能不断加深耕作黄土母质层，因而母质特性明显。土壤无明显发育，为 A-C 型土。

红黏土占本市地域面积的 3%，零星分布在秦岭山地和山脚底部侵蚀严重的沟谷地带，是在第四纪红土上形成的幼年土壤。由于严重水蚀和风蚀，厚层黄土层侵蚀殆尽处，红色黏土层露出，形成的母质性状明显的初育土，即红黏土。其黏粒含量高，塑性强，生物作用微弱，母质特性明显，有时夹有砂姜。

小于本市地域面积 3% 的土壤类型有潮土、新积土、水稻土、草甸土。

本区域中心区气候特征

本区域中心区气候特征值
Regional climate characteristics in central area of the region

气候带：暖温带亚湿润气候 Climate region: Warm temperate subhumid climate	
年平均气温 /℃ Annual average temperature /℃	12.4
年平均最高气温 /℃ Annual average maximum temperature /℃	17.8
年平均最低气温 /℃ Annual average minimum temperature /℃	8.1
年降水量 /mm Annual precipitation /mm	594
≥10℃的积温 /℃ Daily temperature accumulated in a year (≥10℃) /℃	5814
年日照时数 /h Annual sunshine /h	1836
年平均相对湿度 /% Annual average relative humidity /%	71
干燥度 Dryness	1.21

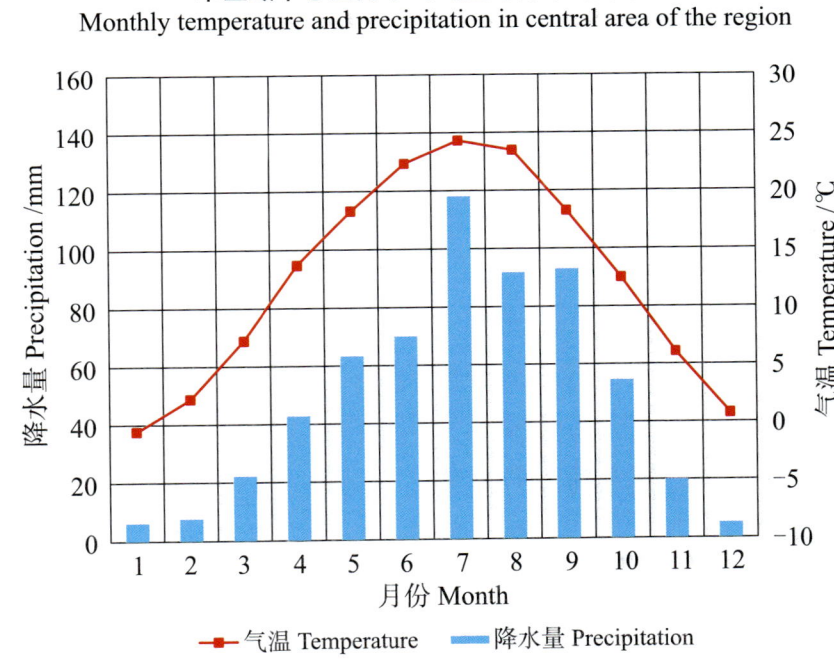

本区域中心区月平均气温与月平均降水量
Monthly temperature and precipitation in central area of the region

宝鸡市市辖区（部分）主要土壤类型与土壤剖面点分布图
1：150 000

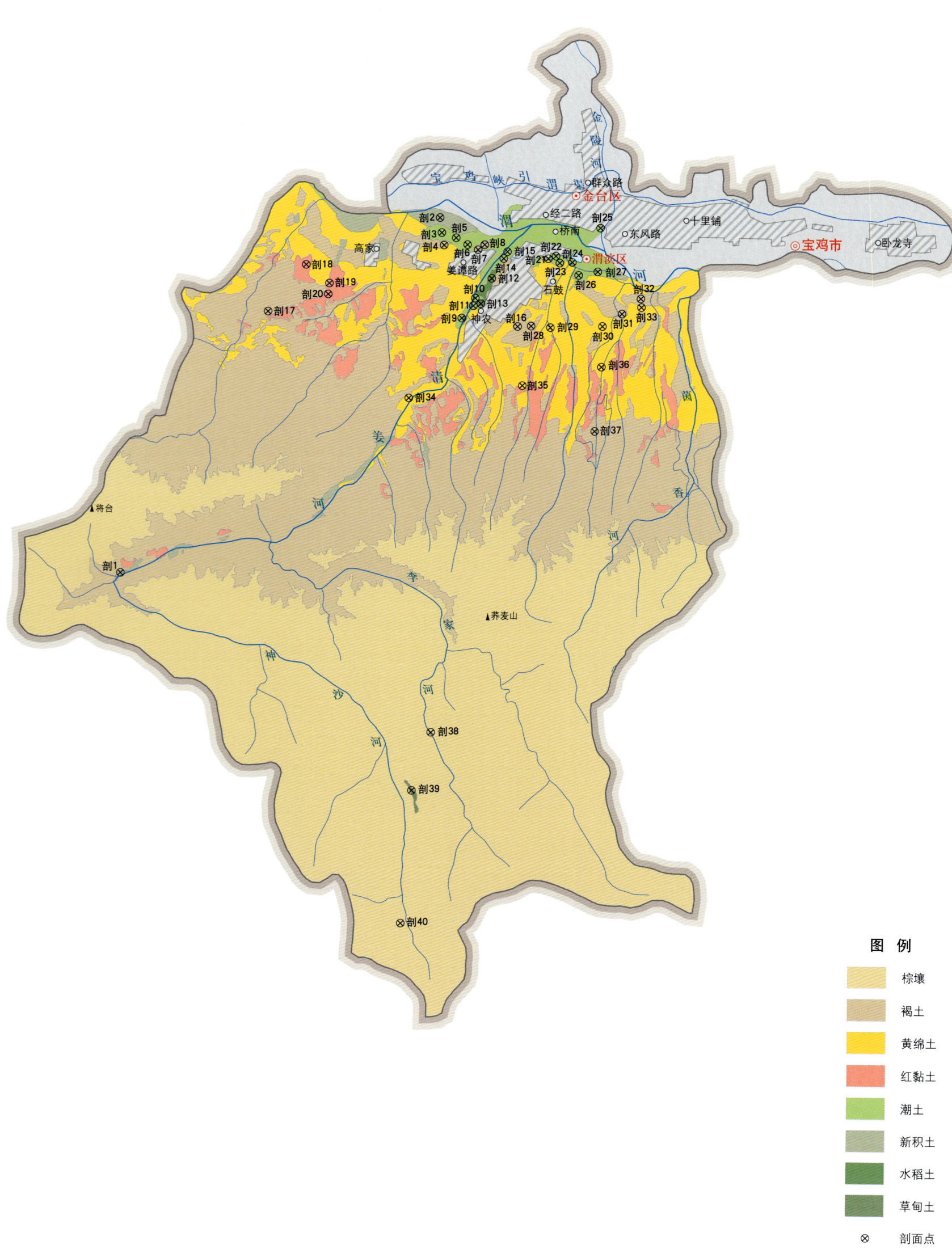

宝鸡市土壤剖面理化性状表

剖面号 Soil profile	土纲 Soil order	土类 Soil great group	亚类 Soil subgroup	土属 Soil genus	土种 Soil species	土层码 Layer code	土层厚度 Depth/cm	颜色 Soil color	质地 Soil texture	土壤结构 Soil structure	pH	有机质 OM/(g/kg)	全氮 TN/(g/kg)	全磷 TP/(g/kg)	全钾 TK/(g/kg)	碱解氮 AN/(mg/kg)	有效磷 AP/(mg/kg)	速效钾 AK/(mg/kg)	阴离子交换量CEC/(cmol/kg)	土壤母质 Parent material	剖面点坐标 Profile coordinate	匹配指数 Matching index/%
剖1	初育土	新积土	石窖土	石窖土		1	0–9	灰棕色	砂壤土	粒状										洪积物、坡积物	E 106°58′15.0″ N 34°15′42.8″	93
						Ap	9–18	夹棕色	少砾砂壤土	块状												
						C	18–110															
剖2	初育土	新积土	冲积土	潮淤砂土	潮淤砂土	A	0–6	浅黄棕色	砂壤土			5.2							5.2	河积物	E 107°05′37.9″ N 34°22′18.3″	79
						C	6–	棕黄色	松砂土			<1.0							2.3			
剖3	半水成土	潮土	潮土	夹黏二合土	浅位夹黏二合土	1	0–19	浅灰棕色	轻壤土	粒状、块状		13.1	0.76	1.54		38	5.0	62		冲积物	E 107°05′40.1″ N 34°22′01.3″	89
						Ap	19–29	浅灰棕色	中壤土	块状		8.8	0.73	1.16		31	2.0	56				
						3	29–55	棕黄色	轻黏土	块状		4.8	0.35	1.00		13	<1.0	58				
						4	55–107	棕色	中壤土	层状		9.5	0.64	1.12		23	4.0	77				
						5	107–129	棕黄色	轻壤土	块状		4.6	0.37	1.07		9	<1.0	48				
						6	129–															
剖4	半淋溶土	褐土	垆土	砾质紫土	中层砾质紫土	1	0–6	浅灰棕色	中壤土	块状										次生黄土	E 107°05′43.1″ N 34°21′47.1″	80
						Ap	6–25	浅灰棕色	中壤土	块状												
						3	25–51	浅灰棕色	中壤土	块状												
						4	51–59	灰棕色	中壤土	棱柱状												
						Bt	59–112	棕褐色														
剖5	半水成土	潮土	潮土	二合土	浅位砂底二合土	1	0–22		重壤土	团粒状										洪冲积物	E 107°05′59.7″ N 34°21′55.2″	82
						2	22–31		重壤土	块状												
						3	31–77		中壤土	块状												
						4	77–90		轻壤土	块状												
						5	90–230		中壤土	棱柱状												
剖6	半水成土	潮土	潮土	壤质潮土	二合土	1	0–19	灰棕色	中壤土	团粒状		13.3	0.70	2.19		73	29.0	61		冲积物	E 107°06′15.1″ N 34°21′47.3″	78
						Ap	19–29	灰棕色	中壤土	块状		8.8	0.65	2.41		49	24.0	44				
						3	29–66	浅褐棕色	中壤土	块状		10.1	0.76	2.21		50	29.0	43				
						4	66–120	浅灰棕色	重壤土	棱柱状		4.3	0.62	2.30		30	5.0	47				
						5	120–150		中壤土	块状		2.2	0.43	1.57		23	5.0	43				
剖7	半淋溶土	褐土	褐墡土	砂石底子褐墡土		1	0–18	灰棕色	中壤土	块状										冲积黄土	E 107°06′29.7″ N 34°21′41.9″	70
						Ap	18–27	灰棕色	中壤土	块状												
						3	27–47	浅褐棕色	中壤土	块状												
						4	47–57	浅褐棕色	中壤土	块状												
						5	57–98	浅灰棕色	重壤土	块状												
						6	98–150		中壤土	块状												
剖8	半淋溶土	褐土	黑垆油土	斑斑黑油土		A	0–21	灰棕色	中壤土	块状										冲积次生黄土	E 107°06′38.5″ N 34°21′46.6″	99
						Ap	21–31	灰棕色	中壤土	块状												
						3	31–65	浅灰棕色	中壤土	块状												
						4	65–80	浅灰棕色	重壤土	块状												
						Bt	80–104	浅灰棕色	中壤土	块柱状												
						Cu₁	104–150	暗灰棕色	中壤土	块状												
						Cu₂	150–194	暗灰棕色	中壤土	块状												
						Cu₃	194–235															
						C	235–															

续表 Continued

剖面号 Soil profile	土纲 Soil order	土类 Soil great group	亚类 Soil subgroup	土属 Soil genus	土种 Soil species	土层码 Layer code	土层厚度 Depth/cm	颜色 Soil color	质地 Soil texture	土壤结构 Soil structure	pH	有机质 OM/(g/kg)	全氮 TN/(g/kg)	全磷 TP/(g/kg)	全钾 TK/(g/kg)	碱解氮 AN/(mg/kg)	有效磷 AP/(mg/kg)	速效钾 AK/(mg/kg)	阳离子交换量CEC/(cmol/kg)	土壤母质 Parent material	剖面点坐标 Profile coordinate	匹配指数 Matching index/%
剖9	半水成土	潮土	潮土	二合土	浅位夹黏二合土	1	0—22		中壤土											洪冲积物	E 107° 06′ 05.8″ N 34° 20′ 24.4″	74
						2	22—35		轻黏土													
						3	35—95		中壤土													
						4	95—115		中壤土													
						5	115—		松砂土													
剖10	半水成土	潮土	湿潮土	泥质湿潮土	泥湿潮土	Ap	0—17	灰棕色	轻壤土	粒状		10.4	0.71	1.33		34	14.0	50		冲积物	E 107° 06′ 25.9″ N 34° 20′ 44.7″	82
						3	17—24	浅灰棕色	砂壤土	粒状		3.6	0.45	1.20		16	7.0	41				
						4	24—62	灰灰棕色	中壤土	粒状		4.2	0.34	0.75		24	6.0	24				
						5	62—100															
							100—															
剖11	半水成土	潮土	潮土	二合土	浅位砂底子二合土	1	0—16	灰棕色	重壤土	团块状	7.9	15.3	0.83	2.26	23.7	36	71.0	189	12.9	洪冲积物	E 107° 06′ 23.5″ N 34° 20′ 37.5″	76
						2	16—28	浅灰棕色	重壤土	块状	7.9	12.6	0.81	1.96	27.8	37	48.0	110	14.4			
						3	28—49	灰灰棕色	砂壤土	块状	8.0	10.3	0.74	1.80	26.6	34	30.0	148	15.9			
						4	49—82		砂壤土			1.1	<0.10	1.32	33.8	8	6.0	45				
剖12	人为土	水稻土	潜育水稻土	青泥田	弱度潜育青泥田	Ap	0—14	灰棕色	轻壤土	团块状		11.6	0.76	1.49		31	15.0	62		沉积物	E 107° 06′ 47.2″ N 34° 21′ 08.5″	72
						W₁	14—20	浅灰棕色	轻壤土	块状		14.8	0.84	1.68		57	15.0	51				
						W₂	20—33	浅灰蓝色	中壤土	块状		4.9	0.39	1.27		24	7.0	56				
						W₃	33—48	灰蓝色	中壤土	块状		6.1	0.47	1.38		33	2.0	56				
						W	48—78	灰灰棕色	中壤土	块状		7.9	0.64	1.29		42	3.0	78				
剖13	人为土	水稻土	潴育水稻土	锈斑黄泥田	深位砂底子锈斑黄泥田	Ap	0—15	灰灰棕色	中壤土	团块状										沉积物	E 107° 06′ 32.1″ N 34° 20′ 40.3″	75
						W₁	15—24		重壤土	块状												
						W₂	24—45		中壤土	块状												
						W₃	45—90		中壤土	块状												
							90—105		中壤土	块状												
						6	105—		中壤土	层状												
剖14	半水成土	潮土	黄潮土	黄潮土	中层黄潮土	1	0—22		重壤土											洪冲积物	E 107° 07′ 04.5″ N 34° 21′ 30.6″	91
						2	22—32		中壤土		8.0	6.2	0.42	1.68		22	1.0	64	2.0			
						3	32—78		中壤土		8.0	6.1	0.40	1.37		17	2.0	65	7.4			
						4	78—105		中壤土		8.2	<1.0	0.17	1.17		4	3.0	38	4.4			
						5	105—		中壤土		8.1	<1.0	<0.10	0.78		1	4.0	8	2.4			
剖15	半水成土	潮土	潮土	砂土	细砂土	Ap	0—23	灰棕色	砂土	团块状										洪冲积物	E 107° 07′ 09.4″ N 34° 21′ 38.5″	99
						3	23—54	黄棕色	砂土	块状												
							54—63	浅棕褐色	砂壤土	棱块状												
						4	63—	暗棕色	紧砂土	棱柱状												
剖16	半淋溶土	褐土	立茬土	黑立茬土	中位黑立茬土	Ap	0—14	黄棕色	中壤土	块状											E 107° 07′ 22.1″ N 34° 20′ 14.0″	73
						3	14—23	浅棕褐色	中壤土	块状												
						Bt	23—36	棕褐色	中壤土	棱块状												
						Bk	36—45	暗棕色	轻壤土	棱柱状												
							45—193	浅棕黄色	重黏土													
							193—250															
剖17	半淋溶土	褐土	粗骨性褐土	麻石粗骨性褐土		A	1—4					31.4	1.65	>4.00		116		139		花岗岩	E 107° 01′ 40.8″ N 34° 20′ 35.7″	82
剖18	初育土	红黏土	红黏土	二色土	料姜二色土	1	0—15		重壤土											黄土	E 107° 02′ 34.0″ N 34° 21′ 27.7″	78
						2	15—30		重壤土													
						3	30—55		轻黏土													
						4	55—79		重黏土													

续表 Continued

剖面号 Soil profile	土纲 Soil order	土类 Soil great group	亚类 Soil subgroup	土属 Soil genus	土种 Soil species	土层码 Layer code	土层厚度 Depth/cm	颜色 Soil color	质地 Soil texture	土壤结构 Soil structure	pH	有机质 OM/(g/kg)	全氮 TN/(g/kg)	全磷 TP/(g/kg)	全钾 TK/(g/kg)	碱解氮 AN/(mg/kg)	有效磷 AP/(mg/kg)	速效钾 AK/(mg/kg)	阳离子交换量 CEC/(cmol/kg)	土壤母质 Parent material	剖面点坐标 Profile coordinate	匹配指数 Matching index/%
剖19	初育土	红黏土	红黄土	二色土	生草二色土	1	0—6		重壤土											黄土	E 107°03′05.3″ N 34°21′06.3″	88
						2	6—26		重黄土													
						3	26—		轻黏土													
剖20	初育土	红黏土	红黄土	二色土	生草二色土	1	0—12		轻黏土		8.1	5.8	0.52	1.38		17	18.0	106	14.5	黄土	E 107°03′03.8″ N 34°20′54.0″	94
						2	12—19		中黏土		8.2	4.1	0.34	1.21		10	9.0	87	14.9			
						3	19—		中壤土		8.3	3.1	0.29	1.21		9	13.0	96	18.9			
剖21	半水成土	潮土	潮土	二合土	二合土	1	0—20		中壤土			8.1							8.4	洪冲积物	E 107°08′09.4″ N 34°21′31.7″	85
						2	20—30		中壤土			7.9							8.4			
						3	30—70		中壤土			4.9							9.3			
						4	70—150		轻壤土			6.9							13.3			
剖22	半水成土	潮土	潮土	二合土	浅位砂底二合土	1	0—20		轻壤土		7.9	7.4	0.46	1.58		27	9.0	131	7.9	洪冲积物	E 107°08′16.7″ N 34°21′32.8″	72
						2	20—45		轻壤土		8.1	6.3	0.38	1.54		24	5.0	115	7.5			
						3	45—110		紧砂土		8.3	<1.0	0.27	0.86		6	2.0	42	3.0			
剖23	半水成土	潮土	潮土	砂土	细砂土	1	0—18		轻黏土		8.0	13.7	0.88	1.72		49	4.0	122	13.3	洪冲积物	E 107°08′17.6″ N 34°21′26.7″	88
						2	18—26		重黏土		7.9	9.2	0.69	1.48		36	1.0	78	16.1			
						3	26—90		重黏土		8.0	9.7	0.73	1.44		28	2.0	86	22.3			
						4	90—		紧砂土		8.3	1.8	0.23	1.95		16	1.0	27	17.8			
剖24	半水成土	潮土	黄潮土		厚层黄潮土	1	0—15	灰棕色	重壤土	团粒状	7.8	15.8	1.03	>4.00	25.0	40	75.0	314	14.2	洪冲积物	E 107°08′38.0″ N 34°21′25.2″	73
						Ap	15—24	灰棕色	重壤土	块状	7.9	12.1	0.85	>4.00	23.8	31	60.0	237	14.8			
						3	24—77	灰棕色	重壤土	块状	7.9	9.8	0.70	>4.00	22.6	25	46.0	158	15.2			
						4	77—120		重壤土		7.9	8.9	0.68	>4.00	23.5	31	48.0	134	14.9			
						5	66—		砂壤土		7.6	18.8	1.34	2.38		109	>100.0	137	15.4			
剖25	半水成土	潮土	黄潮土		薄层黄潮土	1	0—22		重黏土		8.0	7.1	0.58	1.82		28	20.0	63	13.6	洪冲积物	E 107°09′16.6″ N 34°22′04.4″	77
						2	22—32		重黏土		8.0	4.5	0.38	1.77		19	9.0	34	11.4			
						3	32—78		重黏土		8.0	3.4	0.27	1.89		8	9.0	16	7.8			
						4	78—105		轻壤土		8.0	2.8	0.22	1.39		6	9.0	6	6.6			
						5	105—		中壤土													
剖26	半水成土	潮土	潮土	二合土	中位砂底二合土	1	0—20		中壤土											洪冲积物	E 107°08′46.1″ N 34°21′10.3″	98
						2	20—30		轻壤土													
						3	30—42		轻壤土													
						4	42—66		砂壤土													
剖27	半水成土	潮土	壤质潮土		厚层绵潮土	A_1	0—20	灰棕色	黏壤土	粒状	8.1	11.8	0.51	0.87		26	9.0	88	9.4	洪冲积物	E 107°09′12.4″ N 34°21′14.1″	73
						A_2	20—30	灰棕色	黏壤土	块状	8.0	8.7	0.44	1.09		27	4.0	89	11.0			
						B	30—42	浅灰棕色	壤土	块状	7.9	2.1	0.19	0.81		16	1.0	47	5.1			
						Cu	42—66	浅灰棕色	壤土	块状	7.8	3.4	0.21	0.56		16	2.0	56	7.4			
						C	66—100	黄灰棕色	壤土		7.8	1.1	0.11	0.47		12	2.0	47	3.4			
剖28	半水成土	褐土	堎土	黑紫土	厚层黑紫土	1	0—18		重壤土											黄土	E 107°07′40.3″ N 34°20′14.1″	83
						2	18—25		重壤土													
						3	25—70		重壤土													
						4	70—79		重壤土													
						5	79—160		重壤土													
						6	160—220		重壤土													
						7	220—260		重壤土													
剖29	半淋溶土	黄绵土	黄绵土	白墡土	坡地白墡土	1	0—14		重壤土											黄土	E 107°08′06.6″ N 34°20′11.9″	90
						2	14—22		重壤土													
						3	22—210		重壤土													

续表 Continued

剖面号 Soil profile	土纲 Soil order	土类 Soil great group	亚类 Soil subgroup	土属 Soil genus	土种 Soil species	土层码 Layer code	土层厚度 Depth/ cm	颜色 Soil color	质地 Soil texture	土壤结构 Soil structure	pH	有机质 OM/ (g/kg)	全氮 TN/ (g/kg)	全磷 TP/ (g/kg)	全钾 TK/ (g/kg)	碱解氮 AN/ (mg/kg)	有效磷 AP/ (mg/kg)	速效钾 AK/ (mg/kg)	阳离子 交换量CEC/ (cmol/kg)	土壤母质 Parent material	剖面点坐标 Profile coordinate	匹配指数 Matching index/%
剖30	初育土	黄绵土	黄绵土	白墡土	料姜白墡土	1	0—13	灰白色	重壤土	粒块状		9.9	0.43	1.16		43	3.0	122		黄土	E 107°09′18.0″ N 34°20′12.6″	81
						Ap	13—20	棕黄色	重壤土	块状		8.0	0.38	1.11		28	1.0	87				
						C	20—100	棕黄色	中壤土	块状		7.6	0.28	0.95		19	1.0	40				
剖31	半淋溶土	褐土	淋溶褐土	耕种麻石淋溶褐土		1	0—12	棕黄色	中壤土	块状										花岗岩	E 107°09′44.8″ N 34°20′26.1″	100
						Ap	12—24	棕黄色	重壤土	棱块状												
						Bt	24—34	棕褐色	重壤土	块状												
						B	34—76	棕褐色	重壤土	块状												
剖32	半淋溶土	褐土	塿土	油土	砾质紫土	A₁	0—13	灰太棕色	砂质黏土	团块状										次生黄土	E 107°10′10.8″ N 34°20′41.1″	85
						A₂	13—19	浅棕黄色	砂质黏土	团块状												
						A₃	19—29	暗棕色	砂质黏土	块状												
						ABt	29—38	深黄棕色	壤质黏土	棱柱状												
						Bt	38—91	暗褐色	壤质黏土	块状												
						Bk	91—123	浅黄棕色	黏质壤土	无明显结构												
						C	123—	棕黄色	黏质壤土													
剖33	初育土	黄绵土	黄绵土	白墡土	坡地白墡土	1	0—15	灰白色	重壤土	块状		9.6							12.2	黄土	E 107°10′11.7″ N 34°20′33.0″	72
						Ap	15—23	浅棕黄色	重壤土	块状		13.2							11.7			
						3	23—56	棕黄色	重壤土			8.2							12.3			
						4	56—92					7.6							12.8			
剖34	初育土	黄绵土	塿土	淤墡土	淤墡土	A	0—20	灰棕色	中壤土	团块状		15.0	1.01	3.42		190	22.0	342		冲积次生黄土	E 107°04′52.0″ N 34°18′55.5″	80
						Ap	20—29	浅棕黄色	中壤土	块状		13.1	0.69	2.01		52	19.0	95				
						3	29—100	暗棕黄色	中壤土	块状		9.9	0.56	1.81		37	11.0	115				
剖35	初育土	黄绵土	塿土	淤墡土	淤墡土	1	0—24					10.6	0.63	1.75		44	5.0	135		冲积次生黄土	E 107°07′25.7″ N 34°19′07.2″	78
						Ap	24—34					11.2	0.74	1.96		65	4.0	179				
剖36	初育土	黄绵土	塿土	淤墡土	淤墡土	1	0—22					9.7	0.51	2.22		62	11.0	132		冲积次生黄土	E 107°09′16.0″ N 34°19′27.2″	80
						Ap	22—30					8.7	0.38	2.07		28	7.0	105				
剖37	半淋溶土	褐土	粗骨性褐土	麻石粗骨性褐土		A	3—9					21.0	1.08	>4.00		98		130		花岗岩	E 107°09′05.3″ N 34°18′14.7″	88
剖38	淋溶土	棕壤	漂洗棕壤	麻石漂洗棕壤		A	0—56					37.1	1.67	0.74		128	1.0	119		花岗片麻岩	E 107°05′16.6″ N 34°12′38.1″	71
						E	56—82					7.4	0.60	0.28		33	1.0	46				
						B	82—103					6.5	0.41	0.19		35	1.0	25				
剖39	半水成土	草甸土	草甸土	山地草甸土		1	0—50					33.0	2.34	2.10		175	2.0	63		花岗岩	E 107°04′48.9″ N 34°11′32.7″	93
						2	50—102					5.1	0.47	1.47		27	10.0	54				
						3	102—174					1.7	0.16	0.67		9	10.0	41				
						4	174—184					44.5	2.53	1.91		188	5.0	57				
						5	184—190					7.2	0.50	1.17		35	5.0	31				
						6	190—200					2.6	0.18	0.73		15	2.0	28				
剖40	淋溶土	棕壤	棕壤	麻石棕壤		0	0—9	深灰色	轻壤土	粒状										花岗岩、变质岩	E 107°04′32.2″ N 34°09′03.0″	93
						A	9—25	浅灰棕色	轻壤土	粒块状		33.1	1.67	0.86		126	1.0	59				
						3	25—35	棕色	砂壤土	粒块状		9.4	0.63	0.47		50	<1.0	22				
						B	35—52	棕色	紧砂土	块状		1.3	<0.10	1.30		8	<1.0	20				
						5	52—73															

陈 仓 区

主要土类说明

褐土是陈仓区主要土壤类型，占本区地域面积的31%，分布在渭河两侧地势平坦的高阶地。褐土是在暖温带半湿润区发育形成的具有黏化与钙质淋移淀积特征的土壤。该土壤盐基饱和，处于硅铝风化阶段，有明显的黏淀层。在其A–B–C剖面构型中，B层呈棕褐色，B层下部有假菌丝状钙积层。土壤盐基饱和度在80%以上。

黄绵土是陈仓区第二大土壤类型，占本区地域面积的23%。黄绵土是由黄土母质直接翻耕形成的初育土，是本区重要的农业土壤，分布在渭河南北两侧的高阶地，与褐土交错分布。由于土壤侵蚀严重，表层长期遭侵蚀，只能不断加深耕作黄土母质层，因而母质特性明显。土壤无明显发育，为A–C型土。由于风成黄土富含细粉粒，故质地、结构均一，疏松绵软，富含石灰，磷、钾储量较丰富，但有效性差，土壤有机质缺乏。

棕壤是陈仓区第三大土壤类型，占本区地域面积的20%，是山地垂直地带性土壤类型。棕壤是在暖温带湿润地区落叶阔叶林下形成的森林土壤，分布在本区南部和西部海拔1250—1650m的秦岭、陇山地区。自然状态下，棕壤土体厚度平均为39cm，呈鲜棕色、黄棕色或浅灰棕色，具棱块状或碎块状结构，结构体表面多覆有铁锰胶膜，其下为母质层。该土壤养分含量较丰富，氮、磷、钾全量养分含量较高，表土层养分含量最高，向下逐渐降低。

粗骨土占本区地域面积的14%，主要分布在石质山地的陡坡地段。粗骨土是在岩石风化碎屑上形成的幼年土壤，发育微弱，属于A–C型，甚至（A）–C型土壤。A层发育不明显，与母质土层性状相似，略显有机质累积。有时母质层富含砾石，很少出现剖面分异与发育特征。

潮土占本区地域面积的5%，是一种半水成土壤，主要分布在渭河及其支流的老河滩地带，地下水位高，潜水参与成土过程。在潮土成土过程中，底土氧化还原作用交替进行，形成锈色斑纹和小型铁子。该土壤土体较薄，结构较差（有障碍土层），肥力低，但土体粉粒含量较高（大于70%），耕性好。

红黏土占本区地域面积的4%，零星分布在秦岭山地和山脚底部侵蚀严重的沟谷地带，是在离石或午城红土层上形成的幼年土壤。由于严重水蚀和风蚀，厚层黄土层侵蚀殆尽处，红色黏土层露出，形成的母质性状明显的初育土，即红黏土。其黏粒含量高，塑性强，生物作用微弱，母质特性明显，pH为7.0—8.0，有时夹有砂姜。该土壤黏重紧实，呈浅红色，具块状结构，易板结，耕性差，有机质含量低，养分缺乏。

新积土占本区地域面积的3%，是由新近冲积、洪积、坡积、塌积或人工堆垫形成的土壤。该土壤成土期短，母质特性明显，具A–C或（A）–C剖面构型。其形成主要受地形条件和母质特性的影响。

小于本区地域面积3%的土壤类型有山地草甸土、石质土、水稻土。

本区域中心区气候特征

本区域中心区气候特征值
Regional climate characteristics in central area of the region

气候带：暖温带亚湿润气候 Climate region: Warm temperate subhumid climate	
年平均气温 /℃ Annual average temperature /℃	12.0
年平均最高气温 /℃ Annual average maximum temperature /℃	17.5
年平均最低气温 /℃ Annual average minimum temperature /℃	7.6
年降水量 /mm Annual precipitation /mm	568
≥10℃的积温 /℃ Daily temperature accumulated in a year (≥10℃) /℃	5484
年日照时数 /h Annual sunshine /h	1892
年平均相对湿度 /% Annual average relative humidity /%	70
干燥度 Dryness	1.24

本区域中心区月平均气温与月平均降水量
Monthly temperature and precipitation in central area of the region

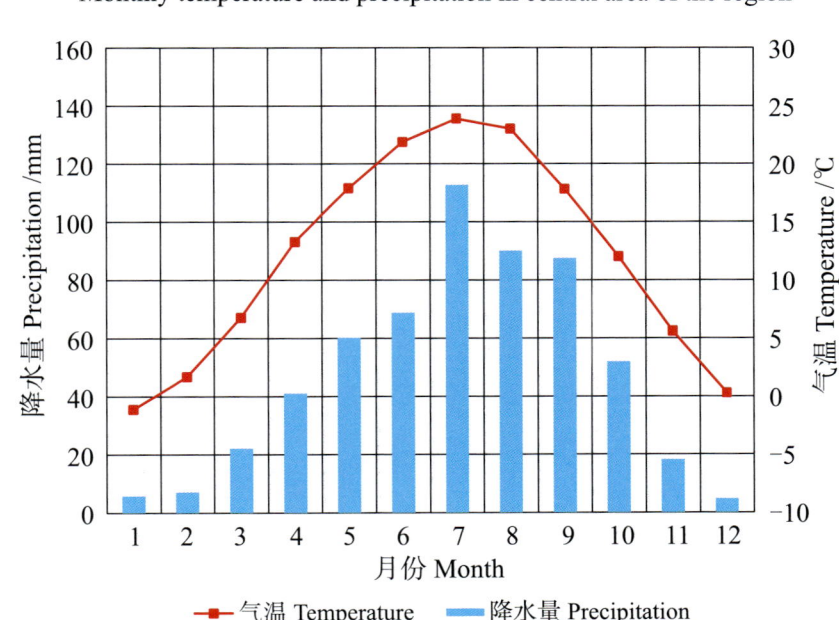

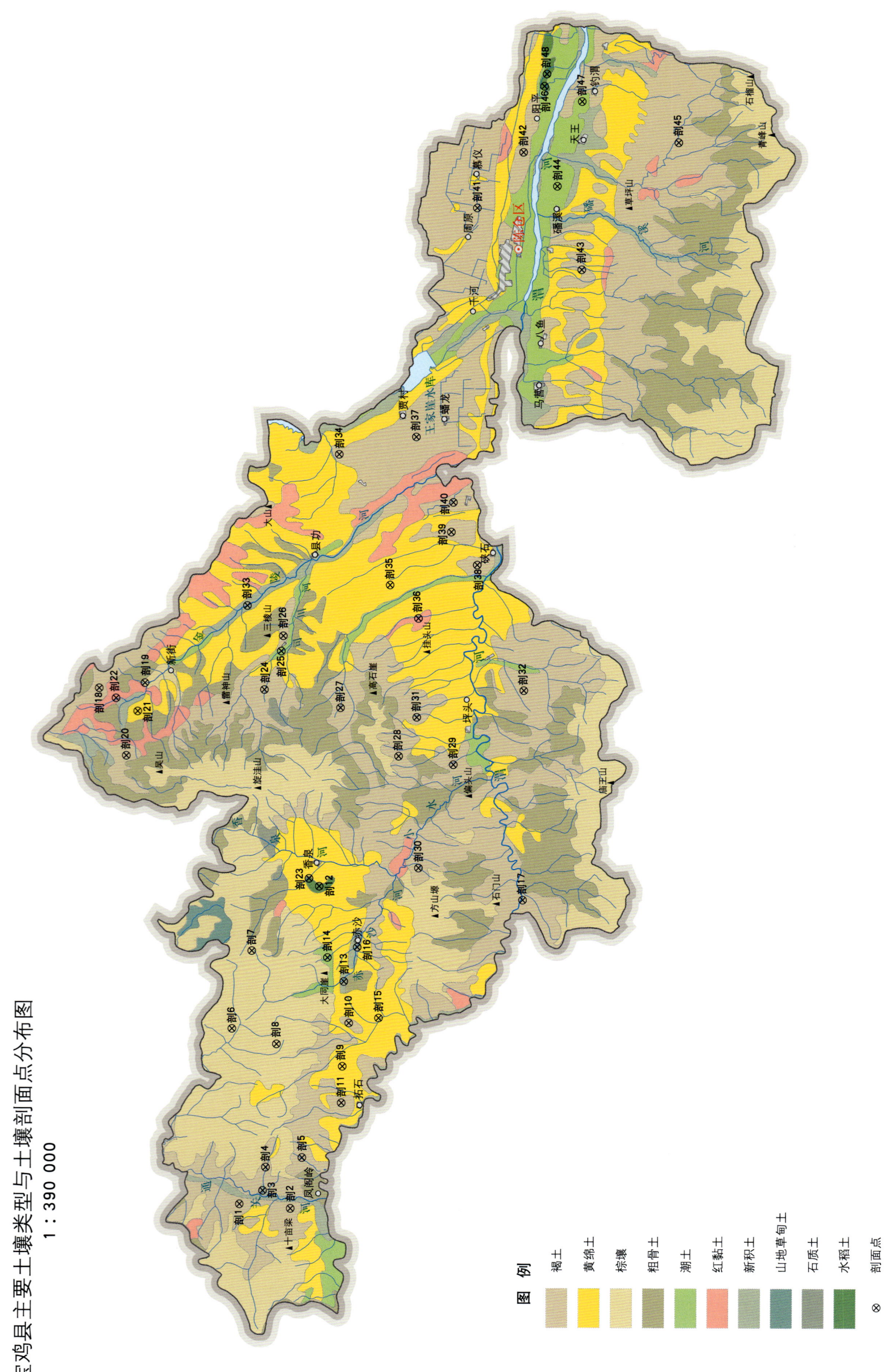

陈仓区土壤剖面理化性状表

剖面号 Soil profile	土纲 Soil order	土类 Soil great group	亚类 Soil subgroup	土属 Soil genus	土种 Soil species	土层码 Layer code	土层厚度 Depth/cm	颜色 Soil color	质地 Soil texture	土壤结构 Soil structure	pH	有机质 OM/(g/kg)	全氮 TN/(g/kg)	全磷 TP/(g/kg)	全钾 TK/(g/kg)	碱解氮 AN/(mg/kg)	有效磷 AP/(mg/kg)	速效钾 AK/(mg/kg)	阳离子交换量CEC/(cmol/kg)	土壤母质 Parent material	剖面点坐标 Profile coordinate	匹配指数 Matching index/%
剖1	半淋溶土	褐土	塿土	塿黄土	红紫土（塿土）	A_{11}	0—16	灰黄棕色	粉砂质黏土	粒状	7.9	15.0	0.96	0.67	17.2	56	9.0	167	18.0	黄土	E 106°25′56.2″ N 34°35′48.5″	78
						A_{12}	16—22	浊黄橙色	粉砂质黏土	块状	8.0	13.4	0.89	0.65	17.1	61	4.0	127	18.1			
						AB	22—75	浊黄橙色	壤质黏土	团块状	8.1	10.4	0.70	0.62	14.9	50	2.0	109	18.1			
						Bt	75—162	亮红棕色	粉砂质黏土	小棱柱状	8.1	9.6	0.56	0.55	15.6	32	2.0	121	21.0			
						Bk	162—200	浅黄橙色	壤质黏土	块状	8.2	7.5	0.46	0.64	14.8	21	10.0	94	16.0			
剖2	半淋溶土	褐土	褐土性土			Ao	0—3	暗褐色												花岗片麻岩风化物	E 106°25′38.7″ N 34°33′19.1″	93
						AC	3—13	浅灰棕色	多砾砂土	粒状												
						C	13—															
剖3	初育土	新积土	洪积土	砂质雏土	薄层砂质（石）褐肝泥	1	0—10	灰棕黄色	砂土	粒状										沉积物、洪积物	E 106°26′42.9″ N 34°34′39.7″	72
						Ap	10—15	灰棕黄色	砂土	块状												
						3	15—40	棕褐色	砂土	块状												
						4	40—100	褐色	粗砂土													
剖4	半淋溶土	褐土	淋溶褐土	麻骨石淋溶褐土	薄层夹砂马肝泥	A_1	0—12	暗灰棕色	砂壤土	团块状	7.4	8.5	0.68			44	6.0	119		花岗岩、花岗片麻岩风化物	E 106°28′04.3″ N 34°34′30.0″	74
						A_2	12—19	暗灰棕色	砂壤土	块状												
						Bt	19—28	棕褐色	砂质黏土	棱柱状												
						C	28—50															
						R	50—															
剖5	半淋溶土	褐土	塿土性土	夹砂（石）褐塿土	薄层夹砂（石）褐塿土	1	0—11	灰棕色	重壤土	粒状											E 106°28′36.7″ N 34°32′43.0″	76
						Ap	11—20	灰棕色	重壤土	块状												
						3	20—94	棕褐色	砂壤土	棱柱状												
						4	94—															
剖6	淋溶土	棕壤	棕壤	麻骨石棕壤	厚层麻骨棕壤土	A_1	0—15	灰棕色	砂壤土	粒状、块状											E 106°36′16.7″ N 34°36′04.6″	98
						A_2	15—23	浅灰棕色	砂壤土	团块状												
						Bt	23—78	棕色	砂质黏土													
						C	78—100															
剖7	淋溶土	棕壤	棕壤性土	花岗片麻岩棕壤性土	花岗片麻岩棕壤性土	Ao	0—8													花岗片麻岩风化物	E 106°40′52.4″ N 34°35′02.3″	72
						Ah_1	8—14	暗灰棕色	多砾轻壤土	粒状	8.0	78.9	2.77	0.62	10.6	166	23.0	344	24.5			
						Ah_2	14—30	棕褐色	多砾壤土	粒状	7.4	19.7	0.88	1.38	17.3	68	11.0	175	23.3			
						C_1	30—47	棕褐色	砂壤土	粒状	7.8	4.4	0.22	0.71	5.6	16	1.0	44	14.5			
						C_2	47—63	灰绿色	砂壤土	粒状	8.4	6.0	0.27	1.09	8.9	14	2.0	10	22.2			
						D	63—100	灰绿色														
剖8	淋溶土	棕壤	白浆化棕壤	麻骨白浆化棕壤	暗麻骨白泡土	O	0—2														E 106°35′18.6″ N 34°33′53.3″	95
						A	2—12	暗灰色	砂壤土	粒状	6.3	79.0	3.15	0.32	16.4	232	4.0	46	11.5			
						Be	12—45	浅灰白色	粉砂质黏壤土	片状、块状	6.2	23.0	0.82	0.11	18.9	85	1.0	29	12.5			
						B	45—75	棕色	砂质黏壤土	块状	6.6	27.0	0.46	0.17	22.9	50	1.0	17	10.5			
						C	75—100															
剖9	初育土	黄绵土	黄绵土	淤墡土	淤墡土	1	0—19	灰棕色	重壤土	粒状	8.2	13.0	0.80	0.76	16.4	50	4.0	244	14.0	黄土	E 106°33′56.2″ N 34°30′40.6″	76
						Ap	19—29	浅灰棕色	重壤土	块状	8.3	10.6	0.85	0.73	18.9	44	3.0	280	13.8			
						3	29—84	浅棕褐色	轻黏土	团块状	8.3	8.4	0.63	0.58	20.7	28	1.0	142	20.6			
						4	84—110	棕黄色	重壤土	块状	8.3	6.5	0.48	0.59	18.4	26	1.0	119	17.2			
						C	110—150	黄棕色	重壤土	块状	8.3	5.3	0.40	0.59	17.8	25	2.0	87	15.1			

续表 Continued

剖面号 Soil profile	土纲 Soil order	土类 Soil great group	亚类 Soil subgroup	土属 Soil genus	土种 Soil species	土层码 Layer code	土层厚度 Depth/cm	颜色 Soil color	质地 Soil texture	土壤结构 Soil structure	pH	有机质 OM/(g/kg)	全氮 TN/(g/kg)	全磷 TP/(g/kg)	全钾 TK/(g/kg)	碱解氮 AN/(mg/kg)	有效磷 AP/(mg/kg)	速效钾 AK/(mg/kg)	阳离子交换量CEC/(cmol/kg)	土壤母质 Parent material	剖面点坐标 Profile coordinate	匹配指数 Matching index/%
剖10	半淋溶土	褐土	褐土性土	花岗片麻岩粗骨性褐土		Ao	0—4	褐色	砂壤土	粒状										花岗片麻岩风化物	E 106°36′29.2″ N 34°30′19.7″	87
						Ah	4—18	褐色		粒状												
						C₁	18—65															
						C₂	65—															
剖11	半淋溶土	褐土	褐土性土	砂页岩质粗骨性褐土	生草砂页岩质粗骨褐土性土	As	0—10	棕褐色	多砾砂土	粒状										砂页岩风化物	E 106°31′46.0″ N 34°30′44.9″	96
						C	10—100	棕黄褐色														
						R	100—	灰紫色														
剖12	人为土	水稻土	淹育水稻土	黄泥田	黄泥土	1	0—8	暗灰棕色	中壤土	团块状										冲积物	E 106°44′38.0″ N 34°31′20.4″	72
						Ap	8—16	深灰棕色	中壤土	块状												
						C	16—54	灰棕黄色	中壤土	块状												
剖13	初育土	新积土	洪积土	潮垫土	潮壅土	1	0—15	灰棕色	中壤土	粒块状										沉积物、洪积物	E 106°38′55.8″ N 34°30′33.2″	95
						Ap	15—24	灰棕色	中壤土	块状												
						C	24—100	浅棕褐色	粗砂土	块状												
剖14	半水成土	潮土	湿潮土	湿潮泥土	湿潮泥土	1	0—23	灰棕色	重壤土	块状										洪冲积物	E 106°40′23.5″ N 34°31′20.0″	71
						3	23—34	浅棕褐色	轻黏土	块状												
						G	34—100	深灰棕色	重壤土	块状												
							100—	灰蓝色	轻黏土													
剖15	初育土	黄绵土		白墡土	坡地白墡土	1	0—14	灰棕色	中壤土	块状										黄土	E 106°36′45.4″ N 34°28′52.2″	76
						Ap	14—26	浅棕黄色	中壤土	粒块状												
						C	26—150	棕黄色	中壤土	块状												
剖16	初育土	新积土	洪积土	石窖土	石窖土	A	0—12	棕黄色	多砾砂土	粒块状										沉积物、洪积物	E 106°40′58.2″ N 34°29′52.2″	91
						C	12—100	灰棕黄色														
							104—															
剖17	半淋溶土	褐土	淋溶褐土	黄土质淋溶褐土	耕种黄土质淋溶褐土	1	0—18	棕褐色	重壤土	粒状	8.0	48.8	2.19	0.55	14.9	150	6.0	242	26.1	黄土	E 106°43′35.1″ N 34°21′43.3″	74
						Ap	18—27	浅棕褐色	重壤土	棱块状	8.1	11.4	0.70	0.62	11.9	50	2.0	131	25.2			
						Bt₁	27—50	棕褐色	重壤土	棱块状	8.2	5.0	0.35	0.57	12.7	31	2.0	124	24.8			
						Bt₂	50—130	暗棕褐色	重壤土	块状	6.7											
							130—															
剖18	半淋溶土	褐土	石灰性褐土	石灰岩质石灰性褐土	生草石灰岩质石灰性褐土	Ao	0—2	暗灰色		粒状										石灰岩风化物	E 106°56′34.2″ N 34°42′19.1″	75
						Ah	2—12	灰棕色	中砾重壤土	粒状	6.3	79.1	3.15	0.32	17.2	232	4.0	46	27.0			
						Bt	12—45	棕褐色	少砾轻黏土	棱块状	6.2	22.7	0.82	0.11	16.8	85	1.0	29	12.5			
						C₁	45—75	浅棕褐色	中壤土	棱块状	6.6	26.5	0.46	0.17	16.4	50	1.0	17	10.5			
						C₂	75—															
剖19	淋溶土	棕壤	漂洗棕壤	花岗片麻岩漂洗棕壤	花岗片麻岩漂洗棕壤	1	0—20	暗棕色	轻壤土	粒状	7.4	12.5	0.85	0.55	17.2	49	5.0	107	18.4	花岗片麻岩风化物	E 106°57′08.7″ N 34°39′40.6″	72
						Bt	20—50	暗棕色	中壤土	棱块状	7.6	10.1	0.62	0.49	16.8	34	3.0	91	18.8			
						C₁	50—130	暗黄棕色	中壤土	棱块状	7.7	8.8	0.54	0.48	16.4	30	3.0	87	19.2			
						C₂	130—250	黄棕色	粗壤砂土	块状	7.7	4.6	0.65	0.40	17.0	17	4.0	92	20.7			
剖20	半淋溶土	褐土	褐土性土	板渣土	黄板渣土	1	0—2				7.5	3.2	0.26	0.55	17.5	11	4.0	87	14.7	黄土状物质	E 106°52′31.4″ N 34°41′02.8″	77
						Ap	2—17	灰灰棕色	中壤土	粒块状	8.2	15.5	0.71	0.88	14.4	52	17.0	323	11.9			
剖21	初育土	黄绵土	黄墡土	黄立土	黄立土	1	0—15	浅棕褐色	中壤土	块状	8.3	12.9	0.88	0.79	14.7	44	6.0	309	11.9	黄土	E 106°55′09.2″ N 34°40′27.0″	73
						Ap	15—22	浅棕褐色	重壤土	粒状	8.4	10.7	0.76	0.82	14.2	41	4.0	220	11.9			
						3	22—37	浅棕褐色	重壤土	粒状	8.5	9.2	0.54	<0.10	13.4	35	4.0	195	10.2			
						4	37—44	棕褐色	重壤土	块状	8.5	8.8	0.55	0.83	12.4	26	6.0	90	9.9			
						C	44—160															

续表 Continued

剖面号 Soil profile	土纲 Soil order	土类 Soil great group	亚类 Soil subgroup	土属 Soil genus	土种 Soil species	土层码 Layer code	土层厚度 Depth/cm	颜色 Soil color	质地 Soil texture	土壤结构 Soil structure	pH	有机质 OM/(g/kg)	全氮 TN/(g/kg)	全磷 TP/(g/kg)	全钾 TK/(g/kg)	碱解氮 AN/(mg/kg)	有效磷 AP/(mg/kg)	速效钾 AK/(mg/kg)	阳离子交换量 CEC/(cmol/kg)	土壤母质 Parent material	剖面点坐标 Profile coordinate	匹配指数 Matching index/%
剖22	初育土	红黏土	红土	红土	生草红土	Ah₁	0—10	棕褐色	重壤土	粒块状										离石红土、午城红土	E 106°55′57.3″ N 34°41′30.0″	98
						Ah₂	10—25	暗棕红色	轻黏土	碎块状												
						C	25—100	暗棕红色	重黏土	棱块状												
剖23	人为土	水稻土	潴育水稻田	锈斑黄泥田		A	0—17	浅灰色	亚壤土	粉块状	6.4	22.4	1.21	0.48		91	1.0	121	17.0	冲积物	E 106°44′45.5″ N 34°32′04.8″	88
						P	17—25	浅灰色	重壤土	块状	7.1	13.4	0.84	0.55		58	1.0	107	12.0			
						W	25—38	棕褐色	重壤土		7.3	9.9	0.65	0.53		47	1.0	104	17.2			
						C	38—	棕色	粗砂土		7.8	1.9	0.15	0.17		11	2.0	26	5.7			
剖24	半淋溶土	褐土	淋溶褐土	麻骨石淋溶褐土	中层麻骨马肝泥	A₁	0—7	暗灰棕色	砂质黏壤土	团块状											E 106°56′16.1″ N 34°34′13.1″	99
						A₂	7—20	砂质黏壤土		块状												
						Bt	20—50	棕褐色	砂质黏壤土	棱块状												
						C	50—60															
						R	60—															
剖25	半水成土	潮土	潮土	二合土	深位砂（石）底子二合土	1	0—23	灰棕色	粉质重壤土	粒块状	7.9	9.7	0.57	0.61	18.1	28	5.0	114	18.6	洪冲积物	E 106°58′31.1″ N 34°33′21.5″	90
						Ap	23—33	灰棕色	重壤土	块状	8.0	12.0	0.76	0.61	16.9	43	6.0	162	16.9			
						3	33—58	深灰棕色	重壤土	块状	8.2	9.3	0.59	0.64	17.4	33	3.0	121	16.9			
						4	58—99	棕褐色	重壤土	块状	8.1	9.7	0.57	0.59	17.4	36	3.0	108	20.3			
						5	99—148	灰黄色	中壤土	块状	8.1	7.2	0.38	0.59	16.7	26	3.0	94	9.0			
						6	148—		砂土		9.0	9.7		0.27		10	1.0	33				
剖26	半淋溶土	褐土	褐土性	石灰岩质粗骨褐土性土	生草石灰岩	A₀	0—4	暗褐色	多砾砂土	块状										石灰岩风化物	E 106°59′24.6″ N 34°33′14.4″	82
						Ah	4—26	褐棕色														
						C	26—86	青色														
						D	86—	灰白色														
剖27	半淋溶土	褐土	褐土性	花岗片麻岩风化物		A₀	0—2	暗褐色	多砾砂土	粒状										花岗片麻岩风化物	E 106°55′06.6″ N 34°30′30.1″	71
						As	2—9	灰灰棕色														
						C	9—39															
						D	39—															
剖28	半淋溶土	褐土	褐土性	花岗片麻岩砾顶质土性土		Ap	0—10	棕褐色	中壤土	粒块状										花岗片麻岩风化物	E 106°52′10.4″ N 34°27′41.5″	73
						P	10—18	棕褐色	中壤土	块状												
						B	18—64	棕褐色	中壤土	块状												
						C	64—100															
剖29	半淋溶土	褐土	垆土性	砂（石）底子褐垆土	深位砂（石）底子褐垆土	1	0—19	灰棕色	中壤土	粒块状											E 106°51′37.1″ N 34°25′01.4″	90
						Ap	19—27	灰棕色	重壤土	粒块状												
						3	27—54	灰棕色	重壤土	块状												
						4	54—64	浅灰棕色	重壤土	块状												
						5	64—150		重壤土	块状												
						6	150—															
剖30	半淋溶土	褐土	褐土	青石泥褐土	中层青石马肝土	A₁	0—12	褐色	砂石土	团块状	7.8	14.2	0.93	0.38	13.4	52	3.0	142	22.5	石灰岩风化物	E 106°45′35.0″ N 34°26′48.6″	78
						A₂	12—20	浅灰褐色	壤质黏土	块状	7.9	10.1	0.53	0.37	13.1	47	1.0	92	23.2			
						Bt	20—27	褐色	壤质黏土	棱块状	8.0	13.2	0.99	0.38	3.7	53	1.0	109	23.3			
						Bk	27—38	黄棕色	壤质黏土	块状	8.5	2.4	0.11	0.10	9.6	18	1.0	41	7.2			
						C	38—50															
剖31	半淋溶土	褐土	褐土性	花岗片麻岩粗骨褐土性土		Ah	2—6	灰棕色	砂石土		7.4	7.9	3.18	0.37	18.0	180	10.0	230	24.3	花岗片麻岩风化物	E 106°54′26.9″ N 34°26′46.4″	70
						Ca	6—21				8.4	4.0	0.26	0.17	13.1	19	2.0	53	8.4			
						C₁	21—41				8.1	1.5	0.10	0.10	3.7	7	<1.0	66	18.0			
						C₂	41—58				8.7	1.9	<0.10	0.15	9.6	11	1.0		5.7			
						D	58—				8.9	1.4	<0.10	0.16	18.0	5	<1.0	22				

续表 Continued

剖面号 Soil profile	土纲 Soil order	土类 Soil great group	亚类 Soil subgroup	土属 Soil genus	土种 Soil species	土层码 Layer code	土层厚度 Depth/cm	颜色 Soil color	质地 Soil texture	土壤结构 Soil structure	pH	有机质 OM/(g/kg)	全氮 TN/(g/kg)	全磷 TP/(g/kg)	全钾 TK/(g/kg)	碱解氮 AN/(mg/kg)	有效磷 AP/(mg/kg)	速效钾 AK/(mg/kg)	阳离子交换量 CEC/(cmol/kg)	土壤母质 Parent material	剖面点坐标 Profile coordinate	匹配指数 Matching index/%
剖32	半淋溶土	褐土	塿土	油土	夹砂砾紫土	A₁	0—13	灰棕色	壤质黏土	团块状	8.1	11.4	0.73	0.67		46	4.0	137	15.3	次生黄土	E 106° 55′ 53.8″ N 34° 21′ 30.0″	88
						A₂	13—20	浅灰棕色	壤质黏土	块状	8.1	9.5	0.67	0.63		37	3.0	137	13.1			
						A₃	20—30	浅灰棕色	壤质黏土	团块状	8.2	6.8	0.46	0.47		27	1.0	97	11.8			
						ABt	30—35	褐色	壤质黏土	棱块状	8.2	7.6	0.46			24	2.0	92	13.5			
						Bt	35—62	暗棕褐色	壤质黏土	棱柱状	8.1	9.8	0.51	0.36		25	2.0	69	15.6			
						BC	62—102					3.9	0.19	0.30		12	2.0	35	5.7			
						C	102—150				8.1	5.6	0.35	0.62		16	5.0	126	15.0			
剖33	初育土	新积土	冲积土	黏壤质冲积土	淤泥土	A₁	0—19	灰棕色	壤质黏土	团块状	8.2	13.0	0.8	0.69	16.4	50	4.0	244	14.0	冲积物	E 107° 01′ 13.8″ N 34° 34′ 58.5″	86
						A₂	19—29	灰灰棕色	黏壤土	块状	8.3	10.6	0.85	0.73	19.3	44	3.0	280	13.8			
						C₁	29—84	黄灰棕色	黏壤土	块状	8.3	8.4	0.63	0.58	20.7	28	1.0	142	20.6			
						C₂	84—110	棕黄色	黏壤土	块状	8.3	6.5	0.48	0.59	18.4	26	1.0	119	17.2			
						C₃	110—150	棕黄色	黏壤土	块状	8.3	5.3	0.40	0.59	17.8	25	2.0	87	15.1			
剖34	半淋溶土	褐土	塿土	黑紫土	中层黑紫土	A	0—12	暗灰棕色	重壤土	团块状	8.1	15.1	0.99	1.06	21.1	59	9.0	246	16.1	黄土	E 107° 10′ 01.3″ N 34° 30′ 19.6″	78
						Ap	12—22	暗灰棕色	重壤土	块状	8.3	10.2	0.89	1.09	17.3	45	5.0	84	16.1			
						Apb	22—50	褐色	重壤土	粒状	8.3	10.6	0.66	1.00	20.0	34	4.0	148	15.6			
						AhPb	50—59	暗褐色	重壤土	棱块状	8.2	10.9	0.63	0.70	21.2	33	4.0	153	18.1			
						Bk	59—200	棕褐色	重壤土	细棱柱状	8.0	10.9	0.67	0.53	18.8	33	3.0	154	22.2			
						C	200—250	黄棕色	重壤土	块状	8.3	6.7	0.41	0.76	17.0	19	25.0	90	12.8			
							250—															
剖35	初育土	黄绵土	黄绵土	黄褐土	黄绵土	1	0—17	浅灰棕色	重壤土	粒块状	8.2	8.9	0.54	0.58	18.2	30	9.0	121	13.3	黄土	E 107° 02′ 15.2″ N 34° 27′ 57.3″	72
						Ap	17—29	棕褐色	重壤土	块状	8.3	7.6	0.48	0.56	18.4	28	5.0	93	12.5			
						C	29—	褐色	重壤土	块状	8.3	6.6	0.40	0.54	16.9	23	5.0	94	13.0			
剖36	初育土	红黏土	红黏土	红色土	板土	A₁	0—17	灰棕色	粉砂质壤土	团块状	7.4	12.5	0.85	0.55	17.2	49	5.0	107	18.4	红色土冲积物	E 107° 00′ 08.4″ N 34° 26′ 31.3″	85
						A₂	17—27	灰棕色	粉砂质壤土	块状	7.6	10.1	0.62	0.49	16.8	34	3.0	91	18.8			
						AC	27—60	暗灰棕色	粉砂质壤土	块状	7.7	8.8	0.54	0.48	16.4	30	5.0	87	19.2			
						C₁	60—150	暗灰棕色	壤质黏土	块状、板状	7.7	4.6	0.65	0.40	17.0	17	4.0	92	20.7			
						C	150—200	灰棕色	黏壤土	板状	7.5	3.2	0.26	0.55	17.5	11	4.0	87	14.9			
剖37	半淋溶土	褐土	淋溶褐土	花岗片麻岩淋溶褐土	生草花岗片麻岩淋溶褐土	Ao	0—3	暗褐色	中壤土	粒块状										花岗片麻岩风化物	E 107° 10′ 57.4″ N 34° 26′ 31.2″	92
						Ah	3—32	浅褐色	中砾中壤土	碎块状												
						Bt	32—50	棕褐色	中壤土	碎块状												
						Cd	50—72	棕褐色	中壤土	块状												
						C	72—	棕褐色														
剖38	半淋溶土	褐土	塿土	红紫土	厚层红紫土	1	0—16	灰棕色	重壤土	粒块状										黄土	E 107° 03′ 18.9″ N 34° 23′ 39.7″	71
						Ap	16—22	浅灰棕色	重壤土	块状												
						3	22—63	棕褐色	重壤土	块状												
						4	63—75	灰棕色	重壤土	细棱柱状												
						Bt₁	75—117	棕褐色	重壤土	棱柱状												
						Bt₂	117—162	浅棕褐色	重壤土	棱柱状												
						Bk	162—200	棕黄色	重壤土	块状												
						C	200—															

续表 Continued

剖面号 Soil profile	土纲 Soil order	土类 Soil great group	亚类 Soil subgroup	土属 Soil genus	土种 Soil species	土层码 Layer code	土层厚度 Depth/cm	颜色 Soil color	质地 Soil texture	土壤结构 Soil structure	pH	有机质 OM/(g/kg)	全氮 TN/(g/kg)	全磷 TP/(g/kg)	全钾 TK/(g/kg)	碱解氮 AN/(mg/kg)	有效磷 AP/(mg/kg)	速效钾 AK/(mg/kg)	阳离子交换量 CEC/(cmol/kg)	土壤母质 Parent material	剖面点坐标 Profile coordinate	匹配指数 Matching index/%
剖39	半淋溶土	褐土	堆土	砾质紫土	中层砾质紫土	A	0—13	浅灰棕色	重壤土	粒块状	8.1	11.4	0.73	0.67		46	4.0	137	15.3	次生黄土	E 107°05′17.0″ N 34°24′54.4″	95
						Ap	13—20	灰棕色	重壤土	块状	8.1	9.5	0.67	0.63		37	3.0	137	13.1			
						3	20—30	灰棕色	重壤土	粒块状	8.2	6.8	0.46	0.53		27	1.0	97	11.8			
						4	30—35	褐色	重壤土	粒块状	8.2	7.6	0.46	0.47		24	2.0	92	13.5			
						Bt	35—62	黑褐色	中砾轻黏土	棱块状	8.1	9.8	0.51	0.36		25	2.0	69	15.6			
						C₁	62—102	棕褐色	砾石土		8.1	3.9	0.19	0.30		12	2.0	35	5.7			
						C₂	102—	棕褐色	少砾中壤土	块状	8.1	5.6	0.35	0.62		18	5.0	126	15.0			
剖40	半淋溶土	褐土	堆土	砂(石)底子紫土	深位砂(石)底子紫土	1	0—13	灰棕色	重壤土	粒块状	8.0	11.8	0.79	0.55		46	3.0	92	17.4	次生黄土	E 107°07′01.7″ N 34°24′46.9″	85
						Ap	13—19	浅灰棕色	重壤土	块状	8.0	8.3	0.57	0.47		30	1.0	87	15.6			
						3	19—24	灰棕色	重壤土	团块状	8.0	9.1	0.60	0.47		35	1.0	89	18.5			
						4	24—28	棕褐色	重壤土	团块状	8.0	10.5	0.66	0.44		34	<1.0	98	21.2			
						Bt₁	28—52	棕褐色	重壤土	棱柱状	7.9	10.3	0.59	1.05		38	2.0	99	23.9			
						Bt₂	52—150	浅棕褐色	重壤土	棱柱状	7.8	9.9	0.54	0.55		28	2.0	82	19.7			
						7	150—				8.0	3.0	0.18	0.33		11	3.0	55	10.4			
剖41	半淋溶土	褐土	堆土	红紫土	中层红紫土	Ap	0—19	浅灰棕色	壤质黏土	团块状	8.2	15.2	0.97	0.74	20.3	52	10.0	176	14.5	黄土	E 107°07′18.0″ N 34°23′16.2″	98
						P	19—28	灰灰棕色	壤质黏土	块状	8.3	13.3	0.84	0.68	19.7	45	3.0	147	12.9			
						Apb	28—49	灰灰棕色	黏壤土		8.2	10.7	0.68	0.59	20.5	40	2.0	136	16.2			
						AhPb	49—60	灰灰棕色	壤质黏土	棱块状	8.3	12.3	0.72	0.37	19.7	39	1.0	97	24.3			
						Bt₁	60—84	棕褐色	粉砂质黏土	块状	8.1	11.8	0.72	0.50	21.4	33	3.0	37	21.9			
						Bt₂	84—110	棕褐色	粉砂质黏土	小棱柱状	8.1	8.9	0.57	0.55	22.3	32	3.0	124	19.1			
						Bk	110—165	浅黄棕色	壤质黏土	小棱柱状	8.2	8.3	0.45	0.58	17.0	26	4.0	53	11.8			
						C	165—	浅灰黄色	粉质黏土		8.2	6.6	0.38	0.66	19.9	20	2.0	94	12.6			
剖42	半淋溶土	褐土	堆土	油土	红紫土	A₁	0—16	灰棕色	重壤土	粒块状	7.9	15.0	0.96	0.67	17.2	56	9.0	167	18.0	黄土	E 107°24′29.8″ N 34°20′56.0″	72
						A₂	16—22	暗棕褐色	重壤土	团块状	8.0	13.4	0.89	0.65	17.1	61	4.0	127	18.1			
						A₃	22—63	暗棕褐色	黏壤土	块状	8.1	11.9	0.82	0.70	16.8	55	2.0	117	18.0			
						ABt	63—75	棕褐色	重壤土	棱块状	8.1	10.4	0.70	0.62	14.9	50	2.0	109	18.1			
						Bt₁	75—117	粉砂质黏土		8.0	9.6	0.56	0.55	15.6	32	2.0	121	21.0			
						Bt₂	117—162	粉砂质黏土		8.0	7.9	0.51	0.71	15.4	38	1.0	145	18.0			
						Bk	162—200	粉质黏土		8.2	7.5	0.46	0.64	14.8	21	10.0	94	16.0			
剖43	半淋溶土	褐土	堆土	夹砂(石)紫土	深位夹砂(石)紫土	4	200—	浅灰黄色	重壤土	粒块状										黄土	E 107°27′30.2″ N 34°18′13.6″	80
						A	0—14	浅灰棕色	重壤土	团块状												
						Ap	14—23	浅灰黄棕色	重壤土	棱柱状												
						3	23—35	棕灰黄色	重壤土	细棱柱状												
						Bt₁	35—41	暗棕褐色	重壤土	棱柱状												
						Bt₂	41—101	暗棕褐色	重壤土	块状												
						6	101—117	暗棕褐色	中壤土	粒块状												
						Bk	117—168	棕褐色	轻黏土	块状												
							168—		轻黏土	块状												
剖44	半水成土	潮土	潮土	胶泥土	胶泥土	A	0—20	浅灰棕色	重黏土	块状										洪冲积物	E 107°25′27.4″ N 34°19′18.8″	84
						Ap	20—30	浅灰黄色	轻黏土	块状												
						3	30—58	棕红黄色	轻黏土	块状												
						4	58—90	棕红黄色	轻黏土	块状												
						C	90—114	棕红黄色	轻黏土	块状												

续表 Continued

剖面号 Soil profile	土纲 Soil order	土类 Soil great group	亚类 Soil subgroup	土属 Soil genus	土种 Soil species	土层码 Layer code	土层厚度 Depth/cm	颜色 Soil color	质地 Soil texture	土壤结构 Soil structure	pH	有机质 OM/(g/kg)	全氮 TN/(g/kg)	全磷 TP/(g/kg)	全钾 TK/(g/kg)	碱解氮 AN/(mg/kg)	有效磷 AP/(mg/kg)	速效钾 AK/(mg/kg)	阳离子交换量CEC/(cmol/kg)	土壤母质 Parent material	剖面点坐标 Profile coordinate	匹配指数 Matching index/%
剖45	半淋溶土	褐土	褐土性土	板渣土	红板渣土	1	0—17	浅灰棕色	重壤土	粒块状										黄土状母质	E 107°27′47.8″ N 34°13′18.7″	94
						2	17—60	浅灰棕色	重壤土	块状												
						3	60—180	棕红色	重壤土	大块状												
						4	180—220	棕褐色	重壤土	大块状												
剖46	人为土	水稻土	潜育水稻土	青泥田	强度潜育青泥田	A	0—24	浅灰色	重壤土	块状										沉积物	E 107°31′18.9″ N 34°19′50.1″	82
						G	24—80	灰蓝色	重壤土	糊状												
						3	80—85				7.6	37.1	2.23	0.93		159	26.0	364	19.0			
						4	85—90				8.0	23.2	1.21	1.44		85	16.0	322	15.6			
						5	90—100				7.8	37.4	2.00	0.89		126	14.0	231	18.7			
						6	100—110				7.9	17.7	0.89	1.52		51	16.0	323	11.9			
剖47	半水成土	潮土	潮土	砂质潮土	腰泥潮砂土	A	0—22	灰棕色	砂土	粒状										冲积物	E 107°30′22.1″ N 34°17′59.7″	88
						C	22—44	灰棕红色	砂土	粒状												
						Cu₁	44—86	灰棕红色	黏壤土	块状												
						Cu₂	86—110	灰棕色	砂土	粒状												
剖48	人为土	水稻土	潜育水稻土	青砂田	深位石底子青砂田	A	0—35	浅灰蓝色	砂壤土	糊状										冲积物	E 107°32′01.8″ N 34°19′41.1″	71
						G	35—70	灰蓝色	轻壤土	糊状												

凤 翔 区

主要土类说明

黄绵土是凤翔区主要土壤类型，占本区地域面积的47%，黄绵土是由黄土母质直接翻耕形成的初育土，是本区重要的农业土壤。由于土壤侵蚀严重，表层长期遭侵蚀，只能不断加深耕作黄土母质层，因而母质特性明显。土壤无明显发育，为A-C型土。由于风成黄土富含细粉粒，故质地、结构均一，疏松绵软，富含石灰，磷、钾储量较丰富，但有效性差，土壤有机质缺乏。由于水土流失严重，土层变薄，肥力逐年下降，如能防止水土流失并进行人工培育，黄绵土将成为良好的农业土壤。

褐土是凤翔区第二大土壤类型，占本区地域面积的34%。褐土是在暖温带半湿润区发育形成的具有黏化与钙质淋移淀积特征的土壤。在其A-B-C剖面构型中，B层呈棕褐色，B层下部有假菌丝状钙积层。土壤盐基饱和度在80%以上。本区褐土分为塿土、褐土、褐土性土等亚类。其中，塿土占本土类面积的96%，是在自然褐土的基础上经人工熟化和施加粪肥堆垫而形成的农业土壤。塿土主要分布在平缓的黄土台塬，耕作方便，灌溉条件较好，土层深厚，养分含量较高，是本区重要的农业土壤。

新积土是凤翔区第三大土壤类型，占本区地域面积的8%，主要分布在河流沿岸新滩、山麓山谷口和山前洪积扇。本区新积土分为河淤土、洪淤土、淤墡土等亚类。河淤土主要分布在河流沿岸的新河滩地，有明显的沉积层次，分选程度较高，土体以砂为主，夹有石块、砾石、胶泥等，土体构造变化复杂，只有在枯水季节或筑堤防护时才能耕种。洪淤土主要分布在山前洪积扇，全剖面无土壤发生学层次，2m内土层常夹有砂石，肥力较低。淤墡土主要分布在河漫滩及坡脚地带，地下水位一般在3m以下，发育于次生黄土母质，是经耕种熟化而形成的一种幼年土壤。淤墡土所处地带地势平坦，水源丰富，灌溉方便，因此淤墡土是较好的农业土壤。

红黏土占本区地域面积的5%，零星分布在本区侵蚀严重的沟谷地带，是在离石或午城红土层上形成的幼年土壤。由于严重水蚀和风蚀，厚层黄土层侵蚀殆尽处，红色黏土层露出，形成的母质性状明显的初育土，即红黏土。其黏粒含量高，塑性强，生物作用微弱，母质特性明显，pH为7.0—8.0，有时夹有砂姜。

粗骨土占本区地域面积的4%，主要分布在石质山地的陡坡地段。粗骨土是在岩石风化碎屑上形成的幼年土壤，发育微弱，属于A-C型，甚至（A）-C型土壤。A层发育不明显，与母质土层性状相似，略显有机质累积。有时母质层富含砾石，很少出现剖面分异与发育特征。

小于本区地域面积3%的土壤类型有石质土、潮土、栗钙土。

本区域中心区气候特征

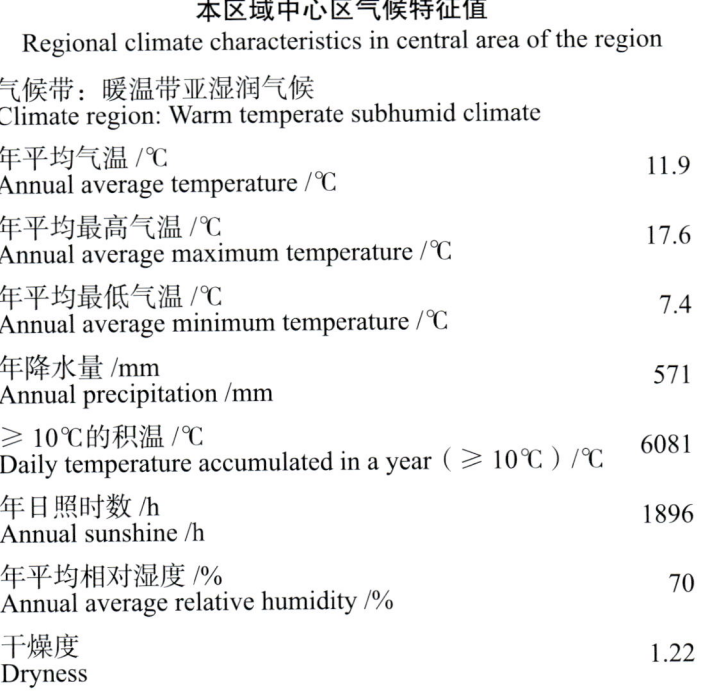

本区域中心区气候特征值
Regional climate characteristics in central area of the region

气候带：暖温带亚湿润气候 Climate region: Warm temperate subhumid climate	
年平均气温 /℃ Annual average temperature /℃	11.9
年平均最高气温 /℃ Annual average maximum temperature /℃	17.6
年平均最低气温 /℃ Annual average minimum temperature /℃	7.4
年降水量 /mm Annual precipitation /mm	571
≥10℃的积温 /℃ Daily temperature accumulated in a year（≥10℃）/℃	6081
年日照时数 /h Annual sunshine /h	1896
年平均相对湿度 /% Annual average relative humidity /%	70
干燥度 Dryness	1.22

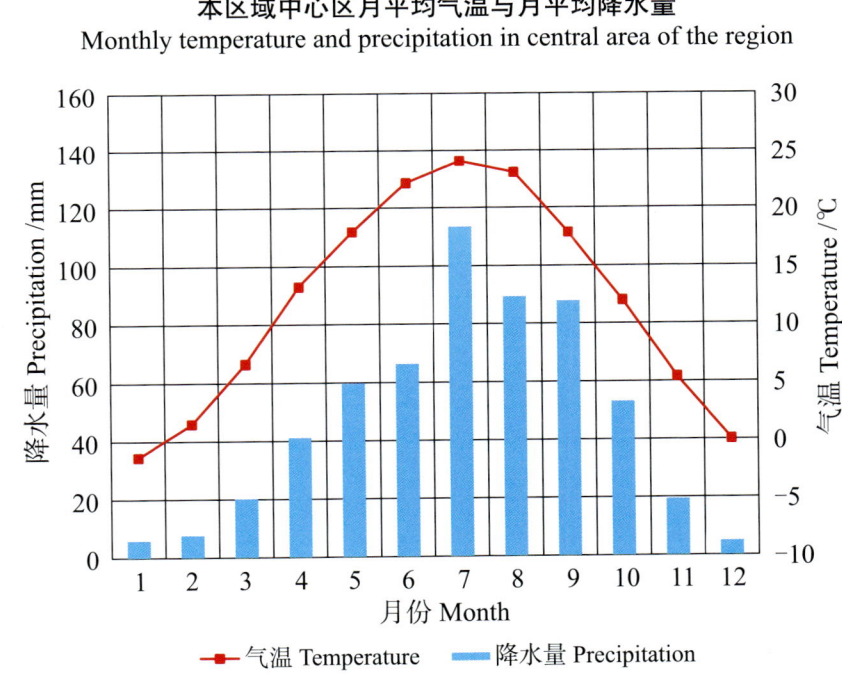

本区域中心区月平均气温与月平均降水量
Monthly temperature and precipitation in central area of the region

凤翔县主要土壤类型与土壤剖面点分布图
1 : 190 000

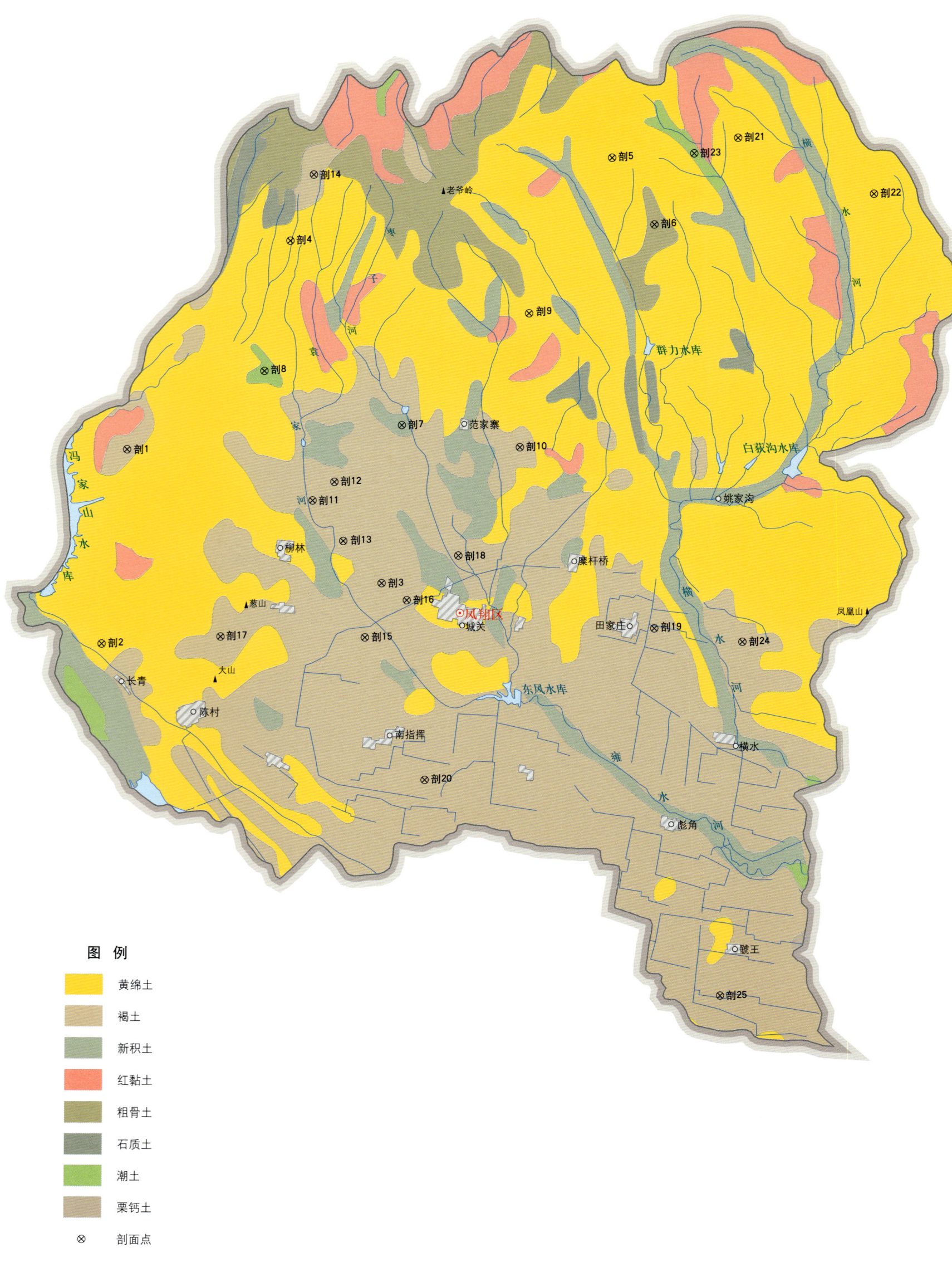

注：国务院 2021 年 1 月批准，撤销凤翔县，设立凤翔区。

凤翔区土壤剖面理化性状表

剖面号 Soil profile	土纲 Soil order	土类 Soil great group	亚类 Soil subgroup	土属 Soil genus	土种 Soil species	土层码 Layer code	土层厚度 Depth/cm	颜色 Soil color	质地 Soil texture	土壤结构 Soil structure	pH	有机质 OM/(g/kg)	全氮 TN/(g/kg)	全磷 TP/(g/kg)	全钾 TK/(g/kg)	碱解氮 AN/(mg/kg)	有效磷 AP/(mg/kg)	速效钾 AK/(mg/kg)	阳离子交换量 CEC/(cmol/kg)	土壤母质 Parent material	剖面点坐标 Profile coordinate	匹配指数 Matching index/%
剖1	半淋溶土	褐土	粗骨性褐土	砂砾岩粗骨性褐土		1	0—8												11.5	砂砾岩	E 107°13′54.7″ N 34°35′26.9″	70
						2	8—30												11.3			
剖2	初育土	黄绵土	黄绵土	夹砂石黄墡土	中位中层夹砂石黄墡土	1	0—13				8.3	9.5	0.59	0.67	16.1	46	3.0	186	11.3	黄土	E 107°13′03.9″ N 34°30′44.7″	75
						Ap	13—20				8.4	9.9	0.43	0.63	17.3	41	3.0	90	14.2			
						3	20—59				8.3	8.7	0.62	0.64	19.0	51	2.0	103	9.4			
						4	59—105				7.1	5.8	0.40	0.65	17.8	38	2.0	78	12.2			
						C	105—150				8.1	8.1	0.52	0.63	17.8	35	3.0	242	13.4			
剖3	半淋溶土	褐土	紫土性土	紫土性土	中层紫土性土	A	0—16	浅黄棕色	中壤土	团块状	7.9	15.7	1.05	0.77	18.2	83	6.0	187	14.7	新黄土、次生黄土	E 107°21′21.3″ N 34°32′04.6″	92
						Ap	16—26	浅黄棕色	中壤土	块状	7.9	14.0	1.00	0.81	19.4	59	3.0	226	15.0			
						3	26—59	灰黄棕色	重壤土	块状	7.9	13.8	0.99	0.79	20.1	55	4.0	136	17.5			
						4	59—67	褐色	重壤土	棱块状	7.1	10.3	0.77	0.59	19.5	54	4.0	104	19.7			
						5	67—123	棕黄色	中壤土	块状	7.1	12.6	0.69	0.62	18.6	52	2.0	75	16.5			
						Bk	123—174	棕黄色	中壤土	块状	7.1	8.8	0.50	0.60	19.2	44	2.0	69	14.8			
						C	174—				7.1	8.3	0.40	0.62	19.4	41	2.0	144	14.5			
剖4	初育土	黄绵土	墡土	砂石底子黄墡土	中位砂石底子黄墡土	1	0—12				8.4	11.8	0.78	0.67	22.5	61	6.0	99	14.9	黄土	E 107°18′50.8″ N 34°40′25.5″	78
						2	12—26				8.4	8.0	0.69	0.63	21.6	54	2.0	82	15.2			
						3	26—59				8.4	9.4	0.72	0.61	21.3	58	1.0					
						4	59—150															
剖5	黄绵土	板渣土	板渣土	红板渣土	A	0—13				7.9	11.3	0.68	0.27	18.6	49	1.0	92	23.0	黄土	E 107°28′23.8″ N 34°42′15.5″	97
					2	13—40				7.9	3.9	0.36	0.28	17.8	27	1.0	79	21.2			
					C	40—205				7.8	3.6	0.32	0.29	19.4	28	3.0	80	22.4			
剖6	初育土	粗骨土	中性粗骨土	砂砾石粗骨土	灰砂砾渣土	A	0—8	暗灰棕色	砂壤土	粒状	8.3	36.5	2.10	0.59	16.8	112		161	18.5	砂砾岩风化残积物	E 107°29′36.8″ N 34°40′37.6″	73
						AC	8—18	灰褐色	砂壤土	小块状	8.3	19.2	1.94	0.75	14.9	101	3.0	78	16.3			
						C	18—100															
剖7	新积土	新积土	砾质墡土	薄层砾质墡土	1	0—13				8.4	13.4	0.96	0.58	17.2	77	2.0	115	15.7	洪积物	E 107°22′02.3″ N 34°35′53.9″	83
					Ap	13—21				8.3	11.2	0.81	0.54	17.6	60	1.0	115	16.4			
					3	21—47				8.3	8.1	0.63	0.55	17.8	56	1.0	131	14.2			
					4	47—100															
剖8	半水成土	潮土	潮土	二合土	二合土	1	0—13	灰棕色	中壤土	粒块状	8.4	12.8	0.72	0.63	19.5	57	4.0	122	16.9	冲积物	E 107°18′00.7″ N 34°37′17.2″	98
						Ap	13—21	灰棕色	中壤土	块状	8.3	10.8	0.64	0.65	19.4	51	2.0	110	17.3			
						3	21—46	灰棕色	中壤土	小块状	8.4	8.1	0.47	0.65	20.7	41	1.0	78	15.2			
						4	46—150				8.5	3.8	0.34	0.77	18.8	29	4.0	68	11.8			
剖9	初育土	黄绵土	墡土	灰墡土	薄层灰墡土	1	0—12	浅黄棕色	黏壤土	团块状	7.9	14.5	1.06	0.72	17.4	60	10.0	206	17.6	黄土	E 107°25′51.5″ N 34°38′32.7″	96
						Ap	12—20	浅黄棕色	黏壤土	块状	7.9	12.7	0.89	0.70	20.5	51	2.0	149	18.9			
						C	20—100	浅黄棕色	黏壤土	团块状	7.9	11.8	0.82	0.64	21.3	50	1.0	143	18.9			
剖10	半淋溶土	褐土	塿土	斑斑土	黑垆洼土	A_1	0—19	灰灰色	黏壤土	块状	8.5	13.6	0.77	0.54	20.6	41	2.0	131	26.2	黄土	E 107°25′30.8″ N 34°35′18.3″	92
						A_2	19—29	暗棕色	黏壤土	棱块状	7.9	16.1	0.93	0.50	21.2	57	1.0	137	30.8			
						A_3	29—41	浅黄棕色	黏壤土	棱块状	8.5	6.9	0.42	0.64	20.2	36	5.0	85	14.6			
						ABt	41—50	黄棕色	黏壤土	块状	8.5	4.4	0.36	0.72	19.3	29	10.0	77	13.1			
						Bt	50—120															
						Bk	120—155															
						C	155—250															

续表 Continued

剖面号 Soil profile	土纲 Soil order	土类 Soil great group	亚类 Soil subgroup	土属 Soil genus	土种 Soil species	土层码 Layer code	土层厚度 Depth/cm	颜色 Soil color	质地 Soil texture	土壤结构 Soil structure	pH	有机质 OM/(g/kg)	全氮 TN/(g/kg)	全磷 TP/(g/kg)	全钾 TK/(g/kg)	碱解氮 AN/(mg/kg)	有效磷 AP/(mg/kg)	速效钾 AK/(mg/kg)	阳离子交换量CEC/(cmol/kg)	土壤母质 Parent material	剖面点坐标 Profile coordinate	匹配指数 Matching index/%
剖11	半淋溶土	褐土	塿土	黑紫土	中层黑紫土	A₁	0—10	暗灰棕色	中壤土	团块状	8.4	13.3	0.90	0.69	19.2	70	4.0	154	16.2	黄土	E 107°19′21.6″ N 34°34′07.2″	75
						A₂	10—18	灰棕色	中壤土	块状	8.4	12.8	0.89	0.66	19.1	65	3.0	155	16.0			
						A₃	18—47	灰棕色	重壤土	块状	8.4	10.1	0.59	0.52	19.3	52	1.0	109	16.2			
						ABt	47—56	浅棕褐色	轻黏土	块状	8.4	8.0	0.62	0.50	20.8	61	1.0	116	16.4			
						Bt₁	56—82	暗棕褐色	重壤土	细棱柱状	8.2	12.7	0.71	0.67	21.0	50	2.0	110	22.6			
						Bt₂	82—124	浅棕褐色	重壤土	细棱柱状	8.2	8.5	0.68	0.55	21.1	47	2.0	104	20.4			
						Bk	124—185	黄棕色	中壤土	块状	8.4	6.0	0.35	0.64	17.2	30	2.0	76	12.6			
						C	185—250	黄棕色	中壤土	块状	8.5	7.1	0.42	0.68	20.4	39	2.0	121				
剖12	半淋溶土		紫土性土	砂石底子紫土	中位砂石底子紫土性	1	0—11	浅棕灰色	中壤土	粒状										次生黄土	E 107°20′01.2″ N 34°34′33.7″	88
						3	11—20	浅灰棕色	中壤土	块状												
						4	20—31	灰棕色	重壤土	块状												
						5	31—39	灰棕色	重壤土	块状												
						6	39—58	棕色	中壤土	棱块状												
							58—150	黄棕色	砂石土													
剖13	半淋溶土		粗骨性褐土	青石粗骨性褐土	生草青石粗骨褐土	1	0—8													石灰岩风化物	E 107°20′15.2″ N 34°33′07.6″	96
						2	8—18															
剖14	半淋溶土	褐土	塿土	油土	黑紫土	A₁	0—10	灰棕色	黏壤土	团块状	8.4	13.3	0.90	0.69	19.2	65	4.0	154	16.2	黄土	E 107°19′34.7″ N 34°42′01.0″	88
						A₂	10—18	浅灰棕色	黏壤土	块状	8.4	12.8	0.89	0.66	19.1	52	3.0	155	16.0			
						A₃	18—47	灰棕色	壤质黏土	团块状	8.4	10.1	0.59	0.52	19.3	61	1.0	109	16.2			
						ABt	47—56	浅棕褐色	粉砂质黏土	棱块状	8.4	8.0	0.62	0.61	20.8	50	2.0	116	16.4			
						Bt₁	56—82	灰棕褐色	壤质黏土	小棱柱状	8.2	12.7	0.71	0.67	20.9	47	2.0	110	22.6			
						Bt₂	82—124	褐色	壤质黏土	棱柱状	8.2	8.5	0.65	0.55	21.1	30	2.0	104	20.4			
						Bk	124—185	黄棕色	中壤土	块状	8.4	6.0	0.35	0.62	17.2	39	2.0	76	12.6			
						C	185—250	浅棕色		无明显结构	8.5	7.1	0.42	0.68	20.4	57		121	15.0			
剖15	半淋溶土	褐土	塿土	覆石灰红紫土		1	0—14	灰棕色	中壤土	粒块状										黄土	E 107°20′49.8″ N 34°30′46.2″	99
						Ap	14—24	浅灰棕色	重壤土	块状												
						3	24—55	灰棕色	重壤土	棱块状												
						4	55—65	灰棕色	重壤土	棱块状												
						Bt	65—150	棕褐色	中壤土	块状												
						Bk	150—190	浅棕黄色	中壤土	块状												
						C	190—	棕黄色	中壤土													
剖16	半淋溶土	褐土	塿土	红紫土	中层红紫土	1	0—11	灰棕色	中壤土	团块状	8.0	12.9	0.95	0.65	16.6	66	5.0	182	14.5	黄土	E 107°22′05.1″ N 34°31′38.9″	85
						Ap	11—22	浅灰棕色	重壤土	团块状	7.6	12.7	0.92	0.66	24.1	60	3.0	155	14.4			
						3	22—39	灰棕色	重壤土	棱块状	7.7	9.4	0.78	0.55	23.3	58	1.0	124	16.5			
剖17	半淋溶土	褐土	塿土	红紫土	中层红紫土	1	0—12	浅灰棕色	中壤土	团块状	7.9	8.8	0.72	0.43	24.4	50	1.0	117	18.4	黄土	E 107°16′34.5″ N 34°30′51.4″	86
						Ap	12—20	浅棕黄色	重壤土	团块状	8.0	7.6	0.65	0.36	24.6	43	1.0	117	22.3			
						3	37—46	灰棕色	重壤土	棱块状	7.7	6.1	0.41	0.59	21.7	35	2.0	73	12.4			
						Bt	46—123	浅棕黄色	中壤土	细棱柱状	8.0											
						Bk	123—225	棕黄色	中壤土	块状	8.5	4.9	0.36	0.63	18.5	28	2.0	54	11.1			
						C	225—				8.5											

续表 Continued

剖面号 Soil profile	土纲 Soil order	土类 Soil great group	亚类 Soil subgroup	土属 Soil genus	土种 Soil species	土层码 Layer code	土层厚度 Depth/cm	颜色 Soil color	质地 Soil texture	土壤结构 Soil structure	pH	有机质 OM/(g/kg)	全氮 TN/(g/kg)	全磷 TP/(g/kg)	全钾 TK/(g/kg)	碱解氮 AN/(mg/kg)	有效磷 AP/(mg/kg)	速效钾 AK/(mg/kg)	阳离子交换量 CEC/(cmol/kg)	土壤母质 Parent material	剖面点坐标 Profile coordinate	匹配指数 Matching index/%
剖18	半淋溶土	褐土	黑垆沱土	黑垆沱土	中层黑垆沱土	A	0—20	灰棕色	中壤土	粒状	7.9	14.5	1.06	0.72	17.4	60	10.0	206	17.6		E 107°23′38.1″ N 34°32′42.8″	84
						Ap	20—31	灰棕色	中壤土	块状	7.9	12.7	0.84	0.70	20.5	51	2.0	147	18.9			
						3	31—42	黄棕色	重壤土	块状	7.9	11.8	0.82	0.64	21.3	50	1.0	143	18.9			
						4	42—50	浅棕褐色	轻黏土	大块状	8.5	13.6	0.77	0.54	20.6	41	2.0	131	26.2			
						Bt	50—105	棕褐色	轻黏土	棱块状	7.9	17.7	0.93	0.50	21.2	57	1.0	137	30.8			
						Bk	105—175	棕黄色	中壤土	块状	8.5	6.8	0.42	0.64	20.2	36	5.0	85	14.6			
						C	175—		中壤土		8.5	4.4	0.36	0.72	19.3	29	10.0	77	13.2			
剖19	半淋溶土	褐土	塿土	砂石底子红紫土	中位砂石底子红紫土	1	0—15	灰棕色	中壤土	粒状										次生黄土	E 107°29′22.4″ N 34°30′50.7″	92
						Ap	15—20		中壤土	块状												
						3	20—30	浅灰棕色	中壤土	粒块状												
						4	30—40		重壤土	棱块状												
						Bt	40—90		重壤土	棱柱状												
						6	90—220		砂土													
剖20	半淋溶土	褐土	塿土	塿黄土	黑紫土	A_{11}	0—10	灰黄棕色	黏质壤土	粒状	8.4	13.3	0.90	0.69	19.2	65	4.0	154	16.2	黄土	E 107°22′31.6″ N 34°27′17.2″	70
						A_{12}	18—56	油黄橙色	壤质黏土	块状	8.4	12.8	0.89	0.66	19.1	52	3.0	155	16.0			
						AB	18—56	油黄橙色	壤质黏土	块状	8.4	10.1	0.59	0.52	19.3	61	1.0	109	16.2			
						Bt	56—124	暗红棕色	粉砂质黏土	小棱块状	8.2	12.7	0.71	0.67	20.9	47	2.0	110	22.6			
						Bk	124—185	浅黄橙色	壤质黏土	大块状	8.4	6.0	0.35	0.62	17.2	39	2.0	76	12.6			
剖21	初育土	黄绵土	黄绵土	黄善土	白墡土	1	0—11	浅灰棕色	中壤土	粒状										马兰黄土	E 107°32′08.5″ N 34°42′40.4″	99
						Ap	11—21	棕黄色	中壤土	块状												
						C	21—158	棕黄色	中壤土	块状												
剖22	初育土	黄绵土	黄绵土	黄善土	坡地黄善土	1	0—16				8.3	12.9	0.88	0.64	20.8	58	3.0	111	14.5	马兰黄土	E 107°36′07.1″ N 34°41′14.6″	99
						Ap	16—27		轻壤土	团块状	8.3	10.7	0.70	0.60	20.9	55	2.0	95	13.8			
						C	27—170		轻壤土	块状	7.2	6.4	0.47	0.60	22.9	38	1.0	103	13.3			
剖23	半水成土	潮土	湿潮土	湿潮土	中位砂石底子湿潮土	1	0—13	浅灰棕色	轻壤土	块状										冲积物	E 107°30′49.8″ N 34°42′19.0″	96
						Ap	13—22	黄棕色	砂壤土	块状												
						3	22—57	灰棕色	砂壤土	块状												
						G	57—89	灰蓝色														
						5	89—															
剖24	半淋溶土	褐土	紫土性土	夹砂石红紫土性土	中位夹砂石紫土性土	1	0—15	灰棕色	中壤土	粒块状										新黄土、次生黄土	E 107°31′57.7″ N 34°30′28.5″	98
						2	15—22	浅灰棕色	中壤土	块状												
						3	22—42	灰棕色	中壤土	粒块状												
剖25	半淋溶土	褐土	塿土	夹砂石红紫土	中位夹砂石红紫土	1	0—15	浅棕色	中壤土	块状										黄土	E 107°31′06.5″ N 34°21′53.8″	79
						Ap	15—25	浅棕褐色	中壤土	块状												
						3	25—51	浅棕褐色	重壤土	棱块状												
						Bt	51—69	浅棕褐色	重壤土	棱块状												
						5	69—79	棕褐色	中壤土	细棱柱状												
						Bk	79—146															
							146—190	浅棕黄色														
						C	190—	棕黄色														

岐 山 县

主要土类说明

褐土是岐山县主要的土壤类型，占本县地域面积的57%。褐土是在暖温带半湿润区发育形成的具有黏化与钙质淋移淀积特征的土壤。该土壤盐基饱和，处于硅铝风化阶段，有明显的黏淀层。在其A–B–C剖面构型中，B层呈棕褐色。本县褐土分为堘土、褐土、淋溶褐土、褐土性土等亚类。其中，堘土占本土类面积的71%，是在自然褐土的基础上经人工熟化和施加粪肥堆垫而形成的农业土壤。堘土所处地带地势平缓，耕作方便，灌溉条件较好，且堘土土层深厚，养分含量较高，是本县重要的农业土壤。

黄绵土是岐山县第二大土壤类型，占本县地域面积的19%，分布在渭河南北两侧的高阶地，与褐土交错分布。黄绵土是由黄土母质直接翻耕形成的初育土，是本县重要的农业土壤。由于土壤侵蚀严重，表层长期遭侵蚀，只能不断加深耕作黄土母质层，因而母质特性明显。土壤无明显发育，为A–C型土。由于风成黄土富含细粉粒，故质地、结构均一，疏松绵软，富含石灰、磷、钾储量较丰富，但有效性差，土壤有机质缺乏。

潮土是岐山县第三大土壤类型，占本县地域面积的8%，集中分布在渭河的河漫滩和一级阶地，地下水位高，潜水参与成土过程。在潮土成土过程中，底土氧化还原作用交替进行，形成锈色斑纹和小型铁子。在长期耕作条件下，表层有机质含量为10—15g/kg。潮土是由河流冲积物受地下水影响而形成的土壤，通常具有熟化表层和氧化还原层。本县潮土分为潮土、湿潮土、盐化潮土等亚类。

粗骨土占本县地域面积的6%，主要分布在石质山地的陡坡地段。粗骨土是在岩石风化碎屑上形成的幼年土壤，发育微弱，属于A–C型，甚至（A）–C型土壤。A层发育不明显，与母质土层性状相似，略显有机质累积。有时母质层富含砾石，很少出现剖面分异与发育特征。

新积土占本县地域面积的3%，分布在河流两岸及河漫滩。新积土是由新近冲积、洪积、坡积、塌积或人工堆垫形成的土壤。该土壤成土期短，母质特性明显，具A–C或（A）–C剖面构型。其形成主要受地形条件和母质特性的影响。

水稻土占本县地域面积的3%，零星分布在地势低平的河流阶地。水稻土是在长期的季节性淹灌、水下翻耕、季节性脱水、氧化还原交替影响下，原来的成土母质或母土的特性发生重大改变，形成的新的土壤类型。由于干湿交替，水稻土形成糊状的淹育层、较坚实板结的犁底层、渗育层、潴育层与潜育层等多种发生层。这些不同的发生层是在人为耕作、水浆管理下形成的。本县水稻土主要为潴育水稻土亚类。

小于本县地域面积3%的土壤类型有红黏土、棕壤、石质土、栗钙土。

本区域中心区气候特征

本区域中心区气候特征值
Regional climate characteristics in central area of the region

气候带：暖温带亚湿润气候 Climate region: Warm temperate subhumid climate	
年平均气温 /℃ Annual average temperature /℃	12.4
年平均最高气温 /℃ Annual average maximum temperature /℃	17.9
年平均最低气温 /℃ Annual average minimum temperature /℃	8.0
年降水量 /mm Annual precipitation /mm	590
≥10℃的积温 /℃ Daily temperature accumulated in a year（≥10℃）/℃	6505
年日照时数 /h Annual sunshine /h	1834
年平均相对湿度 /% Annual average relative humidity /%	71
干燥度 Dryness	1.25

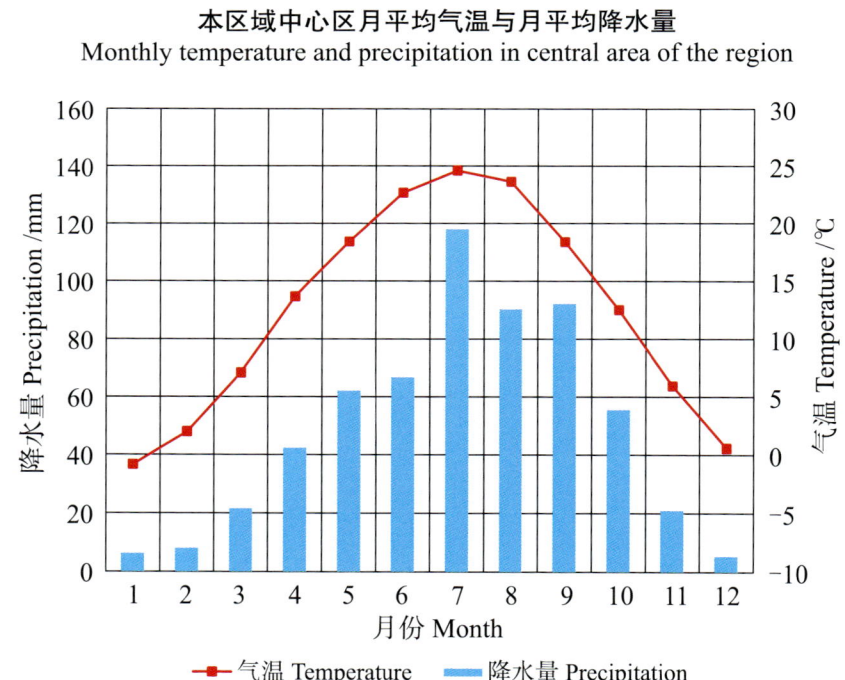

本区域中心区月平均气温与月平均降水量
Monthly temperature and precipitation in central area of the region

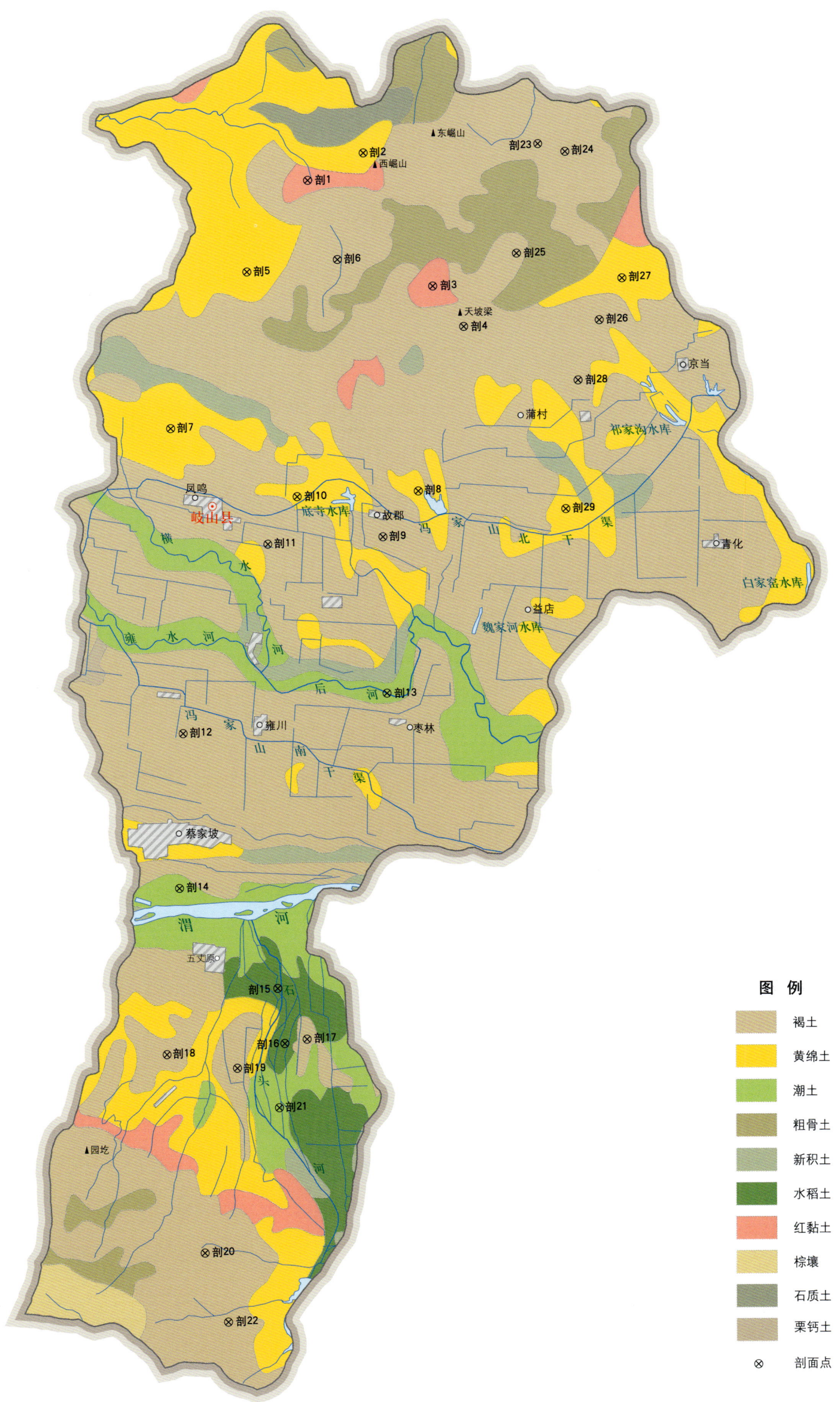

岐山县土壤剖面理化性状表

剖面号 Soil profile	土纲 Soil order	土类 Soil great group	亚类 Soil subgroup	土属 Soil genus	土层码 Layer code	土层厚度 Depth/cm	颜色 Soil color	质地 Soil texture	土壤结构 Soil structure	有机质 OM/(g/kg)	全氮 TN/(g/kg)	全磷 TP/(g/kg)	全钾 TK/(g/kg)	阳离子交换量 CEC/(cmol/kg)	土壤母质 Parent material	剖面点坐标 Profile coordinate	匹配指数 Matching index/%
剖1	初育土	红黏土	红土	红土	1	0—14	浅红棕色	中壤土	团块状						老黄土	E 107°39′49.2″ N 34°33′31.0″	93
					2	14—26	浅棕褐色	中壤土	块状								
					3	26—50	浅棕色	中壤土	块状								
					4	50—100	棕褐色	重壤土	无明显结构								
剖2	初育土	黄绵土	黄褐土	淤墡土	1	0—15				11.9	0.96	1.99	17.3		洪积冲积物	E 107°41′17.1″ N 34°34′04.1″	96
					2	15—26				11.4	0.74	1.96	16.6				
					3	26—137				5.4	0.43	1.58	17.5				
					4	137—				5.0	0.33	1.54	17.2				
剖3	初育土	红黏土	红土	五花土	1	0—14	浅灰褐色	中壤土	小块状						老黄土	E 107°41′60.0″ N 34°34′11.4″	88
					Ap	14—24	红灰褐色	重壤土	块状								
					Bt₁	24—94	深红棕色	重壤土	棱柱状								
					Bt₂	94—120	浅红棕色	中壤土	棱块状								
					Bk	120—200	黄棕色		块状								
剖4	半淋溶土	褐土	塿土	黑垆土	1	0—22		中壤土		11.3	0.79	1.73	16.2		黄土	E 107°42′46.6″ N 34°31′11.4″	85
					2	22—28		重壤土		9.7	0.66	1.67	17.7				
					3	28—65		重壤土		8.8	0.56	1.54	18.2				
					4	65—140		中壤土		9.3	0.59	1.43	18.1				
					5	140—				5.5	0.37	1.59	14.9				
剖5	初育土	黄绵土	黄褐土	夹石淤墡土	1	0—12	灰棕色	中壤土	疏松块状						黄土性洪冲积物	E 107°38′10.8″ N 34°31′35.7″	79
					Ap	12—19	灰棕色	中壤土	块状								
					3	19—65	红棕色	中壤土	棱块状								
					4	65—86	黄棕色	重壤土	块状								
					5	86—107											
					6	107—117											
					7	117—150											
剖6	半淋溶土	褐土	褐性土	青石渣土	1	0—40	褐色			8.4	0.45	1.66	12.8		石灰岩风化物	E 107°40′32.6″ N 34°31′48.8″	90
					2					4.5	0.32	1.56	10.5				
					3					5.0	0.31	1.55	9.5				
					4					7.6	0.36	1.73	10.1				
剖7	初育土	黄绵土	黄绵土	黄墡土	1	0—12	灰棕色	中壤土	粒状						马兰黄土	E 107°36′05.2″ N 34°28′17.9″	92
					2	12—22	灰棕色	中壤土	块状								
					3	22—106	浅褐色	中壤土	块状								
					4	106—200	黄棕色	中壤土	块状								
剖8	初育土	黄绵土	黄墡土	褐墡土	1	0—18	灰棕色	中壤土	块状						马兰黄土	E 107°42′28.2″ N 34°26′49.4″	91
					Ap	18—25	灰棕色	中壤土	块状								
					A₃	25—65	浅褐色	中壤土	块状								
					4	65—118	黄棕色	中壤土	块状								
					5	118—214	褐色	重壤土	棱柱状								
					Bt	214—230											
剖9	半淋溶土	褐土	塿土	红紫土	1	0—20				13.6	1.11	1.82	15.3		第四纪风成黄土、次生黄土	E 107°41′31.6″ N 34°25′51.6″	75
					2	20—27				11.4	0.82	1.59	15.0				
					3	27—55				9.2	0.72	1.52	15.2				
					4	55—78				8.0	0.57	1.10	13.5				
					5	78—145				9.4	0.59	1.22	15.8				
					6	145—238				5.2	0.48	1.37	15.3				

续表 Continued

剖面号 Soil profile	土纲 Soil order	土类 Soil great group	亚类 Soil subgroup	土属 Soil genus	土层码 Layer code	土层厚度 Depth/cm	颜色 Soil color	质地 Soil texture	土壤结构 Soil structure	有机质 OM/(g/kg)	全氮 TN/(g/kg)	全磷 TP/(g/kg)	全钾 TK/(g/kg)	阳离子交换量 CEC/(cmol/kg)	土壤母质 Parent material	剖面点坐标 Profile coordinate	匹配指数 Matching index/%
剖10	初育土	黄绵土	黄绵土	褐墡土	1	0—18				13.5	0.88	1.95	19.1	13.9	马兰黄土	E 107°39′19.6″ N 34°26′46.2″	100
					2	18—24				11.4	0.74	1.93	19.3	13.6			
					3	24—58				8.2	0.52	2.14	18.3	13.0			
					4	58—107				5.6	0.42	1.26	18.8	13.8			
					5	107—156				5.9	0.39	1.06	18.3	12.9			
					6	156—226						1.08	19.6	14.6			
剖11	半淋溶土	褐土	塿土	黑紫土	A	0—20	灰棕色	中壤土	粒状						黄土	E 107°38′31.5″ N 34°25′46.3″	99
					Ap	20—30	灰棕色	中壤土	块状								
					3	30—52	浅灰棕色	中壤土	棱柱状								
					Bt₁	52—87	暗褐色	重壤土	棱柱状								
					Bt₂	87—140	棕褐色	重壤土	块状								
					B	140—	浅棕黄色	中壤土									
剖12	半淋溶土	褐土	塿土	红紫土	1	0—23				11.4	0.78	1.74	15.7		第四纪风成黄土、次生黄土	E 107°36′11.6″ N 34°21′46.8″	98
					2	23—32				9.1	0.63	1.60	15.9				
					3	32—45				7.5	0.56	1.56	16.1				
					4	45—112				8.4	0.49	1.38	16.8				
					5	112—200				5.0	0.35	1.55	12.9				
剖13	半水成土	潮土	潮土	二合土	1	0—20	灰棕色	轻壤土	团块状						洪积物	E 107°41′31.0″ N 34°22′31.2″	82
					2	20—29	灰棕色	轻壤土	块状								
					3	29—80	棕色	轻壤土	块状								
					4	80—	浅棕色	轻壤土									
剖14	半水成土	潮土	潮土	潮砂土	1	0—10	浅黄色	粉质砂土							洪冲积物	E 107°35′59.1″ N 34°18′28.0″	71
					2	10—25	灰黄色	粉质砂土									
					3	25—65	灰黄色	砂质土									
					4	65—93	浅棕色	砂壤土									
					5	93—103	灰棕色	中壤土									
					6	103—		粗砂土									
剖15	人为土	水稻土	淹育水稻土	黑砂田	1	0—14	暗灰棕色	中壤土	块状						黄土状母质以及砂岩、石灰岩等风化物	E 107°38′26.7″ N 34°16′15.9″	76
					2	14—20	浅灰棕色	砂壤土	板状								
					3	20—44	灰棕色	砂壤土	棱柱状、棱块状								
剖16	人为土	水稻土	潴育水稻土	黄泥田	1	0—10	浅灰棕色	中壤土	小块状							E 107°38′35.6″ N 34°15′04.6″	73
					2	10—15	浅灰棕色	砂壤土	块状								
					3	15—32	灰棕色	轻壤土	棱柱状								
					4	32—44	浅棕色	砂壤土	块状								
剖17	半淋溶土	褐土	淋溶褐土	胶泥土	1	0—16			块状	12.5	0.69	1.25	20.3	21.3	黄土	E 107°39′10.1″ N 34°15′09.3″	70
					2	16—80			块状	11.9	0.49	1.20	19.4	22.7			
					3	80—120			棱柱状	7.9	0.42	1.16	20.9	20.5			
					4	120—150			块状	6.2	0.50	1.24	20.5	20.4			
					5	150—180			块状	4.7	0.49	1.20	19.3	21.0			
					6	180—200				5.7	0.37	1.27	19.7	19.9			
剖18	半淋溶土	褐土	立茬土	红立茬土	A	0—20	灰棕色	中壤土	团块状						黄土	E 107°35′31.5″ N 34°14′55.3″	89
					Ap	20—30	灰棕色	中壤土	块状								
					A₃	30—48	浅灰棕色	中壤土	棱柱状								
					Bt	48—170	棕褐色	重壤土	块状								
					Bk₁	170—290	浅棕色	中壤土	块状								
					Bk₂	290—	浅棕色	中壤土									

第二编　分县土壤图与土壤剖面数据 ｜ 097

续表 Continued

剖面号 Soil profile	土纲 Soil order	土类 Soil great group	亚类 Soil subgroup	土属 Soil genus	土层码 Layer code	土层厚度 Depth/cm	颜色 Soil color	质地 Soil texture	土壤结构 Soil structure	有机质 OM/(g/kg)	全氮 TN/(g/kg)	全磷 TP/(g/kg)	全钾 TK/(g/kg)	阳离子交换量CEC/(cmol/kg)	土壤母质 Parent material	剖面点坐标 Profile coordinate	匹配指数 Matching index/%
剖19	半淋溶土	褐土	立茬土	黑立茬土	1	0—20	灰棕色	中壤土	粒状、团块状						黄土	E 107°37′20.4″ N 34°14′35.7″	83
					2	20—40	浅灰棕色	中壤土	板柱状								
					3	40—100	暗褐色	重壤土	棱柱状								
					4	100—160	黄褐色	重壤土	棱柱状								
					5	160—205	灰黄棕色	轻壤土	块状								
					6	205—	浅黄棕色	轻壤土									
剖20	半淋溶土	褐土	淋溶褐土	胶泥土	1	0—15	灰褐色	重壤土	团块状						黄土	E 107°36′21.7″ N 34°10′43.0″	98
					2	15—23	浅灰褐色	重壤土	块状								
					3	23—170	红棕色	重壤土	棱柱状								
					4	170—	褐色	轻壤土									
剖21	潮土	潮土	湿潮土	湿潮泥土	1	0—15	棕灰色	轻壤土	粒状						黄土性冲积物	E 107°38′24.0″ N 34°13′43.8″	98
					Ap	15—30	灰棕色	轻壤土	块状								
					B	30—60	褐色	轻壤土	块状								
					G	60—	青灰色	轻壤土	无明显结构								
剖22	半淋溶土	褐土	褐土性	麻骨石石渣土	A	0—6	暗灰褐色	轻壤土	粒状	6.6	3.75	2.73	23.3		花岗片麻岩	E 107°36′54.7″ N 34°09′14.3″	94
					2	6—25	棕褐色	砂壤土	块状	1.9	1.04	2.52	19.8				
					3	25—30	黄棕褐相间	砂壤土	块状	6.4	0.44	3.17	16.1				
剖23	半淋溶土	褐土	灰土	灰土	A	0—20	灰褐色	中壤土	粒状						黄土	E 107°45′50.1″ N 34°34′10.3″	74
					Ap	20—30	浅灰棕色	中壤土	板状								
					A₃	30—78	棕褐色	中壤土	棱柱状								
					4	78—190	深灰色	轻壤土	块状								
					Bk	190—	灰褐色	轻壤土	块状								
剖24	半淋溶土	褐土	淋溶褐土	麻骨石胶泥土	1	0—9	暗棕色	轻壤土	团粒状						花岗片麻岩	E 107°46′32.3″ N 34°33′59.6″	78
					2	9—32	灰黄褐色	中壤土	块块状								
					3	32—58	棕褐色	中壤土	棱块状								
剖25	半淋溶土	褐土	褐土	青石肝泥土	1	0—16		中壤土	块块状			1.95	25.0	17.0	石灰岩风化物	E 107°45′12.2″ N 34°31′50.9″	84
					2	16—25		中壤土	块状			1.53	23.7	16.2			
					3	25—70		中壤土	棱柱状			1.43	24.0	17.8			
					4	70—124		重壤土	棱块状			1.35	24.0	19.2			
					5	124—		中壤土	块块状			1.22	21.3	18.6			
剖26	半淋溶土	褐土	堆土	红紫土	1	0—22	灰棕色	中壤土	粒块状						第四纪风成黄土、次生黄土	E 107°47′18.2″ N 34°30′22.3″	89
					Ap	22—32	浅灰棕色	中壤土	块状								
					A₃	32—56	灰棕色	中壤土	棱柱状								
					4	56—83	棕色	重壤土	棱块状								
					Bt	83—155	黄棕色	中壤土	粒块状								
					B	155—236	浅棕色	中壤土	块状								
剖27	初育土	黄绵土	黄绵土	黄墡土	1	0—13	灰棕色	中壤土	块状						马兰黄土	E 107°47′55.8″ N 34°31′15.3″	83
					Ap	13—20	浅棕色	中壤土	棱柱状								
					3	20—90	黄棕色	中壤土	块状								
					4	90—200	褐色	中壤土	粒状								
剖28	半淋溶土	褐土	褐土	肝泥土	1	0—19		重壤土	块状						石灰岩	E 107°46′42.7″ N 34°29′05.9″	72
					Bt	19—80		中壤土	棱柱状								
					3	80—110	黄棕色										
					4	110—											

续表 Continued

剖面号 Soil profile	土纲 Soil order	土类 Soil great group	亚类 Soil subgroup	土属 Soil genus	土层码 Layer code	土层厚度 Depth/cm	颜色 Soil color	质地 Soil texture	土壤结构 Soil structure	有机质 OM/(g/kg)	全氮 TN/(g/kg)	全磷 TP/(g/kg)	全钾 TK/(g/kg)	阳离子交换量CEC/(cmol/kg)	土壤母质 Parent material	剖面点坐标 Profile coordinate	匹配指数 Matching index/%
剖29	初育土	黄绵土	黄塿土	淤塿土	1	0—18	灰棕色	轻壤土	团粒状						洪冲积物	E 107°46′17.8″ N 34°26′21.3″	79
					2	18—31	黄棕色	砂壤土	层状								
					3	31—72	浅棕色	中壤土	块状								
					4	72—180	浅棕色	轻壤土	块状								

扶 风 县

主要土类说明

褐土是扶风县主要土壤类型，占本县地域面积的59%。褐土是在暖温带半湿润区发育形成的具有黏化与钙质淋移淀积特征的土壤。在其A-B-C剖面构型中，B层呈棕褐色，B层下部有假菌丝状钙积层。土壤盐基饱和度在80%以上。本县褐土分为塿土、褐土、褐土性土、石灰性褐土等亚类。其中，塿土占本土类面积的96%，是在自然褐土的基础上经人工熟化和施加粪肥堆垫而形成的农业土壤。塿土主要分布在渭河的一、二级阶地以及黄土台塬、洪积扇，耕作方便，灌溉条件较好，土层深厚，养分含量较高，是本县重要的农业土壤。

黄绵土是扶风县第二大土壤类型，占本县地域面积的22%。黄绵土是由黄土母质直接翻耕形成的初育土，是本县重要的农业土壤，主要分布在低山丘陵、塬坡和近河床阶地，与褐土交错分布。由于土壤侵蚀严重，表层长期遭侵蚀，只能不断加深耕作黄土母质层，因而母质特性明显。土壤无明显发育，为A-C型土。由于风成黄土富含细粉粒，故质地、结构均一，疏松绵软，富含石灰，磷、钾储量较丰富，但有效性差，土壤有机质缺乏。

新积土是扶风县第三大土壤类型，占本县地域面积的5%，主要分布在渭河和沣河的新滩地。新积土是由新近冲积、洪积、坡积、塌积或人工堆垫形成的土壤。该土壤成土期短，母质特性明显，具A-C或（A）-C剖面构型。本县新积土分为冲积土和新积土两个亚类。

粗骨土占本县地域面积的5%，主要分布在石质山地的陡坡地段。粗骨土是在岩石风化碎屑上形成的幼年土壤，发育微弱，属于A-C型，甚至（A）-C型土壤。A层发育不明显，与母质土层性状相似，略显有机质累积。有时母质层富含砾石，很少出现剖面分异与发育特征。本县粗骨土分为钙质粗骨土和中性粗骨土两个亚类。

潮土占本县地域面积的4%，主要分布在渭河两岸滩地和一级阶地，地下水位高，潜水参与成土过程。在潮土成土过程中，底土氧化还原作用交替进行，形成锈色斑纹和小型铁子。在长期耕作条件下，表层有机质含量为10—15g/kg。潮土是由河流冲积物受地下水影响而形成的土壤，通常具有熟化表层和氧化还原层。本县潮土分为潮土和湿潮土两个亚类。

红黏土占本县地域面积的3%，零星分布在本县侵蚀严重的沟谷地带。深厚黄土层下，常见第三纪红色黏土（保德期红黏土）埋藏。由于严重水蚀和风蚀，厚层黄土层侵蚀殆尽处，红色黏土层露出，形成的母质性状明显的初育土，即红黏土。其黏粒含量高，塑性强，生物作用微弱，母质特性明显，pH为7.0—8.0，有时夹有砂姜。

小于本县地域面积3%的土壤类型有石质土、水稻土。

本区域中心区气候特征

本区域中心区气候特征值
Regional climate characteristics in central area of the region

气候带：暖温带亚湿润气候 Climate region: Warm temperate subhumid climate	
年平均气温 /℃ Annual average temperature /℃	12.5
年平均最高气温 /℃ Annual average maximum temperature /℃	18.1
年平均最低气温 /℃ Annual average minimum temperature /℃	8.0
年降水量 /mm Annual precipitation /mm	590
≥10℃的积温 /℃ Daily temperature accumulated in a year (≥10℃) /℃	7030
年日照时数 /h Annual sunshine /h	1796
年平均相对湿度 /% Annual average relative humidity /%	71
干燥度 Dryness	1.28

本区域中心区月平均气温与月平均降水量
Monthly temperature and precipitation in central area of the region

扶风县主要土壤类型与土壤剖面点分布图
1:150 000

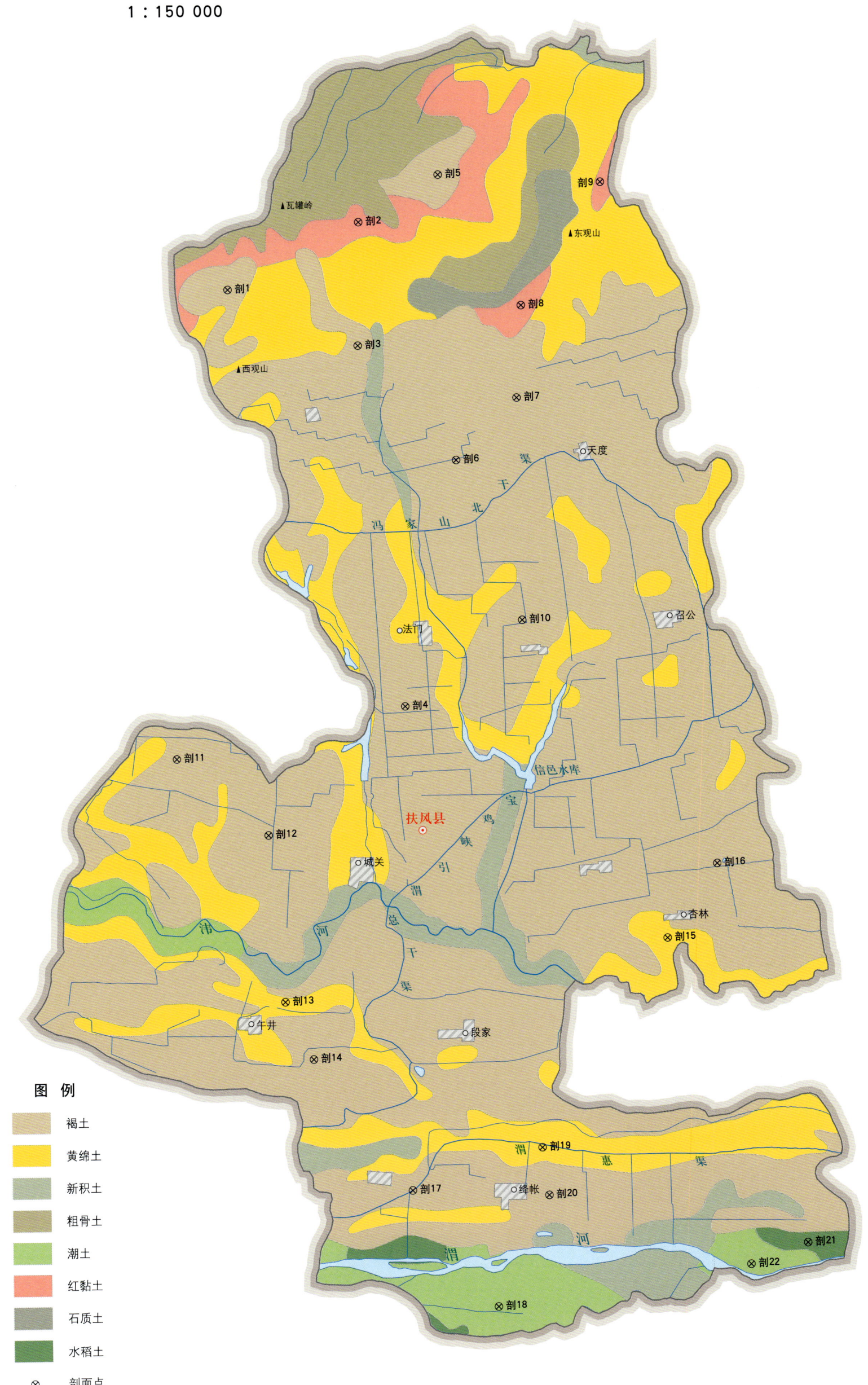

图 例
- 褐土
- 黄绵土
- 新积土
- 粗骨土
- 潮土
- 红黏土
- 石质土
- 水稻土
- ⊗ 剖面点

扶风县土壤剖面理化性状表

剖面号 Soil profile	土纲 Soil order	土类 Soil great group	亚类 Soil subgroup	土属 Soil genus	土种 Soil species	土层码 Layer code	土层厚度 Depth/cm	颜色 Soil color	质地 Soil texture	土壤结构 Soil structure	pH	有机质 OM/(g/kg)	全氮 TN/(g/kg)	全磷 TP/(g/kg)	全钾 TK/(g/kg)	碱解氮 AN/(mg/kg)	有效磷 AP/(mg/kg)	速效钾 AK/(mg/kg)	阳离子交换量CEC/(cmol/kg)	土壤母质 Parent material	剖面点坐标 Profile coordinate	匹配指数 Matching index/%
剖1	半淋溶土	褐土	石灰性褐土			1	0—16	深灰色	中壤土	粒状	8.3										E 107°49′40.8″ N 34°32′45.6″	94
						2	16—23	灰棕色	中壤土	粒状	8.4											
剖2	初育土	红黏土	红土			A	0—16	浅棕红色	中壤土	块状										古土壤	E 107°52′44.4″ N 34°33′57.6″	94
						AB	16—30	棕红色	重壤土	小棱块状												
						B	30—62	棕红色	重壤土	块状												
						C	62—															
剖3	半淋溶土	褐土	石灰性褐土	生草青石灰性褐土	中层生草青石灰性褐土	A	0—16				8.4	47.3	2.45	0.77	19.3	179	4.8	28	31.2	石灰岩、泥质岩残积物	E 107°52′37.2″ N 34°31′37.2″	82
						Bt	16—23				8.4	27.8	1.58	0.72	17.6	113	4.6	16	22.4			
						C	23—															
剖4	半淋溶土	褐土	塿土	红紫土	中层红紫土	1	0—13	浅灰棕色	中壤土	块状	8.1	10.7	0.75	1.16		45	5.7	41	13.7	黄土	E 107°53′24.0″ N 34°24′46.8″	89
						2	13—21	浅灰棕色	中壤土	块状	7.8	10.5	0.67	1.29		43	3.7	31	13.2			
						3	21—35	浅灰棕色	中壤土	核柱状	7.5	8.2	0.52	0.81		32	2.3	28	17.8			
						4	35—48	棕褐色	重壤土	核柱状	7.6	8.5	0.63	0.99		28	2.5	21	19.3			
						5	48—117	棕褐色	中壤土	块状	7.8	7.8	0.52	1.32		22	3.2	20	20.0			
						6	117—190	浅棕黄色	中壤土		8.0	7.5	0.43	1.15		33	3.7	18	11.4			
						7	190—	浅棕黄色			7.9	5.4	0.34	1.30		19	3.4	25	9.5			
剖5	半淋溶土	褐土	石灰性褐土	生草青石灰性褐土		A	0—16	褐色	中壤土	块状	7.8	5.4	0.22	1.20		13	5.3	18	9.7	石灰岩、泥质岩残积物	E 107°54′36.0″ N 34°34′48.0″	74
						Bt	16—23	浅灰棕色	重壤土	核状												
						C	23—															
剖6	半淋溶土	褐土	塿土	覆石灰红油土	中层覆石灰红油土	1	0—14		中壤土	粒状	8.2	10.9	0.80	1.20	23.7	55	42.1	58	16.1	黄土	E 107°54′46.8″ N 34°29′24.0″	94
						2	14—23		中壤土	块状	8.1	10.8	>6.00	1.30	22.2	46	5.5	52	15.7			
						3	23—32		中壤土	块状	8.2	9.7	0.60	1.30	22.4	49	6.0	57	16.2			
						4	32—39		中壤土	核块状	8.3	9.2	0.60	1.20	23.9	41	4.8	66	16.9			
						5	39—53		中壤土	核块状	8.3	9.2	0.60	1.10	23.9	41	4.8	66	16.9			
						6	53—66		中壤土	块状	8.3	6.3	0.50	1.00	23.0	31	2.3	57	14.9			
						7	66—114		中壤土	块状	8.3	6.3	0.60	1.10	22.0	26	7.1	56	15.7			
						8	114—															
剖7	半淋溶土	褐土	塿土	褐塿土	褐塿土	Ap	0—12	浅灰棕色	中壤土	粒状										次生黄土	E 107°56′13.2″ N 34°30′32.4″	76
						2	12—21	浅灰棕色	重壤土	核状												
						3	21—33	棕色	重壤土	核状												
						4	33—88	棕色	重壤土	核状												
						5	88—103	棕色	重壤土	核状												
						Bk	103—146	浅棕黄色	中壤土	核状												
						C	146—180	浅棕黄色	中壤土	粒状												
剖8	初育土	红黏土	二色土	二色土	生草二色土	1	0—8	棕褐色	中壤土	核状										古土壤	E 107°56′24.0″ N 34°32′16.8″	98
						2	8—40	棕红色	重壤土	核状												
						3	40—															
剖9	初育土	红黏土	二色土	二色土		A	0—16	浅灰棕色	中壤土	核状										古土壤	E 107°58′19.2″ N 34°34′33.6″	77
						AC	16—25	棕褐色	重壤土	核状												
						C	25—	浅棕红色	重壤土	核状												

续表 Continued

剖面号 Soil profile	土纲 Soil order	土类 Soil great group	亚类 Soil subgroup	土属 Soil genus	土种 Soil species	土层码 Layer code	土层厚度 Depth/cm	颜色 Soil color	质地 Soil texture	土壤结构 Soil structure	pH	有机质 OM/(g/kg)	全氮 TN/(g/kg)	全磷 TP/(g/kg)	全钾 TK/(g/kg)	碱解氮 AN/(mg/kg)	有效磷 AP/(mg/kg)	速效钾 AK/(mg/kg)	阳离子交换量 CEC/(cmol/kg)	土壤母质 Parent material	剖面点坐标 Profile coordinate	匹配指数 Matching index/%
剖10	半淋溶土	褐土	塿土	红油土	红油土	1	0—17	浅灰棕色	中壤土	粒状										黄土	E 107°56′09.6″ N 34°26′20.4″	73
						Ap	17—27	浅灰棕色	中壤土	块状												
						3	27—59	灰灰棕色	中壤土	块状												
						4	59—71	棕灰棕色	中壤土	棱柱状												
						Bt	71—119	棕棕色	重壤土	块状												
						Bk	119—162	棕黄色	中壤土	块状												
						C	162—	浅棕黄色	中壤土	块状												
剖11	半淋溶土	褐土	塿土	褐塿土	中层褐塿土	1	0—21	灰棕色		粒状	8.2									次生黄土	E 107°48′07.2″ N 34°23′56.4″	81
						2	21—32	灰棕色		块状	8.1											
						3	32—50	浅灰棕色		块状	8.2											
						4	50—200	浅灰棕色		棱块状	8.3											
						5	200—			棱柱状	8.3											
						6	0—16			块状	8.3											
						7	16—26	浅棕黄色		块状	8.3											
剖12	半淋溶土	褐土	塿土	黑油土	黑油土	1	0—19	灰棕色	中壤土	粒状										黄土	E 107°50′09.6″ N 34°22′26.4″	100
						Ap	19—29	灰棕色	中壤土	块状												
						3	29—58	浅灰棕色	中壤土	团块状												
						4	58—68	暗褐色	中壤土	块状												
						Bk	68—140	棕褐色	重壤土	块柱状												
						C	140—200	棕黄色	中壤土	块状												
剖13	初育土	黄绵土	塿土	白墡土	坡地白墡土	A	0—13	浅棕褐色	中壤土	粒状	8.1	11.5	0.58	1.35	21.9	40	8.9	43	12.2	黄土	E 107°50′24.0″ N 34°19′15.6″	72
						Ap	13—25	棕黄色	中壤土	块状	8.0	10.2	0.53	1.28	21.3	40	7.8	61	12.2			
						C_1	25—50	浅灰黄色	中壤土		8.0	8.9	0.42	1.23	21.7	35	7.1	41	13.2			
						C_2	50—100	浅灰黄色														
剖14	半淋溶土	褐土	塿土	红紫土	中层红紫土	1	0—17	浅灰棕色	中壤土	团粒状	8.3	12.2	0.86	1.14	27.3	59	4.6	43	15.5	黄土	E 107°50′60.0″ N 34°18′10.8″	86
						Ap	17—26	浅灰棕色	中壤土	片状	8.3	10.8	0.72	1.00	29.5	50	6.0	29	15.4			
						3	26—57	浅灰棕色	中壤土	块状	8.4	8.5	0.65	>4.00	29.0	45	3.9	26	16.8			
						4	57—69	棕褐色	重壤土	棱柱状	8.3	8.3	0.53	0.67	29.1	41	1.4	19	20.0			
						Bt_1	69—99	棕褐色	重壤土	棱柱状	8.3	9.7	0.66	0.80	29.3	41	1.2	20	22.2			
						Bt_2	99—152	棕褐色	重壤土	块状	8.3	7.8	0.58	0.85	30.0	34	1.2	26	20.2			
						Bk	152—216	浅棕褐色	中壤土	块状	8.3	6.3	0.38	1.34	29.3	26	3.0	21	12.1			
						C	216—	浅灰棕色	中壤土	块状	8.4	5.9	0.37	1.24	27.9	22		30	11.5			
剖15	初育土	黄绵土	堦土	黄墡土	坡地黄墡土	1	0—17	浅灰棕色	中壤土	块状	8.5	10.9	0.73	1.56	24.7	44	29.3	53	12.1	黄土	E 107°59′13.2″ N 34°20′13.2″	89
						Ap	17—28	浅灰棕色	中壤土	块状	8.5	8.9	0.38	1.42	22.9	39	6.6	27	11.8			
						C	28—150	浅灰棕色			8.5	9.1	0.25	1.50	23.5	39	7.1	21	10.1			
剖16	半淋溶土	褐土	塿土	红油土	中层红油土	1	0—18	棕黄色	中壤土		7.4	12.4	0.95	1.56		84	12.6	94	13.2	黄土	E 108°00′25.2″ N 34°21′36.0″	95
						Ap	18—28				7.4	9.1	0.68	1.43		38	2.3	52	13.2			
						3	28—50				7.5	6.4	0.55	1.05		32	2.3	33	11.1			
						4	50—60				7.3	6.3	0.48	0.58		30	1.2	40	18.3			
						Bt	60—100				7.1	7.3	0.51	0.93		28	2.5	45	22.3			
						Bk	100—140				7.4	4.6	0.31	1.31		22	2.3	32	10.7			
						C	140—				7.8	3.2	0.29	1.42		20		59	9.7			

续表 Continued

剖面号 Soil profile	土纲 Soil order	土类 Soil great group	亚类 Soil subgroup	土属 Soil genus	土种 Soil species	土层码 Layer code	土层厚度 Depth/cm	颜色 Soil color	质地 Soil texture	土壤结构 Soil structure	pH	有机质 OM/(g/kg)	全氮 TN/(g/kg)	全磷 TP/(g/kg)	全钾 TK/(g/kg)	碱解氮 AN/(mg/kg)	有效磷 AP/(mg/kg)	速效钾 AK/(mg/kg)	阳离子交换量CEC/(cmol/kg)	土壤母质 Parent material	剖面点坐标 Profile coordinate	匹配指数 Matching index/%
剖17	半淋溶土	褐土	埁土	黑紫土	黑紫土	1	0—17	浅灰棕色	中壤土	粒状										黄土	E 107°53′09.6″ N 34°15′39.6″	75
						Ap	17—29	浅灰棕色	中壤土	块状												
						3	29—74	浅灰棕色	中壤土	块状												
						4	74—85	灰棕色	中壤土	棱块状												
						Bt₁	85—140	暗褐色	重壤土	棱柱状												
						Bt₂	140—165	浅褐色	重壤土	棱柱状												
						Bk	165—210	灰棕黄色	中壤土	块状												
						C	210—	浅灰棕色	轻壤土	粒状												
剖18	半水成土	潮土	二合土	梯地黄墡土	1	0—16	浅灰棕色	轻壤土	粒状										沉积物	E 107°55′01.2″ N 34°13′26.4″	90
						Ap	16—23	浅灰棕色	中壤土	粒状												
						B	23—73	浅棕色	砂壤土	粒状												
						4	73—103	棕色	砂壤土	粒状												
						5	103—150	棕色														
剖19	初育土	黄绵土	黄墡土			1	0—19	浅灰棕色	中壤土	块状	8.3									黄土	E 107°56′09.6″ N 34°16′22.8″	74
						2	19—28	浅灰棕色	中壤土	块状	8.3											
						3	28—200	棕黄色	中壤土	团粒状	8.4											
剖20	半淋溶土	褐土	埁土	覆石灰红油土	厚层覆石灰红油土	2	16—26	浅灰棕色	中壤土	片状	7.9									黄土	E 107°56′16.8″ N 34°15′28.8″	96
						3	26—66	浅灰棕色	中壤土	块状	7.9											
						4	66—77	灰棕色	中壤土	棱块状	8.5											
						5	77—140	棕褐色	重壤土	棱柱状	7.9											
						6	140—185	棕褐色	中壤土	棱柱状	8.5											
						7	185—210	棕黄色	中壤土	块状	8.3											
剖21	人为土	水稻土	潜育水稻土	青泥田	浅位砂底子青泥田	1	0—17	灰棕色	中壤土	小块状										冲积物	E 108°02′09.6″ N 34°14′24.0″	74
						2	17—24	浅灰棕色	轻壤土	块状												
						3	24—43	浅灰黄色	轻壤土	棱柱状												
剖22	半水成土	潮土	砂土			A	0—18	浅灰棕色	砂壤土											沉积物	E 108°00′50.4″ N 34°14′02.4″	87
						B	18—39	浅灰黄色	砂壤土													
						C	39—52	浅黄色	砂壤土													
						4	52—110	浅黄色	砂壤土													

眉 县

主要土类说明

褐土是眉县主要土壤类型，占本县地域面积的41%。褐土是在暖温带半湿润区发育形成的具有黏化与钙质淋移淀积特征的土壤。该土壤盐基饱和，处于硅铝风化阶段，有明显的黏淀层。在其A-B-C剖面构型中，B层呈棕褐色，B层下部有假菌丝状钙积层。土壤盐基饱和度在80%以上。本县褐土分为塿土、褐土性土、石灰性褐土、褐土、淋溶褐土等亚类。其中，塿土占本土类面积的60%，主要分布在河流两岸的二级阶地，以黄土台塬最为集中。

棕壤是眉县第二大土壤类型，占本县地域面积的22%。棕壤是在暖温带湿润地区落叶阔叶林下形成的森林土壤，主要分布在海拔1300—2400m的秦岭中山区，处于硅铝风化阶段。土体见黏粒淀积，盐基充分淋失，见少量游离铁。本县棕壤分为棕壤、漂洗棕壤、粗骨性棕壤等亚类。

潮土是眉县第三大土壤类型，占本县地域面积的8%，主要分布在河流两岸的一级阶地，二级阶地也有零星分布，地下水位高，潜水参与成土过程。在潮土成土过程中，底土氧化还原作用交替进行，形成锈色斑纹和小型铁子。本县潮土分为潮土、湿潮土、盐化潮土等亚类，其中潮土亚类面积最大。

暗棕壤占本县地域面积的7%，主要分布在海拔2300—3100m的秦岭北坡中高山区。暗棕壤是在湿润地区针阔叶混交林下发育的具有明显有机质富集和弱酸性淋溶特征的土壤，具O-A-B-C剖面构型。弱酸性淋溶使铁、铝轻微下移。B层呈棕色，结构面见铁锰胶膜。土壤呈弱酸性，盐基饱和度为70%—80%。土壤冻结期长。

红黏土占本县地域面积的6%，零星分布在本县侵蚀严重的沟谷地带，是在古红土上形成的幼年土壤。深厚黄土层下，常见第三纪红色黏土（保德期红黏土）埋藏。由于严重水蚀和风蚀，厚层黄土层侵蚀殆尽处，红色黏土层露出，形成的母质性状明显的初育土，即红黏土。其黏粒含量高，塑性强，生物作用微弱，母质特性明显。

新积土占本县地域面积的6%，主要分布在河流两岸及河漫滩。新积土是由新近冲积、洪积、坡积、塌积或人工堆垫形成的土壤。该土壤成土期短，母质特性明显，具A-C或（A）-C剖面构型。

黄绵土占本县地域面积的6%，分布在渭河南北两侧的高阶地。黄绵土是由黄土母质直接翻耕形成的初育土。由于土壤侵蚀严重，表层长期遭侵蚀，只能不断加深耕作黄土母质层，因而母质特性明显。土壤无明显发育，为A-C型土。由于风成黄土富含细粉粒，故质地、结构均一，疏松绵软，富含石灰，磷、钾储量较丰富，但有效性差，土壤有机质缺乏。

小于本县地域面积3%的土壤类型有水稻土、黑毡土、沼泽土。

本区域中心区气候特征

本区域中心区气候特征值
Regional climate characteristics in central area of the region

气候带：暖温带亚湿润气候 Climate region: Warm temperate subhumid climate	
年平均气温 /℃ Annual average temperature /℃	13.3
年平均最高气温 /℃ Annual average maximum temperature /℃	18.7
年平均最低气温 /℃ Annual average minimum temperature /℃	9.1
年降水量 /mm Annual precipitation /mm	658
≥10℃的积温 /℃ Daily temperature accumulated in a year (≥10℃) /℃	7169
年日照时数 /h Annual sunshine /h	1697
年平均相对湿度 /% Annual average relative humidity /%	72
干燥度 Dryness	1.26

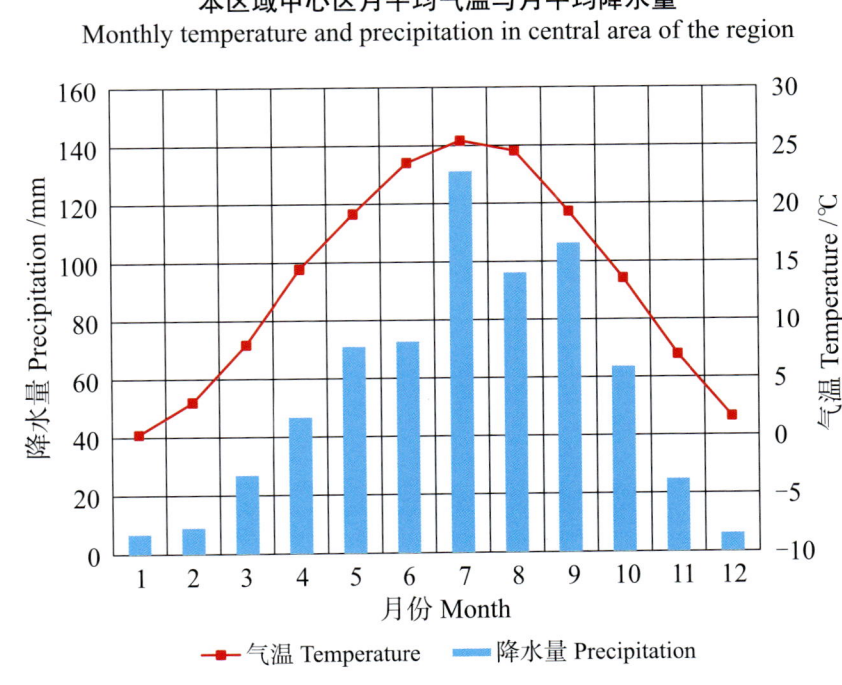

本区域中心区月平均气温与月平均降水量
Monthly temperature and precipitation in central area of the region

眉县主要土壤类型与土壤剖面点分布图
1∶170 000

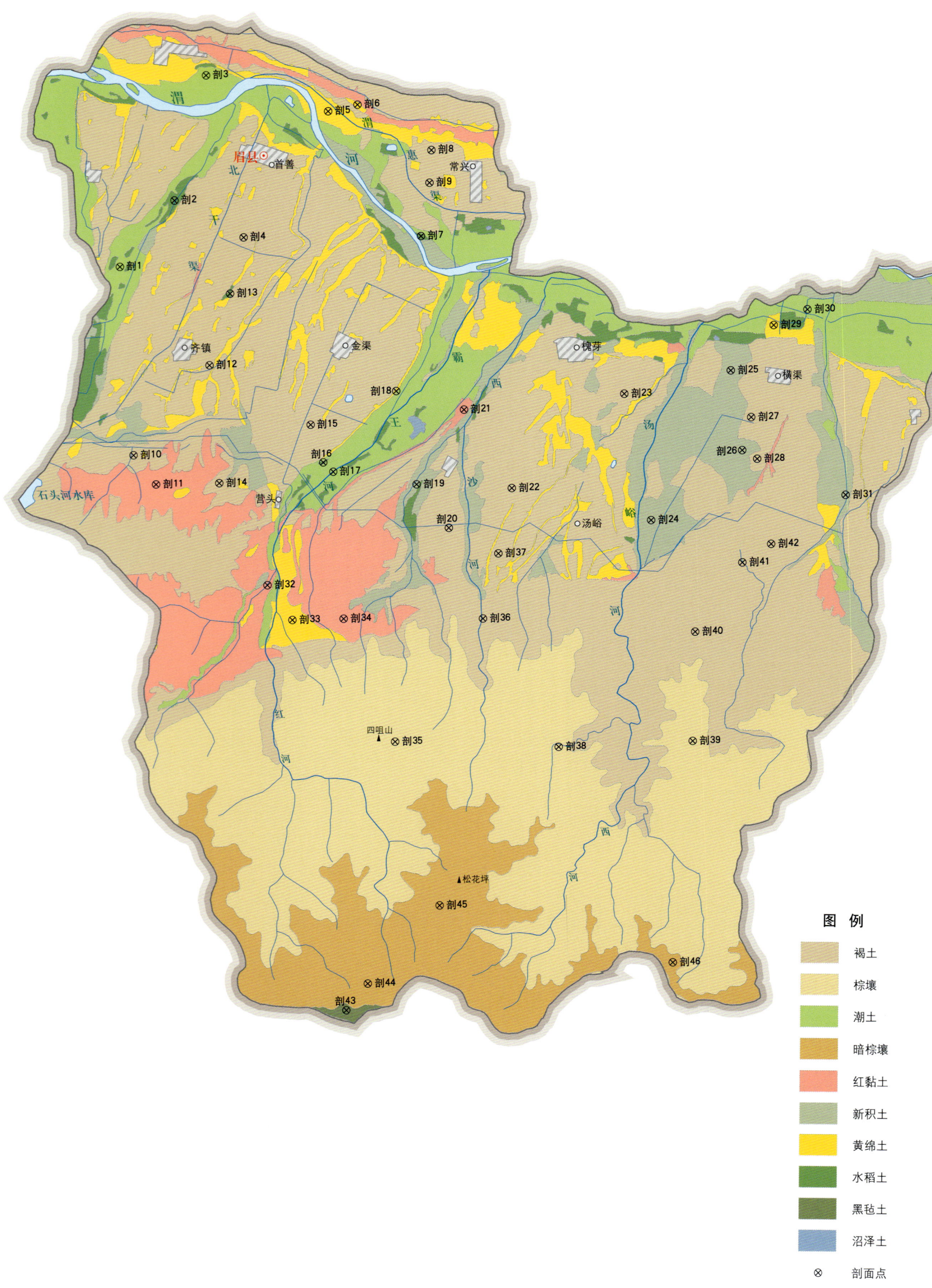

眉县土壤剖面理化性状表

剖面号 Soil profile	土纲 Soil order	土类 Soil great group	亚类 Soil subgroup	土属 Soil genus	土种 Soil species	土层码 Layer code	土层厚度 Depth/cm	颜色 Soil color	质地 Soil texture	土壤结构 Soil structure	pH	有机质 OM/(g/kg)	全氮 TN/(g/kg)	全磷 TP/(g/kg)	全钾 TK/(g/kg)	碱解氮 AN/(mg/kg)	有效磷 AP/(mg/kg)	速效钾 AK/(mg/kg)	阳离子交换量CEC/(cmol/kg)	土壤母质 Parent material	剖面点坐标 Profile coordinate	匹配指数 Matching index/%
剖1	半水成土	潮土	潮土	二合土	浅位砂石底子二合土	1	0—15	灰棕色	轻壤土	粒状		13.8	0.50	0.15	24.6	45	4.0	15	12.9	冲积物	E 107°41′16.8″ N 34°14′20.4″	93
						Ap	15—20	灰棕色	轻壤土	片状		12.3	0.69	0.38	24.5	44	3.0	25	13.4			
						3	20—48	暗棕色	轻壤土	粒状状		12.3	0.78	0.61	22.5	28	2.0	10	16.2			
						4	48—65	棕色	砂土			7.5	0.81	0.38	23.6	32	2.0	92	12.9			
						C	65—															
剖2		水稻土	潜育水稻土	青泥田	弱度潜育青泥田	A	0—16	灰色	重壤土	团块状		16.2	0.93	0.62		58	5.0	41	12.9	冲积物	E 107°42′39.6″ N 34°15′39.6″	81
						Ap	16—25	浅灰棕色	中壤土	块状		15.9	>6.00	0.50		53	4.0	46	12.0			
						P	25—50	棕灰色	重壤土	块状		11.7	0.68	0.65		35	2.0	82	10.0			
						W₁	50—55	棕灰色	砂土	块状		6.1	0.29	0.14		25	1.0	34	14.4			
						W₂	55—90	深灰色	中壤土	块状		14.7	0.81	0.66		48	<1.0	42	12.4			
						G	90—110	灰蓝色	中壤土	块状		15.7	0.65	0.50		42	<1.0	62	10.1			
						7	110—	暗灰色	砂石土													
剖3	半水成土	潮土	盐化潮土	盐潮土	中盐潮土	1	0—14	浅棕黄色	中壤土	粒块状		6.3	0.55	0.63		24	13.0	67	9.5	冲积物	E 107°43′30.0″ N 34°18′10.8″	71
						Ap	14—23	浅棕黄色	轻壤土	块状		7.6	0.50	0.68		29	6.0	89	8.8			
						3	23—43	浅灰棕色	中壤土	块状		7.4	0.47	0.10		24	2.0	64	9.1			
						4	43—60		砂壤土			7.6	0.28	1.32		14	1.0	49	4.4			
剖4	半淋溶土	褐土	塿土	黑垆淮土	斑斑黑油土	A	0—18	灰棕色	中壤土	粒状		11.0	0.61	0.97		21	6.0	144	17.7	原生黄土、次生黄土	E 107°44′20.4″ N 34°14′52.8″	89
						Ap	18—23	灰棕色	中壤土	块状		12.8	0.96	1.35		40	2.0	159	12.8			
						Bt₁	23—56	暗棕色	重壤土	块状		13.9	0.66	1.47		29	1.0	103	13.8			
						Bt₂	56—150	暗棕色	重壤土	无明显结构		11.7	0.77	0.90		29	1.0	77	21.8			
							150—200	暗褐色		棱柱状		11.7	0.77	0.90		29	1.0	77	21.8			
						W	200—230		砂壤土			4.2	0.38	0.80		11	1.0	94	17.0			
剖5	初育土	黄绵土	塿土	淤塿土	淤塿土	1	0—18	灰棕色	中壤土	粒块状		11.2	0.81	0.83		43	11.0	388	12.3	次生黄土	E 107°46′30.0″ N 34°17′24.0″	78
						Ap	18—28	灰棕色	轻壤土	块状		7.6	0.73	0.85		36	9.0	433	12.8			
						C	28—200	浅灰棕色	中壤土	块状		10.6	0.73	0.82		37	4.0	160	13.7			
剖6	初育土	黄绵土	塿土	白塿土	梯地白塿土	1	0—16		中壤土			6.7	0.59	0.41		32	3.8	67	15.6	黄土	E 107°47′13.2″ N 34°17′31.2″	81
						2	16—24	灰棕色	轻壤土	粒状		8.4	0.61	0.45		25	2.6	54	15.2			
						3	24—	灰棕色	砂壤土			8.5	0.43	0.37		23	3.4	41				
剖7	人为土	水稻土	淹育水稻土	黄泥田	浅位砂底子黄泥田	A	0—12	棕灰色	轻壤土	粒状		28.2	0.94	0.70	21.3	98	9.0	51	7.1	次生黄土、冲积物	E 107°48′43.2″ N 34°14′49.2″	94
						Ap	12—28	棕灰色	轻壤土	团块状		20.8	1.00	0.72	21.2	78	7.0	29	15.5			
						P	28—40	棕灰色	砂壤土	团块状		13.0	0.53	0.35	23.1	35	6.0	42	12.0			
						4	40—	灰棕色	砂壤土													
剖8	半淋溶土	褐土	塿土	灰土	灰土	1	0—16	灰棕色		粒块状										原生黄土、次生黄土	E 107°49′01.2″ N 34°16′33.6″	77
						Ap	16—25	暗棕色		团块状												
						3	25—82	暗灰色		块状												
						4	82—104	暗灰色		块状												
						C	104—	浅灰色														

续表 Continued

剖面号 Soil profile	土纲 Soil order	土类 Soil great group	亚类 Soil subgroup	土属 Soil genus	土种 Soil species	土层码 Layer code	土层厚度 Depth/cm	颜色 Soil color	质地 Soil texture	土壤结构 Soil structure	pH	有机质 OM/(g/kg)	全氮 TN/(g/kg)	全磷 TP/(g/kg)	全钾 TK/(g/kg)	碱解氮 AN/(mg/kg)	有效磷 AP/(mg/kg)	速效钾 AK/(mg/kg)	阳离子交换量CEC/(cmol/kg)	土壤母质 Parent material	剖面点坐标 Profile coordinate	匹配指数 Matching index/%
剖9	半淋溶土	褐土	塿土	油土	覆石灰紫土	1	0—22	浅灰棕色	重壤土	粒状		14.0	0.92	0.76		43	3.0	50	14.8	原生黄土、次生黄土	E 107°48′57.6″ N 34°15′54.0″	90
						Ap	22—32	浅灰棕色	重壤土	块状		11.1	1.74	0.76		40	2.0	33	15.0			
						3	32—42	灰棕色	重壤土	块状		8.9	0.52	0.28		23	2.0	42	19.4			
						4	42—50	棕褐色	重壤土	块状		9.0	0.62	0.25		25	2.0	25	19.8			
						Bt	50—120	暗褐色	重壤土	块状		10.9	0.84	0.32		32	2.0	31	24.1			
						Bk	120—170	棕黄色	重壤土	棱柱状		5.8	1.10	<0.10		15	1.0	21	13.0			
						C	170—240	棕黄色	中壤土			4.8	0.35	0.37		23	1.0	23	12.6			
剖10	半淋溶土	褐土	淋溶褐土	耕种淋溶褐土		A	0—15	棕色	重壤土	粒状		19.8	1.29	0.60		78	5.0	92	22.6	黄土	E 107°41′31.2″ N 34°10′30.0″	92
						Ap	15—23	棕色	重壤土	块状		14.6	0.91	0.57		53	2.0	34	22.2			
						Bt	23—180	棕红色	轻黏土	棱柱状		13.6	0.68	0.66		28	2.0	40	22.1			
						C	180—	棕黄色	中壤土			6.1	0.48	0.77		22	2.0	31	19.1			
剖11	初育土	红黏土	红黏土	二色土	二色土	A	0—20	棕色	重壤土	粒状		8.2	0.92	0.33		32	13.0	31	21.8	离石黄土	E 107°42′03.6″ N 34°09′54.0″	82
						Ap	20—28	灰棕色	重壤土	块状		6.6	0.47	0.40		28	2.0	43	21.8			
						C	28—70	棕红色	亚黏土	粒状		3.9	0.97	0.37		23	<1.0	51	22.9			
剖12	半淋溶土	褐土	塿土	红立楼土	中层红立楼土	1	0—22	浅灰棕色	重壤土	粒状	7.6	13.1	0.85	0.28	20.5	41	30.0	45	17.7	原生黄土、次生黄土	E 107°43′26.4″ N 34°12′18.0″	79
						Ap	22—32	棕褐色	重壤土	块状	7.9	12.2	0.90	0.25	20.9	35	12.0	37	20.0			
						3	32—45	棕褐色	重壤土	棱块状	8.0	11.0	0.38	0.25	19.7	35	11.0	38	18.4			
						Bt	45—205	棕褐色	重壤土	块状	8.0	8.5	0.52	0.24	20.4	17	1.0	35	21.6			
						Bk	205—	棕黄色	重壤土	粒块状	8.2	7.8	0.39	0.20	19.0	14	<1.0	30	14.4			
剖13	人为土	水稻土	淹育水稻土	黄泥田	黄泥田	A	0—20	灰色	重壤土	团块状		20.0	1.14	0.45		77	12.0	21	14.9	次生黄土、冲积物	E 107°43′58.8″ N 34°13′44.4″	83
						Ap	20—30	浅灰棕色	中壤土	团块状		15.5	0.81	0.21		22	5.0	50	11.0			
						W₁	30—60	暗棕色	重壤土	棱柱状		8.0	0.43	0.47		28	5.0	36	12.9			
						W₂	60—90	灰蓝色	中壤土	块状		6.0	0.51	0.51		30	4.0	54	11.8			
						C₁	90—120	浅灰棕色	轻壤土			9.4	0.46	0.62		30	1.0	43	9.3			
						C₂	120—															
剖14	半淋溶土	褐土	塿土	黄土质褐土		1	0—15	棕褐色	中壤土	碎块状		12.8	0.88	0.57	21.7	46	6.0	30	23.7	黄土	E 107°43′37.2″ N 34°09′54.0″	82
						Bt₁	15—60	棕色	重壤土	棱柱状		11.3	0.64	0.41	22.1	26	5.0	15	22.8			
						Bt₂	60—100	棕色	重壤土	棱柱状		7.5	0.55	0.70	23.1	23	5.0	32	22.5			
						Bk	100—	棕色	中壤土	块状		7.4	0.50	0.76	19.2	19	5.0	25	17.5			
剖15	半淋溶土	褐土	塿土	油土	中层黑紫土	1	0—17	浅灰棕色	中壤土	粒块状		15.4	0.83	0.46	19.9	47	2.0	70	17.6	原生黄土、次生黄土	E 107°45′54.0″ N 34°11′02.4″	84
						Ap	17—25	暗棕色	中壤土	团块状		12.9	0.78	0.54	18.4	49	2.0	39	17.7			
						3	25—32	棕色	中壤土	团块状		11.7	0.71	0.45	19.7	36	2.0	46	17.9			
						Bt	32—100	棕色	重壤土	棱柱状		12.8	0.79	0.49	21.5	29	1.0	64	25.3			
						Bk	100—140	棕黄色	中壤土	无明显结构		7.2	0.78	0.62	19.9	21	1.0	27	12.8			
						C	140—	棕黄色	中壤土	无明显结构		5.8	0.47	0.61	19.6	17			12.4			
剖16	人为土	水稻土	潜育水稻土	烂泥田		1	0—12	浅灰棕色	中壤土	块状										冲积物	E 107°46′11.6″ N 34°10′16.2″	95
						G₁	12—22	深灰色	粉质砂土	块状												
						G₂	22—35	灰蓝色	粉质砂土													
						G₃	35—44	灰蓝色	粗质砂土													
						44—																
剖17	半水成土	潮土	砂质潮土	砂石土		A	0—30	灰棕色	细粉质土	块状		26.1	1.30	0.89		82	9.0	105	18.0	冲积物	E 107°46′26.4″ N 34°10′04.8″	97
						2	30—60	浅棕色	粉质砂土	块状		23.0	1.22	1.00		72	2.0	95	15.0			
						60—	棕黄色	细砂土				6.9	0.43	0.97		10	2.0	33	8.9			
剖18	初育土	黄绵土	堉土	白谐土		1	0—17	灰黄色	中壤土	块状										黄土	E 107°48′01.4″ N 34°11′41.3″	79
						Ap	17—25	棕黄色	中壤土													
						C	25—105	棕黄色	中壤土													

续表 Continued

剖面号 Soil profile	土纲 Soil order	土类 Soil great group	亚类 Soil subgroup	土属 Soil genus	土种 Soil species	土层码 Layer code	土层厚度 Depth/cm	颜色 Soil color	质地 Soil texture	土壤结构 Soil structure	pH	有机质 OM/(g/kg)	全氮 TN/(g/kg)	全磷 TP/(g/kg)	全钾 TK/(g/kg)	碱解氮 AN/(mg/kg)	有效磷 AP/(mg/kg)	速效钾 AK/(mg/kg)	阳离子交换量CEC/(cmol/kg)	土壤母质 Parent material	剖面点坐标 Profile coordinate	匹配指数 Matching index/%
剖19	初育土	新积土	冲积土	潮壅土	潮壅土	1	0—10	浅灰棕色	砂土	块状										洪冲积物	E 107°48′28.8″ N 34°09′46.8″	77
						2	10—30	浅灰棕色	砂土	块状												
						3	30—															
剖20	半淋溶土	褐土	塿土	黑立楼土	中层黑立楼土	1	0—20	浅灰棕色	重壤土	粒状	7.6									次生黄土	E 107°49′15.6″ N 34°08′52.8″	96
						2	20—62	浅灰棕色	重壤土	块状	7.9											
剖21	初育土	红黏土	红土	黄立土		1	0—16	灰棕色	中壤土	粒块状		24.6	1.07	1.33		56	1.3	171	13.8	次生黄土	E 107°49′40.8″ N 34°11′16.8″	86
						Ap	16—25	浅灰棕色	中壤土	块状		16.2	>6.00	1.22		54	4.0	107	12.2			
						3	25—70	浅灰棕色	中壤土	块状		9.0	0.60	1.44		34	3.0	62	12.5			
						4	70—130	黄褐色	中壤土			11.5	0.59	1.75		28	2.0	61	14.8			
						C	130—		中壤土			10.0	0.81	1.19		28	1.0	55	15.6			
剖22	半淋溶土	褐土	塿土	红立楼土	中层红立楼土	A	0—20	灰棕色	重壤土	粒状		15.0	0.92	0.68		50	12.0	25	21.8	原生黄土、次生黄土	E 107°50′49.2″ N 34°09′39.6″	83
						Ap	20—25	灰棕色	重壤土	块状		13.1	0.78	0.67		46	6.0	25	20.5			
						3	25—33	灰棕色	重壤土	块状		15.2	0.78	0.66		37	2.0	19	20.5			
						Bt	33—270	褐色	重壤土	棱柱状		7.2	0.52	0.86		23	1.0	46	22.5			
剖23	半淋溶土	褐土	塿土	油土	中层黑紫土	1	0—15	浅灰棕色	重壤土	粒块状		11.3	0.90	0.14		37	6.0	51	16.0	原生黄土、次生黄土	E 107°53′38.4″ N 34°11′31.2″	85
						Ap	15—23	棕色	重壤土	块状		8.4	0.67	0.74		25	5.0	36	15.8			
						3	23—40	棕褐色	重壤土	块状		7.5	0.58	0.28		27	4.0	36	17.0			
						4	40—53	暗褐色	重壤土	块状		8.5	0.55	0.75		30	3.0	36	18.6			
						Bt	53—143	棕褐色	重壤土	棱柱状		12.3	0.60	<0.10		38	2.0	38	24.1			
						Bk	143—293	棕褐色	中壤土	无明显结构		6.4	0.45	<0.10		21	2.0	29	12.8			
						C	293—			无明显结构		6.5	0.49			19	1.0	39	11.3			
剖24	初育土	新积土	新积土	石窑土	石窑土	A	0—20	灰棕色	砂土	粒状										洪冲积物	E 107°54′14.4″ N 34°08′56.4″	83
						C	20—	浅灰棕色	粗砂土	粒状		9.6	0.72	0.56		36	8.0	30	9.2			
剖25	初育土	新积土	新积土	壅土	砂质壅土	A	0—20	黄灰棕色	砂土	块状		6.0	0.40	0.65		22	5.0	168	6.0	洪冲积物	E 107°56′16.8″ N 34°11′56.4″	73
						Ap	20—30	浅黄棕色	砂土	块状		5.2	0.42	0.72		25	4.0	30	5.7			
						3	30—50															
剖26	初育土	新积土	新积土	壅土	砂质壅土	A	0—20	灰棕色	砂土	团块状										洪冲积物	E 107°56′31.2″ N 34°10′19.2″	98
						Ap	20—30	浅灰棕色	砂土	团块状												
						3	30—100	浅灰棕色	砂土	块状												
						4	100—		粗砂土													
剖27	半淋溶土	褐土	塿土	褐壤土		1	0—13	灰棕色	重壤土	团粒状		14.1	0.94	0.69		47	6.0	62	16.8	原生黄土、次生黄土	E 107°56′45.6″ N 34°10′58.8″	88
						Ap	13—21	浅灰棕色	重壤土	块状		12.9	0.89	0.62		48	5.0	59	17.2			
						3	21—45	浅灰棕色	重壤土	柱状		11.9	0.77	0.59		41	3.0	63	16.9			
						4	45—92	褐棕色	重壤土	块状		11.9	0.56	0.48		38	2.0	66	19.1			
						Bk	92—150	棕黄色	重壤土	块状		8.2	0.48	0.62		31	2.0	57	13.2			
						C	150—	棕褐色	粗砂土			5.6	0.42	0.59		23	2.0	46	11.4			
剖28	半淋溶土	褐土	塿土	油土	砂底子紫土	A	0—20	浅灰棕色	轻壤土	粒块状		11.6	0.71	0.80		45	4.0	130	17.9	原生黄土、次生黄土	E 107°56′52.8″ N 34°10′08.4″	100
						Ap	20—30	浅灰棕色	轻壤土	片状		4.5	1.51	0.70		47	4.0	85	15.5			
						3	30—60	棕色	轻壤土	块状		11.7	0.87	0.77		49	3.0	76	17.1			
						Bt	60—140	棕褐色	中壤土	棱柱状		9.2	0.61	0.66		28	2.0	51	16.5			
						5	140—		浅棕色			11.7	>6.00	0.69		25	1.0	73	11.6			

续表 Continued

剖面号 Soil profile	土纲 Soil order	土类 Soil great group	亚类 Soil subgroup	土属 Soil genus	土种 Soil species	土层码 Layer code	土层厚度 Depth/cm	颜色 Soil color	质地 Soil texture	土壤结构 Soil structure	pH	有机质 OM/(g/kg)	全氮 TN/(g/kg)	全磷 TP/(g/kg)	全钾 TK/(g/kg)	碱解氮 AN/(mg/kg)	有效磷 AP/(mg/kg)	速效钾 AK/(mg/kg)	阳离子交换量CEC/(cmol/kg)	土壤母质 Parent material	剖面点坐标 Profile coordinate	匹配指数 Matching index/%
剖29	初育土	黄绵土	塿土	淤塿土	淤塿土	A	0—25	灰棕色	重壤土	粒块状		15.3	0.89	0.88		50	9.0	70	19.3	次生黄土	E 107°57′21.6″ N 34°12′50.4″	79
						Ap	25—34	灰棕色	重壤土	块状		15.5	0.88	0.79		30	7.0	72	18.6			
						C₁	34—81	暗棕黄色	重壤土	块状		13.5	0.71	0.42		37	5.0	42	19.9			
						C₂	81—122	暗棕黄色	重壤土	块状		9.9	0.95	<0.10		34	4.0	58				
						C₃	122—172	暗棕黄色	重壤土	块状		9.1	0.66	0.42		36	3.0	50				
						C₄	172—					9.1	0.50	0.25		25	2.0	34				
剖30	半水成土	潮土	潮土	砂质潮土	粗砂土	1	0—15	棕色	粉粒土			6.5	0.67	0.71		32	28.0	51	4.4	冲积物	E 107°58′12.0″ N 34°13′08.4″	76
						Ap	15—23	灰棕色	粉质砂土				8.9	3.04	0.71		34	3.0	51	4.8			
						3	23—46	浅棕灰色	粗砂土				3.0	0.28	0.62		17	2.0	85	<2.0			
						C	46—	棕色	粗砂土				7.2	0.43	0.66		30	2.0	91	4.0			
剖31	初育土	新积土	新积土	石碴土	砂石土	1	0—14	灰棕色	粗砂土												洪冲积物	E 107°59′02.4″ N 34°09′21.6″	81
						Ap	14—20																
						3	20—60																
						C	60—																
剖32	初育土	红黏土	红黏土	黄胶土	黄胶土	1	0—15	浅灰棕色	黏土	块状	6.5									午城黄土	E 107°44′45.6″ N 34°07′48.0″	96
						C	15—45		黏土		6.5											
剖33	初育土	黄绵土	塿土	黄塿土	坡地黄塿土	1	0—16		中壤土	粒状		11.3	0.84	0.32		52	6.0	101	14.1	原生黄土、次生黄土	E 107°45′21.6″ N 34°07′04.8″	91
						Ap	16—25		粗砂土	粒状		10.2	0.73	0.69		42	5.0	31	13.8			
						C	25—75		粗砂土	块状		10.2	0.49	0.54		36	2.0	36	13.5			
						4	75—		粗砂土			4.9	0.50	0.79		40	1.0	48	11.1			
剖34	初育土	红黏土	红胶土	红胶土	料姜红胶土	1	0—11	灰棕色	重壤土	块状		18.0	1.03	0.65		59	4.0	61	19.6	离石黄土	E 107°46′37.2″ N 34°07′04.8″	88
						Ap	11—23	浅灰棕红色	重壤土	块状		15.1	0.98	<0.10		56	3.0	31	20.6			
						C₁	23—41	浅灰棕红色	轻黏土	棱柱状		12.5	0.83	0.61		54	1.0	55	20.2			
						C₂	41—165	浅灰棕红色	轻黏土	棱柱状		6.4	0.41	0.69		20	1.0	49	20.4			
						C₃	165—					5.3	0.40	0.72		42	1.0	40	19.5			
剖35	淋溶土	棕壤	粗骨性棕壤	花岗岩粗骨性棕壤		A₁	0—15	暗灰色		粒状	7.1	30.3	2.08	0.99		126	3.0	27	16.1	花岗岩	E 107°47′49.2″ N 34°04′33.6″	81
						A₂	15—21	棕色		块状		35.6	1.56	0.93		119	2.0	168	16.1			
						B	21—40	浅棕色		块状	7.0	31.8	1.89	0.87		27	2.0	92	17.0			
						C	40—					26.5	1.29	0.83		90	2.0	103	16.6			
剖36	半淋溶土	褐土	淋溶褐土	花岗岩粗骨性淋溶褐土		A	0—10	深灰色			7.7	72.0	2.91	0.33	9.1	185		183		花岗岩	E 107°50′02.4″ N 34°07′01.2″	90
						2	10—30	灰灰色			7.7	14.9	0.81	0.28	>40.0	60		63				
						B	30—55	棕黄色		粒状	7.8	8.4	0.57	0.19	8.3	43		13				
						C	55—100	浅灰色			8.4	7.4	0.39	0.25		27		12				
剖37	半淋溶土	褐土	塿土	黑立楼土	中层立楼土	A	0—20	浅灰棕色	重壤土	粒状		15.2	1.06	0.74		50	23.2	82	18.8	原生黄土、次生黄土	E 107°50′27.6″ N 34°08′20.4″	77
						Ap	20—29	灰灰色	重壤土	块状		10.9	0.72	0.85		36	5.0	25	18.6			
						3	29—41	暗褐色	重壤土	块状		10.4	0.28	0.46		34	2.0	31	18.9			
						Bt	41—485	浅棕色	重壤土	棱柱状		7.9	0.56	0.63		23	2.0	37	21.2			
						Bk	485—		中壤土	棱柱状												
剖38	淋溶土	棕壤	棕壤	花岗片麻岩棕壤		A	0—10	暗灰色			6.0									花岗片麻岩	E 107°51′50.4″ N 34°04′22.8″	84
						2	10—30	暗灰色			6.0	108.7	4.54	0.54		389	15.0	114	23.8			
						C	30—															
剖39	淋溶土	棕壤	粗骨性棕壤	千枚岩粗骨性棕壤		A₁	0—10	暗棕色		粒状	5.4	36.3	0.23	0.72		69	3.0	27	12.2	千枚岩	E 107°55′08.4″ N 34°04′26.4″	83
						A₂	10—30	棕色			5.5	18.1	0.86	1.21		75	2.0	32	7.1			
						B	30—50	棕色														
						R	50—															

续表 Continued

剖面号 Soil profile	土纲 Soil order	土类 Soil great group	亚类 Soil subgroup	土属 Soil genus	土种 Soil species	土层码 Layer code	土层厚度 Depth/cm	颜色 Soil color	质地 Soil texture	土壤结构 Soil structure	pH	有机质 OM/(g/kg)	全氮 TN/(g/kg)	全磷 TP/(g/kg)	全钾 TK/(g/kg)	碱解氮 AN/(mg/kg)	有效磷 AP/(mg/kg)	速效钾 AK/(mg/kg)	阳离子交换量CEC/(cmol/kg)	土壤母质 Parent material	剖面点坐标 Profile coordinate	匹配指数 Matching index/%
剖40	半淋溶土	褐土	石灰性褐土	石灰岩石灰性褐土	薄层石灰岩石灰性褐土	A	0—11	灰棕色	中壤土	团粒状										石灰岩	E 107°55′15.6″ N 34°06′39.6″	98
						Bt	11—33	浅棕褐色	中壤土	粒块状												
						C	33—															
剖41	半淋溶土	褐土	淋溶褐土	生草淋溶褐土		A	0—19	浅灰棕色	中壤土	粒柱状										黄土	E 107°56′27.6″ N 34°08′02.4″	100
						Bt	19—58	暗棕褐色	重壤土	粒柱状												
						C	58—															
剖42	半淋溶土	褐土	淋溶褐土	耕种淋溶褐土		1	0—15	棕褐色	重壤土	团块状	5.5	16.5	0.83	0.56		58	5.0	52	20.4	黄土	E 107°57′10.8″ N 34°08′24.0″	90
						Ap	15—24	棕褐色	轻壤土	棱柱状	6.5	14.8	0.87	0.65		42	2.0	52	20.1			
						Bt	24—100	棕褐色	轻壤土	棱柱状	6.3	11.9	0.53	0.44		30	2.0	21	20.4			
						C	100—	棕褐色	重壤土			10.8	0.40	0.59		16	2.0	25	16.8			
剖43	高山土	黑毡土		花岗片麻岩亚高山草甸土		As	0—12	棕黑色	重壤土	粒状	5.5	161.2	>6.00	1.12	26.4	540	5.0	4	36.7	花岗片麻岩	E 107°46′30.0″ N 33°59′06.0″	98
						A	12—18	暗棕黑色		团块状	6.5	67.9	3.66	1.04	30.6	305	2.0	160	21.9			
						3	18—33	灰棕色		粒状	6.3	53.2	2.76	0.88	26.1	216	2.0	147	18.8			
						4	33—42	浅灰棕色		粒状	5.4	23.8	1.10	0.62	27.5	88	4.0	81	14.7			
						5	42—50	浅棕色			6.0	14.6	0.68	0.50	27.8	73	1.0	73	11.6			
						C	50—															
剖44	淋溶土	暗棕壤	暗棕壤	花岗片麻岩暗棕壤		O	0—2													花岗片麻岩	E 107°47′02.4″ N 33°59′38.4″	80
						A_1	2—11	暗灰色	砾质中壤土	团块状	6.0	69.3	2.71	0.77	15.4				24.2			
						A_2	11—20	暗灰棕色	砾质中壤土	团块状	6.0	51.8	2.06	0.76	17.5				21.7			
						4	20—70	暗棕色	中壤土	块状	6.0	33.4	1.20	0.69	15.9				18.0			
						C	70—															
剖45	淋溶土	暗棕壤	暗棕壤	花岗片麻岩暗棕壤		1	0—8					36.5								花岗片麻岩	E 107°48′50.4″ N 34°01′12.0″	71
						2	8—25					37.8							19.9			
						3	25—34					16.2							14.6			
						4	34—47					8.9							10.3			
						5	47—					7.3							8.4			
剖46	淋溶土	暗棕壤	白浆化暗棕壤	花岗片麻岩白浆化暗棕壤		Ao	0—4													花岗片麻岩	E 107°54′32.4″ N 33°59′56.4″	97
						A	4—30	棕黑色	中壤土	粒状		211.5		0.77	17.8	536	9.0	366	>50.0			
						3	30—45	暗棕色	重壤土	团块状		84.6	3.62	0.61	18.5	295	4.0	176	35.6			
						E	45—53	灰白色	重壤土	块状		30.0	1.37	0.40	13.9	114	1.0	128	19.7			
						5	53—60		轻壤土	块状		15.8	0.75	0.28	15.0	58	1.0	110	16.1			
						C	60—					14.4	0.62	0.53	14.9	57	1.0	124	13.0			

陇 县

主要土类说明

黄绵土是陇县主要土壤类型，占本县地域面积的38%。黄绵土是由黄土母质直接翻耕形成的初育土，主要分布在黄土丘陵。由于土壤侵蚀严重，表层长期遭侵蚀，只能不断加深耕作黄土母质层，因而母质特性明显。土壤无明显发育，为A–C型土。由于风成黄土富含细粉粒，故质地、结构均一，疏松绵软，富含石灰、磷、钾储量较丰富，但有效性差，土壤有机质缺乏。耕作层平均厚度为12cm，最薄为7cm，最厚为19cm。

棕壤是陇县第二大土壤类型，占本县地域面积的36%。棕壤是在暖温带湿润地区落叶阔叶林下形成的森林土壤，主要分布在海拔1250—1400m的关山、景福山中山区，处于硅铝风化阶段。该土壤具有较强的黏化过程和淋溶过程，表层腐殖质积累强烈。土体见黏粒淀积，盐基充分淋失，见少量游离铁。本县棕壤分为棕壤、漂洗棕壤、棕壤性土等亚类。其中，漂洗棕壤面积最大，分布在海拔1600—1700m的中山区。随着海拔升高，淋溶作用增强，土体上部除可溶性盐基受淋洗外，铁、铝轻度下移。由于硅的比率增大，土体上部出现假灰化漂洗层，其下为棕壤淀积层。

紫色土是陇县第三大土壤类型，占本县地域面积的11%，主要分布在本县东北部的六盘山，以温水、天成、新集川等地分布面积较大，在黄土丘陵沟壑区有零星分布。紫色土是由紫色砂页岩风化形成的土壤，多呈紫红色、紫红棕色或紫暗棕色，剖面上下颜色均一，无明显差异，具A–C剖面构型。其理化性状与母岩组成直接相关，土层浅薄，剖面层次发育不明显，仍处于初育阶段。母岩富含矿质养分，且风化迅速。本县紫色土除部分被开垦利用外，大部分被稀疏的自然植被覆盖。

褐土占本县地域面积的4%，主要分布在海拔1100—1300m的关山山麓、山间盆地及景福山局部地区。褐土是在暖温带半湿润区发育形成的具有黏化与钙质淋移淀积特征的土壤。该土壤盐基饱和，处于硅铝风化阶段，有明显的黏淀层。在其A–B–C剖面构型中，B层呈棕褐色，B层下部有假菌丝状钙积层。土壤盐基饱和度在80%以上。本县褐土分为娄土、褐土、淋溶褐土、石灰性褐土、褐土性土等亚类，其中淋溶褐土和褐土性土面积较大。

红黏土占本县地域面积的4%。深厚黄土层下，常见第三纪红色黏土（保德期红黏土）埋藏。厚层黄土层侵蚀殆尽处，红色黏土层露出，形成的母质性状明显的初育土，即红黏土。其黏粒含量高，塑性强，生物作用微弱，母质特性明显。

小于本县地域面积3%的土壤类型有黑垆土、潮土、新积土、山地草甸土、沼泽土、粗骨土、草甸土。

本区域中心区气候特征

本区域中心区气候特征值
Regional climate characteristics in central area of the region

气候带：暖温带亚湿润气候
Climate region: Warm temperate subhumid climate

年平均气温 /℃ Annual average temperature /℃	10.8
年平均最高气温 /℃ Annual average maximum temperature /℃	16.7
年平均最低气温 /℃ Annual average minimum temperature /℃	6.1
年降水量 /mm Annual precipitation /mm	530
≥10℃的积温 /℃ Daily temperature accumulated in a year（≥10℃）/℃	4927
年日照时数 /h Annual sunshine /h	2047
年平均相对湿度 /% Annual average relative humidity /%	68
干燥度 Dryness	1.21

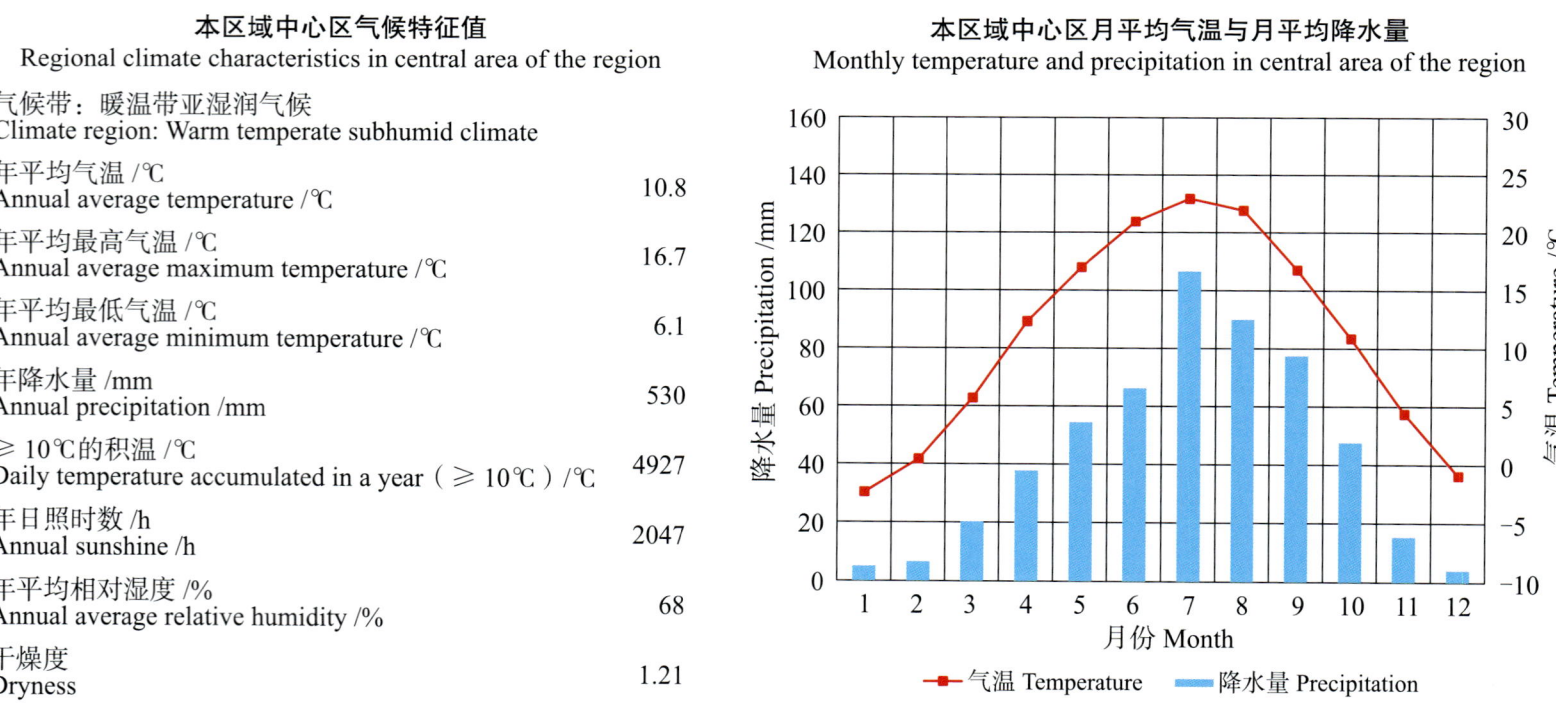

本区域中心区月平均气温与月平均降水量
Monthly temperature and precipitation in central area of the region

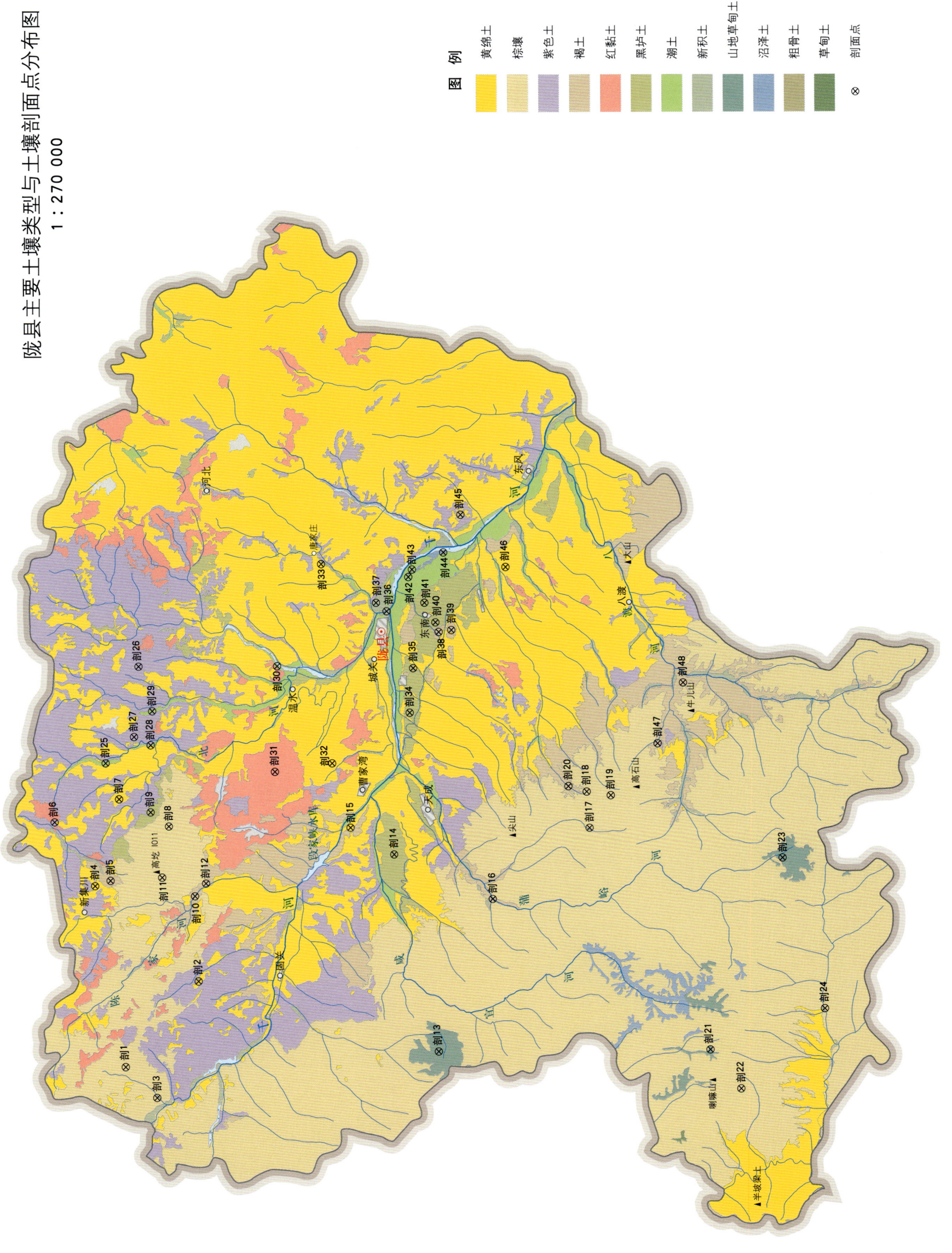

陇县土壤剖面理化性状表

剖面号 Soil profile	土纲 Soil order	土类 Soil great group	亚类 Soil subgroup	土属 Soil genus	土种 Soil species	土层码 Layer code	土层厚度 Depth/cm	颜色 Soil color	质地 Soil texture	土壤结构 Soil structure	pH	有机质 OM/(g/kg)	全氮 TN/(g/kg)	全磷 TP/(g/kg)	全钾 TK/(g/kg)	碱解氮 AN/(mg/kg)	有效磷 AP/(mg/kg)	速效钾 AK/(mg/kg)	阳离子交换量CEC/(cmol/kg)	土壤母质 Parent material	剖面点坐标 Profile coordinate	匹配指数 Matching index/%
剖1	淋溶土	棕壤	白浆化棕壤	黄土质白浆化棕壤	白泡土	A₁	0—12	灰棕色	黏壤土	团块状										黄土	E 106°33′34.1″ N 35°02′41.7″	78
						A₂	12—19	灰棕色	黏壤土	层状												
						Be	19—44	灰棕色	黏壤土	片状、块状												
						B	44—130	灰棕色	黏壤土	棱块状												
						C	130—150															
剖2	初育土	黄绵土	黄墡土	淡黄墡土	浅位砂石底子淡黄墡土	1	0—14		中壤土		8.5									冲积次生黄土	E 106°36′57.9″ N 35°00′09.0″	71
						Ap	14—22		中壤土													
						3	22—26		中壤土													
						4	26—50		砂石土													
						5	50—		砂石土													
剖3	淋溶土	棕壤		板岩、千枚岩、砂页岩		A	4—20	深灰色		核状、粒状	6.5									砂页岩、千枚岩、板岩	E 106°32′17.3″ N 35°01′39.1″	72
						AB	20—72	灰棕色	中壤土	块状	6.0											
						BC	72—90	红棕色	重壤土	棱块状	6.0											
						C	90—		砂石土													
剖4	初育土	黄绵土	黄墡土	淡黄墡土	川台淡黄墡土	1	0—11	棕灰色	黏壤土	团粒状	8.1									冲积次生黄土	E 106°40′57.7″ N 35°03′34.8″	91
						Ap	11—17	灰黄棕色	壤土	小团块状	8.4											
						3	17—50	浊黄橙色	黏壤土	小团块状	8.2											
						4	50—	浅黄橙色	黏壤土	粒状	8.4											
剖5	半淋溶土	褐土	石灰性褐土	石灰岩石灰性褐土	中层生草石灰岩褐土	0	0—4													石灰岩风化物	E 106°41′09.8″ N 35°03′03.5″	93
						A	2—21	深灰色	中壤土	粒状												
						B	21—48	灰棕色	中壤土	粒状												
						D	48—60															
						R	60—															
剖6	初育土	紫色土	石灰性紫色土	砂岩质石灰性紫色土		1	0—11	紫灰棕色	中壤土	团块状	8.4	6.2	0.47	0.26	18.8	32	5.2	187	16.8	紫砂页岩风化物	E 106°43′38.4″ N 35°04′54.6″	89
						Ap	11—20	紫灰棕色	中壤土	块状	8.4	7.4	0.57	0.26	17.4	23	1.6	170	18.5			
						C	20—110	浅紫红色	少砾轻壤土		8.5	1.7	0.13	0.20	16.5	13	2.8	55	16.8			
剖7	初育土	黄绵土	黄墡土	淡黄墡土	川台淡黄墡土	1	0—14		中壤土		8.2	12.9	0.90	0.43		34	10.8		11.8	冲积次生黄土	E 106°44′31.2″ N 35°02′42.2″	99
						Ap	14—26		中壤土		8.2	12.2	0.91	0.42		44	11.2		11.0			
						C	26—150		中壤土		8.2	10.6	0.83	0.51		39	6.6		11.4			
剖8	淋溶土	棕壤	漂洗棕壤	花岗片麻岩漂洗棕壤		0	0—3													花岗片麻岩风化物	E 106°43′21.4″ N 35°01′01.9″	98
						A	3—23	深灰色	中壤土	团粒状	6.5											
						E	23—43	棕色	重壤土	块状												
						Ba	43—73	灰棕色	中壤土	棱块状	6.0											
						C	73—															
剖9	钙层土	黑垆土	黏化黑垆土	红垆土		1	0—15	浅灰棕色	中壤土	粒状										黄土	E 106°43′57.2″ N 35°01′38.5″	100
						Ap	15—23	浅灰棕色	中壤土	板状												
						3	23—42	灰棕色	中壤土	块状												
						4	42—51	棕褐色	重壤土	块状												
						5	51—140	棕色	中壤土	棱块状												
						Bk	140—210	灰黄色	中壤土	块状												
						C	210—	棕黄色	中壤土	块状												

续表 Continued

剖面号 Soil profile	土纲 Soil order	土类 Soil great group	亚类 Soil subgroup	土属 Soil genus	土种 Soil species	土层码 Layer code	土层厚度 Depth/cm	颜色 Soil color	质地 Soil texture	土壤结构 Soil structure	pH	有机质 OM/(g/kg)	全氮 TN/(g/kg)	全磷 TP/(g/kg)	全钾 TK/(g/kg)	碱解氮 AN/(mg/kg)	有效磷 AP/(mg/kg)	速效钾 AK/(mg/kg)	阳离子交换量 CEC/(cmol/kg)	土壤母质 Parent material	剖面点坐标 Profile coordinate	匹配指数 Matching index/%
剖10	半淋溶土	褐土	褐土	石灰岩褐土	中层生草石灰岩褐土	A	0—20	暗灰色	重壤土	粒状	7.8	82.2	3.72	1.77	6.7	251	2.1		12.4	石灰岩	E 106°40′26.1″ N 35°00′07.8″	82
						B	20—60	红棕褐色	重壤土	块块状	7.8	18.3	1.12	<0.10	13.9	62	<1.0	220	14.3			
						3	60—87	浅棕褐色	砂壤土	块状	8.3	8.9	0.67	0.10	11.1	47		137	16.6			
						C	87—110		砂石土													
						5	110—130		砂石土													
剖11	淋溶土	棕壤	漂洗棕壤	石灰大理玄武岩漂洗棕壤		1	0—12	灰棕色	中壤土	粒状	6.8										E 106°41′14.6″ N 35°01′18.4″	95
						Ap	12—19	浅灰棕色	中壤土	块状	6.8											
						E	19—34	灰白色	中壤土	块状	5.5											
						B	34—55	红棕色	重壤土	埃块状	6.0											
剖12	半淋溶土	褐土	褐土	石灰岩褐土	中层生草石灰岩褐土	A	0—5		轻壤土	粒状	8.1	44.6	2.37	0.31	21.3	138	6.0	180	19.6	石灰岩	E 106°40′57.4″ N 34°59′49.7″	72
						2	5—15		轻壤土	粒块状	8.1	46.6	2.47	0.29	18.9	92	<1.0		18.4			
						B	15—35		重壤土	块状	8.1	7.0	0.40	<0.10	10.0	31	2.6	151	10.3			
						4	35—															
剖13	半水成土	山地草甸土	山地草甸土	花岗片麻岩草甸土	花岗片麻岩腐殖质草甸土	Ai	0—20	深灰色		粒状										花岗片麻岩风化物	E 106°33′53.6″ N 34°52′03.1″	97
						Ai₂	20—50	深灰棕色	轻壤土	粒块状												
						B	50—76	浅灰棕色	轻壤土	块状												
						R	76—95															
剖14	钙层土	黑垆土	黏化黑垆土	淋溶黏黑垆土	中层淋溶黏黑垆土	1	0—10	暗灰色	重壤土	粒状	8.2	15.1	1.07	0.41	19.6	52			14.3	黄土	E 106°41′58.1″ N 34°53′24.3″	71
						Ap	10—20	暗灰色	重壤土	块状	8.2	13.4	0.99	0.43	19.7	51			13.0			
						3	20—32		重壤土	块状	8.2	13.1	0.97	0.43	19.2	47			14.7			
						4	32—40		重壤土		8.2	11.9	0.80	0.43	20.1	41			13.8			
						5	40—122		重壤土		8.2	12.8	0.85	0.41	19.7	52			15.9			
						Bk	122—160		重壤土		8.5	6.9	0.48	0.58	17.3	29			8.9			
						C	160—200		重壤土		8.5	5.7	0.41	0.46	17.7	28			9.5			
剖15	初育土	黄绵土	黄绵土	淋溶黄绵土	耕地淋溶黄绵土	1	0—11		重壤土	粒状		14.8	0.94	0.34	18.3	57	3.8	274	20.3	黄土	E 106°43′07.7″ N 34°54′51.8″	87
						Ap	11—18		重壤土	块状		18.4	1.10	0.31	18.3	76	3.8	245	14.8			
						C	18—100		重壤土			12.2	0.93	0.30	18.3	56	2.2	202	14.1			
						4	100—															
剖16	半淋溶土	褐土	淋溶褐土	花岗片麻岩棕壤土	中层淋溶黏棕壤土	0	0—2		中壤土	粒状										花岗片麻岩风化物	E 106°40′02.7″ N 34°50′05.4″	97
						Bt	2—15	暗灰色	重壤土	块状		16.7	1.20			98	4.8	78				
						C	15—64		中壤土	块状												
						R	64—69															
							69—															
剖17	淋溶土	棕壤	棕壤	脉青石棕壤		A₁	0—13	浅灰棕色	砂壤土	粒块状	6.5									花岗片麻岩风化物	E 106°42′54.3″ N 34°46′44.4″	80
						A₂	13—22	浅灰棕色	砂质黏壤土	块状	6.0											
						B	22—57	棕色	砂质黏壤土	块状	5.8											
						C	57—82		中壤土		6.8											
剖18	淋溶土	棕壤	棕壤性土	花岗片麻岩棕壤性土		A	0—15	暗灰色	中壤土	粒状	6.5									花岗片麻岩风化物	E 106°44′22.9″ N 34°46′48.6″	76
						Ap	15—23	灰棕色	中壤土	块状	6.0											
						3	23—47	灰棕色	中壤土	粒状	5.8											
剖19	淋溶土	棕壤	漂洗棕壤	花岗片麻岩生草漂洗棕壤		A	0—10	深灰色	中壤土	块状	5.5									花岗片麻岩风化物	E 106°44′13.1″ N 34°45′59.6″	90
						A₂	10—25	灰白色	中壤土	粒状	6.5											
						Ba	25—40	棕色	重壤土	埃块状												

续表 Continued

剖面号 Soil profile	土纲 Soil order	土类 Soil great group	亚类 Soil subgroup	土属 Soil genus	土种 Soil species	土层代码 Layer code	土层厚度 Depth/cm	颜色 Soil color	质地 Soil texture	土壤结构 Soil structure	pH	有机质 OM/(g/kg)	全氮 TN/(g/kg)	全磷 TP/(g/kg)	全钾 TK/(g/kg)	碱解氮 AN/(mg/kg)	有效磷 AP/(mg/kg)	速效钾 AK/(mg/kg)	阳离子交换量CEC/(cmol/kg)	土壤母质 Parent material	剖面点坐标 Profile coordinate	匹配指数 Matching index/%
剖20	半淋溶土	褐土	褐土	黄土质褐土	中度侵蚀川台褐土	A₁₁	0—12	浅灰棕色	重壤土	粒状	8.1	14.0	0.92	0.31	21.0	60	4.0		14.7	黄土	E 106°44′37.3″ N 34°47′25.6″	95
						A₁₂	12—20	浅灰棕色	重壤土	块状	8.1	11.7	0.86	0.30	24.2	62	5.0		15.2			
						Bt	20—49	棕褐色	重壤土	棱柱状	8.1	10.0	0.73	0.28	22.0	43	2.0		15.2			
						Bk	49—100	黄褐色	中壤土	块状	8.3	6.1	0.58	0.28	22.3	30	3.0		14.8			
剖21	半水成土	山地草甸土	山地草甸土	洪冲积质山地草甸土	洪冲积质腐殖质草甸土	Ai	0—6	暗灰色	中壤土	粒状		57.3	2.95	0.24	13.4	163		170	14.6	洪冲积物	E 106°33′43.5″ N 34°42′48.5″	76
						A	6—35	暗红棕色	中壤土	粒块状		36.6	1.95	0.30	16.1	129		188	16.0			
						W	35—63	灰棕色	轻壤土	块状		36.4	1.26	0.59	22.8	146		86	16.6			
						G	63—100	灰蓝色	轻壤土			39.4	2.37	0.34	15.0	138		189	12.1			
剖22	淋溶土	棕壤	漂洗棕壤	花岗片麻岩漂洗棕壤	厚层花岗片麻岩漂洗棕壤	A	3—23		中壤土			102.0	4.25	0.17	16.9	160	6.6		11.2	花岗片麻岩风化物	E 106°32′07.4″ N 34°41′47.7″	93
						E	23—43		重壤土			15.1	1.05	<0.10	16.3	49	<1.0	34	13.2			
						B	43—73		重壤土			13.2	0.83	<0.10	15.7	45	<1.0	96	12.3			
						4	73—															
剖23	半水成土	山地草甸土	山地草甸土	山地黄土质草甸土		Ai	0—9	暗灰色	中壤土	团粒状	7.0									黄土	E 106°41′28.3″ N 34°40′12.2″	95
						2	9—31	灰红棕色	中壤土	粒块状	6.8											
						3	31—49	灰白色	中壤土	粒状	6.0											
						4	49—70	灰棕色	中壤土	块状	6.0											
						5	70—100	浅灰棕色	中壤土	粒块状												
剖24	淋溶土	棕壤	棕壤	黄土质棕壤		Ap	0—11	浅灰棕色	中壤土	粒状										黄土	E 106°35′17.0″ N 34°38′53.6″	88
						B	11—17	棕色	中壤土	棱块状												
						BC	17—37	棕色	重壤土	块状												
						C	37—74	棕色	重壤土	块状												
						4	74—															
剖25	半水成土	潮土	潮土	潮砂土		1	0—7	灰棕色	砂壤土	粒状										洪冲积物	E 106°46′00.1″ N 35°03′07.5″	96
						Ap	7—13	灰棕色	中壤土													
						C	13—100															
剖26	初育土	紫色土	石灰性紫色土	页岩质石灰性紫色土		A	0—8		中壤土	粒状										紫色砂页岩风化物	E 106°49′55.1″ N 35°01′56.1″	96
						AC	8—32	浅紫红色														
						C	32—150															
剖27	初育土	紫色土	中性紫色土	砂岩质中性紫色土		1	0—7		重壤土	块状		10.9	0.81	0.17	13.5	39	4.2	118	25.9	紫色砂页岩风化物	E 106°47′02.2″ N 35°02′08.8″	88
						Ap	7—13		重壤土	块状		6.7	0.40	0.19	13.0	24	3.8	118	26.7			
						C	13—100		重壤土			4.4	0.33	0.21	13.5	15	3.4	83	24.0			
						4	100—															
剖28	半水成土	潮土	潮土	二合土	中位砂石底子二合土	1	0—12	暗褐色	中壤土	团块状	8.3	17.5	1.10	0.74	20.0	47			26.4	洪冲积物	E 106°46′41.8″ N 35°01′35.1″	85
						Ap	12—20	暗灰棕色	重壤土	块状	8.4	14.3	1.12	0.67	18.2	44			10.3			
						3	20—40	浅灰棕色	轻壤土	块状	8.6	6.8	0.43	0.35	19.6	24			46.3			
						4	40—150	浅紫棕色	砂石土													
剖29	半水成土	潮土	湿潮土	湿潮土	湿泥土	1	0—15	灰黄色	中壤土	粒块状										洪冲积物	E 106°48′04.9″ N 35°01′30.3″	90
						2	15—24	灰棕色	重壤土	块状												
						3	24—50	浅灰棕色	中壤土	块状												
						4	50—															
剖30	半水成土	潮土	湿潮土	湿潮土	湿泥土	1	0—13	灰白色	重壤土	粒状、块状	6.5									洪冲积物	E 106°49′47.9″ N 34°57′13.1″	74
						Ap	13—31	棕色	中壤土	粒状、块状	6.5											
						3	31—78	棕色	中壤土	块状	7.0											
						G	78—100	灰白色	中壤土	块状	7.0											

续表 Continued

剖面号 Soil profile	土纲 Soil order	土类 Soil great group	亚类 Soil subgroup	土属 Soil genus	土种 Soil species	土层码 Layer code	土层厚度 Depth/cm	颜色 Soil color	质地 Soil texture	土壤结构 Soil structure	pH	有机质 OM/(g/kg)	全氮 TN/(g/kg)	全磷 TP/(g/kg)	全钾 TK/(g/kg)	碱解氮 AN/(mg/kg)	有效磷 AP/(mg/kg)	速效钾 AK/(mg/kg)	阳离子交换量CEC/(cmol/kg)	土壤母质 Parent material	剖面点坐标 Profile coordinate	匹配指数 Matching index/%
剖31	初育土	红黏土	红黏土	二色土		1	0—15	红黄my色	重壤土	块状										离石黄土	E 106°45′29.6″ N 34°57′22.9″	81
						Ap	15—21	浅棕红色	轻黏土	碎块状												
						3	21—100															
剖32	初育土	黄绵土	黄绵土	黄塿土	坡地黄塿土	1	0—13		中壤土		8.3	8.9	0.63	0.34	19.9	32	7.7	241	10.5	黄土	E 106°45′46.9″ N 34°55′26.0″	99
						Ap	13—22		中壤土		8.4	7.8	0.53	0.30	20.3	22	7.0	215	7.7			
						C	22—100				8.4	4.3	0.38	0.26	18.5	18	6.7	189	10.1			
						4	100—															
剖33	初育土	黄绵土	黄绵土	黄塿土	生草黄塿土	A_1	0—3		中壤土		8.0	65.7	2.83	0.34	20.2	197	7.3		14.3	黄土	E 106°53′57.2″ N 34°55′38.7″	73
						A_2	3—14		中壤土		8.2	20.6	1.23	0.27	19.1	80	3.4	151	9.2			
						B	14—36		中壤土		8.2	10.6	0.68	0.26	19.0	54	<1.0	151	8.2			
						C	36—150		中壤土		8.4	10.6	0.68	0.26	18.5	50	2.0	171	8.4			
剖34	钙层土	黑垆土	黏化黑垆土	黏黑垆土	中层黏黑垆土	1	0—22	灰棕色	中壤土	团块状	8.5	12.1	0.76	0.46	19.0	44			10.4	黄土	E 106°47′46.3″ N 34°52′45.3″	97
						Ap	22—28	浅灰棕色	中壤土	板状	8.1	13.3	0.92	0.55	22.7	29		163	10.2			
						3	28—53	棕黄色	中壤土	块状	8.5	8.8	0.67	0.64	19.0	27		129	8.9			
						4	53—64	棕褐色	重壤土	块状	8.3	10.8	0.66	0.99	18.8	22		120	12.4			
						5	64—130	棕黄色	重壤土	梭柱状	8.3	13.7	0.83	1.29	19.7	19		107	13.3			
						Bk	130—160	棕黄色	重壤土	块状	8.5	7.1	0.42	0.48	18.6	28			6.0			
剖35	钙层土	黑垆土	黏化黑垆土	红垆土	中层红垆土	1	0—12		重壤土		8.4	14.8	0.90	0.54	22.0	44			11.8	黄土	E 106°49′35.5″ N 34°52′36.3″	96
						3	12—22		中壤土		8.4	12.1	0.73	0.55	21.6	29			12.0			
						4	22—30		中壤土		8.4	12.0	0.72	0.48	19.7	39			13.9			
						5	30—37		重壤土			11.8	0.78	0.53	21.1	30			12.8			
						Bk	37—100		重壤土			11.6	0.70	0.48	19.2	32		186	15.6			
							100—150		重壤土			5.8	0.33	0.48	18.2	19		176	8.2			
						C	150—200		中壤土		8.5	4.5	0.32	0.31	18.2	14			7.8			
剖36	初育土	新积土	冲积土	河淤土	中层河淤土	Ai	0—16	暗灰色	中壤土	粒状		40.8	2.35	0.62	22.1	159	19.2	179	39.1	沉积物	E 106°51′57.5″ N 34°53′27.4″	80
						Ai_2	16—35	暗灰色	重壤土	粒块状		28.6	1.59	0.65	21.7	120	26.8	105	23.8			
						A_1	35—48	灰棕色	重壤土	块状		26.6	1.55	0.59	24.3	115	27.0	113	19.8			
						A_2	48—69	浅灰棕色	中黏土	块状		26.1	0.69	0.31	20.4	26	21.0	94	8.1			
						B	69—110	灰棕色	重壤土	块状		5.7	0.44	0.35	23.2	25	25.2	103	13.8			
剖37	初育土	新积土	新积土	洪积土		1	0—14	灰棕色	中壤土	粒状										洪积物	E 106°52′19.2″ N 34°53′48.8″	82
						Ap	14—23	浅黄灰色	中壤土	块状												
						3	23—61	浅灰黄色	轻壤土	梭块状												
						C	61—129	黄棕色	重壤土	块状												
剖38	半淋溶土	褐土	塿土	红油土		1	0—17	棕灰色	中壤土	粒状										黄土	E 106°51′03.4″ N 34°51′42.3″	90
						Ap	17—24	浅棕灰色	中壤土	块状												
						3	24—31	浅棕灰色	中壤土	梭块状												
						4	31—39	棕褐色	中黏土	块柱状												
						5	39—90		重壤土	块状												
						Bk	90—170		中壤土	块柱状												
						C	170—200	灰棕色	中壤土	块状												

续表 Continued

剖面号 Soil profile	土纲 Soil order	土类 Soil great group	亚类 Soil subgroup	土属 Soil genus	土种 Soil species	土层码 Layer code	土层厚度 Depth/cm	颜色 Soil color	质地 Soil texture	土壤结构 Soil structure	pH	有机质 OM/(g/kg)	全氮 TN/(g/kg)	全磷 TP/(g/kg)	全钾 TK/(g/kg)	碱解氮 AN/(mg/kg)	有效磷 AP/(mg/kg)	速效钾 AK/(mg/kg)	阳离子交换量CEC/(cmol/kg)	土壤母质 Parent material	剖面点坐标 Profile coordinate	匹配指数 Matching index/%
剖39	半淋溶土	褐土	塿土	红油土	中层红油土	1	0—12		重壤土		8.5	15.8	0.92	0.34	20.9	31	15.2		13.9	黄土	E 106°51′07.6″ N 34°51′16.5″	91
						Ap	12—22		重壤土		8.4	14.9	0.87	0.33	21.8	31	8.4		11.6			
						3	22—34		重壤土		8.5	10.3	0.67	0.27	18.7	36	5.2	215	13.4			
						4	34—49		重壤土		8.5	10.0	0.74	0.20	18.3	24	4.2	194	16.6			
						5	49—110		重壤土		8.3	9.6	0.63	0.21	18.4	24	4.4	213	19.1			
						Bk	110—150		重壤土		8.4	6.6	0.42	0.27	19.2	20	4.8		15.4			
						C	150—200		重壤土		8.5	6.3	0.41	0.31	17.3	17	4.2	160	11.1			
剖40	钙层土	黑垆土	黏化黑垆土	红垆土	厚层红垆土	1	0—13		中壤土											黄土	E 106°51′26.8″ N 34°51′48.2″	73
						2	13—22		中壤土													
						3	22—69		中壤土													
						4	69—77		中壤土													
						5	77—136		中壤土													
						6	136—173		中壤土													
						7	173—		中壤土													
剖41	钙层土	黑垆土	黑垆土性	红垆土	厚层垆土	1	0—19		重壤土		8.2	15.5	1.08	0.37	18.3	67			14.0	黄土	E 106°52′16.6″ N 34°52′09.8″	85
						Ap	19—28		重壤土		8.2	12.9	0.93	0.33	17.7	57	8.2		14.0			
						3	28—60		重壤土		8.3	10.5	0.75	0.32	20.4	40	4.4		12.6			
						4	60—69		重壤土		8.3	10.5	0.81	0.32	20.5	41	2.2	219	12.2			
						5	69—100		中壤土		8.2	8.5	0.57	0.31	22.2	37	2.2	192	12.7			
						Bk	100—170		中壤土		8.3	5.8	0.44	0.31	18.1	19		234	13.4			
						C	170—200		中壤土			5.0	0.41	0.27	17.2	17			7.0			
剖42	水成土	沼泽土	草甸沼泽土	草甸沼泽泥土		Ai	0—21	暗灰色	中壤土	少量粒状										洪积物	E 106°53′25.6″ N 34°52′41.1″	93
						W	21—55	灰蓝色	中壤土													
						G	55—	暗灰棕色	中壤土													
剖43	水成土	沼泽土	腐殖质沼泽土	青泥土		1	0—12	浅灰蓝色	中壤土											沉积物	E 106°53′38.4″ N 34°52′33.8″	70
						2	12—60	灰蓝色	中壤土													
						G	60—		中壤土													
剖44	水成土	沼泽土	腐殖质沼泽土	青砂土	青砂土	1	0—10	浅灰棕色	中壤土											沉积物	E 106°54′18.3″ N 34°51′28.8″	94
						2	10—40	浅灰棕色	中壤土													
						3	40—50	棕褐色	中壤土													
剖45	半淋溶土	褐土	塿土性	褐塿土	中层褐塿土	1	0—11	棕黄色	中壤土											冲积、洪积次生黄土	E 106°55′49.6″ N 34°50′52.1″	94
						Ap	11—19	浅黄棕色	中壤土													
						3	19—35		中壤土													
						4	35—44		中壤土													
						5	44—88		中壤土													
						Bk	88—134		中壤土													
						C	134—		重壤土													
剖46	初育土	黄绵土	黄绵土	黄绵土	梯地黄绵土	1	0—15		中壤土	碎块状	8.3	7.9	0.68	0.30	21.8	29	6.3	232	12.1	黄土	E 106°53′39.6″ N 34°49′22.7″	98
						Ap	15—24		中壤土		8.2	8.0	0.54	0.27	21.8	27	7.1	210	16.9			
						C	24—100		轻黏土		8.4	4.4	0.47	0.25	19.0	17	<1.0	163	9.8			
剖47	半淋溶土	褐土	褐土性	砂砾岩页岩黏土性土	生草砂砾岩页岩褐土性土	1	0—12	暗红棕色	轻黏土	粒状										砂砾岩、页岩	E 106°46′17.5″ N 34°44′21.6″	90
						Ap	12—21	浅灰棕色	轻黏土	块状												
						3	21—116	浅红棕色	重黏土													
剖48	半淋溶土	褐土	褐土性	板渣土		1	0—18	浅灰棕色	轻黏土	粒状										古冲积物	E 106°48′44.9″ N 34°43′26.8″	97
						Ap	18—27	浅红棕色	轻黏土	块状												
						3	27—200	褐棕色	黏土	板状												

千 阳 县

主要土类说明

黄绵土是千阳县主要土壤类型，占本县地域面积的67%。黄绵土是由黄土母质直接翻耕形成的初育土，广泛分布在千河两侧的高阶地。由于土壤侵蚀严重，表层长期遭侵蚀，只能不断加深耕作黄土母质层，因而母质特性明显。土壤无明显发育，为A–C型土。由于风成黄土富含细粉粒，故质地、结构均一，疏松绵软，富含石灰，磷、钾储量较丰富，但有效性差，土壤有机质缺乏。分布在梁、峁、坡地的黄绵土，土壤侵蚀作用强烈，土壤肥力很低；分布在较平坦地区的黄绵土，土壤侵蚀作用微弱，耕种时间长，熟化程度较高。

黑垆土是千阳县第二大土壤类型，占本县地域面积的9%，是本县的主要农业土壤之一，主要分布在山前黄土塬及二、三级黄土台塬地区，河流阶地也有零星分布。黑垆土是在自然黑垆土上，经长期耕种、施用粪肥而培育形成的农业土壤。因此，它具有自然土壤和农业土壤的双层剖面构造，即上层为人工覆盖熟化层，下层为自然黑垆土。该土壤上松下实，上轻下重，是肥力较高的农业土壤，养分含量高于黄绵土，耕层疏松多孔，具粒块状结构。

红黏土是千阳县第三大土壤类型，占本县地域面积的8%，零星分布在本县侵蚀严重的沟谷地带，是在保德期红土或午城古黄土上形成的幼年土壤。红黏土位于深厚黄土层下，常见第三纪红色黏土（保德期红黏土）埋藏。由于严重水蚀和风蚀，厚层黄土层侵蚀殆尽处，红色黏土层露出，形成的母质性状明显的初育土，即红黏土。该土壤黏重紧实，呈浅红色，具块状结构，湿黏干硬，透水性、透气性差，耕作性能不良。

新积土占本县地域面积的6%，分布在河流两岸及河漫滩。新积土是由新近冲积、洪积、坡积、塌积或人工堆垫形成的土壤。该土壤成土期短，母质特性明显，具A–C或（A）–C剖面构型。其形成主要受地形条件和母质特性的影响。

粗骨土占本县地域面积的5%，主要分布在石质山地的陡坡地段。粗骨土是在岩石风化碎屑上形成的幼年土壤，发育微弱，属于A–C型，甚至（A）–C型土壤。A层发育不明显，与母质土层性状相似，略显有机质累积。有时母质层富含砾石，很少出现剖面分异与发育特征。

褐土占本县地域面积的3%，主要分布在千河以南海拔1000m以上的清凉山北坡。褐土是在暖温带半湿润区发育形成的具有黏化与钙质淋移淀积特征的土壤。在其A–B–C剖面构型中，B层呈棕褐色，B层下部有假菌丝状钙积层。土壤pH为7.0—7.5，盐基饱和度在80%以上。本县褐土分为褐土、石灰性褐土、淋溶褐土、褐土性土、塿土等亚类。

小于本县地域面积3%的土壤类型有石质土、潮土、棕壤。

本区域中心区气候特征

本区域中心区气候特征值
Regional climate characteristics in central area of the region

气候带：暖温带亚湿润气候 Climate region: Warm temperate subhumid climate	
年平均气温 /℃ Annual average temperature /℃	11.3
年平均最高气温 /℃ Annual average maximum temperature /℃	17.1
年平均最低气温 /℃ Annual average minimum temperature /℃	6.7
年降水量 /mm Annual precipitation /mm	548
≥10℃的积温 /℃ Daily temperature accumulated in a year（≥10℃）/℃	5394
年日照时数 /h Annual sunshine /h	1978
年平均相对湿度 /% Annual average relative humidity /%	69
干燥度 Dryness	1.20

本区域中心区月平均气温与月平均降水量
Monthly temperature and precipitation in central area of the region

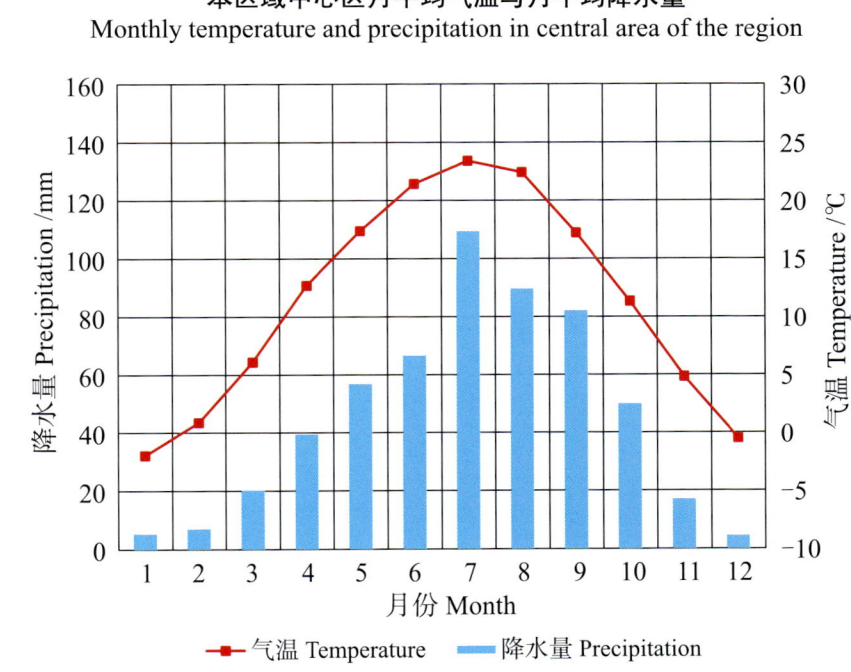

千阳县主要土壤类型与土壤剖面点分布图
1 ∶ 180 000

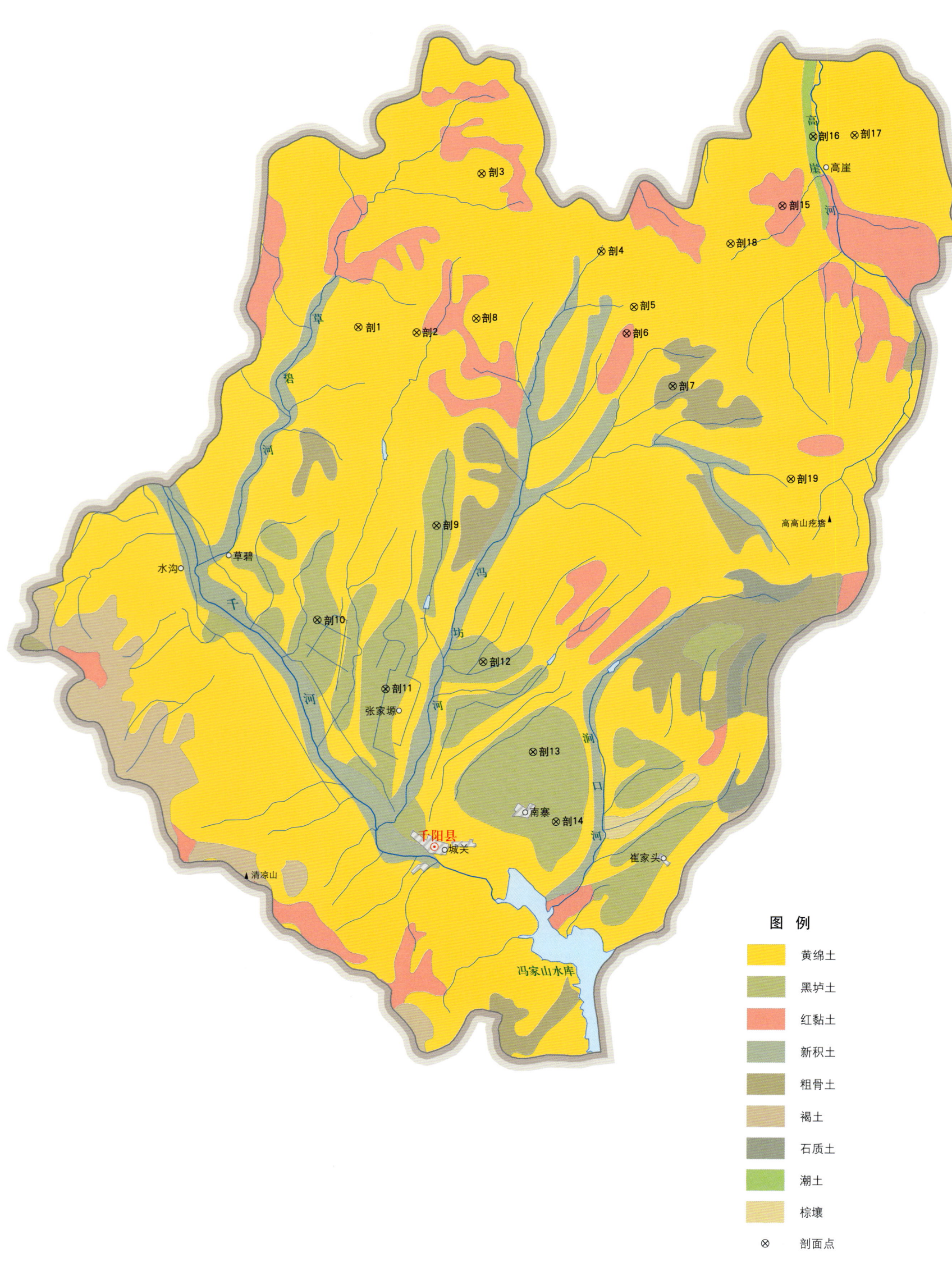

千阳县土壤剖面理化性状表

剖面号 Soil profile	土纲 Soil order	土类 Soil great group	亚类 Soil subgroup	土属 Soil genus	土种 Soil species	土层码 Layer code	土层厚度 Depth/cm	颜色 Soil color	质地 Soil texture	土壤结构 Soil structure	pH	有机质 OM/(g/kg)	全氮 TN/(g/kg)	全磷 TP/(g/kg)	全钾 TK/(g/kg)	碱解氮 AN/(mg/kg)	有效磷 AP/(mg/kg)	速效钾 AK/(mg/kg)	阳离子交换量CEC/(cmol/kg)	土壤母质 Parent material	剖面点坐标 Profile coordinate	匹配指数 Matching index/%
剖1	初育土	黄绵土	黄绵土	淤黄墡土	淤黄墡土	1	0—14		中壤土		8.1	16.0	1.06	0.88	17.0	72	20.5	281	12.9	黄土	E 107°05′49.1″ N 34°50′25.9″	74
						Ap	14—23		中壤土		8.2	13.4	0.96	0.86	17.9	66	9.1	193	12.7			
						C	23—150		重壤土		8.5	10.6	0.72	0.89	17.8	54	4.9	74	11.7			
剖2	初育土	黄绵土	黄绵土	黄墡土	深位砂石底子淤黄墡土	1	0—11	浅灰棕色		粒状状										黄土	E 107°07′26.3″ N 34°50′16.6″	98
						2	11—45	黄棕色		块状												
						C	45—			块状												
剖3	初育土	黄绵土	淤黄墡土	淤黄墡土		1	0—15		中壤土											黄土	E 107°09′20.3″ N 34°53′51.8″	82
						2	15—24		轻壤土													
						3	24—77		中壤土													
剖4	初育土	黄绵土	黄墡土	坡地黄墡土		1	0—14	灰棕色	中壤土	团粒状										黄土	E 107°12′37.1″ N 34°52′02.0″	72
						Ap	14—25	浅灰棕色	中壤土	块状												
						C	25—140	黄棕色	重壤土	块状												
剖5	初育土	黄绵土	淤黄墡土	中位夹砂石淤黄墡土		1	0—14		中壤土											黄土	E 107°13′30.1″ N 34°50′44.9″	78
						2	14—24		重壤土													
						3	24—47		重壤土													
						4	47—55		重壤土													
						5	55—150		中壤土													
剖6	初育土	红黏土	红黏土	二色土	料姜二色土	1	0—13		重壤土	团块状	8.4	9.2	0.58	0.60	16.6	37	3.6	156	24.2	老黄土	E 107°13′16.6″ N 34°50′09.1″	96
						Ap	13—24		重壤土	块状	8.1	7.9	0.51	0.51	17.3	30	3.0	162	22.2			
						C	24—150		轻黏土		8.0	2.4	0.25	0.52	15.0	15	1.8	159	21.3			
剖7	初育土	粗骨土	钙质粗骨土	灰石渣土	紫石渣土	A_{11}	0—14	油红棕色	砂质土		8.2	14.7	0.77	0.69	16.7	64	1.0	78	14.3	砂砾岩风化残积物、坡积物	E 107°14′31.9″ N 34°48′55.9″	96
						C_1	14—25	油红棕色	砂质土	块状	8.3	4.3	0.23	0.85	15.4	20		61	14.9			
						C_2	25—100	红棕色	砂质土		8.6	<1.0	<0.10	1.14	13.4	10		13	5.4			
剖8	初育土	黄绵土	黄墡土	梯地黄墡土		1	0—10		重壤土											黄土	E 107°09′06.5″ N 34°50′34.0″	100
						2	10—21		重壤土													
						3	21—150		重壤土													
剖9	钙层土	黑垆土	黑垆土性土	砾质黑垆土性土		A	0—20	暗灰棕色	中壤土	团粒状										黄土	E 107°07′53.0″ N 34°45′52.6″	92
						2	20—55	黄棕色	砂壤土													
						3	55—															
剖10	钙层土	黑垆土	黏化黑垆土	黏黑垆土	厚层黏黑垆土	A	0—20	灰棕色	中壤土	粒状	7.9	16.1	1.07	0.67	19.7	76	2.4	171	16.5	黄土	E 107°04′31.4″ N 34°43′47.2″	100
						Ap	20—29	浅灰棕色	中壤土	块状	8.2	12.4	0.88	0.66	19.6	59	1.8	143	16.2			
						A_3	29—80	灰棕色	中壤土	块状	8.0	10.7	0.80	0.62	18.8	48	1.1	127	17.4			
						4	80—89	暗棕棕色	中壤土	块状	8.1	10.8	0.76	0.55	19.2	51	1.5	142	16.8			
						5	89—176	暗棕褐色	重壤土	棱柱状	7.9	12.6	0.61	0.45	19.2	40	2.6	82	21.6			
						Bk	176—218	黄棕色	中壤土	块状	8.0	4.5	0.32	0.70	18.0	33	9.4	79	11.8			
						C	218—	棕黄色	中壤土	块状												
剖11	钙层土	黑垆土	黏化黑垆土	黏黑垆土	中层黏黑垆土	1	0—17		中壤土											黄土	E 107°06′23.1″ N 34°42′11.1″	81
						Ap	17—26		中壤土													
						A_3	26—40		中壤土													
						4	40—50		中壤土													
						5	50—150		重壤土													
						Bk	150—190		中壤土													
						C	190—		中壤土		8.0	5.1	0.44	0.77	19.0	38	11.2	97	13.2			

续表 Continued

剖面号 Soil profile	土纲 Soil order	土类 Soil great group	亚类 Soil subgroup	土属 Soil genus	土种 Soil species	土层码 Layer code	土层厚度 Depth/cm	颜色 Soil color	质地 Soil texture	土壤结构 Soil structure	pH	有机质 OM/(g/kg)	全氮 TN/(g/kg)	全磷 TP/(g/kg)	全钾 TK/(g/kg)	碱解氮 AN/(mg/kg)	有效磷 AP/(mg/kg)	速效钾 AK/(mg/kg)	阳离子交换量 CEC/(cmol/kg)	土壤母质 Parent material	剖面点坐标 Profile coordinate	匹配指数 Matching index/%
剖12	钙层土	黑垆土	黏化黑垆土	红垆土	中层红垆土	1	0—14		重壤土		8.1	14.9	1.05	0.76	17.8	72	11.9	267	14.4	黄土	E 107°09′06.9″ N 34°42′45.4″	82
						Ap	14—23		重壤土		8.2	13.2	0.92	0.69	18.0	63	3.2	179	14.3			
						A₃	23—49		重壤土		8.2	9.7	0.74	0.70	17.3	53	2.3	171	14.1			
						4	49—67		重壤土		8.2	8.2	0.56	0.52	7.3	37	2.4	113	15.9			
						5	67—155		重壤土		8.0	8.1	0.56	0.56	18.2	42	3.5	116	22.3			
						Bk	155—200		重壤土		8.2	5.2	0.66	0.68	16.1	28	7.1	79	10.9			
						C	200—250		重壤土		8.4	7.5	0.41	0.74	18.0	28	13.6	109	10.8			
剖13	钙层土	黑垆土	黏化黑垆土	红垆土	中层红垆土	1	0—15		重壤土											黄土	E 107°10′26.9″ N 34°40′40.4″	96
						2	15—24		重壤土													
						3	24—36		重壤土													
						4	36—45		重壤土													
						5	45—105		重壤土													
						6	105—137		重壤土													
						7	137—200		重壤土													
剖14	钙层土	黑垆土	黏化黑垆土	红垆土	厚层红垆土	1	0—14	灰棕色	中壤土	粒状										黄土	E 107°11′02.7″ N 34°39′04.7″	83
						Ap	14—23	浅灰棕色	中壤土	块状												
						A₃	23—62	灰灰棕色	中壤土	块状												
						4	62—69	暗灰棕色	中壤土	棱柱状												
						5	69—139	棕褐色	重壤土	块状												
						Bk	139—197	黄灰棕色	中壤土	块状												
						C	197—	棕黄色	重壤土													
剖15	初育土	红黏土	红黏土	三色土		1	0—9	浅灰棕色	中壤土	团粒状										老黄土	E 107°17′41.1″ N 34°52′58.4″	88
						Ap	9—18	棕红色	中壤土	团块状												
						C	18—103	棕红色	中壤土	团块状												
剖16	半水成土	潮土	潮土	壤质潮土	浅位砂石绵潮土	A₁	0—15	灰棕色	壤土	粒状	8.3	12.9	0.81	0.85	17.3	57	7.0	279	12.2	冲积物	E 107°18′35.1″ N 34°54′31.4″	79
						A₂	15—25	灰棕色	壤土	块状	8.4	12.6	0.77	0.81	14.8	10	3.0	292	10.3			
						C	25—30	棕黄色	砂土	粒状	8.7	2.1	0.18	1.09	13.6	17		48	6.7			
						Cu	30—100	浅灰棕色	壤土	块状	8.6	4.7	0.36	0.76	15.6	31		72	10.4			
剖17	初育土	黄绵土	黄绵土	淤黄塿土	中位砂石底子淤黄塿	1	0—13	黄灰棕色	中壤土	团粒状										黄土	E 107°19′44.5″ N 34°54′31.8″	93
						Ap	13—19	棕棕色	中壤土	块状												
						3	19—45	黄棕色	中壤土	块状												
						4	45—	棕棕色	中壤土													
剖18	初育土	黄绵土	黄绵土	黄塿土	坡地黄塿土	1	0—12	重壤土			8.9	14.0	0.84	0.71	16.9	55	4.1	121	12.5	黄土	E 107°16′13.6″ N 34°52′08.5″	71
						Ap	12—22	重壤土			8.7	7.8	0.49	0.71	16.9	31	4.3	88	11.9			
						C	22—162	重壤土			8.2	11.1	0.73	0.71	17.5	54	1.2	84	12.7			
剖19	初育土	黄绵土	黄绵土	黄塿土	黄塿土	1	0—10	灰棕色	中壤土	团粒状	8.1	8.2								黄土	E 107°17′45.6″ N 34°46′45.8″	98
						Ap	10—21	浅灰棕色	中壤土	块状	8.2											
						3	21—152	黄棕色	中壤土	块状	8.5											

麟 游 县

主要土类说明

黄绵土是麟游县主要土壤类型，占本县地域面积的 67%。黄绵土是由黄土母质直接翻耕形成的初育土，广泛分布在河流高阶地及塬面。由于土壤侵蚀严重，表层长期遭侵蚀，只能不断加深耕作黄土母质层，因而母质特性明显。土壤无明显发育，为 A–C 型土。由于风成黄土富含细粉粒，故质地、结构均一，疏松绵软，富含石灰，磷、钾储量较丰富，但有效性差，土壤有机质缺乏。

红黏土是麟游县第二大土壤类型，占本县地域面积的 21%。红黏土分布在本县侵蚀严重的沟谷地带，是在古红土上形成的幼年土壤。由于严重水蚀和风蚀，厚层黄土层侵蚀殆尽处，红色黏土层露出，形成的母质性状明显的初育土，即红黏土。其黏粒含量高，塑性强，生物作用微弱，母质特性明显。该土壤黏重紧实，呈浅红色，具块状结构，湿黏干硬，透水性、透气性差，耕作性能不良。

新积土是麟游县第三大土壤类型，占本县地域面积的 5%。新积土是由新近冲积、洪积、坡积、塌积或人工堆垫形成的土壤。该土壤成土期短，母质特性明显，具 A–C 或（A）–C 剖面构型。其形成主要受地形条件和母质特性的影响。本县新积土分为河淤土、洪积土等亚类。河淤土主要分布在本县西部较大河流的河漫滩，是在河流新近沉积物上发育的幼年土壤，有泥盖砂、砂盖泥等明显的沉积层次，并且离主河道越远，沉积物的颗粒越细。洪积土分布在狭窄的河谷两岸、山麓洪积锥、山区洪积扇峪口处、山间洼地、沟谷及古河床，是在坡积物或洪冲积物上形成的幼年土壤，砂（砾）石无明显分选层次，且含量高，甚至有石块出露地表。

粗骨土占本县地域面积的 4%，主要分布在石质山地的陡坡地段。粗骨土是在岩石风化碎屑上形成的幼年土壤，发育微弱，属于 A–C 型，甚至（A）–C 型土壤。A 层发育不明显，与母质土层性状相似，略显有机质累积。有时母质层富含砾石，很少出现剖面分异与发育特征。

小于本县地域面积 3% 的土壤类型有褐土、黑垆土、潮土。

本区域中心区气候特征

本区域中心区气候特征值
Regional climate characteristics in central area of the region

气候带：暖温带亚湿润气候 Climate region: Warm temperate subhumid climate	
年平均气温 /℃ Annual average temperature /℃	11.8
年平均最高气温 /℃ Annual average maximum temperature /℃	17.5
年平均最低气温 /℃ Annual average minimum temperature /℃	7.2
年降水量 /mm Annual precipitation /mm	556
≥ 10℃ 的积温 /℃ Daily temperature accumulated in a year（≥ 10℃）/℃	6158
年日照时数 /h Annual sunshine /h	1931
年平均相对湿度 /% Annual average relative humidity /%	69
干燥度 Dryness	1.23

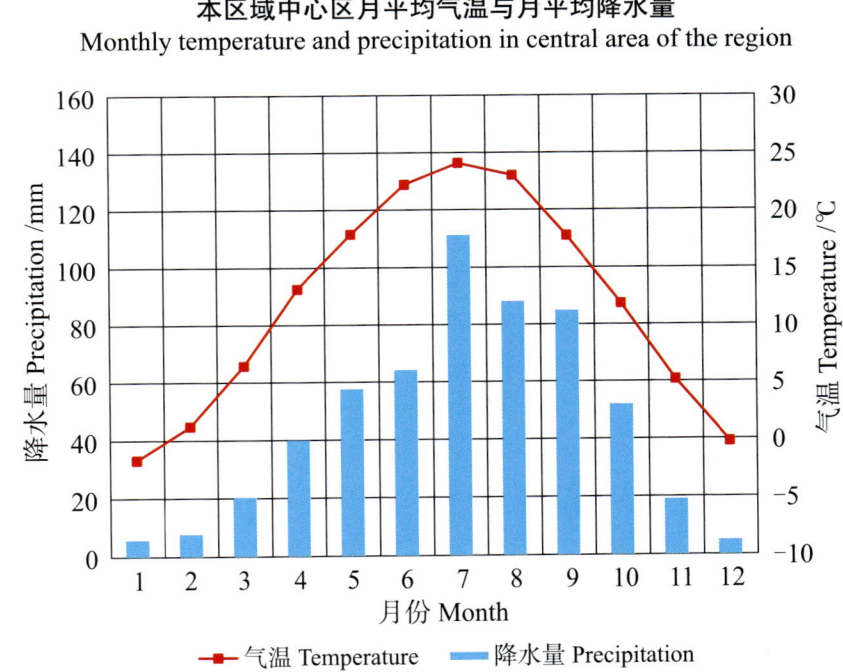

本区域中心区月平均气温与月平均降水量
Monthly temperature and precipitation in central area of the region

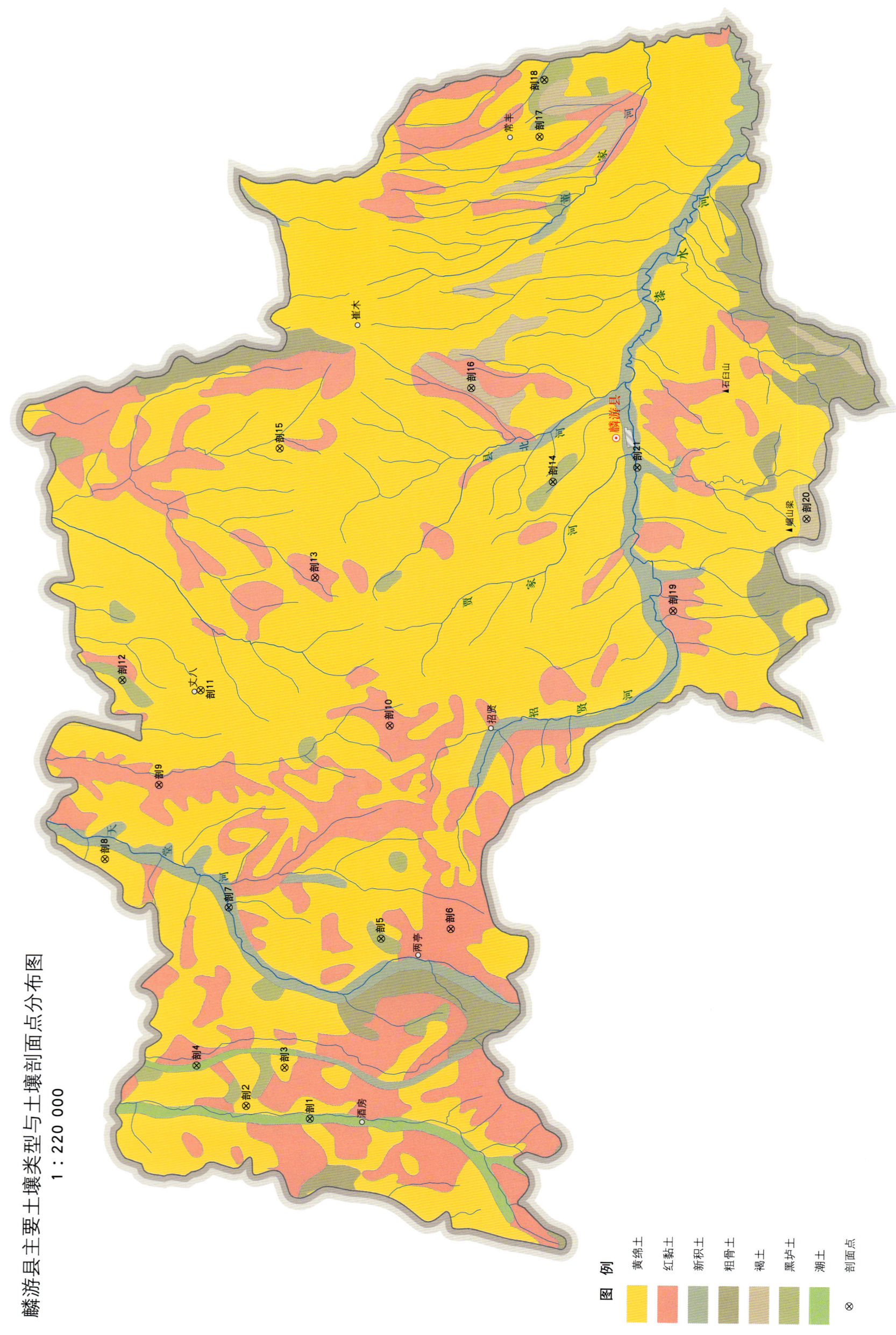

麟游县主要土壤类型与土壤剖面点分布图

麟游县土壤剖面理化性状表

剖面号 Soil profile	土纲 Soil order	土类 Soil great group	亚类 Soil subgroup	土属 Soil genus	土种 Soil species	土层码 Layer code	土层厚度 Depth/cm	颜色 Soil color	质地 Soil texture	土壤结构 Soil structure	pH	有机质 OM/(g/kg)	全氮 TN/(g/kg)	全磷 TP/(g/kg)	全钾 TK/(g/kg)	碱解氮 AN/(mg/kg)	有效磷 AP/(mg/kg)	速效钾 AK/(mg/kg)	阳离子交换量CEC/(cmol/kg)	土壤母质 Parent material	剖面点坐标 Profile coordinate	匹配指数 Matching index/%
剖1	半水成土	潮土	潮土	潮砂土	坡地白墡土	1	0—10	灰棕色	砂壤土											沉积物	E 107°23′42.0″ N 34°50′27.6″	74
						Ap	10—20	灰棕褐色	粗砂砂壤土													
						C	20—100	棕灰色	粗砂砂壤土													
剖2	初育土	黄绵土	黄墡土	白墡土		1	0—9	黄棕色	中壤土	团块状		9.6	0.64	0.76	22.5	49	7.0	113	12.9	黄土	E 107°24′10.8″ N 34°52′19.2″	92
						Ap	9—19	黄棕色	中壤土	块状		8.1	0.60	0.77	24.0	37	7.0	123	12.7			
						C	19—120	棕灰色	中壤土	块状		7.0	0.48	0.80	24.2	24	13.0	123	13.1			
剖3	初育土	黄绵土	黄墡土	淤黄墡土	川台淤黄墡土	1	0—13	浅灰棕色	中壤土	团块状		17.6	1.18	1.08	26.2	76	45.0	308	13.3	黄土	E 107°25′30.0″ N 34°51′10.8″	79
						Ap	13—22	浅灰棕色	中壤土	团块状		13.1	>6.00	0.91	26.0	62	13.0	154	12.0			
						C	22—100	黄灰棕色	中壤土	块状		7.2	>6.00	0.74	21.2	46	5.0	72	12.2			
剖4	半水成土	潮土	潮土	二合土	二合土	1	0—9	灰灰棕色	中壤土	团块状		18.2	1.11	0.75	20.9	84	4.0	215	13.1	沉积物	E 107°25′37.2″ N 34°53′45.6″	84
						Ap	9—17	浅灰棕色	中壤土	块状		8.8	0.62	0.69	19.9	60	1.0	82	12.3			
						3	17—45	浅灰棕色	中壤土	块状		7.8	0.57	0.72	19.4	54	<1.0	82	12.1			
						W	45—100	灰灰棕色	轻壤土			7.5	0.55	0.66	20.7	55	2.0	48	12.0			
剖5	钙层土	黑垆土	黏化黑垆土	黄盖淋溶黏黑垆土	中层黄盖淋溶黏黑垆土	1	0—14					15.7	1.06	0.73	24.5	66	12.0	225	10.6	黄土	E 107°30′00.0″ N 34°48′18.0″	95
						Ap	14—22					12.2	0.85	0.64	29.5	53	2.0	133	11.1			
						3	22—36					11.8	0.83	0.64	28.5	56	2.0	143	10.9			
						4	36—46					9.9	0.72	0.55	27.7	51	2.0	123	12.1			
						5	46—133					12.3	0.67	0.52	28.5	42	7.0	104	17.7			
						Bk	133—155					6.9	0.47	0.65	17.7	30	2.0	72	11.0			
						C	155—200					5.3	0.40	0.67	18.0	26	3.0	62	9.8			
剖6	初育土	红黏土	红黏土	二色土	二色土	1	0—13	暗黄棕色	中壤土	粒状										离石黄土、午城黄土	E 107°30′18.0″ N 34°46′15.6″	87
						Ap	13—27	红黄棕色	重壤土	粒状、块状												
						C	27—100	浅棕红色	轻黏土	棱状、块状												
剖7	初育土	新积土	洪积土	洪积土	深位砂石底子咪质洪积土	1	0—11	灰棕色				14.2	0.94	0.91	19.3	62	8.0	266	11.8	洪积物	E 107°31′12.0″ N 34°52′44.4″	78
						Ap	11—18	浅灰棕色	粗砂中壤土	块状		12.2	0.84	0.90	20.4	54	4.0	236	11.3			
						B	18—80	浅灰棕色	中砂砂壤土	块状		8.5	0.68	0.95	20.0	48	2.0	184	10.4			
						4	80—85					4.2	0.34	<0.10	13.6	34	2.0	74	6.6			
						5	85—															
剖8	初育土	黄绵土	黄墡土	黄墡土	梯地黄墡土	1	0—11				8.3	12.6	0.83	0.68	19.8	59	6.0	144	10.8	黄土	E 107°32′60.0″ N 34°56′20.4″	72
						Ap	11—19				8.4	10.8	0.74	0.67	18.6	26	3.0	103	11.3			
						C	19—50				8.5	4.3	0.34	0.64	17.7	27	3.0	62	8.5			
剖9	初育土	红黏土	红黏土	二色土	生草料姜二色土	A	0—13					26.3	1.48	0.69	21.1	86	6.0	208	18.7	离石黄土、午城黄土	E 107°35′34.8″ N 34°54′43.2″	92
						B	13—27					8.7	0.66	0.59	21.9	49	<1.0	146	19.0			
						C	27—110					2.5	0.31	0.47	13.6	26	4.0	148	24.5			
剖10	初育土	红黏土	红黏土	二色土	生草二色土	A	0—9					19.5	1.17	0.77	21.7	74	6.0	73	18.1	离石黄土、午城黄土	E 107°37′30.0″ N 34°47′56.4″	76
						B	9—25					10.5	0.69	0.62	18.2	50	2.0	52	15.3			
						C	25—100					3.9	0.42	0.38	18.1	29	3.0	42	20.2			
剖11	初育土	黄绵土	黄墡土	黄墡土	料姜黄墡土	1	0—13				8.2	12.3	0.79	0.70	24.5	47	6.0	134	14.3	黄土	E 107°38′52.8″ N 34°53′27.6″	87
						Ap	13—23				8.2	10.7	0.67	0.66	23.8	40	3.0	113	14.6			
						3	23—50															
						C	50—110				8.2	9.0	0.54	0.69	22.8	33		113	15.1			

续表 Continued

剖面号 Soil profile	土纲 Soil order	亚类 Soil subgroup	土属 Soil genus	土种 Soil species	土层码 Layer code	土层厚度 Depth/cm	颜色 Soil color	质地 Soil texture	土壤结构 Soil structure	pH	有机质 OM/(g/kg)	全氮 TN/(g/kg)	全磷 TP/(g/kg)	全钾 TK/(g/kg)	碱解氮 AN/(mg/kg)	有效磷 AP/(mg/kg)	速效钾 AK/(mg/kg)	阳离子交换量CEC/(cmol/kg)	土壤母质 Parent material	剖面点坐标 Profile coordinate	匹配指数 Matching index/%
剖12	钙层土	黑垆土	黏化黑垆土	黄垆黏黑垆土	薄层黄盖黏黑垆土	1	0—14	灰棕色	中壤土	团块状		11.4	0.87	0.66	22.6	67	3.0	154	13.8	黄土	E 107°39′18.0″ N 34°55′44.4″	87
					Ap	14—22	灰棕色	中壤土	块状		10.9	0.78	0.65	21.1	60	2.0	103	13.9			
					3	22—34	灰棕色	中壤土			10.4	0.65	0.48	21.2	53	1.0	82	15.3			
					4	34—41	暗灰棕色	重壤土	棱柱状		10.0	>6.00	0.64	21.7	58	2.0	103	13.2			
					5	41—160	暗灰色	重壤土	棱柱状		13.1	0.55	0.62	24.8	48	4.0	83	17.8			
					Bk	160—190	棕黄色	中壤土	块状		4.5	0.36	0.65	20.9	29	4.0		11.2			
					C	190—					4.2	0.35	0.75	22.8	32	5.0		11.3			
剖13	初育土	红土	红色土	料姜红土	1	0—10					5.7	0.54	0.52	23.7	46	7.0	186	25.9	离石黄土、午城黄土	E 107°42′46.8″ N 34°50′02.4″	79
					Ap	10—21					1.8	0.35	0.53	23.1	29	9.0	176	27.6			
					C	21—129					1.6	0.31	0.38	22.2	30	2.0	160	27.8			
剖14	钙层土	黏化黑垆土	红垆土	中层红垆土	1	0—18	灰棕色	中壤土	团块状		17.1	0.97	0.64	20.4	67	8.0	207	15.4	黄土	E 107°45′57.2″ N 34°43′02.0″	97
					Ap	18—25	灰棕色	中壤土	块状		11.9	0.85	0.60	19.9	61	5.0	187	13.4			
					3	25—34	浅棕褐色	中壤土	块状		10.8	0.75	0.59	19.3	55	3.0	134	14.6			
					4	34—43	棕褐色	重壤土	棱柱状		9.2	0.70	0.49	20.7	56	2.0	114	16.9			
					5	43—130	棕黄色	重壤土	块状		11.4	0.59	0.48	20.9	42	2.0	103	18.3			
					Bk	130—165	灰黄色	中壤土	块状		5.7	0.46	0.62	19.4	31	1.0	72	13.3			
					C	165—200	棕黄色	中壤土	块状		5.6	0.47	0.67	18.5	29	2.0	72	12.1			
剖15	初育土	黄垆土	黄垆土	坡地黄垆土	1	0—15				8.4	12.0	0.74	0.78	26.1	45	7.0	255	10.2	黄土	E 107°47′20.4″ N 34°51′00.0″	72
					Ap	15—28				8.4	11.8	0.72	0.74	26.7	48	8.0	276	10.1			
					C	28—163				8.0	5.8	0.43	0.72	19.3	17	7.0	>500	7.8			
剖16	半淋溶土	褐土	砾质褐土性土		A	0—5	浅灰棕色	中壤土	粒状											E 107°49′19.2″ N 34°45′21.6″	82
					B	5—15	灰棕相间	中壤土	粒状												
					C	15—27															
					R	27—															
剖17	初育土	黄墡土	黄墡土	黄墡土	1	0—16	灰棕色	中壤土	团块状	8.2	10.4	0.80	0.62	20.7	56	2.0	134	13.4	黄土	E 107°58′04.8″ N 34°43′12.0″	94
					Ap	16—27	浅灰棕色	中壤土	板状	8.2	11.5	0.83	0.60	18.4	54	2.0	82	13.7			
					C	27—150	棕黄色	中壤土	棱柱状	8.2	5.8	0.41	0.59	18.3	28	4.0	133	10.4			
剖18	钙层土	黑垆土	黄盖黏黑垆土	厚层黄盖黏黑垆土	A	0—20					12.0	0.56	0.69	24.5	40	5.0		11.9	黄土	E 108°00′03.6″ N 34°43′01.2″	93
					Ap	20—31					10.5	0.52	0.63	20.2	32	2.0	72	12.2			
					3	31—61					12.6	0.93	0.64	26.1	69	2.0	123	14.0			
					4	61—70					9.3	0.74	0.61	23.1	50	<1.0	103	14.2			
					5	70—141					11.3	0.74	0.57	27.6	45	<1.0	103	16.3			
					Bk	141—167					5.4	0.47	0.49	22.9	36	1.0	83	13.0			
					C	167—200					5.7	0.40	0.66	23.6	32	4.0	60	9.9			
剖19	初育土	红土	红色土		1	0—9	浅红棕色	轻黏土	碎块状		3.5	0.43	0.36	21.2	42	4.0	130	24.0	离石黄土、午城黄土	E 107°41′20.4″ N 34°39′36.0″	98
					Ap	9—17	红棕色	轻黏土	块状		4.0	0.46	0.58	23.6	51	4.0	127	25.7			
					C	17—110	棕红色	轻黏土	棱柱状		2.5	0.37	0.42	31.8	36	4.0	106	26.2			
剖20	半淋溶土	褐土	石灰岩质石灰性褐土	石灰性褐土	0	0—4	暗灰色	中壤土	粒状		55.5	2.76	0.50	17.7	197	6.0	204	37.0	石灰岩、基岩风化残积物	E 107°44′27.6″ N 34°35′38.4″	85
					A	4—7	灰色	重壤土	团块状		30.1	1.62	0.36	10.1	144	3.0	145	25.7			
					3	7—25	灰褐色	多砾轻黏土	棱柱状		12.9	0.71	0.22	8.3	65	2.0	80				
					Bt	25—33															
					C	33—47															
					R	47—															

续表 Continued

剖面号 Soil profile	土纲 Soil order	土类 Soil great group	亚类 Soil subgroup	土属 Soil genus	土种 Soil species	土层码 Layer code	土层厚度 Depth/cm	颜色 Soil color	质地 Soil texture	土壤结构 Soil structure	pH	有机质 OM/(g/kg)	全氮 TN/(g/kg)	全磷 TP/(g/kg)	全钾 TK/(g/kg)	碱解氮 AN/(mg/kg)	有效磷 AP/(mg/kg)	速效钾 AK/(mg/kg)	阳离子交换量CEC/(cmol/kg)	土壤母质 Parent material	剖面点坐标 Profile coordinate	匹配指数 Matching index/%
剖21	初育土	新积土	河淤土	河淤土	厚层淤泥土	1	0—11	灰棕色	中壤土	团块状		12.3	0.78	0.79	19.8	66	6.0	134	15.0	沉积物	E 107°46′22.8″ N 34°40′33.6″	70
						Ap	11—22	灰棕色	砂质中壤土	块状		6.0	0.40	0.68	19.9	42	4.0	83	12.8			
						B	22—58	浅灰棕色	少砾中壤土	块状		6.6	0.45	0.62	19.6	43		83	13.6			
						C	58—100	浅黄棕色	多砾中壤土	块状		5.2	0.43	0.76	19.9	40		104	17.0			

凤 县

主要土类说明

棕壤是凤县主要土壤类型，占本县地域面积的39%。棕壤主要分布在海拔1500—2200m的低山丘陵或中山区，多覆盖森林及草灌等自然植被，仅有少量被垦为耕地。棕壤是在暖温带季风气候湿润区落叶阔叶林及针阔叶混交林下形成的地带性土壤，也出现在半湿润及半干旱区的山地垂直带中。该土壤处于硅铝风化阶段，具有黏化特征，呈棕色。土体见黏粒淀积，盐基充分淋失，pH为6.0—7.0，见少量游离铁。成土母质多为残积物和坡积物，也有黄土母质。其成土过程与褐土相似，即腐殖质积累过程、黏化过程和淋溶过程。

褐土是凤县第二大土壤类型，占本县地域面积的33%。褐土是在暖温带半湿润区发育形成的具有黏化与钙质淋移淀积特征的土壤。该土壤盐基饱和，处于硅铝风化阶段，有明显的黏淀层。在其A-B-C剖面构型中，B层呈棕褐色，B层下部有假菌丝状钙积层。土壤盐基饱和度在80%以上。成土母质以黄土状母质和石灰性母质为主。

黄绵土是凤县第三大土壤类型，占本县地域面积的19%，分布在本县中东部的河流高阶地及塬面。黄绵土是由黄土母质直接翻耕形成的初育土。由于土壤侵蚀严重，表层长期遭侵蚀，只能不断加深耕作黄土母质层，因而母质特性明显。土壤无明显发育，为A-C型土。由于风成黄土富含细粉粒，故质地、结构均一，疏松绵软，富含石灰，磷、钾储量较丰富，但有效性差，土壤有机质缺乏。

黄棕壤占本县地域面积的4%。黄棕壤发生于暖湿落叶阔叶林下，弱度富铝化，黏聚现象明显，呈黄棕色。该土壤具A-B-C或A-（B）-C剖面构型，黏粒硅铝率在2.5左右，铁的游离度较红壤低，B层交换性酸大于A层。本县南部酒奠梁至八方山一线以南区域，生物气候条件已出现向北亚热带过渡的特点，与形成典型的黄棕壤所要求的自然条件相比，气温、积温和降水量均较低。本县黄棕壤可认为是陕南黄棕壤带的北缘，典型性较差。

小于本县地域面积3%的土壤类型有新积土、红黏土、潮土、山地草甸土、紫色土、粗骨土。

本区域中心区气候特征

本区域中心区气候特征值
Regional climate characteristics in central area of the region

气候带：暖温带亚湿润气候 Climate region: Warm temperate subhumid climate	
年平均气温 /℃ Annual average temperature /℃	13.2
年平均最高气温 /℃ Annual average maximum temperature /℃	18.4
年平均最低气温 /℃ Annual average minimum temperature /℃	9.1
年降水量 /mm Annual precipitation /mm	653
≥10℃的积温 /℃ Daily temperature accumulated in a year (≥10℃) /℃	5702
年日照时数 /h Annual sunshine /h	1742
年平均相对湿度 /% Annual average relative humidity /%	72
干燥度 Dryness	1.22

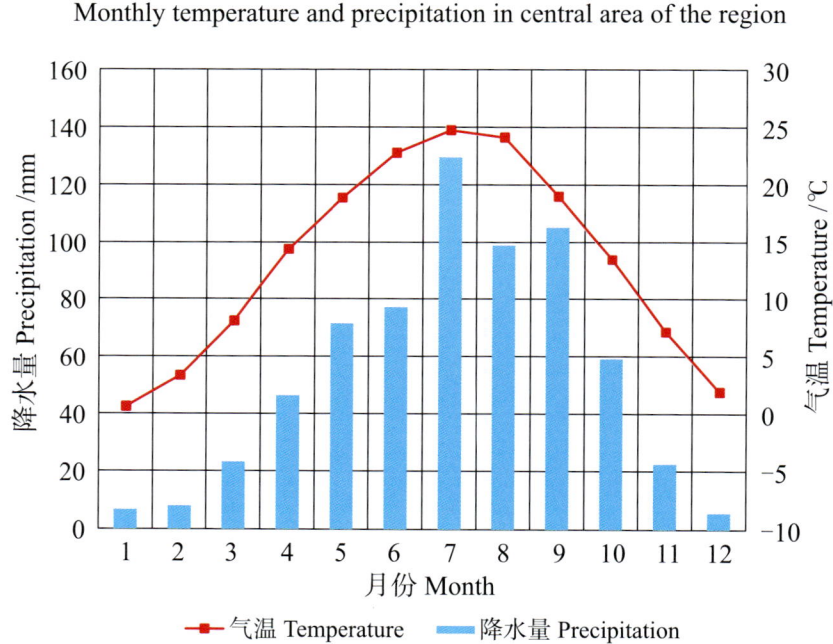

本区域中心区月平均气温与月平均降水量
Monthly temperature and precipitation in central area of the region

凤县主要土壤类型与土壤剖面点分布图
1∶290 000

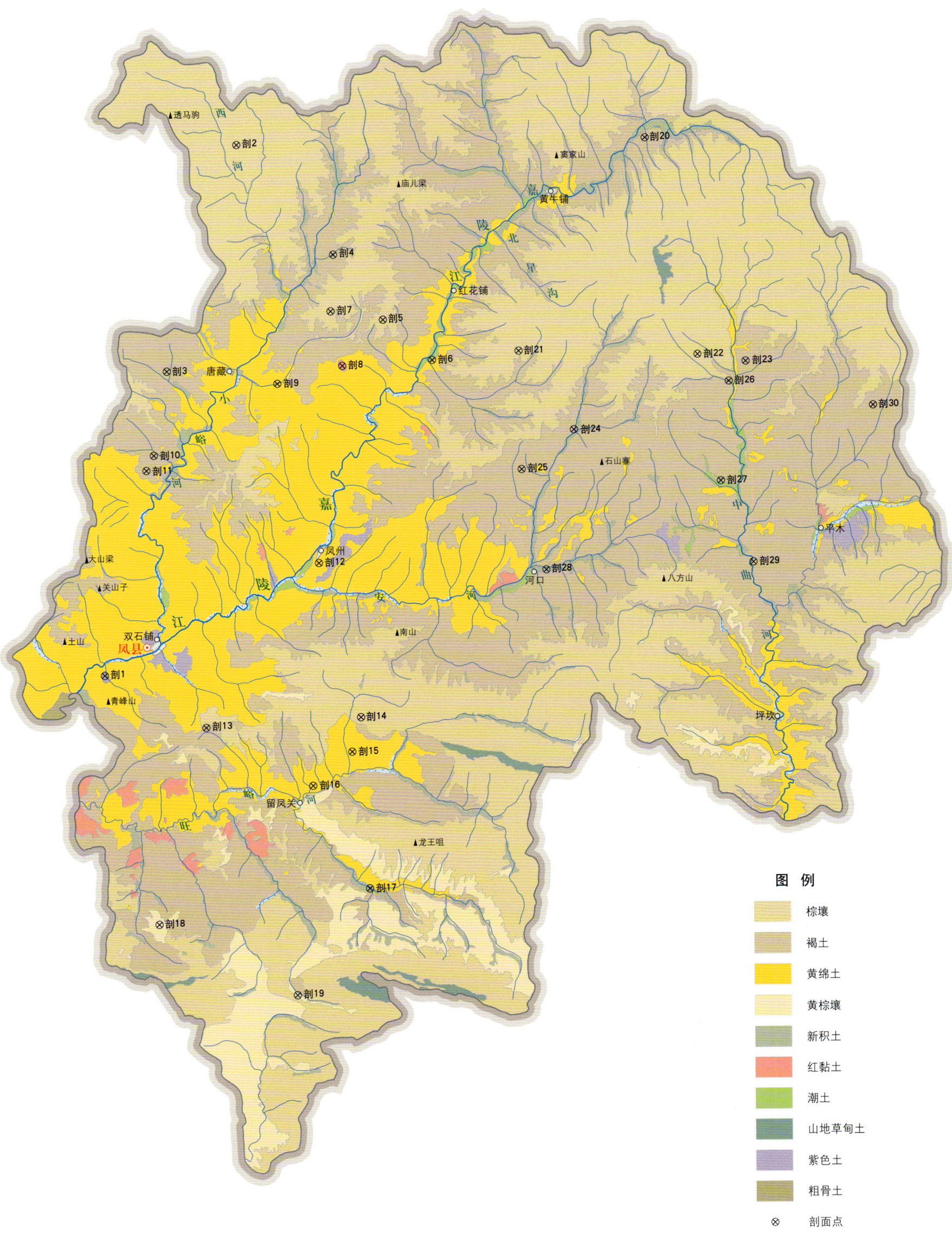

图 例

- 棕壤
- 褐土
- 黄绵土
- 黄棕壤
- 新积土
- 红黏土
- 潮土
- 山地草甸土
- 紫色土
- 粗骨土
- ⊗ 剖面点

凤县土壤剖面理化性状表

剖面号	土纲	土类	亚类	土属	土种	土层码	土层厚度/cm	颜色	质地	土壤结构	pH	有机质 OM/(g/kg)	全氮 TN/(g/kg)	全磷 TP/(g/kg)	全钾 TK/(g/kg)	碱解氮 AN/(mg/kg)	有效磷 AP/(mg/kg)	速效钾 AK/(mg/kg)	阳离子交换量CEC/(cmol/kg)	土壤母质	剖面点坐标	匹配指数 Matching index/%
剖1	初育土	紫色土	石灰性紫色土	石灰性砾岩紫色土	耕种厚层石灰性砾岩紫色土	1	0—19	浅红棕色	重壤土	团粒状		5.5	0.46	0.41	25.2	25	2.5	79	9.1	石灰性砾岩	E 106°28′43.1″ N 33°53′46.6″	89
						Ap	19—31	浅紫红色	中壤土	团块状		6.4	0.53	0.45	16.0	26	1.9	86	9.6			
						3	31—170	紫红色	重壤土	棱块状		2.2	0.40	0.54	20.8	28	<1.0	125	12.3			
						C	170—		轻壤土													
剖2	淋溶土	棕壤	漂洗棕壤	花岗片麻岩漂洗棕壤	花岗片麻岩漂洗棕壤	0	0—3													花岗片麻岩风化物	E 106°35′15.7″ N 34°13′48.3″	94
						A	3—6	暗灰色		粒状		135.0	5.21	0.41	21.7	347	14.0	485	39.3			
						3	6—9															
						E	9—23	灰白色	中壤土	团块状		15.3	0.92	0.23	19.1	85	3.1	121	13.2			
						5	23—36	浅棕褐色	重壤土	块状		9.1	>6.00	0.18	21.3	56	2.0	80	14.5			
						6	36—50	浅棕褐色	中壤土	块状		5.2	0.46	0.14	35.3	44	2.2	68	16.7			
						C	50—70															
剖3	半淋溶土	褐土	淋溶褐土	黄土质泥淋溶褐土	耕种黄土质淋溶褐土	A	0—14	浅灰棕色	重壤土	团块状		7.6	0.65	0.52	30.1	44	4.9	103	18.4	黄土	E 106°31′50.8″ N 34°05′15.9″	72
						Ap	14—22	灰棕色	重壤土	块状		6.7	0.59	0.48	31.9	40	2.3	132	18.5			
						Bt₁	22—105	棕褐色	重壤土	棱柱状		6.4	0.59	0.60	29.4	47	1.4	100	17.2			
						Bt₂	105—200	棕褐色	中壤土	棱块状		4.2	0.43	0.59	29.8	32	2.1	107	16.6			
剖4	半淋溶土	褐土	淋溶褐土	扁砂岩质泥淋溶褐土	中层扁砂岩马肝泥	A₁	0—9	浅棕褐色	黏壤土	块状										泥质岩风化残积物	E 106°39′36.7″ N 34°09′34.9″	81
						A₂	9—14		壤质黏土	棱块状												
						Bt	14—34															
						BC	34—50															
						C	50—90															
剖5	淋溶土	棕壤	棕壤性土	砂砾石棕壤性土	冷砂砾土	A	0—12	灰棕色	砂壤土	团粒状										砂岩岩残积物	E 106°41′50.7″ N 34°07′05.0″	83
						[B]	12—22	浅灰棕色	砂壤土	块状												
						C	22—50															
剖6	半水成土	潮土	潮土	二合土	深位砂石底子二合土	1	0—15	灰棕色	中壤土	团粒状		19.0	1.17	0.72	21.7	71	31.8	431	13.0	冲积物	E 106°44′04.3″ N 34°05′30.4″	85
						Ap	15—24	浅灰棕色	中壤土	块状		9.8	0.69	1.03	20.0	56	2.1	131	12.3			
						3	24—40	灰棕黄色	中壤土	块状		9.7	0.71	0.78	19.4	60	2.1	175	10.9			
						4	40—68	灰棕黄色	轻壤土	块状		6.1	0.45	0.86	23.6	40	2.3	138	7.7			
						5	68—100															
剖7	淋溶土	棕壤	漂洗棕壤	砂页岩质漂洗棕壤	砂页岩漂洗棕壤	0	0—3													砂页岩风化物	E 106°39′26.7″ N 34°07′25.9″	90
						A	3—20	暗灰棕色	轻壤土	粒状		30.9	2.14	0.32	30.3	37	4.5	181	11.9			
						3	20—58	浅棕色	中壤土	块状		4.8	0.77	0.21	20.2	38	<1.0	66	6.4			
						4	58—85	棕色	中壤土	棱块状		3.9	0.70	0.40	24.6	35	3.1	53	8.3			
						C	85—100															
剖8	初育土	红黏土	红黏土	二色土	料姜二色土	1	0—13	红棕色	重壤土	团块状		17.0	1.16	0.60	23.9	73	2.0	306	12.6	新黄土、老黄土	E 106°39′56.0″ N 34°05′21.2″	80
						Ap	13—21	灰棕色	重壤土	棱块状		10.2	0.83	0.59	27.7	60	2.1	166	13.0			
						C	21—100															
剖9	初育土	黄绵土	黄墡土	墡黄垆土	川台淤黄垆土	1	0—12	浅灰棕色	重壤土	团块状		20.0	0.73	0.79	26.2	45	19.0	256	9.3	次生黄土、冲积物	E 106°36′55.5″ N 34°04′43.3″	76
						Ap	12—18	棕色	中壤土	块状		12.6	0.85	0.79	25.6	53	14.9	200	11.0			
						3	18—27	浅灰黄棕	重壤土	块状				0.84	27.1		9.3	218	10.2			
						C	27—100	浅灰棕色	重壤土	团块状		8.1	0.64	0.73	30.4	40	>100.0	156	10.2			

续表 Continued

剖面号 Soil profile	土纲 Soil order	土类 Soil great group	亚类 Soil subgroup	土属 Soil genus	土种 Soil species	土层码 Layer code	土层厚度 Depth/cm	颜色 Soil color	质地 Soil texture	土壤结构 Soil structure	pH	有机质 OM/(g/kg)	全氮 TN/(g/kg)	全磷 TP/(g/kg)	全钾 TK/(g/kg)	碱解氮 AN/(mg/kg)	有效磷 AP/(mg/kg)	速效钾 AK/(mg/kg)	阳离子交换量CEC/(cmol/kg)	土壤母质 Parent material	剖面点坐标 Profile coordinate	匹配指数 Matching index/%
剖10	半淋溶土	褐土	褐土性土	青石泥褐土性	肝青石土	A₁	0—7	灰棕色	少砾粘壤土	团块状										石灰岩风化残积物	E 106°31′10.6″ N 34°02′04.9″	98
						A₂	7—15	浅灰棕色	中砾黏壤土	块状												
						[B]	15—60	浅灰褐色	中砾黏壤土	块状												
						C	60—100															
剖11	半淋溶土	褐土	石灰性褐土	黄土质石灰性褐土	生草黄土	A	0—5	灰korean色	轻壤土	粒状										黄土	E 106°30′49.4″ N 34°01′30.9″	93
						Bt	5—16	棕褐色	中壤土	核块状												
						Bk	16—75	浅黄棕色	中壤土	块状												
						C	75—95		中壤土	碎块状												
剖12	初育土	黄绵土	黄土	白堆土	坡地白堆土	1	0—12	浅黄棕色	重壤土	团块状		12.5	0.86	0.63	25.2	56	6.3	148	11.5	风成黄土	E 106°38′39.2″ N 33°57′53.9″	73
						Ap	12—19	浅黄棕色	中壤土	块状		10.7	0.77	0.59	29.0	53	2.4	105	11.9			
						3	19—100															
						C	100—155	棕色	中壤土	块状		10.9	0.84	0.64	30.6	59	4.4	96	12.3			
剖13	半淋溶土	褐土	淋溶褐土	砂砾石淋溶褐土	灰砂砾马肝泥	Ao	0—3													砂砾岩黏性残积物	E 106°33′19.5″ N 33°51′43.5″	88
						A	3—15	暗灰棕色	砂质黏壤土	粒状	7.3	29.6	1.50	0.59		80		157	23.5			
						Bt	15—53	褐色	砂质黏壤土	棱块状	7.9	3.9	0.60			23		400	19.7			
						C	53—100				8.5	<1.0	0.60			10		190	9.7			
						R	100—															
剖14	淋溶土	棕壤	棕壤性土	菁石泥棕壤性土	冷菁石土	A	0—13	灰棕色	中砾黏壤土	团块状										石灰岩残积物	E 106°40′25.7″ N 33°52′00.3″	71
						[B]	13—20	浅灰棕色	中砾黏壤土	块状												
						C	20—50		轻砾石土													
剖15	初育土	黄绵土	黄土	黄堆土	坡地黄堆土	1	0—19	浅灰棕色	重壤土	团粒状		11.6	0.88	0.59	28.7	58	3.4	172	16.2	次生黄土	E 106°39′59.3″ N 33°50′42.0″	92
						Ap	19—29	灰棕色	重壤土	块状		9.7	0.73	0.60	27.9	49	2.8	157	16.8			
						3	29—69	黄棕色	中壤土	块状												
						C	69—89	灰棕色	重壤土	块状		10.2	0.82	0.57	29.6	50	1.9	149	16.2			
						5	89—109	灰棕色	重壤土	团粒状		12.6	0.96	0.71		58	5.7	124				
剖16	初育土	黄绵土	黄土	淤黄堆土	中位砂石底子淤黄堆土	1	0—12	浅灰棕色	重壤土	块状		11.5	0.97	0.55		55	4.3	111		次生黄土、冲积物	E 106°38′09.6″ N 33°49′26.7″	84
						Ap	12—21	暗灰棕色	轻壤土	团块状		5.6	0.56	0.57		25	1.5	41				
						3	21—60	暗灰棕色	轻壤土	块状												
						4	60—80	灰棕色	砂土	粒状		7.8	5.00	0.46		30	7.3	59				
剖17	初育土	新积土	新积土	潮墡土	潮墡土	1	0—22	棕褐色	重壤土	块状		12.9	0.95	>4.00	17.8	67	13.4	185	20.4	坡积物、洪冲积物	E 106°40′39.1″ N 33°45′27.9″	100
						Ap	22—28	暗灰棕色	重壤土	团粒状		10.7	0.79	0.71	21.5	61	8.3	148	14.9			
						W₁	28—42	暗灰棕色	重壤土	团块状		10.3	0.81	0.65	24.4	53	5.1	79	11.6			
						W₂	42—87	暗灰棕色	重壤土	团块状		10.3	0.79	0.53	22.2	53	4.1	92	15.1			
						C	87—115		轻壤土	块状		2.3	0.21	0.18		10	1.1	74				
						6	115—150															
剖18	淋溶土	黄棕壤	黄棕壤	石灰岩黄棕壤	石灰岩黄棕壤	0	0—7													石灰岩风化物	E 106°30′57.4″ N 33°44′15.6″	94
						A	7—17	棕色	中壤土	粒状		51.8	2.45	0.43		210	1.7	252				
						3	17—28	灰棕色	重壤土	团粒状		20.4	1.15	0.31		120	1.7	143				
						4	28—45	浅灰棕色	重壤土	团块状		9.1	0.66	0.23		66	<1.0	109				
						5	45—68	黄棕色	重壤土	块状		4.5	0.51	0.37		47	10.0	130				
						6	68—100	黄棕色	重壤土	块状		4.0	0.40	0.55	8.6	27	21.0	138				
						C	100—															

续表 Continued

剖面号 Soil profile	土纲 Soil order	土类 Soil great group	亚类 Soil subgroup	土属 Soil genus	土种 Soil species	土层码 Layer code	土层厚度 Depth/cm	颜色 Soil color	质地 Soil texture	土壤结构 Soil structure	pH	有机质 OM/(g/kg)	全氮 TN/(g/kg)	全磷 TP/(g/kg)	全钾 TK/(g/kg)	碱解氮 AN/(mg/kg)	有效磷 AP/(mg/kg)	速效钾 AK/(mg/kg)	阳离子交换量CEC/(cmol/kg)	土壤母质 Parent material	剖面点坐标 Profile coordinate	匹配指数 Matching index/%
剖19	淋溶土	黄棕壤	黄棕壤	扁砂泥黄棕壤	暗黄泡土	O	0-3														泥质岩风化物	E 106°37′13.4″ N 33°41′30.6″	73
						A	3-12	暗黄棕色	黏壤土	粒状	5.3	28.0	1.41	0.17	28.6	139	1.2	174	15.6			
						AB	12-26	黄黄棕色	壤质黏土	块状	5.0	3.6	0.42	0.15	25.3	25	<1.0	71	15.4			
						Bt	26-50	黄棕色	壤质黏土	棱块状	5.4	8.9	0.64	0.14	27.5	70	<1.0	58	16.5			
						C	50-100															
剖20	半淋溶土	褐土	褐土性	板棕造土	黄板棕造土	1	0-15	灰棕黄色	轻黏土	碎块状		20.0	0.82	0.72	21.1	92	6.4	142	15.6	次生黄土	E 106°54′05.8″ N 34°13′48.0″	96
						Ap	15-24	浅棕黄色	轻黏土	块状		8.8	0.65	0.75	19.5	50	6.4	212	15.7			
						3	24-48	棕黄色	重黏土	板块状		4.7	0.54	0.75	21.5	28	2.1	172	14.6			
						4	48-100	棕黄色	轻壤土	块状		4.5	0.48	0.89	26.6	31	14.0	196	13.9			
						C	100-150	棕黄色	轻黏土	板块状												
						6	150-250	灰棕色	轻黏土			3.7	0.46	0.66	26.4	44	13.0	143	15.3			
剖21	淋溶土	棕壤	棕壤	砂砾石棕壤	中层砂砾泡土	A_1	0-11	浅棕黏色	砂质黏土壤土	小团块状										砂砾岩残积物	E 106°48′03.6″ N 34°05′47.8″	91
						A_2	11-19	棕色	砂质黏壤土	块状												
						B	19-30	棕黄色	砂质黏壤土	棱柱状												
						C_1	30-59	棕黄色	砂质黏壤土	棱柱状												
						C	59-100															
剖22	淋溶土	棕壤	棕壤性	青石泥棕壤性土	暗冷青石土	Ao	0-9	暗棕色	砂质黏壤土	粒状										石灰岩残积物	E 106°56′17.3″ N 34°05′31.4″	94
						A	9-22	暗灰棕色	砂质黏土	块状												
						[B]	22-60	棕灰色	砂质黏壤土	棱柱状												
						C	60-100															
剖23	半淋溶土	褐土	褐黄土	褐黄土	灰马肝土（褐土）	A	0-8	灰黄棕色	粉砂质黏土	团块状	8.0	33.7	1.43	0.38	22.8	105	3.0	146	20.1	黄土	E 106°58′29.5″ N 34°05′13.5″	92
						AB	8-24	灰黄棕色	粉砂质黏土	棱块状	8.0	27.5	1.44	0.35	24.2	106	2.0	193	20.9			
						Bt	24-70	浅棕色	粉砂质黏土	块状	8.5	16.0	0.91	0.30	24.6	66	2.0	122	17.0			
						Bk	70-110	浅黄棕色	粉砂质黏土	棱状	8.6	8.1	0.58	0.34	25.5	39	2.0	116	17.3			
剖24	半淋溶土	褐土	淋溶褐土	砂页岩质淋溶褐土	林用砂页岩淋溶褐土	O	0-4	暗棕黄色	中壤土	粒状										砂页岩残化物	E 106°50′31.1″ N 34°02′45.7″	84
						A	4-7	褐棕色	重壤土	块状												
						Bt	7-37			棱柱状												
						C	37-47															
剖25	半淋溶土	褐土	淋溶褐土	麻骨石淋溶褐土	灰麻骨马肝泥	A	0-4	灰棕色	壤质黏土	团块状	7.0	25.3	1.45	0.65	27.5	108	2.0	93	15.3	泥质岩残化残积物	E 106°48′04.7″ N 34°01′17.9″	70
						Bt	4-10	棕黄色	壤质黏土	棱块状	7.1	6.8	0.64	0.41	27.4	37	1.9	88	14.3			
						BC	10-28	浅棕黄色	多砾壤黏土	棱柱状	7.6	5.7	0.38	0.73	25.8	35	1.3	64	8.6			
							28-48		多砾壤质黏土													
							48-															
剖26	半淋溶土	褐土	淋溶褐土	扁砂泥淋溶褐土	厚层扁砂马肝泥	A_1	0-10	灰棕色	壤质黏土	团块状	7.0	18.9	1.20	0.51		85	2.0	93		泥质岩残化残积物	E 106°57′42.0″ N 34°04′28.4″	90
						A_2	10-28	浅棕褐色	壤质黏土	块状	7.3	16.6	1.02	0.44		74	2.0	80				
						Bt_1	28-47	浅棕褐色	壤质黏土	棱块状	7.4	4.3	0.41	0.51		89	3.0	98				
						Bt_2	47-91	浅棕褐色	壤质黏土	棱柱状	7.3	10.3	0.71	0.38		50	1.0	68				
						C	91-120															
剖27	半淋溶土	褐土	淋溶褐土	青石泥溶褐土	青石马肝泥	A_1	0-12	灰棕色	壤质黏土	团块状										石灰岩残化残积物	E 106°57′13.5″ N 34°00′41.6″	97
						Bt	12-20	浅棕黄色	壤质黏土	块状												
						BC	20-44	褐色	壤质黏土	棱柱状												
							44-150	浅褐色	黏壤土	棱柱状												
剖28	初育土	新积土	新积土	砾质淤土	砾质雏土	1	0-13	浅灰棕色	中壤土	团块状										洪积物、坡积物	E 106°49′06.2″ N 33°57′28.6″	98
						Ap	13-22	灰棕色	轻壤土	块状												
						3	22-95															
						C	95-100															

续表 Continued

剖面号 Soil profile	土纲 Soil order	土类 Soil great group	亚类 Soil subgroup	土属 Soil genus	土种 Soil species	土层码 Layer code	土层厚度 Depth/cm	颜色 Soil color	质地 Soil texture	土壤结构 Soil structure	pH	有机质 OM/(g/kg)	全氮 TN/(g/kg)	全磷 TP/(g/kg)	全钾 TK/(g/kg)	碱解氮 AN/(mg/kg)	有效磷 AP/(mg/kg)	速效钾 AK/(mg/kg)	阳离子交换量CEC/(cmol/kg)	土壤母质 Parent material	剖面点坐标 Profile coordinate	匹配指数 Matching index/%
剖29	半淋溶土	褐土	褐土	黄土质褐土	生草黄土质褐土	A	0—5	暗灰褐色	重壤土	粒状		45.9	2.06	0.37		163	3.5	388		黄土	E 106°58′37.7″ N 33°57′35.4″	74
						ABt	5—20	浅灰褐色	重壤土	团块状		25.7	1.30	0.33		100	1.2	305				
						Bt	20—83	棕褐色	轻黏土	柱状		5.5	0.55	0.34		36	<1.0	214				
						Bk	83—150	黄棕色	重壤土	块状		4.6	0.45	0.35		30	3.2	152				
剖30	半淋溶土	褐土	石灰性褐土	石灰岩质石灰性褐土	林用石灰岩质褐土	O	0—5	暗灰棕色	重壤土	粒状		72.3	3.75	0.62	30.1	244	6.4	364	33.0	石灰岩风化物	E 107°04′18.4″ N 34°03′25.8″	87
						A	5—13	棕褐色	重壤土	棱块状		27.4	1.94	0.32	21.7	122	<1.0	311	14.9			
						Bt	13—31	棕色	轻黏土	块状		7.6	0.81	0.62	32.7	37	1.9	82	18.4			
						Bk	31—42															
						C	42—															

太 白 县

主要土类说明

棕壤是太白县主要土壤类型，占本县地域面积的67%。棕壤主要分布在海拔1600—2300m的侵蚀削蚀中山地貌类型区，个别地区海拔可下降至1200m左右。棕壤分布区雨量丰沛，夏短冬长，年蒸发量小于年降水量，因而森林生长繁茂，种类非常庞杂，自然植被多为针阔叶混交林，仅有部分棕壤被用作农田。该土壤处于硅铝风化阶段，具有黏化特征，呈棕色。土体见黏粒淀积，盐基充分淋失，见少量游离铁。

暗棕壤是太白县第二大土壤类型，占本县地域面积的14%。暗棕壤发生于湿润地区针阔叶混交林下，多分布在本县冷杉、桦木林带，分布海拔为2200—3200m。成土过程为腐殖质积累过程、次生黏化过程和淋溶淀积过程。弱酸性淋溶使铁、铝轻微下移。B层呈棕色，结构面见铁锰胶膜。土壤呈弱酸性，盐基饱和度为70%—80%。土壤冻结期长。

褐土是太白县第三大土壤类型，占本县地域面积的7%，是本县主要的耕地土壤，分布在海拔1600m以下的中低山及坡麓地带。褐土是在暖温带半湿润区发育形成的具有黏化与钙质淋移淀积特征的土壤。该土壤盐基饱和，处于硅铝风化阶段，有明显的黏淀层。在其A-B-C剖面构型中，B层呈棕褐色，B层下部有假菌丝状钙积层。本县褐土位于本省褐土区南缘，淋溶作用比较强烈，脱钙作用明显。特别是发育于黄土母质的褐土，碳酸盐往往在150—200cm深处淀积，除该层有强烈的石灰反应外，整个剖面其余各层均无石灰反应。本县褐土区森林和草灌覆盖率较高，大量枯枝落叶归还土壤，有机质积累过程比较明显，因此本县褐土一般有厚10cm左右的灰棕色腐殖质层。

粗骨土占本县地域面积的4%，主要分布在石质山地的陡坡地段。粗骨土是在岩石风化碎屑上形成的幼年土壤，发育微弱，属于A-C型，甚至（A）-C型土壤。A层发育不明显，与母质土层性状相似，略显有机质累积。有时母质层富含砾石，很少出现剖面分异与发育特征。

黄棕壤占本县地域面积的3%，主要分布在秦岭以南二郎坝地区海拔1300m以下的坡麓、阶地及河流两岸。黄棕壤发生于暖湿落叶阔叶林下，多由砂页岩及花岗岩风化物发育而成，弱度富铝化，黏聚现象明显，呈黄棕色。该土壤具A-B-C或A-（B）-C剖面构型，黏粒硅铝率在2.5左右，铁的游离度较红壤低，B层交换性酸大于A层。

小于本县地域面积3%的土壤类型有黑毡土、潮土、黄绵土、新积土、红黏土、水稻土、黄褐土、紫色土。

本区域中心区气候特征

本区域中心区气候特征值
Regional climate characteristics in central area of the region

气候带：暖温带亚湿润气候 Climate region: Warm temperate subhumid climate	
年平均气温 /℃ Annual average temperature /℃	13.2
年平均最高气温 /℃ Annual average maximum temperature /℃	18.4
年平均最低气温 /℃ Annual average minimum temperature /℃	9.1
年降水量 /mm Annual precipitation /mm	685
≥10℃的积温 /℃ Daily temperature accumulated in a year (≥10℃) /℃	6315
年日照时数 /h Annual sunshine /h	1706
年平均相对湿度 /% Annual average relative humidity /%	73
干燥度 Dryness	1.20

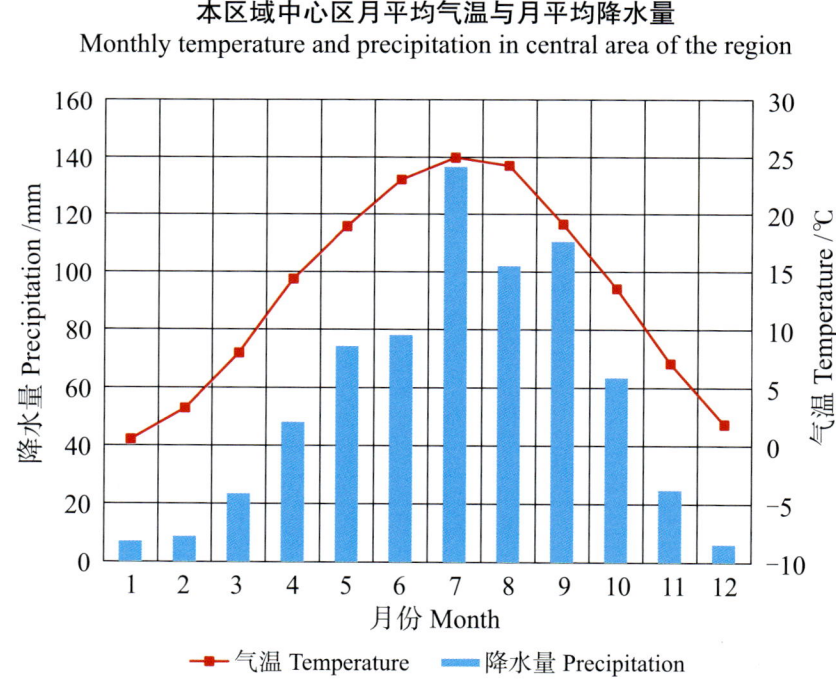

本区域中心区月平均气温与月平均降水量
Monthly temperature and precipitation in central area of the region

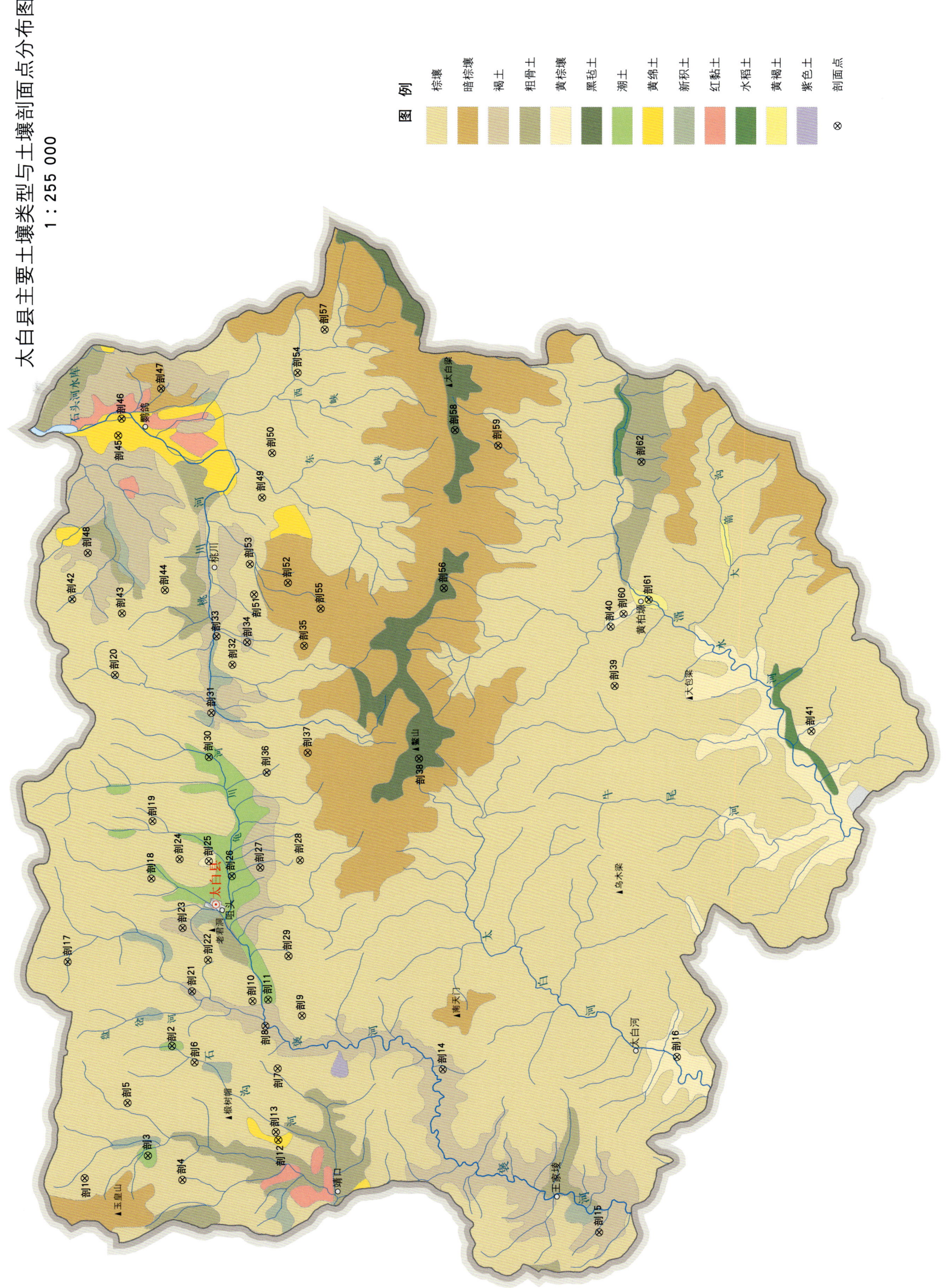

太白县土壤剖面理化性状表

剖面号 Soil profile	土纲 Soil order	土类 Soil great group	亚类 Soil subgroup	土属 Soil genus	土种 Soil species	土层码 Layer code	土层厚度 Depth/cm	颜色 Soil color	质地 Soil texture	土壤结构 Soil structure	pH	有机质 OM/(g/kg)	全氮 TN/(g/kg)	全磷 TP/(g/kg)	全钾 TK/(g/kg)	碱解氮 AN/(mg/kg)	有效磷 AP/(mg/kg)	速效钾 AK/(mg/kg)	阳离子交换量CEC/(cmol/kg)	土壤母质 Parent material	剖面点坐标 Profile coordinate	匹配指数 Matching index/%
剖1	淋溶土	棕壤	漂洗棕壤	花岗片麻岩漂洗棕壤		O	0—5	黑棕色	轻壤土	团块状	6.5									花岗片麻岩风化物	E 107°07′45.3″ N 34°08′24.4″	85
						A	5—24	暗棕色	轻壤土	团块状	6.0											
						E	24—60	浅黄棕色	中壤土	棱块状	6.0											
						B	60—88	暗红棕色														
						C	88—130															
剖2	半水成土	潮土	黑潮土	黑潮土	黑潮泥土	A	0—12	深青褐色	中壤土	团粒状	6.0									洪积物	E 107°13′03.4″ N 34°05′15.7″	88
						P	12—21	灰褐色	中壤土	块状	6.0											
						B	21—100	青灰色	中壤土	块状	6.5											
剖3	半水成土	潮土	潮土	二合土	浅位砂底子二合土	A	0—15	灰褐色	中壤土	团块状	6.2	18.2	1.17	0.79	11.2	74	3.7	59		冲积物	E 107°08′36.3″ N 34°06′11.5″	93
						P	15—22	暗黄褐色	轻壤土		5.8	17.7	1.16	0.86	11.9	77	3.2	51				
						G_1	22—36	蓝黄褐色	砂壤土		7.4	3.0	0.19	1.29	12.6	60						
						G_2	36—150	灰褐色	砂壤土		5.9	13.2	0.92	0.70	11.3	24						
						C	60—150		砂壤土	无明显结构	5.8	4.3	0.34	0.70	13.3							
剖4	淋溶土	棕壤	棕壤	扁砂泥棕壤	中层扁泡土	A_1	0—15	灰棕色	砂壤土	团块状										泥质岩风化物	E 107°07′34.8″ N 34°05′01.5″	83
						A_2	15—25	灰棕色	砂壤土	块状												
						B	25—60	棕色	黏壤土	块状												
						C	60—															
剖5	淋溶土	棕壤	棕壤性	黄土质棕壤性土		As	0—5	黑棕色	中壤土	团粒状	8.0									次生黄土	E 107°10′47.0″ N 34°06′51.5″	92
						A	5—16	暗棕色	中壤土	小团块状	8.0											
						B	16—65	棕色	中壤土	块状	8.0											
						Bca	65—150	浅灰棕色	轻壤土	块状	8.0											
剖6	淋溶土	棕壤	生草棕壤	砂页岩质生草棕壤		A	0—4		轻壤土		6.6	52.2	1.75	0.57	29.0				19.3	砂页岩风化物	E 107°12′22.1″ N 34°04′29.7″	81
						B_1	4—22		轻壤土		6.8	7.7	<0.10	0.28	25.4				9.3			
						B_2	22—55		粉质壤土		6.7	5.7	0.11	0.27	24.6				11.5			
剖7	淋溶土	棕壤	棕壤	青石泥棕壤	暗黑泡土	O	0—4	暗灰色	壤土	团粒状	6.9	52.0	1.52	0.48	21.7				17.3	石灰岩风化物	E 107°12′01.4″ N 34°01′37.1″	72
						A	4—32	棕色	黏质壤土	棱块状	5.4	19.3	0.66	0.32	22.7				15.5			
						B	32—56	浅棕色	黏质壤土	块状	6.7	8.6	0.30	0.19	19.7				17.4			
						C	56—85	棕褐色	重壤土	团块状	7.3	12.0	0.85	0.93	11.3							
剖8	半淋溶土	褐土	淋溶褐土	黄土质淋溶褐土		A	0—15	灰棕褐色	轻黏土	块状	6.9	5.4	0.60	0.97	11.7	49	1.1	112		黄土	E 107°13′47.0″ N 34°02′00.3″	70
						P	15—25	棕褐色	重黏土	块状	7.3	6.7	0.57	1.01	11.9	27	1.1	87				
						B_1	25—164	褐色	重黏土	块块状	7.2	6.4	0.57	1.23	11.2	33						
						B_2	164—200		重黏土		7.1	3.1	0.55	1.03	12.2	26						
						C	200—									20						
剖9	淋溶土	棕壤	生草棕壤			A	0—9	粉质棕褐色	粉质壤土		6.5	48.0	1.87	0.96	16.3				15.2	花岗片麻岩风化物	E 107°14′10.1″ N 34°00′43.5″	89
						B	9—32	褐棕色	粉质壤土		6.5	12.2	0.61	0.51	15.0				9.2			
剖10	淋溶土	棕壤	漂洗棕壤			A	0—15	黄褐棕色	细砂土		6.9	42.0	1.52	0.41	24.0				16.0	花岗片麻岩风化物	E 107°14′48.8″ N 34°02′25.9″	91
						BC	15—54		中壤土		6.5	14.1	0.48	0.39	22.6				7.9			
剖11	半水成土	潮土	潮土	山地潮土	山地潮泥土	A	0—13	黄褐棕色	中壤土	团块状	6.0									次生黄土	E 107°14′51.4″ N 34°01′52.9″	75
						P	13—22	褐棕色	中壤土	团块状	6.0											
						B	22—95	黄棕褐色	中壤土	块状	6.0											
						C	95—200	青黑色	中壤土	棱块状	6.5											

续表 Continued

剖面号 Soil profile	土纲 Soil order	土类 Soil great group	亚类 Soil subgroup	土属 Soil genus	土种 Soil species	土层码 Layer code	土层厚度 Depth/cm	颜色 Soil color	质地 Soil texture	土壤结构 Soil structure	pH	有机质 OM/(g/kg)	全氮 TN/(g/kg)	全磷 TP/(g/kg)	全钾 TK/(g/kg)	碱解氮 AN/(mg/kg)	有效磷 AP/(mg/kg)	速效钾 AK/(mg/kg)	阳离子交换量CEC/(cmol/kg)	土壤母质 Parent material	剖面点坐标 Profile coordinate	匹配指数 Matching index/%
剖12	初育土	黄绵土	黄绵土	次生黄土质黄绵土	潞黄墡土	A	0—13	棕褐色	中壤土	团块状	6.0									次生黄土	E 107°09′06.0″ N 34°01′39.6″	71
						P	13—22	褐棕色	中壤土	块状	6.0											
						B_1	22—80	褐色	中壤土	块状	6.0											
						B_2	80—120	褐色	中壤土	块状	7.5											
						C	120—200	黄褐色	轻壤土	块状	7.5											
剖13	淋溶土	棕壤	棕壤	石灰岩质棕壤		A	0—9		轻壤土			7.0	134.0	4.62	1.00	14.7				33.3	石灰岩风化物	E 107°09′22.8″ N 34°01′44.5″	70
						AB	9—32		轻壤土			7.1	54.9	1.92	0.69	14.7				23.6			
						B	32—66		粉质壤土			7.2	16.1	0.48	0.30	15.0				12.8			
剖14	半淋溶土	褐土	淋溶褐土	黄土质淋溶褐土		A	0—14	深褐色	重壤土	小团块状		7.4	38.6	1.09	0.36					25.0	黄土	E 107°11′48.5″ N 33°55′53.3″	78
						B	14—70	棕色	重壤土	棱块状		8.1	6.8	0.25	0.28	20.7				27.7			
						Bca	70—110			块状		8.0											
剖15	半淋溶土	褐土	淋溶褐土	花岗片麻岩风溶褐土		A	0—8	深褐色	砂壤土	小团块状		7.3	49.6	1.76	<0.10	15.8				13.8	花岗片麻岩风化物	E 107°04′59.3″ N 33°50′36.5″	73
						B	8—85	深褐色	轻壤土	团块状		6.9	21.2	0.77	0.67	14.5				10.9			
						C	85—																
剖16	淋溶土	黄棕壤	黄棕壤	黄土质黄棕壤		O	0—3														黄土	E 107°12′03.7″ N 33°47′45.4″	77
						A	3—13	棕色	中壤土	粒状		6.5	31.8	1.12	0.43	16.5				14.0			
						B_1	13—40	黄褐色	重壤土	棱块状		6.5	5.3	0.39	0.43	21.3				15.8			
						B_2	40—85	灰棕色	中壤土	棱块状		6.4	3.7	0.42	0.32	15.0				14.4			
						BC	85—150	黄褐色	重壤土	棱块状		7.2	3.2	0.20	0.59	15.8				15.3			
剖17	淋溶土	棕壤	漂洗棕壤	砂页岩质漂洗棕壤		A	0—24		黏壤土			5.1	58.4	1.80	0.38	12.9				25.4	砂页岩风化物	E 107°16′37.3″ N 34°08′48.5″	91
						E	24—55		轻壤土			6.0	16.3	0.57	0.21	13.4				14.6			
						B	55—82		黏壤土			7.3	25.6	0.95	0.48	13.8				22.6			
剖18	淋溶土	棕壤	棕壤	石灰岩质棕壤		O	0—4	灰棕色													石灰岩风化物	E 107°19′58.5″ N 34°05′49.7″	95
						A	4—32	暗棕色	轻壤土	团块状		6.9	52.0	1.52	0.48	21.7				17.3			
						B	32—56	灰棕红色	重壤土	棱块状		5.4	19.3	0.66	0.32	22.7				15.5			
						BC	56—85	红棕色	重壤土	团块状		6.7	8.6	0.30	0.19	19.7				17.4			
						C	85—																
剖19	淋溶土	棕壤	生草棕壤	花岗片麻岩生草棕壤		O	0—4														花岗片麻岩风化物	E 107°22′21.8″ N 34°05′43.8″	74
						As	4—22	深褐色	中壤土	粒状、块状		6.5											
						B	22—43	浅褐色	中壤土	块状		6.7											
						C	43—49																
剖20	淋溶土	棕壤	棕壤性	石灰岩质棕壤性土		A	0—20	暗棕色	中壤土	团块状		8.1	95.4	2.96	0.78	19.8				2.1	石灰岩风化物	E 107°28′26.7″ N 34°06′54.0″	89
						BC	20—28	浅棕红色	中壤土	小团粒状		8.2	53.3	1.73	0.64	14.4				6.1			
						C	28—68	棕色	中壤土			8.4	25.3	0.80	0.67	10.5				7.8			
剖21	半淋溶土	褐土	褐土性	石灰岩质褐土性土		A	0—18	深褐色	粉质砂土			8.1	57.8	2.87	1.06	16.6				16.0	石灰岩风化物	E 107°15′16.7″ N 34°04′30.9″	77
						B	18—54		粉质砂土			8.5	10.1	0.44	0.65	16.3				6.9			
						BC	54—80		粉质砂土			8.7	8.1	0.25	0.57	17.2				5.0			
剖22	淋溶土	棕壤	棕壤	黄土质棕壤		A	0—10		轻壤土			6.4	61.3	1.90	0.43	15.8				19.2	黄土	E 107°16′32.4″ N 34°03′56.0″	82
						AB	10—25		轻壤土			6.5	10.3	0.38	0.18	9.4				9.4			
						B	25—76		黏壤土			6.5	5.2	0.24	0.48	10.0				14.4			
剖23	半淋溶土	褐土	褐土性	砂页岩质褐土性土		O	0—4	棕褐色		团粒状		7.5									砂页岩风化物	E 107°17′53.6″ N 34°04′47.5″	84
						A	4—26	暗棕色	轻壤土	团粒状		8.0											
						B	26—64	棕色	轻壤土	粒状		8.0											
						C	64—90																

续表 Continued

剖面号 Soil profile	土纲 Soil order	土类 Soil great group	亚类 Soil subgroup	土属 Soil genus	土种 Soil species	土层码 Layer code	土层厚度 Depth/cm	颜色 Soil color	质地 Soil texture	土壤结构 Soil structure	pH	有机质 OM/(g/kg)	全氮 TN/(g/kg)	全磷 TP/(g/kg)	全钾 TK/(g/kg)	碱解氮 AN/(mg/kg)	有效磷 AP/(mg/kg)	速效钾 AK/(mg/kg)	阳离子交换量CEC/(cmol/kg)	土壤母质 Parent material	剖面点坐标 Profile coordinate	匹配指数 Matching index/%
剖24	淋溶土	棕壤	棕壤性土	扁砂泥棕壤性土	冷扁砂土	A	3—30	暗灰棕色	砂砾质壤土	粒状	6.9	55.1	2.71	0.89		179	6.0	205	21.4		E 107°20′44.7″ N 34°04′49.8″	81
						[B]	30—42	灰棕色	砂砾质壤土	块状	7.1	10.2	0.54	0.45		38	1.0	191	16.6			
						C	42—															
剖25	淋溶土	黄棕壤	粗骨性黄棕壤			O	0—2				7.0									页岩风化残积物	E 107°20′37.7″ N 34°03′49.3″	79
						A	2—9	灰棕色	轻壤土	粒状	6.5											
						B₁	9—24	棕色	轻壤土	块状	6.0											
						B₂	24—36	棕色	中壤土	块状	6.0											
						B₃	36—48	深棕色	轻壤土	棱块状												
						C	48—															
剖26	半水成土	潮土	潮土	壤质潮土	中层绝潮土	A₁	0—15	暗灰棕色	黏壤土	团块状	6.2	18.2	1.17	0.79	11.2	74			10.6	沉积物	E 107°19′59.1″ N 34°03′01.9″	94
						A₂	15—22	暗灰棕色	壤土	块状	5.8	17.7	1.16	0.65	11.9	77		59	10.6			
						Cu₁	22—36	棕色	壤土	块状	7.4	3.0	0.14	1.21	12.6	60			8.5			
						Cu₂	36—60	暗棕色	壤土	棱块状	5.9			0.70	11.3	24			4.9			
						C	60—150				5.8	4.3	0.34	0.70	13.3							
剖27	半水成土	褐土	褐土性土	石灰岩质褐土性土		A	0—18	暗褐色	中壤土	粒状	8.2	43.4	1.34	0.72	12.4				15.4	石灰岩风化物	E 107°20′18.6″ N 34°02′02.5″	100
						B	18—60	红棕色	中壤土	小团块状	8.4	23.9	0.66	0.44	12.9				20.3			
						C	60—80															
剖28	淋溶土	棕壤	漂洗棕壤	砂页岩质漂洗棕壤		Aoo	0—6														砂页岩风化物	E 107°20′34.5″ N 34°00′39.3″	71
						Ao	6—14															
						A	14—34	浅灰棕色	轻壤土	粒状	5.4	25.9	0.53	0.17	14.5				14.2			
						B	34—80	暗棕色	中壤土	小团块状	5.8	13.8	0.19	0.15	17.5				10.6			
						E	80—120	灰黄棕色	中壤土	团块状	5.5	6.2	0.23	0.14	13.4				9.1			
						D	120—															
剖29	淋溶土	棕壤	棕壤	花岗片麻岩风化物		O	0—2														花岗片麻岩风化物	E 107°16′37.0″ N 34°01′08.7″	95
						A	2—10	暗灰棕色	轻壤土	粒状	7.1	65.0	2.40	0.94	15.0				19.8			
						B	10—30	暗棕色	中壤土	块状	7.1	28.0	0.96	0.65	14.2				13.7			
						C	30—60															
剖30	半水成土	潮土	湿潮土	湿潮土	湿潮泥土	A	0—12	棕色	轻壤土	粒状	6.5									次生黄土	E 107°24′57.3″ N 34°03′43.2″	88
						P	12—22	灰棕色	中壤土	团块状	6.5											
						B	22—65	灰棕色	中壤土	棱块状	7.0											
						G	65—200	灰白色	中壤土	片状	7.0											
剖31	半水成土	褐土	褐土性土	黄土质褐土性土		A	0—15	灰褐色	中壤土	团块状	7.5									黄土	E 107°26′46.4″ N 34°03′35.7″	97
						P	15—25	灰棕色	中壤土	团块状	7.5											
						B	25—60	褐色	中壤土	团块状	8.0											
						C	60—150	棕褐色	重壤土	棱块状	8.0											
剖32	淋溶土	棕壤	棕壤	黄土质棕壤		A	0—11		轻壤土		8.1	75.2	2.82	1.08	14.1				27.2	黄土	E 107°28′44.4″ N 34°02′49.0″	85
						AB	11—25		中壤土	团块状	8.4	25.2	1.16	0.76	16.8				15.8			
						B	25—55		中壤土	棱块状	8.6	10.4	0.47	0.65	12.5				11.8			
						BC	55—200		中壤土	粒状	8.4	6.9	0.34	0.55	12.9				10.1			
剖33	淋溶土	褐土	淋溶褐土	石灰岩质淋溶褐土		A	0—26	褐色	中壤土	团块状	7.5	47.2	1.30	0.27	16.6				17.6	石灰岩风化物	E 107°29′56.4″ N 34°03′20.6″	82
						B	26—58	棕褐色	中壤土	棱块状	7.6	10.2	0.28	0.17	15.1				16.1			
						BC	58—100	浅灰色	砂壤土	粒状	8.0	7.2	0.24	0.29	18.1				16.1			
剖34	半淋溶土	褐土	淋溶褐土	砂页岩质淋溶褐土		A	0—36	浅灰棕色	中壤土	团块状	7.2	33.3	0.44	0.41					18.6	砂页岩风化物	E 107°29′39.8″ N 34°02′16.8″	96
						B	36—78	浅灰棕色	中壤土	棱块状	6.9	7.7	0.36	0.17	22.7				13.7			
						C	78—116	浅棕色	轻壤土	棱块状	6.7	7.8	0.59	0.26	20.8				19.7			

续表 Continued

剖面号 Soil profile	土纲 Soil order	土类 Soil great group	亚类 Soil subgroup	土属 Soil genus	土种 Soil species	土层码 Layer code	土层厚度 Depth/cm	颜色 Soil color	质地 Soil texture	土壤结构 Soil structure	pH	有机质 OM/(g/kg)	全氮 TN/(g/kg)	全磷 TP/(g/kg)	全钾 TK/(g/kg)	碱解氮 AN/(mg/kg)	有效磷 AP/(mg/kg)	速效钾 AK/(mg/kg)	阳离子交换量CEC/(cmol/kg)	土壤母质 Parent material	剖面点坐标 Profile coordinate	匹配指数 Matching index/%
剖35	淋溶土	暗棕壤	暗棕壤	花岗片麻岩暗棕壤		A	0—10		轻壤土		6.4	64.4	1.78	0.78	18.7				3.8	花岗片麻岩风化物	E 107°29′27.1″ N 34°00′18.3″	97
						B	10—35		黏壤土		6.0	27.2	0.62	0.74	18.1				16.9			
						BC	35—72		黏壤土		6.0	21.8	0.70	0.43	17.7				15.6			
剖36	淋溶土	棕壤	棕壤	黄土质棕壤		A	0—10		轻壤土		7.3	8.6	0.30	0.19	19.7				19.7	黄土	E 107°24′15.0″ N 34°01′43.6″	90
						B₁	10—25		细砂土		7.3	10.6	0.50	0.33	22.7				33.6			
						B₂	25—55		轻壤土		7.1	5.0	0.20	0.57	22.8				18.1			
						B₃	55—200		轻壤土		7.4	10.2	0.40	0.58	20.7				34.1			
剖37	淋溶土	暗棕壤	暗棕壤	花岗片麻岩暗棕壤		A	0—19		黏壤土		6.0	69.3	2.71	0.77	15.4				24.2	花岗片麻岩风化物	E 107°25′01.6″ N 34°00′17.0″	94
						AB	19—35		黏壤土		6.0	51.8	2.06	0.76	17.5				21.7			
						B	35—71		粉质壤土		6.0	33.4	1.20	0.69	15.9				18.0			
剖38	高山土	黑毡土	黑色土			A	0—25		轻壤土		6.0	108.3	3.50	0.83	20.3				29.8		E 107°24′39.6″ N 33°56′26.0″	79
						B	25—51		轻壤土		5.9	53.6	1.94	0.81	27.8				21.1			
剖39	淋溶土	棕壤	粗骨性棕壤			O	0—10													花岗岩半风化物	E 107°27′27.2″ N 33°49′34.7″	92
						A	10—25	暗棕色	砂壤土	团块状	6.0								12.9			
						B	25—44	黄棕色	砂壤土	粒状	6.0								14.6			
						C	44—70												11.1			
剖40	淋溶土	黄棕壤	漂洗黄棕壤	砂页岩质漂洗黄棕壤		A	0—10		细砂土		6.1	56.1	1.64	0.71	11.2					砂页岩风化物	E 107°30′00.2″ N 33°49′40.0″	86
						B	10—29		面砂土		5.1	12.6	0.45	0.72	14.5							
						E	29—110		粉质壤土		5.9	10.0	0.48	0.21	14.9							
剖41	淋溶土	黄棕壤	黄棕壤	砂页岩质黄棕壤		O	0—9													砂页岩半风化物	E 107°25′22.3″ N 33°42′48.3″	100
						A	9—26	灰褐色	中壤土	团块状	6.5											
						B₁	26—92	浅黄棕色	中壤土	块状	5.5											
						B₂	92—122	暗红棕色	中壤土	棱块状	6.0											
						C	122—151															
剖42	淋溶土	棕壤	棕壤	砂页岩质棕壤		A₁	0—5		粉质壤土		7.2	191.8	5.08	1.16	17.1				36.1	砂页岩风化物	E 107°31′38.2″ N 34°08′18.4″	74
						AB	5—40	暗灰褐色	粉质壤土		6.9	82.4	2.82	0.97	20.7				20.7			
						B	40—60		轻壤土		7.2	39.4	1.94	0.81	18.8				14.3			
剖43	淋溶土	棕壤	生草棕壤	黄土生草棕壤		As	0—13	深棕褐色	中壤土	团块状	6.5									次生黄土	E 107°30′59.9″ N 34°06′35.6″	76
						A	13—62	灰黄棕色	中壤土	团块状	6.1	55.7	1.88	0.69	11.2				20.5			
						B₁	62—106	黄棕色	中壤土	块状	6.4	15.5	0.57	0.38	13.8				9.8			
						B₂	106—		中壤土	块状	6.3	9.6	0.24	0.31	14.6				9.2			
剖44	淋溶土	棕壤	漂洗棕壤	黄土质漂洗棕壤		O	0—2													次生黄土	E 107°31′54.7″ N 34°05′05.0″	90
						Ao	2—6	黑棕色	轻壤土	团粒状	7.2	158.7	4.50	0.78	19.5				26.1			
						A	6—32	浅棕色	中壤土	团粒状	5.8	39.8	1.40	0.56	19.5				14.1			
						Be	32—50	灰白色	中壤土	棱块状	6.0	11.1	0.44	0.22	12.4				10.9			
						BC	50—70	红棕色	中壤土	棱块状	6.2	7.9	0.20	0.30	15.4				17.6			
剖45	初育土	黄绵土	黄墡土	次生黄土质黄墡土	黄土性	O	0—4													次生黄土	E 107°31′38′20.2″ N 34°06′33.1″	92
						A	4—44	棕色	轻壤土	团粒状	8.4	18.8	0.76	0.56	18.6	43	1.7	108	16.5			
						B	44—128	浅棕色	中壤土	块状	8.4	16.4	0.38	0.55	22.7	49	1.6	115	15.4			
						Bca	128—160	灰白色	中壤土	块状	8.5	9.9	0.43	0.55	17.6				15.0			
剖46	初育土	黄绵土	黄墡土	原生黄土质黄墡土	黄墡土	A	0—15	灰黄色	中壤土	团块状	7.7	9.0	0.78	0.86	17.8	30				黄土	E 107°39′02.3″ N 34°06′25.0″	72
						P	15—24	灰褐色	中壤土	棱块状	8.0	9.9	0.85	0.86	17.1							
						B	24—90	褐色	中壤土	块状	7.3	6.8	0.60	0.79	17.1							
						C	90—200	棕褐色	中壤土	块状	7.8	4.0	0.36	0.86	14.9	17						

续表 Continued

剖面号 Soil profile	土纲 Soil order	土类 Soil great group	亚类 Soil subgroup	土属 Soil genus	土种 Soil species	土层码 Layer code	土层厚度 Depth/cm	颜色 Soil color	质地 Soil texture	土壤结构 Soil structure	pH	有机质 OM/(g/kg)	全氮 TN/(g/kg)	全磷 TP/(g/kg)	全钾 TK/(g/kg)	碱解氮 AN/(mg/kg)	有效磷 AP/(mg/kg)	速效钾 AK/(mg/kg)	阳离子交换量CEC/(cmol/kg)	土壤母质 Parent material	剖面点坐标 Profile coordinate	匹配指数 Matching index/%
剖47	淋溶土	暗棕壤	白浆化暗棕壤	花岗片麻岩灰化暗棕壤		Ao	0—10	暗灰棕色	中壤土	团块状	6.6									花岗片麻岩风化物	E 107°40′14.0″ N 34°05′01.7″	75
						A₁	10—14	暗棕色	轻壤土	片状	5.1											
						A₁A₂	14—31	灰棕色	中壤土	粒状	5.5											
						B	31—42	红棕色														
						C	42—55	红棕色														
剖48	半淋溶土	褐土	褐土性土	黄土质褐土性土		A	0—26	暗棕色	中壤土	粒状	8.3	15.5	0.56	0.29	19.7				18.7	风成黄土	E 107°33′31.9″ N 34°07′43.0″	86
						AB	26—86	暗棕红色	中壤土	小棱块状	8.4	5.8	0.21	0.25	18.8				20.5			
						BC	86—120	暗棕红色	中壤土	棱块状	8.5	5.2	0.26	0.26					22.5			
剖49	淋溶土	棕壤	棕壤	砂页岩质棕壤		O	0—5				6.0									砂页岩风化物	E 107°35′37.1″ N 34°01′37.5″	100
						A	5—40	暗灰棕色	轻壤土	小团块状	6.5											
						B	40—75	灰棕色	中壤土	块状												
						C	75—120															
剖50	淋溶土	棕壤	棕壤	花岗片麻岩棕壤		A	0—18		粉质壤土	团块状	6.1	80.0	2.74	1.10	12.4				18.3	花岗片麻岩风化物	E 107°37′26.7″ N 34°01′14.1″	78
						B	18—41		粉质壤土		5.7	40.8	1.32	0.77	12.5				16.7			
剖51	淋溶土	棕壤	棕壤	黄土质棕壤		A	0—12	黄棕色	重壤土	块状	6.2	8.7	0.73	0.64	9.9	55	1.8	59		黄土	E 107°31′37.9″ N 34°01′59.4″	84
						P	12—20	黄棕色	重黏土	棱块状	6.4	9.0	0.72	0.70	10.0	54	1.7	53				
						B₂	20—55	棕褐色	重黏土	棱块状	6.5	3.3	0.42	0.64	9.8	29						
						BC	55—200	棕黄色	重壤土	棱块状	6.4	2.3	0.37	0.72	7.9	24						
剖52	淋溶土	暗棕壤	生草暗棕壤	砂页岩质生草暗棕壤		A	0—36		轻壤土		6.5	65.4	2.68	0.87	17.2				22.1	砂页岩风化物	E 107°32′04.5″ N 34°00′48.5″	97
						AB	36—78		粉质壤土	团块状	6.6	33.6	1.16	0.81	17.7							
						B	78—115		黏质壤土	块状	6.7	23.5		0.72	16.7				11.4			
剖53	淋溶土	棕壤	棕壤	麻骨石棕壤	薄层麻泡土	A	0—14	灰棕色	砂质壤土	团块状											E 107°32′53.7″ N 34°02′06.9″	76
						B	14—24	棕色		块状												
						C	24—60															
剖54	淋溶土	棕壤	棕壤	黄土质棕壤		O	0—5				5.0									次生黄土	E 107°40′44.3″ N 34°00′16.5″	79
						A	5—26	暗红棕色	轻壤土	团块状	5.0											
						B₁	26—72	暗红棕色	中壤土	块状	6.0											
						B₂	72—110	红棕色	重黏土	棱块状	7.0											
						BC	110—180	暗红棕色	轻壤土	棱块状												
剖55	淋溶土	暗棕壤	暗棕壤	花岗片麻岩暗棕壤		Ao	0—10	黑棕色	中壤土	小团块状	6.6	61.6	2.10	0.84	14.5				20.6	花岗片麻岩风化物	E 107°30′58.2″ N 33°59′41.9″	100
						A	10—36	褐棕色	中壤土	小团块状	6.5	22.0	0.74	0.39	16.3				17.6			
						As	36—68	暗棕色	中壤土	粒块状												
						C	68—															
剖56	高山土	黑毡土	黑色土	角闪花岗岩残积物		A	0—6	黑棕色	中壤土	粒状	5.5	181.0	5.69	1.08					36.9	角闪花岗岩残积物	E 107°31′40.9″ N 33°55′24.5″	86
						Be	6—31	暗棕色	中壤土	粒状	5.0	111.0	4.88	1.14					29.0			
						B	31—44	浅黄棕色	中壤土	粒状、核状	5.0	45.7	1.63	0.75					19.3			
						BC	44—48	暗黄棕色	砂壤土	粒状	4.5	39.4	1.49	0.88					17.3			
						D	48—															
剖57	淋溶土	棕壤	白浆化棕壤	青石白泥白浆化棕壤	暗青石白泡土	O	0—3													石灰岩风化残积物	E 107°42′29.1″ N 33°59′17.5″	99
						A	3—31	暗灰色	黏壤土	粒状	5.3	46.9	2.65	0.50		195	2.1	147	24.1			
						Be	31—42	灰白色	黏壤土	片状、块状	5.7	19.5	1.18	0.43		96	1.0	89	16.6			
						B	42—95	棕色	黏壤土	棱块状	5.8	6.6	0.42	0.20		42		74	11.7			
						C	95—100															

续表 Continued

剖面号 Soil profile	土纲 Soil order	土类 Soil great group	亚类 Soil subgroup	土属 Soil genus	土种 Soil species	土层码 Layer code	土层厚度 Depth/cm	颜色 Soil color	质地 Soil texture	土壤结构 Soil structure	pH	有机质 OM/(g/kg)	全氮 TN/(g/kg)	全磷 TP/(g/kg)	全钾 TK/(g/kg)	碱解氮 AN/(mg/kg)	有效磷 AP/(mg/kg)	速效钾 AK/(mg/kg)	阳离子交换量 CEC/(cmol/kg)	土壤母质 Parent material	剖面点坐标 Profile coordinate	匹配指数 Matching index/%
剖58	高山土	黑毡土	黑毡土			0/As	0—24		轻壤土	鳞片状										花岗岩半风化残积物	E 107°38′11.5″ N 33°54′52.5″	83
						AB	24—40	灰黄棕色	砂土	核块状												
						B	40—70	黄棕色	砂土													
						C	70—90	暗红棕色	砂土													
						C_2	90—110	橙红棕色														
剖59	淋溶土	暗棕壤	暗棕壤性土	麻骨石暗棕壤性土	暗泡碌石土	O	0—5													花岗片麻岩残积物	E 107°37′30.0″ N 33°53′23.4″	97
						A	5—41	暗灰棕色	黏壤土	粒状	6.7	72.6	3.55	0.55		229	2.0	88	33.5			
						[B]	41—56	暗棕色	轻砾石土	粒状	6.6	36.4	1.83	0.40		139	1.0	42	23.1			
						C	56—															
剖60	淋溶土	黄棕壤	黄棕壤	花岗片麻岩黄棕壤		A	0—15		细砂土		5.6	18.0	0.62	0.50	19.5					花岗片麻岩风化物	E 107°30′26.0″ N 33°49′12.4″	71
						AB	15—25		粗砂土		6.8	9.2	0.35	0.62	19.9				5.7			
						B	25—72		细砂土		6.9	6.9	0.26	0.31	19.5				8.2			
剖61	淋溶土	黄褐土	黄褐土	砂页岩质黄褐土		O	0—3													砂页岩风化物	E 107°30′59.5″ N 33°48′19.0″	88
						A	3—23	棕色	轻壤土	团块状	5.5	34.8	1.37	0.41	26.6				15.2			
						B	23—42	红棕色	重壤土	核块状	5.7	13.6	0.64	0.34	22.7				23.8			
						D	42—															
剖62	初育土	粗骨土	粗骨性			A	0—10	褐色	轻壤土	小团块状	6.0									花岗岩风化残积物	E 107°36′40.6″ N 33°48′26.3″	76
						B_1	10—50	暗棕色	砂壤土	小团块状												
						BC	50—120	红棕色	重壤土	核块状												
						C	120—130				8.0											

咸阳市

杨陵区

主要土类说明

褐土是杨陵区主要土壤类型，占本区地域面积的65%。褐土是在暖温带半湿润区发育形成的具有黏化与钙质淋移淀积特征的土壤。该土壤盐基饱和，处于硅铝风化阶段，有明显的黏淀层。在其A-B-C剖面构型中，B层呈棕褐色，B层下部有假菌丝状钙积层。本县褐土均属垆土亚类，是在自然褐土的基础上经人工熟化和施加粪肥堆垫而形成的农业土壤。垆土上部为人工覆盖层，下部为自然褐土，具有上松下实、抗旱耐涝的特点，是比较肥沃的农业土壤。

黄绵土是杨陵区第二大土壤类型，占本区地域面积的17%，主要分布在有一定侵蚀的塬边和沟坡，与褐土交错分布。黄绵土是由黄土母质直接翻耕形成的初育土。由于土壤侵蚀严重，表层长期遭侵蚀，只能不断加深耕作黄土母质层，因而母质特性明显。土壤无明显发育，为A-C型土。由于风成黄土富含细粉粒，故质地、结构均一，疏松绵软，富含石灰，磷、钾储量较丰富，但有效性差，土壤有机质缺乏。

新积土是杨陵区第三大土壤类型，占本区地域面积的3%。新积土是由新近冲积、洪积、坡积、塌积或人工堆垫形成的土壤。该土壤成土期短，母质特性明显，具A-C或(A)-C剖面构型。

潮土占本区地域面积的3%，是由河流冲积物受地下水影响而形成的土壤。由于流速不同，其沉积物的质地变化较大。靠近河床和古河道的潮土多为粗砂，距河床由近至远，土壤质地由粗变细。由于滨河地区地下水位较高，毛管水常达地表，土壤湿度较大，故潮土又名夜潮土。

小于本区地域面积3%的土壤类型有水稻土。

本区域中心区气候特征

本区域中心区气候特征值
Regional climate characteristics in central area of the region

气候带：暖温带亚湿润气候 Climate region: Warm temperate subhumid climate	
年平均气温 /℃ Annual average temperature /℃	12.9
年平均最高气温 /℃ Annual average maximum temperature /℃	18.5
年平均最低气温 /℃ Annual average minimum temperature /℃	8.5
年降水量 /mm Annual precipitation /mm	607
≥10℃的积温 /℃ Daily temperature accumulated in a year（≥10℃）/℃	7465
年日照时数 /h Annual sunshine /h	1733
年平均相对湿度 /% Annual average relative humidity /%	71
干燥度 Dryness	1.30

本区域中心区月平均气温与月平均降水量
Monthly temperature and precipitation in central area of the region

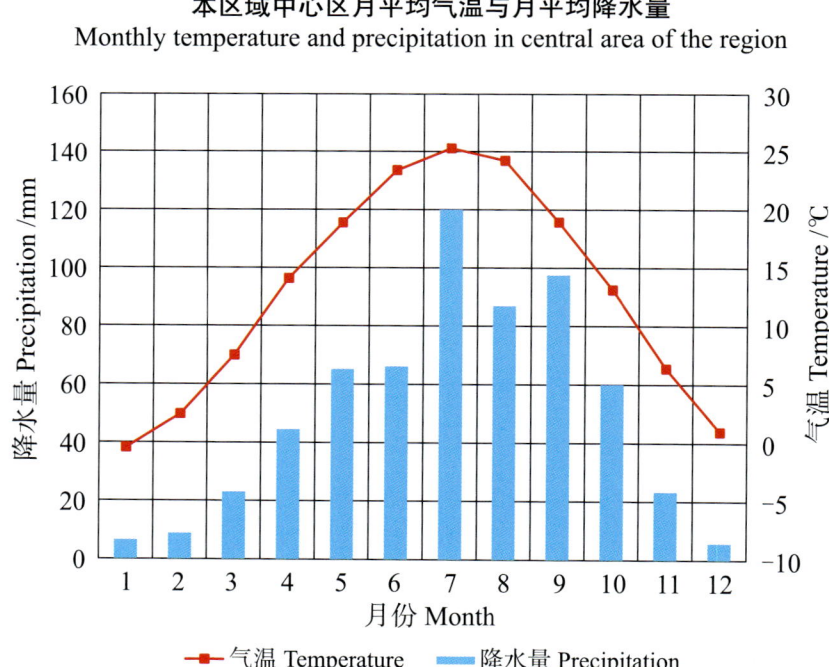

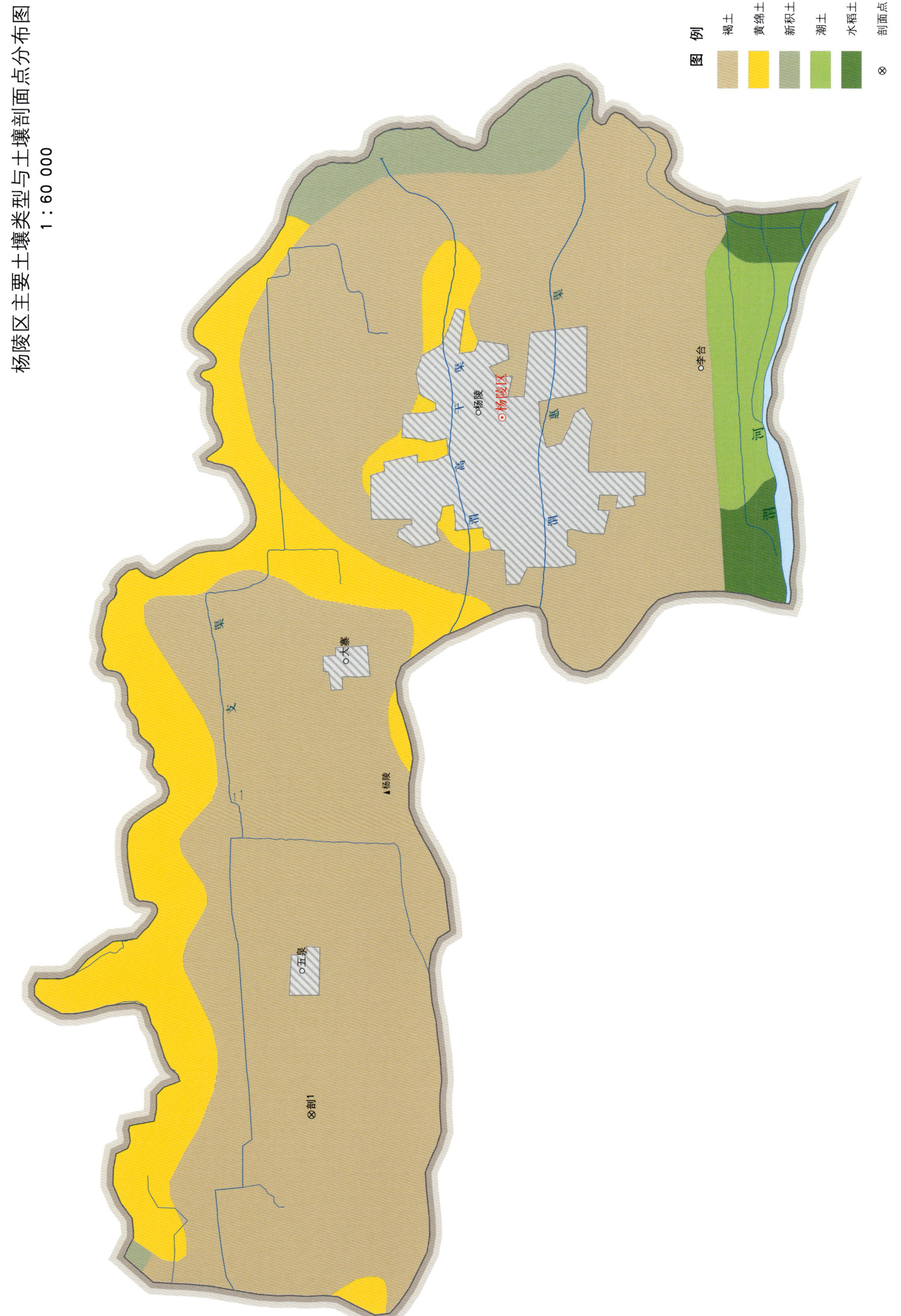

杨陵区土壤剖面理化性状表

剖面号 Soil profile	土纲 Soil order	土类 Soil great group	亚类 Soil subgroup	土属 Soil genus	土种 Soil species	土层码 Layer code	土层厚度 Depth/cm	颜色 Soil color	质地 Soil texture	土壤结构 Soil structure	pH	有机质 OM/(g/kg)	全氮 TN/(g/kg)	全磷 TP/(g/kg)	全钾 TK/(g/kg)	碱解氮 AN/(mg/kg)	有效磷 AP/(mg/kg)	速效钾 AK/(mg/kg)	阳离子交换量CEC/(cmol/kg)	土壤母质 Parent material	剖面点坐标 Profile coordinate	匹配指数 Matching index/%
剖1	半淋溶土	褐土	堆土	堆黄土	红油土	A$_{11}$	0—23	浊黄橙色	黏壤土	团粒状	8.0	11.7	0.91	0.18	17.4	65	3.0	201	15.0	黄土	E 107°58′19.1″ N 34°17′57.7″	89
						A$_{12}$	23—35	灰黄棕色	黏壤土	片状	8.2	6.5	0.57	0.17	12.5	30	3.0	178	14.7			
						AB	35—95	浊黄橙色	黏壤土	团块状	8.2	5.5	0.54	0.16	12.0	32	2.0	181	14.9			
						Bt	95—196	亮红棕色	粉砂质黏土	棱柱状	8.2	6.4	0.53	0.12	13.9	29	3.0	131	20.7			
						Bk	196—250	浅黄橙色	黏壤土	块状	8.2	3.9	0.34	0.15	17.5	19	4.0	109	11.6			

三 原 县

主要土类说明

灌淤土是三原县主要土壤类型，占本县地域面积的 44%。本县引水淤灌和耕种培肥历史悠久，土壤中形成灌淤层，灌淤层厚度大于 30cm 的称为灌淤土，有的灌淤层厚度超过 1m。灌淤层颜色较均一，呈灰黄色，颗粒组成和结构状况较一致，有明显的黏粒淋溶淀积，一般呈弱碱性，土层中有碎瓦片、砖块、炭屑、动植物残体，还有较多的洞孔和根孔。灌淤土属人为土土纲，土体深厚，色泽、质地均一，土壤水分物理性状良好。

褐土是三原县第二大土壤类型，占本县地域面积的 26%。褐土是在暖温带半湿润区发育形成的具有黏化与钙质淋移淀积特征的土壤。该土壤盐基饱和，处于硅铝风化阶段，有明显的黏淀层。在其 A-B-C 剖面构型中，B 层呈棕褐色，B 层下部有假菌丝状钙积层。本县褐土分为塿土、褐土性土等亚类。其中，塿土占本土类面积的 99%，是在自然褐土的基础上经人工熟化和施加粪肥堆垫而形成的农业土壤。塿土质地上轻下重，具有上松下实、抗旱耐涝的特点，是比较肥沃的农业土壤。

黄绵土是三原县第三大土壤类型，占本县地域面积的 19%，分布在渭河北侧的高阶地，与褐土交错分布。黄绵土是由黄土母质直接翻耕形成的初育土。由于土壤侵蚀严重，表层长期遭侵蚀，只能不断加深耕作黄土母质层，因而母质特性明显。土壤无明显发育，为 A-C 型土。由于风成黄土富含细粉粒，故质地、结构均一，疏松绵软，富含石灰，磷、钾储量较丰富，但有效性差，土壤有机质缺乏。

红黏土占本县地域面积的 7%，是在老黄土或古黄土上形成的幼年土壤。由于严重水蚀和风蚀，厚层黄土层侵蚀殆尽处，红色黏土层露出，形成的母质性状明显的初育土，即红黏土。该土壤黏重紧实，呈浅红色，具块状结构，湿黏干硬，透水性、透气性差，耕作性能不良。

小于本县地域面积 3% 的土壤类型有新积土、草甸盐土、黑垆土、沼泽土、潮土。

本区域中心区气候特征

本区域中心区气候特征值
Regional climate characteristics in central area of the region

气候带：暖温带亚湿润气候 Climate region: Warm temperate subhumid climate	
年平均气温 /℃ Annual average temperature /℃	12.9
年平均最高气温 /℃ Annual average maximum temperature /℃	18.7
年平均最低气温 /℃ Annual average minimum temperature /℃	8.2
年降水量 /mm Annual precipitation /mm	533
≥10℃的积温 /℃ Daily temperature accumulated in a year（≥10℃）/℃	7941
年日照时数 /h Annual sunshine /h	1828
年平均相对湿度 /% Annual average relative humidity /%	68
干燥度 Dryness	1.41

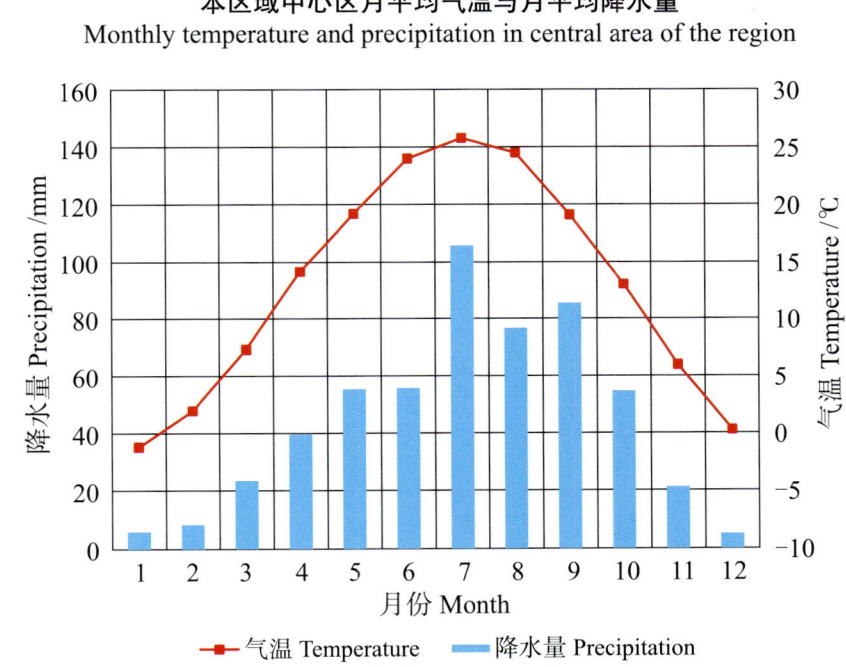

本区域中心区月平均气温与月平均降水量
Monthly temperature and precipitation in central area of the region

三原县主要土壤类型与土壤剖面点分布图

1∶140 000

图 例

- 灌淤土
- 褐土
- 黄绵土
- 红黏土
- 新积土
- 草甸盐土
- 黑垆土
- 沼泽土
- 湖土
- ⊗ 剖面点

三原县土壤剖面理化性状表

剖面号 Soil profile	土纲 Soil order	土类 Soil great group	亚类 Soil subgroup	土属 Soil genus	土层码 Layer code	土层厚度 Depth/cm	颜色 Soil color	质地 Soil texture	土壤结构 Soil structure	pH	有机质 OM/(g/kg)	全氮 TN/(g/kg)	全磷 TP/(g/kg)	全钾 TK/(g/kg)	阳离子交换量CEC/(cmol/kg)	土壤母质 Parent material	剖面点坐标 Profile coordinate	匹配指数 Matching index/%
剖1	初育土	黄绵土	黄墡土	淤墡土	1	0~30	灰黄棕色	中壤土	团粒状	8.4	9.3	0.63	0.57	19.6	11.8	黄土	E 108°50′26.9″ N 34°46′45.7″	88
					C	30~200	黄棕色	中壤土	块状	8.9	5.4	0.43	0.55	20.1	10.8			
剖2	人为土	灌淤土	灌淤土	冲积型灌淤土	1	0~21	黄棕色	重壤土	粒状	8.5	10.0	0.65	0.64	20.9	10.5		E 108°50′32.8″ N 34°46′09.6″	80
					Ap	21~30	黄棕色	中壤土	层状	8.7	9.3	0.64	0.61	17.6	12.0			
					3	30~54	棕黄色	中壤土	块状	8.8	8.6	0.55	0.58					
					C	54~180	浅黄棕色	中壤土	块状	8.9	4.6	0.41	0.48					
剖3	初育土	红黏土	红土	红色土	1	0~45	灰黄棕色	重壤土	块状	8.2	13.8	0.92	0.39			老黄土	E 108°48′08.7″ N 34°47′06.7″	92
					2	45~200	棕褐色	中壤土	块状									
剖4	半淋溶土	褐土	塿土	黑油土	1	0~25	灰黄棕色	中壤土	粒状	8.5	8.4	0.57	0.57			黄土	E 108°57′08.7″ N 34°47′47.0″	70
					Ap	25~33	黄黄棕色	中壤土	片状	8.4	7.0	0.54	0.53					
					3	33~39	灰黄棕色	重壤土	棱柱状	8.3	6.2	0.57	0.48					
					Bt	39~72	暗红褐色	中壤土	块状	8.3	6.1	0.47	0.41					
					Bk	72~131	灰黄色	中壤土	块状	8.2	5.0	0.39	0.55					
					C	131~176	黄棕色	中壤土	块状	8.4	3.5	0.27	0.52					
剖5	半淋溶土	褐土	塿土	红油土	1	0~27	黄棕色	中壤土	团粒状	8.6	8.0	0.58	0.55	21.6	10.5	黄土	E 108°53′06.1″ N 34°46′12.5″	77
					Ap	27~34	黄棕色	重壤土	片状	8.5	7.2	0.60	0.53	20.5	11.1			
					Bt	34~57	浅黄棕色	中壤土	棱柱状	8.4	6.6	0.51	0.55	19.7	15.9			
					C	57~82	浅黄棕色	中壤土	块状	8.3	4.7	0.35	0.55	19.4	14.6			
					C	82~150	黄棕色	中壤土	块状	8.2	3.7	0.29	0.58	18.3	10.5			
剖6	初育土	黄绵土	黄墡土	塿五花土	1	0~34	灰黄棕色	中壤土	粒状	8.3	6.5	0.42	0.48	19.4	8.3	黄土	E 108°56′06.4″ N 34°45′26.4″	72
					C	34~200	黄棕色	中壤土	块状	8.5	2.6	0.18	0.55	19.3	8.3			
剖7	半淋溶土	褐土	塿土	二色土	1	0~40	红黄棕色	重壤土	块状	8.7	8.2	0.54	0.24	19.5	11.4	黄土	E 108°56′13.4″ N 34°44′32.2″	77
					2	40~100	棕黄色	中壤土	块状	8.5	4.7	0.31	0.14	19.4	8.0			
					C	100~150	棕黄色	中壤土	块状	8.5	3.9	0.21	0.11	19.4	7.9			
剖8	初育土	红黏土	红黏土	二色土	A	0~28	灰黄棕色	重壤土	粒状	8.3	4.8	0.35	0.42	22.1	9.2	黄土	E 108°57′35.3″ N 34°43′42.5″	75
					2	28~48	红黄棕色	中壤土	团块状	8.3	3.7	0.27	0.57	21.7	8.6			
剖9	半淋溶土	褐土	塿土	红黏土	1	0~30	红黄棕色	重壤土	棱柱状	8.4	7.0	0.51	0.45			老黄土	E 108°58′42.6″ N 34°44′26.6″	95
					Bt	30~58	红黄棕色	中壤土	块状	8.5	6.4	0.43	0.42					
					B	58~100	棕黄棕色	中壤土	块状	8.6	4.9	0.34	0.52					
					C	100~150	黄棕色	中壤土	块状	8.6	4.0	0.31	0.54					
剖10	盐碱土	草甸盐土	苏打盐土	硫酸盐氯化物盐土	A	0~20	暗黄棕色	重壤土	粒状	7.5	8.9	0.56	0.61	19.4	12.4	黄土	E 108°57′19.3″ N 34°42′12.2″	91
					2	20~110	黄棕色	中壤土	块状	8.7	3.3	0.21	0.56	19.3	9.5			
剖11	人为土	灌淤土	退潮灌淤土	盐化退潮灌淤土	A	0~20	暗黄棕色	中壤土	柱状	8.6	12.3	0.84	0.73				E 108°56′24.3″ N 34°40′30.0″	79
					2	20~38	黄棕色	中壤土	块状	8.8	11.2	0.76	0.71					
					Bt	38~65	暗棕色	重壤土	棱柱状	9.0	9.0	0.58	0.78					
					B	65~108	浅黄棕色	中壤土	块状	9.1	4.8	0.33	0.67					
					W	108~180	黄棕色	中壤土	块状	9.2	2.9	0.21	0.63					
剖12	人为土	灌淤土	盐化灌淤土	冲积型盐化灌淤土	1	0~18	灰黄棕色	重壤土	粒状	8.0	11.9	0.79	0.72				E 108°57′44.2″ N 34°40′35.6″	97
					2	18~44	黄棕色	中壤土	块状	8.3	7.1	0.47	0.50					
剖13	初育土	黄绵土	黄墡土	黄墡土	1	0~25	浅黄棕色	重壤土	粒状	8.4	6.1	0.41	0.60			黄土	E 108°58′33.0″ N 34°41′44.2″	78
					C	25~150	黄棕色	中壤土	块状	8.5	3.1	0.31	0.56					

续表 Continued

剖面号 Soil profile	土纲 Soil order	土类 Soil great group	亚类 Soil subgroup	土属 Soil genus	土层码 Layer code	土层厚度/cm Depth/cm	颜色 Soil color	质地 Soil texture	土壤结构 Soil structure	pH	有机质 OM/(g/kg)	全氮 TN/(g/kg)	全磷 TP/(g/kg)	全钾 TK/(g/kg)	阳离子交换量CEC/(cmol/kg)	土壤母质 Parent material	剖面点坐标 Profile coordinate	匹配指数 Matching index/%
剖14	人为土	灌淤土	退潮灌淤土	冲积型退潮灌淤土	A	0—20	灰棕色	中壤土	粒状	8.5	7.4	0.57	0.57	18.4	10.7		E 108°55′50.9″ N 34°40′34.5″	84
					2	20—80	黄棕色	中壤土	块状	8.7	3.7	0.28	0.55	18.3	8.4			
					G	80—130	灰黄棕色	轻壤土	块状	8.9	3.5	0.23	0.56	17.2	8.6			
					C	130—150	棕黄色	中壤土	块状	9.0	2.7	0.20	0.66	22.3	9.7			
剖15	人为土	灌淤土	潮灌淤土	褐土型潮灌淤土	1	0—27	黄黄棕色	重壤土	粒状	8.7	14.2	0.92	0.66	19.2	10.9		E 108°54′57.7″ N 34°38′45.9″	91
					2	27—58	浅红褐色	重壤土	块状	8.9	8.4	0.62	0.67	21.2	9.4			
					Bt	58—89	暗红褐色	重壤土	棱柱状	8.7	6.9	0.46	0.52	19.5	11.0			
					B	89—150	浅灰棕色	重壤土	块状	8.6	5.6	0.45	0.52	20.6	10.4			
					C	150—165		中壤土										
剖16	人为土	灌淤土	湿灌淤土	冲积型湿灌淤土	1	0—17	灰黄褐色	重壤土	小块状	8.9	11.1	0.70	0.74	21.5	11.2		E 108°58′20.4″ N 34°37′47.2″	95
					2	17—35	黄棕色	重壤土	块状	8.8	7.7	0.54	0.61	19.7	10.9			
					C	35—85	棕黄色	重壤土	块状	8.8	3.7	0.29	0.51	18.0	11.0			
剖17	水成土	沼泽土	沼泽土	泥质沼泽土	A	0—9	暗灰棕色	中壤土	块状	8.1	7.1	0.46	0.56		14.6		E 108°59′12.3″ N 34°38′55.2″	85
					W	9—42	灰蓝色	中壤土	粒状	8.5	6.7	0.45	0.56					
剖18	人为土	灌淤土	盐化灌淤土	褐土型盐化灌淤土	1	0—28	黄褐色	轻黏土	粒状	8.5	13.9	1.01	0.54	23.4	14.6		E 108°59′38.1″ N 34°37′29.4″	94
					2	28—70	黄棕色	轻黏土	块状	8.7	10.4	0.81	0.51	23.1	13.8			
					Bt	70—85	暗褐色	轻黏土	棱柱状	8.7	6.6	0.63	0.49	20.7	18.3			
剖19	半淋溶土	褐土	垆土	黑垆土	1	0—32	灰黄褐色	中壤土	粒状	8.6	9.1	0.66	0.51	21.3	13.9	黄土	E 109°01′02.4″ N 34°45′44.5″	95
					Bt	32—86	暗灰褐色	重壤土	棱柱状	8.4	8.1	0.60	0.39	18.2	10.9			
					B	86—130	浅灰黄色	中壤土	块状	8.4	5.0	0.33	0.43	17.8	9.0			
					C	130—200	棕黄色	中壤土	块状	8.4	4.2	0.32	0.36	19.6	8.7			
剖20	人为土	灌淤土	潮灌淤土	冲积型潮灌淤土	1	0—30	灰黄褐色	重壤土	小块状	8.4	10.6	0.71	0.59	20.8	10.9		E 109°04′43.1″ N 34°40′21.0″	84
					2	30—70	浅灰褐色	中壤土	块状	8.5	5.3	0.43	0.55	18.1	7.8			
					3	70—150	棕褐色	中壤土	块状	8.5	4.1	0.32	0.56	16.7	7.4			
					C	150—180	浅黄棕色	中壤土	块状	8.5	3.1	0.27	0.57	17.6	9.8			
剖21	人为土	灌淤土	灌淤土	褐土型灌淤土	1	0—26	黄棕色	重壤土	粒状	8.7	10.0	0.67	0.65	20.0	11.5		E 109°04′49.5″ N 34°37′44.5″	94
					2	26—57	灰棕色	中壤土	块状	8.7	6.9	0.52	0.59	20.7	10.5			
					Bt	57—150	棕褐色	重壤土	棱柱状	8.8	5.5	0.45	0.51	19.9	13.2			
剖22	人为土	灌淤土	退潮灌淤土	褐土型退潮灌淤土	1	0—24	灰黄棕色	中壤土	粒状	8.9	10.4	0.76	0.67				E 109°05′01.7″ N 34°36′34.6″	89
					2	24—48	黄棕色	中壤土	棱柱状	9.0	7.8	0.57	0.50					
					Bt	48—85	暗黄棕色	中壤土	块状	8.8	7.3	0.53	0.49					
					B	85—105	浅黄棕色	中壤土	块状	8.8	4.7	0.34	0.56					

泾 阳 县

主要土类说明

灌淤土是泾阳县主要土壤类型，占本县地域面积的 37%。本县引水淤灌和耕种培肥历史悠久，土壤中形成灌淤层，灌淤层厚度大于 30cm 的称为灌淤土，有的灌淤层厚度超过 1m。灌淤层颜色较均一，呈灰黄色，颗粒组成和结构状况较一致，有明显的黏粒淋溶淀积。灌淤土属人为土土纲，土体深厚，色泽、质地均一，土壤水分物理性状良好。

黄绵土是泾阳县第二大土壤类型，占本县地域面积的 27%。黄绵土是由黄土母质直接翻耕形成的初育土，分布在泾河北侧的高阶地，与褐土交错分布。由于土壤侵蚀严重，表层长期遭侵蚀，只能不断加深耕作黄土母质层，因而母质特性明显。土壤无明显发育，为 A–C 型土。由于风成黄土富含细粉粒，故质地、结构均一，疏松绵软，富含石灰，磷、钾储量较丰富，但有效性差，土壤有机质缺乏。

褐土是泾阳县第三大土壤类型，占本县地域面积的 21%。褐土是在暖温带半湿润区发育形成的具有黏化与钙质淋移淀积特征的土壤。该土壤盐基饱和，处于硅铝风化阶段，有明显的黏淀层。在其 A–B–C 剖面构型中，B 层呈棕褐色，B 层下部有假菌丝状钙积层。本县褐土分为堘土、褐土、褐土性土等亚类。其中，堘土占本土类面积的 98%，是在自然褐土的基础上经人工熟化和施加粪肥堆垫而形成的农业土壤。堘土上部为人工覆盖层，下部为自然褐土，质地上轻下重，具有上松下实、抗旱耐涝的特点，是比较肥沃的农业土壤。

新积土占本县地域面积的 4%，分布在泾河两岸及河漫滩。新积土是由新近冲积、洪积、坡积、塌积或人工堆垫形成的土壤。该土壤成土期短，母质特性明显，具 A–C 或（A）–C 剖面构型。其形成主要受地形条件和母质特性的影响。

潮土占本县地域面积的 3%，主要分布在河流及其支流的河漫滩和一级阶地，地下水位高，潜水参与成土过程。在潮土成土过程中，底土氧化还原作用交替进行，形成锈色斑纹和小型铁子。在长期耕作条件下，表层有机质含量为 10—15g/kg。潮土是由河流冲积物受地下水影响而形成的土壤，通常具有熟化表层和氧化还原层。

小于本县地域面积 3% 的土壤类型有沼泽土、黑垆土、红黏土。

本区域中心区气候特征

本区域中心区气候特征值
Regional climate characteristics in central area of the region

气候带：暖温带亚湿润气候 Climate region: Warm temperate subhumid climate	
年平均气温 /℃ Annual average temperature /℃	13.1
年平均最高气温 /℃ Annual average maximum temperature /℃	18.9
年平均最低气温 /℃ Annual average minimum temperature /℃	8.5
年降水量 /mm Annual precipitation /mm	541
≥10℃的积温 /℃ Daily temperature accumulated in a year（≥10℃）/℃	8365
年日照时数 /h Annual sunshine /h	1764
年平均相对湿度 /% Annual average relative humidity /%	69
干燥度 Dryness	1.43

本区域中心区月平均气温与月平均降水量
Monthly temperature and precipitation in central area of the region

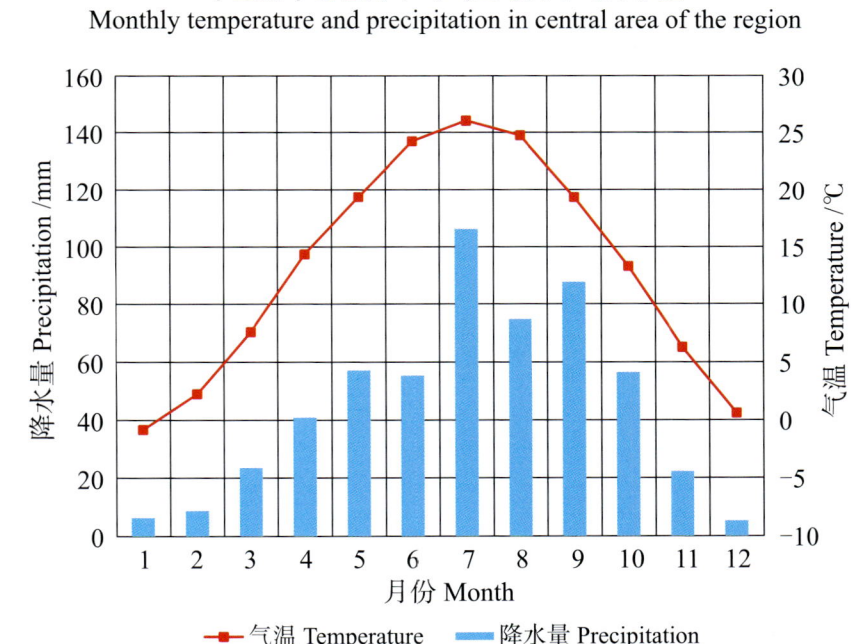

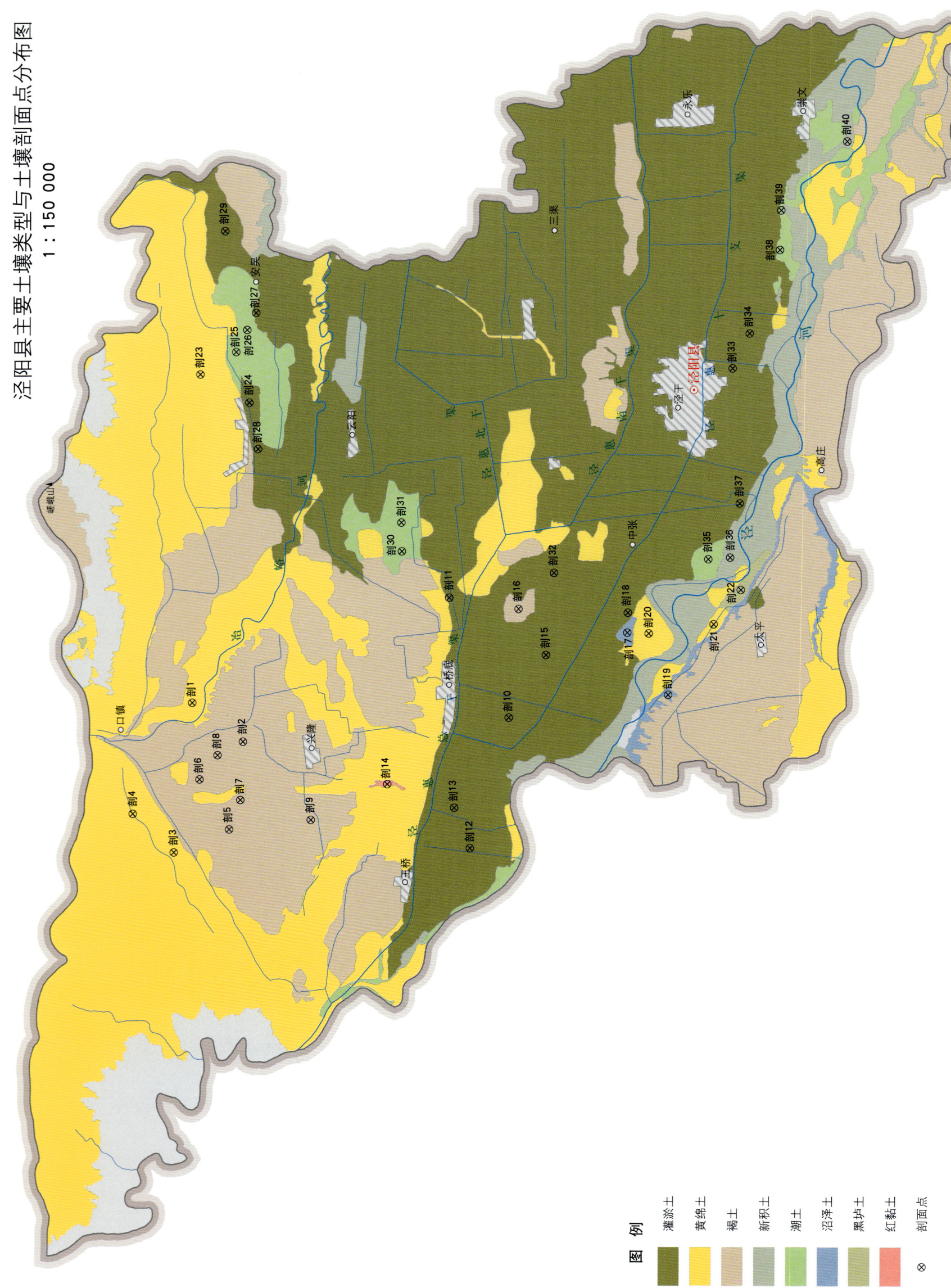

泾阳县主要土壤类型与土壤剖面点分布图
1∶150 000

泾阳县土壤剖面理化性状表

剖面号 Soil profile	土纲 Soil order	土类 Soil great group	亚类 Soil subgroup	土属 Soil genus	土种 Soil species	土层码 Layer code	土层厚度 Depth/cm	颜色 Soil color	质地 Soil texture	土壤结构 Soil structure	pH	有机质 OM/(g/kg)	全氮 TN/(g/kg)	全磷 TP/(g/kg)	全钾 TK/(g/kg)	阳离子交换量CEC/(cmol/kg)	土壤母质 Parent material	剖面点坐标 Profile coordinate	匹配指数 Matching index/%
剖1	初育土	黄绵土	黄绵土	淤槽土	淤槽土	1	0—27		中壤土		8.3	9.2	0.78	0.77	19.9	9.8	冲积次生黄土	E 108°42′25.3″ N 34°41′05.2″	84
						2	27—39		中壤土		8.6	4.9	0.50	0.75	19.7	8.4			
						3	39—113		中壤土		8.5	1.3	0.39	0.64	18.9	7.3			
剖2	半淋溶土	褐土	塿土	黑油土		A	0—20	灰棕色	中壤土								黄土	E 108°41′33.3″ N 34°40′05.7″	77
						Ap	20—26	灰棕色	中壤土	粒块状									
						A₃	26—46	浅灰棕色	中壤土	块状									
						Bt	46—85	暗褐色	重壤土	棱柱状									
						B	85—120	浅棕色	中壤土	块状									
						C	120—200	棕黄色	中壤土	块状									
剖3	初育土	黄绵土	黄绵土	黄墡土	坡地黄墡土	1	0—18				8.2	5.7	0.55	0.68			黄土、次生黄土	E 108°38′58.3″ N 34°41′22.2″	87
						2	18—28				8.1	2.3	0.32	0.64					
						3	28—				8.4	1.6	0.39	0.63					
剖4	初育土	黄绵土	黄绵土	黄墡土	梯地黄墡土	1	0—16		中壤土		8.4	5.0	0.49	0.58			黄土、次生黄土	E 108°39′49.5″ N 34°42′10.0″	93
						2	16—21		中壤土		8.5	5.0	0.37	0.61					
						3	21—		中壤土		8.5	4.5	0.40	0.59					
剖5	半淋溶土	褐土	塿土性土	褐墡土	厚层褐墡土	1	0—14		重壤土		8.1	12.7	0.90	1.15			次生黄土	E 108°39′31.7″ N 34°40′19.5″	74
						2	14—19				8.5	8.2	0.53	0.82					
						3	19—36				8.5	7.0	0.59	0.82					
						4	36—124				8.5	7.0	0.37	0.66					
						5	124—156				8.4	3.5	0.49	0.69					
						6	156—				8.5	1.4	0.31	0.58					
剖6	半淋溶土	褐土	塿土	红油土	中层红油土	1	0—25		中壤土		8.2	8.7	0.56	0.74	21.2	10.0	黄土	E 108°40′39.8″ N 34°40′55.0″	80
						2	25—31				8.8	4.6	0.44	0.57	21.6	11.4			
						3	31—48				8.7	6.4	0.43	0.62	21.6	11.8			
						4	48—115				8.2	4.9	0.41	0.66	20.9	9.6			
						5	115—189				8.2	3.0	0.32	0.64	19.9	9.3			
						6	189—				8.2	2.2	0.17	0.60	18.7	7.5			
剖7	半淋溶土	褐土	塿土	黑油土	薄层黑油土	1	0—15		中壤土		8.2	7.8	0.60	0.66	17.5	11.4	黄土	E 108°40′12.7″ N 34°40′07.2″	98
						2	15—20				8.2	7.4	0.45	0.75	15.6	12.0			
						3	20—56				8.3	8.1	0.61	0.71	19.3	16.0			
						4	56—92				8.4	3.0	0.37	0.55	15.6	7.9			
						5	92—				8.3	2.3	0.24	0.55	15.8	9.0			
剖8	半淋溶土	褐土	塿土性土	褐墡土	中层褐墡土	1	0—16		中壤土		8.3	7.7	0.58	0.70	18.9	10.8	次生黄土	E 108°41′13.9″ N 34°40′34.7″	75
						2	16—24				8.4	7.9	0.57	0.72	17.3	10.0			
						3	24—30				8.6	7.7	0.54	0.67	17.8	9.9			
						4	30—54				8.6	8.2	0.55	0.67	19.2	11.7			
剖9	半淋溶土	褐土	塿土		五花土	1	0—25		中壤土		8.3	6.5	0.55	0.72			黄土	E 108°39′47.3″ N 34°38′45.8″	76
						2	25—27		重壤土		8.6	4.6	0.40	0.62					
剖10	人为土	灌淤土	灌淤土	黄土型灌淤土	厚层黄土型灌淤土	1	0—25				8.6	8.5	0.58	0.69			黄土	E 108°42′14.9″ N 34°35′02.3″	70
						2	25—40				8.5	5.5	0.35	0.62					
						3	40—120				8.7	2.3	0.18	0.62					
						4	120—200				8.8	1.8	0.16	0.59					

续表 Continued

剖面号 Soil profile	土纲 Soil order	土类 Soil great group	亚类 Soil subgroup	土属 Soil genus	土种 Soil species	土层码 Layer code	土层厚度 Depth/cm	颜色 Soil color	质地 Soil texture	土壤结构 Soil structure	pH	有机质 OM/(g/kg)	全氮 TN/(g/kg)	全磷 TP/(g/kg)	全钾 TK/(g/kg)	阳离子交换量CEC/(cmol/kg)	土壤母质 Parent material	剖面点坐标 Profile coordinate	匹配指数 Matching index/%
剖11	人为土	灌淤土	灌淤土	褐土型灌淤土	薄层褐土型灌淤土	1	0-23		重壤土		8.3	9.7	0.57	0.70			沉积物、洪积物	E 108°44′59.6″ N 34°36′07.7″	83
						2	23-31				8.4	9.3		0.72					
						3	31-60				8.5	7.7	0.55	0.67					
						4	60-101				8.7	5.1		0.61					
						5	101-151				8.7	5.0		0.59					
						6	151-200				8.5	3.3	0.19	0.58					
剖12	人为土	灌淤土	盐化灌淤土	黏底盐化灌淤土	薄层黏底盐化灌淤土	1	0-17		中壤土		8.4	7.2	0.68	0.75	20.2	8.9	沉积物、洪积物	E 108°39′13.6″ N 34°35′43.2″	86
						2	17-23				8.7	6.8	0.54	0.71	20.2	8.2			
						3	23-56				8.9	5.4		0.72	20.6	9.3			
						4	56-120				8.7	3.5		0.72	19.7	11.3			
剖13	人为土	灌淤土	湿灌淤土	残迹型湿灌淤土	厚层残迹型湿灌淤土	1	0-20		中壤土		8.5	9.0	0.75	0.92	19.6	8.8	沉积物、洪积物	E 108°40′08.7″ N 34°36′02.3″	73
						2	20-30				8.5	7.4	0.55	0.90	18.9	8.3			
						3	30-73				8.9	4.6	0.48	0.60	17.8	7.3			
						4	73-102				8.7	4.8	0.37	0.60	17.4	9.7			
						5	102—				8.6	1.7	0.24	0.59	19.1	6.3			
剖14	初育土	红黏土	红黏土	二色土	林草二色土	1	0-10		轻壤土		8.8	5.5	1.33				老黄土	E 108°40′39.2″ N 34°37′19.6″	70
						2	10-30				8.8	4.9	1.27						
剖15	人为土	灌淤土	湿灌淤土	残迹型湿灌淤土	厚层残迹型湿灌淤土	1	0-21		重壤土		8.5	4.1	0.37	0.57			沉积物、洪积物	E 108°43′41.8″ N 34°34′21.5″	90
						2	21-27				8.5	5.7	0.32	0.56					
						3	27-80				8.3	3.7	0.41	0.31					
						4	80-146				8.2	9.5	0.50	0.60					
						5	146—				8.6	1.1	0.21	0.60					
剖16	半淋溶土	褐土	塿土	黑油土	厚层黑油土	1	0-27	灰色	重壤土	块状	8.3	8.0	0.62	0.74			黄土	E 108°44′44.1″ N 34°34′54.2″	80
						2	27-32	灰蓝色	重壤土	团块状	8.7	4.0	0.43	0.75					
						3	32-70	灰棕色	重壤土	块状	8.6	2.4	0.43	0.68					
						4	70-110	灰棕色	重壤土	棱块状	8.5	3.4	0.38	0.65					
						5	110-149	棕色	黏壤土	棱块状	8.5	1.7	0.30	0.59					
						6	149—	棕色	黏壤土	棱块状	8.4	<1.0	0.17						
剖17	水成土	沼泽土	潜育沼泽土	青泥土	青泥土	1	0-10		重壤土		8.7							E 108°44′15.0″ N 34°32′48.7″	81
						2	10-20												
						3	20—												
剖18	人为土	灌淤土	潮灌淤土	淤谱土	浅位夹石夹砂淤谱土	1	0-22	灰蓝色	重壤土								沉积物、洪积物	E 108°44′42.5″ N 34°32′48.9″	84
						Ap	22-29	灰棕色	重壤土										
						A3	29-37	棕色	黏壤土										
						4	37-195	棕色	黏壤土										
						G	195—	浅灰蓝色	重壤土										
剖19	水成土	沼泽土	潜育沼泽土	青泥土	青泥土	1	0-10	灰棕色	中壤土	粒状	8.4	39.0	2.58	0.59				E 108°42′51.1″ N 34°32′00.6″	72
						2	10-20	灰棕色	中壤土	块状	8.5	19.2	0.94	0.59					
剖20	初育土	黄绵土	黄塿土	淤谱土		1	0-16	浅棕色	砂壤土	无明显结构							冲积次生黄土	E 108°44′14.7″ N 34°32′24.4″	86
						Ap	16-24												
						3	24-150												

续表 Continued

剖面号 Soil profile	土纲 Soil order	土类 Soil great group	亚类 Soil subgroup	土属 Soil genus	土种 Soil species	土层码 Layer code	土层厚度 Depth/cm	颜色 Soil color	质地 Soil texture	土壤结构 Soil structure	pH	有机质 OM/(g/kg)	全氮 TN/(g/kg)	全磷 TP/(g/kg)	全钾 TK/(g/kg)	阳离子交换量CEC/(cmol/kg)	土壤母质 Parent material	剖面点坐标 Profile coordinate	匹配指数 Matching index/%
剖2l	初育土	黄绵土	黄绵土	淤墡土	中位夹石夹砂淤墡土	1	0—22		中壤土		8.4	7.7	0.63	0.69			冲积次生黄土	E 108° 44′ 29.1″ N 34° 31′ 10.2″	80
						2	22—32				8.5	6.3	0.62	0.65					
						3	32—45				8.6	4.1	0.21	0.62					
						4	45—66				8.6	<1.0	0.26	0.58					
						5	66—95				8.6	3.2	0.31	0.57					
						6	95—138				8.6	4.9	0.41	0.63					
						7	138—200				8.7	1.9	0.27	0.60					
剖22	钙层土	黑垆土	黏化黑垆土	黄盖黏黑垆土		1	0—23	灰棕色	中壤土	团块状							黄土	E 108° 45′ 16.1″ N 34° 30′ 40.0″	82
						Ap	23—34	灰棕色	中壤土	块状									
						A₃	34—90	浅棕褐色	中壤土	棱块状									
						A	90—156	黄褐色	重壤土	无明显结构									
						C	156—200		中壤土										
剖23	初育土	黄绵土	黄绵土	黄墡土		1	0—11	棕黄色	中壤土	块状							黄土、次生黄土	E 108° 49′ 57.9″ N 34° 41′ 04.5″	84
						Ap	11—20	灰灰棕色	中壤土	块状									
						C	20—200	黄棕色	重壤土	无明显结构									
剖24	人为土	灌淤土	潮灌淤土	黏底潮灌淤土	薄层黏底潮灌淤土	1	0—20		重壤土		8.4	12.5	0.81	0.75			沉积物、洪积物	E 108° 49′ 20.4″ N 34° 40′ 07.8″	84
						2	20—30		黏壤土		8.6	9.8	0.68	0.72					
						3	30—58		黏壤土		8.7	7.1	0.52	0.59					
						4	58—				8.8	7.2	0.50	0.53					
剖25	半水成土	潮土	盐化潮土	泥质盐化潮土	中度泥质盐化潮土	1	0—15		重壤土		8.1	12.5		0.82			冲积物	E 108° 50′ 29.5″ N 34° 40′ 24.2″	79
						2	15—24		黏壤土	团块状	8.6	18.8	0.68	0.71		14.6			
						3	24—60		黏壤土	片状	8.7	16.6	0.48	0.71		14.2			
						4	60—150		黏壤土		8.6	4.0	0.36	0.62		14.8			
剖26	半水成土	潮土	盐化潮土	硫酸盐氯化物盐化潮土	中度松白盐潮土	1	0—19	灰棕色	黏壤土	团块状	8.6	14.4	0.74	0.66	22.7		冲积黄土	E 108° 50′ 59.9″ N 34° 40′ 11.8″	90
						2	19—27	浅灰棕色	黏壤土	片状	8.4	10.8	0.70	0.66	23.3	16.0			
						AC	27—57	灰棕色	黏壤土	块状	8.5	6.3	0.53	0.62	23.0				
						Cu	57—140	灰黄色	黏壤土	块状	8.5	7.0	0.51	0.62	23.7				
剖27	人为土	灌淤土	潮灌淤土	残迹型潮灌淤土	薄层残迹型潮灌淤土	1	0—18		重壤土		8.4	12.6	0.60	0.88	18.6	12.3	沉积物、洪积物	E 108° 51′ 25.1″ N 34° 39′ 51.4″	92
						2	18—28				8.4	9.2	0.58	0.81	19.9				
						3	28—50				8.5	5.8	0.52	0.73					
剖28	人为土	灌淤土	潮灌淤土	残迹型潮灌淤土	厚层残迹型潮灌淤土	1	0—20	灰棕色	重壤土	块状	8.4	10.4	0.67	0.67		19.8	沉积物、洪积物	E 108° 48′ 17.5″ N 34° 39′ 56.1″	71
						2	20—30	浅灰棕色	重壤土	块状	8.6	10.6	0.70	0.61	17.1	12.4			
						3	30—82	深灰棕色	重壤土	块状	8.5	7.5	0.43	0.38	17.6	13.2			
						4	82—200		中壤土	棱块状	8.6	5.6	0.42	0.64					
剖29	人为土	灌淤土	湿灌淤土	泥质潮灌淤土		1	0—16	灰棕色	中壤土	块状	8.4	9.6	0.80	0.76	21.4	12.1	沉积物、洪积物	E 108° 53′ 15.8″ N 34° 40′ 39.8″	90
						Ap	16—27	浅灰棕色	重壤土	块状	8.5	6.8	0.67	0.71	22.4	11.1			
						A₃	27—90	深灰棕色	重壤土	块状	8.8	5.5	0.71	0.72	20.1	13.3			
						G	90—	灰蓝色	中壤土	棱块状									
剖30	半水成土	潮土	潮土	泥质潮土	泥质潮土	1	0—20		轻黏土		8.6	4.9	0.59	0.65	23.2	14.5	洪冲积物	E 108° 46′ 00.1″ N 34° 37′ 09.2″	76
						2	20—31												
						3	31—45												
						4	45—121												

剖面号 Soil profile	土纲 Soil order	土类 Soil great group	亚类 Soil subgroup	土属 Soil genus	土种 Soil species	土层码 Layer code	土层厚度 Depth/cm	颜色 Soil color	质地 Soil texture	土壤结构 Soil structure	pH	有机质 OM/(g/kg)	全氮 TN/(g/kg)	全磷 TP/(g/kg)	全钾 TK/(g/kg)	阳离子交换量CEC/(cmol/kg)	土壤母质 Parent material	剖面点坐标 Profile coordinate	匹配指数 Matching index/%
剖31	半水成土	潮土	潮土	泥质潮土		1	0—21	灰棕色	轻黏土	团块状							洪积物	E 108°46′39.8″ N 34°37′10.6″	74
						Ap	21—31	灰棕色	轻黏土	块状									
						A₃	31—48	浅灰棕色	轻黏土	棱块状									
						W	48—117	灰褐棕色	黏壤土	块状									
						5	117—	暗棕色											
剖32	人为土	灌淤土	盐化灌淤土			1	0—19	灰棕色	中壤土	团块状							沉积物、洪积物	E 108°45′34.8″ N 34°34′14.5″	94
						Ap	19—27	灰棕色	中壤土	块状									
						A₃	27—57	灰棕色	中壤土	柱状									
						4	57—140	棕色	重壤土	块状									
剖33	人为土	灌淤土	湿灌淤土	泥底湿灌淤土	厚层泥底湿灌淤土	1	0—20		重壤土		8.3	7.5	0.57	0.79	19.6	10.2	沉积物、洪积物	E 108°50′20.3″ N 34°30′34.8″	96
						2	20—25				8.4	7.3	0.68	0.80	20.1	10.4			
						3	25—65				8.4	7.0	0.46	0.89	16.0	8.6			
						4	65—100				8.7	7.4	0.58	0.81	19.6	8.7			
剖34	人为土	灌淤土	潮灌淤土	泥底潮灌淤土	厚层泥底潮灌淤土	1	0—21		重壤土		8.2	13.3	0.72	0.86	21.7	11.7	沉积物、洪积物	E 108°51′08.7″ N 34°30′36.9″	80
						2	21—28				8.5	11.6	0.64	0.84	22.6	12.5			
						3	28—78				8.6	8.7	0.61	0.93	21.6	10.6			
						4	78—150				8.4	4.6	0.39	0.59	22.6	12.5			
剖35	半水成土	潮土	湿潮土	泥质潮土	泥质湿潮土	1	0—20		重壤土		8.2	10.9		0.92			冲积物	E 108°45′58.5″ N 34°31′18.1″	96
						2	20—30				8.5	9.3	0.78	0.83					
						3	30—47				8.2	5.2	0.65	0.68					
						4	47—150				8.7	4.1	0.57	0.63					
剖36	初育土	新积土	冲积土	潮砾质土	中度潮砾质土	1	0—70		砂壤土		8.3	4.2	0.38	0.63			冲积物	E 108°46′01.4″ N 34°30′53.3″	91
						2	70—80				8.6	2.9	2.35	0.64					
						3	80—120				8.3	2.9	0.26	0.51					
剖37	人为土	灌淤土	潮灌淤土	黑灌淤土	厚层黑潮灌淤土	1	0—20		重壤土		8.3	9.0	0.61	0.74			沉积物、洪积物	E 108°47′15.8″ N 34°30′43.6″	84
						2	20—30				8.5	4.1	0.42	0.65					
						3	30—68				8.3	4.6	0.39	0.63					
						4	68—90				8.5	6.7	0.55	0.59					
						5	90—93				8.3	10.0	0.71	0.88					
						6	93—110				8.3	7.9	0.59	0.56					
剖38	半水成土	潮土	湿潮土	泥质湿潮土		A	0—20	灰棕色	中壤土	团块状							冲积物	E 108°53′04.2″ N 34°30′03.6″	70
						2	20—30	灰棕色	重壤土	块状									
						3	30—42	浅灰棕色	重壤土	棱块状									
						4	42—	褐色	重壤土										
剖39	半水成土	潮土	湿潮土	砂质湿潮土	砂湿潮土	1	0—30		中壤土		8.7	8.3	0.68	0.61			冲积物	E 108°53′58.1″ N 34°30′03.4″	91
						2	30—100				8.6	4.2	0.35	0.66					
						3	100—				8.7	2.6	0.24	0.56					
剖40	初育土	新积土	新积土	砾质潮土	轻度砾质潮土	1	0—24		重壤土		8.7	10.7	0.65	0.75			洪积物	E 108°55′34.0″ N 34°28′49.1″	97
						2	24—46				8.5	9.3	0.88	0.90					
						3	46—170				8.8	2.1	0.24	<0.10					
						4	170—200				8.7	2.0	0.38	0.24					
						5	200—				8.8	1.4	0.35	0.63					

乾　县

主要土类说明

褐土是乾县主要土壤类型，占本县地域面积的60%。褐土是在暖温带半湿润区发育形成的具有黏化与钙质淋移淀积特征的土壤，集中分布在本县南部。该土壤盐基饱和，处于硅铝风化阶段，有明显的黏淀层。在其A–B–C剖面构型中，B层呈棕褐色，B层下部有假菌丝状钙积层。本县褐土分为塿土、褐土性土、淋溶褐土等亚类。其中，塿土占本土类面积的90%，主要分布在本县南部的台塬地区、北部浅山丘陵沟壑区的平坦塬面和缓坡地带，是在自然褐土的基础上经人工熟化和施加粪肥堆垫而形成的农业土壤。塿土上部为人工覆盖层，下部为自然褐土，具有上松下实、抗旱耐涝的特点，是比较肥沃的农业土壤。剖面层次为耕作层、犁底层、古熟化层、黏化层、钙积层和母质层。

黄绵土是乾县第二大土壤类型，占本县地域面积的21%。黄绵土是由黄土母质直接翻耕形成的初育土，分布在本县北部的高阶地，与褐土交错分布。由于土壤侵蚀严重，表层长期遭侵蚀，只能不断加深耕作黄土母质层，因而母质特性明显。土壤无明显发育，为A–C型土。由于风成黄土富含细粉粒，故质地、结构均一，疏松绵软，富含石灰，磷、钾储量较丰富，但有效性差，土壤有机质缺乏。

红黏土是乾县第三大土壤类型，占本县地域面积的11%，是在老黄土或古黄土上形成的幼年土壤。由于严重水蚀和风蚀，厚层黄土层侵蚀殆尽处，红色黏土层露出，形成的母质性状明显的初育土，即红黏土。其黏粒含量高，塑性强，生物作用微弱，母质特性明显。本县红黏土位于水土流失严重的丘陵沟壑区，坡陡沟深，耕种困难。

黑垆土占本县地域面积的6%，主要分布在海拔700m以上的五峰山山前平坦地区，是陕北黑垆土区与关中塿土区之间的过渡地带。黑垆土是在暖温带半干旱森林草原植被下、黄土高原上，由黄土发育而成的土壤。该土壤有机质含量低，但腐殖质层深厚，结构良好，保墒耐旱，是本县北部旱原地区较肥沃的农业土壤。

小于本县地域面积3%的土壤类型有新积土、潮土、石质土。

本区域中心区气候特征

本区域中心区气候特征值
Regional climate characteristics in central area of the region

气候带：暖温带亚湿润气候 Climate region: Warm temperate subhumid climate	
年平均气温 /℃ Annual average temperature /℃	12.4
年平均最高气温 /℃ Annual average maximum temperature /℃	18.1
年平均最低气温 /℃ Annual average minimum temperature /℃	7.8
年降水量 /mm Annual precipitation /mm	567
≥10℃的积温 /℃ Daily temperature accumulated in a year (≥10℃) /℃	7230
年日照时数 /h Annual sunshine /h	1825
年平均相对湿度 /% Annual average relative humidity /%	70
干燥度 Dryness	1.31

本区域中心区月平均气温与月平均降水量
Monthly temperature and precipitation in central area of the region

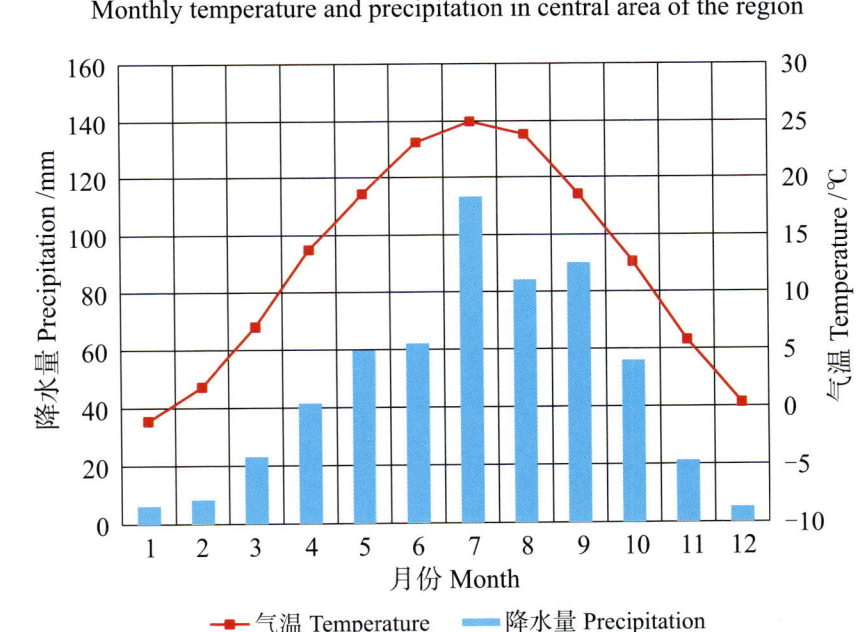

乾县主要土壤类型与土壤剖面点分布图
1∶170 000

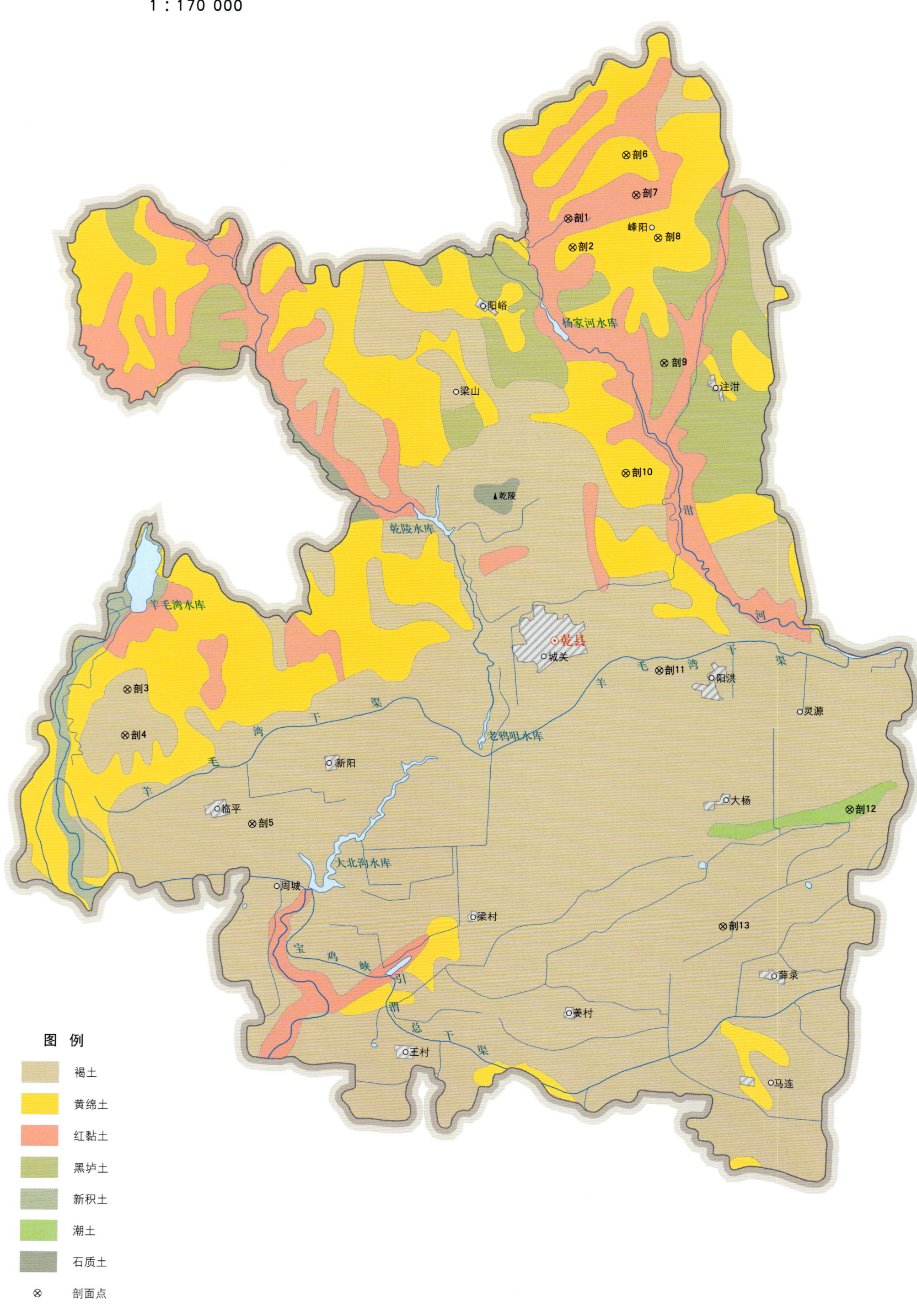

乾县土壤剖面理化性状表

剖面号 Soil profile	土纲 Soil order	土类 Soil great group	亚类 Soil subgroup	土属 Soil genus	土种 Soil species	土层码 Layer code	土层厚度 Depth/cm	颜色 Soil color	质地 Soil texture	土壤结构 Soil structure	pH	有机质 OM/(g/kg)	全氮 TN/(g/kg)	全磷 TP/(g/kg)	全钾 TK/(g/kg)	阳离子交换量CEC/(cmol/kg)	土壤母质 Parent material	剖面点坐标 Profile coordinate	匹配指数 Matching index/%
剖1	初育土	红黏土	红胶土	红色土	料姜红色土	1	0—25		中壤土		8.4	5.6	0.57	0.40	24.1		老黄土	E 108°14′25.2″ N 34°40′58.1″	88
						2	25—75		重壤土		8.2	5.4	0.42	0.29	20.6				
						3	75—95		中壤土		8.3	4.5	0.36	0.29	20.3				
						4	95—		中壤土		8.2	3.1	0.20	0.48	13.7				
剖2	初育土	黄绵土	黄墡土	淤墡土	淤墡土	1	0—21		中壤土		8.5	10.6	0.77	0.72	17.9		洪积物	E 108°14′33.9″ N 34°40′20.4″	72
						2	21—26		中壤土		8.5	10.7	0.63	0.74	20.1				
						3	26—68		中壤土		8.5	7.3	0.43	0.60	23.0				
						4	68—		中壤土		8.7	3.3	0.29	0.59	17.8				
剖3	半淋溶土	褐土	塿土	红油土	中层红油土	1	0—20		重壤土		8.2	12.4	0.92	0.65	18.0	10.7	黄土	E 108°03′07.1″ N 34°30′20.0″	99
						2	20—27		重壤土		8.4	7.8	0.63	0.60	22.8	11.7			
						3	27—56		重壤土		8.2	6.7	0.51	0.53	24.6	13.7			
						4	56—100		重壤土		8.1	5.7	0.42	0.45	21.7	17.9			
						5	100—124		重壤土		8.2	5.7	0.39	0.65	15.4	10.2			
						6	124—		中壤土		8.3	3.2	0.32	0.62	24.5	8.3			
剖4	半淋溶土	褐土	塿土	黑油土	中层黑油土	1	0—25		中壤土		8.5	8.7	0.69	0.54	16.9		黄土	E 108°03′06.0″ N 34°29′19.4″	85
						2	25—50		中壤土		8.2	9.5	0.65	0.40	16.9				
						3	50—95		中壤土		8.3	6.8	0.41	0.55	14.2				
						4	95—115		中壤土		8.4	4.2	0.35	0.52	14.8				
						5	115—		中壤土		8.2	4.0	0.33	0.56	16.3				
剖5	半淋溶土	褐土	塿土	黑油土	中层黑油土	1	0—30		中壤土		8.7	9.3	0.62	0.57	28.8		黄土	E 108°06′34.3″ N 34°27′28.7″	80
						2	30—50		中壤土		8.6	7.0	0.48	0.48	16.2				
						3	50—90		重壤土		8.4	9.5	0.59	0.58	16.2				
						4	90—130		中壤土		8.2	8.2	0.36	0.52	16.9				
						5	130—		中壤土		8.4	3.6	0.29	0.54	16.9				
剖6	初育土	黄绵土	黄墡土	淤墡土	淤墡土	1	0—24		重壤土		8.6	9.2	0.64	0.63	21.7	10.2	洪积物	E 108°15′54.8″ N 34°42′23.4″	92
						2	24—114		中壤土		8.7	6.5	0.52	0.60	19.8	10.4			
						3	114—		中壤土		8.4	4.4	0.34	0.57	19.9	10.4			
剖7	初育土	红黏土	红胶土	黄盖红胶土	中位料姜盖红胶土	1	0—20		轻黏土		8.3	21.2	1.32	0.56	18.3	17.0	老黄土	E 108°16′12.6″ N 34°41′31.5″	74
						2	20—50		轻黏土		8.3	7.2	0.50	0.29	19.3	17.5			
剖8	初育土	黄绵土	黄绵土	黄墡土	塬地黄黄墡土	1	0—20		重壤土		8.4	7.5	0.50	0.55	20.1	9.7	黄土	E 108°16′50.1″ N 34°40′36.3″	94
						2	20—33		中壤土		8.4	2.8	0.33	0.49	21.1	7.9			
						3	33—200		中壤土		8.4	2.3	0.37	0.52	19.0	8.7			
剖9	钙层土	黑垆土	黏化黑垆土	黄盖黏红垆土	中层黄盖黏红垆土	1	0—13		中壤土		8.4	7.8	0.72	0.56	21.2	12.1	黄土	E 108°17′06.6″ N 34°37′51.8″	73
						2	13—20		中壤土		8.4	7.2	0.75	0.52	27.1	10.0			
						3	20—38		重壤土		8.5	9.8	0.76	0.42	20.2	11.6			
						4	38—88		重壤土		8.2	7.8	0.58	0.35	22.4	15.7			
						5	88—135		中壤土		8.5	3.3	0.36	0.52	21.6	9.8			
						6	135—200		中壤土		8.5	2.7	0.31	0.57	22.6	8.0			
剖10	初育土	黄绵土	黄绵土	黄墡土	塬地黄墡土	1	0—25		中壤土		8.2	11.3	0.82	0.66	24.6		黄土	E 108°16′11.0″ N 34°35′26.5″	99
						2	25—35		中壤土		8.4	7.9	0.69	0.59	22.4				
						3	35—100		重壤土		8.4	4.1	0.34	0.48	17.9				

续表 Continued

剖面号 Soil profile	土纲 Soil order	土类 Soil great group	亚类 Soil subgroup	土属 Soil genus	土种 Soil species	土层码 Layer code	土层厚度 Depth/cm	颜色 Soil color	质地 Soil texture	土壤结构 Soil structure	pH	有机质 OM/(g/kg)	全氮 TN/(g/kg)	全磷 TP/(g/kg)	全钾 TK/(g/kg)	阳离子交换量CEC/(cmol/kg)	土壤母质 Parent material	剖面点坐标 Profile coordinate	匹配指数 Matching index/%
剖11	半淋溶土	褐土	堪土	红油土	中层红油土	1	0—30		重壤土		8.4	10.7	0.61	0.61	20.2	10.7	黄土	E 108°17′15.4″ N 34°31′08.4″	94
						2	30—50		重壤土		8.3	7.8	0.58	0.66	21.8	11.7			
						3	50—80		重壤土		8.5	9.0	0.58	0.63	21.8	13.7			
						4	80—150		重壤土		8.3	5.7	0.47	0.51	22.0	17.9			
						5	150—180		重壤土		8.2	5.1	0.29	0.63	23.7	10.2			
						6	180—		重壤土		8.2	3.9	0.27	0.64	24.7	8.3			
剖12	半水成土	潮土	泥潮土	泥质潮土	浅位夹石泥潮土	1	0—20		重壤土		8.3	9.0	0.59	0.56	23.1		冲积物	E 108°22′26.6″ N 34°28′14.1″	81
						2	20—30												
						3	30—60		中壤土		8.4	4.8	0.32	0.48	21.0	20.7			
剖13	半淋溶土	褐土	淋溶褐土	黄土质淋溶褐土	暗马肝泥	Ah	0—25	暗灰褐色	粉砂质黏壤土	粒状	8.1	39.1	2.11	0.59	26.3	18.0	黄土	E 108°19′11.0″ N 34°25′34.7″	83
						Bt₁	25—57	浅棕褐色	粉砂质黏壤土	棱块状	8.2	5.8	0.55	0.56	31.4	17.1			
						Bt₂	57—100	棕褐色	粉砂质黏土	棱块状	8.1	<1.0	0.36	0.58	31.4	20.0			
						BC	100—200	黄棕色	壤质黏土	块状	8.0	2.4	0.68	0.54	20.7				

礼 泉 县

主要土类说明

褐土是礼泉县主要土壤类型，占本县地域面积的 44%。褐土是在暖温带半湿润区发育形成的具有黏化与钙质淋移淀积特征的土壤，主要分布在本县南部的台塬地区。该土壤盐基饱和，处于硅铝风化阶段，有明显的黏淀层。在其 A–B–C 剖面构型中，B 层呈棕褐色，B 层下部有假菌丝状钙积层。本县褐土分为塿土、褐土、淋溶褐土、褐土性土、石灰性褐土等亚类。其中，塿土占本土类面积的 99%，是在自然褐土的基础上经人工熟化和施加粪肥堆垫而形成的农业土壤。塿土上部为人工覆盖层，下部为自然褐土，具有上松下实、抗旱耐涝的特点，是比较肥沃的农业土壤。剖面层次为耕作层、犁底层、古熟化层、黏化层、钙积层和母质层。

黄绵土是礼泉县第二大土壤类型，占本县地域面积的 26%。黄绵土是由黄土母质直接翻耕形成的初育土，分布在本县北部的高阶地，与褐土交错分布。由于土壤侵蚀严重，表层长期遭侵蚀，只能不断加深耕作黄土母质层，因而母质特性明显。土壤无明显发育，为 A–C 型土。由于风成黄土富含细粉粒，故质地、结构均一，疏松绵软，富含石灰，磷、钾储量较丰富，但有效性差，土壤有机质缺乏。

黑垆土是礼泉县第三大土壤类型，占本县地域面积的 22%。黑垆土是在暖温带半干旱森林草原植被下、黄土高原上，由黄土发育而成的土壤，主要分布在本县北部海拔 750m 以上的地区。成土过程主要是腐殖质积累过程和黏化过程。耕层厚约 25cm，呈灰黄色，具团块状结构，质地为重壤土；犁底层厚 10cm 左右，具片状结构；犁底层下为腐殖质层，厚 50—100cm，呈灰褐色，具棱柱状或棱块状结构，有较多的石灰菌丝，质地为重壤土；腐殖质层下为淀积层和母质层。该土壤养分含量中等，生产性能好，宜耕期较长，保水、保肥性能好。

红黏土占本县地域面积的 3%，主要分布在本县北部低山丘陵区的陡坡地带。由于严重水蚀和风蚀，厚层黄土层侵蚀殆尽处，红色黏土层露出，形成的母质性状明显的初育土，即红黏土。该土壤养分含量极低，质地黏重，湿黏干硬，耕作性能不良。

小于本县地域面积 3% 的土壤类型有新积土、潮土、沼泽土、石质土。

本区域中心区气候特征

本区域中心区气候特征值
Regional climate characteristics in central area of the region

气候带：暖温带亚湿润气候 Climate region: Warm temperate subhumid climate	
年平均气温 /℃ Annual average temperature /℃	12.6
年平均最高气温 /℃ Annual average maximum temperature /℃	18.3
年平均最低气温 /℃ Annual average minimum temperature /℃	8.0
年降水量 /mm Annual precipitation /mm	561
≥10℃的积温 /℃ Daily temperature accumulated in a year（≥10℃）/℃	7560
年日照时数 /h Annual sunshine /h	1807
年平均相对湿度 /% Annual average relative humidity /%	69
干燥度 Dryness	1.34

本区域中心区月平均气温与月平均降水量
Monthly temperature and precipitation in central area of the region

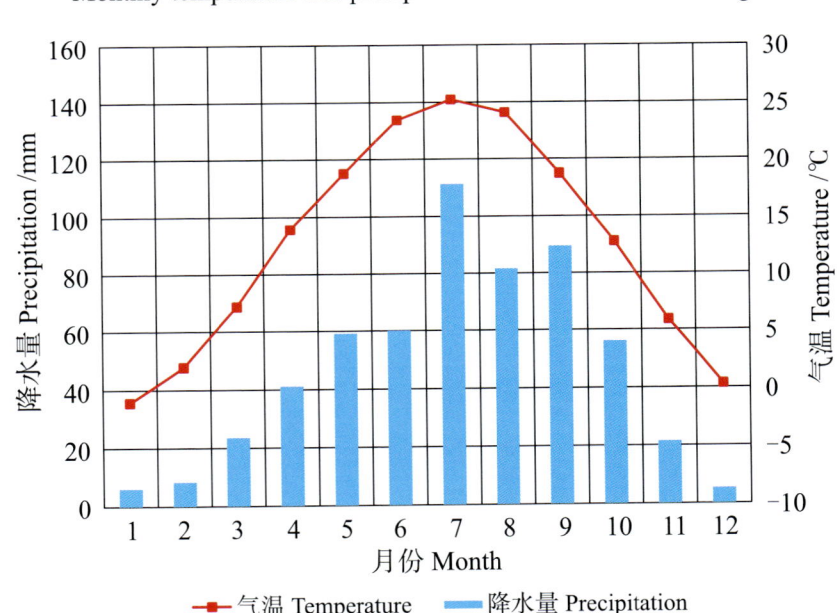

礼泉县主要土壤类型与土壤剖面点分布图
1∶180 000

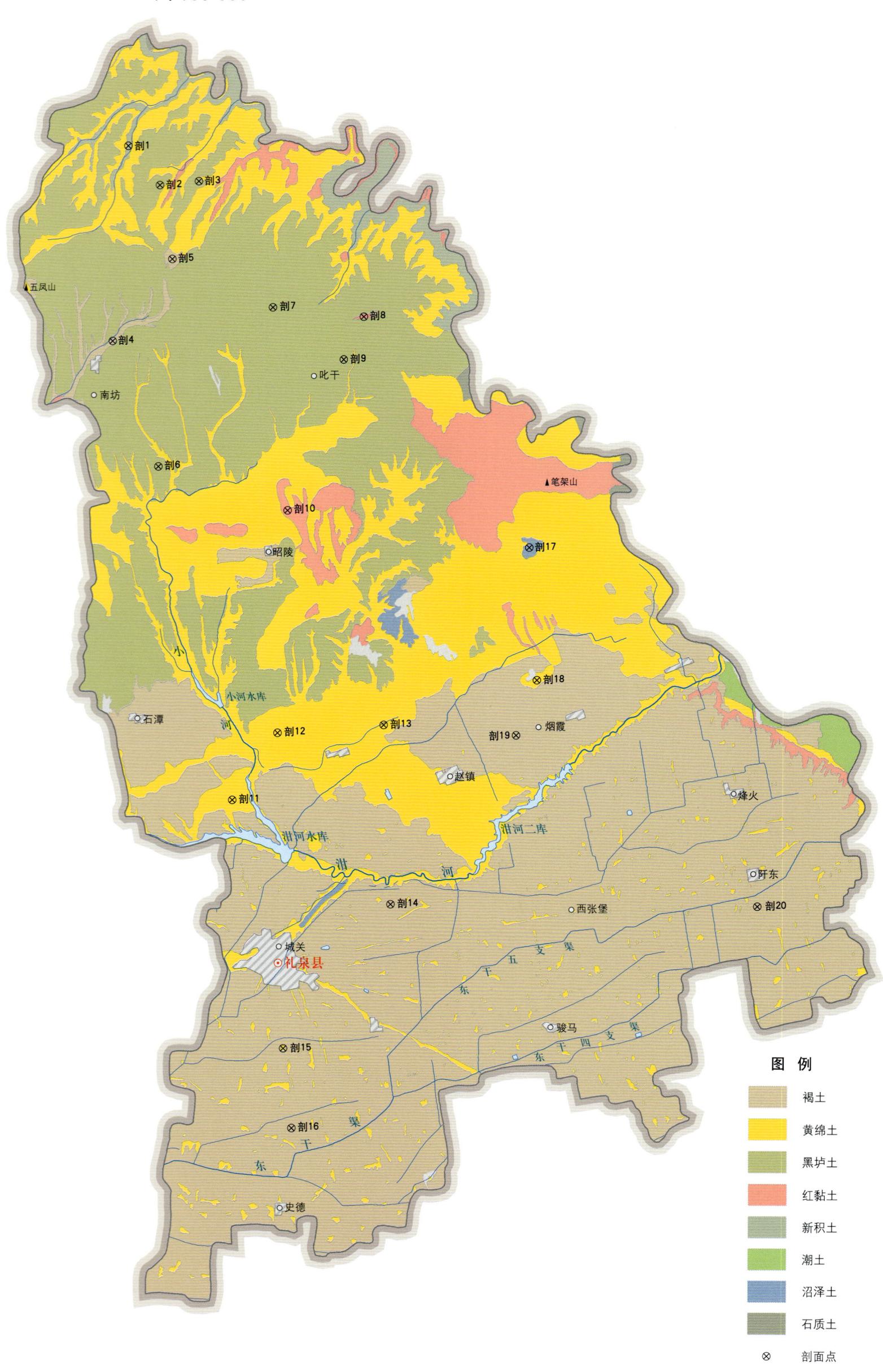

礼泉县土壤剖面理化性状表

剖面号 Soil profile	土纲 Soil order	土类 Soil great group	亚类 Soil subgroup	土属 Soil genus	土种 Soil species	土层码 Layer code	土层厚度 Depth/cm	颜色 Soil color	质地 Soil texture	土壤结构 Soil structure	pH	有机质 OM/(g/kg)	全氮 TN/(g/kg)	全磷 TP/(g/kg)	全钾 TK/(g/kg)	碱解氮 AN/(mg/kg)	有效磷 AP/(mg/kg)	阳离子交换量CEC/(cmol/kg)	土壤母质 Parent material	剖面点坐标 Profile coordinate	匹配指数 Matching index/%
剖1	初育土	新积土	潮淤土	潮砾质土	重度潮淤质土	1	0—50				8.0	6.4	0.43	0.71		20	1.5		冲积物	E 108°20′36.3″ N 34°47′27.2″	91
剖2		黑垆土	黏化黑垆土	黏黑垆土	黏黑垆土	1	0—20		中壤土		8.3	16.8	1.07	0.66		56	<1.0		黄土	E 108°21′30.2″ N 34°46′35.1″	97
						2	20—40				8.4	13.0	0.88	0.69		46	<1.0				
						3	40—60		中壤土		8.5	12.4	0.84	0.65		46	1.8				
						4	60—130		重壤土		8.5	9.6	0.74	0.61		42	<1.0				
剖3		黑垆土	黏化黑垆土	黏黑垆土	红垆土	A₁	0—19	灰棕色	黏壤土	团块状	8.5	13.8	0.87	0.69	19.3		2.6	14.1	黄土	E 108°22′34.5″ N 34°46′41.4″	91
						A₂	19—27	浅灰棕色	黏壤土	块状	8.7	10.0	0.73	0.65	19.0		2.4	13.5			
						A₃	27—46	灰褐色	壤质黏土	棱块状	8.6	9.0	0.66	0.58	19.3		4.6	14.4			
						Ah	46—115	浅红棕色	壤质黏土	棱柱状	8.3	10.8	0.65	0.44	22.3		<1.0	23.2			
						Bk	115—154	棕黄色	壤质黏土	块状	8.6	5.7	0.43	0.51	19.5			15.0			
						C	154—200	棕黄色			8.4	5.6	0.35	0.49	19.7			11.8			
剖4	半淋溶土	褐土	淋溶褐土	淋溶褐土	厚层淋溶褐土	1	0—30		重壤土		8.3	18.9	2.59	0.48		135	2.6			E 108°20′19.3″ N 34°43′01.2″	97
						2	30—60		重壤土		8.3	16.5	2.29	0.47		125	2.4				
						3	60—90				8.4	1.1	1.43	0.36		71	4.6				
							90—120				8.3	10.0	0.93	0.34		54	<1.0				
剖5	半淋溶土	褐土	淋溶褐土	青石淋溶褐土	中层青石淋溶褐土	1	0—22		重壤土		8.1	55.9	2.81	0.32		149	3.6	27.0	石灰岩风化残积物	E 108°21′54.0″ N 34°44′55.3″	87
						2	22—36		重壤土		8.2	38.0	1.71	0.20		121	4.1	16.8			
						3	36—51		重壤土		8.2	41.4	1.92	0.37		106	6.2				
剖6	钙层土	黑垆土	黏化黑垆土	黄盖黏黑垆土	薄层黄盖黏黑垆土	1	0—15				8.5	13.0	0.81	0.68		44	8.3		黄土	E 108°21′40.8″ N 34°40′12.3″	73
						2	15—20				8.4	10.9	0.74	0.70		40	1.6				
						3	20—55				8.8	9.6	<0.10	0.68		37	2.3				
						4	55—76				8.3	8.1	0.54	0.62		30	2.4				
						5	76—				8.5	6.2	0.39	0.66		24	4.1				
剖7	钙层土	黑垆土	黏化黑垆土	黄盖黏黑垆土	中层黄盖黏黑垆土	1	0—25		重壤土		8.9	8.8	0.65	0.65		14	2.7	10.6	黄土	E 108°24′43.0″ N 34°43′52.9″	72
						2	25—35				8.9	7.8	0.54	0.68		38	1.7	10.6			
						3	35—55				8.8	7.7	0.50	0.66		34	2.1	10.9			
						4	55—135				8.7		0.54			30		12.9			
						5	135—				8.7		0.54			23					
剖8	初育土	红黏土	红胶土	红胶土	料姜红胶土	1	0—65				9.1		0.62			26			古黄土	E 108°27′14.0″ N 34°43′42.8″	72
						2	65—135				8.9		0.30			17					
						3	135—				8.8		0.41			11					
剖9	初育土	红黏土	红胶土	红垆土	薄层红垆土	1	0—11				8.6	9.9	0.69	0.46		28	1.5		黄土	E 108°26′42.6″ N 34°42′44.1″	75
						2	11—20				8.5	11.1	0.67	0.50		36	1.5				
						3	20—30				8.5	9.6	0.62	0.38		36					
剖10	初育土	红黏土	红黏土	二色土	二色土	1	0—71		中壤土		8.5	9.9	0.64	0.71		49	2.8		第四纪老黄土	E 108°25′16.6″ N 34°39′17.6″	95
						2	71—				8.9										
剖11	初育土	黄绵土	黄墡土	淤墡土	中位夹石淤墡土	1	0—21				8.9	11.4	0.91	0.83		60	1.5		黄土	E 108°23′58.6″ N 34°32′41.3″	82
						2	21—87				8.4	5.8	0.50	0.82		32	<1.0				
						3	87—180				7.9					17					
剖12	初育土	黄绵土	黄墡土	黄墡土	梯地黄墡土	1	0—24				8.6	8.8	0.53	0.54		38	7.7		黄土	E 108°25′14.6″ N 34°34′10.5″	88
						2	24—				8.3	4.3	0.36	0.63		22	5.3				
剖13	初育土	黄绵土	黄墡土	淤墡土	浅位夹石淤墡土	1	0—25				9.0	4.9	0.39	0.62		17	4.8		黄土	E 108°28′05.5″ N 34°34′28.8″	82
						2	25—					9.0		0.73							

续表 Continued

剖面号 Soil profile	土纲 Soil order	土类 Soil great group	亚类 Soil subgroup	土属 Soil genus	土种 Soil species	土层码 Layer code	土层厚度 Depth/cm	颜色 Soil color	质地 Soil texture	土壤结构 Soil structure	pH	有机质 OM/(g/kg)	全氮 TN/(g/kg)	全磷 TP/(g/kg)	全钾 TK/(g/kg)	碱解氮 AN/(mg/kg)	有效磷 AP/(mg/kg)	阳离子交换量CEC/(cmol/kg)	土壤母质 Parent material	剖面点坐标 Profile coordinate	匹配指数 Matching index/%
剖14	半淋溶土	褐土	埼土性土	灰土	中层灰土	1	0—60		重壤土		8.7	10.6	0.55	1.79		51	>100.0	10.3	黄土	E 108°28′24.8″ N 34°30′25.1″	84
						2	60—150		重壤土		8.6	13.6	0.74	3.56		46	48.9	17.7			
剖15	初育土	黄绵土	黄绵土	黄垆土	塬地黄垆土	1	0—30		重壤土		8.4	10.9	0.76	0.64		34	1.2	17.1	黄土	E 108°25′34.8″ N 34°27′03.5″	83
						2	30—40		重壤土		8.5	6.6	0.35	0.76		17	1.4	11.7			
						3	40—		重壤土		8.8	4.6	0.34	0.68		13	1.4	8.7			
剖16	半淋溶土	褐土	埼土	红油土	中层红油土	1	0—15		中壤土		8.4	13.7	0.92	0.71		51	17.8	11.9	黄土	E 108°25′52.3″ N 34°25′16.8″	98
						2	15—22		中壤土		8.5	19.4	0.75	0.73		30	6.8	10.7			
						3	22—55		重壤土		8.7	5.4	0.76	0.76		30	5.1	10.2			
						4	55—80		重壤土		8.6	1.3	0.79	0.48		26	1.5	19.5			
						5	80—110		重壤土			6.0	0.52	0.56		23	1.3	10.3			
剖17	水成土	沼泽土	潜育沼泽土	青泥土	青泥土	1	0—5		中壤土		8.4	14.1	0.73	0.69		43	17.1	8.8	黄土	E 108°31′58.0″ N 34°38′34.7″	85
						2	5—30		重壤土		9.0	8.9	0.57	0.70		34	8.0	4.4			
						3	30—50		重壤土		9.5	8.4		0.71		34	3.6	8.7			
剖18	初育土	黄绵土	黄绵土	淤垆土	淤垆土	1	0—20		中壤土		8.8	7.1	0.45	0.64		40	4.9		黄土	E 108°32′16.8″ N 34°35′35.0″	97
						2	20—80		重壤土		8.8	5.5	0.38	0.62		34	2.5				
剖19	半淋溶土	褐土	埼土	淤垆土	厚层淤垆土	1	0—30				9.0	10.9	0.72	0.88		26	1.2		黄土	E 108°31′44.7″ N 34°34′19.4″	100
						2	30—50				9.0	7.3	0.50	0.65		25	4.3				
						3	50—120				8.8	7.9	0.52	0.84		23	5.2				
						4	120—				9.1	7.9	0.55	0.36		16	3.2				
剖20	半淋溶土	褐土	埼土	红油土	中层红油土	1	0—22				8.6	10.2	0.68	0.50		36	1.8		黄土	E 108°38′31.2″ N 34°30′35.0″	94
						2	22—31				8.8	9.2	0.66	0.52		31	4.2				
						3	31—75				8.7	7.5	0.46	0.38		13	6.5				
						4	75—89				8.7	6.3	0.39	0.36		10	2.9				
						5	89—				8.6	5.3	0.34	0.37		11	2.6				

永 寿 县

主要土类说明

黄绵土是永寿县主要土壤类型，占本县地域面积的 52%。黄绵土是由黄土母质直接翻耕形成的初育土，与黑垆土交错分布。由于土壤侵蚀严重，表层长期遭侵蚀，只能不断加深耕作黄土母质层，因而母质特性明显。土壤无明显发育，为 A-C 型土。由于风成黄土富含细粉粒，故质地、结构均一，疏松绵软，富含石灰，磷、钾储量较丰富，但有效性差，土壤有机质缺乏。

黑垆土是永寿县第二大土壤类型，占本县地域面积的 35%。黑垆土是在暖温带半干旱森林草原植被下、黄土高原上，由黄土发育而成的地带性土壤，是本县重要的农业土壤。成土过程主要是腐殖质积累过程和黏化过程，并逐渐形成深厚的灰褐色垆土层。该土壤有机质含量低，但腐殖质层深厚。土体原位黏化，但无明显的黏化层，具假菌丝状石灰累积；无盐化，多旱耕。

红黏土是永寿县第三大土壤类型，占本县地域面积的 8%，是在老黄土或古黄土上形成的幼年土壤。深厚黄土层下，常见第三纪红色黏土（保德期红黏土）埋藏。由于严重水蚀和风蚀，厚层黄土层侵蚀殆尽处，红色黏土层露出，形成的母质性状明显的初育土，即红黏土。其黏粒含量高，塑性强，生物作用微弱，母质特性明显，耕性极差。

褐土占本县地域面积的 3%，主要分布在永寿梁西北部的黑山和五峰山一带。褐土是在暖温带半湿润区发育形成的具有黏化与钙质淋移淀积特征的土壤。该土壤盐基饱和，处于硅铝风化阶段，有明显的黏淀层。在其 A–B–C 剖面构型中，B 层呈棕褐色，B 层下部有假菌丝状钙积层。成土母质主要为坡积黄土。本县褐土分为娄土、淋溶褐土、褐土性土、石灰性褐土等亚类。其中，娄土面积最大，是在自然褐土的基础上经人工熟化和施加粪肥堆垫而形成的农业土壤。娄土上部为人工覆盖层，下部为自然褐土，具有上松下实、抗旱耐涝的特点，是比较肥沃的农业土壤。剖面层次为耕作层、犁底层、古熟化层、黏化层、钙积层和母质层。

小于本县地域面积 3% 的土壤类型有新积土、石质土、风沙土。

本区域中心区气候特征

本区域中心区气候特征值
Regional climate characteristics in central area of the region

气候带：暖温带亚湿润气候 Climate region: Warm temperate subhumid climate	
年平均气温 /℃ Annual average temperature /℃	12.1
年平均最高气温 /℃ Annual average maximum temperature /℃	18.0
年平均最低气温 /℃ Annual average minimum temperature /℃	7.5
年降水量 /mm Annual precipitation /mm	552
≥10℃的积温 /℃ Daily temperature accumulated in a year (≥10℃) /℃	7012
年日照时数 /h Annual sunshine /h	1877
年平均相对湿度 /% Annual average relative humidity /%	69
干燥度 Dryness	1.30

本区域中心区月平均气温与月平均降水量
Monthly temperature and precipitation in central area of the region

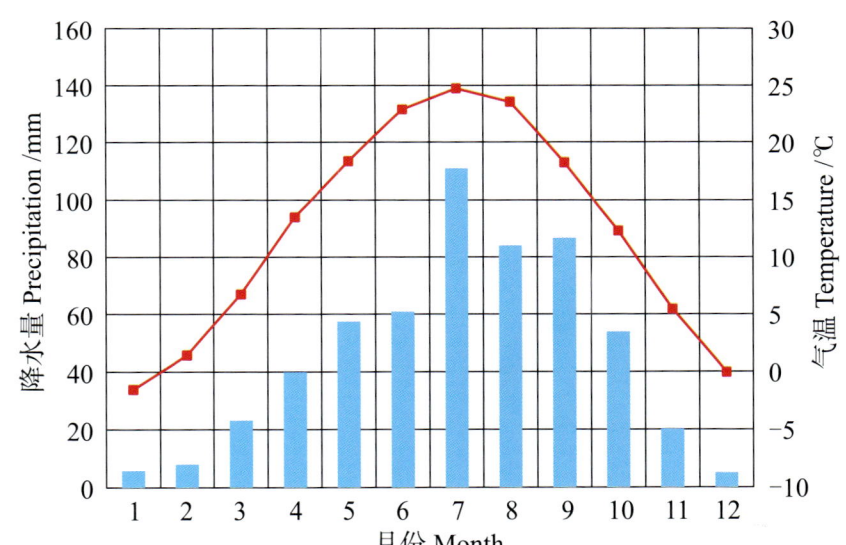

永寿县主要土壤类型与土壤剖面点分布图
1 : 180 000

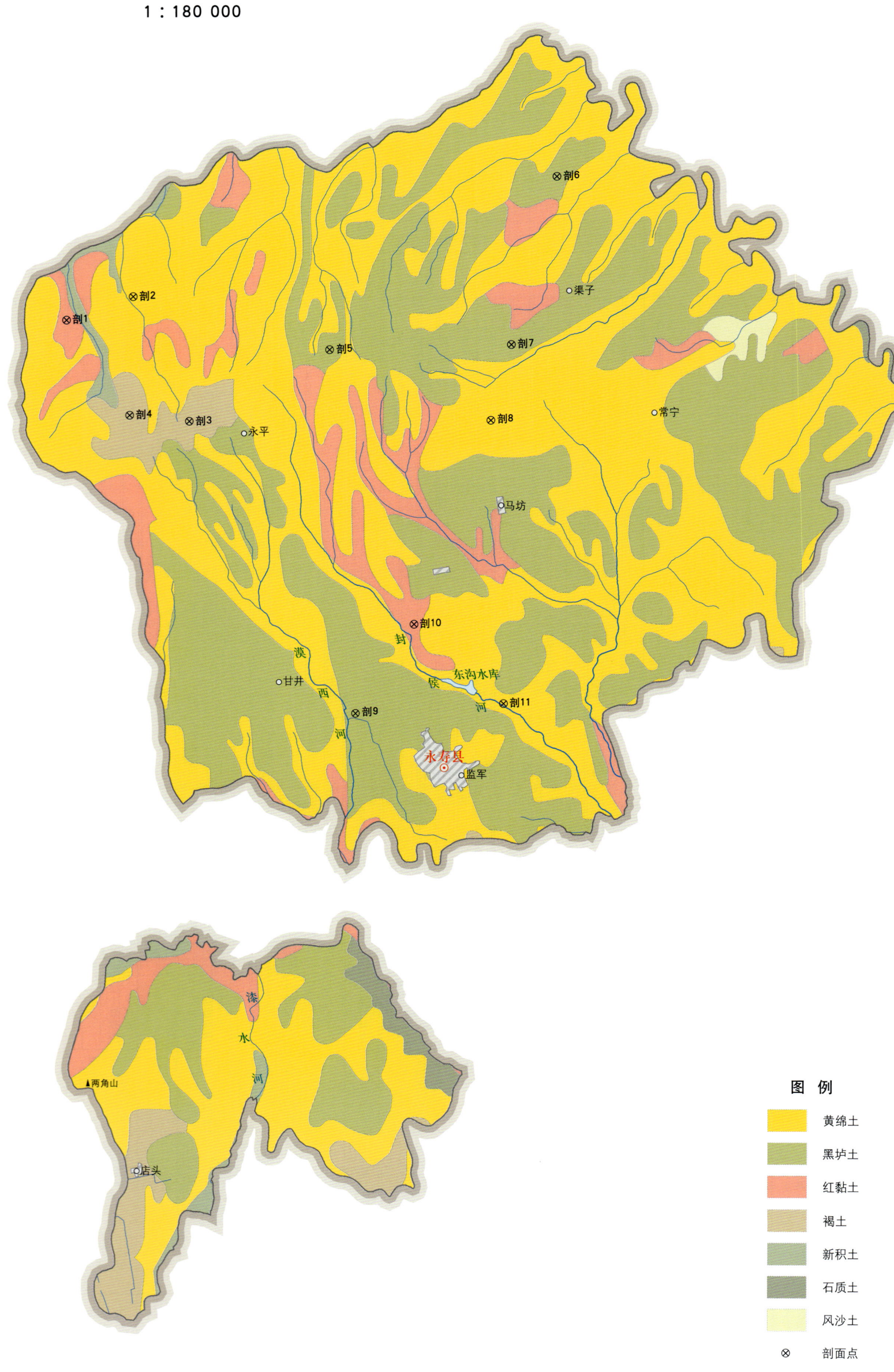

图 例

- 黄绵土
- 黑垆土
- 红黏土
- 褐土
- 新积土
- 石质土
- 风沙土
- ⊗ 剖面点

永寿县土壤剖面理化性状表

剖面号 Soil profile	土纲 Soil order	土类 Soil great group	亚类 Soil subgroup	土属 Soil genus	土种 Soil species	土层码 Layer code	土层厚度 Depth/cm	质地 Soil texture	pH	有机质 OM/(g/kg)	全氮 TN/(g/kg)	全磷 TP/(g/kg)	全钾 TK/(g/kg)	阳离子交换量CEC/(cmol/kg)	土壤母质 Parent material	剖面点坐标 Profile coordinate	匹配指数 Matching index/%
剖1	初育土	红黏土	红胶土	红胶土	林草红胶土	1	0—20	重壤土		30.8	1.37	0.84	20.7	27.0	老黄土	E 107°57′48.9″ N 34°51′07.7″	94
						2	20—40	轻黏土		13.7	0.90	0.65	18.8	23.6			
						3	40—60	轻黏土		7.1	0.57	0.66	23.0	19.0			
剖2	初育土	黄绵土	黄墡土	淤墡土	川台淤墡土	1	0—20		8.2	9.9	0.71	1.41	20.3	8.2	黄土	E 107°59′35.8″ N 34°51′41.3″	77
						2	20—40		8.3	3.6	0.40	1.38	19.9	8.3			
						3	40—86		8.3	4.0	0.27	1.32	20.2	8.3			
剖3	半淋溶土	褐土	石灰性褐土	石灰性褐土		1	0—48	重壤土	8.3	10.5	1.04	1.52	22.2			E 108°01′13.2″ N 34°48′58.4″	78
						2	48—130	重壤土	8.3	13.6	0.60	0.98	22.2				
						3	130—200	重壤土	8.4	5.5	0.39	1.38	27.1				
剖4	半淋溶土	褐土	淋溶褐土	淋溶褐土		1	0—25	重壤土	8.1	39.3	2.11	1.36	26.3	20.7		E 107°59′36.4″ N 34°49′04.0″	83
						2	25—57	重壤土	8.2	5.8	0.55	1.28	31.4	18.0			
						3	57—100	轻黏土	8.1	2.5	0.36	1.32	31.4	17.1			
						4	100—200	重壤土	8.0	2.4	0.37	1.23	20.7	20.8			
剖5	钙层土	黑垆土	黏化黑垆土	黄盖黏黑垆土	中层黄盖黏黑垆土	1	0—25	中壤土		8.9	0.68	1.11	18.6	12.4		E 108°04′57.2″ N 34°50′38.6″	100
						2	25—43	中壤土		11.7	0.70	1.25	18.8	11.1			
						3	43—90	中壤土		6.2	0.55	0.90	21.1	16.2			
						4	90—150	中壤土		4.9	0.57	0.90	21.0	16.1			
剖6	钙层土	黑垆土	黑垆土性土	垆墡土	中层垆墡土	1	0—20	中壤土	8.4	9.4	0.65	1.50	18.1	8.3	黄土	E 108°10′57.6″ N 34°54′37.1″	72
						2	20—27	中壤土	8.5	9.4	0.64	1.39	21.5	9.0			
						3	27—50	中壤土	8.3	4.5	0.32	1.25	17.7	8.5			
						4	50—80	中壤土	8.4	4.3	0.23	1.34	19.6	8.0			
						5	80—120	中壤土	8.5	4.7	0.34	1.25	18.8	9.3			
						6	120—150	中壤土	8.4	2.5	0.32	1.31	20.5	8.3			
剖7	钙层土	黑垆土	黏化黑垆土	侵蚀黏黑垆土	黏黑垆土	1	0—18	中壤土		9.5	>6.00	1.68	21.5	14.1	黄土	E 108°09′51.7″ N 34°50′52.4″	94
						2	18—60	中壤土	8.2	11.2	0.59	1.35	20.7	16.4			
						3	60—150	中壤土	8.3	9.6	0.57	1.58	21.8	15.3			
剖8	初育土	黄绵土	黄绵土	黄墡土	堺地黄墡土	1	0—15	中壤土	8.4	7.9	0.63	1.35	20.3	10.7	黄土	E 108°09′21.9″ N 34°49′11.4″	71
						2	15—20	中壤土	8.1	6.0	0.37	1.35	19.1	9.8			
						3	20—70	中壤土	8.2	3.7	0.41	1.25	16.8	8.7			
						4	70—	中壤土	8.2	2.5	0.30	1.27	16.7	8.3			
剖9	钙层土	黑垆土	黄绵土	黄盖红胶土	中层黄盖红胶土	1	0—15	中壤土	8.2	10.7	0.78	1.57	19.2	10.4	黄土	E 108°05′57.1″ N 34°42′36.2″	97
						2	15—35	中壤土	8.3	9.9	0.75	1.46	20.5	10.2			
						3	35—63	中壤土	8.4	5.4	0.50	1.13	20.0	11.9			
						4	63—100	重壤土	8.2	5.4	0.51	0.92	20.6	15.0			
剖10	初育土	红黏土	红胶土	黄盖红胶土	薄层黄盖红胶土	1	0—20	中壤土	8.1	10.3	0.71	1.23	19.7	15.7	老黄土	E 108°07′27.4″ N 34°44′37.6″	94
						2	20—50	中壤土	8.2	4.9	0.38	1.18	18.9	14.3			
						3	50—140	重壤土	8.2	3.0	0.26	0.96	19.2	15.5			
剖11	初育土	黄绵土	黄绵土	白墡土	坡地白墡土	1	0—16	中壤土	8.4	7.1	0.43	1.15	17.8	11.0	黄土	E 108°09′56.3″ N 34°42′55.0″	97
						2	16—26	中壤土	8.5	13.2	0.75	1.28	18.8	11.2			
						3	26—70	中壤土	8.4	8.8	0.55	1.16	18.3	11.3			
						4	70—110	中壤土	8.3	4.6	0.33	1.07	17.6	10.8			

长 武 县

主要土类说明

黄绵土是长武县主要土壤类型，占本县地域面积的48%。黄绵土是由黄土母质直接翻耕形成的初育土，主要分布在有一定侵蚀的塬边和沟坡，与黑垆土和红黏土交错分布。由于土壤侵蚀严重，表层长期遭侵蚀，只能不断加深耕作黄土母质层，因而母质特性明显。土壤无明显发育，为A–C型土。由于风成黄土富含细粉粒，故质地、结构均一，疏松绵软，富含石灰，磷、钾储量较丰富，但有效性差，土壤有机质缺乏。本县黄绵土分为黄墡土、黄绵土等亚类。黄墡土占本土类面积的99%以上，土层深厚，质地适中，结构良好，疏松多孔，宜耕期长，保水、保肥性能较好。土壤剖面分为耕层、犁底层和母质层，有些剖面还带有垆土的过渡层或淋溶层的特征。

黑垆土是长武县第二大土壤类型，占本县地域面积的31%。黑垆土是在暖温带半干旱森林草原植被下、黄土高原上，由黄土发育而成的地带性土壤，是本县重要的农业土壤。成土过程主要是腐殖质积累过程和黏化过程，并逐渐形成深厚的灰褐色垆土层。该土壤有机质含量低，但腐殖质层深厚。土体原位黏化，但无明显的黏化层，具假菌丝状石灰累积；无盐化，多旱耕。

红黏土是长武县第三大土壤类型，占本县地域面积的16%，分布在本县侵蚀严重的沟谷地带，是在保德期红土或午城古黄土上形成的幼年土壤。深厚黄土层下，常见第三纪红色黏土（保德期红黏土）埋藏。由于严重水蚀和风蚀，厚层黄土层侵蚀殆尽处，红色黏土层露出，形成的母质性状明显的初育土，即红黏土。其黏粒含量高，塑性强，生物作用微弱，母质特性明显，有时夹有砂姜。该土壤质地黏重，湿黏干硬，透水性、透气性差，肥力低。

新积土占本县地域面积的3%，分布在河流两岸及河漫滩。新积土是由新近冲积、洪积、坡积、塌积或人工堆垫形成的土壤。该土壤成土期短，母质特性明显，具A–C或（A）–C剖面构型。其形成主要受地形条件和母质特性的影响。

小于本县地域面积3%的土壤类型有潮土、褐土。

本区域中心区气候特征

本区域中心区气候特征值
Regional climate characteristics in central area of the region

气候带：暖温带亚湿润气候 Climate region: Warm temperate subhumid climate	
年平均气温 /℃ Annual average temperature /℃	10.9
年平均最高气温 /℃ Annual average maximum temperature /℃	17.0
年平均最低气温 /℃ Annual average minimum temperature /℃	6.1
年降水量 /mm Annual precipitation /mm	520
≥10℃的积温 /℃ Daily temperature accumulated in a year (≥10℃) /℃	5706
年日照时数 /h Annual sunshine /h	2081
年平均相对湿度 /% Annual average relative humidity /%	67
干燥度 Dryness	1.22

本区域中心区月平均气温与月平均降水量
Monthly temperature and precipitation in central area of the region

长武县主要土壤类型与土壤剖面点分布图
1∶130 000

图例
- 黄绵土
- 黑垆土
- 红黏土
- 新积土
- 潮土
- 褐土
- ⊗ 剖面点

长武县土壤剖面理化性状表

剖面号 Soil profile	土纲 Soil order	土类 Soil great group	亚类 Soil subgroup	土属 Soil genus	土种 Soil species	土层码 Layer code	土层厚度 Depth/cm	颜色 Soil color	质地 Soil texture	土壤结构 Soil structure	pH	有机质 OM/(g/kg)	全氮 TN/(g/kg)	全磷 TP/(g/kg)	全钾 TK/(g/kg)	碱解氮 AN/(mg/kg)	有效磷 AP/(mg/kg)	速效钾 AK/(mg/kg)	阳离子交换量CEC/(cmol/kg)	土壤母质 Parent material	剖面点坐标 Profile coordinate	匹配指数 Matching index/%
剖1	初育土	红黏土	红黏土	二色土	沟二色土	1	0—16	黄棕褐色	中壤土	团块状										老黄土	E 107°45′08.1″ N 35°09′59.8″	92
						2	16—200	红褐色	轻壤土	棱柱状												
剖2	钙层土	黑垆土	淋溶黏黑垆土	黄盖淋溶黏黑垆土		1	0—20	暗棕色	中壤土	粒柱状										黄土	E 107°46′26.2″ N 35°13′46.5″	71
						2	20—27	灰棕色	中壤土	块状												
						3	27—110	暗褐色	重壤土	棱块状												
						4	110—183	暗褐色	重壤土	棱块状												
						5	183—	暗褐色	中壤土	棱块状												
剖3	钙层土	黑垆土	黏化黑垆土	黄盖黏黑垆土	厚层黄盖黏黑垆土	1	0—15	灰棕色	中壤土	粒块状										黄土	E 107°45′45.2″ N 35°13′04.4″	81
						2	15—24	灰棕色	中壤土	粒块状												
						3	24—78	灰棕色	中壤土	棱柱状												
						4	78—146	灰褐色	中壤土	棱柱状												
						5	146—251	浅棕色	中壤土	棱柱状												
						6	251—	黄棕色	轻壤土	块状												
剖4	钙层土	黑垆土	黏化黑垆土	黄盖黏黑垆土	厚层黄盖黏黑垆土	1	0—19	灰棕色	中壤土	粒块状										黄土	E 107°50′13.2″ N 35°13′15.7″	80
						2	19—35	棕色	中壤土	棱柱状												
						3	35—63	暗棕色	中壤土	棱柱状												
						4	63—122	灰褐色	中壤土	棱柱状												
						5	122—160	棕色	中壤土	块状												
						6	160—	灰棕色	中壤土	块状												
剖5	初育土	黄绵土	黄绵土	白墡土	坡白墡土	1	0—20	棕色	中壤土	团粒状										黄土	E 107°45′13.7″ N 35°10′53.2″	85
						2	20—30	浅灰棕色	中壤土	片块状												
						3	30—200	黄棕色	中壤土	块状												
剖6	初育土	新积土	冲积土	河淤土	河淤土	1	0—14		中壤土											冲积物	E 107°48′32.4″ N 35°11′20.1″	73
						C	14—70		中壤土	粒块状	8.2	6.3	0.21	1.57		10	1.0	94	3.9			
						3	70—		中壤土	片状	8.2	4.9	0.35	1.36		12	<1.0	81	5.0			
剖7	黑垆土	黏化黑垆土	侵蚀黏黑垆土	侵蚀黏黑垆土		1	0—17	黄棕色	中壤土	棱块状	8.1	2.8	0.20	1.27		10	<1.0	89	5.1	黄土	E 107°54′33.5″ N 35°13′06.7″	82
						2	17—23	棕褐色	中壤土	粒块状												
						3	23—64	灰棕色	中壤土	层状												
						4	64—170	暗褐色	中壤土	粒块状												
剖8	钙层土	黑垆土	黏化黑垆土	黄盖黏黑垆土	中层黄盖黏黑垆土	1	0—15	浅棕色	中壤土	层状										黄土	E 107°53′18.4″ N 35°12′26.1″	99
						2	15—20	棕色	中壤土	棱柱状												
						3	20—41	浅灰棕色	中壤土	块状												
						4	41—83	灰褐色	中壤土	棱柱状												
						5	83—175	棕褐色	轻壤土	块状												
						6	175—	黄棕色	中壤土	粒状												
剖9	钙层土	黑垆土	黑垆土性土	五花土	梯五花土	1	0—44	灰棕色	重壤土	块状										黄土	E 107°53′10.6″ N 35°10′53.2″	98
						2	44—92	褐棕色	重壤土	块状												
						3	92—137	黄棕色	中壤土	棱块状												
						4	137—	深灰褐色	中壤土	棱块状												

续表 Continued

剖面号 Soil profile	土纲 Soil order	土类 Soil great group	亚类 Soil subgroup	土属 Soil genus	土种 Soil species	土层码 Layer code	土层厚度 Depth/cm	颜色 Soil color	质地 Soil texture	土壤结构 Soil structure	pH	有机质 OM/(g/kg)	全氮 TN/(g/kg)	全磷 TP/(g/kg)	全钾 TK/(g/kg)	碱解氮 AN/(mg/kg)	有效磷 AP/(mg/kg)	速效钾 AK/(mg/kg)	阳离子交换量CEC/(cmol/kg)	土壤母质 Parent material	剖面点坐标 Profile coordinate	匹配指数 Matching index/%
剖10	初育土	黄绵土	黄绵土	川台淤槽土	中位夹石夹砂淤槽土	1	0—11	灰棕色	中壤土	粒状										黄土	E 107°47′54.6″ N 35°09′34.7″	99
						2	11—48	灰棕色	轻砂壤土	粒状												
						3	48—92	浅棕色	轻砂壤土	粒状												
						4	92—97	浅棕色	壤土	粒状												
						5	97—200	黄色	轻壤土	粒状												
剖11	初育土	黄绵土	黄绵土	川台淤槽土	川台淤槽土	1	0—14	深灰棕色	中壤土	块状	8.0	9.2	0.62	1.38	23.9	51	3.1	303		黄土	E 107°51′04.6″ N 35°09′44.1″	80
						Ap	14—24	深灰棕色	轻壤土	块状	7.9	8.5	0.55	1.26	25.0	55	1.0	214				
						A₂	24—44	灰棕色	轻壤土	块状	7.9	7.2	0.50	1.23	22.4	45	<1.0	178				
						4	44—200	灰棕色	轻壤土		8.1	4.8	0.38	1.22	20.3	39	<1.0	118				
剖12	初育土	黄绵土	黄绵土	黄绵土	坡黄墡土	1	0—20	浅黄色	轻壤土	团粒块状										黄土	E 107°50′37.5″ N 35°06′12.5″	95
						2	20—34	浅棕灰黄色	轻壤土	团粒块状												
						3	34—180	浅黄色	轻壤土	团粒块状												
						4	180—200	浅黄色	轻壤土													
剖13	初育土	黄绵土	黄绵土	黄绵土	梯黄墡土	1	0—18		轻壤土											黄土	E 107°51′39.8″ N 35°06′13.5″	88
						2	18—25		轻壤土													
						3	25—46		轻壤土													
						4	46—130		轻壤土													
						5	130—200		轻壤土													
剖14	初育土	黄绵土	黄绵土	白墡土	林草白墡土	1	0—12	浅黄色	轻壤土	团粒状										黄土	E 107°51′31.2″ N 35°09′06.0″	72
						2	12—70	浅黄色	中壤土	团块状												
						3	70—200	浅黄色	中壤土	团块状												
剖15	钙层土	淋溶黏黑垆土	淋溶黏黑垆土	黄盖淋溶黏黑垆土	中层黄盖淋溶黏黑垆土	1	0—17		中壤土											黄土	E 107°51′30.4″ N 35°03′49.7″	94
						2	17—34		中壤土													
						3	34—55	灰褐色	中壤土	团粒状												
						4	55—106	灰褐色	中壤土	团块状												
						5	106—143		中壤土													
						6	143—200		中壤土													
剖16	钙层土	黑垆土	黏化黑垆土	黄盖黏黑垆土	薄层黄盖黏黑垆土	1	0—15	灰褐色	中壤土	团粒状										黄土	E 107°55′07.1″ N 35°04′41.8″	79
						2	15—22	棕褐色	中壤土	棱柱状												
						3	22—47	棕褐色	轻壤土	棱柱状												
						4	47—156	棕褐色	中壤土	块柱状												
						5	156—200	黄棕色	中壤土	块状												

旬 邑 县

主要土类说明

黄绵土是旬邑县主要土壤类型，占本县地域面积的55%。黄绵土是在黑垆土的腐殖质层被侵蚀殆尽的黄土或堆积次生黄土母质上，经耕种或自然熟化形成的幼年土壤，土壤发育微弱，母质特性明显。黄绵土主要分布在有一定侵蚀的塬边和沟坡，在本县西部与黑垆土交错分布，在本县东部与褐土交错分布。土壤无明显发育，为A-C型土。由于风成黄土富含细粉粒，故质地、结构均一，疏松绵软，富含石灰，磷、钾储量较丰富，但有效性差，土壤有机质缺乏。当熟化过程占优势时，土壤肥力不断提高；当土壤侵蚀严重时，土壤肥力不断下降。本县黄绵土分为黄墡土、黄绵土等亚类。其中，黄墡土面积最大，其熟化层较厚，土壤有机质与有效养分含量自耕层往下逐渐降低。

褐土是旬邑县第二大土壤类型，占本县地域面积的26%。褐土是在暖温带半湿润区发育形成的具有黏化与钙质淋移淀积特征的土壤，主要分布在本县东部海拔较高的山地，是本县山区主要的林地土壤。该土壤盐基饱和，处于硅铝风化阶段，有明显的黏淀层。本县褐土中，褐土性石渣土亚类面积最大。该亚类成土年龄短，土层很薄，质地偏轻，结构松散，保水、保肥性能差，具A-C剖面构型，上部为疏松的腐殖质层，下部为结构紧实的岩石风化层，腐殖质层有机质含量在10g/kg左右。

黑垆土是旬邑县第三大土壤类型，占本县地域面积的16%。黑垆土是在暖温带半干旱森林草原植被下、黄土高原上，由黄土发育而成的地带性土壤。成土过程主要是腐殖质积累过程和黏化过程，并逐渐形成深厚的灰褐色垆土层。该土壤有机质含量低，但腐殖质层深厚。土体原位黏化，但无明显的黏化层，具假菌丝状石灰累积；无盐化，多旱耕。本县黑垆土分为黏化黑垆土、黑垆土性土、五花土等亚类。其中，黏化黑垆土占本土类面积的91%，是在自然黑垆土上，经长期耕种、施用粪肥而培育形成的农业土壤，具有结构良好且深厚的黑褐色腐殖质层，肥力较高，是本县的高产农业土壤，广泛分布在本县塬面的平坦耕地。

小于本县地域面积3%的土壤类型有红黏土、潮土、新积土、沼泽土。

本区域中心区气候特征

本区域中心区气候特征值
Regional climate characteristics in central area of the region

气候带：暖温带亚湿润气候 Climate region: Warm temperate subhumid climate	
年平均气温 /℃ Annual average temperature /℃	11.6
年平均最高气温 /℃ Annual average maximum temperature /℃	17.7
年平均最低气温 /℃ Annual average minimum temperature /℃	6.7
年降水量 /mm Annual precipitation /mm	517
≥10℃的积温 /℃ Daily temperature accumulated in a year (≥10℃) /℃	6389
年日照时数 /h Annual sunshine /h	2032
年平均相对湿度 /% Annual average relative humidity /%	66
干燥度 Dryness	1.28

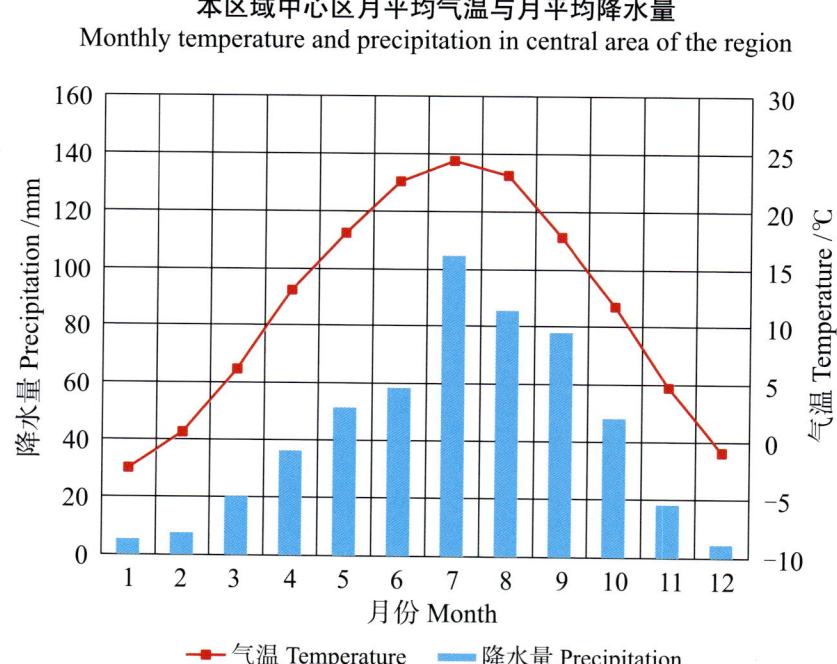

本区域中心区月平均气温与月平均降水量
Monthly temperature and precipitation in central area of the region

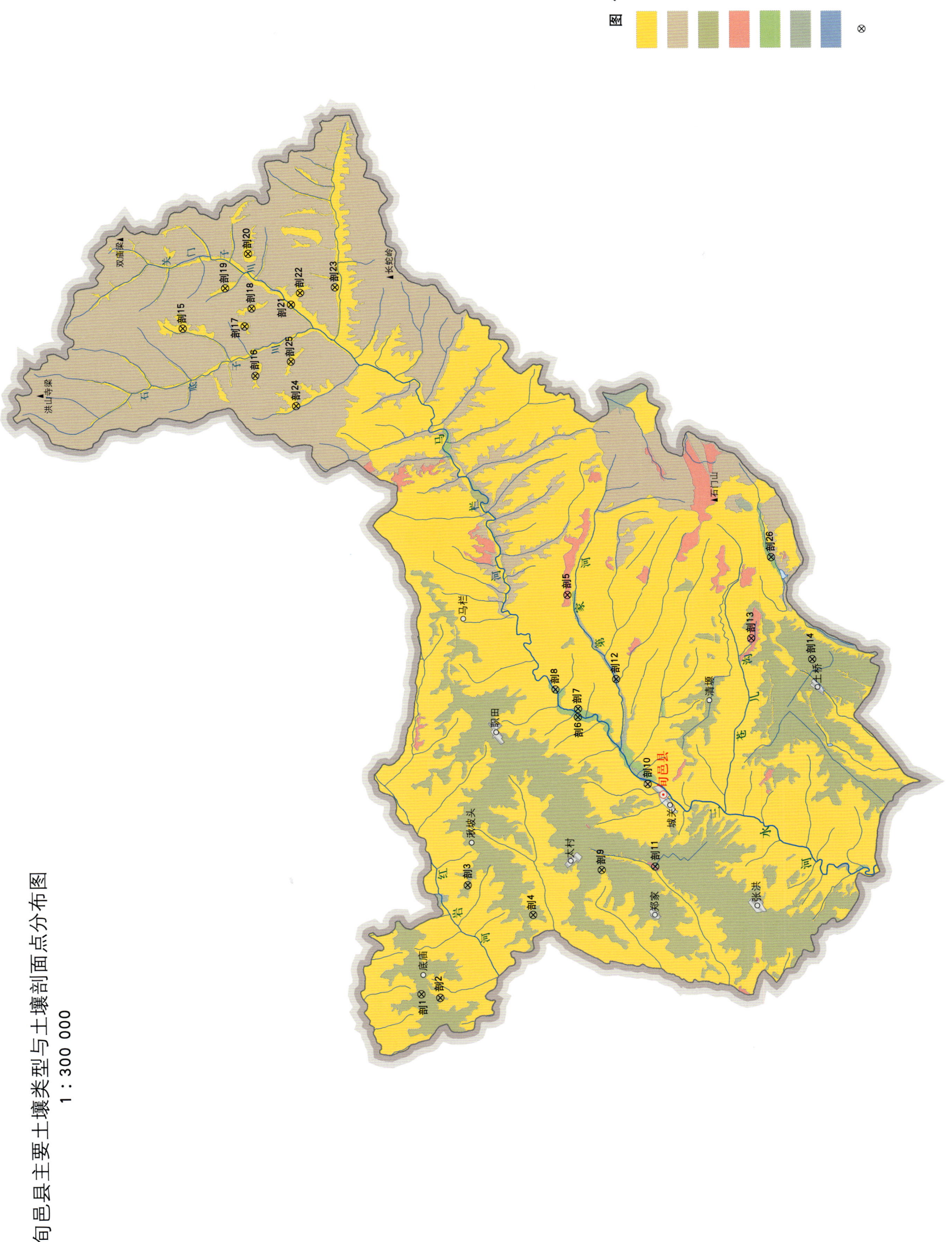

旬邑县主要土壤类型与土壤剖面点分布图
1∶300 000

第二编　分县土壤图与土壤剖面数据

旬邑县土壤剖面理化性状表

剖面号 Soil profile	土纲 Soil order	土类 Soil great group	亚类 Soil subgroup	土属 Soil genus	土种 Soil species	土层码 Layer code	土层厚度 Depth/cm	颜色 Soil color	质地 Soil texture	土壤结构 Soil structure	pH	有机质 OM/(g/kg)	全氮 TN/(g/kg)	全磷 TP/(g/kg)	全钾 TK/(g/kg)	阳离子交换量CEC/(cmol/kg)	土壤母质 Parent material	剖面点坐标 Profile coordinate	匹配指数 Matching index/%
剖1	钙层土	黑垆土	黏化黑垆土	黄盖黏黑垆土	薄层黄盖黏黑垆土	1	0—18		中壤土		8.2	11.1	0.99	0.66	17.8	10.6	黄土	E 108°10′13.2″ N 35°16′12.5″	84
						2	18—23		中壤土		8.2	5.3	0.70	0.65	18.2	4.8			
						3	23—35		中壤土		8.3	12.5	1.52	0.75	17.0	9.6			
						4	35—68		中壤土		8.3	10.9	1.48	0.60	19.5	9.7			
						5	68—		中壤土		8.1	4.5	0.48	0.59	18.7	11.1			
剖2	钙层土	黑垆土	五花土	五花土	五花土	1	0—18		中壤土		8.7	6.4	0.58	0.76	11.9	9.0	黄土	E 108°10′04.0″ N 35°15′27.9″	83
						2	18—34		中壤土		8.5	7.9	0.61	0.66	15.3	9.4			
						3	34—81		中壤土		8.4	8.6	0.62	0.79	16.1	8.3			
						4	81—		中壤土		8.4	4.8	0.40	0.73	13.4	10.2			
剖3	钙层土	黑垆土	黏化黑垆土	非石灰性黄盖黏黑垆土	中层黄盖黏黑垆土	1	0—23		中壤土		8.3	17.9	1.08	0.59	15.5	3.9	黄土	E 108°15′23.9″ N 35°14′27.7″	80
						2	23—33		中壤土		8.4	11.2	0.90	0.54	10.5	7.4			
						3	33—56		中壤土		8.4	15.5	1.09	0.50	15.8	4.7			
						4	56—94		重壤土		8.1	18.8	0.47	0.65	15.4	12.2			
						5	94—154		中壤土		8.2	17.1	0.79	0.64	15.2	5.7			
						6	154—		重壤土		8.5	12.2	0.43	0.46	16.2	4.2			
剖4	钙层土	黑垆土	黏化黑垆土	黄盖黏黑垆土	中层黄盖黏黑垆土	1	0—20		中壤土		8.2	15.1	1.04	0.41	18.5	9.1	黄土	E 108°14′05.3″ N 35°11′50.9″	72
						2	20—32		中壤土		8.4	11.8	1.06	0.65	16.9	6.1			
						3	32—64		中壤土		8.4	10.0	0.64	0.53	19.5	11.5			
						4	64—112		重壤土		8.2	9.6	0.67	0.59	17.4	9.1			
						5	112—156		中壤土		8.1	7.4	0.59	0.56	16.5	2.5			
						6	156—		中壤土		8.2	5.5	0.73	0.63	16.9	4.5			
剖5	初育土	红黏土	红胶土	红胶土	料姜红胶土	1	0—23		重壤土		8.3	20.8	1.19	0.47	17.3	25.4	黄土	E 108°29′22.1″ N 35°10′43.3″	91
						2	23—		轻黏土		8.3	4.7	0.40	0.54	13.9	6.3			
剖6	半水成土	潮土	潮土	泥质潮土	泥潮土	1	0—22		中壤土		8.1	11.1	0.81	0.79	15.3	9.9	洪冲积物	E 108°23′36.3″ N 35°10′13.8″	98
						2	22—30		中壤土		8.1	7.3	0.66	0.68	15.3	12.4			
						3	30—87		中壤土		8.5	8.3	0.68	0.65	14.4	8.8			
						4	87—		中壤土		8.5	8.3	0.86	0.75	13.4	6.7			
剖7	半水成土	潮土	潮土	砂质潮土	潮砂土	1	0—23		中壤土		8.5	16.1	1.33	0.74	15.2	4.9	冲积物	E 108°23′57.6″ N 35°10′13.9″	96
						2	23—35		中壤土		8.4	8.7	0.77	0.60	15.3	8.0			
						3	35—105		砂壤土		8.3	4.5	0.47	0.68	14.3	4.2			
						4	105—150		中壤土		8.3	8.9	0.81	0.69	17.0	12.3			
						5	150—		中壤土		8.4	7.0	0.47	0.69	15.3	5.3			
剖8	水成土	沼泽土	潜育沼泽土	青泥土	青泥土	1	0—12		轻壤土		8.5	6.1	0.44	0.74	19.3	8.4		E 108°24′51.5″ N 35°11′07.7″	87
						2	12—130		轻壤土		8.4	6.3	0.75	0.65	14.3	7.8			
剖9	钙层土	黑垆土	灰土	黑垆土型灰土	灰土	1	0—18		中壤土		8.5	11.8	0.70	1.30	15.1	11.9		E 108°16′15.5″ N 35°09′11.0″	79
						2	18—27		中壤土		8.5	14.5	0.61	1.80	17.1	11.2			
						3	27—84		中壤土		8.5	12.5	0.58	2.40	14.5	6.4			
						4	84—		中壤土		8.3	9.7	0.60	1.62	11.9	13.5			
剖10	半淋溶土	褐土	褐土性石渣土	片石褐土性石渣土	薄层石片肝泥土	1	0—16		轻壤土		8.3	10.5	0.93	0.59	21.2	9.6		E 108°20′23.9″ N 35°07′25.4″	99
						2	16—		中壤土		8.4	3.8	0.65	0.46	26.2	6.4	老黄土		
剖11	初育土	红黏土	红胶土	红胶土	生草红胶土	1	0—30		中壤土		8.5	5.0	0.51	0.59	16.1	9.7	老黄土	E 108°16′28.7″ N 35°07′04.5″	94
						2	30—50		重壤土		8.5	4.3	0.37	0.52	11.9	6.7			
						3	50—		重壤土		8.5	4.0	0.41	0.45	11.9	11.1			

续表 Continued

剖面号 Soil profile	土纲 Soil order	土类 Soil great group	亚类 Soil subgroup	土属 Soil genus	土种 Soil species	土层码 Layer code	土层厚度 Depth/cm	颜色 Soil color	质地 Soil texture	土壤结构 Soil structure	pH	有机质 OM/(g/kg)	全氮 TN/(g/kg)	全磷 TP/(g/kg)	全钾 TK/(g/kg)	阳离子交换量CEC/(cmol/kg)	土壤母质 Parent material	剖面点坐标 Profile coordinate
剖12	初育土	新积土	新积土	堆垫土	中层堆垫二色土	A₁	0—12	黄棕色	黏壤土	团块状	8.4	4.7	0.65	0.76	16.9	6.7	人工堆垫物	E 108°25′24.1″ N 35°08′44.7″
						A₂	12—21	棕黄色	黏壤土	片状	8.4	3.3	0.44	0.75	15.9	4.0		
						C₁	21—59	棕黄色	黏壤土	块状	8.4	9.6	0.65	0.61	14.4	7.3		
						C₂	59—100				8.5	4.0	0.31	0.76	13.5	2.8		
剖13	初育土	红黏土	红黏土	二色土	浅位料姜二色土	1	0—10		轻黏土		8.3	6.1	0.43	0.38	16.0	6.4	老黄土	E 108°27′28.0″ N 35°03′26.5″
						2	10—		轻壤土		8.1	4.9	0.21	0.34	17.8	4.8		
剖14	钙层土	黑垆土	黏化黑垆土	黏黑垆土	黏壤黑垆土	A₁	0—20	灰褐色	黏壤土	粒状	8.1	11.7	0.95	0.71	15.8	11.8		E 108°26′31.1″ N 35°01′01.2″
						A₂	20—28	灰褐色	黏壤土	片状	8.4	10.3	0.90	0.69	17.9	14.0		
						Ah₁	28—85	棕褐色	黏壤土	棱柱状	8.4	6.9	0.57	0.64	17.0	10.2		
						Ah₂	85—110	棕褐色	壤质黏土	棱柱状	8.8	7.2	0.68	0.65	20.1	10.4		
						Bk	110—150	棕黄色	黏壤土	块状	8.6	4.7	0.40	0.63	16.9	8.9		
剖15	初育土	黄绵土	黄绵土	黄墡土	坡地黄墡土	1	0—15		重壤土		8.4	11.6	0.89	0.67	20.1	6.4	黄土	E 108°41′45.3″ N 35°26′03.8″
						2	15—35		中壤土		8.5	8.4	0.73	0.66	20.2	6.6		
						3	35—110		中壤土		8.5	6.4	0.45	0.72	18.1	7.3		
						4	110—		中壤土		8.4	3.2	0.30	0.56	19.6	8.2		
剖16	初育土	黄绵土	黄绵土	白墡土	料姜白墡土	1	0—20		重壤土		8.1	18.0	1.16	0.61	19.7	10.2	黄土	E 108°39′33.0″ N 35°23′10.4″
						2	20—127		重壤土		8.4	7.1	0.58	0.51	19.1	12.7		
剖17	初育土	黄绵土	黄绵土	白墡土	生草白墡土	1	0—20		重壤土		8.0	18.1	1.01	0.64	19.8	10.8	黄土	E 108°41′54.1″ N 35°23′38.1″
						2	20—		重壤土		8.3	9.5	0.45	0.60	20.7	10.6		
剖18	初育土	黄绵土	黄绵土	白墡土	塬地白墡土	1	0—21		中壤土		8.3	5.3	0.44	0.48	19.4	5.5	黄土	E 108°42′46.2″ N 35°23′21.8″
						2	21—28		中壤土		8.1	8.4	0.84	0.62	19.3	7.4		
						3	28—		重壤土		8.1	3.3	0.45	0.51	14.3	8.1		
剖19	初育土	黄绵土	黄绵土	黄墡土	生草黄墡土	1	0—31		中壤土		8.0	13.3	0.82	0.82	15.9	7.1	黄土	E 108°43′42.9″ N 35°24′25.3″
						2	31—60		中壤土		8.2	6.9	0.98	0.73	16.0	4.5		
						3	60—		中壤土		8.1	6.1	0.64	0.68	19.4	7.4		
剖20	初育土	黄绵土	黄绵土	淤墡土	浅位夹石淤墡土	1	0—15		中壤土		8.6	6.2	0.47	0.72	13.6	9.9	黄土	E 108°45′23.2″ N 35°23′32.1″
						2	15—24		中壤土		8.5	5.1	0.44	0.67	14.4	10.6		
						3	24—		中壤土		8.5	6.0	0.46	0.67	13.2	11.3		
剖21	初育土	黄绵土	黄绵土	淤墡土	中位夹石淤墡土	1	0—10		中壤土		8.7	4.1	0.29	0.65	12.7	10.7	黄土	E 108°42′58.9″ N 35°21′48.6″
						2	10—50		中壤土		8.6	2.6	0.24	0.55	15.0	8.2		
						3	50—120		中壤土		8.5	4.4	0.42	0.53	11.0	8.5		
						4	120—		中壤土		8.5	2.1	0.41	0.53	11.1	10.4		
剖22	初育土	黄绵土	黄绵土	黄墡土	塬地黄墡土	1	0—25		重壤土		7.6	12.5	0.93	0.70	14.3	4.3	黄土	E 108°43′33.7″ N 35°21′28.3″
						2	25—33		重壤土		7.7	12.4	0.80	0.72	18.5	2.0		
						3	33—		中壤土		7.7	6.3	0.46	0.69	20.2	3.5		
剖23	初育土	黄绵土	黄绵土	淤墡土	淤墡土	1	0—20		重壤土		8.0	12.6	1.03	0.96	12.8	10.3	黄土	E 108°43′51.4″ N 35°20′05.8″
						2	20—30		中壤土		8.4	10.2	0.94	0.55	17.3	10.9		
						3	30—51		轻壤土		8.5	8.2	0.72	0.69	13.9	10.0		
						4	51—		中壤土		8.6	4.1	0.32	0.76	13.1	12.9		
剖24	初育土	黄绵土	黄绵土	黄墡土	塬地黄墡土	1	0—17		重壤土		8.0	11.9	0.86	0.72	21.7	9.5	黄土	E 108°38′08.9″ N 35°21′32.9″
						2	17—35		中壤土		8.2	11.1	0.74	0.64	20.0	9.2		
						3	35—84		中壤土		8.2	7.7	0.60	0.54	21.1	9.0		
						4	84—200		重壤土		8.2	9.7	0.74	0.23	20.7	10.3		
剖25	初育土	黄绵土	黄绵土	白墡土	坡地白墡土	1	0—16		中壤土		8.5	10.0	0.72	0.74	19.4	10.9	黄土	E 108°40′15.7″ N 35°21′46.8″
						2	16—28		中壤土		8.4	9.0	0.56	0.64	17.9	10.1		
						3	28—		中壤土		8.5	7.3	0.54	0.58	18.6	10.5		

匹配指数 Matching index/%: 剖12: 79; 剖13: 91; 剖14: 72; 剖15: 75; 剖16: 72; 剖17: 96; 剖18: 82; 剖19: 94; 剖20: 80; 剖21: 90; 剖22: 76; 剖23: 73; 剖24: 98; 剖25: 79

续表 Continued

剖面号 Soil profile	土纲 Soil order	土类 Soil great group	亚类 Soil subgroup	土属 Soil genus	土种 Soil species	土层码 Layer code	土层厚度 Depth/ cm	颜色 Soil color	质地 Soil texture	土壤结构 Soil structure	pH	有机质 OM/ (g/kg)	全氮 TN/ (g/kg)	全磷 TP/ (g/kg)	全钾 TK/ (g/kg)	阳离子 交换量CEC/ (cmol/kg)	土壤母质 Parent material	剖面点坐标 Profile coordinate	匹配指数 Matching index/%
剖26	半水成土	潮土	潮土	泥质潮土	中位夹石泥潮土	1	0—24		中壤土		8.4	15.6	0.84	0.59	20.9	10.6	洪冲积物	E 108°31′20.9″ N 35°02′42.6″	82
						2	24—68		中壤土		8.5	7.9	0.48	0.52	16.6	9.2			
						3	68—156		中壤土		8.5	6.5	0.40	0.52	18.4	8.2			

淳 化 县

主要土类说明

黄绵土是淳化县主要土壤类型，占本县地域面积的 42%。黄绵土是由黄土母质直接翻耕形成的初育土，是本县重要的农业土壤，分布在海拔 800—1300m 的地形平坦地区，与黑垆土和红黏土交错分布。土壤无明显发育，为 A-C 型土。整个土体呈黄棕色，具强石灰反应，质地适中，结构较好，疏松多孔，宜耕期长。

黑垆土是淳化县第二大土壤类型，占本县地域面积的 26%。黑垆土是在暖温带半干旱森林草原植被下、黄土高原上，由黄土发育而成的土壤。成土过程主要是腐殖质积累过程和黏化过程，并逐渐形成深厚的灰褐色垆土层。该土壤有机质含量低，但腐殖质层深厚。土体原位黏化，但无明显的黏化层，具假菌丝状石灰累积；无盐化，多旱耕。本县黑垆土中，黏化黑垆土亚类面积最大。该亚类质地黏重，具棱块状结构，垆土层厚度一般为 30—80cm，保水、保肥性能较好，适种范围广。

红黏土是淳化县第三大土壤类型，占本县地域面积的 23%。红黏土主要分布在本县侵蚀严重的山地坡麓、沟坡和沟谷地带，与黄绵土和黑垆土交错分布，是发育在老黄土上的幼年土壤。由于植被稀疏和侵蚀下切作用，厚层黄土层侵蚀殆尽处，红色黏土层露出，形成的母质性状明显的初育土，即红黏土。该土壤呈褐棕色至红棕色，质地黏硬，结构紧密，土层中常夹有砂姜，易板结，耕性差，透气性、透水性差，肥力低。

褐土占本县地域面积的 3%，零星分布在本县海拔较高的山地。褐土是在暖温带半湿润区发育形成的具有黏化与钙质淋移淀积特征的土壤。该土壤盐基饱和，处于硅铝风化阶段，有明显的黏淀层。在其 A-B-C 剖面构型中，B 层呈棕褐色，B 层下部有假菌丝状钙积层。土壤盐基饱和度在 80% 以上。本县褐土分为褐土、石灰性褐土、褐土性土等亚类。褐土亚类发育于坡积黄土、老黄土及砂页岩风化壳，表层和黏化层无石灰反应，土层厚度一般为 50—100cm。石灰性褐土发育于黄土和石灰岩风化壳，自然植被以草本植物为主，自然植被下为暗褐色腐殖质层，其下为红褐色黏化层，再向下为半风化的石灰岩，全剖面均有石灰反应。褐土性土发育于坡积石灰岩和砂页岩风化物，常与褐土和石灰性褐土两个亚类交错分布，土壤发育不明显，成土年龄短，属幼年土。褐土性土由腐殖质层、浅褐色土层和母岩风化碎屑组成，没有黏化层和淀积层，土层薄，质地粗。

小于本县地域面积 3% 的土壤类型有粗骨土、新积土、石质土。

本区域中心区气候特征

本区域中心区气候特征值
Regional climate characteristics in central area of the region

气候带：暖温带亚湿润气候 Climate region: Warm temperate subhumid climate	
年平均气温 /℃ Annual average temperature /℃	12.2
年平均最高气温 /℃ Annual average maximum temperature /℃	18.2
年平均最低气温 /℃ Annual average minimum temperature /℃	7.4
年降水量 /mm Annual precipitation /mm	522
≥10℃的积温 /℃ Daily temperature accumulated in a year (≥10℃) /℃	7046
年日照时数 /h Annual sunshine /h	1953
年平均相对湿度 /% Annual average relative humidity /%	67
干燥度 Dryness	1.36

本区域中心区月平均气温与月平均降水量
Monthly temperature and precipitation in central area of the region

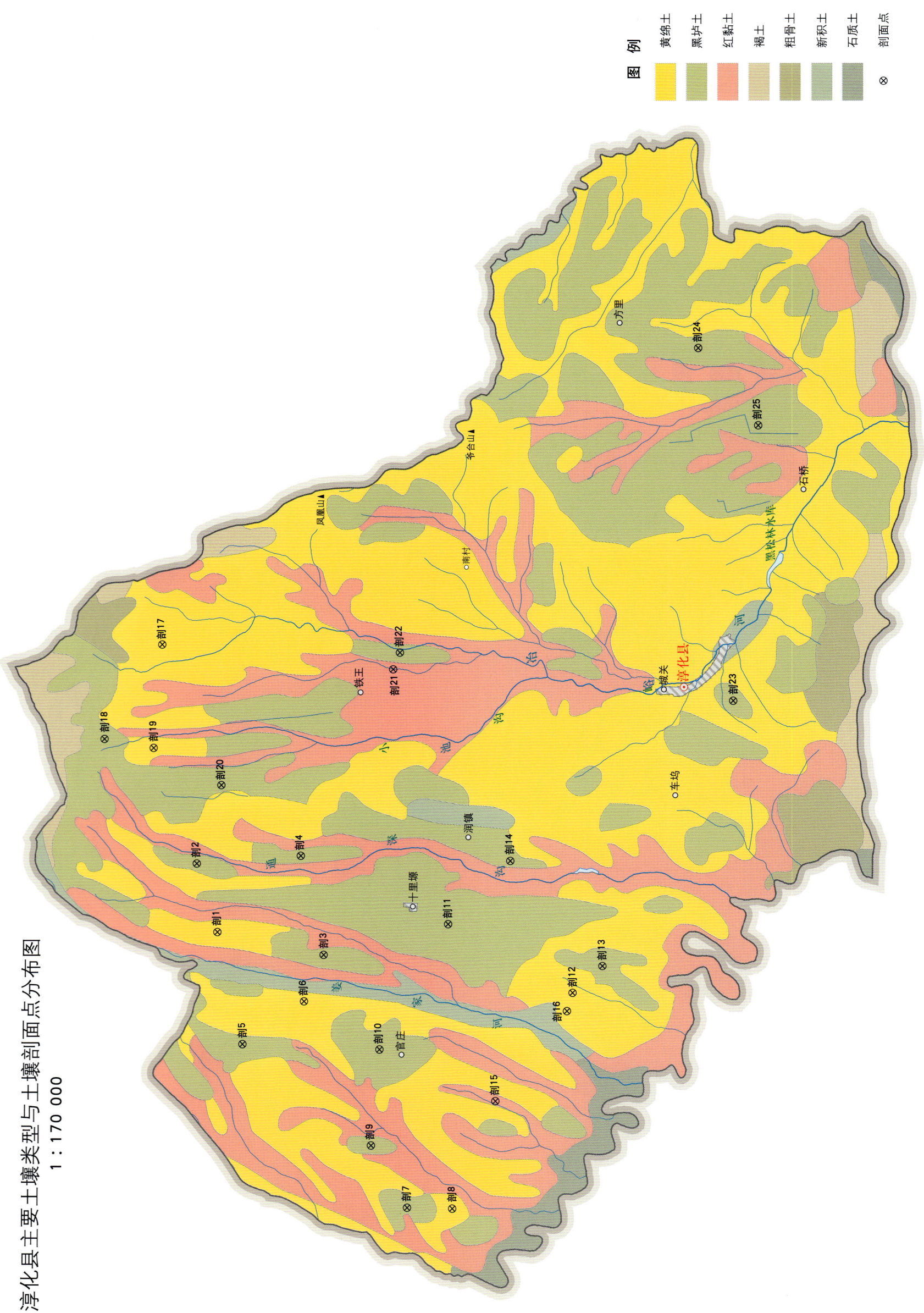

淳化县主要土壤类型与土壤剖面点分布图
1﹕170 000

淳化县土壤剖面理化性状表

剖面号 Soil profile	土纲 Soil order	土类 Soil great group	亚类 Soil subgroup	土属 Soil genus	土种 Soil species	土层码 Layer code	土层厚度 Depth/cm	颜色 Soil color	质地 Soil texture	土壤结构 Soil structure	pH	有机质 OM/(g/kg)	全氮 TN/(g/kg)	全磷 TP/(g/kg)	全钾 TK/(g/kg)	阳离子交换量CEC/(cmol/kg)	土壤母质 Parent material	剖面点坐标 Profile coordinate	匹配指数 Matching index/%
剖1	初育土	黄绵土	黄绵土	白墡土	坡地白墡土	1	0–20		重壤土			12.0	0.58	0.53	18.4		黄土	E 108°27′42.4″ N 34°58′00.8″	99
						2	20–75		重壤土			4.2	0.32	0.47	18.4				
						3	75–120		重壤土			3.7	0.32	0.49	18.1	13.1			
剖2	钙层土	黑垆土	黏化黑垆土	黄盖黏灰垆土	中层黄盖黏灰垆土	1	0–20		中壤土			12.3	0.55	0.58	18.3		黄土	E 108°29′32.0″ N 34°58′31.0″	73
						2	20–35		中壤土			10.8	0.66	0.56	18.6	10.8			
						3	35–80		重壤土			10.0	0.42	0.54	19.3	19.6			
						4	80—		中壤土			6.7	0.34	0.72	17.6	9.0			
剖3	钙层土	黑垆土	黏化黑垆土	黄盖黏红垆土	薄层黄盖黏红垆土	1	0–18		中壤土			9.8	0.57	0.57	24.8		黄土	E 108°27′10.9″ N 34°55′39.0″	75
						2	18–38		重壤土			6.4	0.53	0.59	25.1				
						3	38–53	棕褐色	重壤土			6.0	0.44	0.50	32.5				
						4	53–150		中壤土			5.2	0.33	0.40	19.3				
剖4	钙层土	黑垆土	黏化黑垆土	黏黑垆土		1	0–15		中壤土	粒状		11.4	0.80	0.63	19.7		黄土	E 108°29′49.0″ N 34°56′13.2″	95
						Ap	15–20	浅灰褐色	中壤土	层状		22.1	1.31	0.61	18.2				
						3	20–100	浅棕褐色	重壤土	棱块状		8.4	0.65	0.58	20.3				
						4	100–200		重壤土			3.8	0.38	0.57	18.2				
剖5	钙层土	黑垆土	黏化黑垆土	黄盖黏黑垆土	中层黄盖黏黑垆土	1	0–20		中壤土			9.8	0.57				黄土	E 108°24′43.2″ N 34°57′23.1″	89
						2	20–28		中壤土										
						3	28–40		重壤土										
						4	40–85		中壤土										
剖6	初育土	黄绵土	黄绵土	黄墡土	塬地黄墡土	1	0–27	灰棕色	中壤土	粒状		10.2	0.63	0.58	17.7	9.8	黄土	E 108°25′54.9″ N 34°56′03.3″	100
						Ap	27–34	浅灰褐色	中壤土	片状		6.7	0.40	0.53	16.2	10.1			
						3	34–120	黄棕色	中壤土	块状		6.7	0.40	0.53	16.2	10.1			
						4	120–150	浅黄棕色	中壤土			4.5	0.28	0.53	15.3	7.7			
剖7	钙层土	黑垆土	黏化黑垆土	黄盖黏红垆土	中层黄盖黏红垆土	1	0–20		重壤土			10.9	0.84	0.64	17.9		黄土	E 108°20′32.6″ N 34°53′38.1″	96
						2	20–30		中壤土			8.2	0.77	0.61	19.5				
						3	30–54		中壤土			7.0	0.60	0.59	19.7				
						4	54–80		重壤土			5.8	0.45	0.58	19.8				
						5	80–145		重壤土			4.9	0.41	0.56	17.0				
剖8	初育土	黄绵土	黄绵土	淤墡土	中位夹石淤墡土	1	0–13		中壤土			8.2	0.56	0.59	20.4		黄土	E 108°20′33.5″ N 34°52′38.0″	90
						2	13–17		中壤土			8.9	0.57	0.59	19.2				
						3	17–41		中壤土			7.2	0.47	0.55	19.2				
						4	41–56		重壤土			5.6	0.40	0.55	20.2				
						5	56–87		重壤土			6.7	0.51	0.56	19.3				
						6	87–105		中壤土			5.6	0.41	0.57	17.0				
剖9	钙层土	黑垆土	黏化黑垆土	垆墡土	垆墡土	1	0–30		重壤土			10.6	0.64	0.54	18.3		黄土	E 108°22′09.6″ N 34°54′28.6″	90
						2	30–60		中壤土			7.6	0.43	0.54	18.5				
						3	60–95		重壤土			6.1	0.29	0.50	16.9				
						4	95–120		中壤土			4.5	0.37	0.58	16.0				
剖10	钙层土	黑垆土	黏化黑垆土	黏黑垆土	垆墡土	A_1	0–23	灰棕色	黏壤土	团粒状	8.2	11.7	0.62	0.54	15.2	10.6	黄土	E 108°24′41.5″ N 34°54′21.1″	81
						A_2	23–32	浅灰棕色	黏壤土	片状	8.2	11.7	0.60	0.50	18.4	10.9			
						Ah	32–80	浅灰棕色	黏壤土	棱块状	8.2	8.6	0.48	0.48	18.4	10.9			
						Bk	80–113	浅灰棕色	黏壤土	块状	8.1	7.7	0.43	0.52	18.1	10.5			
						C	113–200	黄棕色	黏壤土	块状	8.3	7.3	0.33	0.58	17.7	10.6			

续表 Continued

剖面号 Soil profile	土纲 Soil order	土类 Soil great group	亚类 Soil subgroup	土属 Soil genus	土种 Soil species	土层码 Layer code	土层厚度 Depth/ cm	颜色 Soil color	质地 Soil texture	土壤结构 Soil structure	pH	有机质 OM/ (g/kg)	全氮 TN/ (g/kg)	全磷 TP/ (g/kg)	全钾 TK/ (g/kg)	阳离子 交换量CEC/ (cmol/kg)	土壤母质 Parent material	剖面点坐标 Profile coordinate	匹配指数 Matching index/%
剖11	钙层土	黑垆土	黏化黑垆土	黄盖黏灰垆土		1	0—29	灰棕色	中壤土	粒状							黄土	E 108°28′05.6″ N 34°52′55.2″	80
						Ap	29—45	灰棕色	中壤土	片状									
						3	45—75	浅褐色	中壤土	块状									
						4	75—125	浅灰褐色	重壤土	棱柱状									
						5	125—158	棕褐色	重壤土	棱柱状									
						6	158—200	灰褐色	中壤土	块状									
						B	200—	黄棕色	中壤土	粒状									
剖12	初育土	黄绵土	黄褐土	淤潜土		1	0—20	黄棕色	中壤土	层状							黄土	E 108°26′21.6″ N 34°50′07.4″	76
						2	20—30	棕黄色	中壤土	层状									
						3	30—75	黄黄色	轻壤土	块状									
						4	75—160	棕黄色	轻壤土	层状									
						5	160—180	黄褐色	中壤土	块状									
剖13	钙层土	黑垆土	黏化黑垆土	黄盖黏黑垆	薄层黄盖黏黑垆土	6	180—200	浅灰棕色									黄土	E 108°27′06.1″ N 34°49′28.8″	96
						1	0—20		重壤土			15.9	1.12	0.55	20.5				
						2	20—28		重壤土			14.3	1.04	0.55	20.0	10.6			
						3	28—64		重壤土			10.8	0.82	0.56	18.4	10.4			
						4	64—140		重壤土			6.4	0.58	0.48	17.3	11.5			
剖14	钙层土	黑垆土	黏化黑垆土	黄盖黏黑垆土	中层黄盖黏黑垆土	1	0—15	浅棕色	重壤土	团粒状		14.8	0.85	0.62	18.5	12.3	黄土	E 108°29′49.8″ N 34°51′35.4″	76
						Ap	15—32	棕色	中壤土	棱块状		13.3	0.78	0.63	19.6	9.4			
						3	32—46	灰棕色	中壤土	棱块状		8.5	0.62	0.49	18.3	8.7			
						4	46—80	灰褐色	中壤土	棱块状		8.7	0.53	0.50	17.8				
						5	80—106	浅灰褐色	中壤土	块状		6.2	0.41	0.54	18.4				
						C	106—		中壤土	粒状		5.8	0.34	0.57	18.3	19.0			
剖15	初育土	红黏土	红胶土	红色土		1	0—27	红褐色	重壤土	块状	8.1	13.8	0.78	0.60	21.7	>50.0	老黄土	E 108°23′25.6″ N 34°51′45.5″	85
						2	27—55	红褐色	重壤土	块状	8.1	<1.0	1.28	>4.00	15.4	18.3			
						C	55—	红褐色	重壤土		8.3	6.5	0.42	0.59	19.8				
剖16	初育土	黄绵土	黄绵土	白墡土	林草白墡土	1	0—15	浅黄褐色	重壤土	棱块状	8.2	13.9	0.72	0.50	17.2		黄土	E 108°25′51.5″ N 34°50′14.4″	96
						2	15—	棕色	重壤土	棱块状		10.2	0.64	0.53	17.3	11.1			
剖17	初育土	黄绵土	黄绵土	黄墡土	梯地黄墡土	1	0—52	浅棕色	中壤土	棱块状		11.5	0.66	>4.00	17.1	8.4	黄土	E 108°35′22.0″ N 34°59′24.7″	93
						2	52—115	棕色	中壤土	棱块状		9.9	0.49	0.63	16.5	7.7			
						3	115—200	灰棕色	中壤土	棱块状		6.2	0.34	0.60	18.3				
剖18	钙层土	黑垆土	黏化黑垆土	黏黑垆土	灰黏黑垆土	A	0—30	灰黄棕色	粉砂质黏壤土	团粒状		16.3	1.80	0.56	19.4	17.4	黄土	E 108°32′48.0″ N 34°59′37.8″	75
						Ah	30—55	棕褐色	粉砂质黏壤土	棱块状		12.5	1.31	0.55	20.5	16.5			
						Bk	55—97	棕色	粉砂质黏壤土	块状		6.7	0.87	0.54	19.8	13.6			
						C	97—200	浅棕色	粉砂质黏壤土	块状		6.0	0.83	0.50	16.8	13.5			
剖19	初育土	黄绵土	黄绵土	白墡土	塬地白墡土	1	0—18	棕色	中壤土	粒状		9.3	0.61	0.65	14.0		黄土	E 108°32′36.0″ N 34°59′32.6″	91
						2	18—49	棕色	中壤土	块状		5.4	0.38	0.61	18.1				
						3	49—90	暗棕色	中壤土	块状		4.6	0.34	0.59	17.3				
						4	90—140	棕色	中壤土	块状		4.8	0.32	0.61	16.4				
						5	140—200	黄棕色	中壤土	块状		5.7	0.29	0.62	13.7				
剖20	钙层土	黑垆土	黏化黑垆土	老垆土	灰黏黑垆土	A	0—30	浊黄橙色	粉砂质黏土	团粒状	8.1	16.3	1.80	0.56	19.4	17.4	黄土	E 108°31′38.6″ N 34°58′01.2″	89
						AB	30—55	浊黄橙色	粉砂质黏土	棱块状	8.1	12.5	1.31	0.55	20.5	16.5			
						Bk	55—97	浊黄橙色	粉砂质黏土	块状	8.3	6.7	0.87	0.54	19.8	13.6			
						C	97—200	浅黄橙色	粉砂质黏土	块状	8.2	6.0	0.83	0.50	16.9	13.5			

续表 Continued

剖面号 Soil profile	土纲 Soil order	土类 Soil great group	亚类 Soil subgroup	土属 Soil genus	土种 Soil species	土层码 Layer code	土层厚度 Depth/cm	颜色 Soil color	质地 Soil texture	土壤结构 Soil structure	pH	有机质 OM/(g/kg)	全氮 TN/(g/kg)	全磷 TP/(g/kg)	全钾 TK/(g/kg)	阳离子交换量CEC/(cmol/kg)	土壤母质 Parent material	剖面点坐标 Profile coordinate	匹配指数 Matching index/%
剖21	初育土	红黏土	红胶土	红胶土		1	0—10	褐棕色	重壤土	块状		19.1	0.93	0.52	16.3	12.5	老黄土	E 108°34′51.4″ N 34°54′17.7″	92
						Ap	10—20	红棕色	重壤土	块状		9.3	0.61	0.45	19.6	14.7			
						C	20—100	棕褐色	重壤土	棱柱状		4.3	0.27	0.45	19.7	18.1			
剖22	钙层土	黑垆土	黏化黑垆土	黄盖黏红垆土	厚层黄盖黏灰垆土	1	0—45		中壤土			15.1	0.78	0.49	21.5	14.5	黄土	E 108°35′18.2″ N 34°54′09.5″	91
						2	45—75		中壤土			13.9	0.54	0.71	20.8	14.0			
						3	75—125		中壤土			10.5	0.66	0.76	21.5	16.8			
						4	125—158		重壤土			8.9	0.39	0.49	19.3	13.3			
						5	158—200		重壤土			11.2	0.55	0.41	19.7	19.4			
						6	200—		中壤土			4.8	0.25	0.44	21.2	14.8			
剖23	钙层土	黑垆土	黏化黑垆土	垆墡土	垆墡土	1	0—23	灰棕色	中壤土	粒状		11.7	0.62	0.54	15.2		黄土	E 108°34′15.2″ N 34°46′45.9″	86
						Ap	23—32	浅灰棕色	中壤土	片状		11.7	0.60	0.50	18.4				
						3	32—80	浅灰褐色	重壤土	棱块状		8.6	0.48	0.48	18.4				
						Bk	80—113	棕褐色	重壤土	块状		7.7	0.43	0.52	18.1				
						C	113—	黄棕色	中壤土	块状		7.3	0.33	0.58	17.7				
剖24	钙层土	黑垆土	黏化黑垆土	黄盖黏红垆土	厚层黄盖黏红垆土	1	0—16	浅灰棕色	重壤土	粒状		11.0	0.74	0.59	20.3		黄土	E 108°43′35.2″ N 34°47′44.2″	84
						Ap	16—23	浅灰棕色	重壤土	块状		9.2	0.68	0.58	20.8				
						3	23—60	浅灰棕色	重壤土	块状		8.1	0.58	0.58	16.6				
						4	60—100	浅红棕色	轻黏土	棱柱状		4.8	0.37	0.42	19.8				
						5	100—160	棕褐色	重壤土	块状		8.7	0.46	0.50	21.2				
						B	160—200	黄棕色	重壤土	粒状		4.8	0.32	0.59	18.7	10.0			
剖25	钙层土	黑垆土	灰土	黑垆土型灰土		1	0—22	灰棕色	中壤土	片状		10.5	0.70	1.10	17.3	13.4	黄土	E 108°41′34.5″ N 34°46′22.0″	79
						Ap	22—28	浅灰棕色	中壤土	棱块状		13.6	0.70	1.18	17.3	7.6			
						3	28—83	灰褐色	中壤土	棱块状		12.3	0.59	2.23	16.2	11.1			
						C	83—150	黄棕色	中壤土	块状		6.3	0.25	0.71	14.9				

武 功 县

主要土类说明

褐土是武功县主要土壤类型，占本县地域面积的75%。褐土是在暖温带半湿润区发育形成的具有黏化与钙质淋移淀积特征的土壤。该土壤盐基饱和，处于硅铝风化阶段，有明显的黏淀层。在其A–B–C剖面构型中，B层呈棕褐色，B层下部有假菌丝状钙积层。本县褐土多为塿土亚类，是在自然褐土的基础上经人工熟化和施加粪肥堆垫而形成的农业土壤。塿土上部为人工覆盖层，下部为自然褐土，具有上松下实、抗旱耐涝的特点，是比较肥沃的农业土壤。

黄绵土是武功县第二大土壤类型，占本县地域面积的14%，主要分布在有一定侵蚀的塬边和沟坡，与褐土交错分布。黄绵土是由黄土母质直接翻耕形成的初育土。由于土壤侵蚀严重，表层长期遭侵蚀，只能不断加深耕作黄土母质层，因而母质特性明显。土壤无明显发育，为A–C型土。由于风成黄土富含细粉粒，故质地、结构均一，疏松绵软，富含石灰、磷、钾储量较丰富，但有效性差，土壤有机质缺乏。

潮土是武功县第三大土壤类型，占本县地域面积的5%。潮土是由河流冲积物受地下水影响而形成的土壤。由于流速不同，其沉积物的质地变化较大。靠近河床和古河道的潮土多为粗砂，距河床由近至远，土壤质地由粗变细。由于滨河地区地下水位较高，毛管水常达地表，土壤湿度较大，故潮土又名夜潮土。在地下水季节性升降的影响下，土壤氧化还原作用交替进行，土体出现锈纹锈斑。该土壤肥力受表层土壤质地和剖面质地层次结构的影响较大。本县潮土中，二合土面积最大，分布在渭河老滩地，多由远离河床的缓流冲积物或古河道砂土经引洪漫淤、客土压砂、施肥淤灌而形成。二合土土层厚度一般在1m左右，质地为轻壤土至中壤土，通气性好，含水量适中，有机质分解快且含量不高，土壤养分含量低，保水、保肥性能差。

小于本县地域面积3%的土壤类型有红黏土、新积土、水稻土、沼泽土。

本区域中心区气候特征

本区域中心区气候特征值
Regional climate characteristics in central area of the region

气候带：暖温带亚湿润气候 Climate region: Warm temperate subhumid climate	
年平均气温 /℃ Annual average temperature /℃	12.9
年平均最高气温 /℃ Annual average maximum temperature /℃	18.5
年平均最低气温 /℃ Annual average minimum temperature /℃	8.5
年降水量 /mm Annual precipitation /mm	607
≥10℃的积温 /℃ Daily temperature accumulated in a year（≥10℃）/℃	7465
年日照时数 /h Annual sunshine /h	1733
年平均相对湿度 /% Annual average relative humidity /%	71
干燥度 Dryness	1.30

本区域中心区月平均气温与月平均降水量
Monthly temperature and precipitation in central area of the region

武功县主要土壤类型与土壤剖面点分布图
1∶126 000

图 例 褐土 黄绵土 潮土 红黏土 新积土 水稻土 沼泽土 剖面点

第二编 分县土壤图与土壤剖面数据

武功县土壤剖面理化性状表

剖面号 Soil profile	土纲 Soil order	土类 Soil great group	亚类 Soil subgroup	土属 Soil genus	土种 Soil species	土层码 Layer code	土层厚度 Depth/cm	颜色 Soil color	质地 Soil texture	土壤结构 Soil structure	pH	有机质 OM/(g/kg)	全氮 TN/(g/kg)	全磷 TP/(g/kg)	全钾 TK/(g/kg)	碱解氮 AN/(mg/kg)	有效磷 AP/(mg/kg)	阳离子交换量CEC/(cmol/kg)	土壤母质 Parent material	剖面点坐标 Profile coordinate	匹配指数 Matching index/%
剖1	初育土	黄绵土	黄绵土	淤墡土	深位夹石淤墡土	1	0—14				8.2	8.5	0.71	0.72		46	13.7		黄土	E 108°06′02.7″ N 34°20′57.7″	85
						2	14—22				8.3	8.4	0.63	0.73		44	11.6				
						3	22—100				8.4	5.4	0.61	0.69		37	2.8				
						4	100—				8.4	2.5	0.25	0.61		18	5.7				
剖2	半淋溶土	褐土	塿土	斑斑土	斑斑黑油土	A₁	0—14	灰棕色	粉砂质黏壤土	团粒状	8.4	11.4	0.75	0.72		48	5.2	11.5	次生黄土	E 108°03′43.5″ N 34°20′47.0″	95
						A₂	14—23	浅灰棕色	粉砂质黏壤土	板状	8.6	9.8	0.84	0.70		44	2.5	13.5			
						A₃	23—97	暗灰棕色	粉砂质黏壤土	团块状	8.6	11.0	0.80	0.69		40	2.7	15.1			
						ABt	97—110	暗灰褐色	粉砂质黏壤土	团块状	8.4	11.9	0.85	0.72		48	3.6	19.7			
						Bt	110—178	黄棕色	壤质黏土	棱柱状	8.3	17.0	0.90	0.59		58		26.9			
						Bk	178—200	灰棕色	壤质黏土	块状	8.5	10.6	0.69	0.67		43		19.7			
剖3	半淋溶土	褐土	塿土	油土	红油土	A₁	0—17	浅灰棕色	粉砂质黏壤土	团块状	8.6	11.8	0.83	0.62		49	8.5	8.6	褐土	E 108°12′34.0″ N 34°18′54.8″	91
						2	17—24	灰棕色	粉砂质黏壤土	片状	8.5	6.8	0.60	0.56		33	3.2	12.1			
						A₃	24—46	浅灰棕色	粉砂质黏壤土	块状	8.5	6.9	0.63	0.56		37	2.7	12.8			
						ABt	46—70	浅灰褐色	粉砂质黏土	团块状	8.5	6.3	0.60	0.44		37	2.3	15.0			
						Bt	70—120	棕褐色	粉砂质黏壤土	棱柱状	8.4	7.2	0.62	0.40		36	2.2	20.7			
						Bk	120—220	棕黄色	粉砂质黏壤土	块状	8.3	5.0	0.43	0.54		30	4.2	7.8			
						C	220—250	棕黄色			8.5	3.9	0.34	0.59		22	7.6	8.8			
剖4	半淋溶土	褐土	塿土	塿黏土		1	0—17				8.6	11.6	0.98	1.10		49	8.5	9.6	黄土	E 108°12′33.4″ N 34°18′29.0″	76
						2	17—24				8.5	6.6	0.71	0.99		33	3.2	12.1			
						3	24—46				8.5	6.7	0.78	0.56		37	2.7	12.8			
						4	46—70				8.5	6.3	0.68	0.44		37	2.3	15.0			
						5	70—120				8.4	7.4	0.66	0.40	20.4	36	2.2	20.7			
						6	120—220				8.3	4.9	0.55	0.55	21.4	30	4.2	7.8			
						7	220—				8.5	3.8	0.45	0.59	21.0	22	7.6	8.8			
剖5	半淋溶土	褐土	塿土	塿黏土		A₁₁	0—14	灰黄棕色	壤质黏土	粒状	8.4	11.4	0.75	0.72	21.2	48	5.0	11.5	次生黄土	E 108°13′31.1″ N 34°15′13.7″	75
						A₁₂	14—23	浊黄棕色	壤质黏土	板状	8.6	9.8	0.84	0.70	15.4	44	3.0	13.5			
						AB	23—97	浊黄橙色	粉砂质黏土	块状	8.6	11.0	0.80	0.70		48	4.0	15.1			
						Bt	97—180	浊黄橙色	壤质黏土	块状	8.4	11.9	0.85	0.72		40	4.0	19.7			
						Bk	180—200	灰黄橙色	粉砂质黏土	块状	8.5	10.6	0.69	0.67		44		19.7			
剖6	半淋溶土	褐土	黑垆土	斑斑黑油土		1	0—14				8.5	11.1	0.92	0.72		48	5.2	11.5	黄土	E 108°13′16.1″ N 34°14′06.0″	70
						2	14—23				8.4	9.6	0.91	0.70		44	2.5	13.5			
						3	23—97				8.6	10.7	0.87	0.70		40	3.7	15.1			
						4	97—110				8.6	11.5	0.92	0.72		48	3.6	19.7			
						5	110—178				8.4	16.3	0.95	0.59		58	4.9	26.9			
						6	178—200				8.5	10.3	0.73	0.68		44	5.1	19.7			
剖7	初育土	黄绵土	黄绵土	黄墡土	梯地黄墡土	1	0—12				8.6	6.3	0.71	0.62		38	5.5	18.4	黄土	E 108°15′52.9″ N 34°19′29.6″	93
						2	12—25				8.5	6.3	0.71	0.60		38	4.1	8.9			
						3	25—114				8.5	5.1	0.53	0.61		30	11.1	8.7			
						4	114—				8.2	5.0	0.50	0.61		34	16.7	8.7			

兴 平 市

主要土类说明

褐土是兴平市主要土壤类型，占本市地域面积的75%。本市褐土多为塿土亚类，是在自然褐土的基础上经人工熟化和施加粪肥堆垫而形成的农业土壤。塿土上部为人工覆盖层，下部为自然褐土，具有上松下实、抗旱耐涝的特点，是比较肥沃的农业土壤。本市塿土分为五个土属。其中，红油土面积最大，占本土类面积的54%，主要分布在塬上和塬下的北缘。红油土覆盖层一般厚40—60cm，疏松多孔，具强石灰反应；黏化层厚约60cm，呈褐色，具棱柱状结构，结构体表面覆有发亮的红褐色胶膜，有较多的次生碳酸盐假菌丝；心土层有大量结核状、小斑点状或假菌丝状碳酸盐淀积。

黄绵土是兴平市第二大土壤类型，占本市地域面积的9%，零星分布在本市各地，与褐土交错分布。黄绵土是在黄土母质或黄土性土上发育的幼年土壤。由于成土年龄较短，成土作用较弱，全剖面无明显层次分化，其形态及性质均与母质相似。该土壤肥力状况和熟化层厚度因施肥种类和数量、耕作时间、地形部位、耕种熟化程度和耕种侵蚀强度不同而差异较大。

潮土是兴平市第三大土壤类型，占本市地域面积的7%，主要分布在濒临渭河的低阶地。潮土是由河流冲积物受地下水影响而形成的土壤。由于流速不同，其沉积物的质地变化较大。靠近河床和古河道的潮土多为粗砂，距河床由近至远，土壤质地由粗变细。由于滨河地区地下水位较高，毛管水常达地表，土壤湿度较大，故潮土又名夜潮土。在地下水季节性升降的影响下，土壤氧化还原作用交替进行，土体出现锈纹锈斑。该土壤肥力受表层土壤质地和剖面质地层次结构的影响较大。

新积土占本市地域面积的6%，零星分布在渭河两岸及河漫滩。新积土是在河流新近沉积物上发育的土壤，常夹有石子。其形成主要受地形条件和母质特性的影响。由于河流的沉积作用尚未停止，受洪水威胁，生产无法保证，故新积土在当地又名撒水地。本市新积土分为淤砂土、淤泥土等亚类。

本区域中心区气候特征

本区域中心区气候特征值
Regional climate characteristics in central area of the region

气候带：暖温带亚湿润气候 Climate region: Warm temperate subhumid climate	
年平均气温 /℃ Annual average temperature /℃	13.1
年平均最高气温 /℃ Annual average maximum temperature /℃	18.6
年平均最低气温 /℃ Annual average minimum temperature /℃	8.7
年降水量 /mm Annual precipitation /mm	600
≥10℃的积温 /℃ Daily temperature accumulated in a year（≥10℃）/℃	7827
年日照时数 /h Annual sunshine /h	1713
年平均相对湿度 /% Annual average relative humidity /%	71
干燥度 Dryness	1.33

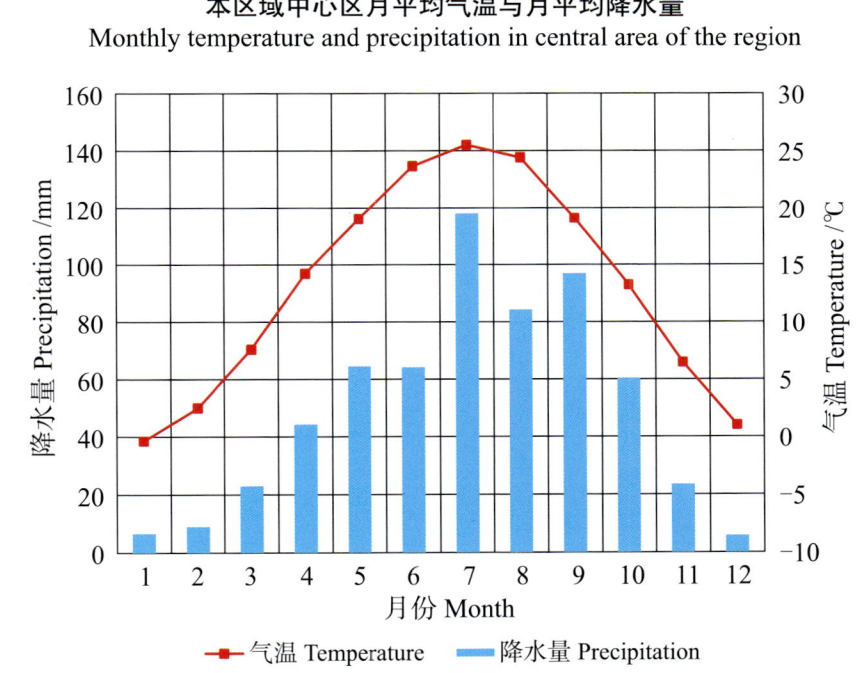

本区域中心区月平均气温与月平均降水量
Monthly temperature and precipitation in central area of the region

兴平市主要土壤类型与土壤剖面点分布图

1∶120 000

图例：褐土　黄绵土　潮土　新积土　⊗ 剖面点

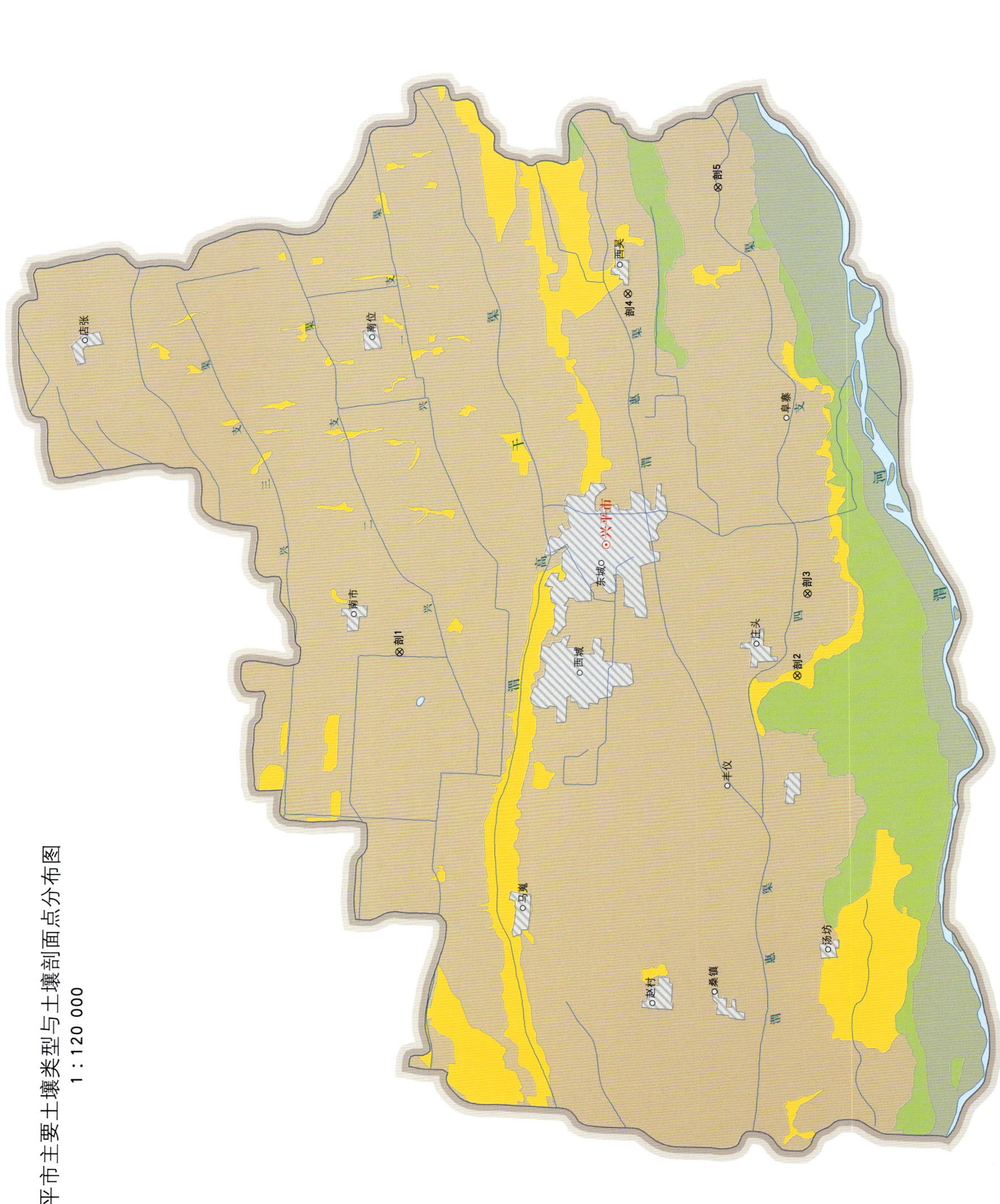

兴平市土壤剖面理化性状表

剖面号 Soil profile	土纲 Soil order	土类 Soil great group	亚类 Soil subgroup	土属 Soil genus	土种 Soil species	土层码 Layer code	土层厚度 Depth/cm	pH	有机质 OM/(g/kg)	全氮 TN/(g/kg)	全磷 TP/(g/kg)	碱解氮 AN/(mg/kg)	有效磷 AP/(mg/kg)	阳离子交换量 CEC/(cmol/kg)	土壤母质 Parent material	剖面点坐标 Profile coordinate	匹配指数 Matching index/%
剖1	半淋溶土	褐土	褐墡土	褐墡土	薄层褐墡土	1	0—17	8.6	8.2	0.75	0.74	33	3.1	7.8		E 108°26′53.1″ N 34°20′54.9″	77
						2	17—23	8.5	1.6	0.61	0.79	28	<1.0	7.6			
						3	23—28	8.5	5.6	0.49	0.53	32	1.7	8.0			
						4	28—70	8.4	5.1	0.66	0.59	21	<1.0	6.5			
						5	70—120	8.5	3.0	0.36	0.43	19	2.2	6.6			
						6	120—145	8.5	2.9	0.32	0.69	17	1.7	6.3			
剖2	初育土	黄绵土	黄墡土	淤墡土	中位夹石淤墡土	1	0—15	8.5	13.0	0.93	>4.00	113	2.2	8.8	黄土	E 108°26′39.2″ N 34°14′53.0″	83
						2	15—25	8.7	8.6	0.77	1.34	110	1.3	8.8			
						3	25—	8.5	3.9	0.54	1.04	60	<1.0	9.0			
剖3	半淋溶土	褐土	墡土	黑油土	厚层黑油土	1	0—15	8.5	8.7	0.76	0.47	98	5.7	8.5	黄土	E 108°28′08.8″ N 34°14′45.5″	75
						2	15—25	8.5	6.0	0.63	0.63	93	2.2	5.9			
						3	25—97	8.6	9.9	0.66	0.58	32	2.6	6.3			
						4	97—110	8.2	7.6	0.61	0.48	31	1.7	5.3			
						5	110—178	8.5	7.4	0.43	0.49	15	3.1	5.2			
						6	178—	8.8	3.2	0.28	0.46	23	3.9	3.9			
剖4	半淋溶土	褐土	墡土	红油土		1	0—20	8.5	13.2	1.00	0.72	32	7.9	10.5	黄土	E 108°33′29.7″ N 34°17′36.2″	86
						2	20—35	8.6	9.4	0.87	0.62	23	6.1	10.1			
						3	35—70	8.5	7.3	0.67	0.63	27	5.7	8.9			
						4	70—110	8.6	8.6	0.65	0.72	25	7.9	9.0			
						5	110—200	8.5	5.9	0.51	0.69	20	1.7	7.8			
						6	200—	8.4	4.3	0.29	0.65	13	2.2	7.6			
剖5	半淋溶土	褐土	灰土	灰土	厚层灰土	1	0—26	8.2	5.7	0.77	1.50	40	13.5	5.5	黄土	E 108°35′26.9″ N 34°16′16.6″	85
						2	26—30	8.2	4.1	0.65	1.40	60	7.4	5.5			
						3	30—100	8.4	7.3	0.63	0.63	60	9.6	5.1			
						4	100—220	8.3	8.8	0.58	>4.00	32	31.9	4.2			
						5	220—	8.1	11.0	0.52	0.86	32	21.0	3.8			

彬 州 市

主要土类说明

黄绵土是彬州市主要土壤类型，占本市地域面积的64%。黄绵土是由黄土母质直接翻耕形成的初育土，主要分布在有一定侵蚀的塬边和沟坡，与黑垆土交错分布。由于土壤侵蚀严重，表层长期遭侵蚀，只能不断加深耕作黄土母质层，因而母质特性明显。土壤无明显发育，为A–C型土。该土壤质地多为中偏轻壤土，结构较好，疏松多孔，宜耕期较长，适种范围广，抗旱能力较强，但抗侵蚀能力较差，易发生水土流失。

黑垆土是彬州市第二大土壤类型，占本市地域面积的22%。黑垆土是在暖温带半干旱森林草原植被下、黄土高原上，由黄土发育而成的地带性土壤，是本市重要的农业土壤。成土过程主要是腐殖质积累过程和黏化过程，并逐渐形成深厚的灰褐色垆土层。该土壤有机质含量较低，但腐殖质层深厚。土体原位黏化，但无明显的黏化层，具假菌丝状石灰累积；无盐化，多旱耕。其垆土层厚度一般为30—120cm，颜色暗，质地黏重，保水、保肥性能好，养分含量高，是自然肥力聚积层。该土壤质地黏重，具棱块状或棱柱状结构，耐旱，肥沃，但宜耕期短，耕作困难，加上表土钙质含量高，雨淋水泡后，土壤易板结，对作物生长不利。

红黏土是彬州市第三大土壤类型，占本市地域面积的7%，分布在本市侵蚀严重的沟谷地带，是在保德期红土或午城古黄土上形成的幼年土壤。由于植被稀疏和侵蚀下切作用，水土流失严重，厚层黄土层侵蚀殆尽处，红色黏土层露出，形成的母质性状明显的初育土，即红黏土。该土壤质地黏重，结构紧密，易板结，透气性、透水性差，肥力较低，宜耕期极短，耕作困难。

新积土占本市地域面积的5%，主要分布在泾河两岸的阶地及各支流两岸。新积土是由新近冲积、洪积、坡积、塌积或人工堆垫形成的土壤。该土壤成土期短，母质特性明显，具A–C或（A）–C剖面构型。该土壤淋溶淀积和黏化现象不明显，颜色较一致，具强石灰反应。

小于本市地域面积3%的土壤类型有潮土。

本区域中心区气候特征

本区域中心区气候特征值
Regional climate characteristics in central area of the region

气候带：暖温带亚湿润气候 Climate region: Warm temperate subhumid climate	
年平均气温 /℃ Annual average temperature /℃	11.4
年平均最高气温 /℃ Annual average maximum temperature /℃	17.5
年平均最低气温 /℃ Annual average minimum temperature /℃	6.5
年降水量 /mm Annual precipitation /mm	519
≥10℃的积温 /℃ Daily temperature accumulated in a year（≥10℃）/℃	6182
年日照时数 /h Annual sunshine /h	2044
年平均相对湿度 /% Annual average relative humidity /%	67
干燥度 Dryness	1.26

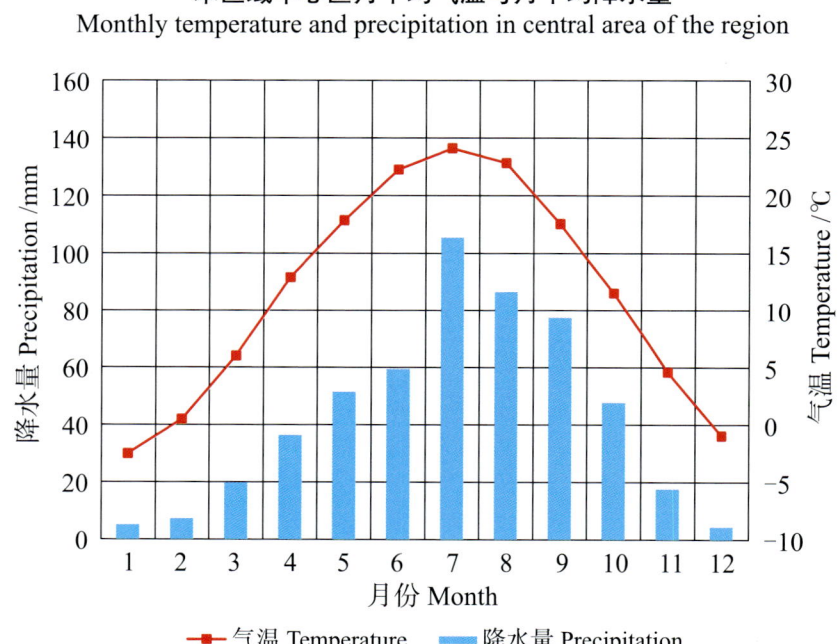

本区域中心区月平均气温与月平均降水量
Monthly temperature and precipitation in central area of the region

彬县主要土壤类型与土壤剖面点分布图
1∶220 000

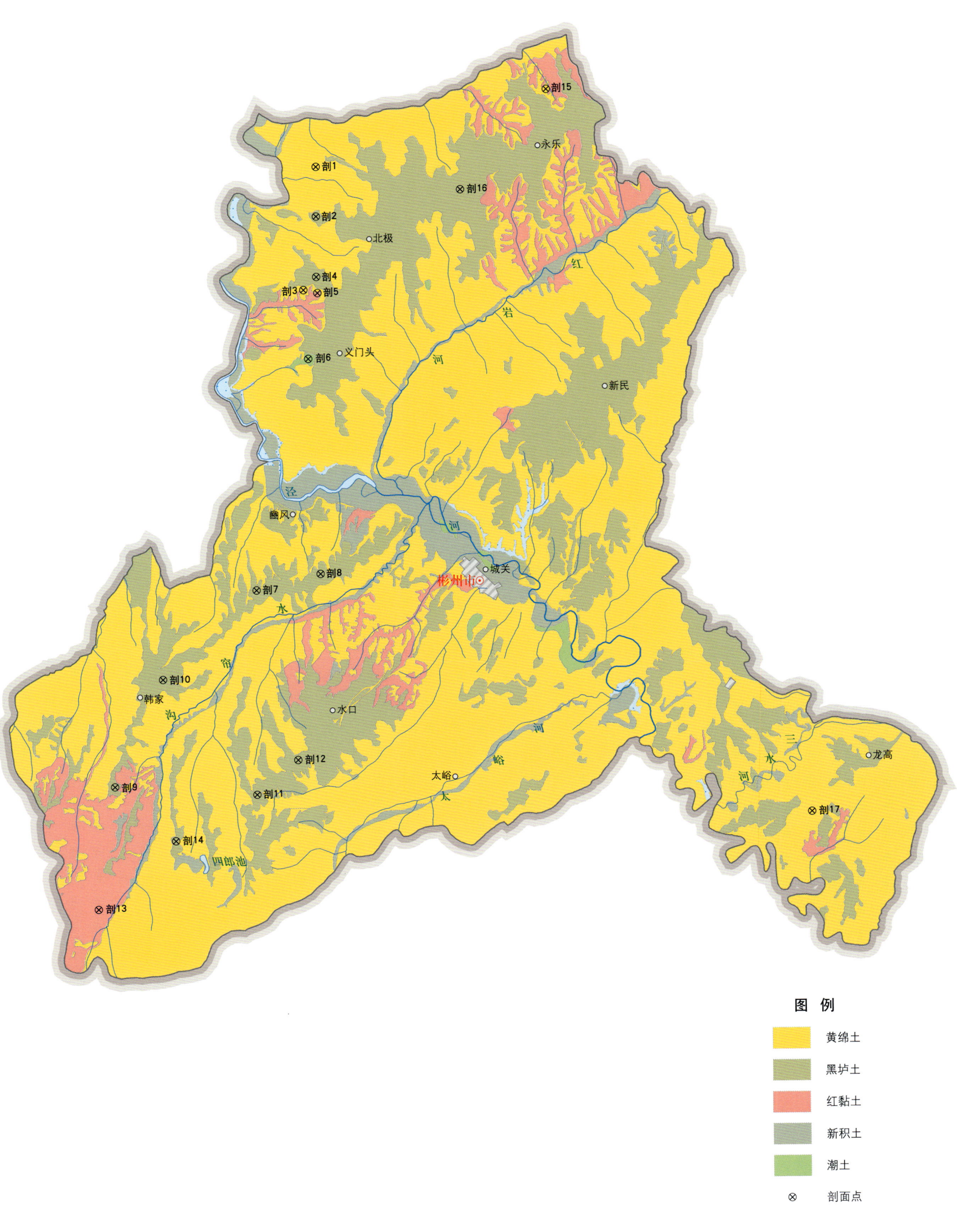

注：国务院 2018 年 5 月批准，撤销彬县，设立彬州市。

彬州市土壤剖面理化性状表

剖面号 Soil profile	土纲 Soil order	土类 Soil great group	亚类 Soil subgroup	土属 Soil genus	土种 Soil species	土层码 Layer code	土层厚度 Depth/cm	颜色 Soil color	质地 Soil texture	土壤结构 Soil structure	pH	有机质 OM/(g/kg)	全氮 TN/(g/kg)	全磷 TP/(g/kg)	全钾 TK/(g/kg)	阳离子交换量CEC/(cmol/kg)	土壤母质 Parent material	剖面点坐标 Profile coordinate	匹配指数 Matching index,%
剖1	初育土	黄绵土	黄绵土	坡黄墡土	林草黄墡土	1	0—17		中壤土		8.4	14.5	0.94	0.67			黄土	E 107°58′50.2″ N 35°13′35.3″	79
						2	17—25		中壤土		8.4	9.0	0.62	0.62					
						3	25—200		中壤土		8.4	5.0	0.35	0.57					
剖2	钙层土	黑垆土	黏化黑垆土	黄盖黏黑垆土	五花土	1	0—20				8.4	11.9	0.86	0.52			黄土	E 107°58′52.6″ N 35°12′11.1″	96
						2	20—28				8.5	9.6	0.74	0.54					
						3	28—120				8.5	9.2	0.68	0.55					
						4	120—200				8.6	4.3	0.36	0.55					
剖3	初育土	黄绵土	黄绵土	黄墡土		1	0—23	黄棕色	中壤土	团块状	8.4	9.6	0.70	0.69			黄土	E 107°58′30.3″ N 35°10′06.4″	71
						Ap	23—32	黄棕色	中壤土	板状	8.2	5.9	0.57	0.66					
						3	32—72	浅黄棕色	中壤土	块状	8.3	4.7	0.32	0.65					
						4	72—200		中壤土	块状	8.4	4.5	0.30	0.65					
剖4	钙层土	黑垆土	淋溶黑垆土	黄盖淋溶黏黑垆土		1	0—23	黄棕色	中壤土	团块状	8.4	20.0	1.20	0.67	24.6	11.3	黄土	E 107°58′56.6″ N 35°10′29.1″	73
						Ap	23—29	棕黄色	中壤土	片状	8.4	14.1	0.98	0.62	24.6	10.6			
						3	29—40	黄棕色	中壤土	棱柱状	8.4	11.6	0.79	0.56	24.5	11.3			
						4	40—110	红褐色	重壤土	棱柱状	8.4	40.9	0.69	0.55	25.7	15.0			
						B	110—132	褐棕色	中壤土	块状	8.4	7.7	0.50	0.62	22.9	11.8			
						C	132—200	浅棕色	中壤土	块状	8.3	5.8	0.38	0.69	20.2	8.8			
剖5	初育土	红黏土	红黏土	二色土	林草二色土	1	0—31	黄棕色	中壤土	团块状	8.3	12.2	0.71	0.38	22.9	17.3	老黄土	E 107°58′59.7″ N 35°10′01.9″	97
						C	31—200	黄红色	重壤土	大块状	8.3	4.2	0.33	0.31	23.2	18.6			
剖6	半水成土	潮土				1	0—22	浅棕色	轻壤土	团块状	8.4						冲积物	E 107°58′43.6″ N 35°08′10.8″	93
						Ap	22—30	浅棕色	轻壤土	片状	8.4								
						W	30—60	浅棕色	轻壤土	块状	8.4								
						4	60—130			粒状	8.4								
						5	130—200												
剖7	钙层土	黑垆土	黏化黑垆土	黄盖黏黑垆土	五花土	1	0—21	棕褐色	中壤土	团块状	8.5	9.6	5.90	0.64			黄土	E 107°57′07.5″ N 35°01′37.5″	99
						2	21—32	浅棕褐色	中壤土	板状	8.4	8.5	0.51	0.62					
						3	32—89	暗黄褐色	重壤土	棱柱状	8.4	6.0	0.37	0.64					
						4	89—200				8.4	4.2	0.23	0.48					
剖8	钙层土	黑垆土	黏化黑垆土	黏黑垆土		1	0—24	棕褐色	中壤土	团块状	8.3	13.6	0.96	0.69			黄土	E 107°59′18.8″ N 35°02′07.9″	88
						Ap	24—33	浅棕褐色	中壤土	板状	8.1	12.6	0.81	0.41					
						3	33—127	暗棕褐色	重壤土	棱柱状	8.4	7.8	0.48	0.53					
						B	127—159	黄棕色	中壤土	块状	8.4	6.0	0.41	0.67					
						C	159—200	浅棕色											
剖9	钙层土	黑垆土	黏化黑垆土	老垆土	韩家黏黑垆土	A_{11}	0—23	浊黄橙色	粉砂质黏壤土	团块状	8.4	20.0	1.20	0.67	24.6	11.3	黄土	E 107°52′23.6″ N 34°55′59.0″	71
						A_{12}	23—29	浊黄橙色	粉砂质黏壤土	块状	8.4	14.1	0.98	0.62	24.7	10.6			
						A	29—40	浊黄橙色	黏壤土	块状	8.4	11.6	0.79	0.56	24.5	11.3			
						AB	40—110	浊棕色	壤质黏土	棱块状	8.2	10.9	0.67	0.55	25.7	15.1			
						Bk	110—132	浊黄橙色	黏壤土	块状	8.4	7.7	0.50	0.62	22.9	11.8			

续表 Continued

剖面号 Soil profile	土纲 Soil order	土类 Soil great group	亚类 Soil subgroup	土属 Soil genus	土种 Soil species	土层码 Layer code	土层厚度 Depth/cm	颜色 Soil color	质地 Soil texture	土壤结构 Soil structure	pH	有机质 OM/(g/kg)	全氮 TN/(g/kg)	全磷 TP/(g/kg)	全钾 TK/(g/kg)	阳离子交换量CEC/(cmol/kg)	土壤母质 Parent material	剖面点坐标 Profile coordinate	匹配指数 Matching index/%
剖10	钙层土	黑垆土	淋溶黑垆土	淋溶黏黑垆土	淋溶黏黑垆土	1	0—20				8.3	13.5	0.89	0.66			黄土	E 107°53′57.7″ N 34°59′02.6″	87
						2	20—28				8.3	11.0	0.70	0.53					
						3	28—35				8.2	11.5	0.72	0.51					
						4	35—99				8.1	10.7	0.67	0.53					
						5	99—140				8.1	10.1	0.60	0.53					
						6	140—200				8.4	5.8	0.38	0.62					
剖11	钙层土	黑垆土	黏化黑垆土	黏黑垆土	弱钙黏黑垆土	A₁	0—20	灰棕色	黏壤土	团块状	8.3	13.5	0.89	0.66			黄土	E 107°57′18.4″ N 34°55′51.9″	93
						A₂	20—28	褐棕色	壤质黏土	层状	8.3	11.0	0.70	0.53					
						Ah	28—99	褐棕色	壤质黏土	棱柱状	8.1	11.1	0.69	0.52					
						Bk	99—140	黄棕色	黏壤土	块状	8.1	10.1	0.60	0.53					
						C	140—200	棕黄色			8.4	5.8	0.38	0.62					
剖12	钙层土	黑垆土	淋溶黑垆土	黄盖淋溶黏黑垆土	中层淋溶黏黑垆土	1	0—23				8.4	20.0	1.20	0.67	24.6	11.3	黄土	E 107°58′41.1″ N 34°56′52.5″	94
						2	23—29				8.4	14.1	0.98	0.62	24.6	10.6			
						3	29—40				8.4	11.6	0.79	0.56	24.5	11.3			
						4	40—110				8.2	10.9	0.67	0.55	25.7	15.0			
						5	110—132				8.4	7.7	0.50	0.62	22.9	11.8			
						6	132—200				8.3	5.8	0.38	0.69	20.2	8.8			
剖13	初育土	红黏土	红胶土	红胶土	林草红胶土	1	0—37	黄棕红色	中壤土	团块状	8.3	11.9	0.63	0.55	23.2	13.0	老黄土	E 107°51′55.6″ N 34°52′30.7″	92
						C	37—200	棕红色	重壤土	棱块状	8.1	5.9	0.37	0.52	24.8	17.9			
剖14	钙层土	黑垆土	黏化黑垆土	黄盖黏黑垆土	厚层黄盖黏黑垆土	Ap	0—19	黄褐色	中壤土	团块状	8.3	12.9	0.90	0.71	23.1	10.8	黄土	E 107°54′31.9″ N 34°54′30.4″	74
							19—25		中壤土	片状	8.4	12.2	0.82	0.72	23.3	11.4			
						3	25—48	浅棕色	中壤土	块状	8.4	10.0	0.70	0.54	22.3	10.7			
						4	48—120	深褐色	重壤土	棱柱状	8.1	11.9	0.69	0.52	24.5	15.1			
						B	120—170	浅棕色	重壤土	块状	8.2	10.3	0.66	0.67	23.2	12.5			
						C	170—200	黄棕色	中壤土		8.4	5.0	0.35	0.69	21.1	8.4			
剖15	初育土	黄绵土	黄绵土	坡黄土	坡地黄绵土	1	0—17		中壤土		8.1	14.4	0.98	0.65	21.8	9.2	黄土	E 108°06′44.3″ N 35°15′56.6″	96
						2	17—24		中壤土		8.3	11.6	0.80	0.63	21.4	8.4			
						3	24—49		中壤土		8.4	6.9	0.50	0.35	21.0	8.3			
						4	49—200				8.5	5.3	0.37	0.33	21.2	7.5			
剖16	钙层土	黑垆土	黏化黑垆土	黄盖黏黑垆土	中层黄盖黏黑垆土	1	0—18				8.3	14.1	0.93	0.65	22.4	10.2	黄土	E 108°03′50.6″ N 35°13′03.5″	82
						2	18—23				8.3	10.3	0.81	0.56	22.2	9.8			
						3	23—45				8.3	9.0	0.65	0.57	22.2	11.1			
						4	45—96				8.1	9.8	0.60	0.46	17.3	13.6			
						5	96—123				8.5	6.7	0.56	0.47	22.7	11.9			
						6	123—200				8.2	5.1	0.29	0.47	20.2	8.1			
剖17	初育土	黄绵土	黄绵土	黄绵土	塬地黄绵土	1	0—17		中壤土		8.6	10.7	0.75	0.55	20.8	10.1	黄土	E 108°16′26.7″ N 34°55′43.6″	87
						2	17—23		中壤土		8.6	8.0	0.56	0.36	20.7	9.5			
						3	23—51		中壤土		8.5	6.1	0.43	0.31	20.7	8.7			
						4	51—200		中壤土		8.4	5.8	0.40	0.69	18.3	8.2			

渭南市

华州区

主要土类说明

棕壤是华州区主要土壤类型,占本区地域面积的46%,主要分布在海拔1400—2646m的秦岭山地。表层为枯枝落叶层,其下为厚15—20cm的腐殖质层,再向下为鲜棕色心土层和棕色母质层。由于气候湿润,土壤风化及淋溶作用较强,黏粒含量较高,碳酸盐被淋洗,土壤呈微酸性,通体无石灰反应。

新积土是华州区第二大土壤类型,占本区地域面积的21%。新积土是在河流新近沉积物上发育的土壤,分布在渭河至秦岭山地的山麓地带。该土壤成土期短,母质特性明显,具A-C或(A)-C剖面构型。

褐土是华州区第三大土壤类型,占本区地域面积的18%,主要分布在高塘、大明、瓜坡、杏林等地的海拔700—1400m的浅山地区。该土壤盐基饱和,处于硅铝风化阶段,有明显的黏淀层。在其A-B-C剖面构型中,B层呈棕褐色,B层下部有假菌丝状钙积层。

黄绵土占本区地域面积的10%,主要分布在有一定侵蚀的塬边和沟坡。黄绵土是由黄土母质直接翻耕形成的初育土,土壤发育微弱,剖面分异不明显。由于风成黄土富含细粉粒,故质地、结构均一,疏松绵软,富含石灰、磷、钾储量较丰富,但有效性差,土壤有机质缺乏。

潮土占本区地域面积的3%,主要分布在柳枝、莲花寺、赤水、下庙等地。潮土是由河流冲积物受地下水影响而形成的土壤。潮土所处地势低平,地下水位为1—3m,由于降水和河流的补给,地下水呈季节性升降,形成具有明显锈纹锈斑的潴育层。

小于本区地域面积3%的土壤类型有水稻土、草甸土、沼泽土。

本区域中心区气候特征

本区域中心区气候特征值
Regional climate characteristics in central area of the region

气候带:暖温带亚湿润气候 Climate region: Warm temperate subhumid climate	
年平均气温 /℃ Annual average temperature /℃	13.3
年平均最高气温 /℃ Annual average maximum temperature /℃	19.4
年平均最低气温 /℃ Annual average minimum temperature /℃	8.5
年降水量 /mm Annual precipitation /mm	575
≥10℃的积温 /℃ Daily temperature accumulated in a year (≥10℃) /℃	7037
年日照时数 /h Annual sunshine /h	1885
年平均相对湿度 /% Annual average relative humidity /%	68
干燥度 Dryness	1.41

本区域中心区月平均气温与月平均降水量
Monthly temperature and precipitation in central area of the region

华县主要土壤类型与土壤剖面点分布图

1∶180 000

图例
- 棕壤
- 新积土
- 褐土
- 黄绵土
- 潮土
- 水稻土
- 草甸土
- 沼泽土
- ⊗ 剖面点

注：国务院2015年10月批准，撤销华县，设立华州区。

华州区土壤剖面理化性状表

剖面号 Soil profile	土纲 Soil order	土类 Soil great group	亚类 Soil subgroup	土属 Soil genus	土种 Soil species	土层码 Layer code	土层厚度 Depth/cm	颜色 Soil color	质地 Soil texture	土壤结构 Soil structure	pH	有机质 OM/(g/kg)	全氮 TN/(g/kg)	全磷 TP/(g/kg)	全钾 TK/(g/kg)	阳离子交换量CEC/(cmol/kg)	土壤母质 Parent material	剖面点坐标 Profile coordinate	匹配指数 Matching index/%
剖1	初育土	新积土	新积土	洪积土	洪积砂土	A₁	0—18	灰棕色	砂壤土	粒状	8.2	10.7	0.77	1.08	19.3	10.1	洪积物	E 109°41′12.6″ N 34°32′32.3″	85
						A₂	18—24	浅黄棕色	黏壤土	块状	8.2	9.1	0.68	0.99	20.0	10.2			
						AC	24—60	黄棕色	砂壤土	块状	8.0	7.8	0.60	0.98	19.3	10.1			
						C	60—75	浅黄棕色	砂土	粒状	8.0	1.5	0.35	0.83	18.4	8.3			
剖2	初育土	新积土	洪淤土			1	0—21	黄棕色	中壤土	团块状		10.6	0.62	3.39	17.8	10.0	洪冲积物	E 109°43′07.6″ N 34°31′48.4″	85
						2	21—75	黄棕色	中壤土	块状	7.5	13.0	0.64	3.29	21.2	10.5			
						3	75—100	黄棕色	中壤土	块状	7.5	11.2	0.70	3.25	20.4	10.6			
剖3	半淋溶土	褐土	塿土性土	褐塿土	厚层褐塿土	A	0—20	灰棕色	轻壤土	团粒状	7.5	10.5	0.74	2.25	23.2	9.3		E 109°41′17.8″ N 34°30′25.9″	88
						Ap	20—32	暗棕色	轻壤土	片状	7.5	6.6	0.55	2.72	33.2	9.5			
						3	32—82	棕褐色	中壤土	柱状	8.0	6.5	0.44	1.73	23.5	11.4			
						4	82—140	黄褐色	中壤土	块状	8.0	2.5	0.47	1.63	25.9	14.9			
						B	140—206	浅黄棕色	中壤土	块状	8.0	2.4	0.38	1.76	20.7	9.1			
						C	206—227	浅黄棕色	中壤土	块状	8.0	3.1	0.33	1.65	16.2	7.6			
剖4	半水成土	潮土	盐化潮土	氯化物硫酸盐盐化潮土	轻度盐化潮土	A	0—20	灰棕色	轻壤土	团粒状		6.3	0.57	2.27			冲积物	E 109°44′30.8″ N 34°32′18.8″	85
						Ap	20—28	浅黄棕色	轻壤土	块状		6.1	0.48	2.07					
						A₃	28—46	浅黄棕色	中壤土	块状		5.3	0.45	1.77					
						4	46—71	浅黄棕色	中壤土	块状		5.4	0.35	2.12					
						5	71—115	灰棕色	轻壤土	块状		2.1	0.26	1.79					
剖5	初育土	黄绵土	黄塿土	油塿土		1	0—24	暗棕色	中壤土	团粒状	8.0	18.0	0.85	>4.00		8.8	黄土	E 109°44′31.4″ N 34°30′43.9″	72
						Ap	24—30	灰棕色	中壤土	块状	7.8	11.1	0.73	>4.00		8.7			
						3	30—140	暗灰棕色	中壤土	团粒状	7.8	5.9	0.56	>4.00		12.1			
						C	140—150	浅灰棕色	紧砂土	粒状	8.0	4.9	0.44	3.24		8.6			
剖6	初育土	新积土	新积土	淤绵土	夹泥淤绵土	1	0—18	灰棕色	中壤土	团块状	8.0	5.7	0.50	1.97	23.2		冲积物	E 109°38′51.5″ N 34°31′54.6″	86
						Ap	18—24	浅灰棕色	中壤土	片状	7.8	7.0	0.61	2.08	21.1				
						3	24—50	灰棕色	中壤土	层状	7.8	7.2	0.75	1.76	21.4				
						4	50—150	灰棕色	重壤土	块状	8.0	2.9	0.43	1.58	19.4				
剖7	半水成土	潮土	潮土	潮土	砂石底潮土	1	0—15	灰棕色	砂壤土	团块状	8.0	8.4	0.70	2.68	22.0	12.5	黄土	E 109°39′11.9″ N 34°30′34.7″	72
						Ap	15—24	暗灰棕色	砂壤土	团块状	8.0	7.4	0.71	2.09	24.1	11.1			
						3	24—53	浅灰棕色	紧砂土	团块状	8.0	6.2	0.49	2.09	23.3	12.6			
						4	53—73	灰棕色	中壤土	粒状	7.8	4.4	0.13	2.17	24.4	17.8			
剖8	半淋溶土	褐土	埁土	红油土	中层红油土	1	0—12	黄棕色	中壤土	团块状	7.8	8.9	1.75	1.75	22.3	9.7	冲积物	E 109°38′55.5″ N 34°28′01.0″	87
						Ap	12—26	浅黄棕色	中壤土	块状	7.8	8.2	0.62	1.49	22.3	9.7			
						3	26—35	棕褐色	中壤土	团块状	7.8	9.0	0.55	1.11	23.3	9.4			
						Bt	35—74	浅灰棕色	中壤土	棱柱状	8.0	8.3	0.49	1.11	24.4				
						B	74—130	浅灰棕色	中壤土	块状	8.0	6.4	0.42	1.37	22.3				
						C	130—150	浅灰棕色	中壤土	块状	7.8	3.1	0.40	1.20	20.0				
剖9	人为土	水稻土	潴育水稻土	锈泥砂田		1	0—15	灰棕色	紧砂土	块状	7.8	32.5	1.26	3.71	23.9	8.6	黄土	E 109°43′17.3″ N 34°29′28.0″	87
						Ap	15—25	浅黄棕色	松砂土		8.0	27.0	0.64	>4.00	30.0	4.7			
						W	25—75	浅灰褐色	松砂土	块状	7.8	10.0	0.59	>4.00	29.5	5.0			
剖10	初育土	黄绵土	黄绵土	白塿土	坡地白塿土	1	0—15	浅黄棕色	中壤土	团块状	8.0	9.5	0.70	1.68	21.5	10.8	黄土	E 109°41′40.1″ N 34°27′19.1″	97
						Ap	15—20	浅黄棕色	中壤土	片状	7.8	9.1	0.65	1.66	21.8	11.9			
						C	20—100	浅黄棕色	中壤土	块状	8.0	7.6	0.50	1.45	22.2	9.7			

续表 Continued

剖面号 Soil profile	土纲 Soil order	土类 Soil great group	亚类 Soil subgroup	土属 Soil genus	土种 Soil species	土层码 Layer code	土层厚度 Depth/cm	颜色 Soil color	质地 Soil texture	土壤结构 Soil structure	pH	有机质 OM/(g/kg)	全氮 TN/(g/kg)	全磷 TP/(g/kg)	全钾 TK/(g/kg)	阳离子交换量CEC/(cmol/kg)	土壤母质 Parent material	剖面点坐标 Profile coordinate	匹配指数 Matching index/%
剖11	半淋溶土	褐土	淋溶褐土	黄土质淋溶褐土		1	0—17	暗棕色			6.3	7.9	0.56	1.37	20.6	>50.0	黄土	E 109°43′36.7″ N 34°26′17.9″	71
						2	17—45					6.2	0.44	1.37	21.1	9.4			
						3	45—60					5.7	0.45	1.63	20.9	11.6			
剖12	淋溶土	棕壤	生草棕壤			1	0—8	深灰棕色	轻壤土	团块状	6.8	68.3	4.49	2.84	20.6	29.7		E 109°44′23.4″ N 34°26′05.3″	74
						A	8—19	灰棕色	中壤土	团块状	6.8	99.8	3.25	2.94	21.1	26.4			
						3	19—25	深棕褐色	中壤土	块状	6.6	44.3	2.55	2.71	20.9	23.0			
剖13	初育土	新积土	洪淤土	砂石土	石底砂石土	1	0—15	浅棕褐色	轻壤土	块状		13.2	0.93	1.30		8.3	洪冲积物	E 109°41′35.9″ N 34°24′47.8″	73
						2	15—30	灰棕色	砂壤土	层状		6.6	0.49	1.35		6.4			
						3	30—			块状									
剖14	半淋溶土	褐土	褐土性土	耕种褐土性土		A	0—20	黄棕色	中壤土	团块状	7.8	12.5	0.92	1.08	25.2	16.3		E 109°41′16.4″ N 34°23′55.0″	96
						Ap	20—28	浅黄棕色	中壤土	片状	8.0	8.7	0.72	1.43	24.2	18.0			
						3	28—80	棕黄色	中壤土	棱柱状	7.8	6.8	0.57	1.17	20.6	20.0			
						B	80—145	浅黄棕色	中壤土	块状	7.5	2.8	0.47	2.09	22.0	12.1			
剖15	半淋溶土	褐土	淋溶褐土	黄土质耕种淋溶褐土		1	0—16	棕褐色	重壤土	团块状		17.6	1.05	1.79	21.9	21.4	黄土	E 109°43′47.2″ N 34°24′48.4″	71
						Bt₁	16—34	浅红褐色	重壤土	棱柱状		11.2	0.73	1.56	29.0	17.1			
						Bt₂	34—59	红褐色	重壤土	棱柱状		9.1	0.63	1.52	19.1	21.7			
						Bt₃	59—158	浅黄棕色	重壤土	棱柱状		12.5	0.55	1.55	20.8	25.2			
剖16	初育土	新积土	新积土	淤砂土		1	0—18	浅黄棕色	砂壤土	团块状	7.8	6.9	0.44	1.95	19.9	9.2		E 109°51′16.2″ N 34°33′35.7″	92
						2	18—48	浅灰棕色	砂壤土	粒状	7.8	2.9	0.33	1.97	21.8	8.4			
						3	48—75		细砂土	粒状	8.0	1.3	0.19	2.07	21.9	4.1			
						4	75—100		细砂土	粒状	8.0	1.9	0.24	2.06	21.5	6.3			
						5	100—150		细砂土	粒状	8.2	<1.0	0.18	2.08		4.1			
剖17	人为土	水稻土	潴育水稻土	锈泥田		1	0—13	浅黄棕色	中壤土	团块状	8.2	16.7	0.92	1.29	25.5	11.5		E 109°48′52.1″ N 34°31′37.4″	94
						Ap	13—35	灰黄棕色	中壤土	棱柱状	8.2	18.8	1.13	1.77	23.1	13.7			
						W	35—70	灰黑色	中壤土	块状	8.2	8.7	0.65	2.75	25.5	10.9			
剖18	半水成土	草甸土	浅色草甸土			A	0—6	灰黑色	砂土	块状	8.0	23.1	1.11	2.10	22.9	10.8		E 109°50′19.4″ N 34°31′51.8″	86
						2	6—32	灰褐色	轻壤土	块状	8.0	1.7	1.01	2.14	19.9	11.1			
						W	32—65	灰蓝色	砂土	块状	7.4	37.1	2.07	2.28	22.8	14.3			
剖19	初育土	新积土	洪淤土	洪淤砂土	石底洪淤砂土	1	0—18	浅黄褐色	砂土	块状	8.2	10.7	0.77	2.47	23.3	10.1	洪冲积物	E 109°50′37.1″ N 34°30′47.9″	99
						Ap	18—24	黄棕色	轻壤土	块状	8.0	9.1	0.70	2.27	24.1	10.2			
						3	24—60	灰棕色	轻壤土	块状	8.0	7.8	0.60	2.24	23.2	10.1			
						4	60—75	浅黄棕色	紧砂土	块状	8.0	5.1	0.35	1.91	22.2	8.3			
						5	75—												
剖20	人为土	水稻土	淹育水稻土	泥砂田		1	0—17	黄棕色	中壤土	团块状	6.5	11.3	0.72	1.69	27.5	8.9		E 109°48′37.1″ N 34°31′01.5″	78
						W	17—35	灰蓝色	轻壤土	团块状	6.5	11.0	0.80	1.80	26.6	10.6			
						C	35—	灰黑色	轻壤土	团块状		11.1	0.83	1.95		13.1			
剖21	淋溶土	棕壤	棕壤	棕壤	耕种棕壤	1	0—17	灰褐色	中壤土	粒状	6.5	9.8	0.72	2.14	27.5	17.2		E 109°52′57.9″ N 34°27′46.0″	98
						Ap	17—50	浅灰褐色	重壤土	块状	6.5	4.9	0.48	2.28	26.6	18.2			
						3	50—150	棕褐色	重壤土	棱柱状	6.5	5.0	0.39	1.15	25.3	17.5			
						4	150—210	暗棕褐色	重壤土	棱柱状	6.8	3.5	0.38	2.14	24.5	15.5			
						C	210—290	黄棕色	重壤土	棱柱状	7.2	4.1	0.37	2.16	25.5	8.4			
剖22	淋溶土	棕壤	漂洗棕壤			O	0—2	暗棕褐										E 109°49′50.0″ N 34°24′10.0″	86
						A	2—5	褐灰色	中壤土	团块状	6.8	18.9	2.38	0.92	22.1	18.0			
						E₁	5—23	灰白色	中壤土	块状	6.5	18.8	1.05	0.68	20.9	11.3			
						E₂	23—53	棕灰色	中壤土	片状		17.6	0.97	0.68	21.8	11.8			
						5	53—66			层状									

续表 Continued

剖面号 Soil profile	土纲 Soil order	土类 Soil great group	亚类 Soil subgroup	土属 Soil genus	土种 Soil species	土层码 Layer code	土层厚度 Depth/cm	颜色 Soil color	质地 Soil texture	土壤结构 Soil structure	pH	有机质 OM/(g/kg)	全氮 TN/(g/kg)	全磷 TP/(g/kg)	全钾 TK/(g/kg)	阳离子交换量CEC/(cmol/kg)	土壤母质 Parent material	剖面点坐标 Profile coordinate	匹配指数 Matching index/%
剖23	半淋溶土	褐土	褐土性土	花岗片麻岩褐土性土		A	0—10	浅灰棕色	中壤土	团块状	7.6	25.9	1.55	2.25		18.0	花岗片麻岩风化物	E 109°49′22.3″ N 34°22′55.6″	93
						2	10—27	褐棕色	重壤土	块状	7.8	13.1	0.75	1.66		17.3			
剖24	淋溶土	棕壤	砾质棕壤			O	0—3	暗褐色										E 109°57′00.8″ N 34°20′06.5″	100
						A	3—19	暗褐色	轻壤土	团粒状	7.2	31.8	2.32	1.28	25.0	23.0			
						3	19—35	浅灰棕色	中壤土	块状	6.8	20.5	1.12	1.33	33.5	13.1			
						C	35—41	浅灰棕色	轻壤土	块状	6.5	16.2	0.84	1.36	36.8	8.0			
						5	41—60												
剖25	淋溶土	棕壤	粗骨性棕壤			O	0—8											E 109°56′37.9″ N 34°16′32.7″	92
						A	8—26	暗褐色	中壤土	团粒状		81.1	3.19	1.87		25.7			
						C	26—60	黄棕色	中壤土	团块状		23.6	1.15	1.36		26.4			
						R	60—140												

潼 关 县

主要土类说明

褐土是潼关县主要土壤类型，占本县地域面积的 47%。褐土是在暖温带半湿润区发育形成的具有黏化与钙质淋移淀积特征的土壤。该土壤盐基饱和，处于硅铝风化阶段，有明显的黏淀层。在其 A-B-C 剖面构型中，B 层呈棕褐色，B 层下部有假菌丝状钙积层。土壤 pH 为 7.0—7.5，盐基饱和度在 80% 以上。

黄绵土是潼关县第二大土壤类型，占本县地域面积的 28%。黄绵土是由黄土母质直接翻耕形成的初育土，分布在本县北部渭河与秦岭山地之间的过渡地带，与褐土交错分布。由于土壤侵蚀严重，表层长期遭侵蚀，只能不断加深耕作黄土母质层，因而母质特性明显。土壤无明显发育，为 A-C 型土。由于风成黄土富含细粉粒，故质地、结构均一，疏松绵软，富含石灰，磷、钾储量较丰富，但有效性差，土壤有机质缺乏。

棕壤是潼关县第三大土壤类型，占本县地域面积的 15%，主要分布在本县南部海拔 1400m 以上的秦岭山地。棕壤发生于暖温带湿润地区落叶阔叶林下，但大部分已被垦殖，以旱作为主。该土壤处于硅铝风化阶段，具有黏化特征，呈棕色。土体见黏粒淀积，盐基充分淋失，pH 为 6.0—7.0，见少量游离铁。表层为枯枝落叶层，其下为厚 15—20cm 的腐殖质层，再向下为心土层和母质层。由于气候湿润，土壤风化及淋溶作用较强，黏粒含量较高，碳酸盐被淋洗，土壤呈微酸性，通体无石灰反应。本县棕壤分为棕壤、漂洗棕壤、生草棕壤、粗骨性棕壤、棕壤性石渣土等亚类。

新积土占本县地域面积的 7%，分布在渭河至秦岭山地的山麓地带。新积土是由新近冲积、洪积、坡积、塌积或人工堆垫形成的土壤。该土壤成土期短，母质特性明显，具 A-C 或（A）-C 剖面构型。其形成主要受地形条件和母质特性的影响。

小于本县地域面积 3% 的土壤类型有草甸盐土、水稻土、沼泽土。

本区域中心区气候特征

本区域中心区气候特征值
Regional climate characteristics in central area of the region

气候带：暖温带亚湿润气候 Climate region: Warm temperate subhumid climate	
年平均气温 /℃ Annual average temperature /℃	13.3
年平均最高气温 /℃ Annual average maximum temperature /℃	19.5
年平均最低气温 /℃ Annual average minimum temperature /℃	8.3
年降水量 /mm Annual precipitation /mm	554
≥10℃的积温 /℃ Daily temperature accumulated in a year (≥10℃) /℃	5918
年日照时数 /h Annual sunshine /h	2054
年平均相对湿度 /% Annual average relative humidity /%	66
干燥度 Dryness	1.44

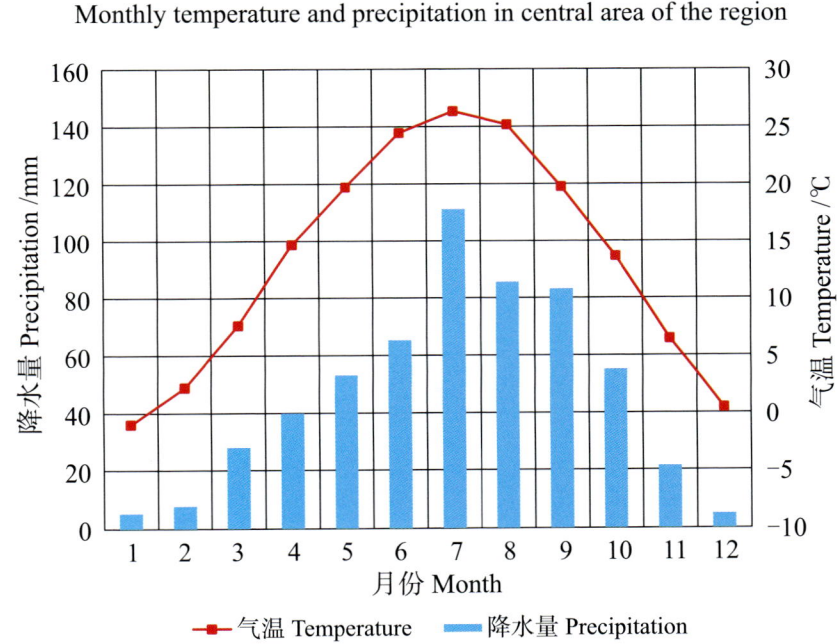

本区域中心区月平均气温与月平均降水量
Monthly temperature and precipitation in central area of the region

潼关县主要土壤类型与土壤剖面点分布图
1 : 110 000

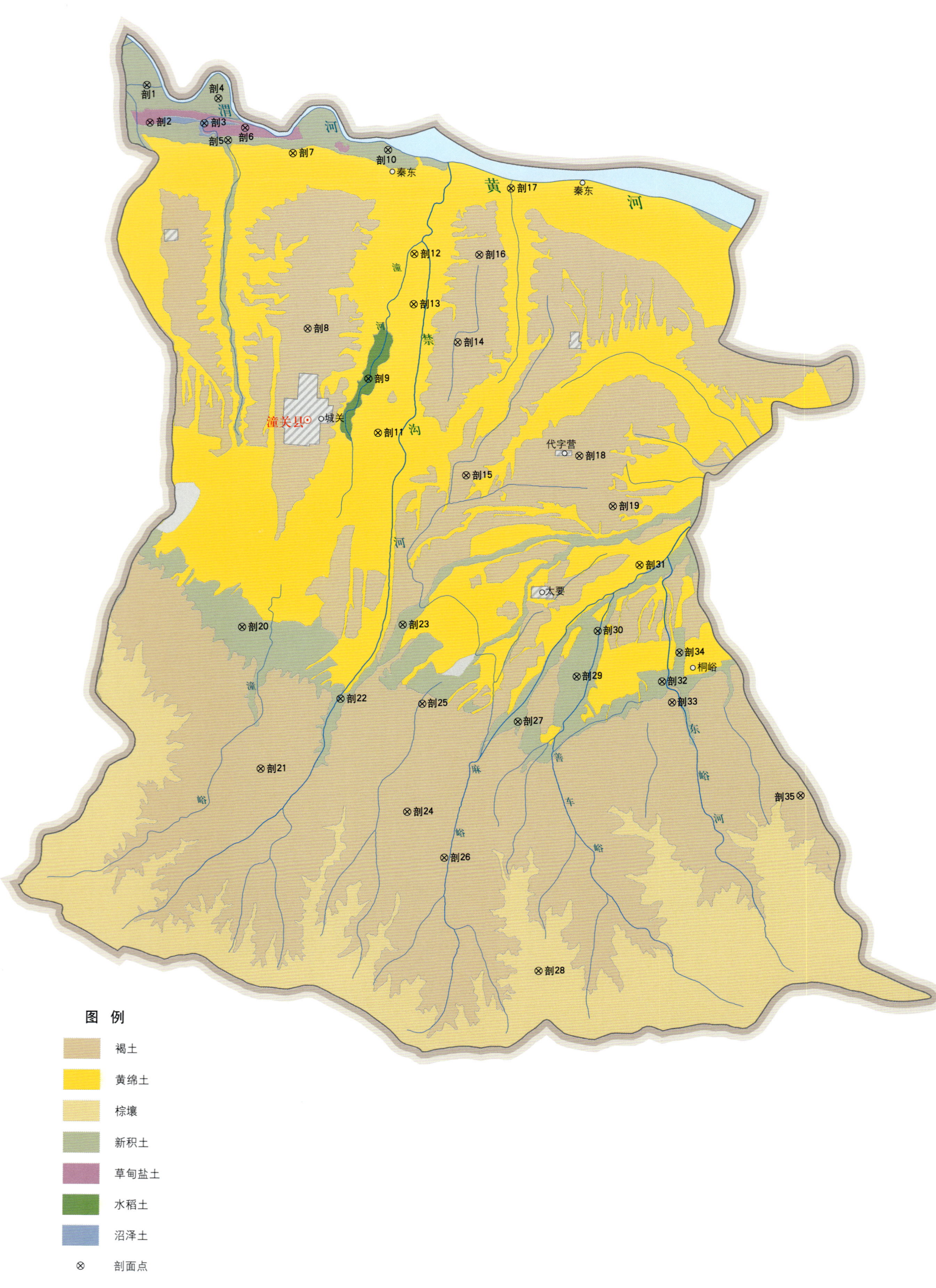

潼关县土壤剖面理化性状表

剖面号 Soil profile	土纲 Soil order	土类 Soil great group	亚类 Soil subgroup	土属 Soil genus	土种 Soil species	土层码 Layer code	土层厚度 Depth/cm	颜色 Soil color	质地 Soil texture	土壤结构 Soil structure	有机质 OM/(g/kg)	全氮 TN/(g/kg)	全磷 TP/(g/kg)	全钾 TK/(g/kg)	阳离子交换量 CEC/(cmol/kg)	土壤母质 Parent material	剖面点坐标 Profile coordinate	匹配指数 Matching index/%
剖1	初育土	新积土	冲积土	淤砂土	淤砂土	A	0—20	灰白色	砂壤土		2.6	0.16	0.55			淤积物	E 110°11′34.8″ N 34°37′26.4″	85
						2	20—62	灰白色	砂壤土		2.0	0.13	0.56					
						3	62—68	灰棕色	轻壤土	块状	1.1	0.53	0.56	25.6	4.5			
						4	68—96	黄褐色	轻壤土	块状	3.8	0.24	0.66	29.7	4.6			
						5	96—	浅黄褐色	轻壤土	块状	6.9	0.43	0.55					
剖2	盐碱土	草甸盐土	草甸盐土	槽状凹地盐土	中度盐渍土	1	0—5				2.8	0.21	0.58	25.6	13.1		E 110°11′38.4″ N 34°36′54.0″	95
						2	5—15				3.2	0.28	0.61	29.7				
						3	15—30				7.8	0.55	0.61	25.6	3.5			
						4	30—50				1.6	0.17	0.58	26.0	7.5			
						5	50—100				5.0	0.32	0.59	28.7	4.1			
						6	100—152				2.6	0.24	0.58	24.0				
剖3	水成土	沼泽土	沼泽土	沼泽土	沼泽土	1	0—18	灰棕色	轻壤土	团块状	4.3	0.21	0.57	26.9	6.3		E 110°12′36.0″ N 34°36′54.0″	85
						2	18—53	黄棕色	轻壤土	块状	3.0	0.36	0.60	23.1	4.4			
						3	53—65	蓝灰色	轻壤土	块状	10.1	0.45	0.61	26.8	8.8			
						4	65—85	黄棕色	轻壤土	块状	5.5	0.39	0.59	28.3	6.7			
剖4	初育土	新积土	冲积土	淤绵砂土	淤绵砂土	1	0—17	浅黄棕色	砂壤土	粒状						冲积物	E 110°12′50.4″ N 34°37′15.6″	97
						2	17—43	灰黄棕色	砂壤土	层状								
						3	43—58	黄棕色	轻壤土	片状								
						4	58—69	灰棕色	轻壤土	层状								
						5	69—90	褐棕色	轻壤土	层状								
						6	90—		轻壤土	层状								
剖5	初育土	新积土	冲积土	淤绵土	淤绵土	1	0—20	浅灰棕色	砂壤土	小块状	4.4	0.25	0.53	24.6	3.7	冲积物	E 110°13′01.2″ N 34°36′39.6″	97
						2	20—60	黄棕色	砂壤土	块状	2.8	0.23	0.52	25.6	4.8			
						3	60—150	褐棕色	中壤土	块状	4.9	0.32	0.59	29.3	7.6			
剖6	盐碱土	草甸盐土	草甸盐土	槽状凹地盐土	轻度盐渍土	1	0—5				7.1	0.41	0.63				E 110°13′19.2″ N 34°36′50.4″	78
						2	5—15				9.5	0.52	0.64					
						3	15—30				8.7	0.53	0.63					
						4	30—50				4.8	0.59	0.64					
						5	50—100				4.5	0.29	0.64					
						6	100—150				3.0	0.27	0.57					
						7	150—176				4.8	0.33	0.65					
剖7	初育土	黄绵土	黄绵土	黄绵土	梯地黄绵土	A	0—17	黄棕色	砂壤土	团块状	8.1	0.50	0.65	25.7	5.8	原生黄土、次生黄土	E 110°14′09.6″ N 34°36′28.8″	77
						Ap	17—32	黄棕色	砂壤土	块状	8.0	0.41	0.67	28.5	4.5			
						C₁	32—54	黄棕色	轻壤土	块状	8.8	0.32	0.64	29.4	4.5			
						C₂	54—	浅黄棕色	轻壤土	块状	8.7	0.33	0.57	26.9	4.5			
剖8	半淋溶土	褐土	塿土	红油土	厚层红油土	1	0—23				9.5	0.52	0.57			黄土	E 110°14′27.6″ N 34°33′57.6″	82
						2	23—30				8.8	0.52	0.65					
						3	30—75				5.0	0.33	0.65					
						4	75—144				6.3	0.36	0.57					
						5	144—205				5.6	0.44	0.56					
						6	205—				4.9	0.24	0.53					

续表 Continued

剖面号 Soil profile	土纲 Soil order	土类 Soil great group	亚类 Soil subgroup	土属 Soil genus	土种 Soil species	土层码 Layer code	土层厚度 Depth/cm	颜色 Soil color	质地 Soil texture	土壤结构 Soil structure	有机质 OM/(g/kg)	全氮 TN/(g/kg)	全磷 TP/(g/kg)	全钾 TK/(g/kg)	阳离子交换量CEC/(cmol/kg)	土壤母质 Parent material	剖面点坐标 Profile coordinate	匹配指数 Matching index/%
剖9	人为土	水稻土	淹育水稻土	淤泥砂田	淤泥田	A	0—21	暗棕色	轻壤土	块状							E 110°15′32.4″ N 34°33′14.4″	85
						B₁	21—30	棕灰色	轻壤土	块状								
						B₂	30—49	灰黄棕色	轻壤土	块状								
						C	49—100	深棕色	轻壤土									
剖10	初育土	新积土	冲积土	淤砂土	夹泥淤砂土	1	0—15				2.8	0.18	0.48			淤积物	E 110°15′50.4″ N 34°36′32.4″	78
						2	15—25				3.2	0.15	0.48					
						3	25—46				2.8	0.20	0.48					
						4	46—67				7.6	0.46	0.54					
剖11	初育土	黄绵土	塿土	黄潜土	梯地黄潜土	1	0—18	浅灰色	轻壤土	团块状	8.9	0.48	0.84			原生黄土、次生黄土	E 110°15′43.2″ N 34°32′27.6″	89
						Ap	18—23	灰棕色	轻壤土	块状	8.6	0.52	0.83					
						3	23—146	黄棕色	轻壤土	块状	6.6	0.41	0.85					
						C	146—	黄棕色	中壤土	小团块状	6.6	0.40	1.05					
剖12	初育土	黄绵土	塿土	油潜土	川道油潜土	1	0—18	黄棕色	轻壤土	块状	5.8	0.38	0.65			原生黄土、次生黄土	E 110°16′19.2″ N 34°35′02.4″	86
						Ap	18—32	暗灰棕色	轻壤土	块状	4.6	0.43	0.68					
						C	32—130	黄棕色	轻壤土	块状	4.9	0.20	0.65					
剖13	初育土	黄绵土	塿土	白塿土	坡地白塿土	1	0—18	黄棕色	轻壤土	团粒状	5.1	0.26	0.66	17.4	4.1	原生黄土、次生黄土	E 110°16′19.2″ N 34°34′19.2″	77
						2	18—58	黄棕色	轻壤土	块状	3.2	0.21	0.59	20.4	4.0			
						C	58—	黄棕色	轻壤土	块状	3.3	0.23	0.61	21.1	4.1			
剖14	半淋溶土	褐土	塿土	红油土	中层红油土	1	0—22	灰棕色	轻壤土	团粒状	7.9	0.55	0.70	22.2	6.5	黄土	E 110°17′06.0″ N 34°33′46.8″	80
						Ap	22—29	浅灰棕色	轻壤土	块状	5.1	0.38	0.64	20.4	6.2			
						3	29—44	棕色	轻壤土	块状	5.0	0.34	0.62	19.9	6.5			
						Bt	44—95	棕褐色	中壤土	棱柱状	6.4	0.47	0.55	20.2	9.8			
						Bk	95—157	黄棕色	轻壤土	棱柱状	5.9	0.33	0.64	20.9	7.0			
						C	157—	黄棕色	轻壤土	块状	4.0	0.25	0.61	19.8	5.7			
剖15	半淋溶土	褐土	塿土	红油土	中层红油土	1	0—21				11.6	0.59	0.65			黄土	E 110°17′16.8″ N 34°31′51.6″	95
						2	21—29				9.3	0.56	0.63					
						3	29—42				5.9	0.43	0.61					
						4	42—96				6.1	0.42	0.49					
						5	96—175				3.9	0.30	0.62					
						6	175—				3.3	0.26	0.60					
剖16	半淋溶土	褐土	塿土	红塿土	中层红塿土	A	0—20	灰棕色	轻壤土	团粒状						黄土	E 110°17′27.6″ N 34°35′02.4″	70
						Ap	20—28	灰棕色	轻壤土	块状								
						3	28—41	黄棕色	中壤土	棱柱状								
						Bt	41—104	棕褐色	中壤土	棱柱状								
						Bk	104—141	浅黄色	轻壤土	棱柱状								
						C	141—	黄棕色	轻壤土	块状								
剖17	初育土	黄绵土	黄绵土	黄绵土	坡地黄绵土	1	0—21				5.1	0.34	0.49			原生黄土、次生黄土	E 110°18′00.0″ N 34°36′00.0″	93
						2	21—28				4.4	0.20	0.65					
						3	28—62				4.1	2.41	0.56					
						4	62—190				5.3	1.52	0.65					
剖18	半淋溶土	褐土	塿土	红油土	厚层红油土	1	0—21				8.3	0.24	0.58			黄土	E 110°19′15.6″ N 34°32′09.6″	72
						2	21—30				8.3	0.51	0.65					
						3	30—72				6.1	0.40	0.64					
						4	72—124				7.7	0.45	0.62					
						5	124—197				4.5	0.27	0.44					
						6	197—				3.9	0.22	0.46					

续表 Continued

剖面号 Soil profile	土纲 Soil order	土类 Soil great group	亚类 Soil subgroup	土属 Soil genus	土种 Soil species	土层码 Layer code	土层厚度 Depth/cm	颜色 Soil color	质地 Soil texture	土壤结构 Soil structure	有机质 OM/(g/kg)	全氮 TN/(g/kg)	全磷 TP/(g/kg)	全钾 TK/(g/kg)	阳离子交换量CEC/(cmol/kg)	土壤母质 Parent material	剖面点坐标 Profile coordinate	匹配指数 Matching index/%
剖19	半淋溶土	褐土	塿土	红油土	薄层红油土	1	0–13				5.0	0.36	0.72			黄土	E 110°19′51.6″ N 34°31′26.4″	79
						2	13–19				5.2	0.40	0.72					
						3	19–28				5.0	0.37	1.14					
						4	28–59				5.6	0.41	0.70					
						5	59–155				3.6	0.23	0.60					
						6	155—				3.1	0.23	0.59					
剖20	初育土	新积土	新积土	洪淤土	梯田洪淤土	1	0–17				11.5	0.67	0.72	22.3	9.8	洪积物	E 110°13′22.8″ N 34°29′38.4″	94
						2	17–25				9.0	0.59	0.71	21.1	9.9			
						3	25—				7.8	0.50	0.75	23.6	9.8			
剖21	半淋溶土	褐土	褐土性石渣土	花岗片麻岩石渣土	少砾质褐土性石渣土	1	0–10				44.4	2.20	0.72			花岗片麻岩	E 110°13′44.4″ N 34°27′36.0″	98
						2	10–15				31.2	1.67	0.94					
剖22	初育土	新积土	新积土	洪淤土	石底洪淤土	1	0–20				17.3	1.03	0.89			洪积物	E 110°15′07.2″ N 34°28′37.2″	80
						2	20–30				16.0	0.89	0.78					
						3	30—				8.7	0.55	0.71					
剖23	初育土	新积土	新积土	洪淤土	石底洪淤土	1	0–20				11.0	0.62	0.48			洪积物	E 110°16′12.0″ N 34°29′42.0″	87
						2	20–30				8.3	0.51	0.63					
						3	30–80				7.1	0.41	0.62					
						4	80—				10.0	0.45	0.77					
剖24	半淋溶土	褐土	褐土性石渣土	花岗片麻岩石渣土	少砾质褐土性石渣土	1	0–8				74.5	3.13	0.72			花岗片麻岩	E 110°16′19.2″ N 34°27′00.0″	85
						2	8–25				35.5	1.60	0.64					
						3	25–40				11.4	0.51	0.50					
剖25	半淋溶土	褐土	褐土性土	黄土质褐土性土	坡地褐土性土	1	0–30	棕褐色	轻壤土	块状	9.6	0.56	0.61			坡积黄土-块母质	E 110°16′33.6″ N 34°28′33.6″	76
						2	30—	棕褐色	轻壤土	块状	8.8	0.38	0.57					
剖26	半淋溶土	褐土	褐土性石渣土	花岗片麻岩石渣土	中砾质褐土性石渣土	1	0–9				23.5	1.27	0.61			花岗片麻岩	E 110°16′58.8″ N 34°26′20.4″	80
						2	9–29				11.4	0.57	0.56					
						3	29–75				5.6	0.19	0.62					
剖27	初育土	新积土	新积土	洪淤土	石底洪淤土	1	0–16				11.0	0.69	0.72			洪积物	E 110°18′14.4″ N 34°28′19.2″	74
						2	16–22				9.6	0.54	0.73					
						3	22–64				8.3	0.53	0.60					
剖28	淋溶土	棕壤	棕壤性石渣土	花岗片麻岩石渣土	中砾质棕壤性石渣土	A	0–21	暗褐色	轻壤土	团粒状	144.3	5.50	1.24	27.3	31.9	花岗片麻岩	E 110°18′39.6″ N 34°24′43.2″	77
						2	21–31	棕灰色	轻壤土	团块状	111.9	4.48	1.34	30.8	27.7			
						C	31–45	棕色	砂砾土	粒状	86.6	3.70	1.37	31.1	24.0			
						R	45—											
剖29	初育土	新积土	新积土	洪淤土	石底洪淤土	A	0–20	黄棕色	轻壤土	团粒状	11.0					洪积物	E 110°19′15.6″ N 34°28′58.8″	93
						Ap	20–28	黄棕色	轻壤土	块状								
						3	28–50	浅棕色	轻壤土	块状								
						4	50–100	褐棕色	轻壤土	块状								
剖30	初育土	新积土	新积土	洪淤砂土	石底洪淤砂土	1	0–16	灰棕色	砂壤土							洪积物	E 110°19′37.2″ N 34°28′38.4″	82
						C	30—											
剖31	黄绵土	黄绵土	墡土	黄墡土	黄墡土	1	0–20	黄棕色	轻壤土	团粒状	9.4	0.41	0.67			原生黄土、次生黄土	E 110°18′39.6″ N 34°30′36.0″	89
						2	20–30	灰棕色	轻壤土	块状	6.1	0.40	0.64					
						3	30—	褐棕色	轻壤土	块状	6.6	0.47	0.53					
剖32	初育土	新积土	新积土	洪淤土	梯田洪淤土	A	0–20		轻壤土	团粒状						洪积物	E 110°20′45.6″ N 34°28′55.2″	88
						Ap	20–30		轻壤土	块状								
						3	30–62		轻壤土	块状								
						4	62–190		轻壤土	柱状								

续表 Continued

剖面号 Soil profile	土纲 Soil order	土类 Soil great group	亚类 Soil subgroup	土属 Soil genus	土种 Soil species	土层码 Layer code	土层厚度 Depth/cm	颜色 Soil color	质地 Soil texture	土壤结构 Soil structure	有机质 OM/(g/kg)	全氮 TN/(g/kg)	全磷 TP/(g/kg)	全钾 TK/(g/kg)	阳离子交换量CEC/(cmol/kg)	土壤母质 Parent material	剖面点坐标 Profile coordinate	匹配指数 Matching index/%
剖33	半淋溶土	褐土	褐土性土	黄土质褐土性土	坡地褐土性土	1	0—20				12.0	0.63	0.62			坡积黄土状母质	E 110°20′56.4″ N 34°28′37.2″	81
						2	20—30				9.8	0.57	0.62					
						3	30—				8.9	0.43	0.65					
剖34	初育土	新积土	新积土	洪淤土	石底洪淤土	1	0—20				7.8	0.48	0.76			洪积物	E 110°21′03.6″ N 34°29′20.4″	98
						2	20—30				8.2	0.44	0.66					
						3	30—130				5.9	0.37	0.68					
						4	130—				6.1	0.17	0.88					
剖35	半淋溶土	褐土	褐土性石渣土	花岗片麻岩石渣土	少砾质褐土性石渣土	A	0—6	暗褐色	砂壤土		45.4	1.81	0.92	20.1	17.3	花岗片麻岩	E 110°23′13.2″ N 34°27′18.0″	95
						2	6—14	棕褐色	砂壤土		37.0	1.48	0.93	19.6	17.0			
						C	14—40	棕色	轻壤土		37.7	1.59	0.59	21.2	17.5			
						R	40—											

大 荔 县

主要土类说明

褐土是大荔县主要土壤类型,占本县地域面积的30%。本县褐土中,堘土亚类面积较大,是本县主要的高产农业土壤,主要分布在渭河二、三级阶地的中心地带及铁镰山台塬的塬面。位于渭河一级阶地西部的羌白镇和下寨镇,地形较平坦,也分布有较大面积的堘土。堘土是在自然褐土的基础上经人工熟化和施加粪肥堆垫而形成的农业土壤。堘土上部为人工覆盖层,下部为自然褐土,又可细分为七层,即耕作层、犁底层、古耕层、古腐殖质层、黏化层、钙积层和母质层。耕作层、犁底层、古耕层合称为覆盖层,古腐殖质层、黏化层、钙积层、母质层为原自然褐土的层次。覆盖层平均厚度在50cm左右,以棕色为主,质地为轻壤土至中壤土。黏化层平均厚度在55cm左右,以褐色为主,质地为中壤土至重壤土,黏粒含量较高,棱柱状结构明显,土体紧实,且有大量的石灰菌丝。钙积层呈黄棕色,多含粒状石灰结核,全剖面具强石灰反应。

风沙土是大荔县第二大土壤类型,占本县地域面积的17%,主要由黄河、渭河、洛河汇流处沉积的沙土受风力作用搬运堆积而形成。由于气候干燥,植被稀疏,风蚀和堆积作用连续进行,因此风沙土成土年龄较短,成土作用较弱,剖面无明显的发育层次。该土壤在很大程度上呈沙性母质状态,土壤有机质及各类速效养分含量均很低。

黄绵土是大荔县第三大土壤类型,占本县地域面积的15%,分布在本县北部的台塬地带,与褐土交错分布。黄绵土是由黄土母质直接翻耕形成的初育土,土壤发育微弱,剖面分异不明显。该土壤母质特性明显,无明显发育,为A-C型土。由于风成黄土富含细粉粒,故质地、结构均一,疏松绵软,富含石灰、磷、钾储量较丰富,但有效性差,土壤有机质缺乏。

新积土占本县地域面积的9%,分布在渭河及洛河的河漫滩及阶地。新积土主要是在河流沉积物、洪积物及人为灌淤物上形成的土壤。其形成主要受地形条件和母质特性的影响。本县新积土分为河淤土、灌淤土等亚类。河淤土一般地下水位较高,水分条件较好,但受洪水威胁,土壤有机质及各类速效养分含量均不高,有机质含量一般在6g/kg左右。灌淤土多为改良盐土,是经引洪放淤而形成的一种年轻的农业土壤。

草甸盐土占本县地域面积的4%,主要分布在灌区和河流滩地。由于地下水位高,土表聚积了较多的盐分,作物生长受到影响,土壤结构遭到破坏。该土壤土粒分散,湿黏干硬,透气性、透水性差,地温低,发苗慢,怕涝怕旱,耕性差,是一种不良的农业土壤。

小于本县地域面积3%的土壤类型有沼泽土。

本区域中心区气候特征

本区域中心区气候特征值
Regional climate characteristics in central area of the region

气候带:暖温带亚湿润气候 Climate region: Warm temperate subhumid climate	
年平均气温 /℃ Annual average temperature /℃	13.1
年平均最高气温 /℃ Annual average maximum temperature /℃	19.2
年平均最低气温 /℃ Annual average minimum temperature /℃	8.2
年降水量 /mm Annual precipitation /mm	539
≥10℃的积温 /℃ Daily temperature accumulated in a year (≥10℃) /℃	6608
年日照时数 /h Annual sunshine /h	2000
年平均相对湿度 /% Annual average relative humidity /%	66
干燥度 Dryness	1.44

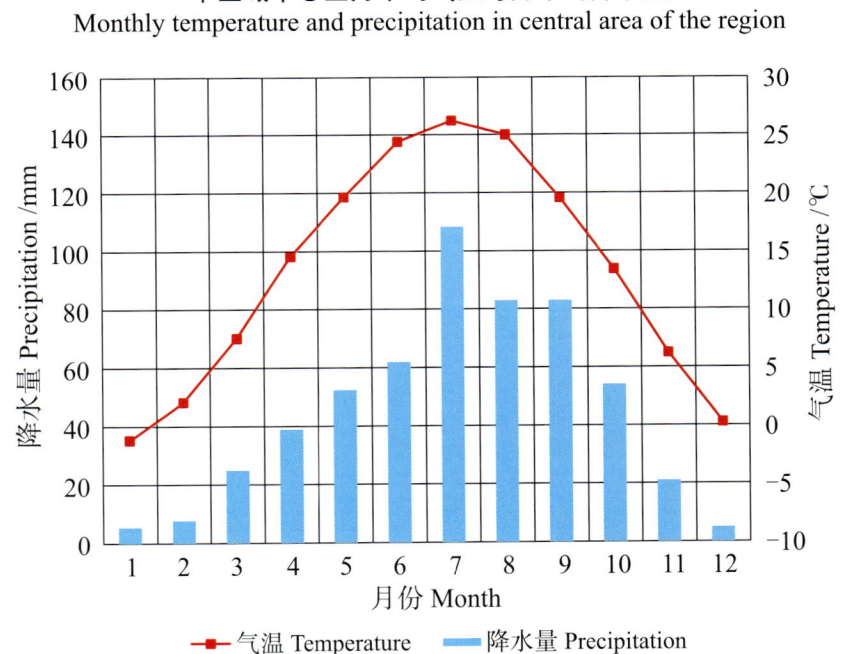

本区域中心区月平均气温与月平均降水量
Monthly temperature and precipitation in central area of the region

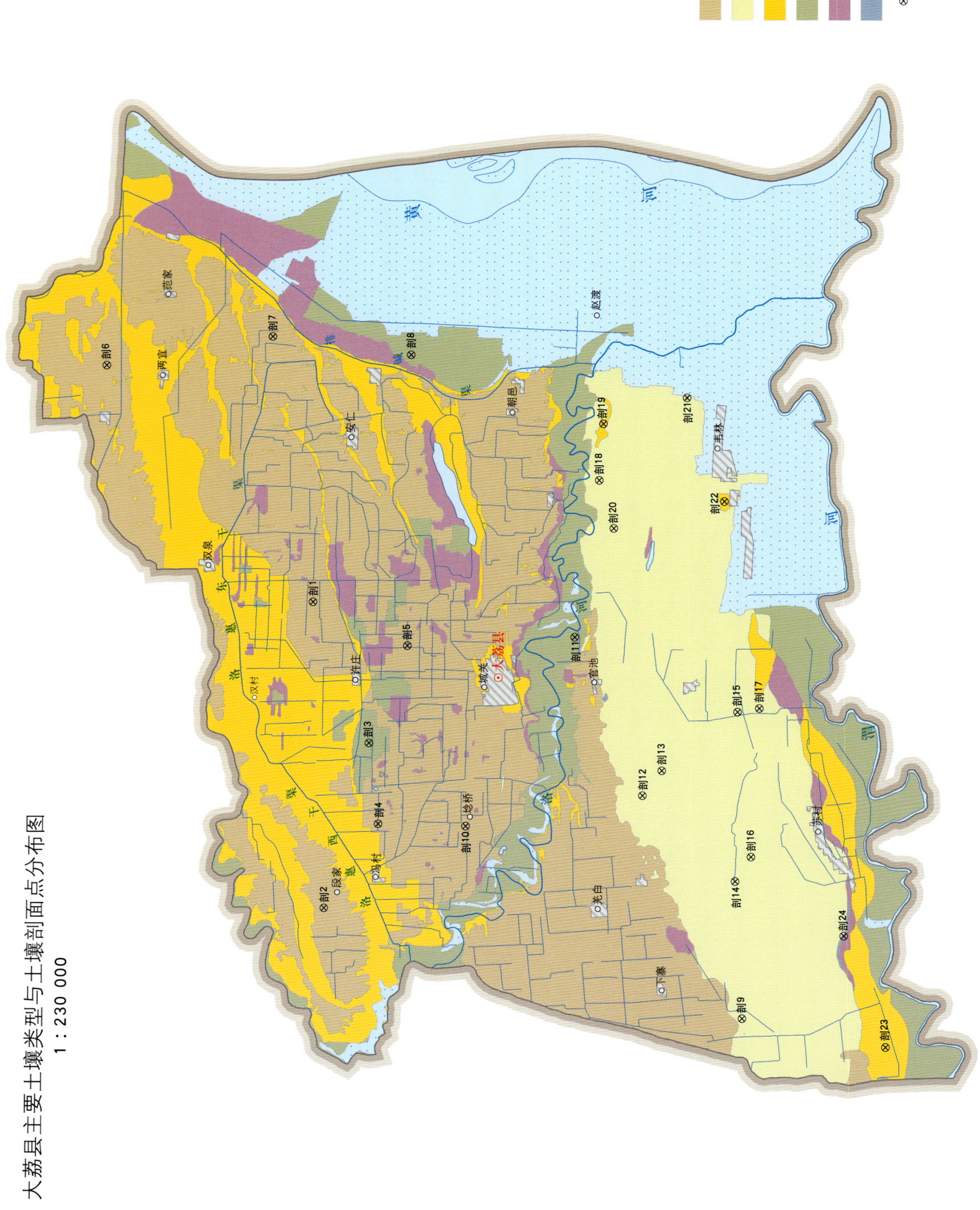

大荔县土壤剖面理化性状表

剖面号 Soil profile	土纲 Soil order	土类 Soil great group	亚类 Soil subgroup	土属 Soil genus	土种 Soil species	土层码 Layer code	土层厚度 Depth/cm	颜色 Soil color	质地 Soil texture	土壤结构 Soil structure	pH	有机质 OM/(g/kg)	全氮 TN/(g/kg)	全磷 TP/(g/kg)	全钾 TK/(g/kg)	碱解氮 AN/(mg/kg)	有效磷 AP/(mg/kg)	速效钾 AK/(mg/kg)	阳离子交换量 CEC/(cmol/kg)	土壤母质 Parent material	剖面点坐标 Profile coordinate	匹配指数 Matching index/%
剖1	半淋溶土	褐土	堡土	红堡土	中层红堡土	1	0—28	暗褐色	中壤土	团块状		11.6	0.78	0.87		43	9.0			黄土	E 109°59′08.5″ N 34°53′13.2″	81
						2	28—41	暗灰褐色	中壤土	块状		10.0	0.72	0.70		33	2.0					
						3	41—150	棕褐色	重壤土	柱状		7.0	0.55	0.59		22	2.0					
						C	150—175	黄褐色	中壤土	块状		4.0	0.38	0.62		15	2.0					
剖2	半淋溶土	褐土	堡土	红堡土	薄层红堡土	1	0—28	暗褐色	轻壤土	块状		12.9	0.88	0.72		59	4.0		14.4	黄土	E 109°48′28.4″ N 34°52′44.9″	80
						Bt	28—69	棕褐色	黏土	柱状		5.5	0.55	0.61		33	2.0		15.8			
						B	69—	黄棕褐色		碎核状												
剖3	初育土	新积土	漫淤土	漫淤土		A	0—30	浅灰色	黏壤土	团块状	7.8	6.1	0.40	0.65	21.0	29	3.0		7.0	引洪灌淤物	E 109°54′16.3″ N 34°51′32.0″	94
						AC	30—90	黄褐色	黏壤土	块状	7.7	5.9	0.42	0.63	20.6	25	4.0		7.7			
						C₁	90—105	灰褐色	黏壤土	块状	7.7	7.2	0.61	0.79	19.7	32	9.0		7.7			
						C₂	105—150	棕褐色	黏壤土	棱柱状	7.8	5.7	0.46	0.97	20.2	28	3.0		7.8			
剖4	半淋溶土	褐土	堡土	红堡土	厚层红堡土	Az	0—53	暗褐色	轻壤土	层状										黄土	E 109°51′25.9″ N 34°51′13.6″	87
						2	53—151	黄灰褐色	中壤土	块状												
						Bt	151—175	浅棕褐色	重壤土	柱状												
						B	175—	暗褐色	重壤土	核状												
剖5	半淋溶土	褐土	堡土	绵盖红堡土	中层绵盖红堡土	1	0—18				7.6	6.3	0.56	0.92		25	3.0		7.6	黄土	E 109°57′40.1″ N 34°50′27.8″	93
						2	18—26				8.0	4.8	0.49	1.00		22	1.0		12.3			
						3	26—45				7.6	3.9	0.66	0.81		20	2.0		6.3			
						4	45—90				7.6	6.1	0.46	0.55		19	3.0		7.4			
						5	90—185				7.5	5.3	0.33	0.69		14	2.0		7.3			
						6	185—200				7.8	4.5		0.63		13	3.0		7.4			
剖6	半淋溶土	褐土	堡土性土	绵盖红堡土	中层红堡土	1	0—23	灰棕色	砂土	粒状	7.6	8.4	0.42	0.46	16.1	28	6.0		4.3	黄土	E 110°07′17.2″ N 34°59′16.9″	84
						2	23—30	浅灰色	砂土	粒状	7.6	7.7	0.15	0.54	16.8	25	4.0		4.2			
						3	30—36	浅灰色	砂壤土	粒状	8.2	3.0	0.46	0.46	18.3	11	3.0		6.7			
						4	36—110	棕色	中壤土	块状	7.7	4.1	0.32	0.40	19.5	18	1.0		2.9			
						5	110—148	黄灰色	轻壤土	状	8.0	4.4	0.20	0.39	16.4	9	3.0					
						6	148—160	灰棕色	重壤土	团块状	7.6	7.4	0.65	1.01	20.7	25	3.0		12.0			
剖7	半淋溶土	褐土	堡土	砂褐堡土	砂褐堡土	Ap	0—18	浅灰黄色	重壤土	片状	7.7	7.5	0.30	0.66	18.0	17	3.0		14.7	黄土	E 110°08′22.1″ N 34°54′29.7″	92
						C₁	18—38	黄褐色	砂壤土	片状	7.5	6.8	0.40	1.08	17.9	10	3.0		5.9			
						C₂	38—51	浅灰棕色	中壤土	片状	7.8	5.0	0.26	0.64	16.4	13	4.0		13.0			
						C₃	51—62	浅灰棕色	轻壤土	片状	7.4	6.8	0.39	0.66	16.7	26	6.0		19.3			
剖8	初育土	新积土	淤绵土	夹泥淤绵土		A	0—14	灰棕色	砂土	粒状	7.8	2.8	0.35	0.32	18.3		3.1	95	9.0	黄土	E 110°07′46.7″ N 34°50′29.4″	76
						C₁	14—60	浅灰黄色	砂土	粒状	7.8	2.5	0.35	0.32	18.9		2.5	81	8.2			
						C₂	60—70	灰棕色	砂土	粒状	7.8	4.4	0.35	0.31	18.6		2.4	87	9.2			
						C₃	70—79	黄棕色	砂土	粒状	7.8	2.0	0.40	0.27	18.9		1.5	85	7.8			
剖9	初育土	风沙土	草甸风沙土	固定草甸风沙土	沙苑黄沙土	C₄	79—82	灰棕色	砂土	粒状	7.8	3.7	0.36	0.36	18.6		1.6	98	9.6	风积沙	E 109°44′54.7″ N 34°40′36.3″	90
						C₅	82—118	黄棕色	砂土	粒状	7.8	2.3	0.32	0.24	19.6		<1.0	89	8.1			

续表 Continued

剖面号 Soil profile	土纲 Soil order	土类 Soil great group	亚类 Soil subgroup	土属 Soil genus	土种 Soil species	土层码 Layer code	土层厚度 Depth/cm	颜色 Soil color	质地 Soil texture	土壤结构 Soil structure	pH	有机质 OM/(g/kg)	全氮 TN/(g/kg)	全磷 TP/(g/kg)	全钾 TK/(g/kg)	碱解氮 AN/(mg/kg)	有效磷 AP/(mg/kg)	速效钾 AK/(mg/kg)	阳离子交换量CEC/(cmol/kg)	土壤母质 Parent material	剖面点坐标 Profile coordinate	匹配指数 Matching index/%
剖10	半淋溶土	褐土	埁土	红埁土	中层红娄土	1	0—20												8.7	黄土	E 109°51′24.0″ N 34°48′42.3″	77
						2	20—30												7.8			
						3	30—53												7.4			
						4	53—103												8.2			
						5	103—164												6.4			
						6	164—185												4.9			
剖11	初育土	新积土	新积土	淤泥土	淤泥土	1	0—18	褐棕色	重壤土	块状											E 109°58′02.8″ N 34°45′38.2″	93
						2	18—34	褐棕色	重壤土	片状												
						3	34—54	灰棕色	中壤土	片状												
						4	54—78	浅黄棕色	轻壤土	片状												
						5	78—	灰黄棕色	轻壤土	片状												
剖12	初育土	风沙土	半固定风沙土	半固定风沙土	松沙土	1	0—8	黄棕色	砂土	粒状	7.7	3.8	0.30	0.28		24	2.0			风积沙	E 109°52′34.5″ N 34°43′36.0″	92
						2	8—20	黄棕色	砂土	粒状	7.6	5.0	0.19	0.39		7	2.0					
						3	20—50	灰棕色	砂土	粒状	7.4	3.0	0.14	0.24		6	2.0					
						4	50—100	浅黄棕色	砂土	粒状	7.4	2.6	0.12	0.23		27	1.0					
剖13	初育土	风沙土	耕种风沙土	黄砂土	灌溉黄沙土	1	0—15	灰黄棕色	砂壤土	粒状	7.7	7.6	0.44	0.46		25	1.0			风积沙	E 109°53′27.3″ N 34°43′03.5″	73
						2	15—30	黄棕色	砂壤土	粒状	7.6	7.4	0.18	0.31		12	4.0					
						3	30—100	黄棕色	砂壤土	粒状	7.4	6.5	0.20	0.21		12	3.0					
剖14	初育土	风沙土	耕种风沙土	黄砂土	扩盖风沙土	1	0—14												5.0	风积沙	E 109°49′38.3″ N 34°40′52.8″	77
						2	14—19												5.3			
						3	19—69												4.9			
						4	69—100												2.6			
剖15	初育土	风沙土	流动草甸风沙土	流动草甸风沙土	沙苑流沙土	A	0—50	浅黄棕色	砂土	粒状	7.8	1.1	0.27	0.21	18.9		2.6	59		风积沙	E 109°55′32.2″ N 34°40′53.7″	83
						C	50—200	浅黄色	砂土	粒状	7.8	<1.0	0.22	0.25	18.8		2.7	61				
剖16	初育土	风沙土	固定草甸风沙土	固定草甸风沙土	沙苑绵沙土	A	0—23	灰黄色	砂壤土	碎块状		5.7	0.43	0.65		24	8.0			风积沙、风积沙黄土	E 109°50′30.2″ N 34°40′26.1″	92
						C_1	23—60	暗棕色	砂壤土	块状	7.6	4.1	0.37	0.59		13	5.0					
						C_2	60—90	浅棕褐色	砂壤土	块状	8.0	4.2	0.26	0.65		7	2.0					
						C_3	90—135	浅灰褐色	砂壤土	块状	7.4	3.8	0.69			24	2.0					
剖17	初育土	风沙土	半固定草甸风沙土	半固定草甸风沙土	沙苑松沙土	A	0—8	浅灰褐色	砂土	粒状	8.0	5.0	0.80			7	2.0			风积沙	E 109°55′40.3″ N 34°40′16.5″	75
						C_1	8—20	黄棕色	砂土	粒状	7.4	3.0	0.56			6	2.0					
						C_2	20—50	黄棕色	砂土	粒状	7.4	2.6	0.50			27	2.0					
剖18	初育土	风沙土	固定草甸风沙土	固定草甸风沙土	耕种沙苑土	A	0—15	黄棕色	砂壤土	粒状	7.7	7.6	0.44	0.46		25	2.3			风积沙	E 110°03′31.0″ N 34°45′00.1″	74
						C_1	15—30	黄棕色	砂土	块状	7.6	7.4	0.18	0.31		25	1.0					
						C_2	30—100	灰黄棕色	砂土		7.5	6.5	0.12	0.21		12	4.0					
剖19	黄绵土	油埁土	油埁土	油埁土	油埁土	1	0—17	灰黄棕色	砂壤土	团块状		10.8	0.40	0.87		43	2.0				E 110°05′28.5″ N 34°44′54.3″	91
						Ap	17—24	灰棕色	砂壤土	块状		8.4	0.54	1.11		33	6.0					
						3	24—100	浅棕褐色	砂壤土	块状		5.6	0.47	0.66		20	3.0					
						C	100—150	浅灰黄色	砂壤土	块状		5.2	0.45	0.61		15	3.0					
剖20	初育土	风沙土	草甸风沙土	固定草甸风沙土	耕种沙苑土	A	0—14	灰黄棕色	砂壤土	碎块状		9.7		1.00		33	8.0			风积沙	E 110°01′51.4″ N 34°44′33.7″	80
						C_1	14—49	灰黄色	砂壤土	碎块状		6.2	0.98			14	6.0					
						C_2	49—78	浅灰黄色	砂壤土	粒状		4.6	0.57	1.00		10	5.0					
						C_3	78—150	浅灰黄色	砂土			2.8	0.46	0.64		5	5.0					

续表 Continued

剖面号 Soil profile	土纲 Soil order	土类 Soil great group	亚类 Soil subgroup	土属 Soil genus	土种 Soil species	土层码 Layer code	土层厚度 Depth/cm	颜色 Soil color	质地 Soil texture	土壤结构 Soil structure	pH	有机质 OM/(g/kg)	全氮 TN/(g/kg)	全磷 TP/(g/kg)	全钾 TK/(g/kg)	碱解氮 AN/(mg/kg)	有效磷 AP/(mg/kg)	速效钾 AK/(mg/kg)	阳离子交换量CEC/(cmol/kg)	土壤母质 Parent material	剖面点坐标 Profile coordinate	匹配指数 Matching index/%
剖21	初育土	黄绵土	黄绵土	黄绵土	黄绵土	1	0—15												4.2	黄土	E 110°06′24.8″ N 34°42′30.0″	93
						2	15—21												4.6			
						3	21—53												4.3			
						4	53—70												3.9			
						5	70—120												4.7			
剖22	初育土	黄绵土	黄绵土	黄绵土	黄绵土	1	0—15	浅灰棕色	砂壤土	团块状		7.2	0.46	0.64	16.8	29	4.0			黄土	E 110°02′50.8″ N 34°41′22.2″	94
						Ap	15—21	浅灰棕色	砂壤土	块状		6.6	0.39	0.80	16.8	23	2.0					
						C	21—124	黄棕色	砂土	块状		4.3	0.23	0.61	17.3	13	2.0					
剖23	初育土	黄绵土	墡土	淤墡土	淤墡土	A	0—20	灰棕色	轻壤土	团块状	8.2	3.7	0.29	0.61		16	16.0				E 109°44′00.8″ N 34°36′26.4″	80
						Ap	20—30	浅灰棕色	轻壤土	块状	8.0	2.5	0.17	0.56		14	14.0					
						3	30—125	黄棕色	轻壤土	片状	7.6	2.1	0.19	0.55		9	9.0					
剖24	水成土	沼泽土	沼泽土	沼泽土	沼泽土	1	0—30	棕灰色	砂壤土	团块状	7.6	17.8	1.08	0.67		67	2.0				E 109°47′48.4″ N 34°37′42.6″	91
						2	30—70	灰蓝色	砂壤土	块状	7.6	11.5	0.45	0.49		40	20.0					
						3	70—150	青灰色	砂壤土	块状	7.6	11.0	0.58	0.79		47	9.0					

合 阳 县

主要土类说明

黄绵土是合阳县主要土壤类型，占本县地域面积的55%。黄绵土分布在本县台塬地带，与褐土交错分布。成土母质多为黄土或黄土状母质。由于成土年龄较短，成土作用较弱，全剖面无明显层次分化，颜色单一，质地较均一，疏松多孔，具块状结构，保水、保肥性能较好。该土壤全剖面具强石灰反应，质地适中，宜耕期长，耕性好，适种范围广，但因其有机质矿化度高，积累少，保蓄养分能力较弱。

褐土是合阳县第二大土壤类型，占本县地域面积的32%。褐土是在暖温带亚湿润气候条件下形成的地带性土壤。本县褐土分为塿土、石灰性褐土、褐土性土等亚类。其中，塿土面积最大，是本县主要的农业土壤，主要分布在平缓的塬面，成土母质多为黄土和黄土状母质。塿土是在自然褐土的基础上经人工熟化和施加粪肥堆垫而形成的农业土壤。塿土上部为人工覆盖层，下部为自然褐土，具有上松下实、抗旱耐涝的特点，是比较肥沃的农业土壤。剖面层次为耕作层、犁底层、古熟化层、黏化层、钙积层和母质层，这是塿土区别于其他土壤的独有的剖面特征。人工覆盖层厚约50cm，有机质及养分含量较高，质地上轻下重，结构良好，透水性、透气性好，便于耕作，有利于作物的根系发育；其下为质地较黏重的黏化层，吸收性能强，通透性差，有保水、保肥作用。石灰性褐土和褐土性土仅分布在本县北部山地的山顶及山坡，因成土作用与侵蚀作用同时进行，成土年代晚，石灰的淋溶淀积作用弱，黏化作用也较弱，因此土壤仅有隐黏化层，无明显的钙积层，且腐殖质层较薄。

新积土是合阳县第三大土壤类型，占本县地域面积的7%，主要分布在黄河滩地及山前洪积扇。由于成土年代晚，剖面有较明显的淤积层，土壤无明显发育，受流水挟带的泥沙影响，常有夹泥沙的层次出现，有机质含量及土壤质地也因淤积物来源不同而差别较大，保水、保肥性能一般较差。

小于本县地域面积3%的土壤类型有草甸土、草甸盐土、红黏土、潮土、水稻土。

本区域中心区气候特征

本区域中心区气候特征值
Regional climate characteristics in central area of the region

气候带：暖温带亚湿润气候 Climate region: Warm temperate subhumid climate	
年平均气温 /℃ Annual average temperature /℃	12.8
年平均最高气温 /℃ Annual average maximum temperature /℃	19.0
年平均最低气温 /℃ Annual average minimum temperature /℃	7.7
年降水量 /mm Annual precipitation /mm	523
≥10℃的积温 /℃ Daily temperature accumulated in a year（≥10℃）/℃	5811
年日照时数 /h Annual sunshine /h	2135
年平均相对湿度 /% Annual average relative humidity /%	63
干燥度 Dryness	1.45

本区域中心区月平均气温与月平均降水量
Monthly temperature and precipitation in central area of the region

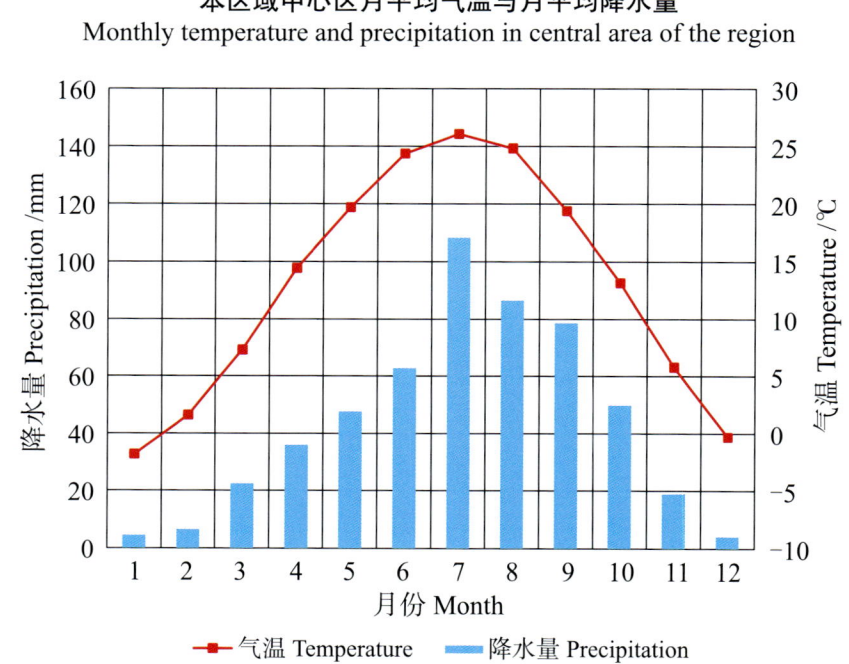

合阳县主要土壤类型与土壤剖面点分布图
1∶180 000

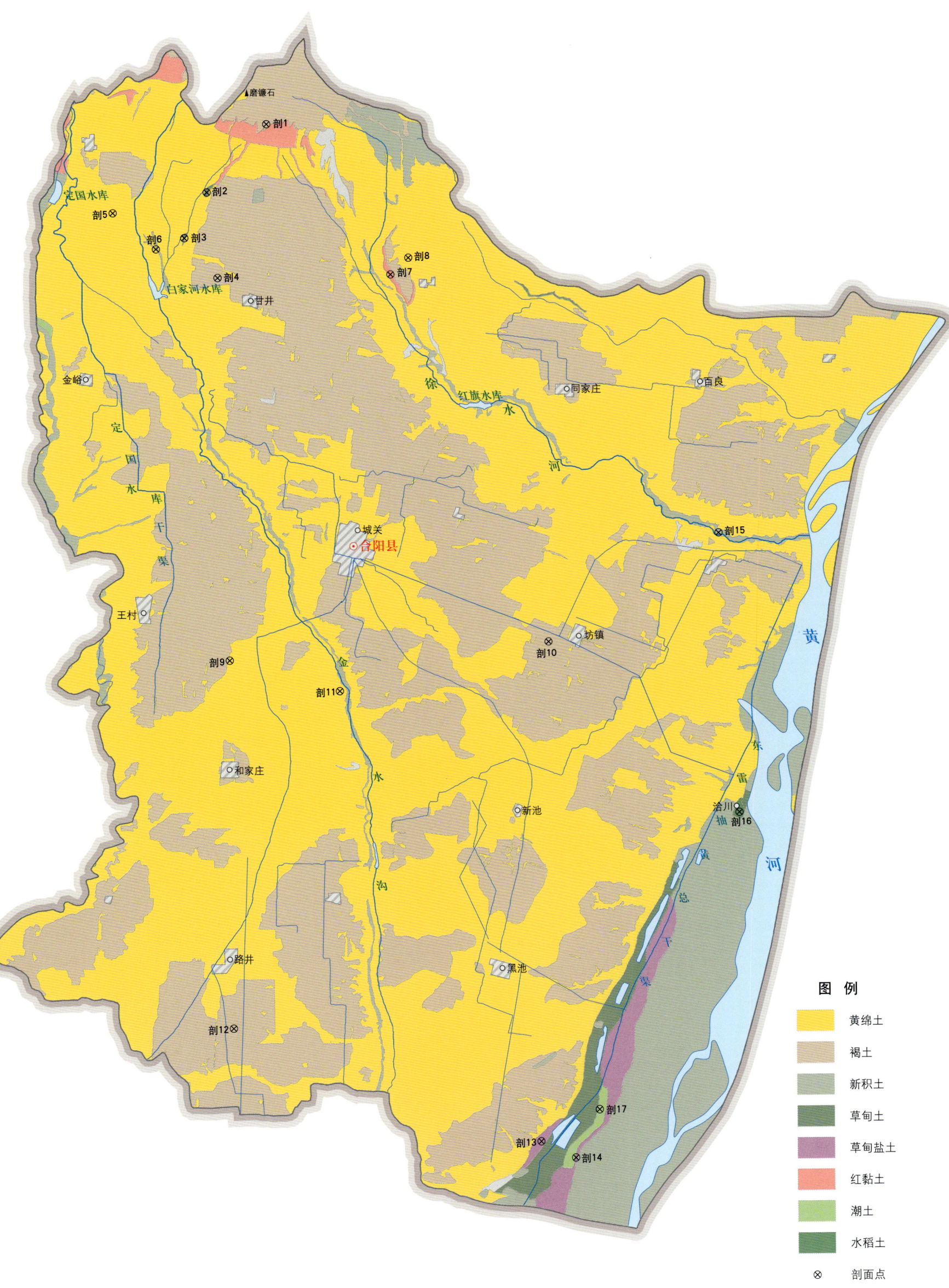

合阳县土壤剖面理化性状表

剖面号	土纲	亚类	土属	土种	土层码	土层厚度/cm	颜色	质地	土壤结构	pH	有机质/(g/kg)	全氮/(g/kg)	全磷/(g/kg)	全钾/(g/kg)	碱解氮/(mg/kg)	有效磷/(mg/kg)	速效钾/(mg/kg)	阳离子交换量CEC/(cmol/kg)	土壤母质	剖面点坐标	匹配指数/%
剖1	半淋溶土	褐土性土	黄土质褐土性土	料姜褐土性土	A	0—10	灰棕色	中壤土	团块状	8.3	22.1		0.52	16.0					黄土	E 110°06′05.9″ N 35°24′07.6″	92
					2	10—29	灰褐色	重壤土	块状	8.2	24.2	1.59	0.36	16.8							
					3	29—50															
剖2	半水成土	草甸土	砂质草甸土	砂质草甸土	C	50—	红棕色	重壤土	梭块状	8.3	3.7	0.58	0.20	15.9						E 110°04′23.7″ N 35°22′31.6″	93
					A	0—20	灰棕色	砂土	块状												
					W	20—34	黄棕色	砂土	块状												
					C	34—100	黄棕色	砂土	块状												
剖3	半水成土	盐化草甸土	盐化砂质草甸土	轻度盐化砂质草甸土	1	0—21	浅黄棕色	砂土	粒状											E 110°03′45.4″ N 35°21′27.3″	92
					2	21—60	浅黄棕色	砂土	粒状												
					3	60—85	浅黄棕色	砂土	粒状												
剖4	半淋溶土	褐土	红垆土	中层红垆土	A	0—20	浅黄棕色	中壤土	团块状	8.2	9.6	0.74	0.61	18.2				11.4	黄土	E 110°04′42.8″ N 35°20′31.9″	72
					Ap	20—25	灰棕色	中壤土	块状	8.3	9.1	0.57	0.69	17.5				11.6			
					3	25—39	棕褐色	中壤土	块状	8.4	7.4	0.65	0.57	19.7				11.2			
					Bt	39—70	棕褐色	重壤土	梭柱状	8.3	7.4	0.63	0.46	19.7				13.9			
					Bk	70—160	浅黄棕色	中壤土	块状	8.4	4.4	0.44	0.59	18.9				10.6			
					C	160—															
剖5	初育土	黄绵土	黄绵土	黄绵土	1	0—25	灰棕色	重壤土	团块状	8.2	10.2	0.72	0.82	17.5				15.3	黄土	E 110°01′42.0″ N 35°22′01.4″	70
					2	25—39	浅灰棕色	重壤土	块状	8.3	10.0	0.70	0.81	15.6				14.2			
					3	39—138	浅灰棕色	中壤土	梭柱状	8.3	6.4	0.50	0.78	17.3				12.2			
剖6	初育土	新积土	淤绵土	淤绵土	1	0—21	灰棕色	轻壤土	块状										黄土	E 110°02′56.3″ N 35°21′11.7″	86
					2	21—43	黄棕色	中壤土	块状												
					3	43—150	灰黄棕色	重壤土	块状												
剖7	初育土	红色土	五花土	五花土	1	0—17	红棕色	重壤土	块状	7.7	2.7	<0.10	0.51	9.5				12.6	老黄土	E 110°09′40.6″ N 35°20′38.4″	91
					2	17—37	棕红色	重壤土	块状	7.9	3.6	<0.10	0.56	8.0				12.7			
					3	37—51	红棕色	重壤土	块状	7.8	1.8	<0.10	0.80	8.0				14.4			
					4	51—100	黄红棕	重壤土	块状	8.1	1.1	<0.10	0.43	8.0				11.2			
					5	100—150	棕红色	中壤土	块状	7.9	1.1	<0.10	0.40	8.0				11.1			
剖8	初育土	黄绵土	白垆土	坡地白垆土	1	0—22	黄棕色	中壤土	块状	7.3	9.3	0.73	0.76	17.3				11.0	黄土	E 110°10′11.4″ N 35°21′02.0″	92
					C	22—103	黄棕色	中壤土	块状	7.6	8.8	0.44	0.63	13.2				10.8			
剖9	初育土	黄绵土	黄垆土	塬黄垆土	A	0—25	浅灰棕色	黏壤土	团块状	8.2	10.2	0.72	0.82	17.5				15.3	黄土	E 110°05′06.0″ N 35°11′37.4″	97
					AC	25—39	黄棕色	黏壤土	块状	8.3	10.0	0.70	0.81	15.6				14.2			
					C	39—138	黄棕色	黏壤土	块状	8.3	6.4	0.50	0.78	17.3				12.2			
剖10	半淋溶土	褐土	红垆土	中层红垆土	1	0—25	黄棕色	中壤土	团块状	7.3	8.2	0.56	0.59	13.6				11.1	黄土	E 110°14′14.4″ N 35°12′06.0″	82
					2	25—50	灰棕色	重壤土	块状	7.2	9.6	0.98	0.58	17.3				11.6			
					Bt	50—107	棕褐色	中壤土	梭柱状	7.2	11.9	0.80	0.45	20.2				17.4			
					Bk	107—250	浅棕色	中壤土	块状	7.2	6.4	0.39	0.69	16.2				8.4			
					C	250—	黄棕色	中壤土	块状	7.3	5.5	0.43	0.62	18.6	31	8.0	180	8.0			
剖11	初育土	黄绵土	黄垆土	灰白垆土	A	0—22	灰棕色	黏壤土	块状	7.8	9.3	0.78	0.76	16.8				11.0	黄土	E 110°08′15.7″ N 35°10′55.4″	75
					C	22—103	黄棕色	壤土	大块状	8.3	8.8	0.44	0.63	13.2				10.8			

续表 Continued

剖面号 Soil profile	土纲 Soil order	土类 Soil great group	亚类 Soil subgroup	土属 Soil genus	土种 Soil species	土层码 Layer code	土层厚度 Depth/cm	颜色 Soil color	质地 Soil texture	土壤结构 Soil structure	pH	有机质 OM/(g/kg)	全氮 TN/(g/kg)	全磷 TP/(g/kg)	全钾 TK/(g/kg)	碱解氮 AN/(mg/kg)	有效磷 AP/(mg/kg)	速效钾 AK/(mg/kg)	阳离子交换量CEC/(cmol/kg)	土壤母质 Parent material	剖面点坐标 Profile coordinate	匹配指数 Matching index/%
剖12	半淋溶土	褐土	堘土	壤质堘土性	中层壤质堘土性土	A	0—20	灰棕色	中壤土	块状	8.2	8.8	0.62	0.58	19.0				11.5	黄土	E 110° 05′ 14.2″ N 35° 03′ 04.4″	72
						Ap	20—27	灰棕色	中壤土	块状	8.3	7.1	0.50	0.58	18.6				7.8			
						3	27—60	灰棕色	中壤土	块状	8.3	5.5	0.50	0.55	16.9				10.7			
						4	60—100	浅棕褐色	重壤土	棱块状	8.2	7.4	0.61	0.57	18.8				12.0			
						Bk	100—130	黄棕色	中壤土	块状	8.2	5.8	0.50	0.50	17.1				7.8			
						C	130—	灰棕色	中壤土	块状	8.3	3.3	0.33	0.53	15.8				5.5			
剖13	盐碱土	草甸盐土	草甸盐土	轻硫酸盐氯化物草甸盐土	轻硫酸盐氯化物草甸盐土	1	0—5	灰棕色	砂壤土	块状	8.5										E 110° 14′ 02.4″ N 35° 00′ 30.0″	89
						2	5—15	黄棕色	砂壤土	块状	8.6											
						3	15—30	灰蓝色	轻壤土	块状	8.9											
						4	30—50	黄棕色	砂土	粒状	8.9											
						5	50—100	浅黄棕色	砂土	粒状	8.9											
剖14	盐碱土	草甸盐土	草甸盐土	轻硫酸盐氯化物草甸土	轻硫酸盐氯化物草甸土	1	0—65	黄棕色	砂土	粒状	8.6	1.5	<0.10	0.30	19.0				8.1		E 110° 15′ 01.8″ N 35° 00′ 07.7″	80
						2	65—90	浅黄棕色	砂土	块状	8.4	2.0	0.15	0.40	16.7				8.6			
						3	90—130	灰棕色	轻壤土	粒状	8.1	4.2	0.31	0.57	17.7				9.8			
剖15	初育土	新积土	冲积土	砂质冲积土	淤砂土	A	0—19	黄棕色	砂土	粒状	8.0	6.0	0.60	0.37	19.7	21	2.0	82	7.8	冲积物	E 110° 19′ 06.7″ N 35° 14′ 38.8″	88
						C₁	19—51	黄棕色	砂土	粒状	8.0	4.0	0.40	0.60	17.1							
						C₂	51—61	黄棕色	砂土	粒状	8.0	3.5	0.30	0.38	19.2							
剖16	人为土	水稻土	潴育水稻土	砂质潴育水稻土	砂田	1	0—21	灰棕色	砂壤土	块状	8.5	14.2	0.85	0.62	17.3				17.8		E 110° 19′ 41.8″ N 35° 08′ 10.9″	78
						P	21—58	黄蓝色	砂壤土	块状	7.7	2.5	0.13	0.51	16.8				8.3			
						G	58—79	灰黄棕色	轻壤土	粒状	7.5	6.7	0.49	0.69	17.7				12.1			
剖17	半水成土	潮土	盐化潮土	氯化物盐化潮土	轻度白盐潮土	A	0—21	浅黄棕色	砂壤土	粒状	8.2	4.2	0.29	0.70	17.3				17.8	冲积物	E 110° 15′ 42.3″ N 35° 01′ 14.2″	95
						Cu₁	21—58	浅黄棕色	砂壤土	粒状	7.7	2.5	0.13	0.51	16.8				8.3			
						Cu₂	58—85	浅黄棕色	砂壤土	粒状	7.5	6.7	0.49	0.69	17.7				12.1			

澄 城 县

主要土类说明

黄绵土是澄城县主要土壤类型，占本县地域面积的 64%。黄绵土是由黄土母质直接翻耕形成的初育土，分布在本县台塬地带，与褐土交错分布。由于土壤侵蚀严重，表层长期遭侵蚀，只能不断加深耕作黄土母质层，因而母质特性明显。土壤无明显发育，为 A–C 型土。该土壤颜色、质地、结构比较均一，具强石灰反应，质地多为中壤土，疏松多孔，宜耕期长，适种范围广，发苗性好，是良好的农业土壤。

褐土是澄城县第二大土壤类型，占本县地域面积的 31%。本县褐土分为塿土、褐土性土等亚类。其中，塿土占绝大部分，是本县主要的农业土壤，主要分布在平缓的塬面，成土母质多为黄土和黄土状母质。塿土是在自然褐土的基础上经人工熟化和施加粪肥堆垫而形成的农业土壤。塿土上部为人工覆盖层，下部为自然褐土，具有上松下实、抗旱耐涝的特点，是比较肥沃的农业土壤。剖面层次为耕作层、犁底层、古熟化层、黏化层、钙积层和母质层。人工覆盖层有机质及养分含量较高，质地为轻壤土至中壤土，结构良好，透水性、透气性好，便于耕作，有利于作物的根系发育；其下为黏化层，质地为中壤土至重壤土，结构紧密，吸收性能强，通透性差，有保水、保肥作用。褐土性土仅分布在本县北部山区和部分石质沟坡。

小于本县地域面积 3% 的土壤类型有新积土、红黏土。

本区域中心区气候特征

本区域中心区气候特征值
Regional climate characteristics in central area of the region

气候带：暖温带亚湿润气候 Climate region: Warm temperate subhumid climate	
年平均气温 /℃ Annual average temperature /℃	12.7
年平均最高气温 /℃ Annual average maximum temperature /℃	18.9
年平均最低气温 /℃ Annual average minimum temperature /℃	7.6
年降水量 /mm Annual precipitation /mm	523
≥ 10℃的积温 /℃ Daily temperature accumulated in a year（≥ 10℃）/℃	5964
年日照时数 /h Annual sunshine /h	2116
年平均相对湿度 /% Annual average relative humidity /%	64
干燥度 Dryness	1.44

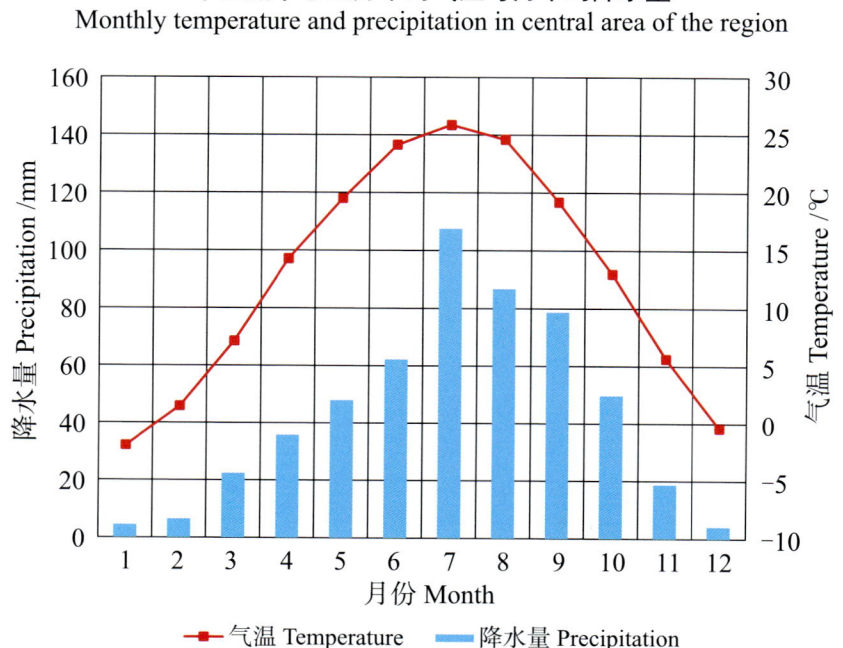

本区域中心区月平均气温与月平均降水量
Monthly temperature and precipitation in central area of the region

澄城县主要土壤类型与土壤剖面点分布图
1∶190 000

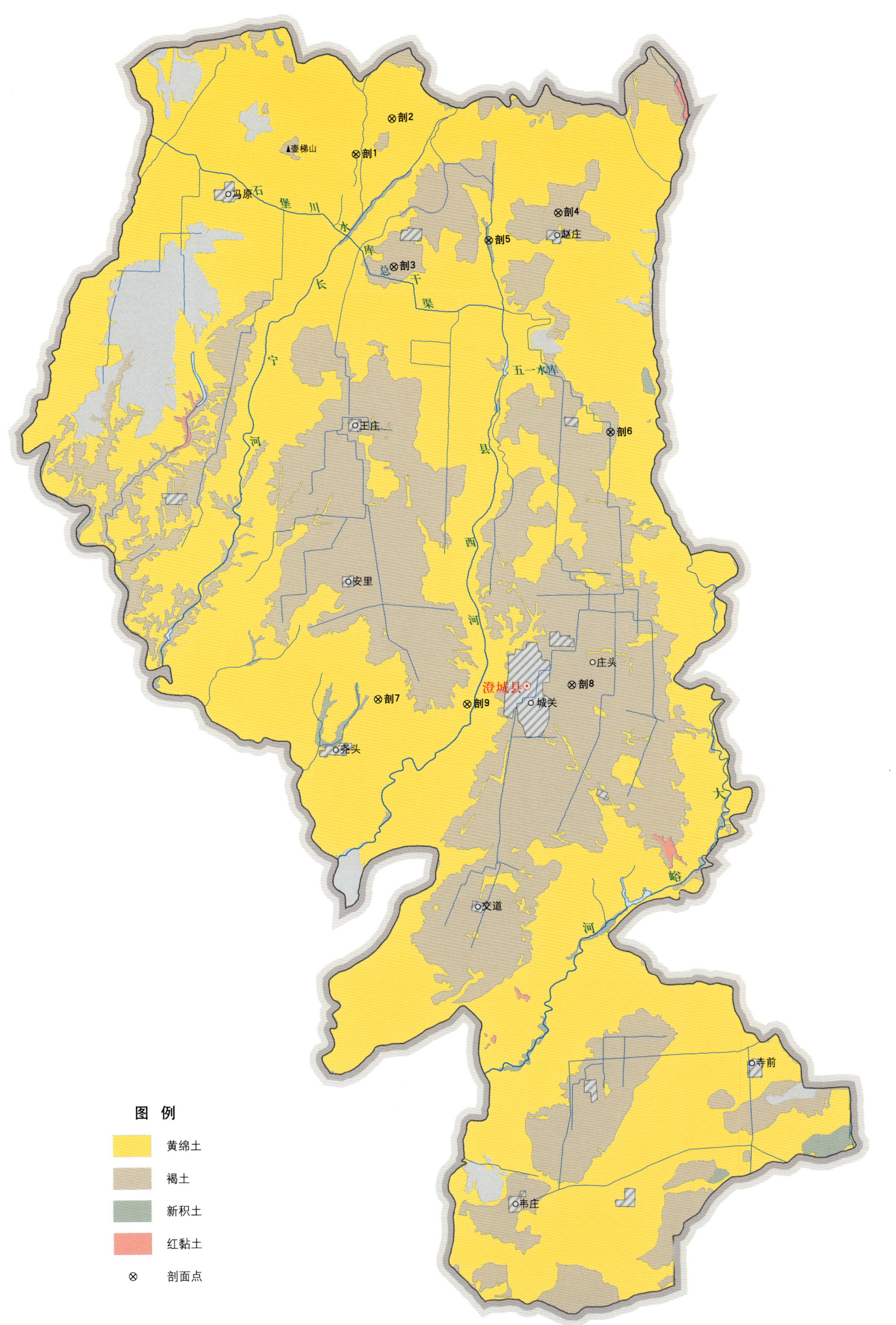

澄城县土壤剖面理化性状表

剖面号 Soil profile	土纲 Soil order	土类 Soil great group	亚类 Soil subgroup	土属 Soil genus	土种 Soil species	土层码 Layer code	土层厚度 Depth/cm	颜色 Soil color	质地 Soil texture	土壤结构 Soil structure	pH	有机质 OM/(g/kg)	全氮 TN/(g/kg)	全磷 TP/(g/kg)	全钾 TK/(g/kg)	有效磷 AP/(mg/kg)	阳离子交换量 CEC/(cmol/kg)	土壤母质 Parent material	剖面点坐标 Profile coordinate	匹配指数 Matching index/%
剖1	初育土	黄绵土	黄绵土	白墡土	坡地白墡土	1	0–17	浅灰棕色	中壤土	块状	8.1	7.1	0.49	0.50	17.1		8.4	黄土	E 109°50′41.4″ N 35°23′37.4″	88
						Ap	17–25	浅黄棕色	中壤土	块状	8.2	7.1	0.52	0.53	20.7		16.1			
						C	25–150	黄黄棕色	中壤土	块状	8.2	4.7	0.44	0.47	19.9		10.8			
剖2	初育土	黄绵土	黄绵土	黄墡土	梯白墡土	A	0–18	浅灰棕色	黏壤土	块状	7.7	6.7	0.51	0.67	18.5		9.0	黄土	E 109°51′44.7″ N 35°24′29.1″	84
						C_1	18–50	黄黄棕色	黏壤土	块状	8.2	6.0	0.36	0.61	18.0		6.7			
						C_2	50–120	浅黄棕色	黏壤土	块状	8.3	3.6	0.34	0.57	25.1		8.3			
剖3	半淋溶土	褐土	褐土性土	黄土质褐土性土	耕种褐土性土	1	0–17	浅灰棕色	中壤土	团块状	7.8	9.9	0.75	0.47	17.3	<1.0	11.0	黄土	E 109°51′49.9″ N 35°20′55.5″	91
						2	17–90	浅红棕色	重壤土	块状	7.8	8.4	0.53	0.23	15.9	1.1	13.7			
						C	90–210	暗棕色	重壤土	块状	7.8	3.2	0.27	0.29	15.8	2.2	11.6			
剖4	半淋溶土	褐土	塿土	红塿土	红塿土	A_1	0–27	浅灰棕色	黏壤土	片状	8.0	13.5	0.77	0.73	17.8		10.2	黄土	E 109°56′41.3″ N 35°22′15.7″	80
						A_2	27–34	浅灰棕色	黏壤土	黏块状	8.0	12.5	0.62	0.59	18.5		10.1			
						ABt	34–41	红棕色	黏壤土	棱柱状	7.9	9.7	0.63	0.62	18.3		10.4			
						Bt	41–82	浅黄棕色	黏壤土	块状	8.0	8.3	0.68	2.10	19.4		12.8			
						Bk	82–173	黄黄棕色	黏壤土	块状	8.0	4.3	0.42	0.61	16.8		8.9			
						C	173–200	黄黄棕色	黏壤土	块状	8.0	4.2	0.41	0.69	19.3		9.2			
剖5	初育土	新积土	新积土	淤绵土	淤绵土	1	0–18	浅灰棕色	轻壤土	团块状	8.1	3.7	0.29	0.64	17.8	3.5	8.0	黄土	E 109°54′38.2″ N 35°21′34.9″	85
						2	18–65	浅黄棕色	轻壤土	块状	8.4	4.1	0.25	0.64	19.2	2.6	5.7			
						3	65–80	黄棕色	轻壤土	粒状	8.4	4.9	0.25	0.64	19.2	2.3	5.7			
						4	80–140	黄棕色	轻壤土	块状	8.0	2.5	0.28	0.62	14.2	2.0	6.7			
						5	140–160	黄黄棕色	轻壤土	块状	8.0	3.1	0.26	0.62	16.8		6.5			
剖6	半淋溶土	褐土	塿土	壤质塿土性土	厚屋壤质塿土性	1	0–18	灰棕色	中壤土	片状	8.3	6.4	0.51	0.68	21.0			黄土	E 109°58′15.5″ N 35°16′59.8″	78
						Ap	18–27	浅灰棕色	中壤土	块状	8.3	5.6	0.40	0.62	19.7					
						3	27–70	浅黄棕色	中壤土	块状	8.4	4.1	0.35	0.52	16.8					
						Bt	70–120	棕色	中壤土	块状	8.2	4.7	0.33	0.52	17.8					
						5	120–180	黄棕色	中壤土	块状	8.2	3.2	0.13	0.45	17.3					
剖7	初育土	黄绵土	黄绵土	黄墡土	梯地黄墡土	1	0–19	灰棕色	中壤土	团块状	7.7	11.3	0.66	0.63	16.8		9.8	黄土	E 109°51′26.2″ N 35°10′32.1″	99
						Ap	19–26	浅灰棕色	中壤土	块状	7.7	9.9	0.53	0.63	19.7		14.5			
						C	26–97	黄棕色	中壤土	块状	7.6	6.3	0.49	0.69	18.7		10.1			
剖8	半淋溶土	褐土	塿土	红塿土	中层红塿土	1	0–27	暗棕色	中壤土	层状	8.0	13.5	0.77	0.73	17.8		10.2	黄土	E 109°57′09.3″ N 35°10′55.0″	91
						2	27–34	灰灰棕色	中壤土	块状	8.0	12.5	0.62	0.59	18.5		10.1			
						3	34–41	浅灰棕色	中壤土	块状	8.0	9.7	0.63	0.62	18.3		10.4			
						4	41–82	棕褐色	重壤土	棱柱状	7.9	8.3	0.66	0.65	19.4		12.8			
						5	82–173	浅黄棕色	中壤土	块状	8.0	4.3	0.42	0.61	16.8		8.9			
						6	173–200	黄棕色	中壤土	团块状	8.0	4.2	0.41	0.69	19.3		9.2			
剖9	初育土	黄绵土	黄绵土	白墡土	梯地白墡土	1	0–18	浅灰棕色	中壤土	块状	7.7	6.7	0.67	0.67	18.5		9.0	黄土	E 109°54′04.3″ N 35°10′26.1″	76
						2	18–50	黄黄棕色	中壤土	块状	8.2	6.0	0.36	0.61	18.0		6.7			
						C	50–120	浅黄棕色	中壤土	块状	8.3	3.6	0.34	0.57	25.1		8.3			

蒲 城 县

主要土类说明

褐土是蒲城县主要土壤类型，也是本县唯一的地带性土壤，占本县地域面积的43%。褐土是在暖温带半湿润区发育形成的具有黏化与钙质淋移淀积特征的土壤。该土壤盐基饱和，处于硅铝风化阶段，有明显的黏淀层。在其A-B-C剖面构型中，B层呈棕褐色，B层下部有假菌丝状钙积层。本县褐土大部分为塿土亚类，少部分为褐土性土亚类。塿土是在自然褐土的基础上经人工熟化和施加粪肥堆垫而形成的农业土壤。塿土上部为人工覆盖层，下部为自然褐土，具有上松下实、抗旱耐涝的特点，是比较肥沃的农业土壤。

黄绵土是蒲城县第二大土壤类型，占本县地域面积的35%。黄绵土是由黄土母质直接翻耕形成的初育土，分布在山坡、塬坡、沟坡、山顶、塬顶、山脚、坡脚等一些侵蚀较严重的地段，以本县北部山塬区和中部台塬区面积较大。成土母质多为风积黄土。该土壤无明显发育层次，除犁底层质地稍黏重外，全剖面颜色一致，质地均一，多为中壤土，具强石灰反应。其保水、保肥能力及保蓄养分能力均比塿土差，但耕性良好。

新积土是蒲城县第三大土壤类型，占本县地域面积的16%，分布在本县中部台塬区的山前洪积扇及扇缘洼地、东部洛河河道、南部灌区等。新积土是由新近冲积、洪积、坡积、塌积或人工堆垫形成的土壤。该土壤成土年代晚，剖面无明显发育层次，但有较明显的淤积层次，除灌淤土亚类外，其余亚类常有夹泥、夹砂、夹石现象。

潮土占本县地域面积的3%，主要分布在本县部分高平地段。成土母质多为湖积物和洪积物，质地为重壤土至黏壤土。剖面上部颜色较浅，下部呈深棕色；90cm以下为层状结构，间有锈色斑纹，称为潴育层。有些剖面潴育层下有灰蓝色的泥状潜育层，是土壤在半水浸和水浸状态下，土体内氧化还原交替进行的结果。本县潮土位于卤泊滩地区，有盐化现象，所含盐分以硫酸盐和氯化物为主，含盐量为7—10g/kg。本县潮土仅有盐化潮土一个亚类。

小于本县地域面积3%的土壤类型有草甸盐土、红黏土。

本区域中心区气候特征

本区域中心区气候特征值
Regional climate characteristics in central area of the region

气候带：暖温带亚湿润气候 Climate region: Warm temperate subhumid climate	
年平均气温/℃ Annual average temperature /℃	12.8
年平均最高气温/℃ Annual average maximum temperature /℃	18.9
年平均最低气温/℃ Annual average minimum temperature /℃	7.9
年降水量/mm Annual precipitation /mm	525
≥10℃的积温/℃ Daily temperature accumulated in a year (≥10℃) /℃	6817
年日照时数/h Annual sunshine /h	1995
年平均相对湿度/% Annual average relative humidity /%	66
干燥度 Dryness	1.43

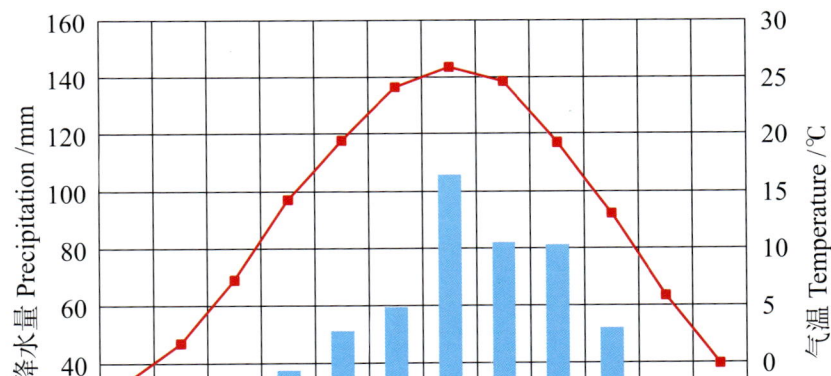

本区域中心区月平均气温与月平均降水量
Monthly temperature and precipitation in central area of the region

蒲城县主要土壤类型与土壤剖面点分布图

1 : 220 000

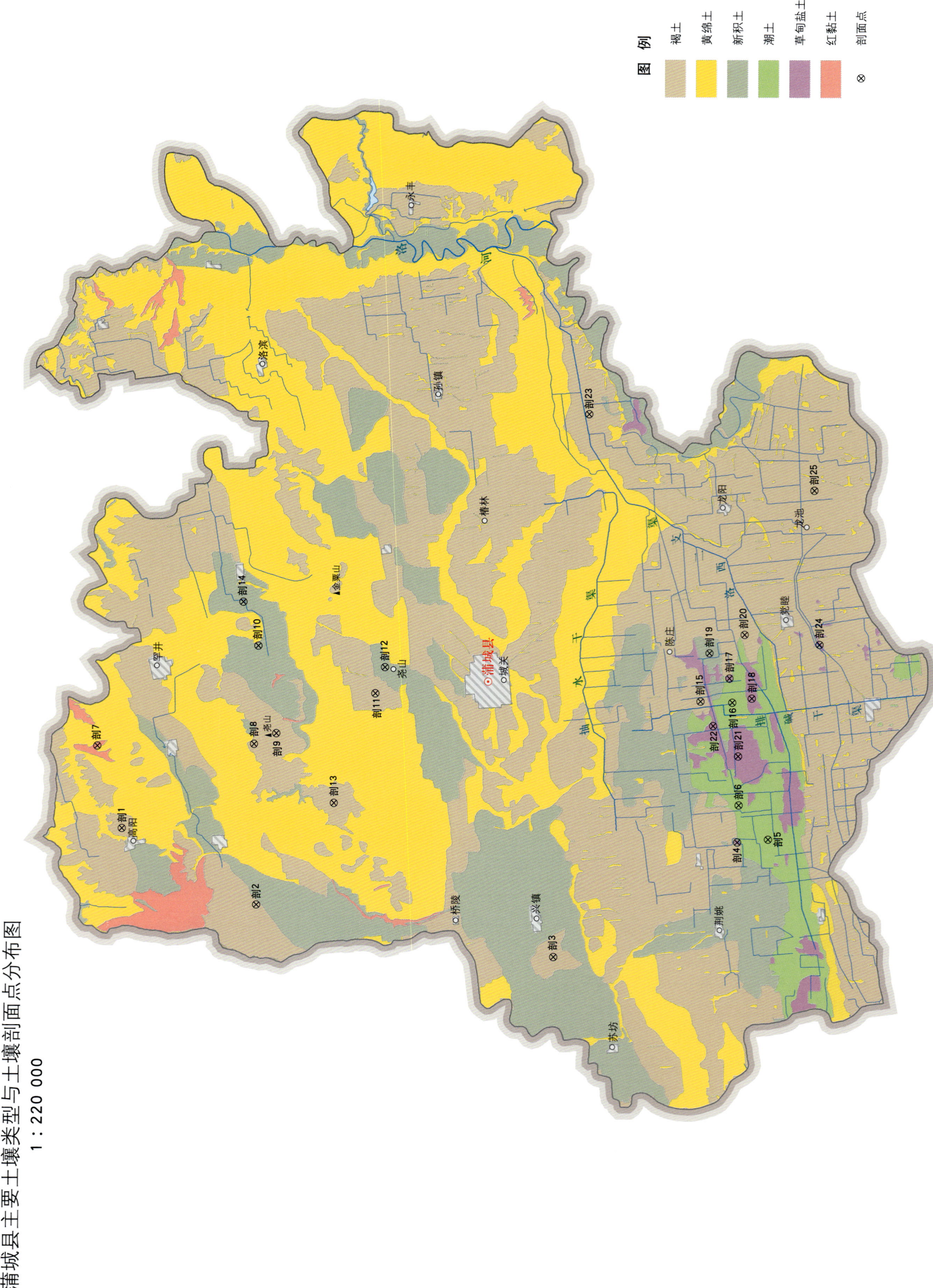

蒲城县土壤剖面理化性状表

剖面号 Soil profile	土纲 Soil order	土类 Soil great group	亚类 Soil subgroup	土属 Soil genus	土种 Soil species	土层码 Layer code	土层厚度 Depth/cm	颜色 Soil color	质地 Soil texture	土壤结构 Soil structure	pH	有机质 OM/(g/kg)	全氮 TN/(g/kg)	全磷 TP/(g/kg)	全钾 TK/(g/kg)	碱解氮 AN/(mg/kg)	有效磷 AP/(mg/kg)	速效钾 AK/(mg/kg)	阳离子交换量CEC/(cmol/kg)	土壤母质 Parent material	剖面点坐标 Profile coordinate	匹配指数 Matching index/%
剖1	半淋溶土	褐土	塿土	红塿土	中层红塿土	1	0—18	灰棕色	中壤土	团块状	8.4	10.4	0.64	0.63	18.9				9.2	黄土	E 109° 29′ 44.3″ N 35° 07′ 52.7″	100
						Ap	18—25	浅灰棕色	中壤土	块状	8.4	8.6	0.56	0.62	17.6				8.3			
						3	25—32	灰棕色	中壤土	团块状	8.5	7.7	0.55	0.61	19.5				10.9			
						Bt	32—53	棕褐色	重壤土	棱柱状	8.3	9.4	0.64	0.66	20.4				16.2			
						B	53—79	黄棕色	重壤土	块状	8.3	5.4	0.45	0.61					10.8			
						C	79—110	棕黄色	中壤土	块状	8.4	3.1	0.32	0.51	20.8				6.8			
剖2	半淋溶土	褐土	褐土性土	黄土质黄褐土性土	耕种褐土性土	1	0—13				8.4									黄土	E 109° 27′ 08.7″ N 35° 03′ 58.2″	100
						2	13—60				8.5											
						3	60—80				8.2											
						4	80—150				8.0											
剖3	半淋溶土	褐土	塿土	黏质塿土性土	中层黏质塿土性土	A	0—20	灰棕色	重壤土	块状	8.7	15.0	0.90	0.74	18.8				14.9	黄土	E 109° 25′ 32.0″ N 34° 55′ 24.7″	100
						Ap	20—32	浅棕色	重壤土	块状	8.7	13.8	0.71	0.68	20.2				14.9			
						3	32—42	灰棕色	重壤土	块状	8.8	12.7	0.69	0.64	17.8				13.0			
						4	42—90	暗褐色	粉砂壤土	块状	8.6	8.2	0.56	0.45	19.7				13.9			
						B	90—155	黄棕色	粉砂壤土	块状	8.6	6.8	0.42	0.43	17.1				11.5			
						C	155—220	黄棕色	轻壤土	层状	8.8	5.0	0.31	0.41	19.7				9.6			
剖4	盐碱土	草甸盐土	草甸盐土	硫酸盐草甸盐土	松盐泥	Az₁	0—5	浊黄橙色	粉砂质壤土	块状	8.9	7.3	0.50	0.54	21.4				8.9	冲积物	E 109° 29′ 39.2″ N 34° 50′ 11.5″	93
						Az₂	5—15	浊黄橙色	粉砂质壤土	块状	8.9	7.0	0.30	0.56	21.8				8.9			
						ACz	15—30	亮红棕色	粉砂质黏壤土	碎块状	>9.5	8.1	0.22	0.57	20.9				10.8			
						Czu	30—50	红棕色	粉砂质黏壤土	碎块状	>9.5	6.8	0.27	0.48	21.8				10.3			
						Cz	50—100	亮红棕色	粉砂质黏壤土	碎块状	>9.5	9.4	0.26	0.59	21.9				11.3			
剖5	半水成土	潮土	盐化潮土	盐系黏质潮土	轻度盐化黏质潮土	1	0—25	浅灰棕色	重壤土	团块状	8.5	13.0	0.68	0.74	20.6				10.7	冲积物	E 109° 29′ 46.8″ N 34° 49′ 18.7″	80
						2	25—35	灰棕色	重壤土	块状	8.9	7.9	0.44	0.45	21.7				10.2			
						3	35—62	红棕色	重壤土	柱状	8.8	7.6	0.41	0.49	21.9				13.0			
						4	62—95	深红棕色	中壤土	块状	8.9	10.4	0.49	0.70	20.0				9.7			
剖6	半水成土	潮土	盐化潮土	氯化物硫酸盐盐化潮土	轻度松盐潮土	1	0—25	灰黄棕色	壤质黏壤土	团块状	8.3	10.6	0.90	0.71	22.7				13.3	冲积物	E 109° 30′ 56.3″ N 34° 50′ 10.2″	94
						A₁	25—35	浅灰棕色	中壤土	碎块状	8.3	10.3	0.71	0.69	22.9				14.0			
						A₂	35—62	暗棕色	黏壤土	棱柱状	8.5	10.1	0.66	0.66	21.2				15.5			
						AC	62—95	红棕色	黏壤土	棱柱状	8.5	9.2	0.61	0.71	22.3				14.1			
						Cu	95—176	深红棕色	黏质黏壤土	碎块状	8.6	8.4	0.55	0.71	22.0				13.1			
剖7	初育土	红黏土	红胶土	红胶土	草灌红胶土	C	0—21	棕红色	中壤土	团粒状	8.6	1.0	0.49	0.48		50	6.0	168		老黄土	E 109° 32′ 34.9″ N 35° 08′ 38.0″	94
						2	21—50	褐红色	重壤土	块状	8.7	3.0	0.38	0.41	25.7				12.8			
						3	50—70	灰棕色	中壤土	柱状	9.2	2.2	0.25	0.55					11.7			
剖8	半淋溶土	褐土	褐土性土	黄土质黄褐土性土	耕种褐土性土	1	0—20	灰棕色	中壤土	团块状	8.4	9.3	0.62	0.62	20.4				12.9	黄土	E 109° 32′ 45.0″ N 35° 04′ 08.0″	94
						Ap	20—27	浅灰棕色	中壤土	棱柱状	8.5	8.9	0.62	0.63	19.6				9.0			
						3	27—80	暗黄棕色	中壤土	块状	8.2	8.1	0.55	0.68	16.8							
						C	80—150	浅黄棕色	中壤土	块状	8.0	4.9	0.48	0.64	17.5				12.0			
剖9	半淋溶土	褐土	塿土	塿黄土	灰塿土	A₁₁	0—20	灰黄棕色	粉砂质壤土	团块状	8.4	10.4	0.72	0.64	22.3				12.4	黄土	E 109° 33′ 07.9″ N 35° 03′ 29.7″	77
						A₁₂	20—29	浊黄橙色	黏壤土	块状	8.5	8.7	0.63	0.62	20.9				15.3			
						AB	29—77	浊黄橙色	黏壤土	块状	8.4	8.5	0.64	0.64	24.5				13.8			
						Bt	77—140	灰棕色	黏壤土	棱柱状	8.3	5.3	0.60	0.74	23.8				8.8			
						Bk	140—230	浅黄橙色	黏壤土	块状	8.5	7.7	0.46	0.65								

续表 Continued

剖面号 Soil profile	土纲 Soil order	土类 Soil great group	亚类 Soil subgroup	土属 Soil genus	土种 Soil species	土层码 Layer code	土层厚度 Depth/cm	颜色 Soil color	质地 Soil texture	土壤结构 Soil structure	pH	有机质 OM/(g/kg)	全氮 TN/(g/kg)	全磷 TP/(g/kg)	全钾 TK/(g/kg)	碱解氮 AN/(mg/kg)	有效磷 AP/(mg/kg)	速效钾 AK/(mg/kg)	阳离子交换量CEC/(cmol/kg)	土壤母质 Parent material	剖面点坐标 Profile coordinate	匹配指数 Matching index/%
剖10	初育土	新积土	新积土	洪淤土	洪淤砂石土	1	0~18	黄棕色	中壤土	团块状	8.5	13.0	0.72	0.45					8.7	洪冲积物	E 109°35′51.4″ N 35°03′55.9″	84
						Ap	18~27	黄棕色	中壤土	块状	8.6	11.0	0.75	0.43					8.4			
						3	27~115	黄棕色	重壤土	块状	8.6	11.2	0.71	0.40					7.7			
						C	115~150	浅黄色	重壤土	块状	8.5	17.4	0.99	0.38					12.4			
剖11	半淋溶土	褐土	堰土	灰堰土	灰堰土	A₁	0~20	浅灰棕色	粉砂质壤土	团块状	8.4	10.4	0.72	0.64	17.5	50	6.0	168	12.0	黄土	E 109°34′35.2″ N 35°00′40.8″	85
						A₂	20~29	黄棕色	黏壤土	块状	8.5	8.7	0.63	0.62	22.3				12.4			
						ABt	29~77	黄棕色	黏壤土	块状	8.4	8.5	0.64	0.64	20.9				15.3			
						Bt	77~140	黄褐色	黏壤土	棱柱状	8.3	5.3	0.60	0.74	24.5				13.8			
						Bk	140~200	黄棕色	黏壤土	块状	8.5	4.7	0.46	0.65	23.8				8.8			
						C	200~230	浅黄棕色	黏壤土	块状	8.5	4.1	0.35	0.55	24.3				7.7			
剖12	初育土	新积土	淤墡土	淤墡土	淤墡土	1	0~16	灰棕色	中壤土	块状	8.7	5.5	0.41	0.57	20.2				8.1		E 109°35′29.6″ N 35°00′25.0″	77
						3	16~26	浅灰棕色	中壤土	块状	8.6	5.2	0.41	0.56	18.5				6.5			
						4	26~46	黄褐色	重壤土	块状	8.6	3.8	0.36	0.54	16.5				7.8			
						5	46~85	褐灰色	重壤土	块状	8.6	4.8	0.39	0.53	19.0				10.3			
							85~116	黄棕色	轻壤土	块状	8.6	2.6	0.27	0.51	17.1				6.4			
							116~150	浅灰棕色	中壤土	块状	8.6	3.0	0.31	0.56	17.9				7.8			
剖13	半淋溶土	褐土	褐土性土	石灰岩砾质褐土性土	中层石灰岩砾质褐土性土	A	0~2	灰棕色	中壤土	团块状	8.1	34.4	1.83	0.31						石灰岩风化物	E 109°30′45.5″ N 35°01′48.2″	99
						As	2~15	浅灰棕色	中壤土	块状	8.3	19.3	1.13	0.31								
						3	15~34	暗棕色	重壤土	块状	8.3	13.2	0.83	0.30								
剖14	初育土	新积土	洪淤土	淤护土	淤护土	1	0~16	灰棕色	重壤土	块状	8.5	10.5	0.66	0.62	20.3				10.8	洪冲积物	E 109°37′41.4″ N 35°04′31.5″	93
						Ap	16~24	浅灰棕色	重壤土	块状	9.0	10.2	0.64	0.61	19.5				10.2			
						4	24~54	暗棕色	轻黏土	块状	9.0	6.2	0.54	0.56	19.0				11.0			
						5	54~90	灰棕色	重黏土	棱柱状	8.6	8.3	0.41	0.65	20.0				14.0			
							90~150	浅黄棕色	重壤土	块状	8.6	7.3	0.57	0.61	29.7				12.5			
						6	150~170	浅黄棕色	重壤土	块状	8.4	6.6	0.45	0.63	20.7				11.7			
剖15	半淋溶土	褐土	盐化褐土	盐化堰土	轻度盐化堰土	A	0~20	暗灰棕色	轻壤土	团块状	8.6	7.5	0.55	0.65	23.2				7.8		E 109°34′30.6″ N 34°51′20.6″	79
						Ap	20~35	灰棕色	重壤土	片状	8.6	3.2	0.25	0.59	20.8				5.5			
						3	35~55	浅灰棕色	中壤土	块状	9.0	3.8	0.62	0.64	13.9				7.8			
						Bt	55~105	暗棕色	重壤土	碎块状	9.4	3.3	0.54	0.59	22.5				9.3			
						B	105~135	浅灰棕色	中壤土	块柱状	9.4	5.5	0.40	0.62	23.0				9.2			
						C	135~170	黄棕色	中壤土	片状	8.7	3.9	0.35	0.53	19.5				5.8			
剖16	半水成土	潮土	盐化潮土	盐化黏质潮土	轻度盐化黏质潮土	1	0~5	暗黄棕色	轻黏土	团块状	8.4									冲积物	E 109°34′29.5″ N 34°50′25.5″	97
						2	5~15	灰棕色	重黏土	块状	8.1											
						3	15~30	浅灰棕色	中黏土	团粒状	8.1											
						4	30~50	红棕色	中黏土	团粒状	7.9											
						5	50~100	褐棕色	重黏土	片状	8.1											
						6	100~150	黄棕色	重黏土	块状	8.1											
						7	150~	黄棕色	轻黏土	块状	8.1											
剖17	盐碱土	草甸盐土	硫酸盐草甸盐土	轻度硫酸盐草甸盐土		1	0~5	灰棕色	轻黏土	块状	8.4										E 109°35′19.7″ N 34°50′31.1″	98
						2	5~15	灰棕色	中黏土	块状	8.4											
						3	15~30	褐棕色	中黏土	块状	8.6											
						4	30~50	褐色	中黏土	块状	8.6											
						5	50~100		中黏土	块状	8.6											

续表 Continued

剖面号 Soil profile	土纲 Soil order	土类 Soil great group	亚类 Soil subgroup	土属 Soil genus	土种 Soil species	土层码 Layer code	土层厚度 Depth/cm	颜色 Soil color	质地 Soil texture	土壤结构 Soil structure	pH	有机质 OM/(g/kg)	全氮 TN/(g/kg)	全磷 TP/(g/kg)	全钾 TK/(g/kg)	碱解氮 AN/(mg/kg)	有效磷 AP/(mg/kg)	速效钾 AK/(mg/kg)	阳离子交换量CEC/(cmol/kg)	土壤母质 Parent material	剖面点坐标 Profile coordinate	匹配指数 Matching index/%
剖18	盐碱土	草甸盐土	沼泽盐土	硫酸盐氯化物沼泽盐土	轻度硫酸盐氯化物沼泽盐土	1	0—5				>9.5										E 109°34′38.2″ N 34°50′00.1″	72
						2	5—15				>9.5											
						3	15—30				>9.5											
						4	30—50				9.4											
						5	50—100				8.6											
剖19	初育土	新积土	灌淤土	灌淤土	中层灌淤土	1	0—25	黄棕色	紧砂土	层状	9.1	2.7	0.13	0.48	17.5				<2.0		E 109°36′11.2″ N 34°51′06.4″	97
						2	25—39	灰棕色	中壤土	块状	9.3	8.4	0.52	0.61	21.4				8.6			
						3	39—100	褐棕色	中壤土	块状	>9.5	3.4	0.37	0.55	19.7				7.0			
剖20	半淋溶土	褐土	盐化褐土	盐化塿土	轻度盐化塿土	1	0—5	灰灰棕色	中壤土	团块状	8.5										E 109°36′51.3″ N 34°50′06.2″	84
						2	5—15	浅灰棕色	中壤土	片状	9.0											
						3	15—30	灰棕色	中壤土	块状	9.0											
						4	30—50	暗褐色	中壤土	碎块状	9.4											
						5	50—100	浅棕色	中壤土	块状	9.4											
						6	100—150	黄棕色	中壤土	块状	8.7											
剖21	盐碱土	草甸盐土	草甸盐土	硫酸盐草甸盐土	轻度硫酸盐草甸盐土	Az₁	0—5	黄棕色	轻黏土	块状	8.4	7.3	0.50	0.56	21.4				8.9		E 109°32′38.5″ N 34°50′13.7″	80
						Az₂	5—15	灰棕色	轻黏土	块状	8.4	7.0	0.30	0.56	21.8				8.9			
						AC	15—30	红棕色	中黏土	块状	8.6	8.0	0.22	0.57	20.9				10.8			
						Cu	30—50	褐棕色	中黏土	块状	8.6	6.8	0.27	0.48	21.8				10.3			
						C	50—100	褐色	中黏土	块状	8.6	9.4	0.26	0.59	21.9				11.3			
剖22	盐碱土	草甸盐土	草甸盐土	硫酸盐草甸盐土	中层硫酸盐草甸盐土	1	0—5				8.4										E 109°33′40.3″ N 34°50′57.7″	88
						2	5—15				8.6											
						3	15—30				8.6											
						4	30—50				8.6											
						5	50—100				8.6											
剖23	半淋溶土	褐土	塿土	灰塿土	厚层灰塿土	A	0—20	灰棕色	重壤土	团块状	8.4	10.4	0.72	0.64	17.5				12.0	黄土	E 109°44′23.4″ N 34°54′41.0″	84
						Ap	20—29	浅灰棕色	重壤土	块状	8.5	8.7	0.63	0.62	22.3				12.4			
						3	29—77	黄棕色	重壤土	块状	8.4	8.5	0.64	0.64	20.9				15.3			
						Bt	77—140	灰棕色	重壤土	棱柱状	8.3	5.1	0.60	0.74	24.5				13.8			
						B	140—200	黄棕色	重壤土	块状	8.5	7.7	0.46	0.65	23.8				8.8			
						C	200—230	浅灰棕色	重壤土	块状	8.5	4.1	0.35	0.55	24.3				7.7			
剖24	盐碱土	草甸盐土	沼泽盐土	硫酸盐氯化物沼泽盐土	轻度硫酸盐氯化物沼泽盐土	1	0—5	暗黄棕色	中壤土	粒状	7.5										E 109°36′33.2″ N 34°47′56.9″	80
						2	5—15	黄棕色	中壤土	块状	8.7	10.3	0.50	0.62	11.0				6.0			
						3	15—30	黄棕色	中壤土	片状	8.6	6.8	0.48	0.61	12.0				6.5			
						4	30—50	棕色	中壤土	块状	8.6	6.6	0.49	0.60	11.8				7.5			
						5	50—100	褐色	中壤土	块状	8.7	7.0	0.52	0.58	19.8				12.6			
剖25	半淋溶土	褐土	塿土	壤质塿土性土	中层塿质塿土性土	A	0—20	灰棕色	中壤土	块状	8.7	8.6								黄土	E 109°41′52.7″ N 34°48′11.1″	96
						Ap	20—30	浅灰棕色	中壤土	块状	8.6	8.6										
						3	38—80	棕色	重壤土	块状	8.6	8.6										
						B	80—180	黄棕色	重壤土	块状	8.5	6.5	0.37	0.51	20.8				13.5			
						C	180—220	黄棕色	中壤土	块状	8.6	7.5	0.39	0.61	22.2				10.8			

白 水 县

主要土类说明

黄绵土是白水县主要土壤类型，占本县地域面积的64%。黄绵土是由黄土母质直接翻耕形成的初育土，本县各地均有分布。该土壤土层深厚，土质均一，团块状或块状结构较疏松，通体具强石灰反应，无明显发育层次，耕作层土壤颜色稍暗，其下为黄土母质。土壤有机质含量较高，土壤容重为1.16—1.25g/cm³，孔隙度为53.5%—56.4%，疏松易耕，犁底层不明显。母质层呈黄棕色，肥力低，保水、保肥性能差。

褐土是白水县第二大土壤类型，占本县地域面积的27%。本县褐土与黄绵土交错分布，分为塿土、石灰性褐土、褐土性土等亚类。塿土是在自然褐土的基础上经人工熟化和施加粪肥堆垫而形成的农业土壤，分布在黄土台塬较为平缓的部位。塿土上部为人工覆盖层，下部为自然褐土，具有上松下实、抗旱耐涝的特点，是本县的高产农业土壤。人工覆盖层厚40cm左右，有机质及养分含量较高，质地为轻壤土至中壤土，团块状结构较疏松，有炭渣、瓦片等侵入体，透水性、透气性适中，耕性良好，有利于作物的根系发育；其下为黏化层，质地为中壤土至重壤土，具棱柱状结构，吸收性能强，通透性差，有保水、保肥作用。

粗骨土是白水县第三大土壤类型，占本县地域面积的4%，零星分布在石质山地的陡坡地段。粗骨土是在岩石风化碎屑上形成的幼年土壤，发育微弱，属于A–C型，甚至（A）–C型土壤。A层发育不明显，与母质土层性状相似，略显有机质累积。有时母质层富含砾石，很少出现剖面分异与发育特征。

红黏土占本县地域面积的3%，主要分布在本县西北部沿山一带及平原沟坡地。厚层黄土层侵蚀殆尽处，红色黏土层露出，形成的母质性状明显的初育土，即红黏土。该土壤呈红棕色，质地黏重，具核状或棱柱状结构，较紧实，通体含有砂姜并有大量石灰粉末，熟化层薄，耕性差，养分含量低。

小于本县地域面积3%的土壤类型有新积土、黑垆土。

本区域中心区气候特征

本区域中心区气候特征值
Regional climate characteristics in central area of the region

气候带：暖温带亚湿润气候 Climate region: Warm temperate subhumid climate	
年平均气温 /℃ Annual average temperature /℃	12.4
年平均最高气温 /℃ Annual average maximum temperature /℃	18.6
年平均最低气温 /℃ Annual average minimum temperature /℃	7.3
年降水量 /mm Annual precipitation /mm	522
≥10℃的积温 /℃ Daily temperature accumulated in a year (≥10℃) /℃	6239
年日照时数 /h Annual sunshine /h	2085
年平均相对湿度 /% Annual average relative humidity /%	64
干燥度 Dryness	1.41

本区域中心区月平均气温与月平均降水量
Monthly temperature and precipitation in central area of the region

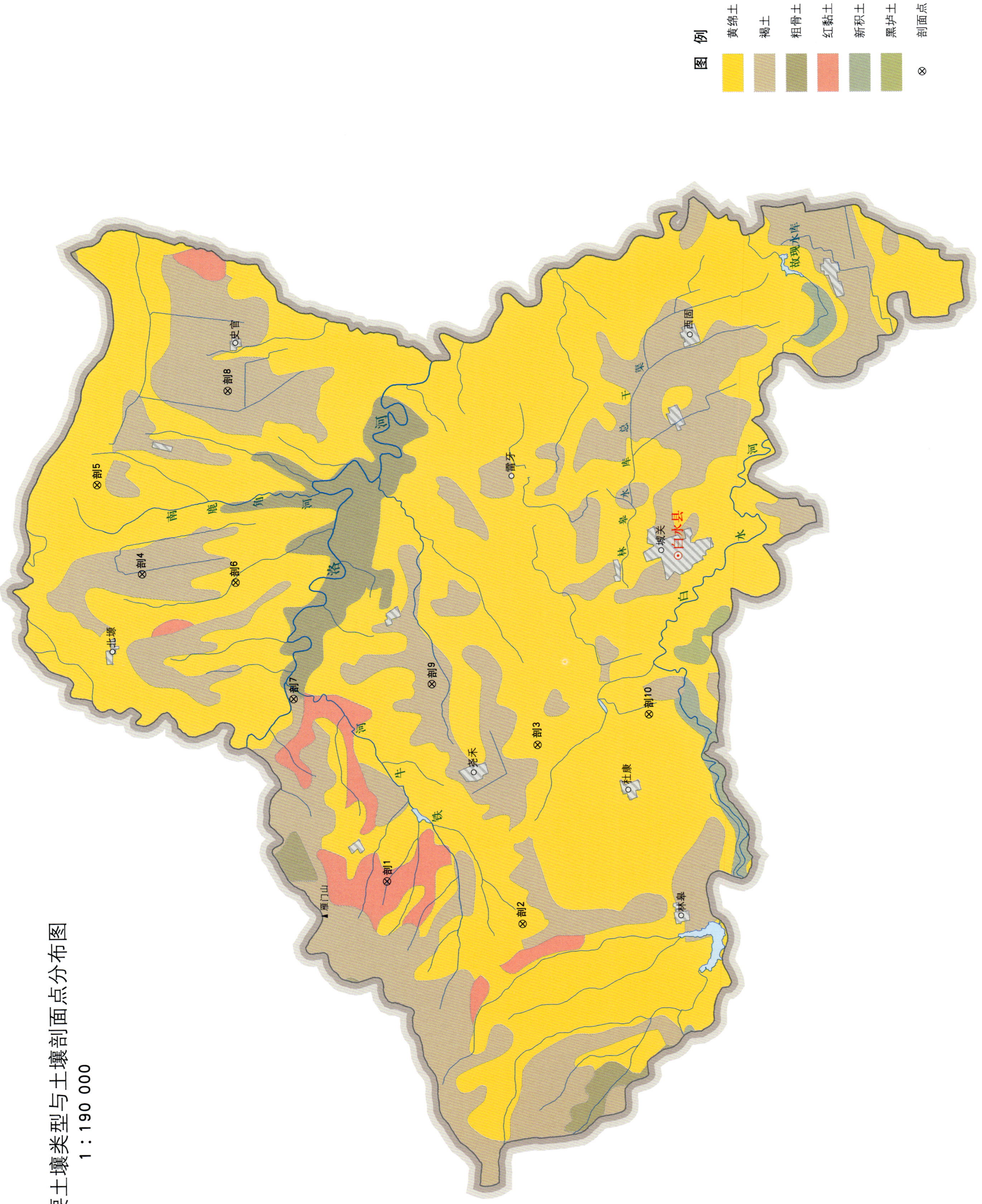

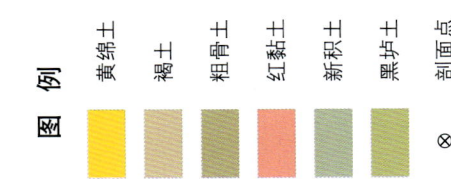

白水县主要土壤类型与土壤剖面点分布图

1∶190 000

图例：黄绵土 褐土 粗骨土 红黏土 新积土 黑垆土 ⊗ 剖面点

第二编 分县土壤图与土壤剖面数据

白水县土壤剖面理化性状表

剖面号 Soil profile	土纲 Soil order	土类 Soil great group	亚类 Soil subgroup	土属 Soil genus	土种 Soil species	土层码 Layer code	土层厚度 Depth/cm	颜色 Soil color	质地 Soil texture	土壤结构 Soil structure	pH	有机质 OM/(g/kg)	全氮 TN/(g/kg)	全磷 TP/(g/kg)	全钾 TK/(g/kg)	碱解氮 AN/(mg/kg)	阳离子交换量CEC/(cmol/kg)	土壤母质 Parent material	剖面点坐标 Profile coordinate	匹配指数 Matching index/%
剖1	初育土	红黏土	红土	五花土	生草五花土	1	0~27	浅棕褐色	中壤土	团块状	8.0	18.6	0.93	0.23		54	13.6	老黄土，古黄土	E 109°25′30.7″ N 35°17′49.6″	78
						C	27~90	棕褐色	中壤土	块状	8.1	15.6	0.85	0.25		48	12.3			
						C₂	90~110	红棕色	中壤土	块状	8.1	6.3	0.33	0.15	15.3	31	12.0			
						C₃	110~150	棕黄色	中壤土	块状	8.2	5.5	0.36	0.44		19	4.9			
剖2	初育土	黄绵土	黄绵土	黄墡土	塬白墡土	A	0~18	浅黄褐色	壤土	小块状	8.1	8.1	0.59	0.47	15.3	55	6.6	黄土	E 109°24′17.2″ N 35°14′31.0″	95
						AC	18~37	棕黄色	壤土	小块状	8.1	6.3	0.49	0.45	17.3	47	7.6			
						C	37~105	黄棕色	壤土	大块状	8.2	5.4	0.38	0.38	16.1	19	6.1			
剖3	初育土	黄绵土	黄绵土	黄墡土		1	0~15							0.58				黄土	E 109°29′35.4″ N 35°14′11.3″	75
						2	15~24							0.57						
						3	24~150							0.49						
剖4	半淋溶土	褐土	堘土	淤堘土		A	0~20	灰棕褐色	中壤土	团块状	8.1	13.0	0.66	0.74	17.5	45	7.5	黄土	E 109°34′31.1″ N 35°23′49.9″	88
						2	20~45	浅灰棕色	中壤土	块状	8.2	11.3	0.58	0.65	18.7	38	6.5			
						Bt	45~68	浅褐棕色	重壤土	棱柱状	8.1	10.3	0.62	0.65	20.6	34	8.2			
						B	68~98	灰棕色	中壤土	块状	8.3	7.9	0.50	0.58	18.0	27	9.4			
						C	98~141	黄棕色	轻黏土	块状	8.3	8.7	0.57	0.64	20.3	28	10.3			
剖5	初育土	黄绵土	黄绵土	黄墡土		1	0~28	灰棕褐色	中壤土	团块状	8.2	20.8	0.74	0.63	19.5	41	7.9	黄土	E 109°37′08.5″ N 35°24′56.2″	99
						2	28~46	浅灰棕色	中壤土	块状	9.2	20.7	0.63	0.57	20.0	34	7.4			
						C	46~120	黄棕色	中壤土	块状	8.3	3.5	0.28	0.50	17.8	15	5.2			
剖6	初育土	黄绵土	黄绵土	白墡土	坡地白墡土	1	0~18	浅黄棕色	中壤土	团块状	8.1	15.1	0.93	0.47	15.3	51	6.6	黄土	E 109°34′17.6″ N 35°21′33.6″	75
						2	18~37	黄棕色	中壤土	块状	8.1	14.3	>6.00	0.45	17.3	47	7.6			
						C	37~105	黄棕色	中壤土	块状	8.2	5.4	3.70	3.79	16.1	19	6.1			
剖7	半淋溶土	褐土	褐土性土	黄土质褐土性土		A	0~15	灰棕褐色	中壤土	团块状	7.4	20.8	1.06	0.21	17.0	63	16.3	黄土	E 109°30′53.0″ N 35°20′08.0″	71
						Bt	15~50	棕褐色	重壤土	块状	7.1	5.2	0.40	0.17	17.0	18	16.6			
						B	50~140	黄褐色	重壤土	块状	6.9	2.9	0.31	0.16	16.3	12	17.9			
						C	140~160	黄棕色	重壤土	块状	7.0	2.2	0.28	0.12	17.3	14	14.2			
剖8	半淋溶土	褐土	堘土	红堘土	中层红堘土	1	0~27	灰棕色	中壤土	团块状	8.2	12.7	0.59	0.60	16.8	42	5.3	风积黄土	E 109°39′56.7″ N 35°21′47.3″	85
						2	27~40	浅灰棕色	重壤土	块状	8.4	9.3	0.55	0.56	15.8	30	4.7			
						Bt	40~108	棕褐色	中壤土	棱柱状	8.2	6.6	0.47	0.30	20.7	27	10.5			
						B	108~140	黄棕色	中壤土	块状	8.1	4.9	0.36	0.51	17.8	24	5.3			
						C	140~157	黄棕色	中壤土	块状	8.3	3.3	3.03	0.48	17.2	13	4.3			
剖9	半淋溶土	褐土	堘土	红堘土		1	0~15	浅棕褐色	中壤土	团块状	8.3	13.3	0.75	0.68		39	6.5	风积黄土	E 109°31′21.8″ N 35°16′46.2″	94
						2	15~23	灰棕色	中壤土	块状	8.3	11.6	0.61	0.70		43	6.7			
						Bt	23~96	棕色	中壤土	棱柱状	7.9	7.1	0.29	0.34		25	12.4			
						B	96~135	黄棕色	中壤土	块状	8.2	4.6	0.17	0.55		23	4.3			
						C	135~150	黄棕色	轻壤土	块状	8.3	3.4	0.21	0.55		10	6.6			
剖10	初育土	黄绵土	黄绵土	黄墡土		1	0~18										7.9	黄土	E 109°30′32.2″ N 35°11′28.9″	98
						2	18~35										8.0			
						3	35~132										5.9			

富 平 县

主要土类说明

褐土是富平县主要土壤类型，占本县地域面积的 38%。褐土是在暖温带半湿润区发育形成的具有黏化与钙质淋移淀积特征的土壤。该土壤盐基饱和，处于硅铝风化阶段，有明显的黏淀层。在其 A-B-C 剖面构型中，B 层呈棕褐色，B 层下部有假菌丝状钙积层。其形成过程主要是黏化过程、钙化过程及有机质积累过程。本县褐土分为娄土、石灰性褐土、褐土性土等亚类。本县南部以娄土为主，北部中低石质山地和丘陵地区以石灰性褐土和褐土性土为主。

新积土是富平县第二大土壤类型，占本县地域面积的 31%。新积土是由新近冲积、洪积、坡积、塌积或人工堆垫形成的土壤。该土壤成土期短，母质特性明显，具 A-C 或（A）-C 剖面构型。本县北部山区属乔山余脉，山高坡陡，石多土薄，植被稀疏，遇雨常常形成山洪，洪水挟带大量泥、石及动植物残体顺峪涌出，出峪后水流速度降低，沉积形成的土壤为洪淤土。在河流两岸，由河水搬运、冲积形成的土壤为河淤土。

黄绵土是富平县第三大土壤类型，占本县地域面积的 24%。黄绵土是由黄土母质直接翻耕形成的初育土，主要分布在有一定侵蚀的塬边和沟坡，土壤发育微弱，剖面分异不明显。由于土壤侵蚀严重，表层长期遭侵蚀，只能不断加深耕作黄土母质层，因而母质特性明显。土壤无明显发育，为 A-C 型土。由于风成黄土富含细粉粒，故质地、结构均一，疏松绵软，富含石灰，磷、钾储量较丰富，但有效性差，土壤有机质缺乏。

红黏土占本县地域面积的 5%，零星分布在本县北部侵蚀严重的沟谷地带，是在保德期红土或午城古黄土上形成的幼年土壤。深厚黄土层下，常见第三纪红色黏土（保德期红黏土）埋藏。厚层黄土层侵蚀殆尽处，红色黏土层露出，形成的母质性状明显的初育土，即红黏土。其黏粒含量高，塑性强，生物作用微弱，母质特性明显，有时夹有砂姜。

小于本县地域面积 3% 的土壤类型有潮土、草甸盐土、沼泽土、草甸土、粗骨土。

本区域中心区气候特征

本区域中心区气候特征值
Regional climate characteristics in central area of the region

气候带：暖温带亚湿润气候 Climate region: Warm temperate subhumid climate	
年平均气温 /℃ Annual average temperature /℃	12.5
年平均最高气温 /℃ Annual average maximum temperature /℃	18.5
年平均最低气温 /℃ Annual average minimum temperature /℃	7.6
年降水量 /mm Annual precipitation /mm	519
≥10℃的积温 /℃ Daily temperature accumulated in a year (≥10℃) /℃	7151
年日照时数 /h Annual sunshine /h	1954
年平均相对湿度 /% Annual average relative humidity /%	66
干燥度 Dryness	1.39

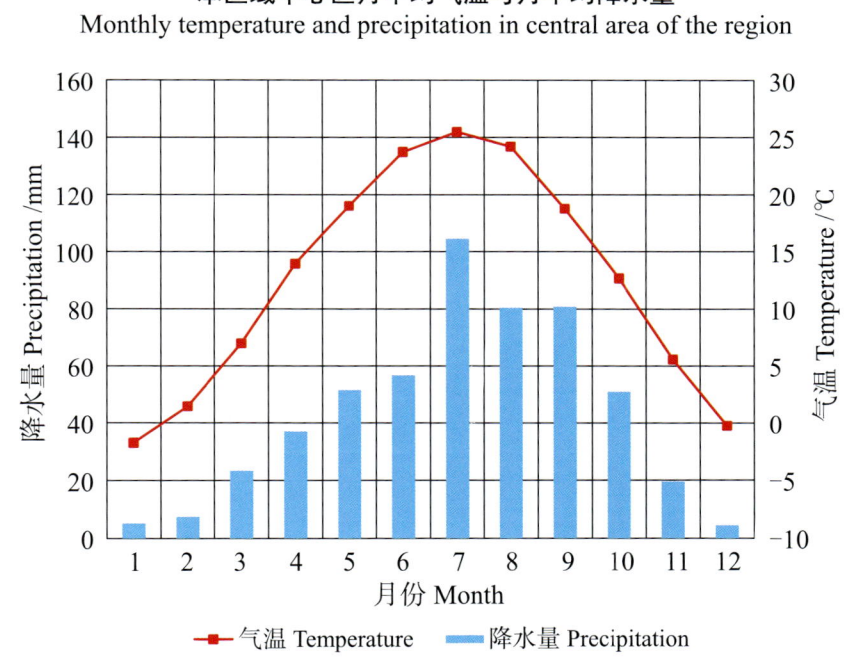

本区域中心区月平均气温与月平均降水量
Monthly temperature and precipitation in central area of the region

富平县主要土壤类型与土壤剖面点分布图
1：200 000

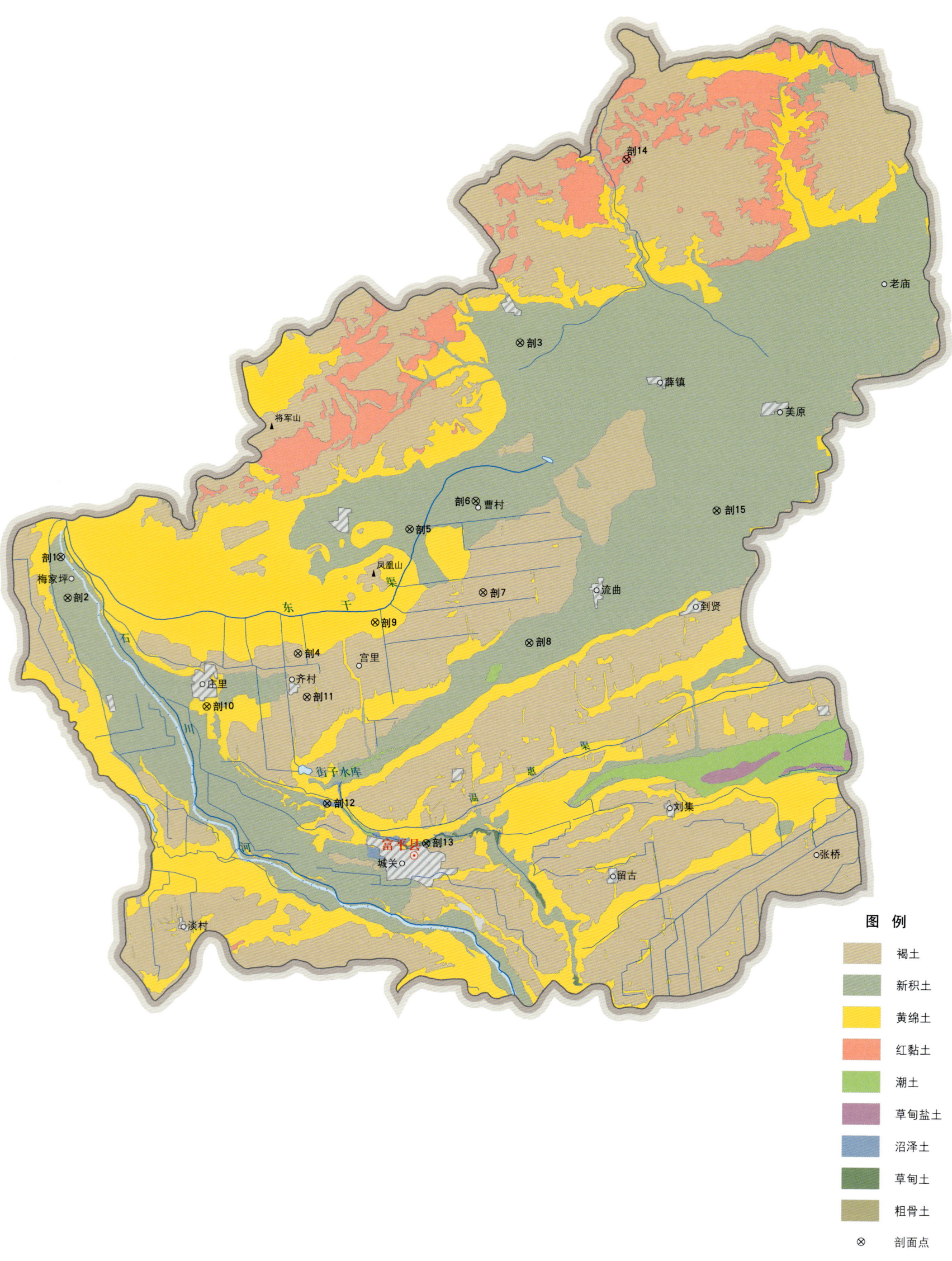

富平县土壤剖面理化性状表

剖面号	土纲	土类	亚类	土属	土种	土层码	土层厚度/cm	颜色	质地	土壤结构	pH	有机质 OM/(g/kg)	全氮 TN/(g/kg)	全磷 TP/(g/kg)	全钾 TK/(g/kg)	碱解氮 AN/(mg/kg)	有效磷 AP/(mg/kg)	速效钾 AK/(mg/kg)	阳离子交换量 CEC/(cmol/kg)	土壤母质	剖面点坐标	匹配指数/%
剖1	初育土	新积土	新积土	淤绵土	淤绵土	1	0—24	浅黄棕色	中壤土	团状	8.7	7.0	0.28	0.55	18.7					沉积物	E 108°59′14.3″ N 34°52′29.4″	77
						2	24—60	浅黄棕色	砂壤土	块状	8.6	5.4	0.21	0.45	19.6							
						3	60—97	浅黄棕色	砂土	块状	8.5	3.8	0.21	0.45	18.3							
						4	97—150	黄棕色	重壤土	小块状	8.3	10.4	0.47	0.58	22.9							
剖2	初育土	新积土	新积土	山洪土	富平洪泥土	A₁₁	0—25	浊黄橙色	黏壤土	块状	8.8	9.7	0.67	0.49	21.0	52	7.0	200		洪积物	E 108°59′29.3″ N 34°51′26.9″	80
						A₁₂	25—34	浊黄橙色	黏壤土	块状	8.7	8.2	0.53	0.50	20.7	48	6.0	150				
						C₁	34—115	浊黄橙色	黏壤土	块状	8.5	5.1	0.38	0.42	19.3	50	4.0	150				
						C₂	115—140	浊黄橙色	黏壤土	块状	8.4	3.7	0.24	0.52	18.8	20	2.0	100				
剖3	初育土	新积土	新积土	洪积土	洪积泥土	A₁	0—25	浅黄棕色	黏壤土	块状	8.5	9.7	0.67	0.49	21.0					洪积物	E 109°13′20.4″ N 34°58′13.5″	79
						A₂	25—34	浅黄棕色	黏壤土	块状	8.7	8.2	0.53	0.50	20.7							
						B	34—115	棕色	黏壤土	块状	8.5	5.1	0.38	0.42	19.3							
						C	115—140	黄棕色	黏壤土	块状	8.4	3.7	0.27	0.52	18.8							
剖4	半淋溶土	褐土	塿土	红塿土	中层红塿土	1	0—25	灰黄棕色	中壤土	团块状		6.6	0.58	0.75	21.5				3.4	黄土、黄土状母质	E 109°06′40.9″ N 34°50′11.1″	86
						2	25—40	灰黄棕色	中壤土	块状		8.1	0.48	0.74	24.3				11.5			
						Bt	40—93	棕色	中壤土	棱柱状		6.4	0.40	0.55	24.8				13.2			
						Bk	93—117	黄棕色	中壤土	块状		5.0	0.32	0.58	17.8				14.2			
						C	117—154	浅黄棕色	中壤土	块状		6.2	0.38	0.54	22.1				14.2			
剖5	初育土	新积土	新积土	洪淤土	洪淤砂石土	A	0—20	浅灰棕色	轻壤土	团块状	9.2	10.1	0.75							洪冲积物	E 109°10′02.9″ N 34°53′25.2″	73
						2	20—60	灰黄棕色	中壤土	块状	9.0	9.6	0.54	0.56								
						3	60—100	暗灰棕色	中壤土	块状	8.8	6.8	0.47	0.54								
						4	100—130	暗灰棕色	中壤土	块状	8.5	7.1	0.47	0.56								
						5	130—150	浅灰棕色	中壤土	块状	8.4	6.7	0.50	0.62								
剖6	初育土	新积土	灌淤土	灌淤土	灰色灌淤土	1	0—22	灰棕色	中壤土	片状	8.7	18.5	0.88	0.51	20.2					沉积物	E 109°12′04.6″ N 34°54′10.3″	85
						Ap	22—31	暗灰棕色	中壤土	团块状	8.5	15.3	0.79	0.54	23.8							
						3	31—87	暗灰棕色	重壤土	块状	8.4	14.6	0.77	0.56	22.1							
						4	87—120	暗灰棕色	重壤土	块状	8.5	12.1	0.55	0.62	19.2							
剖7	半淋溶土	褐土	塿土	灰塿土	中层灰塿土	1	0—32	褐色	重壤土	团块状	8.6	6.6	0.36	0.51	23.7					淤积物、黄土状母质	E 109°12′22.8″ N 34°51′50.7″	72
						Bt	32—97	浅褐色	重壤土	棱柱状	8.5	10.2	0.51	0.74	22.0							
						Bk	97—136	浅褐色	重壤土	块状	8.4	10.3	0.60	0.69	17.8							
						C	136—174	黄棕色	重壤土	块状	8.3	4.9	0.33	0.68	21.0							
剖8	初育土	新积土	新积土	淤圢土	淤圢土	1	0—22	灰棕色	黏土	块状	8.7	15.8	0.88	0.55	20.3					沉积物	E 109°13′51.0″ N 34°50′35.5″	88
						2	22—39	暗灰棕色	黏土	块状	8.8	14.1	0.78	0.55	19.9							
						3	39—88	黄棕色	黏土	块状	8.5	10.7	0.64	0.49	20.9							
						4	88—120	黄棕色	黏土	块状	8.4	10.2	0.63	0.48	18.8							
						5	120—150	浅黄棕色	黏土	层状	8.4	8.6	0.51	0.44	19.7							
剖9	初育土	黄绵土	黄绵土	黄塄土	梯地黄善土	1	0—34	黄棕色	中壤土	团块状	8.4	6.7	0.41	0.70	21.4				13.3	黄土	E 109°09′03.1″ N 34°51′01.0″	97
						2	34—80	黄棕色	中壤土	片状	8.9	6.0	0.41		20.9				13.4			
						C	80—140	浅黄棕色	中壤土	块状	8.4	5.3	0.34	0.47	18.8				15.4			
剖10	初育土	黄绵土	黄绵土	油塿土	油塿土	1	0—21	灰色	中壤土	团块状	8.3	17.1	0.88	1.26	19.7					黄土	E 109°03′53.7″ N 34°48′47.0″	81
						Ap	21—30	灰色	中壤土	片状	8.3	15.8	0.88	1.25	21.4							
						3	30—69	灰色	中壤土	块状	8.3	14.2	0.74	1.34	21.2							
						4	69—125	灰色	中壤土	块状	8.4	15.0	0.68	0.52	20.7							
						C	125—150	黄棕色	中壤土	块状	8.3	7.2	0.41	0.74	20.7							

续表 Continued

剖面号 Soil profile	土纲 Soil order	土类 Soil great group	亚类 Soil subgroup	土属 Soil genus	土种 Soil species	土层码 Layer code	土层厚度 Depth/cm	颜色 Soil color	质地 Soil texture	土壤结构 Soil structure	pH	有机质 OM/(g/kg)	全氮 TN/(g/kg)	全磷 TP/(g/kg)	全钾 TK/(g/kg)	碱解氮 AN/(mg/kg)	有效磷 AP/(mg/kg)	速效钾 AK/(mg/kg)	阳离子交换量CEC/(cmol/kg)	土壤母质 Parent material	剖面点坐标 Profile coordinate	匹配指数 Matching index/%
剖11	半淋溶土	褐土	塿土	黏质塿土性	中层黏质塿土性土	1	0—29	灰棕色	重壤土	块状	8.3	16.7	1.01	0.77	23.8					黄土、黄土状母质	E 109°06′59.7″ N 34°49′05.1″	73
						Ap	29—38	浅灰棕色	重壤土	片状	8.4	10.8	0.74	0.64	23.5							
						3	38—83	浅灰褐色	黏土	棱状	8.3	11.7	0.60	0.55	26.1							
						4	83—134	浅灰黄色	重壤土	块状	8.3	5.4	0.44	0.63	24.9							
						5	134—156	浅灰褐色	重壤土	块状												
剖12	水成土	沼泽土	草甸沼泽土	草甸沼泽土	青泥土	A	0—20	暗灰色	中壤土	块状	8.4	13.2			18.7				5.6		E 109°07′42.9″ N 34°46′22.9″	83
						Ag	20—66	浅灰蓝色	中壤土	块状	8.9	8.3			17.0				3.5			
						G	66—120	灰蓝色	重壤土	块状	8.3	6.2			20.7				11.2			
剖13	半水成土	草甸土	浅色草甸土	河滩草甸土	草甸土	1	0—15	浅黄棕色	轻壤土	层状	8.3	13.4	0.84		1.3					沉积物	E 109°10′48.7″ N 34°45′25.1″	100
						2	15—30	黄棕色	轻壤土	层状		7.4	0.60		1.3							
						A	30—58	灰蓝色	轻壤土	团块状		10.4	0.61		2.7							
						W₁	58—110	灰白色	中壤土	块状												
						W₂	110—150	浅青灰色	中壤土	块状												
剖14	初育土	红黏土	红土	五花土	料姜五花土	1	0—11	红棕褐色	中壤土	团粒状	8.4	9.6	0.52	0.42					21.5	老黄土、古黄土	E 109°16′31.2″ N 35°02′56.3″	76
						2	11—150	红棕色	重壤土	块状	8.3	6.2	0.38	0.38					13.1			
						C	150—	黄棕色	中壤土	块状	8.0	12.0	0.59	0.39					9.0			
剖15	初育土	新积土	新积土	淤潜土	淤潜土	A₁	0—25	浅灰棕色	中壤土	团块状	9.0	9.7	0.53	0.49	21.0					沉积物	E 109°19′34.3″ N 34°54′04.0″	92
						A₂	25—34	浅灰棕色	中壤土	块状	8.7	8.2	0.67	0.50	20.7							
						C₁	34—75	浅灰棕色	中壤土	块状	8.5	5.1	0.38	0.42	19.3							
						C₂	75—94	黄棕色	中壤土	块状	8.4	4.1	0.27	0.44	18.8							
						C₃	94—115	浅黄棕色	中壤土	层状	8.3	5.7	0.32	0.45	19.7							
						C₄	115—140	浅黄棕色	中壤土	块状	8.4	3.7	0.24	0.52	18.8							

韩 城 市

主要土类说明

黄绵土是韩城市主要土壤类型，占本市地域面积的46%。黄绵土是由黄土母质直接翻耕形成的初育土，广泛分布在浅山丘陵、沟壑川道和台塬的缓坡地带，有母质侵蚀型（包括过去侵蚀、现在侵蚀和人为剥蚀）和堆积型（由水和重力等形成）两大类。一般耕层以下就是黄土母质，土壤无明显发育，为A-C型土。土壤耕层疏松，呈黄棕色，无层理结构，透水通气，耕性良好，易发小苗，但后劲不如褐土。由于成土年龄较短，成土作用较弱，全剖面无明显层次分化，其形态及性质均与母质相似。该土壤肥力状况和熟化层厚度因母质类型、耕作时间、施肥种类和数量、地形部位、耕种熟化程度和耕种侵蚀强度不同而差异较大。位于台塬缓坡地带的梯田和较宽川道的黄绵土，由于耕种熟化占主导地位，侵蚀作用很弱，所以其熟化层厚，肥力高。位于沟坡山峁的黄绵土，由于过去侵蚀严重，当前水土保持措施不够完善，耕种侵蚀作用强烈，熟化层遭到冲刷，表土浅薄，土壤始终处于幼年状态，所以其熟化层薄，肥力差。

褐土是韩城市第二大土壤类型，占本市地域面积的22%。褐土是在暖温带半湿润区发育形成的具有黏化与钙质淋移淀积特征的土壤。该土壤盐基饱和，处于硅铝风化阶段，有明显黏淀层。在其A-B-C剖面构型中，B层呈棕褐色，B层下部有假菌丝状钙积层。本市褐土分为塿土、褐土性土等亚类。塿土是在自然褐土的基础上经人工熟化和施加粪肥堆垫而形成的农业土壤。褐土性土主要分布在海拔800—1400m的山区，成土母质多为石灰岩或非石灰岩风化物，少部分为含碳酸盐的黄土。

紫色土是韩城市第三大土壤类型，占本市地域面积的20%，主要分布在芝阳、板桥、西庄、桑树坪等地的海拔800—1200m的山腰间。紫色土是由紫色砂页岩风化物发育形成的幼年土壤，具A-C剖面构型。其理化性质与母岩组成直接相关。由于母岩为层状结构，物理风化作用强，风化速度快，风化物颗粒粗细相间且胶结较松，物质淋溶淀积作用较弱，剖面层次发育不明显。一般土层上部为厚约20cm的土层；下部为厚约40cm的风化较细的紫色土层或半风化的层状、核状粗砂层，质地为砂壤土至轻壤土，孔隙大，漏水漏肥，耕性差。

小于本市地域面积3%的土壤类型有棕壤、红黏土、新积土、潮土、粗骨土、水稻土。

本区域中心区气候特征

本区域中心区气候特征值
Regional climate characteristics in central area of the region

气候带：暖温带亚湿润气候 Climate region: Warm temperate subhumid climate	
年平均气温 /℃ Annual average temperature /℃	12.4
年平均最高气温 /℃ Annual average maximum temperature /℃	18.7
年平均最低气温 /℃ Annual average minimum temperature /℃	7.1
年降水量 /mm Annual precipitation /mm	517
≥10℃的积温 /℃ Daily temperature accumulated in a year (≥10℃) /℃	5106
年日照时数 /h Annual sunshine /h	2240
年平均相对湿度 /% Annual average relative humidity /%	62
干燥度 Dryness	1.42

本区域中心区月平均气温与月平均降水量
Monthly temperature and precipitation in central area of the region

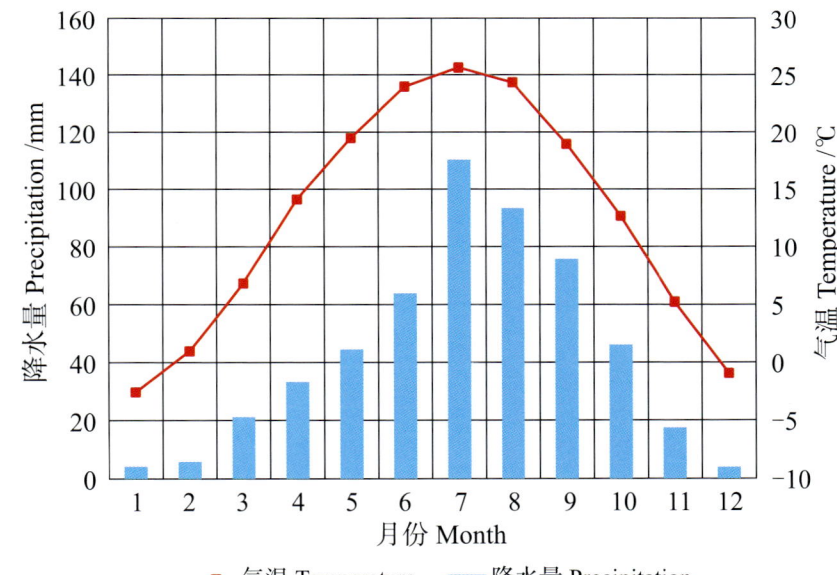

韩城市主要土壤类型与土壤剖面点分布图
1 : 200 000

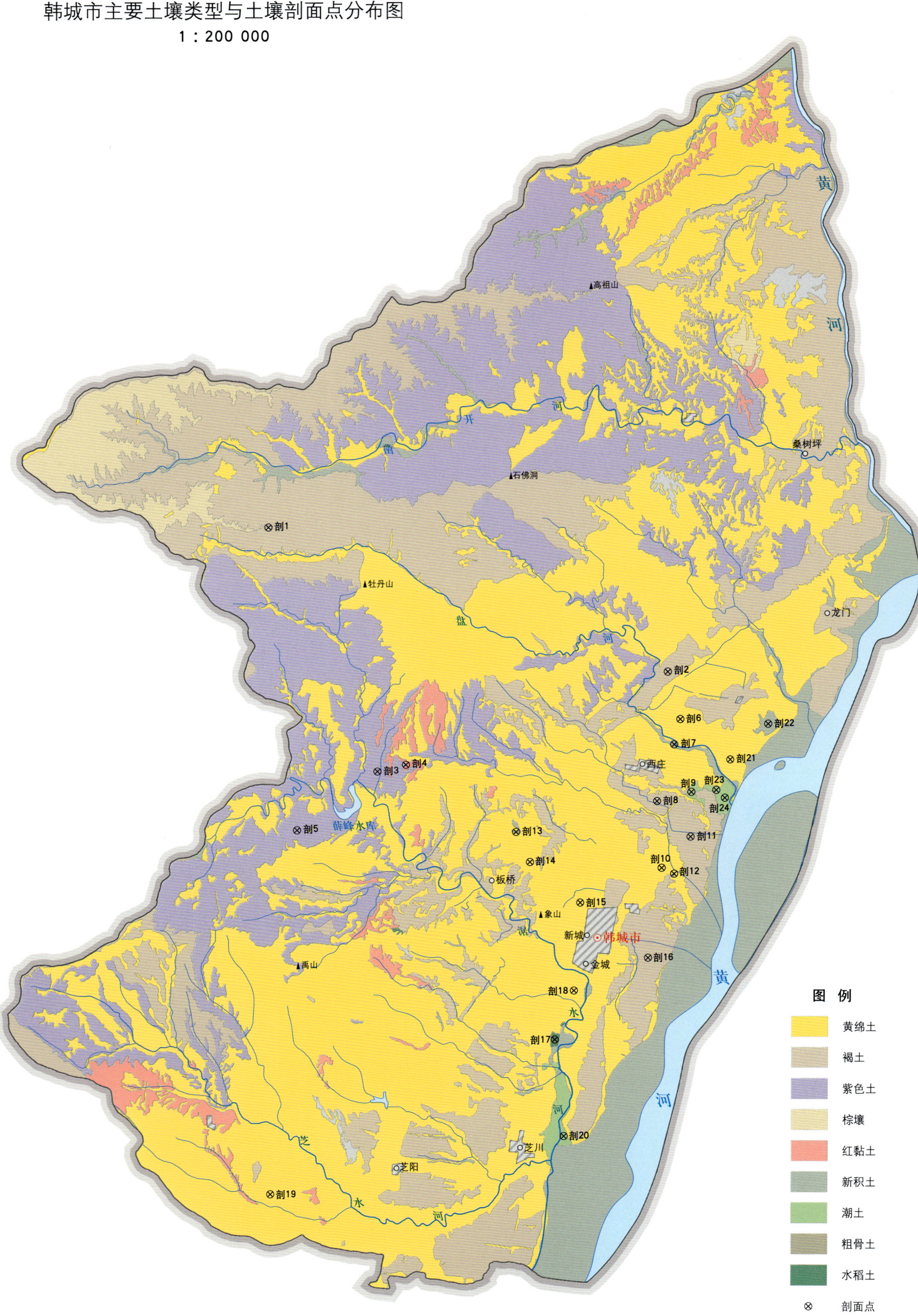

韩城市土壤剖面理化性状表

剖面号 Soil profile	土纲 Soil order	土类 Soil great group	亚类 Soil subgroup	土属 Soil genus	土种 Soil species	土层码 Layer code	土层厚度 Depth/cm	颜色 Soil color	质地 Soil texture	土壤结构 Soil structure	pH	有机质 OM/(g/kg)	全氮 TN/(g/kg)	全磷 TP/(g/kg)	全钾 TK/(g/kg)	阳离子交换量 CEC/(cmol/kg)	土壤母质 Parent material	剖面点坐标 Profile coordinate	匹配指数 Matching index/%
剖1	淋溶土	棕壤	棕壤	棕壤	厚层土质棕壤	1	0—14	暗棕色	砂壤土	团块状	7.6	50.5	2.69	0.41			坡积物	E 110°15′28.2″ N 35°39′05.8″	81
						C₁	14—39	棕色	轻壤土	团块状	7.6	19.4	1.14	0.24					
						C₂	39—128	黄棕色	中壤土	块状	7.6	11.5	0.76	0.22					
剖2	半淋溶土	褐土	褐土性土	石灰岩砾质褐土性土		As	0—24	暗棕色	中壤土	团块状		23.0	1.40	0.44	11.7	11.1	石灰岩风化物	E 110°28′31.2″ N 35°35′21.0″	89
						2	24—47	浅褐色	中壤土	团块状		18.0	1.30	0.44	14.8	11.3			
剖3	初育土	紫色土	石灰性紫色土	石灰性紫色土	薄层石灰性紫色土	A	0—27	灰紫色	轻壤土	团粒状	8.2	19.5	1.22	0.57	18.7		紫色砂页岩风化物	E 110°19′05.6″ N 35°32′40.0″	99
						C	27—68	浅紫色	中壤土	块状	8.0	5.7	0.39	0.56	19.4				
剖4	初育土	红黏土	红土	五花土	草灌五花土	1	0—20	灰红棕色	中壤土	粒状		1.5	0.22	0.40			红土、黄土	E 110°20′00.8″ N 35°32′51.0″	100
						2	20—90	红棕色	重壤土	柱状		4.1	0.39	0.17					
						3	90—100												
剖5	初育土	紫色土	石灰性紫色土	石灰性紫色土	薄层石灰性紫色土	A	0—2	灰紫色	砂壤土	团粒状	7.9	24.0	1.55	0.90		12.9	紫色砂页岩风化物	E 110°16′29.5″ N 35°31′05.5″	72
						2	2—18	暗紫色	中壤土	片状	8.1	9.2	0.74	0.79		11.1			
						C	18—70	红紫色	砂壤土	块状	7.9	1.7	0.13	0.57		9.9			
剖6	初育土	黄绵土	黄绵土	黄绵土	梯田黄绵土	1	0—18				7.9	8.5	0.50	0.57	18.7	9.7	黄土	E 110°28′55.8″ N 35°34′06.5″	98
						2	18—22		轻壤土	团块状	7.8	8.8	0.50	0.57	19.1	4.5			
						3	22—70				8.0	7.1	0.50	0.57	17.9	<2.0			
						4	70—120				8.0	5.5	0.40	0.48	18.8	4.5			
剖7	初育土	新积土	新积土	淤绵土	淤绵土	1	0—18	灰棕色	轻壤土	团块状		6.7	0.44	0.54			洪冲积物	E 110°28′44.2″ N 35°33′26.3″	78
						2	18—50	浅深棕色	砂壤土	粒状		2.5	0.19	0.72					
						3	50—150		中壤土	块状		3.4	<0.10	0.50					
剖8	半淋溶土	褐土	褐土性土	壤质埈土性土	中层壤质埈土性土	1	0—24	灰深棕色	轻壤土	团块状	8.1	12.0	0.66	0.61			黄土	E 110°28′11.8″ N 35°31′55.8″	71
						2	24—39	浅灰棕色	重壤土	块状	8.2	8.3	0.38	0.57					
						3	39—118	棕褐色	中壤土	棱柱状	8.4	6.7	0.44	0.55					
						B	118—179		中壤土	块状	8.4	2.3	0.27	0.49					
						C	179—211		中壤土	块状	8.1	2.1	0.25	0.46					
剖9	半水成土	潮土	潮土	潮土	潮土	1	0—21	灰棕色	中壤土	团块状	8.1	11.1	0.71	0.51	16.8	21.3	洪冲积物	E 110°28′44.2″ N 35°33′26.3″	100
						2	21—51	黄棕色	重壤土	块状	8.1	9.7	0.64	0.46	18.0	25.4			
						C	51—95	暗黄棕色	中壤土	块状	8.2	7.6	0.55	0.58	18.3	24.1			
剖10	初育土	黄绵土	黄绵土	黄绵土	黄绵土	1	0—26	灰黄棕色	轻壤土	团块状	8.1	14.4	0.70	0.74	18.2	9.5	黄土	E 110°29′18.8″ N 35°32′10.6″	72
						2	26—37	暗棕色	中壤土	块状	8.1	14.2	0.70	0.96		9.5			
						3	37—66	灰棕色	重壤土	棱柱状	8.2	9.3	0.60	0.96		6.9			
						4	66—187		中壤土	块状	8.2	4.0	0.30	0.65		6.5			
剖11	半淋溶土	褐土	埈土	红埈土	中层红埈土	1	0—24	暗棕色	轻壤土	团块状	8.1	12.9	0.66	0.61			风积次生黄土	E 110°28′17.6″ N 35°30′59.8″	98
						2	24—42	灰棕色	中壤土	块状	8.2	5.2	0.38	0.57					
						Bt	42—95	褐棕色	重壤土	棱柱状	8.2	6.4	0.44	0.55					
						B	95—143	黄棕色	中壤土	块状	8.4	5.1	0.27	0.49					
						C	143—215	浅黄棕色	中壤土	块状	8.4	3.7	0.25	0.46					
剖12	半淋溶土	褐土	埈土	红埈土	厚层红埈土	1	0—21				8.2	13.3	0.79	0.54			风积次生黄土	E 110°28′46.1″ N 35°30′01.2″	78
						2	21—29				8.2	9.1	0.55	0.47					
						3	29—92				8.1	7.1	0.61	0.36					
						4	92—189				7.8	9.3	0.69	0.39					
						5	189—203				8.3	4.6	0.26	0.46					
						6	203—214				8.2	5.0	0.33	0.57					

续表 Continued

剖面号 Soil profile	土纲 Soil order	土类 Soil great group	亚类 Soil subgroup	土属 Soil genus	土种 Soil species	土层码 Layer code	土层厚度 Depth/cm	颜色 Soil color	质地 Soil texture	土壤结构 Soil structure	pH	有机质 OM/(g/kg)	全氮 TN/(g/kg)	全磷 TP/(g/kg)	全钾 TK/(g/kg)	阳离子交换量CEC/(cmol/kg)	土壤母质 Parent material	剖面点坐标 Profile coordinate	匹配指数 Matching index/%
剖13	初育土	新积土	新积土	洪淤土	洪淤砂石土	1	0–24	灰棕色	轻壤土	团块状		39.9	1.21	0.56			洪冲积物	E 110°23′37.4″ N 35°31′05.5″	89
						2	24–88	浅棕色	砂壤土	粒状		28.2	0.54	0.41					
						3	88–179	浅灰棕色	中壤土	块状		11.1	0.56	0.38					
						4	179–192	浅棕色	砂壤土	粒状		8.7	0.41	0.43					
						C	192–	褐棕色	中壤土	块状		5.2	0.44	0.48					
剖14	初育土	黄绵土	黄绵土	白墡土	料姜白墡土	A	0–19					6.8	0.50	0.44			黄土	E 110°24′04.8″ N 35°30′18.3″	82
						C₁	19–51					5.3	0.30	0.44					
						C₂	51–143					3.6	0.20	0.44					
						C₃	143–162					3.9	0.20	0.26					
剖15	初育土	黄绵土	黄绵土	黄墡土	料姜白墡土	A	0–19	黄棕色	砂壤土	小块状	8.1	8.0	0.54	0.45			黄土	E 110°25′43.5″ N 35°29′14.5″	71
						C₁	19–51	黄棕色	黏壤土	大块状	8.2	5.3	0.25	0.47					
						C₂	51–143	黄棕色	黏壤土	大块状	8.2	3.6	0.22	0.46					
						C₃	143–162	黄棕色	黏壤土	大块状	8.2	4.0	0.26	0.27					
剖16	半淋溶土	褐土	褴土	红墡土	厚层红墡土	Ap	0–21	暗棕色	轻壤土	团块状							风积次生黄土	E 110°27′56.0″ N 35°27′47.2″	70
						3	21–29	灰棕色	中壤土	层状									
						Bt	29–92	浅灰棕色	中壤土	团块状									
						B	92–189	棕褐色	中壤土	棱柱状									
						C	189–203	黄棕色	中壤土	块状									
							203–214	黄棕色	轻壤土	块状									
剖17	人为土	水稻土	黄土田	黄土田	黄泥田	Ap	0–25	黄棕色	中壤土	团块状	8.0	23.7	1.72	0.91	18.1	13.5	洪冲积物	E 110°24′55.9″ N 35°25′36.0″	79
						C	25–35	黄棕色	中壤土	块状	8.2	23.3	1.44	0.81	18.9	13.0			
							35–120			粒状	8.3	18.5				4.4			
剖18	初育土	黄绵土	黄墡土	油墡土	壤质油墡土	2	25–35	灰棕色	壤土	小团块状	7.7	31.4	1.07	1.16	17.8	9.1	黄土	E 110°25′32.2″ N 35°26′54.2″	98
						3	35–100	浅灰棕色	黏壤土	片状	7.9	8.5	1.07	1.29	15.6	12.9			
						4	100–170		黏壤土	大块状	7.9	8.8	1.19	1.24	15.5	11.1			
											8.0	7.1		1.34	14.9	9.9			
剖19	初育土	黄绵土	黄绵土	黄绵土	棕黄绵土	1	0–18	暗棕色	轻壤土	大块状	8.0	5.5	0.56	0.57	18.7	9.7	黄土	E 110°15′44.5″ N 35°21′29.1″	70
						2	18–22		重壤土	团块状	8.4	12.4	0.53	0.57	19.1				
						AC	22–70						0.50	0.59	17.9				
							70–120						0.41	0.49	18.8				
													0.79	0.63					
剖20	半水成土	潮土	盐化潮土	壤质盐化潮土	轻度壤质盐化潮土	1	0–19	暗灰棕色		块状	8.1	11.0	0.70	0.53			洪冲积物	E 110°27′15.2″ N 35°23′04.4″	76
						2	19–56	浅灰棕色		团粒状	8.1	<1.0	0.19	0.55					
						C	56–110					8.7	0.60	0.57					
剖21	初育土	黄绵土	白墡土	梯田白墡土		1	0–10	灰棕色	砂壤土	粒状		7.2	0.50	0.48			黄土	E 110°30′34.0″ N 35°33′03.0″	79
						2	10–25	浅灰棕色	砂壤土	粒状		3.0	0.20	0.48					
						3	25–195			粒状									
剖22	初育土	新积土	新积土	淤砂土	中度松散潮土	1	0–12	浅棕色	壤土	团块状	7.9	1.8	0.11	0.48	18.5	14.6	洪冲积物	E 110°31′47.7″ N 35°33′59.6″	93
						2	12–37	浅棕色	黏壤土	片状	8.1	1.6	0.12	0.46	18.3	13.4			
						3	37–70	浅黄棕色	壤土	块状	8.1	1.7	<0.10	0.49	16.9	12.1			
剖23	半水成土	潮土	盐化潮土	氯化物硫酸盐盐化潮土	中度松散潮土	1	0–22	浅黄棕色	中壤土	团粒状	7.9	14.6	0.86	0.73	18.5		洪冲积物	E 110°30′06.8″ N 35°32′13.8″	94
						A₁	22–33	浅黄棕色	黏壤土	片状	8.1	10.1	0.60	0.54	18.3				
						A₂	33–65	黄棕色	壤土	块状	8.1	5.9	0.38	0.55	16.9				
						Cu													
剖24	半水成土	潮土	盐化潮土	壤质盐化潮土		1	0–22	黄棕色	重壤土	团块状	7.9	14.6	0.86	0.74	18.5		洪冲积物	E 110°30′23.9″ N 35°32′01.8″	87
						Ap	22–33	浅黄棕色	重壤土	片状	8.1	10.1	0.60	0.54	18.3				
						3	33–65	黄棕色	中壤土	块状	8.1	5.9	0.38	0.56	16.9				

华 阴 市

主要土类说明

褐土是华阴市主要土壤类型，占本市地域面积的28%。褐土是在暖温带半湿润区发育形成的具有黏化与钙质淋移淀积特征的土壤。该土壤盐基饱和，处于硅铝风化阶段，有明显的黏淀层。在其A–B–C剖面构型中，B层呈棕褐色，B层下部有假菌丝状钙积层。本市褐土分为塿土、褐土性土等亚类。塿土是在自然褐土的基础上经人工熟化和施加粪肥堆垫而形成的农业土壤。褐土性土主要分布在海拔800—1400m的山区，成土母质多为石灰岩或非石灰岩风化物。

棕壤是华阴市第二大土壤类型，占本市地域面积的25%。棕壤发生于暖温带湿润地区落叶阔叶林下，但大部分已被垦殖，以旱作为主，主要分布在本市南部海拔1400m以上的秦岭山地。该土壤处于硅铝风化阶段，具有黏化特征，呈棕色。土体见黏粒淀积，盐基充分淋失，见少量游离铁。表层为枯枝落叶层，其下为厚15—20cm的腐殖质层，再向下为鲜棕色心土层和棕色母质层。本市棕壤分为棕壤、漂洗棕壤、生草棕壤、粗骨性棕壤等亚类。

黄绵土是华阴市第三大土壤类型，占本市地域面积的10%，分布在本市褐土区北部和渭河南岸高阶地，与褐土交错分布。黄绵土是由黄土母质直接翻耕形成的初育土，受母质影响较大，其属性也与母质相似，土壤无明显发育。土壤剖面基本上由耕层和母质层组成，各层的质地、颜色等差异不大。不同的地形部位、地面坡度及耕作施肥措施，对土壤中水、肥、气、热状况的影响不同，从而形成了不同类型的黄绵土。

新积土占本市地域面积的8%。新积土是由新近冲积、洪积、坡积、塌积或人工堆垫形成的土壤。该土壤成土期短，母质特性明显，具A–C或（A）–C剖面构型。本县新积土分为洪淤土、河淤土等亚类。洪淤土形成于山前洪积扇，河淤土形成于长涧河、柳叶河、罗敷河等河流沿岸。

潮土占本市地域面积的3%，分布在本市库区及地下水位较高的地区。潮土是由河流冲积物或沉积物受地下水影响而形成的土壤，地下水位一般为0—1.6m。在潮土成土过程中，底土氧化还原作用交替进行，形成锈色斑纹和小型铁子，结构体表面覆有灰色胶膜。

草甸土占本市地域面积的3%。草甸土是在冷湿条件下，受地下水浸润并在草甸植被下发育形成的土壤，具A–Cu或A–C–Cu剖面构型。自然植被主要是芦苇等喜湿植物。因所处地带地下水位较高，潜水参与土壤形成过程，受地下水升降与浸润作用，成土过程具有明显腐殖质累积和铁锰氧化还原特征，土体出现锈色斑纹层。本市草甸土仅有浅色草甸土一个亚类。

小于本市地域面积3%的土壤类型有沼泽土、水稻土。

本区域中心区气候特征

本区域中心区气候特征值
Regional climate characteristics in central area of the region

气候带：暖温带亚湿润气候 Climate region: Warm temperate subhumid climate	
年平均气温 /℃ Annual average temperature /℃	13.2
年平均最高气温 /℃ Annual average maximum temperature /℃	19.3
年平均最低气温 /℃ Annual average minimum temperature /℃	8.3
年降水量 /mm Annual precipitation /mm	550
≥10℃的积温 /℃ Daily temperature accumulated in a year（≥10℃）/℃	6489
年日照时数 /h Annual sunshine /h	1994
年平均相对湿度 /% Annual average relative humidity /%	67
干燥度 Dryness	1.44

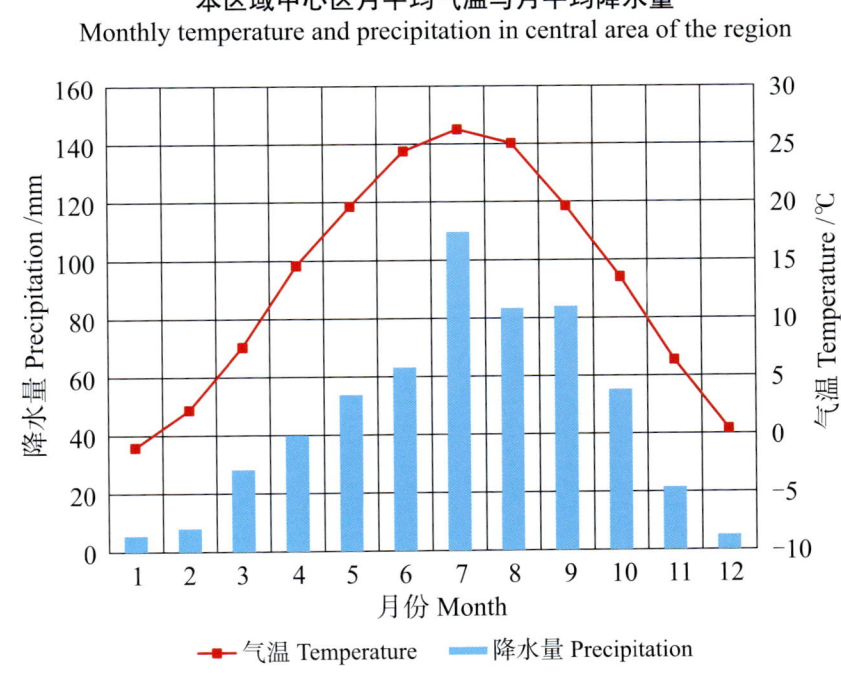

本区域中心区月平均气温与月平均降水量
Monthly temperature and precipitation in central area of the region

华阴市主要土壤类型与土壤剖面点分布图
1 : 130 000

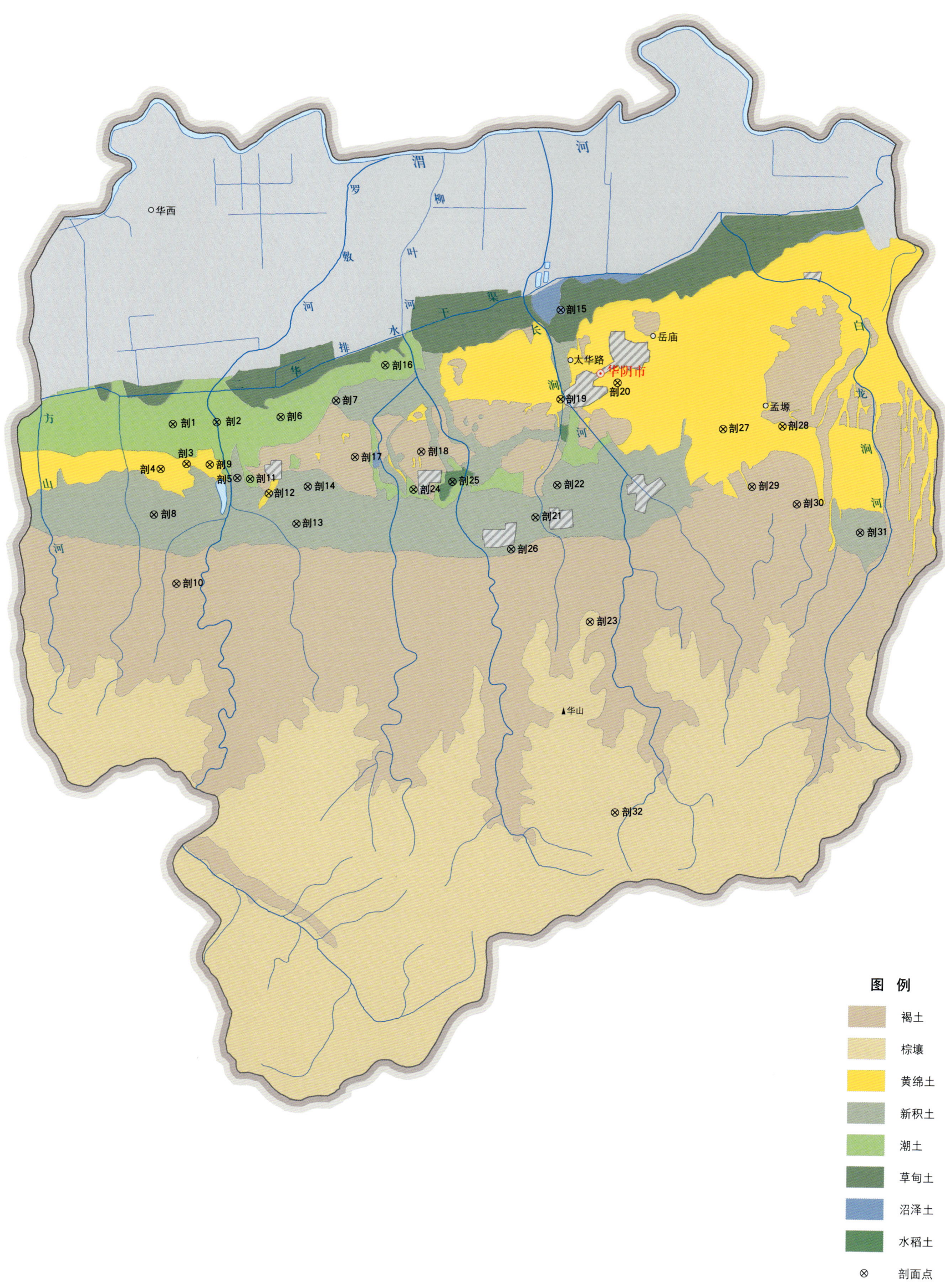

华阴市土壤剖面理化性状表

剖面号 Soil profile	土纲 Soil order	土类 Soil great group	亚类 Soil subgroup	土属 Soil genus	土种 Soil species	土层码 Layer code	土层厚度 Depth/cm	颜色 Soil color	质地 Soil texture	土壤结构 Soil structure	pH	有机质 OM/(g/kg)	全氮 TN/(g/kg)	全磷 TP/(g/kg)	全钾 TK/(g/kg)	碱解氮 AN/(mg/kg)	有效磷 AP/(mg/kg)	速效钾 AK/(mg/kg)	阳离子交换量 CEC/(cmol/kg)	土壤母质 Parent material	剖面点坐标 Profile coordinate	匹配指数 Matching index/%
剖1	半水成土	潮土	潮土	黏壤质潮土	底砂泥潮土	A_1	0—29	灰黄褐色	黏壤土	碎块状	7.5	9.8	0.67	0.59			6.0	164	12.5	冲积物	E 109°56′38.2″ N 34°33′19.2″	77
						A_2	29—37	深褐色	黏壤土	片状	7.9	7.2	0.49	0.58			4.0	129	11.4			
						Cu_1	37—57	黄褐色	黏壤土	片状	7.9	8.6	0.69	0.58			6.0	122	19.1			
						Cu_2	57—104	棕黄褐色	砂壤土	片状	8.2	2.7	0.30	0.60			4.0	71	5.1			
剖2	半水成土	潮土	盐化潮土	硫酸盐潮土		1	0—17	暗黄褐色	轻壤土	块状		17.5	1.05	0.95						冲积物	E 109°57′31.6″ N 34°33′22.0″	88
						Ap	17—24	暗灰色	轻壤土	片状		14.3	0.89	0.91								
						3	24—98	灰色	中壤土	块状		15.1	0.89	1.02								
剖3	初育土	黄绵土	黄绵土	黄潽土	灰潽土	1	0—18		轻壤土		7.8	13.6	0.78	2.76	20.6				10.6	黄土	E 109°56′55.5″ N 34°32′40.0″	76
						Ap	18—25		轻壤土		7.7	10.4	0.65	3.07	22.6				10.2			
						3	25—75		轻壤土		7.7	16.5	0.87	>4.00	20.2				14.4			
						4	75—125		砂壤土		7.6	25.9	0.75	>4.00	18.6				15.6			
						C	125—		中壤土		7.6	3.5	0.28	0.79	21.7				6.4			
剖4	初育土	黄绵土	黄绵土	白墡土	坡地白墡土	1	0—18	浅黄棕色	中壤土	团块状	8.1	5.7								黄土	E 109°56′24.4″ N 34°32′34.1″	81
						C	18—50	黄棕色	中壤土	块状	8.1	3.9										
剖5	初育土	黄绵土	黄绵土	黄墡土		1	0—17	浅灰棕色	砂壤土	团块状	8.0	4.7								黄土	E 109°57′24.2″ N 34°32′39.5″	73
						C	17—50	浅灰棕色	砂壤土	团块状	7.8	2.3										
剖6	半水成土	潮土	潮土	壤质潮土	泥潮土	A	0—27	浅黄褐色	黏壤土	团块状	8.2	5.7	0.45	0.71		21	8.0			静水沉积物	E 109°58′49.6″ N 34°33′28.0″	86
						AC_1	27—48	浅黄褐色	黏壤土	块状	8.3	3.9	0.33	0.63		16	5.0					
						AC_2	48—61	棕褐色	黏壤土	片状	8.3	4.7	0.39	0.64		18	5.0					
						Cu_1	61—78	棕黄褐色	黏壤土	块状	8.3	2.3	0.26	0.63		14	5.0					
						Cu_2	78—95	浅棕黄褐色	黏壤土	块状	8.3	3.0	0.30	0.62		12	4.0					
						Cu_3	95—109	棕灰棕色	壤质黏土	块状	8.2	6.8	0.56	0.62		32	6.0					
						C	109—130	灰黄色	黏壤土	片状	8.2	3.1	0.37	0.64		19	5.0					
剖7	初育土	新积土	洪淤土	洪淤砂土	洪淤砂土	1	0—15	灰棕色	砂土	团块状	7.8	11.0	0.63	0.94	28.7				4.3	洪冲积物	E 109°59′56.3″ N 34°33′45.7″	84
						C	15—21	灰棕色	砂土	片状	7.6	8.3	0.46	1.22	28.7				3.3			
						3	21—50															
剖8	初育土	新积土	洪淤土	洪淤砂土	洪淤砂土	1	0—17	浅棕色	砂壤土	团块状	8.0	10.0	0.68	1.01	29.5				6.9		E 109°56′17.0″ N 34°31′48.2″	84
						Ap	17—24	浅棕色	砂壤土	片状	8.0	5.4	0.39	0.99	25.7				5.8			
						C	24—140	浅棕色	砂壤土	块状	7.8	3.4	0.28	0.98	27.4				5.5			
剖9	初育土	新积土	新积土	淤砂土	夹石淤砂土	1	0—15	浅棕色	紧砂土	片状	7.6	11.0	0.63	0.94	28.7				4.2		E 109°57′58.1″ N 34°32′26.6″	93
						2	15—75	灰棕色	松砂土	块状	7.1	8.3	0.46	1.22	28.7				3.3			
						As	15—27	暗灰棕色	砂壤土	粒状	7.1	19.4	1.16	0.97	>40.0				13.0			
剖10	半淋溶土	褐土	褐土性土	砾质褐土性	薄层石片石渣土	A	27—40	暗棕色	砂壤土	团粒状	7.1	18.4	1.08	0.90	>40.0				12.3		E 109°56′46.4″ N 34°30′39.6″	84
						C	40—55	黄棕色	砂壤土	团块状	7.1	26.8	1.57	0.84	>40.0				15.9			
剖11	半水成土	潮土	潮土	潮土	潮黄土	1	0—16	灰棕色	砂壤土	团块状	7.8	11.8	0.72	1.15	11.0					冲积物	E 109°58′13.6″ N 34°32′25.9″	78
						2	16—26	暗棕色	砂壤土	片状	7.6	10.5	0.67	1.18					6.1			
						3	26—88	浅灰棕色	砂壤土	片状	7.8	10.7	0.74	1.20					6.1			
剖12	初育土	黄绵土	黄绵土	黄绵土		1	0—27	黄棕色	砂壤土	块状	7.6	9.3	0.68	0.90	21.9				6.7	黄土	E 109°58′36.4″ N 34°32′11.9″	70
						Ap	27—36	灰灰棕色	砂壤土	团块状	7.3	3.6	0.28	0.84	11.4				5.7			
						C	36—150							0.72								
剖13	初育土	新积土	新积土	浪石土	耕种浪石土	A	0—20	灰棕色	砂壤土	团块状	7.8	10.1	0.69	0.82	32.9				9.0	冲积物	E 109°59′11.0″ N 34°31′42.0″	79
						C	20—70	黄棕色	砂土	团粒状	7.8	6.2	0.47	0.88	26.3				9.1			

续表 Continued

剖面号 Soil profile	土纲 Soil order	土类 Soil great group	亚类 Soil subgroup	土属 Soil genus	土种 Soil species	土层码 Layer code	土层厚度 Depth/cm	颜色 Soil color	质地 Soil texture	土壤结构 Soil structure	pH	有机质 OM/(g/kg)	全氮 TN/(g/kg)	全磷 TP/(g/kg)	全钾 TK/(g/kg)	碱解氮 AN/(mg/kg)	有效磷 AP/(mg/kg)	速效钾 AK/(mg/kg)	阳离子交换量CEC/(cmol/kg)	土壤母质 Parent material	剖面点坐标 Profile coordinate	匹配指数 Matching index/%
剖14	初育土	新积土	新积土	淤砂土		1	0–20	浅棕色	细砂土												E 109°59′24.0″ N 34°32′19.5″	76
						2	20–87	灰棕色	细砂土													
						3	87–150	黄棕色	细砂土													
剖15	水成土	沼泽土	草甸沼泽土	草甸沼泽土	草甸沼泽土	A	0–25	黄绿色	轻壤土	块状											E 110°04′27.8″ N 34°35′19.5″	87
						G	25–80	黄灰色	轻壤土	块状												
剖16	半水成土	潮土	潮土	潮砂土	黄潮砂土	1	0–20					14.2	0.86	0.97						冲积物	E 110°00′55.3″ N 34°34′21.6″	74
						2	20–77					11.0	0.72	0.90								
剖17	半淋溶土	褐土	塿土	红塿土		1	0–16	浅棕色	轻壤土	团块状	7.8	9.7	0.69	0.92	26.5				8.4	黄土	E 110°00′21.0″ N 34°32′49.5″	82
						Ap	16–23	浅棕色	轻壤土	片状	7.6	10.1	0.67	0.96	28.7				8.3			
						Bt	23–45	棕褐色	轻壤土	块状	7.8	5.0	0.46	1.00	27.5				7.5			
						Bk	45–106	棕褐色	中壤土	棱柱状	7.8	6.4	0.54	0.81	26.0				11.9			
							106–185	浅棕色	中壤土	块状	7.8	3.9	0.26	0.71	26.9				8.1			
						C	185–220		中壤土		7.8	3.3	0.33	0.72	30.2				7.9			
剖18	半淋溶土	褐土	塿土	红塿土	中层红塿土	1	0–16					10.5	0.64	1.09						黄土	E 110°01′41.3″ N 34°32′56.1″	91
						2	16–26			团粒状	8.4	8.7	0.56	1.09								
						3	26–60			块状	8.3	8.1	0.54	1.08								
						4	60–73					5.9	0.37	1.00								
剖19	初育土	黄绵土	黄塿土	油塿土	油塿土	1	0–26	灰色	中壤土	团粒状										黄土	E 110°04′29.8″ N 34°33′50.8″	99
						2	26–50	灰色	中壤土	块状												
剖20	初育土	黄绵土	黄绵土	黄塿土		1	0–24	浅灰棕色	轻壤土	片状		7.9	0.48	0.81						黄土	E 110°05′38.6″ N 34°34′08.0″	76
						Ap	24–29	浅棕色	中壤土	团粒状		6.7	0.43	0.81								
						C	29–240	黄棕色	中壤土	块状		4.2	0.32	0.88								
剖21	初育土	新积土	新积土	洪淤土	洪淤土	1	0–16		紧砂土			18.9	1.01	1.14						黄土	E 110°04′02.1″ N 34°31′52.4″	71
						2	16–23		紧砂土			8.7	0.58	1.13								
						3	23–105		紧砂土			6.7	0.45	0.97								
						4	105–166		中壤土			8.1	0.48	0.72								
						5	166–198					5.3	0.38	0.62								
						6	198–212					5.8	0.41	0.83								
剖22	初育土	新积土	新积土	洪积土	石碴土	A	0–20	灰棕色	多砾砂壤土	粒状	7.8	10.1	0.69	0.47	32.9	74	3.0	167	9.0	洪积物	E 110°04′27.4″ N 34°32′25.1″	98
						C	20–70	黄棕色	砂土		7.8	6.1	0.47	0.88	26.3				9.1			
剖23	淋溶土	棕壤	粗骨性棕壤	花岗片麻岩粗骨性棕壤	粗骨性棕壤	O	0–5													花岗片麻岩风化物	E 110°05′10.8″ N 34°30′09.2″	94
						As	5–12	暗棕色	轻壤土	团粒状		27.2	1.80	0.85	21.0				16.8			
						A	12–30	暗棕色	中壤土	团粒状		18.6	1.16	0.60	20.6				13.6			
						C	30–60	黄棕色	轻壤土	团粒状				0.65	21.8							
剖24	半水成土	潮土	潮土	潮砂土	黄潮砂土	1	0–16	浅棕色	紧砂土											冲积物	E 110°01′32.4″ N 34°32′18.4″	94
						Ap	16–23	灰棕色	紧砂土													
						W	26–60	灰绿棕色	紧砂土													
						C	60–73	浅棕色	紧砂土													
剖25	人为土	水稻土	青泥田	泥砂田	泥砂田	A	0–20	暗棕色	砂壤土												E 110°02′20.2″ N 34°32′26.4″	99
						Ap	20–28	浅灰棕色	砂壤土													
						W	28–42	灰色	砂壤土													
						C	42–60	灰色	中壤土													
剖26	初育土	新积土	新积土	浪石土	浪石土	1	0–17					18.6	1.24	0.68							E 110°03′33.3″ N 34°31′19.9″	79
						2	17–60					9.6	0.63	0.98								
						3	60–150					11.5	0.66	0.85								

续表 Continued

剖面号 Soil profile	土纲 Soil order	土类 Soil great group	亚类 Soil subgroup	土属 Soil genus	土种 Soil species	土层码 Layer code	土层厚度 Depth/ cm	颜色 Soil color	质地 Soil texture	土壤结构 Soil structure	pH	有机质 OM/ (g/kg)	全氮 TN/ (g/kg)	全磷 TP/ (g/kg)	全钾 TK/ (g/kg)	碱解氮 AN/ (mg/kg)	有效磷 AP/ (mg/kg)	速效钾 AK/ (mg/kg)	阳离子 交换量CEC/ (cmol/kg)	土壤母质 Parent material	剖面点坐标 Profile coordinate	匹配指数 Matching index/%
剖27	初育土	黄绵土	黄绵土	黄墡土	坡白墡土	A	0—13	浅灰棕色	黏壤土	块状	8.0	9.0	0.53	0.61	14.2				8.8	黄土	E 110° 07′ 48.5″ N 34° 33′ 23.7″	84
						C₁	13—100	黄棕色	黏壤土	块状	7.8	4.6	0.42	0.61	14.2				10.4			
						C₂	100—150	黄棕色	砂壤土	块状	7.8	4.4	0.30	0.62	15.5				8.6			
剖28	初育土	黄绵土	黄绵土	黄墡土		1	0—24		砂壤土		7.8	5.6	0.38	0.71	23.2				7.7	黄土	E 110° 09′ 00.7″ N 34° 33′ 27.5″	78
						2	24—30		轻壤土		8.0	5.1	0.43	0.69	19.5				7.6			
						3	30—84		轻壤土		7.8	3.1	0.22	0.58	21.9				6.9			
剖29	半淋溶土	褐土	褐土性土	黄土质褐土性土		1	0—20		轻壤土			18.7							11.6	黄土	E 110° 08′ 24.6″ N 34° 32′ 27.0″	79
						2	20—25		轻壤土			13.1							11.2			
						3	25—132		轻壤土			7.7							13.3			
剖30	半淋溶土	褐土	褐土性土	黄土质褐土性土	梯地褐土性	A	0—20	棕褐色	中壤土	团块状	8.0	18.7	1.09	0.98	26.5				11.6	黄土	E 110° 09′ 19.6″ N 34° 32′ 09.9″	76
						Ap	20—25	褐棕色	中壤土	片状	8.0	13.1	0.82	0.82	26.1				11.2			
						Bt	25—50	浅褐色	中壤土	块状	7.8	7.7	0.60	0.62	17.3				13.3			
						C	50—132	黄棕色	中壤土													
剖31	初育土	新积土	新积土	浪石土	耕种浪石土	1	0—17					18.6	1.20	1.03							E 110° 10′ 37.2″ N 34° 31′ 42.4″	75
						2	17—150					17.8	1.09	0.97								
剖32	淋溶土	棕壤				1	0—7		砂壤土		7.8			0.84	15.8						E 110° 05′ 45.7″ N 34° 26′ 58.5″	84
						2	7—19		轻壤土		7.8	47.1	1.92	0.36	17.3				21.8			
						3	19—47		轻壤土		7.8	36.0	1.62	0.29	22.6				16.8			

延安市

市 辖 区

主要土类说明

黄绵土是延安市主要土壤类型，占本市地域面积的85%。黄绵土是由黄土母质直接翻耕形成的初育土，其属性与母质十分相似，全剖面具强石灰反应，没有地带性土壤所具有的剖面特征。不同的地形部位、地面坡度及耕作施肥措施，均直接影响土壤侵蚀、堆积和成土过程的强弱，土壤中水、肥、气、热状况也随之发生变化。本市黄绵土仅有黄绵土一个亚类。

新积土是延安市第二大土壤类型，占本市地域面积的8%。本市新积土主要发育于洪积物、冲积物或坡积物，分为河淤土和坝淤土两个亚类。河淤土由河流挟带的泥沙沉积而形成，物质组成多样，沙、土、石皆有，土体构造复杂，结构较松，漏水漏肥，抗旱性差，土壤瘠薄。坝淤土主要由沟谷两岸山体崩塌和人为的打坝锁沟淤积而形成，主要分布在沟谷天然河滩和人工坝内。坝淤土成土年龄短，剖面无明显发育，主要发育于黄土，窄谷坝地中也有老黄土掺杂，质地为轻壤土至中壤土，地形平坦，土质疏松，耕性良好，水分状况好，保肥、保水性能好。

红黏土是延安市第三大土壤类型，占本市地域面积的6%，零星分布在本市侵蚀严重的沟谷地带。红黏土是在保德期红土或午城古黄土上形成的幼年土壤，质地黏重，多无剖面发育，除耕层外，母质特性明显。

小于本市地域面积3%的土壤类型有粗骨土、水稻土、风沙土、潮土、沼泽土。

本区域中心区气候特征

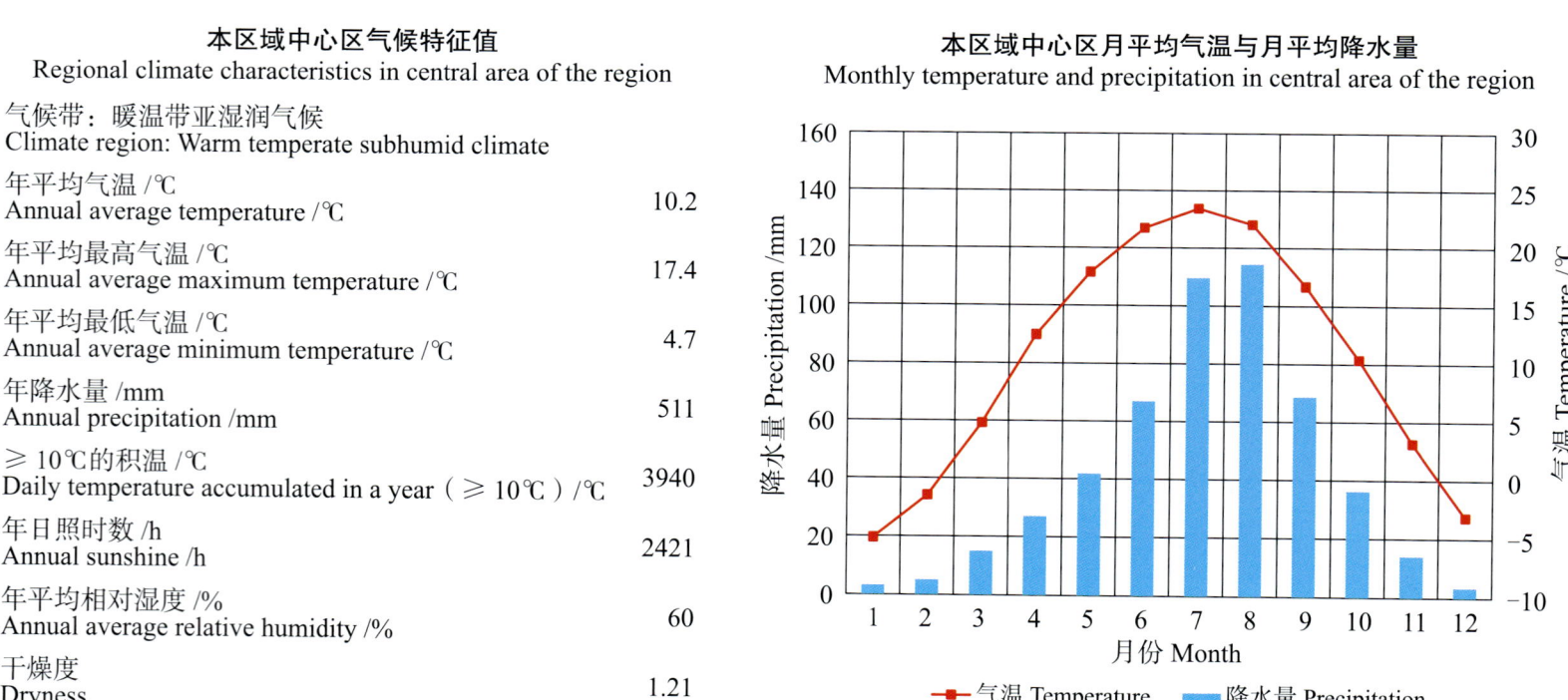

本区域中心区气候特征值
Regional climate characteristics in central area of the region

气候带：暖温带亚湿润气候 Climate region: Warm temperate subhumid climate	
年平均气温 /℃ Annual average temperature /℃	10.2
年平均最高气温 /℃ Annual average maximum temperature /℃	17.4
年平均最低气温 /℃ Annual average minimum temperature /℃	4.7
年降水量 /mm Annual precipitation /mm	511
≥10℃的积温 /℃ Daily temperature accumulated in a year (≥10℃) /℃	3940
年日照时数 /h Annual sunshine /h	2421
年平均相对湿度 /% Annual average relative humidity /%	60
干燥度 Dryness	1.21

本区域中心区月平均气温与月平均降水量
Monthly temperature and precipitation in central area of the region

延安市市辖区（部分）主要土壤类型与土壤剖面点分布图
1:340 000

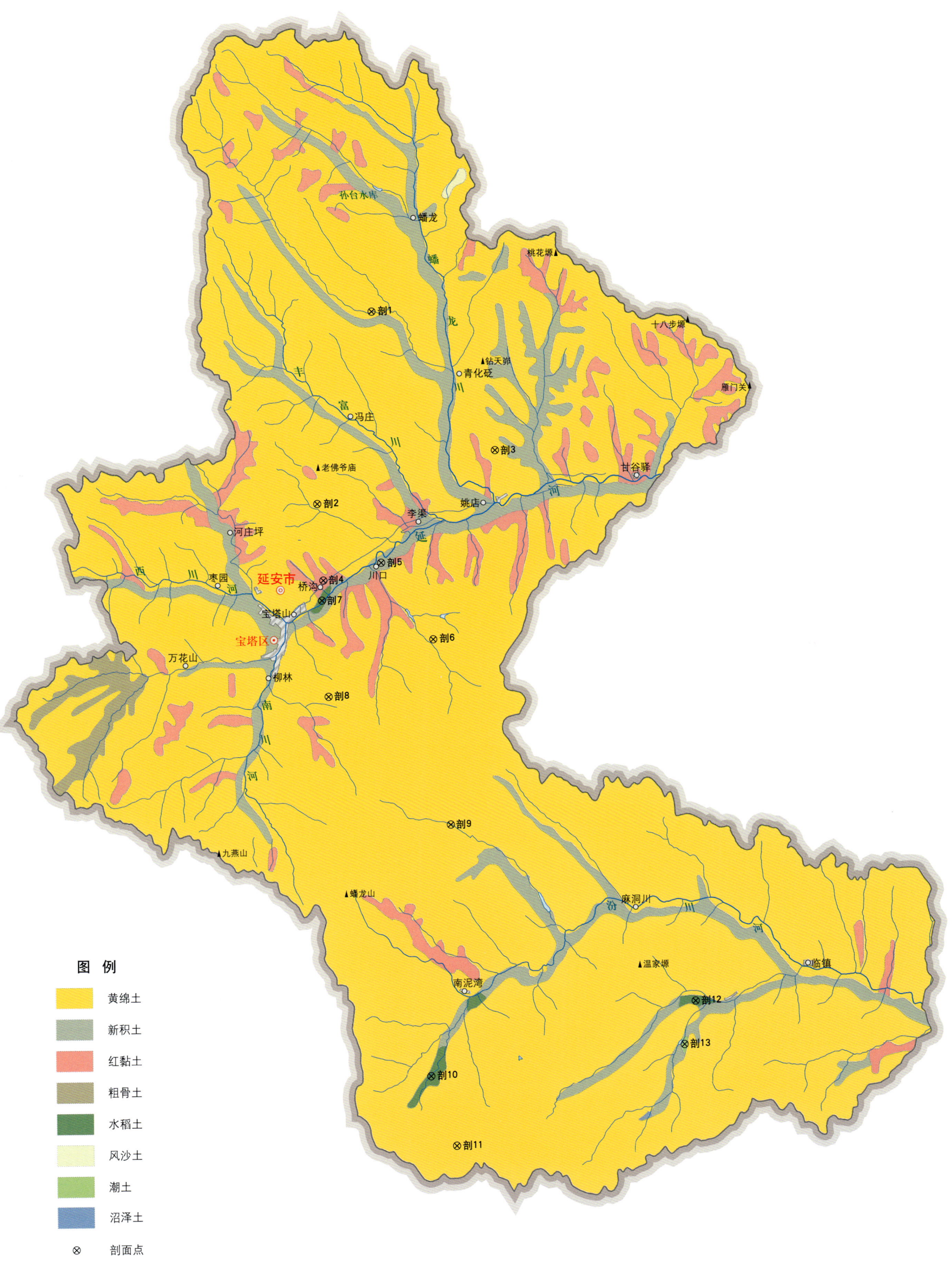

延安市土壤剖面理化性状表

剖面号 Soil profile	土纲 Soil order	土类 Soil great group	亚类 Soil subgroup	土属 Soil genus	土种 Soil species	土层码 Layer code	土层厚度 Depth/cm	颜色 Soil color	质地 Soil texture	土壤结构 Soil structure	pH	有机质 OM/(g/kg)	全氮 TN/(g/kg)	全磷 TP/(g/kg)	阳离子交换量CEC/(cmol/kg)	土壤母质 Parent material	剖面点坐标 Profile coordinate	匹配指数 Matching index/%
剖1	初育土	黄绵土	黄绵土	川台黄绵土	川台黄绵土	1	0—19	黄棕色	轻壤土	粒状						黄土	E 109°33′50.0″ N 36°49′45.2″	98
						2	19—80	黄棕色	轻壤土	小块状								
						3	80—105	浅黄棕色	轻壤土	小块状								
剖2	初育土	黄绵土	黄绵土	坡黄绵土		1	0—13	黄棕色	轻壤土	团块状						黄土	E 109°30′53.2″ N 36°41′08.8″	85
						2	13—59	浅黄棕色	轻壤土	小块状								
						3	59—120	棕黄色	轻壤土	小块状								
剖3	初育土	黄绵土	黄绵土	坡黄绵土		1	0—13					5.6	0.88	0.57		黄土	E 109°40′47.4″ N 36°43′37.3″	76
						2	13—58					3.6	0.24	0.55				
						3	58—128					3.4	0.22	0.58				
剖4	初育土	红黏土	红胶土	红胶土		1	0—14	棕红色	重壤土	块状	8.4			0.46	16.2	老黄土	E 109°31′16.5″ N 36°37′39.6″	84
						2	14—75	红色	重壤土	棱块状	8.4			0.63	16.4			
						3	75—120	红色		棱块状	8.4			0.26	17.0			
剖5	初育土	新积土	河淤土	河淤土	淤绵土	1	0—26	暗黄棕色	轻壤土	团块状		5.9	0.39	0.62		冲积物	E 109°34′29.0″ N 36°38′33.4″	82
						2	26—52	黄棕色	轻壤土	小块状		5.9	0.38	0.59				
						3	52—95	黄棕色	轻壤土	小块状		4.3	0.32	0.59				
						4	95—135					4.5	0.28	0.60				
剖6	初育土	黄绵土	黄绵土	坡黄绵土		1	0—20					5.2	0.35	0.49		黄土	E 109°37′25.6″ N 36°35′09.6″	91
						2	20—75					6.1	0.89	0.55				
						3	75—120					4.6	0.21	0.55				
						4	120—130					4.0	0.25	0.54				
剖7	人为土	水稻土	淹育水稻土	淹育水稻土		1	0—21	浅灰色	轻壤土	团块状	8.6	10.8	0.55	0.58	7.4	黄土	E 109°31′11.8″ N 36°36′50.0″	70
						2	21—43	棕灰色	小块状		8.7	14.5	2.50	0.57	6.3			
						3	43—90	棕灰色	中壤土	块状	8.5	3.2	1.38	0.58	7.5			
剖8	初育土	黄绵土	黄绵土	坡黄绵土		1	0—30		轻壤土			3.0	0.29	0.58	6.2	黄土	E 109°31′36.0″ N 36°32′33.8″	75
						2	30—63		轻壤土			5.7	0.41	0.64	5.8			
						3	63—103		轻壤土			9.2	0.58	0.63	5.8			
剖9	初育土	黄绵土	黄绵土	坡黄绵土		1	0—25	暗棕色	轻壤土	团块状	8.6	10.6	0.63	0.62		黄土	E 109°38′27.9″ N 36°26′52.8″	78
						2	25—80	暗灰色	轻壤土	块状	8.6	3.2	0.32	0.68				
						3	80—120	浅灰色	轻壤土	块状	8.5	2.5	0.23	0.64				
剖10	人为土	水稻土	潴育水稻土	潴育水稻土	锈泥田	1	0—14	暗棕色	轻壤土	块状	8.5	11.7	0.99	0.51	8.8	黄土	E 109°37′27.3″ N 36°15′43.9″	90
						2	14—39	暗灰色	轻壤土	块状	8.6	8.0	0.44	0.58	5.7			
						3	39—48	浅灰色	轻壤土	块状	8.5	7.3	0.40	0.52	7.3			
						4	48—55	浅灰色	轻壤土	块状	8.4	10.5	0.55	0.53	5.5			
						5	55—87	暗灰色	轻壤土	块状	8.4	11.0	0.60	0.58	5.0			
						6	87—120	暗灰色	轻壤土		8.5	13.1	0.73	0.60	7.5			
剖11	初育土	黄绵土	黄绵土	川台黄绵土	川台黄绵土	1	0—21					8.5	0.52	0.55	5.4	黄土	E 109°38′54.0″ N 36°12′41.4″	79
						2	21—59					5.2	0.35	0.68	4.9			
						3	59—99					3.5	0.26	0.64	5.0			
						4	99—137					8.2	0.25	0.52	4.8			

续表 Continued

剖面号 Soil profile	土纲 Soil order	土类 Soil great group	亚类 Soil subgroup	土属 Soil genus	土种 Soil species	土层码 Layer code	土层厚度 Depth/cm	颜色 Soil color	质地 Soil texture	土壤结构 Soil structure	pH	有机质 OM/(g/kg)	全氮 TN/(g/kg)	全磷 TP/(g/kg)	阳离子交换量 CEC/(cmol/kg)	土壤母质 Parent material	剖面点坐标 Profile coordinate	匹配指数 Matching index/%
剖12	人为土	水稻土	潜育水稻土	潜育水稻土	浅位青泥田	1	0—14	暗灰色	轻壤土	团块状				0.59	5.8		E 109°52′07.2″ N 36°19′06.5″	82
						2	14—27	灰黄棕色	轻壤土	块状				0.59	6.4			
						3	27—46	暗灰色	轻壤土	块状				0.62	7.8			
						4	46—81	浅蓝灰色	轻壤土	块状				0.65	8.3			
						5	81—128	蓝灰色	轻壤土	块状				0.62	5.7			
剖13	半水成土	潮土	盐化潮土	盐化潮土		1	0—12	黄棕色	轻壤土	块状						冲积物	E 109°51′31.0″ N 36°17′11.3″	95
						2	12—28	灰白色	轻壤土	块状								
						3	28—43	浅灰色	轻壤土	块状								
						4	43—64	栗色	轻壤土	块状								
						5	64—	青灰色	轻壤土	块状								

安 塞 区

主要土类说明

黄绵土是安塞区主要土壤类型，占本区地域面积的89%。黄绵土广泛分布在黄土丘陵沟壑区的侵蚀地貌，从梁峁顶部到川台地均有分布，与黄土母质有相似的形态和属性。土壤剖面基本上由耕层和母质层组成，没有明显的犁底层，是人类生产活动影响的结果。耕层呈浅灰棕色，土质疏松，透气性、透水性好，具团块状或团粒状结构，有机质、速效养分及其他有效营养物质含量较低，微生物活动强烈，矿质养分较丰富。其下为浅黄棕色或黄棕色的黄土母质层，耕层和母质层之间没有明显的界线。在平缓的川台地、梯田地，耕层和母质层之间有时会形成一定厚度的过渡层，缺乏明显的犁底层或淀积层。黄绵土的肥力高低完全取决于人类的耕作措施。根据其所处的地形部位及质地、植被和利用方式，本区黄绵土分为绵砂土、黄绵土、灰绵土等亚类。

灰褐土是安塞区第二大土壤类型，占本区地域面积的8%，主要分布在高桥、砖窑湾等地的梢林区。成土母质为富含磷酸盐的黄土母质。自然植被分为乔木、灌木和草本植物三大类。乔木有山杨、栎树、臭椿、侧柏、山榆、杜梨等；林下灌木有酸枣、黄刺玫等；草本植物有蒿类、黄背草、胡枝子、白草、羽茅等。枯枝落叶层薄，厚度一般为2—5cm；腐殖质层厚70cm左右，呈棕褐色；下层为浅褐色的隐黏化层，质地为轻壤土至中壤土。本区灰褐土均为在黄土母质上发育的石灰性灰褐土亚类。

小于本区地域面积3%的土壤类型有红黏土、新积土、紫色土、黑垆土、潮土。

本区域中心区气候特征

本区域中心区气候特征值
Regional climate characteristics in central area of the region

气候带：中温带亚湿润气候 Climate region: Mid temperate subhumid climate	
年平均气温 /℃ Annual average temperature /℃	9.4
年平均最高气温 /℃ Annual average maximum temperature /℃	16.6
年平均最低气温 /℃ Annual average minimum temperature /℃	3.6
年降水量 /mm Annual precipitation /mm	459
≥10℃的积温 /℃ Daily temperature accumulated in a year（≥10℃）/℃	3543
年日照时数 /h Annual sunshine /h	2557
年平均相对湿度 /% Annual average relative humidity /%	58
干燥度 Dryness	1.25

本区域中心区月平均气温与月平均降水量
Monthly temperature and precipitation in central area of the region

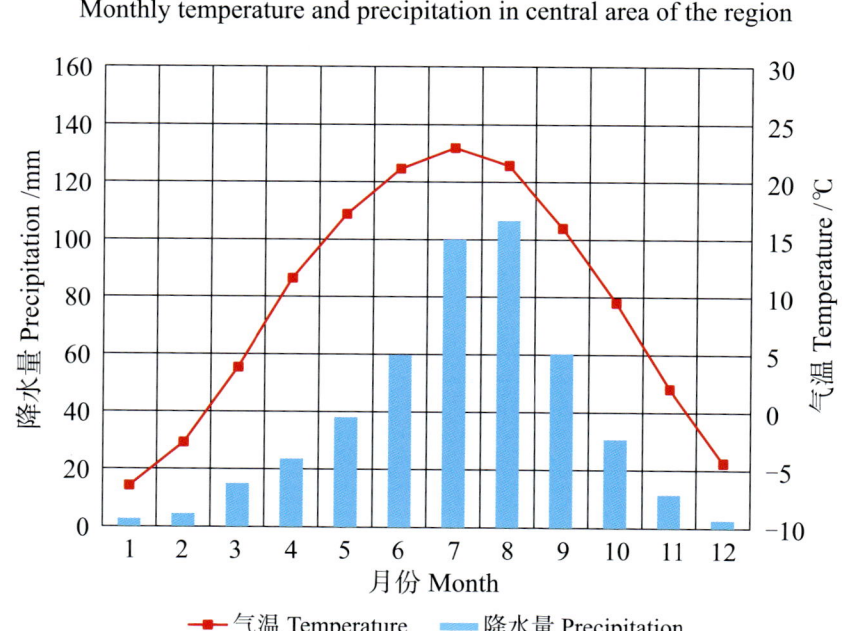

安塞县主要土壤类型与土壤剖面点分布图
1 : 300 000

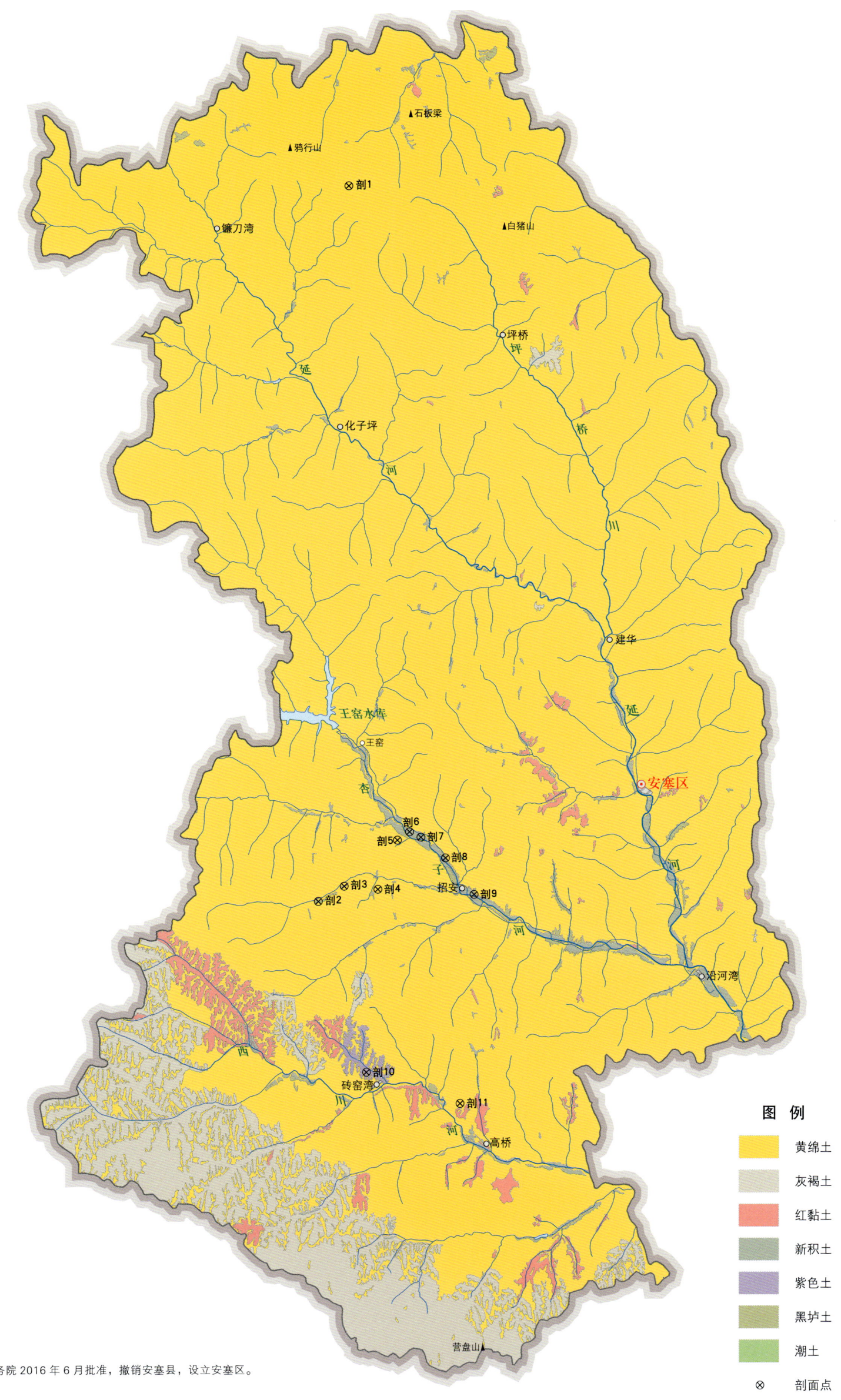

注：国务院 2016 年 6 月批准，撤销安塞县，设立安塞区。

图 例

- 黄绵土
- 灰褐土
- 红黏土
- 新积土
- 紫色土
- 黑垆土
- 潮土
- ⊗ 剖面点

安塞区土壤剖面理化性状表

剖面号 Soil profile	土纲 Soil order	土类 Soil great group	亚类 Soil subgroup	土属 Soil genus	土种 Soil species	土层码 Layer code	土层厚度 Depth/cm	颜色 Soil color	质地 Soil texture	土壤结构 Soil structure	pH	有机质 OM/(g/kg)	全氮 TN/(g/kg)	全磷 TP/(g/kg)	阳离子交换量CEC/(cmol/kg)	土壤母质 Parent material	剖面点坐标 Profile coordinate	匹配指数 Matching index/%
剖1	初育土	黄绵土	绵砂土	川台绵砂土		1	0—15	浅灰棕色	砂壤土	屑粒状	8.7	4.4	0.32	1.24	7.5	黄土	E 109°05′17.2″ N 37°13′34.1″	89
						2	15—50	浅灰棕色	砂壤土	块状	8.6	4.7	0.35	1.19	5.2			
						3	50—100	浅灰棕色	砂壤土	无明显结构	8.4	4.1	0.30	1.16	5.3			
剖2	半水成土	潮土				1	0—21	浅灰棕色	轻壤土	团块状						洪冲积物	E 109°04′37.8″ N 36°47′37.6″	85
						2	21—57	黄棕色	轻壤土	板状								
						3	57—93	灰棕色	黏壤土	层状								
						4	93—	灰棕色	黏壤土	核状								
剖3	钙层土	黑垆土	黄盖黑垆土			1	0—22	浅灰棕色	轻壤土	粒状	8.5	5.1	0.55	1.70	11.6	黄土	E 109°05′47.3″ N 36°48′12.2″	97
						2	22—24	浅灰棕色	轻壤土	块状	8.4	8.2	0.54	1.63	10.7			
						3	40—110	暗灰棕色	轻壤土	无明显结构	8.4	7.1	0.50	1.57	7.0			
						4	110—180	浅黄棕色	轻壤土	块状	8.5	6.0	0.42	1.75	7.9			
						5	180—	黄棕色	轻壤土	无明显结构	8.6	4.3	0.31	1.62	6.8			
剖4	初育土	黄绵土		川台黄绵土		1	0—20	浅灰棕色	轻壤土	碎块状	8.5	6.5	0.46	1.59		黄土、坡积物	E 109°07′19.8″ N 36°48′07.3″	98
						2	20—36	浅灰棕色	轻壤土	板状	8.4	5.5	0.41	1.62				
						3	36—100	浅灰棕色	砂壤土	无明显结构	8.4	5.5	0.42	1.59				
剖5	初育土	黄绵土	黄绵土	鸿塌黄绵土		1	0—20	浅灰棕色	轻壤土	粒状	8.5	4.0	0.28	1.42		黄土	E 109°08′10.3″ N 36°49′54.9″	86
						2	20—50	黄棕色	轻壤土	粒状、团块状	8.6	2.5	0.19	1.34				
						3	50—160	浅灰棕色	轻壤土	核块状	8.6	2.8	0.26	1.44				
剖6	初育土	新积土	新积土	坝淤土	坝淤绵砂土	1	0—25	浅灰棕色	砂壤土	屑粒状	8.4	5.8	0.48	1.37		沉积物	E 109°08′43.0″ N 36°50′13.4″	73
						2	25—35	灰色	中壤土	棱块状	8.5	5.1	0.37	1.22				
						3	35—60	灰棕色	中壤土	块状	8.5	2.6	0.26	1.34				
						4	60—95	黄棕色	中壤土	块状	8.6	5.5	0.43	1.24				
剖7	初育土	新积土	冲积土			1	0—16	浅灰棕色	砂壤土	粒状						沉积物	E 109°09′13.6″ N 36°50′02.6″	76
						2	16—75	浅灰棕色	轻壤土	无明显结构								
						3	75—100	灰棕色	轻壤土	无明显结构								
剖8	钙层土	黑垆土	轻黑垆土			1	0—75	暗灰黑色	砂壤土	团块状						黄土	E 109°10′21.4″ N 36°49′18.9″	93
						2	75—150	暗灰黑色	砂壤土	块状								
						3	150—245	灰色	砂壤土	块状								
						4	245—365	灰棕色	中壤土	块状								
						5	365—415	灰棕色	中壤土	块状								
						6	415—	黄棕色	中壤土	块状								
剖9	初育土	新积土	淤土	淤砂土		1	0—17	红棕色	重壤土	团块状						沉积物	E 109°11′41.8″ N 36°48′00.4″	72
						2	17—39	红棕色	砂壤土	块状								
						3	39—100	红棕色	中壤土	核块状								
剖10	初育土	紫色土	非石灰性紫色土			1	0—28	灰棕色	砂壤土	无明显结构						红色砂页岩风化物	E 109°06′58.6″ N 36°41′29.9″	90
						2	28—56	灰棕色	轻壤土	核粒状								
						3	56—100	浅灰棕色	轻壤土	无明显结构								
剖11	初育土	黄绵土	灰绵土	灰绵土		1	0—18	灰灰棕色	轻壤土	屑粒状						黄土	E 109°11′15.0″ N 36°40′27.2″	75
						2	18—47	浅黄棕色	轻壤土	小块状								
						3	47—92	浅黄棕色	轻壤土	块状								

延 长 县

主要土类说明

黄绵土是延长县主要土壤类型，占本县地域面积的84%。黄绵土广泛分布在黄土丘陵沟壑区的侵蚀地貌，除梢林地带外，几乎所有山地、沟道地、川台地及塬面土地均有分布，与黄土母质有相似的形态和属性。黄绵土是由于地带性土壤黑垆土逐渐剥蚀，黄土母质裸露，经生草作用或人为长期耕作熟化作用，在新黄土母质上形成的土壤，耕层薄，熟化程度低，仅有耕层和母质层。耕层由人为耕种施肥而形成，一般厚10—18cm，呈黄棕色或灰黄色，质地为轻壤土，多为块状、团块状结构或无结构，有机质含量在5g/kg左右，全氮含量大多低于0.40g/kg，全磷含量低于1.50g/kg。其下为浅黄棕色或黄棕色的黄土母质层，耕层和母质层之间没有明显的界线，有时会形成一定厚度的过渡层，缺乏明显的犁底层和淀积层。黄绵土成土年龄短，成土作用微弱，全剖面具强石灰反应，有机质含量低，熟土层薄，肥力低，其肥力和性状受母质的种类（新黄土、老黄土、古黄土、红色古土壤等）和耕作方式（剥夺式耕种和培育式耕种）的影响很大。

新积土是延长县第二大土壤类型，占本县地域面积的7%，主要分布在延河两岸的河漫滩及其他支流沿岸，部分沟道有洪淤土零星分布。新积土是在近代河流沉积物和山洪淤积物上形成的幼年土壤。因河流所处地段和水源不同，其淤积物的颗粒粗细差异较大，同时河流的比降差异导致流速不同，河水中挟带的固体物质也随之产生明显的分选作用，使土体出现明显的沉积层次。

红黏土是延长县第三大土壤类型，占本县地域面积的6%，主要分布在沟缘线以下的陡坡地、极陡坡地，以及侵蚀严重的梁峁顶部和一些侵蚀沟的沟底。因成土过程微弱，土壤发育仍处于母质阶段，无地带性差异，没有明显的诊断土层，剖面构型为A-C。成土母质为浅红色的老黄土、红色古土壤条带或新黄土与红色土壤的混合物。

黑垆土占本县地域面积的3%，主要分布在本县中北部宽梁残塬及黄河沿岸梁峁残塬区的塬心和梁峁鞍部，川道高阶地也有少量残存痕迹。黑垆土是在暖温带半干旱森林草原植被下、黄土高原上，由黄土发育而成的地带性土壤，是本县最古老的耕种土壤。成土过程主要是腐殖质积累过程和黏化过程，并逐渐形成深厚的灰褐色垆土层。该土壤有机质含量较低，但腐殖质层深厚。土体原位黏化，但无明显的黏化层，具假菌丝状石灰累积；无盐化，多旱耕。本县黑垆土分为黑垆土、锈黑垆土、垆墡土、黑垆土性土等亚类。

小于本县地域面积3%的土壤类型有粗骨土、水稻土。

本区域中心区气候特征

本区域中心区气候特征值
Regional climate characteristics in central area of the region

气候带：暖温带亚湿润气候
Climate region: Warm temperate subhumid climate

年平均气温 /℃ Annual average temperature /℃	10.3
年平均最高气温 /℃ Annual average maximum temperature /℃	17.4
年平均最低气温 /℃ Annual average minimum temperature /℃	4.6
年降水量 /mm Annual precipitation /mm	496
≥10℃的积温 /℃ Daily temperature accumulated in a year（≥10℃）/℃	3894
年日照时数 /h Annual sunshine /h	2442
年平均相对湿度 /% Annual average relative humidity /%	60
干燥度 Dryness	1.26

本区域中心区月平均气温与月平均降水量
Monthly temperature and precipitation in central area of the region

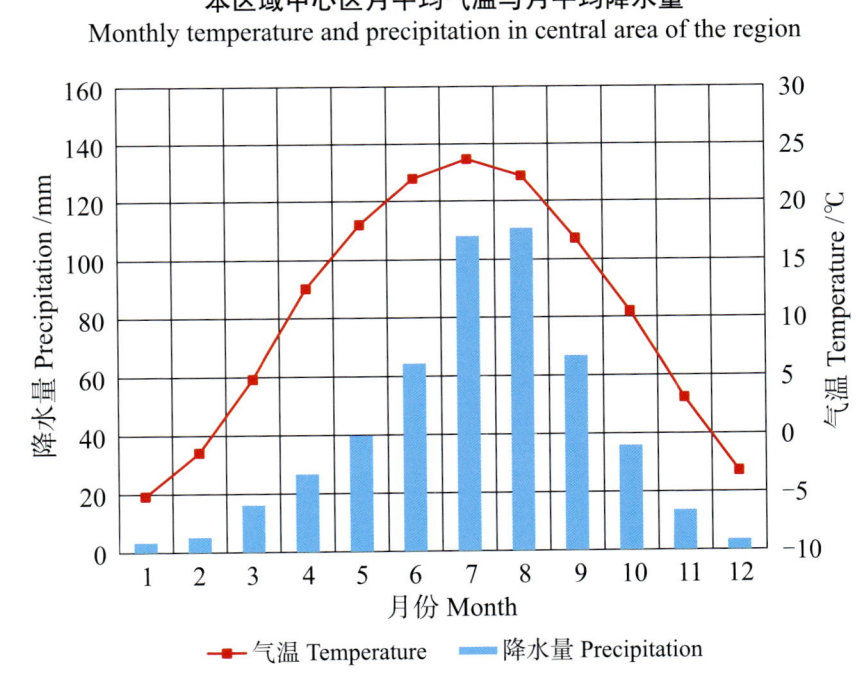

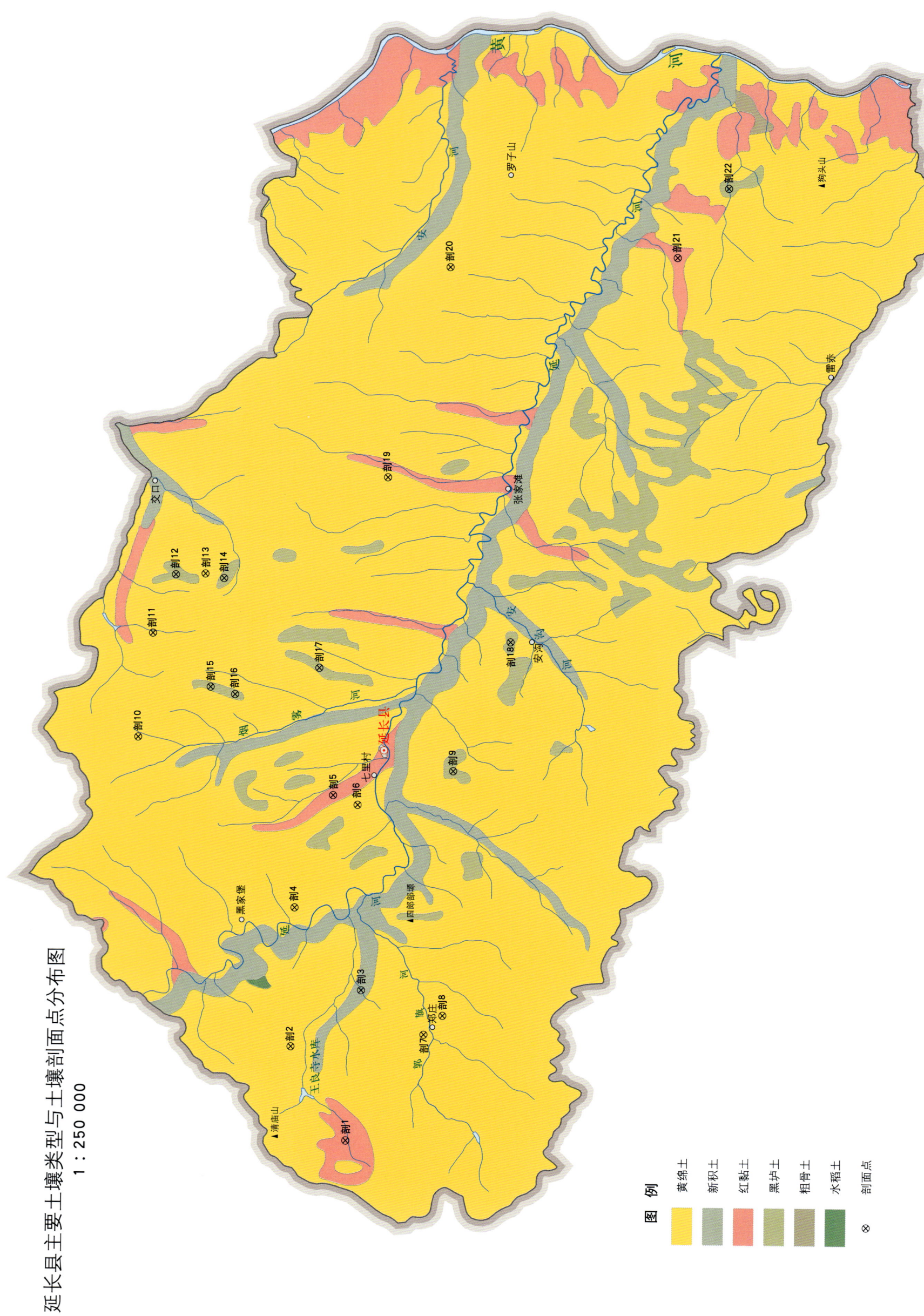

延长县主要土壤类型与土壤剖面点分布图
1:250 000

延长县土壤剖面理化性状表

剖面号 Soil profile	土纲 Soil order	土类 Soil great group	亚类 Soil subgroup	土属 Soil genus	土种 Soil species	土层码 Layer code	土层厚度 Depth/cm	颜色 Soil color	质地 Soil texture	土壤结构 Soil structure	pH	有机质 OM/(g/kg)	全氮 TN/(g/kg)	全磷 TP/(g/kg)	全钾 TK/(g/kg)	碱解氮 AN/(mg/kg)	有效磷 AP/(mg/kg)	速效钾 AK/(mg/kg)	阳离子交换量 CEC/(cmol/kg)	土壤母质 Parent material	剖面点坐标 Profile coordinate	匹配指数 Matching index,%
剖1	初育土	红黏土	红黏土	二色土	生草二色土	1	0—10	棕红黄色	轻壤土	粒状		13.1	0.73	1.50						老黄土	E 109°44′24.1″ N 36°35′47.7″	83
						2	10—80	暗红色	中壤土	核状		6.1	0.43	1.33								
						3	80—150	红色	重壤土	块状		4.0	0.29	1.26								
剖2	初育土	黄绵土	黄绵土	绵土	塬绵土	A_{11}	0—17	浅黄色	砂壤土	团块状	8.5	5.4	0.41	0.58	17.5	28	3.0	105	6.9	黄土	E 109°48′08.6″ N 36°37′40.5″	97
						A_{12}	17—23	浅黄色	砂壤土	块状	8.6	4.3	0.37	0.57	17.4				7.9			
						AC	23—65	浅黄色	砂壤土	块状	8.6	4.1	0.34	0.57	17.4				7.1			
						C	65—150	黄色	砂壤土	块状	8.6	2.7	0.25	0.56	17.1				6.8			
剖3	初育土	新积土	新积土	坝淤土	坝淤二色土	1	0—20	棕黄色	中壤土	块状		4.8	0.37	1.41						黄土	E 109°50′29.7″ N 36°35′23.4″	71
						2	20—45	浅红色	中壤土	块状		2.0	0.28	1.16								
						3	45—110	棕黄色	中壤土	片状		2.9	0.26	1.36								
						4	110—156	棕黄色	轻壤土	片状		2.8	0.28	1.39								
剖4	初育土	黄绵土	黄绵土	塬黄绵土	塬黄绵土	1	0—17	棕红色	轻壤土	粒状		7.8	0.57	1.74					6.5	老黄土	E 109°53′50.1″ N 36°37′38.4″	76
						2	17—49	暗棕黄色	中壤土	核状		3.5	0.28	1.53					7.3			
						3	49—132	棕黄色	轻壤土	块状		2.8	0.25	1.45					10.3			
剖5	初育土	红黏土	红黏土	二色土	坡二色土	1	0—15	暗棕黄色	中壤土	核块状										老黄土	E 109°58′27.2″ N 36°36′26.3″	85
						2	15—30	棕红色	重壤土	块状												
						3	30—100	浅棕红色	轻壤土	块状												
剖6	初育土	黄绵土	黄绵土	黄绵土	料姜黄绵土	A_1	0—19	黄棕色	砂质黏壤土	团块状	8.5	8.4	0.62	0.58					8.3	离石黄土	E 109°58′04.7″ N 36°35′37.3″	98
						A_2	19—23	暗黄棕色	黏壤土	块状	9.0	5.4	0.45	0.62					6.7			
						C_1	23—53	浅黄棕色	黏壤土	块状	9.0	5.5	0.42	0.73					5.9			
						C_2	53—100	砂黄色	砂壤土	块状		3.4	0.26	0.71								
剖7	初育土	黄绵土	黄绵土	梯黄绵土	梯黄绵土	1	0—15	暗棕黄色	轻壤土	粒块状		6.9	0.40	1.32						黄土	E 109°48′43.9″ N 36°33′17.3″	88
						2	15—60	棕黄色	轻壤土	块状		3.4	0.22	1.22								
						3	60—105	暗棕黄色	轻壤土	块状		3.8	0.22	1.15								
剖8	初育土	黄绵土	黄绵土	沟条黄绵土	沟条黄绵土	1	0—25	棕黄色	轻壤土	粒状										黄土	E 109°49′31.4″ N 36°32′40.0″	100
						2	25—55	棕黄色	轻壤土	块状												
						3	55—77	棕黄色	轻壤土	块状												
						4	77—103	棕黄色	轻壤土	块状												
剖9	初育土	黑垆土	垆土	垆墡土	中层黄盖垆墡土	1	0—32	棕黄色	轻壤土	粒块状		6.2	0.49						8.8	黄土	E 109°59′30.3″ N 36°32′28.8″	72
						2	32—50	暗黄棕色	中壤土	块状		8.3	0.56						8.2			
						3	50—80	暗棕色	中壤土	块状		5.1	0.44						6.7			
						4	80—105	浅棕黄色	轻壤土	块状		3.7	0.32						8.3			
剖10	钙层土	黄绵土	黄绵土	塬黄绵土	塬灰黄绵土	1	0—25	暗棕黄色	轻壤土	团粒状		9.1	0.58	2.33						黄土	E 110°00′42.4″ N 36°42′55.6″	97
						2	25—75	灰棕黄色	中壤土	块状		9.3	0.73	2.30								
						3	75—105	棕黄色	中壤土	块状		7.6	0.62	2.33								
						4	105—150	棕黄色	轻壤土	块状		5.7	0.48	2.36								
剖11	初育土	黄绵土	黄绵土	川台黄绵土	川台灰黄绵土	1	0—19	灰棕黄色	中壤土	粒状		11.2	0.76	1.72					9.5	黄土	E 110°04′57.9″ N 36°42′30.0″	85
						2	19—39	暗棕黄色	中壤土	块状		5.8	0.41	1.52					7.9			
						3	39—101	暗棕黄色	中壤土	粒状		4.8	0.89	1.44					6.6			
剖12	钙层土	黑垆土	黑垆土性土	黑垆土性土	垆五花土	1	0—12	褐棕黄色	轻壤土	块状										黄土	E 110°07′22.2″ N 36°41′46.4″	91
						2	12—28	棕黄色	中壤土	核块状												
						3	28—45	暗棕黄色	中壤土	块状												
						4	45—152	暗棕黄色	轻壤土	块状												

续表 Continued

剖面号 Soil profile	土纲 Soil order	土类 Soil great group	亚类 Soil subgroup	土属 Soil genus	土种 Soil species	土层码 Layer code	土层厚度 Depth/cm	颜色 Soil color	质地 Soil texture	土壤结构 Soil structure	pH	有机质 OM/(g/kg)	全氮 TN/(g/kg)	全磷 TP/(g/kg)	全钾 TK/(g/kg)	碱解氮 AN/(mg/kg)	有效磷 AP/(mg/kg)	速效钾 AK/(mg/kg)	阳离子交换量CEC/(cmol/kg)	土壤母质 Parent material	剖面点坐标 Profile coordinate	匹配指数 Matching index/%
剖13	初育土	黄绵土	黄绵土	绵土	料姜绵土	A₁₁	0—19	油橙色	砂质黏壤土	团块状	8.5	8.4	0.62	0.58	12.8	40	4.0	90		黄土	E 110° 07' 25.3" N 36° 40' 47.5"	72
						A₁₂	19—23	油橙色	黏壤土	块状	8.8	5.4	0.45	0.62	12.4							
						C₁	23—53	油橙色	黏壤土	块状	8.8	5.5	0.42	0.73	10.8							
						C₂	53—100	油橙色	黏壤土	块状		3.4	0.26	0.71	10.6							
剖14	钙层土	黑垆土	黄盖侵蚀黑垆土	厚层黄盖中度侵蚀黑垆土		1	0—65	棕黄色	轻壤土	团粒状		4.0	0.33	1.52					7.7	黄土	E 110° 07' 14.8" N 36° 40' 10.1"	90
						2	65—80	暗黄色	中壤土	块状		8.0	0.52	1.26					14.1			
						3	80—95	暗褐色	中壤土	块状		7.5	0.47	1.23					14.7			
						4	95—110	深褐色	中壤土	块状		11.3	0.58	1.06					22.1			
						5	110—130	暗褐色	中壤土	块状		9.2	0.47	1.08					6.9			
						6	130—150	棕黄色	轻壤土	块状		6.8	0.42	1.49					14.9			
剖15	钙层土	黑垆土	黑垆土	壤黑垆土		A₁	0—19	灰棕色	壤土	粒状	8.5	11.1	0.69	0.67	18.3	31	4.0		9.5	黄土	E 110° 02' 47.7" N 36° 40' 33.1"	86
						A₂	19—50	棕褐色	壤土	团块状	8.5	12.8	0.67	0.66	18.0				10.3			
						Ah	50—113	暗灰褐色	砂质黏壤土	棱块状	8.6	9.3	0.61	0.78	19.5				11.6			
						ABk	113—156	灰棕褐色	轻壤土	块状	8.5	6.5	0.47	0.79	19.7				9.7			
						Bk	156—199	灰黄色	中壤土	块状	8.5	5.6	0.42	0.77	19.3				8.2			
						C	199—238	浅黄色	壤土	块状	8.6	3.8	0.29	0.68	20.9				7.1			
剖16	钙层土	黑垆土	侵蚀黑垆土	轻度侵蚀黑垆土		1	0—15	棕灰色	轻壤土	粒状	8.3	3.1	0.20	1.35					11.1	黄土	E 110° 02' 30.0" N 36° 39' 44.6"	98
						2	15—45	暗褐色	中壤土	块状	8.4	5.9	0.43	1.45					10.5			
						3	45—80	暗褐色	中壤土	棱柱状	8.3	4.6	0.33	1.57					7.1			
						4	80—170	浅黄色	轻壤土	块状	8.5	8.3	0.55	1.67					9.9			
剖17	钙层土	黑垆土	残盖黑垆土	薄层黄盖黑垆土		1	0—26	棕黄色	轻壤土	粒状	8.4	8.9	0.54	1.74					7.7	黄土	E 110° 03' 37.9" N 36° 36' 57.9"	95
						2	26—60	棕黄色	中壤土	块状		4.5	0.28	1.41					7.2			
						3	80—110	灰棕色	中壤土	棱柱状	8.3	8.0	0.44	1.30					12.7			
						4	110—131	暗棕褐色	中壤土	块状	8.5	4.7	0.27	1.47					7.8			
						5	131—160	浅黄色	中壤土	块状	8.4	2.9	0.19	1.44					6.7			
剖18	初育土	黄绵土	残迹锈垆土	川台残迹锈黑垆土		1	0—20	棕黄色	轻壤土	粒状块		8.3	0.58							黄土	E 110° 04' 47.6" N 36° 30' 39.1"	81
						2	20—80	棕黄色	中壤土	团块状	8.5	5.6	0.41	1.47	17.5							
						3	80—130	灰棕色	中壤土	板状	8.6	4.3	0.43	1.39	17.4							
						4	130—180	浅黄棕色	中壤土	块状	8.6	4.4	0.34	1.34	17.4							
剖19	初育土	黄绵土	坡黄绵土	坡黄绵土		1	0—15	灰黄棕色	砂壤土	粒块状	8.5	8.2	0.60	0.58	17.1	28	3.0	105	6.5	黄土	E 110° 11' 26.2" N 36° 34' 48.0"	91
						2	15—35	暗黄棕色	砂壤土	块状		6.4	0.37	0.57					7.2			
						3	35—100	浅黄棕色	砂壤土	块状		4.1	1.93	0.57					10.3			
剖20	初育土	黄绵土	黄绵土			A₁	0—17	灰黄色	砂壤土	团块状	8.5	5.4	0.41	0.58	17.1				6.9	黄土	E 110° 20' 01.3" N 36° 32' 49.5"	100
						A₁₂	17—23	灰棕色	砂壤土	板状	8.6	4.3	0.37	0.57					7.9			
						AC	23—65	浅黄色	砂壤土	粒块状	8.6	4.1	0.34	0.57					7.1			
						C	65—116	浅黄色	砂壤土	块状	8.6	2.7	0.25	0.56					6.8			
剖21	初育土	红黏土	红土	硬黄土	硬黄土	1	0—12	浅棕红色	中壤土	粒状	8.5	2.0	0.25	0.95						老黄土	E 110° 20' 29.9" N 36° 25' 18.5"	100
						2	12—40	棕红色	壤土	块状		2.5	0.27	1.00								
						3	40—86	浅红色	中壤土			3.7	0.36	1.05								
剖22	钙层土	黑垆土	黑垆土	绵垆土	壤黑垆土	A₁₁	0—19	油黄棕色	壤土	粒状	8.5	11.1	0.69	0.67	18.3	31	4.0	106		黄土	E 110° 23' 18.8" N 36° 23' 37.9"	87
						A₁₂	19—60	油棕色	壤土	团块状	8.5	12.8	0.67	0.66	18.0							
						AB	60—113	暗棕色	砂质黏壤土	棱块状	8.6	9.3	0.61	0.78	19.5							
						ABk	113—156	壳黄棕色	砂质黏壤土	块状	8.5	6.5	0.47	0.78	19.7							
						Bk	156—199	亮黄棕色	砂质黏壤土	块状	8.5	5.6	0.42	0.77	19.3							

延 川 县

主要土类说明

黄绵土是延川县主要土壤类型，占本县地域面积的85%。黄绵土广泛分布在本县各地的塬、坡、梁、峁、沟、川，是本县主要的农业土壤。黄绵土是在黄土母质上发育的一种幼年的岩性土，是在熟化成土和侵蚀破坏的综合作用下形成的土壤。由于地带性土壤黑垆土逐渐剥蚀，黄土母质裸露，经生草作用或人为长期耕作熟化作用，形成了具A-C剖面构型的黄绵土。因沟大坡陡，水土流失严重，人为耕作不仅不能促使土壤向熟化发展，反而导致耕层疏松，加速耕作侵蚀过程，耕作和侵蚀反复进行，土壤始终处于半生土状态。黄绵土成土作用微弱，层次发育不够明显，仅由耕层和母质层组成。耕层一般厚12—18cm，呈灰黄色或浅黄色，有机质含量为3—6g/kg，全氮含量大多低于0.60g/kg，但矿质养分较丰富。其下为浅黄色的黄土母质层，耕层和母质层之间没有明显的界线，有时会形成一定厚度的过渡层，缺乏明显的犁底层和淀积层，一般从耕层开始就有石灰假菌丝体出现。黄绵土成土年龄短，成土作用微弱，全剖面具强石灰反应，有机质含量较低，熟土层薄，肥力低，其肥力和性状受母质的种类（新黄土、老黄土、古黄土、红色古土壤等）和耕作方式的影响很大。一般发育在新黄土上的黄绵土土性"绵"，物理性状好；发育在老黄土或红色古土壤上的黄绵土土性"硬"，耕性不良；发育在次生黄土母质上的黄绵土肥力较高。

红黏土是延川县第二大土壤类型，占本县地域面积的11%，分布在水土流失严重的地区。厚层黄土层侵蚀殆尽处，红色黏土层露出，形成的母质性状明显的初育土，即红黏土。该土壤质地黏重，土体紧实，作物根系不易下扎，透水性差，宜耕期短，耕性不良。耕层薄（厚度一般在18cm左右），结构差，有机质含量低，通体有砂姜和石灰假菌丝体，并且由上至下砂姜逐渐增多。

小于本县地域面积3%的土壤类型有新积土、黑垆土、潮土、草甸土、沼泽土。

本区域中心区气候特征

本区域中心区气候特征值
Regional climate characteristics in central area of the region

气候带：暖温带亚湿润气候 Climate region: Warm temperate subhumid climate	
年平均气温 /℃ Annual average temperature /℃	10.0
年平均最高气温 /℃ Annual average maximum temperature /℃	17.1
年平均最低气温 /℃ Annual average minimum temperature /℃	4.1
年降水量 /mm Annual precipitation /mm	477
≥10℃的积温 /℃ Daily temperature accumulated in a year (≥10℃) /℃	3682
年日照时数 /h Annual sunshine /h	2500
年平均相对湿度 /% Annual average relative humidity /%	59
干燥度 Dryness	1.26

本区域中心区月平均气温与月平均降水量
Monthly temperature and precipitation in central area of the region

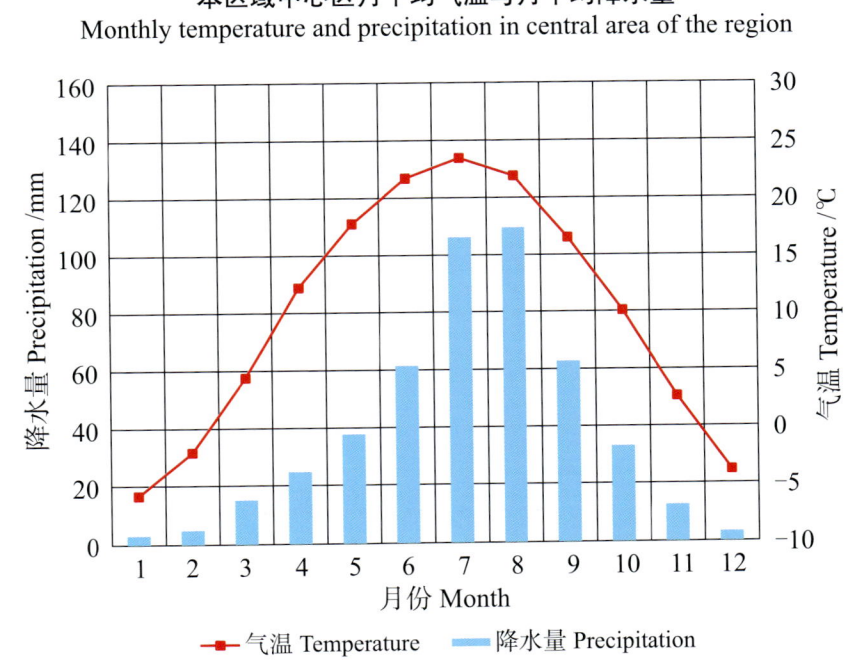

延川县主要土壤类型与土壤剖面点分布图
1∶250 000

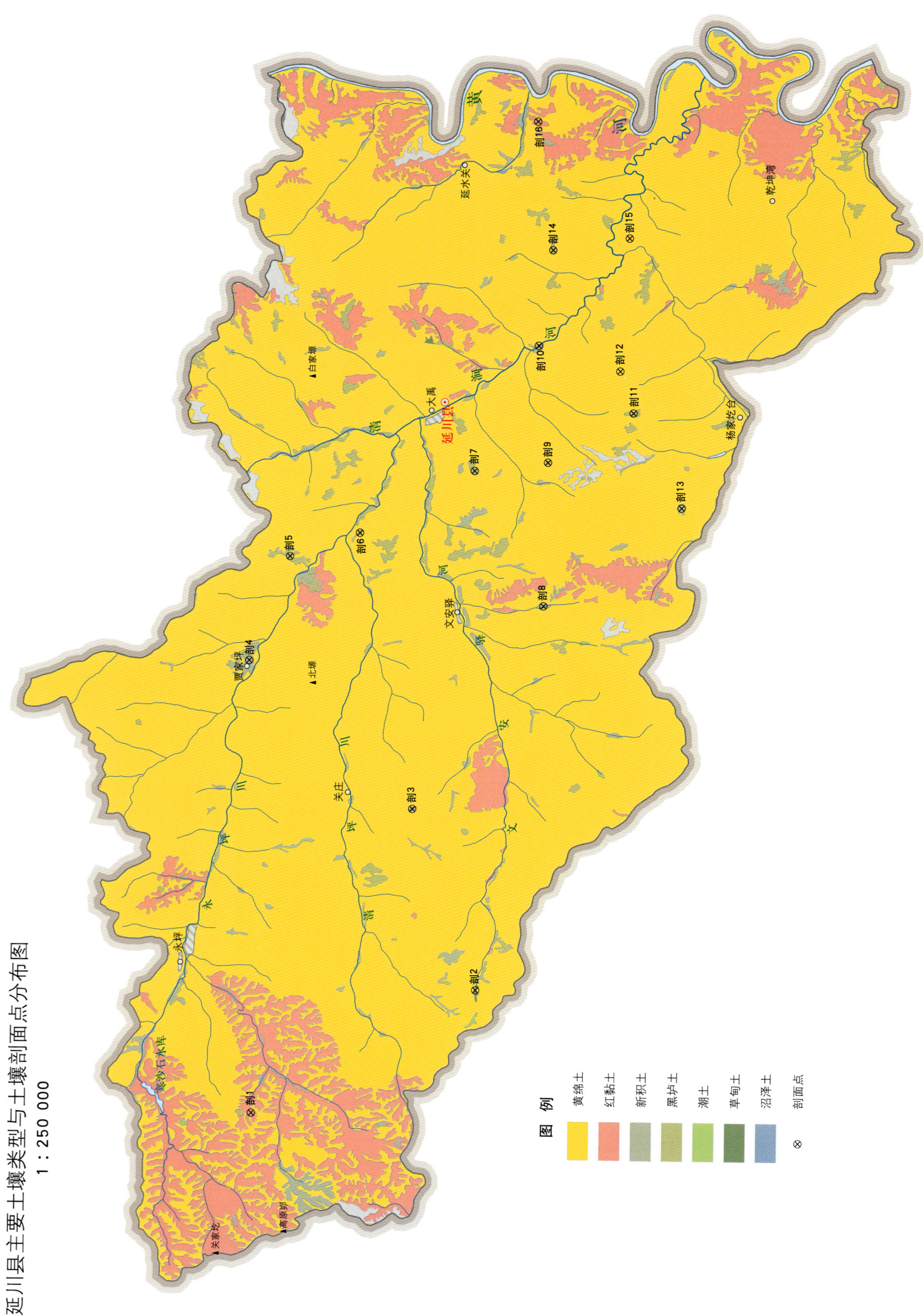

延川县土壤剖面理化性状表

剖面号 Soil profile	土纲 Soil order	土类 Soil great group	亚类 Soil subgroup	土属 Soil genus	土种 Soil species	土层码 Layer code	土层厚度 Depth/cm	颜色 Soil color	质地 Soil texture	土壤结构 Soil structure	pH	有机质 OM/(g/kg)	全氮 TN/(g/kg)	全磷 TP/(g/kg)	全钾 TK/(g/kg)	碱解氮 AN/(mg/kg)	有效磷 AP/(mg/kg)	速效钾 AK/(mg/kg)	阳离子交换量 CEC/(cmol/kg)	土壤母质 Parent material	剖面点坐标 Profile coordinate	匹配指数 Matching index/%
剖1	初育土	红黏土	红土	黄盖红土	厚层黄盖红土	1	0—18	棕黄色	轻壤土	碎块状		8.4	0.62	0.71					6.7	新黄土、老黄土	E 109°43′04.9″ N 36°58′17.9″	93
						Ap	18—27	棕黄色	轻壤土	块状		6.4	0.53	0.74					6.4			
						3	27—46	黄色	轻壤土	碎块状		4.5	0.42	0.67					7.1			
						4	46—70	黄色	中壤土	块状		6.1	0.53	0.71					7.0			
						C	70—95	红棕色	轻壤土	片状		3.1	0.37	0.54					9.4			
剖2	半水成土	草甸土	草甸土	泥质草甸土	浅位泥质草甸土	1	0—6	黄色	轻壤土	块状										沉积物	E 109°48′10.1″ N 36°51′08.0″	82
						2	6—35	黄色	轻壤土	块状												
						W	35—64	黄色	轻壤土	块状												
剖3	水成土	沼泽土	沼泽土	砂质沼泽土	弱度沼泽土	1	0—40	褐灰色	中壤土	小块状										沉积物	E 109°55′22.8″ N 36°53′18.6″	90
						G_1	40—50	暗黄色	中壤土	片状												
						G_2	50—100	暗黄色	轻壤土	片状												
剖4	初育土	新积土	淤土	河滩淤土	底砂(石)中层浓绵砂土	1	0—11	灰黄色	砂壤土	粒状		8.2	0.65	0.69					7.0	洪冲积物	E 110°01′13.1″ N 36°58′41.3″	76
						2	11—29	浅黄色	砂壤土	碎块状		6.9	0.53	0.66					7.9			
						3	29—57	浅黄色	砂壤土	大块状		4.6	0.42	0.62					6.4			
						4	57—75															
剖5	钙层土	黑垆土	锈黑垆土	黄盖锈黑垆土	中层黄盖锈黑垆土	1	0—21	灰棕色	轻壤土	粒状		7.2	0.43	0.69						黄土	E 110°05′24.5″ N 36°57′25.5″	100
						A_1	21—35	灰棕色	中壤土	粒状		5.5	0.42	0.64								
						A_2	35—84	灰棕色	中壤土	棱柱状		6.4	0.39	0.66								
						A_3	84—123	灰褐色	中壤土	棱柱状		7.5	0.46	0.72								
剖6	初育土	黑垆土	黑垆土	黑垆土	黑垆土	A	0—17	黄褐色	中壤土	粒状		6.8	0.57	0.48						黄土	E 110°06′23.5″ N 36°55′10.7″	73
						A_2	17—41	棕褐色	轻壤土	碎块状		6.9	0.53	0.33								
						A_3	41—65	黄褐色	轻壤土	大块状		5.8	0.47	0.47								
						4	65—80	灰黄色	轻壤土	块状		6.3	0.55	0.59								
						B	80—100	灰黄色	中壤土	块状		5.1	0.48	0.58								
剖7	钙层土	黑垆土	黄盖侵蚀黑垆土	黄盖侵蚀黑垆土	黄盖强度侵蚀黑垆土	1	0—24	浅棕黄色	轻壤土	团粒状		6.6	0.56						8.8	黄土	E 110°08′56.4″ N 36°51′30.3″	78
						Ap	24—30	棕黄色	中壤土	板状		6.1	0.51						7.0			
						3	30—40	浅黄色	中壤土	碎块状		6.0	0.76						8.1			
						4	40—92	浅黄色	中壤土	大块状		4.3	0.33						8.3			
						B	92—114	浅黄色	中壤土	大块状		3.3	0.28						7.4			
剖8	初育土	新积土	堆垫土	堆垫土	厚层堆垫土	1	0—19	棕褐色	中壤土	片状		5.6	0.45	0.64					7.6	黄土	E 110°03′35.4″ N 36°49′12.1″	82
						Ap	19—24	黄褐色	中壤土	大块状		5.5	0.49	0.79					>50.0			
						3	24—63	浅棕黄色	中壤土	大块状		4.3	0.40	0.77					7.2			
						C	63—101	棕黄色	中壤土	大块状		3.9	0.35	0.73					7.1			
剖9	钙层土	黑垆土	黑垆土	黄盖黑垆土	黄盖壤黑垆土	A_1	0—13	浅黄色	砂壤土	团块状	8.8	4.7	0.53	0.63	19.4	38	6.0	128	6.7	黄土	E 110°09′18.9″ N 36°49′08.0″	85
						A_2	13—20	浅黄色	砂壤土	片状	8.7	5.0	0.50	0.60	19.7				7.5			
						A_3	20—34	棕黄色	砂壤土	团块状	8.6	5.4	0.51	0.59	19.7				7.4			
						Ah	34—108	暗黄色	砂质黏壤土	棱柱状	8.5	7.7	0.58	0.49	21.0				11.7			
						AB	108—156	棕黄色	砂质黏壤土	块状	8.5	6.0	0.57	0.60	19.0				8.9			
						Bk	156—176	棕黄色	砂壤土	块状	8.5	2.5	0.42	0.54	17.8				6.2			

续表 Continued

剖面号 Soil profile	土纲 Soil order	土类 Soil great group	亚类 Soil subgroup	土属 Soil genus	土种 Soil species	土层码 Layer code	土层厚度 Depth/cm	颜色 Soil color	质地 Soil texture	土壤结构 Soil structure	pH	有机质 OM/(g/kg)	全氮 TN/(g/kg)	全磷 TP/(g/kg)	全钾 TK/(g/kg)	碱解氮 AN/(mg/kg)	有效磷 AP/(mg/kg)	速效钾 AK/(mg/kg)	阳离子交换量CEC/(cmol/kg)	土壤母质 Parent material	剖面点坐标 Profile coordinate	匹配指数 Matching index/%
剖10	钙层土	黑垆土	黑垆土	绵垆土	延川壤黑垆土	A₁₁	0—13	黄色	砂壤土	团块状	8.5	4.7	0.53	0.63	19.4	38	6.0	128		黄土	E 110°13′58.8″ N 36°49′29.5″	94
						A₁₂	13—20	黄色	砂壤土	片状	8.6	5.0	0.50	0.60	19.8							
						A	20—34	亮黄棕色	砂壤土	团块状	8.6	5.4	0.51	0.58	19.8							
						AB	34—108	暗棕色	砂质黏壤土	棱块状	8.5	7.7	0.58	0.49	21.0							
						Bk	108—156	亮黄棕色	砂质黏壤土	块状	8.5	6.0	0.57	0.60	19.0							
剖11	钙层土	黑垆土	黑垆土性土	黑垆土性土	薄层黄盖黑垆土性土	1	0—14	黄棕色	轻壤土	粒状		7.1	0.53	0.63						黄土	E 110°11′20.2″ N 36°46′23.6″	89
						2	14—20	黄棕色	轻壤土	小块状		6.7	0.51	0.61								
						3	20—40	棕褐色	轻壤土	块状		6.8	0.51	0.53								
						4	40—70	棕黄色	轻壤土	大块状		5.1	0.39	0.54								
						5	70—100	棕黄色	轻壤土	块状		3.3	0.30	0.56								
						6	100—	黄色	轻壤土	大块状												
剖12	初育土	黄绵土	黄绵土	堰黄绵土	堰黄绵土	1	0—24	浅黄黄色	轻壤土	粒状		3.9	0.37	0.58					7.4	黄土	E 110°13′00.5″ N 36°46′50.6″	89
						Ap	24—30	黄色	轻壤土	片状		3.6	0.27	0.53					8.8			
						3	30—53	浅黄棕色	轻壤土	碎块状		3.0	0.26	0.53					6.4			
						C	53—100	浅棕黄色	轻壤土	大块状		2.6	0.21	0.54					7.5			
剖13	钙层土	黑垆土	黄盖侵蚀黑垆土	黄盖侵蚀黑垆土	黄盖中度侵蚀黑垆土	A₁	0—16	棕黄色	砂壤土	粒状		6.9	0.83	0.63					7.7	黄土	E 110°07′34.3″ N 36°44′46.6″	95
						A₂	16—22	黄棕色	轻壤土	板状		6.1	0.79	0.61					6.9			
						Ah	22—51	灰褐色	轻壤土	大块状		7.2	0.62	0.46					10.7			
						AB	51—89	黄褐色	轻壤土	大块状		5.5	0.70	0.55					10.0			
						Bk	89—123	棕黄色	轻壤土	粒状		3.3	0.36	0.54					7.2			
剖14	钙层土	黑垆土	黄盖轻度侵蚀黑垆土	黄盖轻度侵蚀黑垆土	黄盖轻度侵蚀黑垆土	1	0—19	棕色	砂壤土	碎块状		6.3	0.56						8.1	黄土	E 110°17′47.6″ N 36°49′04.3″	89
						Ap	19—25	浅黄色	轻壤土	块状		5.0	0.46						7.9			
						A	25—65	棕褐色	轻壤土	大块状		8.0	0.59						14.9			
						4	65—110	黄棕色	轻壤土	大块状		5.2	0.48						10.2			
剖15	初育土	黄绵土	坡黄绵土	坡黄绵土	生草料姜黄绵土	0	0—3							0.65						黄土	E 110°18′17.5″ N 36°46′36.1″	78
						2	3—20	棕黄色	轻壤土	粒状		10.6	0.81	0.48								
						3	20—43	黄棕色	轻壤土	块状		4.4	0.40	0.48								
						C	43—85	浅棕黄色		块状		3.3	0.37									
剖16	初育土	红黏土	红黏土	二色土	料姜二色土	1	0—14	黄黄棕色	轻壤土	粒状		6.8	0.59	0.56						黄土, 黄土状母质	E 110°22′54.8″ N 36°49′37.3″	88
						2	14—59	浅红色	轻壤土	小块状		4.1	0.45	0.57								
						C	59—104	棕黄色	轻壤土	碎块状		4.3	0.63	0.55								

志 丹 县

主要土类说明

黄绵土是志丹县主要土壤类型，占本县地域面积的71%。黄绵土是由黄土母质直接翻耕形成的初育土，有母质侵蚀型（包括过去侵蚀、现在侵蚀和人为剥蚀）和堆积型（由水和重力等形成）两大类。该土壤无层理结构，胶结性弱，易揉碎，质地均一，富含石灰质。土壤有机质含量平均为5g/kg，全氮含量平均为0.38g/kg。其剖面由耕层和母质层组成，耕层和母质层之间没有明显的界线，犁底层亦不明显。耕层质地多为粉砂质，疏松多孔，透水通气，耕性良好。但因黄土母质分散性强，蓄水性差，黄绵土易受侵蚀和干旱威胁。

灰褐土是志丹县第二大土壤类型，占本县地域面积的26%。灰褐土是在黄土母质上，梢林植被下发育的土壤，主要分布在本县南部林区。由于地形部位高于周围地区，加上梢林影响，降水多，湿度大，气温稳定，蒸发弱，乔木、灌木和草本植物生长茂盛。该土壤腐殖质层深厚，富含有机质，具有较好的团粒状结构。全剖面具强石灰反应，剖面发育较明显，土壤有机质含量平均为37g/kg，全氮含量平均为1.89g/kg，全磷含量平均为1.55g/kg。本县灰褐土仅有石灰性灰褐土一个亚类。

小于本县地域面积3%的土壤类型有红黏土、新积土、紫色土、黑垆土、潮土、沼泽土、草甸土、水稻土。

本区域中心区气候特征

本区域中心区气候特征值
Regional climate characteristics in central area of the region

气候带：中温带亚湿润气候 Climate region: Mid temperate subhumid climate	
年平均气温 /℃ Annual average temperature /℃	9.4
年平均最高气温 /℃ Annual average maximum temperature /℃	16.5
年平均最低气温 /℃ Annual average minimum temperature /℃	3.8
年降水量 /mm Annual precipitation /mm	452
≥10℃的积温 /℃ Daily temperature accumulated in a year（≥10℃）/℃	3775
年日照时数 /h Annual sunshine /h	2531
年平均相对湿度 /% Annual average relative humidity /%	58
干燥度 Dryness	1.29

本区域中心区月平均气温与月平均降水量
Monthly temperature and precipitation in central area of the region

志丹县主要土壤类型与土壤剖面点分布图
1∶340 000

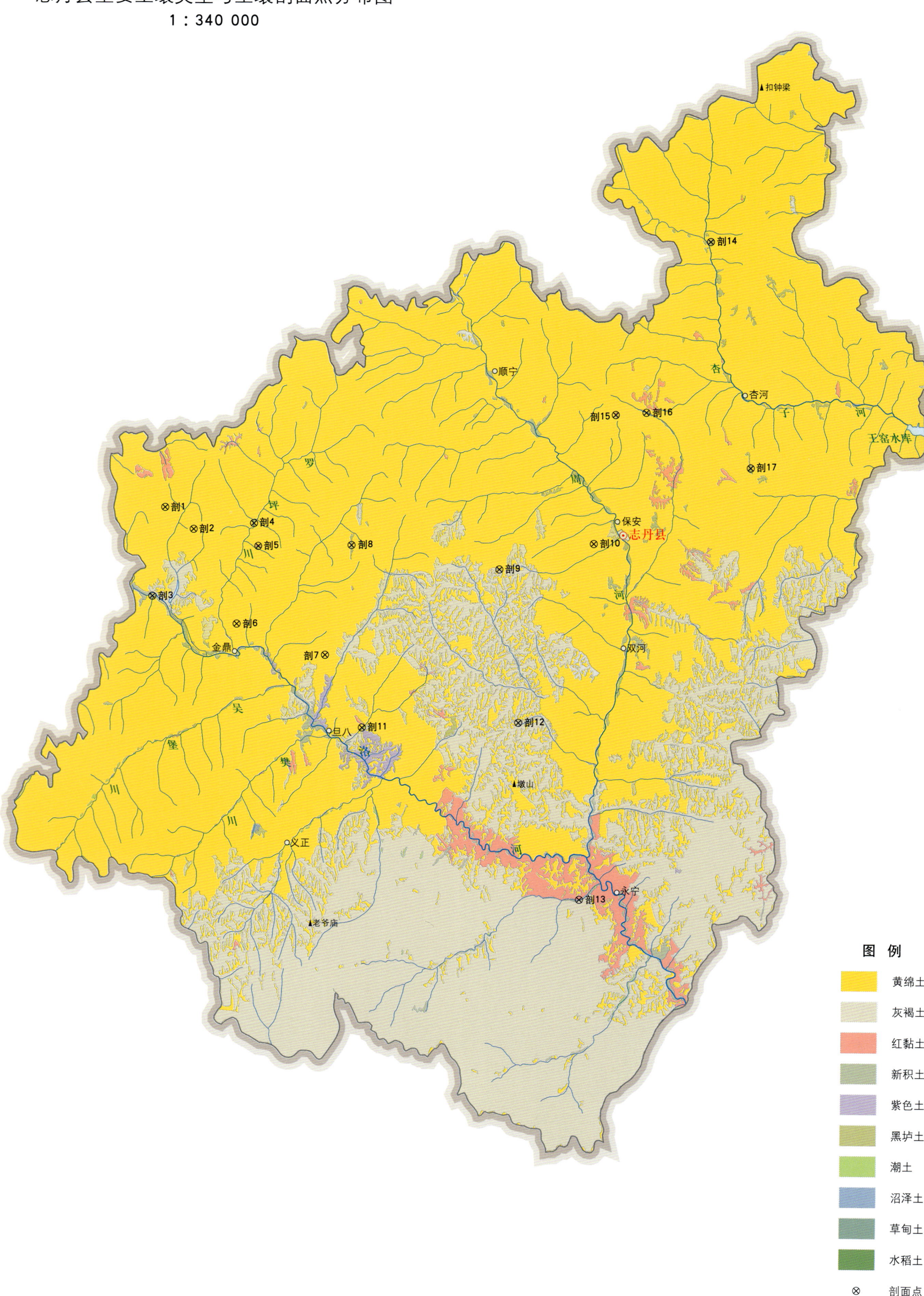

志丹县土壤剖面理化性状表

剖面号 Soil profile	土纲 Soil order	土类 Soil great group	亚类 Soil subgroup	土属 Soil genus	土种 Soil species	土层码 Layer code	土层厚度 Depth/cm	颜色 Soil color	质地 Soil texture	土壤结构 Soil structure	pH	有机质 OM/(g/kg)	全氮 TN/(g/kg)	全磷 TP/(g/kg)	全钾 TK/(g/kg)	碱解氮 AN/(mg/kg)	有效磷 AP/(mg/kg)	速效钾 AK/(mg/kg)	阳离子交换量 CEC/(cmol/kg)	土壤母质 Parent material	剖面点坐标 Profile coordinate	匹配指数 Matching index/%
剖1	初育土	黄绵土	黄绵土	坡黄绵土	平缓坡黄绵土	1	0—13	灰黄色	轻壤土	粒状	8.7	5.9	0.46	0.65	18.5				5.6	黄土	E 108°19′50.9″ N 36°49′60.0″	95
						2	13—75	棕黄色	轻壤土	块状	8.7	4.1	0.35	0.65	18.0				5.2			
						3	75—126	棕黄色	砂壤土	块状	8.6	3.5	0.34	0.63	17.5				7.3			
剖2	初育土	黄绵土	黄绵土	坡黄绵土	鸿塌黄绵土	1	0—15	灰黄色	轻壤土	粒状		8.1	0.55	0.77						黄土	E 108°21′30.2″ N 36°49′02.7″	82
						2	15—60	棕黄色	轻壤土	块状		7.5	0.59	0.71								
						3	60—115	棕黄色	轻壤土	块状		5.0	0.37	0.72								
剖3	初育土	新积土	淤土	河淤土	川台淤绵土	1	0—15	灰黄色	轻壤土	粒状	8.5									冲积物	E 108°19′18.4″ N 36°45′57.7″	84
						2	15—65	暗黄棕色	轻壤土	块状	8.5											
						3	65—90	黄棕色	轻壤土	块状	8.5											
						4	90—140	黄棕色	轻壤土	块状	8.6											
剖4	初育土	新积土	淤土	河淤土	淤黄绵土	1	0—15	灰黄色	轻壤土	粒状	8.6	8.2	0.65	0.71					6.5	冲积物	E 108°24′54.5″ N 36°49′24.1″	91
						2	15—62	暗黄棕色	轻壤土	块状	8.7	7.0	0.52	0.69					6.5			
						3	62—123	黄棕色	轻壤土	块状	8.5	3.4	0.34	0.67					6.1			
						4	123—173	黄棕色	轻壤土	块状	8.8	4.2	0.36	0.66					6.9			
剖5	初育土	红黏土	红黏土	红色土	红土	A	0—19	灰红色	壤质黏土	小块状		5.2	0.45	0.54	22.2					第四纪红色黏土	E 108°25′11.6″ N 36°48′22.4″	84
						C_1	19—63	暗灰红色	壤质黏土	块状		2.5	0.47	0.53	20.5							
						C_2	63—107	红色	壤质黏土	块状		1.8	0.34	0.49	19.7							
剖6	初育土	黄绵土	黄绵土	坡黄绵土	生草黄绵土	1	0—18	浅黄棕色	轻壤土	粒状		6.2	0.58	0.61						黄土	E 108°24′07.3″ N 36°44′50.0″	86
						2	18—63	浅黄棕色	中壤土	块状		4.1	0.33	0.59					7.5			
						3	63—94	灰黄棕色	砂壤土	团块状	8.5	4.4	0.35	0.50					6.6			
剖7	初育土	黄绵土	黄绵土	黄绵土	梯黄绵土	A_1	0—16	浅黄橙色	砂壤土	片状	8.5	8.4	0.55	0.62					7.2	黄土	E 108°29′10.5″ N 36°43′33.9″	83
						A_2	16—22	浅黄棕色	砂壤土	块状	8.5	3.0	0.27	0.50					6.5			
						AC	22—72	浅黄棕色	砂壤土	块状	8.6	2.7	0.26	0.62					10.8			
						C	72—113	浅黄棕色	轻壤土	粒状		9.6	0.22	0.43					11.8			
剖8	钙层土	黑垆土	黑垆土	黑垆土	黑垆土	1	0—12	浅灰棕色	轻壤土	片状		8.7	0.71	0.86					11.7	黄土	E 108°30′28.2″ N 36°48′33.1″	100
						2	12—30	灰褐色	轻壤土	碎块状		6.7	0.61	0.78					9.2			
						A_1	30—73	灰褐色	轻壤土	粒状		7.5	0.50	0.73					6.0			
						A_2	73—123	灰黄色	轻壤土	块状		3.8	0.47	0.69					6.3			
						Bk	123—180	黄棕色	轻壤土	块状		7.1	0.35	0.73					8.0			
剖9	初育土	黄绵土	黄绵土	黄黏黑垆土	五花土	1	0—18	浅灰棕色	砂壤土	粒状		5.7	0.46	0.78					8.7	黄土	E 108°38′52.0″ N 36°47′39.5″	74
						2	18—70	黄棕色	砂壤土	粒状		5.9	0.43	0.69								
						3	70—150	灰黄色	轻壤土	碎块状		4.2	0.43	0.62								
剖10	初育土	黄绵土	黄绵土	坡黄绵土	跶坡黄绵土	1	0—18	灰黄色	砂壤土	块状		3.2	0.24	0.61						黄土	E 108°44′09.3″ N 36°48′56.3″	79
						2	18—55	棕黄色	砂壤土	块状		2.8	0.21	0.64								
						3	55—140	黄棕色	砂壤土	团块状	8.5	8.4	0.55	0.61	16.8	31	5.0	96	7.5			
剖11	初育土	黄绵土	黄绵土	绵砂土	梯绵土	A_{11}	0—16	浅黄橙色	砂壤土	块状	8.5	3.0	0.27	0.59	17.4	29	4.0	82	6.6	黄土	E 108°31′23.8″ N 36°40′20.5″	70
						A_{12}	16—22	黄黄橙色	砂壤土	块状	8.5	3.0	0.26	0.50	17.8	25	5.0	84	7.2			
						AC	22—72	黄橙色	砂壤土	块状	8.6	2.7	0.22	0.68	18.4	28	3.0	80	6.5			
						C	72—150	黄色	砂质黏壤土													
剖12	钙层土	黑垆土	覆盖侵蚀黑垆土	覆盖中度侵蚀黑垆土	1	0—16	灰棕色	轻壤土	块状		12.1	0.85	0.52					10.2	黄土	E 108°40′13.2″ N 36°40′47.2″	95
						2	16—64	暗棕色	轻壤土	块状		8.9	0.77	0.55					11.4			
						3	64—118	黄棕色	轻壤土	柱状		3.8	0.40	0.56					6.6			
						4	118—	黄棕色	轻壤土			3.4	0.35	0.46					5.5			

续表 Continued

剖面号 Soil profile	土纲 Soil order	土类 Soil great group	亚类 Soil subgroup	土属 Soil genus	土种 Soil species	土层码 Layer code	土层厚度 Depth/cm	颜色 Soil color	质地 Soil texture	土壤结构 Soil structure	pH	有机质 OM/(g/kg)	全氮 TN/(g/kg)	全磷 TP/(g/kg)	全钾 TK/(g/kg)	碱解氮 AN/(mg/kg)	有效磷 AP/(mg/kg)	速效钾 AK/(mg/kg)	阳离子交换量CEC/(cmol/kg)	土壤母质 Parent material	剖面点坐标 Profile coordinate	匹配指数 Matching index/%
剖13	人为土	水稻土	潴育水稻土	冲积洪积型潴育水稻土	锈斑泥质田	1	0—16					12.5	0.79	0.59					7.8	冲积物、坡积物	E 108°43′58.4″ N 36°32′52.6″	75
						2	16—30					6.8	0.53	0.62					7.8			
						3	30—50					4.7	0.46	0.65					6.4			
						4	50—					5.8	0.46	0.64					6.7			
剖14	钙层土	黑垆土	锈黑垆土	锈黑垆土	锈黑垆土	1	0—18	棕褐色	轻壤土	粒状		14.1	0.94	0.46						黄土	E 108°50′16.8″ N 37°02′41.9″	96
						2	18—60	褐棕色	中壤土	块状		11.4	0.66	0.39								
						3	60—110	灰棕色	中壤土	块状		8.3	0.52	0.60								
						C	110—140	黄棕色				5.1	0.43	0.51								
剖15	初育土	红黏土	红土	硬黄土	生草硬黄土	1	0—16		中壤土	团粒状		6.3	0.34							红土、第四纪红色黏土	E 108°45′10.5″ N 36°54′46.7″	94
						2	16—62		中壤土	团粒状		3.1	0.57									
						3	62—125		重壤土	棱柱状		3.7	0.32									
剖16	初育土	新积土	新积土	坝淤土	坝淤二色土	1	0—15	红黄色	中壤土	块状		7.2	0.49	0.62						冲积物	E 108°46′55.3″ N 36°54′55.6″	85
						2	15—38	黄棕色	中壤土	片状		8.1	0.54	0.67								
						3	38—65	紫色	中壤土	片状		3.5	0.29	0.66								
						4	65—130	红黄色	重壤土			6.1	0.54	0.65								
剖17	钙层土	黑垆土	黑垆土	侵蚀黑垆土	强度侵蚀黑垆土	1	0—17	灰棕色	轻壤土	粒状	8.5	11.0	0.82	0.68					8.7	黄土	E 108°52′54.7″ N 36°52′34.1″	82
						2	17—54	暗棕色	轻壤土	块状	8.4	13.5	0.78	0.57					11.6			
						3	54—81	黄棕色	轻壤土	块状	8.6	4.5	0.34	0.60					7.3			
						4	81—112	黄棕色	轻壤土	块状	8.6	3.6	0.34	0.64					8.1			

吴 起 县

主要土类说明

黄绵土是吴起县主要土壤类型，占本县地域面积的98%。黄绵土是由于地带性土壤黑垆土逐渐剥蚀，黄土母质裸露，经生草作用或人为长期耕作熟化作用形成的幼年土壤，耕层薄。由于成土年龄短，其基本形态属性与母质相似，土层深厚疏松，呈黄棕色，无层理结构和垂直节理发育，胶结性弱，质地为砂壤土至轻壤土，粉粒含量为10.3%—26.7%，富含石灰质。其剖面由表土层、心土层和底土层组成，剖面构型为均质型。耕作熟化层厚12—25cm，多为15—18cm，其厚度受水土流失影响，在其他条件相同的情况下，主要取决于地面坡度的大小，如陡坡黄绵土熟化层厚度只有数厘米。该土壤理化性状受母质影响较大，全剖面层次发育不明显，pH为8.4—8.9，具石灰反应，有微量石灰假菌丝体和霜状物。各种养分含量贫乏，有机质含量平均为5g/kg，全氮含量平均为0.37g/kg，全磷含量平均为1.41g/kg，全钾含量平均为21.3g/kg。耕层土壤疏松多孔，通气透水，土壤容重平均为1.34g/cm³，物理性状较好，便于耕作，有利于作物的根系发育。但因黄土母质分散性强，蓄水性差，黄绵土易受侵蚀和干旱威胁。

小于本县地域面积3%的土壤类型有风沙土、新积土、黑垆土、潮土、红黏土、草甸土。

本区域中心区气候特征

本区域中心区气候特征值
Regional climate characteristics in central area of the region

气候带：中温带亚湿润气候 Climate region: Mid temperate subhumid climate	
年平均气温 /℃ Annual average temperature /℃	8.8
年平均最高气温 /℃ Annual average maximum temperature /℃	16.0
年平均最低气温 /℃ Annual average minimum temperature /℃	3.1
年降水量 /mm Annual precipitation /mm	399
≥10℃的积温 /℃ Daily temperature accumulated in a year（≥10℃）/℃	3345
年日照时数 /h Annual sunshine /h	2643
年平均相对湿度 /% Annual average relative humidity /%	56
干燥度 Dryness	1.37

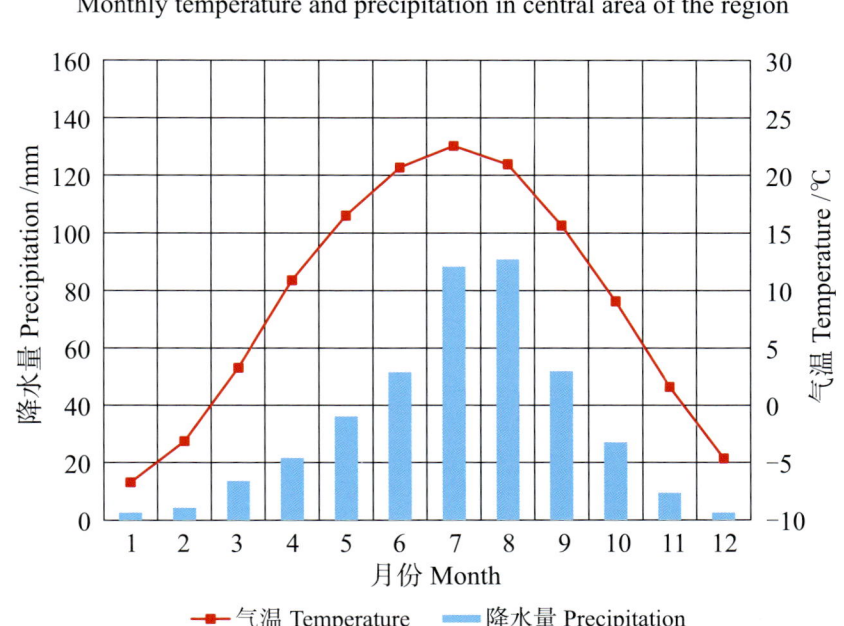

本区域中心区月平均气温与月平均降水量
Monthly temperature and precipitation in central area of the region

吴起县主要土壤类型与土壤剖面点分布图
1:350 000

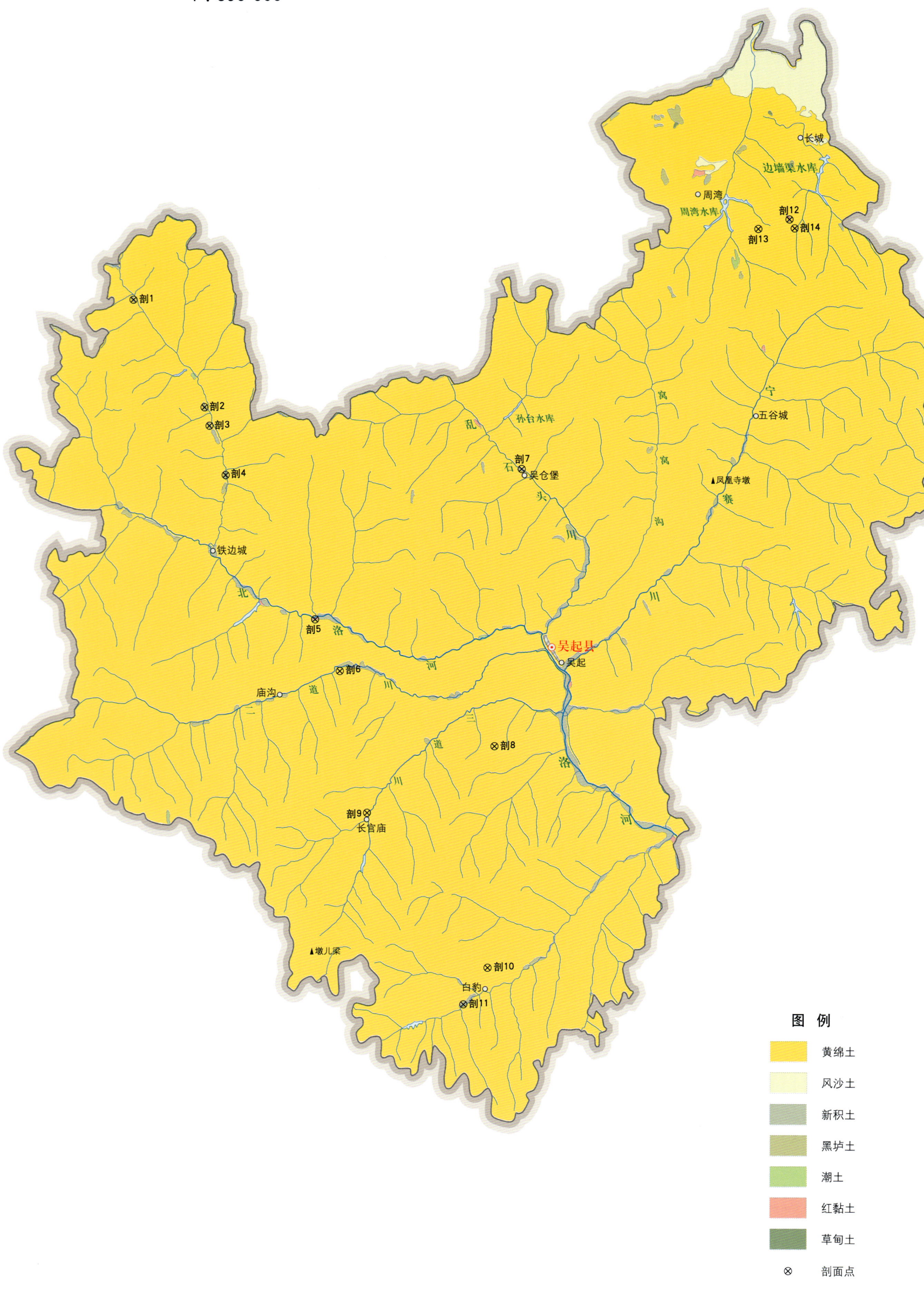

吴起县土壤剖面理化性状表

剖面号 Soil profile	土纲 Soil order	土类 Soil great group	亚类 Soil subgroup	土属 Soil genus	土种 Soil species	土层码 Layer code	土层厚度 Depth/cm	颜色 Soil color	质地 Soil texture	土壤结构 Soil structure	pH	有机质 OM/(g/kg)	全氮 TN/(g/kg)	全磷 TP/(g/kg)	全钾 TK/(g/kg)	阳离子交换量CEC/(cmol/kg)	土壤母质 Parent material	剖面点坐标 Profile coordinate	匹配指数 Matching index/%
剖1	钙层土	黑垆土	黑垆土	黑垆土		1	0~20	暗灰棕色	轻壤土	粒状	8.4	10.0	0.71	1.82	22.9	10.0	黄土	E 107°45′48.9″ N 37°10′50.5″	74
						2	20~42	褐棕色	中壤土	块状	8.5	10.5	0.68	1.83	22.9	9.1			
						3	42~70	灰褐色	中壤土	块状	8.5	9.5	0.61	1.78	23.0	10.9			
						4	70~100	黄棕色	中壤土	块状	8.5	5.2	0.53	1.80	23.2	8.6			
						5	100~125	浅黄棕色	轻壤土	块状		5.5	0.55	1.62	21.7	7.8			
剖2	钙层土	黑垆土	黑垆土	黄盖黑垆土	中层黄盖黑垆土	1	0~20	暗棕色	轻壤土	粒状		7.5	0.55	1.57			黄土	E 107°50′08.0″ N 37°05′60.0″	94
						2	20~50	灰棕色	轻壤土	块状		5.6	0.49	1.49					
						3	50~100	褐棕色	轻壤土	块状		6.8	0.58	1.73					
						4	100~130	浅灰棕色	轻壤土	块状		7.3	0.51	1.65					
						5	130—	浅黄棕色	轻壤土	块状		7.8	0.49	1.67					
剖3	钙层土	黑垆土	轻黑垆土	黄盖轻黑垆土	薄层黄盖轻黑垆土	1	0~25	黄棕色	砂壤土	粒状		3.3	0.27	1.01			黄土	E 107°50′27.3″ N 37°05′09.3″	93
						2	25~60	棕褐色	轻壤土	小块状		7.6	0.54	1.32					
						3	60~90	褐棕色	轻壤土	小块状		9.2	0.66	1.45					
						4	90~140	浅灰棕色	轻壤土	块状		8.4	0.53	1.29					
						5	140—	黄棕色	砂壤土	粒状、块状		3.4	0.27	1.03					
剖4	钙层土	黑垆土	黑垆土	侵蚀黑垆土	强度侵蚀黑垆土	2	17~52	棕褐色	轻壤土			9.6	0.68	1.83			黄土	E 107°51′28.9″ N 37°02′54.5″	94
						3	52~105		轻壤土	小块状		6.9	0.49	1.71		6.4			
						4	105—		轻壤土			4.7	0.44	1.65		5.7			
									轻壤土			3.8	0.30	1.54					
剖5	初育土	红黏土	积钙红黏土	火红土	淡灰红胶土	A	0~20	红棕色	壤质黏土	碎块状	8.4	4.5	0.34	0.42	16.9	20.8	红土	E 107°56′55.3″ N 36°56′23.7″	77
						AC	20~50	红棕色	壤质黏土	棱块状	8.4	3.1	0.28	0.38	18.8	18.8			
						C	50~90	红棕色	壤质黏土	块状	8.4	2.4	0.27	0.58	17.0	19.5			
剖6	初育土	新积土	绵砂土	洞地绵砂土	洞地绵砂土	1	0~18	黄黄色	轻壤土	粒状		4.7	0.33					E 107°58′26.4″ N 36°54′03.3″	88
						2	18~110	暗黄色	轻壤土	粒状、块状		2.8	0.25						
						3	110—	浅黄色	轻壤土	小块状		2.6	0.24						
剖7	初育土	黄绵土	淤土	淤砂土	砾质土	1	0~22	灰棕黄色	砂壤土	粒状		4.8	0.36	13.30			冲积物	E 108°08′35.8″ N 37°03′32.6″	98
						2	22~61	浅灰棕色	轻壤土	小块状		4.0	0.30						
						3	61~91	暗灰棕色	中壤土	小块状		3.8	0.29						
						4	91—	黄棕色	轻壤土	小块状		4.3	0.27						
剖8	初育土	黄绵土	黄绵土	坡黄绵土	平缓坡黄绵土	1	0~18	暗黄色	轻壤土			5.0	0.47	1.44		4.5	黄土	E 108°07′30.0″ N 36°50′49.2″	90
						2	18~80	暗黄色	砂壤土	粒状		5.0	0.44	1.46		4.6			
						3	80—	浅黄棕色	轻壤土	块状		4.6	0.40	1.44					
剖9	初育土	黄绵土	黄绵土	川台黄绵土	川台灰黄绵土	1	0~19	灰黄棕色	轻壤土	粒状		6.0	0.54	1.49		5.3	黄土	E 108°00′17.0″ N 36°47′33.5″	85
						2	19~39	暗黄色	轻壤土	块状		4.6	0.45	1.49		6.8			
						3	39~63	暗黄色	砂壤土	块状		4.7	0.37	1.52		5.8			
						4	63~100	浅灰黄色	轻壤土	粒状		9.5	0.48	1.47					
						5	100—	黄棕色	轻壤土	块状		5.8	0.50	1.52					
剖10	初育土	黄绵土	黄绵土	坡黄绵土		1	0~18	棕黄色	轻壤土	块状							黄土	E 108°07′30.0″ N 36°40′36.1″	99
						2	18~80	浅黄色	轻壤土	块状									
						3	80—												

续表 Continued

剖面号 Soil profile	土纲 Soil order	土类 Soil great group	亚类 Soil subgroup	土属 Soil genus	土种 Soil species	土层码 Layer code	土层厚度 Depth/cm	颜色 Soil color	质地 Soil texture	土壤结构 Soil structure	pH	有机质 OM/(g/kg)	全氮 TN/(g/kg)	全磷 TP/(g/kg)	全钾 TK/(g/kg)	阳离子交换量CEC/(cmol/kg)	土壤母质 Parent material	剖面点坐标 Profile coordinate	匹配指数 Matching index/%
剖11	初育土	新积土	淤土	淤黄绵土	淤黄绵土	1	0—19	灰棕色	轻壤土	粒状		6.2	0.63	1.57			冲积物	E 108°06′11.1″ N 36°38′52.3″	86
						2	19—36	浅灰棕色	轻壤土	块状		5.9	0.46	1.44					
						3	36—103	浅灰棕色	轻壤土	块状		6.3	0.46	1.47					
						4	103—	棕黄色	轻壤土			7.4	0.34	1.47					
剖12	初育土	红黏土	红土	硬黄土	生草硬黄土	1	0—26		轻壤土			6.8	0.53	1.71			老黄土	E 108°23′41.3″ N 37°15′23.6″	86
						2	26—62		中壤土			3.6	0.36	1.52		8.3			
						3	62—120		中壤土			3.8	0.35	1.46		8.0			
						4	120—		轻壤土			2.7	0.23	1.36		7.1			
剖13	初育土	黄绵土	绵砂土	坡绵砂土	平缓坡绵砂土	1	0—17		砂壤土		8.7	3.0	0.23	1.26	22.7	4.3		E 108°21′53.9″ N 37°14′54.9″	78
						2	17—125		砂壤土		8.9	1.9	0.17	1.24	22.0	4.7			
						3	125—		砂壤土		8.8	2.0	0.14	1.21	21.6	4.7			
剖14	初育土	黄绵土	黄绵土	梯黄绵土	梯黄绵土	1	0—15					7.8	0.63	1.47		2.1	黄土	E 108°24′00.2″ N 37°14′59.1″	73
						2	15—51					7.8	0.67	1.44		2.1			
						3	51—					8.2	0.63	1.44		2.0			

甘 泉 县

主要土类说明

黄绵土是甘泉县主要土壤类型，占本县地域面积的 50%。黄绵土是本县主要的农业土壤，分布范围广，从南到北，从梁峁顶到洛河川台地均有分布。在陕北丘陵沟壑区，由于长期水土流失，地带性土壤黑垆土逐渐剥蚀，黄土母质裸露，经生草作用或人为长期耕作熟化作用，形成了具 A–C 剖面构型的黄绵土。其剖面由耕层和母质层组成。耕层疏松绵软，通气性好，透水性强，具有一定的团粒状结构，有机质、氮素和其他有效营养物质含量较低，微生物活动比较强烈。在地形平缓的梯田，耕层和母质层之间常有一定厚度的过渡层，但没有明显的犁底层和淀积层。在侵蚀比较强烈的地区，耕层较疏松，耕层和母质层之间没有明显的界线。黄绵土的肥力高低完全取决于耕作措施。

褐土是甘泉县第二大土壤类型，占本县地域面积的 47%，主要分布在林区和林灌区。本县林地面积大，所处气候带冬干夏湿，夏季雨热同期，有利于褐土的形成。自然植被茂密，以落叶阔叶林为主，并伴生草灌。成土母质多为含碳酸盐的黄土、红土，也有页岩、砂页岩。在其形成过程中，土壤的淋溶淀积作用比较明显，逐渐形成褐土或向具有黏化作用的褐土方向发展。根据石灰的淋溶程度，本县褐土分为褐土、褐土性土、石灰性褐土等亚类。

小于本县地域面积 3% 的土壤类型有新积土、黑垆土、红黏土、水稻土。

本区域中心区气候特征

本区域中心区气候特征值
Regional climate characteristics in central area of the region

气候带：中温带亚湿润气候 Climate region: Mid temperate subhumid climate	
年平均气温 /℃ Annual average temperature /℃	10.1
年平均最高气温 /℃ Annual average maximum temperature /℃	17.2
年平均最低气温 /℃ Annual average minimum temperature /℃	4.6
年降水量 /mm Annual precipitation /mm	500
≥10℃的积温 /℃ Daily temperature accumulated in a year (≥10℃) /℃	4132
年日照时数 /h Annual sunshine /h	2414
年平均相对湿度 /% Annual average relative humidity /%	60
干燥度 Dryness	1.22

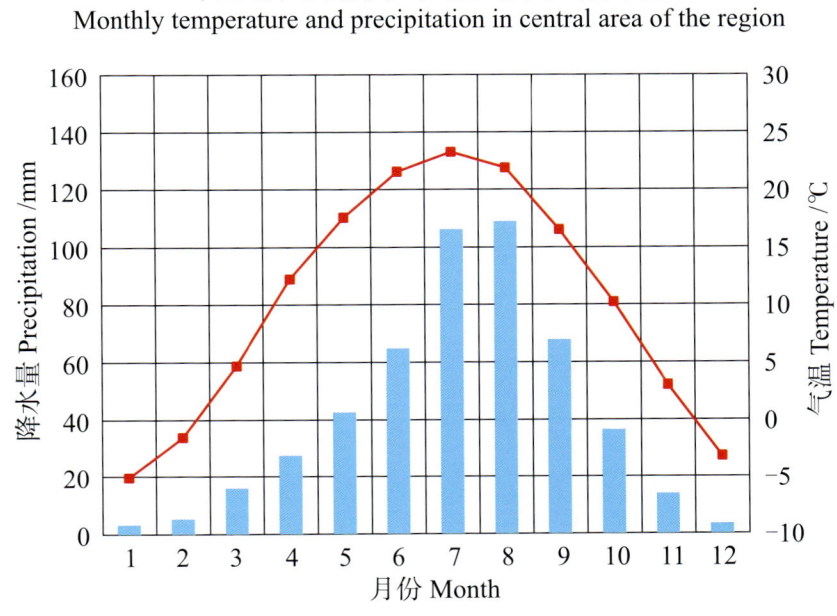

本区域中心区月平均气温与月平均降水量
Monthly temperature and precipitation in central area of the region

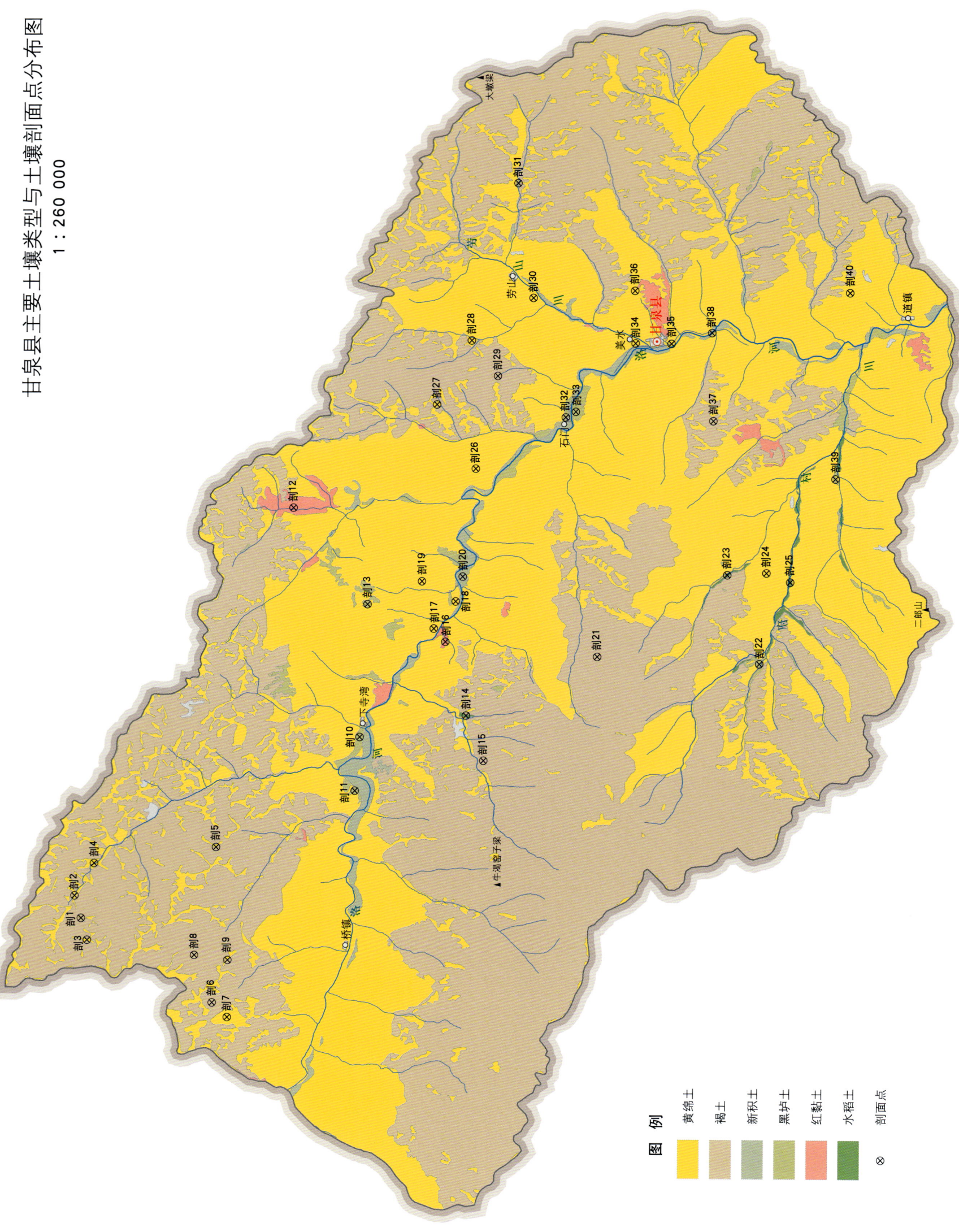

甘泉县土壤剖面理化性状表

剖面号 Soil profile	土纲 Soil order	土类 Soil great group	亚类 Soil subgroup	土属 Soil genus	土种 Soil species	土层码 Layer code	土层厚度 Depth/cm	颜色 Soil color	质地 Soil texture	土壤结构 Soil structure	pH	有机质 OM/(g/kg)	全氮 TN/(g/kg)	全磷 TP/(g/kg)	全钾 TK/(g/kg)	阳离子交换量CEC/(cmol/kg)	土壤母质 Parent material	剖面点坐标 Profile coordinate	匹配指数 Matching index/%
剖1	初育土	黄绵土	黄绵土	川台黄绵土	川台黄绵土	1	0—21	灰黄色	轻壤土	粒状		12.8	0.80	0.63	19.3		黄土	E 108°56′56.8″ N 36°35′15.1″	81
						2	21—62	棕黄色	轻壤土	粒状		9.1	0.47	0.57	17.2				
						3	62—120					6.5	0.50	0.64	18.5				
剖2	初育土	黄绵土	黄绵土	川台黄绵土	川台灰黄绵土	1	0—18	浅灰棕色	轻壤土	粒状							黄土	E 108°57′51.0″ N 36°35′29.2″	78
						2	18—27	灰黄棕色	轻壤土	块状									
						3	27—93	暗灰色	中壤土	块状									
						4	93—124	浅灰棕色	中壤土	块状									
						5	124—150	浅灰棕色	轻壤土	块状									
剖3	初育土	黄绵土	黄绵土	草灌灰绵土	薄腐草灌灰绵土	0	0—3										黄土	E 108°56′04.0″ N 36°35′01.9″	73
						A	3—9	棕色	轻壤土	粒状									
						3	9—32	黄棕色	轻壤土	块状									
						4	32—103	棕色	轻壤土	碎块状									
剖4	初育土	黄绵土	黄绵土	坡黄绵土	坡黄绵土	1	0—15	灰黄色	轻壤土	块状							黄土	E 108°59′10.6″ N 36°34′52.0″	84
						2	15—50	棕黄色	轻壤土	块状									
						3	50—97	棕黄色	轻壤土	块状									
剖5	初育土	黄绵土	黄绵土	草灌灰绵土	中腐草灌灰绵土	0	0—3										黄土	E 108°59′57.2″ N 36°30′52.5″	89
						A	3—22	灰棕色	轻壤土	粒状	8.0	34.8	1.78	0.75	14.9	11.5			
						3	22—58	浅灰棕色	轻壤土	碎块状	8.2	11.7	0.67	0.67	15.5	8.5			
						4	58—93	灰黄棕色	轻壤土	碎块状	8.2	5.0	0.34	0.64	17.6	8.0			
						5	93—120	黄棕色	轻壤土	块状	8.2	6.9	0.32	0.63	17.9	7.3			
剖6	半淋溶土	褐土	石灰性褐土	黄土质石灰性褐土	厚土层石灰性褐土	0	0—3										黄土	E 108°53′38.3″ N 36°30′52.6″	81
						A	3—23	灰棕色	轻壤土	粒状		36.7	1.93	0.72	18.5				
						B	23—45	浅灰棕色	轻壤土	粒状		17.1	1.94	0.73	19.6				
						Bt	45—69	灰黄棕色	中壤土	碎块状		15.0	0.82	0.63	17.6				
						5	69—120	棕黄色	轻壤土	碎块状		13.7	0.79	0.71	17.9				
剖7	初育土	黄绵土	黄绵土	坡黄绵土	坡黄绵土	1	0—10				8.4	9.0	0.69	0.63	18.5	8.8	黄土	E 108°53′03.4″ N 36°30′21.5″	83
						2	10—24				8.5	9.4	0.66	0.61	19.6	9.1			
						3	24—34				8.3	4.6	0.39	0.64	17.9	8.1			
剖8	半淋溶土	褐土	石灰性褐土	黄土质石灰性褐土	厚土层石灰性褐土	0	0—3										黄土	E 108°55′33.0″ N 36°31′29.8″	80
						2	3—40	棕褐色				25.1	1.38	0.49					
						3	40—128					9.6	0.75	0.64					
						4	128—200					3.8	0.41	0.55					
剖9	初育土	黄绵土	黄绵土	草灌灰绵土	厚腐草灌灰绵土	0	0—3										黄土	E 108°55′27.5″ N 36°30′23.9″	84
						A	3—24	灰棕色	轻壤土	粒状									
						3	24—39	浅灰棕色	轻壤土	粒状									
						4	39—115	黄棕色	轻壤土	碎块状									
						5	115—130	浅黄棕色	轻壤土	块状									

续表 Continued

剖面号 Soil profile	土纲 Soil order	土类 Soil great group	亚类 Soil subgroup	土属 Soil genus	土种 Soil species	土层码 Layer code	土层厚度 Depth/cm	颜色 Soil color	质地 Soil texture	土壤结构 Soil structure	pH	有机质 OM/(g/kg)	全氮 TN/(g/kg)	全磷 TP/(g/kg)	全钾 TK/(g/kg)	阳离子交换量CEC/(cmol/kg)	土壤母质 Parent material	剖面点坐标 Profile coordinate	匹配指数 Matching index/%
剖10	钙层土	黑垆土	黑垆土	黄盖黑垆土	中层黄盖黑垆土	1	0–15	浅灰棕色	轻壤土	碎块状	8.2	19.4	1.31	0.89		11.0	黄土	E 109° 04′ 32.9″ N 36° 26′ 14.7″	81
						Ap	15–19	棕灰相间	轻壤土	片状	8.3	14.4	0.95	0.88		11.0			
						A₂	19–27	黄灰棕色	轻壤土	块状		10.1	0.67	0.89		10.5			
						4	27–40	浅灰棕色	轻壤土	棱块状									
						A	40–77	灰灰棕色	轻壤土	棱块状									
						Bk	77–98	浅灰棕色	轻壤土	棱块状									
						7	98–114	黄灰棕色	轻壤土	碎块状									
						C	144–	黄棕色											
剖11	钙层土	黑垆土	黑垆土	黄盖黑垆土	薄层黄盖黑垆土	1	0–16	浅棕色	轻壤土	粒状		6.2	0.50	0.58	20.2	13.5	黄土	E 109° 02′ 22.3″ N 36° 26′ 21.4″	81
						2	16–27	灰灰棕色	重壤土	碎块状		1.2	0.24	0.44	24.6	20.5			
						3	27–75	棕褐色	重壤土	块状		<1.0	0.35	0.39	22.7	20.0			
						4	75–118	棕黄色	轻壤土	块状	8.3								
						5	118–180	棕色	轻壤土	块状									
剖12	初育土	红黏土	红黏土	红胶土	料姜红胶土	1	0–18	棕红色	重壤土	粒状		10.0	0.63	0.67	20.5		老黄土、古土壤	E 109° 13′ 45.8″ N 36° 28′ 36.2″	88
						2	18–65	黄红色	重壤土	碎块状		9.2	0.57	0.68	19.8				
						3	65–75	暗红色	重壤土	块状									
剖13	钙层土	黑垆土	黑垆土	黄盖黑垆土	厚层黄盖黑垆土	A	0–20	棕褐色	轻壤土	块状		8.0	0.49	0.92	14.2		黄土	E 109° 09′ 55.7″ N 36° 26′ 05.3″	90
						A₂	20–68	浅灰棕色	轻壤土	碎块状		9.7	0.62	0.95	19.7				
						3	68–98	褐灰棕色	中壤土	碎块状		5.0	0.35	0.89	21.2				
						4	98–150	深灰棕色	轻壤土	碎块状									
						Bk	150–170	黄灰棕色											
						C	170–												
剖14	人为土	水稻土	潴育水稻土	潴育水稻土	潴育型锈泥田	1	0–23	浅棕色	轻壤土	块状	8.2	12.7	0.82	0.64	17.3	9.4	黄土	E 109° 05′ 31.6″ N 36° 22′ 45.9″	100
						2	23–75	灰棕色	轻壤土	棱柱状	8.2	8.4	0.65	0.60	23.2	8.4			
						3	75–115	灰褐棕色	轻壤土	块状	8.5	10.0	0.63	0.58		8.3			
剖15	半淋溶土	褐土	石灰性褐土	黄土质石灰性褐土	厚土层石灰性褐土	0	0–2										黄土	E 109° 03′ 42.9″ N 36° 22′ 09.6″	83
						2	2–34		中壤土	粒状	8.2	20.1	1.24	0.66	17.3	10.9			
						3	34–142		中壤土	块状	8.2	5.7	0.39	0.66	23.2	12.7			
						4	142–200		重壤土	块状	8.2	5.7	0.33	0.71	17.8	10.3			
剖16	初育土	红黏土	红黏土	二色土	二色土	1	0–19	黑棕色	中壤土	粒状		15.3	1.18	0.58	15.6	6.1	黄土	E 109° 08′ 29.3″ N 36° 23′ 30.2″	70
						2	19–59	浅红棕色	中壤土	块状		6.1	0.37	0.56					
						3	59–160	红棕色	重壤土	块状		3.9	0.29	0.57					
						4	160–200	灰棕色	中壤土	碎块状		1.8	0.11	0.58					
剖17	初育土	黄绵土	黄绵土	坡黄绵土	草灌黄绵土	1	2–40					9.6	0.57	0.72			黄土	E 109° 09′ 00.5″ N 36° 23′ 53.5″	97
						2	40–108					6.8	0.36	0.70					
						3	108–130					4.8	0.41	0.71					
剖18	初育土	黄绵土	黄绵土	川台黄绵土	川台灰黄绵土	1	0–22					16.6	0.82	0.84			黄土	E 109° 10′ 07.3″ N 36° 23′ 11.7″	71
						2	22–50					7.3	0.48	0.83					
						3	50–100					4.4	0.43	0.61					
剖19	初育土	黄绵土	黄绵土	坡黄绵土	坡黄绵土	1	0–18					6.6	0.61	0.59			黄土	E 109° 10′ 54.3″ N 36° 24′ 19.0″	80
						2	18–88					7.4	0.47	0.59					
						3	88–120					3.4	0.34	0.62					

续表 Continued

剖面号 Soil profile	土纲 Soil order	土类 Soil great group	亚类 Soil subgroup	土属 Soil genus	土种 Soil species	土层码 Layer code	土层厚度 Depth/cm	颜色 Soil color	质地 Soil texture	土壤结构 Soil structure	pH	有机质 OM/(g/kg)	全氮 TN/(g/kg)	全磷 TP/(g/kg)	全钾 TK/(g/kg)	阳离子交换量CEC/(cmol/kg)	土壤母质 Parent material	剖面点坐标 Profile coordinate	匹配指数 Matching index/%
剖20	初育土	新积土	新积土	砾质土	多砾质淤绵砂土	1	0—30	灰棕色	砂壤土								坡积物、洪冲积物	E 109°11′08.0″ N 36°22′59.1″	81
剖21	半淋溶土	褐土	褐土性土	黄土质褐土性土	厚土层褐土性土	1	0—3	浅灰棕色	轻壤土	碎块状							黄土	E 109°08′00.9″ N 36°18′30.0″	72
						2	3—30	灰黄棕色	轻壤土	碎块状	8.3	18.8	1.02	0.69	18.3	9.0			
						3	35—58	暗黄棕色	轻壤土		8.4	4.4	0.34	0.65	18.5	6.7			
						4	58—68	灰褐棕色	轻壤土		8.5	4.7	0.36	0.62	20.1	6.8			
剖22	钙层土	黑垆土	锈黑垆土	锈黑垆土	锈黑垆土	1	0—15	棕褐色	轻壤土	粒状		15.1	0.92	0.63	16.8		黄土	E 109°07′52.7″ N 36°13′10.0″	94
						2	15—30	褐棕色	中壤土	块状		13.1	0.33	0.69	16.5				
						3	30—250	灰褐棕色	中壤土	块状		5.5	0.42	0.55	17.2				
剖23	人为土	水稻土	潜育水稻土	潜育水稻土	潜育性泥砂田	1	0—6	灰色	重壤土	粒状		20.3	1.21	0.63	18.8	12.5	黄土	E 109°11′25.4″ N 36°14′17.1″	83
						2	6—28	蓝灰色	中壤土	无明显结构		26.6	1.06	0.63	21.5	13.1			
						3	28—38	深黄棕色	轻壤土	片状		12.0	0.70	0.58	21.4	8.8			
						4	38—53	浅黄色	中壤土	块状		13.4	0.94	0.59	22.6	9.8			
						5	53—63	红黄色	中壤土	块状		12.4	0.88	0.61	18.9	10.9			
剖24	初育土	黄绵土	黄绵土	草灌灰绵土	厚腐草灌灰绵土	1	0—2					47.9	2.12	0.83		9.2	黄土	E 109°11′32.2″ N 36°12′59.8″	90
						2	2—24					14.6	0.55	0.56	20.5	7.3			
						3	24—43					10.4	0.29	0.55	19.8	6.7			
						4	43—94					8.8	0.53	0.55	18.2	8.3			
剖25	人为土	水稻土	潴育水稻土	潴育水稻土	潴育型锈泥田	A	0—21		轻壤土	粒状	8.7	6.5	0.36	0.61	19.8	6.7	黄土	E 109°11′11.4″ N 36°12′13.0″	75
						P	21—45		中壤土	块状	8.5	6.0	0.30	0.60	18.2	5.5			
						W	45—73		轻壤土	块状	8.2	6.6	0.57	0.62	16.8	6.6			
						C_1	73—100				8.4	5.2	>6.00	0.56	16.8	6.7			
						C_2	100—150				8.1					8.2			
剖26	初育土	黄绵土	黄绵土	坡黄绵土	坡灰黄绵土	1	0—25	浅灰棕色	轻壤土	粒状	8.4	14.3	1.03	0.68	18.5	5.5	黄土	E 109°15′30.3″ N 36°22′38.3″	98
						2	25—210	黄灰棕色	中壤土	碎块状	8.5	1.7	0.25	0.54	19.0	12.9			
						3	210—230	浅灰棕色	轻壤土	块状	8.6	<1.0	0.19	0.49	18.5	12.8			
剖27	初育土	黄绵土	黄绵土	坡黄绵土	坡灰黄绵土	1	0—16		轻壤土			21.9	1.24	0.73			黄土	E 109°18′03.9″ N 36°23′57.6″	71
						2	16—50		中壤土	块状		14.8	0.56	0.72	19.4	7.3			
						3	50—150					4.8	0.50	0.66	19.6	7.2			
剖28	初育土	黄绵土	黄绵土	黄绵土	灰黄绵土	1	0—15	浅灰棕色	轻壤土	粒状		14.1	0.99	0.52	19.4		黄土	E 109°20′40.1″ N 36°22′51.8″	98
						2	15—76	黄灰棕色	中壤土	碎块状		6.2	0.49	0.40	19.6				
						3	76—116	黄黄棕色	中壤土	块状		3.2	0.38	0.59	19.3				
						4	116—160	棕黄色	轻壤土	块状		2.3	0.27	0.56	15.4				
剖29	半淋溶土	褐土	褐土性土	黄土质褐土性土	厚土层褐土性土	0	0—4										黄土	E 109°19′15.5″ N 36°21′58.7″	78
						2	4—23	暗黄棕色	轻壤土	粒状		35.5	1.90	0.60	22.7				
						3	23—33	暗灰棕色	轻壤土	片状		13.2	0.79	0.65	18.9				
						4	33—83	浅灰棕色	轻壤土	碎块状		5.6	0.47	0.62	19.6				
						5	83—115	棕褐色	轻壤土	碎块状		4.4	0.34	0.55	15.8				
剖30	初育土	黄绵土	黄绵土	川台黄绵土	轻砾质黄绵土	1	0—20		轻壤土	粒状							黄土	E 109°22′26.0″ N 36°20′51.7″	75
						2	20—60		轻壤土	片状									
						3	60—100		轻壤土	碎块状									
						4	100—140		轻壤土	碎块状									

续表 Continued

剖面号 Soil profile	土纲 Soil order	土类 Soil great group	亚类 Soil subgroup	土属 Soil genus	土种 Soil species	土层码 Layer code	土层厚度 Depth/cm	颜色 Soil color	质地 Soil texture	土壤结构 Soil structure	pH	有机质 OM/(g/kg)	全氮 TN/(g/kg)	全磷 TP/(g/kg)	全钾 TK/(g/kg)	阳离子交换量CEC/(cmol/kg)	土壤母质 Parent material	剖面点坐标 Profile coordinate	匹配指数 Matching index/%
剖31	钙层土	黑垆土	黑垆土	黄盖锈黑垆土	薄层黄盖锈黑垆土	1	0—18	浅褐棕色	轻壤土	粒状							黄土	E 109°27′04.1″ N 36°21′26.4″	95
						2	18—25	浅黄色	砂壤土	碎块状									
						3	25—36	灰黄色	中壤土	碎块状									
						4	36—42	浅黄色	砂壤土	碎块状									
						5	42—72	棕黄色	轻壤土	碎块状									
剖32	钙层土	黑垆土	黑垆土	黑垆土	黑垆土	Ap	0—24	浅灰棕色	轻壤土	粒状	8.5	12.9	0.83	0.78	19.9	9.5	黄土	E 109°17′43.3″ N 36°19′43.3″	72
						A₁	24—28		中壤土	片状	8.6	10.4	0.71	0.73	21.3	10.3			
						A₂	28—85		轻壤土	碎块状	8.6	10.3	0.65	0.69	21.7	10.2			
						Bk	85—140		中壤土	块状	8.6	6.7	0.48	0.66	21.3	9.1			
						5	140—195	黄黄色	轻壤土	块状	8.7	3.6	0.38	0.61	20.9	7.1			
						6	195—	黄黄色											
剖33	钙层土	黑垆土	黑垆土	侵蚀黑垆土	轻度侵蚀黑垆土	A	0—15	橙棕色	轻壤土	粒状							黄土	E 109°17′52.8″ N 36°19′23.2″	91
						2	15—118	暗棕色		块状									
						C	118—												
剖34	初育土	黄绵土	黄绵土	黄绵土	梯黄绵土	1	0—18	黄棕色	轻壤土	粒状							黄土	E 109°20′41.0″ N 36°17′28.6″	92
						2	18—	黄棕色	轻壤土	块状									
剖35	初育土	黄绵土	黄绵土	黄绵土	黄绵土	1	0—15	黄棕色	轻壤土	粒状		11.0	0.56	0.55	17.5		黄土	E 109°20′41.4″ N 36°16′17.3″	82
						2	15—61	黄棕色	轻壤土	块状		5.6	0.42	0.55	19.3				
						3	61—120	黄棕色	轻壤土	块状		6.6	0.28	0.52	19.3				
剖36	初育土	黄绵土	黄绵土	坡黄绵土	草灌黄绵土	1	0—2		轻壤土	粒状							黄土	E 109°22′47.6″ N 36°17′31.5″	94
						2	2—22	浅黄棕色	轻壤土	块状									
						3	22—76	黄黄棕色	中壤土	块状									
						4	76—124	浅黄棕色											
剖37	半淋溶土	褐土	褐土性土	砂页岩褐土性土	中度砾质褐土性土	0	0—2	深灰棕色	轻壤土	粒状							砂页岩风化物	E 109°17′36.8″ N 36°14′51.8″	79
						A	2—13	棕黄色	中壤土	块状									
						B	13—28			无明显结构									
						C	28—												
剖38	初育土	新积土	新积土	底砂（石）淤绵砂土	底砂（石）厚层淤绵砂土	1	0—21		轻壤土	粒状		10.5	0.75	0.63			坡积物，洪冲积物	E 109°21′09.7″ N 36°14′57.8″	70
						2	21—58	黄棕色	轻壤土	碎块状		5.6	0.49	0.59					
						3	58—83	灰褐棕色	轻壤土	碎块状		7.2	0.69	0.62					
						4	83—110	浅黄棕色	轻壤土	碎块状		9.6	0.66	0.59					
剖39	钙层土	黑垆土	黑垆土	黄盖锈黑垆土	厚黄盖黑垆土	1	0—23	黄棕色	轻壤土	粒状							黄土	E 109°15′22.4″ N 36°10′48.1″	87
						2	23—64	棕黄色	轻壤土	碎块状									
						3	64—97		轻壤土	碎块状									
						4	97—115		轻壤土	碎块状									
						5	115—127												
剖40	初育土	黄绵土	黄绵土	草灌灰绵土	薄腐草灌灰绵土	1	0—3			粒块状	8.2	34.3	1.93	0.65	18.7	13.5	黄土	E 109°22′52.7″ N 36°10′27.2″	71
						2	3—12			碎块状	8.5	9.7	0.88	0.62	18.3	8.2			
						3	12—32			碎块状	8.5	4.0	0.42	0.62	19.0	7.4			
						4	32—												

富 县

主要土类说明

黄绵土是富县主要土壤类型，占本县地域面积的 86%。黄绵土广泛分布在黄土丘陵沟壑区的侵蚀地貌，除林地外，几乎所有山坡地、沟坡地、川台地及塬坡地均有分布，与黄土母质有相似的形态和属性。黄绵土成土年龄短，成土作用微弱，全剖面具强石灰反应，有机质含量较低，熟土层薄，其肥力和性状受母质的种类（新黄土、老黄土、古黄土、红色古土壤等）和耕作方式的影响很大。一般发育在新黄土上的黄绵土土性"绵"，物理性状好；发育在老黄土或红色古土壤上的黄绵土土性"硬"，耕性不良；发育在次生黄土母质上的黄绵土肥力较高。

新积土是富县第二大土壤类型，占本县地域面积的 6%，主要分布在葫芦河、洛河河滩及其主要支流两岸。新积土是在河流两岸和山洪淤积物上形成的土壤，质地组成复杂，肥力差异大。本县新积土分为河淤土、洪淤土等亚类。河淤土土层较薄，剖面质地、颜色变化大，全剖面具强石灰反应。洪淤土是在洪水冲积物上形成的土壤，大多分布在山谷出口洪积扇。由于山洪暴发，泥石俱下，分选性差，洪淤土质地粗且砾石较多，一般土层薄，耕作不便，加上受洪水威胁，多未开垦，生长稀疏的草灌。

黑垆土是富县第三大土壤类型，占本县地域面积的 4%，是本县肥沃的耕种土壤之一。黑垆土是在森林草原植被下、黄土高原上，由黄土发育而成的地带性土壤。该土壤有机质含量低，但腐殖质层深厚。土体原位黏化，但无明显的黏化层，具假菌丝状石灰累积；无盐化，多旱耕。自然黑垆土由腐殖质层、钙积层、母质层三个基本发生层组成，后经长期耕作熟化和施加粪肥，大部分被培育成具有人工黄土覆盖层的黄盖黑垆土，故黑垆土的典型剖面一般由灰棕色的耕种熟化层（覆盖层）、暗灰棕色的古耕层、褐棕色的腐殖质层、浅灰棕色的钙积层和浅黄棕色的母质层组成。本县黑垆土分为轻黑垆土、黑垆土、黏化黑垆土等亚类。

红黏土占本县地域面积的 3%，零星分布在本县侵蚀严重的沟谷地带，是在保德期红土或午城古黄土上形成的幼年土壤。深厚黄土层下，常见第三纪红色黏土（保德期红黏土）埋藏。厚层黄土层侵蚀殆尽处，红色黏土层露出，形成的母质性状明显的初育土，即红黏土。其黏粒含量高，塑性强，生物作用微弱，母质特性明显，pH 为 7.0—8.0，有时夹有砂姜。

小于本县地域面积 3% 的土壤类型有褐土。

本区域中心区气候特征

本区域中心区气候特征值
Regional climate characteristics in central area of the region

气候带：中温带亚湿润气候 Climate region: Mid temperate subhumid climate	
年平均气温 /℃ Annual average temperature /℃	10.6
年平均最高气温 /℃ Annual average maximum temperature /℃	17.4
年平均最低气温 /℃ Annual average minimum temperature /℃	5.2
年降水量 /mm Annual precipitation /mm	508
≥10℃的积温 /℃ Daily temperature accumulated in a year (≥10℃) /℃	4632
年日照时数 /h Annual sunshine /h	2335
年平均相对湿度 /% Annual average relative humidity /%	61
干燥度 Dryness	1.26

本区域中心区月平均气温与月平均降水量
Monthly temperature and precipitation in central area of the region

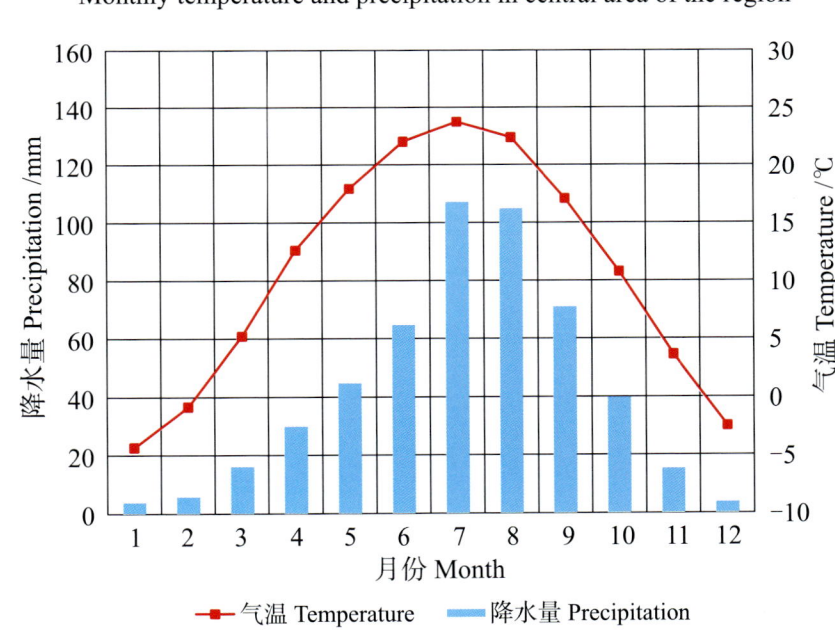

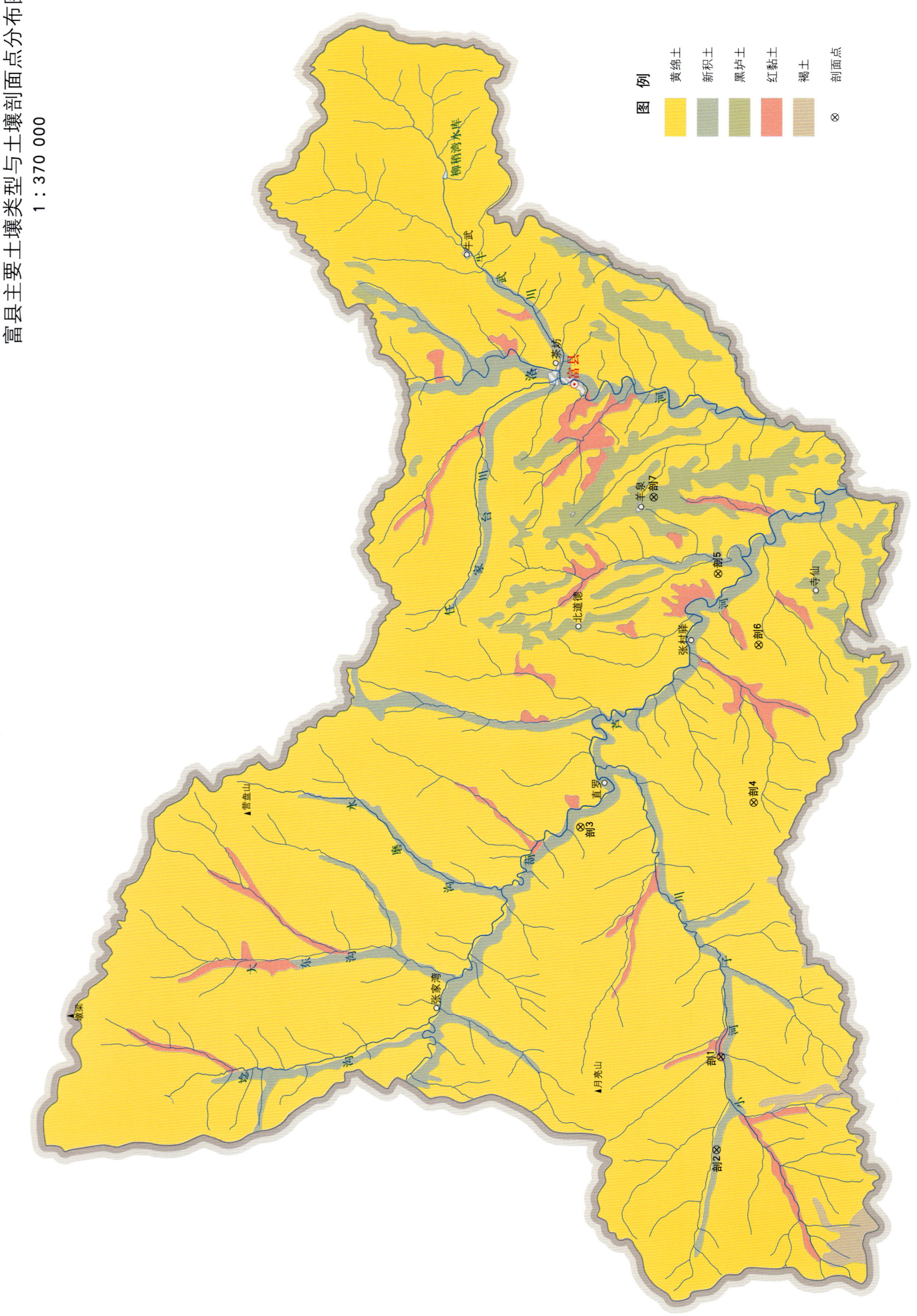

富县土壤剖面理化性状表

剖面号 Soil profile	土纲 Soil order	土类 Soil great group	亚类 Soil subgroup	土属 Soil genus	土种 Soil species	土层码 Layer code	土层厚度 Depth/cm	颜色 Soil color	质地 Soil texture	土壤结构 Soil structure	有机质 OM/(g/kg)	全氮 TN/(g/kg)	全磷 TP/(g/kg)	全钾 TK/(g/kg)	阳离子交换量CEC/(cmol/kg)	土壤母质 Parent material	剖面点坐标 Profile coordinate	匹配指数 Matching index/%
剖1	初育土	红黏土	红黏土	红黏土	料姜红胶土	A	0—20	浅红棕色	粉砂质黏壤土	小块状	5.4	0.37	0.52	20.2	18.1	红土	E 108°44′48.3″ N 35°51′55.7″	98
						AC	20—56	暗红棕色	粉砂质黏壤土	碎块状	2.1	0.31	0.42	24.6	20.9			
						C	56—103	灰红色	粉砂质黏壤土	碎块状	1.9	0.28	0.41	22.7	20.1			
剖2	初育土	新积土	河淤土	河淤土		1	0—23	浅灰棕色	轻壤土	板状	7.8	0.58	1.78			淤积物	E 108°38′56.3″ N 35°51′50.0″	98
						2	23—34	灰灰棕色	中壤土		5.8	0.46	1.65					
						3	34—	灰黄棕色	砂壤土		3.1	0.24	1.47					
剖3	初育土	黄绵土	黄绵土	塬黄潽土		1	0—14	灰黄棕色	中壤土	粒状						黄土	E 108°57′08.7″ N 35°58′36.6″	91
						2	14—19	灰黄棕色	中壤土	板状								
						3	19—70	浅黄棕色	中壤土	块状								
						4	70—	黄黄棕色	中壤土									
剖4	初育土	黄绵土	黄绵土	川台黄潽土		1	0—25	灰棕色	轻壤土	团块状	8.6	0.65	1.78			黄土	E 108°58′47.0″ N 35°50′31.4″	72
						2	25—60	黄棕色	中壤土	板状	5.6	0.50	1.58					
						3	60—100	黄棕色	中壤土	块状	4.3	0.35	1.51					
剖5	初育土	黄绵土	黄绵土	黄潽土		A	0—30	灰棕色	砂壤土	团块状	17.1	1.06	0.59			黄土	E 109°11′45.5″ N 35°52′26.7″	79
						AC	30—60	黄棕色	砂壤土	块状	7.2	0.41	0.50					
						C	60—110	黄黄棕色	粉砂质壤土	状状	2.6	0.32	0.59					
剖6	初育土	黄绵土	黄潽土	川台黄潽土		1	0—18				15.4	0.91	2.01	21.4	8.2	黄土	E 109°07′43.5″ N 35°50′28.3″	75
						2	18—25				12.4	0.73	1.76	21.4	8.0			
						3	25—35				9.2	0.64	1.76	18.8	8.0			
						4	35—				5.5	0.45	1.63	20.0	8.0			
剖7	钙层土	黑垆土	黏化黑垆土	黄盖黏黑垆土		1	0—19	浅灰棕色	轻壤土	粒状	9.6	0.65	1.72		8.9	黄土	E 109°16′02.4″ N 35°55′31.6″	96
						2	19—24	灰棕色	中壤土	块状	9.5	0.55	1.53		9.8			
						3	24—65	浅褐色	中壤土	核块状	6.8	0.47	1.10		11.2			
						4	65—78	浅褐色	中壤土	核状	7.0	0.48	1.16		12.1			
						5	78—108	暗灰褐色	重壤土	核状	9.5	0.65	1.24		14.8			
						6	108—129	浅灰褐色	中壤土	块状	7.1	0.55	1.39		11.9			
						7	129—197	黄棕色	中壤土	状状	3.9	0.36	1.53		7.4			
						8	197—	浅黄棕色	中壤土		4.3	0.29	1.41		7.5			

洛 川 县

主要土类说明

黄绵土是洛川县主要土壤类型，占本县地域面积的 48%。黄绵土分布范围广，从南到北，从川地到塬地均有分布。在坡地或倾斜的塬边，由于长期水土流失，地带性土壤黑垆土逐渐剥蚀，黄土母质裸露，经生草作用或人为长期耕作熟化作用，形成了具 A–C 剖面构型的黄绵土。耕层疏松绵软，透水性强，加上所处的地形部位易受侵蚀，有机质、氮素和其他有效营养物质含量较低。侵蚀作用的存在使黄绵土常处于幼年阶段，剖面层次不明显，质地为轻壤土至中壤土，结构疏松，透水性及耕性较好，但保水、保肥性能差。

黑垆土是洛川县第二大土壤类型，占本县地域面积的 23%。黑垆土是一种古老的耕种土壤，本县塬区均有分布。其典型剖面一般由黄盖层、腐殖质层、过渡层、钙积层和母质层组成。本县黑垆土分为黏化黑垆土、锈黑垆土、垆墡土等亚类。

褐土是洛川县第三大土壤类型，占本县地域面积的 20%。褐土主要分布在本县北部、东北部的林区和林灌区。该土壤有较厚的枯枝落叶层和林毡层，下部为腐殖质层，全剖面石灰淋溶现象弱，具强石灰反应，质地均为中壤土，没有明显的淀积层和黏化层。由于本县梢林恢复的历史短，所以褐土发育程度低，属幼年土壤。

红黏土占本县地域面积的 6%，零星分布在本县侵蚀严重的沟谷地带，是在保德期红土或午城古黄土上形成的幼年土壤。深厚黄土层下，常见第三纪红色黏土（保德期红黏土）埋藏。厚层黄土层侵蚀殆尽处，红色黏土层露出，形成的母质性状明显的初育土，即红黏土。其黏粒含量高，塑性强，生物作用微弱，母质特性明显，pH 为 7.0—8.0，有时夹有砂姜。

小于本县地域面积 3% 的土壤类型有新积土、沼泽土、潮土。

本区域中心区气候特征

本区域中心区气候特征值
Regional climate characteristics in central area of the region

气候带：暖温带亚湿润气候
Climate region: Warm temperate subhumid climate

年平均气温 /℃ Annual average temperature /℃	11.5
年平均最高气温 /℃ Annual average maximum temperature /℃	18.1
年平均最低气温 /℃ Annual average minimum temperature /℃	6.2
年降水量 /mm Annual precipitation /mm	514
≥ 10℃的积温 /℃ Daily temperature accumulated in a year（≥ 10℃）/℃	5134
年日照时数 /h Annual sunshine /h	2250
年平均相对湿度 /% Annual average relative humidity /%	62
干燥度 Dryness	1.34

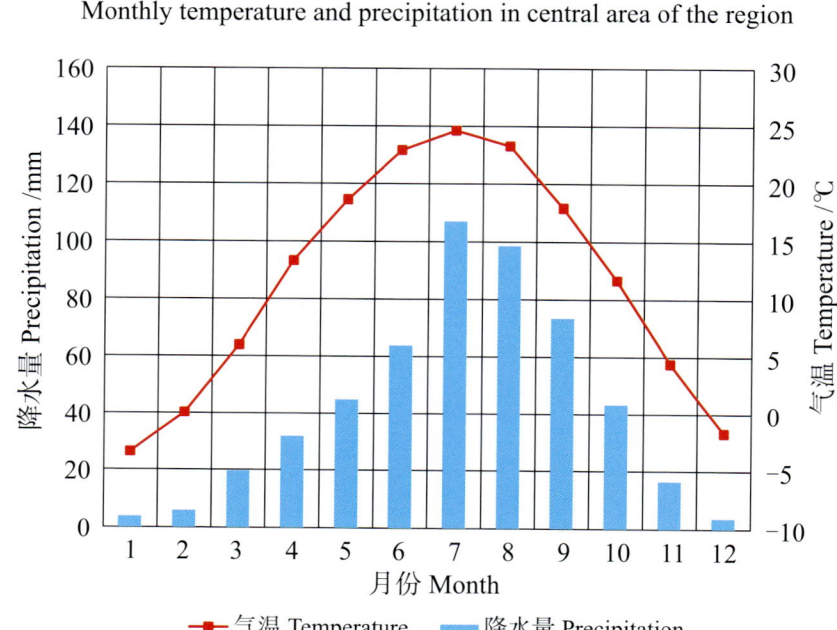

本区域中心区月平均气温与月平均降水量
Monthly temperature and precipitation in central area of the region

洛川县主要土壤类型与土壤剖面点分布图
1∶260 000

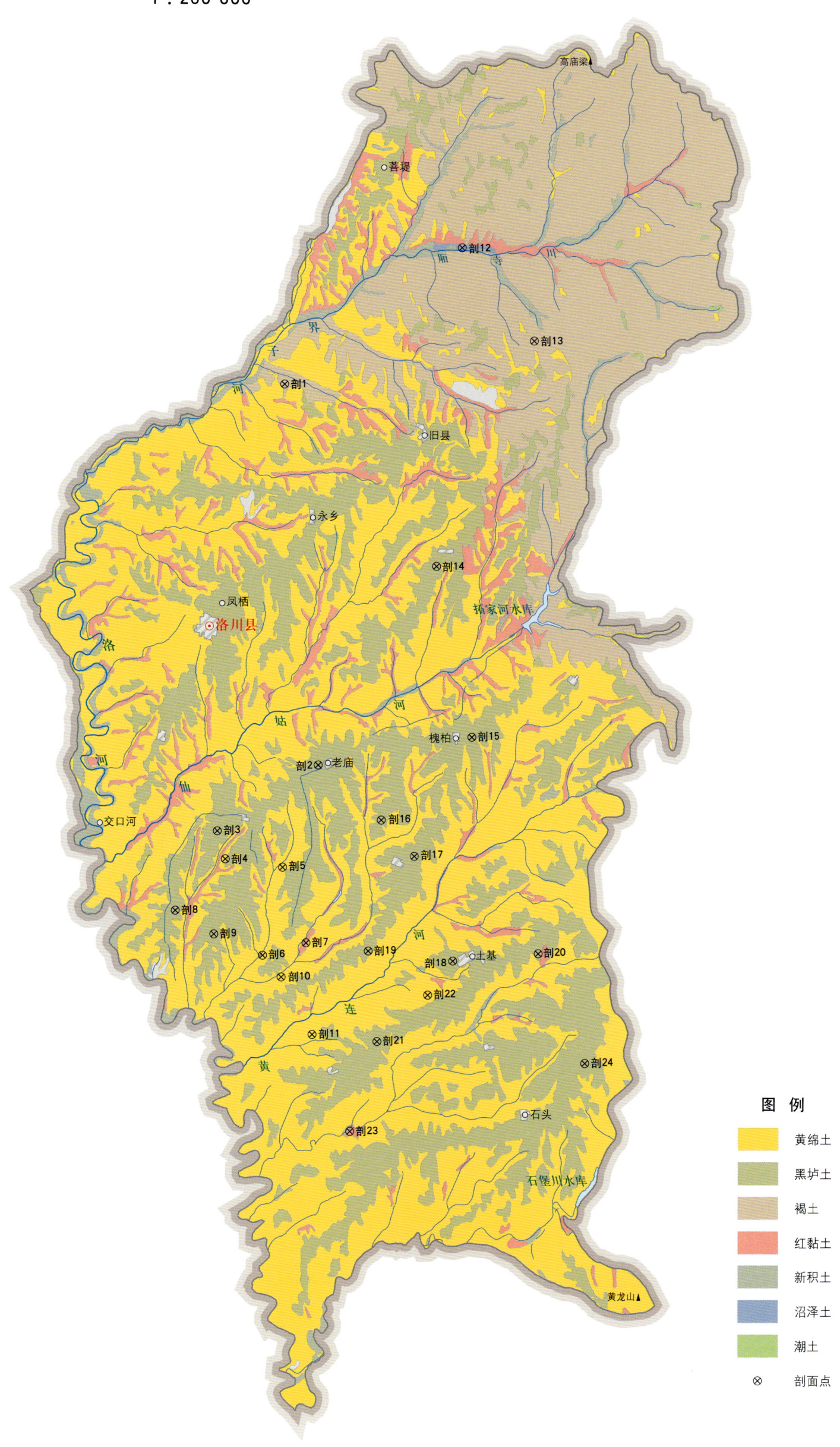

洛川县土壤剖面理化性状表

剖面号 Soil profile	土纲 Soil order	土类 Soil great group	亚类 Soil subgroup	土属 Soil genus	土种 Soil species	土层码 Layer code	土层厚度 Depth/cm	颜色 Soil color	质地 Soil texture	土壤结构 Soil structure	pH	有机质 OM/(g/kg)	全氮 TN/(g/kg)	全磷 TP/(g/kg)	全钾 TK/(g/kg)	碱解氮 AN/(mg/kg)	有效磷 AP/(mg/kg)	速效钾 AK/(mg/kg)	阳离子交换量CEC/(cmol/kg)	土壤母质 Parent material	剖面点坐标 Profile coordinate	匹配指数 Matching index/%
剖1	半淋溶土	褐土	石灰性褐土	黄土质石灰性褐土	中层石灰性褐土	1	0—12					35.2	1.77	0.96	16.0				15.8	黄土	E 109°28′16.9″ N 35°53′08.6″	78
						2	12—22					21.4	1.21	0.74	14.4				12.2			
						3	22—40					11.0	0.61	0.67	17.3				11.3			
剖2	钙层土	黑垆土	黏化黑垆土	黄盖黏黑垆土	中层黄盖黏黑垆土	Ap	0—19	灰黄棕色	中壤土	团粒状		11.4	0.75	0.62	19.3				9.2	黄土	E 109°29′50.1″ N 35°41′20.4″	83
						A₃	19—27	黄棕色	中壤土	板状		10.2	0.67	0.63	16.0				9.2			
						4	27—38	黄棕色	中壤土	块状		8.5	0.56	0.54	19.6				9.6			
						A	38—48	暗棕色	中壤土	粒状		11.7	0.52	0.50	16.1				11.1			
						4	48—106	棕褐相间	中壤土	棱块状		8.3	0.46	0.53	12.9				13.5			
						6	106—146	黄棕色	中壤土	块状		5.2	0.36	0.63					8.7			
						Bk	146—	黄棕色	中壤土	块状		2.6	0.28	0.63					7.8			
剖3	钙层土	黑垆土	黏化黑垆土	淋溶黏黑垆土	中层黏溶黏黑垆土	1	0—13	暗褐色		棱柱状		16.3							<2.0	黄土	E 109°26′00.5″ N 35°39′14.3″	75
						2	13—19	暗褐色		棱柱状		14.7							13.0			
						3	19—30	暗褐色		棱柱状		11.9							12.9			
						4	30—45	暗褐色		棱柱状		6.7							12.4			
						5	100—110	暗褐色		棱柱状		10.3							19.1			
						6	180—190	暗褐色		棱柱状		6.1							10.3			
						7	210—220	暗褐色		棱柱状		4.2							10.3			
剖4		黄绵土	黄绵土	黄墡土	川台黄墡土	A₁	0—15	暗灰棕色	砂质黏壤土	团块状	8.3	10.8	0.74	0.76	18.1	47	7.0			次生黄土	E 109°26′20.0″ N 35°38′22.7″	86
						A₂	15—22	暗黄棕色	砂质黏壤土	片状	8.4	10.1	0.54	0.82	17.8							
						AC	22—30	黄棕色	黏壤土	小块状	8.5	8.0	0.61	0.76	17.7							
						C₁	30—45	黄棕色	黏壤土	小块状	8.6	5.9	0.52	0.82	17.6							
						C₂	45—120	浅黄棕色	砂质黏壤土		8.5	4.5	0.42	0.65								
剖5		黄绵土	黄墡土	川台黄墡土		Ap	0—15	黄棕色	中壤土	片状		10.8	0.74	0.76						黄土	E 109°28′32.1″ N 35°38′09.1″	73
						3	15—22	暗黄棕色	中壤土	小块状		10.1	0.57	0.82								
						4	22—30	暗黄棕色	中壤土	粒状		8.0	0.61	0.76								
						5	30—45	暗黄棕色	中壤土	块状		6.9	0.52	0.82								
						6	45—65	暗黄棕色	中壤土	小块状		4.7	0.42	0.65								
							65—	暗黄棕色	中壤土	块状		4.3	0.36	0.73								
剖6	初育土	黄绵土	黄墡土	堰黄墡土	堰灰黄墡土	1	0—16	棕色	中壤土	粒状		9.6	0.66	0.55	20.2				9.8	黄土	E 109°27′50.1″ N 35°35′24.3″	93
						2	16—46	暗黄棕色	中壤土	块状		5.6	0.43	0.55	19.7				9.9			
						C	46—	暗黄棕色	中壤土	块状		3.7	0.31	0.48	28.0				9.2			
剖7	初育土	红黏土	红黏土	二色土		1	0—11	红黄棕色	中壤土	粒状										老黄土	E 109°29′29.3″ N 35°35′49.3″	100
						2	11—18	红黄棕色	中壤土	片状												
						C	18—100	红黄棕色	重壤土	块状												
剖8	钙层土	黑垆土	黏化黑垆土	淋溶黏黑垆土	薄层黏溶黏黑垆土	1	0—14	灰黄棕色	中壤土	粒状										黄土	E 109°24′27.3″ N 35°36′44.7″	82
						Ap	14—22	暗棕色	中壤土	片状												
						3	22—37	暗棕色	中壤土	块状												
						A	37—96	黑棕色	中壤土	棱块状												
						5	96—127	暗棕色	中壤土	块状												
						Bk	127—	灰黄棕色	中壤土	块状												

续表 Continued

剖面号 Soil profile	土纲 Soil order	亚类 Soil subgroup	土属 Soil genus	土种 Soil species	土层码 Layer code	土层厚度 Depth/cm	颜色 Soil color	质地 Soil texture	土壤结构 Soil structure	pH	有机质 OM/(g/kg)	全氮 TN/(g/kg)	全磷 TP/(g/kg)	全钾 TK/(g/kg)	碱解氮 AN/(mg/kg)	有效磷 AP/(mg/kg)	速效钾 AK/(mg/kg)	阳离子交换量 CEC/(cmol/kg)	土壤母质 Parent material	剖面点坐标 Profile coordinate	匹配指数 Matching index/%
剖9	钙层土	黏化黑垆土	淋溶黏黑垆土	中层黄盖淋溶黏黑垆土	1	0—12	黄棕色	中壤土	粒状										黄土	E 109°25′56.8″ N 35°36′02.0″	98
					Ap	12—17	黄棕色	中壤土	片状												
					A₃	17—31	黄棕色	中壤土	棱柱状												
					4	31—45	棕褐色	中壤土	棱柱状												
					A	45—176	暗棕褐色	重壤土	棱柱状												
					6	176—205	暗棕色	中壤土	块状												
					Bk	205—	黄棕色	中壤土	碎块状	8.3	10.8	0.74	0.76	18.1				8.8			
剖10	初育土	黄绵土	黄墡土	川台绵墡土	A₁₁	0—15	浊黄橙色	黏壤土	片状	8.4	10.8	0.54	0.82	17.8				10.3	黄土	E 109°28′33.6″ N 35°34′44.1″	70
					A₁₂	15—22	浊黄橙色	黏壤土	小块状	8.5	8.0	0.61	0.76	17.7				9.4			
					C₁	22—30	浊黄橙色	黏壤土	小块状	8.6	7.9	0.52	0.83	17.6				8.2			
					C₂	30—120	浊黄橙色	黏壤土													
剖11	初育土	黄绵土	坡黄墡土	坡黄墡土	1	0—13	暗棕褐色	中壤土			10.3	0.66	0.58		47	7.0	147		黄土	E 109°29′47.0″ N 35°32′57.4″	83
					2	25—35	暗棕色	中壤土			4.5	0.37	0.50								
					3	48—	暗棕色	中壤土			4.5	0.34	0.48								
剖12	水成土	腐殖质沼泽土	腐殖质沼泽土	薄层腐殖质沼泽土	A	0—5	暗灰色	中壤土	粒状、块状		53.1	2.13	0.77	14.6				13.5	黄土	E 109°35′01.7″ N 35°57′29.2″	76
					G	15—32	浅灰色	中壤土	块状		14.5	0.84	0.67	15.3				7.6			
剖13	半淋溶土	褐土	黄土质石灰性褐土	中层石灰性褐土	O	0—2													黄土	E 109°37′52.0″ N 35°54′38.2″	98
					2	2—8	暗棕色	中壤土	团粒状									10.4			
					A	8—25	暗灰色	中壤土	粒状、块状		5.1	0.35	0.70	15.6				10.8			
					4	25—44	灰棕色	中壤土	无明显结构		9.3							10.6			
					C	44—	暗棕色	中壤土			7.9							11.9			
剖14	钙层土	黏化黑垆土	黄盖侵蚀黏黑垆土	强度侵蚀黏黑垆土	1	0—16	暗棕色	轻壤土	块状		6.5							9.4	黄土	E 109°34′15.2″ N 35°47′34.4″	76
					2	16—20	暗棕色	轻壤土	块状		5.5							9.8			
					3	23—33	暗棕色	中壤土	块状		4.4										
					4	54—64	暗棕色	中壤土	棱块状												
					5	100—110	暗棕色	中壤土	块状												
剖15	钙层土	黏化黑垆土	黄盖侵蚀黏黑垆土	强度侵蚀黏黑垆土	1	0—15	灰棕色	黏壤土	粒状	8.2	9.3	0.63	0.65	12.7	51	6.0	334	10.2	黄土	E 109°35′43.4″ N 35°42′17.9″	89
					Ap	15—20	浅棕褐色	黏壤土	片状	8.2	8.1	0.57	0.52	13.2	50	5.0	344	10.4			
					A	20—48	暗黄棕色	壤质黏土	棱块状	8.2	8.1	0.55	0.62	13.5	34	5.0	293	14.1			
					4	48—96	暗棕褐色	黏质黏土	棱柱状	8.1	4.6	0.33	0.62	12.7	50	7.0	317	10.1			
					C	96—	棕色	黏质黏土	块状	8.2	3.3	0.27	0.59	13.0	33	4.0	335	12.3			
剖16	钙层土	黏化黑垆土	老垆土	洛川黑垆土	1	0—15	浊黄棕色	黏壤土	团粒状	8.2	8.5	0.68	2.60	12.1	24	5.0	325	9.3	黄土	E 109°32′17.5″ N 35°39′40.5″	83
					Ap	15—20	浊黄棕色	黏壤土	片状	8.2	9.0	0.68	2.49	13.2							
					A	20—32	暗棕色	壤质黏土	块状	8.2	7.5	0.56	2.23	13.5							
					4	32—50	棕色	黏质黏土	棱块状	8.3	8.3	0.73	2.51	12.7							
					AB₁	50—95	棕色	黏质黏土	棱柱状	8.2	6.4	0.55	1.96	13.0							
					AB₂	95—132	浊黄棕色	黏质黏土	块状	8.2	5.7	0.43	2.53	12.1							
					Bk	115—125															
剖17	钙层土	垆墡土	垆墡土	中层垆墡土	1	0—17	灰黄棕色	中壤土	粒状	8.3	13.8	1.00	0.82	18.3				>50.0	洪冲积物	E 109°33′35.4″ N 35°38′34.2″	70
					2	17—45	灰棕色	中壤土	块状	8.5	11.6	0.80	0.70	18.8				>50.0			
					3	45—120	浅褐色	中壤土	棱柱状	8.5	6.0	0.46	0.65	15.4				>50.0			
剖18	钙层土	垆墡土	垆墡土		4	120—	黄棕色	中壤土	块状	8.5	4.6	0.34	0.74	19.2				>50.0	黄土	E 109°35′07.9″ N 35°35′20.1″	92

续表 Continued

剖面号 Soil profile	土纲 Soil order	土类 Soil great group	亚类 Soil subgroup	土属 Soil genus	土种 Soil species	土层码 Layer code	土层厚度 Depth/cm	颜色 Soil color	质地 Soil texture	土壤结构 Soil structure	pH	有机质 OM/(g/kg)	全氮 TN/(g/kg)	全磷 TP/(g/kg)	全钾 TK/(g/kg)	碱解氮 AN/(mg/kg)	有效磷 AP/(mg/kg)	速效钾 AK/(mg/kg)	阳离子交换量CEC/(cmol/kg)	土壤母质 Parent material	剖面点坐标 Profile coordinate	匹配指数 Matching index/%
剖19	钙层土	黑垆土	黏化黑垆土	淋溶黏黑垆土	中层淋溶黏黑垆土	1	0—13				8.4	16.3	1.03	0.80	17.8				<2.0	黄土	E 109°31′53.1″ N 35°35′35.9″	97
						2	13—19				8.4	14.7	0.92	0.69	20.4				13.0			
						3	19—30				8.4	11.9	0.81	0.80	19.7				12.9			
						4	30—45				8.4	6.7	0.58	0.47	20.2				12.4			
						5	100—110				8.2	10.3	0.64	0.57	20.0				19.1			
						6	180—190				8.4	6.1	0.38	0.62	21.1				10.3			
						7	210—220				8.5	4.2	0.45	0.52	17.7				10.3			
剖20	钙层土	黑垆土	垆墡土	垆墡土	中层垆墡土	1	0—21	黄棕色	中壤土	团粒状										黄土	E 109°38′23.9″ N 35°35′36.6″	70
						2	21—43	黄棕色	中壤土	粒状												
						3	43—101	灰黄棕色	中壤土	粒状												
						4	101—		砾石土													
剖21	钙层土	黑垆土	黏化黑垆土	淋溶黏黑垆土	薄层淋溶黏黑垆土	1	0—14					7.9	0.66	0.65						黄土	E 109°32′16.5″ N 35°32′46.8″	100
						2	14—22					7.6	0.58	0.55								
						3	22—37				8.3	8.1	0.59	0.53								
						4	67—72				8.5	9.3	0.57	0.52								
						5	106—116					5.0	0.38	0.61								
						6	127—					4.1	0.34	0.59								
剖22	初育土	黄绵土	黄墡土	堰黄墡土	堰灰黄墡土	1	0—16	浅黄色	中壤土	粒状										黄土	E 109°34′11.7″ N 35°34′15.7″	88
						2	26—36	棕色	中壤土	块状												
剖23	初育土	红黏土	红土	硬黄土	生草黄硬土	1	0—12		中壤土	团粒状										老黄土	E 109°31′18.4″ N 35°29′55.1″	81
						2	12—40		中壤土	团粒状												
						3	40—133		重壤土	块状												
						4	133—		重壤土	块状												
剖24	钙层土	黑垆土	黏化黑垆土	黏黑垆土	黄盖黏黑垆土	A₁	0—15	浅黄棕色	黏壤土	团粒状		8.5	0.68	0.70	13.1	50	6.3	334	10.2	黄土	E 109°40′15.6″ N 35°32′13.3″	85
						A₂	15—20	黄棕色	黏壤土	片状		9.0	0.68	0.69	13.1	34	5.1	334	10.4			
						A₃	20—32	黄棕色	壤质黏土	块状		7.5	0.56	0.66	13.5	50	4.5	293	14.1			
						Ah₁	32—50	暗棕色	黏壤土	棱块状		8.3	0.73	0.69	12.7	33	7.3	317	10.1			
						Ah₂	50—95	暗棕褐色	壤质黏土	棱柱状		6.4	0.55	0.63	13.0	24	4.3	335	12.3			
						ABk	95—132	黄棕色	黏壤土	碎块状		5.7	0.43	0.69	12.1	22	5.1	325	9.3			
						Bk	132—150	黄棕色	黏壤土	块状		3.9	0.38	0.69	12.1		4.5	320	9.1			

宜 川 县

主要土类说明

黄绵土是宜川县主要土壤类型，占本县地域面积的 69%。黄绵土是由黄土母质直接翻耕形成的初育土，具 A–C 剖面构型。其形成过程主要是熟化过程和侵蚀过程。熟化过程是定向培育土壤的过程，通过耕作、施肥等活动进行。在漫长的人类生产活动中，熟化过程占主导地位，土壤剖面构型、农业生产性状均发生了显著的变化，其剖面由耕层和母质层组成。侵蚀过程是由不合理的土地利用方式引起的。由于成土年龄短，黄绵土基本形态属性与母质相似，没有地带性土壤所具有的发生层次和剖面特征，土层质地均一，结构疏松，呈黄棕色，无层理结构和垂直节理发育，湿陷性和渗透性较好，全剖面具强石灰反应。土壤有机质含量平均为 6g/kg，全氮含量平均为 0.50g/kg，全钾含量平均为 20.0g/kg。

褐土是宜川县第二大土壤类型，占本县地域面积的 24%。褐土又名褐色森林土，主要分布在本县南部的森林和草灌地，是在暖温带半湿润区发育形成的具有黏化与钙质淋移淀积特征的土壤。该土壤盐基饱和，处于硅铝风化阶段，有明显的黏淀层。在其 A–B–C 剖面构型中，B 层呈棕褐色，B 层下部有假菌丝状钙积层。本县冬春旱季水热条件较不稳定，因此表土化学风化作用微弱。夏季高温多雨季节，上下层均进行着强烈的化学风化作用，原生矿物变成次生矿物，次生黏土矿物还可随着降水进行机械淋移，发生黏化淀积过程，使下层土壤中的黏粒和胶膜含量大大增加，在腐殖质层下形成了黏化淀积层。但是由于干湿交替，上下层化学风化表现的强弱不同，从而影响了黏化部位。本县褐土分为褐土、褐土性土、塿土、石灰性褐土等亚类。

红黏土是宜川县第三大土壤类型，占本县地域面积的 3%，是发育在老黄土或古黄土上的幼年土壤。因成土过程微弱，土壤发育仍处于母质阶段，无地带性差异，没有明显的诊断土层。土壤有机质含量平均为 6g/kg，全氮含量平均为 0.45g/kg，全钾含量平均为 24.1g/kg，阳离子交换量平均为 13.8cmol/kg。

黑垆土占本县地域面积的 3%。黑垆土是在暖温带半干旱森林草原植被下、黄土高原上，由黄土发育而成的土壤。该土壤有机质含量较低，但腐殖质层深厚。土体原位黏化，但无明显的黏化层，具假菌丝状石灰累积；无盐化，多旱耕。由于黄土疏松多孔，为植物根系发育和深根性植物根系下扎提供了有利条件。自然植被以稀疏草类为主，由于各种植物生长期不同，根系深浅各异，加上渗透水沿根系下渗，植物残体腐解后逐渐形成腐殖质层。

小于本县地域面积 3% 的土壤类型有紫色土、新积土、潮土。

本区域中心区气候特征

本区域中心区气候特征值
Regional climate characteristics in central area of the region

气候带：暖温带亚湿润气候 Climate region: Warm temperate subhumid climate	
年平均气温 /℃ Annual average temperature /℃	11.5
年平均最高气温 /℃ Annual average maximum temperature /℃	18.2
年平均最低气温 /℃ Annual average minimum temperature /℃	6.1
年降水量 /mm Annual precipitation /mm	514
≥10℃的积温 /℃ Daily temperature accumulated in a year (≥10℃) /℃	4583
年日照时数 /h Annual sunshine /h	2318
年平均相对湿度 /% Annual average relative humidity /%	61
干燥度 Dryness	1.34

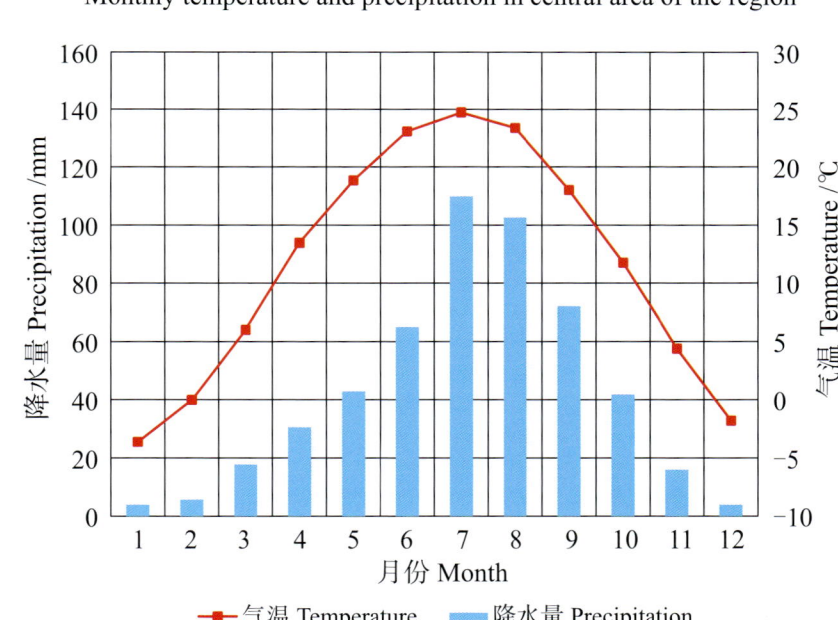

本区域中心区月平均气温与月平均降水量
Monthly temperature and precipitation in central area of the region

宜川县主要土壤类型与土壤剖面点分布图

1∶340 000

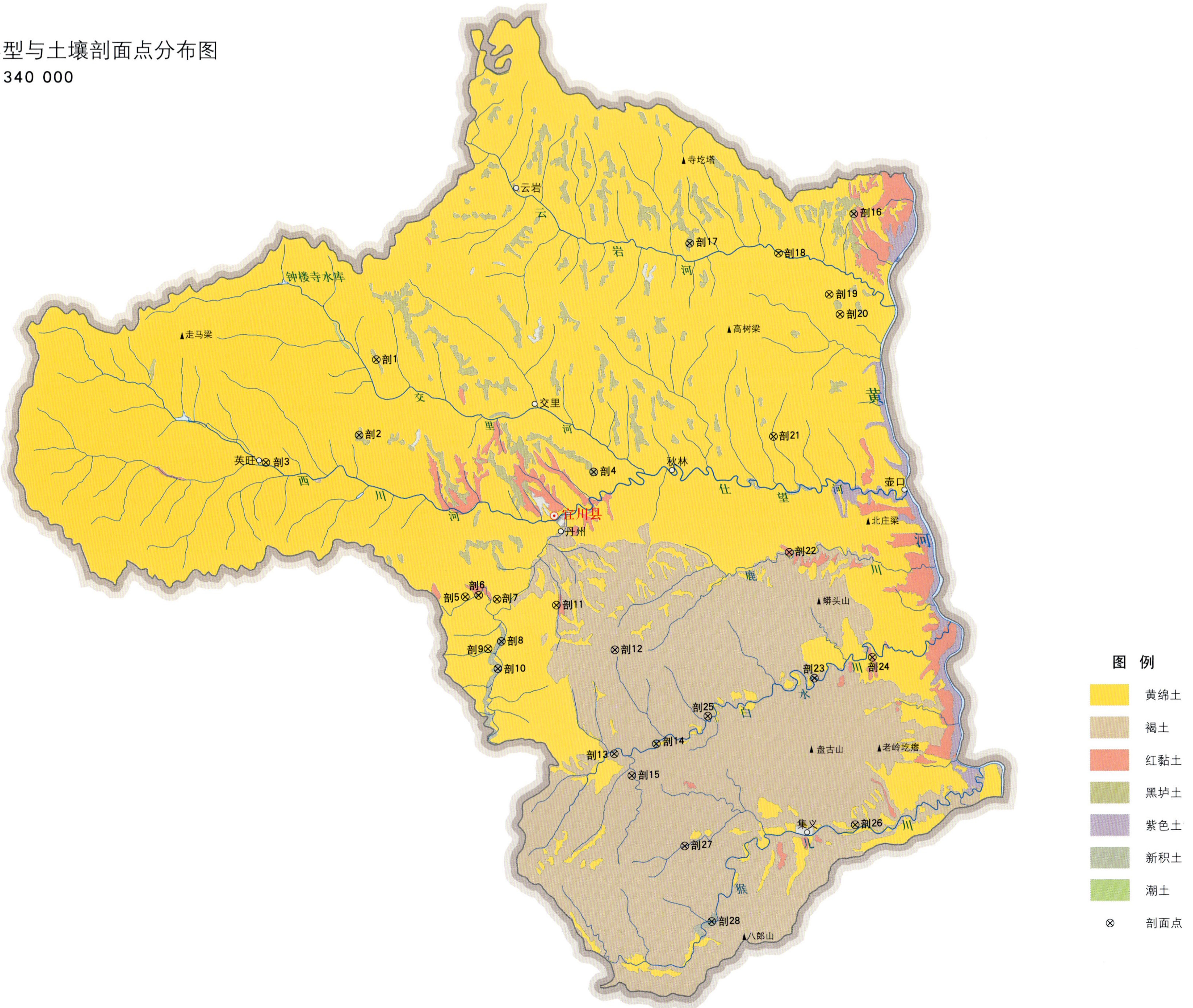

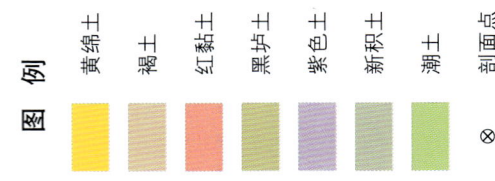

图例: 黄绵土 褐土 红黏土 黑垆土 紫色土 新积土 潮土 ⊗ 剖面点

宜川县土壤剖面理化性状表

剖面号 Soil profile	土纲 Soil order	土类 Soil great group	亚类 Soil subgroup	土属 Soil genus	土种 Soil species	土层码 Layer code	土层厚度 Depth/cm	颜色 Soil color	质地 Soil texture	土壤结构 Soil structure	pH	有机质 OM/(g/kg)	全氮 TN/(g/kg)	全磷 TP/(g/kg)	全钾 TK/(g/kg)	碱解氮 AN/(mg/kg)	有效磷 AP/(mg/kg)	速效钾 AK/(mg/kg)	阳离子交换量CEC/(cmol/kg)	土壤母质 Parent material	剖面点坐标 Profile coordinate	匹配指数 Matching index/%
剖1	钙层土	黑垆土	黏化黑垆土	覆盖侵蚀黏黑垆土	覆盖中度侵蚀黏黑垆土	1	0—21		轻壤土		8.5	10.6	0.67	0.56						黄土	E 110°00′12.4″ N 36°09′40.6″	77
						2	21—30		轻壤土		8.5	8.3	0.65	0.45								
						3	30—59		中壤土		8.4	6.3	0.52	0.48								
						4	59—76		中壤土		8.3	5.1	0.30	0.40								
						5	76—115		轻壤土		8.5	4.5	0.34	0.51								
						6	115—160		轻壤土		8.4	3.9	0.28	0.50								
						7	160—		轻壤土		8.4	3.2	0.33	0.56								
剖2	钙层土	黑垆土	黏化黑垆土	黏黑垆土	黏黑垆土	1	0—13	灰棕色	轻壤土	粒状	8.5	10.5	0.45	0.50						黄土	E 109°59′22.1″ N 36°06′24.1″	92
						2	13—23	棕色	中壤土	粒状	8.4	9.4	0.68	0.54								
						3	23—78	暗褐色	中壤土	块状	8.5	7.9	0.47	0.38								
						4	78—126	浅棕色	中壤土	块状	8.5	5.4	0.46	0.52								
剖3	初育土	黄绵土	黄绵土	沟条地黄墡土	沟条地灰黄墡土	1	0—18					15.4	0.90							黄土	E 109°54′17.3″ N 36°05′12.2″	81
						2	18—22					13.8	0.66									
						3	22—57					11.7	0.66									
						4	57—85					12.3	0.61									
						5	85—111					8.4	0.46									
剖4	钙层土	黑垆土	黏化黑垆土	黄盖黏黑垆土	中层黄盖黏黑垆土	1	0—21	黄棕色	轻壤土	小块状	8.5	7.6	0.58	0.60					9.1	黄土	E 110°11′31.5″ N 36°04′56.1″	76
						2	21—29	黄棕色	轻壤土	小块状	8.5	7.6	0.56	0.55					10.0			
						3	29—39	棕黄色	轻壤土	小块状	8.5	6.2	0.55	0.52					9.7			
						4	39—64	暗棕色	轻壤土	块状	8.4	5.4	0.50	0.37					11.5			
						5	64—134	暗褐色	中壤土	状状	8.4	8.2	0.52	0.38					15.2			
						6	134—148	浅棕黄色	中壤土	块状	8.6	5.7	0.44	0.49					10.6			
						7	148—169	浅棕黄色	中壤土	块状	8.6	4.9	0.37	0.50					9.5			
						8	169—196	灰黄色	中壤土	块状	8.6	4.3	0.36	0.49					9.5			
剖5	初育土	黄绵土	黄绵土	黄绵土	灰灰黄绵土	A	0—10	浅灰棕色	黏壤土	粒状	8.6	35.9	1.94	0.60	12.7	123	5.7	351	10.1	黄土	E 110°04′55.7″ N 35°59′35.9″	74
						AC	10—28	灰黄棕色	黏壤土	屑粒状	8.5	10.4	0.60	0.50	10.4	50	4.1	178	7.6			
						C_1	28—53	黄棕色	黏壤土	碎块状		4.3	0.32	0.50	7.9	19	3.7	171	6.8			
						C_2	53—92	黄棕色	黏壤土	小块状		3.1	0.24	0.51	8.2	18	4.6	164	6.7			
						C_3	92—108	黄棕色	中壤土	状状		3.3	0.23	0.63	9.3	16	3.3	164	6.7			
剖6	初育土	黄绵土	黄绵土	川台黄墡土	川台黄墡土	1	0—16	黄棕色	中壤土	粒状		10.8	0.64	0.59						黄土	E 110°05′36.7″ N 35°59′39.7″	71
						2	16—20	灰黄棕色	中壤土	块状		9.1	0.51	0.59								
						3	20—68	浅黄色	中壤土	块状		9.1	0.50	0.65								
						4	68—120	浅黄色	中壤土	块状		6.1	0.34	0.59								
剖7	初育土	黄绵土	黄绵土	坡地黄墡土	坡黄墡土	1	0—12	黄棕色	中壤土	片状		6.5	0.70							黄土	E 110°06′33.8″ N 35°59′30.8″	93
						2	12—21	灰黄色	中壤土	片状		6.0	0.62									
						3	21—55	黄棕色	中壤土	粒状		4.3	0.52									
						4	55—100	浅黄色	中壤土	粒状		4.5	0.45									
剖8	初育土	新积土	冲积土	河淤土		1	0—20	暗棕色	中壤土	片状										冲积物	E 110°06′47.8″ N 35°57′43.5″	99
						2	20—30	黄棕色	中壤土	块状												
						3	30—50	黄棕色	中壤土	块状				0.62								
						4	50—100	黄棕色	中壤土	块状				0.61								
剖9	初育土	黄绵土	黄绵土	沟条地黄墡土	沟条地黄墡土	1	0—18		中壤土			8.3	0.54	0.55						黄土	E 110°06′06.9″ N 35°57′24.0″	79
						2	18—27		中壤土			6.4	0.45									
						3	27—69		中壤土			5.0	0.33									
						4	69—119		中壤土			3.1	0.29	0.55								

续表 Continued

剖面号 Soil profile	土纲 Soil order	土类 Soil great group	亚类 Soil subgroup	土属 Soil genus	土种 Soil species	土层码 Layer code	土层厚度 Depth/cm	颜色 Soil color	质地 Soil texture	土壤结构 Soil structure	pH	有机质 OM/(g/kg)	全氮 TN/(g/kg)	全磷 TP/(g/kg)	全钾 TK/(g/kg)	碱解氮 AN/(mg/kg)	有效磷 AP/(mg/kg)	速效钾 AK/(mg/kg)	阳离子交换量CEC/(cmol/kg)	土壤母质 Parent material	剖面点坐标 Profile coordinate	匹配指数 Matching index/%
剖面10	初育土	新积土	冲积土	河淤土		1	0—12					4.2	0.27	0.58						冲积物	E 110°06′37.7″ N 35°56′34.0″	73
						2	12—22					2.5	0.24	0.55								
						3	53—100					3.3	0.23	0.66								
剖面11	初育土	黄绵土	黄绵土	塬地黄绵土		1	0—18	黄棕色	轻壤土	粒状										黄土	E 110°09′37.6″ N 35°59′17.3″	85
						Ap	18—26	黄棕色	轻壤土	片状												
						3	26—65	棕色	轻壤土	块状												
						C	65—100		轻壤土	核块状												
剖面12	半淋溶土	褐土	褐土性土	砂页岩褐土		1	0—3	暗灰棕色														
						2	3—9	暗灰棕色	中壤土	粒状		105.1	3.60	0.77							E 110°12′41.0″ N 35°57′24.3″	77
						3	9—40	灰棕色	中壤土	粒状		27.3	1.32	0.50								
						4	40—56	棕色	中壤土	块状		7.1	0.41	0.60								
						5	56—83	棕黄色	中壤土			4.6	>6.00	0.52								
						6	83—110	棕黄色	中壤土				0.27	0.50								
剖面13	半淋溶土	褐土	褐土	砂页岩褐土		1	0—2													砂页岩	E 110°12′40.7″ N 35°53′00.2″	86
						2	2—11	深褐色	轻壤土	粒状		36.5	2.02	0.57					22.6			
						3	11—25	褐色	中壤土	块状		37.2	1.97	0.53					23.2			
						4	25—40	浅棕色	轻壤土	块状												
						5	40—		轻壤土	块状												
剖面14	初育土	黄绵土	黄绵土	川台黄绵土		1	0—26	黄棕色	轻壤土	粒状		10.6	0.79	0.88					7.8	黄土	E 110°14′50.3″ N 35°53′26.3″	86
						2	26—37	灰棕色	轻壤土	片状		9.6	0.67	0.90					8.1			
						3	37—75	黄色	轻壤土	块状		6.9	0.68	0.76					7.4			
						4	75—		中壤土			4.5	0.37	0.59					7.3			
剖面15	半淋溶土	褐土	埁土	埁土		1	0—19	深褐色	中壤土	块状		20.1	1.30	0.70					16.8	黄土	E 110°13′35.0″ N 35°52′05.2″	90
						2	19—25	灰黑色	中壤土	块状		15.2	0.99	0.78					16.0			
						3	25—74	黄棕色	中壤土	碎块状		9.8	0.79	0.70					15.9			
						4	74—85	黄褐色	中壤土	块状		10.4	0.71	0.65					17.0			
						5	85—110	浅黄色	中壤土	块状		7.7	0.53	0.61					17.1			
						6	110—															
剖面16	钙层土	黑垆土	黏化黑垆土	淋溶黏黑垆土	中层黄盖淋溶黏黑垆土	1	0—20	暗黑色	轻壤土	粒状	8.6	7.7	0.35	0.62						黄土	E 110°24′55.5″ N 36°15′57.0″	100
						2	20—30	暗黑色	轻壤土	片状	8.4	6.7	0.49	0.56								
						3	38—48	棕色	中壤土	块状	8.5	5.5	0.47	0.44								
						4	64—74	棕黄色	中壤土	块状	8.5	6.1	0.51	0.46								
						5	92—102	暗棕色	中壤土		8.6	7.4	0.47	0.67								
						6	122—132	黄棕色	轻壤土	块状	8.5	9.0	0.58	0.64								
						7	172—182	黄棕色	轻壤土	粒状	8.5	6.7	0.67	0.69								
						8	225—235	灰黄色	轻壤土	块状	8.3	9.8	0.65	0.68								
剖面17	钙层土	黑垆土	黑垆土	黄盖黑垆土		1	0—23	棕色	轻壤土	粒状	8.4	6.3	0.44	0.67					9.1	黄土	E 110°16′25.4″ N 36°14′39.2″	74
						2	23—63	暗黄棕色	轻壤土	片状	8.4	9.8	0.60	0.98					9.1			
						3	63—143	黄棕色	轻壤土	块状	8.6	5.4	0.32	0.73					12.6			
						4	143—154	浅黄色	轻壤土	粒状	8.5	3.9	0.28	0.56					8.9			
						5	154—174	黄棕色	轻壤土										6.9			
剖面18	初育土	黄绵土	黄绵土	沟条地黄绵土		1	0—17	灰黄色	轻壤土	粒状		6.4	0.58	0.63						黄土	E 110°21′00.9″ N 36°14′15.2″	86
						2	17—27	灰黄色	轻壤土	片状		5.4	0.54	0.63								
						3	27—65	黄棕色	轻壤土	块状		3.8	0.42	0.63								
						4	65—100	浅黄色	轻壤土	棱块状		3.3	0.45	0.55								

续表 Continued

剖面号 Soil profile	土纲 Soil order	土类 Soil great group	亚类 Soil subgroup	土属 Soil genus	土种 Soil species	土层码 Layer code	土层厚度 Depth/cm	颜色 Soil color	质地 Soil texture	土壤结构 Soil structure	pH	有机质 OM/(g/kg)	全氮 TN/(g/kg)	全磷 TP/(g/kg)	全钾 TK/(g/kg)	碱解氮 AN/(mg/kg)	有效磷 AP/(mg/kg)	速效钾 AK/(mg/kg)	阳离子交换量CEC/(cmol/kg)	土壤母质 Parent material	剖面点坐标 Profile coordinate	匹配指数 Matching index/%
剖19	初育土	黄绵土	黄绵土	堰地黄绵土		1	0—15		轻壤土		8.7	6.5	0.53	0.54					7.2	黄土	E 110°23′40.4″ N 36°12′31.2″	81
						2	15—23		轻壤土		8.7	5.2	0.52	0.62					7.8			
						3	23—50		砂壤土		8.6	4.6	0.41	0.55					8.3			
						4	50—97		轻壤土		8.6	2.9	0.29	0.47					8.0			
剖20	初育土	黄绵土	黄绵土	坡地黄绵土	陡坡黄绵土	1	0—14					5.8	0.26							黄土	E 110°24′14.4″ N 36°11′40.5″	77
						2	14—21					4.3	0.25									
						3	21—53					3.3	0.21									
						4	53—93					3.7	0.18									
剖21	初育土	黄绵土	黄绵土	坡地黄绵土	生草黄绵土	1	0—9					15.0	0.99	0.58						黄土	E 110°20′47.7″ N 36°06′29.5″	83
						2	24—34					9.3	0.73	0.63								
						3	55—66					5.9	0.50	0.60								
						4	87—97					4.4	0.49	0.53								
剖22	初育土	红黏土	红土	红土	料姜红土	1	0—18	黄棕色	轻壤土	片状		4.9	0.34	0.56	19.4				14.5	老黄土	E 110°21′37.9″ N 36°01′35.0″	84
						2	18—26	黄棕色	中壤土	片状		3.0	0.34	0.44	22.2				14.0			
						3	26—50	浅红色	中壤土	块状		2.3	0.31	0.38	21.6				14.7			
						4	50—100	红黄色	中壤土	块状		3.2	0.77	0.52	18.8				12.0			
剖23	半淋溶土	褐土	堪土			1	0—24	灰棕色	中壤土	团块状		16.1	1.08	0.71					2.4	黄土	E 110°22′57.9″ N 35°56′16.1″	86
						2	24—29	浅灰棕色	中壤土	棱状		11.5	0.83	0.88					2.4			
						3	29—61	暗黑褐色	重壤土	块状		7.7	0.69	0.81					2.3			
						4	61—150	浅灰棕色	中壤土	棱块状		9.7	0.74	0.48					2.6			
						5	150—160		轻壤土			6.3	0.66	0.71					2.3			
						6	160—															
剖24	初育土	红黏土	二色土	二色土	1	0—12	棕红色	轻壤土	粒状		10.6	0.80	0.66							老黄土	E 110°25′57.0″ N 35°57′09.8″	94
						2	12—17	灰黄色	中壤土	片状		10.5	0.77	0.70								
						3	17—50	棕红色	中壤土	块状		5.0	0.39	0.59								
						4	50—100	浅棕色	砂壤土	块状		4.4	0.32	0.57								
剖25	半淋溶土	褐土	石灰性褐土	火褐砂土	灰砂砾肝土	Ao	0—6	灰黄棕色	砂壤土	粒状	8.1	34.8	1.69	0.54					19.0	砂砾岩风化残积物、坡积物	E 110°17′28.5″ N 35°54′37.5″	74
						A	6—15	浊黄棕色	壤土	块状	8.0	10.4	0.62	0.62					15.8			
						Btk	15—61	浊黄橙色	壤土	块状	8.6	6.0	0.46	0.49					14.6			
						Ck	61—80															
剖26	初育土	黄绵土	黄绵土	坡黄绵土	陡坡黄绵土	1	0—8	暗棕色				5.6	0.37	0.48							黄土	E 110°25′00.9″ N 35°50′00.3″	88
						2	8—37	黄棕色				4.1	0.31	0.49									
						3	37—100	黄棕色				4.6	0.29	0.47									
剖27	半淋溶土	褐土	石灰性褐土	砂砾石石灰性褐土	灰砂砾肝土	O	3—6														砂砾岩风化物	E 110°16′19.2″ N 35°49′07.4″	93
						Ao	6—15	暗灰棕色	砂壤土	团粒状	8.1	34.8	1.69	0.54					19.0			
						Bt	15—61	灰棕色	壤土	团块状	8.0	10.4	0.62	0.62					15.8			
						BC	61—80	黄棕色	中壤土	团块状	8.6	6.0	0.46	0.49					14.6			
						6	80—															
剖28	初育土	新积土	冲积土	河淤土	底砂石淤泥砂土	1	0—20	暗棕色	中壤土	粒状										冲积物	E 110°17′43.7″ N 35°45′55.8″	95
						2	20—30	黄棕色	中壤土	片状												
						3	30—50	灰棕色	中壤土	块状												
						4	50—100	黄棕色	中壤土	块状												

黄 龙 县

主要土类说明

褐土是黄龙县主要土壤类型，占本县地域面积的 78%。褐土是在暖温带半湿润区发育形成的具有黏化与钙质淋移淀积特征的地带性土壤，广泛分布在本县南部林区。成土母质为黄土、红土和岩石残积物等。表层富含腐殖质，以褐色为主，质地为中壤土，具团粒状结构。其下为黏化层，质地黏重，具块状或棱柱状结构。黏化层下为钙积层，厚度变化较大，有大小不等的料姜结核，向下逐渐过渡到成土母质。耕作褐土有机质含量高，土壤黏化明显，质地黏重，土块多，湿时黏韧，干时紧硬，蓄水性强，宜深翻改土，若合理倒茬，增施有机肥料，可改进耕性。

黄绵土是黄龙县第二大土壤类型，占本县地域面积的 10%，分布范围较广，川、塬、坡、台、沟均有分布，本县西南部的黄土残塬区黄绵土分布集中且面积较大。黄绵土是由黄土母质直接翻耕形成的初育土，具 A–C 剖面构型，熟化层厚约 20cm。全剖面上下质地均一，熟化程度及熟化层厚度受水土流失及地面坡度影响。黄绵土土层深厚，疏松绵软，土壤固、液、气三相比例适中，通气良好，质地为中壤土，宜耕期长，具有一定的水稳性团粒状结构，渗水性强，保墒保肥性较好，较耐旱涝。土壤有机质含量较低，全量矿质养分含量较高。

红黏土是黄龙县第三大土壤类型，占本县地域面积的 8%，主要分布在界头庙、石堡等地的山坡上半部或沟缘线下的陡坡耕地、草地及侵蚀冲沟。在长期土壤侵蚀作用下，新黄土被侵蚀殆尽，红色黏土层裸露地表，形成了红黏土。红黏土大部分被稀疏的草灌所覆盖，由于成土时间短，无明显发育层次，表层以下表现为母质特性，呈红棕色，质地黏重，具棱块状或碎块状结构，耕层薄，耕性差。

小于本县地域面积 3% 的土壤类型有黑垆土、新积土、潮土、粗骨土。

本区域中心区气候特征

本区域中心区气候特征值
Regional climate characteristics in central area of the region

气候带：暖温带亚湿润气候 Climate region: Warm temperate subhumid climate	
年平均气温 /℃ Annual average temperature /℃	11.7
年平均最高气温 /℃ Annual average maximum temperature /℃	18.2
年平均最低气温 /℃ Annual average minimum temperature /℃	6.4
年降水量 /mm Annual precipitation /mm	515
≥ 10℃的积温 /℃ Daily temperature accumulated in a year（≥ 10℃）/℃	5092
年日照时数 /h Annual sunshine /h	2254
年平均相对湿度 /% Annual average relative humidity /%	62
干燥度 Dryness	1.35

本区域中心区月平均气温与月平均降水量
Monthly temperature and precipitation in central area of the region

黄龙县主要土壤类型与土壤剖面点分布图
1∶250 000

图例
- 褐土
- 黄绵土
- 红黏土
- 黑垆土
- 新积土
- 潮土
- 粗骨土
- ⊗ 剖面点

黄龙县土壤剖面理化性状表

剖面号 Soil profile	土纲 Soil order	土类 Soil great group	亚类 Soil subgroup	土属 Soil genus	土种 Soil species	土层码 Layer code	土层厚度 Depth/cm	颜色 Soil color	质地 Soil texture	土壤结构 Soil structure	pH	有机质 OM/(g/kg)	全氮 TN/(g/kg)	全磷 TP/(g/kg)	全钾 TK/(g/kg)	碱解氮 AN/(mg/kg)	有效磷 AP/(mg/kg)	速效钾 AK/(mg/kg)	阳离子交换量CEC/(cmol/kg)	土壤母质 Parent material	剖面点坐标 Profile coordinate	匹配指数 Matching index/%
剖1	钙层土	黑垆土	黏化黑垆土	黏黑垆土	黏黑垆土	1	0—16	浅灰棕色	轻壤土	粒状		12.1	0.99	0.48					12.6	黄土	E 109°42′21.1″ N 35°38′00.3″	91
						2	16—30	暗黑棕色	中壤土	块状		11.4	0.88	0.49					13.1			
						A	30—71	棕灰棕色	中壤土	块状		6.8	0.60	0.52					13.9			
						4	71—108	棕黄色	中壤土	块状		4.8	0.45	0.60					11.6			
						B	108—138	黄色	中壤土	块状		3.5	0.41	0.64					10.1			
						C	138—150	黄色	中壤土	无明显结构		3.6	0.39	0.68					10.8			
剖2	半水成土	潮土	潮土	冲积潮土	砂潮土	1	0—28	黄棕色	中壤土	团块状	8.4	11.7	0.80	0.83						冲积物	E 109°43′48.5″ N 35°39′20.8″	84
						2	28—67	黄棕色	中壤土	团块状	8.6	10.0	0.74	0.85								
						3	67—117	灰棕色	中壤土	块状	8.5	9.5	0.77	0.83								
						G	117—165	黄棕色	轻壤土	块状	8.6	4.0	0.39	0.80								
剖3	初育土	黄绵土	黄绵土	坡黄墡土	生草黄墡土	A	0—25	暗黄棕色	中壤土	团块状		16.9	1.11							黄土	E 109°44′05.1″ N 35°39′41.4″	87
						2	25—90	浅黄棕色	中壤土	块状		9.3	0.56									
						C	90—110	黄棕色	轻壤土	块状		8.6	0.53									
剖4	初育土	新积土	冲积土	河淤土	底砂（石）厚层淤泥砂土	A	0—20	灰黄棕色	轻壤土	团块状		13.8	1.06	0.72						冲积物	E 109°43′25.5″ N 35°36′17.3″	96
						Ap	20—33	黄棕色	中壤土	块状		13.1	1.01	0.71								
						3	33—84	灰黄色	中壤土	粒状		7.7	0.68	0.69								
						4	84—101	灰棕色	中壤土													
剖5	初育土	黄绵土	黄绵土	黄墡土	梯黄墡土	A	0—20	暗黄棕色	轻壤土	团块状		13.2	0.99	0.68					20.9	黄土	E 109°43′48.5″ N 35°36′46.3″	74
						Ap	20—30	灰黄棕色	中壤土	块状		13.2	0.90	0.68					20.9			
						3	30—80	黄棕色	中壤土	粒状		8.1	0.66	0.63					16.4			
						C	80—120	浅黄色	中壤土			4.9	0.47	0.60					13.1			
剖6	半淋溶土	褐土	黏化黑垆土	黄土质耕种褐土	覆盖质耕种黑垆土	A	0—20	棕黄色	中壤土	块状		9.4	0.79							黄土	E 109°44′18.1″ N 35°36′43.8″	84
						Ap	20—37	棕褐色	中壤土	块状		9.2	0.79									
						3	37—60	红棕色	重壤土	块状		4.0	0.46									
						Bt	60—98	黄褐色	重壤土	块状		4.4	0.46									
						Bk	98—141	浅黄色	中壤土													
剖7	钙层土	黑垆土	黏化黑垆土	覆盖侵蚀黏化黑垆土	覆盖中度侵蚀黏黑垆土	1	0—18	黄棕黄色	中壤土	团粒状		10.9	0.75	0.59						黄土	E 109°43′02.1″ N 35°35′50.7″	71
						Ap	18—27	棕黄色	中壤土	小块状		10.1	0.74	0.58								
						A	27—55	褐黄色	中壤土	块状		6.7	0.68	0.48								
						4	55—82	灰黄色	中壤土	块状		5.1	0.49	0.61								
						B	82—108	浅黄色	中壤土	块状		4.2	0.52	0.62								
						C	108—153	棕黄色	中壤土	块状		4.2	0.52	0.49								
剖8	初育土	黄绵土	黄绵土	堰黄墡土	堰黄墡土	1	0—17	灰黄色	中壤土	粒状	8.3	13.0	0.89	0.65	22.2					黄土	E 109°43′00.1″ N 35°34′35.0″	71
						Ap	17—33	灰黄色	中壤土	块状	8.4	11.0	0.84	0.65	21.8							
						3	33—73	棕灰黄色	中壤土	块状	8.5	5.0	0.49	0.61	21.2							
						Bk	73—96	暗灰黄色	中壤土	块状	8.4	5.1	0.46	0.59	21.6							
						C	96—120	浅黄色	轻壤土	块状	8.4	4.9	0.42	0.59	21.7							
剖9	初育土	黄绵土	黄绵土	沟条地黄墡土	沟条地黄墡土	1	0—18	浅黄棕色	轻壤土	团粒状		10.3	0.73	0.59						黄土	E 109°43′26.6″ N 35°34′19.3″	89
						Ap	18—30	浅黄棕色	中壤土	块状		7.9	0.59	0.61								
						3	30—50	黄棕色	中壤土	块状		7.6	0.57	0.62								
						C	50—100	黄棕色	中壤土	块状		6.2	0.46	0.67								

续表 Continued

剖面号 Soil profile	土纲 Soil order	亚类 Soil subgroup	土属 Soil genus	土种 Soil species	土层码 Layer code	土层厚度 Depth/cm	颜色 Soil color	质地 Soil texture	土壤结构 Soil structure	pH	有机质 OM/(g/kg)	全氮 TN/(g/kg)	全磷 TP/(g/kg)	全钾 TK/(g/kg)	碱解氮 AN/(mg/kg)	有效磷 AP/(mg/kg)	速效钾 AK/(mg/kg)	阳离子交换量CEC/(cmol/kg)	土壤母质 Parent material	剖面点坐标 Profile coordinate	匹配指数 Matching index/%
剖10	初育土	新积土	洪淤土	深位夹砂(石)洪淤土	1	0—13	灰黄色	中壤土	团块状	<4.5	22.6	1.49	0.97						洪冲积物	E 109°43′10.7″ N 35°33′07.1″	86
					2	13—74	暗黄棕色	中壤土	团块状	8.4	22.6	0.86	1.00								
					3	74—84	黄黄棕色	砂土		8.5	6.5	0.45	0.72								
					C	84—100	暗黄棕色	轻壤土	团块状												
剖11	钙层土	锈黑垆土	黄盖锈黑垆土		1	0—15	暗棕色	中壤土	团粒状										黄土	E 109°44′04.5″ N 35°33′38.7″	95
					Ap	15—22	暗棕棕色	重黏土	块状												
					A₃	22—33	棕灰棕色	轻黏土	团粒状												
					A	33—57	黑棕色	重黏土													
					C	57—104	灰棕色														
剖12	初育土	黄绵土	坡黄潜土	缓坡黄潜土	A	0—20	暗灰棕色	中壤土	团块状	8.1	20.3	1.42	0.76	22.6				20.1	黄土	E 109°44′14.5″ N 35°33′01.9″	81
					Ap	20—28	暗黄棕色	中壤土	块状	8.1	18.4	1.32	0.72	22.7				23.0			
					B	28—45	黄棕色	中壤土	块状	8.1	17.9	1.32	0.70	22.2				14.6			
					C	45—80	黄棕色	重壤土	块状	8.5	5.4	0.43	0.49	19.5				12.8			
剖13	半淋溶土	石灰性褐土	黄土型石灰性褐土	黄土型厚腐石灰性褐土	O	0—3													黄土	E 109°52′12.9″ N 35°57′55.6″	86
					Ao	3—7	黑棕色	轻壤土	团粒状	8.1	29.1	1.86	0.70								
					A	7—25	灰棕色	中壤土	团块状	8.4	13.7	0.90	0.61								
					AC	25—50	浅棕棕色	中壤土	棱块状	8.4	5.1	0.34	0.62								
					C₁	50—149	黄棕色	中壤土													
					C₂	149—210	灰棕色	重壤土			5.5	0.37	0.60								
剖14	初育土	黄绵土	暗黄潜土		O	0—4	灰褐色												黄土	E 109°44′14.5″ N 35°33′58.9″	72
					Ao	4—7	暗灰棕色	砂壤土	团块状	8.1	29.1	1.86	0.70	10.6				15.6			
					A	7—25	浅灰棕色	黏壤土	团块状	8.4	13.7	0.90	0.61	16.5				13.3			
					AC	25—50	浅棕棕色	黏壤土	块状	8.4	5.1	0.34	0.62	16.3				10.9			
					C₁	50—149	黄棕色	中壤土	块状	8.4	5.7	0.37	0.60	16.9				10.2			
					C₂	149—210	灰棕色	中壤土	粒状									12.1			
剖15	黄绵土	黄绵土	川台黄潜土	川台黄潜土	1	0—18	棕棕色	中壤土	粒状	8.2	18.3	1.09	0.80					16.0	黄土	E 109°52′12.9″ N 35°57′35.9″	75
					Ap	18—36	暗灰棕色	中壤土	块状	8.2	13.4	0.93	0.72					10.6			
					3	36—150	红黄棕色	中壤土			7.0	0.50	0.63								
						150—160	红黄棕色														
剖16	褐土	褐土性	黄土质褐土性土	灰肝黄土	O	0—3	灰棕色												黄土	E 109°47′53.0″ N 35°53′35.9″	94
					A	3—30	暗棕褐色	砂壤土	团块状	8.2	36.8	1.22	0.62					21.7			
					[B]	30—76	暗棕棕褐色	黏壤土	团块状	8.2	13.2	0.73	0.55					9.4			
					C	76—104	灰棕色	黏壤土	块状	8.3	4.5	0.31	0.52					9.0			
剖17	褐土	石灰性褐土	黄土质石灰性褐土	黄土型厚腐石灰性褐土	1	0—14	暗黄棕色	中壤土	团块状	8.2	17.4	1.28	0.69					15.8	黄土	E 109°50′59.3″ N 35°39′09.5″	79
					Ap	14—25	灰黄棕色	中壤土	块状	8.2	20.8	1.38	0.71					15.9			
					3	25—61	灰黄棕色	中壤土	块状	8.2	25.7	1.73	0.74					16.9			
					B	61—120	暗黄棕色	中壤土	粒状	8.3	8.2	0.62	0.65					15.3			
					C	120—156	棕黄色	轻壤土	无明显结构												
剖18	半淋溶土	淋溶褐土	黄土质耕种淋溶褐土	黄土型薄腐耕种淋溶褐土	1	0—17	浅黄色	中壤土	团粒状		15.9	1.07	0.87						黄土	E 109°52′08.2″ N 35°39′12.6″	72
					Ap	17—29	浅黄色	中壤土	片状状		9.2	0.66	0.76								
					A	29—38	褐黄色	中壤土	柱状		6.0	0.49	0.83								
					Bt	38—190	黄黄色		块状		7.2	0.66	0.78							E 109°52′16.3″ N 35°37′39.9″	
					C	190—210	浅黄色	中壤土			2.7	0.31	0.70								

续表 Continued

剖面号 Soil profile	土纲 Soil order	土类 Soil great group	亚类 Soil subgroup	土属 Soil genus	土种 Soil species	土层码 Layer code	土层厚度 Depth/cm	颜色 Soil color	质地 Soil texture	土壤结构 Soil structure	pH	有机质 OM/(g/kg)	全氮 TN/(g/kg)	全磷 TP/(g/kg)	全钾 TK/(g/kg)	碱解氮 AN/(mg/kg)	有效磷 AP/(mg/kg)	速效钾 AK/(mg/kg)	阳离子交换量CEC/(cmol/kg)	土壤母质 Parent material	剖面点坐标 Profile coordinate	匹配指数 Matching index/%
剖19	钙层土	黑垆土	黏化黑垆土	淋溶黏黑垆土		A	0—20	褐黄色	中壤土	粒状		11.4	0.84	0.47						黄土	E 109°47′14.9″ N 35°37′24.5″	83
						Ap	20—29	黄褐色	中壤土	小块状		8.8	0.72	0.54								
						3	29—70	暗褐色	中壤土	块状		7.7	0.65	0.44								
						4	70—103	灰黄色	中壤土	块状		5.9	0.55	0.58								
						B	103—133	浅黄色	中壤土	块状		5.2	0.62	0.59								
						C	133—153	浅黄色	中壤土			4.4	0.55	0.60								
剖20	半淋溶土	褐土	褐土性	幼褐黄土	灰肝黄土	Ao	0—3		砂壤土											黄土	E 109°53′48.0″ N 35°36′33.3″	76
						A	3—30	暗棕色	砂壤土	团粒状	8.2	36.8	1.22	0.62	16.5				21.7			
						[B]	30—76	亮红棕色	黏壤土	团块状	8.2	13.2	0.73	0.55	15.8				9.4			
						C	76—104	黄棕色	黏壤土	块状	8.3	4.5	0.31	0.52	17.1				9.0			
剖21	半水成土	潮土	黑潮土	黑潮土	中覆盖黑潮土	1	0—13	黄褐色	中壤土	团粒状		15.9	0.90	0.63						冲积物	E 109°55′29.3″ N 35°35′25.5″	95
						Ap	13—18	棕色	轻壤土	块状		14.3	0.93	0.77								
						3	18—25	深棕色	轻壤土	块状		19.1	1.15	0.78								
						4	25—60	黄棕色	轻壤土	块状		9.8	0.69	0.60								
						C₁	60—81	浅灰黑棕色	轻壤土	碎块状		9.6	0.47	0.72								
						C₂	81—115	暗灰黑色	轻壤土	层状		14.4	0.68	0.71								
剖22	半淋溶土	褐土	石灰性褐土	黄土质石灰性褐土	黄肝土	A₁	0—14	暗棕色	砂质黏壤土	粒状	8.2	14.1	1.03	0.56					15.8	黄土	E 109°49′36.3″ N 35°33′36.1″	82
						A₂	14—25	灰棕色	砂质黏壤土	板状	8.2	16.9	1.12	0.57					15.9			
						Bt	25—61	棕褐色	砂质黏壤土	块状	8.2	12.3	1.20	0.64					16.9			
						Bk	61—120	棕黄色	砂质黏壤土	块状	8.3	7.2	0.50	0.57					15.3			
剖23	半淋溶土	褐土	褐土	砂页岩质褐土	厚土层褐土	0	0—2													砂页岩	E 109°49′21.8″ N 35°31′07.4″	80
						2	2—4															
						A₁	4—9	灰褐色	中壤土	团块状		35.5	1.81	0.53					24.2			
						Bt	9—47	棕色	重壤土	团块状		17.4	1.13	0.45					25.0			
						C	47—64	黄棕色	重壤土	团块状		6.8	0.58	0.41					24.7			
剖24	初育土	红黏土	积钙红黏土	火红土	界头庙红胶土	Ap	0—16	红色	壤质黏土	块状	8.3	11.3	0.75	1.03	16.8	47	4.0	110	19.4	红土	E 109°49′40.9″ N 35°30′05.9″	90
						3	16—23	红色	壤质黏土	棱柱状	8.4	11.4	0.88	1.02	16.8	23	4.0	110	19.4			
						AC	23—36	红色	壤质黏土	棱柱状	8.4	10.5	0.43	0.85	17.2				19.5			
						C	36—80	红色	壤质黏土	块状	8.3	7.6	0.66	0.48	16.4				19.8			
剖25	半淋溶土	褐土	淋溶褐土	黄土质淋溶褐土	黄土型薄腐淋溶褐土	0	0—2													黄土	E 109°50′01.8″ N 35°30′13.1″	87
						A	2—10	暗褐色	中壤土	团粒状	7.0	27.9	1.54	0.62	27.2				24.2			
						Bt₁	10—93	棕褐色	重壤土	棱柱状	7.4	7.5	0.52	0.63	27.6				25.0			
						Bt₂	93—130	深棕色	重壤土	棱柱状	7.6	5.8	0.42	0.65	27.2				24.7			
						C	130—180	浅黄色	重壤土	块状	7.7	5.3	0.41	0.56	27.0							
剖26	半淋溶土	褐土	褐土	砂砾石褐土	灰砂砾马肝土	0	0—2													砂砾岩风化物	E 109°51′29.0″ N 35°30′59.4″	92
						Ao	2—4															
						A	4—19	灰褐色	黏壤土	团粒状		35.5	1.81	0.53					24.2			
						ABt	19—47	灰棕色	壤质黏土	块状		17.4	1.13	0.45					25.0			
						Bt	47—64	棕褐色		碎块状		6.8	0.58	0.41					24.7			
						C	64—															

续表 Continued

剖面号 Soil profile	土纲 Soil order	土类 Soil great group	亚类 Soil subgroup	土属 Soil genus	土种 Soil species	土层码 Layer code	土层厚度 Depth/cm	颜色 Soil color	质地 Soil texture	土壤结构 Soil structure	pH	有机质 OM/(g/kg)	全氮 TN/(g/kg)	全磷 TP/(g/kg)	全钾 TK/(g/kg)	碱解氮 AN/(mg/kg)	有效磷 AP/(mg/kg)	速效钾 AK/(mg/kg)	阳离子交换量CEC/(cmol/kg)	土壤母质 Parent material	剖面点坐标 Profile coordinate	匹配指数 Matching index/%
剖27	半淋溶土	褐土	石灰性褐土	黄土质石灰性褐土	黄土型中腐石灰性褐土	O	0—2	棕黄色	中壤土	团粒状		17.3	1.06							黄土	E 109°52′18.2″ N 35°30′48.4″	91
						A₁	2—15	棕褐色	中壤土	团块状		7.5	0.60									
						A	15—41	棕褐色	重壤土	块状		7.4	0.55									
						Bt	41—128	棕黄色	重壤土	块状		5.5	0.52									
						5	128—150	浅黄色														
						C	150—180															
剖28	初育土	新积土	新积土	洪积土	深位砾石洪泥土	A₁	0—20	暗灰棕色	黏壤土	团粒状	8.2	13.8	1.06	0.72						洪积物	E 109°58′36.3″ N 35°32′53.9″	90
						A₂	20—33	暗灰棕色	黏壤土	板状	8.4	13.1	1.01	0.71								
						AC	33—84	灰棕色	砂质黏壤土	黏壤土	8.5	7.9	0.68	0.69									
						C₁	84—101						0.35										
						C₂	101—150		砂质黏壤土	块状													
剖29	半淋溶土	褐土	垆土	红色砂页岩红黏垆土	红色砂页岩中层覆盖红黏垆土	1	0—13	棕黄棕色	中壤土	团粒状										红色砂页岩	E 109°52′53.8″ N 35°30′29.4″	85
						Ap	13—32	浅黄棕色	中壤土	团块状												
						3	32—50	深黄棕色	重壤土	块状												
						Bt	50—65	棕棕色	重壤土	块状												
						C	65—97	棕黄色														
剖30	初育土	红黏土	红黏土	二色土	二色土	1	0—22	黄黄色	轻壤土	团块状										老黄土	E 109°47′43.8″ N 35°29′14.9″	83
						Ap	22—30	浅灰黄棕色	中壤土	块状												
						C	30—105	红黄色	重壤土	块状												
剖31	初育土	红黏土	红黏土	红胶土	红胶土	A₁	0—16	灰红色	壤质黏土	块状	8.3	11.3	0.75	1.03						红土	E 109°49′41.1″ N 35°29′51.6″	93
						C₁	16—23	暗红棕色	壤质黏土	块状	8.3	11.4	0.88	1.02								
						C₁	23—36	暗黄棕色	壤质黏土	棱块状	8.4	10.5	0.43	0.85								
						C₂	36—80	红色	壤质黏土	碎块状	8.3	7.6	0.66	0.48								
剖32	初育土	黄绵土	黄绵土	绵塔土	暗绵绵土	Ao	0—7														黄土	E 110°01′27.0″ N 35°58′27.7″	87
						A	7—25	灰棕色	砂壤土	团粒状	8.1	29.7	1.86	0.70	10.6							
						AC	25—50	油黄棕色	黏壤土	团块状	8.4	13.7	0.90	0.61	16.5							
						C	50—149	浅黄橙色	黏壤土	块状	8.4	5.1	0.34	0.62	16.3							
剖33	半淋溶土	褐土	淋溶褐土	黄土质淋溶褐土	淡马肝泥	A₁	0—17	灰棕色	黏壤土	团粒状		15.9	1.07	0.87					15.6	黄土	E 110°03′21.3″ N 35°35′13.4″	88
						A₂	17—29	黄黄棕色	黏壤土	片状		9.2	0.66	0.76					13.6			
						ABt	29—38	灰黄棕色	黏壤土	团块状		6.0	0.49	0.83					10.9			
						Bt	38—190	棕棕色	黏壤土	碎块状		7.2	0.66	0.78								
						Bt·Bk	190—210	棕棕色	黏壤土	碎块状		2.7	0.31	0.70								
						Bk	210—	黄黄棕色	砂质黏壤土	块状												
剖34	半淋溶土	褐土	淋溶褐土	黄土质淋溶褐土	灰马肝泥	Ao	0—3														黄土	E 110°05′39.2″ N 35°33′14.8″	98
						A	3—5	暗褐色	黏壤土	团粒状	7.0	27.9	1.54	0.62	22.6							
						A	5—35	棕棕色	壤质黏土	团块状	7.4	7.5	0.52	0.63	22.9							
						Bt	35—180	棕棕色	壤质黏土	块状	7.6	5.8	0.42	0.65	22.6							
						BC	180—210	黄棕色	壤质黏土	块状	7.7	5.3	0.41	0.56	22.4							
						C	210—260	浅黄棕色														
剖35	初育土	新积土	新积土	堆垫土	底砂(石)厚土层堆垫土	0	0—17	棕褐色	中壤土	团粒状										黄土	E 110°10′04.2″ N 35°32′44.0″	96
						Ap	17—36	棕黄色	壤壤土	团块状												
						3	36—82	棕棕色	中壤土	块状												
						4	82—93	棕棕色	中壤土	块状												

黄 陵 县

主要土类说明

褐土是黄陵县主要土壤类型，占本县地域面积的 70%，主要分布在林区和林灌区。该土壤盐基饱和，处于硅铝风化阶段，有明显的黏淀层。在其 A-B-C 剖面构型中，B 层呈棕褐色，B 层下部有假菌丝状钙积层。成土母质多为含碳酸盐的黄土、红土，也有页岩、砂页岩。本县褐土分为褐土、褐土性土、石灰性褐土、淋溶褐土等亚类。

黄绵土是黄陵县第二大土壤类型，占本县地域面积的 20%。黄绵土是本县主要的农业土壤，分布范围广，从塬面到坡、梁、峁、川、台均有分布。由于长期水土流失，地带性土壤黑垆土逐渐剥蚀，黄土母质裸露，经生草作用或人为长期耕作熟化作用，形成了具 A-C 剖面构型的黄绵土。其剖面由耕层和母质层组成。耕层疏松绵软，通气性好，透水性强，具有一定的团粒状结构。在地形平缓的梯田，耕层和母质层之间常有一定厚度的过渡层，但没有明显的犁底层和淀积层。在侵蚀比较强烈的地区，耕层较疏松，耕层和母质层之间没有明显的界线。黄绵土的肥力高低完全取决于耕作措施。

黑垆土是黄陵县第三大土壤类型，占本县地域面积的 4%。黑垆土是在黄土高原上，由黄土发育而成的土壤。该土壤有机质含量较低，但腐殖质层深厚。土体原位黏化，但无明显的黏化层，具假菌丝状石灰累积；无盐化，多旱耕。本县夏季短，气温高，雨量大，植物生长繁茂，对黑垆土有机质的补充和转化十分有利。秋季湿润，气温下降快，土壤湿度大，土温下降慢，嫌气性微生物活跃，有利于腐殖质的储存。冬春漫长寒冷，微生物几乎处于休眠状态，腐殖质分解变慢，腐殖质的积累超过了分解消耗。因此，黑垆土积累了深厚的腐殖质层，并逐步向黏化方向发展，这是自然成土过程的结果。在自然成土过程的基础上，加上人类长期活动、土壤侵蚀和其他作用的影响，形成了不同类型的黑垆土。

新积土占本县地域面积的 3%，分布在洛河、沮河及其支流两岸，分为河淤土、坝淤土等亚类。河淤土是在近代河流沉积物上发育的幼年土壤，疏松易耕，透水性强，不耐旱，保水、保肥性能差，养分含量较低，发小苗但不发老苗。由于河道两岸地势高低不同及洪水的分选作用，河淤土的砂（泥）层厚度不一，其厚度一般决定于沉积年代的长短和洪水的大小。老淤土层厚度在 1m 以上，新淤土层厚度为 30—60cm，土壤常夹砂夹砾，一般上部为淤绵砂土或淤黄土，下部为砾石层或砂石层，因此土壤养分含量较低，漏水漏肥。

小于本县地域面积 3% 的土壤类型有红黏土、水稻土、潮土。

本区域中心区气候特征

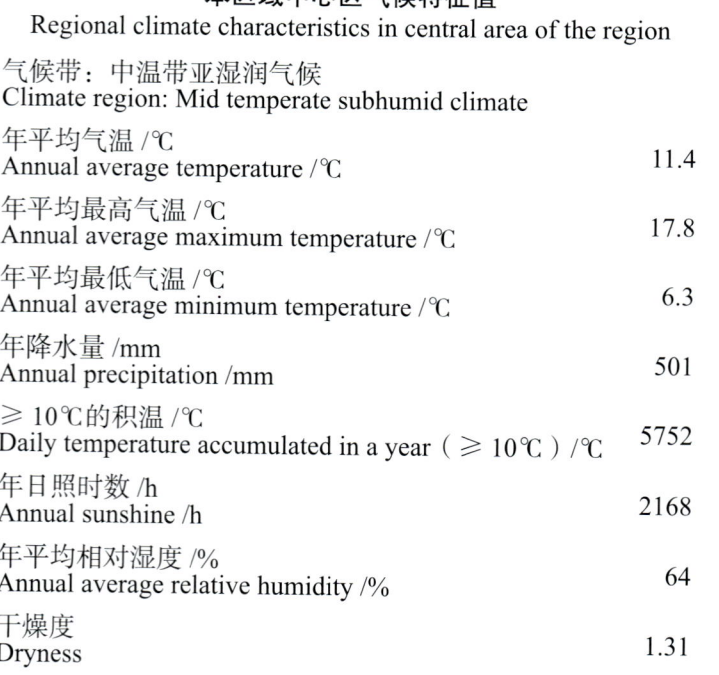

本区域中心区气候特征值
Regional climate characteristics in central area of the region

气候带：中温带亚湿润气候 Climate region: Mid temperate subhumid climate	
年平均气温 /℃ Annual average temperature /℃	11.4
年平均最高气温 /℃ Annual average maximum temperature /℃	17.8
年平均最低气温 /℃ Annual average minimum temperature /℃	6.3
年降水量 /mm Annual precipitation /mm	501
≥10℃ 的积温 /℃ Daily temperature accumulated in a year (≥10℃) /℃	5752
年日照时数 /h Annual sunshine /h	2168
年平均相对湿度 /% Annual average relative humidity /%	64
干燥度 Dryness	1.31

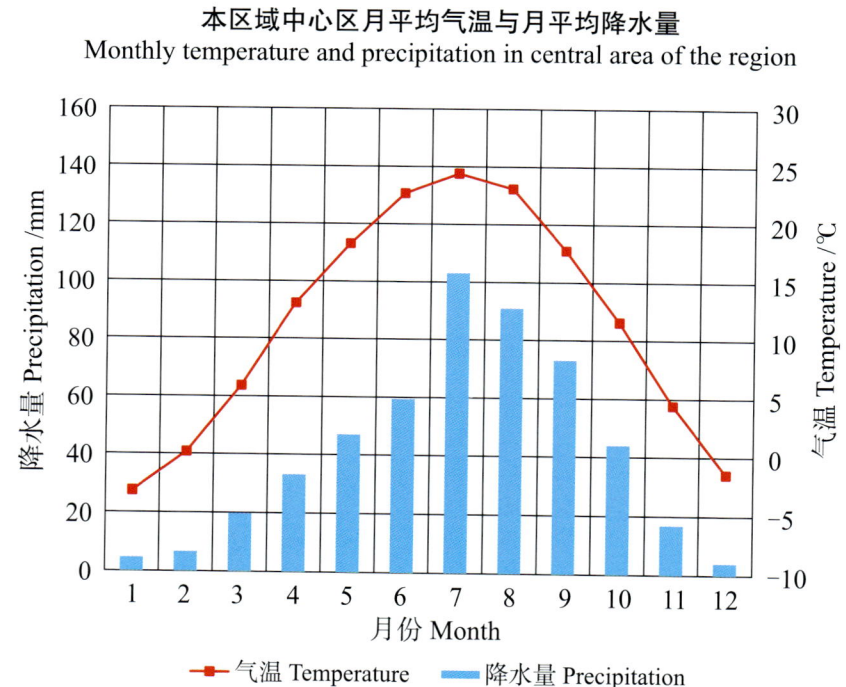

本区域中心区月平均气温与月平均降水量
Monthly temperature and precipitation in central area of the region

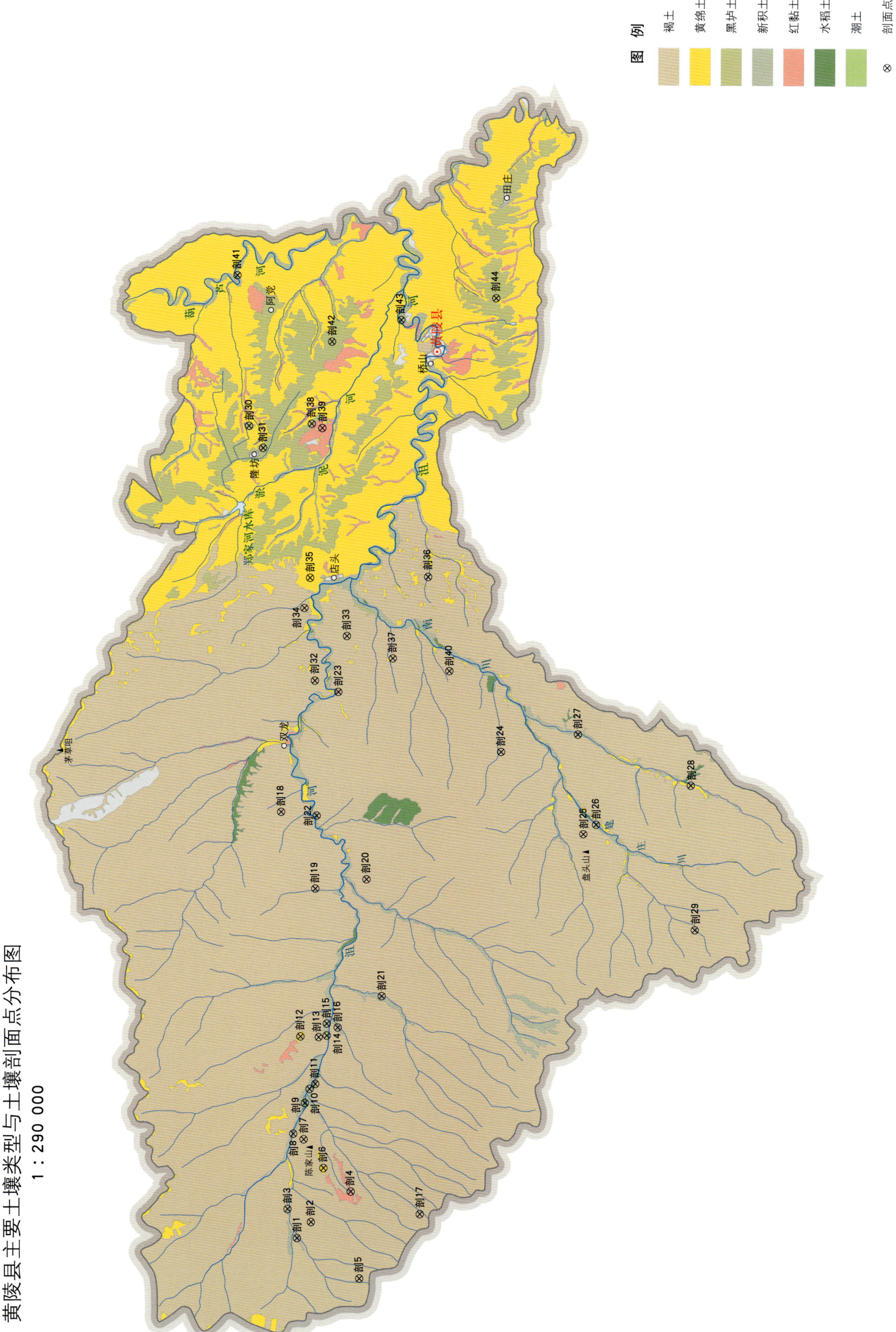

黄陵县土壤剖面理化性状表

剖面号 Soil profile	土纲 Soil order	土类 Soil great group	亚类 Soil subgroup	土属 Soil genus	土种 Soil species	土层码 Layer code	土层厚度 Depth/cm	颜色 Soil color	质地 Soil texture	土壤结构 Soil structure	pH	有机质 OM/(g/kg)	全氮 TN/(g/kg)	全磷 TP/(g/kg)	全钾 TK/(g/kg)	碱解氮 AN/(mg/kg)	有效磷 AP/(mg/kg)	速效钾 AK/(mg/kg)	阳离子交换量CEC/(cmol/kg)	土壤母质 Parent material	剖面点坐标 Profile coordinate	匹配指数 Matching index/%
剖1	初育土	新积土	河淤土	河淤土	底砂（石）厚层淤绵砂土	1	0~20	暗灰棕色	砂壤土	碎块状										冲积物	E 108°35′01.0″ N 35°39′30.4″	71
						2	20~45	灰黄棕色	轻壤土	块状												
						3	45~70	灰棕色	轻壤土	碎块状												
						C	70~100															
剖2	半淋溶土	褐土	褐土	褐土		0	0~7													冲积物	E 108°35′45.7″ N 35°38′59.7″	96
						A	7~19	深褐色	轻壤土	粒状												
						B	19~49	暗灰棕色	砂壤土	碎块状												
						Bt	49~65	棕色	中壤土	块状												
						5	65~100	黄棕色	中壤土	碎块状												
剖3	初育土	新积土	河淤土	河淤土	多砾质绵砂土	1	0~25	浅灰棕色	砂壤土	碎块状	8.7	6.3	0.39	0.76					5.4	冲积物	E 108°36′18.9″ N 35°39′53.2″	89
						2	25~60	暗灰棕色	砂壤土	碎块状	8.8	3.4	0.26	0.67					4.6			
						3	60~105	浅黄棕色	轻壤土	碎块状	8.8	4.6	0.30	0.61					5.2			
						4	105~130	灰棕色	中壤土	碎块状	8.8	4.0	0.28	0.75					5.1			
剖4	初育土	红黏土	红胶土	红胶土	生草料姜红胶土	1	0~30	棕红色	中壤土	粒状	8.4	2.1	0.29	0.44						老黄土	E 108°37′10.5″ N 35°37′31.3″	79
						2	30~60	黄红色	重壤土	块状	8.4	1.9	0.27	0.55								
						3	60~120	暗红色	重壤土	块状	8.4	1.5	0.26	0.50								
剖5	半淋溶土	褐土	褐土性土	红土质褐土性土		1	2~7				7.9	21.1	2.06	0.45						红土	E 108°33′16.2″ N 35°37′07.5″	85
						2	7~25				8.5	15.9	0.82	0.38								
						3	25~72				8.3	3.5	0.45	0.42								
						4	72~				8.2	1.9	0.35	0.36								
剖6	初育土	黄绵土	黄绵土	黄绵土	黄墡土	1	0~18	浅黄绿色	轻壤土	粒状	8.6	9.6	0.65	0.55					7.2	黄土	E 108°38′12.0″ N 35°38′33.9″	90
						2	18~42	黄棕色	轻壤土	块状	8.6	6.8	0.51	0.63					7.0			
						3	42~130	浅黄棕色	轻壤土	碎块状	8.7	5.0	0.40	0.60					6.8			
剖7	半淋溶土	褐土	褐土	黄土质褐土	暗马肝土	0	0~5													黄土	E 108°39′28.5″ N 35°39′20.9″	83
						Ao	5~7															
						A	7~20	灰褐色	粉砂质壤土	粒状	7.7	31.4	1.31	0.67	16.7				16.5			
						Bt	20~56	暗褐色	黏壤土	小块状	7.4	11.0	0.75	0.48	17.2				16.8			
						BtBk	56~80	棕褐色	砂质黏壤土	大块状	7.8	7.7	0.38	0.45	16.8							
						Bk	80~120	黄褐色	粉砂质壤土	块状	7.9	6.9	0.38	0.46	8.3							
						C	120~150	浅黄棕色	粉砂质壤土	块状												
剖8	初育土	新积土	河淤土	河淤土	中层夹砂（石）淤绵砂土	1	0~20	暗黄棕色	砂壤土	团粒状	8.6	8.3	0.41	0.64					6.2	冲积物	E 108°39′42.5″ N 35°39′44.8″	90
						2	20~34	浅黄棕色	砂壤土	碎块状	8.7	8.5	0.43	0.62					8.0			
						3	34~52	灰棕色	砂壤土	碎块状	8.6	6.3	0.33	0.65					7.6			
						4	52~110	浅黄棕色	中壤土	碎块状	8.8	10.0	0.68	0.81					9.2			
						5	110~118	浅黄棕色	中壤土	碎块状	8.7	5.4	0.34	0.67					8.6			
						6	118~133	浅黄棕色	中壤土	碎块状	8.7	6.6	0.43	0.76					7.1			
剖9	人为土	水稻土	潴育水稻土	潴育水稻土		A	0~20	灰棕色	轻砂壤土	碎块状	8.3	16.3	1.37	0.78						冲积物	E 108°41′05.8″ N 35°39′19.9″	76
						W_1	20~33	浅灰棕色	轻壤土	片状	8.5	13.8	0.88	0.94								
						W_2	33~44	浅灰棕色	轻壤土	碎块状	8.3	5.6	0.40	0.69								

续表 Continued

剖面号 Soil profile	土纲 Soil order	土类 Soil great group	亚类 Soil subgroup	土属 Soil genus	土种 Soil species	土层码 Layer code	土层厚度 Depth/cm	颜色 Soil color	质地 Soil texture	土壤结构 Soil structure	pH	有机质 OM/(g/kg)	全氮 TN/(g/kg)	全磷 TP/(g/kg)	全钾 TK/(g/kg)	碱解氮 AN/(mg/kg)	有效磷 AP/(mg/kg)	速效钾 AK/(mg/kg)	阳离子交换量CEC/(cmol/kg)	土壤母质 Parent material	剖面点坐标 Profile coordinate	匹配指数 Matching index/%
剖10	初育土	新积土	河淤土	河淤土	浅位夹砂(石)淤绵砂土	1	0—20	浅黄棕色	砂壤土	粒状										冲积物	E 108°41′44.2″ N 35°39′09.9″	85
						2	20—62	灰黄棕色	砂壤土	碎块状												
						3	62—77		中壤土	碎块状												
						4	77—100	暗黄棕色														
剖11	人为土	水稻土	潴育水稻土	潴育水稻土	梯黄潴土	5	100—135		轻壤土	块状	8.3	32.5	1.65	0.69								77
						1	0—22	灰棕色	中壤土	块状	8.5	8.8	0.53	0.62								
						2	22—50	灰褐棕色	中壤土	粒状	8.7	7.1	0.44	0.44								
剖12	初育土	黄绵土	黄墡土	黄墡土		3	50—110	浅灰棕色	砂壤土		8.6	6.2	0.34	0.59						黄土	E 108°44′04.4″ N 35°39′33.6″	80
						1	0—20				8.6	6.9	0.39	0.49								
						2	20—82				8.6	6.0	0.35	0.55								
						3	82—112															
剖13	半淋溶土	褐土	石灰性褐土	黄土质石灰性褐土		0	0—3													黄土	E 108°43′42.6″ N 35°38′40.8″	72
						A	3—8	灰褐色	轻壤土	粒状	8.4	21.0	2.08	0.69	17.3				11.5			
						B	8—22	浅灰棕色	轻壤土	碎块状	8.4	12.9	0.76	0.65	19.0				9.7			
						Bt	22—60	黄褐棕色	中壤土	碎块状	8.5	7.8	0.47	0.69	17.8				9.1			
剖14	半水成土	潮土	潜育性潮土	潜育性潮土		5	60—	棕黄色	轻壤土	粒状	8.4	7.6	0.44	0.63	19.7				10.6	冲积物	E 108°44′09.0″ N 35°38′33.9″	71
						1	0—19	暗灰棕色														
						2	19—50	灰蓝色														
						3	50—70	浅棕黄色														
剖15	初育土	新积土	河淤土	河淤土	淤绵砂土	C	70—100													冲积物	E 108°44′41.2″ N 35°38′34.5″	99
						1	0—27	浅灰棕色	轻砂壤土	粒状	8.3	9.2	0.56	0.72								
						2	27—70	黄棕色	轻砂壤土	碎块状	8.6	7.7	0.40	0.74								
剖16	初育土	新积土	河淤土	河淤土	底砂(石)中层淤绵砂土	3	70—110	暗黄棕色	中壤土	碎块状	8.7	6.6	0.37	0.72						冲积物	E 108°44′31.7″ N 35°38′09.7″	82
						1	0—12	灰棕色	轻壤土	粒状	8.5	8.8	0.46	0.68								
						2	12—35	黄棕色	砂壤土	块状	8.8	8.1	0.41	0.70								
						3	35—46	棕黄色	砾石土		8.5	12.1	0.67	0.91								
剖17	半淋溶土	褐土	褐土性土	砂页岩褐土性土		4	46—80	棕黄色	砾石土		8.4	8.4	0.47	0.70						砂页岩风化物	E 108°36′14.1″ N 35°34′54.1″	89
						0	0—5															
						2	5—20	灰褐色	中壤土	粒状												
						3	20—47	褐色	中壤土	碎块状												
剖18	半淋溶土	褐土	褐土性土	砾质褐土性土		4	47—84	浅灰色	砂壤土	粒状											E 108°54′18.1″ N 35°40′28.8″	87
						5	84—110	暗红色	重壤土	块状												
						0	0—2															
						2	2—4.5	深褐色	砂壤土	粒状	7.9	35.9	2.00	0.72								
						3	4.5—24	浅褐色	砂壤土	粒状	7.9	33.1	1.49	0.67								
						4	24—76	浅灰色	砂壤土	块状	8.1	25.9	1.15	0.65								
剖19	半淋溶土	褐土	褐土	红土质褐土		5	76—86	暗红色												红土	E 108°50′47.9″ N 35°39′07.9″	80
						2	0—3	深褐色	砂壤土	粒状	7.7	75.9	2.02	0.53								
						3	0—10	浅灰色	砂壤土	小粒状	7.1	3.9	0.15	0.31								
						4	10—40	浅红色	砂壤土	粒状	8.2	5.1	0.25	0.47								
						5	40—76	暗红色	中壤土	碎块状	8.3	2.7	0.21	0.51								
						6	86—114	暗红色		块状												

续表 Continued

剖面号 Soil profile	土纲 Soil order	土类 Soil great group	亚类 Soil subgroup	土属 Soil genus	土种 Soil species	土层码 Layer code	土层厚度 Depth/cm	颜色 Soil color	质地 Soil texture	土壤结构 Soil structure	pH	有机质 OM/(g/kg)	全氮 TN/(g/kg)	全磷 TP/(g/kg)	全钾 TK/(g/kg)	碱解氮 AN/(mg/kg)	有效磷 AP/(mg/kg)	速效钾 AK/(mg/kg)	阳离子交换量CEC/(cmol/kg)	土壤母质 Parent material	剖面点坐标 Profile coordinate	匹配指数 Matching index/%
剖20	半淋溶土	褐土	褐土性土	砾石质褐土性土		1	5—20				8.0	39.2	2.01	0.63	24.1				12.0	砂页岩风化物	E 108°51′17.7″ N 35°37′12.8″	93
						2	20—47				8.5	5.9	0.48	0.51	18.9				11.2			
						3	47—84				8.4	9.4	0.56	0.56	21.2				10.7			
						4	84—110					1.5	0.13	0.47								
剖21	半淋溶土	褐土	褐土	黄土质褐土	泥砂田	1	0—5													黄土	E 108°45′59.7″ N 35°36′32.2″	96
						2	5—7															
						3	7—20				8.5	31.4	1.31	0.67	16.7							
						4	20—56				8.6	11.0	0.75	<0.10	17.2							
						5	56—80				8.5	7.7	0.38	0.45	16.8							
						6	80—120				8.7	6.9	0.38	0.46	15.8							
剖22	人为土	水稻土	淹育水稻土	泥砂田		1	0—20	灰棕色	轻壤土		8.4	29.2	1.33	0.54	15.4						E 108°54′09.8″ N 35°39′08.5″	92
						2	20—40	暗棕色	砂壤土		8.4	17.4	0.81	0.54	15.5							
						3	40—100	棕色	砂壤土		8.5	3.8	0.31	0.33	8.4							
剖23	初育土	红黏土	红黏土	二色土	二色土	1	0—25	黑棕色	中壤土	粒状	8.4	14.0	0.53	0.72							E 108°59′50.7″ N 35°38′25.3″	78
						2	25—90	浅红棕色	中壤土	块状	8.4	8.4	0.54	1.10								
						3	90—110	红棕色	中壤土	块状	8.5	9.0	0.41	0.95								
剖24	半淋溶土	褐土	褐土性土	砾石褐土性土		1	3—13				7.2	68.4	2.97	0.52							E 108°57′16.8″ N 35°32′15.1″	76
						2	13—37				7.9	5.8	0.50	0.53								
						3	37—67				8.2	2.3	0.28	0.59								
						4	67—100				8.2	3.2	0.30	0.50								
剖25	半淋溶土	褐土	褐土性土	砾石褐土性土		0	0—3	深褐色	轻壤土	粒状											E 108°53′36.2″ N 35°29′05.1″	93
						2	3—13	棕色	中壤土	碎块状												
						3	13—37	暗灰色	中壤土	碎块状												
						4	37—67	浅灰色	中壤土	碎块状												
						5	67—100															
剖26	半水成土	潮土	潜育性潮土	潜育性潮土		1	0—19				8.5	20.8	0.16	0.59						冲积物	E 108°54′03.7″ N 35°28′36.9″	82
						2	19—50				8.6	10.7	0.61	0.58								
						3	50—70				8.6	6.2	0.41	0.54								
						4	70—100				8.4	7.1	0.43	0.48								
剖27	初育土	新积土	河淤土	河淤土	浅位夹砂(石)淤绵砂土	1	0—20				8.4	12.1	0.69	0.52						冲积物	E 108°58′09.5″ N 35°29′22.3″	78
						2	20—62				8.6	6.7	0.39	0.64								
						3	62—77				8.4	6.3	0.34	0.66								
						4	77—100				8.6	5.0	0.35	0.64								
						5	100—135				8.6	5.8	0.32	0.67								
剖28	初育土	黄绵土	黄绵土	坡台黄墡土	坡黄墡土	1	0—21	暗棕黄色	轻壤土	团粒状	8.6	3.0	3.05	0.52						黄土	E 108°55′57.1″ N 35°25′05.3″	78
						2	21—48	棕黄色	轻壤土	块状	8.6	5.8	0.39	0.58								
						3	48—150	浅黄棕色	轻壤土	碎块状	8.6	8.5	0.48	0.55								
剖29	半淋溶土	褐土	褐土性土	耕种褐土性土		1	0—20		轻壤土	粒状	7.9	11.8	0.80	0.67							E 108°49′20.1″ N 35°24′48.5″	84
						2	20—67		轻壤土	粒状	8.0	9.9	0.70	0.69								
						3	67—				8.2	8.9	0.50	0.69								
剖30	钙层土	黑垆土	黑垆土	黄盖黏黑垆土	中层黄盖黏黑垆土	1	0—10	黄棕色	轻壤土	粒状	8.5	12.2	0.73	0.42						黄土	E 109°11′54.2″ N 35°42′00.2″	90
						2	10—51	浅黄棕色	轻壤土	棱块状	8.4	5.6	0.34	0.28								
						3	51—99	灰黄棕色	轻壤土	棱块状	8.6	8.8	0.52	0.41								
						4	99—124	浅灰棕色	轻壤土	棱块状	8.4	6.6	0.42	0.42								
						5	124—156	黄棕色	轻壤土	棱块状	8.3	4.9	0.35	0.54								
						6	156—		轻壤土	碎块状	8.5	4.2	0.31	0.48								

续表 Continued

剖面号 Soil profile	土纲 Soil order	土类 Soil great group	亚类 Soil subgroup	土属 Soil genus	土种 Soil species	土层码 Layer code	土层厚度 Depth/cm	颜色 Soil color	质地 Soil texture	土壤结构 Soil structure	pH	有机质 OM/(g/kg)	全氮 TN/(g/kg)	全磷 TP/(g/kg)	全钾 TK/(g/kg)	碱解氮 AN/(mg/kg)	有效磷 AP/(mg/kg)	速效钾 AK/(mg/kg)	阳离子交换量CEC/(cmol/kg)	土壤母质 Parent material	剖面点坐标 Profile coordinate	匹配指数 Matching index/%
剖31	钙层土	黑垆土	黑垆土	黄盖黏黑垆土	厚层黄盖黏黑垆土	1	0—20	灰棕色	轻壤土	粒状	8.5	8.7	0.60	0.49						黄土	E 109°10′54.5″ N 35°41′27.1″	100
						2	20—29	浅褐棕色	轻壤土	碎块状	8.5	6.0	0.48	0.58								
						3	29—60	灰褐棕色	轻壤土	块状	8.4	5.3	0.39	0.45								
						4	60—93	深棕色	中壤土	碎块状	8.5	7.0	0.53	0.46								
						5	93—118	黄棕色	轻壤土	碎块状	8.4	4.3	0.32	0.55								
						6	118—		轻壤土	碎块状	8.5	4.2	0.31	0.49								
剖32	半淋溶土	褐土	淋溶褐土	老褐黄土	暗马肝土	Ao	0—7													黄土	E 109°00′19.7″ N 35°39′19.5″	72
						A	7—20	灰褐色	黏壤土	粒状	7.7	31.4	1.31	0.67	16.7	163	4.0	187	16.5			
						AB	20—56	油红棕色	黏壤土	小块状	7.4	11.0	0.75	0.48	17.2	100	1.0	105	16.8			
						Bk₁	56—80	油赤棕色	黏壤土	块状	7.8	7.7	0.38	0.45	16.8	36	1.0	114				
						Bk₂	80—120	油黄橙色	黏壤土	块状	7.9	6.9	0.38	0.46	8.3	30	2.0	115				
剖33	半淋溶土	褐土	褐土	黄土质褐土		0	0—5													黄土	E 109°02′24.4″ N 35°38′08.9″	99
						2	5—7															
						3	7—20	灰褐色	轻壤土	粒状	8.2	32.5	2.62	0.69								
						4	20—56	暗棕色	轻壤土	粒状	8.2	12.7	1.36	0.58								
						5	56—80	浅棕色	轻壤土	碎块状	8.3	5.7	0.34	0.57								
						6	80—120	浅黄棕色	轻壤土	块状	8.6	6.3	0.37	0.49								
剖34	半淋溶土	褐土	石灰性褐土	砂页岩石灰性褐土		0	0—2													砂页岩风化物	E 109°03′37.9″ N 35°39′46.6″	85
						A	2—6	深棕褐色	轻壤土	粒状	8.2	2.1	0.17	0.56								
						B	6—19	棕褐色	砂壤土	碎块状												
						Bt	19—29	灰棕色	中壤土	块状												
						5	29—51	浅棕褐色	砂壤土	块状												
						6	51—															
剖35	初育土	黄绵土	黄绵土	坡台黄褐土	坡台黄褐土	1	0—22	浅黄棕色	轻壤土	粒状										黄土	E 109°05′01.4″ N 35°39′35.1″	80
						2	22—62	黄褐色	中壤土	块状												
						3	62—123	浅黄棕色	轻壤土	碎块状												
剖36	半淋溶土	褐土	褐土性土	红土质褐土性土		0	0—2													红土	E 109°05′11.1″ N 35°35′08.6″	84
						2	2—7	黑褐色	轻壤土	粒状												
						3	7—25	暗棕褐色	中壤土	碎块状												
						4	25—72	暗棕红色	中壤土	块状												
						5	72—	红棕色	中壤土	块状												
剖37	半淋溶土	褐土	褐土性土	耕种褐土性土		1	0—20	浅灰棕色	轻壤土	粒状										黄土	E 109°01′25.5″ N 35°36′24.3″	87
						2	20—67	暗黄棕色	中壤土	碎块状												
						3	67—	暗棕色	中壤土	块状												
剖38	钙层土	黑垆土	黑垆土	黏黑垆土性	黏黑垆土性	A	0—20	暗灰棕色	中壤土	粒状	8.7	9.4	0.60	0.53	16.8				8.4	黄土	E 109°12′03.5″ N 35°39′38.8″	90
						A₁₁	20—64	暗棕色	中壤土	碎块状	8.6	7.9	0.51	0.49	17.7							
						A₁₂	64—100	褐棕色	中壤土	块状	8.6	6.2	0.35	0.58	16.1				9.0			
						B	100—127	暗棕色	中壤土	块状	8.7	4.8	0.29	0.57	17.4				8.0			
						C	127—	黄棕色	轻壤土													
剖39	初育土	红黏土	红黏土	二色土	生草料姜二色土	1	0—24	棕色	轻壤土	粒状	7.8	65.5	2.99	0.65							E 109°11′52.7″ N 35°39′14.6″	76
						2	24—77	浅红棕色	中壤土	块状	8.2	4.8	0.33	0.52								
						3	77—113	暗红棕色	中壤土	块状	8.3	4.9	0.31	0.52								
剖40	半淋溶土	褐土	褐土	褐土		1	0—19													黄土	E 109°00′54.5″ N 35°34′16.1″	77
						2	19—49															
						3	49—65															
						4	60—100				8.7	5.0	0.33	0.48								

续表 Continued

剖面号 Soil profile	土纲 Soil order	土类 Soil great group	亚类 Soil subgroup	土属 Soil genus	土种 Soil species	土层码 Layer code	土层厚度 Depth/cm	颜色 Soil color	质地 Soil texture	土壤结构 Soil structure	pH	有机质 OM/(g/kg)	全氮 TN/(g/kg)	全磷 TP/(g/kg)	全钾 TK/(g/kg)	碱解氮 AN/(mg/kg)	有效磷 AP/(mg/kg)	速效钾 AK/(mg/kg)	阳离子交换量CEC/(cmol/kg)	土壤母质 Parent material	剖面点坐标 Profile coordinate	匹配指数 Matching index/%
剖41	初育土	新积土	冲积土	壤质冲积土	表砂淤绵土	A	0–23	灰棕色	砂壤土	粒状	8.6	3.0	0.13	0.80					7.5	冲积物	E 109°18′47.3″ N 35°42′33.4″	82
						C₁	23–50	浅灰棕色	黏壤土	块状	8.3	9.0	0.53	0.46					9.1			
						C₂	50–110	浅黄棕色	黏壤土	块状	8.4	6.3	0.43	0.45					8.4			
剖42	钙层土	黑垆土	黑垆土	侵蚀黑黏土	轻度侵蚀黏黑垆土	A	0–15	棕色	轻壤土	粒状		5.0	0.35	0.22						黄土	E 109°15′49.7″ N 35°38′56.9″	98
						2	15–70	暗棕色	轻壤土	块状		6.0	0.45	0.40								
						C	70–130	黄棕色	轻壤土	碎块状		7.7	0.44	0.39								
剖43	初育土	新积土	河淤土	河淤土	深位夹砂（石）淤绵砂土	1	0–20	深黄棕色	轻壤土	粒状	8.6	13.8	0.78	0.78						冲积物	E 109°16′56.1″ N 35°36′18.6″	83
						2	20–90	暗棕色	砂壤土	碎块状	8.6	6.2	0.45	0.62								
						3	90–110				8.7	3.3	0.17	0.39								
						4	110–140	棕色	轻壤土	碎块状	8.7	7.4	0.41	0.55								
剖44	钙层土	黑垆土	黑垆土	黄盖黏黑垆土	薄层黄盖黏黑垆土	1	0–15	浅灰棕色	轻壤土	粒状	8.6	9.4	0.63	0.49					8.5	黄土	E 109°17′59.8″ N 35°32′47.8″	77
						2	15–29	黄棕色	轻壤土	碎块状	8.5	8.0	0.55	0.58					7.9			
						3	29–48	褐棕色	轻壤土	碎块状	8.5	6.8	0.45	0.47					8.8			
						4	48–64	深棕褐色	轻壤土	碎块状	8.4	6.0	0.45	0.39					12.0			
						5	64–136	深黄棕色	轻壤土	碎块状	8.4	8.6	0.55	0.45					15.0			
						6	136–174	黄棕色	轻壤土	碎块状		5.7	0.29	0.55					6.8			

子 长 市

主要土类说明

黄绵土是子长市主要土壤类型，占本市地域面积的 91%。黄绵土是本市主要的农业土壤，分布范围广，从梁峁顶到各河谷的川台、沟条均有分布。其剖面由耕层和母质层组成。耕层疏松绵软，通气性好，透水性强，具有一定的团粒状结构，有机质、氮素和其他有效营养物质含量较低，微生物活动比较活跃。本市黄绵土侵蚀比较强烈，耕层较薄，耕层和母质层之间没有明显的界线，也没有明显的犁底层。其土壤的肥力高低主要取决于侵蚀强烈程度和耕作措施。本市黄绵土分为绵砂土、黄绵土等亚类。

红黏土是子长市第二大土壤类型，占本市地域面积的 4%。红黏土主要分布在秀延河和涧峪岔河流域的拐沟及沟掌等冲刷侵蚀比较严重的坡地，是发育在老黄土或古黄土上的幼年土壤。因成土过程微弱，土壤发育仍处于母质阶段，无地带性土壤所具有的发生层次。该土壤具 A-C 剖面构型，质地黏重，富含碳酸钙，具强石灰反应。

新积土是子长市第三大土壤类型，占本市地域面积的 4%。新积土是由黄土性土经水的侵蚀、搬运、沉积而形成的次生土壤，主要分布在沟底、坝、川道的下缘。新积土地下水位高，地形一般较平缓，是山区农业用地中较好的土壤类型。本市新积土分为坝淤土、河淤土等亚类。由沟道筑坝、拦洪淤地及人工搬运堆垫再经过排洪耕种熟化形成的土壤，即坝淤土。在自然因素作用下，洪水将山坡的表土和原生黄土搬运沉积，再经水的侵蚀形成沟道或河床，两侧残留的沉积土壤经耕种熟化形成的土壤，即河淤土。

小于本市地域面积 3% 的土壤类型有黑垆土。

本区域中心区气候特征

本区域中心区气候特征值
Regional climate characteristics in central area of the region

气候带：暖温带亚湿润气候 Climate region: Warm temperate subhumid climate	
年平均气温 /℃ Annual average temperature /℃	9.3
年平均最高气温 /℃ Annual average maximum temperature /℃	16.5
年平均最低气温 /℃ Annual average minimum temperature /℃	3.3
年降水量 /mm Annual precipitation /mm	444
≥10℃的积温 /℃ Daily temperature accumulated in a year（≥10℃）/℃	3420
年日照时数 /h Annual sunshine /h	2596
年平均相对湿度 /% Annual average relative humidity /%	58
干燥度 Dryness	1.27

本区域中心区月平均气温与月平均降水量
Monthly temperature and precipitation in central area of the region

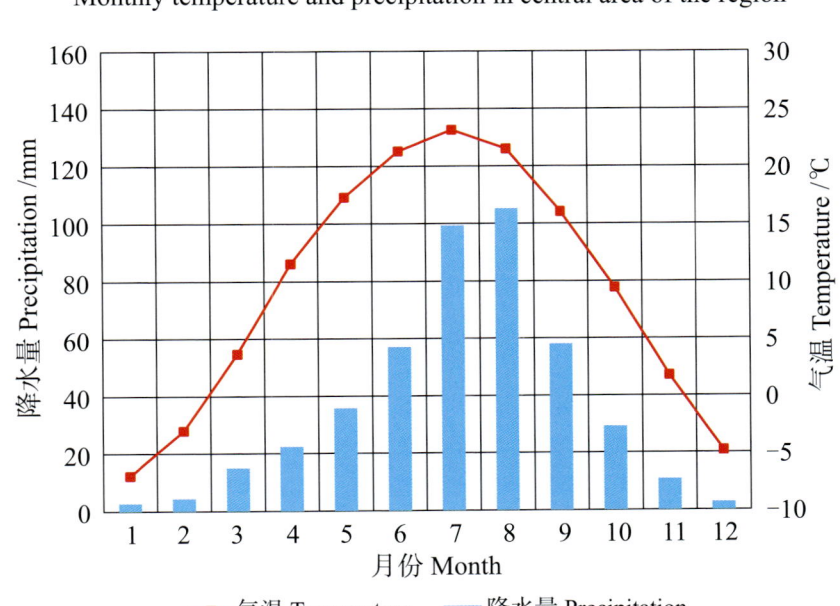

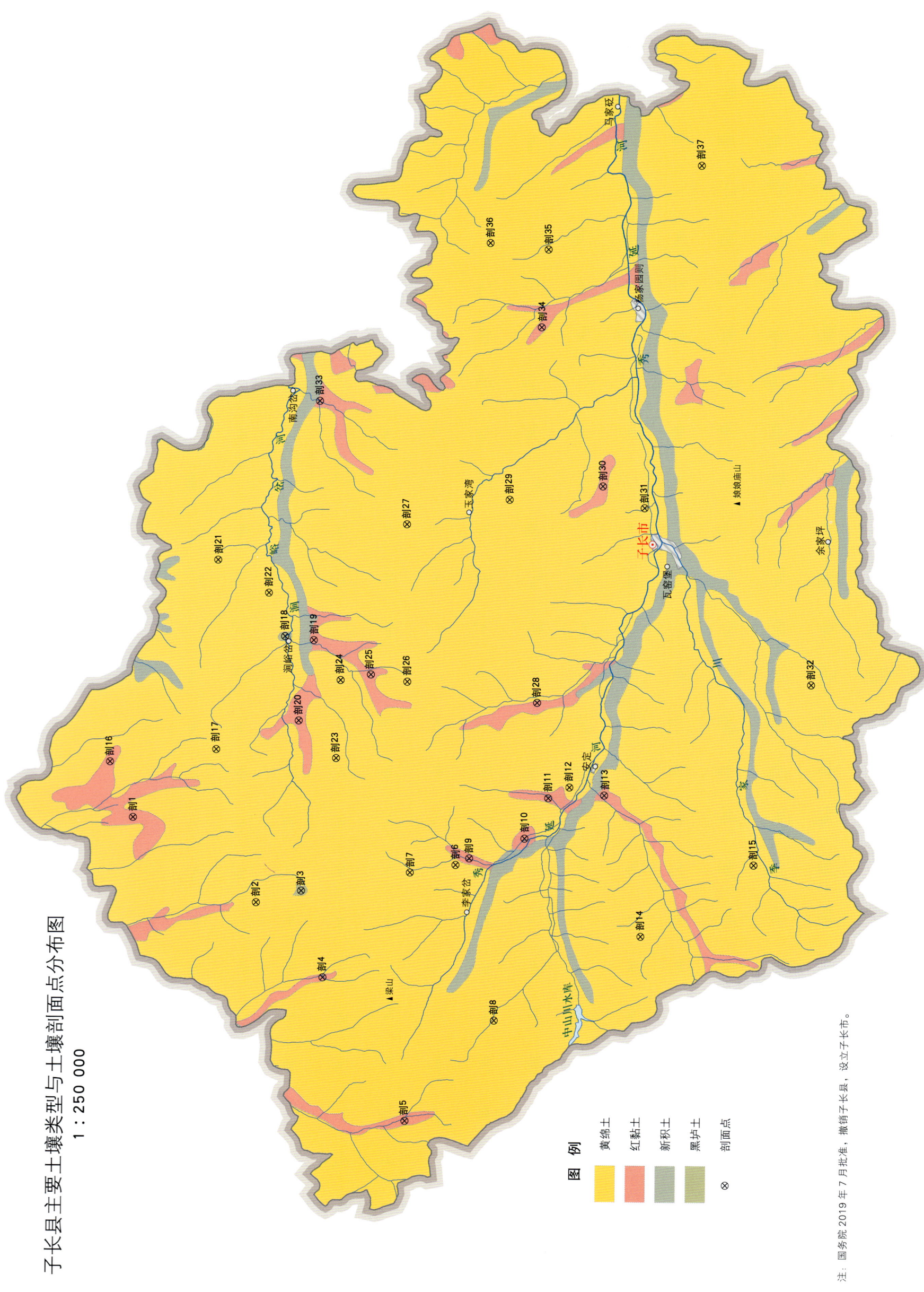

子长县主要土壤类型与土壤剖面点分布图
1∶250 000

子长市土壤剖面理化性状表

剖面号 Soil profile	土纲 Soil order	土类 Soil great group	亚类 Soil subgroup	土属 Soil genus	土种 Soil species	土层码 Layer code	土层厚度 Depth/cm	颜色 Soil color	质地 Soil texture	土壤结构 Soil structure	pH	有机质 OM/(g/kg)	全氮 TN/(g/kg)	全磷 TP/(g/kg)	全钾 TK/(g/kg)	阳离子交换量CEC/(cmol/kg)	土壤母质 Parent material	剖面点坐标 Profile coordinate	匹配指数 Matching index/%
剖1	初育土	红黏土	红土	红土	料姜红土	1	0-13	黄橙色	轻壤土	小块状		6.5	0.65	0.52			离石黄土	E 109°28′11.7″ N 37°26′06.3″	77
						2	13-81	红黄色	轻壤土	块状		5.6	0.52	0.55					
						3	81-151	红红色	重壤土	鳞片状		4.4	0.52	0.44					
剖2	初育土	黄绵土	黄绵土	黄绵土	陡坡黄绵土	1	0-18	黄棕色	轻壤土	粒状		3.5	0.35	0.61			马兰黄土	E 109°24′43.4″ N 37°21′53.7″	75
						2	18-50	黄色	轻壤土	碎块状		3.5	0.28	0.59					
						3	50-100	黄色	轻壤土	块状		3.1	0.20	0.59					
剖3	钙层土	黑垆土	黑垆土	黄盖黑垆土	薄层黄盖黑垆土	1	0-20	灰黄色	砂壤土	团块状		5.9	0.50	0.49			马兰黄土	E 109°25′15.0″ N 37°20′23.1″	88
						2	20-36	暗褐色	轻壤土	大块状		8.3	0.63	0.56					
						3	36-72	黄褐色	轻壤土	小块状		6.4	0.49	0.53					
						4	72-115	棕色	轻壤土	小块状		4.1	0.39	0.50					
剖4	初育土	红黏土	红黏土	二色土	生草二色土	1	0-23	浅棕黄色	轻壤土	团块状							离石黄土	E 109°21′37.3″ N 37°19′35.3″	84
						2	23-46	红黄色	中壤土	鳞片状									
						3	46-77	暗棕红色	中壤土	棱片状									
						4	77-180	红色	轻壤土	团块状									
剖5	初育土	红黏土	红胶土	红胶土	生草料姜红胶土	1	0-16	红棕色	中壤土	团块状							离石黄土	E 109°15′45.5″ N 37°16′41.9″	99
						2	16-55	暗棕红色	重壤土	碎块状									
						3	55-106	暗棕红色	重壤土	碎块状									
						4	106-160	浅棕红色	重壤土	碎块状									
						5	160-200												
剖6	初育土	黄绵土	绵砂土	绵砂土	坡绵砂土	1	0-16	黄棕色	砂壤土	粒状	8.6	2.9	0.32	0.56	17.6	5.6	马兰黄土	E 109°26′29.0″ N 37°15′12.0″	72
						2	16-43	黄棕色	砂壤土	块状	8.5	2.9	0.30	0.52	17.5	5.6			
						3	43-130	黄棕色	砂壤土	块状	8.4	2.9	0.36	0.46	16.5	5.9			
剖7	初育土	黄绵土	黄绵土	黄绵土	缓坡黄绵土	1	0-21			粒状	8.7	4.4	0.35	0.62		4.8	马兰黄土	E 109°26′07.0″ N 37°16′43.6″	100
						2	21-72			块状	8.7	3.4	0.42	0.65		5.3			
						3	72-150			小块状	8.8	3.5	0.30	0.59					
剖8	初育土	黄绵土	绵砂土	绵砂土	梯田锦砂土	1	0-18	浅黄色	砂壤土	粒状		2.2	0.22	0.66			马兰黄土	E 109°19′59.6″ N 37°13′46.5″	100
						2	18-106	浅黄色	砂壤土	块状		4.2	0.21	0.55					
剖9	初育土	红黏土	红土	红土	生草红土	1	0-24	浅红棕色	中壤土	棱块状							马兰黄土	E 109°26′46.5″ N 37°14′44.6″	83
						2	24-128	红棕色	重壤土	块状									
剖10	初育土	红黏土	红土	红土	生草料姜红土	1	0-14	浅棕色	重壤土	块状							离石黄土	E 109°27′38.5″ N 37°12′53.8″	98
						2	14-47	红红色	轻壤土	碎块状									
剖11	初育土	红黏土	红胶土	红胶土	湾塌红胶土	1	0-21	浅棕红色	中壤土	块状		5.7	0.44	0.55		13.1	离石黄土	E 109°29′21.5″ N 37°12′07.5″	85
						2	21-58	棕红色	中壤土	块状		3.9	0.44	0.42		15.9			
						3	58-140	棕红色	中壤土	块状		2.5	0.33	0.31		21.6			
剖12	初育土	黄绵土	黄绵土	川台黄绵土	川台灰绵土	1	0-25	深黄棕色	轻壤土	粒状	8.7	4.8	0.39	0.66	17.8		马兰黄土	E 109°29′49.2″ N 37°11′25.1″	78
						2	25-65	黄棕色	中壤土	团粒状	8.7	6.1	0.39	0.72	17.8				
						3	65-155	棕黄色	轻壤土	块状	8.8	6.1	0.39	0.72	17.8				
剖13	初育土	红黏土	红黏土	二色土	坡二色土	1	0-16	棕黄色	轻壤土	碎块状	8.9	2.6	0.23	0.55	19.0	9.0	离石黄土	E 109°29′31.2″ N 37°10′14.4″	73
						2	16-55	棕红色	轻壤土	块状	8.9	2.8	0.17	0.53	18.7	9.3			
						3	55-146	棕红色	中壤土	块状	8.8	2.9	0.25	0.51	19.5	11.8			

续表 Continued

剖面号 Soil profile	土纲 Soil order	土类 Soil great group	亚类 Soil subgroup	土属 Soil genus	土种 Soil species	土层码 Layer code	土层厚度 Depth/cm	颜色 Soil color	质地 Soil texture	土壤结构 Soil structure	pH	有机质 OM/(g/kg)	全氮 TN/(g/kg)	全磷 TP/(g/kg)	全钾 TK/(g/kg)	阳离子交换量CEC/(cmol/kg)	土壤母质 Parent material	剖面点坐标 Profile coordinate	匹配指数 Matching index/%
剖14	初育土	黄绵土	黄绵土	黄绵土	坡黄绵土	1	0—18	黄棕色	轻壤土	粒状							马兰黄土	E 109°23′38.6″ N 37°08′54.2″	98
						2	18—80	棕黄色	轻壤土	碎块状									
						3	80—120	棕黄色	轻壤土	块状									
						4	120—170	灰黄棕色	轻壤土	棱块状									
剖15	初育土	黄绵土	黄绵土	川台黄绵土	中位夹砂(石)黄绵土	1	0—18	浅黄色	轻壤土	粒状							马兰黄土	E 109°26′44.0″ N 37°05′09.5″	90
						2	18—48	浅黄色	轻壤土	团块状									
						3	48—162	浅黄色	轻壤土	块状									
剖16	初育土	红黏土	红土	红土	沟条红土	1	0—23	红棕色	轻壤土	粒状							离石黄土	E 109°30′31.1″ N 37°26′55.7″	83
						2	23—57	红棕色	轻壤土	团块状									
						3	57—148	灰黄色	轻壤土	团块状									
剖17	初育土	黄绵土	黄绵土	黄绵土	缓坡黄绵土	1	0—18	浅黄色	砂壤土	粒状	8.3						马兰黄土	E 109°31′07.3″ N 37°23′21.4″	97
						2	18—80	浅黄色	砂壤土	块状	8.4								
						3	80—200	浅黄色	砂壤土	块状	8.6								
剖18	钙层土	黑垆土	黑垆土	黄盖黑垆土	中层黄盖黑垆土	1	0—14	黄棕色	砂壤土	团块状							马兰黄土	E 109°35′54.6″ N 37°21′06.4″	77
						2	14—45	暗棕色	轻壤土	碎块状									
						3	45—92	红棕色	轻壤土	棱块状									
						4	92—118	浅灰棕色	中壤土	块状									
						5	118—141	灰黄色	轻壤土	片状									
						6	141—184	灰黄棕色	轻壤土	片状									
剖19	初育土	红黏土	红土	硬黄土	生草硬黄土	1	0—18	灰黄棕色	砂壤土	片状	8.8	2.0	0.21	0.56	17.7		离石黄土	E 109°35′46.3″ N 37°20′08.6″	74
						2	18—55	灰黄棕色	轻壤土	块状	9.0	2.7	0.23	0.57	17.2				
						3	55—160	灰黄棕色	轻壤土	块状	9.1	2.7	0.23	0.56	17.6				
剖20	初育土	红黏土	红黏土	二色土	料姜二色土	1	0—17	黄红色	轻壤土	片状							离石黄土	E 109°32′24.2″ N 37°20′35.5″	82
						2	17—60	黄红色	轻壤土	片状									
						3	60—130	红红色	中壤土	片状									
剖21	初育土	黄绵土	黄绵土	黄绵土	缓坡黄绵土	1	0—20	浅黄色	砂壤土	粒状	8.3	5.3	0.35	0.58		5.0	马兰黄土	E 109°39′03.8″ N 37°23′25.6″	88
						2	20—60	浅黄色	砂壤土	块状	8.4	4.2	0.30	0.58		6.1			
						3	60—160	浅黄色	砂壤土	块状	8.6	3.5	0.25	0.57		5.2			
剖22	初育土	黄绵土	黄绵土	黄绵土	缓坡黄绵土	1	0—17	黄棕色	轻壤土	粒状	8.7	5.0	0.51	0.52	19.2	7.6	马兰黄土	E 109°37′43.5″ N 37°21′41.0″	89
						2	17—53	黄棕色	轻壤土	碎块状	8.8	3.1	0.44	0.54	18.6	7.6			
						3	53—110	黄色	轻壤土	块状	8.7	4.4	0.33	0.54	18.4	7.0			
剖23	初育土	黄绵土	黄绵土	川台黄绵土	川台黄绵土	1	0—20	浅灰黄色	轻壤土	团块状	8.6	9.8	0.61	0.69	18.2		马兰黄土	E 109°30′51.0″ N 37°19′18.6″	74
					A	20—50	黄色	轻壤土	块状	8.7	8.9	0.51	0.70	17.8				
					C_1	50—150	黄灰黄色	轻壤土	块状	8.6	6.7	0.39	0.72	18.5				
剖24	初育土	黄绵土	黄绵土	黄绵土	坡黄绵土	1	0—18	浅灰黄色	轻壤土	团块状	8.6	3.2	0.38	0.52			马兰黄土	E 109°34′07.5″ N 37°19′12.8″	82
					C_1	18—60	黄灰黄色	轻壤土	块状	8.6	3.1	0.32	0.58					
					C_2	60—120	黄灰黄色	轻壤土	块状	8.6	3.0	0.31	0.58					
剖25	初育土	红黏土	红黏土	二色土	鸿褐二色土	1	0—20	黄红色	轻壤土	块状							离石黄土	E 109°34′22.8″ N 37°18′11.6″	70
						2	20—60	红红色	中壤土	块状									
						3	60—110	暗黄棕色	中壤土	块状									
剖26	初育土	黄绵土	黄绵土	黄绵土	生草黄绵土	1	0—30	暗黄棕色	轻壤土	小块状	8.6	4.3	0.26	0.58			马兰黄土	E 109°34′06.4″ N 37°16′57.7″	77
						2	30—80	暗灰棕色	轻壤土	块状	8.8	3.2	0.22	0.57					
						3	80—130	暗黄棕色	轻壤土	块状	8.8	3.4	0.21	0.58					
剖27	初育土	黄绵土	绵砂土	绵砂土	缓坡绵砂土	1	0—27	黄棕色	砂壤土	粒状	8.8	3.0	0.38	0.62		5.8	马兰黄土	E 109°40′42.0″ N 37°17′04.8″	95
						2	27—61	黄棕色	砂壤土	块状	8.7	3.8	0.24	0.65		5.9			
						3	61—140	浅黄棕色	砂壤土	块状	8.7	3.6	0.26	0.62		5.4			

续表 Continued

剖面号 Soil profile	土纲 Soil order	土类 Soil great group	亚类 Soil subgroup	土属 Soil genus	土种 Soil species	土层码 Layer code	土层厚度 Depth/cm	颜色 Soil color	质地 Soil texture	土壤结构 Soil structure	pH	有机质 OM/(g/kg)	全氮 TN/(g/kg)	全磷 TP/(g/kg)	全钾 TK/(g/kg)	阳离子交换量CEC/(cmol/kg)	土壤母质 Parent material	剖面点坐标 Profile coordinate	匹配指数 Matching index/%
剖28	初育土	红黏土	红黏土	二色土	沟条二色土	1	0—22	棕色	轻壤土	片状	8.6	8.1	0.49	0.61			离石黄土	E 109°33′20.4″ N 37°12′34.0″	72
						2	22—45	灰黄色	轻壤土	片状	8.6	3.5	0.24	0.58					
						3	45—64	橙色	中壤土	片状		3.0	0.22	0.52					
						4	64—96	灰黄色	中壤土	层状		3.5	0.27	0.65					
						5	96—190	赤黄色	中壤土	片状		3.5		0.56					
剖29	初育土	黄绵土	黄绵土	黄绵土	梯田黄绵土	1	0—20	黄棕色	轻壤土	粒状		4.1	0.35	0.51			马兰黄土	E 109°41′47.9″ N 37°13′38.0″	80
						2	20—50	黄色	轻壤土	块状		3.0	0.27	0.55					
						3	50—150	黄色	轻壤土	块状		2.3	0.20	0.51					
剖30	初育土	红黏土	红土	红胶土	坡红土	1	0—18	红黄色	中壤土	团块状							离石黄土	E 109°42′25.6″ N 37°10′29.6″	77
						2	18—150	红棕色	重壤土	棱块状									
剖31	初育土	黄绵土	绵砂土	绵砂土	生草绵砂土	1	0—18	黄棕色	砂壤土	粒状	8.7	2.9	0.23	0.57			马兰黄土	E 109°41′32.8″ N 37°09′04.4″	90
						2	18—150	黄黄色	砂壤土	块状	8.8	4.1	0.26	0.50					
剖32	初育土	黄绵土	黄绵土	黄绵土	沟塌黄绵土	1	0—21	浅黄色	轻壤土	粒状		5.9	0.36	0.62			马兰黄土	E 109°34′18.2″ N 37°03′20.9″	73
						2	21—63	浅黄色	轻壤土	块状		5.0	0.29	0.67					
						3	63—187	浅黄色	轻壤土	块状		4.9	0.29	0.69					
剖33	初育土	红黏土	红胶土	红胶土	生草红胶土	1	0—23	浅棕红色	轻壤土	碎块状							离石黄土	E 109°45′46.7″ N 37°20′05.3″	100
						2	23—184	浅棕红色	轻壤土	层状									
剖34	初育土	红黏土	红土	红土	沟塌红土	1	0—16	灰黄棕色	轻壤土	柱状							离石黄土	E 109°49′00.7″ N 37°12′39.1″	77
						2	16—50	暗红棕色	轻壤土	块状									
						3	50—120	暗黄棕色	轻壤土	块状		3.1	0.27	0.63	>40.0				
剖35	初育土	黄绵土	黄绵土	川台黄绵土	深位夹砂（石）黄绵土	2	29—61	浅黄棕色	轻壤土	碎块状		5.0	0.35	0.65	>40.0		马兰黄土	E 109°52′15.4″ N 37°12′27.8″	84
						3	61—80	浅黄色	砂壤土	散状		3.6	0.59	0.60	>40.0				
						4	80—124	黄灰色	轻壤土	块状		3.3	0.34	0.64	>40.0				
						5	124—158	浅黄色	轻壤土	块状		3.7	0.35	0.60	>40.0				
						6	158—210	浅黄棕色	轻壤土	块状		4.3	0.29	0.62					
剖36	初育土	黄绵土	黄绵土	川台黄绵土	浅位夹砂（石）黄绵土	1	0—20	灰黄色	轻壤土	粒状							马兰黄土	E 109°52′30.0″ N 37°14′24.9″	94
						2	20—60	灰黄色	轻壤土	团块状									
						3	60—194	灰黄色	砂壤土	团块状									
剖37	初育土	黄绵土	绵砂土	砂盖绵砂土	中砂层绵砂土	1	0—30	灰黄色	砂壤土	粒状							马兰黄土	E 109°55′50.0″ N 37°07′20.3″	74
						2	30—120	浅黄色	砂壤土	块状									

汉 中 市

市 辖 区

主要土类说明

水稻土是汉中市主要土壤类型，占本市地域面积的46%。水稻土是在长期的季节性淹灌、水下翻耕、季节性脱水、氧化还原交替影响下，原来的成土母质或母土的特性发生重大改变，形成的新的土壤类型。由于干湿交替，水稻土形成糊状的淹育层、较坚实板结的犁底层、渗育层、潴育层与潜育层等多种发生层。

黄棕壤是汉中市第三大土壤类型，占本市地域面积的25%。黄棕壤发生于北亚热带暖湿落叶阔叶林下，多由砂页岩及花岗岩风化物发育而成，主要分布在海拔800—1600m的秦岭南坡山区。该土壤具A-B-C或A-（B）-C剖面构型，黏粒硅铝率在2.5左右，铁的游离度较红壤低，B层交换性酸大于A层。

黄褐土是汉中市第三大土壤类型，占本市地域面积的13%，是分布在高阶地和丘陵浅山地带的地带性土壤。黄褐土地处北亚热带，由较细粒的黄土状母质发育而成，多组成丘岗，具A-B-C或A-Bt-C剖面构型。该土壤土体中游离碳酸钙已不复存在，土壤呈灰黄棕色，在底部可散见圆形石灰结核。土壤黏化淀积明显，B层黏聚，黏粒硅铝率在3.0左右，盐基饱和度由表层向底层逐渐趋向饱和。

新积土占本市地域面积的7%，分布在沟谷底部的河漫滩及阶地。新积土是由新近冲积、洪积、坡积、塌积或人工堆垫形成的土壤。该土壤成土期短，母质特性明显，具A-C或（A）-C剖面构型。

棕壤占本市地域面积的5%，主要分布在海拔1600m以上的中山区。棕壤发生于落叶阔叶林下，处于硅铝风化阶段，具有黏化特征。土体见黏粒淀积，盐基充分淋失，pH为6.0—7.0，见少量游离铁。

小于本市地域面积3%的土壤类型有石质土、潮土。

本区域中心区气候特征

本区域中心区气候特征值
Regional climate characteristics in central area of the region

气候带：北亚热带湿润气候 Climate region: North subtropical humid climate	
年平均气温 /℃ Annual average temperature /℃	14.1
年平均最高气温 /℃ Annual average maximum temperature /℃	18.9
年平均最低气温 /℃ Annual average minimum temperature /℃	10.3
年降水量 /mm Annual precipitation /mm	787
≥10℃的积温 /℃ Daily temperature accumulated in a year (≥10℃) /℃	5621
年日照时数 /h Annual sunshine /h	1619
年平均相对湿度 /% Annual average relative humidity /%	77
干燥度 Dryness	1.08

汉中市市辖区（部分）主要土壤类型与土壤剖面点分布图
1 : 140 000

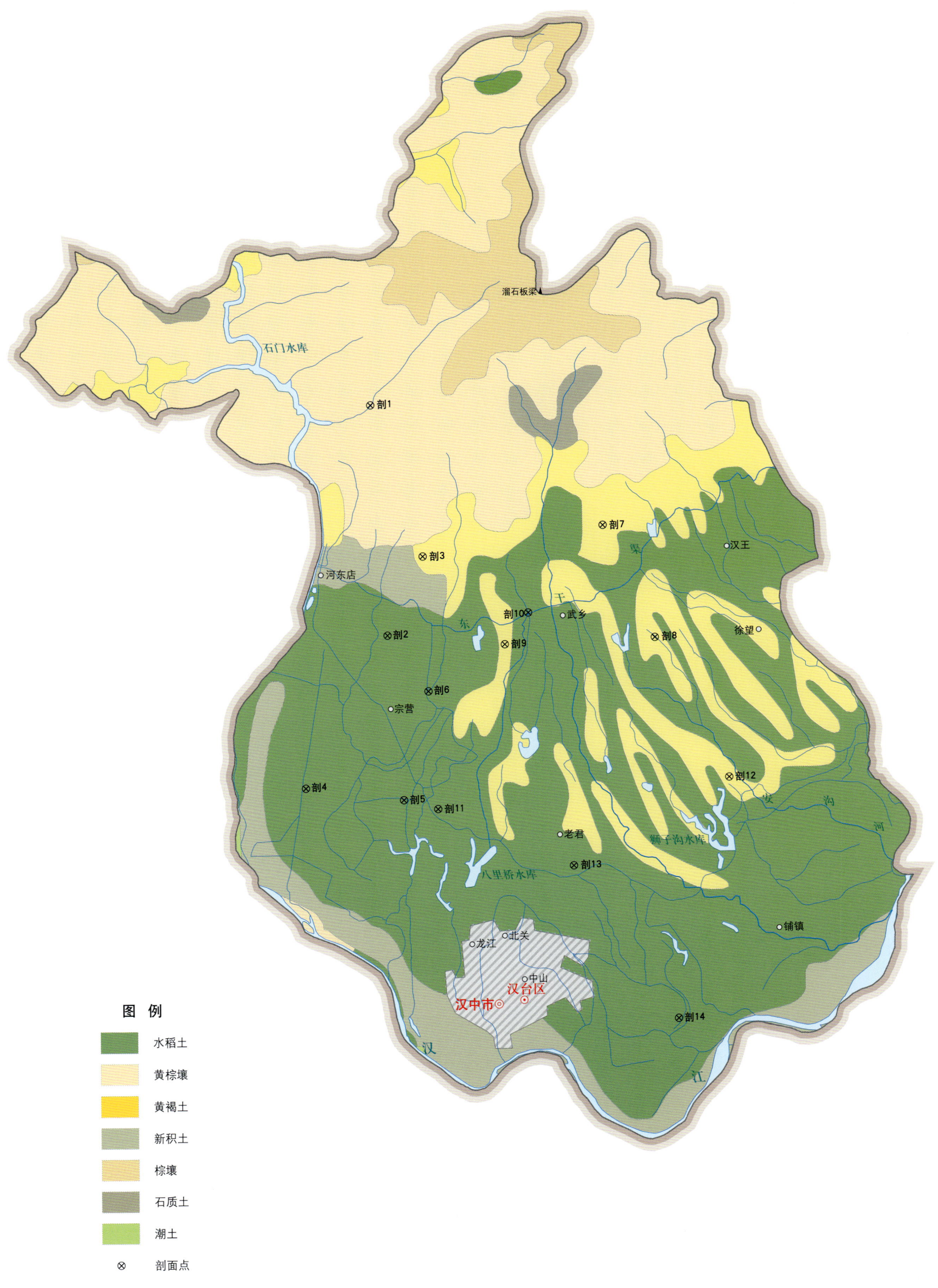

汉中市土壤剖面理化性状表

剖面号 Soil profile	土纲 Soil order	土类 Soil great group	亚类 Soil subgroup	土属 Soil genus	土种 Soil species	土层码 Layer code	土层厚度 Depth/cm	颜色 Soil color	质地 Soil texture	土壤结构 Soil structure	pH	有机质 OM/(g/kg)	全氮 TN/(g/kg)	全磷 TP/(g/kg)	全钾 TK/(g/kg)	阳离子交换量 CEC/(cmol/kg)	土壤母质 Parent material	剖面点坐标 Profile coordinate	匹配指数 Matching index/%
剖1	淋溶土	黄棕壤	黄棕壤	坡洪积黄棕壤	灰黄砂泥	O	0~6	暗黄棕色	砂壤土	团块状	6.4	16.6	0.85	0.33	20.5	11.2	坡积物、洪积物	E 106°58′48.1″ N 33°15′09.6″	94
						A	6~16	黄棕色	黏壤土	棱块状	6.4	8.9	0.57	0.27	21.7	12.0			
						Bt	16~36	浅黄棕色	砂壤土	块状	6.6	3.7	0.46	0.28	24.0	12.4			
						C	36~150	暗黄棕色	中壤土	块状	7.0								
剖2	人为土	潜育水稻土	夹砂积青泥田	青泥砂土田	1	0~12	暗黄棕色	轻壤土	块状	7.0						第四纪红棕色黏质黄土	E 106°59′02.8″ N 33°10′59.4″	80
						2	12~28	暗黄棕色	轻壤土	块状	7.0								
						3	28~38	暗灰棕色	轻壤土	块状	6.5								
						4	38~60	暗灰棕色	轻壤土	块状	6.5								
						5	60~150												
剖3	淋溶土	黄褐土	黄泥巴	黄泥巴	A_1	0~25	灰褐色	壤质黏土	碎块状	7.1	10.2	0.71	0.39	15.8	15.5		E 106°59′51.3″ N 33°12′24.6″	72
						A_2	25~30	灰黄棕色	壤质黏土	块状	7.7	4.1	0.38	0.34	15.9	12.9			
						Bt	30~99	黄褐色	壤质黏土	大块状	7.2	5.8	0.33	0.47	16.4	14.7			
						C_1	99~114	红棕色	壤质黏土	大块状	7.0	4.7	0.45	0.51	16.4	16.4			
						C	114~150	红棕色			6.9	6.8	0.43	0.47	17.8	16.9			
剖4	人为土	水稻土	潜育水稻土	锈斑泥砂田	锈斑泥砂田	1	0~22	暗棕色	轻黏土	块状	6.2	20.6	1.59	0.62				E 106°57′11.3″ N 33°08′15.4″	71
						2	22~32	暗黄棕色	轻黏土	块状	7.1	16.8	1.07	0.52					
						3	32~101	暗黄棕色	轻黏土	块状	7.6	6.6	0.57	0.30					
						4	101~128	暗黄棕色	轻黏土	块状	7.8	5.5	0.42	0.21					
						5	128~150	褐色	轻黏土	块状	7.5	4.4	0.33	0.56					
剖5	人为土	水稻土	潜育水稻土	青泥田	青泥田	1	0~15	暗灰色	重壤土	块状	7.7	21.9	1.36	3.75	17.7	14.4		E 106°59′18.4″ N 33°08′00.3″	90
						2	15~25	暗灰色	重壤土	块状	7.8	23.4	1.41	>4.00	16.1	16.3			
						3	25~50	暗灰色	重壤土	棱块状	7.8	19.4	1.10	3.14	18.2	14.9			
剖6	人为土	水稻土	淹育水稻土	泥砂田	红黄泥田	1	0~16	暗棕色	重壤土	块状	6.4	11.2	0.80	0.65				E 106°59′54.3″ N 33°09′58.1″	88
						2	16~25	棕色	重壤土	块状	6.2	7.4	0.54	0.55	19.7	19.0			
						3	25~65	暗棕色	轻壤土	粒状	6.0	6.9	0.49	0.61	19.7	18.9			
						4	65~150	暗棕色	砂壤土	粒状	6.4	6.4	0.46	0.49	20.2	18.9			
剖7	淋溶土	黄褐土	黄泥巴	死黄泥	1	0~16	暗棕色	重壤土	粒状	7.2	8.2	0.70	0.46				E 107°03′46.8″ N 33°12′54.5″	78
						2	16~24	暗棕色	重壤土	棱块状	7.5	7.3	0.35	0.29					
						3	24~150	暗红棕色	重壤土	棱块状	7.7	1.9	0.31	0.49					
剖8	淋溶土	黄褐土	山地黄泥	山地黄泥巴	1	0~5	暗棕色	轻壤土	块状								E 107°04′50.8″ N 33°10′50.9″	88
						2	5~14	浅黄棕色	黏土	块状									
						3	14~150	红棕色	黏土	棱块状									
剖9	淋溶土	黄褐土	黄泥巴	墡土田	1	0~12	暗红棕色	黏土	棱块状	6.1	10.2	0.71	0.38	17.6	9.2		E 107°01′35.3″ N 33°10′46.9″	97
						2	12~35	红棕色	中壤土	棱块状	6.6	9.3	0.59	0.34	15.8	8.7			
						3	35~65	栗色	重壤土	粒状	7.0	7.2	0.51	0.38	16.3	10.1			
剖10	人为土	水稻土	淹育水稻土	泥砂田	1	0~15	浅棕色	重壤土	块状	7.2	4.2	0.38	0.47	18.4	13.2		E 107°02′06.7″ N 33°11′20.6″	84
						2	15~25	棕色	中壤土	块状	6.0								
						3	25~60	棕色	中壤土	小块状	6.5								
						4	60—	棕色	中壤土	小块状	6.5								
剖11	人为土	水稻土	表潜水稻土	夹青黄泥田	夹青黄泥田	1	0~15	青褐色	重壤土	棱块状	6.0							E 107°00′03.0″ N 33°07′49.7″	96
						2	15~25	暗灰黄色	重壤土	棱块状	6.5								
						3	25~55	棕色	重壤土	块状	6.5								
						4	55~150												

续表 Continued

剖面号 Soil profile	土纲 Soil order	土类 Soil great group	亚类 Soil subgroup	土属 Soil genus	土种 Soil species	土层码 Layer code	土层厚度 Depth/cm	颜色 Soil color	质地 Soil texture	土壤结构 Soil structure	pH	有机质 OM/(g/kg)	全氮 TN/(g/kg)	全磷 TP/(g/kg)	全钾 TK/(g/kg)	阳离子交换量 CEC/(cmol/kg)	土壤母质 Parent material	剖面点坐标 Profile coordinate	匹配指数 Matching index/%
剖12	淋溶土	黄褐土	黄褐土	墡土	黄墡土	1	0—20	浅棕色	中壤土	小粒状	7.7	14.6	0.91	0.79		14.2		E 107°06′23.2″ N 33°08′17.1″	70
						2	20—60	浅棕色	中壤土	粒块状	8.0	4.1	0.43	0.63		12.2			
						3	60—150	棕色	中壤土	粒块状	8.0	3.5	0.32	0.48		12.1			
剖13	人为土	水稻土	淹育水稻土	黄泥田	黄泥田	1	0—25	灰黄棕色	中壤土	块状	6.5	14.5	0.95	0.38	12.9	7.1		E 107°02′57.5″ N 33°06′44.5″	79
						2	25—35	灰黄棕色	中壤土	块状	6.7	12.0	0.68	0.36	12.9	7.7			
						3	35—63	棕色	重壤土	块状	7.1	4.3	0.33	0.40	18.2	13.2			
						4	63—150	暗棕色	重壤土	棱柱状	7.2	5.3	0.34	0.51	19.4	17.5			
剖14	人为土	水稻土	潴育水稻土	锈斑黄泥田	锈斑黄泥田	1	0—25	暗棕色	中壤土	粒状	6.9	14.9	0.94	0.42	15.0	13.2		E 107°05′08.6″ N 33°03′55.7″	78
						2	25—30	暗棕色	重壤土	小块状	6.6	9.2	0.75	0.47	16.3	11.2			
						3	30—48	暗红棕色	重壤土	块状	7.0	6.5	0.41	0.48	18.3	20.5			
						4	48—150	暗红色	重壤土	块状	7.3	7.1	0.40	0.57	18.4	20.9			

南 郑 区

主要土类说明

黄棕壤是南郑区主要土壤类型，占本区地域面积的58%。黄棕壤是暖温带褐土向亚热带黄壤过渡的地带性土壤，主要分布在海拔800—1800m的巴山山区和海拔600—800m的丘陵区，是本区主要的旱作和林牧用地。自然植被为落叶阔叶林和针阔叶混交林，生物循环作用强烈，土壤表层常有不连续的枯枝落叶层，厚度为1—3cm，腐殖质层一般厚10—15cm。海拔1000m以上的地区，气温偏低，降水增加，土壤受水的作用增强，形成山地黄棕壤，其黏化过程比黄褐土弱，心土层虽有明显的黏化过程，但远未形成黏盘。在原始森林遭到破坏的地区，草本植物侵入，土壤表层有机质积累增加，土层0—10cm处植物根系分布较多，腐殖质层厚度超过15cm，土壤进行生草化过程，形成生草黄棕壤。

黄褐土是南郑区第二大土壤类型，占本区地域面积的21%。黄褐土是在北亚热带暖湿气候条件和常绿阔叶林、落叶阔叶林植被条件下形成的土壤，主要分布在海拔900m以下的秦岭南坡河流阶地和低山丘陵，具A-B-C或A-Bt-C剖面构型。成土母质为黄土状母质和黏黄土。成土过程主要包括强烈的黏化过程、中度淋溶过程、腐殖化过程及弱度脱硅富铝化过程。该土壤土体中游离碳酸钙已不复存在，土壤呈灰黄棕色，在底部可散见圆形石灰结核。土壤黏化淀积明显，B层黏聚，黏粒硅铝率在3.0左右，表层pH为6.0—6.8，底层pH约为7.5，盐基饱和度由表层向底层逐渐趋向饱和。

水稻土是南郑区第三大土壤类型，占本区地域面积的16%，主要分布在海拔800m以下的平坝地区和浅山丘陵地区。水稻土是在长期的季节性淹灌、水下翻耕、季节性脱水、氧化还原交替影响下，原来的成土母质或母土的特性发生重大改变，形成的新的土壤类型。由于干湿交替，水稻土形成糊状的淹育层、较坚实板结的犁底层、渗育层、潴育层与潜育层等多种发生层。本区水稻土分为淹育型、潴育型、潜育型、脱潜型等亚类。

小于本区地域面积3%的土壤类型有棕壤、潮土、新积土、石灰（岩）土、粗骨土。

本区域中心区气候特征

本区域中心区气候特征值
Regional climate characteristics in central area of the region

气候带：北亚热带湿润气候 Climate region: North subtropical humid climate	
年平均气温 /℃ Annual average temperature /℃	14.6
年平均最高气温 /℃ Annual average maximum temperature /℃	19.2
年平均最低气温 /℃ Annual average minimum temperature /℃	11.0
年降水量 /mm Annual precipitation /mm	863
≥10℃的积温 /℃ Daily temperature accumulated in a year (≥10℃) /℃	5402
年日照时数 /h Annual sunshine /h	1547
年平均相对湿度 /% Annual average relative humidity /%	77
干燥度 Dryness	1.05

本区域中心区月平均气温与月平均降水量
Monthly temperature and precipitation in central area of the region

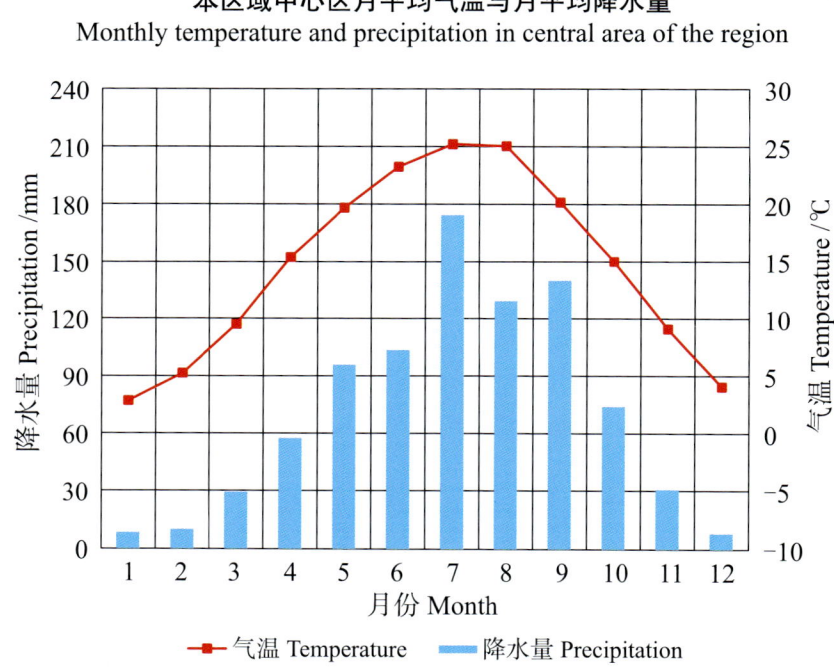

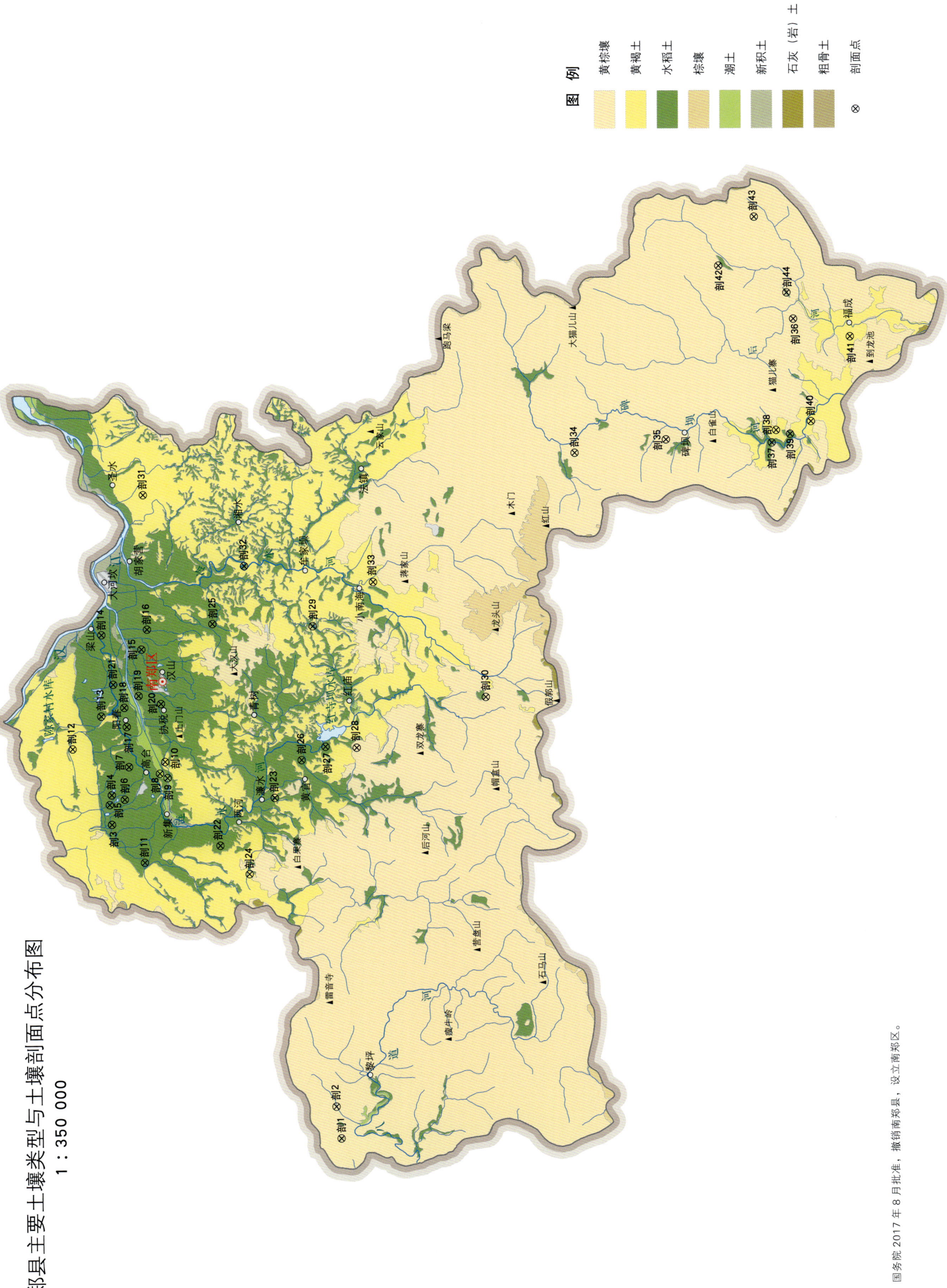

南郑区土壤剖面理化性状表

剖面号 Soil profile	土纲 Soil order	土类 Soil great group	亚类 Soil subgroup	土属 Soil genus	土种 Soil species	土层码 Layer code	土层厚度 Depth/cm	颜色 Soil color	质地 Soil texture	土壤结构 Soil structure	pH	有机质 OM/(g/kg)	全氮 TN/(g/kg)	全磷 TP/(g/kg)	全钾 TK/(g/kg)	碱解氮 AN/(mg/kg)	有效磷 AP/(mg/kg)	速效钾 AK/(mg/kg)	阳离子交换量 CEC/(cmol/kg)	土壤母质 Parent material	剖面点坐标 Profile coordinate	匹配指数 Matching index/%
剖1	半水成土	潮土	潮土	潮土	砂潮土	1	0~25	暗黄棕色	轻壤土	团块状										冲积物	E 106°31′40.4″ N 32°52′39.0″	88
						2	25~75	浅棕色	轻壤土	团块状												
						3	75~125	暗黄棕色	轻壤土	团块状												
						4	125~150	暗灰色	轻壤土	团块状												
剖2	淋溶土	黄棕壤	生草黄棕壤	灰砂黄泥土		1	5~25				5.8	61.8	2.74	0.47						花岗片麻岩	E 106°33′21.1″ N 32°52′50.8″	72
						2	40~50				6.4	8.5	1.68	0.35								
						3	70~90				6.0	4.0	0.25	0.24								
剖3	人为土	水稻土	潴育水稻土	锈斑黄泥田	锈斑黄泥田	1	0~15	浅棕色	中壤土	团块状	7.5	25.8	1.40	0.36						黄褐土	E 106°48′32.8″ N 33°02′41.5″	80
						2	15~25	棕色	重壤土	棱柱状		19.1	1.08	0.30								
						3	25~40	暗黄棕色	中壤土	小团块状		8.4	0.67	0.26								
						4	90~100	暗黄棕色	中壤土	团块状		8.1	0.57	0.41								
剖4	人为土	水稻土	淹育水稻土	黄褐土型淹育水稻土	黄胶泥田	Aa	0~15	暗灰棕色	壤质黏土	大块状	7.1	16.4	1.12	0.36	18.3	66	8.0	96	20.6	黄褐土	E 106°50′08.2″ N 33°02′39.8″	82
						Ap	15~25	暗灰棕色	黏土	棱块状	7.6	10.1	0.74	0.29	17.6				24.3			
						P	25~95	灰黄棕色	黏土	棱块状	7.4	2.3	0.34	0.15	17.5				29.5			
						C	95~150	黄褐色	黏土	棱柱状	7.6	2.1	0.30	0.18	17.7				27.9			
剖5	人为土	水稻土	潜育水稻土	青黄肝泥田	冷青泥田	Aa	0~18	泊黄棕色	壤质黏土	块状	6.5	37.8	1.79	0.26	12.5				21.6	黄棕壤	E 106°49′36.9″ N 33°02′45.1″	100
						G	18~37	浅蓝灰色	黏土	团块状	6.0	16.1	0.77	0.21	12.7				21.0			
						C	37~61	泊黄棕色	黏土	棱块状	6.5	7.5	0.72	0.21	13.2				22.2			
剖6	人为土	水稻土	渗马肝泥田	渗马肝泥田	黄泥田	Aa	0~15	灰黄棕色	壤质黏土	大块状	7.1	16.4	1.12	0.36	18.3	66	8.0	96	20.6	黏盘出露黄褐土	E 106°49′44.7″ N 33°02′12.0″	90
						Ap	15~25	灰黄棕色	黏土	棱块状	7.6	10.1	0.74	0.29	17.6				24.3			
						P	25~95	亮灰色	黏土	棱块状	7.4	2.3	0.34	0.15	17.5				29.5			
						C	95~150	棕灰色	壤质黏土	块状	7.6	2.1	0.30	0.18	17.7				27.9			
剖7	人为土	水稻土	潴育水稻土	锈斑泥砂田	锈斑绵砂田	1	0~26	棕灰色	轻壤土	小团块状	5.9	20.9	1.22	1.00							E 106°51′36.3″ N 33°01′51.7″	97
						2	26~38	灰色	轻壤土	团块状	5.9	14.4	0.94	0.67								
						3	38~117	灰色	轻壤土	大团块状	6.0	5.6	0.24	0.59								
						4	117~140	暗棕色			6.2	3.0	<0.10	0.49								
剖8	半水成土	潮土	潮土	潮土	中位砂石绵潮土	1	0~15		壤土		7.2	38.5	1.87	0.68						冲积物	E 106°51′13.1″ N 33°00′27.6″	80
						2	15~25		壤土		7.2	19.7	1.12	0.57								
						3	50~60	灰棕色	壤土	粒状	7.2	19.8	1.27	0.72								
						4	80~90	灰棕色	壤土	块状	7.3	32.0	1.71	0.66								
						5	115~125	浅棕色	壤土	块状	7.3	28.1	1.45	0.68								
						6	130~140	暗棕色	壤土	块状	7.3	28.4	1.59	0.54								
剖9	半水成土	潮土	潮土	壤质潮土	死黄泥	A_1	0~20	灰棕色	壤土	粒状	7.2	7.9	0.52	0.40	18.7	5	3.0	25	18.0	冲积物	E 106°50′58.6″ N 33°00′07.2″	90
						A_2	20~35	棕色	壤土	块状	7.8	3.9	0.22	0.31	19.1				14.3			
						Cu_1	35~60	浅棕色	壤土	粒状	7.9	2.3	0.13	0.50	17.2				8.7			
						Cu_2	60~105	棕灰色	壤土	块状	7.8	5.4	0.31	0.59	17.6				18.1			
剖10	淋溶土	黄褐土	黄褐土	黄泥巴	死黄泥	A	0~12	灰褐色	壤质黏土	块状	7.3	4.7	0.42	0.59		63	18.0	140		第四纪红棕色黏质黄土	E 106°51′49.7″ N 33°00′12.7″	84
						Bt_1	12~20	黄褐色	壤质黏土	棱块状	7.4	3.4	0.39	0.59								
						Bt_2	20~150	红棕色	壤质黏土	棱块状	7.7	2.6	0.37	0.46								
剖11	人为土	水稻土	淹育水稻土	泥砂田	泥砂田	1	0~15	栗色	中壤土	团块状	7.8										E 106°46′29.1″ N 33°01′14.6″	92
						2	15~26	灰色	中壤土	团块状	8.0											
						3	26~110	暗棕色	中壤土	块状	7.9											

续表 Continued

剖面号 Soil profile	土纲 Soil order	亚类 Soil subgroup	土属 Soil genus	土种 Soil species	土层码 Layer code	土层厚度 Depth/cm	颜色 Soil color	质地 Soil texture	土壤结构 Soil structure	pH	有机质 OM/(g/kg)	全氮 TN/(g/kg)	全磷 TP/(g/kg)	全钾 TK/(g/kg)	碱解氮 AN/(mg/kg)	有效磷 AP/(mg/kg)	速效钾 AK/(mg/kg)	阳离子交换量CEC/(cmol/kg)	土壤母质 Parent material	剖面点坐标 Profile coordinate	匹配指数 Matching index/%
剖12	淋溶土	粗骨性黄褐土	石片石骨子土		1	0–13	棕灰色	重壤土	块状	5.7	27.1		1.32						千枚岩、页岩	E 106°52′37.6″ N 33°04′23.1″	89
					2	13–27	暗棕灰色	中壤土	块状	6.0	22.5		1.42								
					3	27–34	暗黄棕色	中壤土	块状	5.8	3.7		1.64								
剖13	人为土	潜育水稻土	锈斑泥砂田	锈斑泥砂田	1	0–15	暗黄棕色	中壤土	团块状	5.4	17.2	1.03	0.21	17.8				25.7		E 106°54′19.4″ N 33°03′03.4″	73
					2	15–29	栗色	中壤土	团块状	5.9	10.4	1.00	0.26	17.7				26.3			
					3	29–39	栗色	中壤土	团块状	6.8	8.3	0.63	0.23	17.7				25.9			
					4	64–74	浅棕色	重壤土	块状	6.8	4.4	0.42	0.18	17.2				32.4			
					5	117–127	浅棕色	轻壤土		6.6	1.5	<0.10	0.29	17.5				9.6			
剖14	人为土	潜育水稻土	锈斑泥砂田	锈斑泥质田	1	0–18	灰黄棕色	重壤土	团块状	5.7	20.3	1.32	0.20						黄棕壤	E 106°58′39.3″ N 33°02′57.7″	96
					2	18–37	灰黄棕色	重壤土	棱块状	6.8	14.4	0.86	0.21								
					3	37–65	灰色	重壤土	块状	5.8	11.5	0.73	0.18								
					4	65–90	灰黄棕色	重壤土	块状	5.9	11.2	0.52	0.19								
					5	90–120	黄黄色	重壤土	块状	6.6	7.2	0.18									
剖15	人为土	潜育水稻土	黄棕壤型潜育水稻土	冷锈黄泥田	Aa	0–14	灰棕色	壤土	团块状	5.0	34.0	1.98	0.27		119	5.1		15.2	黄棕壤	E 106°57′50.2″ N 33°01′09.9″	73
					Ap	14–25	浅灰棕色	壤土	块状	5.6	22.1	1.20	0.22					13.2			
					P	25–44	灰黄棕色	黏壤土	棱块状	6.1	6.3	0.50	0.19					14.2			
					W	44–100	黄棕色	黏壤土	块状	6.0	2.2	0.39	0.28					14.2			
剖16	人为土	脱潜水稻土	起旱青泥土		1	0–34	灰褐色			7.0	27.0	1.50	0.27							E 106°58′53.5″ N 33°00′53.2″	72
					2	34–55	黄褐色		小团块状	7.3	5.7	0.38	0.28								
					3	55–130	灰棕色		小核块状	5.2	7.7	0.39									
剖17	人为土	潜育水稻土	黄棕壤型	冷锈泥田	Aa	0–18	暗棕灰色	壤质黏土	团块状	5.2	33.8	1.79	0.26	12.5				21.6	黄棕壤	E 106°53′52.3″ N 33°01′55.0″	85
					G	18–37	青灰色	壤质黏土	块状	5.7	16.1	0.77	0.21	12.7				21.0			
					C	37–61	黄棕色	黏质黏土	棱块状	5.5	7.5	0.72	0.21	13.2				22.2			
剖18	人为土	脱潜水稻土	黄褐土型脱潜黏土	脱潜黄胶泥田	Aa	0–20	灰棕灰色	壤质黏土	小块状	5.4	28.1	1.53	0.29		94	4.2	155	15.4	黄褐土	E 106°54′45.8″ N 33°02′00.2″	94
					Ap	20–34	浅灰棕色	壤块状	团块状	6.0	25.1	1.35	0.28					16.0			
					Cg	34–55	黄褐色	黏质黏土	块块状	7.0	5.7	0.38	0.27					16.8			
					C	55–130	灰棕色	黏质黏土	块块状	7.3	7.7	0.39	0.28					17.3			
剖19	人为土	淹育水稻土	冲积洪积型淹育水稻土	垱土田	Aa	0–19	暗棕灰色	黏土	小团块状	6.0	27.5	1.54	0.52	18.0				14.5	洪冲积物	E 106°55′21.6″ N 33°01′21.2″	72
					Ap	19–29	棕灰色	黏土	团块状	6.8	18.0	1.14	0.45	18.8				13.0			
					P	29–99	暗黄棕色	砂黏土	块状	7.4	7.2	0.57	0.40	21.9				12.8			
					C	99–150	灰黄棕色	黏质黏土	块状	7.2	5.9	0.41	0.58	21.1				<2.0			
剖20	人为土	淹育水稻土	黄棕壤型淹育水稻土	冷锈泥田	Aa	0–12	暗棕灰色	黏土	团块状	5.7	27.2	1.73	0.49						黄棕壤	E 106°54′55.1″ N 33°00′20.2″	98
					Ap	12–29	浅灰棕色	黏土	块状	5.6	17.8	1.27	0.43								
					P	29–45	黄棕色	砂壤土	小粒状	6.2	9.1	0.84	0.49								
					C	45–150	浅棕色	砂壤土	粒状	6.9	3.2	0.53	0.43								
剖21	人为土	淹育水稻土	泥砂田	锅砂田	1	0–18	灰黄棕色	中壤土		7.4	17.5	1.16	0.64							E 106°55′59.9″ N 33°02′29.1″	88
					2	18–28	灰黄色	重壤土	块状	7.5	12.8	0.87	0.61								
					3	60–70	浅棕黄色	重壤土	块状	7.8	6.2	0.42	0.53								
剖22	人为土	淹育水稻土	泥砂田	泥质田	1	0–15	暗棕色	中壤土	核状	7.4	21.9	1.30	0.54						黄棕壤	E 106°47′17.0″ N 32°57′49.2″	98
					2	15–25	褐色	重壤土	核状	7.5	17.8	1.17	0.48								
					3	25–60	浅灰黄色	重壤土	核块状	7.4	8.8	0.8	0.44								
					4	60–90	黄灰黄色	黏土		6.3	7.8	0.64	0.40								
					5	90–150				5.9	5.1	0.44	0.34								

续表 Continued

剖面号 Soil profile	土纲 Soil order	土类 Soil great group	亚类 Soil subgroup	土属 Soil genus	土种 Soil species	土层码 Layer code	土层厚度 Depth/cm	颜色 Soil color	质地 Soil texture	土壤结构 Soil structure	pH	有机质 OM/(g/kg)	全氮 TN/(g/kg)	全磷 TP/(g/kg)	全钾 TK/(g/kg)	碱解氮 AN/(mg/kg)	有效磷 AP/(mg/kg)	速效钾 AK/(mg/kg)	阳离子交换量CEC/(cmol/kg)	土壤母质 Parent material	剖面点坐标 Profile coordinate	匹配指数 Matching index/%
剖23	人为土	水稻土	潴育水稻土	黄褐土型潜育水稻土	青泥田	Aa	0—13	暗棕灰色	壤质黏土	团块状	5.9	30.6	1.76	0.37		150	8.9	113		黄褐土	E 106°49′46.5″ N 32°55′18.0″	99
						Ap	13—22	褐灰色	壤质黏土	块状	5.4	25.5	1.78	0.36								
						G	22—72	青灰色	壤质黏土	块状	5.4	7.6	0.76	0.40								
						C	72—150	灰黄褐色		棱块状	6.4	2.2	0.59	0.32								
剖24	淋溶土	黄褐土	黄褐土	塿土	夹石黄泥	1	0—21				8.3	12.5	1.99	0.75							E 106°45′43.8″ N 32°56′31.4″	78
						2	21—29				8.3	10.4	0.82	0.75								
						3	40—50				8.2	6.4	0.68	0.58								
剖25	人为土	水稻土	潴育水稻土	锈斑泥田	锈斑潴土田	1	0—14	浅棕色	轻壤土	小块状	5.2	15.8	1.23	0.28	18.9				18.6		E 106°59′06.1″ N 32°57′55.8″	96
						2	14—20	暗棕灰色	中壤土	块状	6.0	15.3	1.13	0.26	18.8				20.5			
						3	50—60	灰棕色	中壤土	大块状	5.6	14.3	0.94	0.21	19.7				18.5			
						4	100—131	红棕色	中壤土	块状	6.0	1.4	0.47	0.27	20.6				24.1			
						5	131—140	浅黄褐色	重壤土	块状	6.7	4.1	0.65	0.26	19.5				27.2			
剖26	人为土	水稻土	潴育水稻土	锈斑黄泥田	山地锈斑黄泥田	1	0—14	灰棕色		块状	5.0	34.0	1.98	0.30							E 106°51′45.0″ N 32°54′02.7″	76
						2	14—25	棕色		棱块状	5.6	24.8	1.57	0.22								
						3	30—40				6.1	6.3	0.50	0.19								
						4	90—100				6.0	2.2	0.39									
剖27	人为土	水稻土	潴育水稻土	冲积洪积型潜育水稻土	青泥潴土田	Aa	0—25	暗黄棕色	黏壤土	无明显结构	6.6	14.9	0.69	0.34	18.5				13.3	洪积物	E 106°52′25.6″ N 32°52′56.6″	73
						Ap	25—37	暗黄棕色	黏壤土		6.8	15.2	0.68	0.29	19.1				15.1			
						G_1	37—110	青灰色	壤土	无明显结构	6.9	13.3	0.57	0.31	19.5				14.2			
						G_2	110—150	青灰色	黏壤土	糊状	6.7	15.9	0.71	0.33	19.3				16.9			
剖28	淋溶土	黄棕壤	生草黄棕壤	灰砂黄泥土		1	0—5	黑灰色	轻壤土	粒块状	5.6									花岗片麻岩	E 106°52′20.0″ N 32°51′31.9″	71
						2	5—25	浅黄棕色	轻壤土	团块状	5.4											
						3	25—65	灰棕色	中壤土	棱块状	5.9											
						4	65—100															
剖29	人为土	水稻土	潴育水稻土	青潮泥砂田	青泥潴土田	Aa	0—25	暗黄棕色	黏壤土	碎块状	6.6	14.9	0.69	0.34	90	8.0	110	13.3		冲积物	E 106°58′51.4″ N 32°53′22.8″	97
						Ap	25—37	暗黄棕色	黏壤土	块状	6.8	15.2	0.68	0.29	88	15.0	120	15.1				
						G	37—110	蓝灰色	黏壤土	糊状	6.9	13.3	0.57	0.31	96	14.0	148	14.2				
剖30	淋溶土	黄棕壤	黄棕壤	砂黄泡土		1	0—7	暗黄棕色	砂质壤土	粒状	5.6	35.8	1.15	0.22						花岗片麻岩	E 106°55′41.1″ N 32°45′54.6″	80
						2	7—16	红棕色	轻壤土	粒状	5.2	13.3	0.82	0.45								
剖31	淋溶土	黄棕壤	粗骨性黄棕壤	青石石骨子土		1	0—18	灰黄棕色	壤土	棱状	5.3	18.5		0.62						石灰岩风化物	E 107°06′01.7″ N 33°00′55.2″	96
剖32	人为土	水稻土	淹育水稻土	冲积洪积型淹育水稻土	厚层石底田	Aa	0—18	暗黄棕色	黏壤土	团块状	7.4	13.8	1.15	0.62	57	24.0	88	12.0		冲积物	E 107°02′07.6″ N 32°56′25.2″	81
						Ap	18—28	浅黄棕色	黏壤土	块状	7.8	4.5	0.82	0.58				15.2				
						P	28—85	黄棕色	黏壤土	块状	8.0	2.9	0.23	0.57				11.2				
						C	85—105				8.1		0.14	0.61				6.4				
剖33	淋溶土	黄褐土	黄褐土	红黄泥	夹石黄泥	A	0—21	灰棕色	砂质壤土	团块状	8.2	12.5	0.82	0.75	68	3.3	128			黏质黄土坡积物	E 107°01′06.9″ N 32°50′36.1″	87
						Bt	21—39	黄棕色	壤质黏土	棱块状	8.3	10.4	0.79	0.75								
						BC	39—130	黄棕色	砂质黏土	块状	8.2	6.4	0.52	0.58								
剖34	淋溶土	黄棕壤	黄棕壤	石片黄泥土		1	0—15	灰棕色	中壤土	团块状	5.6										E 107°07′41.0″ N 32°41′19.3″	98
						2	15—25	浅黄棕色	中壤土	团块状	5.7											
剖35	淋溶土	黄棕壤	生草黄棕壤	青石灰泡土		1	0—11				7.8	78.3	4.25	0.54						石灰岩风化物	E 107°08′16.2″ N 32°37′10.9″	85
						2	11—35				7.8	48.7	2.66	0.40								
						3	40—50				8.2	2.2	0.11	0.10								

续表 Continued

剖面号 Soil profile	土纲 Soil order	土类 Soil great group	亚类 Soil subgroup	土属 Soil genus	土种 Soil species	土层码 Layer code	土层厚度 Depth/cm	颜色 Soil color	质地 Soil texture	土壤结构 Soil structure	pH	有机质 OM/(g/kg)	全氮 TN/(g/kg)	全磷 TP/(g/kg)	全钾 TK/(g/kg)	碱解氮 AN/(mg/kg)	有效磷 AP/(mg/kg)	速效钾 AK/(mg/kg)	阳离子交换量CEC/(cmol/kg)	土壤母质 Parent material	剖面点坐标 Profile coordinate	匹配指数 Matching index/%
剖36	淋溶土	黄棕壤	生草黄棕壤	夹石灰黄泡土		1	0—21				6.0	49.1	2.68	0.63	22.3				32.7	坡积物	E 107°14′30.0″ N 32°31′16.6″	80
						2	21—29				6.1	11.2	0.86	0.36	19.7				17.5			
						3	40—50				6.1	7.4	0.53	0.41	22.1				20.8			
剖37	人为土	水稻土	潴育水稻土	锈斑泥砂田	锈斑石底田	1	0—30	灰棕色	轻壤土		4.8	26.9	1.91	0.31							E 107°07′57.3″ N 32°32′24.1″	72
						2	30—57	灰褐色	轻壤土	小块状	6.5	7.5	0.48	0.63								
						3	57—86	灰棕色	轻壤土		6.4	3.6	4.00	0.41								
剖38	淋溶土	黄褐土	粗骨性黄褐土	砂石石骨土		1	0—5	暗棕色	砂壤土	粒状	5.2										E 107°08′37.2″ N 32°32′11.1″	81
						2	5—11	浅棕色	砂壤土	粒状	5.2											
						3	11—75	浅红棕色	砂壤土	粒状	5.4											
剖39	人为土	水稻土	潴育水稻土	青泥田	青泥田	1	0—22	青灰色	重壤土	无明显结构	5.6	30.6	1.76	0.37							E 107°08′24.0″ N 32°31′32.7″	81
						2	40—50	灰褐色	重壤土	无明显结构	5.4	7.6	0.16	0.40								
						3	140—150	灰褐色	重壤土	小块状	6.4	2.2	0.59	<0.10								
剖40	淋溶土	黄褐土	黄褐土	黄泥巴	黄泥巴	1	0—15	棕色	轻黏土	小块状	6.8	16.7	1.12	0.37	19.7				40.2		E 107°09′03.0″ N 32°30′35.6″	82
						2	15—27	暗棕色	轻黏土	块状	7.5	11.0	0.79	0.33	20.2				43.1			
						3	90—100	暗棕色	轻黏土	棱块状	7.3	4.2	0.41	0.31	21.3				43.8			
剖41	淋溶土	黄褐土	粗骨性黄褐土	夹石石骨土		1	0—12				6.4	34.8	1.62	0.28	19.7				18.0		E 107°13′29.6″ N 32°28′44.1″	76
						2	20—30				6.2	20.1	1.43	0.39	19.8				18.1			
						3	75—85				6.4	10.7	0.80	0.34	19.2				14.3			
剖42	淋溶土	黄棕壤	黄棕壤	青石黄泥土		1	0—25	灰棕色	中壤土	块状	7.6									石灰岩风化物	E 107°17′24.6″ N 32°34′36.1″	91
						2	25—40	黄棕色	中壤土	团块状	7.7											
剖43	淋溶土	黄棕壤	黄棕壤	麻骨黄棕壤	中层黄麻泥	1	0—10	灰棕色	砂壤土	粒状	6.5	14.5	0.85							花岗片麻岩风化物	E 107°19′57.3″ N 32°32′56.1″	74
						Bt	10—30	黄褐色	砂质块壤土	小核块状	6.4	9.1	0.52									
						C	30—50	黄褐色	砂质黏壤土	块状	6.6	2.5	0.10									
剖44	人为土	水稻土	潴育水稻土	夹砂青泥田	夹砂青泥田	1	0—22	青灰色	轻壤土	无明显结构	5.6	31.1	1.58	0.60							E 107°15′54.8″ N 32°31′32.8″	71
						2	22—41	青灰色	轻壤土		5.4	20.3	1.00	0.52								
						3	41—150	灰黄色	轻壤土	团块状	6.2	18.7	0.96	0.55								

城 固 县

主要土类说明

黄棕壤是城固县主要土壤类型，占本县地域面积的49%，主要分布在双溪、小河、天明、二里等地的海拔1000m以上的山区。土壤黏粒移动活跃，有明显的黏化现象，但远未形成黏盘。淀积层以棕色为主，但因母质不同而有黄棕色、红棕色等，如发育于花岗岩的黄棕壤呈黄棕色，发育于石灰岩的黄棕壤呈红棕色。该土壤无石灰反应，呈微酸性至酸性，具棱块状或块状结构，结构体表面有暗棕色或黑褐色铁锰胶膜。在黄棕壤发育过程中，由于森林植被破坏严重，草本植物侵入，形成生草黄棕壤，其特点是表层有较厚的腐殖质层。

水稻土是城固县第二大土壤类型，占本县地域面积的22%。在水旱轮作的条件下，氧化还原过程交替进行，土壤中物质、能量的交换与分配的形式不同，形成了水稻土特有的层次结构，包括淹育层、渗育层、潴育层、潜育层等。这些层次的形成和出现不仅是水稻土区别于其他土壤类型的特征，也是水稻土各亚类间相互区分的重要标志之一。在地势较高、地下水位较低、水源不足的丘陵和高阶地，多为淹育水稻土。在地势较低、灌排方便、地下水位较高的地区，多为潴育水稻土。在地势低洼、地下水位高的地区，潜育层在50cm以内土层中出现的，为潜育水稻土。潜育水稻土通过开沟排水，降低地下水位，并进行水旱轮作，潜育层下降到50cm以下或其上仍有潜育层特征残迹的，为脱潜水稻土。由于长期淹灌，加上犁底层或心土层的托水作用，水分下渗困难，虽地下水位较低，地下水与地面水无法相通，但在犁底层和心土层以上形成了潜育层的，为表潜水稻土。

黄褐土是城固县第三大土壤类型，占本县地域面积的11%。由于冬季冻土时间短，水热条件好，微生物基本上处于无休眠状态，土壤风化作用强烈，原生矿物的分解和次生矿物的形成速度加快，使土壤中黏粒增加，加上雨量充足，土壤中的黏粒随下渗水向心土层移动并大量淀积，形成了黄褐土特有的黏盘层。

棕壤占本县地域面积的8%，分布在海拔1800m以上的地区。棕壤是在落叶阔叶林下形成的森林土壤，具有明显的有机质累积层和鲜棕色心土层，黏化作用较弱。表层有较厚的枯枝落叶层，其下的A层一般具团粒状结构，A层以下为心土层。

粗骨土占本县地域面积的6%，零星分布在石质山地的陡坡地段。粗骨土是在岩石风化碎屑上形成的幼年土壤，发育微弱，属于A–C型，甚至（A）–C型土壤。A层发育不明显，与母质土层性状相似，略显有机质累积。有时母质层富含砾石，很少出现剖面分异与发育特征。

石灰（岩）土占本县地域面积的3%。石灰（岩）土是在北亚热带常绿阔叶林和落叶阔叶混交林下形成的厚薄不同的钙质饱和或含游离钙质的土壤，多见于石隙、溶洞或峰丛底部。该土壤碳酸钙淋溶程度不一，多黏土，多为铁钙质胶结物，风化程度不一，盐基饱和度高，有机质含量及胶结状态有较大差异。

小于本县地域面积3%的土壤类型有潮土、暗棕壤、新积土。

本区域中心区气候特征

本区域中心区气候特征值
Regional climate characteristics in central area of the region

气候带：北亚热带湿润气候 Climate region: North subtropical humid climate	
年平均气温 /℃ Annual average temperature /℃	14.1
年平均最高气温 /℃ Annual average maximum temperature /℃	18.9
年平均最低气温 /℃ Annual average minimum temperature /℃	10.3
年降水量 /mm Annual precipitation /mm	787
≥10℃的积温 /℃ Daily temperature accumulated in a year (≥10℃) /℃	5621
年日照时数 /h Annual sunshine /h	1619
年平均相对湿度 /% Annual average relative humidity /%	77
干燥度 Dryness	1.08

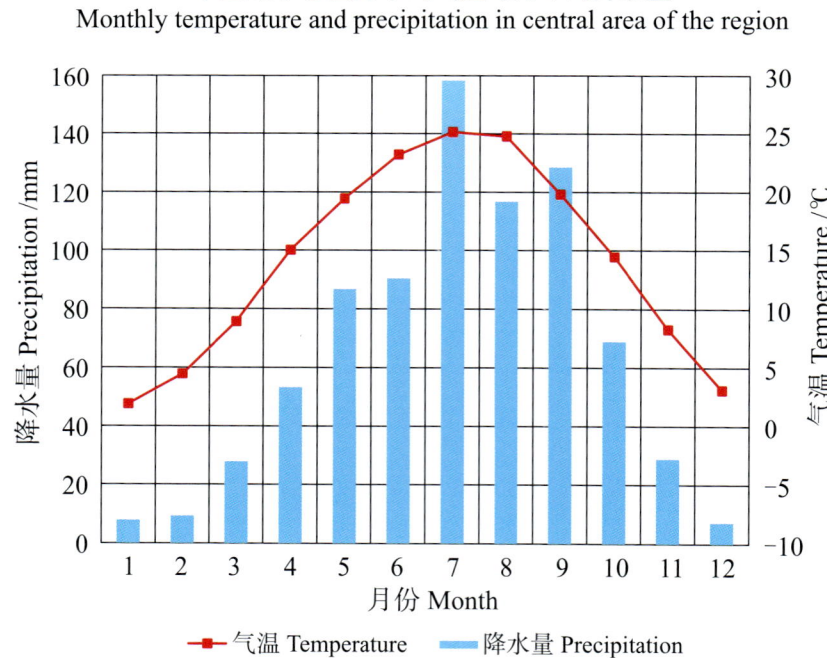

本区域中心区月平均气温与月平均降水量
Monthly temperature and precipitation in central area of the region

城固县主要土壤类型与土壤剖面点分布图
1∶340 000

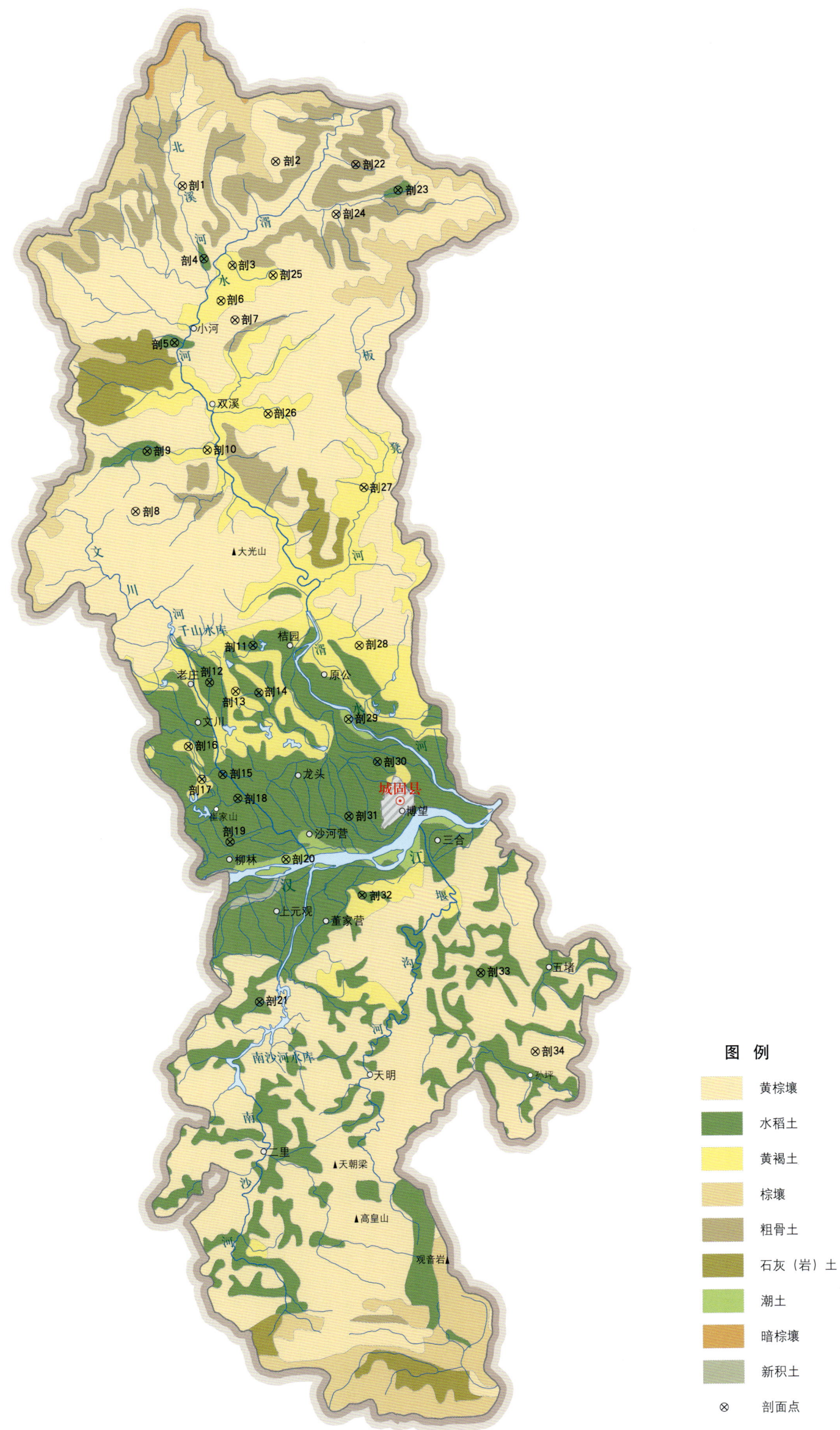

城固县土壤剖面理化性状表

剖面号 Soil profile	土纲 Soil order	土类 Soil great group	亚类 Soil subgroup	土属 Soil genus	土种 Soil species	土层码 Layer code	土层厚度 Depth/cm	颜色 Soil color	质地 Soil texture	土壤结构 Soil structure	pH	有机质 OM/(g/kg)	全氮 TN/(g/kg)	全磷 TP/(g/kg)	全钾 TK/(g/kg)	碱解氮 AN/(mg/kg)	有效磷 AP/(mg/kg)	速效钾 AK/(mg/kg)	阳离子交换量CEC/(cmol/kg)	土壤母质 Parent material	剖面点坐标 Profile coordinate	匹配指数 Matching index,%
剖1	淋溶土	黄棕壤	黄棕壤	石片黄泡土		1	0–3	褐色	重壤土	团粒状	5.8	51.3	2.93	0.71						页岩、片岩、千枚岩	E 107°10′04.7″ N 33°33′43.6″	71
						2	3–15	黄褐色	中壤土	团块状	5.9	47.0	3.29	0.66								
						3	15–65	黄棕色	中壤土	棱块状	5.7		>6.00	0.76	1.3							
						4	65–115	灰褐色	轻壤土	粒状	6.9	8.6	3.03	0.34	17.8				16.7			
剖2	淋溶土	黄棕壤	生草黄棕壤	灰砂黄泡土		1	10–15	黄褐色	中壤土	团粒状	6.6	53.1	2.20	0.34	18.8				15.1		E 107°14′32.4″ N 33°34′35.9″	73
						2	15–31	黄褐色	轻壤土	块状	5.3	37.5	1.19	0.31	19.2				13.5			
						3	31–58	黄棕色	轻壤土	块状	5.3	17.2	0.32	0.18	18.3				8.0			
剖3	淋溶土	黄褐土	黄褐土	黄泥巴	料姜黄泥巴	A	0–20	灰黄棕色	壤质黏土	块状	8.1	7.6	0.48	0.53	26.1				27.9	第四纪红棕色黏质黄土	E 107°12′22.1″ N 33°30′33.0″	74
						Bt	20–70	黄褐色	壤质黏土	块状	8.2	2.6	0.38	0.61	24.8				26.3			
						C	70–105	红棕色	壤质黏土	棱块状	7.5	1.8	0.49	0.48	23.2				22.8			
剖4	人为土	水稻土	潴育水稻土	锈斑泥砂田	锈斑墡土	1	0–18	暗黄褐色	中壤土	块状	7.8	34.6	4.52	0.98	16.1						E 107°11′01.1″ N 33°30′50.3″	74
						2	18–25	暗褐色	中壤土	棱块状	6.9	16.6	2.74	1.34	26.2							
						3	25–57	黄褐色	中壤土	棱块状	7.5	18.3	1.08	3.07	34.6							
						4	57–87	黄棕色	中壤土	棱块状	7.8	3.2	0.41	2.68	25.7							
						5	87–150	黄灰色	中壤土	棱块状	7.8	5.0	0.78	0.42	24.1							
剖5	人为土	水稻土	潴育水稻土	冲积洪积型潴育水稻土	锈砂田	Aa	0–20	暗黄棕色	砂壤土	小团块状	6.9	13.4	0.68	0.85	12.0				12.9	洪冲积物	E 107°09′30.9″ N 33°27′33.8″	72
						Ap	20–30	块状、粒状	砂壤土	块状、粒状	7.1	17.2	1.04	1.00	11.6				3.8			
						W₁	30–58	浅黄棕色	砂壤土	块状、粒状	7.1	15.7	1.09	1.27	13.4				5.5			
						W₂	58–80	浅黄棕色	砂壤土	块状、粒状	7.2	5.2	0.36	0.62	14.4				3.4			
						C	80–120	黄灰色	砂土	粒状												
剖6	淋溶土	黄褐土	黄褐土	红胶泥		1	0–10	暗褐色	重壤土	团块状	7.5	15.3	1.19	0.61	22.1				24.1		E 107°11′46.8″ N 33°29′10.3″	85
						2	10–50	棕褐色	轻壤土	棱块状	7.4	13.3	1.91	0.41	23.6				21.8			
						3	50–95	棕褐色	重壤土	棱块状	7.1	19.4	1.96	0.54	28.8				28.5			
剖7	淋溶土	黄棕壤	生草黄棕壤	石片灰黄泡土		1	4–44	褐中色	中壤土	团粒状	5.9	33.6	1.24	0.17						页岩、片岩、千枚岩	E 107°12′25.1″ N 33°28′24.8″	95
						2	44–70	红棕色	重壤土	块状	5.4	36.2	0.75	0.45								
						3	70–100	黄棕色	砂壤土	粒状	5.6	18.9	0.65									
剖8	淋溶土	黄棕壤	生草黄棕壤	夹石灰黄泡土		1	0–3				5.6	90.4	3.97							坡积物	E 107°07′28.3″ N 33°20′57.3″	89
						2	3–25	暗褐色	中壤土	团粒状	6.0	39.0	1.66	0.48								
						3	25–45	棕褐色	中壤土	小团状	5.9	29.5	0.92	0.43								
						4	45–60	棕褐色	轻壤土	小块状	6.2	16.6	0.63	0.29								
剖9	人为土	水稻土	脱潜水稻土	起旱泥砂田	起旱夹砂青泥砂	1	0–15	黄褐色	中壤土	团块状	6.7	23.1	1.28	0.37							E 107°11′05.5″ N 33°23′18.1″	84
						2	15–25	灰褐色	中壤土	块状	6.7	19.8	1.98	0.36								
						3	25–	灰白色	中壤土	粒状	5.3	12.1	0.60	0.24								
剖10	淋溶土	黄褐土	黄褐土	黄泥巴	血斑黄泥巴	1	0–16	灰黄色	黏土	粒状	6.9	7.1	0.27	0.57					<2.0		E 107°10′56.8″ N 33°23′17.7″	89
						2	16–75	浅黄棕色	黏土	棱块状	7.8	1.8	0.72	0.39	21.1				7.0			
						3	75–	黄褐色	重壤土	棱块状	8.0	3.3	0.71		23.0				6.8			
剖11	人为土	水稻土	潴育水稻土	锈斑泥砂田	锈斑泥砂田	1	0–17	灰黄色	重壤土	块状	5.7	26.7	1.19	0.29					3.7		E 107°12′52.1″ N 33°15′33.7″	90
						2	17–26	灰黄色	轻壤土	棱块状	6.2	25.1	1.12	0.20	22.2							
						3	26–50	灰黄色	轻壤土	块状	6.2	24.7	1.10	0.31	26.1							
						4	50–	黄灰色	重壤土	棱块状	5.0	5.8	0.75	0.37								

续表 Continued

剖面号 Soil profile	土纲 Soil order	土类 Soil great group	亚类 Soil subgroup	土属 Soil genus	土种 Soil species	土层码 Layer code	土层厚度 Depth/cm	颜色 Soil color	质地 Soil texture	土壤结构 Soil structure	pH	有机质 OM/(g/kg)	全氮 TN/(g/kg)	全磷 TP/(g/kg)	全钾 TK/(g/kg)	碱解氮 AN/(mg/kg)	有效磷 AP/(mg/kg)	速效钾 AK/(mg/kg)	阳离子交换量CEC/(cmol/kg)	土壤母质 Parent material	剖面点坐标 Profile coordinate	匹配指数 Matching index/%
剖12	人为土	水稻土	潴育水稻土	冲积洪积型潴育水稻土	锈砂底田	Aa	0—17	暗棕褐色	黏壤土	团块状	5.7	16.2	1.10	0.59	18.1	131	2.0	168	10.7	洪冲积物	E 107°10′46.3″ N 33°14′08.6″	77
						Ap	17—26	灰棕褐色	黏壤土	块状	6.6	14.1	1.04	0.57	22.2				12.7			
						W	26—80	灰黄棕色	砂黄棕土	小块状	7.1	4.9	0.58	0.60	21.4				9.0			
						C	80—120	浅黄棕色	砂土	粒状	7.2	2.7	0.14	0.49	19.7				2.4			
剖13	淋溶土	黄褐土	黄褐土	黄胶泥		1	0—5	棕褐色	重壤土	块状	7.0	21.8	1.31	0.20							E 107°11′59.6″ N 33°13′46.7″	93
						2	5—13	褐黄色	轻壤土	块状	7.4	9.3	1.19	0.41								
						3	13—34	棕黄色	砂壤土	小块状	7.4	4.9	0.27	0.23								
						4	34—	褐棕色	砂壤土	块状	7.5		0.14	0.47								
剖14	人为土	水稻土	潴育水稻土	黄泥田	死黄泥田	1	0—18	黄褐色	中壤土	块状、粒状	6.2	17.2	0.72	0.45							E 107°13′05.9″ N 33°13′41.5″	76
						2	18—25	灰黄色	中壤土	块状	7.0	6.8	0.68	0.28								
						3	25—55	棕黄色	重壤土	棱块状	7.1	2.5	0.44	0.34								
						4	55—	棕褐色	轻壤土	棱块状	7.2	4.7	0.50									
剖15	人为土	水稻土	潴育水稻土	黄泥田	黄泥田	1	0—13	浅灰色	中壤土	块状		19.5	>6.00	0.39	26.4				15.0		E 107°11′16.8″ N 33°10′31.0″	94
						2	13—100	灰黄色	重壤土	块状		6.6	0.15	0.41	19.3				19.8			
						3	100—	红褐色	重壤土	棱块状												
剖16	淋溶土	黄褐土	生草黄褐土	灰红胶泥		1	0—2	灰黄色	重壤土	团块状	7.5	41.6	1.68	0.27							E 107°09′41.4″ N 33°11′39.4″	85
						2	2—20	棕褐色	中壤土	块状	7.3	40.5	1.51	0.18								
						3	20—32	红褐色	中壤土	块状	7.6	18.2	0.52	0.20								
						4	32—39	棕褐色	重壤土	棱块状	8.0	18.5	0.67	0.26								
						5	39—150	黄褐色	重壤土	小块状	8.1	6.0	0.15	0.28								
剖17	淋溶土	黄褐土	黄褐土性砂石渣土	黄褐土性砂石渣土		1	0—8	灰黄色	砂壤土	粒状	6.2	22.3	0.89	1.31	18.0				10.9	黄褐土	E 107°10′16.5″ N 33°10′21.0″	79
						2	8—14	灰黄色	砂土	粒状	6.2	123.2	>6.00	0.18	3.8							
剖18	人为土	水稻土	脱潜水稻土	起旱青泥田	起旱青泥田	1	0—20	灰黄色	重壤土	块状	7.3	14.5	0.75	0.65					15.6		E 107°11′57.9″ N 33°09′33.9″	94
						2	20—31	褐黄色	中壤土	无明显结构	6.5	13.0	0.88	0.73					14.1			
						3	31—60	青灰色	中壤土	无明显结构	7.2	5.4	0.31	1.20					13.4			
						4	60—	灰黄色	中壤土	块状	6.8	5.4	0.30	1.02					14.0			
剖19	人为土	水稻土	潴育水稻土	锈斑黄泥田	锈斑黄泥田	1	0—22	暗黄色	中壤土	小块状	5.8	16.8	2.00	0.42	26.8				13.0		E 107°11′32.2″ N 33°07′51.8″	86
						2	22—32	棕黄色	中壤土	块状	6.9	9.3	0.18	0.38	21.2				12.8			
						3	32—115	黄褐色	中壤土	块状	7.1	4.6	0.43	0.44	22.3				17.8			
						4	115—150	黄褐色	重壤土	棱块状	7.3	8.2	0.25		21.3				18.3			
剖20	半成土	潮土	潮土	潮砂土		1	0—30	浅黄棕色	砂壤土	团块状	8.1	5.3	1.81	0.33						冲积物	E 107°14′09.7″ N 33°07′07.1″	84
						2	30—	灰黄色	中壤土	无明显结构	6.8	>6.00	0.68	0.14								
剖21	人为土	水稻土	潴育水稻土	锈斑泥质田	锈斑泥质田	1	0—20	青灰色	重壤土	棱块状	6.8	29.6	2.01	0.40	16.4	122	6.0	160			E 107°12′43.3″ N 33°01′30.3″	88
						2	20—28	浅黄色	重壤土	块状	6.5	27.5	2.10	0.38	13.8	80	3.0	90				
						3	28—75	灰黄色	重壤土	棱块状	7.3	12.4	0.75									
						4	75—100	黄褐色	重壤土	块状	7.7	13.2	3.43									
						5	100—	油棕褐色	壤质黏土	粒状	7.0	21.8	1.31	0.46								
剖22	初育土	粗骨土	中性粗骨土	石渣土	灰色石渣土	A	0—13	浅棕灰色	壤质黏土	块状	7.4	9.3	0.89	0.41					25.5	泥质页岩风化残积物	E 107°18′21.0″ N 33°34′24.2″	86
						AC	13—34	黄褐色	轻黏土	无明显结构	7.0	33.7	1.93	0.48	24.9							
						C	34—	青灰色	轻黏土	无明显结构	8.0	27.7	1.87	0.58	24.8							
剖23	人为土	水稻土	潴育水稻土	青泥田	青泥田	1	0—17	暗灰色	轻黏土	无明显结构	6.2	16.3	1.35	0.45	25.2				5.9		E 107°20′19.9″ N 33°33′21.1″	100
						2	17—28	灰黄色	轻壤土	团粒状	6.2	95.9	5.05	0.83	23.2							
						3a	28—80	棕褐色	轻壤土	团块状	5.4	39.2	1.86	0.73	21.1				26.2			
剖24	淋溶土	黄棕壤	黄棕壤	夹石黄泡土		1	0—3													坡积物	E 107°17′21.4″ N 33°32′27.7″	81
						2	3—20															
						3	20—100	红棕色	轻壤土	小块状	5.7	26.1	2.16	0.89	23.8							

续表 Continued

剖面号 Soil profile	土纲 Soil order	土类 Soil great group	亚类 Soil subgroup	土属 Soil genus	土种 Soil species	土层码 Layer code	土层厚度 Depth/cm	颜色 Soil color	质地 Soil texture	土壤结构 Soil structure	pH	有机质 OM/(g/kg)	全氮 TN/(g/kg)	全磷 TP/(g/kg)	全钾 TK/(g/kg)	碱解氮 AN/(mg/kg)	有效磷 AP/(mg/kg)	速效钾 AK/(mg/kg)	阳离子交换量CEC/(cmol/kg)	土壤母质 Parent material	剖面点坐标 Profile coordinate	匹配指数 Matching index/%
剖25	淋溶土	黄褐土	黄褐土	黄泥巴	死黄泥	1	0—16	灰黄棕色	轻黏土	团粒状	7.3	6.4	0.73	0.50	25.0				20.4		E 107°14′17.7″ N 33°30′06.8″	94
						2	16—26	黄褐色	重壤土	棱块状	7.0	3.0	0.44	0.40	25.5				20.8			
						3	26—100	黄褐色	轻黏土	块状	7.0	2.4	0.18	0.27	25.5				23.3			
剖26	淋溶土	黄褐土	黄褐土	黄砂泥	中层黄砂泥	1	0—15	黄灰色	轻壤土	团粒状	6.3	15.4	0.71	0.22							E 107°13′52.7″ N 33°24′39.6″	90
						2	15—43	黄棕色	中壤土	块状	6.0	10.3	0.88	0.20								
						3	43—60	黄褐色	中壤土	块状	6.1	9.2	1.34	0.21								
剖27	淋溶土	黄褐土	黄褐土	墡土	黄墡土	1	0—16	浅黄褐色	中壤土	块状		9.4	0.82	0.63							E 107°18′19.9″ N 33°21′40.0″	93
						2	16—27	褐黄色	中壤土	块状		8.0	0.81	0.61								
						3	27—105	黄褐色	重壤土	棱块状		3.9	0.91	0.61								
						4	105—					4.2	1.08	0.52								
剖28	淋溶土	黄褐土	黄褐土	黄泥巴		1	0—20	黄褐色	中壤土	团粒状	7.6	12.9	0.97	0.70							E 107°17′55.1″ N 33°15′27.0″	92
						2	20—27	黄褐色	中壤土	块状	7.4	9.7	1.04	0.69								
						3	27—53	黄褐色	中壤土	棱块状	7.1	3.9	0.75	0.41								
						4	53—82	棕褐色	中壤土	棱块状	7.2	4.7	0.73	0.43								
						5	82—180	黄褐色	重壤土	棱块状	7.3	4.3	0.84	0.34								
剖29	半水成土	潮土	湿潮土	湿潮土	湿潮砂土	1	0—21	灰黄色	砂壤土	无明显结构	6.6	8.6	2.16	<0.10	17.2				6.5	冲积物	E 107°17′18.1″ N 33°12′33.1″	92
						2	21—34	灰黄色	砂壤土	无明显结构	7.1	8.2	0.81	0.96	19.6				7.8			
						3	34—67	灰黄色	轻壤土	团块状	7.4	5.6	0.81	0.88	18.7				14.1			
						4	67—	青灰色	中壤土	无明显结构	8.0	<1.0	0.79		15.2				4.0			
剖30	人为土	水稻土	潴育水稻土	锈斑泥砂田	锈斑砂泥田	1	0—20	暗褐色	砂壤土	团块状	6.9	14.9	0.75	0.94					14.4		E 107°18′37.5″ N 33°10′51.8″	95
						2	20—30	黄褐色	轻壤土	小块状	7.1	9.8	1.11	1.52	16.4				4.2			
						3	30—50	褐灰色	砂壤土	棱块状	7.1	15.7	1.70	1.27	20.0				5.5			
						4	50—90	暗灰色	轻壤土	棱块状	7.3	6.9	0.48	0.79	18.1				4.5			
						5	90—120	浅黄色	砂壤土	无明显结构	7.3	17.2	1.02	<0.10	18.0				3.5			
剖31	人为土	水稻土	潴育水稻土	夹砂青泥田	夹砂青泥田	1	0—15	灰褐色	砂壤土	无明显结构	6.0	30.3	2.22	0.71	18.8				3.7		E 107°17′12.2″ N 33°08′44.4″	82
						2	15—25	黄褐色	中壤土	块状	6.4	32.2	1.94	0.39	19.5				3.2			
						3	25—	蓝灰色	轻壤土	块状	6.0	12.9	>6.00	0.41					7.3			
剖32	人为土	水稻土	潴育水稻土	泥砂田	泥砂田	1	0—11	暗褐色	轻壤土	块状	6.1	11.0	3.50	0.34							E 107°17′43.6″ N 33°05′37.2″	81
						2	11—23	黄褐色	中壤土	块状	5.9	10.3	1.37	0.36								
						3	23—62	褐色	中壤土	块状	6.8	4.4	1.00	0.34								
						4	62—	褐黄色	重壤土	棱块状	6.8	2.6	0.75	0.41								
剖33	人为土	水稻土	脱潴水稻土	表潜黄泥田	表潜黄泥田	1	0—17	暗褐色	中壤土	团粒状	7.0	14.0	4.81	0.44	21.7				16.2		E 107°23′13.9″ N 33°02′24.7″	79
						2	17—32	青灰色	中壤土	无明显结构	7.2	11.2	1.70	<0.10	19.9				16.1			
						3	32—55	黄褐色	中壤土	棱块状	7.5	2.9	0.42	<0.10	19.6				15.6			
						4	55—90	黄棕色	中壤土	块状	7.3	2.6	1.62	0.43	24.3				15.1			
剖34	淋溶土	黄棕壤	黄棕壤	砂黄泡土		1	0—3	黄褐色	轻壤土	团粒状		95.5	2.01	0.32						花岗片麻岩	E 107°25′41.4″ N 32°59′14.6″	75
						2	3—9	黄褐色	轻壤土	团粒状	4.9	103.9	0.93	0.33								
						3	9—30	黄棕色	轻壤土		5.0											

洋 县

主要土类说明

黄褐土是洋县主要土壤类型，占本县地域面积的 41%。黄褐土是在暖湿气候条件和常绿阔叶林、落叶阔叶林植被条件下形成的地带性土壤，分布在丘陵浅山和高阶地，具 A-B-C 或 A-Bt-C 剖面构型。成土母质为黄土状母质和黏黄土。成土过程主要包括强烈的黏化过程、中度淋溶过程、腐殖质化过程及弱度脱硅富铝化过程。该土壤土体中游离碳酸钙已不复存在，土壤呈灰黄棕色，在底部可散见圆形石灰结核。土壤黏化淀积明显，B 层黏聚，黏粒硅铝率在 3.0 左右，盐基饱和度由表层向底层逐渐趋向饱和。

黄棕壤是洋县第二大土壤类型，占本县地域面积的 25%。黄棕壤是本县重要的地带性土壤，分布在海拔 600—1500m 的山区。由于黄棕壤分布在亚热带北缘，雨量充足，湿度较大，温度较高，因此其性状具有明显的过渡性。由于水热条件较好，淋溶作用强烈，土壤黏粒移动活跃，有明显的黏化现象，在黏粒形成和移动的过程中，铁、锰等新生物发生淋溶沉积并包被于土粒表面，使淀积层呈黄棕色。因成土母质不同，淀积层颜色也有所不同，如发育于花岗岩的黄棕壤呈黄棕色，发育于石灰岩的黄棕壤呈红棕色。该土壤一般无石灰反应，呈中性至微酸性，具棱块状或块状结构，结构体表面有暗棕色或黑褐色铁锰胶膜。

棕壤是洋县第三大土壤类型，占本县地域面积的 18%，主要分布在海拔 1700—2300m 的秦岭中山区。棕壤是发生于暖温带阔叶林和针阔叶混交林下的地带性土壤，具有较明显的黏化过程、淋溶过程和较强的生物循环过程。在森林残落物覆盖下，棕壤表层湿润而下层水分较少，铁、锰在表层发生还原并下移至下层，在下层发生氧化淀积，以棕色胶膜包被于土粒表面，使土体呈棕色，特别是鲜棕色心土层较为明显，黏粒有明显的聚积，多具棱块状结构。

水稻土占本县地域面积的 11%，是本县主要的农业土壤。水稻土主要分布在海拔 1100m 以下且有水源的地区，其中位于平坝区的水稻土约占本县水稻土总面积的 80%，位于丘陵、山区的水稻土仅占 20% 左右。水稻土是在长期的季节性淹灌、水下翻耕、季节性脱水、氧化还原交替影响下，原来的成土母质或母土的特性发生重大改变，形成的新的土壤类型。由于氧化还原过程交替进行，土壤中物质、能量的交换与分配的形式不同，形成了水稻土特有的层次结构，包括淹育层、渗育层、潴育层、潜育层等。本县水稻土分为淹育型、潴育型、潜育型、表潜型、脱潜型等亚类。

小于本县地域面积 3% 的土壤类型有暗棕壤、新积土、潮土。

本区域中心区气候特征

本区域中心区气候特征值
Regional climate characteristics in central area of the region

气候带：暖温带亚湿润气候 Climate region: Warm temperate subhumid climate	
年平均气温 /℃ Annual average temperature /℃	13.9
年平均最高气温 /℃ Annual average maximum temperature /℃	18.9
年平均最低气温 /℃ Annual average minimum temperature /℃	10.0
年降水量 /mm Annual precipitation /mm	789
≥10℃的积温 /℃ Daily temperature accumulated in a year（≥10℃）/℃	6296
年日照时数 /h Annual sunshine /h	1610
年平均相对湿度 /% Annual average relative humidity /%	75
干燥度 Dryness	1.12

本区域中心区月平均气温与月平均降水量
Monthly temperature and precipitation in central area of the region

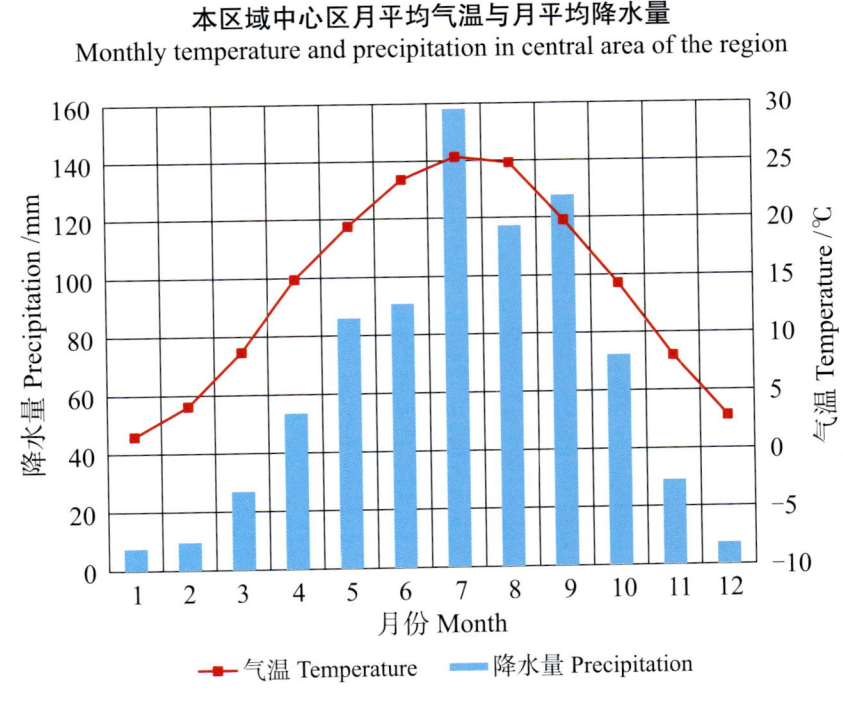

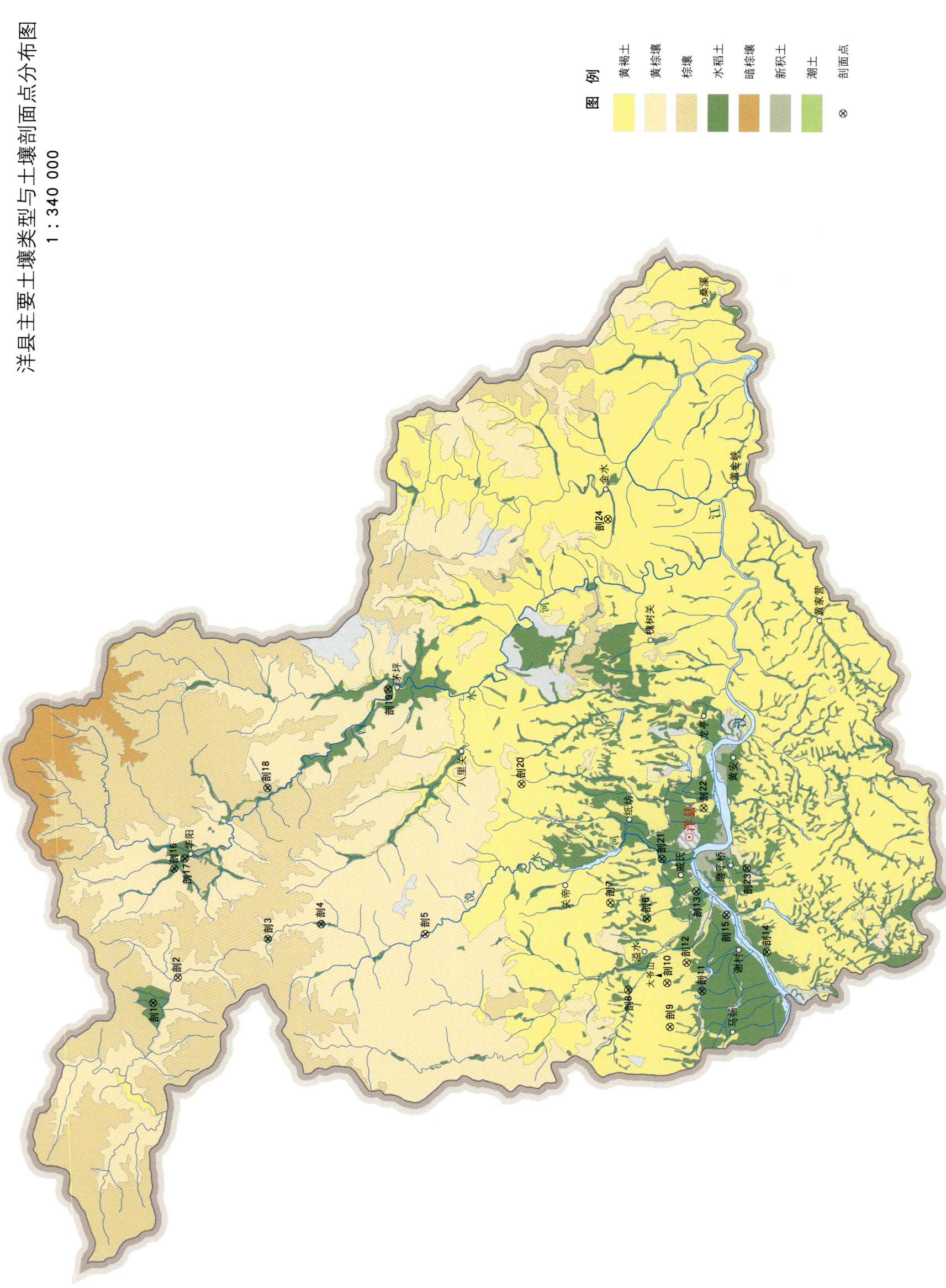

洋县土壤剖面理化性状表

剖面号 Soil profile	土纲 Soil order	土类 Soil great group	亚类 Soil subgroup	土属 Soil genus	土种 Soil species	土层码 Layer code	土层厚度 Depth/cm	颜色 Soil color	质地 Soil texture	土壤结构 Soil structure	pH	有机质 OM/(g/kg)	全氮 TN/(g/kg)	全磷 TP/(g/kg)	全钾 TK/(g/kg)	碱解氮 AN/(mg/kg)	有效磷 AP/(mg/kg)	速效钾 AK/(mg/kg)	阳离子交换量 CEC/(cmol/kg)	土壤母质 Parent material	剖面点坐标 Profile coordinate	匹配指数 Matching index/%
剖1	人为土	水稻土	淹育水稻土	泥砂田	塝田	1	0–15	棕色	中壤土	小块状	5.8										E 107°24′30.9″ N 33°37′06.6″	75
						2	15–31	棕色	中壤土	小块状	7.5											
						3	31–71	棕色	轻壤土	小块状	6.8											
						4	71–150	红棕色	中壤土	小块状	<4.5											
剖2	淋溶土	黄棕壤	黄棕壤性土	麻骨石黄棕壤性土	润麻石黄土	O	0–5	棕色				6.6	123.2								花岗片麻岩风化物	E 107°25′50.6″ N 33°36′00.1″	74
						Ao	5–9					6.1	24.1	0.98			46	6.0	193				
						A	9–14	灰黄棕色	粉砂质壤土	粒状	6.5	7.2	0.46									
						[B]	14–55	黄棕色		屑粒状	6.2	4.8	0.38									
						C	55–100	黄棕色	砂壤土													
剖3	人为土	水稻土	淹育水稻土	泥砂田	泥质田	1	0–18	暗棕色	中壤土	小块状		16.9	0.98	1.10	15.9				25.4		E 107°27′46.9″ N 33°32′00.7″	76
						2	18–28	暗棕色	中壤土	小块状		11.1	0.71	1.04	14.0				24.5			
						3	28–75	栗色	中壤土	块状		5.8	0.55	1.18	15.1				22.4			
						4	75–95	暗黄棕色	重壤土	块状		5.7	0.65	0.34	19.7				27.4			
						5	95–150	棕色	重壤土	块状		6.2	0.54	0.43	18.7				24.8			
剖4	人为土	水稻土	潴育水稻土	锈斑泥砂田	锈斑石底田	1	0–16	灰黄棕灰色	轻壤土	粒状	6.0	25.3							18.8		E 107°28′30.2″ N 33°29′39.2″	77
						2	16–25	暗棕色	中壤土	小块状	7.0	20.1							20.1			
						3	25–43	栗色	中壤土	小块状	7.0	10.1							17.6			
						4	43–50	暗黄棕色	中壤土	片状	7.0	5.9							13.8			
						5	50–150	黑棕色	砂壤土		7.0	5.4										
剖5	淋溶土	黄棕壤	黄棕壤	砂黄泡田		1	0–13	灰棕色	砂壤土	粒状	5.0	34.4	1.86	0.59	17.8					花岗片麻岩	E 107°27′53.1″ N 33°25′05.0″	96
						2	13–35	褐色	中壤土	粒状	5.5	14.4	0.34	0.21	16.2							
						3	35–59	浅棕黄色	中壤土	粒状	5.5	6.9	0.31	0.28	18.8							
						4	59–150	暗黄棕色	中壤土	粒状	5.5	4.6	0.57	0.50	20.7							
剖6	人为土	水稻土	淹育水稻土	黄泥田	死黄泥田	1	0–15	棕色	重壤土	小块状	6.9	14.6		0.44							E 107°28′31.2″ N 33°15′17.7″	92
						2	15–30	暗棕色	中壤土	大块状	7.8	9.2	0.77	0.44								
						3	30–150	暗黄棕色	重壤土	团块状	7.6	4.9	0.54	0.47								
剖7	淋溶土	黄褐土	黄褐土	黄泥巴	死黄泥	1	0–20	暗红棕色	轻黏土	小块状	8.4										E 107°29′23.6″ N 33°16′54.2″	74
						2	20–95	暗红棕色	重黏土	块状	7.8											
						3	95–128	浅黄棕色	中壤土	块状	7.9											
						4	128–150	浅黄棕色	重黏土	小块状	8.4											
剖8	淋溶土	黄褐土	黄褐土	黄泥巴	血斑黄泥巴	1	0–17	红棕色	壤质黏土	块状	8.4	7.2	0.81	0.54	23.1				25.1		E 107°24′49.3″ N 33°16′11.1″	76
						2	17–36	红棕色	壤质黏土	块状	8.4	1.7	0.51	0.53	25.1				25.7			
						3	36–96	棕色	黏土	棱块状	8.5	1.6	0.40	0.60	24.2				22.1			
						4	96–150	黄灰棕色	重黏土	棱块状	8.3	1.7	0.43	0.50	25.9				21.2			
剖9	淋溶土	黄褐土	黄褐土	红黄泥	料姜红黄泥	A	0–17	黄褐色	黏土	块状	8.4	6.1	0.45	0.26		30	3.0	142		坡积黏黄土	E 107°22′52.1″ N 33°14′21.4″	85
						Bt₁	17–50	黄褐色	黏土	块状	8.4	1.9	0.32	0.17								
						Bt₂	50–96	棕色	重黏土	小块状	8.2	2.0	0.40	0.22								
						C	96–150	棕色	重黏土	块状	8.1	2.2	0.27	0.31								
剖10	淋溶土	黄褐土	黄褐土	塝土	料姜红黄泥	1	0–17	棕色	重壤土	块状	8.3	7.0	0.52	0.32							E 107°25′09.6″ N 33°14′27.4″	85
						2	17–50	浅棕色	重壤土	块状	8.4	2.5	0.43	0.23								
						3	50–96	棕色	重壤土	块状	8.2	2.2	0.44	0.27								
						4	96–150	红棕色	重壤土	块状	8.1	2.4	0.30	0.30								

续表 Continued

剖面号 Soil profile	土纲 Soil order	土类 Soil great group	亚类 Soil subgroup	土属 Soil genus	土种 Soil species	土层码 Layer code	土层厚度 Depth/cm	颜色 Soil color	质地 Soil texture	土壤结构 Soil structure	pH	有机质 OM/(g/kg)	全氮 TN/(g/kg)	全磷 TP/(g/kg)	全钾 TK/(g/kg)	碱解氮 AN/(mg/kg)	有效磷 AP/(mg/kg)	速效钾 AK/(mg/kg)	阳离子交换量CEC/(cmol/kg)	土壤母质 Parent material	剖面点坐标 Profile coordinate	匹配指数 Matching index/%
剖11	人为土	水稻土	潴育水稻土	冲积洪积型潴育水稻土	中层锈石底田	Aa	0—16	灰棕色	砂质黏壤土	粒状	6.3	22.0	1.38	0.53	18.8				13.4	洪冲积物	E 107°24′42.1″ N 33°12′55.6″	89
						Ap	16—25	灰棕色	砂质黏壤土	粒状、块状	6.7	17.6	1.13	0.51	21.2				15.5			
						W	25—50	灰黄棕色	砂质壤土	团块状	6.7	6.3	0.53	0.52	20.5				11.1			
						C	50—100	黄棕色	砂土		7.2	6.1	0.30	0.33	15.4				<2.0			
剖12	淋溶土	黄褐土	黄褐土	黄泥巴	血斑黄泥巴	A	0—17	灰黄褐色	壤质黏土	棱块状	8.0	7.2	0.71	0.52	23.2				25.1	第四纪红棕色黏质黄土	E 107°26′12.3″ N 33°13′35.0″	89
						Bt₁	17—36	黄褐色	壤质黏土	棱块状	8.0	5.7	0.51	0.52	25.1				25.7			
						Bt₂	36—96	黄褐色	壤质黏土	棱块状	8.0	4.6	0.40	0.74	24.2				22.1			
						C	96—150	红棕色	壤质黏土	棱块状	9.0	4.7	0.43	0.52	25.9				21.2			
剖13	半水成土	潮土	潮土	潮土	潮泥土	1	0—20	灰棕褐色	中壤土	团粒状	7.0	12.4	1.00	0.69	21.6				9.6	冲积物	E 107°29′54.0″ N 33°13′06.9″	81
						2	20—33	灰棕色	中壤土	小粒状	7.0	8.5	0.91	0.59	22.3				9.6			
						3	33—83	灰棕色	轻壤土	小粒状	8.0	7.3	0.70	0.61	19.9				7.7			
						4	83—150	灰棕褐色	中壤土	块状	8.0	9.5	0.43	0.59	19.2				10.6			
剖14	人为土	水稻土	潴育水稻土	锈斑黄砂泥田	锈斑黄砂田	1	0—12	灰棕褐色	中壤土	粒状	6.0										E 107°26′41.2″ N 33°10′02.6″	78
						2	12—28	暗灰色	中壤土	粒状	7.0											
						3	28—58	暗棕灰色	轻壤土	粒状	6.0											
						4	58—150	棕色	轻砂壤土	块状	6.5											
剖15	初育土	新积土	淤土	淤土	淤泥土	1	0—20	灰黄色	轻壤土	团粒状	8.2			0.80						冲积物	E 107°28′38.6″ N 33°11′47.4″	91
						2	20—30	褐色	中壤土	块状	8.5			0.75								
						3	30—45	浅棕黄色	中壤土	块状	8.5			0.70								
						4	45—70	红棕色	中壤土	棱块状	8.6			0.44								
						5	70—100	红棕色	轻壤土	棱柱状	8.4											
						6	100—150	棕色	轻壤土	棱柱状	8.4											
剖16	人为土	水稻土	脱潜水稻土	起旱泥砂田	起旱青泥挡土田	1	0—24	暗棕色	中壤土	块状	7.2	35.8	2.17	0.53	19.4				12.0		E 107°31′32.9″ N 33°36′05.4″	89
						2	24—34	暗棕色	中壤土	块状	8.2	28.4	2.06	0.41	19.4				9.9			
						3	34—68	暗棕色	中壤土	块状	8.3	9.2	1.73	0.36	21.0				11.0			
						4	68—129	暗棕色	砂土	块状	8.2	6.6	0.62	0.44	22.3				16.5			
剖17	人为土	水稻土	潴育水稻土	锈斑黄泥田	锈斑黄泥田	1	0—25	暗棕色	轻壤土	块状	5.8	34.1	1.92	0.53							E 107°32′03.8″ N 33°35′37.1″	75
						2	25—32	暗棕色	中壤土	棱块状	6.6	23.1	1.41	0.41								
						3	32—55	暗棕色	重壤土	棱柱状	6.7	6.1	0.55	0.36								
						4	55—150	暗棕色	重壤土	棱柱状	7.2	4.1	0.53	0.56								
剖18	半水成土	潮土	潮土	潮土	砂底潮泥土	1	0—18	黄色	轻壤土	粒状	5.5										E 107°35′40.8″ N 33°31′55.2″	93
						2	18—40	栗色	砂壤土	粒状	5.5											
						3	40—62	红棕色	轻壤土	粒状	5.5											
						4	62—80	浅棕黄色	砂土	无明显结构	6.0											
剖19	人为土	水稻土	脱潜水稻土	山地起旱田	黄泥巴	1	0—25	暗棕色	轻壤土	块状	5.5	34.1								冲积物	E 107°32′03.8″ N 33°26′32.3″	93
						2	25—37	暗棕色	轻壤土	块状	5.5											
						3	37—84	棕色	轻壤土	块状	6.0											
						4	84—150	暗红棕色	重壤土	块状	7.8	6.7	0.58	0.30								
剖20	淋溶土	黄褐土	黄褐土	黄泥巴	黄泥巴	2	25—95	棕色	重壤土	块状	8.5	3.0	0.48	0.25					29.7		E 107°35′38.9″ N 33°20′44.0″	94
						3	95—105	红棕色	重壤土	块状	8.4	2.8	0.54	0.42					27.2			
剖21	人为土	水稻土	潴育水稻土	夹砂青泥田	夹砂青泥田	1	0—20	棕灰色	轻壤土	无明显结构	8.1	44.2	2.55	0.99	8.5						E 107°31′37.3″ N 33°14′36.1″	83
						2	20—39	绿灰色	轻壤土	块状	8.4	35.2	1.89	0.98	8.0				27.0			
						3	39—50	青灰色	轻壤土	块状	8.5	30.9	1.86	0.90	7.6							

续表 Continued

剖面号 Soil profile	土纲 Soil order	土类 Soil great group	亚类 Soil subgroup	土属 Soil genus	土种 Soil species	土层码 Layer code	土层厚度 Depth/cm	颜色 Soil color	质地 Soil texture	土壤结构 Soil structure	pH	有机质 OM/(g/kg)	全氮 TN/(g/kg)	全磷 TP/(g/kg)	全钾 TK/(g/kg)	碱解氮 AN/(mg/kg)	有效磷 AP/(mg/kg)	速效钾 AK/(mg/kg)	阳离子交换量CEC/(cmol/kg)	土壤母质 Parent material	剖面点坐标 Profile coordinate	匹配指数 Matching index/%
剖22	淋溶土	黄褐土	黄褐土	墡土	白墡土	1	0—22	暗棕色	轻壤土	团粒状	7.2	14.9	0.98	0.85							E 107°34′13.9″ N 33°12′43.5″	76
						2	22—35	棕色	轻壤土	块状	7.6	6.8	0.65	0.58								
						3	35—67	棕色	轻壤土	块状	7.5	6.1	0.46	0.42								
						4	67—150	暗棕色	重壤土	小块状	7.4	5.2	0.52	0.60								
剖23	人为土	水稻土	淹育水稻土	泥砂田	砂泥田	1	0—17	灰黄色	砂壤土	小团粒状	6.5	17.9	0.94	0.80	21.6				10.7		E 107°31′03.3″ N 33°10′52.1″	86
						2	17—35	棕灰色	轻壤土	粒状	7.5	6.9	0.59	0.75	21.8				9.7			
						3	35—79	灰棕色	轻壤土	粒状	7.5	4.8	0.27	0.55	16.3				9.9			
						4	79—150	紫棕色	轻壤土	柱状	7.5	4.1	0.28	0.48	18.9				13.6			
剖24	淋溶土	黄褐土	生草黄褐土	灰夹石黄泥		1	0—15	暗棕灰色	轻壤土	粒状	8.0										E 107°49′17.5″ N 33°16′42.3″	90
						2	15—33	棕色	中壤土	粒状	8.0											
						3	33—45	浅棕色	中壤土	粒状	8.0											
						4	45—90	浅棕色	轻壤土	小块状	8.0											

西 乡 县

主要土类说明

黄棕壤是西乡县的主要土壤类型，占本县地域面积的55%。黄棕壤主要分布在大河、高川等地的海拔900—1100m的低山区，气候条件与黄褐土区类似，但气温较低，雨量较大。自然植被为落叶阔叶林和针阔叶混交林，也有纯马尾松林、竹林等。黄棕壤有明显的黏化层，但无黏盘，土质较松，土层基本色调以棕色为主。由于淋洗作用强烈，全剖面无石灰反应，土壤呈微酸性至酸性，铁锰发生淋溶淀积并形成胶膜，但未出现铁锰结核层。

粗骨土是西乡县第二大土壤类型，占本县地域面积的13%，零星分布在石质山地的陡坡地段。粗骨土是在岩石风化碎屑上形成的幼年土壤，发育微弱，属于A–C型，甚至（A）–C型土壤。A层发育不明显，与母质土层性状相似，略显有机质累积。有时母质层富含砾石，很少出现剖面分异与发育特征。

水稻土是西乡县第三大土壤类型，占本县地域面积的12%，多分布在河流阶地及丘陵山区。水稻土是在长期的季节性淹灌、水下翻耕、季节性脱水、氧化还原交替影响下，原来的成土母质或母土的特性发生重大改变，形成的新的土壤类型。本县水稻土中，潴育水稻土占本土类面积的54%，发育于地下水位较高、灌溉排水条件较好、种植历史较长的地区，受灌溉水和地下潴积水的双重影响，潜育层下有明显的潴育层。

石灰（岩）土占本县地域面积的6%。石灰（岩）土是在北亚热带常绿阔叶林和落叶阔叶混交林下形成的厚薄不同的钙质饱和或含游离钙质的土壤，多见于石隙、溶洞或峰丛底部。该土壤碳酸钙淋溶程度不一，多黏土，多为铁钙质胶结物，风化程度不一，盐基饱和度高，有机质含量及胶结状态有较大差异。石灰（岩）土所处地形往往比较陡峭，侵蚀严重，土壤发育微弱，剖面分化不明显，具有较强的石灰反应。

棕壤占本县地域面积的6%，分布在海拔1800m以上的地区。棕壤分布海拔较高，降水量大，气温低，具有明显的有机质累积层和鲜棕色心土层，黏化作用较弱。表层有较厚的枯枝落叶层，其下的A层一般具团粒状结构，A层以下为心土层。

黄褐土占本县地域面积的5%。黄褐土是亚热带黄壤向暖温带褐土过渡的地带性土壤，同时具有黄壤和褐土的特点。黄褐土具有黏化过程，且黏化程度比褐土高，并常具有黏重的黏盘层和铁锰淀积层，土壤呈中性至微酸性。

小于本县地域面积3%的土壤类型有石质土、紫色土、潮土、山地草甸土、红黏土。

本区域中心区气候特征

本区域中心区气候特征值
Regional climate characteristics in central area of the region

气候带：北亚热带湿润气候 Climate region: North subtropical humid climate	
年平均气温 /℃ Annual average temperature /℃	14.6
年平均最高气温 /℃ Annual average maximum temperature /℃	19.4
年平均最低气温 /℃ Annual average minimum temperature /℃	10.8
年降水量 /mm Annual precipitation /mm	980
≥10℃的积温 /℃ Daily temperature accumulated in a year (≥10℃) /℃	5747
年日照时数 /h Annual sunshine /h	1489
年平均相对湿度 /% Annual average relative humidity /%	76
干燥度 Dryness	1.01

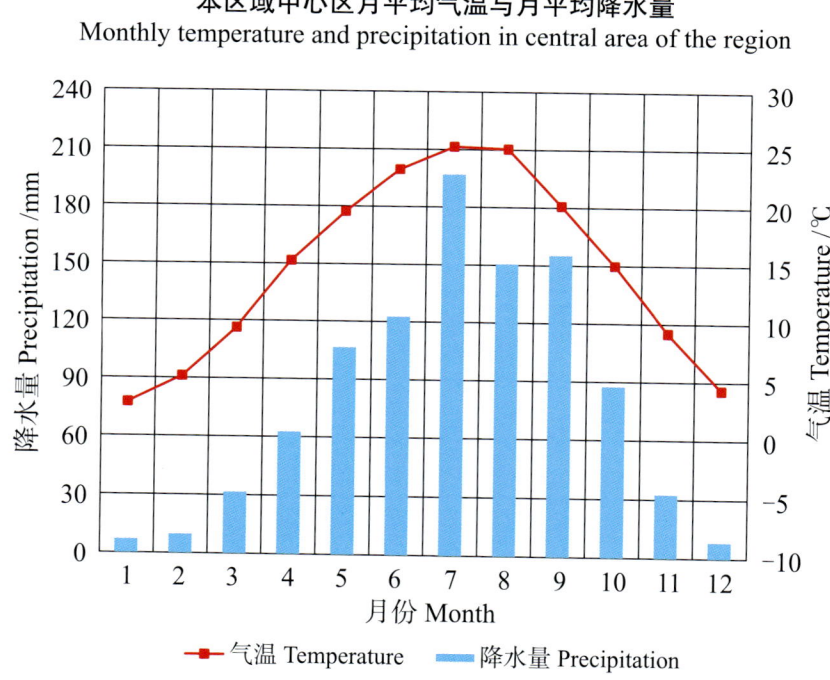

本区域中心区月平均气温与月平均降水量
Monthly temperature and precipitation in central area of the region

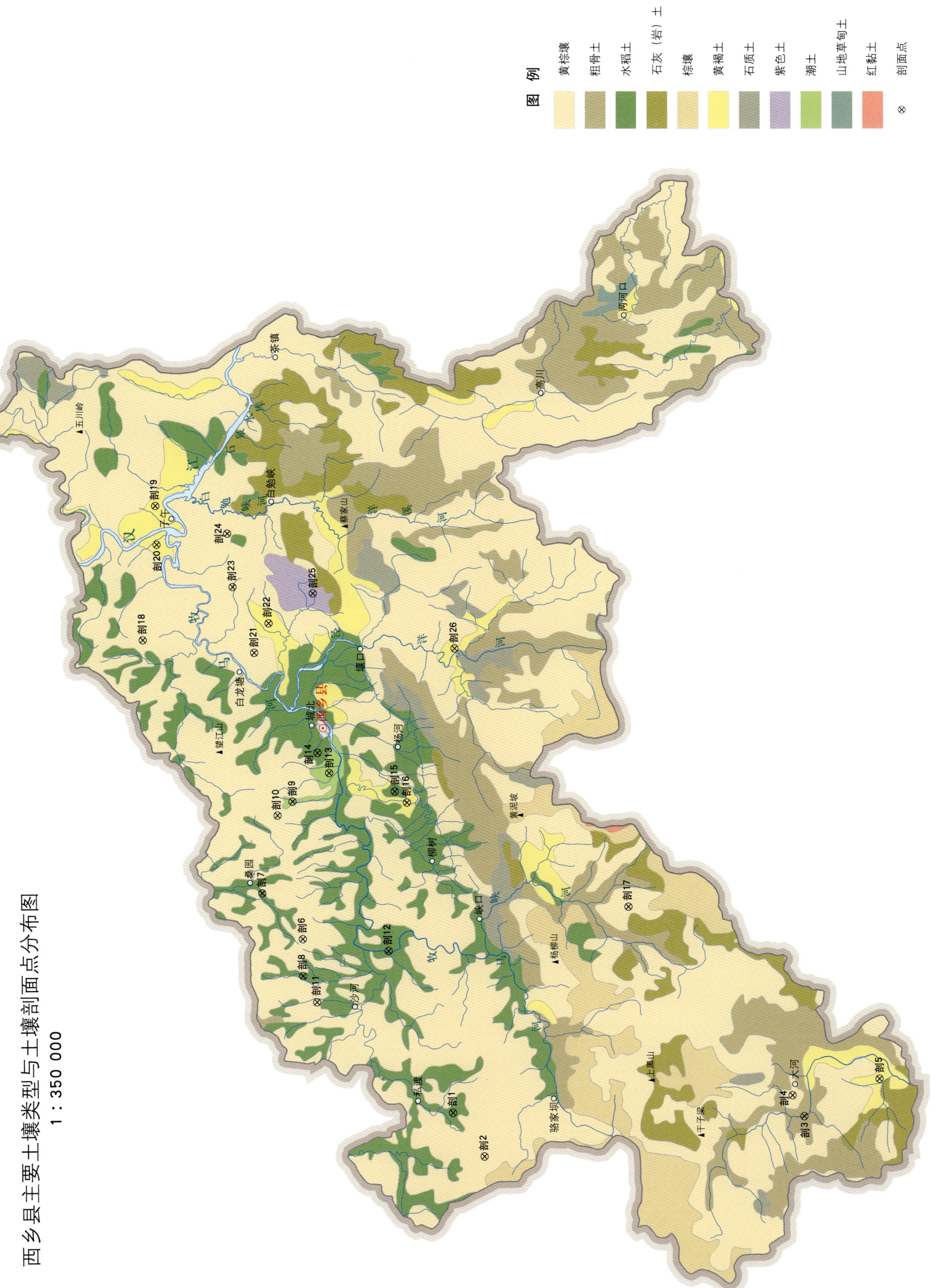

西乡县土壤剖面理化性状表

剖面号 Soil profile	土纲 Soil order	土类 Soil great group	亚类 Soil subgroup	土属 Soil genus	土种 Soil species	土层码 Layer code	土层厚度 Depth/cm	颜色 Soil color	质地 Soil texture	土壤结构 Soil structure	pH	有机质 OM/(g/kg)	全氮 TN/(g/kg)	全磷 TP/(g/kg)	全钾 TK/(g/kg)	碱解氮 AN/(mg/kg)	有效磷 AP/(mg/kg)	速效钾 AK/(mg/kg)	阳离子交换量CEC/(cmol/kg)	土壤母质 Parent material	剖面点坐标 Profile coordinate	匹配指数 Matching index/%
剖1	人为土	水稻土	侧渗水稻土	白泥田	中位白泥田	Aa	0—13	黄褐色	重壤土	团块状	6.8	13.1	1.12	0.47	15.1						E 107°25′00.6″ N 32°53′39.9″	74
						Ap	13—22	灰褐色	重壤土	团块状	7.0	12.3	0.91	0.33	15.1							
						E	22—38	灰白色	重壤土	粒状、块状	7.1	5.2	0.42	0.27	14.0							
						C₁	38—62	灰黄色	轻黏土	核状块状	7.1	2.7	0.26	0.25	15.1							
						C₂	62—135	黄褐色	重黏土	块状	7.2	3.0	0.80	0.23	15.4							
剖2	淋溶土	黄棕壤	黄棕壤	夹石黄泡土		1	0—15	褐棕色	重壤土	团块状	5.4	18.5	1.74	0.42						坡积物	E 107°22′37.7″ N 32°52′17.6″	87
						2	15—55	浅黄棕色	重壤土	块状	5.5	11.2	1.38	0.36								
						3	55—100	黄棕色	重壤土	块状	5.4	5.0	0.97	0.37								
						4	100—130	黄棕色	重壤土	块状	5.4	6.6	0.65	0.26								
剖3	初育土	粗骨土	中性粗骨土	坡洪积粗骨土	杂石渣土	A	0—17	棕黄色	砂质黏壤土	碎块状	6.9	25.9	1.64	0.70							E 107°24′14.6″ N 32°37′32.1″	83
						C₁	17—31	棕黄色	重壤土	碎块状	6.9	25.5	1.63	0.73								
						C₂	31—52	黄棕色	砂质黏壤土	块状	6.9	18.1	1.17	0.52								
						C₃	52—75	红棕色	砂壤土	块状	6.9	12.5	0.84	0.35								
剖4	淋溶土	黄棕壤	黄棕壤	胶泥性黄泡土		1	0—30	灰黄色	重壤土	小块状	6.8	25.6	0.65	0.22	18.9						E 107°25′22.8″ N 32°38′03.3″	73
						2	30—40	浅灰色	重壤土	团块状	6.2	20.8	0.51	0.21	18.8							
						3	40—98	黄棕色	重壤土	块状	6.3	8.7	0.78	0.20	21.0							
						4	98—142	黄棕色	重壤土	块状	6.0	4.4	0.68	0.19	20.8							
						5	142—230	黄棕色	重壤土	小块状	6.0	2.5	0.76	0.21	21.8							
剖5	淋溶土	黄褐土	黄褐土	黄泥巴	死黄泥	1	0—20	黄棕色	轻黏土	块状											E 107°26′07.2″ N 32°34′01.4″	100
						2	20—38	黄棕色	轻黏土	小块状												
						3	38—65	黄棕色	重黏土	块状												
						4	65—113	棕色	轻黏土	块状												
						5	113—160	黄棕色	轻黏土	核状												
剖6	淋溶土	黄棕壤	黄棕壤	麻骨石黄棕壤	暗黄麻土	A	0—10	灰黄棕色	壤土	屑粒状	6.8	83.0	3.21	0.40	14.0	110	7.5	159	13.6	花岗片麻岩风化物	E 107°34′30.5″ N 33°00′21.9″	72
						Bt	10—44	黄棕色	黏土	块状	6.2	36.9	2.16	0.26	11.5				12.1			
						C	44—95	黄棕色	壤土	块状	6.3	10.8	0.93	0.24	15.8				5.6			
剖7	人为土	水稻土	漂洗水稻土	黄褐土型漂洗水稻土	白散泥田	Aa	0—13	暗黄棕色	壤质黏土	团块状	6.8	13.1	1.12	0.48	15.1				20.4	黄褐土	E 107°37′02.9″ N 33°02′10.0″	83
						Ap	13—22	灰黄棕色	壤质黏土	块状	7.0	12.3	0.91	0.35	15.1				15.9			
						E	22—38	灰白色	壤质黏土	核状块状	7.1	5.2	0.42	0.26	14.0				15.5			
						C	38—135	黄褐色	壤质黏土	核状块状	7.1	2.9	0.53	0.22	15.2				16.2			
剖8	人为土	水稻土	漂洗水稻土	漂马肝田	西乡白泥田	Aa	0—13	灰棕色	壤质黏土	团块状	6.8	13.1	1.12	0.44	15.1	135	18.0	96	20.4	黄褐土	E 107°32′32.1″ N 33°00′23.9″	80
						Ap	13—22	泛棕色	黏土	块状	7.0	12.3	0.91	0.35	15.1				15.9			
						E	22—38	浅黄橙色	壤质黏土	核状块状	7.1	5.2	0.42	0.26	14.0				15.5			
						C	38—135	橙黄色	壤质黏土	核状块状	7.1	2.9	0.33	0.22	15.2				16.2			
剖9	半水成土	潮土	潮土	潮土	潮泥土	1	0—16	棕褐色	轻壤土	团粒状										冲积物	E 107°41′57.4″ N 33°00′39.4″	94
						2	16—105	黄棕色	中壤土	核块状												
						3	105—130	浅黄色	轻壤土	小块状												
剖10	淋溶土	黄棕壤	粗骨性黄棕壤	石渣土		1	0—12	灰褐色	轻壤土	团块状	5.4										E 107°41′14.3″ N 33°01′21.5″	94
						2	12—45	黄棕色	轻壤土	块状	5.2											
						3	45—58	灰棕色	轻壤土	团块状	5.8											
						4	58—75	棕灰色	砂壤土	粒状	5.9											

续表 Continued

剖面号 Soil profile	土纲 Soil order	土类 Soil great group	亚类 Soil subgroup	土属 Soil genus	土种 Soil species	土层码 Layer code	土层厚度 Depth/cm	颜色 Soil color	质地 Soil texture	土壤结构 Soil structure	pH	有机质 OM/(g/kg)	全氮 TN/(g/kg)	全磷 TP/(g/kg)	全钾 TK/(g/kg)	碱解氮 AN/(mg/kg)	有效磷 AP/(mg/kg)	速效钾 AK/(mg/kg)	阳离子交换量CEC/(cmol/kg)	土壤母质 Parent material	剖面点坐标 Profile coordinate	匹配指数 Matching index/%
剖11	淋溶土	黄棕壤	黄棕壤性土	坡洪积黄棕壤性土	中层泥砂土	A	0—20	灰黄褐色	砂质黏壤土	块状		21.7	1.39	0.79		83	18.0	107		坡积物	E 107°31′05.8″ N 32°59′47.4″	87
						[B]	20—30	黄棕色	砂质黏壤土	块状		7.8	0.69	0.57		59	8.0	39				
						C	30—63	黄棕色	少砾壤土	块状		6.3	0.46	0.74		31	7.0	32				
剖12	人为土	水稻土	脱潜水稻土	起旱泥砂型水稻土	起旱夹砂青泥田	1	0—15	灰绿色	少砾轻壤土	块状	7.1	33.0	2.07	0.85	14.4	167	28.0	39			E 107°33′43.8″ N 32°56′26.2″	95
						2	15—29	灰蓝色	少砾轻壤土	块状	7.1	25.1	1.45	0.78	16.0	161	33.0	51				
						3	29—60	灰蓝色	砂壤土	粒状	6.8	17.7	1.07	0.55	14.9	67	6.0	52				
						4	60—100	灰白色	砂土	粒状												
剖13	半水成土	潮土	潮土		潮砂土	1	0—19	褐黄色	砂壤土	小块状										冲积物	E 107°43′26.5″ N 32°58′55.7″	79
						2	19—37	黄褐色	砂壤土	粒状												
						3	37—60	黄褐色	轻壤土	粒状												
						4	60—100	黄褐色	砂土	团块状												
						5	100—150			粒状												
剖14	人为土	水稻土	潴育水稻土	黄褐土型潴育水稻土	锈黄胶泥田	Aa	0—14	暗灰棕色	壤质黏土	棱块状	6.2	14.7	0.94	0.23		105	2.0	114	26.5	黄褐土	E 107°44′33.1″ N 32°59′25.7″	77
						Ap	14—24	灰棕色	壤质黏土	棱块状	7.1	10.3	0.87	0.21		98	2.0	119	23.4			
						W	21—65	黄棕色	黏土	棱块状	7.4	5.2	0.48	0.21		79	2.0	144	21.0			
						C	65—150	黄棕色	黏壤土	棱块状	7.3	8.8	0.41	0.22		30	2.0	108	21.6			
剖15	人为土	水稻土	淹育水稻土	黄泥田	死黄泥田	1	0—18	黄棕色	中壤土	块状	6.6	10.9	1.47	0.22		48	3.0	64			E 107°42′20.2″ N 32°55′55.9″	92
						2	18—26	暗褐色	重壤土	棱块状	6.7	11.8	0.64	0.22		29	5.0	58				
						3	26—60	棕褐色	轻壤土	棱块状	6.7	10.6	1.12	0.23		31	4.0	54				
						4	60—95	黄棕色	重壤土	棱块状	6.9	7.4	0.71	0.22		26	3.0	59				
						5	95—150	黄棕色	重壤土	棱块状	7.1	3.9	0.65	0.19		21	3.0	20				
剖16	淋溶土	黄褐土	黄褐土	坡洪积黄砂泥	厚层黄砂泥	1	0—10	黄棕色	中壤土	小块状	6.5	23.9	0.99	0.18	18.8	99	2.0	118			E 107°41′43.1″ N 32°55′23.2″	71
						2	10—23	黄棕色	中壤土	块状	6.1	11.0	0.71	0.17	18.6	71	1.0	74				
						3	23—58	红棕色	重壤土	棱块状	6.0	7.9	0.55	0.13	18.0	42	2.0	93				
						4	58—80	红黄色	中壤土	棱块状	6.5	4.9	0.47	0.11	17.9	33	2.0	80				
						5	80—140	黄棕色	中壤土	块状	6.8	4.7	0.42	0.10	19.3	26	2.0	60				
剖17	淋溶土	黄褐土	黄褐土性土	坡洪积黄棕壤性土	厚层黄砂泥土	A_1	0—15	灰黄褐色	黏壤土	团块状	22.3	1.33	0.65			146	16.0	63		坡积物	E 107°35′44.1″ N 32°45′20.4″	92
						A_2	15—25	黄棕色	黏壤土	小团块状	7.8	10.7	0.93	0.57		97	9.0	25				
						[B]	25—60	黄棕色	黏壤土	屑粒状	7.8	3.3	0.21	0.17		60	6.0	25				
						C	60—130	浅黄棕色	黏壤土	屑粒状	7.8	2.7	0.74	0.22		48	8.0					
剖18	淋溶土	黄褐土	黄褐土性土	麻骨石黄棕壤性土	厚层麻石土	A	0—22	灰黄褐色	砂质壤土	小团块状										花岗片麻岩风化物	E 107°50′55.1″ N 33°07′18.4″	97
						[B]	22—46	黄棕色	砂壤土	屑粒状	6.4	15.4	0.75	0.14	22.6	64	3.0	127				
						C_1	46—65	灰黄棕色	砂土		5.8	5.4	0.45	0.13	22.6	19	3.0	68				
						C_2	65—150	黄棕色	砂土		6.8	5.4	0.76	0.14	24.1	16	3.0	80				
剖19	淋溶土	黄褐土	黄褐土	塔土	黄潜土	1	0—11	灰棕色	砂质泥土	小块状	6.5	22.2	1.13	1.78		100	3.0	80			E 107°58′07.7″ N 33°06′32.2″	83
						2	11—18	黄棕色	重壤土	棱状	7.8	12.7	0.59	0.90								
						3	18—70	黄棕色	重壤土	棱状	7.8	3.8	0.65	0.88								
剖20	淋溶土	黄褐土	黄褐土	塔土	红黄泥土	1	0—10	黄棕色	重壤土	棱状		2.8									E 107°56′02.1″ N 33°06′31.8″	90
						2	10—55	黄棕色	重壤土													
						3	55—115	黄棕色	重壤土				0.99	<0.10								
剖21	淋溶土	黄棕壤	黄棕壤性土	麻骨石黄棕壤性土	麻石土	A	0—9	灰黄褐色	砂质黏壤土	块状	5.7	6.8	0.49	0.13		48	3.0	43		花岗岩、花岗片麻岩风化物	E 107°50′03.3″ N 33°02′11.8″	72
						[B]	9—65	浅黄棕色	砂质黏壤土	块状												
						C	65—95	黄棕色	砂质壤土	碎块状	6.2	2.6	0.16	<0.10		43	5.0	38				

续表 Continued

剖面号 Soil profile	土纲 Soil order	土类 Soil great group	亚类 Soil subgroup	土属 Soil genus	土种 Soil species	土层码 Layer code	土层厚度 Depth/cm	颜色 Soil color	质地 Soil texture	土壤结构 Soil structure	pH	有机质 OM/(g/kg)	全氮 TN/(g/kg)	全磷 TP/(g/kg)	全钾 TK/(g/kg)	碱解氮 AN/(mg/kg)	有效磷 AP/(mg/kg)	速效钾 AK/(mg/kg)	阳离子交换量CEC/(cmol/kg)	土壤母质 Parent material	剖面点坐标 Profile coordinate	匹配指数 Matching index/%
剖22	淋溶土	黄褐土	粗骨性黄褐土	夹石骨子土	厚层夹石石骨子土	1	0—15	暗褐色	轻壤土	粒状	6.5	22.3	1.33	0.65		146	16.0	63			E 107°51′37.0″ N 33°01′30.0″	76
						2	15—25	黄褐色	轻壤土	小团块状	6.5	10.7	0.93	0.55		97	9.0					
						3	25—60	黄褐色	砂壤土	小团块状	6.5	9.4	0.60	0.50		61	6.0	25				
						4	60—130	黄褐色	砂壤土	小块状	6.5	6.2	0.56	0.48		48	8.0	28				
剖23	淋溶土	黄棕壤	黄棕壤性土	麻骨石黄棕壤性土	厚层润麻石土	A	0—12	灰黄棕色	砂壤土	粒状	5.4	75.7	2.67	0.39						花岗片麻岩风化物	E 107°53′38.1″ N 33°03′06.3″	78
						[B]	12—45	黄棕色	砂质黏壤土	碎块状	5.2	8.4	0.62	0.17								
						BC	45—58	黄棕色	砂壤土	屑粒状	5.8	5.3	0.37	0.26								
						C	58—75	黄棕色	砂壤土	粒状	5.9	5.2	0.19	0.22								
剖24	淋溶土	黄棕壤	黄棕壤性土	扁砂泥黄棕壤性土	扁砂土	A	0—20	灰黄棕色	壤质黏土	块状	6.5	8.6	0.79	0.39	14.1					泥质岩风化物	E 107°56′30.8″ N 33°03′16.7″	87
						[B]	20—35	浅黄褐色	粉砂质黏土	块状	6.7	7.4	0.75	0.52	10.4							
						C	35—															
剖25	初育土	紫色土	中性紫色土	紫砂土		A	0—20	红褐色	砂质黏壤土	团块状	7.4	8.2	0.49	0.44							E 107°53′08.8″ N 32°59′25.1″	83
						AC	20—78	紫红色	壤土	核状	7.0	3.4	0.27	0.48								
						C_1	78—120	紫红色	砂质黏壤土	核状	6.8	4.9	0.26	0.52								
						C_2	120—150				6.7	1.2	0.18	0.48								
剖26	淋溶土	黄褐土	黄褐土	红黄滞泥	黄塝泥	A	0—20	黄棕色	壤质黏土	碎块状	7.8	12.7	1.13	0.62						次生黄土	E 107°49′57.1″ N 32°52′59.0″	75
						Bt	20—80	黄褐色	壤质黏土	棱块状	7.8	3.8	0.59	0.53								
						C	80—150	黄棕色	壤质黏土	棱块状	7.8	2.8	0.65	0.52								

勉 县

主要土类说明

黄褐土是勉县主要土壤类型，占本县地域面积的35%。黄褐土是在北亚热带暖湿气候条件和常绿阔叶林、落叶阔叶林植被条件下形成的地带性土壤，分布在丘陵浅山和高阶地，具 A–B–C 或 A–Bt–C 剖面构型。成土母质为黄土状母质和黏黄土。成土过程主要包括强烈的黏化过程、中度淋溶过程、腐殖质化过程及弱度脱硅富铝化过程。该土壤土体中游离碳酸钙已不复存在，土壤呈灰黄棕色，在底部可散见圆形石灰结核。土壤黏化淀积明显，B层黏聚，黏粒硅铝率在3.0左右，盐基饱和度由表层向底层逐渐趋向饱和。

黄棕壤是勉县第二大土壤类型，占本县地域面积的30%。黄棕壤分布在秦岭南坡海拔1600—1700m和巴山北坡海拔2200m以下的山地、丘陵、高阶地。自然植被为常绿阔叶林。黄棕壤分布区气候温和湿润，雨量充沛，冬季无明显冻土时期，微生物基本无休眠。在这样的生物气候环境下，原生矿物风化成次生矿物的速度较快，黏土矿物淋溶强烈，土壤出现了显著的黏化过程和弱度富铝化过程，黏粒的形成和淋溶淀积强烈，剖面中出现了明显的黏化层，甚至形成黏盘。该土壤一般呈中性至弱酸性，结构体表面有较多的暗棕色铁锰胶膜。一般表层呈灰黄棕色，疏松多孔；心土层呈棕色或暗棕色，紧实黏重，具块状或棱块状结构。

棕壤是勉县第三大土壤类型，占本县地域面积的22%。棕壤是发生于落叶阔叶林和针阔叶混交林下的山地垂直地带性土壤类型，具有较明显的黏化过程、淋溶过程和较强的生物循环过程，分布在海拔1700—2300m的秦岭南坡中山区。棕壤剖面一般呈均一的棕色，表土层多呈暗灰棕色，心土层多呈鲜棕色，心土层结构体表面有时可见微量的铁锰胶膜。由于落叶阔叶林残落物富含盐基，其分解物使表层有机酸得到中和，故林地覆盖地段，表土层多呈中性或微酸性，心土层呈微酸性。

水稻土占本县地域面积的11%，主要分布在平坝的一、二级阶地和丘陵沟壑，平缓坡地的槽田、梯田和山间沟坝也有零星分布。水稻土在水耕熟化作用下形成了特有的层次结构，包括淹育层、渗育层、潴育层、潜育层等。

小于本县地域面积3%的土壤类型有新积土、潮土。

本区域中心区气候特征

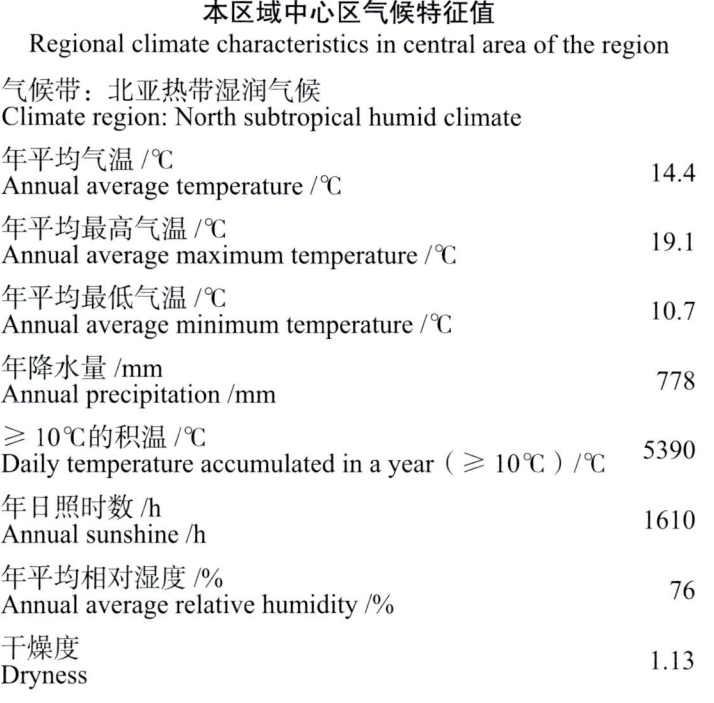

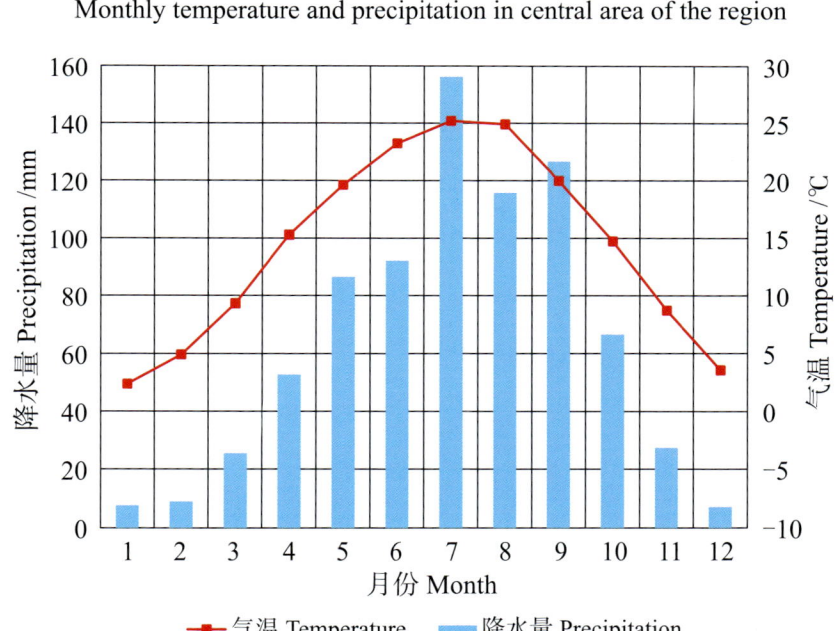

勉县主要土壤类型与土壤剖面点分布图
1∶280 000

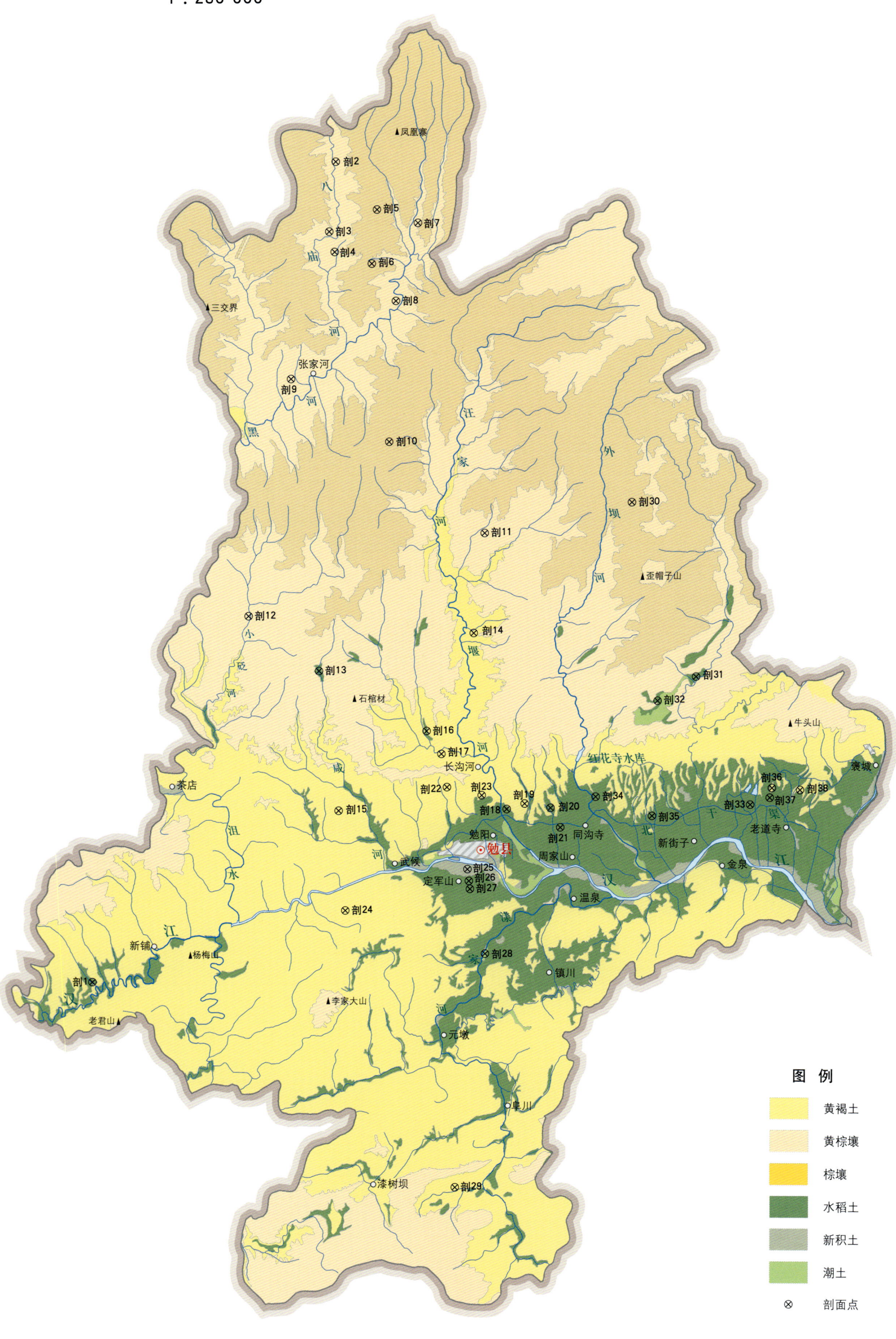

勉县土壤剖面理化性状表

剖面号 Soil profile	土纲 Soil order	土类 Soil great group	亚类 Soil subgroup	土属 Soil genus	土种 Soil species	土层码 Layer code	土层厚度 Depth/cm	颜色 Soil color	质地 Soil texture	土壤结构 Soil structure	pH	有机质 OM/(g/kg)	全氮 TN/(g/kg)	全磷 TP/(g/kg)	全钾 TK/(g/kg)	碱解氮 AN/(mg/kg)	有效磷 AP/(mg/kg)	速效钾 AK/(mg/kg)	阳离子交换量CEC/(cmol/kg)	土壤母质 Parent material	剖面点坐标 Profile coordinate	匹配指数 Matching index/%
剖1	人为土	水稻土	潴育水稻土	冲积洪积型潴育水稻土	锈塔土田	Aa	0—15	暗灰黄色	黏壤土	团块状	6.5	23.6	1.16	0.48	25.1				14.0	洪冲积物	E 106°24′04.3″ N 33°04′55.5″	83
						Ap	15—23	暗褐色	黏壤土	块状	7.9	12.8	0.50	0.38	16.6				13.6			
						P	23—47	灰褐色	黏壤土	棱块状	7.7	12.7	0.62	0.36	16.7				12.8			
						W	47—80	暗灰黄色	黏壤土	棱块状	7.5	16.2	0.81	0.35	18.1				12.0			
						C	80—150	黄棕色	黏壤土	块状												
剖2	淋溶土	黄棕壤	黄棕壤	黄棕泥土	灰黄泥（黄棕壤）	A	0—19	油棕色	壤质黏土	碎块状	6.7	23.3	1.32	0.35	22.4	77	5.0	110	16.3	泥质岩风化残积物	E 106°34′48.8″ N 33°33′42.2″	88
						Btmo	19—67	橙色	壤质黏土	棱块状	6.6	5.3	0.49	0.36	21.8	38	3.0	90	18.4			
						C	67—117	黄橙色	壤质黏土	块状	6.8	3.6	0.39	0.34	25.8	25	3.0	70	18.9			
剖3	淋溶土	黄棕壤	黄棕壤	石片黄泡土	厚层扁砂土	1	0—18	灰棕色	轻壤土	小块状										页岩、片岩、千枚岩	E 106°34′29.3″ N 33°31′14.5″	100
						2	18—30	灰黄褐色	中壤土	块状												
						3	30—68	黄棕色	中壤土	块状												
剖4	淋溶土	黄棕壤	黄棕壤性土	扁砂泥黄棕壤性土		A₁	0—19	浅黄褐色	壤质黏土	块状	6.7	28.3	1.32	0.34		37	3.9	115		泥质岩风化物	E 106°34′42.3″ N 33°30′31.6″	95
						A₂	19—33	浅黄褐色	粉砂质黏土	棱块状	6.6	8.8	0.56	0.24								
						[B]	33—67	浅黄褐色	粉砂质黏土	棱块状	6.7	3.8	0.36	0.39								
						C	67—113	黄褐色	砂质黏土	块状	6.6	3.6	0.29	0.34								
剖5	淋溶土	棕壤	棕壤	砂泡土		1	0—13	棕褐色	轻壤土	团粒状	6.4	62.0	1.26	0.45						花岗片麻岩	E 106°36′31.6″ N 33°31′59.4″	74
						2	13—22	棕色	砂壤土	团块状	6.6	9.0	0.61	0.28								
						3	22—74	灰棕色	砂壤土	粒状	6.4	6.1	0.37	0.38								
剖6	淋溶土	棕壤	棕壤	石片泡土		1	0—6	灰棕褐色	中壤土	团块状	6.4										E 106°36′16.3″ N 33°30′05.8″	86
						2	6—30	灰黄棕色	中壤土	团块状	6.1											
剖7	淋溶土	黄棕壤	黄棕壤	扁砂泥黄棕壤	灰黄泥	A	0—19	黄褐色	壤质黏土	棱块状	6.7	23.3	1.32	0.34	19.0					泥质岩风化物	E 106°38′14.9″ N 33°31′29.9″	87
						Bt	19—67	黄棕色	中壤土	团块状	6.6	5.3	0.65	0.36	19.0							
						C	67—117	黄棕色	壤质黏土	块状	6.8	3.6	1.32	0.34	18.8							
剖8	淋溶土	黄棕壤	黄棕壤	夹石黄泡土		1	0—19	灰黄棕色	轻壤土	团粒状	6.6	22.5	0.91	0.63					12.1	坡积物	E 106°37′16.2″ N 33°28′46.6″	80
						2	19—35	黄棕色	中壤土	粒状	7.0	15.1	0.66	0.63					12.1			
						3	35—92	黄棕色	紧砂土	块状	7.0	10.0		0.51					12.1			
剖9	淋溶土	棕壤	生草黄棕壤	灰砂黄泡土		0	0—6				6.9									花岗片麻岩	E 106°32′46.6″ N 33°26′05.5″	71
						2	6—20	灰黄棕色	轻壤土	团粒状	6.8											
						3	20—43	浅黄棕色	中壤土	粒状	6.2											
						4	43—65	黄棕色	砂壤土	团粒状	6.8	47.8	1.97	0.50								
剖10	淋溶土	棕壤	生草棕壤	灰砂泡土		1	0—20	暗棕色	中壤土	团块状	6.4	14.6		0.34						花岗片麻岩	E 106°36′53.6″ N 33°23′49.3″	76
						2	20—42	浅黄棕色	中壤土	团粒状	6.8	9.0	0.71	0.25								
						3	42—58	浅灰棕色	紧砂土	粒状												
剖11	淋溶土	黄棕壤	黄棕壤	砂黄泡土		0	0—9				6.4									花岗片麻岩	E 106°40′52.4″ N 33°20′33.7″	98
						2	9—23	灰黄棕色	轻壤土	团块状	6.4											
						3	23—47	黄棕色	砂壤土	小块状	6.4											
						4	47—75	红棕色	砂壤土	小块状	6.8											
						5	75—100	灰黄色	砂土	块状												
剖12	淋溶土	黄棕壤	粗骨性黄棕壤	石片石渣土		1	0—10	灰黄色	轻壤土	团粒状	7.2									千枚岩、页岩	E 106°30′50.7″ N 33°17′46.5″	96
						2	10—35	黄棕色	砂壤土	团块状	7.5											

续表 Continued

剖面号 Soil profile	土纲 Soil order	土类 Soil great group	亚类 Soil subgroup	土属 Soil genus	土种 Soil species	土层码 Layer code	土层厚度 Depth/cm	颜色 Soil color	质地 Soil texture	土壤结构 Soil structure	pH	有机质 OM/(g/kg)	全氮 TN/(g/kg)	全磷 TP/(g/kg)	全钾 TK/(g/kg)	碱解氮 AN/(mg/kg)	有效磷 AP/(mg/kg)	速效钾 AK/(mg/kg)	阳离子交换量 CEC/(cmol/kg)	土壤母质 Parent material	剖面点坐标 Profile coordinate	匹配指数 Matching index/%
剖13	人为土	水稻土	渗育水稻土	渗马肝泥田	勉县黄泥田	Aa	0—18	灰棕色	黏壤土	团块状	6.9	12.9	0.81	0.37	16.2	106	13.0	108	24.4	黄褐土	E 106°33′47.2″ N 33°15′47.8″	75
						Ap	18—29	浊棕色	壤质黏土	块块状	7.5	8.5	0.60	0.35	16.0				23.2			
						P	29—60	棕色	壤质黏土	棱块状	7.2	5.7	0.41	0.39	18.0				22.2			
						C	60—150	橙色	壤质黏土	块状	7.2	5.8	0.40	0.53	18.5				22.1			
剖14	淋溶土	黄褐土	黄褐土	黄砂泥		1	0—10	灰黄色	轻壤土	团粒状	6.3	7.1	0.57	0.21						花岗片麻岩	E 106°40′20.5″ N 33°17′03.3″	83
						2	10—21	黄棕色	轻壤土	团块状	6.1	5.9	0.43	0.25								
						3	21—108	黄褐色	中壤土	块状	6.5	3.2	0.23	0.16								
剖15	淋溶土	黄褐土	黄褐土	红胶泥		1	0—15	黄褐色	中壤土	块状	7.6	12.6	0.75	0.26						石灰岩	E 106°34′32.5″ N 33°10′52.4″	97
						2	15—45	黄棕色	中壤土	团块状	8.0	7.9	0.52	0.28								
						3	45—62	棕红色	轻壤土	棱块状	8.2	5.2	0.41	0.27								
剖16	人为土	水稻土	侧渗水稻土	白散泥田	低位白散泥田	1	0—20	黄褐色	重壤土	块状	6.9	15.2	0.91	0.44	17.2					第四纪红棕色黏土	E 106°38′18.1″ N 33°13′38.1″	71
						2	20—27	暗黄褐色	中壤土	团块状	7.4	12.8	0.71	0.45	17.3							
						3	27—60	暗黄褐色	重壤土	棱块状	7.7	6.3	0.40	0.47	17.8							
						4	60—85	灰白色	轻壤土	团块状	7.6	4.2	0.24	0.38	16.0							
						5	85—150	黄褐色	棱块状			8.3	0.58	0.55	16.0								
剖17	淋溶土	黄褐土	黄褐土	塿土		1	0—18	灰黄色	轻壤土	团块状	7.0									冲积物、坡积物	E 106°38′54.7″ N 33°12′48.9″	83
						2	18—30	灰褐色	中壤土	块状	7.2											
						3	30—110	黄褐色	中壤土	块状	7.6											
						4	110—150	黄褐色	中壤土	块状	7.5											
剖18	人为土	水稻土	淹育水稻土	黄褐土型淹育水稻土	黄泥田	Aa	0—18	暗黄褐色	黏壤土	团块状	6.9	12.9	0.81	0.37	13.4				13.9	黄褐土	E 106°41′38.0″ N 33°10′51.2″	85
						Ap	18—29	灰黄褐色	壤质黏土	块状	7.5	8.5	0.60	0.35	13.9	106	13.0	108	16.7			
						P	29—60	灰黄褐色	壤质黏土	棱块状	7.2	5.7	0.41	0.39	14.3				15.3			
						C	60—150				7.2	5.8	0.40	0.53	17.2				20.1			
剖19	淋溶土	黄褐土	黄褐土	塿土	黄垆土	A_1	0—15	浅黄棕色	壤质黏土	团块状	7.0	12.7	0.82	0.23	17.3	48	22.1	122	21.5	冲积物、坡积物	E 106°42′23.9″ N 33°11′02.2″	87
						A_2	15—25	黄黄棕色		块状	7.2	7.8	0.44	0.24	15.9				23.3			
						Bt	25—150	浅黄棕色		块状	7.6	7.5	0.46	0.27	16.0				22.4			
剖20	人为土	水稻土	淹育水稻土	浅潮泥砂田	胶泥田	Aa	0—20	浊黄褐色	壤质黏土	团块状	6.9	15.2	0.91	0.44	17.2			118		沉积物	E 106°43′29.0″ N 33°10′52.3″	81
						Ap	20—27	浊黄橙色	重壤土	块状	7.0	12.8	0.74	0.45	17.3	92	6.0					
						P	27—85	浊黄橙色	重壤土	粒状	7.7	6.3	0.40	0.38	15.9							
						C	85—150	浊黄橙色	重壤土	块状	7.8	8.3	0.60	0.50	16.0							
剖21	人为土	水稻土	潴育水稻土	锈斑泥砂田	锈斑泥砂田	1	0—22	暗棕褐色	重壤土	粒状	6.5									冲积物、坡积物	E 106°43′52.7″ N 33°10′10.7″	79
						Ap	22—30	暗棕褐色	中壤土	块状	7.3											
						P	30—57	灰黄褐色	中壤土	块状	7.3											
						W	57—93	灰黄色	中壤土	块状	7.5											
						5	93—150	暗黄褐色	重壤土	棱块状	7.9											
剖22	淋溶土	黄褐土	黄褐土	黄巴		1	0—18	棕褐色	重壤土	团块状										冲积物、坡积物	E 106°39′07.6″ N 33°11′38.8″	89
						2	18—35	棕褐色	重壤土	块状												
						3	35—63	黄棕色	重壤土	块状												
						4	63—92	棕褐色	轻壤土	棱块状	7.2											
剖23	淋溶土	黄褐土	黄褐土	黄巴	死黄泥	1	0—17	棕褐色	轻壤土	块状	7.4									第四纪红棕色黏土	E 106°40′35.2″ N 33°11′20.8″	85
						2	17—72	棕红色	轻壤土	棱块状	7.5											
						3	72—92	棕褐色	轻壤土	棱块状	7.8											
						4	92—150															

续表 Continued

剖面号 Soil profile	土纲 Soil order	土类 Soil great group	亚类 Soil subgroup	土属 Soil genus	土种 Soil species	土层码 Layer code	土层厚度 Depth/cm	颜色 Soil color	质地 Soil texture	土壤结构 Soil structure	pH	有机质 OM/(g/kg)	全氮 TN/(g/kg)	全磷 TP/(g/kg)	全钾 TK/(g/kg)	碱解氮 AN/(mg/kg)	有效磷 AP/(mg/kg)	速效钾 AK/(mg/kg)	阳离子交换量CEC/(cmol/kg)	土壤母质 Parent material	剖面点坐标 Profile coordinate	匹配指数 Matching index/%
剖24	淋溶土	黄褐土	黄褐土	墡土	夹砂黄泥	1	0—18				7.0	16.3	1.79	0.64						冲积物、坡积物	E 106°34′46.1″ N 33°07′20.9″	90
						2	18—35				7.5	12.7	1.75	0.59								
						3	35—63				7.0	10.3	0.61	0.55								
						4	63—92				6.7	5.3	0.50	0.42								
剖25	初育土	新积土	冲积土	壤质冲积土	底砂石渗绵土	A	0—29	灰黄棕色	砂壤土	团块状	8.3	6.7	0.44	0.54	17.1					冲积物	E 106°39′56.2″ N 33°08′45.2″	82
						C₁	29—67	黄黄棕色	砂壤土	块状	7.4	5.2	0.21	0.74	14.2							
						C₂	67—72	浅黄棕色	砂土	粒状	8.1	4.5	0.25	0.55	13.5							
剖26	人为土	水稻土	潴育水稻土	锈斑黄泥田	锈斑黄泥田	1	0—19	暗黄棕色	中壤土	团块状	6.8	21.7	1.68	0.49						黄褐土	E 106°39′59.5″ N 33°08′19.9″	84
						2	19—30	暗黄棕色	中壤土	块状	7.2	13.5	0.76	0.37								
						3	30—66	黄褐色	重壤土	棱块状	7.2	7.5	0.36	0.44								
						4	66—150	棕褐色	轻壤土	棱块状	7.2	6.8	0.43	0.58								
剖27	人为土	水稻土	潴育水稻土	潮泥砂田	锈譜土田	Aa	0—15	油棕色	黏壤土	团块状	6.5	23.6	1.16	0.48	25.2				>50.0	冲积物	E 106°40′38.0″ N 33°08′45.4″	87
						Ap	15—23	油棕色	黏壤土	块状	7.1	12.8	0.50	0.38	16.6				13.6			
						P	23—47	油棕色	黏壤土	棱块状	7.7	12.7	0.62	0.36	16.7				12.8			
						W	47—80	油橙色	黏壤土	棱块状	7.5	16.2	0.81	0.35	18.1				12.0			
						C	80—150	橙色	黏壤土	块状	7.1	10.1	0.52	0.23	18.0				13.0			
剖28	半水成土	潮土	潮土		潮泥土	1	0—15	灰黄棕色	轻壤土	团粒状	8.0	15.5	0.94	0.59						冲积物	E 106°40′38.0″ N 33°05′45.4″	97
						Ap	15—21	浅黄棕色	轻壤土	团块状	7.8	11.1	0.68	0.58								
						3	21—43	浅黄棕色	轻壤土	棱块状	7.8	6.6	0.32	0.48								
						4	43—120	暗黄棕色	轻壤土	团粒状	7.2	6.5	0.31	0.47								
剖29	淋溶土	黄褐土	粗骨性黄褐土	砂石青子土		1	0—7	褐黄色	砂壤土	小块状	6.7									花岗片麻岩	E 106°39′13.8″ N 32°57′35.2″	91
						2	7—41	黄棕色	砂壤土	小块状	6.9											
剖30	淋溶土	棕壤	生草棕壤	灰夹石泡土		1	0—15	灰黄棕色	轻壤土	团块状	6.4									坡积物	E 106°47′07.4″ N 33°21′34.0″	79
						2	15—45	灰黄棕色	轻壤土	团粒状	6.2											
						3	45—74	浅黄棕色	轻壤土	团块状	6.3											
剖31	人为土	水稻土	潴育水稻土	冲积洪积型潴育水稻土	青砂田	Aa	0—22	暗黄棕色	砂壤土	团块状	5.9	29.0	1.96	0.66						洪冲积物	E 106°49′42.4″ N 33°15′23.7″	80
						G₁	22—50	青灰色	砂壤土	粒状	6.6	27.1	1.40	0.57								
						G₂	50—84	青灰色	砂壤土	粒状	6.5	21.6	1.72	0.86								
						G₃	84—130	青灰色	砂壤土	粒状	6.3	4.3	1.01	0.51								
剖32	人为土	水稻土	潴育水稻土	夹砂青泥田	夹砂青泥田	1	0—22	暗灰色	中壤土	团块状	6.6	49.0	1.96	0.66						冲积物、坡积物	E 106°48′04.2″ N 33°14′34.1″	96
						2	22—50	青灰色	轻壤土	团块状	6.6	27.1	1.40	0.57								
						3	50—84	灰灰黄色	轻壤土	粒状	6.3	21.6	1.72	0.86								
						4	84—130	黄棕色	砂壤土	块状	6.5	4.3	1.01	0.51								
剖33	人为土	水稻土	潴育水稻土	锈斑泥砂田	锈斑譜土田	1	0—17	灰黄色	中壤土	棱块状	6.5	23.6	1.16	0.48	25.2					冲积物、坡积物	E 106°51′54.4″ N 33°10′52.3″	78
						Ap	17—23	暗黄色	中壤土	棱块状	7.9	12.8	0.59	0.38	16.6							
						3	23—47	暗黄棕色	中壤土	棱块状	7.5	12.7	0.62	0.36	16.7							
						4	47—80	暗黄棕色	中壤土	棱块状	7.5	16.2	0.81	0.35	17.3							
						5	80—		中壤土	块状	7.1	10.1	0.52	0.23	18.1							
剖34	人为土	水稻土	淹育水稻土	黄泥田	黄泥田	1	0—15					15.9	1.00	0.30	18.0					黄褐土	E 106°45′23.5″ N 33°11′14.4″	78
						2	15—25			块状	6.9	6.7	0.59	0.24								
						3	25—82			块状	7.6	4.4	0.49	0.21								
						4	82—150			棱块状	7.2	3.5	0.40	0.21								
剖35	人为土	水稻土	淹育水稻土	黄泥田	黄泥田	1	0—18	灰褐色	中壤土	块状	6.9									黄褐土	E 106°47′45.8″ N 33°10′32.0″	100
						Ap	18—29	灰黄色	重壤土	块状	7.6											
						P	29—60	灰褐色	重壤土	棱块状	7.2											
						4	60—150	棕黄色	重壤土	棱块状	7.2											

续表 Continued

剖面号 Soil profile	土纲 Soil order	土类 Soil great group	亚类 Soil subgroup	土属 Soil genus	土种 Soil species	土层码 Layer code	土层厚度 Depth/cm	颜色 Soil color	质地 Soil texture	土壤结构 Soil structure	pH	有机质 OM/(g/kg)	全氮 TN/(g/kg)	全磷 TP/(g/kg)	全钾 TK/(g/kg)	碱解氮 AN/(mg/kg)	有效磷 AP/(mg/kg)	速效钾 AK/(mg/kg)	阳离子交换量CEC/(cmol/kg)	土壤母质 Parent material	剖面点坐标 Profile coordinate	匹配指数 Matching index/%
剖36	淋溶土	黄褐土	黄褐土	黄泥巴	黄泥巴	1	0—16				7.1	9.5	0.67	0.34						第四纪红棕色黏土	E 106°52′49.9″ N 33°11′26.5″	84
						2	16—25				7.2	8.3	0.65	0.32								
						3	25—85				7.5	4.0	0.40	0.27								
						4	85—150				7.8	3.0	0.38	0.23								
剖37	人为土	水稻土	淹育水稻土	黄泥田	黄泥田	1	0—18					12.8	0.81	0.37						黄褐土	E 106°52′44.2″ N 33°11′06.4″	100
						2	18—29					8.5	0.60	0.35								
						3	29—60					5.7	0.41	0.39								
						4	60—150					5.8	0.40	0.53								
剖38	淋溶土	黄褐土	黄褐土	红黄泥	白墡泥	A₁	0—15	浅黄棕色	壤质黏土	团块状	7.0	12.7	0.82	0.52	16.2	48	22.1	122	13.9	冲积黄土	E 106°54′00.9″ N 33°11′21.0″	93
						A₂	15—25	黄棕色	壤质黏土	块状	7.2	7.8	0.44	0.54	16.7				16.7			
						Bt	25—80	浅黄棕色	壤质黏土	块状	7.6	7.5	0.46	0.61	17.2				15.3			

宁 强 县

主要土类说明

黄棕壤是宁强县主要土壤类型，也是本县主要的地带性土壤，占本县地域面积的 54%。黄棕壤发生于北亚热带暖湿落叶阔叶林下，多由砂页岩及花岗岩风化物发育而成，主要分布在海拔 600—1700m 的秦岭南坡和巴山北坡山区，是本县主要的旱作和林、牧、药用地土壤。成土过程以黏化过程和腐殖质积累过程为主，同时伴随弱度富铝化过程和脱钙过程。该土壤多呈弱酸性，结构体表面有较多的暗棕色铁锰胶膜和少量铁锰结核。表层呈灰棕色，疏松多孔；心土层呈黄棕色或浅黄棕色，紧实黏重，具块状或棱块状结构。

黄褐土是宁强县第二大土壤类型，占本县地域面积的 41%。黄褐土是在北亚热带暖湿气候条件和常绿阔叶林、落叶阔叶林植被条件下形成的地带性土壤，分布在丘陵浅山和高阶地，具 A-B-C 或 A-Bt-C 剖面构型。成土母质为黄土状母质和黏黄土。成土过程主要包括强烈的黏化过程、中度淋溶过程、腐殖质化过程及弱度脱硅富铝化过程。该土壤土体中游离碳酸钙已不复存在，土壤呈灰黄棕色，在底部可散见圆形石灰结核。土壤黏化淀积明显，B 层黏聚，黏粒硅铝率在 3.0 左右，盐基饱和度由表层向底层逐渐趋向饱和。

小于本县地域面积 3% 的土壤类型有水稻土、紫色土、潮土、新积土、沼泽土。

本区域中心区气候特征

本区域中心区气候特征值
Regional climate characteristics in central area of the region

气候带：北亚热带湿润气候 Climate region: North subtropical humid climate	
年平均气温 /℃ Annual average temperature /℃	14.7
年平均最高气温 /℃ Annual average maximum temperature /℃	19.5
年平均最低气温 /℃ Annual average minimum temperature /℃	11.1
年降水量 /mm Annual precipitation /mm	753
≥10℃的积温 /℃ Daily temperature accumulated in a year（≥10℃）/℃	5215
年日照时数 /h Annual sunshine /h	1589
年平均相对湿度 /% Annual average relative humidity /%	72
干燥度 Dryness	1.29

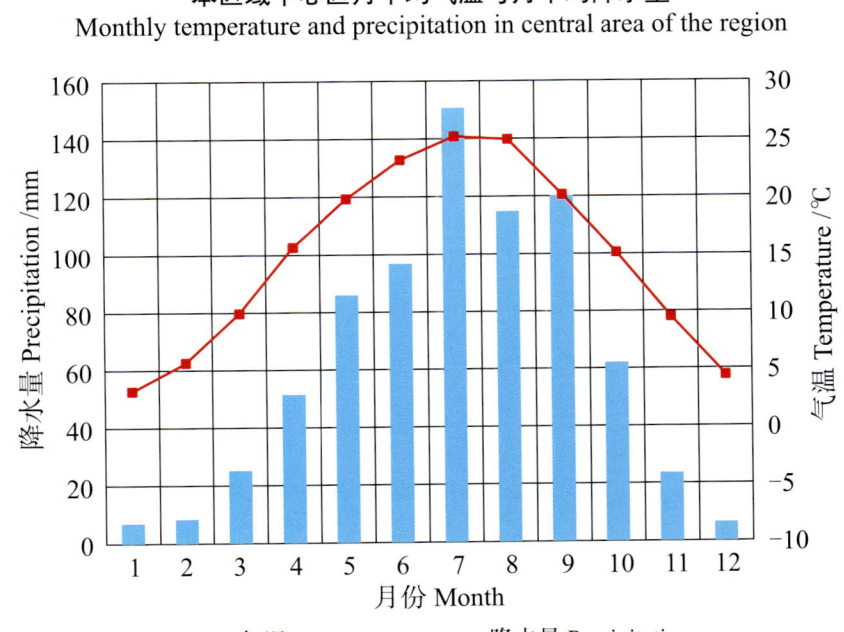

本区域中心区月平均气温与月平均降水量
Monthly temperature and precipitation in central area of the region

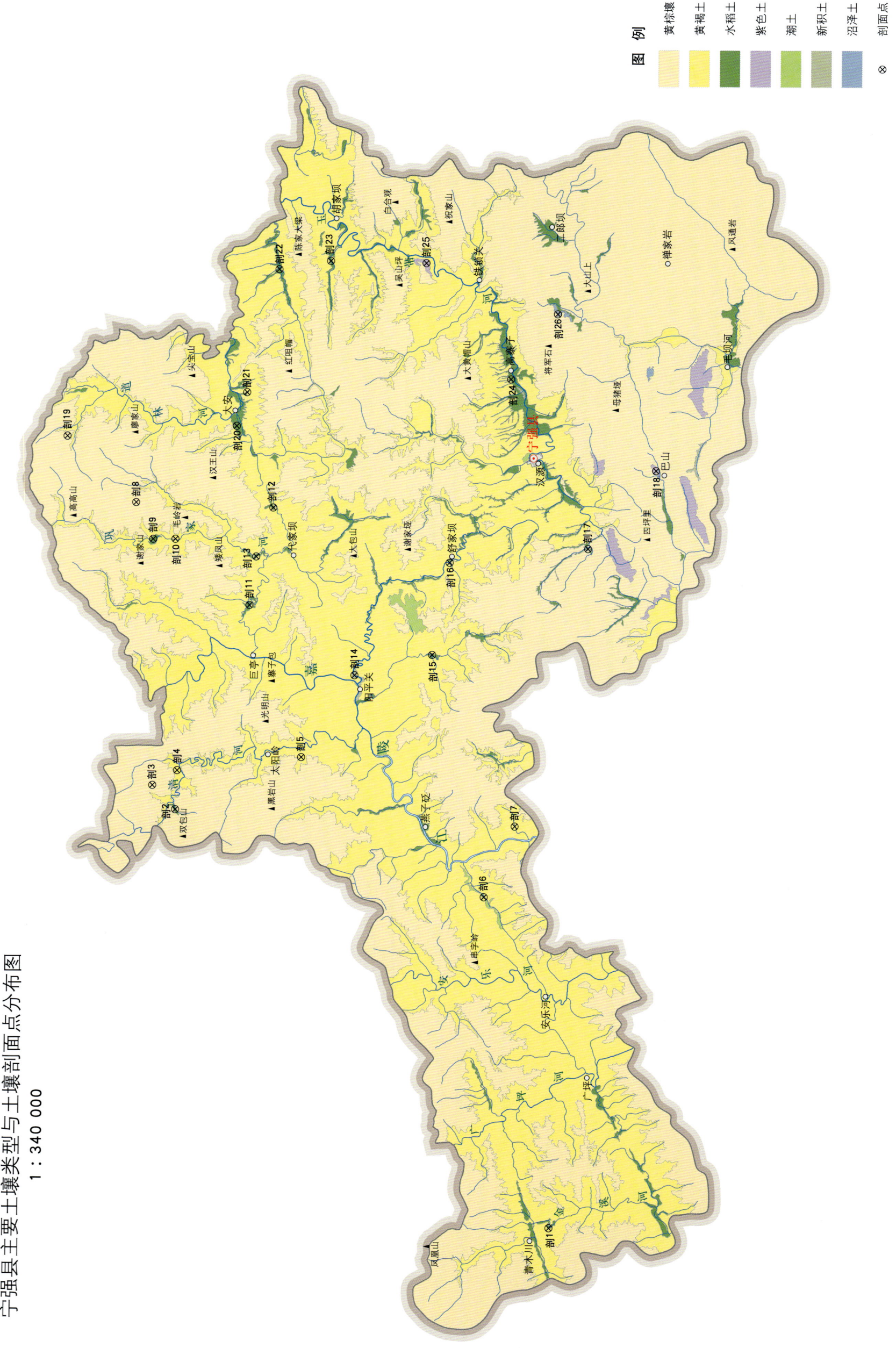

宁强县土壤剖面理化性状表

剖面号 Soil profile	土纲 Soil order	土类 Soil great group	亚类 Soil subgroup	土属 Soil genus	土种 Soil species	土层码 Layer code	土层厚度 Depth/cm	颜色 Soil color	质地 Soil texture	土壤结构 Soil structure	pH	有机质 OM/(g/kg)	全氮 TN/(g/kg)	全磷 TP/(g/kg)	全钾 TK/(g/kg)	碱解氮 AN/(mg/kg)	有效磷 AP/(mg/kg)	速效钾 AK/(mg/kg)	阳离子交换量CEC/(cmol/kg)	土壤母质 Parent material	剖面点坐标 Profile coordinate	匹配指数 Matching index/%
剖1	人为土	水稻土	潴育水稻土	锈斑黄泥田		1	0—17	暗棕色	轻黏土	小团块状		28.6	1.66	0.38	15.4				18.1		E 105°34′27.3″ N 32°49′10.6″	94
						2	17—28	灰黄棕色	轻黏土	团块状	7.8	27.0	1.55	0.38	16.3				18.2			
						3	28—86	青灰棕色	轻黏土	团粒状	7.8	11.3	>6.00	0.38	16.6				14.9			
						4	86—150	暗黄棕色	轻黏土	棱柱状	7.3	12.7	>6.00	0.38	19.7				16.9			
剖2	人为土	水稻土	潴育水稻土	青泥田		1	0—15	浅灰色	重壤土	无明显结构	7.6	42.3	2.36	0.35	23.2				15.2		E 105°56′39.3″ N 33°06′07.9″	87
						2	15—24	暗黄色	重壤土	小团块状	7.8	36.9	1.97	0.34	23.4				16.3			
						3	24—52	青灰色	重壤土	块状	8.0	30.3	1.24	0.41	26.6				15.6			
						4	52—150	灰黄色	重壤土	棱块状	7.9	9.9	0.86	0.35	23.9				16.6			
剖3	淋溶土	黄棕壤	黄棕壤	青石黄泥土		1	0—11	棕褐色	轻黏土	粒状	7.8	42.5	2.22	0.44	14.4				21.7	石灰岩风化物	E 105°57′57.8″ N 33°07′09.4″	95
						2	11—25	暗黄棕色	轻黏土	小团块状	7.8	36.8	2.47	0.63	14.8				20.9			
						3	25—40	浅黄棕色	重黏土	团块状	8.0	30.0	2.00	0.62	12.7				14.8			
剖4	淋溶土	黄褐土	黄褐土	红胶泥		1	0—20	灰黄色	轻黏土	团粒状	7.3	19.6	1.46	0.70	16.8				16.7		E 105°58′44.9″ N 33°06′02.4″	71
						2	20—57	红棕色	轻黏土	块状	7.7	15.8	1.50	0.63	16.8				17.4			
						3	57—151	暗红棕色	轻黏土	棱柱状	7.9	8.5	0.77	0.45	19.0				18.1			
剖5	淋溶土	黄褐土	黄褐土	黄胶泥		1	0—26	浅褐色	轻黏土	小团块状	6.4	16.7	1.04	0.30	15.8				22.0		E 105°59′25.6″ N 33°00′25.3″	98
						2	26—47	棕色	轻黏土	块状	6.1	2.3	0.43	0.14	13.9				20.6			
						3	47—125	黄棕色	轻黏土	块状	6.8	1.8	0.32	0.12	14.9				17.3			
						4	125—152	浅黄棕色	轻黏土	棱块状	7.0	1.2	0.29	0.12	14.9				14.0			
剖6	半水成土	潮土	潮土			1	0—40	灰黄色	砂壤土	无明显结构										冲积物	E 105°51′58.0″ N 32°52′09.7″	100
						2	40—55		砂壤土	无明显结构												
						3	55—61		轻壤土	块状												
						4	61—79		轻壤土	块状												
						5	79—167		轻壤土	块状												
剖7	淋溶土	黄褐土	黄褐土	黄砂泥		1	0—12	暗黄色	轻壤土	小团块状	6.1	14.7	0.68	0.14	17.7				8.4		E 105°55′42.9″ N 32°50′45.7″	84
						2	12—55	浅黄褐色	重壤土	团块状	5.4	3.9	0.26	0.11	14.6				18.6			
						3	55—110	黄棕色	轻壤土	团块状	5.4	3.0	0.29	0.10	18.3				13.6			
剖8	淋溶土	黄棕壤	黄棕壤			1	0—11	暗棕色	砂壤土	团块状	5.7	23.9	1.40	0.29	19.9				11.6	页岩、片岩、千枚岩	E 106°13′04.2″ N 33°07′51.8″	97
						2	11—31	棕色	砂壤土	块状	5.7	13.6	0.96	0.30	20.5				11.0			
						3	31—59	浅棕色	砂壤土	块状	5.6	3.8	0.57	0.22	23.2				11.3			
剖9	人为土	水稻土	潴育水稻土	锈斑黄泥砂田		1	0—15	暗黄色	中壤土	小团块状	7.7	20.7	1.49	0.38	16.0				9.5		E 106°11′05.7″ N 33°07′05.6″	76
						2	15—25	暗棕色	中壤土	团块状	7.8	23.6	1.44	0.39	15.9				9.7			
						3	25—50	暗棕色	重壤土	棱块状	7.8	16.9	1.17	0.28	21.2				9.3			
						4	50—105	灰棕色	重壤土	棱块状	7.8	12.6	0.97	0.27	23.2				10.4			
						5	105—152	灰黄棕色	中壤土	无明显结构	7.8	7.4	0.73	0.38	21.6				6.5			
剖10	淋溶土	黄褐土	黄褐土	壤土		1	0—15	灰黄色	中壤土	小团块状	6.9	12.8	0.86	0.58	12.1				19.0		E 106°11′05.8″ N 33°06′06.0″	71
						2	15—42	暗黄棕色	轻黏土	小块状	6.7	15.2	0.83	0.57	11.2				16.3			
						3	42—70	暗棕色	中壤土	小块状	6.5	9.8	0.72	0.46	9.4				24.3			
						4	70—120	浅棕色	中壤土	块状	6.5	6.0	0.47	0.49	6.9				27.0			
剖11	人为土	水稻土	潜育水稻土	黄棕壤型潜育水稻土	冷浸田	Aa	0—20	暗棕灰色	壤质黏土	小团块状	5.5	24.3	1.31	0.26	19.9				15.8	黄棕壤	E 106°07′32.5″ N 33°02′44.8″	77
						Ap	20—33	暗黄棕色	壤质黏土	块状	5.9	14.5	0.75	0.25	15.4				11.4			
						G	33—60	青灰色	壤质黏土	棱块状	6.5	5.6	0.56	0.17	16.2				15.3			
						C	60—100	灰黄棕色	壤质黏土	块状	6.0	3.2	0.49	0.18	19.3				14.9			

续表 Continued

剖面号 Soil profile	土纲 Soil order	土类 Soil great group	亚类 Soil subgroup	土属 Soil genus	土种 Soil species	土层码 Layer code	土层厚度 Depth/cm	颜色 Soil color	质地 Soil texture	土壤结构 Soil structure	pH	有机质 OM/(g/kg)	全氮 TN/(g/kg)	全磷 TP/(g/kg)	全钾 TK/(g/kg)	碱解氮 AN/(mg/kg)	有效磷 AP/(mg/kg)	速效钾 AK/(mg/kg)	阳离子交换量CEC/(cmol/kg)	土壤母质 Parent material	剖面点坐标 Profile coordinate	匹配指数 Matching index/%
剖12	人为土	水稻土	脱潜水稻土	冲积洪积型脱潜水稻土	脱潜砂泥田	Aa	0—17	暗灰棕色	砂壤土	小块状	6.2	30.6	1.75	0.47	19.7	68	4.1	86	15.7	洪冲积物	E 106°12′43.9″ N 33°01′39.3″	86
						Ap	17—24	暗灰棕色	砂壤土	块状	6.9	23.0	1.15	0.43	19.5				14.5			
						Cg	24—87	浅棕灰色	砂壤土	块状	6.5	25.4	1.33	0.42	16.0				14.6			
						C	87—153	浅蓝灰色	砂壤土	块状	6.1	12.7	0.65	0.38	18.8				11.2			
剖13	人为土	水稻土	潜育水稻土	冲积洪积型潜育水稻土	烂泥田	Ag	0—24	暗棕灰色	砂质黏壤土	小块状	7.8	26.0	1.53	0.58	17.4	76	3.8	61	12.7	洪冲积物	E 106°10′07.7″ N 33°02′26.5″	72
						G_1	24—58	青灰色	砂质黏壤土	糊状	7.9	22.9	1.31	0.53	17.5				10.1			
						G_2	58—150	青灰色	黏壤土	块状	8.0	19.5	1.16	0.51	17.5				9.6			
剖14	初育土	新积土	淤土	淤土		1	0—18	黄棕色	砂壤土	小粒状	8.1	9.5	0.72	0.69	19.3				6.7	冲积物	E 106°03′47.0″ N 32°58′00.4″	84
						2	18—40	浅棕色	砂壤土	小粒状	8.2	9.8	0.54	0.67	18.1				6.6			
						3	40—75	青灰色	重壤土	小团块状	8.1	13.7	0.84	0.57	20.2				8.0			
						4	75—125	青灰色	轻黏土	团块状	8.2	17.2	1.12	0.68	21.1				12.9			
						5	125—170	青灰色	轻黏土	团块状	8.2	16.4	1.03	0.65	20.8				11.5			
剖15	人为土	水稻土	淹育水稻土	黄泡泥田		1	0—14	灰棕色	砂壤土	小团块状	7.2										E 106°04′51.0″ N 32°54′29.7″	87
						2	14—25	暗棕色	中壤土	团块状	7.2											
						3	25—150	暗棕色	中壤土	团块状	7.2											
剖16	人为土	水稻土	潜育水稻土	冲积洪积型潜育水稻土	锈砂砾田	Aa	0—13	暗棕灰色	粉砂质壤土	团块状	5.7	15.1	1.21	0.82	14.4	143	8.0	103		洪冲积物	E 106°09′45.4″ N 32°53′41.8″	72
						Ap	13—28	棕灰色	砂土	小块状	6.0	1.5	<0.10	0.47	16.8							
						W	28—56	棕灰色	砂壤土	小块状	6.0	4.4	0.30	0.31	5.6							
剖17	人为土	水稻土	脱潜水稻土	黄斑潮泥砂田	宁强砂泥田	Aa	0—17	棕色	砂质黏壤土	碎块状	6.2	30.6	1.75	0.47	19.7	68	4.0	86	15.7	洪冲积物	E 106°10′26.2″ N 32°47′25.3″	73
						Ap	17—24	油棕色	黏壤土	块状	6.9	23.0	1.15	0.43	19.5				14.5			
						Gw	24—87	灰棕色	砂质黏壤土	碎块状	6.5	25.4	1.33	0.42	16.0				14.6			
						G	87—153	蓝灰色	砂壤土	团粒状	6.1	12.7	0.65	0.38	18.8				11.2			
剖18	初育土	紫色土	紫泥土			1	0—12	暗红棕色	轻壤土	棱柱状	8.0	13.5	0.91	0.97	14.4				33.5	砂页岩风化物	E 106°14′33.6″ N 32°44′19.6″	87
						2	12—25	暗棕色	轻黏土	棱柱状	7.9	13.4	0.98	0.87	16.8				32.7			
剖19	淋溶土	黄棕壤	砂石黄泡土			1	0—9	暗棕色	砂壤土	小团块状	6.0	23.3	0.95	0.18	5.6				11.7		E 106°16′37.6″ N 33°10′57.1″	97
						2	9—23	浅棕灰色	砂壤土	团块状	6.1	5.0	0.26	0.11	4.9				7.0			
						3	23—50	浅棕灰色	砂壤土	块状	6.1	3.8	0.19	<0.10	3.6				6.8			
剖20	人为土	水稻土	潜育水稻土	青潮泥砂田	宁强烂泥田	Aa	0—17	棕色	黏壤土	小团块状	7.8	26.0	1.53	0.58	17.4	76	4.0	61	12.7	冲积物	E 106°17′05.7″ N 33°03′17.4″	88
						G_1	24—58	蓝灰色	黏壤土	糊状	7.9	22.9	1.31	0.53	19.5				10.1			
						G_2	58—150	蓝灰色	黏壤土	糊状	8.0	19.5	1.16	0.51	16.0				9.6			
剖21	人为土	水稻土	淹育水稻土	黄泥田		1	0—17	黄棕色	重壤土	小块状	6.7	18.9	1.04	0.66	19.3				15.4		E 106°18′52.7″ N 33°02′48.7″	83
						2	17—28	黄棕色	重壤土	块状	7.3	15.8	0.87	0.64	19.9				16.3			
						3	28—68	黄棕色	轻壤土	棱柱状	7.0	9.8	0.59	0.55	3.0				18.8			
						4	68—155	黄棕色	砂壤土	粒状	7.0	5.1	0.39	0.38	20.0				15.6			
剖22	人为土	水稻土	潴育水稻土	冲积洪积型潴育水稻土	锈砂泥田	Aa	0—15	暗棕灰色	砂壤土	团块状	7.6	20.7	1.49	0.38	16.0				9.5	洪冲积物	E 106°25′24.8″ N 33°01′19.3″	94
						Ap	15—25	暗棕色	砂质黏壤土	团块状	7.7	23.6	1.44	0.39	15.9				9.7			
						P	25—50	浅灰棕色	砂质黏壤土	块状	7.7	16.9	1.77	0.28	21.2				9.3			
						W	50—105	浅黄棕色	黏壤土	块状	7.8	12.6	0.97	0.27	23.2				10.4			
						C	105—152	浅黄棕色	砂壤土	块状												
剖23	人为土	水稻土	表潜水稻土	夹青黄泥田		1	0—14	棕灰色	轻黏土	小团块状	6.3	24.4	1.36	0.22	18.5				16.5		E 106°25′50.2″ N 32°58′58.7″	93
						2	14—26	暗灰色	轻黏土	团块状	6.2	21.1	1.31	0.23	19.0				16.0			
						3	26—37	青灰色	轻黏土	块状	7.5	4.3	0.46	0.19	19.6				13.8			
						4	37—152	棕色	轻黏土	棱块状	7.4	3.5	0.27	0.17	21.3				13.5			

续表 Continued

剖面号 Soil profile	土纲 Soil order	土类 Soil great group	亚类 Soil subgroup	土属 Soil genus	土种 Soil species	土层码 Layer code	土层厚度 Depth/cm	颜色 Soil color	质地 Soil texture	土壤结构 Soil structure	pH	有机质 OM/(g/kg)	全氮 TN/(g/kg)	全磷 TP/(g/kg)	全钾 TK/(g/kg)	碱解氮 AN/(mg/kg)	有效磷 AP/(mg/kg)	速效钾 AK/(mg/kg)	阳离子交换量CEC/(cmol/kg)	土壤母质 Parent material	剖面点坐标 Profile coordinate	匹配指数 Matching index/%
剖24	人为土	水稻土	淹育水稻土	泥砂田		1	0—22	灰棕色	中壤土	小块状	7.6	17.0	0.98	0.41	15.3				9.4		E 106°19′27.6″ N 32°50′52.3″	91
						2	22—34	灰黄色	中壤土	块状	7.2	15.3	0.93	0.44	16.2				9.5			
						3	34—69	灰黄色	中壤土	块状	7.4	10.9	0.70	0.38	16.8				11.7			
						4	69—152	棕色	中壤土	块状	7.5	9.0	0.62	0.39	22.1				11.4			
剖25	初育土	紫色土	紫泥土	紫砂土		1	0—12	紫棕色	轻壤土	小团块状	6.2	51.1	2.26	0.33	21.1				15.9	砂页岩风化物	E 106°25′39.9″ N 32°54′40.3″	85
						2	12—30	暗红棕色	轻壤土	团块状	5.9	20.5	1.00	0.24	20.4				11.4			
剖26	水成土	沼泽土	潜育沼泽土	青呕泥土		1	0—15	黑褐色	重壤土	小块状	7.1	21.1	1.21	0.56	17.3				13.5		E 106°22′50.5″ N 32°48′40.8″	92
						2	15—35	黑褐色	轻黏土	板状	6.4	23.6	1.23	0.54	21.4				14.8			
						3	35—85	黑褐色	轻黏土	板状	6.4	46.0	1.51	0.48	21.5				18.1			
						4	85—150	黑褐色	轻黏土	板状	7.0	37.1	1.49	0.67	21.1				13.7			
						5	150—280	黑褐色	轻黏土	板状	6.7	48.8	1.75	0.60	22.4				17.5			

略 阳 县

主要土类说明

黄棕壤是略阳县主要土壤类型，占本县地域面积的57%。黄棕壤主要分布在海拔1700m以下的地区，多数发育于坡积物和残积物。自然植被主要为落叶阔叶林和针阔叶混交林等。在雨热同期的气候条件下，土壤淋溶作用较强，剖面中出现铁锰胶膜和铁锰结核，具有明显的黏化过程，但未形成黏盘层，碳酸盐发生淋溶，在土壤底层未出现钙积层。

黄褐土是略阳县第二大土壤类型，占本县地域面积的17%，分布在丘陵浅山和高阶地。黄褐土是在北亚热带暖湿气候条件和常绿阔叶林、落叶阔叶林植被条件下形成的地带性土壤，具 A–B–C 或 A–Bt–C 剖面构型。成土母质为黄土状母质和黏黄土。成土过程主要包括强烈的黏化过程、中度淋溶过程、腐殖质化过程及弱度脱硅富铝化过程。该土壤土体中游离碳酸钙已不复存在，土壤呈灰黄棕色，在底部可散见圆形石灰结核。土壤黏化淀积明显，B 层黏聚，黏粒硅铝率在 3.0 左右，盐基饱和度由表层向底层逐渐趋向饱和。该土壤广泛分布在河流两侧的缓平坡地，地形开阔，坡度平缓，水热条件好，光照充足，因此黄褐土土层较厚，耕作历史悠久，耕层较松软，熟化程度较高，是本县主要的农业土壤。

棕壤是略阳县第三大土壤类型，占本县地域面积的14%，又称棕色森林土，分布在海拔 1600—2425m 的中山区，垂直分布在黄棕壤之上。自然植被主要为次生落叶阔叶林，也有极少数针阔叶混交林。棕壤分布区气候温凉，湿度较大，雨热同期，霜期较长，入冬后有厚 15—20cm 的冻土层。土壤黏粒含量较高，黏粒在剖面中有明显的移动和聚积，但未形成黏盘层。土壤阳离子交换量为 4.4—29.5cmol/kg，pH 一般为 5.1—6.6，土壤呈微酸性或酸性。本县棕壤分为棕壤、生草棕壤、粗骨性棕壤等亚类。

粗骨土占本县地域面积的10%，零星分布在石质山地的陡坡地段。粗骨土是在岩石风化碎屑上形成的幼年土壤，发育微弱，属于 A–C 型，甚至（A）–C 型土壤。A 层发育不明显，与母质土层性状相似，略显有机质累积。有时母质层富含砾石，很少出现剖面分异与发育特征。

小于本县地域面积3%的土壤类型有石灰（岩）土、石质土、水稻土、新积土。

本区域中心区气候特征

本区域中心区气候特征值
Regional climate characteristics in central area of the region

气候带：北亚热带湿润气候 Climate region: North subtropical humid climate	
年平均气温 /℃ Annual average temperature /℃	14.0
年平均最高气温 /℃ Annual average maximum temperature /℃	19.0
年平均最低气温 /℃ Annual average minimum temperature /℃	10.2
年降水量 /mm Annual precipitation /mm	650
≥10℃的积温 /℃ Daily temperature accumulated in a year（≥10℃）/℃	5164
年日照时数 /h Annual sunshine /h	1707
年平均相对湿度 /% Annual average relative humidity /%	70
干燥度 Dryness	1.35

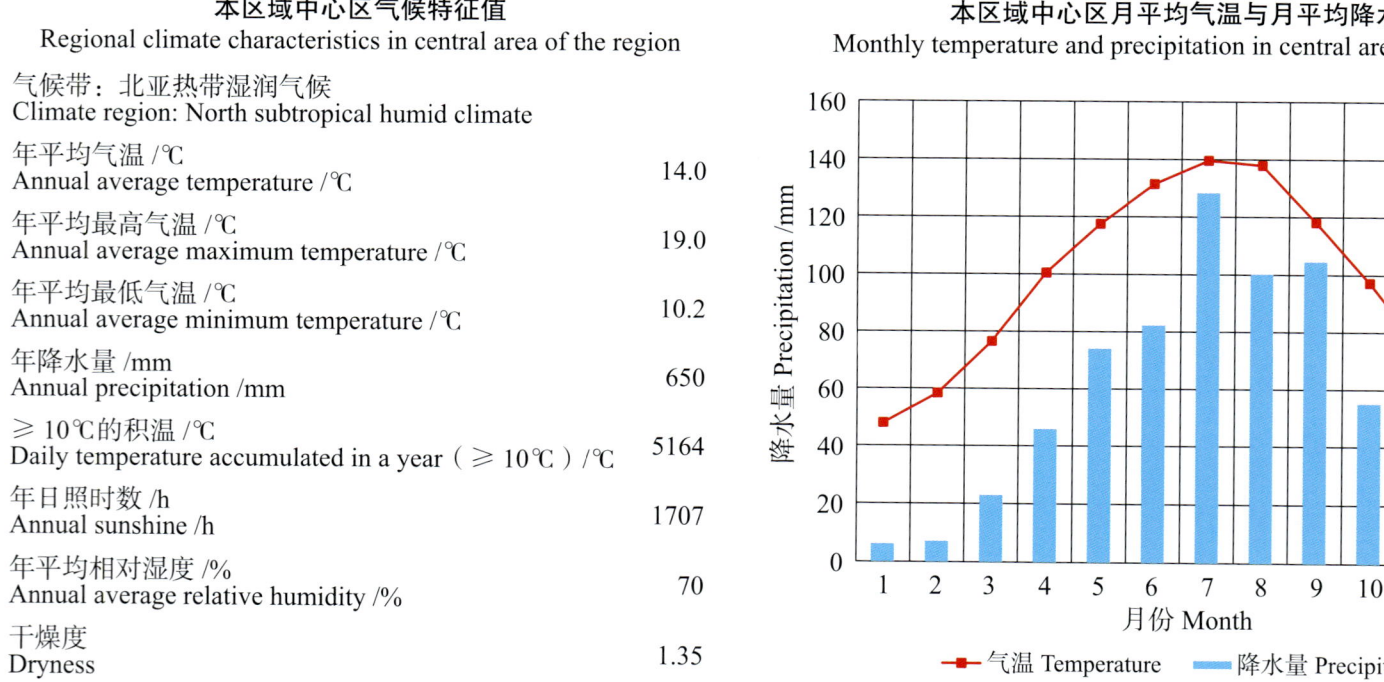

本区域中心区月平均气温与月平均降水量
Monthly temperature and precipitation in central area of the region

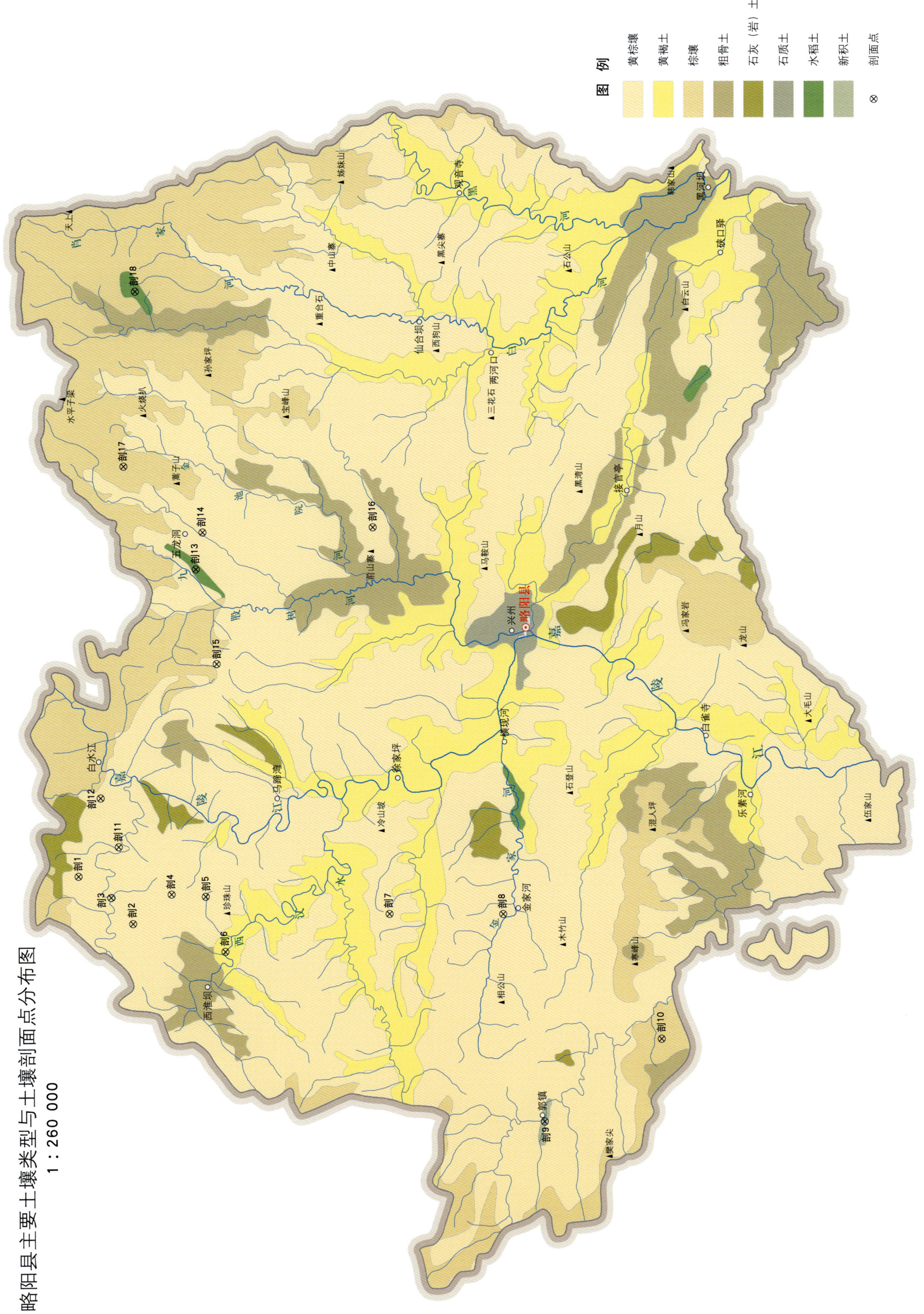

略阳县主要土壤类型与土壤剖面点分布图
1∶260 000

略阳县土壤剖面理化性状表

剖面号 Soil profile	土纲 Soil order	土类 Soil great group	亚类 Soil subgroup	土属 Soil genus	土种 Soil species	土层码 Layer code	土层厚度 Depth/cm	颜色 Soil color	质地 Soil texture	土壤结构 Soil structure	pH	有机质 OM/(g/kg)	全氮 TN/(g/kg)	全磷 TP/(g/kg)	全钾 TK/(g/kg)	阳离子交换量 CEC/(cmol/kg)	土壤母质 Parent material	剖面点坐标 Profile coordinate	匹配指数 Matching index/%
剖1	淋溶土	黄棕壤	粗骨性黄棕壤	石片石渣土		0	0–3										千枚岩, 页岩	E 105°59′13.3″ N 33°35′30.6″	100
						2	3–16	棕灰色	砂壤土	块状	7.3	52.5	2.99	0.37	22.1	9.1			
						3	16–32	暗灰棕色	轻壤土	块状	7.5	5.8	1.17	0.13	20.8	4.7			
						4	32–150	浅棕灰色	砂壤土	块状	7.6	4.1	0.87	0.10	17.4	<2.0			
剖2	淋溶土	黄棕壤	黄棕壤	石片黄泡土		1	0–4	棕灰色	中壤土	块状	5.6	60.4	0.41	0.27	8.5	13.3	页岩, 片岩, 千枚岩	E 105°57′12.8″ N 33°33′37.1″	88
						2	4–47	棕色	中壤土	块状	6.1	13.4	0.54	0.17	14.2	12.9			
剖3	淋溶土	黄棕壤	粗骨性黄棕壤	石片石渣土		0	0–9											E 105°58′19.0″ N 33°34′22.7″	87
						2	9–14	棕色	砂壤土	粒状	7.5	38.8	1.35	0.79					
						3	14–100	灰棕色	砂壤土		6.0	15.2	0.60	0.71					
剖4	淋溶土	黄棕壤	黄棕壤	夹石黄泡土		1	0–12	浅棕色	重壤土	块状	7.8	11.1	0.79	0.40			坡积物	E 105°58′25.2″ N 33°32′15.7″	81
						2	12–27	棕色	轻黏土	小团块状	7.8	11.8	0.84	0.40					
						3	27–77	浅棕色	重黏土	块状	7.7	6.3	0.61	0.30					
						4	77–145	浅棕色	砂壤土	粒状	7.7	4.2	0.47	0.36					
剖5	淋溶土	黄棕壤	黄棕壤	砂黄泡土		2	0–12	黄棕色	砂壤土	粒状	6.2	31.3	1.37	0.31			坡积物	E 105°58′18.5″ N 33°31′03.6″	79
						3	12–30	黄棕色	砂壤土	粒状	6.0	9.8	0.57	0.19					
						3	30–46	棕灰色	砂壤土	粒状	6.1	8.2	1.20	<0.10					
						4	46—												
剖6	淋溶土	黄褐土	黄褐土	垆土		1	0–16	暗棕色	轻黏土	块状	7.8	13.0	0.86	0.59			坡积物	E 105°55′59.8″ N 33°30′24.1″	85
						2	16–26	暗棕色	轻黏土	块状	7.9	11.8	0.76	0.58					
						3	26–70	暗棕色	轻黏土	团块状	7.7	9.1	0.67	0.58					
						4	70–150	暗棕色	重黏土	团块状	7.4	5.7	0.78						
剖7	淋溶土	黄棕壤	黄棕壤	青石黄泡土		1	0–10	灰棕色	轻黏土	块状							石灰岩风化物	E 105°57′29.0″ N 33°24′37.9″	76
						2	10–29	浅棕色	轻黏土	块状									
						3	29–47	暗红棕色	轻黏土	小块状									
剖8	淋溶土	黄棕壤	生草黄棕壤	夹石灰黄泡土		1	0–30	棕灰色	重壤土	块状	6.0	53.9	2.09	0.34	20.2	18.7	坡积物	E 105°57′24.8″ N 33°20′38.4″	88
						2	30–50	灰棕色	轻壤土	块状	6.3	15.6	0.79	0.20	19.3	9.5			
						3	50–150	棕色	砂壤土	小块状	6.1	11.4	0.68	0.20	18.8	8.6			
剖9	初育土	新积土	淤土	淤土		1	0–20	暗棕色	砂壤土	小块状							冲积物	E 105°48′53.7″ N 33°19′17.3″	84
						2	20–30			粒状									
						3	30–65												
						4	65—												
剖10	淋溶土	棕壤	棕壤	夹石泡土		0	0–3										坡积物	E 105°52′10.7″ N 33°15′08.8″	73
						2	3–15	暗棕色	重壤土	块状	6.6	157.4	4.88	0.43					
						3	15–70	暗棕色	重壤土	团块状	6.4	57.8	2.23	0.32					
剖11	淋溶土	黄棕壤	黄棕壤	坡洪积黄棕壤	厚层黄砂泥	A_1	0–20	暗棕色	黏壤土		6.8	15.0	0.97				坡积物	E 106°00′25.1″ N 33°34′05.4″	80
						A_2	20–30	灰黄棕色	壤质黏土	块状	6.9	5.0	0.49	0.67					
						Bt	30–100	黄棕色	黏粒土	块状	7.0	4.5	0.44	0.60					
						C	100–150	浅黄棕色	砂壤土	块状	7.2	2.0	0.50	0.64					
剖12	淋溶土	黄棕壤	黄棕壤	夹石黄泡土		1	0–17				7.7	10.6	0.63	0.35	18.8	17.3	坡积物	E 106°02′27.0″ N 33°34′41.9″	100
						2	17–26				7.9	11.6	0.71	0.33	22.1	18.3			
						3	26–57				8.0	12.2	0.69	0.31	22.5	16.3			
						4	57–150				7.8	14.0	0.43	0.18	21.7	12.8			

续表 Continued

剖面号 Soil profile	土纲 Soil order	土类 Soil great group	亚类 Soil subgroup	土属 Soil genus	土种 Soil species	土层码 Layer code	土层厚度 Depth/cm	颜色 Soil color	质地 Soil texture	土壤结构 Soil structure	pH	有机质 OM/(g/kg)	全氮 TN/(g/kg)	全磷 TP/(g/kg)	全钾 TK/(g/kg)	阳离子交换量 CEC/(cmol/kg)	土壤母质 Parent material	剖面点坐标 Profile coordinate	匹配指数 Matching index/%
剖13	人为土	水稻土	潴育水稻土	锈斑泥砂田		1	0—25	暗灰棕色	中壤土	块状	7.3							E 106°11′51.8″ N 33°31′14.1″	91
						2	25—33	灰棕色	轻壤土	块状	7.7								
						3	33—150	暗灰棕色	砂壤土	小块状	7.3								
剖14	淋溶土	黄棕壤	黄棕壤	青石黄泡土		1	0—10				6.8	51.3	0.94	0.35			石灰岩风化物	E 106°13′22.8″ N 33°30′58.9″	78
						2	10—26					26.0	0.81	0.25					
						3	26—43					14.8	1.97	0.18					
剖15	淋溶土	黄棕壤	黄棕壤	夹石黄泡土		1	0—20				6.9	14.1	0.97	0.67			坡积物	E 106°07′56.7″ N 33°30′33.4″	74
						2	20—30				7.0	5.0	0.49	0.64					
						3	30—70				7.2	4.5	0.47	0.46					
						4	70—130					3.1	0.36						
剖16	淋溶土	黄棕壤	粗骨性黄棕壤	青石石渣土		1	0—22	暗棕色	中壤土	块状	>9.5	37.5	2.05	0.54			石灰岩风化物	E 106°13′28.5″ N 33°24′60.0″	100
						2	22—55	暗棕色	轻壤土	块状	8.0	27.8	1.76	0.54					
						3	55—90	浅棕色	重壤土	块状	8.0	25.8	1.59	0.55					
剖17	淋溶土	棕壤	生草棕壤	灰夹石泡土		1	0—15				5.7	79.7	3.38	0.84			坡积物	E 106°16′09.2″ N 33°33′42.9″	87
						2	15—35				5.3	19.6	1.18	0.38					
						3	35—100				5.1	5.8	0.66	0.25					
剖18	人为土	水稻土	淹育水稻土	泥砂田		1	0—18	棕灰色	轻壤土	块状								E 106°23′23.2″ N 33°33′12.3″	78
						2	18—40	暗棕黄色	轻壤土	块状									
						3	40—62	暗灰色	中壤土	块状									
						4	62—150	浅棕色	中壤土	块状									

镇 巴 县

主要土类说明

黄棕壤是镇巴县主要土壤类型，占本县地域面积的 66%。黄棕壤发生于北亚热带暖湿落叶阔叶林下，多由砂页岩及花岗岩风化物发育而成，弱度富铝化，黏聚现象明显，呈黄棕色，主要分布在海拔 425—2300m 的地区。该土壤具 A–B–C 或 A–（B）–C 剖面构型，黏粒硅铝率在 2.5 左右，铁的游离度较红壤低，B 层交换性酸大于 A 层。

黄褐土是镇巴县第二大土壤类型，占本县地域面积的 23%。黄褐土是在北亚热带暖湿气候条件和常绿阔叶林、落叶阔叶林植被条件下形成的地带性土壤，分布在丘陵浅山和高阶地，具 A–B–C 或 A–Bt–C 剖面构型。成土母质为黄土状母质和黏黄土。成土过程主要包括强烈的黏化过程、中度淋溶过程、腐殖质化过程及弱度脱硅富铝化过程。该土壤土体中游离碳酸钙已不复存在，土壤呈灰黄棕色，在底部可散见圆形石灰结核。土壤黏化淀积明显，B 层黏聚，黏粒硅铝率在 3.0 左右，盐基饱和度由表层向底层逐渐趋向饱和。

紫色土是镇巴县第三大土壤类型，占本县地域面积的 7%，由紫红色砂页岩经物理风化而形成。由于裸露的岩石经物理分解成碎屑，成土物质不断更新或积累，碳酸钙的淋溶作用也持续不断地进行，因此土壤发育处于相对幼年阶段，剖面无明显层次，没有明显的腐殖质层，但富含矿质养分，主要为磷、钾等元素。

小于本县地域面积 3% 的土壤类型有水稻土、潮土、棕壤、粗骨土、石灰（岩）土。

本区域中心区气候特征

本区域中心区气候特征值
Regional climate characteristics in central area of the region

气候带：北亚热带湿润气候 Climate region: North subtropical humid climate	
年平均气温 /℃ Annual average temperature /℃	14.5
年平均最高气温 /℃ Annual average maximum temperature /℃	19.6
年平均最低气温 /℃ Annual average minimum temperature /℃	10.7
年降水量 /mm Annual precipitation /mm	1051
≥10℃的积温 /℃ Daily temperature accumulated in a year（≥10℃）/℃	5844
年日照时数 /h Annual sunshine /h	1460
年平均相对湿度 /% Annual average relative humidity /%	74
干燥度 Dryness	1.01

本区域中心区月平均气温与月平均降水量
Monthly temperature and precipitation in central area of the region

镇巴县主要土壤类型与土壤剖面点分布图

1 : 350 000

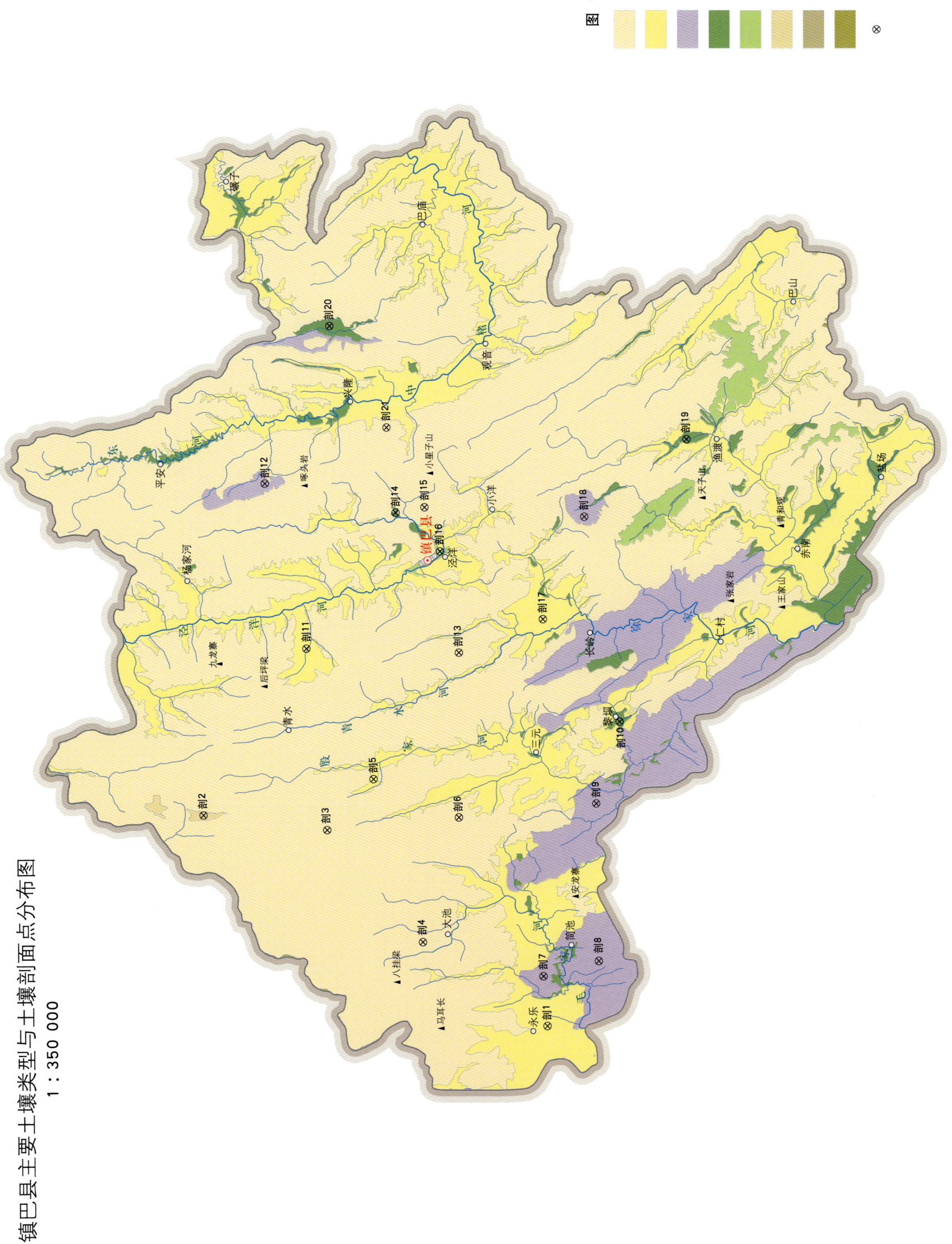

镇巴县土壤剖面理化性状表

剖面号 Soil profile	土纲 Soil order	土类 Soil great group	亚类 Soil subgroup	土属 Soil genus	土种 Soil species	土层码 Layer code	土层厚度 Depth/cm	颜色 Soil color	质地 Soil texture	土壤结构 Soil structure	pH	有机质 OM/(g/kg)	全氮 TN/(g/kg)	全磷 TP/(g/kg)	全钾 TK/(g/kg)	阳离子交换量CEC/(cmol/kg)	土壤母质 Parent material	剖面点坐标 Profile coordinate	匹配指数 Matching index/%
剖1	淋溶土	黄褐土	粗骨性黄褐土	青石石骨子土		1	0~10	暗棕色	轻壤土	块状	6.8						石灰岩风化物	E 107°29′00.2″ N 32°27′25.1″	94
						2	10~18	灰黄棕色	重壤土	块状	6.4					12.1			
剖2	淋溶土	棕壤	生草棕壤	灰青石黄泡土		1	0~15	暗红棕色	轻黏土	块状	6.5	29.3	1.60	1.19	27.7	23.3		E 107°40′29.7″ N 32°42′38.0″	82
						2	15~48	红棕色	轻黏土	块状	5.9	19.6	1.26	0.80	14.8	27.9			
						3	48~74	浅红棕色	中黏土	块状	6.9	17.7	0.94	0.61	17.9	25.1			
						4	74~116	红棕色	中黏土	块状	6.8	13.4	0.96	0.89	16.8	16.5			
剖3	淋溶土	黄棕壤	生草黄棕壤	夹石灰黄泡土		1	0~18	灰黄棕色	中壤土	团状	5.8	54.8	2.92	1.17	21.1	12.8	坡积物	E 107°39′31.4″ N 32°37′04.9″	82
						2	18~40	灰黄棕色	重壤土	块状	6.3	35.2	1.25	1.48	21.4	14.6			
						3	40~72	黄棕色	重壤土	块状	6.8	18.3	0.75	1.32	19.2	14.8			
						4	72~120	黄棕色	中壤土	块状	6.9	6.8	0.99	1.39	15.2	10.5			
剖4	淋溶土	黄棕壤	黄棕壤	砂黄泡土		1	0~14	灰黄色	中壤土	团状	5.9	26.0	1.32	1.10	16.8	7.1	花岗片麻岩	E 107°33′31.2″ N 32°32′55.2″	86
						2	14~41	棕黄相间	重壤土	棱块状	6.1	11.4	0.77	0.62	17.6	7.1			
						3	41~69	浅红棕色	重壤土	块状	6.1	5.3	0.58	0.57	18.0	8.3			
						4	69~107	灰红棕色	中壤土	块状	6.1	4.1	0.48	<0.10	15.6	8.7			
剖5	淋溶土	黄褐土	粗骨性黄褐土	青石石骨子土		1	0~13	黄棕色	中壤土	团块状	6.0	8.3	0.97	0.84	18.7	9.3	石灰岩风化物	E 107°42′07.5″ N 32°34′55.7″	73
						2	13~114		中壤土	块状	6.0	3.9	0.60	0.52	19.4	14.2			
剖6	淋溶土	黄棕壤	生草黄棕壤	青石灰黄泡土	淡灰紫砂土	0	0~6										石灰岩风化物	E 107°39′59.0″ N 32°31′08.2″	91
						2	6~27	灰黄色	重壤土	团块状	5.4	38.7	1.90	1.72	3.9	11.3			
						3	27~66	黄棕色	轻壤土	小块状	5.3	25.7	1.56	1.10	20.6	8.2			
						4	66~150	黄棕色	中壤土	块状	5.8	8.5	0.65	0.79	19.0	12.0			
剖7	初育土	紫色土	紫色土	紫砂土		1	0~12	暗紫	砂壤土	团粒状	6.5	14.6	0.85	0.53	19.1	11.3	紫红色砂岩风化物	E 107°31′33.9″ N 32°27′32.2″	80
						2	12~27	紫红色	砂壤土	团块状	6.2	8.0	0.65	0.46	16.6	10.5			
						3	27~44	紫红色	轻壤土	块状	6.1	2.5	0.54	0.41	18.1	8.8			
剖8	初育土	紫色土	中性紫色土	砂砾石中性紫色土		A	0~12	暗紫棕色	砂壤土	小块状	6.5	10.7	0.62	0.17	11.6	9.3	紫红色砂砾岩风化残积物	E 107°32′15.8″ N 32°25′01.1″	70
						C_1	12~27	暗紫棕色	砂壤土	碎状	6.2	6.6	0.54	0.17	11.4	8.6			
						C	27~44	暗红棕色	砾质壤土		6.1	2.1	0.45	0.15	12.5				
						R	44—												
剖9	初育土	紫色土	紫色土	紫砂土		1	0~5	暗棕色	轻壤土	团粒状	6.8					10.4	紫红色砂岩	E 107°40′30.2″ N 32°24′56.2″	77
						2	5~21	黄棕色	轻壤土	棱块状	7.2				22.9	12.9			
						3	21~30	棕色	砂壤土	小块状、粒状	7.0				21.9	13.1			
剖10	人为土	水稻土	潴育水稻田	锈斑泥田		1	0~16	暗黄棕色	中壤土	块状、粒状	6.3	31.8	1.56	1.14	22.9	12.6	冲积物、坡积物	E 107°44′45.7″ N 32°23′46.5″	78
						2	16~30	灰黄棕色	中壤土	棱块状	6.6	21.1	1.12	1.37	21.9				
						3	30~50	灰黄棕色	中壤土	棱块状	6.8	19.9	1.03	1.03	19.9				
						4	50~125	暗黄棕色	中壤土	团块状	6.9	19.3	1.20	0.98	22.6				
剖11	淋溶土	黄褐土	粗骨性黄褐土	砂石骨子土		1	0~16	暗棕色	中壤土	块状	5.8	11.9	0.58	0.53	18.0		花岗片麻岩	E 107°49′07.1″ N 32°37′46.4″	97
						2	16~57	黄棕色	中壤土	块状	6.0	1.8	0.29	0.39	18.0				
						3	57~150	浅棕色	中壤土	粒状	6.2	<1.0	0.23	0.53	20.8				
剖12	初育土	紫色土	紫色土	紫泥土		1	0~9	灰棕黄色	砂壤土	小块状	6.3						紫红色页岩	E 107°57′48.7″ N 32°39′25.1″	81
						2	9~20	黄棕色	砂壤土	块状	6.3								
						3	20~52	黄棕色	砂壤土	小块状	6.4								

续表 Continued

剖面号 Soil profile	土纲 Soil order	土类 Soil great group	亚类 Soil subgroup	土属 Soil genus	土种 Soil species	土层码 Layer code	土层厚度 Depth/cm	颜色 Soil color	质地 Soil texture	土壤结构 Soil structure	pH	有机质 OM/(g/kg)	全氮 TN/(g/kg)	全磷 TP/(g/kg)	全钾 TK/(g/kg)	阳离子交换量CEC/(cmol/kg)	土壤母质 Parent material	剖面点坐标 Profile coordinate	匹配指数 Matching index/%
剖13	淋溶土	黄棕壤	黄棕壤	青石黄泡土		1	0—12	暗棕色	重壤土	团块状	5.7	73.0	2.94	0.82	8.3	18.9	石灰岩风化物	E 107°48′39.7″ N 32°30′54.6″	100
						2	12—43	暗棕色	重壤土	块状	6.1	8.6	0.54	0.34	7.6	7.1			
						3	43—75	灰棕色	重壤土	棱块状	6.1	4.1	0.38	0.33	7.4	9.4			
						4	75—117	黄棕色	重壤土	棱块状	6.3	4.1	0.36	0.37	8.6	12.3			
剖14	人为土	水稻土	淹育水稻土	泥砂砂田		1	0—22	灰黄色	重壤土	块状	6.1	22.4	1.37	0.58	16.6	7.4	冲积物、坡积物	E 107°56′03.8″ N 32°33′34.5″	75
						2	22—33	灰黄棕色	重壤土	块状	6.4	5.5	0.70	0.45	13.8	5.7			
						3	33—150	浅棕色	重壤土	块状	7.0	4.7	0.55	0.36	14.4	5.4			
剖15	淋溶土	黄棕壤	粗骨性黄棕壤	砂石黄渣土		1	0—14	灰棕色	轻壤土	团块状	6.7						砂岩	E 107°56′18.1″ N 32°32′16.0″	96
						2	14—28	灰棕色	轻壤土	团块状	6.4								
						3	28—39	黄棕色	轻壤土	块状	6.4								
剖16	半水成土	潮土	潮土			1	0—17	黄灰色	轻壤土	小团块状	7.4	19.3	1.03	1.89	25.0	8.7	冲积物	E 107°53′59.0″ N 32°31′37.8″	92
						2	17—26	灰黄色	砂壤土	团块状	7.5	18.3	0.76	1.47	24.7	8.6			
						3	26—54	黄色	中壤土	块状	7.7	11.9	0.50	1.33	20.3	7.3			
						4	54—100	黄棕色	轻壤土	块状	7.6	10.6	0.72	1.36	25.2	11.6			
						5	100—160	棕褐色	轻壤土	块状	7.6	6.2	0.41	2.75	28.1	8.1			
						6	160—180	黄棕色	砂壤土	粒状	7.4	2.6	0.53	3.21	29.6	7.9			
剖17	淋溶土	黄褐土	黄褐土	墡土		1	0—15	暗灰棕色	轻壤土	团块状	7.2						坡积物	E 107°50′16.0″ N 32°27′05.5″	77
						2	15—38	红棕色	重壤土	块状	7.4								
						3	38—85	黄棕色	重壤土	块状	7.2								
剖18	初育土	紫色土	紫色土	紫泥土		1	0—12	紫棕色	重壤土	团块状	5.9	18.7	0.89	0.63	21.1	14.8	紫红色页岩	E 107°55′33.7″ N 32°25′05.4″	89
						2	12—30	暗黄棕红色	中壤土	无明显结构	5.9	9.9	0.79	0.40	20.6	16.7			
剖19	人为土	水稻土	脱潜水稻土	起旱泥砂田		1	0—15	暗黄棕色	中壤土	团块状	6.1	34.2	2.05	1.42	15.7	9.5		E 107°59′27.5″ N 32°20′23.2″	73
						2	15—25	灰黄棕色	中壤土	团块状	6.5	31.9	1.96	1.46	19.3	8.8			
						3	25—43	棕色	中壤土	块状	7.2	14.9	1.36	2.85	22.2	12.2			
						4	43—70	暗灰棕色	中壤土	块状	6.9	12.7	1.10	3.60	20.0	12.9			
						5	70—150	暗灰棕色	中壤土	块状	6.3	10.9	0.98	3.24	19.3	15.2			
剖20	人为土	水稻土	潜育水稻土	夹砂青泥田		1	0—30	暗灰棕色	重壤土	无明显结构	6.3	45.1	2.25	0.77	24.6	11.9	冲积物、坡积物	E 108°05′58.2″ N 32°36′17.6″	79
						2	30—63	暗灰棕色	重壤土	无明显结构	6.4	41.6	2.01	0.85	24.6	11.2			
						3	63—153	灰蓝色	重壤土	无明显结构	6.4	12.6	0.94	1.33	24.9	8.3			
剖21	淋溶土	黄棕壤	黄棕壤	夹石黄泡土		1	0—16	灰黄棕色	中壤土	团块状	5.9	44.2	1.96	1.62	17.9	12.1	坡积物	E 108°00′33.5″ N 32°33′52.2″	80
						2	16—29	灰黄棕色	重壤土	块状	5.7	40.9	1.19	0.97	17.9	14.3			
						3	29—150	黄棕色	重壤土	块状	5.8	4.9	0.52	0.74	14.7	7.6			

留 坝 县

主要土类说明

棕壤是留坝县主要土壤类型，占本县地域面积的42%。棕壤是在气候温凉、湿度较大的环境条件和针叶林、针阔叶混交林植被条件下形成的土壤，分布在海拔1500—1700m的中山区。成土过程主要为黏化过程。该土壤处于硅铝风化阶段，仅见微弱的铁质游离，但未达弱度富铝化或初期脱硅富铝化，这与出现不同程度富铝化的黄褐土和黄棕壤有明显差别。由于气温较低，雨量较多，矿物水解作用强烈，土壤呈微酸性至中性，碳酸盐被淋洗，盐基不饱和。土壤淋溶作用较强烈，上部土层中的黏粒有向心土层聚积的趋势，黏粒含量较高，黏化程度较弱，土壤结构较疏松。

黄棕壤是留坝县第二大土壤类型，占本县地域面积的39%。其形成过程与黄褐土类似，主要成土过程均为黏化过程，并带有初期的脱硅富铝化过程。但处于海拔900—1100m或海拔1500—1700m的山地黄棕壤还有较强的水化作用，由于该区域气温偏低且雨量多，土壤受水的作用较强，矿物发生水解，致使土壤呈微酸性至酸性。同时，其黏化过程比黄褐土弱，心土层虽有明显的黏化过程，但远未形成黏盘，土壤结构较疏松。

黄褐土是留坝县第三大土壤类型，占本县地域面积的17%，分布在海拔1100m以下的低山区。黄褐土是亚热带黄壤向暖温带褐土过渡的地带性土壤，同时具有黄壤和褐土的特点。在温暖湿润的气候条件下，原生矿物风化成次生矿物的速度较快，土壤黏粒含量较高，随着下渗水流的淋洗作用，黏粒的淋溶聚积过程强烈，并常形成黏重的心土层，甚至形成深厚的黏盘。该土壤黏化程度因成土母质不同而异，黏粒聚积的情况也有所不同。本县北部山区以石灰岩为主，在这类沉积岩风化物上形成的黄褐土，质地黏重，往往在剖面下部（80—110cm）黏粒的聚积量较多，小于0.01mm的物理性黏粒占59.9%—62.1%；在坡积物上形成的黄褐土，黏粒的聚积量较少，黏化过程轻微，小于0.01mm的物理性黏粒占52.6%—53.5%；在花岗片麻岩上形成的黄褐土，黏化程度最轻，小于0.01mm的物理性黏粒约占18.3%。黄褐土的石灰淋溶作用强烈，但因成土母质不同，淋溶程度各有差异。由于黄褐土形成过程出现微弱的脱硅富铝化作用，土壤中有二氧化物和三氧化物的分化和迁移现象，游离铁发生水化使土壤呈黄棕色，并且在剖面下部结构体表面产生较多的铁锰胶膜、斑块和铁锰结核。土壤呈中性至微酸性，具有较高的吸收性能，阳离子交换量为10.7—15.4cmol/kg，且呈盐基饱和状态。

小于本县地域面积3%的土壤类型有水稻土、暗棕壤、粗骨土、山地草甸土。

本区域中心区气候特征

本区域中心区气候特征值
Regional climate characteristics in central area of the region

气候带：暖温带亚湿润气候
Climate region: Warm temperate subhumid climate

年平均气温 /℃ Annual average temperature /℃	13.7
年平均最高气温 /℃ Annual average maximum temperature /℃	18.7
年平均最低气温 /℃ Annual average minimum temperature /℃	9.8
年降水量 /mm Annual precipitation /mm	709
≥10℃的积温 /℃ Daily temperature accumulated in a year（≥10℃）/℃	5665
年日照时数 /h Annual sunshine /h	1681
年平均相对湿度 /% Annual average relative humidity /%	74
干燥度 Dryness	1.18

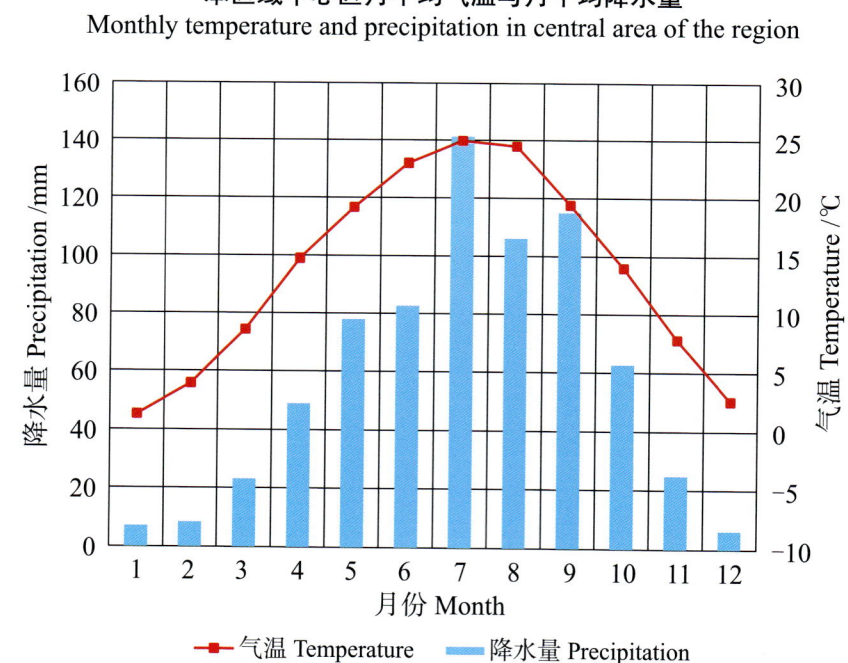

本区域中心区月平均气温与月平均降水量
Monthly temperature and precipitation in central area of the region

留坝县主要土壤类型与土壤剖面点分布图
1∶280 000

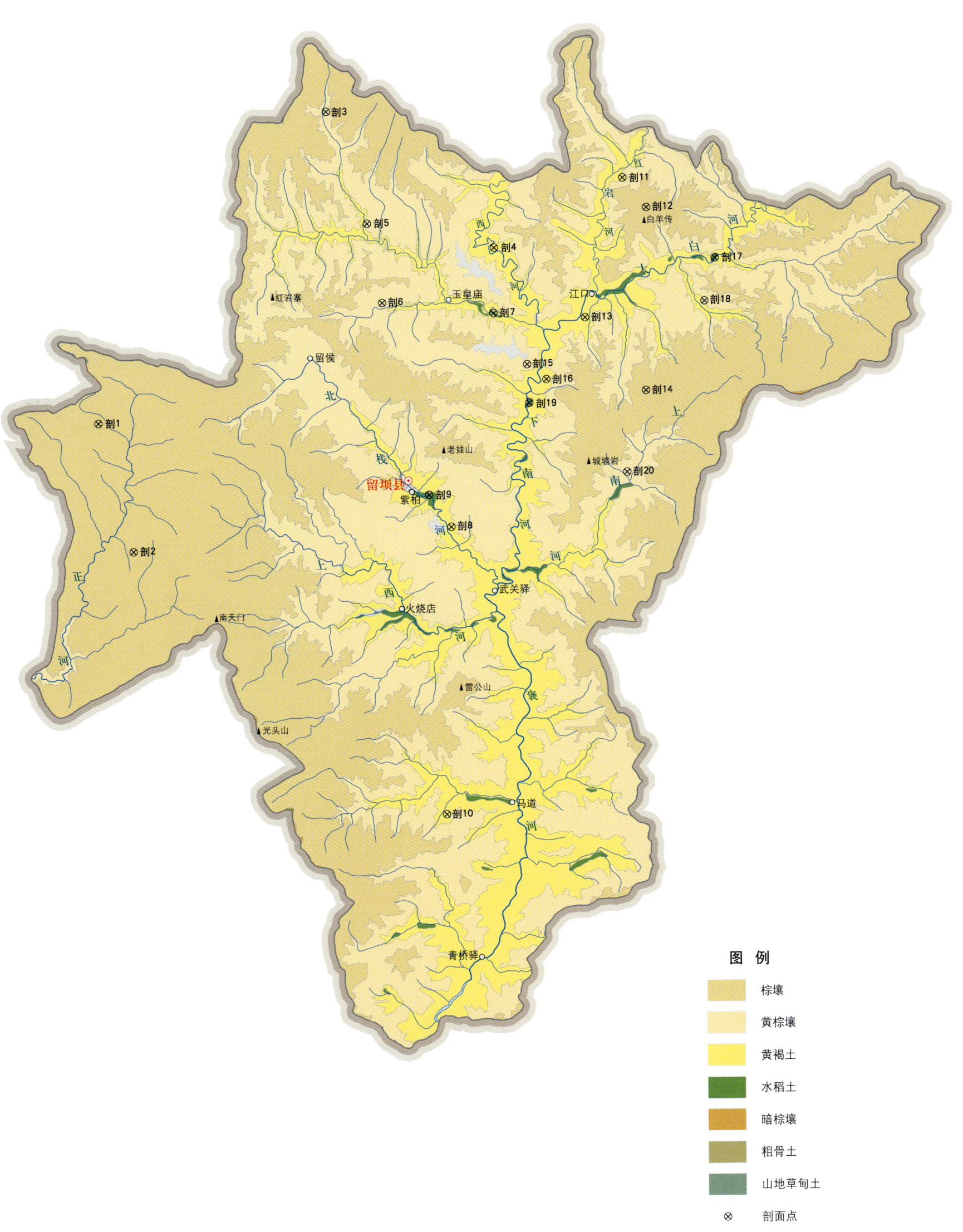

留坝县土壤剖面理化性状表

剖面号 Soil profile	土纲 Soil order	土类 Soil great group	亚类 Soil subgroup	土属 Soil genus	土种 Soil species	土层码 Layer code	土层厚度 Depth/cm	颜色 Soil color	质地 Soil texture	土壤结构 Soil structure	pH	有机质 OM/(g/kg)	全氮 TN/(g/kg)	全磷 TP/(g/kg)	全钾 TK/(g/kg)	碱解氮 AN/(mg/kg)	有效磷 AP/(mg/kg)	速效钾 AK/(mg/kg)	阳离子交换量CEC/(cmol/kg)	土壤母质 Parent material	剖面点坐标 Profile coordinate	匹配指数 Matching index/%
剖1	淋溶土	棕壤	棕壤	砂泡土		1	20—40					83.5	4.57	0.63						花岗片麻岩	E 106°41′51.0″ N 33°39′21.9″	100
						2	40—66					34.9	1.55	0.46								
						3	66—105					10.4	0.45	0.61								
剖2	淋溶土	棕壤	棕壤	石片泡土		1	0—44					26.5	1.01	0.32						页岩、片岩、千枚岩	E 106°43′14.3″ N 33°34′46.7″	95
						2	44—72					10.1	0.37	0.25								
						3	72—85					8.2	0.36	0.24								
剖3	淋溶土	黄棕壤	黄棕壤	石片黄泡土		1	0—24					26.6	1.50	0.49						页岩、片岩、千枚岩	E 106°51′56.0″ N 33°50′16.3″	78
						2	24—38					9.6	0.57	0.34								
						3	38—67					12.4	0.63	0.37								
剖4	淋溶土	黄褐土	黄褐土	黄砂泥		1	0—10					110.2	4.58	0.72						坡积物	E 106°59′03.6″ N 33°45′18.7″	83
						2	10—35					19.4	0.79	0.46								
						3	35—75						0.45	0.32								
剖5	淋溶土	黄棕壤	黄棕壤	夹石黄泡土		1	3—10					40.8	2.05	0.66						坡积物	E 106°53′36.2″ N 33°46′16.0″	74
						2	10—38					12.0	2.75	0.56								
						3	38—68					7.5	0.24	0.53								
						4	68—102					8.3	0.27	0.56								
						5	102—110					13.2	0.59	0.72								
剖6	淋溶土	黄棕壤	黄棕壤	坡洪积黄棕壤	中层黄砂泥	A₁	0—16	灰黄棕色	砂壤土	团块状	6.2	15.3	0.91	0.55						坡积物、洪积物	E 106°54′10.3″ N 33°43′25.8″	85
						A₂	16—32	黄棕色	砂壤土	碎块状	6.6	11.6	0.98	0.54		61	6.0	170				
						Bt	32—59	黄棕色	砂质黏壤土	块状	6.1	5.6	0.40	0.56								
						C	59—150	浅黄棕色	砂壤土	块状	6.6	7.6	0.52	0.78								
剖7	人为土	水稻土	潜育水稻土	青潮泥砂田	冷兽土田	Aa	0—20	灰棕色	黏壤土	团块状	7.4	42.1	2.38	0.41	23.2	139	6.0	199	12.1	洪积物	E 106°58′58.2″ N 33°42′58.5″	79
						Ap	20—31	灰棕色	黏壤土	块状	7.3	37.5	2.04	0.39	21.1				14.8			
						G₁	31—67	蓝灰色	黏壤土	块状	6.9	14.8	1.03	0.42	23.7				12.6			
						G₂	67—150	蓝灰色	黏壤土	糊状	6.8	6.5	0.47	0.52	23.1				11.4			
剖8	淋溶土	黄褐土	黄褐土	夹石黄泥		1	0—20					29.2	0.96	0.76							E 106°56′55.7″ N 33°35′24.6″	100
						2	20—26					25.7	1.31	0.92								
						3	26—60					16.2	0.66	0.73								
						4	60—100					12.4	0.64	0.60								
剖9	人为土	水稻土	潴育水稻土	锈斑泥夹砂田		1	0—19					42.0	2.02	0.42							E 106°56′00.3″ N 33°36′34.4″	88
						2	19—27					30.6	1.38	0.40								
						3	27—65					24.5	0.72	0.31								
						4	65—115					24.7	0.69	0.53								
						5	115—150					20.4	1.34	0.61								
剖10	淋溶土	黄褐土	粗骨性黄褐土	夹石骨子土		1	0—16					47.7	2.15	0.33							E 106°56′25.9″ N 33°25′09.6″	98
						2	16—31					35.5	1.34	0.94								
剖11	淋溶土	黄褐土	粗骨性黄褐土	砂石骨子土		1	0—19					15.3	0.95	1.76	16.7				10.7		E 107°04′39.3″ N 33°47′41.9″	76
						2	19—32					5.3	0.41	1.58	18.7				13.2			
剖12	淋溶土	棕壤	棕壤	青石泡土		1	0—28					27.3	1.71	0.36						石灰岩风化物	E 107°05′39.5″ N 33°46′37.2″	97
						2	28—51					9.5	0.72	0.25								
						3	51—80					8.6	0.69	0.24								

续表 Continued

剖面号 Soil profile	土纲 Soil order	土类 Soil great group	亚类 Soil subgroup	土属 Soil genus	土种 Soil species	土层码 Layer code	土层厚度 Depth/cm	颜色 Soil color	质地 Soil texture	土壤结构 Soil structure	pH	有机质 OM/(g/kg)	全氮 TN/(g/kg)	全磷 TP/(g/kg)	全钾 TK/(g/kg)	碱解氮 AN/(mg/kg)	有效磷 AP/(mg/kg)	速效钾 AK/(mg/kg)	阳离子交换量CEC/(cmol/kg)	土壤母质 Parent material	剖面点坐标 Profile coordinate	匹配指数 Matching index/%
剖13	淋溶土	黄褐土	黄褐土	红胶泥		1	0—15					12.9	0.80	0.62							E 107°02′54.1″ N 33°42′45.0″	87
						2	15—65					12.4	0.72	0.59								
						3	65—80					6.7	0.55	0.39								
						4	80—110					6.6	0.45	0.41								
						5	110—150					8.9	0.62	0.31								
剖14	淋溶土	棕壤	生草棕壤	石片灰泡土		1	0—19					54.7	2.49	1.17							E 107°05′27.3″ N 33°40′06.3″	95
						2	19—55					28.8	1.19	0.96								
剖15	淋溶土	黄棕壤	粗骨生黄棕壤	青石石渣土		1	2—13					52.6	2.27	0.31						石灰岩风化物	E 107°00′21.2″ N 33°41′07.4″	97
						2	13—41					16.7	0.82	0.23								
						3	41—70					15.1	0.70	0.28								
剖16	淋溶土	黄褐土	黄褐土	黄胶泥		1	0—22					12.8	0.88	0.65	23.7				14.6		E 107°01′10.1″ N 33°40′35.0″	71
						2	22—35					5.7	0.58	0.48	23.8				17.2			
						3	35—100					6.5	0.38	0.76	22.8				15.1			
						4	100—150					4.0	0.43	0.86	27.5				15.0			
剖17	人为土	水稻土	淹育水稻土	泥夹砂田		1	0—15					24.7	1.40	0.54	23.7				17.2		E 107°08′33.6″ N 33°44′46.1″	88
						2	15—25					21.4	1.29	0.49	24.6				17.5			
						3	25—50					9.8	0.75	0.45	24.5				17.2			
						4	50—80					9.7	0.52	0.63	26.9				9.9			
						5	80—140					8.0	0.36	0.73	28.4				9.2			
剖18	淋溶土	黄棕壤	黄棕壤	青石黄泡土		1	0—14					19.4	1.19	0.60	27.1				17.4	石灰岩风化物	E 107°08′03.7″ N 33°43′14.6″	81
						2	14—24					18.2	1.17	0.65	24.2				19.2			
						3	24—40					13.5	1.04	0.59	26.6				16.4			
						4	40—116					5.8	0.66	0.59	22.7				15.1			
						5	116—155					6.4	0.62	0.63	25.1				14.8			
剖19	人为土	水稻土	潜育水稻土	夹砂青泥田		1	0—20					42.1	2.38	0.41	23.2				22.1		E 107°00′24.6″ N 33°39′45.2″	84
						2	20—31					37.5	2.04	0.39	21.1				18.8			
						3	31—67					14.8	1.53	0.42	23.6				16.6			
						4	67—120					6.5	0.47	0.56	23.1				11.4			
						5	120—150					3.9	0.43	0.83	23.9				9.1			
剖20	淋溶土	黄棕壤	黄棕壤	砂黄泡土		1	0—21					37.3	1.79	0.33						花岗片麻岩	E 107°04′33.4″ N 33°37′13.3″	94
						2	21—39					12.6	0.74	0.24								
						3	39—55					5.9	0.42	0.29								
						4	55—90					4.3	0.26									

佛 坪 县

主要土类说明

棕壤是佛坪县主要土壤类型，占本县地域面积的47%。棕壤又称棕色森林土，发生于暖温带湿润地区落叶阔叶林下，主要分布在低山丘陵区。成土母质为残积物、坡积物和部分黄土状母质。成土过程主要为明显的黏化过程、淋溶过程和较强的生物循环过程。由于棕壤分布区温暖季节较长，气温较高，冬季土壤冻结深度较浅，所以残积黏化作用较为强烈，时间也较长。但在整个剖面中，土壤最上层易干燥，所以黏化作用较弱，向下有所增强。同时，棕壤具有显著的淋溶作用，除易溶盐类和碳酸盐已不存在外，上部土层中的黏粒和活性铁、铝向下层聚积，以棕色胶膜包被于土粒表面，使土体呈棕色，特别是鲜棕色心土层较为明显。棕壤的一般性质为：①在自然情况下，表层有机质含量一般为40—80g/kg，向下急剧降低；②表层呈微酸性，向下逐渐趋于酸性；③钙离子含量自母质层向上逐渐增高；④剖面中部的黏粒含量比上下各层都高。

黄棕壤是佛坪县第二大土壤类型，占本县地域面积的36%。黄棕壤发生于暖湿落叶阔叶林下，多由砂页岩及花岗岩风化物发育而成，弱度富铝化，黏聚现象明显，呈黄棕色，主要分布在海拔515—1500m的低山区。该土壤具A-B-C或A-（B）-C剖面构型，黏粒硅铝率在2.5左右，铁的游离度较红壤低，B层交换性酸大于A层。夏秋季高温高湿的气候条件加速了母质风化和生物循环，原生矿物迅速变为次生矿物，长石迅速高岭石化，云母转变为蛭石，从而使土壤黏粒含量大大增加，经强烈的淋洗和淋移，在土体下部形成黏聚层。同时，淋溶作用将矿物释放出的铁锰氧化物淋溶至土体下部，形成黄棕色或红棕色胶膜。

黄褐土是佛坪县第三大土壤类型，占本县地域面积的13%，分布在丘陵浅山和高阶地。黄褐土是在暖湿气候条件和常绿阔叶林、落叶阔叶林植被条件下形成的地带性土壤，具A-B-C或A-Bt-C剖面构型。成土母质为黄土状母质和黏黄土。成土过程主要包括强烈的黏化过程、中度淋溶过程、腐殖质化过程及弱度脱硅富铝化过程。该土壤土体中游离碳酸钙已不复存在，土壤呈灰黄棕色，在底部可散见圆形石灰结核。土壤黏化淀积明显，B层黏聚，黏粒硅铝率在3.0左右，盐基饱和度由表层向底层逐渐趋向饱和。

小于本县地域面积3%的土壤类型有暗棕壤、水稻土、新积土。

本区域中心区气候特征

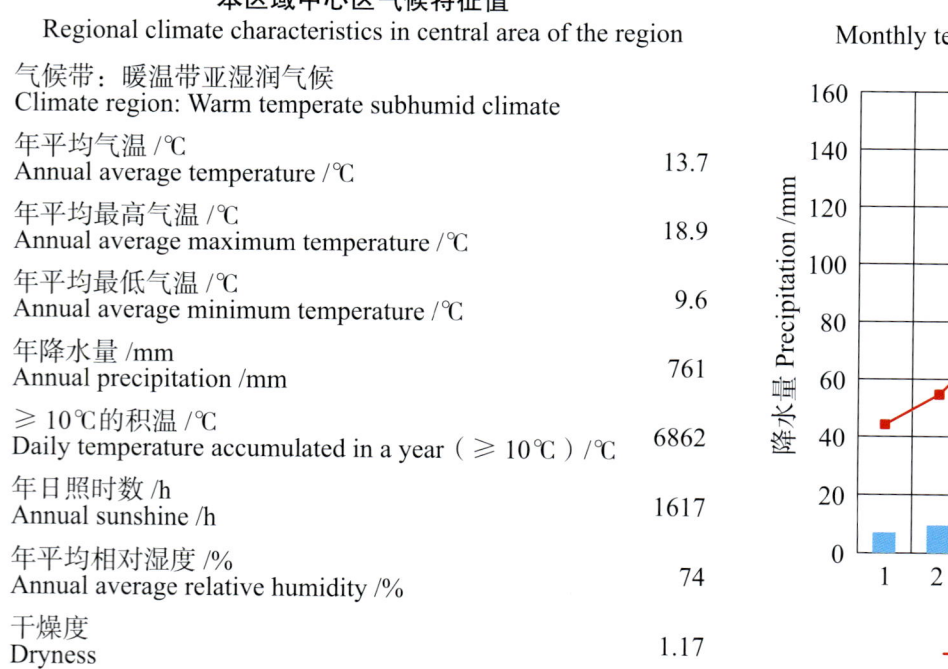

本区域中心区气候特征值
Regional climate characteristics in central area of the region

气候带：暖温带亚湿润气候 Climate region: Warm temperate subhumid climate	
年平均气温 /℃ Annual average temperature /℃	13.7
年平均最高气温 /℃ Annual average maximum temperature /℃	18.9
年平均最低气温 /℃ Annual average minimum temperature /℃	9.6
年降水量 /mm Annual precipitation /mm	761
≥10℃的积温 /℃ Daily temperature accumulated in a year (≥10℃) /℃	6862
年日照时数 /h Annual sunshine /h	1617
年平均相对湿度 /% Annual average relative humidity /%	74
干燥度 Dryness	1.17

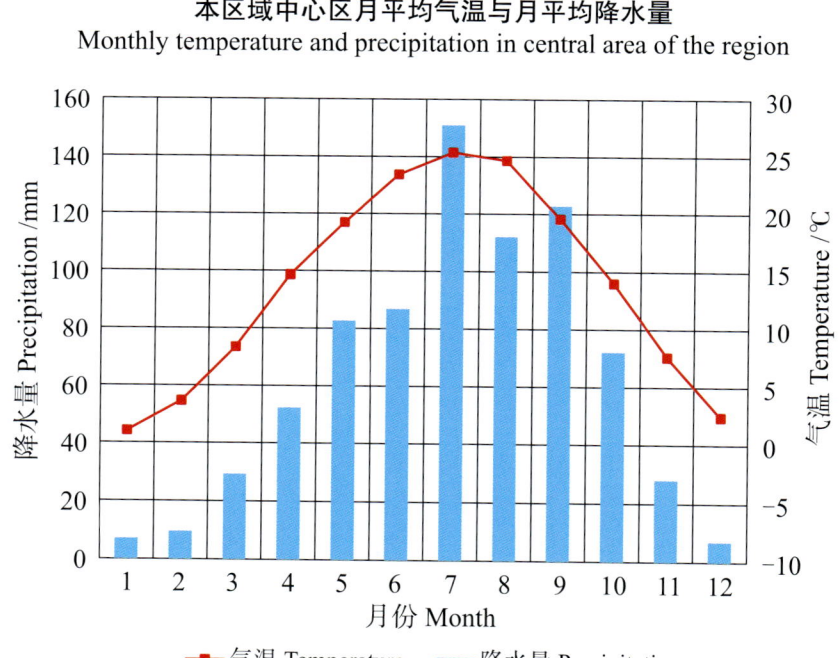

本区域中心区月平均气温与月平均降水量
Monthly temperature and precipitation in central area of the region

佛坪县主要土壤类型与土壤剖面点分布图
1∶200 000

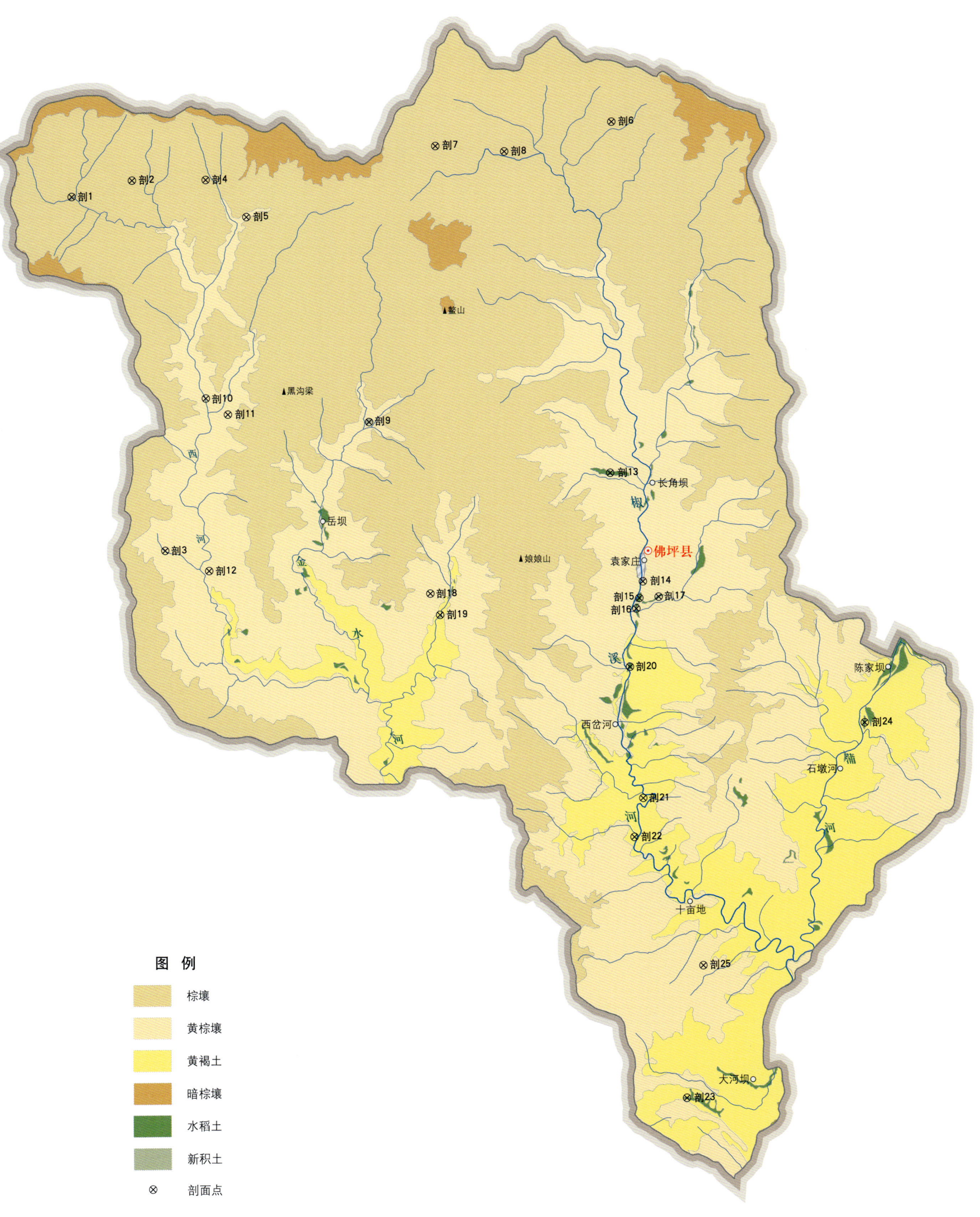

佛坪县土壤剖面理化性状表

剖面号 Soil profile	土纲 Soil order	土类 Soil great group	亚类 Soil subgroup	土属 Soil genus	土种 Soil species	土层码 Layer code	土层厚度 Depth/cm	颜色 Soil color	质地 Soil texture	土壤结构 Soil structure	pH	有机质 OM/(g/kg)	全氮 TN/(g/kg)	全磷 TP/(g/kg)	全钾 TK/(g/kg)	阳离子交换量 CEC/(cmol/kg)	土壤母质 Parent material	剖面点坐标 Profile coordinate	匹配指数 Matching index/%
剖1	淋溶土	棕壤	棕壤	石片泡土		Ao	0—5	暗棕色	轻壤土	团粒状	6.0	85.9	1.43	0.33	12.8	16.9		E 107°41′53.8″ N 33°41′05.4″	71
						A	5—24	棕色	轻壤土	团粒状	6.1	12.4	0.48	0.31	13.6	10.3			
						B	24—60	棕色	中壤土	团粒状	6.5	11.3	0.52	0.67	17.8	11.7			
						C	60—85												
剖2	淋溶土	棕壤	棕壤性土	砂石渣土		Ao	0—4												E 107°43′45.3″ N 33°41′27.4″	79
						A	4—13	深棕色	轻壤土	团粒状	4.9	55.5	1.78	0.21	25.8	13.2			
						BC	13—31	浅棕色	砂壤土	粒状	5.6	11.7	0.53	0.17	23.6	6.2			
						C	31—												
剖3	淋溶土	黄棕壤	生草黄棕壤	青石灰黄泡土		1	0—10	灰黄棕色	中壤土	粒状	6.7	20.6	1.04	0.18	16.2	16.0	石灰岩风化物	E 107°44′27.4″ N 33°32′04.0″	93
						2	10—28	棕色	中壤土	棱块状	6.3	12.7	0.55	0.14	15.9	15.1			
						3	28—175	红棕色	重壤土	块状	6.6	12.3	0.67	0.21	16.9	35.0			
剖4	淋溶土	棕壤	漂洗棕壤	砂白泡土		Ao	0—6												E 107°46′01.0″ N 33°41′25.1″	71
						A₁	6—22	暗棕色	轻壤土	团块状									
						A₂	22—37	灰棕色	中壤土	棱块状									
						B₁	37—59	红棕色	中壤土	棱块状									
						B₂	59—90	棕褐色	中壤土	棱块状									
						C	90—												
剖5	淋溶土	黄棕壤	黄棕壤性土	石片石渣土		1	0—16	暗棕色	砂壤土	小团粒状								E 107°47′14.0″ N 33°40′27.1″	96
						2	16—54	黄棕色	砂壤土	粒状									
剖6	淋溶土	棕壤	生草棕壤	花岗片麻岩生草棕壤		Ao	0—3											千枚岩、页岩	E 107°58′30.9″ N 33°42′35.7″	91
						As	3—13	暗棕色	砂壤土	小团粒状	6.3	24.8	1.63	1.74	17.3	10.6			
						A	13—24	棕黑色	中壤土	团块状	6.2	29.2	1.08	1.87	17.1	9.8	花岗片麻岩风化物		
						AB	24—50	灰棕色	重壤土	团块状	6.3	22.8	1.12	0.82	16.1	10.2			
						BC	50—75	灰棕色	砂壤土	团块状	6.4	21.5	1.49	1.57	16.6	9.1			
剖7	淋溶土	棕壤	漂洗棕壤	砂白泡土		A₁	15—25	暗棕色	砂壤土	团粒状	4.8	47.2	1.96	0.25	18.3	20.4		E 107°53′05.7″ N 33°42′06.5″	70
						A₂	25—40	暗棕色	中壤土	棱块状	5.8	27.5	1.00	0.21	16.4	17.7			
						B₁	40—65	暗棕色	重壤土	棱柱状	5.8	55.0	1.84	0.36	16.8	30.0			
						B₂	65—80	棕色	中壤土	团粒状	5.7	30.2	1.06	0.24	16.0	13.4			
剖8	淋溶土	棕壤	棕壤	黏泡土		Ao	0—2												E 107°55′12.0″ N 33°41′55.3″	86
						A	2—37	暗棕色	中壤土	团块状	5.6	45.7	1.58	0.32	15.1	12.2			
						B	37—98	棕色	中壤土	棱块状	5.5	11.0	0.45	0.18	17.3	8.0			
						C	98—125	暗黄棕色	重壤土	棱柱状	5.3		0.37	0.23	21.2	8.6			
剖9	初育土	新积土	淤土	冲积型淤土	石底淤土	A	0—13	暗褐色	砂壤土	团粒状	8.0	32.4	1.18	1.20	20.4	10.1	冲积物	E 107°50′48.6″ N 33°35′10.4″	89
						P	13—20	暗褐色	砂壤土	团粒状	8.0	30.0	1.01	1.08	20.2	10.9			
						B₁	20—40	暗棕色	砂壤土	团块状	8.2	26.3	1.02	0.86	13.8	10.7			
						C	40—60	棕色	中壤土	团块状	7.7	25.3	0.74	0.66	19.3	10.9			
剖10	淋溶土	黄棕壤	黄棕壤	石片黄泡土		1	0—2	暗棕色	砂质中壤土	小团块状							页岩、片岩、千枚岩	E 107°45′49.9″ N 33°35′53.5″	81
						2	2—27	暗棕色	砂质中壤土	块状									
						3	27—52	黄棕色	中壤土	块状、棱块状	6.7	38.4	1.87	0.82	16.8	16.2			
剖11	淋溶土	黄棕壤	黄棕壤	青石黄泡土		1	0—24	棕色	轻壤土	团块状							石灰岩风化物	E 107°46′29.5″ N 33°35′28.0″	74
						2	24—41	棕色	中壤土	块状、棱块状	6.5	34.9	1.63	0.71	15.8	15.2			
						3	41—55		轻壤土	团粒状									

续表 Continued

剖面号 Soil profile	土纲 Soil order	土类 Soil great group	亚类 Soil subgroup	土属 Soil genus	土种 Soil species	土层码 Layer code	土层厚度 Depth/cm	颜色 Soil color	质地 Soil texture	土壤结构 Soil structure	pH	有机质 OM/(g/kg)	全氮 TN/(g/kg)	全磷 TP/(g/kg)	全钾 TK/(g/kg)	阳离子交换量CEC/(cmol/kg)	土壤母质 Parent material	剖面点坐标 Profile coordinate	匹配指数 Matching index/%
剖12	淋溶土	黄棕壤	黄棕壤	黄土质黄棕壤		Ao	0-2	黄棕色	重壤土	块状、棱块状	5.0	12.6	0.61	0.39	15.4	17.2	黄土	E 107°45′46.7″ N 33°31′31.3″	87
						A	2-28	黄棕色	重壤土	棱柱状	5.9	4.4	0.29	0.12	13.7	19.6			
						B	28-86			柱状	6.4	6.1	0.28	0.11	14.9	20.0			
						C	86-124	暗黄棕色	砂质黏壤土	块状	6.3	25.0	1.37	0.62	21.0	8.9			
剖13	人为土	水稻土	潜育水稻土	冲积洪积型潜育水稻土	锈斑泥砂田	Aa	0-14	暗黄棕色	壤土	粒状	7.0	8.2	0.38	0.87	23.5	5.6	洪冲积物	E 107°58′08.6″ N 33°33′42.2″	78
						Ap	14-20	浅黄棕色	壤土	粒状、团块状	7.1	5.3	0.18	0.93	21.5	4.8			
						P₁	20-47	浅黄棕色	壤质砂土	块状	7.1	5.3	0.18	0.93	21.5	4.8			
						P₂	47-60	灰黄棕色	砂质黏壤土	粒状	7.0	13.5	0.52	0.50	22.4	10.1			
						W	60-78	暗黄棕色	中壤土	团块状	6.2	26.3	1.38	1.16	18.2	10.5			
剖14	初育土	新积土	淤土	冲积型淤土	淤泥土	A	0-13	棕色	中壤土	团块状	6.4	17.7	0.92	0.53	17.3	23.5	冲积物	E 107°59′02.7″ N 33°30′55.5″	89
						P	13-21	棕色	中壤土	团粒状	6.4	20.4	1.05	0.68	18.3	23.3			
						B	21-63	黄棕色	砂壤土	棱柱状									
						4	63-76	暗黄棕色	中壤土	棱柱状									
剖15	人为土	水稻土	潜育水稻土	锈斑砂泥田	锈斑泥质田	1	0-16	棕色	中壤土	块状								E 107°58′55.1″ N 33°30′30.2″	93
						2	16-30		中壤土	块状									
						3	30-60		中壤土	棱柱状									
						4	60-150		中壤土	柱状									
剖16	人为土	水稻土	潜育水稻土	黄棕壤型潜育水稻土	山地冷浸田	1	0-21		砂壤土	小团粒状								E 107°58′49.0″ N 33°30′14.2″	90
						2	21-27		砂壤土	小团块状									
						3	27-65		砂壤土	小团块状									
剖17	人为土	水稻土	潜育水稻土	锈斑砂泥田	锈斑腰砂田	1	0-14	灰黄棕色	轻壤土	团粒状	5.6							E 107°59′30.9″ N 33°30′31.2″	82
						2	14-20	暗棕色	砂壤土	团块状	6.0								
						3	20-27	暗黄棕色	砂粒土	团块状	6.8								
						4	27-60	棕灰色	中壤土	团块状	6.8								
						5	60-78	红棕色	砂壤土	团块状	7.2								
剖18	淋溶土	黄棕壤	黄棕壤	砂泡黄土		Aoo	0-1	深褐色	中壤土	团粒状	6.0	64.1	2.66	0.38	17.9	19.0		E 107°52′32.0″ N 33°30′46.8″	76
						Ao	1-2	浅褐色	中壤土	团块状	5.5	9.0	0.41	0.14	18.9	15.9			
						A	2-15	棕灰色	砂壤土	粒状	5.8	9.7	0.34	0.61	24.6	13.8			
						B	15-79												
						R	79-98												
剖19	淋溶土	黄褐土	黄褐土性土	花岗片麻岩黄褐土性土		1	0-12	棕灰色	轻壤土	粒状	5.9		1.21	>4.00	18.0	9.9	花岗片麻岩风化物	E 107°58′48.5″ N 33°30′14.1″	74
						R	12-27												
剖20	人为土	水稻土	潜育水稻土	锈斑砂泥田	锈斑砂底田	1	0-19	灰黄棕色	轻壤土	小团块状								E 107°58′34.0″ N 33°28′46.2″	75
						2	19-31	暗黄棕色	轻壤土	棱柱状									
						3	31-68	暗棕色	轻壤土	块状									
						4	68-84	棕色	轻壤土	团块状									
剖21	淋溶土	黄褐土	黄褐土	黄胶泥		1	0-12	暗灰棕色	轻壤土	团块状								E 107°58′50.5″ N 33°25′25.7″	96
						2	12-28	暗灰棕色	轻壤土	块状									
						3	28-66	棕色	轻壤土	粒状									
						4	66-95	暗棕色	轻壤土	棱柱状									
						C	95-150	暗棕色	轻壤土	团块状									
剖22	淋溶土	黄褐土	黄褐土	黄砂泥		1	0-25	棕褐色	中壤土	团块状	6.0	15.5	0.78	0.31	19.3	11.0		E 107°58′32.2″ N 33°24′26.5″	90
						2	25-40	棕褐色	中壤土	团块状	5.6	12.6	0.69	0.33	19.9	10.4			
						3	40-89	黄褐色	重壤土	核状	5.6	10.5	0.50	0.26	18.8	9.5			
						4	89-136	棕色	重壤土	棱柱状	6.1	7.9	0.48	0.23	18.7	9.8			

续表 Continued

剖面号 Soil profile	土纲 Soil order	土类 Soil great group	亚类 Soil subgroup	土属 Soil genus	土种 Soil species	土层码 Layer code	土层厚度 Depth/cm	颜色 Soil color	质地 Soil texture	土壤结构 Soil structure	pH	有机质 OM/(g/kg)	全氮 TN/(g/kg)	全磷 TP/(g/kg)	全钾 TK/(g/kg)	阳离子交换量 CEC/(cmol/kg)	土壤母质 Parent material	剖面点坐标 Profile coordinate	匹配指数 Matching index/%
剖23	人为土	水稻土	潜育水稻土	山地青泥田	山地青泥田	1	0—30	青灰色	轻壤土	团块状								E 107°59′52.8″ N 33°17′49.5″	93
						2	30—50	青灰色	轻壤土	团块状									
						3	50—80	青灰色	轻壤土	团块状									
						4	80—150		轻壤土		6.8								
剖24	人为土	水稻土	潜育水稻土	锈斑砂泥田	锈斑石底田	1	0—16	暗灰色	轻壤土	大团粒状	6.8							E 108°05′41.0″ N 33°27′09.7″	71
						2	16—22	暗灰色	轻壤土	大团粒状	7.2								
						3	22—37	灰黄棕色	轻壤土	小团粒状	7.2								
						4	37—52	暗棕色	砂壤土										
剖25	淋溶土	黄棕壤	黄棕壤性土	砂石渣土		1	0—4	深褐色	轻壤土	团粒状	5.0	128.0	4.44	0.43	18.9	8.8		E 108°00′30.4″ N 33°21′08.1″	98
						2	4—12	浅棕黄色	砂壤土	粒状	5.6	7.9	0.39	0.14	20.2	17.2			
						3	12—41												
						C	41—51												

榆 林 市

市 辖 区

主要土类说明

风沙土是榆林市主要土壤类型，占本市地域面积69%。风沙土发生于半干旱、干旱漠境地区，是在风沙移动堆积形成的多种形态的风沙沉积物上发育的初育土，连片分布在本市西部和北部。由于成土时间短暂，该土壤无剖面发育，具C、（A）-C或A-C剖面构型，反映了风沙移动堆积与固定的不同阶段。由于本市位于毛乌素沙地南缘，沙物质丰富，再加上处于农牧交错带，人为活动频繁，易形成风沙土。

黑垆土是榆林市第二大土壤类型，占本市地域面积19%，主要分布在侵蚀程度较轻的残塬和平梁。黑垆土是在半干旱草甸草原植被下形成的土壤，在本市发育于沙黄土母质。该土壤有机质含量较低，但腐殖质层深厚。土体原位黏化，但无明显的黏化层，具假菌丝状石灰累积；无盐化，多旱耕。

沼泽土是榆林市第三大土壤类型，占本市地域面积的5%。沼泽土所处地势低洼，长期地表积水，喜湿植被生长茂盛。该土壤有机质累积明显，甚至见泥炭层或腐泥层，还原作用强烈，形成潜育层，剖面构型为H-G。

小于本市地域面积3%的土壤类型有黄绵土、新积土、红黏土、潮土、栗钙土、水稻土、草甸盐土、紫色土。

本区域中心区气候特征

本区域中心区气候特征值
Regional climate characteristics in central area of the region

气候带：中温带亚干旱气候 Climate region: Mid temperate subarid climate	
年平均气温 /℃ Annual average temperature /℃	8.2
年平均最高气温 /℃ Annual average maximum temperature /℃	15.4
年平均最低气温 /℃ Annual average minimum temperature /℃	1.8
年降水量 /mm Annual precipitation /mm	358
≥10℃的积温 /℃ Daily temperature accumulated in a year (≥10℃) /℃	3061
年日照时数 /h Annual sunshine /h	2793
年平均相对湿度 /% Annual average relative humidity /%	55
干燥度 Dryness	1.36

本区域中心区月平均气温与月平均降水量
Monthly temperature and precipitation in central area of the region

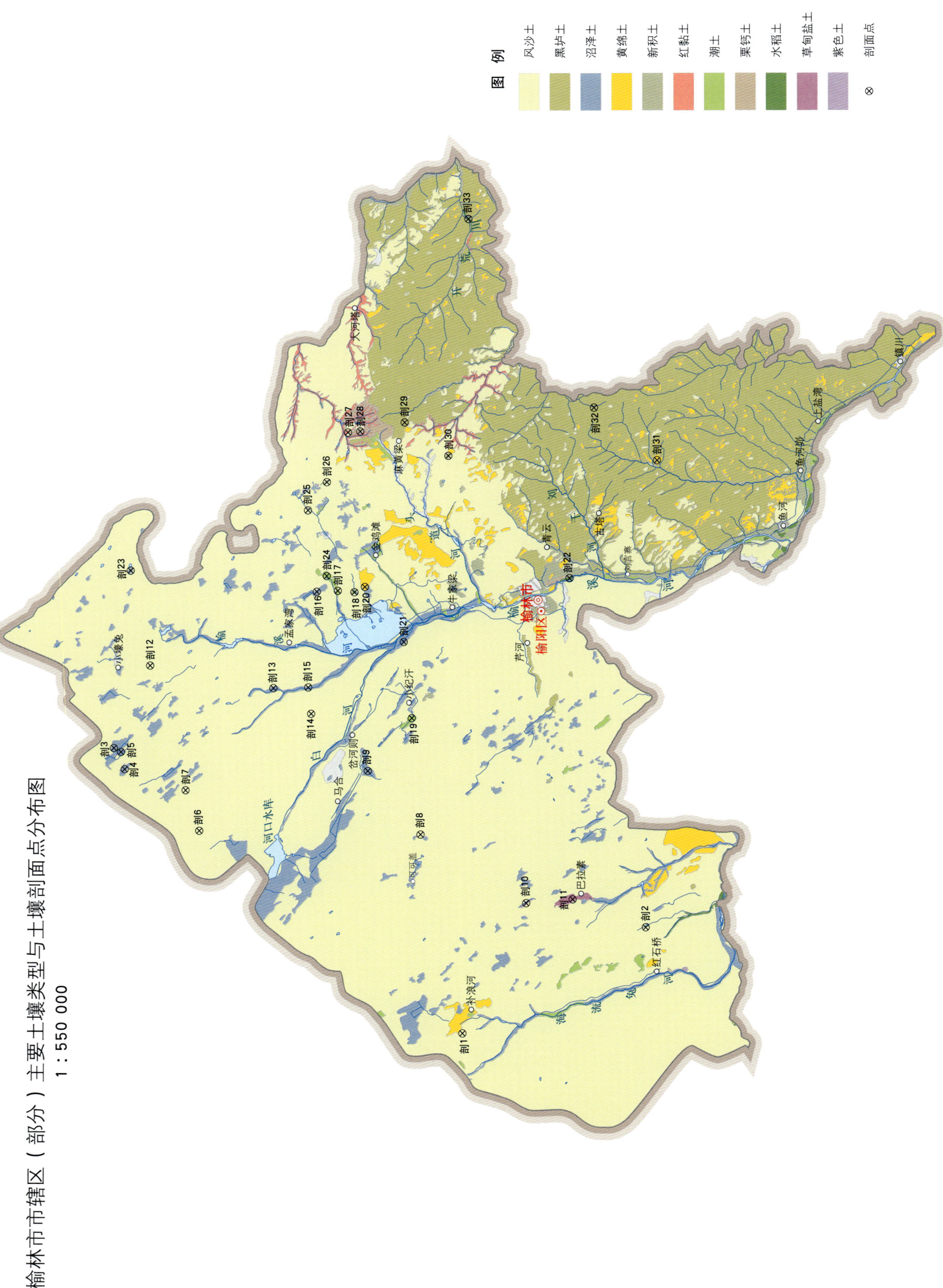

榆林市土壤剖面理化性状表

剖面号 Soil profile	土纲 Soil order	土类 Soil great group	亚类 Soil subgroup	土属 Soil genus	土种 Soil species	土层码 Layer code	土层厚度 Depth/cm	颜色 Soil color	质地 Soil texture	土壤结构 Soil structure	pH	有机质 OM/(g/kg)	全氮 TN/(g/kg)	全磷 TP/(g/kg)	全钾 TK/(g/kg)	碱解氮 AN/(mg/kg)	有效磷 AP/(mg/kg)	速效钾 AK/(mg/kg)	阳离子交换量CEC/(cmol/kg)	土壤母质 Parent material	剖面点坐标 Profile coordinate	匹配指数 Matching index,%
剖1	初育土	风沙土	耕种风沙土	耕种风沙土		1	0—21		砂壤土		8.4	2.1	0.25	0.25						风积沙	E 109°04′13.4″ N 38°22′06.9″	99
						2	21—60		砂土		9.2	1.1	0.26	0.21								
						3	60—100		轻壤土		8.6	2.6	<0.10	0.29								
剖2	初育土	风沙土	沙滩地风沙土	潜育风沙土		1	0—17		砂壤土		8.6	6.7	0.41	0.14						风积沙	E 109°14′15.5″ N 38°09′03.3″	75
						2	17—46		砂壤土		8.2	1.7	0.17	0.12								
						3	46—70		砂壤土		8.3	1.9	0.17	0.10								
						4	70—84		砂壤土		8.6	4.2	0.23	<0.10								
剖3	水成土	沼泽土	泥质沼泽土	泥质沼泽土		1	0—20		中壤土		8.4	9.5	0.61	0.38		34	12.8	105	6.1		E 109°29′41.5″ N 38°47′43.5″	100
						2	20—85				9.0	10.1	0.58	0.28			11.7	60	8.8			
						3	85—130				8.8	1.2	0.10	0.22			12.5	76	5.6			
						4	130—				8.5	<1.0	0.51	0.22			27.1	38	5.9			
剖4	水成土	沼泽土	泥炭沼泽土	覆盖泥炭沼泽土		1	0—55		砂壤土		8.5	8.9	0.54	0.32							E 109°27′45.6″ N 38°46′51.7″	75
						2	55—86		砂壤土		8.5	<1.0	0.16	0.14								
						3	86—106		轻壤土		8.0	87.5	4.09	0.46								
						4	106—130		轻壤土		7.4	76.2	3.57	0.38								
剖5	水成土	沼泽土	泥质沼泽土	泥质沼泽土		1	0—20		砂土		8.2	3.1	0.22	0.20	4.3				3.4		E 109°29′30.5″ N 38°47′16.6″	73
						2	20—35		砂土		8.5	1.5	<0.10	0.17	3.6				2.1			
剖6	初育土	风沙土	沙滩地风沙土	潮风沙土		1	0—20		砂土		8.8	1.9	0.25							风积沙	E 109°22′15.9″ N 38°41′24.5″	86
						2	20—40		砂土		8.9	<1.0	<0.10									
						3	40—63		砂土		8.8	<1.0	<0.10	0.18								
剖7	初育土	风沙土	半固定风沙土	半固定风沙土		1	0—13					<1.0	<0.10							风积沙	E 109°25′55.9″ N 38°42′26.5″	90
剖8	初育土	风沙土	半固定风沙土	半固定风沙土		1	0—20					<1.0	0.71	0.19							E 109°22′16.8″ N 38°25′26.2″	83
剖9	水成土	沼泽土	泥炭沼泽土	覆盖腐殖质沼泽土		1	0—29		砂壤土		8.6	8.0	0.34	0.23							E 109°27′58.8″ N 38°29′19.2″	99
						2	29—55		砂壤土		9.3	1.3	<0.10	0.14								
						3	55—86		砂壤土		9.1	2.3	<0.10	0.44								
						4	86—106		砂壤土													
						5	106—120															
剖10	初育土	紫色土	石灰性紫色土	砂页岩紫色土	砂页岩紫色土	1	0—18	棕红色	砂壤土	块状	8.7	8.3	0.42	0.42	7.3	41	5.5	71	5.3	砂页岩	E 109°16′12.3″ N 38°17′43.0″	97
						2	18—45	暗棕红色	砂壤土	鳞片状	9.3	1.3	<0.10	0.47	6.8		5.3	29				
						3	45—	暗棕色	轻壤土	板片状	9.1	2.3	<0.10	0.44	6.1		7.1	35				
剖11	盐碱土	草甸盐土	草甸盐土	硫酸盐氯化物草甸盐土		1	0—5		砂壤土		9.2	2.8	0.15	0.16							E 109°16′38.7″ N 38°14′21.7″	84
						2	5—10		砂壤土		9.3	2.9	0.15	0.20								
						3	10—20		砂壤土		9.4	1.9	0.20	0.29								
						4	20—30		砂壤土		9.3	4.5	0.23	0.16								
						5	30—50		砂壤土		9.1	1.5	0.16	0.13			1.2					
						6	50—100		砂壤土		7.9	4.1	0.21	<0.10		1	1.0					
剖12	初育土	风沙土	固定风沙土	固定风沙土		1	0—17		砂壤土		8.3	1.8	0.12	<0.10			<1.0			风积沙	E 109°37′17.3″ N 38°45′09.6″	90
						2	17—72		砂壤土		8.4	1.9	<0.10	0.10								
						3	72—110															

续表 Continued

剖面号 Soil profile	土纲 Soil order	土类 Soil great group	亚类 Soil subgroup	土属 Soil genus	土种 Soil species	土层码 Layer code	土层厚度 Depth/cm	颜色 Soil color	质地 Soil texture	土壤结构 Soil structure	pH	有机质 OM/(g/kg)	全氮 TN/(g/kg)	全磷 TP/(g/kg)	全钾 TK/(g/kg)	碱解氮 AN/(mg/kg)	有效磷 AP/(mg/kg)	速效钾 AK/(mg/kg)	阳离子交换量CEC/(cmol/kg)	土壤母质 Parent material	剖面点坐标 Profile coordinate	匹配指数 Matching index/%
剖13	水成土	沼泽土	泥炭沼泽土	泥炭沼泽土		1	0—27		砂壤土		8.3	22.3	1.18	0.37	9.9	103	16.5	57	4.4		E 109°35′24.7″ N 38°36′14.3″	88
						2	27—62		砂土		7.7	90.0	>6.00	0.24	10.1		16.2	17				
						3	62—150		砂壤土		<4.5	147.6	>6.00	0.25	12.2		10.0	16				
剖14	初育土	风沙土	流动风沙土	流动风沙土		1	0—20					<1.0		0.21						风积沙	E 109°33′08.0″ N 38°33′29.9″	70
剖15	水成土	沼泽土	草甸沼泽土	砂质草甸沼泽土		1	0—10		砂壤土		9.3	5.2	0.12	0.21							E 109°35′31.5″ N 38°33′43.8″	98
						2	10—40		砂土		9.3	<1.0	<0.10	0.13								
						3	40—50		砂土		9.0	<1.0	0.15	0.13								
剖16	水成土	沼泽土	沼泽土	绵砂绵泥土	绵砂绵泥土	A	0—10	灰棕色	砂壤土	块状	8.6	5.2	0.12	0.21						风沙沉积物	E 109°44′14.2″ N 38°33′12.9″	95
						Cu	10—40	浅灰棕色	砂壤土	块状	8.8	1.6	<0.10	0.13								
						Cg	40—150	青灰色	砂土	粒状	8.5	1.6	0.15	0.14								
剖17	半水成土	潮土	湿潮土	潜育砂质潮土		1	0—28		砂壤土		8.5	4.9	0.35	0.14						冲积物	E 109°44′21.1″ N 38°31′41.6″	94
						2	28—38		砂土		8.4	4.2	0.38	<0.10								
						3	38—94		砂土		8.5	3.1	0.22	0.20								
剖18	半水成土	潮土	潮土	壤质潮土	壤砂绵潮土	A	0—30	浅黄色	砂土	粒状	8.8	1.4	0.23	0.22						冲积物	E 109°44′14.4″ N 38°30′30.3″	88
						Cu₁	30—70	灰黄色	砂壤土	碎块状	8.9	2.7	0.18	0.39								
						Cu₂	70—90	灰黄色	砂壤土	碎块状	8.8	2.8	0.15	0.26								
剖19	半水成土	潮土	盐化潮土	硫酸盐盐化潮土		1	0—25		轻壤土		<4.5	4.8	0.30	0.28						冲积物	E 109°32′52.4″ N 38°26′13.0″	97
						2	25—60		轻壤土		9.5	4.9	0.34	0.27								
						3	60—80		砂壤土		9.2	2.9	0.10	0.13								
						4	80—130		砂壤土		8.7	1.7	0.12	<0.10								
剖20	初育土	风沙土	绵砂土	绵砂土	坡绵砂土	1	0—20	浅灰黄色	砂壤土	小块状	8.5	4.6	0.29	0.38		31	11.3	65	7.1		E 109°44′44.1″ N 38°29′43.5″	76
						2	20—50	棕黄色	砂壤土	块状	8.5	5.5	1.31	0.19								
						3	50—100	棕黄色	砂壤土	块状	8.6	4.3	0.22	0.13								
剖21	水成土	沼泽土	腐殖质沼泽土	腐殖质沼泽土		1	0—20		砂土		8.0	10.3	0.56	0.37							E 109°39′47.6″ N 38°26′53.4″	77
						2	20—45		砂土		8.5	2.2	0.15	0.29								
						3	45—75		砂土		8.4	10.5	0.55	0.41								
						4	75—115		砂土		8.9	<1.0	<0.10	0.14								
剖22	人为土	水稻土	淹育水稻土	冲积型砂泥田		1	0—17		砂壤土		8.6	2.2	0.11	0.18							E 109°32′48.5″ N 38°14′59.0″	92
						2	17—40		砂壤土		8.5	37.5	1.75	0.37								
						3	40—60				8.4	8.8	0.46	0.19								
						4	60—70				9.0	2.6	0.15	<0.10								
剖23	水成土	沼泽土	泥炭沼泽土	覆盖腐殖质沼泽土		1	0—58		砂壤土		9.2	<1.0	0.18	0.30						冲积物	E 109°45′56.1″ N 38°46′40.0″	94
						2	58—100		砂壤土		8.9	<1.0	<0.10	0.23								
						3	100—140		砂土		8.9	2.6	0.12	0.15								
剖24	半水成土	潮土	盐化潮土	硫酸盐氯化物盐化潮土		1	0—20	灰棕色	砂壤土		9.0	<1.0	<0.10	0.15							E 109°45′40.4″ N 38°32′30.8″	83
						2	20—75	灰棕色	砂壤土		8.9	<1.0	<0.10	0.12								
						3	75—110	蓝灰色	砂土		8.5	4.9	0.35	0.30								
剖25	初育土	风沙土	沙滩地风沙土	草甸风沙土	砂质湿潮土	1	0—13		壤质砂土	弱团块状	8.4	4.2	0.38	0.50						风积沙	E 109°51′38.0″ N 38°33′56.4″	88
						2	13—36		砂壤土	弱团块状	8.5	3.1	0.22	0.20								
剖26	半水成土	潮土	湿潮土	砂质湿潮土		A	0—28		砂壤土	粒状										冲积物,风积物	E 109°54′14.3″ N 38°32′35.7″	91
						Cu	28—38		砂壤土													
						Cg	38—94		砂壤土													

续表 Continued

剖面号 Soil profile	土纲 Soil order	土类 Soil great group	亚类 Soil subgroup	土属 Soil genus	土种 Soil species	土层码 Layer code	土层厚度 Depth/cm	颜色 Soil color	质地 Soil texture	土壤结构 Soil structure	pH	有机质 OM/(g/kg)	全氮 TN/(g/kg)	全磷 TP/(g/kg)	全钾 TK/(g/kg)	碱解氮 AN/(mg/kg)	有效磷 AP/(mg/kg)	速效钾 AK/(mg/kg)	阳离子交换量 CEC/(cmol/kg)	土壤母质 Parent material	剖面点坐标 Profile coordinate	匹配指数 Matching index/%
剖27	初育土	红黏土	红土	红色土	料姜红砂土	1	0—17		砂壤土		9.0	3.1	2.11	0.26	13.8				6.0	老黄土	E 109°58′46.3″ N 38°31′06.2″	94
						2	17—58		砂壤土		8.7	<1.0	0.10	0.10	13.7							
						3	58—115		砂壤土		8.8	1.0	<0.10	0.10	13.5							
						4	115—150		砂壤土		8.8	1.1	<0.10	0.13	15.4							
剖28	钙层土	栗钙土	淡栗钙土	石灰性淡栗钙土		1	0—18		轻壤土		8.6	3.0	0.27	>4.00		14	3.5	77	11.4		E 109°58′52.6″ N 38°30′14.0″	96
						2	18—75		轻壤土		8.3	1.8	0.19	>4.00			3.3	77				
						3	75—127		中壤土		8.4	1.5	0.17	>4.00			5.9	67				
						4	127—150		轻壤土		8.7	1.6	0.18	>4.00			1.2	77				
剖29	钙层土	黑垆土	黑垆土	侵蚀砂黑垆土		1	0—31		中壤土		9.0	5.6	0.28	0.20						黄土	E 109°59′43.9″ N 38°27′01.5″	73
						2	31—42		砂壤土		8.8	2.7	0.21	0.19								
						3	42—105		砂土		9.1	1.1	0.22	0.10								
						4	105—132		中壤土		8.7	<1.0	0.22	0.23								
剖30	钙层土	黑垆土	黑垆土	砂黑垆土		1	0—13		砂土	块状	8.6	5.5	0.22	0.13	12.6	18	10.2	69	9.3	黄土	E 109°56′46.4″ N 38°23′50.9″	93
						2	13—88		砂土	块状	8.6	2.8	0.13	<0.10	10.0		8.6	34				
						3	88—150		砂土	块状	8.5	<1.0	<0.10	<0.10	11.2		8.1	50				
剖31	初育土	黄绵土	黄绵土	坡黄绵土		1	0—20	黄棕色	轻壤土		8.8	3.5	0.26	0.42						黄土	E 109°56′34.5″ N 38°08′48.0″	91
						2	20—70	黄棕色	轻壤土					0.38								
						3	70—100	棕黄色	轻壤土					0.39								
剖32	钙层土	黑垆土	黑垆土	砂黑垆土		1	0—20		砂壤土		9.2	4.5	0.27	0.33						黄土	E 110°01′15.7″ N 38°13′22.8″	94
						2	20—60		中壤土		9.1	13.8	0.61	0.64					7.0			
						3	60—100		砂壤土		8.7	1.5	0.21	0.33								
剖33	人为土	水稻土	潴育水稻土	冲积型锈砂泥田		1	0—17		砂壤土		8.2	14.4	0.80	0.32					5.7		E 110°18′16.9″ N 38°22′33.4″	94
						2	17—35		砂壤土		8.1	15.1	0.87	0.24					5.9			
						3	35—75		砂壤土		8.0	23.6	1.11						2.9			
						4	75—110		砂土		7.9	4.2	0.20									

横 山 区

主要土类说明

黄绵土是横山区主要土壤类型，占本区地域面积的65%。黄绵土是由黄土母质直接翻耕形成的初育土，分布遍及本区黄土高原丘陵。由于土壤侵蚀严重，表层长期遭侵蚀，只能不断加深耕作黄土母质层，因而母质特性明显。土壤无明显发育，为A-C型土。由于风成黄土富含细粉粒，故质地、结构均一，疏松绵软，富含石灰，磷、钾储量较丰富，但有效性差，土壤有机质缺乏。

风沙土是横山区第二大土壤类型，占本区地域面积的26%。风沙土发生于半干旱、干旱漠境地区，是在风沙移动堆积形成的多种形态的风沙沉积物上发育的初育土，零星分布在本区西北部。由于成土时间短暂，该土壤无剖面发育或仅有微弱发育，剖面形态与母质类似，具C、（A）-C或A-C剖面构型，反映了风沙移动堆积与固定的不同阶段。由于本区位于毛乌素沙地南缘，沙物质丰富，再加上处于农牧交错带，人为活动频繁，易形成风沙土。

新积土是横山区第三大土壤类型，占本区地域面积的5%，分布在沟谷底部的河漫滩及阶地。新积土是由新近冲积、洪积、坡积、塌积或人工堆垫形成的土壤。该土壤成土期短，母质特性明显，具A-C或（A）-C剖面构型。其形成主要受地形条件和母质特性的影响。

小于本区地域面积3%的土壤类型有潮土、水稻土、红黏土、沼泽土、草甸盐土、栗钙土、黑垆土。

本区域中心区气候特征

本区域中心区气候特征值
Regional climate characteristics in central area of the region

气候带：中温带亚干旱气候 Climate region: Mid temperate subarid climate	
年平均气温 /℃ Annual average temperature /℃	8.5
年平均最高气温 /℃ Annual average maximum temperature /℃	15.8
年平均最低气温 /℃ Annual average minimum temperature /℃	2.2
年降水量 /mm Annual precipitation /mm	377
≥10℃的积温 /℃ Daily temperature accumulated in a year（≥10℃）/℃	3072
年日照时数 /h Annual sunshine /h	2740
年平均相对湿度 /% Annual average relative humidity /%	56
干燥度 Dryness	1.34

本区域中心区月平均气温与月平均降水量
Monthly temperature and precipitation in central area of the region

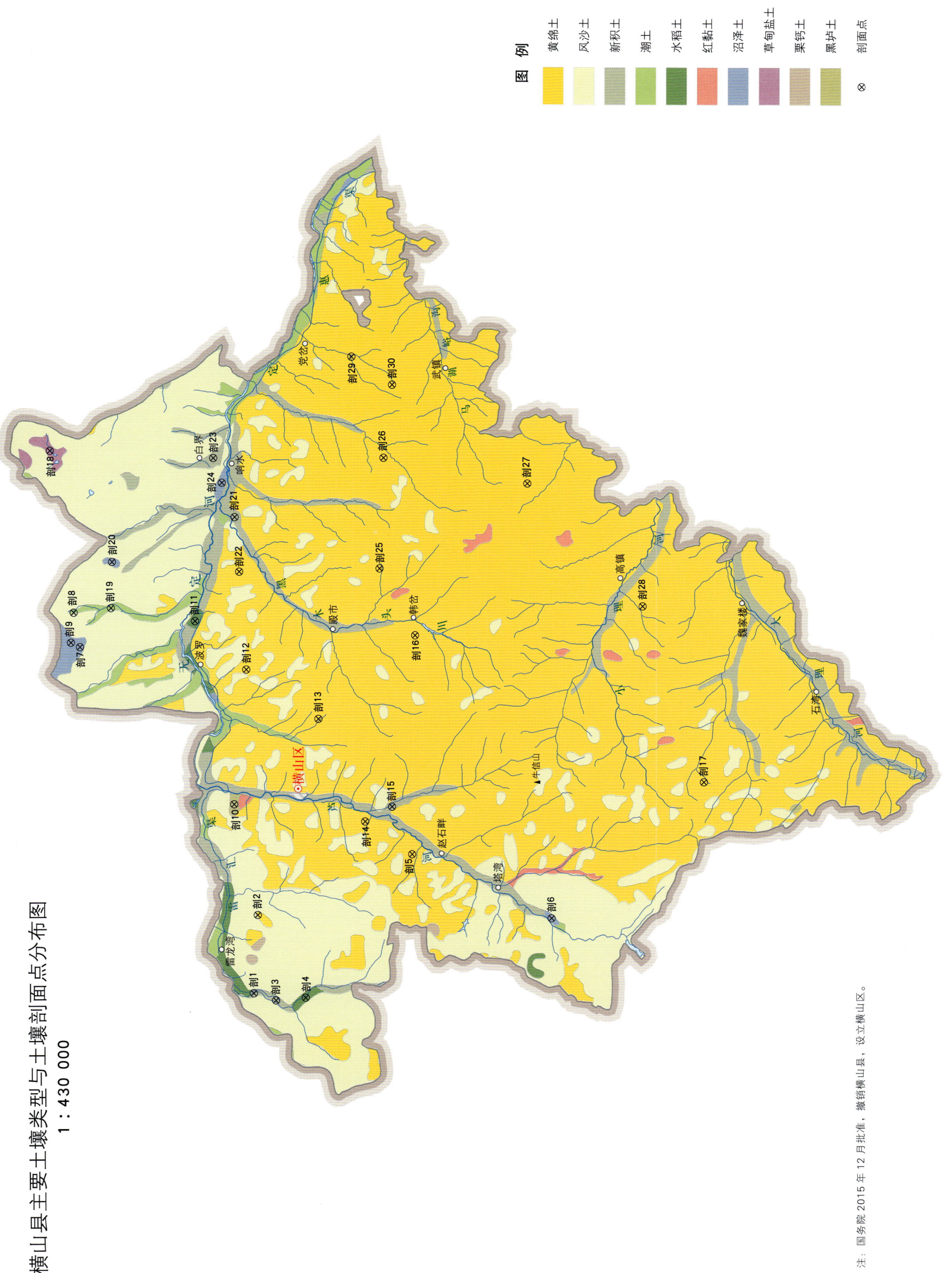

横山区土壤剖面理化性状表

剖面号 Soil profile	土纲 Soil order	土类 Soil great group	亚类 Soil subgroup	土属 Soil genus	土种 Soil species	土层码 Layer code	土层厚度 Depth/cm	颜色 Soil color	质地 Soil texture	土壤结构 Soil structure	pH	有机质 OM/(g/kg)	全氮 TN/(g/kg)	全磷 TP/(g/kg)	全钾 TK/(g/kg)	速效钾 AK/(mg/kg)	阳离子交换量 CEC/(cmol/kg)	土壤母质 Parent material	剖面点坐标 Profile coordinate	匹配指数 Matching index/%
剖1	初育土	新积土	新积土	堆垫土	薄层垫泥淤砂土	1	0—18	浅黄色	砂壤土	块状	8.3	5.2	0.42	0.34	19.0	100	7.1		E 109°03′16.7″ N 38°00′13.0″	97
剖2	初育土	黄绵土	黄绵土	黄绵土	薄层绵砂盖坡黄绵土	2	18—100	浅黄色	砂土	无明显结构	8.8	1.4	<0.10	0.12			3.3		E 109°08′45.5″ N 38°00′03.9″	100
						1	0—16		砂壤土		8.6	4.4	0.22	0.41		70				
						2	16—120		轻壤土		8.8	1.8	0.13	0.34						
						3	120—		砂壤土		8.7	1.1	<0.10	0.21						
剖3	初育土	新积土	洪淤土	洪淤黄绵土		1	0—20	浅黄色	轻壤土	块状	8.7	2.5	0.18	0.58		44		洪冲积物	E 109°02′48.9″ N 37°58′56.9″	85
						2	20—50	浅黄色	轻壤土	块状	8.9	2.7	0.20	0.62						
						3	50—120	浅黄色	轻壤土	块状	8.9	1.9	1.87	0.58						
剖4	人为土	水稻土	潜育水稻土	泌砂田		1	0—20	黄灰色	砂土	无明显结构	8.5	2.3	0.15	0.24		90	3.6		E 109°03′02.0″ N 37°57′16.4″	80
						2	20—	蓝黄色	砂壤土		8.4	7.1	0.41	0.29			3.6			
剖5	初育土	黄绵土	绵砂土	绵砂土	底砂梯绵砂土	1	0—20		砂土		8.7	4.6	0.30	0.36		105			E 109°13′16.5″ N 37°51′24.1″	84
						2	20—50		砂土		8.6	3.8	0.21	0.30						
						3	50—80		砂土		8.8	1.6	0.18	0.24						
						4	80—120		砂土		8.8	1.1	<0.10	0.23						
						5	120—		砂土		9.0	<1.0	<0.10	0.33						
剖6	水成土	沼泽土	腐殖质沼泽土	砂盖腐殖质沼泽土		1	0—15	灰黄色	砂土	小块状	9.1	5.0	0.33	0.24		27			E 109°08′54.9″ N 37°43′27.8″	100
						2	15—40	浅棕黄色	砂土	块状	8.8	4.8	0.16	0.27						
						3	40—68	浅棕黄色	砂土	块状	8.5	6.7	0.33	0.29						
						4	68—116	暗灰黄色	砂土	块状	8.2	6.7	0.31	0.18						
						5	116—	灰蓝色	砂土	块状	8.3	8.0	0.33	0.25						
剖7	水成土	沼泽土	泥质沼泽土	淤砂沼泽土		1	0—17	黄灰色	砂土	无明显结构	9.3	5.1	0.24	0.37		75	3.8		E 109°27′31.1″ N 38°10′21.3″	88
						2	17—63	棕灰色	砂土	无明显结构	9.1	1.3	<0.10	0.23			3.6			
						3	63—80	灰蓝色	砂土	无明显结构	8.6	2.5	<0.10	0.42			3.9			
						4	80—	灰蓝色	砂土	无明显结构	8.9	1.4	<0.10	0.28			4.1			
剖8	半水成土	潮土	绵砂潮土	绵砂潮土		1	0—20	灰黄色	砂土		8.8	6.5	0.34	0.38		114		冲积物	E 109°27′56.4″ N 38°10′43.9″	88
						2	20—40		砂土	小块状	8.7	3.2	0.16	0.42						
						3	40—120		砂土	块状	8.8	1.8	<0.10	0.36						
						4	120—		砂土		8.8	1.9	<0.10	0.27						
剖9	水成土	沼泽土	草甸沼泽土	盐化草甸沼泽土		1	0—10	黄灰色	砂土	无明显结构	>9.5	3.2	0.25	0.56	25.1	30			E 109°29′56.4″ N 38°10′43.9″	83
						2	10—20	暗黄色	砂土	无明显结构	9.0	2.5	0.18	0.54						
						3	20—30	黄灰色	砂土	无明显结构	9.1	2.5	0.24	0.57						
						4	30—50	蓝灰色	砂土	无明显结构	8.9	1.9	0.15	0.58						
						5	50—	蓝灰色	砂土	无明显结构	8.9	1.8	0.12	0.58						
剖10	钙层土	黑垆土	黑垆土	黑垆土		1	0—20	浅棕灰色	轻壤土	小块状	8.4	5.9	0.39	0.17	1.1	66	6.6	黄土	E 109°16′34.3″ N 38°01′30.1″	79
						2	20—50	棕灰色	轻壤土	块状	8.3	5.5	0.46	0.20	1.1		6.2			
						3	50—100	暗棕灰色	砂壤土	块状	8.6	7.5	0.43	0.19	1.2		7.9			
剖11	人为土	水稻土	潜育水稻土	锈泥田		1	0—12	灰黄色	砂壤土	块状	8.3	7.4	0.33	0.43		95			E 109°27′48.0″ N 38°10′49.3″	84
						2	12—55	暗黄黄色	砂壤土	无明显结构	8.3	4.6	0.23	0.52				黄土		
						3	55—	灰黄色	轻壤土	无明显结构	8.7	5.8	0.26	0.51						
剖12	初育土	黄绵土	黄绵土	黄土	硬黄土	1	0—13		轻壤土									黄土	E 109°26′08.2″ N 38°00′56.8″	91
						2	13—50		轻壤土											
						3	50—100		中壤土											

续表 Continued

剖面号 Soil profile	土纲 Soil order	土类 Soil great group	亚类 Soil subgroup	土属 Soil genus	土种 Soil species	土层码 Layer code	土层厚度 Depth/cm	颜色 Soil color	质地 Soil texture	土壤结构 Soil structure	pH	有机质 OM/(g/kg)	全氮 TN/(g/kg)	全磷 TP/(g/kg)	全钾 TK/(g/kg)	速效钾 AK/(mg/kg)	阳离子交换量 CEC/(cmol/kg)	土壤母质 Parent material	剖面点坐标 Profile coordinate	匹配指数 Matching index/%
剖13	初育土	黄绵土	绵砂土	砂盖绵砂土		1	0—15	棕黄色	紧砂土	无明显结构	8.9	2.7	0.16	0.33		200			E 109°22′43.8″ N 37°56′49.8″	100
						2	15—34	浅棕灰黄色	砂壤土	块状	8.8	3.4	0.22	0.66						
						3	34—50	浅棕黄色	砂壤土	块状	8.7	5.6	0.27	0.42						
						4	50—	浅棕黄色	砂壤土	块状	8.8	3.1	0.15	0.45						
剖14	初育土	黄绵土	绵砂土	川台绵砂土		1	0—20	灰黄色	轻壤土	小块状	8.6	9.3	0.60	0.52		176			E 109°15′32.1″ N 37°54′05.2″	93
						2	20—50	灰黄色	砂壤土	块状	8.7	6.7	0.40	0.52						
						3	50—			无明显结构	8.7	3.4	0.27	0.49						
剖15	初育土	新积土	新积土	灌淤土	绵砂中层淤砂土	1	0—45	灰黄色	砂壤土	小块状	8.8	5.1	0.28	0.48		81			E 109°16′36.8″ N 37°52′35.5″	100
						2	45—80	浅黄色	砂土	无明显结构	9.0	2.1	0.11	0.44						
						C	80—90	棕黄色	砂壤土	无明显结构	8.9	3.4	0.18	0.37						
						4	90—150	浅黄色	砂壤土	块状	8.8	2.5	0.16	0.46						
剖16	初育土	黄绵土	绵砂土	绵砂土	坡绵砂土	1	0—15	浅黄色	砂壤土	小块状	8.6	3.4	0.20	0.53		78			E 109°28′46.0″ N 37°51′26.1″	88
						2	15—50	浅黄色	砂壤土	块状	8.9	3.1	0.17	0.53						
						3	50—	灰黄色	砂壤土	块状	8.6	2.4	0.19	0.56						
剖17	初育土	黄绵土	绵砂土	川台绵砂土		1	0—20	浅黄色	砂壤土	小块状	8.8	6.5	0.42	0.57		133			E 109°18′45.0″ N 37°35′00.0″	71
						2	20—47	浅黄色	砂壤土	块状	8.7	3.8	0.28	0.53						
						3	47—100	暗黄灰色	重壤土	小团粒状	8.9	8.8	0.26	0.50						
剖18	盐碱土	草甸盐土	草甸盐土	氯化物硫酸盐土	强盐土	A₁,z	0—15	灰黄色	砂壤土	块状	8.5	8.8	0.48	0.51	14.9	190			E 109°41′21.6″ N 38°12′12.9″	80
						AC	15—44	灰黄棕色	砂壤土	块状	9.1	2.2	0.10	0.47	12.5					
						Cu₁	44—70	浅黄棕色	砂壤土	块状	9.3	2.0	<0.10	0.51	11.5					
						Cu₂	70—80	浅黄棕色	重壤土	块状	8.7	7.9	0.43	0.55	16.2					
						C₁	80—130	浅黄灰色	砂土	板状	9.3	1.7	0.10	0.44	13.1					
						C₂	130—	灰黄色	砂壤土	无明显结构	9.1	3.0	0.16	0.48	13.2					
剖19	半水成土	潮土	潮土	绵砂潮土	灰绵砂潮土	1	0—15	浅黄色	砂壤土	无明显结构	8.4	8.2	0.37	0.36		105	5.4	冲积物	E 109°30′18.4″ N 38°08′38.6″	78
						2	15—32	浅黄色	砂壤土	块状	8.6	4.3	0.17	0.36			4.9			
						3	32—55	浅黄色	砂壤土	块状	8.4	1.2		0.15			6.2			
						4	55—150	浅黄色	砂壤土	块状	8.6	3.1	0.15	0.24			6.7			
剖20	水成土	沼泽土	泥质沼泽土	淤泥沼泽土		1	0—20	暗黄灰色	砂土	无明显结构	8.6	2.7	0.13	0.36		70	7.5		E 109°33′33.4″ N 38°08′37.3″	85
						2	20—50	灰黄灰色	砂壤土	无明显结构	8.7	1.8	<0.10	0.28						
						3	50—	浅黄灰色	砂壤土	无明显结构	9.0	1.9	<0.10	0.28						
剖21	初育土	新积土	洪淤土	洪淤土		1	0—30	灰黄色	砂壤土	小块状	9.0	1.3	0.18	0.58		57			E 109°36′52.2″ N 38°01′43.7″	84
						2	30—50	浅黄色	砂壤土	块状	9.0	1.8	0.14	0.58						
						3	50—100	浅黄色	砂壤土	块状	8.8	2.9	0.17	0.56						
						4	100—130	棕黄色	砂壤土	块状	8.7	8.0	0.51	0.51						
						5	130—	棕黄色	砂壤土	块状	9.0	2.5	0.20	0.78						
剖22	初育土	黄绵土	绵砂土	川台绵砂土		1	0—20	浅黄色	砂壤土	块状	8.6	5.0	0.21	0.47		114		洪冲积物	E 109°33′01.7″ N 38°01′26.2″	85
						2	20—60	浅黄色	砂壤土	块状	8.6	2.4	0.18	0.39						
						3	60—	浅黄色	砂壤土	块状	8.8	3.8	0.30	0.44						
剖23	初育土	新积土	洪淤土	洪淤土	轻砾石土	1	0—60	灰黄色	轻砾石土	块状	8.7	5.1	0.28	0.51		76	2.2		E 109°41′01.5″ N 38°02′59.2″	87
						2	60—	黄黄色	砂土	块状	9.0	3.2	0.30	0.55		95	2.7			
剖24	水成土	沼泽土	白泥沼泽土	白泥沼泽土		1	0—10	浅灰色	砂壤土	块状	9.4	3.1	0.21	0.20			2.6	洪冲积物	E 109°39′17.0″ N 38°02′28.8″	72
						2	10—20	灰灰色	砂土	块状	9.0	2.6	0.17	0.18			3.1			
						3	20—30	浅灰色	砂壤土	块状	8.5	2.1	0.16	0.16			6.7			
						4	30—80	灰棕色	砂壤土	块状	8.9	3.3	0.20	0.20			6.4			
						5	80—140	浅灰黄色	砂壤土	块状	8.7	3.1	0.21	0.18						
						6	140—		砂土			1.2	<0.10	0.24						

续表 Continued

剖面号 Soil profile	土纲 Soil order	土类 Soil great group	亚类 Soil subgroup	土属 Soil genus	土种 Soil species	土层码 Layer code	土层厚度 Depth/cm	颜色 Soil color	质地 Soil texture	土壤结构 Soil structure	pH	有机质 OM/(g/kg)	全氮 TN/(g/kg)	全磷 TP/(g/kg)	全钾 TK/(g/kg)	速效钾 AK/(mg/kg)	阳离子交换量CEC/(cmol/kg)	土壤母质 Parent material	剖面点坐标 Profile coordinate	匹配指数 Matching index/%
剖25	初育土	黄绵土	黄绵土	黄绵土	梯黄绵土	1	0—15	浅黄色	轻壤土		8.9	2.4	0.22	0.56		36		黄土	E 109° 33′ 25.5″ N 37° 53′ 30.0″	97
						2	15—50	浅黄色	轻壤土	块状	8.7	2.9	0.21	0.55						
						3	50—100	浅黄色	轻壤土	块状	8.3	2.5	0.26	0.60						
剖26	初育土	黄绵土	绵砂土	绵砂土	草灌绵砂土	1	0—14				8.8	2.7	0.16	0.37		76			E 109° 41′ 14.0″ N 37° 53′ 22.1″	73
						2	14—40				8.9	2.8	0.15	0.50						
						3	40—				8.7	2.7	0.13	0.50						
剖27	初育土	黄绵土	黄绵土	黄绵土	坡黄绵土	1	0—13	浅黄色	轻壤土	小块状								黄土	E 109° 39′ 34.6″ N 37° 45′ 13.4″	82
						2	13—39	浅黄色	轻壤土	块状										
						3	39—100	浅黄色	轻壤土	块状										
剖28	初育土	黄绵土	绵砂土	川台绵砂土		1	0—16	浅灰黄色	砂壤土	无明显结构	8.8	11.6	0.54	0.54		134			E 109° 31′ 03.9″ N 37° 38′ 36.2″	94
						2	16—34	浅黄色	砂壤土	无明显结构	8.8	4.9	0.26	0.46						
						3	34—47	浅黄色	中砾质土	无明显结构	8.8	4.2	0.23	0.54						
						4	47—	浅黄色	砂壤土	无明显结构	8.8	2.1	0.15	0.49						
剖29	初育土	黄绵土	绵砂土	川台绵砂土	川台灰绵砂土	1	0—20		轻壤土	小块状	8.3	9.6	0.53	0.57		196			E 109° 48′ 20.2″ N 37° 55′ 15.4″	79
						2	20—70				8.8	5.2	0.23	0.55						
						3	70—				8.9	4.2	0.17	0.51						
剖30	初育土	黄绵土	绵砂土	黄盖绵砂土		1	0—27	灰黄色	轻壤土		8.3	13.7	0.83	0.80		204			E 109° 46′ 23.7″ N 37° 52′ 56.7″	89
						2	27—46	浅黄色	中砾砂壤土	块状	8.9	3.6	0.28	0.56						
						3	46—80	浅灰黄色	中砾砂壤土	块状	8.8	5.2	0.31	0.65						
						4	80—	浅黄色	砂壤土	块状	9.1	3.3	0.21	0.57						

府 谷 县

主要土类说明

黄绵土是府谷县主要土壤类型，占本县地域面积的58%。本县黄绵土是由沙黄土直接发育形成的初育土，分布遍及本县黄土高原丘陵。由于土壤侵蚀严重，表层长期遭侵蚀，只能不断加深耕作黄土母质层，因而母质特性明显。土壤无明显发育，为A–C型土。由于风成黄土富含细粉粒，故质地、结构均一，疏松绵软，富含石灰、磷、钾储量较丰富，但有效性差，土壤有机质缺乏。

粗骨土是府谷县第二大土壤类型，占本县地域面积的15%，零星分布在石质山地的陡坡地段。粗骨土是在岩石风化碎屑上形成的幼年土壤，发育微弱，属于A-C型，甚至（A）-C型土壤。A层发育不明显，与母质土层性状相似，略显有机质累积。有时母质层富含砾石，很少出现剖面分异与发育特征。

栗钙土是府谷县第三大土壤类型，占本县地域面积的9%，主要分布在三道沟、古城等地的梁峁缓坡及沙平地。栗钙土是在温带半干旱草原下形成的具有栗色腐殖质层和灰白色钙积层的土壤。该土壤表层为栗色腐殖质层，厚20—30cm，有机质含量为5—15g/kg。其下，灰白色钙积层发育明显，见于20—30cm深处，厚20—40cm，呈斑点状或层状积钙。石膏及易溶盐局部聚积。因土壤干旱，风蚀严重，土壤有机质含量低，钙积层距地表深浅不一，剖面层次较为复杂。本县栗钙土仅有淡栗钙土一个亚类。

风沙土占本县地域面积的7%，零星分布在本县西北部。风沙土是在风沙母质上形成的幼年土壤。由于成土时间短暂，该土壤无剖面发育或仅有微弱发育，剖面形态与母质类似，具C、（A）-C或A-C剖面构型，反映了风沙移动堆积与固定的不同阶段。由于本县位于毛乌素沙地南缘，沙物质丰富，再加上处于农牧交错带，人为活动频繁，易形成风沙土。

石质土占本县地域面积的6%，广泛分布在侵蚀严重、岩石裸露的石质山地、侵蚀残丘，以及丘顶、山脊、山坡等坡度陡峻的地形部位。该土壤表层岩石裸露，风化层浅薄，厚度一般小于10cm，风化度低，富含砾石，多碎屑岩粒，始终处于土壤发育的幼年阶段。

新积土占本县地域面积的4%，分布在沟谷底部的河漫滩及阶地。新积土是由新近冲积、洪积、坡积、塌积或人工堆垫形成的土壤。该土壤成土期短，母质特性明显，具A-C或（A）-C剖面构型。其形成主要受地形条件和母质特性的影响。

小于本县地域面积3%的土壤类型有红黏土、黑垆土、潮土。

本区域中心区气候特征

本区域中心区气候特征值
Regional climate characteristics in central area of the region

气候带：中温带亚干旱气候 Climate region: Mid temperate subarid climate	
年平均气温 /℃ Annual average temperature /℃	7.5
年平均最高气温 /℃ Annual average maximum temperature /℃	14.6
年平均最低气温 /℃ Annual average minimum temperature /℃	1.1
年降水量 /mm Annual precipitation /mm	362
≥10℃的积温 /℃ Daily temperature accumulated in a year (≥10℃) /℃	3393
年日照时数 /h Annual sunshine /h	2791
年平均相对湿度 /% Annual average relative humidity /%	54
干燥度 Dryness	1.25

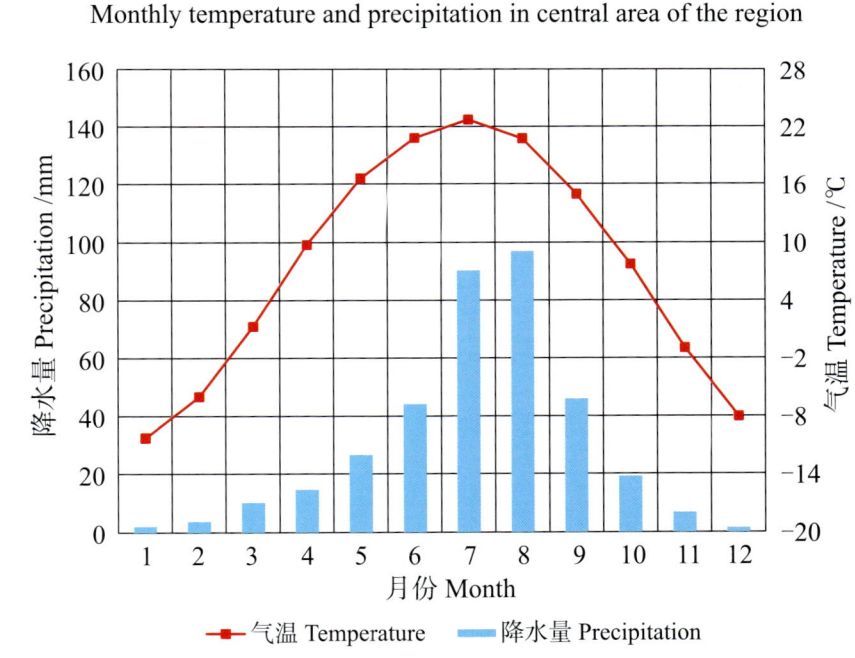

本区域中心区月平均气温与月平均降水量
Monthly temperature and precipitation in central area of the region

府谷县主要土壤类型与土壤剖面点分布图
1∶330 000

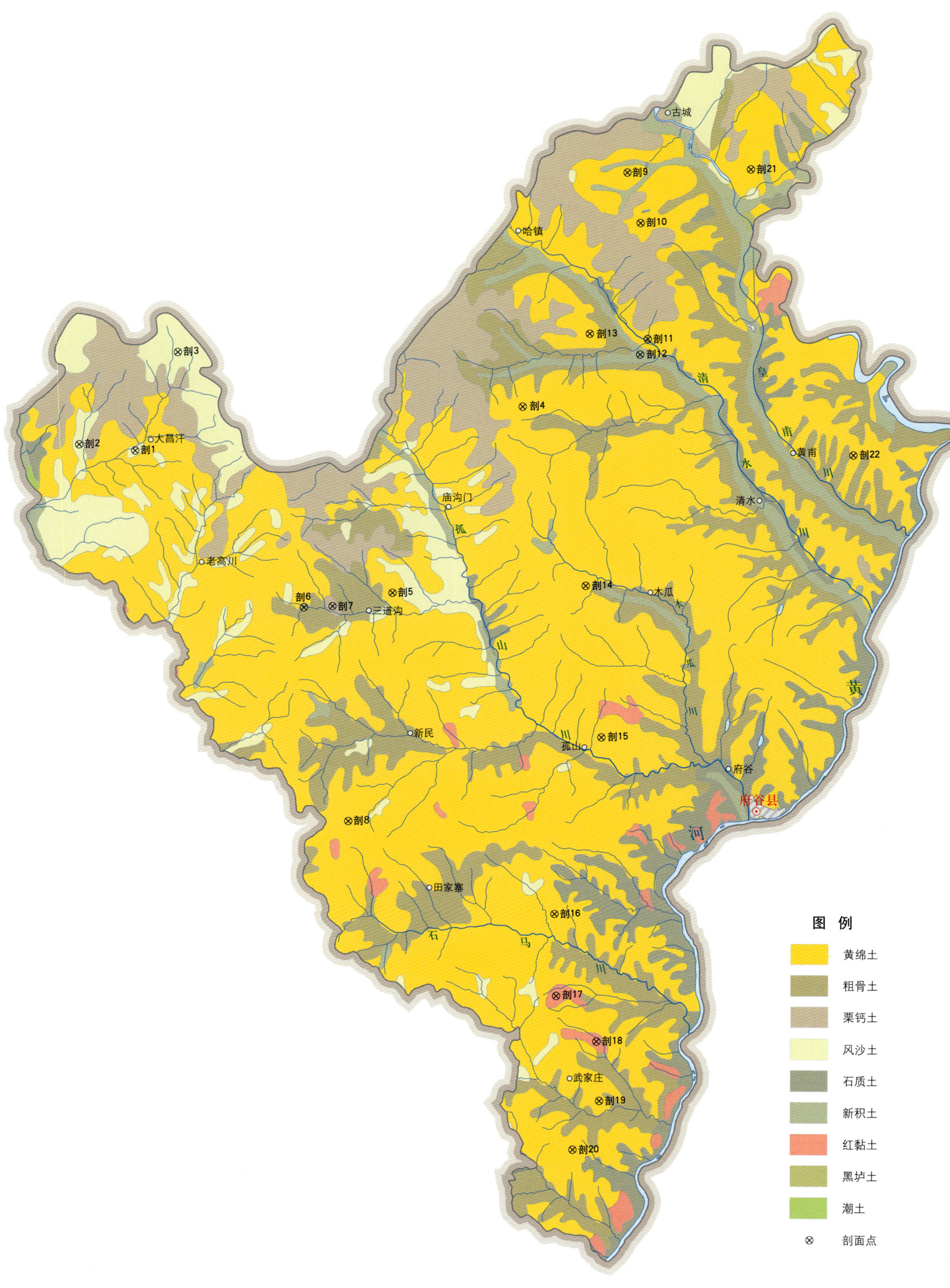

府谷县土壤剖面理化性状表

剖面号 Soil profile	土纲 Soil order	土类 Soil great group	亚类 Soil subgroup	土属 Soil genus	土种 Soil species	土层码 Layer code	土层厚度 Depth/cm	颜色 Soil color	质地 Soil texture	土壤结构 Soil structure	pH	有机质 OM/(g/kg)	全氮 TN/(g/kg)	全磷 TP/(g/kg)	全钾 TK/(g/kg)	碱解氮 AN/(mg/kg)	有效磷 AP/(mg/kg)	速效钾 AK/(mg/kg)	阳离子交换量 CEC/(cmol/kg)	土壤母质 Parent material	剖面点坐标 Profile coordinate	匹配指数 Matching index/%
剖1	初育土	风沙土	草原风沙土	固定草原风沙土	府谷紧沙土	A₁₁	0—20	浊黄橙色	砂壤土	小块状	8.6	15.1	0.79	0.46	14.6	41	3.0	88	4.5	风积沙	E 110°29′10.5″ N 39°17′06.6″	90
						C₁	20—60	浊黄橙色	砂壤土	块状	8.8	2.8	0.15	0.35	15.2				4.0			
						C₂	60—100	浅黄橙色	砂壤土	块状	8.7	7.0	0.37	0.39	14.9				3.8			
剖2	初育土	风沙土	固定风沙土	固定风沙土	固定风沙土	1	0—10	浅灰黄色	砂壤土	团块状	8.7	6.4	0.32	0.48		24	5.1			风积沙	E 110°26′04.4″ N 39°17′21.6″	85
						2	10—31	浅黄棕色	砂土		8.7	2.5	<0.10	0.32								
						3	31—100	浅黄棕色	砂土		8.7	2.1	<0.10	0.35								
剖3	初育土	风沙土	耕种风沙土	黄砂土	耕种黄细沙土	1	0—18	浅棕色	砂壤土	小块状	8.9	3.2	0.14	0.48		27	1.3		6.7	风积沙	E 110°31′29.4″ N 39°21′17.4″	76
						2	18—70	浅棕色	砂壤土	小块状	8.6	5.1	0.18	0.51					6.7			
						3	70—100	浅棕色	砂壤土	小块状	8.5	5.0	0.25	0.59					7.5			
剖4	初育土	黄绵土	绵砂土	台地绵砂土	深位夹石	1	0—18	浅灰黄色	砂壤土	小块状	8.9	2.5	0.22	0.59		15	2.1			冲积物、坡积物	E 110°50′30.8″ N 39°19′02.3″	97
						2	18—69	浅黄色	砂壤土		8.9	2.3	0.16	0.55								
						C	69—83	浅黄色	砂壤土		8.9	1.9	0.14	0.53								
						4	83—100	浅黄色	砂壤土		9.0	1.5	0.13	0.55								
剖5	初育土	黄绵土	黄绵土	坡绵砂土	坡绵砂土	1	0—9	浅黄色	砂壤土	块状	8.8	3.1	0.27	0.58		22	1.8			新黄土	E 110°43′23.5″ N 39°11′06.8″	86
						2	9—34	浅棕色	砂壤土	块状	8.8	2.5	0.24	0.61								
						3	34—100	浅棕色	砂壤土	小块状	8.8	2.5	0.23	0.58								
剖6	钙层土	黑垆土	黑垆土	砂黑垆土	锈黑焦土	A₁	0—15	棕灰色	砂壤土	小块状		16.3	0.73	0.59		65	6.9		9.9	黄土	E 110°38′31.4″ N 39°10′28.7″	92
						Ah	15—28	棕灰色	砂壤土	块状		13.4	0.60	0.60					10.5			
						AB	28—50	棕灰色	砂壤土	块状		10.6	0.48	0.71					8.5			
						Bk	50—100	灰黄色	砂壤土	小块状		7.9	0.30	0.54					8.8			
剖7	钙层土	栗钙土	淡栗钙土	淡栗钙土	耕种淡栗钙土	1	0—22	棕灰黄色	砂壤土	小块状	8.8	5.2	0.30	0.44		32	4.3			黄土状母质、风积物	E 110°40′05.9″ N 39°10′31.9″	76
						2	22—37	棕黄色	砂壤土	块状	8.7	3.7	0.23	0.39								
						3	37—64	棕黄色	砂壤土	块状	8.9	3.1	0.16	0.39								
						4	64—110	黄橙色	砂壤土	块状	8.8	2.5	0.15	0.38								
剖8	初育土	黄绵土	绵砂土	台地绵砂土	台地灰绵砂土	1	0—25	灰黄色	砂壤土	团块状	8.5	15.6	0.88	0.72		143	8.0			冲积物、坡积物	E 110°41′09.8″ N 39°01′07.5″	81
						2	25—65	浅黄棕色	砂壤土	小块状	8.8	6.3	0.40	0.67								
						3	65—150	浅黄棕色	砂壤土	团块状	9.0	5.3	0.46	0.56								
剖9	初育土	黄绵土	黄绵土	梯绵砂土	梯绵砂土	1	0—17	黄橙色	砂壤土	块状	8.8	3.2	0.29	0.25	11.0	20	3.0	63	5.9	黄土	E 110°56′15.3″ N 39°28′58.1″	100
						2	17—65	黄橙色	砂壤土	块状	8.6	2.5	0.26	0.23	12.4				6.5			
						3	65—150	黄橙色	砂壤土	块状	8.6	2.7	0.24	0.23	12.4				6.0			
剖10	初育土	黄绵土	黄绵土	坡绵砂土	坡绵砂土	1	0—17	浅灰黄色	砂壤土	小块状	8.8	4.9	0.34	0.66		19	3.3		7.5	新黄土	E 110°56′59.5″ N 39°26′49.8″	88
						2	17—61	浅黄棕色	砂壤土	小块状	8.8	2.3	0.49	0.67					8.0			
						3	61—100	浅黄橙色	砂壤土	块状	8.8	2.6	0.19	0.65					7.6			
剖11	初育土	黄绵土	黄绵土	坝淤土	淡灰黄砂土	A	0—20	灰黄色	砂壤土	团块状	8.8	5.4	0.23	0.52	17.3	22	2.0		9.0	黄土	E 110°57′24.1″ N 39°21′54.4″	76
						C₁	20—62	棕黄色	砂壤土	块状	8.8	3.7	0.12	0.52	17.3				8.2			
						C₂	62—100	浅黄色	砂壤土	块状	8.8	3.3	0.13	0.52	18.0				8.3			
剖12	初育土	新积土	冲积土	坝淤土	腰泥坝淤土	A₁	0—18	浅黄色	砂壤土	小块状	8.6	2.5	0.21	0.55		30	4.3			冲积物、坡积物	E 110°56′59.1″ N 39°21′14.8″	89
						A₂	18—34	浅黄色	黏壤土	块状	8.8	3.4	0.30	0.59								
						AC	34—51	棕黄色	砂壤土	块状	8.6	2.2	0.22	0.52								
						C	51—100	浅黄色	砂壤土	块状	8.7	1.8	0.16	0.60								
剖13	初育土	黄绵土	绵砂土	台地绵砂土	台地黄绵砂土	1	0—15	浅棕色	砂壤土	小块状	8.6	7.7	0.49	0.61		34	6.3			冲积物、坡积物	E 110°54′11.8″ N 39°22′07.6″	80
						2	15—40	浅棕色	砂壤土	块状	8.3	4.9	0.33	0.60								
						3	40—100	浅棕色	砂壤土	块状	8.7	4.9	0.35	0.64								

续表 Continued

剖面号 Soil profile	土纲 Soil order	土类 Soil great group	亚类 Soil subgroup	土属 Soil genus	土种 Soil species	土层码 Layer code	土层厚度 Depth/cm	颜色 Soil color	质地 Soil texture	土壤结构 Soil structure	pH	有机质 OM/(g/kg)	全氮 TN/(g/kg)	全磷 TP/(g/kg)	全钾 TK/(g/kg)	碱解氮 AN/(mg/kg)	有效磷 AP/(mg/kg)	速效钾 AK/(mg/kg)	阳离子交换量CEC/(cmol/kg)	土壤母质 Parent material	剖面点坐标 Profile coordinate	匹配指数 Matching index/%
剖14	初育土	黄绵土	绵砂土	坡绵砂土		1	0—18	浅黄色	砂壤土	小块状	8.8	3.8	0.30	0.56					7.1	新黄土	E 110°54′01.0″ N 39°11′26.3″	72
						2	18—58	浅黄色	砂壤土	块状	8.8	1.8	0.15	0.56					6.3			
						3	58—100	浅灰黄色	砂壤土	块状	9.0	1.8	0.12	0.55								
剖15	初育土	黄绵土	绵砂土	草灌绵砂土	底石薄层绵砂土	1	0—20	浅棕黄色	砂壤土	小块状	8.9	4.9	<0.10	0.56		19	1.6			黄土	E 110°54′54.7″ N 39°05′00.3″	84
						2	20—30	浅黄色	砂壤土	小块状	8.9	2.9	0.16	0.52								
						3	30—				9.4	1.3	<0.10	0.22								
剖16	初育土	黄绵土	黄绵砂土	坡黄绵土	梯黄绵土	1	0—20	浅灰黄色	轻壤土	小块状	8.5	5.0	0.42	0.57		39	2.3		10.4	新黄土	E 110°52′22.9″ N 38°57′28.7″	100
						2	20—55	浅黄色	轻壤土	块状	8.6	3.1	0.22	0.60		27			8.7			
						3	55—88	浅黄色	轻壤土	小块状	8.7	3.3	0.27	0.61					9.7			
						4	88—110	浅棕黄色	轻壤土	块状	8.6	4.1	0.28	0.62					9.6			
						5	110—	浅红黄色	轻壤土	小块状	8.6	3.9	0.22	0.61					9.0			
剖17	初育土	红黏土	红黄土	红黄土	料姜红黄土	1	0—13	浅红黄色	轻壤土	小块状	8.5	2.7	0.18	0.42		21	4.1			午城黄土	E 110°52′29.3″ N 38°53′58.6″	79
						2	13—40	红黄色	轻壤土	块状	8.5	1.2	0.11	0.51								
						3	40—100	红黄色	轻壤土	块状	8.6	1.1	0.54	0.56								
剖18	初育土	红黏土	红黄土	红黄土	砂红土	1	0—20	灰棕黄色	砂壤土	小块状	8.7	2.2	0.24	0.44		22	1.8			午城黄土	E 110°54′42.7″ N 38°52′03.1″	89
						2	20—40	浅棕黄色	中壤土	块状	8.7	2.0	0.22	0.51								
						3	40—70	浅棕黄色	中壤土	块状	8.6	1.8	0.21	0.42								
						4	70—90	浅棕黄色	砂壤土	小块状	8.6	1.3	0.17	0.40								
						5	90—110	浅棕黄色	砂壤土	块状	8.6	<1.0	0.15	0.27								
剖19	初育土	黄绵土	黄绵土	绵砂土	淡灰绵砂土	A	0—20	浊黄棕色	砂壤土	块状	8.8	5.4	0.23	0.23	14.4	22	2.0		9.0	黄土	E 110°54′53.1″ N 38°49′33.1″	99
						C_1	20—60	浊黄橙色	砂壤土	块状	8.8	3.7	0.22	0.23	14.4				8.2			
						C_2	60—150	浊黄橙色	砂壤土	块状	8.8	3.3	0.23	0.23	14.9				8.3			
剖20	初育土	黄绵土	黄绵土	坡黄绵土	坡黄绵土	1	0—16	浅黄色	轻壤土	小块状	8.6	3.8	0.47	0.77		66	13.9		6.2	新黄土	E 110°53′25.9″ N 38°47′29.5″	98
						2	16—58	浅黄色	轻壤土	块状	8.8	3.9	0.21	0.63					5.6			
						3	58—110	浅黄色	轻壤土	块状	8.6	4.2	0.28	0.64					6.4			
剖21	初育土	黄绵土	黄绵土	坡黄绵土	草灌绵砂土	1	0—20	浅黄色	砂壤土	小块状	8.8	5.4	0.23	0.51		22	2.8		9.0	新黄土	E 111°03′04.5″ N 39°29′06.3″	80
						2	20—62	浅黄色	砂壤土	块状	8.8	3.7	1.22	0.55					8.2			
						3	62—110	浅黄色	砂壤土	块状	8.8	3.3	0.13	0.53					8.3			
剖22	初育土	黄绵土	绵砂土	草灌绵砂土	硬灌绵砂土	1	0—14	浅棕黄色	砂壤土	小块状	8.8	3.7	0.28	0.56		32	3.1			黄土	E 111°08′44.2″ N 39°16′58.7″	79
						2	14—34	浅棕黄色	砂壤土	块状	8.9	2.3	0.21	0.61								
						3	34—56	浅棕黄色	砂壤土	块状	8.9	2.4	0.23	0.61								
						4	56—110	浅棕黄色	砂壤土	块状	8.8	3.3	0.26	0.62								

靖 边 县

主要土类说明

黄绵土是靖边县主要土壤类型，占本县地域面积的58%。本县黄绵土是由沙黄土直接发育形成的初育土，分布遍及本县黄土高原丘陵。由于土壤侵蚀严重，表层长期遭侵蚀，只能不断加深耕作黄土母质层，因而母质特性明显。土壤无明显发育，为A-C型土。由于风成黄土富含细粉粒，故质地、结构均一，疏松绵软，富含石灰、磷、钾储量较丰富，但有效性差，土壤有机质缺乏。

风沙土是靖边县第二大土壤类型，占本县地域面积的26%。风沙土发生于半干旱、干旱漠境地区，是在风沙移动堆积形成的多种形态的风沙沉积物上发育的初育土，零星分布在本县西北部。由于成土时间短暂，该土壤无剖面发育或仅有微弱发育，剖面形态与母质类似，具C、(A)-C或A-C剖面构型，反映了风沙移动堆积与固定的不同阶段。由于本县位于毛乌素沙地南缘，沙物质丰富，再加上处于农牧交错带，人为活动频繁，易形成风沙土。

新积土是靖边县第三大土壤类型，占本县地域面积的8%，分布在沟谷底部的河漫滩及阶地。新积土是由新近冲积、洪积、坡积、塌积或人工堆垫形成的土壤。该土壤成土期短，母质特性明显，具A-C或(A)-C剖面构型。其形成主要受地形条件和母质特性的影响。

黑垆土占本县地域面积的5%，成片分布在本县中西部塬涧地区的王渠则、席麻湾、中山涧等地，北部沙区可见不少残迹黑垆土地块和其风蚀残墩，南部和东部的分水鞍部、沟头附近和低缓的峁顶也有零星分布。黑垆土是在黄土高原上，由黄土发育而成的土壤。该土壤有机质含量低，但腐殖质层深厚。土体原位黏化，但无明显的黏化层，具假菌丝状石灰累积；无盐化，多旱耕。本县黑垆土仅有砂黑垆土一个亚类。

小于本县地域面积3%的土壤类型有红黏土、栗钙土、潮土、草甸盐土、沼泽土、草甸土、水稻土。

本区域中心区气候特征

本区域中心区气候特征值
Regional climate characteristics in central area of the region

气候带：中温带亚干旱气候 Climate region: Mid temperate subarid climate	
年平均气温 /℃ Annual average temperature /℃	8.7
年平均最高气温 /℃ Annual average maximum temperature /℃	16.0
年平均最低气温 /℃ Annual average minimum temperature /℃	2.8
年降水量 /mm Annual precipitation /mm	401
≥10℃的积温 /℃ Daily temperature accumulated in a year (≥10℃) /℃	3170
年日照时数 /h Annual sunshine /h	2678
年平均相对湿度 /% Annual average relative humidity /%	56
干燥度 Dryness	1.31

本区域中心区月平均气温与月平均降水量
Monthly temperature and precipitation in central area of the region

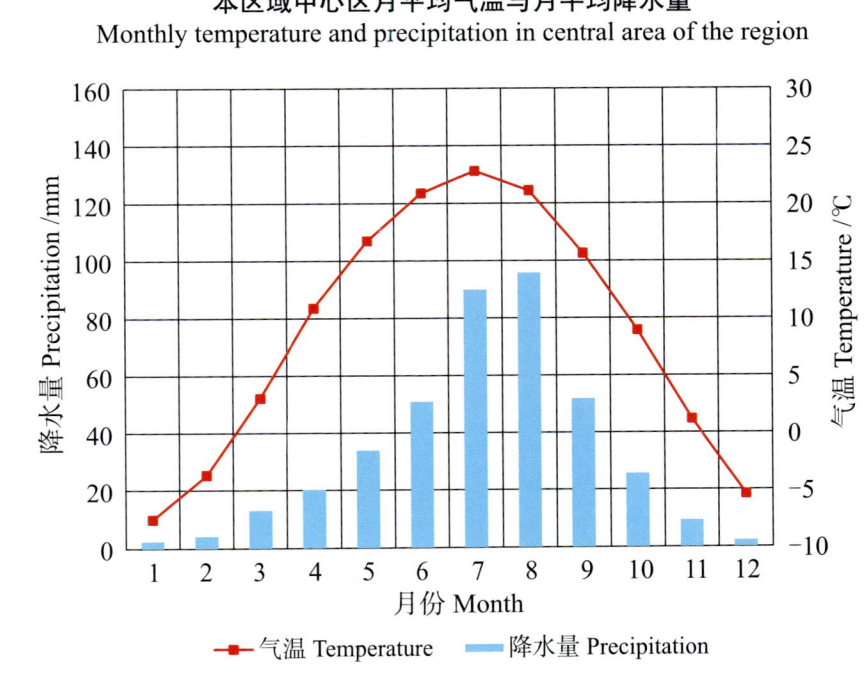

靖边县主要土壤类型与土壤剖面点分布图
1:410 000

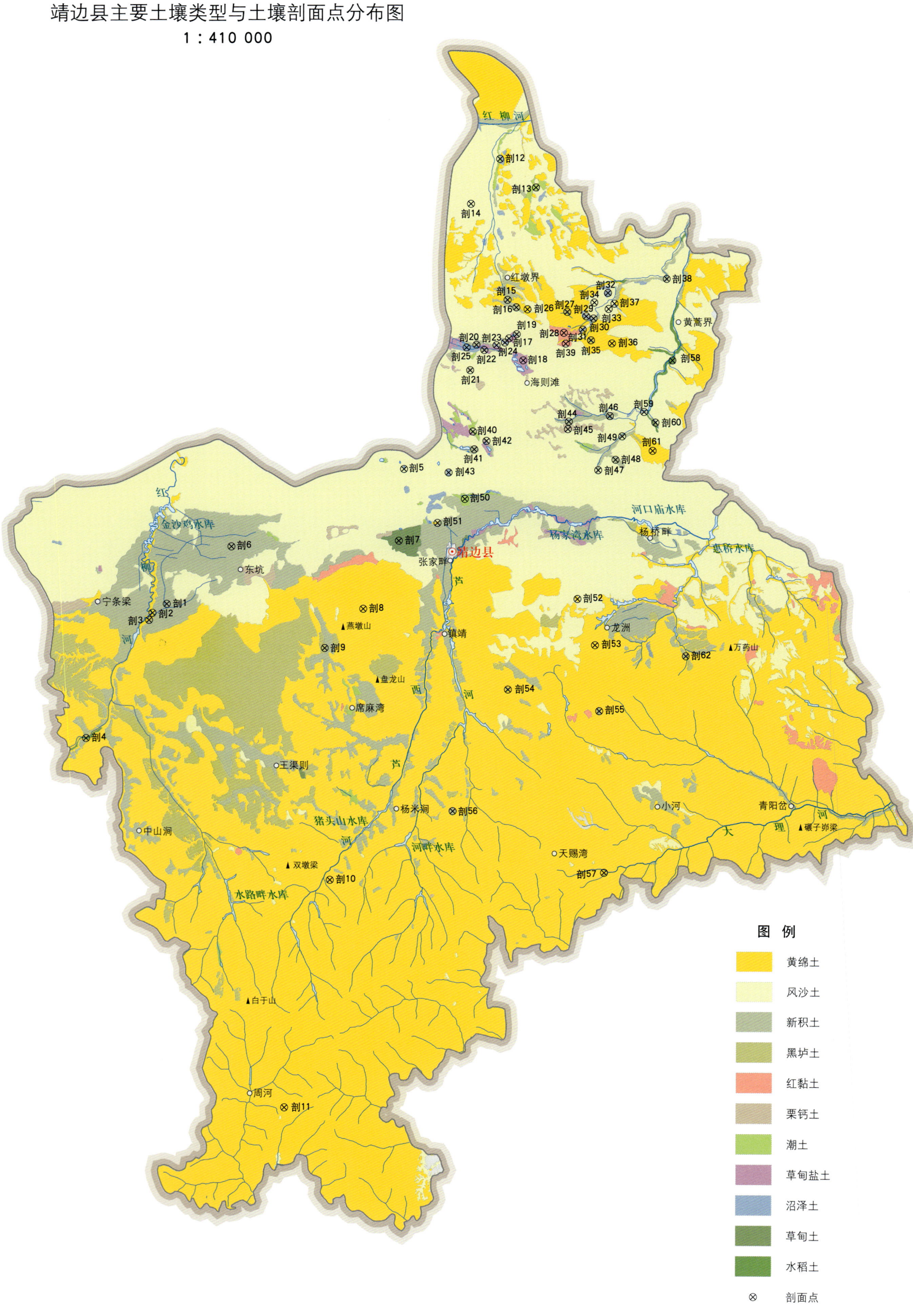

靖边县土壤剖面理化性状表

剖面号 Soil profile	土纲 Soil order	土类 Soil great group	亚类 Soil subgroup	土属 Soil genus	土种 Soil species	土层码 Layer code	土层厚度 Depth/cm	颜色 Soil color	质地 Soil texture	土壤结构 Soil structure	pH	有机质 OM/(g/kg)	全氮 TN/(g/kg)	全磷 TP/(g/kg)	全钾 TK/(g/kg)	阳离子交换量CEC/(cmol/kg)	土壤母质 Parent material	剖面点坐标 Profile coordinate	匹配指数 Matching index/%
剖1	初育土	新积土	新积土	堆垫土		1	0—22	浅灰黄色	中壤土	小块状								E 108°28′18.1″ N 37°32′31.0″	99
						2	22—57	浅棕黄色	轻壤土	小块状									
						3	57—150	棕色	细砂土	小块状、粒状									
剖2	初育土	黄绵土	绵砂土	沟台绵砂土	沟台绵砂土	1	0—20				8.7	4.4	0.31	0.41				E 108°27′20.2″ N 37°31′59.4″	85
						2	20—31				8.6	3.7	0.24	0.53					
						3	31—150				8.9	3.5	0.22	0.53					
剖3	初育土	黄绵土	黄绵土	沟台黄绵土	沟台灰黄绵土	1	0—15				8.6	6.6	0.43	0.48	14.4	6.8	黄土	E 108°27′06.7″ N 37°31′36.3″	85
						2	15—60				8.8	5.5	0.40	0.70	14.4	5.0			
						3	60—73				8.7	6.9	0.53	0.70	13.8				
						4	73—150				8.8	5.8	0.43	0.69	14.8				
剖4	人为土	水稻土	潜育水稻土	锈砂田	锈砂田	1	0—10	褐黄色	砂壤土	小块状	8.2	5.1	0.41	0.45	15.1	5.5		E 108°22′58.5″ N 37°25′00.6″	82
						2	10—20	灰黄色	砂壤土	小粒状	9.0	4.4	0.25	0.38	16.0	4.1			
						3	20—60	褐灰色	砂壤土		8.2	5.2	0.31	0.42	15.8	5.5			
						4	60—70	褐黄色	细砂土		8.7	1.5	0.11	0.26	15.9	3.0			
剖5	初育土	风沙土	固定风沙土	固定风沙土	固定风沙土	1	0—10				8.6	4.0	0.29	0.37			风积沙	E 108°44′36.7″ N 37°40′16.5″	92
						2	10—20				8.8	1.9	0.10	0.29					
						3	20—150				8.7	2.2	0.14	0.25					
剖6	初育土	新积土	冲积土	河淤土		1	0—20	浅灰黄色	砂壤土	小块状							冲积物	E 108°32′42.0″ N 37°35′47.3″	85
						2	20—27	浅黄棕色	砂壤土	小块状									
						3	27—48	灰黄棕色	砂壤土	块状									
						4	48—98	浅灰棕色	轻壤土	小块状									
						5	98—150	浅灰黄色	砂壤土	小块状									
剖7	半水成土	草甸土	盐化草甸土	硫酸盐氯化物盐化草甸土		1	0—17	灰黄色	砂壤土	小块状	9.0	7.5	0.42	0.52	15.8	4.9		E 108°44′21.9″ N 37°36′21.2″	82
						2	17—37	浅灰棕色	砂壤土	小块状	8.9	2.7	0.20	0.57	14.0	4.3			
						3	37—70	灰棕色	轻壤土	块状	8.8	2.7	0.25	0.54	15.5	4.0			
						4	70—150	浅灰棕色	轻壤土	块状	8.8	3.5	0.23	1.17	16.4	3.8			
剖8	初育土	黄绵土	绵砂土	绵砂土	润绵砂土	A	0—23	浅黄橙色	砂壤土	团块状	8.4	10.3	0.79	0.63	16.6	12.3	黄土	E 108°42′00.3″ N 37°32′32.6″	92
						C_1	23—40	浅黄橙色	砂壤土	块状	8.5	8.8	0.64	0.56	15.4	10.6			
						C_2	40—150	黄色	砂壤土	块状	8.5	5.2	0.53	0.50	16.1	6.8			
剖9	钙层土	黑垆土	砂黑垆土	砂黑垆土		1	0—28	灰棕色	砂壤土	小块状							黄土	E 108°39′24.1″ N 37°30′20.1″	91
						2	28—59	浅灰黄色	砂壤土	小块状									
						3	59—72	灰棕色	砂壤土	小块状									
						4	72—127	浅灰棕色	砂壤土	小块状									
						5	127—150	浅灰黄色	砂壤土	小块状									
剖10	初育土	黄绵土	绵砂土	沟台绵砂土		1	0—20	浅灰黄色	轻壤土	小块状							黄土	E 108°40′11.9″ N 37°17′35.1″	79
						2	20—31	浅灰黄色	轻壤土	小块状									
						3	31—150	浅灰黄色	轻壤土	小块状									
剖11	初育土	黄绵土	黄绵土	坡黄绵土		1	0—20	浅灰黄色	轻壤土	小块状							黄土	E 108°37′30.0″ N 37°04′58.9″	89
						2	20—30	浅灰黄色	轻壤土	小块状									
						3	30—75	棕黄色	轻壤土	小块状									
						4	75—150	浅黄棕色	轻壤土	小块状									

续表 Continued

剖面号 Soil profile	土纲 Soil order	土类 Soil great group	亚类 Soil subgroup	土属 Soil genus	土种 Soil species	土层码 Layer code	土层厚度 Depth/cm	颜色 Soil color	质地 Soil texture	土壤结构 Soil structure	pH	有机质 OM/(g/kg)	全氮 TN/(g/kg)	全磷 TP/(g/kg)	全钾 TK/(g/kg)	阳离子交换量CEC/(cmol/kg)	土壤母质 Parent material	剖面点坐标 Profile coordinate	匹配指数 Matching index/%
剖12	半水成土	潮土	潮土	潮土	细砂潮土	1	0–19				8.9	5.6	0.33	0.48			冲积物	E 108°50′45.5″ N 37°57′27.7″	71
						2	19–70				9.0	2.8	0.17	0.41					
						3	70–150				9.0	2.3	0.18	0.35					
剖13	半水成土	潮土	潮土	潮土	粗砂潮土	1	0–20				9.4	4.6	0.31	0.37			冲积物	E 108°53′20.0″ N 37°55′57.1″	84
						2	20–70				9.1	2.3	0.28	0.26					
						3	70–150				8.7	4.2	0.31	0.31					
剖14	初育土	风沙土	耕种风沙土	耕灌沙土	耕灌细沙土	1	0–23				8.6	3.8	0.20	0.32			风积沙	E 108°48′47.6″ N 37°54′57.1″	73
						2	23–38				8.9	2.0	0.13	0.29					
						3	38–150				9.2	2.0	0.10	0.30					
剖15	初育土	新积土	冲积土	河淤土	河淤细砂土	1	0–20				8.7	5.7	0.38	0.54			冲积物	E 108°51′30.8″ N 37°49′44.6″	85
						2	20–70				8.8	4.2	0.36	0.54					
						3	70–100				8.9	5.1	0.30	0.54					
						4	100–150				8.5	3.9	0.31	0.54					
剖16	初育土	新积土	冲积土	河淤土	河淤灰细砂土	1	0–20				8.7	5.8	0.32	0.34	14.4	4.4	冲积物	E 108°52′08.5″ N 37°49′20.1″	92
						2	20–55	棕色	砂土		8.6	4.8	0.27	0.32	14.4	4.1			
						3	55–75				8.7	2.2	0.14	0.26	14.8	4.2			
						4	75–150				8.6	3.2	0.18	0.29	13.0	3.4			
剖17	水成土	沼泽土	腐殖质沼泽土	腐殖质沼泽土	腐殖质沼泽土	1	0–10	黑褐色	砂壤土	碎块状	8.4	6.5	0.39	0.36	20.4	3.0		E 108°51′42.9″ N 37°47′36.7″	93
						2	10–40	灰褐色	轻壤土		7.8	16.1	0.83	0.40	16.9	6.8			
						3	40–70				8.1	5.2	0.25	0.59	<1.0	4.7			
剖18	盐碱土	草甸盐土	草甸盐土	氯化物硫酸盐草甸盐土	氯化物硫酸盐草甸盐土	1	0–10				>9.5	16.7	1.24	0.55	13.9	6.3		E 108°52′43.0″ N 37°46′25.4″	85
						2	10–20				>9.5	8.3	0.61	0.48	14.8	8.6			
						3	20–30				>9.5	2.8	0.17	0.30	16.1	3.2			
						4	30–50				>9.5	4.2	0.16	0.23	15.7	3.1			
						5	50–100				>9.5	1.7	0.29	0.33					
						6	100–150				9.0	1.7	0.14	0.22					
剖19	初育土	新积土	冲积土	河淤土	河淤绵砂土	1	0–20				8.8	6.7	0.45	0.39	14.0	6.5	冲积物	E 108°52′13.1″ N 37°47′50.3″	95
						2	20–27				8.9	6.3	0.52	0.37	16.4	4.3			
						3	27–36				8.9	4.3	0.31	0.33	13.9	5.5			
						4	36–45				9.0	3.7	0.37	0.45	14.4	5.5			
						5	45–48				8.8	12.8	0.87	0.52					
						6	48–58				8.9	3.1	0.31	0.32					
						7	58–80				8.9	5.3	0.40	0.41					
						8	80–84				8.9	9.6	0.65	0.52					
						9	84–98				9.2	3.3	0.31	0.38					
						10	98–109				9.2	1.2	0.12	0.19					
						11	109–115				8.5	27.2	1.44	0.75					
						12	115–150				9.1	1.3	0.15	0.19					
剖20	初育土	新积土	新积土	坝淤土	坝淤绵砂土	1	0–10	栗色	中壤土	小块状	8.6	6.3	0.41	0.59	14.4	6.9		E 108°49′25.8″ N 37°47′13.5″	80
						2	10–34	栗色	轻壤土	大块状	8.7	3.7	0.21	0.55	15.4	4.5			
						3	34–72	灰白色	中壤土	块状	8.7	4.4	0.30	0.54	14.8	5.8			
						4	72–150	灰白色	轻壤土		8.7	3.8	0.33	0.54	14.8	5.1			
剖21	钙层土	栗钙土	淡栗钙土	淡栗钙土		1	0–14											E 108°49′02.5″ N 37°45′48.7″	78
						2	14–50												
						3	50–96												
						4	96–150												

续表 Continued

剖面号 Soil profile	土纲 Soil order	土类 Soil great group	亚类 Soil subgroup	土属 Soil genus	土种 Soil species	土层码 Layer code	土层厚度 Depth/cm	颜色 Soil color	质地 Soil texture	土壤结构 Soil structure	pH	有机质 OM/(g/kg)	全氮 TN/(g/kg)	全磷 TP/(g/kg)	全钾 TK/(g/kg)	阳离子交换量CEC/(cmol/kg)	土壤母质 Parent material	剖面点坐标 Profile coordinate	匹配指数 Matching index/%
剖22	初育土	新积土	新积土	坝淤土	坝淤夹泥绵砂土	1	0—22				8.6	7.9	0.22	0.62				E 108°49′59.1″ N 37°46′56.0″	78
						2	22—78				9.0	2.9	2.18	0.48					
						3	78—150				9.0	2.7	0.31	0.44					
剖23	水成土	沼泽土	泥炭沼泽土	泥炭沼泽土	深位泥炭土	1	0—20				8.2	62.3	2.57	0.59				E 108°50′50.5″ N 37°47′13.4″	77
						2	20—60				7.8	35.1	1.47	0.51					
						3	60—120				8.0	71.0	2.77	0.57					
剖24	水成土	沼泽土	淤沼泽土	残迹沼泽土	中位白泥沼泽土	1	0—16				>9.5	13.3	0.88	0.48				E 108°51′25.0″ N 37°47′23.0″	74
						2	16—30				9.2	5.0	0.39	0.41					
						3	30—55				8.9	6.9	0.53	0.37					
						4	55—130				8.7	8.7	0.55	0.43					
						5	130—140				8.8	4.4	0.29	0.37					
						6	140—150				8.8	1.4	0.15	0.35					
剖25	水成土	沼泽土	腐殖质沼泽土	残迹腐殖质沼泽土		1	0—20				8.6	6.6	0.45	0.41	17.5	6.9		E 108°48′44.1″ N 37°47′03.1″	98
						2	20—50				8.8	5.0	0.31	0.45	14.5	9.4			
						3	50—95				8.9	2.5	0.20	0.39	16.0	7.2			
						4	95—150				8.8	1.7	0.17	0.41	14.1	5.8			
剖26	初育土	黄绵土	绵砂土	坡绵砂土	草灌绵砂土	1	0—30		砂壤土		8.8	4.3	0.32	0.53				E 108°52′56.2″ N 37°49′15.1″	80
						2	30—50		砂壤土		8.7	3.1	0.18	0.53					
						3	50—150		砂壤土		8.7	2.9	0.15	0.58					
剖27	钙层土	黑垆土	砂黑垆土	砂黑垆土	黄盖黑垆土	A_1	0—36	灰黄色		小块状	8.6	2.8	0.16	0.35	15.8	3.8	黄土	E 108°55′43.6″ N 37°49′09.6″	76
						Ah	36—132	褐棕色		块状	8.5	10.3	0.66	0.50	16.2	7.5			
						ABk	132—150	黄褐色		块状	8.6	6.8	0.37	0.50	16.4	5.6			
剖28	初育土	红黏土	红土	红色土	红黄土	1	0—29				8.8	4.3	0.29	0.47			老黄土	E 108°55′31.6″ N 37°48′00.1″	100
						2	29—89				8.9	2.6	0.22	0.52					
						3	89—150				8.9	2.8	0.25	0.56					
剖29	水成土	沼泽土	冲积土	残迹沼泽土	干青泥土	1	0—20				9.0	7.9	0.36	0.55				E 108°57′03.4″ N 37°48′56.2″	80
						2	20—60				8.8	7.3	0.28	0.38					
						3	60—120				8.6	3.0	0.19	0.25					
						4	120—150				8.8	1.3	0.15	0.53					
剖30	初育土	新积土	沼泽土	河淤土	河淤中砾质绵砂土	1	0—21				8.8	3.8	0.24	0.50			冲积物	E 108°57′34.0″ N 37°48′49.5″	94
						2	21—34				9.0	3.1	0.24	0.49					
						3	34—150				8.8	3.2	0.23	0.40					
剖31	水成土	沼泽土	淤沼泽土	残迹沼泽土	千白泥土	1	0—66				8.9	2.0	0.20	0.35	13.4	5.4		E 108°56′49.6″ N 37°48′12.1″	78
						2	66—100				8.8	<1.0	<0.10	0.31	16.7	3.3			
						3	100—150				8.8	<1.0	0.12	0.31	9.0	4.5			
剖32	水成土	沼泽土	淤沼泽土	砂质沼泽土	淤砂沼泽土	1	0—18				8.2	2.8	0.25	0.31				E 108°58′33.0″ N 37°50′15.0″	88
						2	18—84				8.8	<1.0	<0.10	0.17					
						3	84—150				8.3	8.9	0.54	0.37					
剖33	初育土	风沙土	耕种风沙土	耕灌沙土		1	0—20	黄棕色	粗砂土	小块状、粒状							风积沙	E 108°58′30.3″ N 37°49′12.0″	85
						2	20—50	棕褐色	粗砂土	小块状、粒状	8.5	5.8	0.39	3.49					
						3	50—150	棕黄色	粗砂土	小块状、粒状	8.8	1.8	0.13	0.22					
剖34	初育土	风沙土	耕种风沙土	耕灌沙土	耕灌粗沙土	1	0—20										风积沙	E 108°57′36.3″ N 37°49′41.7″	86
						2	20—50				8.8								
						3	50—150				8.6	5.4	0.33						

续表 Continued

剖面号 Soil profile	土纲 Soil order	土类 Soil great group	亚类 Soil subgroup	土属 Soil genus	土种 Soil species	土层码 Layer code	土层厚度 Depth/cm	颜色 Soil color	质地 Soil texture	土壤结构 Soil structure	pH	有机质 OM/(g/kg)	全氮 TN/(g/kg)	全磷 TP/(g/kg)	全钾 TK/(g/kg)	阳离子交换量CEC/(cmol/kg)	土壤母质 Parent material	剖面点坐标 Profile coordinate	匹配指数 Matching index/%
剖35	钙层土	黑垆土	砂黑垆土	砂黑土	砂盖砂黑垆土	A₁	0—36	灰黄色	砂壤土	小块状	8.6	2.8	0.16	0.35	15.8	3.8	黄土	E 108°57′25.6″ N 37°47′37.4″	99
						Ah	36—132	褐色		块状	8.5	10.3	0.66	0.50	16.2	7.5			
						ABk	132—150	黄褐色		块状	8.6	6.8	0.37	0.50	16.4	5.6			
剖36	初育土	黄绵土	黄绵土	绵砂土	润绵砂土	A	0—23	灰黄色	砂壤土	团块状	8.4	12.3	0.79	0.62	16.6	12.3	黄土	E 108°58′55.1″ N 37°47′28.9″	76
						C₁	23—40	浅灰黄色	砂壤土	块状	8.5	8.8	0.64	0.56	15.4	10.6			
						C₂	40—150	浅黄色	砂壤土	块状	8.5	5.2	0.53	0.50	16.1	6.8			
剖37	初育土	风沙土	耕种风沙土	耕种沙土		1	0—20	灰黄棕色	砂土								风积沙	E 108°58′46.8″ N 37°49′37.3″	70
						2	20—40	黄棕色	砂土										
						3	40—150	浅黄棕色	砂土										
剖38	初育土	新积土	冲积土	河淤土	河淤粗砂土	1	0—20				9.0	1.7	0.16	0.36	15.8	3.3	冲积物	E 109°02′39.3″ N 37°51′05.2″	81
						2	20—40				9.0	<1.0	<0.10	0.31	15.7	2.4			
						3	40—120				8.8	1.5	<0.10	0.35	15.1	3.2			
剖39	初育土	红黏土	红土	红色土	料姜红黄土	1	0—35				8.6	4.1	0.33	0.41			老黄土	E 108°55′39.7″ N 37°47′24.1″	92
						2	35—64				8.6	2.3	0.22	0.54					
						3	64—150				8.7	2.4	0.25	0.59					
剖40	半水成土	潮土	潮土			1	0—20	浅땅黄色	砂土	小块状							冲积物	E 108°49′20.0″ N 37°42′25.7″	79
						2	20—70	棕黄色	砂土	小块状									
						3	70—130	棕褐色	砂土										
剖41	初育土	新积土	堆垫土	堆垫土	底砂中层堆垫土	1	0—20				8.5	7.5	0.40	0.49				E 108°49′27.7″ N 37°41′28.8″	76
						2	20—30				8.9	1.5	<0.10	0.23					
						3	30—150				9.0	3.4	0.32	0.30					
剖42	初育土	新积土	堆垫土	堆垫土	底砂薄层堆垫土	1	0—22				8.7	6.6	0.38	0.45	15.8	7.5		E 108°50′18.0″ N 37°41′56.7″	83
						2	22—57				8.8	4.3	0.28	0.37	15.2	5.4			
						3	57—150				8.8	2.2	0.16	0.26	14.4	3.9			
剖43	水成土	沼泽土	泛沼泽土	残迹沼泽土		1	0—20	浅灰黄色	轻壤土	小块状	8.8	3.1	0.16	0.47	15.8	4.1		E 108°47′42.8″ N 37°40′09.4″	96
						2	20—60	灰蓝色	轻壤土	块状	8.8	3.2	0.20	0.47	15.4	4.6			
						3	60—120	浅灰色	轻壤土	块状	8.8	3.1	0.20	0.46	16.3	4.9			
						4	120—150		砂壤土	片状、块状	8.6	3.2	0.31	0.31	15.5	8.7			
剖44	初育土	新积土	润淤土	润淤土	润淤细砂土	1	0—16				8.7	2.4	0.20	0.26	15.2	7.3		E 108°55′59.4″ N 37°43′00.2″	83
						2	16—29				8.8	1.8	0.18	0.36	12.8	6.5			
						3	29—150				8.8	1.7	0.17	0.40	12.1	6.6			
剖45	钙层土	栗钙土	淡栗钙土	淡栗钙土		1	0—15				8.4	5.7	0.37	0.55				E 108°55′60.0″ N 37°42′42.1″	89
						2	15—50				8.7	5.3	0.36	0.55					
						3	50—96				8.8	3.3	0.25	0.53					
						4	96—145				8.6	5.6	0.31	0.49					
剖46	初育土	新积土	润淤土	润淤土	润淤绵砂土	1	0—20				8.8	2.9	0.17	0.46				E 108°58′52.6″ N 37°43′28.7″	97
						2	20—27				8.6	11.1	0.82	0.55					
						3	27—45				8.7	8.0	0.56	0.50					
						4	45—67												
						5	67—150												
剖47	初育土	新积土	堆垫土	堆垫土	底砂厚层堆垫土	1	0—21				8.9	3.1	0.22	0.30				E 108°58′08.8″ N 37°40′28.8″	85
						2	21—93												
						3	93—150												

续表 Continued

剖面号 Soil profile	土纲 Soil order	土类 Soil great group	亚类 Soil subgroup	土属 Soil genus	土种 Soil species	土层码 Layer code	土层厚度 Depth/cm	颜色 Soil color	质地 Soil texture	土壤结构 Soil structure	pH	有机质 OM/(g/kg)	全氮 TN/(g/kg)	全磷 TP/(g/kg)	全钾 TK/(g/kg)	阳离子交换量CEC/(cmol/kg)	土壤母质 Parent material	剖面点坐标 Profile coordinate	匹配指数 Matching index/%
剖48	初育土	新积土	新积土	洞淤土	洞淤灰绵砂土	1	0—18				8.4	10.6	0.82	1.15	15.8	7.6		E 108°59′21.0″ N 37°41′04.5″	88
						2	18—61				8.6	11.3	0.82	2.43	16.5	7.8			
						3	61—130				8.4	9.8	0.71	0.85	16.3	8.0			
						4	130—150				8.8	5.0	0.39	0.81	16.8	6.6			
剖49	初育土	新积土	新积土	坝淤土	坝淤黄绵土	1	0—20				8.4	8.9	0.58	0.65				E 108°59′46.6″ N 37°42′23.0″	99
						2	20—25				8.2	11.6	0.72	0.62					
						3	25—50				8.6	4.0	0.28	0.62					
						4	50—150				8.6	2.7	0.21	0.70					
剖50	半水成土	潮土	潮土	潮土	绵砂潮土	1	0—20				8.6	7.2	0.49	0.56	15.8	5.7		E 108°48′52.9″ N 37°38′44.3″	94
						2	20—35				9.0	5.3	0.32	0.48	15.4	5.4			
						3	35—96				8.8	4.2	0.29	0.46	14.1	5.5			
						4	96—150				8.9	2.9	0.18	0.50	15.4	4.3			
剖51	初育土	黄绵土	绵砂土	沟台绵砂土	沟台灰绵砂土	1	0—30				8.9	7.5	0.43	0.52				E 108°47′01.6″ N 37°37′22.7″	89
						2	30—45				8.6	6.2	0.36	0.54					
						3	45—150				8.7	3.6	0.21	0.52					
剖52	初育土	黄绵土	绵砂土	坡绵砂土	坡绵砂土	1	0—19				8.7	4.7	0.26	0.45	14.3	5.4	冲积物	E 108°56′54.5″ N 37°33′22.8″	84
						2	19—26				8.8	3.9	0.28	0.42	14.4	4.5			
						3	26—50				8.8	2.8	0.24	0.46	13.4	4.3			
						4	50—150				8.9	2.1	0.14	0.48	14.9	3.3			
剖53	初育土	黄绵土	黄绵土	坡黄绵土	梯黄绵土	1	0—16				8.6	3.0	0.28	0.52	14.4	4.7	黄土	E 108°58′12.8″ N 37°30′52.2″	89
						2	16—36				8.7	2.5	0.20	0.54	14.2	4.5			
						3	36—132				8.6	3.8	0.29	0.55	13.5				
						4	132—150				8.6	4.7	0.28	0.54	14.0				
剖54	初育土	新积土	新积土	坝淤土		1	0—10	浅灰黄色	轻壤土	小块状								E 108°52′13.4″ N 37°28′18.7″	99
						2	10—34	浅黄色	砂壤土	块状									
						3	34—72	浅棕黄色	砂壤土	块状									
						4	72—150	浅棕黄色	砂壤土	块状									
剖55	初育土	新积土	新积土	洞淤土	洞淤黄绵土	A	0—23	浊黄橙色		团块状	8.4	12.3	0.79	0.62	16.6	12.3		E 108°58′36.3″ N 37°27′15.4″	96
						C_1	23—40	浊黄橙色		块状	8.5	8.8	0.64	0.56	15.4	10.6			
						C_2	40—150	黄色		块状	8.5	5.2	0.53	0.50	16.1	6.8			
剖56	初育土	新积土	新积土	洞淤土		1	0—23	浅棕褐色	重壤土	小块状								E 108°48′36.2″ N 37°21′33.2″	100
						2	23—40	浅棕黄色	重壤土	块状									
						3	40—150	浅褐黄色	轻壤土	小块状									
剖57	初育土	黄绵土	绵砂土	坡绵砂土		1	0—19	浅黄色	砂壤土	小块状								E 108°59′13.5″ N 37°18′22.7″	94
						2	19—26	浅黄色	砂壤土	小块状									
						3	26—50	浅黄色	砂壤土	小块状									
						4	50—150	浅黄色	砂壤土	小块状、粒状									
剖58	人为土	水稻土	淹育水稻土	砂泥土	砂田	1	0—10	棕灰黄色	细砂壤土		8.2	7.0	0.45	0.62	14.4			E 109°03′11.2″ N 37°46′36.4″	90
						2	10—20	灰黄色	细砂壤土		8.3	8.1	0.48	0.53	13.7				
						3	20—30	灰黑色	细砂壤土		8.4	5.3	0.38	0.43	12.4				
						4	30—50	灰黄色	细砂壤土	小块状	8.4	4.8	0.31	0.52	15.6				
剖59	水成土	沼泽土	泥炭沼泽土	泥炭沼泽土	残积泥炭沼泽土	1	0—22	灰黑色	细砂壤土	小块状	7.2	9.6	0.50	0.34	14.4	6.8		E 109°01′15.6″ N 37°43′43.9″	76
						2	22—68	棕黑色	细砂壤土		8.3	7.4	0.17	0.30	13.7	3.4			
						3	68—78				<4.5	130.1	5.05	0.62	12.4	36.2			
						4	78—150	灰棕黄色	轻壤土		<4.5	23.9	1.37	0.48	15.6	14.2			

续表 Continued

剖面号 Soil profile	土纲 Soil order	土类 Soil great group	亚类 Soil subgroup	土属 Soil genus	土种 Soil species	土层码 Layer code	土层厚度 Depth/cm	颜色 Soil color	质地 Soil texture	土壤结构 Soil structure	pH	有机质 OM/(g/kg)	全氮 TN/(g/kg)	全磷 TP/(g/kg)	全钾 TK/(g/kg)	阳离子交换量CEC/(cmol/kg)	土壤母质 Parent material	剖面点坐标 Profile coordinate	匹配指数 Matching index/%
剖60	钙层土	黑垆土	砂黑垆土	砂黑垆土	绵砂盖砂黑垆土	1	0—20				8.8	5.6	0.33	0.24			黄土	E 109°02′03.8″ N 37°43′10.3″	89
						2	20—40				8.4	15.8	0.85	0.32					
						3	40—150				8.5	5.8	0.36	0.24					
剖61	初育土	黄绵土	黄绵土	坡黄绵土	硬黄土	1	0—25				8.9	4.7	0.31	0.42			黄土	E 109°01′54.9″ N 37°41′37.2″	72
						2	25—45				9.1	2.1	0.23	0.38					
						3	45—120				9.1	1.8	0.22	0.45					
剖62	初育土	新积土	冲积土	河淤土	河淤黄绵土	1	0—21				8.7	6.2	0.39	0.55	14.0	6.7	冲积物	E 109°04′33.7″ N 37°30′22.6″	85
						2	21—34				8.9	5.4	0.35	0.57	14.1	6.4			
						3	34—150				9.2	2.9	0.16	0.50	15.0	4.7			

定 边 县

主要土类说明

黄绵土是定边县主要土壤类型，占本县地域面积的53%。本县黄绵土是由沙黄土直接发育形成的初育土，分布遍及本县黄土高原丘陵。由于土壤侵蚀严重，表层长期遭侵蚀，只能不断加深耕作黄土母质层，因而母质特性明显。土壤无明显发育，为 A-C 型土。由于风成黄土富含细粉粒，故质地、结构均一，疏松绵软，富含石灰、磷、钾储量较丰富，但有效性差，土壤有机质缺乏。

风沙土是定边县第二大土壤类型，占本县地域面积的17%，零星分布在本县西北部。风沙土发生于半干旱、干旱漠境地区，是在风沙移动堆积形成的多种形态的风沙沉积物上发育的初育土。由于成土时间短暂，该土壤无剖面发育或仅有微弱发育，剖面形态与母质类似，具 C、（A）-C 或 A-C 剖面构型，反映了风沙移动堆积与固定的不同阶段。由于本县位于毛乌素沙地南缘，沙物质丰富，再加上处于农牧交错带，人为活动频繁，易形成风沙土。

新积土是定边县第三大土壤类型，占本县地域面积的8%，分布在沟谷底部的河漫滩及阶地。新积土是由新近冲积、洪积、坡积、塌积或人工堆垫形成的土壤。该土壤成土期短，母质特性明显，具 A-C 或（A）-C 剖面构型。其形成主要受地形条件和母质特性的影响。

黑垆土占本县地域面积的8%，主要分布在本县南部丘陵沟壑区的分水岭及其附近的残塬、平梁和局部缓坡地，多呈零星分布。黑垆土是在黄土高原上，由黄土发育而成的土壤。该土壤有机质含量低，但腐殖质层深厚。土体原位黏化，但无明显的黏化层，具假菌丝状石灰累积；无盐化，多旱耕。土层厚度和颜色深浅因地形不同而异。一般来说，离分水岭越近，土层越厚，颜色越深；离分水岭越远，土层越薄，颜色越浅。草原植被生长茂盛，大量根系及地上的残枝落叶为形成深厚的腐殖质层创造了条件。

潮土占本县地域面积的5%，主要分布在白泥井、石洞沟、贺圈、砖井、学庄等地的湿滩地和坝地。潮土地下水位高，潜水参与成土过程，具 Ap_1-Ap_2-Cu 或 Ap-C-Cu 剖面构型。在潮土成土过程中，底土氧化还原作用交替进行，形成锈色斑纹和小型铁子。在长期耕作条件下，表层有机质含量为 10—15g/kg。

小于本县地域面积3%的土壤类型有灰钙土、草甸盐土、沼泽土、红黏土、漠境盐土、栗钙土。

本区域中心区气候特征

本区域中心区气候特征值
Regional climate characteristics in central area of the region

气候带：中温带亚干旱气候 Climate region: Mid temperate subarid climate	
年平均气温 /℃ Annual average temperature /℃	8.4
年平均最高气温 /℃ Annual average maximum temperature /℃	15.6
年平均最低气温 /℃ Annual average minimum temperature /℃	2.4
年降水量 /mm Annual precipitation /mm	331
≥10℃的积温 /℃ Daily temperature accumulated in a year (≥10℃) /℃	3068
年日照时数 /h Annual sunshine /h	2798
年平均相对湿度 /% Annual average relative humidity /%	53
干燥度 Dryness	1.55

本区域中心区月平均气温与月平均降水量
Monthly temperature and precipitation in central area of the region

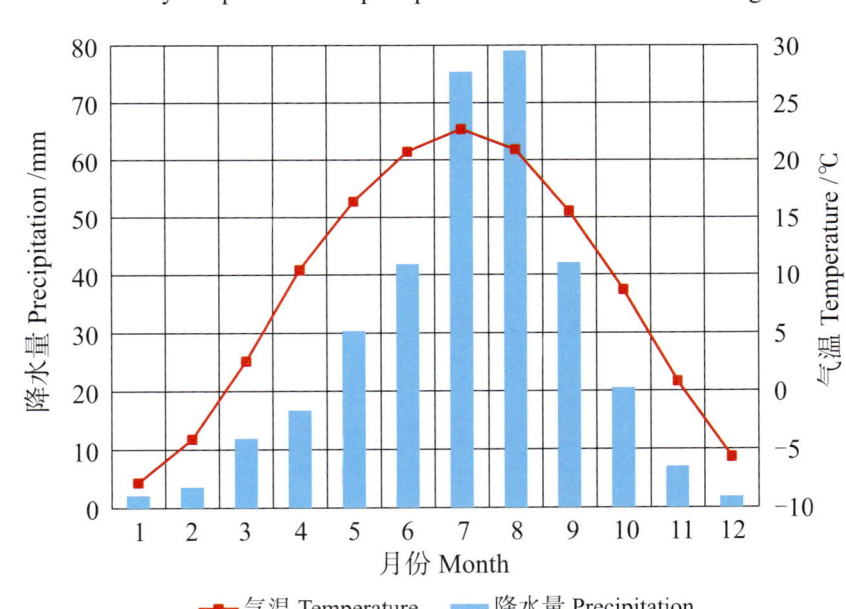

定边县主要土壤类型与土壤剖面点分布图
1∶440 000

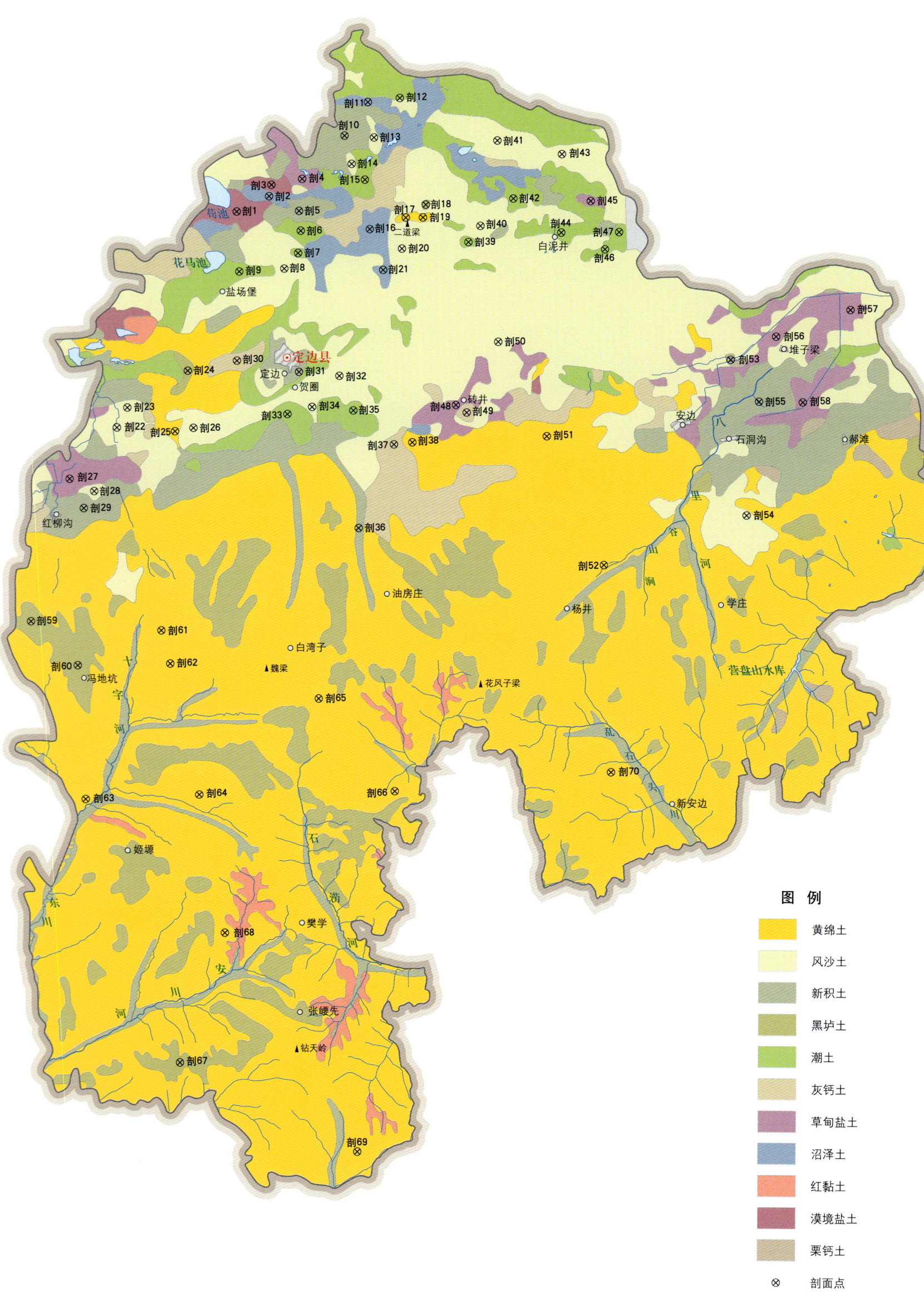

定边县土壤剖面理化性状表

剖面号 Soil profile	土纲 Soil order	土类 Soil great group	亚类 Soil subgroup	土属 Soil genus	土种 Soil species	土层码 Layer code	土层厚度 Depth/cm	颜色 Soil color	质地 Soil texture	土壤结构 Soil structure	pH	有机质 OM/(g/kg)	全氮 TN/(g/kg)	全磷 TP/(g/kg)	全钾 TK/(g/kg)	碱解氮 AN/(mg/kg)	有效磷 AP/(mg/kg)	速效钾 AK/(mg/kg)	阳离子交换量CEC/(cmol/kg)	土壤母质 Parent material	剖面点坐标 Profile coordinate	匹配指数 Matching index/%
剖1	盐碱土	漠境盐土	残余盐土	氯化物残余盐土	残余松白盐砂	Az	0—35	浅黄色	砂壤土	碎块状	8.2	11.6	0.57	0.55						湖积物	E 107°32′20.0″ N 37°43′47.6″	72
						Cz_1	35—65	浅黄色	粉砂质壤土	块状	8.2	10.5	0.45	0.63								
						Cz_2	65—100	灰黄色	粉砂质壤土	块状	8.2	11.0	0.46	0.61								
剖2	水成土	沼泽土	沼泽土	脱沼泽土	干白土	A	0—25	灰白色	黏壤土	块状	8.1	21.7	0.80	0.69						洪冲积物	E 107°34′39.5″ N 37°44′36.0″	81
						C	25—70	黄灰黄色	壤土	块状	8.4	11.2	0.41	0.55								
						Cg	70—150	灰白色	壤土	块状	8.0	10.5	0.37	0.53								
剖3	盐碱土	漠境盐土	残余盐土	硫酸盐氯化物残余盐土	残余松白盐砂	Az	0—35	灰棕黄色	砂壤土	团块状	8.2	11.6	0.58	0.55						湖积物	E 107°34′50.9″ N 37°45′14.3″	83
						Cz_1	35—65	灰棕黄色	黏壤土	团块状	8.2	10.5	0.45	0.63								
						Cz_2	65—150	灰棕黄色	黏壤土	团块状	8.2	11.0	0.46	0.61								
剖4	盐碱土	草甸盐土	沼泽盐土	硫酸盐氯化物沼泽盐土	沼泽松白盐土	Az	0—20	灰黄色	砂土	粒状	8.7	3.9	0.11	0.26	10.8					风积物、湖积物	E 107°37′03.1″ N 37°45′31.6″	83
						AC	20—28	灰黄色	壤土	块状	8.6	6.4	0.27	0.48	10.0							
						Cg	28—60	黄褐色	壤土	块状	8.6	5.6	0.24	0.39	19.1							
剖5	初育土	新积土	新积土	坝淤土	坝淤绵砂	A	0—17	浅黄色	砂壤土	团块状	8.0	3.6	0.17	0.45					4.2	引洪灌淤物	E 107°36′46.3″ N 37°43′44.5″	91
						C_1	17—90	灰黄色	砂壤土	块状	7.8	3.6	0.14	0.21					4.1			
						C_2	90—150	黄色	砂壤土	块状	7.6	3.2		0.47					4.3			
剖6	半水成土	潮土	盐化潮土	苏打盐化潮土	重度黄盐潮土	A	0—22	浅灰黄色	砂壤土	粒状	8.2	5.3	0.26	0.53	17.2				5.2	湖积物	E 107°36′51.6″ N 37°42′37.4″	92
						Cu_1	22—49	浅黄色	砂壤土	块状	8.4	4.0	0.17	0.52	17.7				4.4			
						Cu_2	49—150	浅黄色	砂壤土	块状	8.4	4.9	0.23	0.57	16.8				5.2			
剖7	半水成土	潮土	盐化潮土	氯化物潮砂土	白盐润砂土	A	0—22	浅黄色	砂壤土	粒状	8.2	5.3	0.26	0.53	15.1					冲积物	E 107°36′37.9″ N 37°41′23.0″	70
						Cu_1	22—49	浅黄色	松砂土	粒状	8.4	4.0	0.17	0.53	14.4				2.2			
						Cu_2	49—150	浅黄色	松砂土	粒状	8.4	4.9	0.23	0.57	13.3				2.0			
剖8	初育土	风沙土	流动风沙土	流动风沙土	流动粗砂土	1	0—23	浅黄色	紧砂土	粒状	8.9	<1.0	<0.10	0.13	17.4				3.4	风积沙	E 107°35′36.4″ N 37°40′31.7″	86
						2	23—110	浅黄色	松砂土	粒状	8.5	<1.0	<0.10	0.12	16.6							
						3	110—150	浅黄色	砂土	片状	8.4	1.9	0.20	0.20	16.6							
剖9	半水成土	潮土	盐化潮土	氯化物盐化潮土	中度白盐潮土	A	0—15	浅黄色	砂壤土	粒状	8.4	6.1	0.18	0.48	17.4					冲积物	E 107°32′24.4″ N 37°40′26.2″	85
						Cu_1	15—60	浅棕黄色	砂壤土	块状	8.7	3.6	0.22	0.61	16.6							
						Cu_2	60—150	灰棕黄色	砂土	片状	8.6	2.3	<0.10	0.48	17.0							
剖10	初育土	新积土	河（洪）淤土	河（洪）淤土	壤底夹黏淤灰细砂	1	0—31	浅黄色	中砂土	粒状	8.6	5.0	0.31	0.34	13.8					洪冲积物	E 107°40′08.5″ N 37°47′52.9″	86
						2	31—90	灰黄色	砂壤土	块状	>9.5	2.8		0.56	17.0							
						3	90—150	灰黄色	砂壤土	小块状	>9.5	2.5	0.23	0.55	9.3							
剖11	水成土	沼泽土	淤泥沼泽土	残迹沼泽土	残迹灰泥沼泽土	1	0—25	灰黑色	壤土	块状	8.1	21.7	0.80	0.69						淤积物	E 107°41′52.5″ N 37°49′43.4″	71
						2	25—70	灰黑色	砂壤土	块状	8.4	11.2	0.41	0.55					6.2			
						3	70—150	灰黑色	砂壤土	块状	8.0	10.5	0.37	0.53					2.4			
剖12	半水成土	潮土	淤泥潮泽土	砂质潮土	表泥潮泥土	1	0—15	浅黄色	壤土	团块状	8.8	1.3	0.15	0.19						风积物、冲积物	E 107°44′09.0″ N 37°49′54.3″	71
						Cu	15—100	浅黄色	砂土	块状	8.6	<1.0	<0.10	0.17								
剖13	初育土	风沙土	流动风沙土	砾石土	砾石土	1	0—30	棕红色	砂土	团块状	8.7	1.6	<0.10	0.20						冲积物	E 107°42′14.6″ N 37°47′44.2″	87
						2	30—80	棕红色	砂壤土	块状	8.8	<1.0	<0.10	0.12								
						3	80—150	青色			9.1	<1.0	<0.10	<0.10								
剖14	初育土	风沙土	耕种风沙土	旱耕风沙土	旱耕石体细砂土	1	0—25	灰色	砂壤土	片状	9.1	3.9	0.25	0.41						风积物	E 107°40′35.3″ N 37°46′17.4″	95
						2	25—50	青灰黄色	砂壤土	片状	8.9	1.0	<0.10	0.10								
						3	70—150	黄色	砂壤土	粒状	9.4	3.1	0.14	0.10								
剖15	半水成土	潮土	潮土	潮土	壤体细砂潮土	1	0—25	浅灰黄色	砂壤土	粒状	>9.5	2.2	<0.10	0.27						冲积物、淤积物	E 107°41′30.2″ N 37°45′23.1″	79
						2	25—98	浅灰黄色	砂壤土	粒状	>9.5	2.2	<0.10	3.46								
						3	98—150	浅灰黄色	轻壤土	团块状		2.2	1.15	0.49								

续表 Continued

剖面号 Soil profile	土纲 Soil order	土类 Soil great group	亚类 Soil subgroup	土属 Soil genus	土种 Soil species	土层码 Layer code	土层厚度 Depth/cm	颜色 Soil color	质地 Soil texture	土壤结构 Soil structure	pH	有机质 OM/(g/kg)	全氮 TN/(g/kg)	全磷 TP/(g/kg)	全钾 TK/(g/kg)	碱解氮 AN/(mg/kg)	有效磷 AP/(mg/kg)	速效钾 AK/(mg/kg)	阳离子交换量CEC/(cmol/kg)	土壤母质 Parent material	剖面点坐标 Profile coordinate	匹配指数 Matching index/%
剖16	水成土	沼泽土	沼泽土	脱潜沼泽土	绵砂干白土	A	0-30	灰白色	砂壤土	粒状	8.8	4.0	0.27	0.25					5.8	砂壤质湖积物	E 107° 41′ 45.4″ N 37° 42′ 36.5″	73
						Cg	30-75	灰白色	砂壤土	团块状	8.9	2.1	0.15	0.23					3.3			
						C	75-150	灰白色	砂壤土	块状	8.9	2.1	0.15	0.33					4.0			
剖17	初育土	黄绵土	黄绵土	黄绵土	灰黄绵土	1	0-16	浅灰黄色	轻壤土	大团块状	8.5	8.6	0.49	0.54					7.1	黄土	E 107° 44′ 20.8″ N 37° 43′ 12.3″	99
						2	16-62	黄色	轻壤土	团块状	8.5	5.7	0.35	0.52					6.0			
						3	62-150	黄色	轻壤土	团粒状	8.7	3.4	0.18	0.53					5.3			
剖18	钙层土	黑垆土	砂黑垆土	砂黑垆土	砂黑垆土	1	0-32	浅黄色	砂壤土	大团块状	8.9	4.4	0.21	0.28					3.2	黄土	E 107° 45′ 47.7″ N 37° 43′ 53.5″	70
						2	32-93	黄色	砂壤土	团块状	8.7	2.3	0.16	0.22					3.6			
						3	93-150	褐黄色	砂壤土	团块状	8.7	3.8	0.23	0.30					4.7			
剖19	初育土	黄绵土	黄绵土	坡绵砂土	坡绵砂细土	1	0-20	浅黄色	砂壤土	团块状	8.6	2.8	0.14	0.45						新黄土	E 107° 45′ 33.9″ N 37° 43′ 11.3″	95
						2	20-77	浅黄红色	砂壤土	团块状	8.8	2.2	0.10	0.46								
						3	77-150	浅灰红色	砂壤土	团块状	8.8	2.2	<0.10	0.49								
剖20	初育土	风沙土	耕种风沙土	旱耕风沙土	旱耕石底细砂土	1	0-20	浅黄色	砂壤土	粒状										风积沙	E 107° 44′ 00.8″ N 37° 41′ 28.5″	100
						2	20-75	浅灰红色	砂壤土	小团块状												
						3	75-145	深灰红色	砂壤土	团块状												
剖21	水成土	沼泽土	淤泥沼泽土	残迹沼泽土	残迹灰砂沼泽土	1	0-30	浅黄色	中壤土	小团块状	8.8	4.0	0.27	0.25					5.8	淤积物	E 107° 42′ 38.5″ N 37° 40′ 18.3″	93
						2	30-75	浅黄色	轻壤土	团块状	8.9	2.1	0.15	0.23					3.3			
						3	75-150	浅黄色	砂壤土	片状	8.9	2.1	1.53	0.33					4.0			
剖22	初育土	风沙土	耕种风沙土	耕灌风沙土	耕灌黄细砂土	1	0-20	浅黄色	砂壤土	粒状										风积沙	E 107° 23′ 28.4″ N 37° 31′ 50.8″	81
						2	20-80	紫红色	砂壤土	团块状												
						3	80-150	红灰色	砂壤土	团粒状												
剖23	初育土	风沙土	耕种风沙土	旱耕风沙土	旱耕石体红细沙土	1	0-19	黄红色	砂壤土	粒状	8.6	5.0	0.27	0.32					6.6	风积沙	E 107° 24′ 14.2″ N 37° 32′ 57.1″	95
						2	19-68	浅黄色	砂壤土	块状	8.5	2.9	0.15	0.36					7.1			
						3	68-150	灰黄色	砂壤土	团块状	8.7	2.5	0.14	0.54					6.9			
剖24	钙层土	黑垆土	砂黑垆土	绵砂黑垆土	绵砂护土	1	0-20	浅黄色	砂壤土	小块状	8.5	9.8	0.59	0.49	15.5					淤积物	E 107° 28′ 35.4″ N 37° 34′ 56.0″	92
						2	20-90	浅黄色	砂壤土	小块状	8.5	8.9	0.54	0.46	16.3							
						3	90-150	灰色	砂壤土	小块状	8.4	9.5		0.51	16.2							
剖25	初育土	黄绵土	绵砂土	坡绵砂土	坡紫砂土	1	0-20	浅灰黄色	砂壤土	团块状	8.7									新黄土	E 107° 27′ 35.9″ N 37° 31′ 33.5″	91
						2	20-80	紫红色	砂壤土	团块状												
						3	80-150	红灰色	砂壤土	团块状												
剖26	初育土	风沙土	耕种风沙土	旱耕风沙土	旱耕石体红细沙土	1	0-22	黄红色	黏质砂壤土	团块状	8.8									黄土	E 107° 28′ 54.1″ N 37° 31′ 43.3″	81
						2	22-77	灰灰黄色	砂质黏壤土	团块状	8.7											
剖27	盐碱土	草甸盐土	草甸盐土	硫酸盐氯化物草甸盐土	旱耕石底灰绵砂土	Az	0-35	灰灰黄色	壤质砂壤土	块状	8.7	8.5	0.68	0.35	15.8	18	4.0		3.7	冲积物	E 107° 27′ 02.0″ N 37° 29′ 02.2″	82
						Cu	35-90	灰黄色	壤质砂壤土	块状	8.9	3.8	0.22	0.39	14.1	18	5.0		4.5			
						C	90-150	灰黄色	壤质砂壤土	块状	8.8	2.8	0.15	0.35	16.5	14	4.0	40	3.9			
剖28	初育土	风沙土	草甸风沙土	半固定草甸质风沙土	定边松沙土	A	0-22	浊黄橙色	砂壤土	粒状	8.7	1.7	0.11	0.16						风积沙	E 107° 21′ 45.6″ N 37° 28′ 18.9″	79
						C_1	22-85	浅黄色	砂壤土	粒状	8.9	1.5	<0.10	0.16								
						C_2	85-100	浅黄色	砂壤土	粒状	8.8	1.6	<0.10	0.16								
剖29	初育土	新积土	河(洪)淤土	河(洪)淤土	黏体淡灰绵砂土	1	0-15	浅灰黄色	中壤土	小团块状	8.7	6.5	0.37	0.47					7.0	洪冲积物	E 107° 20′ 59.9″ N 37° 27′ 22.4″	76
						2	15-46	棕色	中壤土	块状	9.1	3.3	0.22	0.54					11.0			
						3	46-150	浅棕黄色	轻壤土	块状	8.9	2.2	0.28	0.53					8.9			
剖30	干旱土	灰钙土	淡灰钙土	淡灰钙土	砂淡灰钙土	1	0-20	灰灰色	砂壤土	粒状	9.0	2.8	0.16	0.29						风积物、黄土	E 107° 32′ 06.3″ N 37° 35′ 25.8″	91
						2	20-30	红棕色	砂壤土	块状	8.7	2.8	0.16	0.41								
						3	30-150	红棕色	砂壤土	块状	9.0	2.2	0.14	0.45								

续表 Continued

剖面号 Soil profile	土纲 Soil order	土类 Soil great group	亚类 Soil subgroup	土属 Soil genus	土种 Soil species	土层码 Layer code	土层厚度 Depth/cm	颜色 Soil color	质地 Soil texture	土壤结构 Soil structure	pH	有机质 OM/(g/kg)	全氮 TN/(g/kg)	全磷 TP/(g/kg)	全钾 TK/(g/kg)	碱解氮 AN/(mg/kg)	有效磷 AP/(mg/kg)	速效钾 AK/(mg/kg)	阳离子交换量CEC/(cmol/kg)	土壤母质 Parent material	剖面点坐标 Profile coordinate	匹配指数 Matching index/%
剖31	初育土	新积土	新积土	坝淤风沙土	坝淤淤绵砂土	A_{11}	0—17	浅黄色	砂壤土	团块状	8.0	3.6	0.17	0.45	12.4	30	4.0	96	4.2		E 107°36′29.3″ N 37°34′43.1″	72
						C_1	17—90	浅黄色	砂壤土	块状	7.8	3.6	0.17	0.49	11.8				4.1			
						C_2	90—150	浅黄色	砂壤土	块状	7.6	3.2	0.14	0.47	13.6				4.3			
剖32	初育土	风沙土	耕种风沙土	旱耕风沙土	旱耕石底灰细沙土	1	0—20	浅灰黄色	砂壤土	粒状	8.7	5.0	0.25	0.25						风积沙	E 107°39′20.1″ N 37°34′25.9″	99
						2	20—120	浅黄色		粒状	8.7	3.2	0.18	0.25								
						3	120—138	浅红灰色		块状	8.7	1.5	<0.10	<0.10								
剖33	半水成土	潮土	潮土	潮土	细砂潮土	1	0—15	浅黄色	砂壤土	粒状	8.8	1.3	<0.10	0.19					2.2	冲积物、淤积物	E 107°35′35.1″ N 37°32′22.1″	100
						2	15—100	浅黄色	砂壤土	粒状	8.6	<1.0	<0.10	0.17					2.4			
剖34	初育土	风沙土	草原风沙土	固定草原质风沙土	定边紫沙土	A	0—28	浅黄橙色	砂壤土	碎块状	8.8	5.7	0.33	0.39	15.8	34	5.0		5.8	风积沙	E 107°37′21.8″ N 37°32′43.7″	94
						C_1	28—58	浅黄橙色	砂壤土	碎块状	8.8	2.4	0.11	0.40	16.8				4.4			
						C_2	58—150	浅黄橙色	砂壤土	块状	8.5	2.0	0.20	0.39	16.4				4.1			
剖35	半水成土	潮土	盐化潮土	氯化物苏打盐化重盐化潮土	绵砂氯化物苏细沙土	A	0—22	浅灰黄色	轻壤土	粒状	8.2	5.3	0.26	0.53					5.2	冲积物、淤积物	E 107°40′16.4″ N 37°32′28.6″	100
						Cu_1	22—49	浅黄色	砂壤土	团块状	8.4	4.0	0.17	0.53					4.4			
						Cu_2	49—150	灰黄色	砂壤土	团块状	8.4	4.9	0.23	0.57					5.2			
剖36	初育土	新积土	冲积土	砂质冲积土	腰滩淤砂土	A	0—23	黄色	砂土	粒状	9.0	1.9	0.12	0.28					4.1	冲积物	E 107°40′26.9″ N 37°25′53.4″	73
						C_1	23—44	灰黄棕色	壤土	小块状	8.6	3.7	0.18	0.45					6.4			
						C_2	44—150	黄棕色	砂土	粒状	8.7	2.0	<0.10	0.31					5.6			
剖37	干旱土	灰钙土	淡灰钙土	壤质淡灰钙土	砂灰白土	A	0—15	浅黄色	壤质砂土	碎块状	8.5	3.7	0.29	2.14	4.4	21	4.0	146	5.7	红色砂岩风化物	E 107°43′05.8″ N 37°30′31.0″	76
						ABk	15—35	浅黄色	壤质砂土	小块状	8.8	3.2	0.22	1.62	9.0	18	3.0	138	5.0			
						Bk_1	35—55	棕色	壤质砂土	块状	9.2	5.9	0.44	1.88	4.9	39	4.0	149	5.0			
						Bk_2	55—75	棕色	壤质砂土	块状	9.4	4.1	0.33	2.14	8.1	30	8.0	162	5.0			
						Bk_3	75—100	棕色	壤质砂土	块状	>9.5	2.2	0.16	2.71	7.1	15	4.0	202	4.8			
剖38	初育土	黄土	绵砂土	绵砂土	砂盖硬绵砂土	1	0—30	黄色	中壤土	团块状	8.7	3.3	0.14	0.21						新黄土	E 107°44′24.4″ N 37°30′36.7″	79
						2	30—45	浅黄色	中壤土	团块状	8.6	3.3	0.23	0.36					4.7			
						3	45—150	浅灰黄色	砂壤土	团块状	8.7	3.1	0.16	0.41					5.8			
剖39	半水成土	潮土	盐化潮土	苏打盐化潮土	轻度黄盐潮土	A	0—9	黄色	砂壤土	小块状	>9.5	6.5	0.42	0.44					2.2	湖积物	E 107°48′44.9″ N 37°41′44.0″	70
						Cu_1	9—50	浅灰棕色	壤质砂土	粒状	9.4	8.2	0.60	0.48					4.7			
						Cu_2	50—150	浅灰棕色	壤质砂土	粒状	>9.5	1.4	<0.10	0.13					2.0			
剖40	风沙土	风沙土	草原风沙土	半固定草原质风沙土	松沙土	A	0—22	浅黄色	砂土	粒状	9.1	1.7	0.11	0.16					2.2	风积沙	E 107°49′37.0″ N 37°42′37.3″	80
						C_1	22—85	浅黄色	砂土	粒状	8.9	1.5	<0.10	0.16					2.0			
						C_2	85—150	浅黄色	砂土	粒状	8.8	1.6	<0.10	0.17					3.2			
剖41	初育土	风沙土	半固定风沙土	半固定风沙土	半固定细沙土	1	0—40	浅黄色	砂壤土	小块状	9.0	2.9	0.14	0.27					3.2	风积沙	E 107°50′59.9″ N 37°47′21.7″	70
						2	30—45	深黄色	砂壤土	团块状	8.9	4.8	0.25	0.37					4.6			
						3	45—150	深黄色	砂壤土	团块状	8.7	5.4	0.31	0.39					4.6			
剖42	半水成土	潮土	耕种潮土	耕灌硫氯化物潮土	耕灌体灰绵土	1	0—20	浅黄色	轻壤土	团块状	8.6	4.8	0.28	0.56						冲积物、淤积物	E 107°52′01.7″ N 37°44′06.0″	73
						2	20—110	浅黄色	轻壤土	块状	8.4	3.3	0.13	0.55								
						3	110—150	浅黄色	轻壤土	块状	9.0	2.5	<0.10	0.51								
剖43	半水成土	潮土	盐化潮土	硫酸盐氯化物盐化潮土		1	0—25	灰黄色	砂壤土	团块状	9.1	6.6	0.38	0.49						风积沙	E 107°55′34.6″ N 37°46′29.9″	97
						2	25—90	灰黄色	砂壤土	小块状	>9.5	3.6	0.25	0.49								
						3	90—150	灰黄色	砂壤土	块状	>9.5	2.5	0.12	0.50								
剖44	初育土	风沙土	耕种风沙土	硫酸盐氯化物潮化潮土	绵砂物氯化草甸盐土	1	0—19	浅黄色	轻壤土	团块状	8.7	3.5	0.17	0.50					4.5	冲积物、淤积物	E 107°55′22.0″ N 37°42′07.7″	100
						2	19—75	浅黄色	轻壤土	块状	8.9	4.4	0.25	0.53					6.3			
剖45	盐碱土	草甸盐土	草甸盐土	氯化物苏打草甸盐土	绵砂物氯化草甸打轻盐土	3	75—150	深黄色	轻壤土	块状	9.3	3.3	0.18	0.54					5.4	风积、淤积砂质黄土性土	E 107°57′31.7″ N 37°43′49.9″	77

续表 Continued

剖面号 Soil profile	土纲 Soil order	土类 Soil great group	亚类 Soil subgroup	土属 Soil genus	土种 Soil species	土层码 Layer code	土层厚度 Depth/cm	颜色 Soil color	质地 Soil texture	土壤结构 Soil structure	pH	有机质 OM/(g/kg)	全氮 TN/(g/kg)	全磷 TP/(g/kg)	全钾 TK/(g/kg)	碱解氮 AN/(mg/kg)	有效磷 AP/(mg/kg)	速效钾 AK/(mg/kg)	阳离子交换量CEC/(cmol/kg)	土壤母质 Parent material	剖面点坐标 Profile coordinate	匹配指数 Matching index/%
剖46	半水成土	潮土	潮土	潮土	绵砂潮土	1	0—28	灰黄色	砂壤土	团块状	>9.5	3.5	1.92	0.39	17.6				4.5	冲积物、淤积物	E 107°58′26.8″ N 37°41′06.7″	76
						2	28—49	暗灰黄色	轻壤土	团块状	9.0	3.7	0.14	0.49	13.7				5.3			
						3	49—150	暗灰黄色	砂壤土	团块状	9.3	3.3	0.23	0.39	15.9				4.5			
剖47	半水成土	潮土	盐化潮土	氯化物盐化潮土	重度白盐潮土	A	0—22	浅灰黄色	砂壤土	粒状	8.2	5.3	0.26	0.53					5.2	冲积物	E 107°59′28.6″ N 37°42′03.3″	83
						Cu₁	22—49	浅灰黄色	砂壤土	块状	8.4	4.0	0.17	0.53					4.4			
						Cu₂	49—150	灰灰黄色	砂壤土	块状	8.4	4.9	0.23	0.57					5.2			
剖48	盐碱土	草甸盐土	苏打氯化物草甸重碱土	绵砂苏打氯化物草甸重碱土	Az	0—35	灰灰黄色	砂壤土	团块状	8.7	8.5	0.68	0.38	15.6				3.7	风积、淤积砂质黄土性土	E 107°47′33.8″ N 37°32′37.5″	99
						Cu	35—90	灰黄色	轻壤土	团块状	8.7	3.8	0.22	0.41	16.3				4.5			
						C	90—150	灰黄色	砂壤土	团块状	8.8	2.8	0.15	0.37	16.2				3.9			
剖49	干旱土	灰钙土	灰白土	壤质淡灰钙土	灰白土	A₁	0—20	浅灰黄色	砂壤土	屑粒状	8.5	6.5	0.40	0.52						黄土状母质	E 107°48′19.2″ N 37°32′11.3″	97
						Bk₁	20—40	棕黄色	砂壤土	小块状	8.5	3.2	0.25	0.57								
						Bk₂	40—80	黄棕色	砂壤土	块状	8.5	2.4	0.17	0.52								
						BC	80—150	黄棕色	砂壤土	块状	8.3	2.3	0.18	0.57								
剖50	初育土	风沙土	固定草原风沙土	固定草原风沙土	紧沙土	A	0—28	灰灰黄色	砂壤土	弱块状	8.8	5.7	0.33	0.39					3.7	风积沙	E 107°50′40.5″ N 37°36′06.0″	97
						C₁	28—58	浅灰黄色	砂壤土	弱块状	8.8	2.4	0.11	0.40					5.8			
						C₂	58—110	浅灰黄色	砂壤土	弱块状	8.5	2.0	0.20	0.38					4.4			
剖51	初育土	黄绵土	绵砂土	坡绵砂土	梯绵砂土	1	0—17	浅灰黄色	砂壤土	团块状	8.8	4.3	0.30	0.47					4.8	新黄土	E 107°53′56.7″ N 37°30′44.8″	75
						2	17—50	浅灰黄色	轻壤土	团块状	8.6	2.9	0.12	>4.00					5.2			
						3	50—150	浅灰黄色	轻壤土	团块状	8.7	2.9	0.22	0.51					5.1			
剖52	初育土	黄绵土	绵砂土	坡绵灌绵砂土	坡草灌绵砂土	1	0—20	黄色	砂壤土	碎块状										新黄土	E 107°57′43.4″ N 37°23′26.5″	89
						2	20—54	灰棕色	砂壤土	碎块状												
						3	54—150	灰棕色	砂壤土	团块状												
剖53	钙层土	栗钙土	淡栗钙土	壤质淡栗钙土	砂栗土	A	0—28	浅灰黄色	砂壤土	碎块状	8.4	6.5	0.25	0.29						砂质黄土	E 108°07′07.7″ N 37°34′41.6″	92
						Bk	28—65	黄棕色	壤土	块状	8.6	4.9	0.19	0.37					5.8			
						BC	65—100	黄棕色	壤土	块状	8.4	2.7	0.33	0.53					4.4			
剖54	风沙土	风沙土	固定风沙土	固定风沙土	固定细砂	A	0—28	浅灰黄色	砂壤土	团块状	6.8	7.2	0.11	0.39	13.3				4.1	风积沙	E 108°07′55.5″ N 37°25′58.3″	83
						C₁	28—58	浅灰黄色	砂壤土	团块状	8.5	2.0	0.20	0.40	15.5							
						C₂	58—110	浅灰黄色	砂壤土	团块状	9.0	1.9	0.12	0.39	15.5							
剖55	新积土	新积土	新积土	坝淤土	坝淤夹壤红粗砂土	1	0—23	灰黄色	砂壤土	粒状	8.6	3.7	0.18	0.28	16.4				6.4	洪积物	E 108°09′03.4″ N 37°32′18.5″	95
						2	23—44	灰棕色	砂壤土	粒状	8.7	2.0	<0.10	0.45					5.6			
						3	44—150	深黄色	砂壤土	团块状	9.3	1.7	<0.10	0.31								
剖56	盐碱土	草甸盐土	草甸盐土	氯化物草甸盐土	定边白盐砂	1	0—48	深黄色	砂壤土	块状	9.3	2.1	0.14	0.17					3.7	砂质黏砂土	E 108°10′24.6″ N 37°35′55.1″	72
						2	48—150	灰灰黄色	砂壤土	块状	8.7	8.5	0.68	0.21					4.5			
剖57	初育土	黄绵土	绵砂土			A	0—35	灰黄色	砂壤土	块状	8.7	3.8	0.22	0.35	16.4				3.9	风积物	E 108°15′43.7″ N 37°37′16.5″	79
						Cu	35—90	浅黄色	砂壤土	块状	8.8	2.8	0.15	0.40	16.2							
						Cz	90—150	浅黄色	砂壤土	块状												
剖58	盐碱土	草甸盐土	草甸盐土	硫酸盐氯化物草甸盐土		1	0—30	浅灰黄色	砂质黏壤土	小块状										冲积物、淤积物	E 108°12′09.5″ N 37°32′11.3″	98
						2	30—70	浅灰黄色	砂壤土	小块状												
						3	70—150	浅灰黄色	砂壤土	块状												
剖59	钙层土	黑垆土	黑垆土		黑垆土	1	0—20	灰黄色	中壤土	粒状	8.5	16.6	0.99	0.68	17.5				10.4	风积、淤积砂质黄土性土	E 107°17′06.1″ N 37°21′05.0″	96
						2	20—70	灰黑色	中壤土	块状	8.0	16.4	0.99	0.68	22.3				10.8	黄土		
						3	70—150	浅灰黄色	砂壤土	块状	8.4	11.6	0.54	0.62	14.4				8.7			
剖60	钙层土	黑垆土	砂黑垆土	绵砂黑垆土	砂盖绵砂黑垆土	1	0—20	灰黄色	砂壤土	小团块状										黄土	E 107°20′20.3″ N 37°18′33.8″	78
						2	20—50	灰黄色	砂壤土	团块状												
						3	50—150	浅灰黄色	砂壤土	块状												

续表 Continued

剖面号 Soil profile	土纲 Soil order	土类 Soil great group	亚类 Soil subgroup	土属 Soil genus	土种 Soil species	土层码 Layer code	土层厚度 Depth/cm	颜色 Soil color	质地 Soil texture	土壤结构 Soil structure	pH	有机质 OM/(g/kg)	全氮 TN/(g/kg)	全磷 TP/(g/kg)	全钾 TK/(g/kg)	碱解氮 AN/(mg/kg)	有效磷 AP/(mg/kg)	速效钾 AK/(mg/kg)	阳离子交换量 CEC/(cmol/kg)	土壤母质 Parent material	剖面点坐标 Profile coordinate	匹配指数 Matching index/%
剖61	初育土	黄绵土	绵砂土	绵砂土	灰绵砂土	1	0–20	灰黄色	砂壤土	团块状	8.5	6.7	1.02	0.19						新黄土	E 107°26′18.8″ N 37°20′24.8″	91
剖62	初育土	黄绵土	黄绵土	绵砂土	堰砂土	2	20–65	灰黄色	砂壤土	团块状	8.6	3.1	1.00	<0.10					4.6	黄土	E 107°26′53.5″ N 37°18′32.6″	93
						3	65–150	灰黄色	砂壤土	团块状	8.7	1.9	1.00	<0.10					6.1			
						A_{11}	0–25	浅黄橙色	砂壤土	团块状	8.8	3.0	0.12	0.26					6.9			
剖63	初育土	黄绵土	绵砂土	绵砂土	堰砂土	C_1	25–100	黄橙色	砂壤土	块状	8.6	2.5	0.10	0.26					4.6	新黄土	E 107°20′42.6″ N 37°11′02.6″	86
						C_2	100–150	黄橙色	砂壤土	块状	8.7	2.1	0.13	0.44					6.1			
						A	0–25	浅灰黄色	轻壤土	小团块状	8.8	3.0	0.12	0.25					7.0			
剖64	初育土	黄绵土	黄绵土	坡黄绵土	坡硬灰黄砂土	C_1	25–100	浅灰黄色	中壤土	块状	8.8	2.5	0.10	0.27						黄土	E 107°28′44.4″ N 37°11′09.5″	87
						C_2	100–150	浅灰黄色	轻壤土	碎块状	8.7	2.1	0.13	0.42								
						1	0–20	灰灰色	中壤土	小块状	8.5	8.5	0.57	0.43					4.6			
剖65	初育土	黄绵土	黄绵土	坡黄绵土	坡黑灰黄砂土	2	20–110	灰黄色	中壤土	块状	9.2	3.9	0.30	0.45					6.1	黄土	E 107°37′19.5″ N 37°16′23.8″	92
						3	110–150	灰黄色	轻壤土	块状	9.4	3.3	0.22	0.54					7.0			
						A	0–25	灰黄色	砂壤土	团块状	8.8	3.0	0.12	0.26					5.0			
剖66	初育土	黄绵土	黄绵土	绵砂土	堰砂土	C_1	25–100	浅黄色	砂壤土	块状	8.6	2.5	0.10	0.26	12.5				5.6	黄土	E 107°42′32.8″ N 37°11′05.1″	79
						C_2	100–150	浅黄色	砂壤土	块状	8.7	2.1	0.13	0.44	12.8				5.1			
						1	0–20	浅灰黄色	轻壤土	团块状	8.4	2.8	0.29	0.52	11.8							
剖67	钙层土	黑垆土	黑垆土	砂黑垆土	坡黄绵土	2	20–85	浅灰黄色	轻壤土	团块状	8.6	4.6	0.34	>4.00						黄土	E 107°42′32.8″ N 37°11′05.1″	
						3	85–150	浅灰黄色	轻壤土	团块状	8.5	2.4	0.16	0.54								
						A	0–20	浅灰黄色	砂壤土	粒状	8.5	9.8	0.59	0.48					6.6			
剖68	初育土	黄绵土	绵砂土	绵砂土	黑焦土	Ah	20–90	灰褐色	砂壤土	团块状	8.5	8.9	0.54	0.46					7.1	黄土	E 107°27′00.0″ N 36°56′07.1″	81
						Bk	90–150	浅黄色	砂壤土	粒状	8.4	9.5		0.52								
						1	0–28	灰黄色	砂壤土	块状												
剖69	初育土	黄绵土	黄绵土	坡黄绵土	锈绵砂土	2	28–67	浅灰黄色	砂壤土	块状										新黄土	E 107°30′21.3″ N 37°03′21.9″	97
						3	67–150	浅灰黄色	砂壤土	碎块状												
						1	0–18	灰褐色	砂壤土	团块状	8.6	6.7	0.46	0.57					6.8			
剖70	初育土	黄绵土	黄绵土	坡黄绵土	梯灰黄绵土	2	18–50	灰黄色	轻壤土	团块状	8.6	3.4	0.15	0.54					5.5	黄土	E 107°39′20.6″ N 36°50′58.6″	90
						3	50–150	浅黄色	轻壤土	团块状	8.6	3.5	0.14	0.56					5.7			
						1	0–16	灰黄色	砂壤土	团块状	8.7	8.7	0.57	0.55								
剖71	初育土	黄绵土	黄绵土	坡黄绵土	坡草灌黄绵土	2	16–49	褐黄色	轻壤土	块状	8.6	4.5	0.36	0.52						黄土	E 107°57′49.9″ N 37°11′50.6″	72
						3	49–150	褐黄色	轻壤土	块状	8.6	2.7	0.18	0.59								

绥 德 县

主要土类说明

黄绵土是绥德县主要土壤类型，占本县地域面积的86%。本县黄绵土是由沙黄土直接发育形成的初育土，分布遍及本县黄土高原丘陵。由于土壤侵蚀严重，表层长期遭侵蚀，只能不断加深耕作黄土母质层，因而母质特性明显。土壤无明显发育，为A-C型土。由于风成黄土富含细粉粒，故质地、结构均一，疏松绵软，富含石灰、磷、钾储量较丰富，但有效性差，土壤有机质缺乏。

新积土是绥德县第二大土壤类型，占本县地域面积的8%，分布在沟谷底部的河漫滩及阶地。新积土是由新近冲积、洪积、坡积、塌积或人工堆垫形成的土壤。该土壤成土期短，母质特性明显，具A-C或（A）-C剖面构型。其形成主要受地形条件和母质特性的影响。

小于本县地域面积3%的土壤类型有红黏土、粗骨土、石质土、潮土、黑垆土。

本区域中心区气候特征

本区域中心区气候特征值
Regional climate characteristics in central area of the region

气候带：暖温带亚湿润气候 Climate region: Warm temperate subhumid climate	
年平均气温 /℃ Annual average temperature /℃	9.1
年平均最高气温 /℃ Annual average maximum temperature /℃	16.4
年平均最低气温 /℃ Annual average minimum temperature /℃	2.9
年降水量 /mm Annual precipitation /mm	424
≥10℃的积温 /℃ Daily temperature accumulated in a year（≥10℃）/℃	3367
年日照时数 /h Annual sunshine /h	2610
年平均相对湿度 /% Annual average relative humidity /%	58
干燥度 Dryness	1.29

本区域中心区月平均气温与月平均降水量
Monthly temperature and precipitation in central area of the region

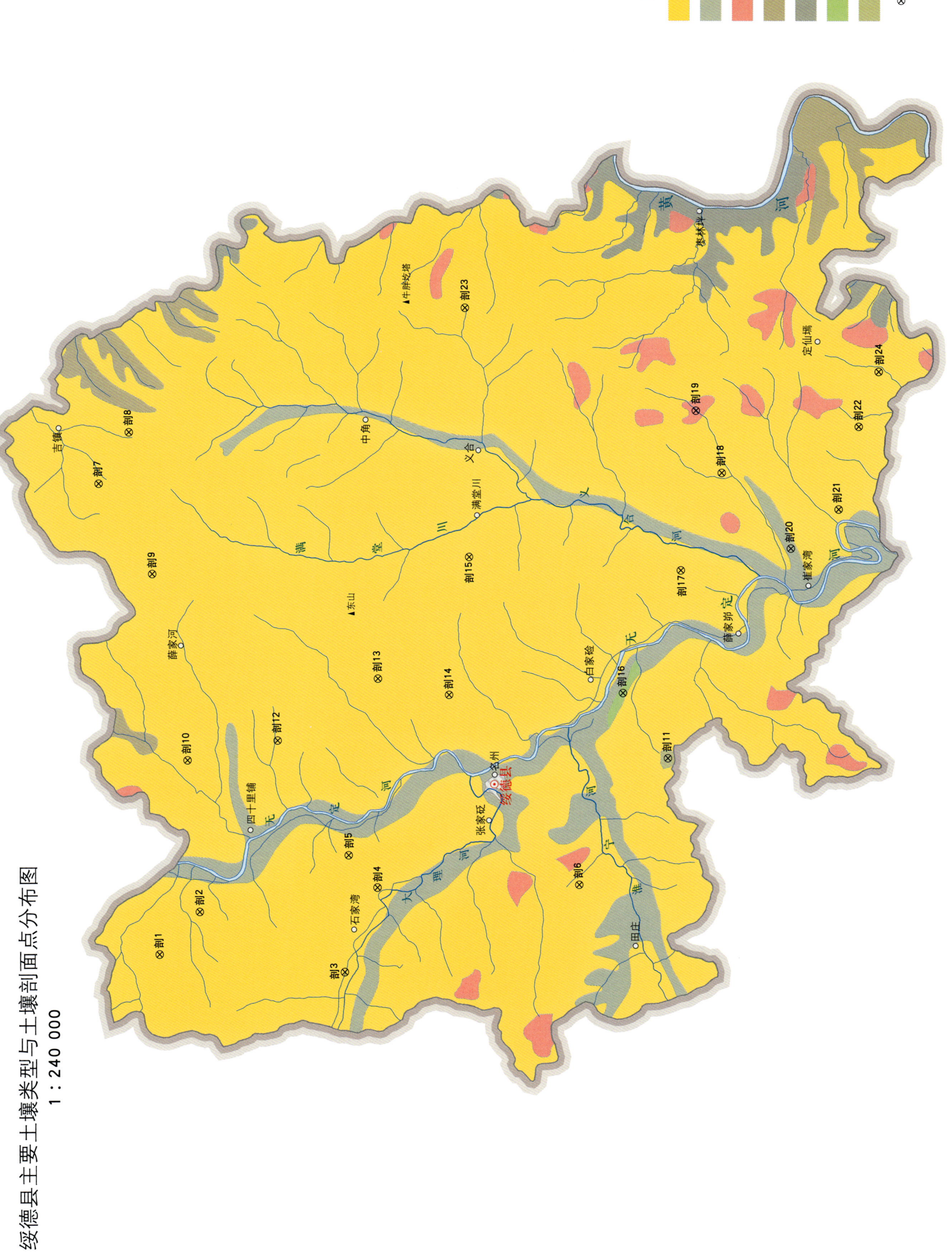

绥德县主要土壤类型与土壤剖面点分布图

绥德县土壤剖面理化性状表

剖面号 Soil profile	土纲 Soil order	土类 Soil great group	亚类 Soil subgroup	土属 Soil genus	土种 Soil species	土层码 Layer code	土层厚度 Depth/cm	颜色 Soil color	质地 Soil texture	土壤结构 Soil structure	pH	有机质 OM/(g/kg)	全氮 TN/(g/kg)	全磷 TP/(g/kg)	全钾 TK/(g/kg)	阳离子交换量CEC/(cmol/kg)	土壤母质 Parent material	剖面点坐标 Profile coordinate	匹配指数 Matching index/%
剖1	初育土	黄绵土	黄绵土	淤黄绵土	底石厚层淤灰黄绵土	1	0—20	浅灰黄色	轻壤土	团块状	8.8	1.9	0.54	0.69		7.5	新黄土、老黄土	E 110°08′47.5″ N 37°40′22.6″	81
						2	20—65	浅棕黄色	轻壤土	团块状	9.5	6.9	0.45	0.66		7.2			
						3	65—150	浅棕黄色	中砾石土	块状	9.2	1.5	<0.10	0.18		6.3			
剖2	初育土	黄绵土	黄绵土	淤黄绵土	淤黄绵土	1	0—25	浅黄色	砂壤土	团块状	9.0	2.9	0.25	0.58		6.1	新黄土、老黄土	E 110°10′23.7″ N 37°39′09.5″	77
						2	25—85	浅黄色	砂壤土	块状	9.2	2.4	0.21	0.57		5.8			
						3	85—150	浅黄色	砂壤土	块状	9.2	2.0	0.21	0.54		4.5			
剖3	初育土	黄绵土	黄绵土	坡黄绵土	底黄薄层砾质黄绵土	1	0—18	浅黄色	中砾石土	散状	8.9	<1.0	<0.10	0.27		4.9	马兰黄土	E 110°08′10.2″ N 37°34′42.0″	100
						2	18—60	浅黄色	砂壤土	块状	9.3	1.7	0.18	0.53		5.7			
						3	60—150	浅黄色	砂壤土	块状	9.4	1.6	0.19	0.52		5.8			
剖4	初育土	黄绵土	黄绵土	淤绵砂土	多砾质淤绵砂土	1	0—20	浅黄色	轻砾石土	块状	8.2	4.6	0.34	0.47			新黄土、老黄土	E 110°11′21.8″ N 37°33′42.8″	99
						2	20—70	浅黄色	轻砾石土	块状	8.1	2.6	0.19	0.37		6.0			
						3	70—150	浅黄色	轻砾石土	块状	8.1	2.1	0.17	0.35		4.8			
剖5	初育土	黄绵土	黄绵土	淤绵砂土	淤灰稀黄绵土	1	0—26	灰黄色	砂土	块状	8.8	2.4	0.22	0.48		3.7	新黄土、老黄土	E 110°12′35.2″ N 37°34′36.5″	78
						2	26—62	浅黄色	砂土	块状	9.0	2.3	0.22	0.47		7.0			
						3	62—150	浅黄色	砂土	块状	9.0	1.0	<0.10	0.36					
剖6	初育土	黄绵土	黄绵土	淤绵砂土	多砾质淤黄绵土	1	0—20	浅黄色	轻砾石土	团块状	9.0	6.3	0.39	0.49		7.0	新黄土、老黄土	E 110°11′31.4″ N 37°27′32.0″	79
						2	20—70	浅黄色	轻砾石土	块状	9.2	3.6	0.26	0.45		6.4			
						3	70—150	浅黄色	重砾石土	块状	9.3	1.5	0.11	0.14		7.0			
剖7	初育土	黄绵土	黄绵土	坡绵砂土	草灌黄绵土	1	0—16	浅黄色	轻壤土	碎块状	8.6	5.8	0.41	0.62	8.7	6.5	马兰黄土	E 110°26′43.1″ N 37°42′20.6″	74
						2	16—60	浅黄色	轻壤土	碎块状	8.8	1.8	0.19	0.58	8.4	5.5			
						3	60—150	浅黄色	轻壤土	碎块状	8.8	1.8	0.20	0.59	7.6	6.1			
剖8	初育土	黄绵土	黄绵土	淤绵砂土	底砂厚层淤绵砂土	1	0—25	浅黄色	砂壤土	团块状	8.7	4.3	0.31	0.52		5.0	新黄土、老黄土	E 110°28′40.8″ N 37°41′25.5″	99
						2	25—80	黄色	砂壤土	棱柱状	8.4	1.5	0.12	0.46		4.6			
						3	80—150	黄色	砂壤土	棱柱状	8.5	1.6	0.11	0.61		4.2			
剖9	初育土	黄绵土	黄绵土	黄壤土	硬黄绵土	A	0—20	浅棕色	黏壤土	块状	8.9	2.9	0.22	0.57	15.0		离石黄土	E 110°23′17.4″ N 37°40′41.1″	77
						C₁	20—40	黄棕色	黏壤土	块状	9.5	1.4	0.20	0.55	13.5	8.8			
						C₂	40—150	浅灰黄色	黏壤土	块状	9.1	1.3	0.10	0.47	12.6				
剖10	初育土	黄绵土	黄绵土	硬黄土	底红薄层硬黄土	1	0—20	浅棕黄色	中壤土	块状	8.6	4.1	0.39	0.54		9.0	离石黄土	E 110°16′10.6″ N 37°39′34.4″	84
						2	20—50	浅棕黄色	轻壤土	块状	8.8	1.9	0.27	0.65		9.3			
						3	50—150	棕黄色	轻壤土	块状	8.8	1.2	0.24	0.42		10.0			
剖11	钙层土	黑垆土	黑垆土	锈黑垆土	残迹锈斑片状黑垆土	1	0—20	灰褐色	砂壤土	层状	9.0	2.7	0.20	0.63		8.5	黄土	E 110°16′22.8″ N 37°24′54.0″	82
						2	20—50	黄灰色	砂壤土	层状	8.8	1.5	0.16	0.67		8.2			
						3	50—150	黄灰色	中砾质土	层状	8.8	1.2	0.12	0.51					
剖12	初育土	黄绵土	黄绵土	淤绵砂土	小砾质淤黄绵土	1	0—20	黄色	轻壤土	团块状	8.7	6.0	0.51	0.59		7.0	新黄土、老黄土	E 110°16′56.9″ N 37°36′48.6″	81
						2	20—70	黄灰色	砂壤土	团块状	8.8	5.1	0.38	0.60		6.3			
						3	70—150	黄色	砂壤土	团块状	9.1	4.3	0.36	0.57		6.2			
剖13	初育土	黄绵土	黄绵土	淤黄绵土	深位薄层淤黄绵土	1	0—20	黄色	轻壤土	团块状	9.0	5.3	0.40	0.56		6.5	新黄土、老黄土	E 110°19′21.0″ N 37°33′45.1″	91
						2	20—80	黄色	轻壤土	团块状	8.7	3.2	0.28	0.55		6.1			
						3	80—100	浅灰黄色	轻壤土	团块状	8.9	1.7	0.14	0.47					
						4	100—150	黄棕色	轻壤土	团块状	8.9	2.6	0.25	0.57		3.8			
剖14	初育土	黄绵土	黄绵土	淤黄绵土	淤油黄绵土	1	0—20	浅灰黄色	轻壤土	团粒状	8.6	5.8	0.47	0.63			新黄土、老黄土	E 110°18′45.0″ N 37°31′34.0″	96
						2	20—80	黄色	轻壤土	团块状	8.8	2.8	0.19	0.52					
						3	80—150	黄色	轻壤土	团块状	8.7	2.9	0.24	0.56					

续表 Continued

剖面号 Soil profile	土纲 Soil order	土类 Soil great group	亚类 Soil subgroup	土属 Soil genus	土种 Soil species	土层码 Layer code	土层厚度 Depth/cm	颜色 Soil color	质地 Soil texture	土壤结构 Soil structure	pH	有机质 OM/(g/kg)	全氮 TN/(g/kg)	全磷 TP/(g/kg)	全钾 TK/(g/kg)	阳离子交换量CEC/(cmol/kg)	土壤母质 Parent material	剖面点坐标 Profile coordinate	匹配指数 Matching index/%
剖15	初育土	黄绵土	黄绵土	淤绵砂土	少砾质淤油砂土	1	0~23	棕黄色	砂壤土	团块状	8.8	1.8	0.22	0.52		4.4	新黄土、老黄土	E 110°24′00.4″ N 37°30′58.4″	80
						2	23~86	浅黄色	砂壤土	团块状	8.8	<1.0	0.53	0.43		3.7			
						3	86~150	浅黄色	砂壤土	片状	8.5	<1.0	0.13	0.45		3.5			
剖16	半水成土	潮土	潮土	潮土	潮砂土	1	0~25	浅黄色	砂壤土	粒状	8.8	1.2	<0.10	0.46	11.1		冲积物	E 110°18′51.6″ N 37°26′13.8″	83
						2	25~80	浅黄色	砂壤土	粒状	8.8	1.5	0.12	0.41	12.4				
						3	80~150	浅黄色	砂壤土	粒状	9.1	<1.0	<0.10	0.38	11.7				
剖17	初育土	黄绵土	黄绵土	淤黄绵土	淤灰黄绵土	1	0~40	灰黄色	砂壤土	团块状	8.8	9.6	0.64	0.77			新黄土、老黄土	E 110°23′32.6″ N 37°24′28.8″	70
						2	40~90	浅黄色	砂壤土	粒状	9.1	2.6	0.18	0.52					
						3	90~100	黄色	砂壤土	块状	9.1	3.6	0.24						
剖18	初育土	黄绵土	黄绵土	二色土	底砂薄层淤黄绵土	1	0~25	浅黄色	轻壤土	块状							新黄土、老黄土	E 110°27′15.6″ N 37°23′14.8″	84
						2	25~60	黄色	砂壤土	块状									
						3	60~150	黄色	轻壤土	粒状	8.8	1.8	0.14	0.56	16.4	7.6			
剖19	初育土	红黏土	红黏土	二色土	表泥砂砾土	1	0~20	棕红色	砂壤土	块状	8.8	1.8	0.14	0.56	15.5	6.7	新黄土、老黄土	E 110°29′37.8″ N 37°24′03.0″	94
						2	20~70	棕红色	砂壤土	块状	8.8	2.9	0.34	0.65	15.1	5.1			
						3	70~150	棕红色	轻壤土	粒状	7.9	7.4	0.54	0.65		5.0			
剖20	初育土	新积土	新积土	洪积土	多砾质锦砂	A	0~20	灰棕色	砂壤土	块状	7.9	4.9	0.42	0.57		5.8	洪积物	E 110°24′23.3″ N 37°21′06.4″	80
						C_1	20~30	黄棕色	多砾砂土	块状	7.7	1.6	0.13	0.20		5.0			
						C_2	30~40	浅黄棕色	多砾砂土	粒状	7.9	2.1	0.21	0.52					
						C_3	40~150	棕黄色	砂壤土	团块状	8.8	1.8	0.23	0.49					
剖21	初育土	黄绵土	黄绵土	淤黄绵土	底薄层淤黄绵土	1	0~42	灰黄色	轻砾石土	块状	8.7	2.6	0.21	0.31		4.5	新黄土、老黄土	E 110°25′53.6″ N 37°19′39.5″	93
						2	42~65	浅黄色	砂壤土	粒状	8.9	3.1	0.26	0.41		4.7			
						3	65~80	浅黄色	中砾石土	块状	8.9	1.0	0.10	0.23		6.4			
						4	80~150	棕黄色	轻壤土	核块状	8.9	4.3		0.60	15.0	5.6			
剖22	初育土	黄绵土	黄绵土	坡绵土	坡绵土	1	0~20	浅黄色	轻壤土	块状	9.0	2.5	0.25	0.54		5.6	马兰黄土	E 110°29′02.2″ N 37°19′03.3″	88
						2	20~70	浅黄色	砂壤土	团块状	9.1	1.8	0.25	0.55					
剖23	初育土	黄绵土	黄绵土	淤黄绵土	少砾质淤油黄绵土	1	0~20	浅红黄色	轻壤土	团块状						7.3	新黄土、老黄土	E 110°33′29.7″ N 37°31′08.7″	75
						2	20~60	黄棕色	中壤土	块状	8.9	2.9	0.22	0.57		7.0			
						3	60~150	黄色	轻壤土	团块状	9.5	1.4	0.20	0.55	13.5				
剖24	初育土	黄绵土	黄绵土	硬黄土	硬黄土	C_1	20~40	棕黄色	轻壤土	块状	9.1	1.3	<0.10	0.48	12.6	6.6	离石黄土	E 110°31′07.8″ N 37°18′27.1″	99
						C_2	40~150												

米 脂 县

主要土类说明

黄绵土是米脂县主要土壤类型，占本县地域面积的 97%。本县黄绵土是由沙黄土直接发育形成的初育土，分布遍及本县黄土高原丘陵。由于土壤侵蚀严重，表层长期遭侵蚀，只不能不断加深耕作黄土母质层，因而母质特性明显。土壤无明显发育，为 A-C 型土。由于风成黄土富含细粉粒，故质地、结构均一，疏松绵软，富含石灰，磷、钾储量较丰富，但有效性差，土壤有机质缺乏。

小于本县地域面积 3% 的土壤类型有潮土、新积土、风沙土、黑垆土、草甸盐土。

本区域中心区气候特征

本区域中心区气候特征值
Regional climate characteristics in central area of the region

气候带：暖温带亚湿润气候 Climate region: Warm temperate subhumid climate	
年平均气温 /℃ Annual average temperature /℃	8.9
年平均最高气温 /℃ Annual average maximum temperature /℃	16.2
年平均最低气温 /℃ Annual average minimum temperature /℃	2.7
年降水量 /mm Annual precipitation /mm	414
≥10℃的积温 /℃ Daily temperature accumulated in a year (≥10℃) /℃	3320
年日照时数 /h Annual sunshine /h	2636
年平均相对湿度 /% Annual average relative humidity /%	58
干燥度 Dryness	1.29

本区域中心区月平均气温与月平均降水量
Monthly temperature and precipitation in central area of the region

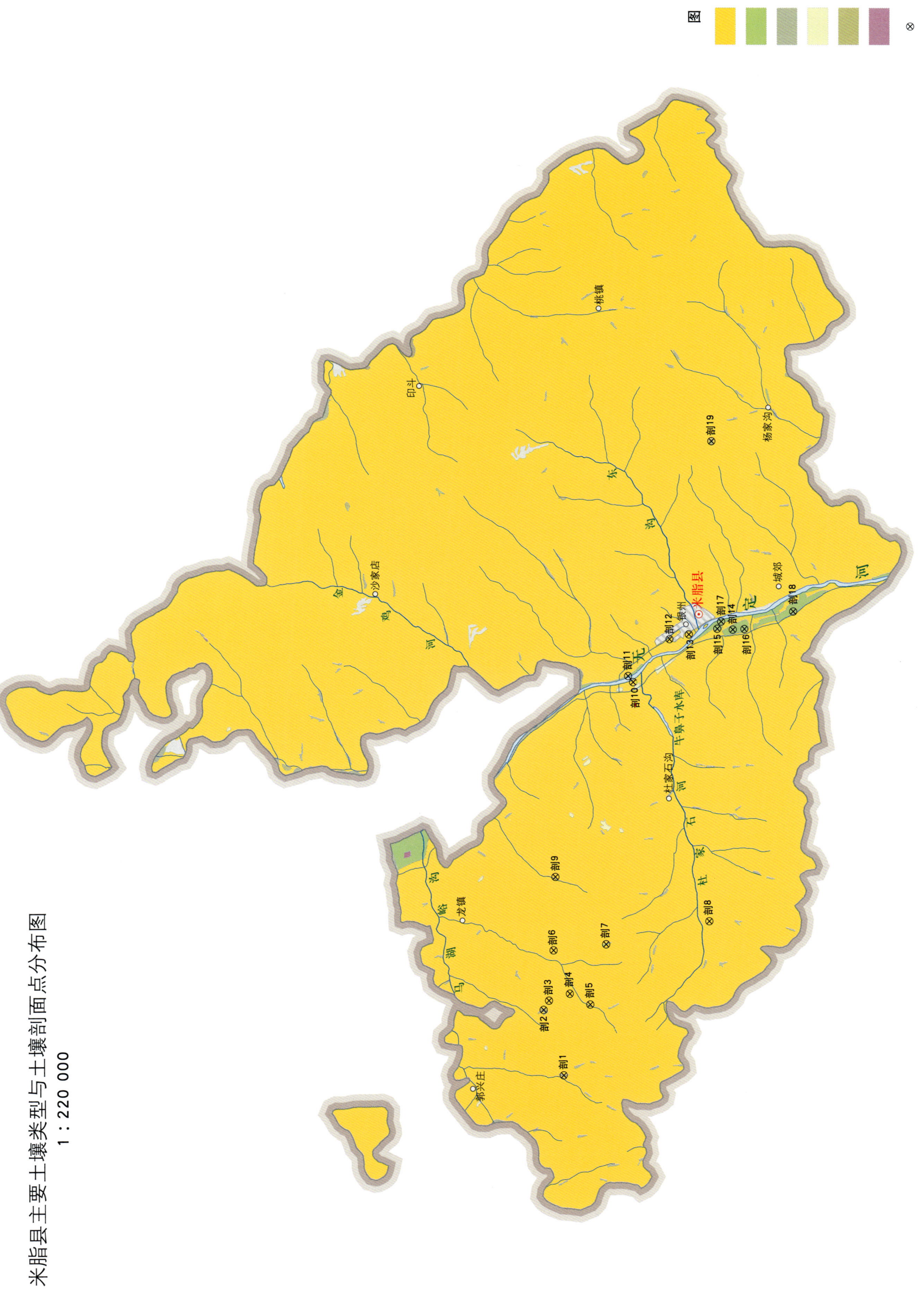

米脂县主要土壤类型与土壤剖面点分布图
1∶220 000

米脂县土壤剖面理化性状表

剖面号 Soil profile	土纲 Soil order	土类 Soil great group	亚类 Soil subgroup	土属 Soil genus	土种 Soil species	土层码 Layer code	土层厚度 Depth/cm	颜色 Soil color	质地 Soil texture	土壤结构 Soil structure	pH	有机质 OM/(g/kg)	全氮 TN/(g/kg)	全磷 TP/(g/kg)	全钾 TK/(g/kg)	碱解氮 AN/(mg/kg)	有效磷 AP/(mg/kg)	速效钾 AK/(mg/kg)	阳离子交换量CEC/(cmol/kg)	土壤母质 Parent material	剖面点坐标 Profile coordinate	匹配指数 Matching index/%
剖1	初育土	新积土	冲积土	洪淤土	淤黄绵土	1	0—20	浅灰黄色	轻壤土	块状	8.7	4.1	0.31	1.32						冲积物	E 109°54′12.9″ N 37°49′09.9″	98
						2	20—21	浅棕黄色	中壤土	片状	8.7	2.3	0.21	1.40								
						3	21—25	浅棕黄色	轻壤土	板状	8.7	2.3	0.21	1.40								
						4	25—66	浅棕黄色	中壤土	片状	8.7	2.3	0.21	1.40								
						5	66—107	浅棕黄色	轻壤土	块状	8.7	2.3	0.21	1.40								
						6	107—120	浅棕黄色	中壤土	板状	8.6	4.0	0.34	1.29								
						7	120—132	浅棕黄色	中壤土	片状	8.6	4.0	0.34	1.29								
						8	132—133	浅棕黄色	中壤土	片状	8.6	4.0	0.34	1.29								
						9	133—156	浅棕黄色	轻壤土	板状	8.6	4.0	0.34	1.29								
剖2	钙层土	黑垆土	黑垆土	黑垆土	黑垆土	1	0—13	深灰色	中壤土	块状		11.3	0.85	1.33						黄土	E 109°56′32.3″ N 37°49′45.7″	83
						2	13—90	灰黄色	中壤土	块状		8.0	0.53	1.20								
						3	90—	浅黄色	轻壤土	块状		7.8	0.55	1.25								
剖3	初育土	黄绵土	黄绵土	黄绵土	硬黄土	1	0—12	浅棕黄色	中壤土	块状		4.2	0.86	1.24		365	3.8	117	9.7	黄土	E 109°56′52.5″ N 37°49′36.4″	83
						2	12—66	浅棕黄色	中壤土	块状		1.9	0.24	1.23		125	2.7	98	9.4			
						3	66—	浅棕黄色	轻壤土	块状		1.9	0.24	1.31		83	2.3	77	8.6			
剖4	初育土	黄绵土	黄绵土	川台黄绵土	绵砂盖黄绵土	1	0—29	浅黄色	砂壤土	粒状		3.7	0.28	1.07		259	2.9	80	5.8	黄土	E 109°57′07.1″ N 37°49′00.6″	70
						2	29—90	浅棕黄色	砂壤土	块状		7.5	0.74	1.22		416	5.9	101	5.7			
						3	90—	浅黄色	轻壤土	块状		4.3	0.60	1.13		376	<1.0	78	7.9			
剖5	初育土	黄绵土	黄绵土	川台黄绵土	黄绵土	1	0—21	浅黄色	轻壤土	小块状		5.5	0.45	1.25						黄土	E 109°56′44.4″ N 37°48′24.6″	88
						2	21—85	浅黄色	轻壤土	块状		3.3	0.32	1.82								
						3	85—	浅黄色	轻壤土	块状		3.3	0.28	1.34								
剖6	初育土	黄绵土	黄绵土	黄绵土	梯黄绵土	1	0—15	浅棕黄色	轻壤土	小块状		4.9	0.38	1.35	23.8	292	3.5	98	5.8	黄土	E 109°58′39.9″ N 37°49′29.2″	83
						2	15—50	浅黄色	轻壤土	块状		3.3	0.49	1.33	23.5	162	2.4	80	5.5			
						3	50—200	浅黄色	轻壤土	块状		2.8	0.67	1.33	21.4	118	1.8	78	5.3			
剖7	半水成土	潮土	盐化潮土	盐化潮土	中盐化潮土	1	0—25	灰黄色	轻壤土	块状		6.7	0.38	1.19						冲积物	E 109°58′53.7″ N 37°47′57.7″	96
						2	25—50	灰黄色	轻壤土	块状		4.6	0.26	1.23								
						3	50—150	浅黄色	砂壤土	块状		3.4	0.21	1.38								
剖8	初育土	黄绵土	绵砂土	川台绵砂土	轻砾质绵砂土	1	0—17	浅灰黄色	少砾砂壤土	小块状		7.4	0.56	1.41		538	19.5	108	6.2		E 109°59′44.7″ N 37°44′59.0″	91
						2	17—46	浅黄色	少砾砂壤土	小块状		2.8	0.53	1.11		168	2.1	70	4.4			
						3	46—72	浅黄色	砾石土	粒状		1.1	<0.10	0.44		68	1.7	30	<2.0			
						4	72—	浅黄色	砾石土	块状		2.8	0.28	1.39		169	7.4	80	5.3			
剖9	初育土	黄绵土	绵砂土	川台绵砂土	夹石绵砂土	1	0—25	浅黄色	砂壤土	粒状		1.5	0.17	0.73		106	<1.0	75	3.0		E 110°01′18.7″ N 37°49′27.2″	72
						2	25—37	浅黄色	砂壤土	块状		4.9	0.42	0.96		457	7.3	106	4.5			
						3	37—48	浅黄色	砂壤土	块状		5.0	0.39	0.95		234	5.1	84	4.3			
						4	48—70	浅黄色	砂壤土	块状		2.3	0.24	0.75		115	2.0	84	4.0			
						5	70—	浅黄色	砂壤土	块状		2.8		1.39								
剖10	初育土	黄绵土	绵砂土	川台绵砂土	灰绵砂土	1	0—20	浅黄色	砂壤土	粒状		4.7	0.28	0.94		168	9.2	86	4.1		E 110°08′23.4″ N 37°47′09.8″	73
						2	20—30	浅黄色	砂壤土	块状												
						3	30—87	浅黄色	砂壤土	块状												
						4	87—146	浅黄色	砂壤土	块状		1.4	0.31	0.60		10	4.3	70	2.2			
						5	146—		砂土													

续表 Continued

剖面号 Soil profile	土纲 Soil order	土类 Soil great group	亚类 Soil subgroup	土属 Soil genus	土种 Soil species	土层码 Layer code	土层厚度 Depth/cm	颜色 Soil color	质地 Soil texture	土壤结构 Soil structure	pH	有机质 OM/(g/kg)	全氮 TN/(g/kg)	全磷 TP/(g/kg)	全钾 TK/(g/kg)	碱解氮 AN/(mg/kg)	有效磷 AP/(mg/kg)	速效钾 AK/(mg/kg)	阳离子交换量 CEC/(cmol/kg)	土壤母质 Parent material	剖面点坐标 Profile coordinate	匹配指数 Matching index/%
剖11	半水成土	潮土	潮土	潮土	粗砂潮土	1	0—27	浅灰黄色	粗砂土			2.3	<0.10	1.08		92	1.3			冲积物	E 110°08′35.4″ N 37°47′22.9″	99
						2	27—77	浅黄色	粗砂土													
						3	77—150	浅黄色	粗砂土													
剖12	初育土	黄绵土	绵砂土	川台绵砂土	黄绵砂土	1	0—20	浅黄色	砂壤土	小块状		1.1	<0.10	0.75		100	2.5				E 110°09′56.0″ N 37°46′11.4″	90
						2	20—65	浅黄色	砂壤土	小块状		2.8	0.17	1.34		292	3.7					
						3	65—	浅黄色	砂壤土	小块状		3.2	0.21	0.95		169	2.1					
剖13	初育土	黄绵土	绵砂土	川台绵砂土	油砂绵砂土	1	0—20	浅灰黄色	轻壤土	小团块状		1.6	<0.10	0.83		413	1.9				E 110°10′06.9″ N 37°45′37.7″	84
						2	20—35	浅黄色	轻壤土	团块状		17.8	0.61	1.44								
						3	35—135	浅黄色	轻壤土	团块状		14.8	0.54	1.42								
剖14	半水成土	潮土	盐化潮土	盐化潮土	轻度盐化潮土	1	0—10	浅黄色	轻壤土	团块状		14.5	0.53	1.53						冲积物	E 110°10′17.9″ N 37°44′21.6″	72
						2	10—30	浅黄色	轻壤土	小块状		4.2	0.28	1.45		427	11.4	216				
						3	30—50	浅黄色	轻壤土	块状		3.4	0.22	1.39		388	5.6	185				
						4	50—	浅黄色	轻壤土	块状		3.1	0.21			318	6.4	182				
剖15	半水成土	潮土	潮土	潮土	底砂砂土	1	0—25	浅黄色	砂壤土	块状											E 110°10′21.9″ N 37°44′46.3″	87
						2	25—	浅黄色	轻壤土	块状												
剖16	半水成土	潮土	盐化潮土	盐化潮土	重盐化潮土	1	0—23	浅黄色	轻壤土	块状										冲积物	E 110°10′19.1″ N 37°44′01.8″	90
						2	23—67	浅黄色	轻壤土	块状												
						3	67—150	浅黄色	轻壤土	块状												
剖17	半水成土	潮土	潮土	潮土	细砂潮土	1	0—37	浅黄色	细砂土											冲积物	E 110°10′35.1″ N 37°44′42.0″	81
						2	37—64	浅黄色	细砂土													
						3	64—150	浅黄色	细砂土													
剖18	半水成土	潮土	潮土	潮土	表泥底砂潮土	1	0—26	浅灰黄色	砂壤土	粒状		7.5	1.00	1.30		307	11.5	126	5.8	冲积物	E 110°10′58.2″ N 37°42′36.8″	72
						2	26—135	浅黄色	砂壤土			1.8	0.35	0.75		117	3.8	64	2.8			
						3	135—	浅黄色	粗砂壤土			1.5	0.40	0.93		86	2.4	70	2.5			
剖19	钙层土	黑垆土	砂黑垆土	砂黑垆土	锈黑垆土	1	0—13	黄灰色	轻壤土	团块状		11.0	0.62	1.67		362	19.7			黄土	E 110°17′05.2″ N 37°45′00.8″	89
						2	13—48	灰色	中壤土	块状		16.6	0.70	2.34		350	18.6					
						3	48—100	灰色	中壤土	块状		17.2	0.84	2.29		457	22.6					

佳 县

主要土类说明

黄绵土是佳县主要土壤类型，占本县地域面积的70%。本县黄绵土是由沙黄土直接发育形成的初育土，分布遍及本县黄土高原丘陵。由于土壤侵蚀严重，表层长期遭侵蚀，只能不断加深耕作黄土母质层，因而母质特性明显。土壤无明显发育，为A-C型土。由于风成黄土富含细粉粒，故质地、结构均一，疏松绵软，富含石灰、磷、钾储量较丰富，但有效性差，土壤有机质缺乏。

粗骨土是佳县第二大土壤类型，占本县地域面积的12%，零星分布在石质山地的陡坡地段。粗骨土是在岩石风化碎屑上形成的幼年土壤，发育微弱，属于A-C型，甚至（A）-C型土壤。A层发育不明显，与母质土层性状相似，略显有机质累积。有时母质层富含砾石，很少出现剖面分异与发育特征。

石质土是佳县第三大土壤类型，占本县地域面积的7%，广泛分布在侵蚀严重、岩石裸露的石质山地、侵蚀残丘，以及丘顶、山脊、山坡等坡度陡峻的地形部位。该土壤表层岩石裸露，风化层浅薄，厚度一般小于10cm，风化度低，富含砾石，多碎屑岩粒，始终处于土壤发育的幼年阶段。

红黏土占本县地域面积的5%，是在老黄土的古土壤层上形成的幼年土壤。由于所处沟谷坡地较陡，土壤受侵蚀严重，上层的新黄土基本被冲蚀殆尽，处于下层的老黄土出露地表，经人为作用而形成红黏土。其黏粒含量高，塑性强，生物作用微弱，母质特性明显，有时夹有砂姜。

风沙土占本县地域面积的4%，零星分布在本县西北部。风沙土发生于半干旱、干旱漠境地区，是在风沙移动堆积形成的多种形态的风沙沉积物上发育的初育土。由于成土时间短暂，该土壤无剖面发育，剖面形态与母质类似，具C、（A）-C或A-C剖面构型，反映了风沙移动堆积与固定的不同阶段。由于本县位于毛乌素沙地南缘，沙物质丰富，再加上处于农牧交错带，人为活动频繁，易形成风沙土。

小于本县地域面积3%的土壤类型有新积土。

本区域中心区气候特征

本区域中心区气候特征值
Regional climate characteristics in central area of the region

气候带：暖温带亚湿润气候 Climate region: Warm temperate subhumid climate	
年平均气温 /℃ Annual average temperature /℃	8.6
年平均最高气温 /℃ Annual average maximum temperature /℃	15.9
年平均最低气温 /℃ Annual average minimum temperature /℃	2.3
年降水量 /mm Annual precipitation /mm	397
≥10℃的积温 /℃ Daily temperature accumulated in a year（≥10℃）/℃	3245
年日照时数 /h Annual sunshine /h	2683
年平均相对湿度 /% Annual average relative humidity /%	57
干燥度 Dryness	1.30

本区域中心区月平均气温与月平均降水量
Monthly temperature and precipitation in central area of the region

佳县主要土壤类型与土壤剖面点分布图

1 : 280 000

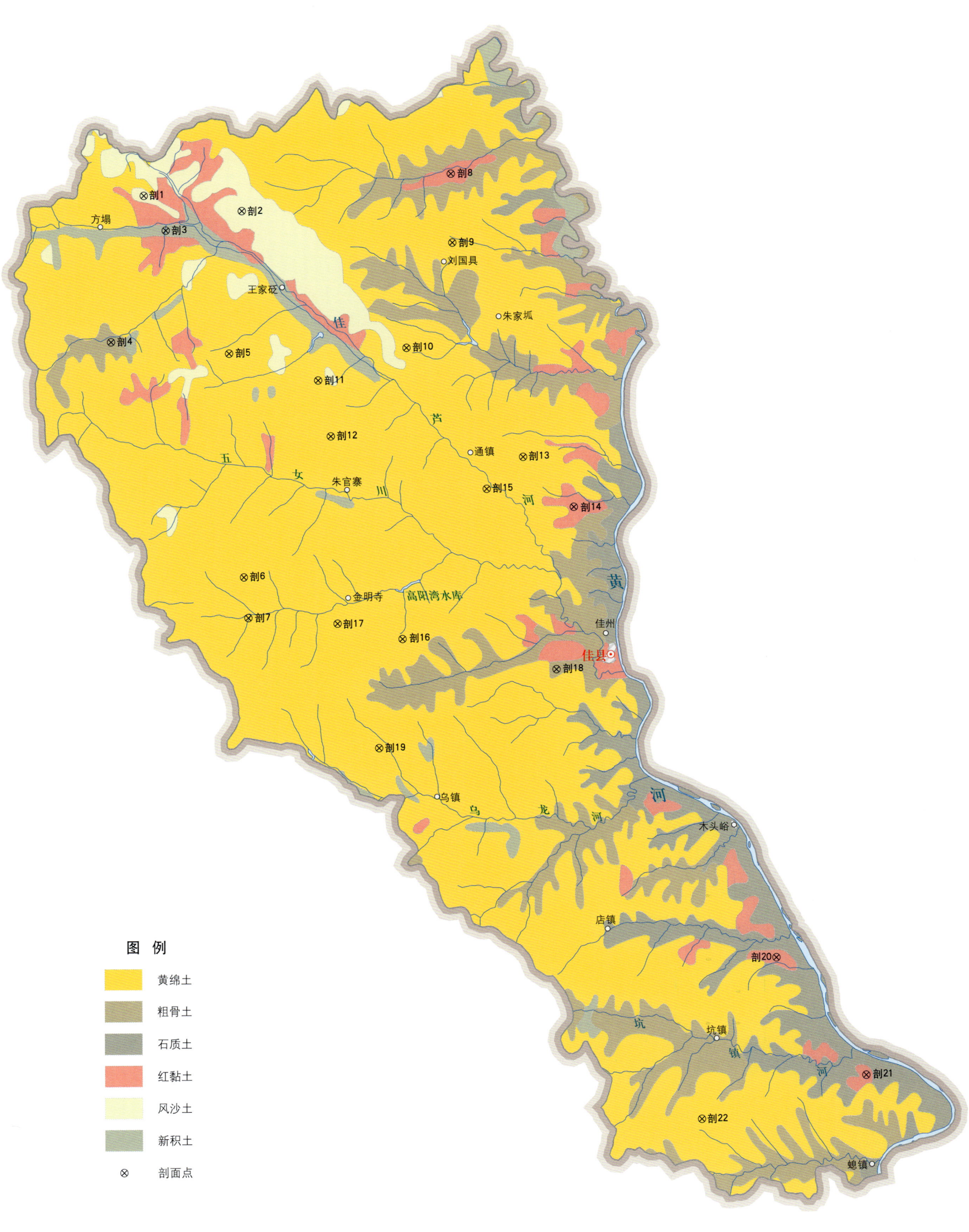

佳县土壤剖面理化性状表

剖面号 Soil profile	土纲 Soil order	土类 Soil great group	亚类 Soil subgroup	土属 Soil genus	土种 Soil species	土层约 Layer code	土层厚度 Depth/cm	颜色 Soil color	质地 Soil texture	土壤结构 Soil structure	pH	有机质 OM/(g/kg)	全氮 TN/(g/kg)	全磷 TP/(g/kg)	全钾 TK/(g/kg)	碱解氮 AN/(mg/kg)	有效磷 AP/(mg/kg)	速效钾 AK/(mg/kg)	阳离子交换量CEC/(cmol/kg)	土壤母质 Parent material	剖面点坐标 Profile coordinate	匹配指数 Matching index/%
剖1	初育土	风沙土	固定风沙土	固定风沙土		1	0—25	浅黄色	砂土	小块状	8.6	2.2	0.32	0.47					4.3	风积沙	E 110°07′47.1″ N 38°17′42.2″	89
						2	25—90	浅黄色	砂土	小块状	8.9	1.4	0.22	0.42					4.3			
						3	90—150	浅黄色	砂土	粒状	8.6	<1.0	0.22	0.41					4.6			
剖2	初育土	风沙土	流动风沙土	流动风沙土		1	0—30		砂土		8.4	1.3	0.27	0.14	19.9				2.6	风积沙	E 110°12′18.4″ N 38°17′11.1″	93
						2	30—60		砂土		8.9	<1.0	0.19	0.14	21.3				2.7			
						3	60—150		砂土		8.9	<1.0	0.17	0.13	23.2				3.1			
剖3	初育土	新积土	新积土	坝淤土	表泥现淤砂土	A	0—30	红棕色	砂质黏壤土	块状		7.6	0.53	0.58		24	10.8				E 110°08′48.9″ N 38°16′27.9″	78
						C_1	30—85	浅黄色	砂土	小块状		1.8	0.17	0.48				187				
						C_2	85—150		砂土	小块状		1.6	0.10	0.60								
剖4	初育土	粗骨土	石渣土	石渣土		1	0—20	灰黄色	砂壤土	小块状	7.8	20.0	0.82	0.61	16.9	52	<1.0	60	9.6		E 110°06′20.5″ N 38°12′25.5″	71
						2	20—40	黑褐色	砂壤土	碎块状	8.2	26.0	1.86	0.71	18.3				16.2			
剖5	初育土	黄绵土	绵砂土	绵砂土	川台绵砂土	A_{11}	0—20	油黄橙色	砂壤土	团块状	8.5	7.3	0.53	0.57	14.1	32	4.0	167	7.3	黄土	E 110°11′46.2″ N 38°12′03.4″	73
						C_1	20—80	浅黄橙色	砂壤土	块状	8.6	4.3	0.31	0.53	13.3				7.0			
						C_2	80—150	浅黄橙色	砂壤土	块状		3.4	0.27	0.53					10.2			
剖6	初育土	黄绵土	绵砂土	坡绵砂土		1	0—25	浅黄色	砂壤土	小块状	8.5	3.2	0.29	0.55	13.4	20	<1.0	63	5.9		E 110°12′30.9″ N 38°04′01.6″	92
						2	25—65	浅黄色	砂壤土	小块状	8.6	2.5	0.26	0.53	14.5				6.4			
						3	65—150	浅黄色	砂壤土	小块状	8.6	2.6	0.24	0.54	14.9				6.0			
剖7	初育土	黄绵土	绵砂土	坡绵砂土	梯绵砂土	1	0—20	棕红色	重壤土	小块状											E 110°12′43.8″ N 38°02′34.6″	94
						2	20—60	棕红色	重壤土	大块状												
						3	60—150	棕红色	重壤土	大块状												
剖8	初育土	红黏土	红土	红色土	台地灰黄绵土	1	0—35	灰黄色		小块状	8.5	10.3	0.66	0.63	16.8	41	2.0	153	12.2	老黄土	E 110°21′55.7″ N 38°18′35.0″	81
						2	35—90	浅灰黄色		小块状	8.6	7.2	0.49	0.58	14.9				8.9			
						3	90—150	棕黄色		小块状	8.9	5.6	0.40	0.65	15.8				9.7			
剖9	初育土	黄绵土	绵砂土	台地黄绵土	台地绵砂土	1	0—18		轻壤土		8.5	4.6	0.40	0.54		22	<1.0	68		黄土	E 110°22′01.0″ N 38°16′06.5″	97
						2	18—50		轻壤土													
						3	50—150		轻壤土													
剖10	初育土	黄绵土	绵砂土	台地黄绵土		1	0—35	红黄色	中壤土	小块状	8.5	3.2	0.25	0.34	12.0	9	1.4	60	5.8	黄土	E 110°19′56.4″ N 38°12′18.4″	80
						2	35—90	棕黄色	中壤土	中块状	8.6	2.9	0.30	0.52	13.3				5.1			
						3	90—150	棕黄色	中壤土	中块状	8.9	2.2	0.24	0.54	14.3				5.2			
剖11	初育土	黄绵土	绵砂土	台地黄绵土	硬黄土	1	0—20	红黄色	中壤土	小块状	8.5	2.2	0.17	0.34	10.8				10.1	黄土	E 110°15′52.4″ N 38°11′07.1″	77
						2	20—80	棕黄色	中壤土	中块状	8.5	1.8	0.17	0.48	13.7				10.0			
						3	80—150	棕黄色	中壤土	中块状	8.5	<1.0	0.18	0.42	8.8				10.8			
剖12	初育土	黄绵土	黄绵土	坡黄绵土		1	0—20		重壤土											黄土	E 110°16′28.5″ N 38°09′06.9″	93
剖13	初育土	黄绵土	黄绵土	坡黄绵土		1	0—20		重壤土											黄土	E 110°25′19.3″ N 38°08′25.2″	100
剖14	初育土	红黏土	红土	红色土	料姜硬红土	1	0—20		重壤土		8.5	2.3	0.22	0.45	12.3	21	2.5	137	5.9	老黄土	E 110°27′39.5″ N 38°06′37.6″	88
						2	20—60		重壤土		8.5	1.6	0.23	0.47	13.6				14.2			
						3	60—150		重壤土		8.6		0.33	0.41	13.9				15.7			

续表 Continued

剖面号 Soil profile	土纲 Soil order	土类 Soil great group	亚类 Soil subgroup	土属 Soil genus	土种 Soil species	土层码 Layer code	土层厚度 Depth/cm	颜色 Soil color	质地 Soil texture	土壤结构 Soil structure	pH	有机质 OM/(g/kg)	全氮 TN/(g/kg)	全磷 TP/(g/kg)	全钾 TK/(g/kg)	碱解氮 AN/(mg/kg)	有效磷 AP/(mg/kg)	速效钾 AK/(mg/kg)	阳离子交换量 CEC/(cmol/kg)	土壤母质 Parent material	剖面点坐标 Profile coordinate	匹配指数 Matching index/%
剖15	初育土	黄绵土	黄绵土	绵砂土	坡绵砂土	A	0—20	浅黄色	砂壤土	团块状	8.7	1.6	0.22	0.48	15.8	24	1.2	63	4.1	黄土	E 110° 23′ 38.8″ N 38° 07′ 16.0″	94
						C₁	20—110	浅黄色	砂壤土	块状	8.1	1.1	0.21	0.48	15.8				4.9			
						C₂	110—150	浅黄色	砂壤土	块状	8.7	<1.0	0.17	0.44	15.8				5.1			
剖16	初育土	黄绵土	绵砂土	台地绵砂土	台地灰绵砂土	A	0—20				8.2	7.3	0.53	0.57	18.3	32	4.4	167	7.3		E 110° 19′ 48.7″ N 38° 01′ 50.9″	78
						C₁	20—80				8.5	4.3	0.31	0.53	14.1				7.0			
						C₂	80—150				8.6	3.4	0.27	0.53	13.4							
剖17	初育土	黄绵土	黄绵土	坡黄绵土		1	0—30	浅灰黄色	轻壤土	小块状										黄土	E 110° 16′ 49.6″ N 38° 02′ 23.2″	75
						2	30—70	浅棕黄色	轻壤土	小块状												
						3	70—150	浅黄色	轻壤土	中块状												
剖18	初育土	粗骨土	石渣土	石渣土		1	0—16	灰黄色	砂壤土	碎块状	7.8	14.6	1.02	>4.00	16.8	55	19.7	129	10.4		E 110° 26′ 53.2″ N 38° 00′ 47.3″	73
						2	16—40	黄褐色	砂壤土	小块状	7.9	11.8	0.67	0.29	20.9				20.4			
						3	40—80	棕褐色	中壤土	中块状	7.9	21.7	0.97	0.42	19.1				21.2			
剖19	初育土	黄绵土	黄绵土	台地黄绵土	台地黄绵土	1	0—30				8.7	5.0	0.37	0.59		18	2.3	80		黄土	E 110° 18′ 45.0″ N 37° 57′ 55.7″	80
						2	30—75				8.7	4.8	0.38	0.55								
						3	75—150				8.9	2.8	0.24	0.52								
剖20	初育土	红黏土	红土	红色土	覆盖硬红土	1	0—45				8.5	2.6	0.25	0.46	15.0	17	<1.0	66		老黄土	E 110° 36′ 58.4″ N 37° 50′ 26.1″	91
						2	45—105				8.4	1.6	0.20	0.37	18.9							
						3	105—150				8.3	1.1	0.12	0.45	15.0							
剖21	初育土	红黏土	红土	红色土	硬红土	1	0—20		中壤土		8.5	2.8	0.24	0.52		17	1.5	87		老黄土	E 110° 41′ 05.0″ N 37° 46′ 15.4″	99
						2	20—90		中壤土		8.5	2.3	0.23	0.51								
						3	90—150		重壤土		8.5	2.3	0.28	0.52								
剖22	初育土	黄绵土	黄绵土	绵砂土	梯绵砂土	A	0—25	浅黄色	砂壤土	团块状	8.5	3.2	0.29	0.57	13.3	20	3.0	63	5.9	黄土	E 110° 33′ 33.9″ N 37° 44′ 42.5″	96
						C₁	25—65	浅黄色	砂壤土	块状	8.6	2.5	0.26	0.52	14.9				6.5			
						C₂	65—150	浅黄色	砂壤土	块状	8.6	2.7	0.24	0.52	14.9				6.0			

吴 堡 县

主要土类说明

黄绵土是吴堡县主要土壤类型，占本县地域面积的56%。本县黄绵土是由沙黄土直接发育形成的初育土，分布遍及本县黄土高原丘陵。由于土壤侵蚀严重，表层长期遭侵蚀，只能不断加深耕作黄土母质层，因而母质特性明显。土壤无明显发育，为A-C型土。由于风成黄土富含细粉粒，故质地、结构均一，疏松绵软，富含石灰，磷、钾储量较丰富，但有效性差，土壤有机质缺乏。

石质土是吴堡县第二大土壤类型，占本县地域面积的22%。石质土广泛分布在侵蚀严重、岩石裸露的石质山地、侵蚀残丘，以及丘顶、山脊、山坡等坡度陡峻的地形部位。该土壤表层岩石裸露，风化层浅薄，厚度一般小于10cm，风化度低，富含砾石，多碎屑岩粒，始终处于土壤发育的幼年阶段。

红黏土是吴堡县第三大土壤类型，占本县地域面积的19%，是在老黄土的古土壤层上形成的幼年土壤。由于所处沟谷坡地较陡，土壤受侵蚀严重，上层的新黄土基本被冲蚀殆尽，处于下层的老黄土出露地表，经人为作用而形成红黏土。其黏粒含量高，塑性强，生物作用微弱，母质特性明显，有时夹有砂姜。

小于本县地域面积3%的土壤类型有粗骨土、新积土。

本区域中心区气候特征

本区域中心区气候特征值
Regional climate characteristics in central area of the region

气候带：暖温带亚湿润气候 Climate region: Warm temperate subhumid climate	
年平均气温 /℃ Annual average temperature /℃	9.3
年平均最高气温 /℃ Annual average maximum temperature /℃	16.5
年平均最低气温 /℃ Annual average minimum temperature /℃	3.1
年降水量 /mm Annual precipitation /mm	427
≥10℃的积温 /℃ Daily temperature accumulated in a year (≥10℃) /℃	3440
年日照时数 /h Annual sunshine /h	2582
年平均相对湿度 /% Annual average relative humidity /%	58
干燥度 Dryness	1.31

吴堡县主要土壤类型与土壤剖面点分布图
1∶110 000

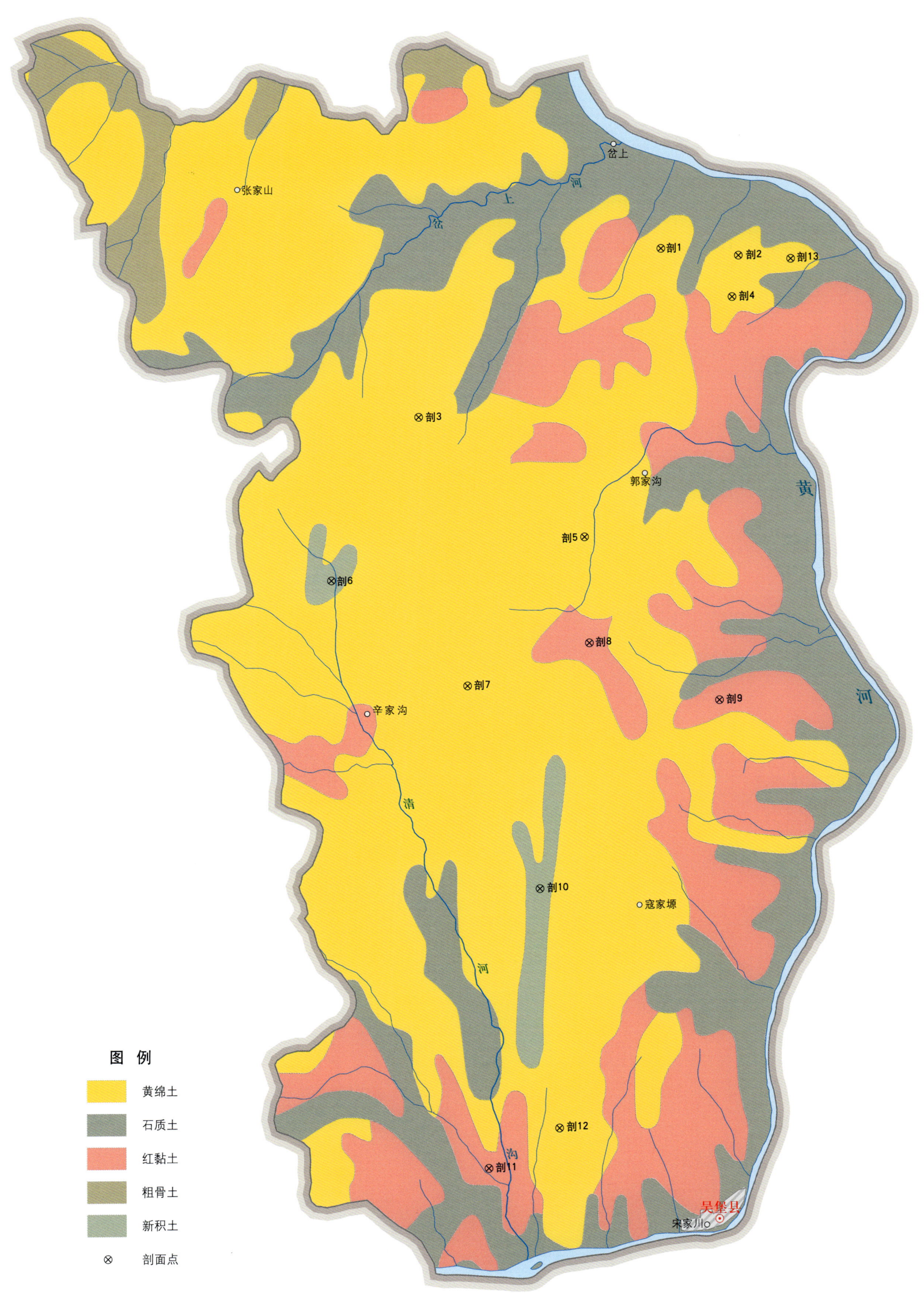

吴堡县土壤剖面理化性状表

剖面号 Soil profile	土纲 Soil order	土类 Soil great group	亚类 Soil subgroup	土属 Soil genus	土种 Soil species	土层码 Layer code	土层厚度 Depth/cm	颜色 Soil color	质地 Soil texture	土壤结构 Soil structure	pH	有机质 OM/(g/kg)	全氮 TN/(g/kg)	全磷 TP/(g/kg)	全钾 TK/(g/kg)	碱解氮 AN/(mg/kg)	有效磷 AP/(mg/kg)	速效钾 AK/(mg/kg)	阳离子交换量CEC/(cmol/kg)	土壤母质 Parent material	剖面点坐标 Profile coordinate	匹配指数 Matching index/%
剖1	初育土	黄绵土	黄绵土	塬黄绵土	塬黄绵土	1	0—20	浅黄棕色	轻壤土	小块状	8.5	2.7	0.34	0.48	21.8	28	1.8		3.2	黄土	E 110°43′11.8″ N 37°40′20.4″	81
						2	20—70	浅黄棕色	轻壤土	小块状	8.5	1.8	0.28	0.48	21.8	23	<1.0		2.3			
						3	70—150	浅黄色	轻壤土	小块状	8.5	1.5	0.20	0.48	20.4	24	1.8		2.3			
剖2	初育土	黄绵土	黄绵土		草灌黄绵土	1	0—19				8.6	3.2	0.31	0.59		11	7.6			黄土	E 110°44′31.7″ N 37°40′14.8″	73
						2	19—75				8.9	2.1	0.22	0.58								
						3	75—150				9.0	1.8	0.20	0.55								
剖3	初育土	黄绵土	黄绵土	坡黄绵土	坡黄绵土	1	0—20				8.5	2.5	0.26	0.54	17.6	16	1.8		4.0	黄土	E 110°39′02.1″ N 37°38′02.4″	96
						2	20—47				8.6	2.0	0.18	0.53	20.7	13	1.8		3.4			
						3	47—150				8.6	2.0	<0.10	0.55	20.2	15	3.0		3.0			
剖4	初育土	黄绵土	黄绵土	台地黄绵土	沟台灰黄绵土	1	0—29				8.7	8.1	0.63	0.62	19.9	36	29.0		6.2	黄土	E 110°44′24.9″ N 37°39′41.4″	87
						2	29—76				9.0	3.6	0.25	0.53	23.2	20	26.7		5.2			
						3	76—150				9.0	3.7	3.10	0.58	19.3	21	7.1		9.5			
剖5	初育土	黄绵土	黄绵土	坡黄绵土	梯黄绵土	1	0—20	浅黄棕色	中壤土	小块状	8.4	5.4	0.53	0.59	19.7	35	14.2	289	4.5	黄土	E 110°41′53.4″ N 37°36′26.0″	85
						2	20—55	浅黄棕色	中壤土	中块状	8.5	3.7	0.35	0.54	18.9	24	3.8	186	3.9			
						3	55—150		轻壤土	中块状	8.5	3.2	0.28	0.56	20.3	18	2.8	137	4.2			
剖6	初育土	新积土	冲积土	壤质冲积土	表砂石潜绵砂土	A	0—15	黄棕色	砂壤土	小块状	8.7	2.2	0.22	0.52		22	3.0	45	4.1	冲积物	E 110°37′32.4″ N 37°35′49.7″	93
						C$_1$	15—40	浅黄色	砂壤土	块状	8.8	1.9	0.15	0.49		15	2.0	37	5.0			
						C$_2$	40—150	浅黄色	砂壤土	块状	8.6	2.8	0.24	0.54		18	2.0	53	6.0			
剖7	初育土	黄绵土	黄绵土	塬黄绵土	塬黄绵土	1	0—20				8.5	<1.0	0.57	0.52	19.7	54	3.5	164	5.7	黄土	E 110°39′53.0″ N 37°34′24.6″	74
						2	20—50				8.4	5.2	0.52	0.52	20.7	56	3.5	164	4.4			
						3	50—150				8.3	5.1	0.44	0.51	21.8	59	2.5	169	4.5			
剖8	初育土	红黏土	红土	红色土	红黄土	1	0—15	红棕色	中壤土	小块状	8.4	4.6	0.31	0.41	18.2	26	10.5		7.6	老黄土	E 110°41′58.6″ N 37°34′59.8″	77
						2	15—90	红棕色	重壤土	大块状	8.5	1.1	0.19	0.24	21.2	18	3.5		11.9			
						3	90—150	红棕色	重壤土	大块状	8.6	1.5	0.16	0.44	16.9	14	4.6		5.6			
剖9	初育土	红黏土	红土	红色土	底砂石潜绵砂土	1	0—18		中壤土	小块状										老黄土	E 110°44′12.5″ N 37°34′14.0″	78
						2	18—64		中壤土	大块状												
						3	64—150		砂壤土	大块状												
剖10	初育土	新积土	冲积土	壤质冲积土	底砂石潜绵砂土	A	0—20	浅灰黄色	砂壤土	团块状	8.6	10.3	0.61	0.48	17.9	44	1.4	96	10.5	冲积物	E 110°41′07.6″ N 37°31′40.2″	71
						C$_1$	20—70	浅黄色	砂壤土	块状	8.6	10.8	0.22	0.46	16.8				4.2			
						C$_2$	70—150															
剖11	初育土	红黏土	红土	红色土	二色土	1	0—20	黄棕色	中壤土	小块状	8.5	2.9	0.33	0.47	18.6	29	5.0		6.9	老黄土	E 110°40′15.7″ N 37°27′55.0″	72
						2	20—54	黄棕色	中壤土	块状	8.3	1.6	0.26	0.44	18.1	22	4.1		6.9			
						3	54—150	黄棕色	中壤土	块状	8.6	1.6	0.23	0.46	18.4	19	3.8		6.6			
剖12	初育土	黄绵土	黄绵土	坡黄绵土	硬黄绵土	1	0—20	黄棕色	中壤土	小块状	8.4	5.6	0.58	0.48	18.5	92	3.2		3.8	黄土	E 110°41′28.3″ N 37°28′27.0″	88
						2	20—65	黄棕色	中壤土	块状	8.6	2.7	0.29	0.46	18.5	73	2.3		3.3			
						3	65—150	红黄色	轻壤土	块状	8.6	1.4	0.22	0.45	17.6	64	2.1		3.3			
剖13	初育土	黄绵土	黄绵土	台地黄绵土	沟台黄绵土	1	0—13				8.7	5.8	0.44	0.60	19.5	31	13.0	248	3.2	黄土	E 110°45′25.5″ N 37°40′12.5″	75
						2	13—35				9.0	5.7	0.45	0.64	18.2	30	12.5	265	2.9			
						3	35—150				8.9	4.2	0.41	0.60	29.5	24	28.0	155	3.2			

清 涧 县

主要土类说明

黄绵土是清涧县主要土壤类型，占本县地域面积的 79%。本县黄绵土是由沙黄土直接发育形成的初育土，分布遍及本县黄土高原丘陵。由于土壤侵蚀严重，表层长期遭侵蚀，只能不断加深耕作黄土母质层，因而母质特性明显。土壤无明显发育，为 A–C 型土。由于风成黄土富含细粉粒，故质地、结构均一，疏松绵软，富含石灰、磷、钾储量较丰富，但有效性差，土壤有机质缺乏。

红黏土是清涧县第二大土壤类型，占本县地域面积的 8%，是在老黄土的古土壤层上形成的幼年土壤。由于所处沟谷坡地较陡，土壤受侵蚀严重，上层的新黄土基本被冲蚀殆尽，处于下层的老黄土出露地表，经人为作用而形成红黏土。其黏粒含量高，塑性强，生物作用微弱，母质特性明显，有时夹有砂姜。

石质土是清涧县第三大土壤类型，占本县地域面积的 6%，广泛分布在侵蚀严重、岩石裸露的石质山地、侵蚀残丘，以及丘顶、山脊、山坡等坡度陡峻的地形部位。该土壤表层岩石裸露，风化层浅薄，厚度一般小于 10cm，风化度低，富含砾石，多碎屑岩粒，始终处于土壤发育的幼年阶段。

新积土占本县地域面积的 6%，分布在沟谷底部的河漫滩及阶地。新积土是由新近冲积、洪积、坡积、塌积或人工堆垫形成的土壤。该土壤成土期短，母质特性明显，具 A–C 或（A）–C 剖面构型。其形成主要受地形条件和母质特性的影响。

小于本县地域面积 3% 的土壤类型有粗骨土、黑垆土。

本区域中心区气候特征

本区域中心区气候特征值
Regional climate characteristics in central area of the region

气候带：暖温带亚湿润气候 Climate region: Warm temperate subhumid climate	
年平均气温 /℃ Annual average temperature /℃	9.7
年平均最高气温 /℃ Annual average maximum temperature /℃	16.9
年平均最低气温 /℃ Annual average minimum temperature /℃	3.7
年降水量 /mm Annual precipitation /mm	453
≥10℃的积温 /℃ Daily temperature accumulated in a year (≥10℃) /℃	3529
年日照时数 /h Annual sunshine /h	2538
年平均相对湿度 /% Annual average relative humidity /%	59
干燥度 Dryness	1.29

本区域中心区月平均气温与月平均降水量
Monthly temperature and precipitation in central area of the region

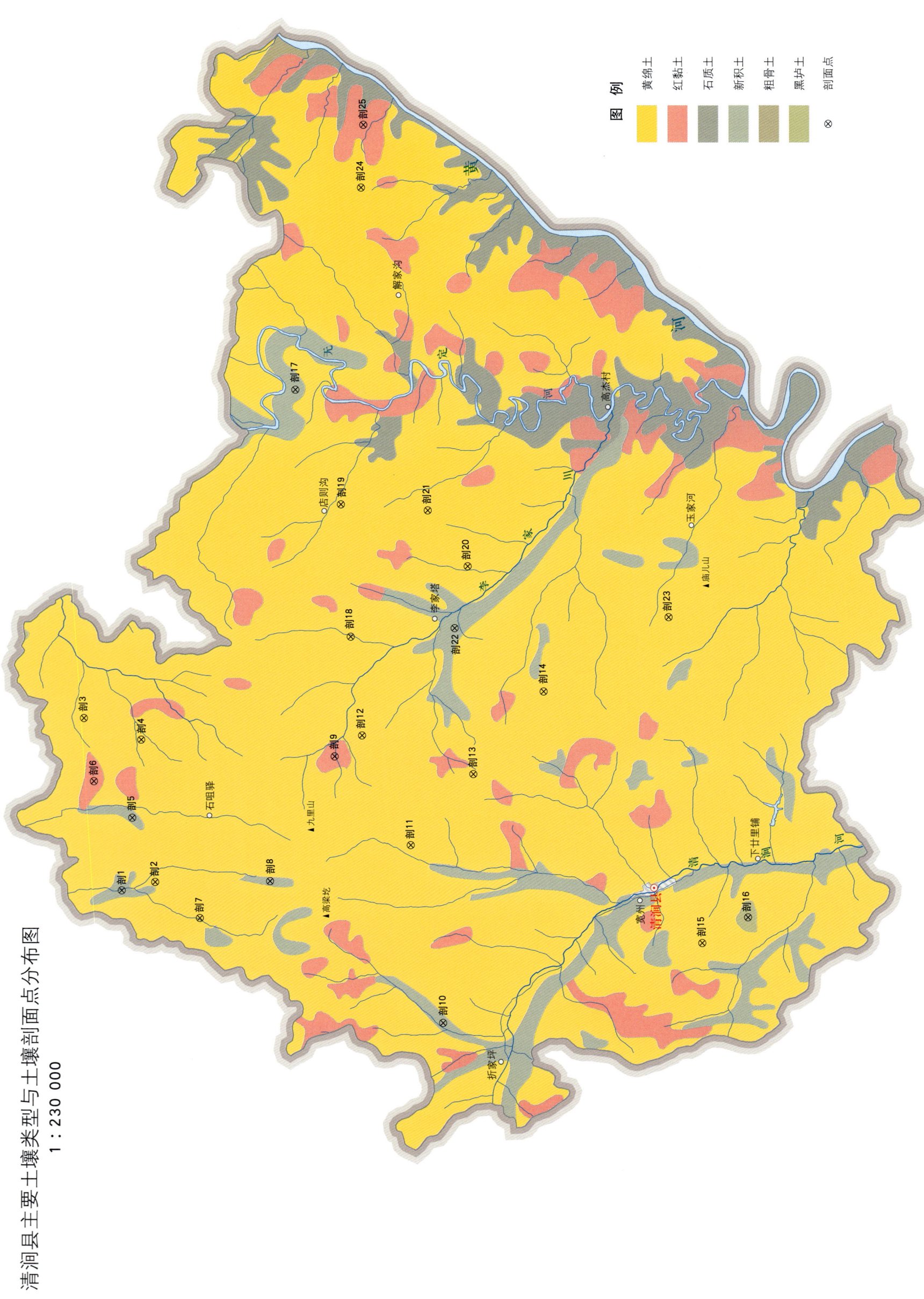

清涧县土壤剖面理化性状表

剖面号	土纲	土类	亚类	土属	土种	土层码	土层厚度/cm	颜色	质地	土壤结构	pH	有机质 OM/(g/kg)	全氮 TN/(g/kg)	全磷 TP/(g/kg)	全钾 TK/(g/kg)	碱解氮 AN/(mg/kg)	有效磷 AP/(mg/kg)	速效钾 AK/(mg/kg)	阳离子交换量 CEC/(cmol/kg)	土壤母质	剖面点坐标	匹配指数/%
剖1	初育土	新积土	洪淤土	洪淤土	淤砾石土	1	0–15	浅红黄色	砂壤土	粒状	8.5	3.9	0.25	0.29		48				洪冲积物	E 110°06′41.1″ N 37°21′34.8″	84
						2	15–90	浅红黄色	砂壤土	粒状	8.4	3.2	0.22	0.25								
						3	90–150	浅红黄色	砂壤土	粒状	8.3	3.2	0.13	0.25								
剖2	初育土	黄绵土	黄绵土	绵土	硬绵土	A	0–15	橙色	黏壤土	碎块状	8.3	4.0	0.32	2.40	12.0	25	7.0	364	6.0	黄土	E 110°07′01.2″ N 37°20′33.3″	95
						C_1	15–95	橙色	黏壤土	小块状	8.1	2.5	0.25	2.44	12.3	46	9.0	350	6.1			
						C_2	95–115	橙色	黏壤土	大块状	8.5	2.3	0.29	2.57	12.0	86	1.0	372	5.9			
						C_3	115–200	黄橙色	黏壤土	大块状	8.5	2.1	0.22	2.75	12.7	46	10.0	381	5.3			
剖3	初育土	黄绵土	黄绵土	绵砂土	淡灰绵土	A	0–23	灰黄色	砂壤土	团块状	8.5	4.4	0.63	0.61	14.6	31	4.0	109	6.2	黄土	E 110°13′13.9″ N 37°22′47.6″	96
						C_1	23–82	浅黄色	砂壤土	块状	8.7	3.2	0.29	0.57	14.7	21	3.0	90	6.0			
						C_2	82–150	黄色	砂壤土	块状	8.7	2.7	0.23	0.57	14.7	21	5.0	87	5.8			
剖4	初育土	黄绵土	黄绵土	绵砂土	坡绵土	A_{11}	0–27	浊黄橙色	砂壤土	碎块状	8.5	5.3	0.38	0.61	18.2	30	1.0	101	6.0	黄土	E 110°12′25.9″ N 37°21′01.8″	89
						C_1	27–82	浅黄橙色	砂壤土	碎块状	8.4	4.0	0.28	0.52	17.8				5.9			
						C_2	82–150	浅黄橙色	砂壤土	小块状	8.5	3.0	0.20	0.44	18.5				5.9			
剖5	初育土	新积土	冲积土	壤质冲积土	底泥淤绵砂土	A	0–21	浅黄色	砂壤土	粒状	8.4	6.6	0.39	0.52						冲积物	E 110°09′27.0″ N 37°21′16.8″	96
						C_1	21–40	浅黄色	砂壤土	块状	9.0	3.6	0.21	0.52	17.8							
						C_2	40–50	灰黄色	黏土	块状	9.0	1.7	0.12	0.13								
剖6	初育土	红黏土	红黄土	红黄土	黄盖硬红土	1	0–20	棕黄色	轻壤土	粒状	8.9	4.0	0.30	0.57		14	3.2	101		老黄土	E 110°10′49.9″ N 37°22′28.4″	96
						2	20–70	浅黄色	重壤土	块状	8.7	2.0	0.21	0.48								
						3	70–120	浅黄色	轻壤土	块状	8.7	1.7	0.20	0.53	15.2							
剖7	初育土	红黏土	红黄土	坡黄绵土	红土底坡黄绵土	1	0–20	浅黄色	重壤土	小块状	8.7	3.1	0.25	0.60		21	1.3	65		黄土	E 110°05′39.2″ N 37°19′10.7″	88
						2	20–60	浅红色	重壤土	块状	8.7	2.3	0.23	0.45								
						3	60–150	灰黄色	壤土	块状	8.8	2.3	0.24	0.38								
剖8	初育土	新积土	洪淤土	洪淤土	淤绵砂土	1	0–24	浅黄褐色	砂壤土	小粒状	8.7	1.9	<0.10	0.29	17.8	13	<1.0	27		洪冲积物	E 110°07′06.2″ N 37°17′02.4″	73
						2	24–54	灰黄棕色	砂壤土	小粒状	8.9	1.9	<0.10	0.30	15.7							
						3	54–82	黄黄棕色	砂壤土	小块状	8.8	1.2	0.10	0.38	18.0							
						4	82–150	灰黄棕色	砂壤土	粒状	8.8	1.8	0.15	0.29	15.2							
剖9	初育土	红黏土	红黄土	红黄土	砾质绵土	1	0–20	浅黄色	重壤土	屑粒状	8.9	2.8	0.23	0.39		39	1.9	112		老黄土	E 110°11′51.4″ N 37°15′06.4″	87
						2	20–80	红色	重壤土	粒状	8.8	2.4	0.27	0.39								
						3	80–170	红色	重壤土	块状	8.7	2.2	2.19	0.35								
剖10	初育土	新积土	洪淤土	洪淤土	台黄绵土	A	0–30	浅黄色	砂壤土	块状	8.8	7.1	0.53	0.65		55	21.3	150		洪积物	E 110°01′46.3″ N 37°11′40.8″	81
						AC	30–50	灰黄棕色	砂壤土	块状	8.4	5.4	0.41	0.57								
						C	50–150	灰黄棕色	砂壤土	块状	8.8	2.9	0.26	0.26								
剖11	初育土	新积土	台黄绵土	台黄绵土	台黄绵土	1	0–25	浅黄色	轻壤土	小块状	8.8	2.9	0.24	0.62	18.9	21	1.1	67	4.9	黄土	E 110°08′31.6″ N 37°12′44.6″	92
						2	25–70	浅黄色	轻壤土	块状	8.7	2.4	0.23	0.55	16.4				4.6			
						3	70–150	浅黄色	轻壤土	块状	8.7	3.7	0.33	0.16	16.7				4.9			
剖12	初育土	黄绵土	黄绵土	黄土	淡灰黄绵土	A	0–23	棕黄色	砂壤土	团块状	8.5	4.4	0.34	0.61	14.6	31	3.7	109	6.2	黄土	E 110°12′40.5″ N 37°14′16.0″	82
						C_1	23–82	浅黄色	砂壤土	块状	8.7	3.2	0.29	0.57	14.7	21	3.2	90	6.0			
						C_2	82–150	浅黄色	砂壤土	屑粒状	8.7	2.7	0.23	0.57	14.7	21	4.7	87	5.8			
剖13	初育土	黄绵土	黄绵土	坡绵土	坡绵土	1	0–27	浅黄色	轻壤土	块状	8.4	5.3	5.30	0.63		30	1.1	101		黄土	E 110°11′15.0″ N 37°10′51.2″	81
						2	27–82	浅黄色	轻壤土	粒状	8.4	4.0	4.00	0.54								
						3	82–150	浅黄色	轻壤土	块状	8.5	3.0	3.00	0.57								

续表 Continued

剖面号 Soil profile	土纲 Soil order	土类 Soil great group	亚类 Soil subgroup	土属 Soil genus	土种 Soil species	土层码 Layer code	土层厚度 Depth/cm	颜色 Soil color	质地 Soil texture	土壤结构 Soil structure	pH	有机质 OM/(g/kg)	全氮 TN/(g/kg)	全磷 TP/(g/kg)	全钾 TK/(g/kg)	碱解氮 AN/(mg/kg)	有效磷 AP/(mg/kg)	速效钾 AK/(mg/kg)	阳离子交换量CEC/(cmol/kg)	土壤母质 Parent material	剖面点坐标 Profile coordinate	匹配指数 Matching index/%
剖14	初育土	黄绵土	绵砂土	坡绵砂土	坡绵砂土	1	0—30	浅黄色	砂壤土	粒状	8.7	<1.0	<0.10	0.34			1.0	53	3.7		E 110°14′24.3″ N 37°08′43.6″	99
						2	30—100	浅黄色	砂壤土	块状	8.7	1.0	0.11	0.44					5.6			
						3	100—150	浅黄色	砂壤土	块状	8.7	1.2	0.14	0.41					6.1			
剖15	初育土	黄绵土	黄绵土	硬黄土	料姜硬黄土	1	0—20	浅红色	中壤土	小块状	8.8	3.8	<0.10	0.42		16	1.4	91		黄土	E 110°04′55.7″ N 37°03′46.8″	85
						2	20—60	浅黄色	重壤土	块状	8.8	2.0	<0.10	0.36								
						3	60—120	浅红色	重壤土	块状	8.6	1.9	0.18	0.37								
剖16	钙层土	黑垆土	覆盖黑垆土	覆盖黑垆土	黄盖黑垆土	1	0—20	浅灰黄色	轻壤土	屑粒状	8.5	4.7	0.31	0.52		22	4.3	62		黄土	E 110°05′55.6″ N 37°02′23.2″	97
						2	20—45	浅灰黄色	轻壤土	粒块状	8.5	7.5	0.52	0.59								
						3	45—100	灰黄色	轻壤土	块状	8.6	7.5	0.49	0.61								
剖17	初育土	新积土	洪淤土	洪淤土	少砾质浅绵砂土	1	0—25	浅黄色	轻壤土	粒状	8.5	5.3	0.36	0.42		18	1.5	67		洪冲积物	E 110°25′47.0″ N 37°16′24.1″	89
						2	25—65	浅黄色	轻壤土	块状	8.7	6.3	0.50	0.41								
						3	65—100	浅灰黄色	轻壤土	块状	8.8	4.5	0.27	0.44								
剖18	初育土	黄绵土	黄绵土	硬黄土	硬黄土	1	0—20	浅黄色	中壤土	粒状	8.5	5.4	0.37	0.65		20	3.3	101		黄土	E 110°16′25.3″ N 37°14′38.8″	73
						2	20—80	浅黄色	中壤土	块状	8.8	3.4	0.28	0.50								
						3	80—150	浅黄色	中壤土	块状	8.8	2.9	0.21	0.52								
剖19	初育土	黄绵土	黄绵土	坡黄绵土	垆土底黄绵土	1	0—50	浅黄色	轻壤土	屑粒状	8.5	5.5	0.37	0.68		28	1.9	85		黄土	E 110°21′26.2″ N 37°14′58.9″	79
						2	50—100	深黄色	轻壤土	块状	8.6	6.9	0.40	0.68								
						3	100—150	浅黄色	轻壤土	块状	8.6	5.6	0.37	0.66								
剖20	初育土	黄绵土	黄绵土	堰黄绵土	堰黄绵土	1	0—17	浅黄色	中壤土	屑粒状	8.3	5.6	0.44	0.51		37	3.2	65		黄土	E 110°19′08.2″ N 37°11′05.4″	72
						2	17—51	浅黄色	轻壤土	小块状	8.4	3.6	0.31	0.48								
						3	51—95	浅黄色	轻壤土	块状	8.5	3.0	0.27	0.55								
						4	95—150	浅黄色	轻壤土	块状	8.5	2.4	0.20	0.51								
剖21	初育土	黄绵土	黄绵土	坡黄绵土	梯黄绵土	1	0—30	浅灰黄色	轻壤土	屑粒状	8.5	5.6	0.42	0.59		32	3.5	99		黄土	E 110°21′14.2″ N 37°12′19.0″	80
						2	30—70	浅灰黄色	轻壤土	块状	8.7	3.7	0.31	0.57								
						3	70—150	浅灰黄色	轻壤土	块状	8.8	3.4	0.30	0.59								
剖22	初育土	新积土	洪积土	洪积土	石底绵土	A	0—30	棕黄色	壤土	碎块状	8.5	3.2	0.33	0.34		65	1.5	55		洪积物	E 110°16′46.9″ N 37°11′28.0″	81
						C_1	30—90	黄色	壤土		8.8	2.0	0.20	0.28								
						C_2	90—150				8.5	<1.0	0.32	<0.10								
剖23	初育土	黄绵土	黄绵土	坡黄绵土	红土底黄绵土	1	0—20	黄色	轻壤土	屑粒状	8.5	7.2	0.54	0.67		41	2.5	134		黄土	E 110°17′16.2″ N 37°04′54.7″	95
						2	20—60	黄色	轻壤土	块状	8.3	4.2	0.31	0.63								
						3	60—120	浅黄色	轻壤土	块状	8.7	4.1	0.28	0.63								
剖24	初育土	黄绵土	黄绵土	坡黄绵土	草灌黄绵土	1	0—20	黄色	重壤土	块状	8.3	7.0	0.31	0.56		37	>100.0	156		黄土	E 110°33′28.7″ N 37°14′25.6″	97
						2	20—80	浅黄色	重壤土	块状	8.6	1.7	0.23	0.35								
						3	80—150	浅黄色	重壤土	块状	8.6											
剖25	初育土	红黏土	红黄土	红黄土	石料姜硬红土	1	0—25	黄色	重壤土	块状	8.3	7.0	0.31	0.56						老黄土	E 110°35′51.5″ N 37°14′21.6″	92
						2	25—60	浅红色	重壤土	块状	8.6	1.7	0.23	0.35								
						3	60—150	浅红色	重壤土	块状	8.6	1.7	0.34	0.28								

子 洲 县

主要土类说明

黄绵土是子洲县主要土壤类型，占本县地域面积的90%。本县黄绵土是由沙黄土直接发育形成的初育土，分布遍及本县黄土高原丘陵。由于土壤侵蚀严重，表层长期遭侵蚀，只能不断加深耕作黄土母质层，因而母质特性明显。土壤无明显发育，为A-C型土。由于风成黄土富含细粉粒，故质地、结构均一，疏松绵软，富含石灰，磷、钾储量较丰富，但有效性差，土壤有机质缺乏。

红黏土是子洲县第二大土壤类型，占本县地域面积的6%，是在老黄土的古土壤层上形成的幼年土壤。由于所处沟谷坡地较陡，土壤受侵蚀严重，上层的新黄土基本被冲蚀殆尽，处于下层的老黄土出露地表，经人为作用而形成红黏土。其黏粒含量高，塑性强，生物作用微弱，母质特性明显，有时夹有砂姜。

新积土是子洲县第三大土壤类型，占本县地域面积的3%，分布在沟谷底部的河漫滩及阶地。新积土是由新近冲积、洪积、坡积、塌积或人工堆垫形成的土壤。该土壤成土期短，母质特性明显，具A-C或（A）-C剖面构型。其形成主要受地形条件和母质特性的影响。

小于本县地域面积3%的土壤类型有黑垆土、草甸盐土、草甸土、潮土。

本区域中心区气候特征

本区域中心区气候特征值
Regional climate characteristics in central area of the region

气候带：暖温带亚湿润气候 Climate region: Warm temperate subhumid climate	
年平均气温 /℃ Annual average temperature /℃	9.0
年平均最高气温 /℃ Annual average maximum temperature /℃	16.3
年平均最低气温 /℃ Annual average minimum temperature /℃	2.9
年降水量 /mm Annual precipitation /mm	416
≥10℃的积温 /℃ Daily temperature accumulated in a year (≥10℃) /℃	3256
年日照时数 /h Annual sunshine /h	2652
年平均相对湿度 /% Annual average relative humidity /%	57
干燥度 Dryness	1.31

子洲县主要土壤类型与土壤剖面点分布图
1 : 250 000

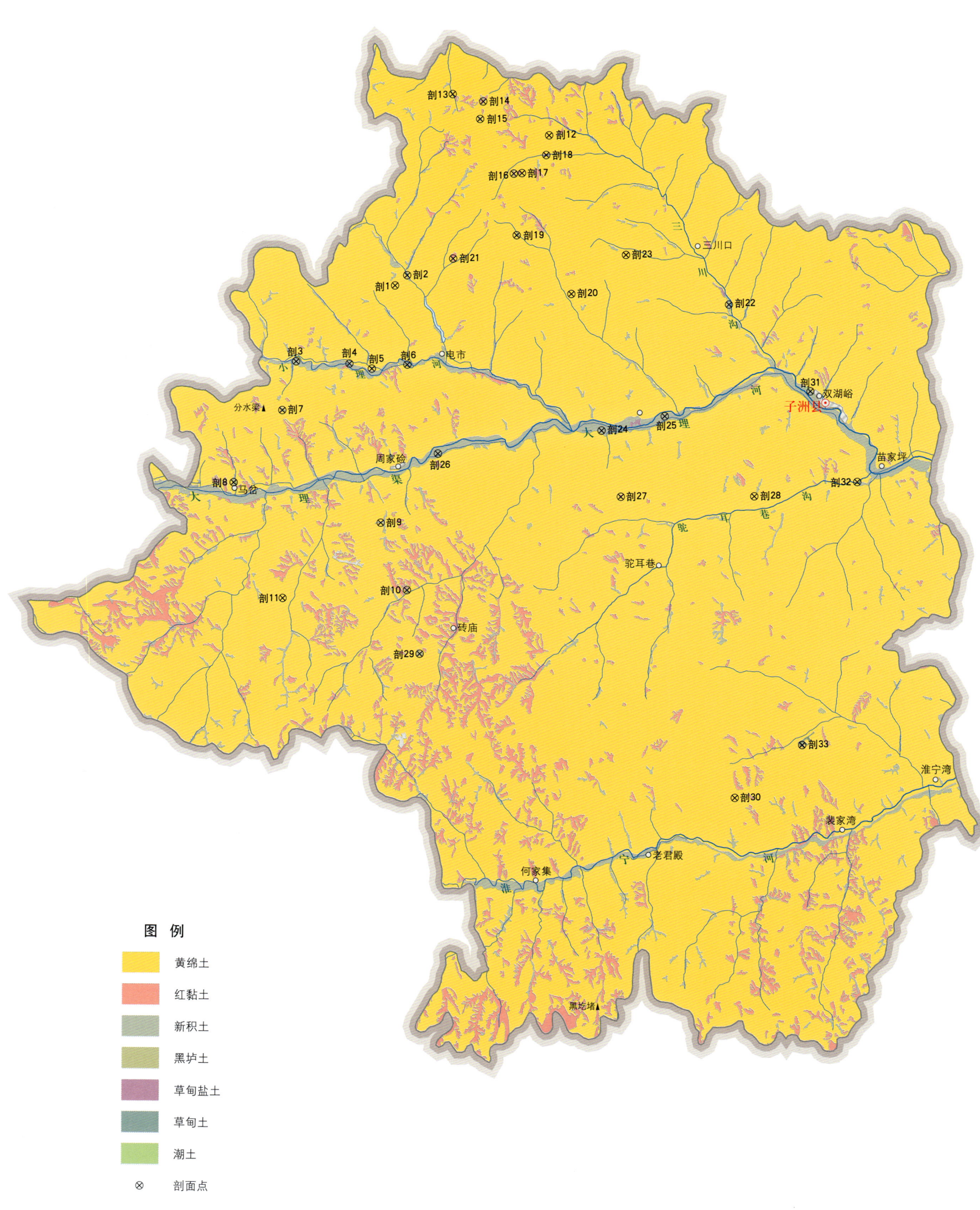

子洲县土壤剖面理化性状表

剖面号 Soil profile	土纲 Soil order	土类 Soil great group	亚类 Soil subgroup	土属 Soil genus	土种 Soil species	土层码 Layer code	土层厚度 Depth/cm	颜色 Soil color	质地 Soil texture	土壤结构 Soil structure	pH	有机质 OM/(g/kg)	全氮 TN/(g/kg)	全磷 TP/(g/kg)	全钾 TK/(g/kg)	碱解氮 AN/(mg/kg)	阳离子交换量CEC/(cmol/kg)	土壤母质 Parent material	剖面点坐标 Profile coordinate	匹配指数 Matching index/%
剖1	初育土	黄绵土	黄绵土	黄绵土	坡黄绵土	1	0~25	浅灰黄色	轻壤土	小块状		4.3	0.36	0.60			5.6	黄土	E 109°44′04.8″ N 37°40′15.1″	94
						2	25~59	浅黄色	轻壤土	小块状		2.8	0.27	0.58						
						3	59~100	暗黄色	中壤土	中块状		3.4	0.28	0.63						
剖2	钙层土	黑垆土	黑垆土	黑垆土	黑垆土	1	0~19	暗棕色	中壤土	大块状		4.6	0.31	0.55				黄土	E 109°44′33.9″ N 37°40′34.6″	83
						A	19~56	暗黄色	中壤土	大块状		5.0	0.35	0.56						
						B	56~100	暗黄色	中壤土	大块状		4.3	0.32	0.54						
剖3	初育土	新积土	冲积土	河淤土	淤黄绵土	1	0~21	灰黄色	砂壤土	小块状	8.6	3.3	0.25	0.54			5.2	洪冲积物	E 109°40′07.2″ N 37°37′45.8″	75
						2	21~56	浅灰黄色	轻壤土	小块状	8.7	2.8	0.22	0.55						
						3	56~100	浅黄色	轻壤土	大块状	8.8	2.9	0.23	0.56						
剖4	初育土	新积土	冲积土	河淤土	淤油黄绵土	1	0~14	灰黄色	轻壤土	团块状	8.8	6.5	0.42	0.55			6.1	洪冲积物	E 109°42′17.4″ N 37°37′43.3″	76
						2	14~66	浅黄色	砂壤土	小块状	9.0	4.8	0.32	0.50						
						3	66~100	浅黄色	轻壤土	小块状	9.0	2.7	0.28	0.48						
剖5	初育土	黄绵土	黄绵土	黄绵土	坡黄绵土	1	0~26	浅红色	轻壤土	小块状		4.5	0.28	0.60	18.3		7.3	黄土	E 109°43′12.1″ N 37°37′34.9″	79
						2	26~50	浅红色	轻壤土	中块状	8.7	2.8	0.24	0.51	20.0					
						3	50~100	浅红色	中壤土	中块状	8.7	3.0	0.23	0.51	20.0					
剖6	初育土	新积土	冲积土	河淤土	底砾质黄绵土	1	0~19	灰黄色	轻壤土	中块状	8.7	11.7	0.61	0.62	8.1		6.3	洪冲积物	E 109°44′38.5″ N 37°37′43.0″	95
						2	19~53	灰黄色	轻壤土	小块状		4.4	0.32	0.54	15.6					
						3	53~100	灰黄色	中壤土	小块状		4.4	0.24	0.49	13.4					
剖7	钙层土	黑垆土	黑垆土	锈黑垆土	锈黑垆土	1	0~24	灰黑色	砂壤土	小块状	8.9	10.6	0.49	>4.00			4.5	黄土	E 109°39′35.7″ N 37°36′11.9″	88
						A	24~75	灰黑色	轻壤土	小块状	8.8	5.6	0.47	>4.00						
						B	75~100	灰黑色	中壤土	小块状	8.9	2.1	0.36	>4.00						
剖8	初育土	新积土	冲积土	河淤土	底砾质黄绵土	1	0~31	灰黄色	砂砾土	小块状	8.8	2.4	1.32	>4.00			8.9	洪冲积物	E 109°37′40.1″ N 37°33′51.9″	87
						2	31~70	浅黄色	少砾土	大块状	8.9	4.3	0.62	2.66						
						3	70~100	浅黄色	少砾土	大块状	8.2	4.4	0.94	3.93						
剖9	初育土	新积土	坝淤土	坝淤土	坝淤红黄土	1	0~20	红黄色	轻壤土	小块状	8.4	3.3	0.29	0.58	9.3			洪冲积物、坡积红土沉积物	E 109°43′40.3″ N 37°32′38.8″	77
						2	20~70	红黄色	中壤土	大块状	8.3	2.2	0.30	0.48	8.1					
						3	70~100	红黄色	中壤土	大块状	7.7	5.2	0.19	0.64	10.6					
剖10	初育土	新积土	冲积土	河淤土	淤锈黄绵土	1	0~23	灰黄色	轻砾石土	小块状	7.5	2.9	0.35	0.41			4.4	洪冲积物	E 109°44′46.6″ N 37°30′29.9″	71
						2	23~52	浅黄色	中砾石土	中块状	8.6	1.2	0.21	0.30						
						3	52~100	红黄色	轻壤土	小块状		2.0	<0.10	0.17						
剖11	初育土	黄绵土	黄绵土	黄绵土	坡锈泥土	1	0~33	暗黄色	轻壤土	大块状		2.2	0.19	0.46	6.8			黄土	E 109°37′44.5″ N 37°30′10.6″	77
						2	33~42	浅黄色	轻壤土	大块状		1.7	0.22	0.54	12.8					
						3	42~110	浅黄色	中壤土	大块状		2.4	0.16	0.54	10.5					
						4	110~130	浅黄色	中壤土	大块状		2.4	0.24	0.59	5.1					
剖12	初育土	黄绵土	绵砂土	绵砂土	砂坨子土	1	0~43	暗黄色	砂土	屑粒状		1.1	<0.10	0.35	6.7			新黄土	E 109°50′15.4″ N 37°45′07.0″	100
						2	43~74	浅黄色	轻壤土	小块状		1.4	0.11	0.37	9.2					
						3	74~100	浅黄色	轻壤土	小块状		1.8	0.18	0.45	6.7					
剖13	初育土	黄绵土	黄绵土	黄绵土	润地黄绵土	1	0~17	灰黄色	轻壤土	小块状		7.2	0.47	0.55			5.7	黄土	E 109°46′18.4″ N 37°46′23.7″	79
						2	17~64	浅黄色	中壤土	小块状	8.7	3.6	0.31	0.51						
						3	64~100	浅黄色	中壤土	中块状	8.8	3.2	0.24	0.50			8.3			
剖14	初育土	红黏土	红土	红色土	坡红黄土	1	0~32	浅红黄色	中壤土	小块状		3.2	0.32	0.54	9.2			离石黄土、午城黄土	E 109°47′33.1″ N 37°46′10.2″	83
						2	32~64	红黄色	中壤土	小块状		1.8	0.33	0.52						
						3	64~105	红黄色	中壤土	中块状	8.1	1.5	0.25	0.50						

续表 Continued

剖面号 Soil profile	土纲 Soil order	土类 Soil great group	亚类 Soil subgroup	土属 Soil genus	土种 Soil species	土层码 Layer code	土层厚度 Depth/cm	颜色 Soil color	质地 Soil texture	土壤结构 Soil structure	pH	有机质 OM/(g/kg)	全氮 TN/(g/kg)	全磷 TP/(g/kg)	全钾 TK/(g/kg)	碱解氮 AN/(mg/kg)	阳离子交换量CEC/(cmol/kg)	土壤母质 Parent material	剖面点坐标 Profile coordinate	匹配指数 Matching index/%
剖15	钙层土	黑垆土	黑垆土	黑垆土	侵蚀黑垆土	1	0—5	浅灰色	中壤土	小块状		4.7	0.33	0.47				黄土	E 109°47′26.2″ N 37°45′36.2″	89
						B	5—35	浅棕色	中壤土	大块状		3.1	0.22	0.34						
						C	35—100	浅黄色	砂壤土	块状		1.7	0.14	0.47						
剖16	初育土	红黏土	红土	红色土	坡二色土	1	0—20	灰黄色	中壤土	大块状		5.3	0.39	0.49				离石黄土、午城黄土	E 109°48′50.5″ N 37°43′52.8″	82
						2	20—70	红黄色	中壤土	大块状		2.7	0.23	0.48			7.2			
						3	70—100	灰红色	中壤土	大块状		2.2	0.24	0.47						
剖17	初育土	红黏土	红土	红色土	料姜红黄土	1	0—27	浅红黄色	中壤土	小块状		2.9	0.27	0.57				离石黄土、午城黄土	E 109°49′03.2″ N 37°43′53.8″	82
						2	27—70	红黄色	中壤土	大块状		2.1	0.22	0.71			10.0			
						3	70—100	红黄色	中壤土	大块状	7.5	1.7	2.59	0.65						
剖18	盐碱土	草甸盐土	旱盐土	旱盐土	砂壤质轻盐土	1	0—5	灰黄色	砂壤土	小块状	7.3	5.6	0.20	0.49					E 109°50′09.4″ N 37°44′29.0″	77
						2	5—10	灰黄色	砂壤土	小块状	8.2	3.5	0.18	0.49						
						3	10—20	灰黄色	砂壤土	小块状	8.1	4.3	0.15	0.48						
						4	20—30	灰黄色	砂壤土	大块状	7.6	3.8	0.15	0.44						
						5	30—50	灰黄色	砂壤土	大块状	7.9	4.4	0.16	0.45						
						6	50—100	灰黄色	砂壤土	大块状	8.0	4.5	0.16	0.45						
剖19	初育土	新积土	新积土	坝淤土	黏底坝淤黄土	1	0—23	浅灰黄色	轻壤土	小块状	8.7	7.3	0.50	0.61			6.6		E 109°48′59.9″ N 37°41′54.8″	73
						2	23—60	棕黄色	轻壤土	小块状	8.7	2.9	0.24	0.57						
						3	60—100	棕黄色	轻壤土	小块状	8.5	3.0	0.20	0.57	9.9					
剖20	初育土	黄绵土	黄绵土	黄绵土	草灌黄绵土	1	0—20	浅黄色	中壤土	小块状		5.4	0.37	0.61			6.0	黄土	E 109°51′15.6″ N 37°40′03.8″	73
						2	20—40	浅黄色	中壤土	团块状		3.4	0.27	0.60						
						3	40—100	浅黄色	中壤土	团块状		3.1	0.25	0.61						
剖21	初育土	红黏土	红土	红色土	梯红黄土	1	0—30	浅黄色	轻壤土	小块状	8.8	2.9	0.21	0.49			6.3	离石黄土、午城黄土	E 109°46′25.5″ N 37°41′08.3″	99
						2	30—70	棕黄色	轻壤土	小块状	8.9	2.8	0.20	0.48						
						3	70—100	棕黄色	轻壤土	中块状	9.0	2.3	0.21	0.44						
剖22	初育土	新积土	冲积土	河淤土	淤少砾质黄绵土	1	0—19	浅灰黄色	少砾轻壤土	小块状	8.8	5.5	0.34	0.53			6.0	黄土	E 109°57′40.7″ N 37°39′47.0″	89
						2	19—41	灰黄色	中砾轻壤土	大块状	8.9	3.9	0.25	0.41						
						3	41—74	灰黄色	轻砾石土	大块状	9.0	3.9	0.24	0.46						
						4	74—100	灰黄色	多砾石土	大块状	9.0	2.2	0.13	0.26						
剖23	初育土	黄绵土	黄绵土	黄绵土	台灰黄绵土	1	0—25	浅黄色	轻壤土	团块状		6.3	0.38	0.47			37.2	离石黄土、午城黄土	E 109°53′27.3″ N 37°41′19.9″	78
						2	25—60	棕黄色	轻壤土	小块状		6.2	0.34	0.57						
						3	60—100	棕黄色	轻壤土	中块状		3.8	0.26	0.57						
剖24	初育土	新积土	冲积土	河淤土	淤灰黄绵土	1	0—33	灰黄色	轻壤土	大块状	8.7	5.3	0.42	0.53			5.3	洪冲积物	E 109°52′34.8″ N 37°35′42.7″	86
						2	33—63	灰黄色	中壤土	大块状	9.0	3.4	0.31	0.56						
						3	63—100	灰黄色	中壤土	中块状	8.9	3.0	0.26	0.50						
剖25	初育土	新积土	冲积土	河淤土	多砾质黄绵土	1	0—18	灰黄色	少砾中壤土	小块状		4.1	0.27		14.5	48	3.2	洪冲积物	E 109°55′07.9″ N 37°36′11.9″	97
						2	18—32	浅黄色	中砾轻壤土	中块状		4.3	0.25		12.0					
						3	32—100	浅灰黄色	重砾石土			3.2	0.12		9.5					
剖26	初育土	新积土	冲积土	河淤土	夹料姜黄绵土	1	0—29	灰黄色	轻壤土	团块状	9.0	4.8	0.29	0.51	18.3		5.2	洪冲积物	E 109°45′56.7″ N 37°34′53.8″	81
						2	29—49	棕黄色	轻壤土	小块状	9.0	7.9	0.38	0.46						
						3	49—73	浅黄色	砾石土	大块状	9.0	2.8	0.21	0.39						
						4	73—100	浅灰黄色	少砾砂壤土	小块状	9.2	2.5	0.18	0.70						
剖27	初育土	红黏土	红土	红色土	坡料姜硬红土	1	0—26	浅红色	中壤土	小块状	9.0	1.8	0.18	0.51			11.9	离石黄土、午城黄土	E 109°53′23.8″ N 37°33′36.5″	84
						2	26—76	浅红色	中壤土	大块状	9.1	1.4	0.15	0.44						
						3	76—100	浅红色	中壤土	大块状	9.4	1.4	0.15	0.45						

续表 Continued

剖面号 Soil profile	土纲 Soil order	土类 Soil great group	亚类 Soil subgroup	土属 Soil genus	土种 Soil species	土层码 Layer code	土层厚度 Depth/cm	颜色 Soil color	质地 Soil texture	土壤结构 Soil structure	pH	有机质 OM/(g/kg)	全氮 TN/(g/kg)	全磷 TP/(g/kg)	全钾 TK/(g/kg)	碱解氮 AN/(mg/kg)	阳离子交换量CEC/(cmol/kg)	土壤母质 Parent material	剖面点坐标 Profile coordinate	匹配指数 Matching index/%
剖28	初育土	黄绵土	黄绵土	黄绵土	夹腐泥黄绵土	1	0—35	浅灰色	轻壤土	小块状		3.2	0.26	0.57			5.3	黄土	E 109°58′49.2″ N 37°33′41.0″	70
						2	35—75	灰褐色	中壤土	大块状		7.0	0.37	0.70						
						3	75—100	灰色	中壤土	大块状		3.9	0.26	0.66						
剖29	钙层土	黑垆土	黑垆土	黄绵盖黑垆土	1	0—42	浅黄色	轻壤土	小块状		4.2	0.33	0.61	15.4			黄土	E 109°45′20.1″ N 37°28′28.7″	89
						2	42—75	暗灰黄色	轻壤土	块状		6.8	0.42	0.59	19.2					
						3	75—100	灰褐色	轻壤土	块状		7.4	0.43	0.64	16.9					
剖30	初育土	黄绵土	黄绵土	塬地黄绵土	1	0—20	浅灰黄色	轻壤土	小块状		6.4	0.47	0.55			6.4	黄土	E 109°58′12.6″ N 37°24′01.3″	87
						2	20—43	棕黄色	轻壤土	中块状		5.6	0.41	0.50						
						3	43—100	棕黄色	轻壤土	中块状		3.6	0.27	0.50						
剖31	半水成土	潮土	冲积潮土	黄绵潮土	1	0—32	浅灰黄色	轻壤土	小块状		3.0	0.31	0.55	19.1			冲积物	E 110°01′02.1″ N 37°37′04.1″	91
						2	32—56	浅红黄色	轻壤土	中块状		2.3	0.32	0.58	19.9					
						3	56—76	浅红黄色	砂壤土	大块状		2.2	0.21	0.53	9.2					
						4	76—100	浅灰黄色	砂壤土	无明显结构		1.5	0.13	0.42	9.8					
剖32	初育土	黄绵土	黄绵土	梯黄绵土	1	0—20	浅黄色	轻壤土	团块状		3.7	0.25		14.1	19	5.5	黄土	E 110°02′59.3″ N 37°34′11.6″	74
						2	20—60	浅黄色	轻壤土	小块状		2.1	1.52							
						3	60—100	浅黄色	轻壤土	小块状		2.1	1.53							
剖33	半水成土	草甸土	草甸土	草甸土	1	0—5	灰黄色	轻壤土	板状	8.5	3.7	0.30				5.9	冲积物	E 110°00′54.6″ N 37°25′44.6″	74
						2	5—10		轻壤土	板状	8.7	4.2	0.31				6.1			
						3	10—30		砂壤土	块状	8.6	3.3	0.25				6.0			
						4	30—50		轻壤土	块状	8.7	3.5	0.28							
						5	50—100		中壤土	块状	8.8	3.8	0.31							

神 木 市

主要土类说明

风沙土是神木市主要土壤类型，占本市地域面积的41%。风沙土发生于半干旱、干旱漠境地区，是在风沙移动堆积形成的多种形态的风沙沉积物上发育的初育土，连片分布在本市西部和北部。由于成土时间短暂，该土壤无剖面发育或仅有微弱发育，剖面形态与母质类似，具C、（A）-C或A-C剖面构型，反映了风沙移动堆积与固定的不同阶段。由于本市位于毛乌素沙地南缘，沙物质丰富，再加上处于农牧交错带，人为活动频繁，易形成风沙土。

黄绵土是神木市第二大土壤类型，占本市地域面积的34%。本市黄绵土是由沙黄土直接发育形成的初育土，分布在本市东南部的风沙滩地与黄土高原之间的过渡区。由于土壤侵蚀严重，表层长期遭侵蚀，只能不断加深耕作黄土母质层，因而母质特性明显。土壤无明显发育，为A-C型土。由于风成黄土富含细粉粒，故质地、结构均一，疏松绵软，富含石灰，磷、钾储量较丰富，但有效性差，土壤有机质缺乏。

粗骨土是神木市第三大土壤类型，占本市地域面积的6%，零星分布在石质山地的陡坡地段。粗骨土是在岩石风化碎屑上形成的幼年土壤，发育微弱，属于A-C型，甚至（A）-C型土壤。A层发育不明显，与母质土层性状相似，略显有机质累积。有时母质层富含砾石，很少出现剖面分异与发育特征。

栗钙土占本市地域面积的5%，零星分布在本市北部。栗钙土是在温带半干旱草原下形成的具有栗色腐殖质层和灰白色钙积层的土壤。该土壤表层为栗色腐殖质层，厚20—30cm，有机质含量为5—15g/kg。其下，灰白色钙积层发育明显，见于20—30cm深处，厚20—40cm，呈斑点状或层状积钙。石膏及易溶盐局部聚积。

新积土占本市地域面积的4%，分布在沟谷底部的河漫滩及阶地。新积土是由新近冲积、洪积、坡积、塌积或人工堆垫形成的土壤。该土壤成土期短，母质特性明显，具A-C或（A）-C剖面构型。其形成主要受地形条件和母质特性的影响。

潮土占本市地域面积的3%，是直接发育在冲积物上，受季节性地下水影响，经耕种熟化形成的旱地农业土壤。潮土见于近代河流冲积平原或低平阶地，地下水位高，潜水参与成土过程，具Ap_1-Ap_2-Cu或Ap-C-Cu剖面构型。在潮土成土过程中，底土氧化还原交替作用，形成锈色斑纹和小型铁子。在长期耕作条件下，表层有机质含量为10—15g/kg。由于潮土发育于冲积物，加上所处地势较平坦，因此常具有泥沙相间排列的质地层次。

石质土占本市地域面积的3%，广泛分布在侵蚀严重、岩石裸露的石质山地、侵蚀残丘，以及丘顶、山脊、山坡等坡度陡峻的地形部位。该土壤表层岩石裸露，风化层浅薄，厚度一般小于10cm，风化度低，富含砾石，多碎屑岩粒，始终处于土壤发育的幼年阶段。

小于本市地域面积3%的土壤类型有红黏土、沼泽土、黑垆土、紫色土、水稻土。

本区域中心区气候特征

本区域中心区气候特征值
Regional climate characteristics in central area of the region

气候带：暖温带亚湿润气候
Climate region: Warm temperate subhumid climate

年平均气温 /℃ Annual average temperature /℃	7.9
年平均最高气温 /℃ Annual average maximum temperature /℃	15.1
年平均最低气温 /℃ Annual average minimum temperature /℃	1.6
年降水量 /mm Annual precipitation /mm	365
≥10℃的积温 /℃ Daily temperature accumulated in a year (≥10℃) /℃	3234
年日照时数 /h Annual sunshine /h	2768
年平均相对湿度 /% Annual average relative humidity /%	55
干燥度 Dryness	1.31

本区域中心区月平均气温与月平均降水量
Monthly temperature and precipitation in central area of the region

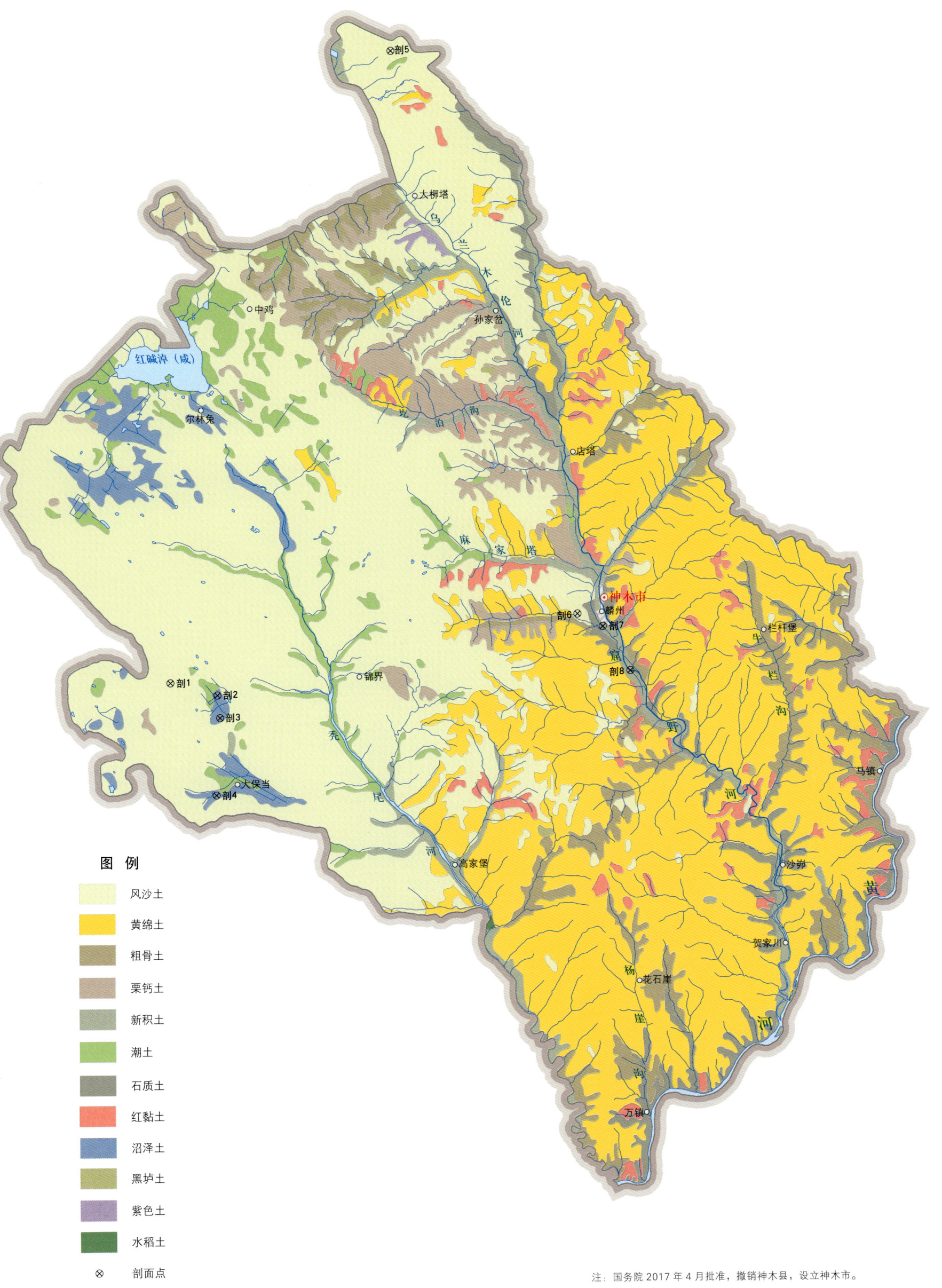

神木市土壤剖面理化性状表

剖面号 Soil profile	土纲 Soil order	土类 Soil great group	亚类 Soil subgroup	土属 Soil genus	土种 Soil species	土层码 Layer code	土层厚度 Depth/cm	颜色 Soil color	质地 Soil texture	土壤结构 Soil structure	pH	有机质 OM/(g/kg)	全氮 TN/(g/kg)	全磷 TP/(g/kg)	全钾 TK/(g/kg)	碱解氮 AN/(mg/kg)	有效磷 AP/(mg/kg)	速效钾 AK/(mg/kg)	阳离子交换量 CEC/(cmol/kg)	土壤母质 Parent material	剖面点坐标 Profile coordinate	匹配指数 Matching index/%
剖1	初育土	风沙土	草原风沙土	半固定草原风沙土	沙坨土	A	0–26	浊黄橙色	砂土	碎块状	8.5	1.3	0.11	0.52	12.3	12	1.0	60	4.0	风积沙	E 109°53′25.7″ N 38°44′47.5″	88
						C_1	26–60	浅黄橙色	砂壤土	碎块状	8.6	1.6	0.21	0.44	13.0				3.8			
						C_2	60–110	浅黄色	砂壤土	粒状	8.6	<1.0	<0.10	0.57	15.4				3.9			
剖2	水成土	沼泽土	泥炭沼泽土	泥炭沼泽土		A	0–10	暗褐色	砂壤土	块状	8.1	27.4	1.25	0.39	9.5	181	14.9	63	10.1	湖积物	E 109°57′22.1″ N 38°44′00.8″	76
						H_1	10–110	灰青色	砂壤土	块状	7.2	71.4	>6.00	0.44	9.1		16.2	17	>50.0			
						H_2	110–150	棕黑色	砂壤土	块状	8.1	248.1	>6.00	0.39	10.0		10.0	16	>50.0			
剖3	水成土	沼泽土	沼泽土		缩泥土	A	0–20	暗灰棕色	黏壤土	块状	8.4	29.8	1.48	0.44		119	5.0	105		沉积物	E 109°57′36.0″ N 38°42′33.3″	93
						Cu	20–70	灰白色	黏壤土	块状	8.0	36.1	2.04	0.44								
						Cg	70–100	青灰色	壤质黏土	块状	8.1	27.1	1.24	0.35								
剖4	水成土	沼泽土	脱沼泽土		表砂干白土	C	0–29	浅黄棕色	砂土	无明显结构	8.6	<1.0	<0.10	0.17	21.1	7	2.8	44	2.8	风积沙	E 109°57′21.4″ N 38°37′31.5″	77
						Cg_1	29–55	灰棕色	砂土	无明显结构	8.5	<1.0	<0.10	0.14	23.2				2.8			
						Cg_2	55–88	灰白色	砂壤土	块状	8.3	1.3	0.12	0.43	15.5				5.5			
						Cg_3	88–118	灰白色	砂壤土		8.4	<1.0	<0.10	1.43	21.1				2.5			
							118–132				8.5	1.3	0.12	0.45	17.3				6.3			
剖5	初育土	风沙土	草原风沙土	半固定草原风沙土	沙坨土	A	0–26	棕黄色	砂土	粒状	8.5	1.3	0.11	0.52		12	<1.0	60	4.0	风积沙	E 110°11′34.7″ N 39°25′54.2″	76
						C_1	26–60	棕黄色	砂土	粒状	8.6	<1.0	0.21	0.44					3.8			
						C_2	60–110	棕黄色	砂土	粒状	8.6	<1.0	<0.10	0.57					3.9			
剖6	初育土	风沙土	草原风沙土		神木流沙土	C_1	0–24	浅黄色	壤质砂土	粒状	8.9	<1.0	<0.10	0.29	21.0	5	2.0	30	2.1	风积沙	E 110°27′32.8″ N 38°49′26.5″	70
						C_2	24–61	浅黄色	壤质砂土	粒状	8.9	<1.0	<0.10	0.23	22.0				<2.0			
						C_3	61–126	浅黄色	壤质砂土	粒状	8.9	<1.0	<0.10	0.27	22.5				2.9			
剖7	初育土	新积土	冲积土	新滩土	表泥淤砂土	A_{11}	0–27	浊黄橙色	砂壤土	小块状	8.4	4.6	0.21	0.35	16.8	21	2.0	71	8.4	冲积物	E 110°29′41.0″ N 38°48′38.4″	88
						C_1	27–54	灰白色	砂壤土	块状	8.8	2.2	0.13	0.22	17.4				4.6			
						C_2	54–100	灰白色	砂壤土	粒状	8.7	1.6	0.11	0.22	17.8				4.2			
剖8	初育土	新积土	冲积土	砂砾质冲积土	表泥卵石	A	0–35	灰黄色	壤土	团块状	8.0	16.0	0.89	0.48	18.3	83	11.0	131	9.8	冲积物	E 110°32′00.2″ N 38°45′47.7″	83
						C_1	35–65	棕黄色	多砾砂土	大块状	8.2	<1.0	0.40	0.31	20.7				8.0			
						C_2	65–100	棕黄色	多砾砂土	粒状	8.4	6.7	0.40	0.39	19.1				2.8			

安 康 市

市 辖 区

主要土类说明

黄褐土是安康市主要土壤类型，占本市地域面积的61%。黄褐土是在北亚热带暖湿气候条件和常绿阔叶林、落叶阔叶林植被条件下形成的地带性土壤，分布在丘陵浅山和高阶地，具A-B-C或A-Bt-C剖面构型。成土母质为黄土状母质和黏黄土。成土过程主要包括强烈的黏化过程、中度淋溶过程、腐殖质化过程及弱度脱硅富铝化过程。该土壤土体中游离碳酸钙已不复存在，土壤呈灰黄棕色，在底部可散见圆形石灰结核。土壤黏化淀积明显，B层黏聚，黏粒硅铝率在3.0左右，盐基饱和度由表层向底层逐渐趋向饱和。

黄棕壤是安康市第二大土壤类型，占本市地域面积的28%。黄棕壤发生于北亚热带暖湿落叶阔叶林下，弱度富铝化，黏聚现象明显，呈黄棕色。该土壤具A-B-C或A-（B）-C剖面构型，黏粒硅铝率在2.5左右，铁的游离度较红壤低，B层交换性酸大于A层。

棕壤是安康市第三大土壤类型，占本市地域面积的6%，分布在海拔1800m以上的地区。棕壤具有明显的有机质累积层和鲜棕色心土层，黏化作用较弱。表层有较厚的枯枝落叶层，其下的A层一般具团粒状结构，A层以下为心土层。

水稻土占本市地域面积的4%，主要分布在河流阶地和丘陵浅山区有灌溉条件的地段，是本市主要的农业土壤。水稻土是在长期的季节性淹灌、水下翻耕、季节性脱水、氧化还原交替影响下，原来的成土母质或母土的特性发生重大改变，形成的新的土壤类型。

小于本市地域面积3%的土壤类型有潮土。

本区域中心区气候特征

本区域中心区气候特征值
Regional climate characteristics in central area of the region

气候带：北亚热带湿润气候 Climate region: North subtropical humid climate	
年平均气温 /℃ Annual average temperature /℃	14.4
年平均最高气温 /℃ Annual average maximum temperature /℃	19.8
年平均最低气温 /℃ Annual average minimum temperature /℃	10.3
年降水量 /mm Annual precipitation /mm	999
≥10℃的积温 /℃ Daily temperature accumulated in a year (≥10℃) /℃	6429
年日照时数 /h Annual sunshine /h	1509
年平均相对湿度 /% Annual average relative humidity /%	74
干燥度 Dryness	1.07

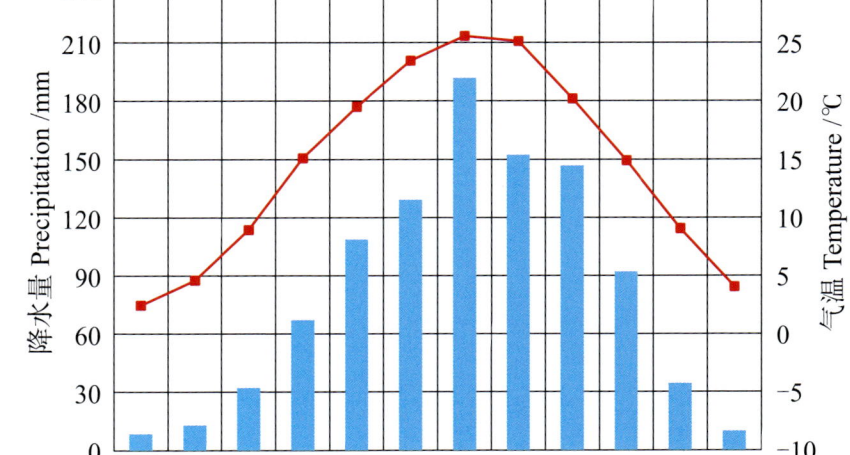

本区域中心区月平均气温与月平均降水量
Monthly temperature and precipitation in central area of the region

安康市市辖区主要土壤类型与土壤剖面点分布图
1 : 370 000

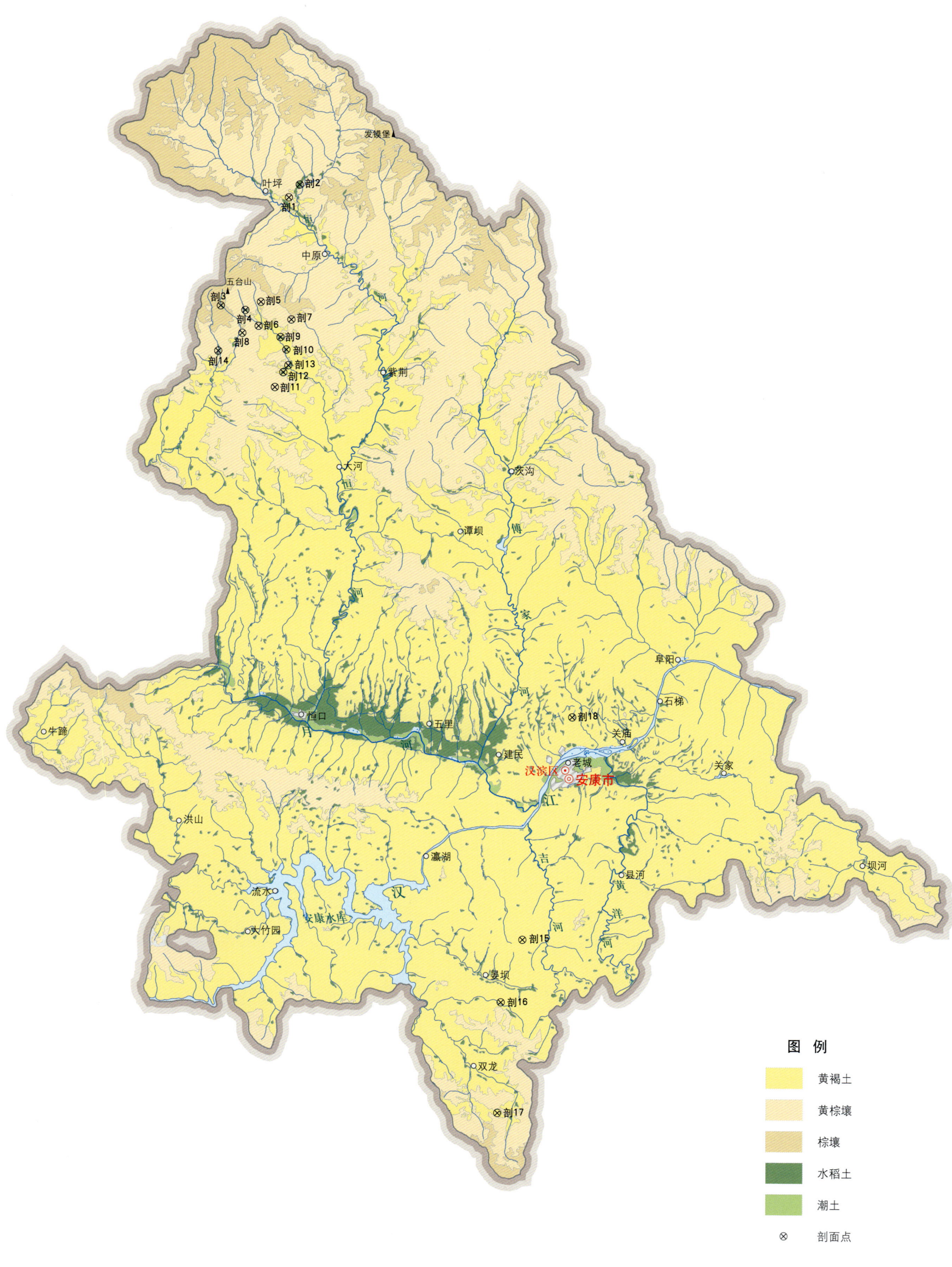

安康市土壤剖面理化性状表

剖面号 Soil profile	土纲 Soil order	土类 Soil great group	亚类 Soil subgroup	土属 Soil genus	土种 Soil species	土层码 Layer code	土层厚度 Depth/cm	颜色 Soil color	质地 Soil texture	土壤结构 Soil structure	pH	有机质 OM/(g/kg)	全氮 TN/(g/kg)	全磷 TP/(g/kg)	全钾 TK/(g/kg)	阳离子交换量 CEC/(cmol/kg)	土壤母质 Parent material	剖面点坐标 Profile coordinate	匹配指数 Matching index/%
剖1	淋溶土	黄棕壤	黄棕壤	石灰岩坡积物黄棕壤	山地灰泥土	1	0~22	灰黄色	中壤土	粒状	8.0	15.4	0.97	0.51	19.1	24.6	石灰岩坡积物	E 108°44′42.7″ N 33°09′00.9″	77
						2	22~40	黄灰色	重壤土	团块状	8.1	14.1	1.00	0.43	21.1	21.5			
						3	40~60	棕黄色	重壤土	团块状	8.1	11.3	0.82	0.19	20.2	25.8			
剖2	人为土	水稻土	潴育水稻土	冲积洪积型潴育水稻土	锈胶泥田	Aa	0~20	暗棕色	黏土	团粒状	7.4	18.7	1.23	0.60	18.7	19.9	洪冲积物	E 108°45′14.5″ N 33°09′34.7″	87
						Ap	20~30	灰黄色	黏土	块状	7.9	11.7	0.81	0.62	17.4	15.3			
						P	30~60	灰棕色	壤质黏土	块状	7.6	2.4	0.43	0.90	18.4	15.9			
						W	60~100	褐色	壤质黏土	棱块状	7.8	6.8	0.67	0.69	19.3	20.6			
						G	100~160	灰蓝色	壤质黏土	块状									
剖3	淋溶土	棕壤	棕壤	石灰岩黄土型潴育棕壤	生草罩黑泡土	0	0~6										石灰岩、黄土状母质	E 108°40′51.8″ N 33°03′41.8″	77
						2	6~19	黑棕色	中壤土	团粒状	5.8	55.9	3.21	0.75	21.2	29.7			
						3	19~49	黄棕色	中壤土	团块状	5.7	13.8	0.86	0.34	21.8	13.7			
						4	49~60	灰黄色	中壤土	块状	5.9	15.6	1.06	0.48	20.2	14.2			
剖4	人为土	水稻土	潴育水稻土	黄褐土型潴育水稻土	锈斑黄泥田	1	0~20	灰黄色	重壤土	小块状	6.7	18.8	1.09	0.32	15.8	>50.0	黄褐土	E 108°42′16.9″ N 33°03′30.3″	95
						2	20~26	灰黄色	重壤土	块状	7.5	12.0	0.79	0.30	16.1	>50.0			
						3	26~68	黄棕色	轻黏土	棱块状	7.6	4.4	0.37	0.20	17.6	>50.0			
						4	68~87	黄棕色	壤质黏土	棱块状	7.6	5.3	0.38	0.31	19.5	>50.0			
						5	87~114	黑黄色	壤质黏土	棱块状	7.7	4.9	0.37	0.36	19.0	>50.0			
						6	114~150	浅黄色	轻黏土	块状	7.7	4.0	0.32	0.27	18.4	47.0			
剖5	淋溶土	黄棕壤	黄棕壤	坡积黄土状母质黄棕壤	含浆土	1	0~12	灰黄色	重壤土	团粒状	7.6	24.1	1.36	0.40	21.0	28.4	坡积黄土状母质	E 108°43′09.8″ N 33°03′54.9″	80
						2	12~17	灰黄色	重壤土	团块状	7.6	23.8	1.41	0.38	22.1	25.4			
						3	17~44	黄棕色	重壤土	块状	7.5	12.7	0.82	0.31	21.8	19.1			
						4	44~80	黄棕色	重壤土	块状	7.3	9.7	0.63	0.29	20.0	23.0			
						5	80~150	黄棕色	重壤土	块状	7.2	7.0	0.60	0.23	19.3	25.6			
剖6	淋溶土	黄棕壤	粗骨性黄棕壤	板岩、片岩、千枚岩粗骨性黄棕壤	润黄扁砂土	1	0~20	黄棕色	轻壤土	粒状	7.2	15.6	0.88	0.28	29.1	11.0	板岩、片岩、千枚岩	E 108°43′03.7″ N 33°02′45.1″	80
						2	20~28	黄棕色	轻壤土	粒状	7.3	10.9	0.67	0.27	32.9	8.4			
						3	28~52	浅黄色	轻壤土	粒状	7.4	11.4	0.67	0.30	30.9	10.8			
剖7	淋溶土	黄棕壤	黄棕壤	坡积黄土状母质黄棕壤	黄泡土	1	0~19	黄黄色	中壤土	粒状	7.6	17.4	1.25	0.66	25.1	18.2	坡积黄土状母质	E 108°44′57.1″ N 33°03′05.8″	70
						2	19~29	棕黄色	重壤土	块状	7.5	13.4	1.01	0.56	23.3	16.2			
						3	29~140	黄棕色	重壤土	块状	7.3	5.4	0.59	0.45	25.8	21.1			
剖8	淋溶土	黄棕壤	粗骨性黄棕壤	花岗片麻岩粗骨性黄棕壤	润黄砂土	1	0~21	灰黄色	砂黏壤土	团粒状	7.0	14.2	0.92	0.23	22.7	11.2	花岗片麻岩风化物	E 108°42′08.2″ N 33°02′24.0″	89
						2	21~45	黄棕色	轻壤土	团块状	6.9	8.4	0.72	0.50	22.9	17.8			
剖9	人为土	水稻土	潴育水稻土	黄褐土型潴育水稻土	锈斑砂黄泥田	1	0~20	灰黄色	重壤土	团粒状	6.0	23.7	1.47	0.36	20.0	45.9	黄褐土	E 108°44′20.7″ N 33°02′14.2″	93
						2	20~27	青黄色	重壤土	团块状	6.9	17.8	1.17	0.34	17.9	47.7			
						3	27~47	暗黄色	重壤土	棱块状	7.7	6.3	0.62	0.33	20.6	44.4			
						4	47~78	浅黄色	重壤土	块状	7.6	1.8	0.38	0.22	20.6	42.8			
						5	78~110	黄棕色	轻壤土	块状	6.7	1.4	0.38	0.27	20.2	>50.0			
剖10	半水成土	潮土	潮土	冲积洪积型潮土	灰面砂土	1	0~20	灰棕色	重壤土	团粒状	8.3	11.1	0.97	0.83	25.3	8.3	洪冲积物	E 108°44′41.9″ N 33°01′38.8″	75
						2	20~30	灰棕色	重壤土	粒状	8.4	8.9	0.81	0.73	25.2	13.5			
						3	30~60	浅黄色	重壤土	块状	8.4	8.9	0.76	0.72	26.3	13.1			
						4	60~95	浅黄色	重壤土	块状	8.4	8.5	0.83	0.67	26.3	22.5			
						5	95~150	浅黄色	中壤土	块状	8.0	8.7	0.71	0.62	21.7	20.5			

续表 Continued

剖面号 Soil profile	土纲 Soil order	土类 Soil great group	亚类 Soil subgroup	土属 Soil genus	土种 Soil species	土层码 Layer code	土层厚度/cm Depth/cm	颜色 Soil color	质地 Soil texture	土壤结构 Soil structure	pH	有机质 OM/(g/kg)	全氮 TN/(g/kg)	全磷 TP/(g/kg)	全钾 TK/(g/kg)	阳离子交换量CEC/(cmol/kg)	土壤母质 Parent material	剖面点坐标 Profile coordinate	匹配指数 Matching index/%
剖11	淋溶土	黄棕壤	粗骨性黄棕壤	板岩、片岩、千枚岩粗骨性黄棕壤	润灰岩扁砂土	1	0—15	灰棕色	轻壤土	粒状	7.5	24.2	0.77	0.34	22.7	12.5	板岩、片岩、千枚岩	E 108°44′06.4″ N 32°59′50.0″	96
						2	15—24	浅灰色	中壤土	粒状	6.9	19.8	0.67	0.31	22.9	14.3			
						3	24—40	黄灰色	重黏土	团块状	6.5	15.0	0.72	0.28	20.0	31.9			
剖12	人为土	水稻土	潴育水稻土	黄褐土型潴育水稻土	锈斑胶泥田	1	0—20	暗黄色	轻黏土	团块状	7.4	18.7	1.23	0.60	18.7	>50.0	黄褐土	E 108°44′34.5″ N 33°00′31.7″	89
						2	20—30	灰黄色	轻黏土	块状	7.9	11.7	0.81	0.62	17.4	>50.0			
						3	30—60	灰色	轻黏土	块状	7.6	2.4	0.43	0.90	18.4	>50.0			
						4	60—100	褐色	轻黏土	棱块状	7.8	6.8	0.67	0.69	19.3	>50.0			
						5	100—160	灰蓝色	重壤土	块状	7.7	6.3	0.45	0.59	15.3	45.1			
剖13	人为土	水稻土	潴育水稻土	黄褐土型潴育水稻土	锈斑黄泥田	1	0—17	灰棕色	重壤土	块状	6.2	12.5	1.42	0.45	22.0	22.3	黄褐土	E 108°44′43.8″ N 33°00′45.8″	80
						2	17—34	灰色	重壤土	块状	7.8	10.7	1.10	0.27	24.4	25.8			
						3	34—51	灰黄色	轻黏土	棱块状	7.9	7.0	0.86	0.31	23.4	28.4			
						4	51—74	灰黄色	轻黏土	棱块状	7.8	7.9	0.85	0.22	22.1	30.0			
						5	74—151	灰棕色	轻壤土	棱块状	7.3	7.0	0.59	0.39	22.2	41.9			
剖14	人为土	水稻土	潴育水稻土	冲积洪积型潴育水稻土	锈斑砂泥田	1	0—19	暗黄色	中壤土	粒状	6.1	21.6	1.34	0.74	20.3	14.6	洪冲积物	E 108°40′46.9″ N 33°01′31.1″	74
						2	19—30	暗灰色	中壤土	块状	7.2	15.5	1.03	0.66	23.1	17.9			
						3	30—53	灰黄色	中壤土	棱块状	7.8	8.4	0.73	0.70	21.0	13.5			
						4	53—87	浅灰色	重壤土	棱块状	8.0	9.6	0.71	0.60	24.5	14.6			
						5	87—150	暗棕色	中壤土	块状	8.0	9.2	0.79	0.59	28.2	14.9			
剖15	淋溶土	黄褐土	粗骨性黄褐土	板岩、片岩、千枚岩粗骨性黄褐土	薄层黄扁砂土	1	0—18	黄黄色	中壤土	粒状	7.8	15.3	0.90	0.28	22.4	11.3	板岩、片岩、千枚岩	E 108°59′01.2″ N 32°33′33.3″	76
						2	18—23	黄色	中壤土	粒状	6.0	11.7	0.82	0.25	18.7	12.2			
剖16	淋溶土	黄褐土	粘肯性黄褐土	板岩、片岩、千枚岩粘肯性黄褐土		1	0—12	灰黄色	中壤土	粒状	7.8						板岩、片岩、千枚岩	E 108°57′52.5″ N 32°30′30.9″	72
						2	12—47	黄色	中壤土	粒状	8.3								
剖17	淋溶土	黄褐土	黄褐土	石灰岩坡积物黄土状黄褐土	灰泥土	1	0—10	黄褐色	重壤土	粒状	8.0	13.1	1.01	0.49	24.2	24.7	石灰岩坡积物、黄土状母质	E 108°57′49.7″ N 32°25′15.5″	71
						2	10—22	黄褐色	重壤土	粒状	7.8	9.9	0.81	0.48	24.1	24.5			
						3	22—50	黄褐色	黏土	棱柱状	7.9	7.4	0.66	0.35	24.5	17.1			
剖18	淋溶土	黄褐土	黄褐土	红黏土或黄土状母质黄褐土	死黄泥	1	0—10	浅黄色	黏土	棱块状	7.8	9.2	0.71	0.35	19.7	29.8	红黏土、黄土状母质	E 109°01′35.6″ N 32°44′18.7″	77
						2	10—16	黄褐色	黏土	棱块状	7.6	11.2	0.88	0.35	20.6	28.5			
						3	16—93	黄棕色	黏土	棱块状	8.0	7.8	0.72	0.36	21.3	28.2			
						4	93—150	浅黄色	黏土	棱块状	8.3	2.7	0.43	0.40	20.6	22.5			

汉 阴 县

主要土类说明

黄褐土是汉阴县主要土壤类型，占本县地域面积的48%。黄褐土是在北亚热带暖湿气候条件和常绿阔叶林、落叶阔叶林植被条件下形成的地带性土壤，分布在丘陵浅山和高阶地，具A–B–C或A–Bt–C剖面构型。成土母质为黄土状母质和黏黄土。成土过程主要包括强烈的黏化过程、中度淋溶过程、腐殖质化过程及弱度脱硅富铝化过程。该土壤土体中游离碳酸钙已不复存在，土壤呈灰黄棕色，在底部可散见圆形石灰结核。土壤黏化淀积明显，B层黏聚，黏粒硅铝率在3.0左右，盐基饱和度由表层向底层逐渐趋向饱和。

黄棕壤是汉阴县第二大土壤类型，占本县地域面积的40%。黄棕壤发生于北亚热带暖湿落叶阔叶林下，多由砂页岩及花岗岩风化物发育而成，弱度富铝化，黏聚现象明显，呈黄棕色。该土壤具A–B–C或A–（B）–C剖面构型，黏粒硅铝率在2.5左右，铁的游离度较红壤低，B层交换性酸大于A层。黄棕壤是本县主要的农业土壤，主要栽培农作物和亚热带经济作物。自然植被为常绿阔叶林或常绿针阔叶混交林，目前自然植被大多被破坏。由于水热条件特别是热量条件优越，因此土壤黏化作用强烈，淋溶淀积明显，脱钙离铁显著。在水热综合影响下，有机质的聚积和分解都很强烈。

水稻土是汉阴县第三大土壤类型，占本县地域面积的9%，主要分布在河流阶地和丘陵浅山区有灌溉条件的地段。水稻土是在长期的季节性淹灌、水下翻耕、季节性脱水、氧化还原交替影响下，原来的成土母质或母土的特性发生重大改变，形成的新的土壤类型。由于干湿交替，水稻土形成糊状的淹育层、较坚实板结的犁底层、渗育层、潴育层与潜育层等多种发生层。这些不同的发生层是在人为耕作、水浆管理下形成的。

小于本县地域面积3%的土壤类型有棕壤、潮土。

本区域中心区气候特征

本区域中心区气候特征值
Regional climate characteristics in central area of the region

气候带：北亚热带湿润气候 Climate region: North subtropical humid climate	
年平均气温 /℃ Annual average temperature /℃	14.3
年平均最高气温 /℃ Annual average maximum temperature /℃	19.6
年平均最低气温 /℃ Annual average minimum temperature /℃	10.3
年降水量 /mm Annual precipitation /mm	973
≥10℃的积温 /℃ Daily temperature accumulated in a year（≥10℃）/℃	6402
年日照时数 /h Annual sunshine /h	1505
年平均相对湿度 /% Annual average relative humidity /%	74
干燥度 Dryness	1.07

本区域中心区月平均气温与月平均降水量
Monthly temperature and precipitation in central area of the region

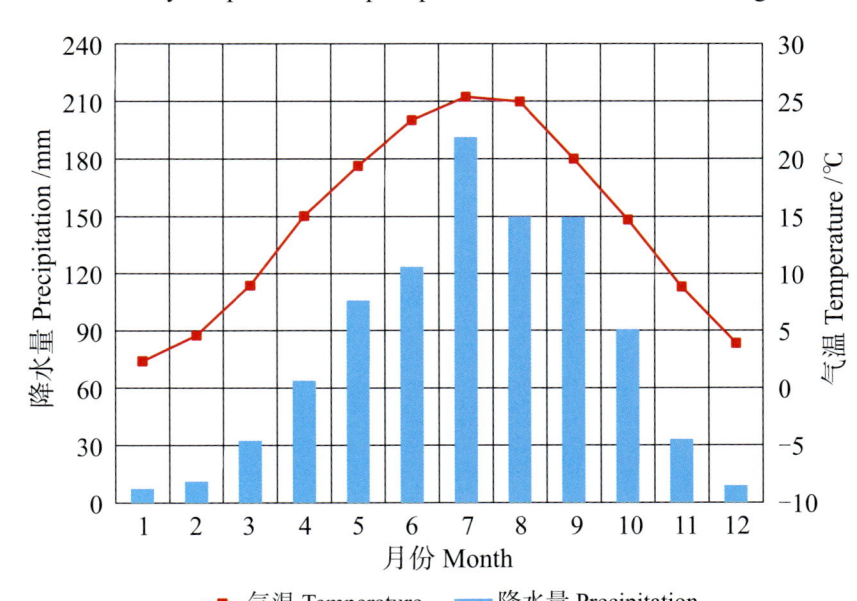

汉阴县主要土壤类型与土壤剖面点分布图
1:230 000

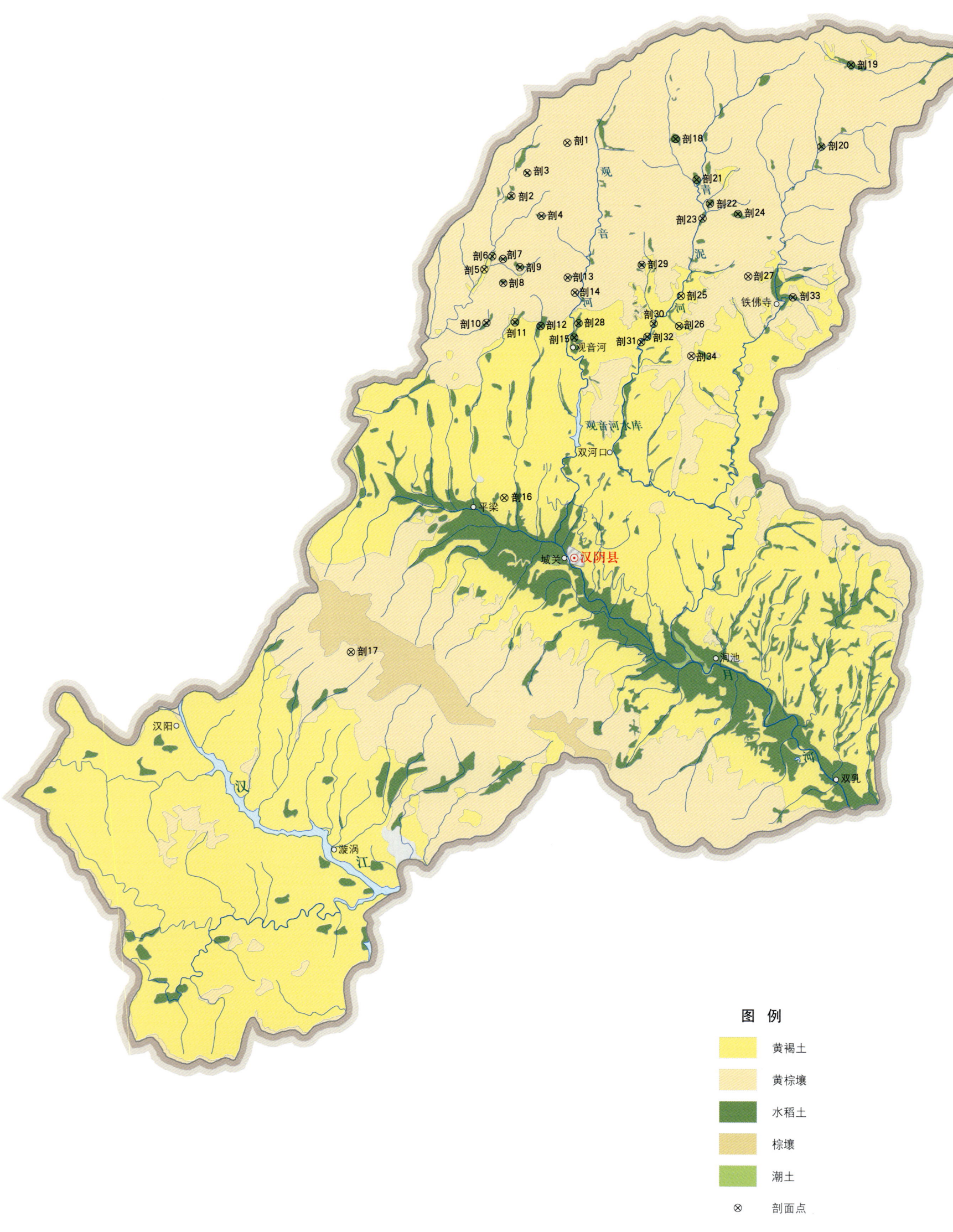

汉阴县土壤剖面理化性状表

剖面号 Soil profile	土纲 Soil order	土类 Soil great group	亚类 Soil subgroup	土属 Soil genus	土种 Soil species	土层码 Layer code	土层厚度 Depth/cm	颜色 Soil color	质地 Soil texture	土壤结构 Soil structure	pH	有机质 OM/(g/kg)	全氮 TN/(g/kg)	全磷 TP/(g/kg)	全钾 TK/(g/kg)	阳离子交换量CEC/(cmol/kg)	土壤母质 Parent material	剖面点坐标 Profile coordinate	匹配指数 Matching index/%
剖1	淋溶土	黄棕壤	粗骨性黄棕壤	板岩、片岩、千岩岩粗骨性黄棕壤	山地黑砂土	1	0～10	暗灰色		无明显结构	7.7	34.1	1.43	0.40		12.6	片岩	E 108°29′40.3″ N 33°05′46.5″	90
剖2	人为土	水稻土	渗育水稻土	黄褐土型渗育水稻土	死黄泥田	1	0～16	浅灰黄色		块状	6.0	17.0	1.40	0.25		14.1	黄褐土	E 108°27′44.2″ N 33°04′09.8″	83
						2	16～23				6.3	15.1	0.89	0.25					
						3	23～104				6.1	12.6	0.41	0.16					
剖3	人为土	水稻土	潴育水稻土	冲积洪积型潴育水稻土	锈斑锦砂田	1	0～22				5.7	20.2	0.94	0.60			洪冲积物	E 108°28′16.5″ N 33°04′51.1″	71
						2	22～27				5.8	18.8	0.77	0.79					
						3	27～64				6.7	5.7	0.24	0.83					
						4	105～124				6.8	8.5	0.34	0.80					
						5	124～152				5.6	10.2	0.43	0.56					
剖4	人为土	水稻土	潴育水稻土	冲积洪积型潴育水稻土	锈斑锦砂田	1	0～9	灰黄色		粒状	6.5	16.4	0.83	0.70		8.3	洪冲积物	E 108°28′48.5″ N 33°03′35.7″	83
						2	9～17	灰黄色		粒状	6.5	1.0	0.55	0.63		8.2			
						3	17～40	灰色		粒状	7.0	9.4	0.48	0.71		8.2			
剖5	淋溶土	黄褐土	黄褐土	红黏土或黄褐土状母质黄褐土	黄泥巴	1	0～12	黄褐色	重壤土	小团块状	6.2	8.4	0.61	0.41	21.2	27.5	红黏土、黄土状母质	E 108°26′50.5″ N 33°01′59.3″	87
						2	12～24	灰褐色	砂壤土	块状	7.2	5.6	0.27	0.54	11.9	8.8			
						3	24～65	灰棕色	中壤土	棱柱状	6.9	6.6	0.67	0.32	21.4	25.3			
						4	65～84	黄棕色	中壤土	棱柱状	7.0	2.9	0.37	0.29	17.2	24.6			
						5	84～153	棕黄色	中壤土	棱柱状	6.3	2.1	0.42	0.29	19.3	25.7			
剖6	人为土	水稻土	渗育水稻土	冲积洪积型渗育水稻土	砂田	1	0～22				7.5	7.3	0.57	0.68			洪冲积物	E 108°27′06.8″ N 33°02′22.5″	82
						2	22～38			粒状	7.8	7.9	0.41	0.71		3.0			
						3	38～125				7.7	7.4	0.36	0.97					
剖7	人为土	水稻土	潴育水稻土	冲积洪积型潴育水稻土	锈斑泥砂田	1	0～18	灰色		小团块状	6.1	18.2	1.32	0.48		13.0	洪冲积物	E 108°27′29.3″ N 33°02′18.2″	77
						2	18～25	浅灰黄色		棱块状	6.9	20.2	1.27	0.48		10.0			
						3	25～88	灰黄色		棱块状	6.7	18.2	0.91	0.24		10.5			
						4	88～156	青色			6.5	19.1	0.92	0.26					
剖8	人为土	水稻土	潴育水稻土	冲积洪积型潴育水稻土	锈斑砂泥田	1	0～17				6.3	31.9	1.86	0.35			洪冲积物	E 108°27′30.9″ N 33°01′38.3″	93
						2	17～24				7.3	22.4	1.21	0.29		17.5			
						3	24～55				7.6	4.6	0.31	0.36					
						4	55～71				7.6	4.6	0.33	0.30					
						5	71～130				7.5	4.4	0.33	3.14					
剖9	人为土	水稻土	潴育水稻土	冲积洪积型潴育水稻土	锈斑砂底田	1	0～22	灰色		团块状	6.4	26.9	0.82	0.41			洪冲积物	E 108°28′05.5″ N 33°02′04.4″	93
						2	22～27	浅灰黄色		块状	7.3	17.0	0.97	0.38		14.9			
						3	27～90	灰棕色		棱块状	5.6	14.1	0.71	0.47		13.9			
						4	90～125	灰棕色		块状	7.6	16.2	0.50	0.69		20.0			
剖10	人为土	水稻土	渗育水稻土	黄褐土型渗育水稻土	红土田	1	0～14				7.9	20.4	1.26	0.53			黄褐土	E 108°26′57.6″ N 33°00′25.1″	89
						2	14～29				7.8	17.5	1.26	0.50					
						3	29～72				8.1	8.8	0.66	0.42					
						4	72～95				8.0	4.7	0.55	0.40					
						5	95～148				8.0	4.7	0.48	0.43					
剖11	人为土	水稻土	渗育水稻土	冲积洪积型渗育水稻土	泥夹砂田	1	0～17				6.7	11.2	0.85	0.44				E 108°27′58.1″ N 33°00′27.2″	78
						2	17～33				7.3	5.7	0.61	0.41					
						3	33～65				8.0	3.4	0.44	0.74					
						4	65～118				7.7	4.0	0.46	0.48					

续表 Continued

剖面号 Soil profile	土纲 Soil order	土类 Soil great group	亚类 Soil subgroup	土属 Soil genus	土种 Soil species	土层码 Layer code	土层厚度 Depth/cm	颜色 Soil color	质地 Soil texture	土壤结构 Soil structure	pH	有机质 OM/(g/kg)	全氮 TN/(g/kg)	全磷 TP/(g/kg)	全钾 TK/(g/kg)	阳离子交换量CEC/(cmol/kg)	土壤母质 Parent material	剖面点坐标 Profile coordinate
剖12	人为土	水稻土	渗育水稻土	冲积洪积型渗育水稻土	砂底田	1	0—16				7.2	8.5	0.21	0.51				E 108°28′52.4″ N 33°00′22.0″
						2	16—34				7.3	7.9	0.24	0.45				
						3	34—57				7.5	7.9	0.21	0.47				
						4	57—82				7.2	2.7	0.14	0.48				
						5	82—121				6.0	9.3	0.53	0.29				
						6	121—154				5.6	18.2	0.91	0.47				
剖13	人为土	水稻土	渗育水稻土	冲积洪积型渗育水稻土	砂底田	1	0—14	黄褐色			5.5	12.8	0.99	0.40				E 108°29′47.1″ N 33°01′48.4″
						2	14—23	黄褐色		团块状	5.7	10.2	0.80	0.48				
						3	23—35	灰褐色		团块状	6.6	7.1	0.66	0.42				
						4	35—52	灰褐色		团块状	7.4	8.4	0.67	0.41				
剖14	人为土	水稻土	渗育水稻土	冲积洪积型渗育水稻土	泥砂田	1	0—18				6.0	26.3	1.01	0.52				E 108°30′03.3″ N 33°01′22.6″
						2	18—24				7.0	20.5	0.25	0.71				
						3	24—70				7.4	7.4	0.35	0.51				
						4	70—77				7.6	8.6	0.38	0.51				
						5	77—117				7.8	8.1	0.55	0.45				
						6	117—142				7.7	12.6	0.62	0.46				
						7	142—167				7.7	13.4	0.68	0.49				
剖15	人为土	水稻土	渗育水稻土	冲积洪积型渗育水稻土	砂田	1	0—22				7.3	25.9	1.42	0.37	26.3	14.5		E 108°27′43.8″ N 32°55′16.2″
						2	22—28			块状	7.4	18.8	1.10	0.59	24.6	13.0		
						3	28—65			粒状	7.4	15.8	0.98	0.60	21.5	12.8		
						4	65—84			棱柱状	7.4	11.9	0.70	0.27	26.6	7.9		
						5	84—130			棱块状	7.4	5.8	0.34	0.77	21.3	12.5		
剖16	淋溶土	黄褐土	黄褐土	红色砂岩黄褐土	料姜红土	1	0—15	红色棕		块状	8.3	4.0	<0.10	0.91	20.5	16.6	红色砂岩	E 108°22′28.2″ N 32°50′36.4″
剖17	淋溶土	黄棕壤	黄棕壤	坡积黄土型母质黄棕壤	潮黄泥	1	0—15	灰棕色		粒状	7.5	18.1	0.87	0.45		15.0	坡积黄土状母质	
						2	15—20	灰棕色		块状	7.4	11.9	0.67	0.79		17.6		
						3	20—46	黄棕色		棱柱状	7.3	8.1	0.55	0.86		16.1		
						4	46—50	浅黄棕色		棱块状	7.4	6.4	0.43	0.51		16.4		
剖18	人为土	水稻土	潴育水稻土	冲积洪积型潴育水稻土	锈斑砂底田	1	0—17				5.9	16.9	1.03	0.55			洪冲积物	E 108°33′29.7″ N 33°05′57.1″
						2	17—26				7.5	7.9	0.60	0.75				
						3	26—75				7.7	5.6	0.39	0.76				
						4	75—105				7.8	3.1	0.80	0.49				
						5	105—150				7.5	6.7	0.23	0.62				
剖19	人为土	水稻土	潴育水稻土	黄褐土型潴育水稻土	锈斑黄泥田	1	0—16				6.0	18.6	0.95	0.21			黄褐土	E 108°39′37.7″ N 33°08′15.3″
						2	16—26				6.8	16.0	0.80	0.23				
						3	26—50				7.0	4.5	0.33	0.15				
						4	50—150				7.2	4.5	0.31	0.14				
剖20	人为土	水稻土	潴育水稻土	黄棕壤型潴育水稻土	山地锈斑砂黄土田	1	0—15				5.7	29.6	0.86	0.47				E 108°38′38.9″ N 33°05′49.0″
						2	15—22				5.7	22.6	1.34	0.60				
						3	22—36				5.6	17.0	1.00	0.59				
						4	36—110				7.0	4.5	0.38	0.42				
剖21	人为土	水稻土	潴育水稻土	冲积洪积型潴育水稻土	青岗泥田	1	0—17				6.7	30.4	1.78	0.45			洪冲积物	E 108°34′15.7″ N 33°04′46.2″
						2	17—26				7.5	29.0	1.69	0.45				
						3	26—75				8.0	7.5	0.55	3.54				
						4	75—106				8.1	5.1	0.21	0.52				
						5	106—154				7.6	5.8	0.40	0.34				

Matching index/%: 剖12: 86; 剖13: 82; 剖14: 80; 剖15: 91; 剖16: 75; 剖17: 76; 剖18: 100; 剖19: 91; 剖20: 95; 剖21: 77

续表 Continued

剖面号 Soil profile	土纲 Soil order	土类 Soil great group	亚类 Soil subgroup	土属 Soil genus	土种 Soil species	土层码 Layer code	土层厚度 Depth/cm	颜色 Soil color	质地 Soil texture	土壤结构 Soil structure	pH	有机质 OM/(g/kg)	全氮 TN/(g/kg)	全磷 TP/(g/kg)	全钾 TK/(g/kg)	阳离子交换量CEC/(cmol/kg)	土壤母质 Parent material	剖面点坐标 Profile coordinate	匹配指数 Matching index/%
剖22	人为土	水稻土	潴育水稻土	黄褐土型潴育水稻土	锈斑白潽田	1	0—15				5.5	19.8	0.97	0.43			黄褐土	E 108°34′45.2″ N 33°04′04.3″	100
						2	18—24				6.9	14.8	0.63	0.39					
						3	33—50				7.1	6.6	0.50	0.28					
						4	70—88				7.5	5.4	0.34	0.34					
剖23	人为土	水稻土	潴育水稻土	冲积洪积型潴育水稻土	烂泥田	1	0—15				6.3	39.3	1.81	0.29				E 108°34′30.1″ N 33°03′37.9″	87
						2	15—30				6.8	40.2	1.78	0.29					
						3	30—60				7.0	42.5	2.10	0.23					
						4	60—110				6.8	34.0	1.64	0.31					
剖24	人为土	水稻土	潴育水稻土	黄褐土型潴育水稻土	锈斑砂黄田	1	0—19				6.0	27.7	1.00	0.41			黄褐土	E 108°35′45.2″ N 33°03′47.3″	88
						2	19—23				7.2	19.3	0.77	0.45					
						3	23—69				6.1	12.7	0.56	0.31					
						4	100—126				7.0	7.0	0.29	0.36					
						5	126—151				6.9	7.0	0.46	0.36					
剖25	淋溶土	黄褐土	黄褐土	红黏土或黄土状母质黄褐土	黄泥土	1	0—16	灰黄色	中壤土	粒状	6.8	8.8	0.81	0.22		21.9	红黏土、黄土状母质	E 108°33′47.7″ N 33°01′20.7″	91
						2	16—52	黄棕色	重壤土	棱块状	6.5	3.4	0.39	0.22		16.4			
						3	52—75	红棕色	重壤土	棱块状	6.4	1.1	1.30	0.19		18.2			
剖26	人为土	水稻土	潴育水稻土	黄褐土型潴育水稻土	锈斑砂黄田	1	0—19				5.3	18.5	0.99	0.41			黄褐土	E 108°33′45.6″ N 33°00′27.5″	81
						2	19—23				5.6	18.9	0.97	0.42					
						3	23—41				6.7	14.0	0.69	0.42					
						4	41—150				7.5	7.4	0.44	0.46					
剖27	淋溶土	黄棕壤	黄棕壤	坡积黄土状母质黄棕壤	黄泡土	1	0—14	灰黄色		小块状	6.8	14.6	0.83	0.54			坡积黄土状母质	E 108°36′09.4″ N 33°01′57.7″	87
						2	14—18	黄色		小块状	5.8	6.9	0.64	0.33					
剖28	人为土	水稻土	潴育水稻土	黄褐土型潴育水稻土	锈斑黄泥田	1	0—21	灰色		块状	6.8	29.3	2.09	0.31		15.5	黄褐土	E 108°30′12.8″ N 33°00′28.3″	85
						2	21—31	灰色		块状	7.8	22.9	1.20	0.25		18.5			
						3	31—44	灰色		棱块状	8.0	21.3	0.33	0.28		21.0			
						4	44—73	灰黄色		棱块状	7.5	4.4	0.29	0.31		23.1			
						5	73—97	黄褐色		棱块状	7.7	9.0	0.53	0.34		17.0			
						6	97—150	黄色		棱块状	7.1	6.2	0.25	0.24		16.3			
剖29	人为土	水稻土	潴育水稻土	黄褐土型潴育水稻土	锈斑黄泥田	1	0—10				5.1	21.4	0.19	0.27		18.2	黄褐土	E 108°32′23.3″ N 33°02′13.8″	83
						2	10—23				5.6	20.4	1.24	0.18		12.0			
						3	23—36				6.7	9.1	0.64	0.36		12.3			
						4	36—43				6.8	10.2	0.85	0.52		17.0			
剖30	人为土	水稻土	潴育水稻土	黄褐土型潴育水稻土	锈斑黄泥田	1	0—15				6.6	14.1	0.88	0.34			黄褐土	E 108°32′51.8″ N 33°00′30.5″	70
						2	15—26				6.9	11.8	0.78	0.32					
						3	26—53				7.0	4.2	0.53	0.29					
						4	53—94				6.8	3.0	0.43	0.49					
						5	94—150				6.9	3.6	0.47	0.58					
剖31	人为土	水稻土	潴育水稻土	黄褐土型潴育水稻土	锈斑黄泥田	1	0—16				5.8	20.7	1.02	0.33			黄褐土	E 108°32′29.4″ N 32°59′58.4″	100
						2	16—24				6.3	13.4	0.85	0.23					
						3	24—45				5.6	11.4	0.58	0.24					
						4	45—76				5.7	3.3	0.44	0.38					
						5	76—150				6.5	4.2	0.32	0.29					
剖32	人为土	水稻土	潴育水稻土	黄褐土型潴育水稻土	锈斑黄泥田	1	0—20				6.0	11.5	0.82	0.18			黄褐土	E 108°32′38.8″ N 33°00′07.1″	96
						2	20—25				6.0	10.4	0.80	0.18					

续表 Continued

剖面号 Soil profile	土纲 Soil order	土类 Soil great group	亚类 Soil subgroup	土属 Soil genus	土种 Soil species	土层码 Layer code	土层厚度 Depth/cm	颜色 Soil color	质地 Soil texture	土壤结构 Soil structure	pH	有机质 OM/(g/kg)	全氮 TN/(g/kg)	全磷 TP/(g/kg)	全钾 TK/(g/kg)	阳离子交换量 CEC/(cmol/kg)	土壤母质 Parent material	剖面点坐标 Profile coordinate	匹配指数 Matching index/%
剖33	人为土	水稻土	潴育水稻土	黄褐土型潴育水稻土	锈斑黄泥田	1	0—17	灰黄色		粒状	6.2	22.5	1.19	0.24			黄褐土	E 108°37′44.8″ N 33°01′22.6″	85
						2	17—25	灰色		小块状	7.5	15.6	0.88	0.31					
						3	25—52	黄灰色		棱柱状	7.9	5.2	0.45	0.28					
						4	52—114	棕色		棱柱状	7.6	4.1	0.42	0.28					
						5	114—156	黄色		棱块状	7.5	2.1	0.44	0.20					
剖34	淋溶土	黄棕壤	黄棕壤	坡积黄土状母质黄棕壤	黄泡土	1	0—12	浅灰黄色		小块状	5.6	20.3	0.37	0.22		18.8	坡积黄土状母质	E 108°34′13.2″ N 32°59′34.8″	93
						2	12—44	浅黄色		小块状	5.3	16.9	0.26	0.20		20.9			
						3	44—150	浅黄色		小块状	5.3	5.7	0.25	0.23		17.0			

石 泉 县

主要土类说明

黄棕壤是石泉县主要土壤类型，占本县地域面积的72%。黄棕壤发生于北亚热带暖湿落叶阔叶林下，弱度富铝化，黏聚现象明显，呈黄棕色。成土过程主要为黏化过程、腐殖质积累过程和淋溶淀积过程。该土壤具A–B–C或A–（B）–C剖面构型，黏粒硅铝率在2.5左右，铁的游离度较红壤低，B层交换性酸大于A层。黄棕壤的腐殖质含量高于黄褐土，其林下腐殖质含量可达40g/kg。

石灰（岩）土是石泉县第二大土壤类型，占本县地域面积的9%。石灰（岩）土是在北亚热带常绿阔叶林和落叶阔叶混交林下形成的厚薄不同的钙质饱和或含游离钙质的土壤，多见于石隙、溶洞或峰丛底部。该土壤碳酸钙淋溶程度不一，多黏土，多为铁钙质胶结物，风化程度不一，盐基饱和度高，有机质含量及胶结状态有较大差异。石灰（岩）土所处地形往往比较陡峭，侵蚀严重，土壤发育微弱，剖面分化不明显，具有较强的石灰反应。

粗骨土是石泉县第三大土壤类型，占本县地域面积的7%，零星分布在石质山地的陡坡地段。粗骨土是在岩石风化碎屑上形成的幼年土壤，发育微弱，属于A–C型，甚至（A）–C型土壤。A层发育不明显，与母质土层性状相似，略显有机质累积。有时母质层富含砾石，很少出现剖面分异与发育特征。

棕壤占本县地域面积的5%，分布在海拔1800m以上的地区。棕壤是在落叶阔叶林下形成的具有黏化特征的棕色土壤，处于硅铝风化阶段，具O–A–Bt–C剖面构型。土体见黏粒淀积，盐基充分淋失，pH为6.0—7.0，见少量游离铁。棕壤具有明显的有机质累积层和鲜棕色心土层，黏化作用较弱。表层有较厚的枯枝落叶层，其下的A层一般具团粒状结构，A层以下为心土层。

黄褐土占本县地域面积的4%。黄褐土是在北亚热带暖湿气候条件和常绿阔叶林、落叶阔叶林植被条件下形成的地带性土壤，具A–B–C或A–Bt–C剖面构型。成土母质为黄土状母质和黏黄土。成土过程主要包括强烈的黏化过程、中度淋溶过程、腐殖质化过程及弱度脱硅富铝化过程。该土壤土体中游离碳酸钙已不复存在，土壤呈灰黄棕色，在底部可散见圆形石灰结核。土壤黏化淀积明显，B层黏聚，黏粒硅铝率在3.0左右，盐基饱和度由表层向底层逐渐趋向饱和。

小于本县地域面积3%的土壤类型有水稻土、石质土、紫色土。

本区域中心区气候特征

本区域中心区气候特征值
Regional climate characteristics in central area of the region

气候带：北亚热带湿润气候 Climate region: North subtropical humid climate	
年平均气温 /℃ Annual average temperature /℃	14.2
年平均最高气温 /℃ Annual average maximum temperature /℃	19.3
年平均最低气温 /℃ Annual average minimum temperature /℃	10.2
年降水量 /mm Annual precipitation /mm	927
≥10℃的积温 /℃ Daily temperature accumulated in a year（≥10℃）/℃	6338
年日照时数 /h Annual sunshine /h	1523
年平均相对湿度 /% Annual average relative humidity /%	75
干燥度 Dryness	1.07

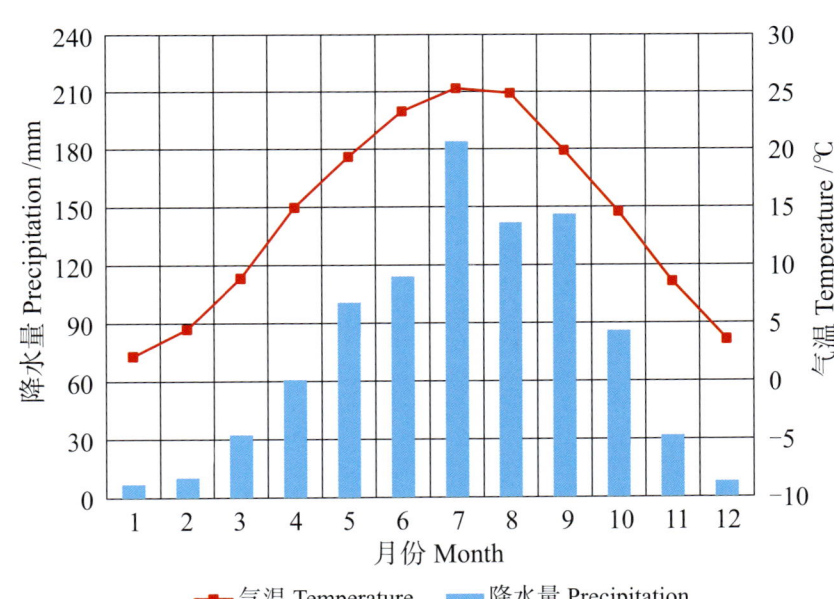

本区域中心区月平均气温与月平均降水量
Monthly temperature and precipitation in central area of the region

石泉县主要土壤类型与土壤剖面点分布图
1∶210 000

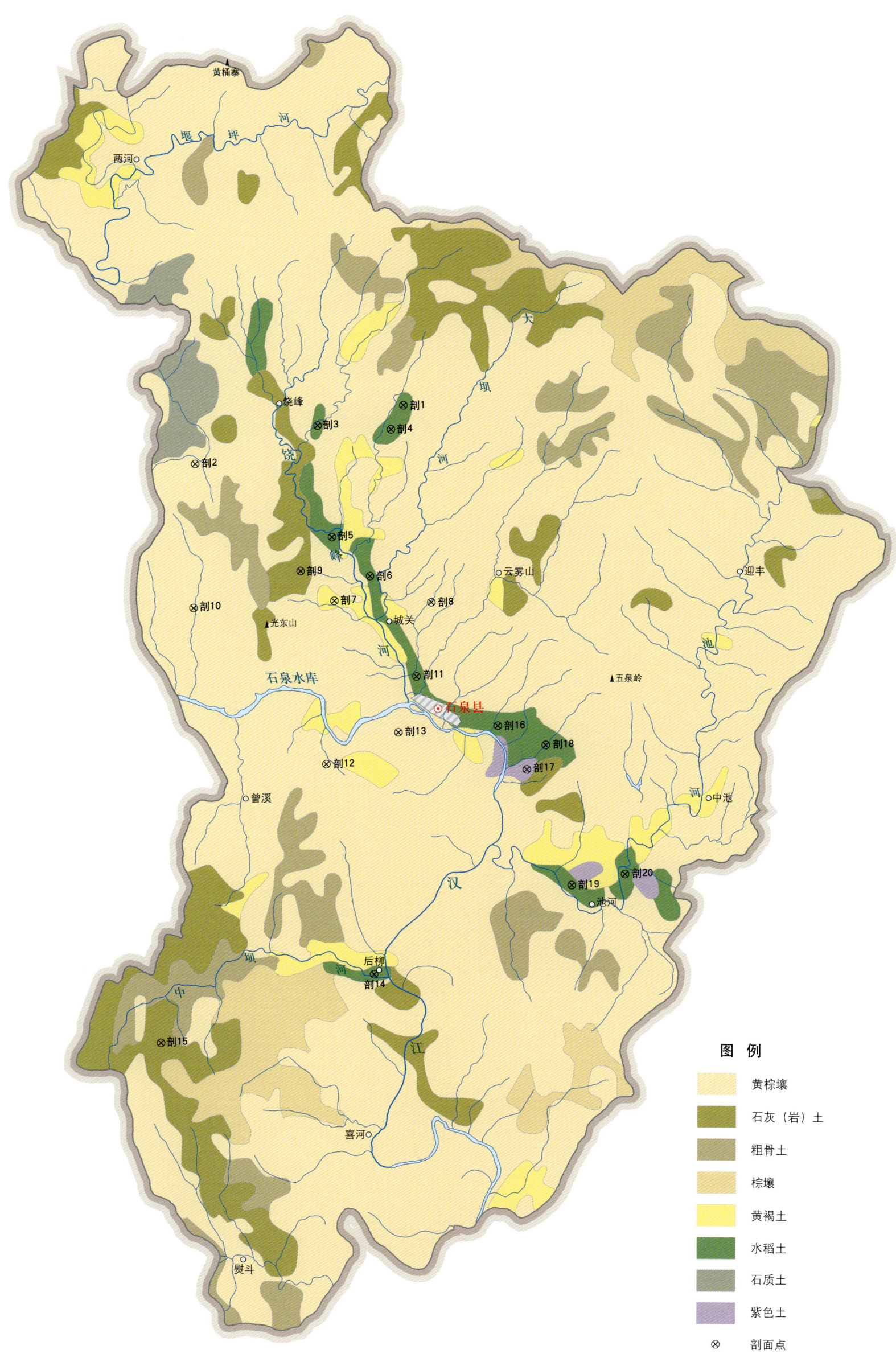

石泉县土壤剖面理化性状表

剖面号 Soil profile	土纲 Soil order	土类 Soil great group	亚类 Soil subgroup	土属 Soil genus	土种 Soil species	土层码 Layer code	土层厚度 Depth/cm	颜色 Soil color	质地 Soil texture	土壤结构 Soil structure	pH	有机质 OM/(g/kg)	全氮 TN/(g/kg)	全磷 TP/(g/kg)	全钾 TK/(g/kg)	阳离子交换量CEC/(cmol/kg)	土壤母质 Parent material	剖面点坐标 Profile coordinate	匹配指数 Matching index/%
剖1	人为土	水稻土	潴育水稻土	冲积洪积型潴育水稻土	锈斑砂泥田	1	0–15	灰色	中壤土	团块状	7.5	22.1	1.48	0.85	14.0	13.8		E 108°13′25.9″ N 33°10′15.6″	93
						2	15–24	黄灰色	中壤土	块状	7.6	19.8	1.30	0.93	7.5	11.2			
						3	24–50	灰黄色	中壤土	块状	7.8	17.2	1.21	0.82	7.5	13.5			
						4	50–100	灰黄色	重壤土	块状	7.1	10.7	0.94	0.93	17.7	19.8			
						5	100–150	灰黄色	重壤土	块状	7.6	12.3	1.15	0.94	12.6	17.7			
剖2	淋溶土	黄棕壤	粗骨性黄棕壤	花岗片麻岩粗骨性黄棕壤	薄层润黄砂土	1	0–17				5.6	12.8	0.60	0.59	20.8	8.5	花岗片麻岩风化物	E 108°06′57.4″ N 33°08′34.1″	95
						2	17–23				5.5	11.7	0.65	0.59	21.8	8.5			
						3	23–28				5.4	10.7	0.62	0.57	20.4	8.5			
剖3	人为土	水稻土	渗育水稻土	黄褐土型渗育水稻土	死黄泥田	1	0–16	黄灰色	重壤土	块状	6.9	20.1	1.64	0.73	19.9	20.6	黄褐土	E 108°10′45.5″ N 33°09′40.1″	91
						2	16–35	灰黄色	重壤土	块状	7.2	15.5	1.36	0.74	18.6	16.9			
						3	35–80	灰棕色	轻黏土	块状	7.0	12.3	1.09	0.55	20.7	15.0			
						4	80–110	浅黄色	重壤土	块状	7.0	9.4	0.91	0.43	14.7	13.9			
						5	110–150	黄色	重壤土	块状	6.9	8.9	0.79	0.42	11.6	11.3			
剖4	人为土	水稻土	渗育水稻土	冲积洪积型渗育水稻土	砂底田	1	0–16	浅黄色	砂壤土	团块状	5.6	16.3	0.97	0.42		11.3		E 108°13′03.6″ N 33°09′37.3″	80
						2	16–29	暗棕色	砂壤土	块状	6.5	14.1	0.86	0.42	28.8	10.1			
						3	29–36	灰棕色	轻壤土	块状	6.7	6.1	0.35	0.30	21.8	9.8			
						4	36–48	黑棕色	紧砂土	棱块状	6.7	5.2	0.27	0.49		3.8			
剖5	人为土	水稻土	渗育水稻土	黄褐土型渗育水稻土	黄泥田	1	0–16	黄褐色	重壤土	粒状	6.4	27.3	1.65	0.43	17.4	14.3	黄褐土	E 108°11′18.7″ N 33°06′45.0″	100
						2	16–36	青灰色	重壤土	棱块状	6.4	18.9	1.25	0.42	15.5	13.0			
						3	36–70	黄褐色	轻黏土	核状	6.7	14.4	1.06	0.38	17.4	14.5			
						4	70–110	黄褐色	重壤土	棱块状	6.7	16.8	1.11	0.38	15.3	13.5			
剖6	人为土	水稻土	渗育水稻土	冲积洪积型渗育水稻土	石渣田	1	0–15	黄灰色	中壤土	粒状	6.8	13.4	1.54	0.61	28.8	21.6		E 108°12′32.2″ N 33°05′45.6″	97
						2	15–31	黄褐色	中壤土	小块状	7.1	10.2	1.33	0.61	20.3	21.5			
						3	31–61	褐色	中壤土	小块状	7.0	7.3	1.05	0.52	20.3	18.6			
						4	61–110	黄褐色	重壤土	小块状	7.1	6.8	1.03	0.52	15.4	12.8			
剖7	淋溶土	黄褐土	黄褐土	黄褐土	灰黄泥土	A	0–26	灰褐色	黏壤土	碎块状	7.1	13.9	0.99	0.25	18.1	18.8	坡积黄土状母质	E 108°11′26.5″ N 33°05′05.4″	90
						AB	26–54	黄褐色	黏壤土	棱块状	6.5	3.1	0.43	0.10	15.3	19.4			
						Bt	54–102	棕色	壤质黏土	棱块状	6.6	3.1	0.46	<0.10	11.9	17.9			
						C	102–150	黄褐色	重壤土	块状	6.8	2.0	0.31	<0.10	8.6	19.1			
剖8	淋溶土	黄棕壤	黄棕壤	石灰岩黄棕壤	山地灰棕泥土	1	0–18	黑红色	重壤土	团粒状	6.8	12.2	0.96	1.05	5.5	21.9	石灰岩	E 108°14′28.5″ N 33°05′07.0″	70
						2	18–29	浅红色	重壤土	团块状	7.0	9.1	0.75	0.23	5.8	20.9			
						3	29–55	浅棕色	重壤土	块状	7.5	11.4	1.26	1.10	8.6	21.6			
						4	55–86	浅棕色	重壤土	棱块状	6.7	4.5	0.88	0.19	14.8	23.7			
						5	86–122	黄褐色	重壤土	棱块状	6.8	4.8	1.04	0.27	16.5	31.9			
剖9	初育土	石灰（岩）土	棕色石灰土	棕色石灰土	棕色石灰土	A₁	0–19	浅灰棕色	壤土	粒状	8.5	16.6	1.40	1.03	10.5	5.6	石灰岩风化物	E 108°10′21.5″ N 33°05′50.1″	85
						A₂	19–40	黄棕色	黏壤土	块状	8.5	16.7	1.33	0.81	14.9	12.8			
						[B]	40–66	黄棕色	黏壤土	棱块状	8.5	5.2	0.59	0.58	14.9	17.0			
						C	66–150	黄棕色	黏壤土	棱块状		3.2	0.71	1.13	9.3	21.1			
剖10	淋溶土	黄棕壤	黄棕壤	石灰岩黄棕壤	山地灰泥土	1	0–17	黄褐色	砂壤土	粒状	7.1	26.4	1.40	0.73	14.9		石灰岩	E 108°07′02.3″ N 33°04′47.4″	91
						2	17–29	黄棕色	紧砂土	粒状	7.4	10.1	0.36	0.65		8.7			

续表 Continued

剖面号 Soil profile	土纲 Soil order	土类 Soil great group	亚类 Soil subgroup	土属 Soil genus	土种 Soil species	土层码 Layer code	土层厚度 Depth/cm	颜色 Soil color	质地 Soil texture	土壤结构 Soil structure	pH	有机质 OM/(g/kg)	全氮 TN/(g/kg)	全磷 TP/(g/kg)	全钾 TK/(g/kg)	阳离子交换量CEC/(cmol/kg)	土壤母质 Parent material	剖面点坐标 Profile coordinate	匹配指数 Matching index/%
剖11	人为土	水稻土	淹育水稻土	黄褐土型淹育水稻土	黄砂泥田	Aa	0—11	黄褐色	砂质黏壤土	屑粒状	6.6	19.2	1.27	0.90	15.9	14.1	黄褐土	E 108°14′05.0″ N 33°03′10.5″	73
						Ap	11—25	灰棕色	砂质黏壤土	小块状	6.7	18.0	1.29	0.87	14.9	15.1			
						P	25—59	黄棕色	砂质黏壤土	块状	7.2	9.5	0.79	0.56	8.4	13.9			
						C	59—150	灰黄色	砂质壤土	块状	7.3	8.9	0.86	0.86	12.4	13.6			
剖12	淋溶土	黄棕壤	粗骨性黄棕壤	花岗片麻岩粗骨性黄棕壤	薄层润黄砂土	1	0—12				6.3	21.5	0.96	0.81	28.4		花岗片麻岩风化物	E 108°11′20.9″ N 33°00′47.9″	90
剖13	淋溶土	黄棕壤	黄棕壤	扁砂泥黄棕壤	中层黄泥	A_1	0—13	棕色	黏壤土	小块状	5.9	21.7	1.19	0.19	20.2	13.0	泥质岩风化物	E 108°13′34.5″ N 33°01′41.5″	81
						A_2	13—24	褐色	黏壤土	块状	7.1	11.5	0.72	0.32	13.1	13.7			
						Bt	24—54	黄褐色	壤黏土	小棱块状	7.2	11.3	0.70	0.31	16.3	14.5			
						C	54—												
剖14	人为土	水稻土	潴育水稻土	冲积洪积型潴育水稻土	锈斑砂底田	1	0—14	黄灰色	中壤土	粒状	5.7	33.3	1.58	0.35	23.7	13.3		E 108°13′03.0″ N 32°55′20.1″	70
						2	14—30	灰褐色	中壤土	粒状	5.6	31.3	1.53	0.36	28.2	14.5			
						3	30—45	深灰色	中壤土	粒状	5.7	19.7	0.98	0.35	29.3	16.8			
剖15	初育土	石灰(岩)土	棕色石灰土	淋溶棕色石灰土	薄层润棕土	A	0—13	灰棕色	黏壤土	粒状、团块状	7.1	22.6	1.39	0.78	9.6	16.7	石灰岩风化物	E 108°06′26.2″ N 32°53′20.4″	71
						[B]	13—27	灰棕色	黏壤土	团块状	6.7	6.3	0.78	0.37	13.9	17.7			
						3	27—												
剖16	人为土	水稻土	渗育水稻土	黄褐土型渗育水稻土	砂黄土田	1	0—11	黄褐色	重壤土	粒状	6.6	19.2	1.27	0.90	15.8	14.1	黄褐土	E 108°16′40.6″ N 33°01′56.6″	82
						2	11—25	灰褐色	中壤土	小块状	6.7	18.0	1.29	0.87	6.5	15.1			
						3	25—59	黄棕色	中壤土	块状	7.2	9.5	0.80	0.79	8.4	13.9			
						4	59—150	灰黄色	重壤土	块状	7.3	8.9	0.71	0.86	12.4	13.6			
剖17	初育土	紫色土	石灰性紫色土	砂砾石灰型紫色土	红紫砂土	A	0—22	紫红色	壤土	粒状、核状		7.8	0.58	1.82	10.0	12.6	紫色砂岩风化物	E 108°17′37.2″ N 33°00′48.9″	88
						C	22—41	紫红色	重壤土	小块状		5.8	0.42	0.15	9.1	11.6			
剖18	人为土	水稻土	潴育水稻土	冲积洪积型潴育水稻土	青岗泥田	1	0—16	黄灰色	重壤土	块状	7.8	24.0	1.49	0.62	13.2	23.2		E 108°18′11.1″ N 33°01′28.0″	82
						2	16—36	灰棕色	重壤土	块状	7.6	19.6	1.23	0.56	12.3	23.2			
						3	36—97	黄棕色	重壤土	块状	7.0	17.3	1.11	0.55	11.8	19.2			
						4	97—150	灰黄色	重壤土	块状	7.3	11.9	0.82	0.63	7.5	20.7			
剖19	人为土	水稻土	渗育水稻土	黄褐土型渗育水稻土	黑砂泥田	1	0—14	灰色	砂壤土	粒状	7.3	25.5	1.24	0.65	16.7	7.8	黄褐土	E 108°19′08.2″ N 32°57′49.3″	99
						2	14—19	灰色	砂壤土	粒状	6.7	22.0	0.86	0.42	20.7	8.8			
						3	19—28	灰色	中壤土	粒状	7.0	21.0	0.94	0.45	22.3	9.5			
						4	28—51	灰色	中壤土	粒状	7.5	8.1	0.31	0.39	20.8	5.0			
						5	51—60	灰色	轻壤土	粒状	7.2	21.2	0.97	0.50	24.0	13.5			
						6	60—100	灰色	砂壤土	粒状	7.2	21.0	0.94	0.46	20.7	11.5			
剖20	人为土	水稻土	潴育水稻土	冲积洪积型潴育水稻土	锈斑砂泥田	1	0—10	黄灰色	中壤土	团块状	5.3	26.6	1.55	0.45	20.6	9.1		E 108°20′47.5″ N 32°58′09.0″	78
						2	10—20	青灰色	块状	块状	6.5	16.6	0.99	0.34	22.3	8.6			
						3	20—38	黄棕色	中壤土	块状	6.6	12.1	0.66	0.37	20.2	8.6			
						4	38—62	黄棕色	中壤土	块状	6.6	10.7	0.68	0.44	22.9	8.1			
						5	62—93	黄褐色	轻壤土	块状	6.8	8.5	0.32	0.39	20.1	6.5			
						6	93—150	黄褐色	中壤土	块状	6.7	9.4	0.39	0.40	22.4	12.0			

宁 陕 县

主要土类说明

棕壤是宁陕县主要土壤类型，占本县地域面积的 69%。棕壤是在落叶阔叶林下形成的具有黏化特征的棕色土壤，处于硅铝风化阶段，具 O–A–Bt–C 剖面构型，分布在海拔 1600m 以上的地区。土体见黏粒淀积，盐基充分淋失，见少量游离铁。棕壤具有明显的有机质累积层和鲜棕色心土层，黏化作用较弱。表层有较厚的枯枝落叶层，其下的 A 层一般具团粒状结构，A 层以下为心土层。

黄棕壤是宁陕县第二大土壤类型，占本县地域面积的 28%。黄棕壤发生于暖湿落叶阔叶林下，多由砂页岩及花岗岩风化物发育而成，弱度富铝化，黏聚现象明显，呈黄棕色。该土壤具 A–B–C 或 A–（B）–C 剖面构型，黏粒硅铝率在 2.5 左右，铁的游离度较红壤低，B 层交换性酸大于 A 层。黄棕壤是本县主要的农业土壤，主要栽培农作物和亚热带经济作物。自然植被为常绿阔叶林或常绿针阔叶混交林，目前自然植被大多被破坏。由于水热条件特别是热量条件优越，因此土壤黏化作用强烈，淋溶淀积明显，脱钙离铁显著。在水热综合影响下，有机质的聚积和分解都很强烈。

小于本县地域面积 3% 的土壤类型有黄褐土、水稻土、潮土。

本区域中心区气候特征

本区域中心区气候特征值
Regional climate characteristics in central area of the region

气候带：暖温带亚湿润气候 Climate region: Warm temperate subhumid climate	
年平均气温 /℃ Annual average temperature /℃	13.9
年平均最高气温 /℃ Annual average maximum temperature /℃	19.2
年平均最低气温 /℃ Annual average minimum temperature /℃	9.7
年降水量 /mm Annual precipitation /mm	759
≥10℃的积温 /℃ Daily temperature accumulated in a year（≥10℃）/℃	7411
年日照时数 /h Annual sunshine /h	1593
年平均相对湿度 /% Annual average relative humidity /%	73
干燥度 Dryness	1.22

本区域中心区月平均气温与月平均降水量
Monthly temperature and precipitation in central area of the region

宁陕县土壤剖面理化性状表

剖面号 Soil profile	土纲 Soil order	土类 Soil great group	亚类 Soil subgroup	土属 Soil genus	土种 Soil species	土层码 Layer code	土层厚度 Depth/cm	颜色 Soil color	质地 Soil texture	土壤结构 Soil structure	pH	有机质 OM/(g/kg)	全氮 TN/(g/kg)	全磷 TP/(g/kg)	全钾 TK/(g/kg)	碱解氮 AN/(mg/kg)	有效磷 AP/(mg/kg)	速效钾 AK/(mg/kg)	阳离子交换量CEC/(cmol/kg)	土壤母质 Parent material	剖面点坐标 Profile coordinate	匹配指数 Matching index/%
剖1	人为土	水稻土	渗育水稻土	黄褐土型渗育水稻土	黄泥田	1	0—16	灰褐色	重壤土	粒状	6.4	27.3	1.65	0.43	17.4				14.3	黄褐土	E 108°08′32.3″ N 33°33′41.7″	75
						2	16—36	青灰色	重壤土	棱块状	6.4	18.9	1.25	0.42	15.5				13.0			
						3	36—70	黄褐色	轻黏土	核块状	6.7	14.4	1.06	0.38	17.4				14.5			
						4	70—110	铁灰色	重壤土	棱块状	6.7	16.8	1.11	0.38	15.3				13.5			
剖2	淋溶土	棕壤	棕壤	麻石棕壤		1	0—6	灰棕色												花岗片麻岩	E 108°28′46.5″ N 33°24′36.6″	80
						2	6—12	灰棕色	中壤土	块状	6.4	62.5	4.45	0.45	20.4	281	34.4	357	26.0			
						3	12—19	灰棕色	中壤土	棱块状	5.9	23.4	2.83	0.31	20.7	202	6.9	200	23.4			
						4	19—55	灰棕色	重壤土	棱块状	5.5	17.6	0.95	0.21	21.2	82	4.6	117	21.5			
						5	55—80	棕色	轻黏土	棱块状	6.2	9.6	0.61	0.27	21.9	44	2.3	104	20.2			
						6	80—120					3.0	0.19	0.46	13.1	21	<1.0	53	14.3			
剖3	淋溶土	黄棕壤	黄棕壤	坡积黄土状母质黄棕壤	黄泡土	1	0—12	浅灰黄色		小块状	5.6	20.3	0.37	0.22					18.8	坡积黄土状母质	E 108°31′51.1″ N 33°18′30.8″	90
						2	12—44	浅黄色		小块状	5.3	16.9	0.26	0.20					20.9			
						3	44—150	浅黄色		小块状	5.3	5.7	0.25	0.23					17.0			

紫 阳 县

主要土类说明

黄褐土是紫阳县主要土壤类型，占本县地域面积的50%。黄褐土是在北亚热带暖湿气候条件和常绿阔叶林、落叶阔叶林植被条件下形成的地带性土壤，具A–B–C或A–Bt–C剖面构型。成土母质为黄土状母质和黏黄土。成土过程主要包括强烈的黏化过程、中度淋溶过程、腐殖质化过程及弱度脱硅富铝化过程。该土壤土体中游离碳酸钙已不复存在，土壤呈灰黄棕色，在底部可散见圆形石灰结核。土壤黏化淀积明显，B层黏聚，黏粒硅铝率在3.0左右，盐基饱和度由表层向底层逐渐趋向饱和。

黄棕壤是紫阳县第二大土壤类型，占本县地域面积的35%。黄棕壤是在北亚热带暖湿落叶阔叶林下发育的地带性土壤，多由砂页岩及花岗岩风化物发育而成，弱度富铝化，黏聚现象明显，呈黄棕色。该土壤具A–B–C或A–（B）–C剖面构型，黏粒硅铝率在2.5左右，铁的游离度较红壤低，B层交换性酸大于A层。其剖面形态中最醒目的是有一层黏重的黄棕色心土层。

棕壤占是紫阳县第三大土壤类型，本县地域面积的12%，主要分布在洞水、高桥、毛坝、红椿等地的海拔1400m以上的山地，凤凰山分布较少。棕壤发生于落叶阔叶林下，处于硅铝风化阶段，具O–A–Bt–C剖面构型。由于淋溶作用强，盐基充分淋失，pH为5.2—6.0，见少量游离铁。该土壤黏化作用较弱，物理性黏粒含量较高，有向下迁移的趋势。本县棕壤分为棕壤、粗骨性棕壤等亚类。

小于本县地域面积3%的土壤类型有水稻土、粗骨土、潮土。

本区域中心区气候特征

本区域中心区气候特征值
Regional climate characteristics in central area of the region

气候带：北亚热带湿润气候 Climate region: North subtropical humid climate	
年平均气温 /℃ Annual average temperature /℃	14.5
年平均最高气温 /℃ Annual average maximum temperature /℃	19.7
年平均最低气温 /℃ Annual average minimum temperature /℃	10.5
年降水量 /mm Annual precipitation /mm	1107
≥10℃的积温 /℃ Daily temperature accumulated in a year (≥10℃) /℃	5981
年日照时数 /h Annual sunshine /h	1449
年平均相对湿度 /% Annual average relative humidity /%	73
干燥度 Dryness	1.00

本区域中心区月平均气温与月平均降水量
Monthly temperature and precipitation in central area of the region

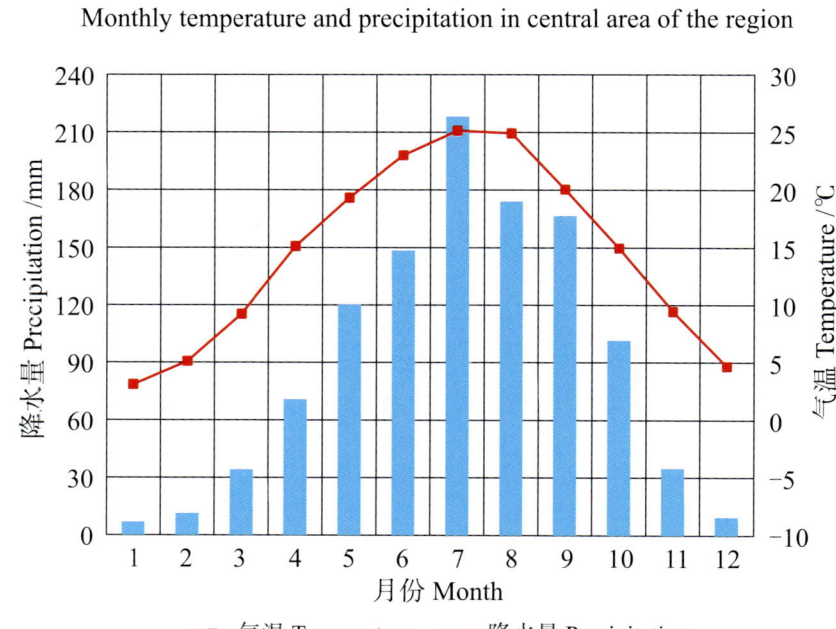

紫阳县主要土壤类型与土壤剖面点分布图
1∶260 000

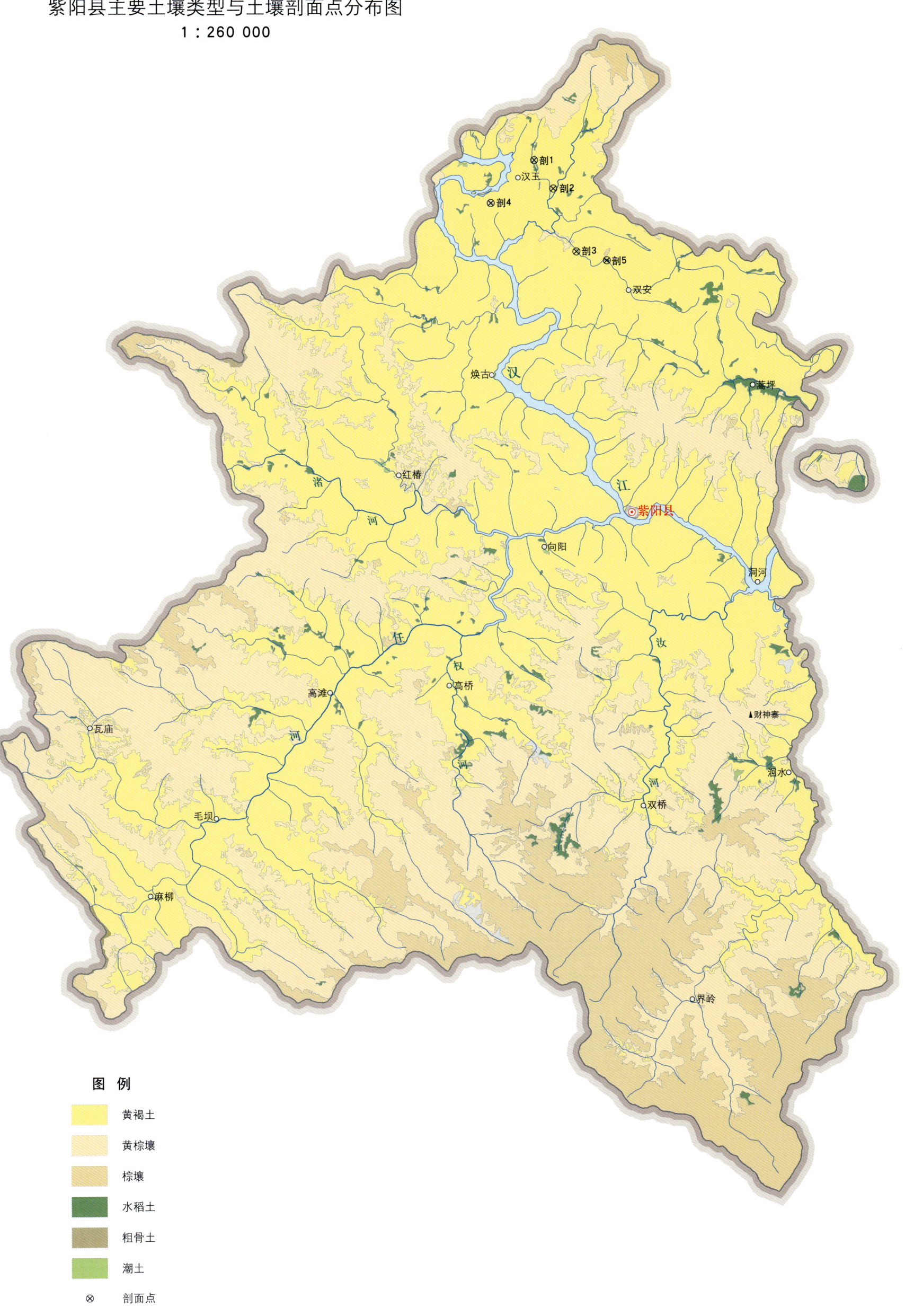

紫阳县土壤剖面理化性状表

剖面号 Soil profile	土纲 Soil order	土类 Soil great group	亚类 Soil subgroup	土属 Soil genus	土种 Soil species	土层码 Layer code	土层厚度 Depth/cm	颜色 Soil color	质地 Soil texture	土壤结构 Soil structure	pH	有机质 OM/(g/kg)	全氮 TN/(g/kg)	全磷 TP/(g/kg)	全钾 TK/(g/kg)	碱解氮 AN/(mg/kg)	有效磷 AP/(mg/kg)	速效钾 AK/(mg/kg)	阳离子交换量CEC/(cmol/kg)	土壤母质 Parent material	剖面点坐标 Profile coordinate	匹配指数 Matching index/%
剖1	半水成土	潮土	潮土	冲积洪积型潮土	灰潮土	1	0—30	灰黄色	轻壤土	粒状	7.4	11.9	0.86	0.95	19.7	73	<1.0	73	19.0	洪冲积物	E 108°27′25.2″ N 32°43′32.9″	74
						2	30—52	暗黄黄色	轻壤土	团块状	7.7	11.3	0.85	0.95	19.7				18.3			
						3	52—116	暗黄黄色	轻壤土	团块状	7.7	9.6	0.77	0.80	19.7				18.1			
						4	116—150	暗黄黄色	轻壤土	块状	7.8	7.0	0.48	0.71	19.4				17.3			
剖2	淋溶土	黄褐土	黄褐土	红黏土或黄土状母质黄褐土	黄泥土	1	0—15	棕黄色	中壤土	块状	5.2	12.3	0.98	0.28	22.6	179	1.0	145	10.0	红黏土、黄土状母质	E 108°28′13.7″ N 32°42′34.6″	92
						2	15—30	棕黄色	重壤土	棱块状	5.3	6.1	0.51	0.40	24.6				10.1			
						3	30—50	黄褐色	轻黏土	棱块状	5.2	2.9	0.57	0.19	25.2				11.0			
						4	50—70	黄棕色	重壤土	棱块状	5.2	3.8	0.56	0.20	23.8				11.4			
						5	70—150	黄棕黄色	重壤土	棱块状	5.2	1.5	0.47	0.21	25.4				10.7			
剖3	淋溶土	黄褐土	粗骨性黄褐土	板岩、片岩、千枚岩粗骨性黄褐土	黄扁砂土	1	0—25	浅黄黄色	轻壤土	粒状	6.4	11.0	0.98	2.90	18.8	51	3.0	83	15.6	千枚岩、片岩、板岩	E 108°29′15.0″ N 32°40′24.7″	95
						2	25—45	黄色	轻壤土	块状	6.5	5.0	0.78	>4.00	30.2				11.0			
						3	45—70	黄色	中壤土	棱块状	6.6	3.8	0.65	>4.00	29.0				8.6			
						4	70—95	黄色	轻壤土	棱块状	6.7	2.9	0.52	>4.00	15.0				12.8			
剖4	淋溶土	黄棕壤	黄棕壤	坡积黄土状母质黄棕壤	黄泡土	1	0—12	浅黄黄色	轻壤土	粒状	6.0	17.2	>6.00	0.74	19.1	184	5.0	140	10.9	黄土状母质	E 108°25′39.1″ N 32°42′01.0″	83
						2	12—25	浅黄黄色	轻壤土	粒状	6.1	17.2	2.14	0.72	19.1				10.2			
						3	25—50	黄色	中壤土	块状	6.2	12.5	1.56	0.75	18.7				9.5			
						4	50—82	黄色	中壤土	块状	6.0	12.5	1.45	0.71	20.6				10.2			
剖5	人为土	水稻土	潴育水稻土	冲积洪积型潴育水稻土	锈斑砂田	1	0—17	浅黄黄色	轻壤土	团块状	5.5	14.1	1.00	0.30	27.1	83			8.2	洪冲积物	E 108°30′31.3″ N 32°40′07.8″	84
						2	17—23	浅黄黄色	轻壤土	团块状	5.8	18.8	1.10	0.39	25.5				5.2			
						3	23—50	浅黄黄色	轻壤土	团块状	6.3	15.3	1.10	0.35	26.0				5.4			
						4	50—80	浅黄黄色	轻壤土	团块状	5.0	12.4	1.00	0.35	25.9				5.2			
						5	80—110	黄色	轻壤土	粒状	5.0	6.7	0.55	0.43	23.6				3.2			
						6	110—130	棕灰色	轻壤土	粒状	4.9	14.4	1.13	0.36	25.8				4.9			

岚 皋 县

主要土类说明

棕壤是岚皋县主要土壤类型，占本县地域面积的 39%。棕壤是在落叶阔叶林下形成的森林土壤，处于硅铝风化阶段，具 O–A–Bt–C 剖面构型，分布在海拔 1600m 以上的地区。土体见黏粒淀积，盐基充分淋失，pH 为 6.0—7.0，见少量游离铁。棕壤具有明显的有机质累积层和鲜棕色心土层，黏化作用较弱。表层有较厚的枯枝落叶层，其下的 A 层一般具团粒状结构，A 层以下为心土层。

黄棕壤是岚皋县第二大土壤类型，占本县地域面积的 34%。黄棕壤是在北亚热带暖湿落叶阔叶林下发育的地带性土壤，弱度富铝化，黏聚现象明显，呈黄棕色。该土壤具 A–B–C 或 A–（B）–C 剖面构型，黏粒硅铝率在 2.5 左右，铁的游离度较红壤低，B 层交换性酸大于 A 层。黄棕壤是本县主要的农业土壤，主要栽培农作物和亚热带经济作物。自然植被为常绿阔叶林或常绿针阔叶混交林，目前自然植被大多被破坏。由于水热条件特别是热量条件优越，因此土壤黏化作用强烈，淋溶淀积明显，脱钙离铁显著。在水热综合影响下，有机质的聚积和分解都很强烈。

黄褐土是岚皋县第三大土壤类型，占本县地域面积的 25%。黄褐土是在北亚热带暖湿气候条件和常绿阔叶林、落叶阔叶林植被条件下形成的地带性土壤，具 A–B–C 或 A–Bt–C 剖面构型。成土母质为黄土状母质和黏黄土。成土过程主要包括强烈的黏化过程、中度淋溶过程、腐殖质化过程及弱度脱硅富铝化过程。该土壤土体中游离碳酸钙已不复存在，土壤呈灰黄棕色，在底部可散见圆形石灰结核。土壤黏化淀积明显，B 层黏聚，黏粒硅铝率在 3.0 左右，盐基饱和度由表层向底层逐渐趋向饱和。

小于本县地域面积 3% 的土壤类型有水稻土、山地草甸土、潮土、粗骨土。

本区域中心区气候特征

本区域中心区气候特征值
Regional climate characteristics in central area of the region

气候带：北亚热带湿润气候 Climate region: North subtropical humid climate	
年平均气温 /℃ Annual average temperature /℃	14.8
年平均最高气温 /℃ Annual average maximum temperature /℃	20.0
年平均最低气温 /℃ Annual average minimum temperature /℃	10.8
年降水量 /mm Annual precipitation /mm	1114
≥ 10℃的积温 /℃ Daily temperature accumulated in a year (≥ 10℃) /℃	6037
年日照时数 /h Annual sunshine /h	1464
年平均相对湿度 /% Annual average relative humidity /%	74
干燥度 Dryness	0.98

本区域中心区月平均气温与月平均降水量
Monthly temperature and precipitation in central area of the region

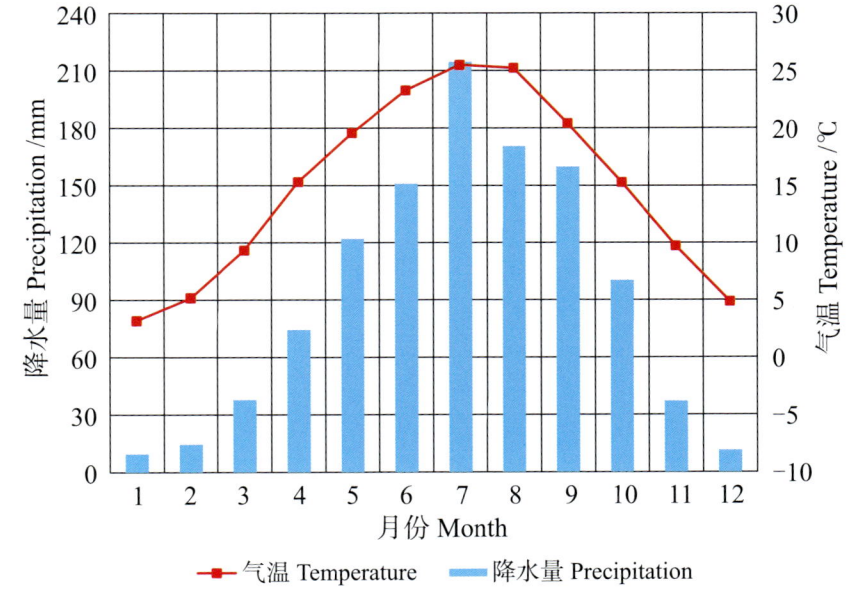

岚皋县主要土壤类型与土壤剖面点分布图
1∶230 000

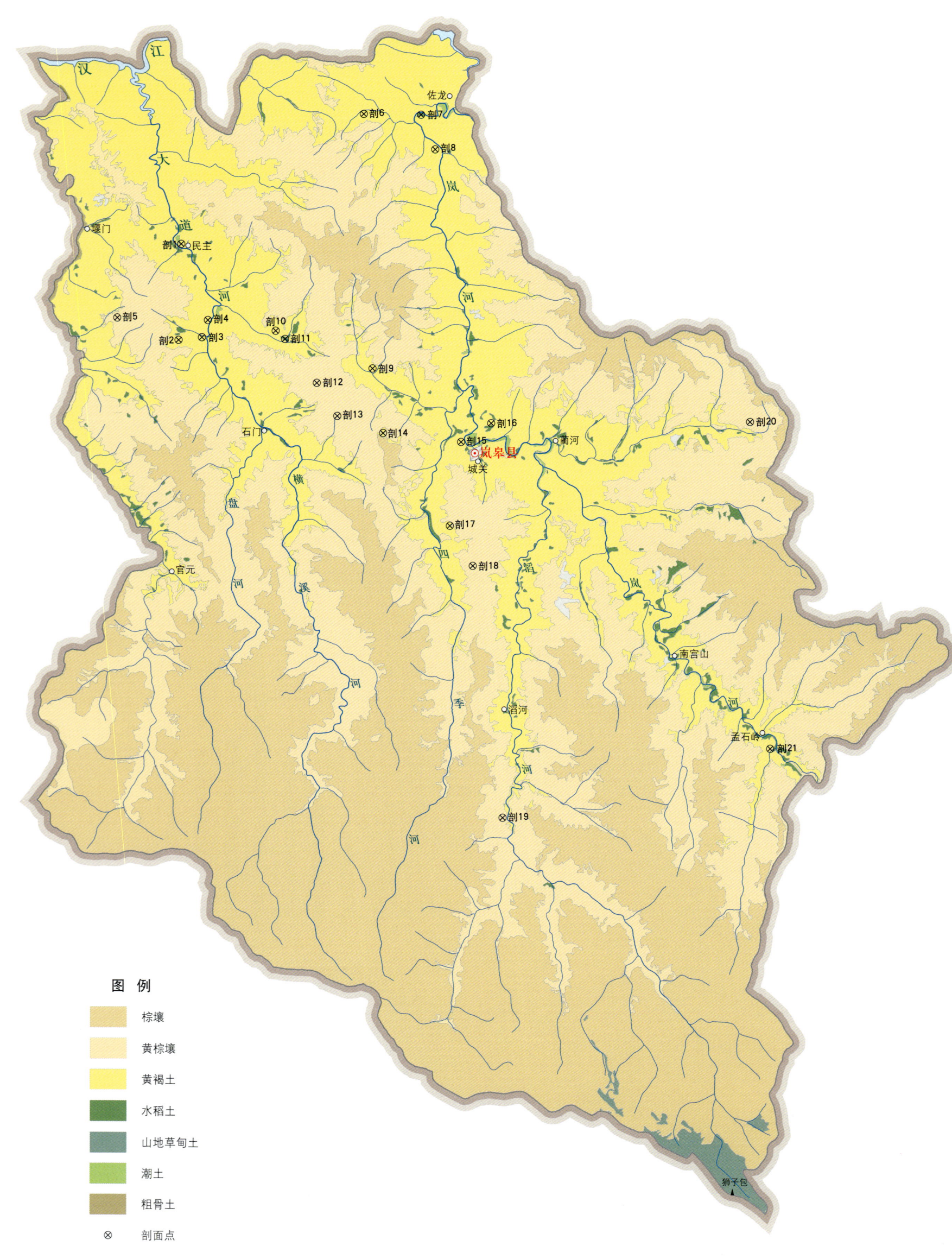

岚皋县土壤剖面理化性状表

剖面号 Soil profile	土纲 Soil order	土类 Soil great group	亚类 Soil subgroup	土属 Soil genus	土种 Soil species	土层码 Layer code	土层厚度 Depth/cm	颜色 Soil color	质地 Soil texture	土壤结构 Soil structure	pH	有机质 OM/(g/kg)	全氮 TN/(g/kg)	全磷 TP/(g/kg)	全钾 TK/(g/kg)	阳离子交换量CEC/(cmol/kg)	土壤母质 Parent material	剖面点坐标 Profile coordinate	匹配指数 Matching index/%
剖1	淋溶土	黄褐土	黄褐土	红黏土状母质黄褐土	黄泥巴	1	0—15	浅黄色	中壤土	小团块状	5.3	5.6	0.72	0.28	18.8	13.1	红黏土状母质	E 108°43′09.6″ N 32°24′40.1″	91
						2	15—40	棕黄色	中壤土	小棱块状	5.4	5.5	0.66	0.25	17.4	11.1			
						3	40—69	浅黄色	中壤土	棱块状	4.9	3.3	0.49	0.38	17.9	15.3			
						4	69—145	黄棕色	中壤土	棱块状	4.8	3.3	0.47	0.18	17.0	13.3			
剖2	淋溶土	黄褐土	黄褐土	红黏土状母质黄褐土	钙质黄泥土	1	0—15	浅黄色	轻壤土	粒状	7.6	4.2	0.87	0.53	18.1	16.6	红黏土状母质	E 108°43′04.4″ N 32°21′49.9″	73
						2	15—22	棕黄色	中壤土	小块状	7.4	11.3	1.42	0.39	11.3	17.5			
						3	22—85	橙黄色	重壤土	棱块状	7.2	13.1	1.64	0.48	13.6	16.0			
剖3	淋溶土	黄褐土	黄褐土	红色系母质黄褐土	小红土	1	0—20	红黄色	轻壤土	粒状	6.3	11.8	1.24	1.14	7.0	35.5	红色系母质	E 108°43′54.8″ N 32°21′56.0″	71
						2	20—36	棕黄色	轻壤土	小块状	6.2	9.8	1.01	2.51	4.4	37.7			
						3	36—61	红棕色	中壤土	柱状	6.3	5.1	0.59	2.47	4.7	29.1			
						4	61—110	黄棕色	轻壤土	粒状	6.2	3.8	0.37	1.51	2.9	24.6			
剖4	淋溶土	黄褐土	黄褐土	砂岩、砾岩、古河床母质黄褐土	砾质黄泥土	1	0—9	黄棕色	砂质轻壤土	粒状	5.9	14.3	1.16	0.77	9.3	37.7	砂岩、砾岩、古河床母质	E 108°44′06.8″ N 32°22′26.9″	99
						2	9—15	黄色	轻壤土	团块状	6.0	12.8	1.05	0.78	4.8	35.9			
						3	15—30	栗黄色	中壤土	柱状	5.9	12.0	1.08	0.84	10.3	39.6			
						4	30—62	褐色	重壤土	棱柱状	6.0	6.7	0.74	0.96	10.3	37.2			
剖5	淋溶土	黄棕壤	黄棕壤	麻骨石母质棕壤	厚层黄麻泥	A	0—20	灰棕色	砂壤土	粒状	6.3	11.8	1.22	1.14	7.0	35.5	砂岩、砾岩、古河床母质	E 108°40′52.3″ N 32°22′27.8″	77
						AB	20—36	暗棕色	砂壤土	块状	6.2	9.8	1.01	2.51	4.4	37.7			
						Bt	36—61	黄棕色	砂质黏壤土	块状	6.3	5.1	0.59	2.47	4.7	29.2			
						C	61—110	灰棕色	砂质黏壤土	块状	6.2	3.8	0.37	2.78	2.9	24.6			
剖6	淋溶土	黄褐土	粗骨性黄褐土	花岗片麻岩粗骨性黄褐土		1	0—18	灰棕色	轻壤土	团块状	6.2	8.6	0.68	2.01	8.4	17.4	花岗片麻岩风化物	E 108°49′32.3″ N 32°28′43.9″	89
						2	18—34	灰黄色	中壤土	小棱块状	6.3	4.7	0.34	1.59	9.2	15.9			
						3	34—70	灰褐色	中壤土	块状	6.4	4.9	0.42	1.92	10.3	13.8			
						4	70—110	灰棕色	中壤土	棱柱状	6.5	3.4	0.18	1.82	9.8	10.9			
剖7	人为土	水稻土	渗育水稻土	黄褐土型渗育水稻土	黄泥田	1	0—22	浅褐黄色	中壤土	棱块状	6.0	13.0	1.36	0.37	11.2	13.1	花岗片麻岩风化物	E 108°51′35.2″ N 32°28′44.5″	70
						2	22—28	深棕色	重壤土	棱块状	6.3		>6.00	0.29	12.0	16.1			
						3	28—60	暗棕色	中壤土	块状	5.3	5.1	0.58	0.22	12.3	16.6			
						4	60—98	浅黄棕色	中壤土	棱块状	5.0	3.5	0.60	0.31	16.2	21.3			
						5	98—123	中黄色	中壤土	块状	5.6	3.2	0.53	0.29	14.0	24.7			
剖8	淋溶土	黄褐土	粗骨性黄褐土	板岩、片岩、千枚岩粗骨性黄褐土	炭质土	1	0—22	黑色	轻壤土	粒状	7.4	20.0	2.28	1.23	7.1	7.6	板岩、片岩、千枚岩风化物	E 108°52′07.1″ N 32°27′42.3″	99
						2	22—97	灰棕色	砂土	团块状	7.7	17.2	1.85	1.85	8.2	9.5			
						3	97—129	黑黑色	砂土	片块状	7.3	17.3	1.83	2.58	12.5	8.5			
剖9	淋溶土	黄褐土	粗骨性黄褐土	板岩、片岩、千枚岩粗骨性黄褐土	灰褐砂土	1	0—25	灰褐色	砂土	小团块状	5.5	25.8	2.04	0.50	17.0	11.2	板岩、片岩、千枚岩风化物	E 108°50′02.1″ N 32°21′05.5″	96
						2	25—34	浅黄棕色	中壤土	小团块状	5.4	7.6	0.80	0.22	13.4	6.7			
						3	34—66	黄灰黄色	中壤土	棱柱状	5.6	5.5	0.69	0.23	19.6	7.3			
						4	66—82	灰黄色	中壤土	粒状	5.5	6.8	0.72	0.24	19.2	9.3			
剖10	淋溶土	黄褐土	黄褐土	红黏土状母质黄褐土	黄泥土	1	0—19	暗棕色	中壤土	小块状	6.4	11.0	1.15	0.51	6.1	23.1	红色黏土	E 108°46′32.4″ N 32°22′10.1″	78
						2	19—28	暗棕色	中壤土	棱柱状	6.5	11.3	1.20	0.71	6.3	24.1			
						3	28—42	暗黄色	中壤土	棱柱状	6.6	9.1	0.91	1.09	7.5	26.7			
						4	42—83	暗黄色	中壤土	块状	6.5	8.0	0.77	0.93	7.4	28.3			
						5	83—136	暗黄色	重壤土	棱柱状	6.6	4.7	0.50	0.55	8.1	29.4			
剖11	人为土	水稻土	潴育水稻土	黄褐土型潴育水稻土	锈斑砂田	1	0—20	灰蓝色	轻壤土	块状	6.7	15.5	1.59	1.32	12.5	20.1	黄褐土	E 108°46′53.1″ N 32°21′55.9″	75
						2	20—28	灰棕色	轻砂土	小团块状	7.2	11.0	1.12	1.13	14.6	15.8			
						3	28—42	黄棕色	轻壤土	小团块状	7.5	9.4	0.92	1.08	12.6	17.6			
						4	42—152	黄褐色	中壤土	小团块状	7.4	7.7	0.75	0.93	9.4	9.7			

续表 Continued

剖面号 Soil profile	土纲 Soil order	土类 Soil great group	亚类 Soil subgroup	土属 Soil genus	土种 Soil species	土层码 Layer code	土层厚度 Depth/cm	颜色 Soil color	质地 Soil texture	土壤结构 Soil structure	pH	有机质 OM/(g/kg)	全氮 TN/(g/kg)	全磷 TP/(g/kg)	全钾 TK/(g/kg)	阳离子交换量CEC/(cmol/kg)	土壤母质 Parent material	剖面点坐标 Profile coordinate	匹配指数 Matching index/%
剖12	淋溶土	黄棕壤	黄棕壤	坡积黄土状母质黄棕壤	黄泡土	1	0—17	灰棕色	轻壤土	粒状	5.7	17.4	1.58	0.55	10.3	9.5	坡积黄土状母质	E 108°48′03.4″ N 32°20′37.2″	74
						2	17—25	黄棕色	中壤土	小块状	6.1	11.7	1.11	0.39	12.7	9.1			
						3	25—61	浅黄色	中壤土	棱块状	5.9	5.0	0.53	0.19	5.2	8.6			
						4	61—97	棕黄色	中壤土	棱块状	5.8	4.5	0.46	0.26	12.1	8.3			
						5	97—131	暗黄色	中壤土	棱块状	5.7	4.0	0.47	0.23	13.9	9.8			
						6	131—150	棕黄色	轻壤土	团块状	5.5	3.3	0.47	0.36	20.1	9.4			
剖13	淋溶土	黄棕壤	粗骨性黄棕壤	板岩、片岩、千枚岩粗骨黄棕壤	润黄扁砂土	1	0—20	黄黄色	轻壤土	团块状	5.9	23.8	2.69	0.64	17.0	16.7	板岩、片岩、千枚岩风化物	E 108°48′48.3″ N 32°19′37.9″	72
						2	20—48	灰黄色	中壤土	小棱块状	5.7	4.8	0.85	0.34	18.0	5.5			
						3	48—78	棕黄色	中壤土	小棱块状	5.6	5.2	0.98	0.38	14.6	7.5			
						4	78—107	灰黄色	中壤土	小棱块状	5.5	4.9	0.87	0.41	22.3	7.2			
						5	107—134	棕黄色	中壤土	棱块状	5.7	3.5	0.72	0.36	18.4	6.0			
剖14	淋溶土	黄褐土	粗骨性黄褐土	花岗片麻岩粗骨黄褐土		1	0—15	浅黄色	砂土	粒状		5.5	0.44	1.11	6.0	23.7	花岗片麻岩风化物	E 108°50′27.1″ N 32°19′09.3″	98
						2	15—21	黄黄色	轻壤土	粒状	5.4	4.1	0.42	2.60	3.4	20.1			
						3	21—47	浅黄色	砂土	团粒状	5.5	3.3	0.22	2.28	3.6	22.0			
剖15	淋溶土	黄褐土	粗骨性黄褐土	花岗片麻岩粗骨黄褐土		1	0—15	黄棕色	轻壤土	粒状	6.5	13.5	1.70	1.67	3.9	12.6	花岗片麻岩风化物	E 108°53′14.5″ N 32°18′55.8″	96
						2	15—27	灰棕色	轻壤土	粒状	7.3	23.2	2.14	1.49	2.1	12.4			
剖16	淋溶土	黄褐土		板岩、片岩、千枚岩粗骨黄褐土	富钙扁砂土	1	0—17	灰黄色	中壤土	团块状	7.5	18.0	1.99	0.84	22.0	13.9	板岩、片岩、千枚岩风化物	E 108°54′17.9″ N 32°19′30.7″	84
						2	17—23	黄棕色	轻壤土	团块状	7.6	14.9	1.73	0.79	17.9	11.4			
						3	23—60	灰黄色	轻壤土	团块状	7.3	11.8	1.33	0.83	17.5	8.5			
						4	60—81	灰色	砂土	块状	7.7	4.4	0.45	0.73	13.0	3.9			
						5	81—98	灰棕色	砂土	块状	7.6	4.1	0.64	0.59	13.5	5.4			
剖17	淋溶土	黄褐土	粗骨性黄褐土	板岩、片岩、千枚岩粗骨黄褐土		1	0—15	灰黄色	轻壤土	团块状	6.3	11.7	1.26	0.42	11.1	14.8	板岩、片岩、千枚岩风化物	E 108°52′54.6″ N 32°16′24.6″	83
						2	15—21	浅黄色	中壤土	团块状	6.1	11.6	1.37	0.37	18.2	14.6			
						3	21—24	黄色	中壤土	团块状	5.8	6.1	0.86	0.31	17.8	20.2			
剖18	淋溶土	黄棕壤	黄棕壤	麻骨石黄棕壤	厚层黄麻土	A₁	0—17	灰棕色	砂壤土	团块状	5.7	17.4	1.58	0.55	10.3	9.5	板岩、片岩、千枚岩风化物	E 108°53′45.2″ N 32°15′13.3″	79
						A₂	17—25	黄棕色	中壤土	小块状	6.1	11.7	1.11	0.39	12.7	9.1			
						Bt₁	25—51	浅黄色	壤质黏土	棱块状	5.9	5.0	0.53	0.19	13.4	9.1			
						Bt₂	51—77	浅黄棕色	壤质黏土	棱块状	5.8	4.5	0.46	0.26	12.1	8.6			
						C	77—150	棕黄色	黏质壤土	块状	5.5	3.3	0.47	0.36	20.1	8.3			
剖19	淋溶土	黄棕壤	粗骨性黄棕壤	花岗片麻岩粗骨黄棕壤	润灰砂土	1	0—20	灰黄色	中壤土		7.1	21.0	2.63	1.05	18.0	15.5	花岗片麻岩风化物	E 108°52′54.6″ N 32°16′24.6″	92
						2	20—30	浅黄色	中壤土	小团块状	7.3	21.0	2.53	1.08	18.9	16.7			
						3	30—60	黄色	中壤土	小团块状	7.3	16.7	2.17	1.06	18.2	11.5			
						4	60—107	灰棕色	中壤土	小团块状	7.0	6.9	1.20	0.88	19.9	12.5			
剖20	淋溶土	黄棕壤				1	0—20	浅黄色	轻壤土	小团块状	5.7	11.8	1.15	0.91	12.6	20.7	花岗片麻岩风化物	E 108°55′00.0″ N 32°07′39.4″	98
						2	20—25	灰黄色	中壤土	小团块状	5.9	11.9	1.06	0.87	2.2	24.3			
						3	25—38	浅黄色	轻壤土	小团块状	5.8	11.6	1.08	0.91	2.4	19.3			
						4	38—82	浅黄色	轻壤土	棱状	6.0	9.8	0.92	0.94	7.8	18.8			
						5	82—106	浅黄棕色	中壤土	块状	6.1	10.8	0.87	0.92	4.1	18.2			
						6	106—143	浅黄灰色	中壤土	棱块状	6.3	9.4	0.80	0.98	1.3	18.8			
						7	143—158	黄灰色	中壤土	棱块状	5.8	18.8	1.32	0.90	1.2	10.4			
剖21	淋溶土	黄褐土		石灰岩坡积物黄褐土	灰泥土	1	0—16	暗黄色	轻壤土	团块状	7.3	8.0	0.91	1.57	17.7	16.5	石灰岩坡积物	E 109°04′29.6″ N 32°09′54.3″	98
						2	16—58	暗黄色	轻壤土	团块状	7.4	5.5	0.64	1.39	16.8	16.5			
						3	58—78	灰黄色	中壤土	团块状	7.0	4.0	0.52	2.27	14.8	15.4			

平 利 县

主要土类说明

黄褐土是平利县主要土壤类型，占本县地域面积的 40%。黄褐土是在北亚热带暖湿气候条件和常绿阔叶林、落叶阔叶林植被条件下形成的地带性土壤，具 A-B-C 或 A-Bt-C 剖面构型。成土母质为黄土状母质和黏黄土。成土过程主要包括强烈的黏化过程、中度淋溶过程、腐殖质化过程及弱度脱硅富铝化过程。该土壤土体中游离碳酸钙已不复存在，土壤呈灰黄棕色，在底部可散见圆形石灰结核。土壤黏化淀积明显，B 层黏聚，黏粒硅铝率在 3.0 左右，盐基饱和度由表层向底层逐渐趋向饱和。

黄棕壤是平利县第二大土壤类型，占本县地域面积的 35%。黄棕壤是在北亚热带暖湿落叶阔叶林下发育的地带性土壤，多由砂页岩及花岗岩风化物发育而成，弱度富铝化，黏聚现象明显，呈黄棕色，分布在海拔 1500m 以下的地区。该土壤具 A-B-C 或 A-（B）-C 剖面构型，黏粒硅铝率在 2.5 左右，铁的游离度较红壤低，B 层交换性酸大于 A 层。黄棕壤分布区气候温暖湿润，土壤风化及淋溶作用强烈，黏粒形成与移动活跃，黏化层明显，甚至形成黏盘，物理性黏粒含量在 40% 以上，土体黏重紧实，具块状结构，结构体表面有大量的铁锰胶膜，甚至形成铁锰结核。一般表土层呈暗棕色，心土层呈黄棕色，心土层中常有灰色潜育斑纹，全剖面无石灰反应，呈微酸性至酸性，盐基不饱和。

棕壤是平利县第三大土壤类型，占本县地域面积的 23%。棕壤是在落叶阔叶林和针阔叶混交林下形成的地带性土壤，位于本县的天然水源涵养区，分布在海拔 1500m 以上的大巴山背脊、凤凰尖、秋山、西岱顶、药妇山顶部也有小面积分布。本县地势高寒，常年湿润多雨，冬季有较稳定的冻土层，土壤淋溶作用十分强烈，黏化作用较弱，上部土层中的黏粒有向心土层聚积的趋势，黏粒含量较高，具棱块状结构，碳酸盐被淋洗，盐基不饱和，pH 为 5.5—6.9。黏土矿物以水云母、蛭石为主。该土壤以自然土体为主，植物根系密集交错，土体上部多为枯枝落叶层，表层为暗褐色或灰黑色腐殖质层，其下为心土层和母质层。土体色调均匀一致，以棕色为主，心土层呈鲜棕色，母质层呈棕色。

小于本县地域面积 3% 的土壤类型有水稻土、山地草甸土、潮土。

本区域中心区气候特征

本区域中心区气候特征值
Regional climate characteristics in central area of the region

气候带：北亚热带湿润气候 Climate region: North subtropical humid climate	
年平均气温 /℃ Annual average temperature /℃	14.7
年平均最高气温 /℃ Annual average maximum temperature /℃	20.1
年平均最低气温 /℃ Annual average minimum temperature /℃	10.7
年降水量 /mm Annual precipitation /mm	1066
≥10℃的积温 /℃ Daily temperature accumulated in a year（≥10℃）/℃	6061
年日照时数 /h Annual sunshine /h	1511
年平均相对湿度 /% Annual average relative humidity /%	74
干燥度 Dryness	1.02

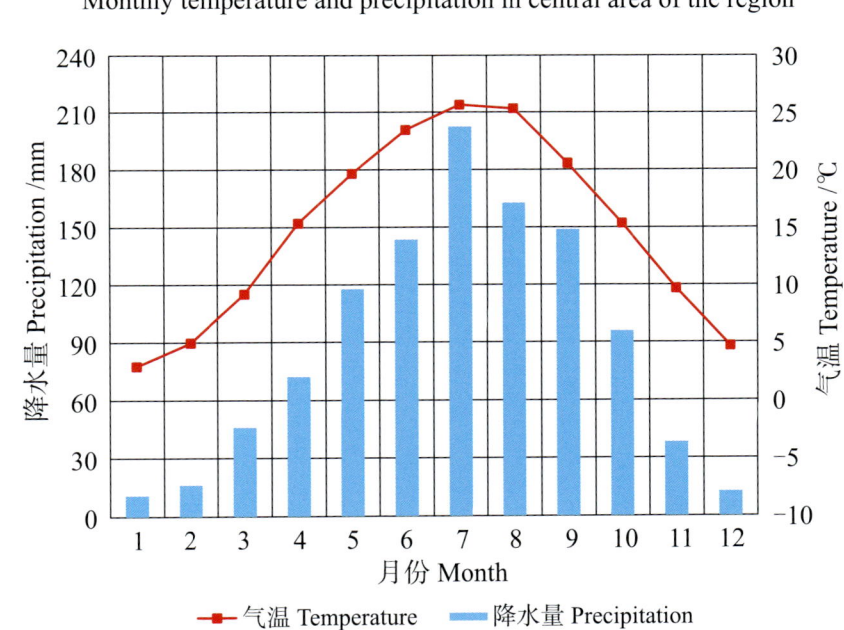

本区域中心区月平均气温与月平均降水量
Monthly temperature and precipitation in central area of the region

平利县主要土壤类型与土壤剖面点分布图
1 : 290 000

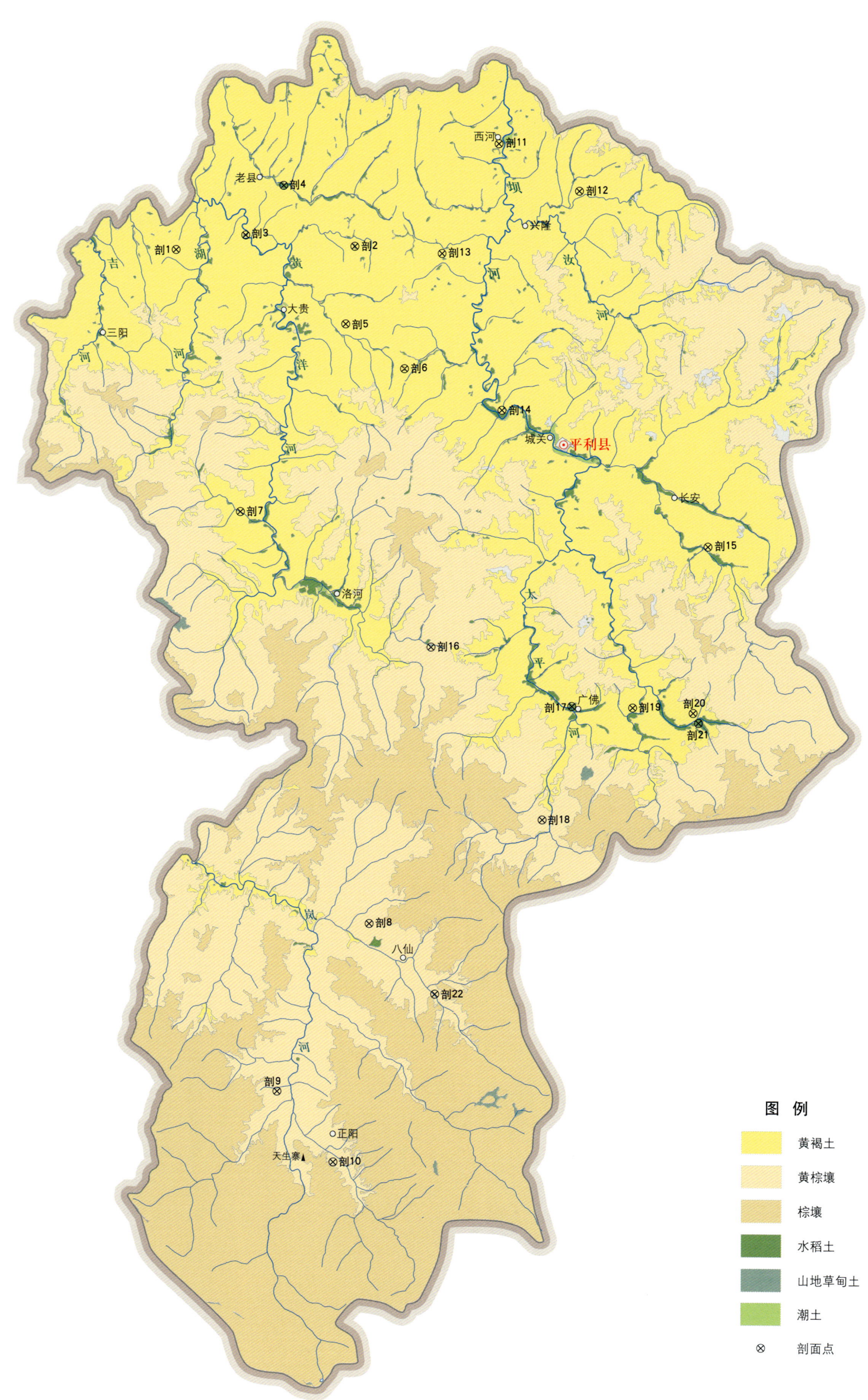

平利县土壤剖面理化性状表

剖面号 Soil profile	土纲 Soil order	土类 Soil great group	亚类 Soil subgroup	土属 Soil genus	土种 Soil species	土层码 Layer code	土层厚度 Depth/cm	颜色 Soil color	质地 Soil texture	土壤结构 Soil structure	pH	有机质 OM/(g/kg)	全氮 TN/(g/kg)	全磷 TP/(g/kg)	全钾 TK/(g/kg)	阳离子交换量CEC/(cmol/kg)	土壤母质 Parent material	剖面点坐标 Profile coordinate	匹配指数 Matching index/%
剖1	淋溶土	黄褐土	粗骨性黄褐土	板岩、片岩、千枚岩粗骨性黄褐土	黄扁砂土	1	0—20	黄棕色	轻壤土	粒状	6.1	10.8	1.03	0.32			板岩、片岩、千枚岩风化物	E 109°04′59.9″ N 32°30′07.1″	77
						2	20—50	黄棕色	轻壤土	小块状	5.5	3.9	0.84	0.23					
剖2	人为土	水稻土	潴育水稻土	冲积洪积型潴育水稻土	黄斑砂田	1	0—15	灰黄色	轻壤土	团block状	5.4	26.9	1.93	0.48	19.8	8.1	洪冲积物	E 109°12′22.8″ N 32°30′20.5″	98
						2	15—31	灰黄色	砂土		6.2	18.9	1.47	0.40	20.4	4.4			
						3	31—53	灰黄色	轻壤土	团块状	6.8	11.9	1.00	0.38	21.7	5.6			
剖3	人为土	水稻土	潴育水稻土	冲积洪积型潴育水稻土	锈斑砂底田	1	0—15	灰褐色	砂壤土	块状	5.2	19.9	1.40	0.42	34.0	5.1	洪冲积物	E 109°07′51.8″ N 32°30′40.4″	89
						2	15—24	灰褐色	砂土	粒状	6.4	10.7	0.94	0.49	33.3	6.2			
						3	24—34	锈色	砂土	粒状	6.6	6.1	0.72	0.52	39.2	2.9			
						4	40—50	灰色	砂土	粒状	6.6	7.7	0.71	0.47	33.7	3.2			
						5	60—70	锈色	砂土	粒状	6.4	6.6	0.76	0.48	29.8	3.0			
剖4	人为土	水稻土	潴育水稻土	冲积洪积型潴育水稻土	锈斑砂泥田	6	85—95	蓝灰色	砂壤土	粒状	6.2	11.9	0.80	0.43	34.8	3.5	洪冲积物	E 109°09′24.4″ N 32°32′25.0″	80
						7	95—135	锈灰色	松砂土	粒状	6.6	9.0	0.85	<0.10	31.5	3.4			
						1	0—20	灰黄色	中壤土	团块状	4.5	14.0	0.98	0.61	16.5	7.3			
						2	20—33	黄棕色	轻壤土	团块状	5.7	9.3	0.93	0.73	16.5	7.4			
						3	33—57	黄棕色	轻壤土	棱柱状	6.2	10.2	0.64	0.59	20.4	6.4			
						4	57—63	黄棕色	轻黏土	小棱块状	6.3	12.6	0.77	0.55	15.0	5.9			
						5	63—80	黄棕色	中壤土	块状	6.4	16.8	0.99	0.48	16.7	8.4			
						6	80—110	浅灰黄色	中壤土	粒状	6.5	15.1	0.81	0.48	16.6	5.9			
剖5	淋溶土	黄褐土	黄褐土	红黏土或黄土状母质黄褐土	黄泥巴	1	0—17	黄棕色	重壤土	团块状	5.0	18.3	1.19	0.29	16.9	9.4	红黏土、黄土状母质	E 109°12′03.6″ N 32°27′38.8″	85
						2	17—50	褐色	轻黏土	小块状	5.5	7.6	0.74	0.21	17.6	8.6			
						3	50—150	黄棕色	轻黏土	小块状	5.6	8.3	0.69	0.20	23.7	10.1			
剖6	淋溶土	黄棕壤	黄棕壤	石灰岩黄棕壤	灰泥土	1	0—16	黄褐色	重壤土	团块状	7.6	27.1	1.83	0.74	23.7	5.4	石灰岩坡积物	E 109°14′30.9″ N 32°26′08.6″	94
						2	16—47	灰褐色	重壤土	块状	7.3	7.6	0.70	0.38	17.0	10.5			
剖7	淋溶土	黄棕壤	黄棕壤	石灰岩坡积物黄棕壤	灰泥土	1	0—21	黄褐色	中壤土	团块状	6.4	24.4	1.63	0.81	16.6	16.2	石灰岩坡积物	E 109°07′51.4″ N 32°21′04.2″	87
						2	21—35	灰褐色	重黏土	小块状	6.6	11.7	1.04	0.48	17.6	15.5			
						3	35—37	灰褐色	轻壤土	小块状	6.5	11.0	1.11	0.42	17.0	15.6			
剖8	淋溶土	黄棕壤	黄棕壤	石灰岩黄棕壤	山地灰泥土	1	0—20	灰褐色	重黏土	团块状	7.1	26.5	1.70	0.63	21.1	14.3	石灰岩坡积物	E 109°13′29.6″ N 32°06′51.4″	90
						2	20—28	灰棕色	轻黏土	小块状	7.3	20.3	1.37	0.68	20.9	6.7			
						3	28—34	黄褐色	重黏土	棱块状	7.1	19.0	1.41	0.62	21.2	6.4			
						4	34—70	黄褐色	轻壤土	块状	6.8	3.1	0.78	0.22	19.4	6.4			
剖9	淋溶土	黄棕壤	粗骨性黄棕壤	花岗片麻岩黄棕壤	润黄砂土	1	0—20	黄色	砂壤土	粒状	5.7	20.5	1.41	0.74	16.6	28.8	花岗片麻岩风化物	E 109°09′52.0″ N 32°00′57.2″	87
						2	20—49	灰褐色	轻壤土	粒状	5.5	19.6	1.30	0.68	19.1	19.7			
						3	49—83	黄棕色	轻壤土	小块状	5.4	14.6	1.18	0.56	12.5	22.3			
剖10	淋溶土	黄棕壤	黄棕壤	坡积黄土状母质黄棕壤	黄泡土	1	0—24	黄棕色	中壤土	团粒状	6.3	15.7	0.94	2.43	7.8	30.3	坡积黄土状母质	E 109°13′12.9″ N 31°58′32.8″	71
						2	24—34	灰棕色	中壤土	团粒状	5.9	20.3	1.13	1.28	7.8	30.1			
						3	34—55	灰棕色	中壤土	团块状	5.9	29.0	1.53	1.34	11.2	26.9			
						4	55—85	黄棕色	中壤土	团块状	6.0	25.5	1.50	1.46	12.2	19.1			
						5	85—95	黄棕色	重壤土	块状	6.1	2.8	2.08	1.52	14.6	19.7			
剖11	淋溶土	黄褐土	黄褐土	红黏土或黄土状母质黄褐土	黄泥土	1	0—19	黄棕色	中壤土	块状	6.0	15.7	1.28	0.34	35.7		红黏土、黄土状母质	E 109°18′16.3″ N 32°33′59.3″	81
						2	19—25	黄棕色	中壤土	块状	5.9	4.9	0.85	0.27	35.3				
						3	30—54	黄棕色	中壤土	棱状	5.9	4.9	0.87	0.27	35.3				

续表 Continued

剖面号 Soil profile	土纲 Soil order	土类 Soil great group	亚类 Soil subgroup	土属 Soil genus	土种 Soil species	土层码 Layer code	土层厚度 Depth/cm	颜色 Soil color	质地 Soil texture	土壤结构 Soil structure	pH	有机质 OM/(g/kg)	全氮 TN/(g/kg)	全磷 TP/(g/kg)	全钾 TK/(g/kg)	阳离子交换量CEC/(cmol/kg)	土壤母质 Parent material	剖面点坐标 Profile coordinate	匹配指数 Matching index/%
剖12	淋溶土	黄褐土	粗骨性黄褐土	板岩、片岩、千枚岩粗骨性黄褐土	黄棉砂土	1	0—14	黄棕色	砂壤土	粒状	6.4	15.4	1.18	0.39	36.2	9.7	板岩、片岩、千枚岩风化物	E 109°21′37.3″ N 32°32′23.0″	77
						2	14—23	黄棕色	砂壤土	小块状	6.6	19.3	1.43	0.45	27.4	9.1			
						3	23—50	黄棕色	轻壤土	小块状	6.7	7.3	0.83	0.28	27.0	9.9			
剖13	淋溶土	黄褐土	黄褐土	红黏土或黄土状母质黄褐土	钙质黄黏土	1	0—24	黄褐色	轻黏土	团粒状	7.9	12.3	4.91	0.49	17.0	25.7	红黏土、黄土状母质	E 109°15′58.7″ N 32°30′08.9″	80
						2	24—73	黄色	轻黏土	团粒状	7.1	3.0	0.69	0.40	14.2	20.1			
						3	73—150	黄褐色	轻黏土	大块状	6.8	2.4	0.65	0.36	14.8	22.4			
剖14	淋溶土	黄褐土	黄褐土	红黏土或黄土状母质黄褐土	黄泥土	1	0—12	黄色	重壤土	小块状	6.3	13.9	0.91	0.36	21.0	12.2	红黏土、黄土状母质	E 109°18′34.3″ N 32°24′45.8″	80
						2	12—16	黄色	重壤土	小块状	5.5	7.1	0.58	0.27	21.4	7.4			
						3	16—70	黄褐色	中壤土	块状	5.3	11.5	0.68	0.30	16.0	7.7			
						4	70—150	黄棕色	重壤土	块状	5.4	6.1	0.51	0.26	15.6	7.1			
剖15	淋溶土	黄褐土	黄褐土	红黏土或黄土状母质黄褐土	黄泥土	1	0—12	黄褐色	轻壤土	小块状	<4.5	12.2	0.96	0.23	25.5	15.1	红黏土、黄土状母质	E 109°27′09.4″ N 32°20′08.0″	77
						2	12—20	黄褐色	重壤土	小块块状	4.6	6.0	0.71	0.24	26.1	14.6			
						3	30—40	黄褐色	轻黏土	梭块状	4.8	4.0	0.64	0.26	28.9	17.6			
						4	60—70	黄褐色	重壤土	大块状	4.9	5.2	0.72	0.29	31.0	17.5			
						5	110—120	黄褐色	重壤土	块状	4.7	4.9	0.74	0.25	31.6	16.6			
剖16	淋溶土	黄棕壤	黄棕壤	麻石黄棕壤	中层黄麻土	A	0—20	灰黄棕色	砂壤土	团粒状	5.7	20.5	1.41	0.74	16.6		花岗片麻岩风化物	E 109°15′48.9″ N 32°16′30.8″	90
						Bt	20—49	黄棕色	砂壤土	小梭块状	5.5	19.6	1.30	0.68	19.1	22.4			
						C	49—60	黄棕色	重壤土	小块状	5.4	14.6	1.18	0.56	12.9	19.6			
剖17	人为土	水稻土	潴育水稻土	黄褐土型潴育水稻土	锈斑黑砂泥田	1	0—14	灰黑色	重壤土	小块状	5.2	21.7	1.61	0.31	28.5	10.2	黄褐土	E 109°21′39.9″ N 32°14′31.9″	77
						2	14—27	灰黑色	重壤土	梭块状	5.7	13.6	1.18	0.29	25.9	9.9			
						3	27—51	黄棕色	重壤土	梭块状	6.0	12.2	1.09	0.25	26.8	7.1			
						4	51—75	黄棕色	轻黏土	梭块状	6.2	9.7	0.89	0.29	24.7	8.0			
						5	75—115	黄棕色	轻壤土	小块状	6.2	9.9	0.85	0.38	28.3	7.1			
						6	115—151	黄棕色	中壤土	小块状	6.1	11.9	1.03	0.45	27.2	9.0			
剖18	淋溶土	黄棕壤	黄棕壤	石灰岩黄棕壤	山地灰泥土	1	0—16	黑黄棕色	重壤土	团粒状	7.5	15.3	1.06	0.74	21.1	22.4	石灰岩风化物	E 109°20′31.6″ N 32°10′34.5″	87
						2	16—30	黑黄棕色	重壤土	小块状	7.5	15.1	1.07	1.35	20.3	19.6			
						3	30—60	黑黄棕色	重壤土	梭块状	7.5	15.0	1.03	1.15	20.4	17.9			
						4	80—120	黄棕色	轻壤土	梭柱状	7.1	3.3	0.27	0.99	23.8	34.4			
						5	130—145	黄棕色	重壤土	小块状	7.0	2.8	0.20	0.40	21.0	22.0			
剖19	淋溶土	黄褐土	粗骨性黄褐土	板岩、片岩、千枚岩粗骨性黄褐土	富钙扁砂土	1	0—15	黄棕色	中壤土	小块状	7.3	21.6	1.52	0.51	9.2	5.1	板岩、片岩、千枚岩风化物	E 109°24′10.2″ N 32°14′30.9″	72
						2	15—21	黄棕色	中壤土	小块状	7.2	18.1	1.43	0.77	25.4	8.8			
						3	21—57	黄棕色	中壤土	梭块状	6.4	14.3	1.25	0.80	25.4	6.0			
						4	57—99	黄棕色	轻壤土	梭块状	6.5	2.8	0.69	0.70	20.8	9.0			
剖20	淋溶土	黄棕壤	黄棕壤	花岗片麻岩粗骨性黄棕壤	黄砂土	1	0—18	黄棕色	中壤土	小块状	6.4	20.0	1.13	0.87	14.6	16.7	花岗片麻岩风化物、残积物	E 109°26′39.7″ N 32°14′22.0″	84
						2	18—25	灰黄色	中壤土	状	6.2	7.0	0.52	0.43	25.4	18.0			
						3	30—40	青黄色	中壤土	小块状	6.2	36.0	1.80	0.53	24.0	17.8			
						4	60—80	青黄色	轻壤土	状	5.4	36.6	1.84	0.42	20.0	18.6			
剖21	人为土	水稻土	潴育水稻土	黄棕壤型潴育水稻土	山地青黄泥田	1	0—18	青灰色	中壤土	无明显结构	6.4	20.0	1.13	0.43	13.3	8.8		E 109°26′53.8″ N 32°14′00.9″	99
						2	18—23	青灰色	轻壤土	无明显结构						11.2			
						3	23—40	红黄色	中壤土	块状		19.9	1.17			7.1			
						4	55—70	棕褐色		块状		16.8	1.06	0.64		6.8			
						5	90—110	红黄色		块状						6.5			
剖22	淋溶土	黄棕壤	粗骨性黄棕壤	花岗片麻岩黄棕壤	润黄砂土	1	0—18	黄棕色	中壤土	粒状		19.9					花岗片麻岩风化物	E 109°16′15.6″ N 32°04′26.2″	93
						2	18—24	棕色		团块状		16.8	1.06	0.70					
						3	28—38	棕色		团块状		19.5	1.21	0.70					
						4	50—70	黄棕色		块状		16.8	1.05	0.64					

镇 坪 县

主要土类说明

棕壤是镇坪县主要土壤类型，占本县地域面积的51%。棕壤是在落叶阔叶林和针阔叶混交林下形成的地带性土壤，分布在海拔1400m以上的大巴山北坡中高山地。该土壤处于硅铝风化阶段，具有黏化特征，呈棕色，具O-A-Bt-C剖面构型。土壤淋溶作用十分明显，可溶性盐被淋洗，全剖面无石灰反应，黏粒有下移趋势，黏化作用微弱，质地为轻壤土至中壤土，黏粒含量低，物理风化作用强，物理性黏粒含量高。冬季有稳定的冻土层，植被生长茂密，有机质分解慢。本县棕壤分为两个亚类，即发育在黄土状母质、泥质灰岩风化物上的棕壤亚类和发育在花岗片麻岩、板岩、片岩、千枚岩上的粗骨性棕壤亚类。

黄棕壤是镇坪县第二大土壤类型，占本县地域面积的34%。黄棕壤发生于北亚热带暖湿落叶阔叶林下，多由砂页岩及花岗岩风化物发育而成，弱度富铝化，黏聚现象明显，呈黄棕色。该土壤具A-B-C或A-（B）-C剖面构型，黏粒硅铝率在2.5左右，铁的游离度较红壤低，B层交换性酸大于A层。由于所处地区热量适中，冬季没有稳定的冻土层。该土壤黏化过程明显，土体趋向紧实，有机质分解较快，土壤盐基补充较快，是本县主要的农业土壤，适合种植农作物和亚热带经济林。

粗骨土是镇坪县第三大土壤类型，占本县地域面积的7%，零星分布在石质山地的陡坡地段。粗骨土是在岩石风化碎屑上形成的幼年土壤，发育微弱，属于A-C型，甚至（A）-C型土壤。A层发育不明显，与母质土层性状相似，略显有机质累积。有时母质层富含砾石，很少出现剖面分异与发育特征。

黄褐土占本县地域面积的5%。黄褐土是在北亚热带暖湿气候条件和常绿阔叶林、落叶阔叶林植被条件下形成的地带性土壤，具A-B-C或A-Bt-C剖面构型。成土母质为黄土状母质和黏黄土。成土过程主要包括强烈的黏化过程、中度淋溶过程、腐殖质化过程及弱度脱硅富铝化过程。该土壤土体中游离碳酸钙已不复存在，土壤呈灰黄棕色，在底部可散见圆形石灰结核。土壤黏化淀积明显，B层黏聚，黏粒硅铝率在3.0左右，盐基饱和度由表层向底层逐渐趋向饱和。

小于本县地域面积3%的土壤类型有石灰（岩）土、山地草甸土、水稻土、新积土。

本区域中心区气候特征

本区域中心区气候特征值
Regional climate characteristics in central area of the region

气候带：北亚热带湿润气候 Climate region: North subtropical humid climate	
年平均气温 /℃ Annual average temperature /℃	15.0
年平均最高气温 /℃ Annual average maximum temperature /℃	20.3
年平均最低气温 /℃ Annual average minimum temperature /℃	11.1
年降水量 /mm Annual precipitation /mm	1133
≥10℃的积温 /℃ Daily temperature accumulated in a year（≥10℃）/℃	5956
年日照时数 /h Annual sunshine /h	1466
年平均相对湿度 /% Annual average relative humidity /%	74
干燥度 Dryness	0.97

本区域中心区月平均气温与月平均降水量
Monthly temperature and precipitation in central area of the region

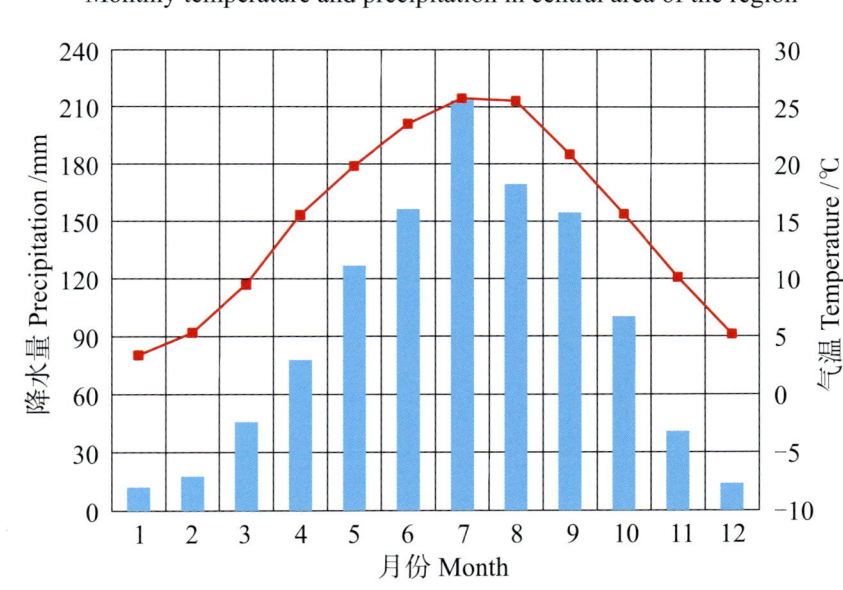

镇坪县主要土壤类型与土壤剖面点分布图
1 : 190 000

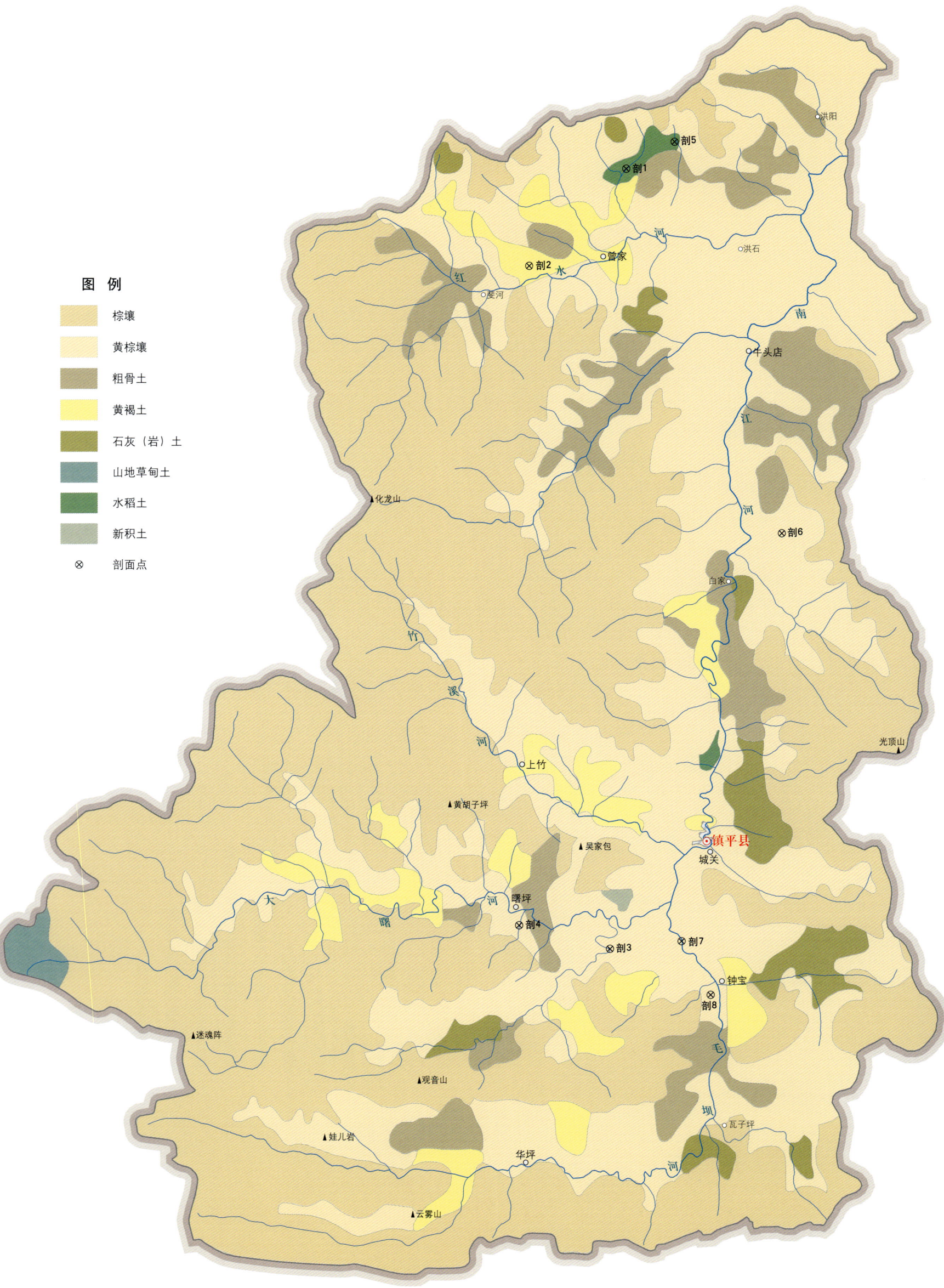

镇坪县土壤剖面理化性状表

剖面号 Soil profile	土纲 Soil order	亚类 Soil subgroup	土属 Soil genus	土种 Soil species	土层码 Layer code	土层厚度 Depth/cm	颜色 Soil color	质地 Soil texture	土壤结构 Soil structure	pH	有机质 OM/(g/kg)	全氮 TN/(g/kg)	全磷 TP/(g/kg)	全钾 TK/(g/kg)	阳离子交换量 CEC/(cmol/kg)	土壤母质 Parent material	剖面点坐标 Profile coordinate	匹配指数 Matching index/%
剖1	人为土	潜育水稻土	青泥田	青泥田	1	0—18	灰褐色	重壤土	块状	5.5	24.5	1.42	0.88	29.4	9.2		E 109°28′44.9″ N 32°09′37.3″	94
					2	18—28	灰青色	重壤土	棱块状	6.4	12.7	0.87	0.75	30.9	9.3			
					3	28—116	灰青色	重壤土	棱块状	6.6	9.5	0.61	0.97	30.8	8.5			
					4	116—130	灰褐色	中壤土	棱块状	6.7	7.0	0.42	1.03	33.5	6.8			
					5	130—140	灰褐色	中壤土	棱块状	6.9	4.9	0.32	1.04	32.5	7.2			
剖2	淋溶土	黄褐土	灰泥土	灰泥土	1	0—18	灰黄色	中壤土	团粒状	7.9	21.8	1.47	3.62	>40.0	13.3	石灰岩坡积物、残积物	E 109°25′56.8″ N 32°07′12.5″	76
					2	18—24	黄褐色	中壤土	棱块状	8.1	17.6	1.33	3.14	>40.0	12.8			
					3	24—42	黄褐色	中壤土	棱块状	7.9	21.2	1.39	2.91	32.4	16.1			
剖3	淋溶土	黄棕壤	黄泡土	腐殖质黄泡土	1	0—4	黄褐色	轻壤土	粒状	5.6	97.9	3.55	3.75	13.9	23.2	黄土状母质	E 109°28′33.4″ N 31°50′26.1″	98
					2	4—30	黄色	轻壤土	团粒状	5.1	27.2	1.01	2.92	11.9	15.7			
					3	30—59	黄棕色	砂壤土	团粒状	5.5	6.3	0.48	2.86	11.0	13.6			
					4	59—115	黄棕色	轻壤土	团粒状	5.4	5.6	0.57	1.66	11.4	11.9			
剖4	淋溶土	黄棕壤	黄泡土	黄泡土	1	0—17	黄色	中壤土	团粒状	6.2	20.9	1.08	0.93	21.1	13.1	黄土状母质	E 109°25′54.9″ N 31°50′59.1″	86
					2	17—26	黄色	中壤土	团块状	5.9	15.3	0.82	0.90	22.5	12.5			
					3	26—78	黄色	中壤土	团块状	5.5	5.0	0.32	0.69	24.1	10.1			
剖5	人为土	潴育水稻土	锈斑砂黄土田	山地锈斑砂黄土田	1	0—19	灰褐色	重壤土	块状	5.7	33.2	1.83	1.69	23.0	13.9	花岗片麻岩风化物	E 109°30′08.5″ N 32°10′17.9″	74
					2	19—33	灰褐色	重壤土	块状	5.7	30.0	1.30	1.68	21.6	13.3			
					3	33—62	灰褐色	重壤土	块状	5.7	21.4	1.18	1.66	22.4	11.9			
					4	62—120	灰褐色	轻壤土	块状	7.2	11.6	0.86	1.67	22.4	12.3			
剖6	淋溶土	黄棕壤	黄泡土	含浆土	1	0—25	浅褐色	轻黏土	团块状	7.6	20.3	1.65	1.56	35.9	21.9	黄土状母质	E 109°33′23.4″ N 32°00′43.3″	94
					2	25—37	浅褐色	轻黏土	棱块状	7.7	18.3	1.54	1.51	35.6	21.5			
					3	37—73	浅褐色	轻黏土	棱块状	7.6	12.5	1.47	1.33	35.6	20.9			
					4	73—150	浅棕色	轻壤土	棱块状	7.5	11.9	1.32	1.41	39.0	19.3			
剖7	淋溶土	黄棕壤	山地灰泥土	山地灰泥土	1	0—29	浅黄色	重壤土	团块状	7.0	17.1	1.34	1.31	35.4	17.6	石灰岩坡积物	E 109°30′38.3″ N 31°50′39.1″	85
					2	29—65	灰黄色	中壤土	棱块状	7.3	16.2	1.33	1.28	34.8	16.8			
					3	65—97	黄棕色	中壤土	块状	7.1	8.7	0.90	0.87	37.3	12.9			
					4	97—150	黄棕色	中壤土	团块状	7.2	5.6	0.69	>4.00	40.0	11.2			
剖8	淋溶土	粗骨性黄棕壤	润褐砂土	润灰漏砂土	1	0—20	灰色	中壤土	粒状	6.4	28.8	1.58	0.82	22.0	12.1	板岩、片岩、千枚岩风化物	E 109°31′30.5″ N 31°49′20.4″	96
					2	20—33	浅灰色	中壤土	块状	6.5	18.6	1.08	0.76	26.0	9.5			
					3	33—50	浅灰色	中壤土	块状	6.5	14.4	0.98	0.57	26.4	9.4			

白 河 县

主要土类说明

黄褐土是白河县主要土壤类型,占本县地域面积的 74%。黄褐土是在北亚热带暖湿气候条件和常绿阔叶林、落叶阔叶林植被条件下形成的地带性土壤,具 A–B–C 或 A–Bt–C 剖面构型。成土母质为黄土状母质和黏黄土。成土过程主要包括强烈的黏化过程、中度淋溶过程、腐殖质化过程及弱度脱硅富铝化过程。该土壤土体中游离碳酸钙已不复存在,土壤呈灰黄棕色,在底部可散见圆形石灰结核。土壤黏化淀积明显,B 层黏聚,黏粒硅铝率在 3.0 左右,盐基饱和度由表层向底层逐渐趋向饱和。本县黄褐土分为黄褐土、粗骨性黄褐土等亚类。

黄棕壤是白河县第二大土壤类型,占本县地域面积的 24%。黄棕壤发生于北亚热带暖湿落叶阔叶林下,多由砂页岩及花岗岩风化物发育而成,弱度富铝化,黏聚现象明显,呈黄棕色,分布在海拔 1400m 以下的地区。该土壤具 A–B–C 或 A–(B)–C 剖面构型,黏粒硅铝率在 2.5 左右,铁的游离度较红壤低,B 层交换性酸大于 A 层。冬季没有稳定的冻土层,亚热带植物基本上可安全越冬。本县黄棕壤分为黄棕壤、粗骨性黄棕壤等亚类。

小于本县地域面积 3% 的土壤类型有棕壤、水稻土、粗骨土、潮土。

本区域中心区气候特征

本区域中心区气候特征值
Regional climate characteristics in central area of the region

气候带:北亚热带湿润气候 Climate region: North subtropical humid climate	
年平均气温 /℃ Annual average temperature /℃	14.2
年平均最高气温 /℃ Annual average maximum temperature /℃	19.9
年平均最低气温 /℃ Annual average minimum temperature /℃	9.9
年降水量 /mm Annual precipitation /mm	890
≥10℃的积温 /℃ Daily temperature accumulated in a year (≥10℃) /℃	6278
年日照时数 /h Annual sunshine /h	1635
年平均相对湿度 /% Annual average relative humidity /%	73
干燥度 Dryness	1.14

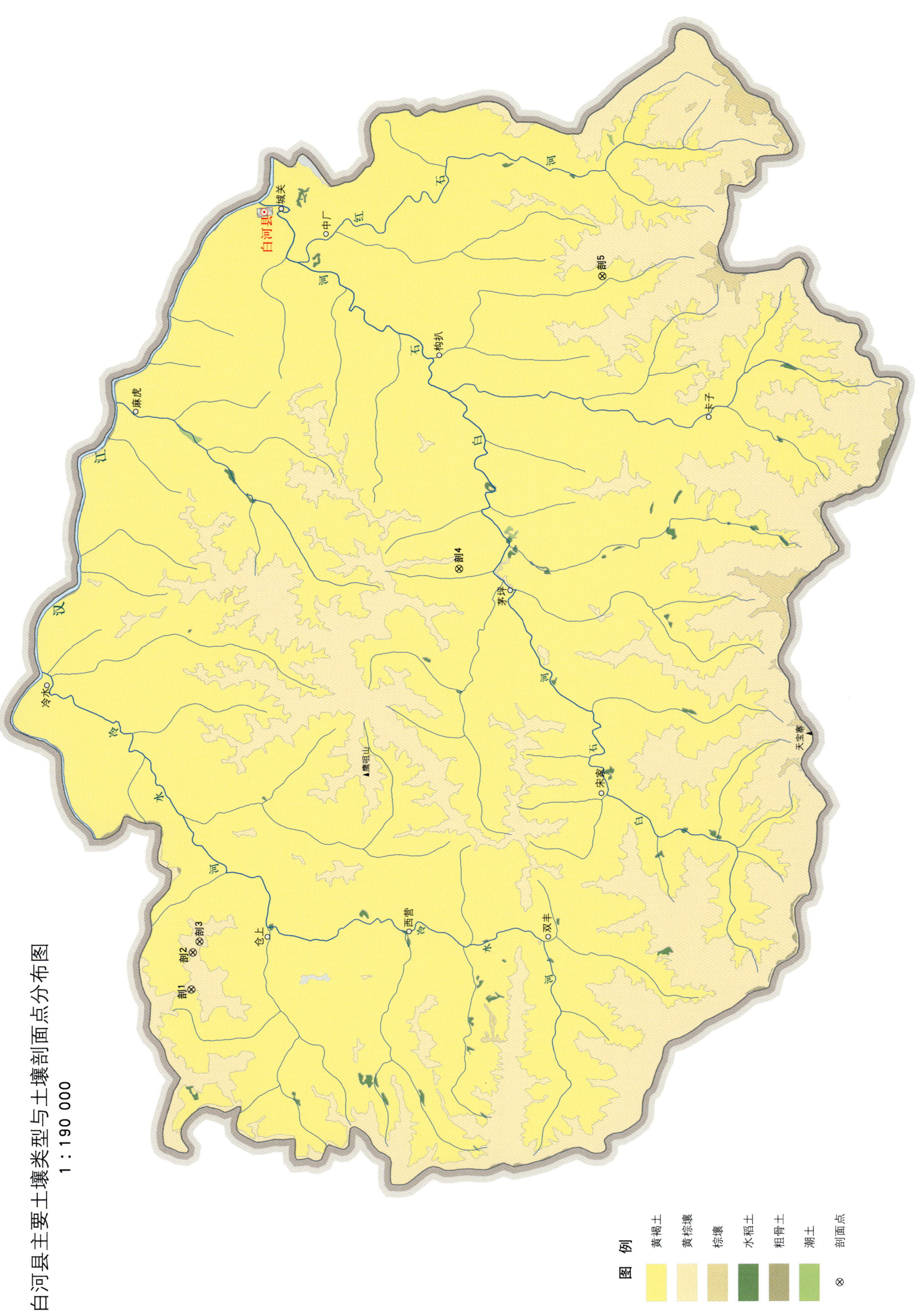

白河县土壤剖面理化性状表

剖面号 Soil profile	土纲 Soil order	土类 Soil great group	亚类 Soil subgroup	土属 Soil genus	土种 Soil species	土层码 Layer code	土层厚度 Depth/cm	颜色 Soil color	质地 Soil texture	土壤结构 Soil structure	pH	有机质 OM/(g/kg)	全氮 TN/(g/kg)	全磷 TP/(g/kg)	全钾 TK/(g/kg)	碱解氮 AN/(mg/kg)	有效磷 AP/(mg/kg)	速效钾 AK/(mg/kg)	阴离子交换量CEC/(cmol/kg)	土壤母质 Parent material	剖面点坐标 Profile coordinate	匹配指数 Matching index/%
剖1	淋溶土	黄棕壤	黄棕壤	麻骨石黄棕壤	灰黄麻泥	A	0—21	暗褐色	砂壤土	团粒状	6.4	28.1	1.58	0.23	16.7				10.0	花岗片麻岩风化物	E 109°43′30.2″ N 32°50′18.7″	74
						Bt	21—60	黄褐色	壤质黏土	棱块状	6.4	19.3	1.11	0.21	16.8				9.0			
						C	60—96	黄棕色	黏壤土	块状												
剖2	淋溶土	黄棕壤	黄棕壤	扁砂泥黄棕壤	厚层黄泥	A_1	0—20	灰棕色	砂质黏壤土	团块状	7.7	10.8	0.66	0.77	27.7	69	2.9	68	11.7	泥质岩风化物	E 109°44′34.6″ N 32°50′16.9″	77
						A_2	20—38	棕色	黏壤土	块状	7.3	8.1	0.78	0.66	27.1	47	1.9	103	20.7			
						Bt	38—95	棕黄色	壤质黏土	棱块状	7.7	5.0	0.59	0.66	27.5	29	6.3	93	18.7			
						C	95—150	棕褐色	砂质黏壤土	块状	6.7	5.0	0.59	0.75	29.0	26	11.5	87	15.5			
剖3	淋溶土	黄棕壤	粗骨性黄棕壤	淋溶扁砂土	生草润扁砂土	1	0—9	灰色	砂壤土	粒状	7.0	62.3	3.37	0.91	25.4	279	7.2	180	19.7		E 109°44′54.1″ N 32°50′06.9″	74
						2	9—19	灰色	砂壤土	粒状	6.9	36.2	1.98	0.60	26.3	176	3.2	140	16.0			
剖4	淋溶土	黄褐土	粗骨性黄褐土	扁砂土	生草扁砂土	1	0—10	浅棕色	轻壤土	粒状	6.3	19.4	1.06	0.84	26.4	94	2.4	68	10.0	片岩,板岩,千枚岩风化物	E 109°56′00.6″ N 32°43′40.7″	94
						2	10—19	浅棕色	轻壤土	粒状	6.0	15.6	1.04	0.76	26.5	88	1.1	59	15.5			
						3	19—35	浅棕色	轻壤土	粒状	6.4	14.0	0.94	0.61	26.0	74	<1.0	56	13.6			
剖5	淋溶土	黄褐土	粗骨性黄褐土	扁砂土	生草扁砂土	1	0—20	灰棕色	中壤土	棱块状	7.7	10.8	0.66	0.77	27.7	69	2.9	67	11.7	片岩,板岩,千枚岩风化物	E 110°04′41.8″ N 32°40′09.6″	96
						2	20—38	棕褐色	中壤土	棱块状	7.3	8.1	0.78	0.66	27.1	47	1.9	103	20.7			
						3	38—95	棕黄色	中壤土	棱块状	7.0	5.0	0.60	0.66	27.6	29	6.3	93	18.7			
						4	95—150	棕黄色	中壤土	棱块状	6.7	4.8	0.59	0.75	29.1	26	11.5	87	15.5			

旬 阳 市

主要土类说明

　　黄棕壤是旬阳市主要土壤类型，占本市地域面积的49%。黄棕壤发生于北亚热带暖湿落叶阔叶林下，多由砂页岩及花岗岩风化物发育而成，弱度富铝化，黏聚现象明显，呈黄棕色。该土壤具 A-B-C 或 A-（B）-C 剖面构型，黏粒硅铝率在 2.5 左右，铁的游离度较红壤低，B 层交换性酸大于 A 层。黄棕壤分布在海拔 1300m 以下的秦岭山地和海拔 1400m 以下的巴山山地，在气候类型、生物分布和土壤属性上，都具备明显的南北过渡、垂直分异的特点。自然植被由针阔叶混交林向落叶夹常绿阔叶林逐步过渡。在土壤属性方面，位于海拔 800m 以下的秦岭山地和海拔 900m 以下的巴山山地的黄棕壤，属黄壤向褐土过渡的类型；位于海拔 800—1300m 的秦岭山地和海拔 900—1400m 的巴山山地的黄棕壤，属黄壤向棕壤过渡的类型。

　　黄褐土是旬阳市第二大土壤类型，占本市地域面积的43%。黄褐土是在北亚热带暖湿气候条件和常绿阔叶林、落叶阔叶林植被条件下形成的地带性土壤，具 A-B-C 或 A-Bt-C 剖面构型。成土母质为黄土状母质和黏黄土。成土过程主要包括强烈的黏化过程、中度淋溶过程、腐殖质化过程及弱度脱硅富铝化过程。该土壤土体中游离碳酸钙已不复存在，土壤呈灰黄棕色，在底部可散见圆形石灰结核。土壤黏化淀积明显，B 层黏聚，黏粒硅铝率在 3.0 左右，盐基饱和度由表层向底层逐渐趋向饱和。

　　棕壤是旬阳市第三大土壤类型，占本市地域面积的6%。该土壤处于硅铝风化阶段，具有黏化特征，呈棕色，具 O-A-Bt-C 剖面构型。土体见黏粒淀积，盐基充分淋失，见少量游离铁。棕壤分布在海拔 1300m 以上的秦岭山地和海拔 1400m 以上的巴山山地，自然植被为喜温凉且具有一定耐寒、耐湿能力的落叶阔叶林和针阔叶混交林。在南羊山顶部，因冬季寒冷风大，现仅生长耐寒、耐湿的矮灌和芒草群落，以羊胡子草为主。在冷湿的气候条件下，棕壤有机质分解利用慢，易于腐殖质的积累，腐殖质含量较高。在密林草被下，枯枝落叶层和腐殖质层深厚，团粒状结构发育良好，表层结构疏松。棕壤淋溶作用强烈，钙、镁等可溶性盐基发生淋洗，又不断从枯枝落叶中得到补充，使土壤达不到严重酸化的程度，多呈微酸性。在石灰岩地区，表层的钙、镁也多发生淋洗，表层土壤无石灰反应，但下层仍受母岩的影响，有弱度至中度的盐酸反应。

　　小于本市地域面积 3% 的土壤类型有水稻土、潮土、粗骨土。

本区域中心区气候特征

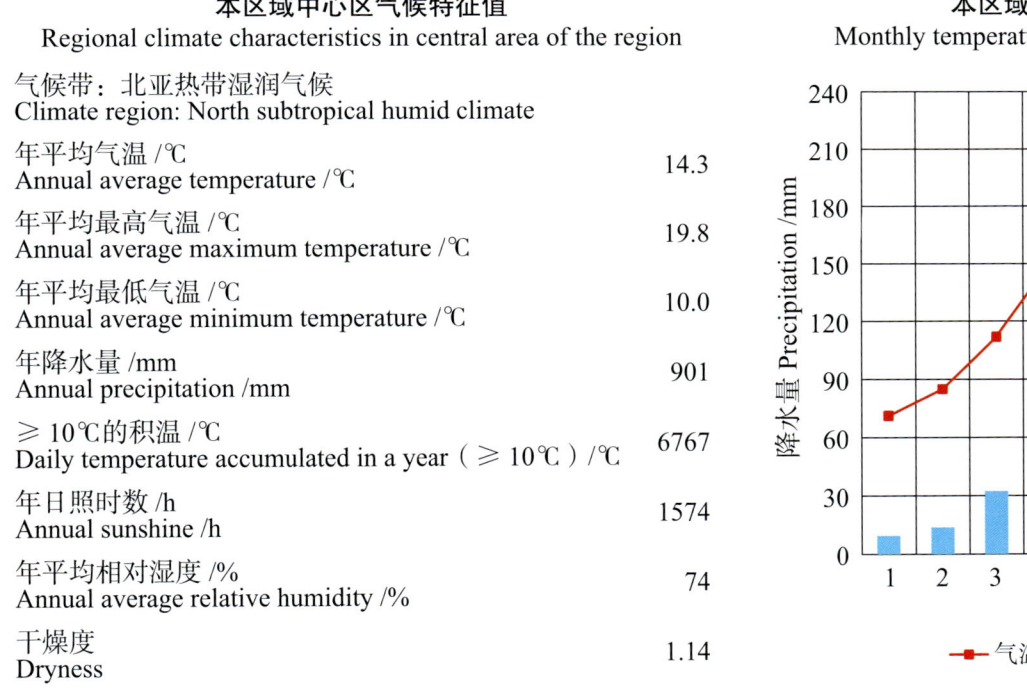

本区域中心区气候特征值
Regional climate characteristics in central area of the region

气候带：北亚热带湿润气候 Climate region: North subtropical humid climate	
年平均气温 /℃ Annual average temperature /℃	14.3
年平均最高气温 /℃ Annual average maximum temperature /℃	19.8
年平均最低气温 /℃ Annual average minimum temperature /℃	10.0
年降水量 /mm Annual precipitation /mm	901
≥10℃的积温 /℃ Daily temperature accumulated in a year (≥10℃) /℃	6767
年日照时数 /h Annual sunshine /h	1574
年平均相对湿度 /% Annual average relative humidity /%	74
干燥度 Dryness	1.14

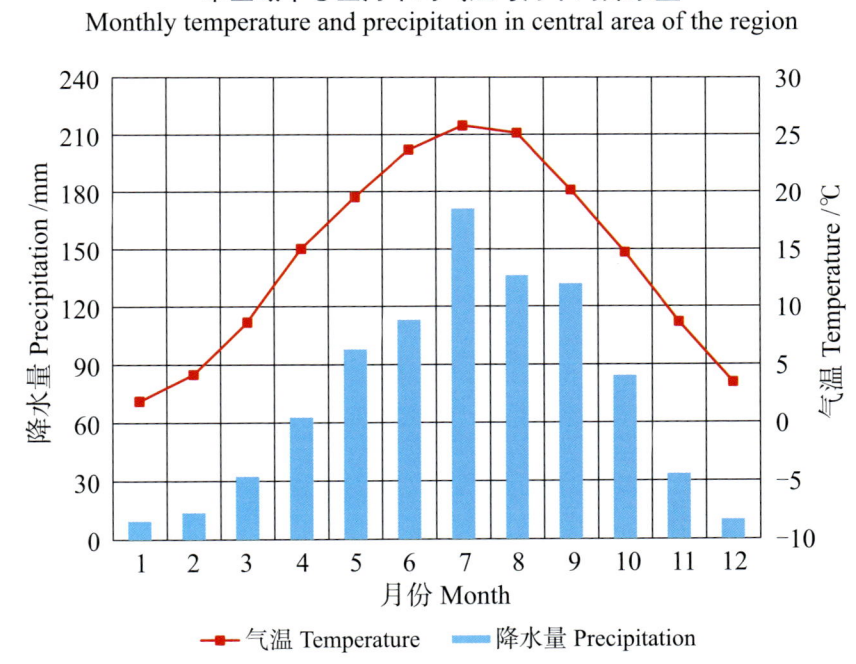

本区域中心区月平均气温与月平均降水量
Monthly temperature and precipitation in central area of the region

旬阳县主要土壤类型与土壤剖面点分布图
1∶350 000

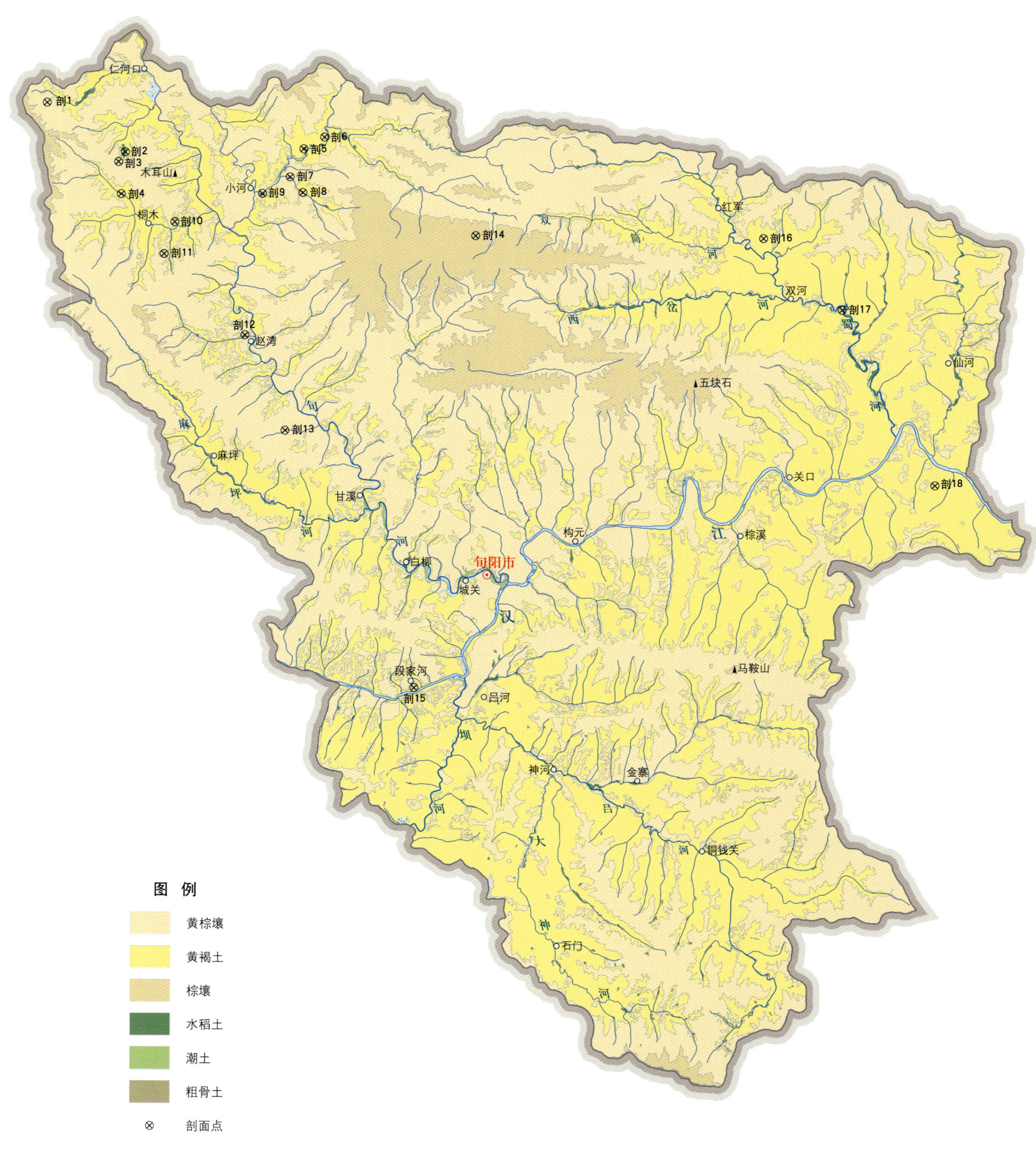

图例
- 黄棕壤
- 黄褐土
- 棕壤
- 水稻土
- 潮土
- 粗骨土
- ⊗ 剖面点

注：国务院 2021 年 2 月批准，撤销旬阳县，设立旬阳市。

旬阳市土壤剖面理化性状表

剖面号 Soil profile	土纲 Soil order	土类 Soil great group	亚类 Soil subgroup	土属 Soil genus	土种 Soil species	土层码 Layer code	土层厚度 Depth/cm	颜色 Soil color	质地 Soil texture	土壤结构 Soil structure	pH	有机质 OM/(g/kg)	全氮 TN/(g/kg)	全磷 TP/(g/kg)	全钾 TK/(g/kg)	阳离子交换量CEC/(cmol/kg)	土壤母质 Parent material	剖面点坐标 Profile coordinate	匹配指数 Matching index/%
剖1	淋溶土	黄棕壤	粗骨性黄棕壤	板岩、片岩、千枚岩残坡积物粗骨性黄棕壤	润富钙砂偏土	1	0—9	暗灰色	中壤土	粒状	7.6	13.5	1.12	0.34	14.9	9.8	钙质片岩、千枚岩	E 108°59′09.9″ N 33°09′38.3″	98
						2	9—27	灰白色	中壤土	棱块状	8.2	2.7	0.48	0.27	15.2	5.0			
						3	27—43	黄棕色	中壤土	小块状	7.8	4.6	0.60	0.25	12.8	6.8			
剖2	人为土	水稻土	潴育水稻土	冲积洪积型潴育水稻土	锈斑砂泥田	1	0—17	灰色	重壤土	小块状	5.5	21.4	1.60	0.71	22.2	10.1	洪冲积物	E 109°03′08.5″ N 33°07′37.6″	81
						2	17—24	暗灰色	中壤土	块状	6.4	10.0	2.00	0.73	22.8	9.9			
						3	24—54	浅灰色	中壤土	块状	6.3	9.3	0.74	0.77	21.0	12.7			
						4	54—70	棕灰色	中壤土	块状	6.5	11.6	0.84	0.98	25.2	9.4			
剖3	淋溶土	黄褐土	黄褐土	黄泥巴	灰黄泥巴	A	0—21	灰黄褐色	壤质黏土	小块状							第四纪红棕色黏质黄土	E 109°02′48.9″ N 33°07′12.8″	93
						Bt	21—32	黄黄褐色	壤质黏土	块状									
						3	32—58												
剖4	人为土	水稻土	渗育水稻土	黄褐土型渗育水稻土	黄泥田	1	0—18	浅黄色	轻黏土	小团块状	7.1	10.0	0.79	0.64	13.4	23.2	黄褐土	E 109°02′58.7″ N 33°05′52.3″	92
						2	18—42	棕黄色	轻黏土	团块状	7.3	3.0	0.42	0.48	13.3	17.5			
						3	42—65	棕黄色	轻黏土	团块状	7.5	2.3	0.40	0.42	13.3	23.0			
						4	65—105	棕黄色	轻黏土	团块状	7.6	2.0	0.40	0.50	14.0	34.9			
						5	105—150	黄黄褐色	轻黏土	团粒状	7.4	2.7	0.41	0.53	14.0	19.1			
剖5	人为土	水稻土	潴育水稻土	冲积洪积型潴育水稻土	锈斑砂泥田	1	0—14	黑色	中壤土	粒状	5.5	18.6	1.27	0.51	11.8	5.7	洪冲积物	E 109°03′06.3″ N 33°07′52.9″	76
						2	14—24	灰色	中壤土	棱块状	5.4	20.5	1.31	0.52	14.9	5.1			
						3	24—60	青灰色	中壤土	棱块状	6.0	13.2	0.93	0.33	15.0	<2.0			
						4	60—73	青灰色	中壤土	棱柱状	5.9	10.7	0.86	0.45	14.3	6.4			
剖6	淋溶土	黄褐土	黄褐土	黄土状母质黄褐土	钙质黄泥土	1	0—11	黄黄褐色	轻黏土	大粒状	7.1	10.8	1.02	0.58	21.0	29.4	黄土状母质	E 109°12′07.9″ N 33°07′22.8″	91
						2	11—18	黄黄棕色	中壤土	棱块状	6.8	9.4	0.99	0.49	22.8	21.5			
						3	18—29	黄黄棕色	中壤土	棱柱状	7.6	6.0	0.82	0.42	23.6	31.7			
						4	29—50	浅黄棕色	中壤土	棱柱状	7.0	3.5	0.61	0.46	23.8	26.3			
						5	50—82	浅黄棕色	中壤土	棱柱状	7.3	3.8	0.64	0.64	26.3	9.6			
						6	82—150	浅黄色	紧砂土	粒状	7.1	2.9	0.55	0.80	15.2	21.2			
剖7	人为土	水稻土	渗育水稻土	冲积洪积型渗育水稻土	砂泥田	1	0—15	灰色	紧砂土	小块状	7.5	32.8	2.00	0.68	19.0	11.3	洪冲积物	E 109°11′26.4″ N 33°06′41.9″	97
						2	15—26	灰色	紧砂土	小团块状	7.5	30.6	1.96	0.65	19.0	9.4			
						3	26—50	灰棕色	紧砂土	团块状	7.4	18.0	1.28	0.77	19.6	8.9			
						4	50—70	黄棕色	紧砂土	棱状	6.7	17.7	1.07	0.73	21.2	8.9			
						5	70—100	灰棕色	砂壤土	屑粒状	6.8	7.6	0.73	0.51	11.3	8.5			
剖8	人为土	水稻土	淹育水稻土	浅潮泥砂田	砂砾田	Aa	0—15	灰黄棕色	砂土	粒状	7.5	32.8	1.99	0.68	19.0	8.3	冲积物	E 109°12′05.7″ N 33°06′02.9″	73
						Ap	15—26	灰黄棕色	砂土	粒状	7.5	30.5	1.96	0.65	19.1	9.4			
						P	26—70	浊黄橙色	砂土	粒状	7.4	17.9	1.27	0.76	19.7	8.9			
						C	70—100	亮黄棕色	砂壤土	粒状	6.8	7.5	0.72	0.77	11.4	8.5			
剖9	人为土	水稻土	渗育水稻土	冲积洪积型渗育水稻土	砂底田	1	0—18	灰棕色	重壤土	团块状	7.4	16.0	1.19	0.46	19.8	9.4	洪冲积物	E 109°10′03.7″ N 33°05′59.1″	73
						2	18—25	黄棕色	中壤土	团块状	7.5	11.5	0.88	0.51	17.4	9.9			
						3	25—80	黄棕色	砂壤土	粒状	7.7	4.2	0.38	0.46	17.4	5.5			
剖10	淋溶土	黄棕壤	黄棕壤	扁砂泥黄棕壤	中层黄泡土	A_1	0—16	灰黄棕色	黏壤土	团块状	6.1	15.3	0.83	0.59	13.6	10.2	页岩、片岩、板岩、千枚岩风化物	E 109°05′41.0″ N 33°04′44.6″	80
						A_2	16—22	灰黄棕色	黏壤土	块状	6.8	14.5	0.84	0.59	13.6	9.2			
						Bt	22—39	棕褐色	黏壤土	棱状	6.7	6.5	0.52	0.61	14.7	10.0			
						C	39—60	黄黄棕色	黏壤土	块状	6.5	5.3	0.37	0.58	14.9	7.5			

续表 Continued

剖面号 Soil profile	土纲 Soil order	土类 Soil great group	亚类 Soil subgroup	土属 Soil genus	土种 Soil species	土层码 Layer code	土层厚度 Depth/cm	颜色 Soil color	质地 Soil texture	土壤结构 Soil structure	pH	有机质 OM/(g/kg)	全氮 TN/(g/kg)	全磷 TP/(g/kg)	全钾 TK/(g/kg)	阳离子交换量CEC/(cmol/kg)	土壤母质 Parent material	剖面点坐标 Profile coordinate	匹配指数 Matching index/%
剖11	淋溶土	黄棕壤	黄棕壤	黄土状母质黄棕壤	黄泡土	1	0—16	灰黄色	重壤土	大粒状	6.4	14.4	1.07	0.46	11.4	12.2	黄土状母质	E 109°05′10.9″ N 33°03′23.7″	84
						2	16—24	棕黄色	重壤土	小团块状	6.5	5.7	0.63	0.42	26.3	11.7			
						3	24—47	棕黄色	重壤土	棱块状	6.5	6.7	0.73	0.44	25.5	11.8			
						4	47—125	黄色	中壤土	团块状	6.4	8.0	0.74	0.46	20.0	9.9			
剖12	半水成土	潮土	潮土	冲积洪积型潮土	钙质潮土	1	0—18	黄灰色	中壤土	团粒状	7.2	14.2	1.02	1.21	18.8	8.4	洪冲积物	E 109°09′19.2″ N 33°00′02.5″	83
						2	18—25	黄灰黄色	中壤土	粒状	8.1	8.4	0.68	0.96	17.8	12.2			
						3	25—76	灰黄色	中壤土	粒状	8.3	5.0	0.41	0.91	16.9	7.4			
						4	76—105	灰黄色	中壤土	大粒状	8.4	6.4	0.48	0.73	13.8	19.0			
剖13	淋溶土	黄棕壤	黄棕壤	扁砂泥黄棕壤	厚层黄泡土	A_1	0—16	灰黄色	壤质黏土	团块状	6.4	14.5	1.07	0.46	26.3	12.2	泥质岩风化母质	E 109°11′24.9″ N 32°56′04.6″	75
						A_2	16—24	棕黄色	壤质黏土	小团块状	6.5	5.7	0.63	0.42	26.4	11.7			
						Bt	24—47	棕黄色	壤质黏土	棱块状	6.5	6.7	0.73	0.44	25.5	11.8			
						C	47—125	黄色	黏质壤土	团粒状	6.4	8.0	0.74	0.46	28.3	9.9			
剖14	淋溶土	棕壤	棕壤	黄土状母质黄棕壤	泡土	1	0—17	灰棕色	轻黏土	粒状	5.5	27.3	1.62	0.36	17.1	14.4	黄土状母质	E 109°20′48.7″ N 33°04′22.2″	72
						2	17—25	灰黄色	重壤土	块状	5.4	7.6	0.60	0.27	19.0	10.0			
						3	25—50	灰黄色	重壤土	块状	5.4	9.5	0.73	0.26	20.0	11.0			
						4	50—150	灰褐色	重壤土	块状	5.7	5.8	0.52	0.27	22.3	11.5			
剖15	淋溶土	黄棕壤	黄棕壤	黄土状母质黄褐土	山地料姜土	1	0—15	棕黄色	重壤土	粒状	6.8	7.9	0.77	0.33	18.8	16.8	黄土状母质	E 109°18′07.9″ N 32°45′21.8″	74
						2	15—21	棕黄色	中壤土	团块状	6.7	4.5	0.52	0.26	17.3	15.0			
						3	21—40	棕黄色	重壤土	团块状	6.8	3.8	0.48	0.24	18.4	14.9			
						4	40—93	棕黄色	轻壤土	团块状	6.9	3.6	0.47	0.24	18.2	14.8			
剖16	淋溶土	黄褐土	黄褐土	黄土状母质黄褐土	黄泥土	1	0—15	灰黄橙色	中壤土	团粒状	7.2	7.3	0.68	0.36	18.3	17.2	黄土状母质	E 109°35′15.8″ N 33°04′25.7″	99
						2	15—21	黄灰黄色	重壤土	团块状	7.0	5.2	0.60	0.36	20.8	20.0			
						3	21—150	黄褐色	重壤土	棱块状	6.6	2.7	0.45	0.45	21.5	18.4			
剖17	淋溶土	黄棕壤	黄棕壤	黄土状泥土	黄泡土	A_{11}	0—16	油黄橙色	壤质黏土	团块状	6.4	14.5	1.07	0.46	26.3	12.2	泥质岩风化残积物	E 109°39′16.2″ N 33°01′27.8″	78
						A_{12}	16—24	浅黄棕色	壤质黏土	小团块状	6.5	5.7	0.63	0.42	26.4	11.7			
						Bmo	24—47	黄橙色	壤质黏土	块状	6.5	6.7	0.73	0.44	25.5	11.8			
						BC	47—125	黄橙色	黏质壤土	块状	6.4	8.0	0.74	0.46	28.3	9.9			
剖18	淋溶土	黄褐土	黄褐土	黄土状母质黄褐土	料姜黄泥土	1	0—11	黄棕色	轻黏土	小块状	7.4	14.1	0.99	0.69	7.2	28.4	黄土状母质	E 109°44′02.1″ N 32°54′10.3″	73
						2	11—21	黄棕色	轻黏土	团块状	7.6	7.7	0.60	0.80	8.3	26.4			
						3	21—74	黄棕色	轻黏土	棱块状	7.6	2.6	0.41	0.73	12.0	26.4			
						4	74—151	黄褐色	轻黏土	棱块状	7.1	3.2	0.40	0.65	15.5	27.4			

商 洛 市

市 辖 区

主要土类说明

粗骨土是商洛市主要土壤类型，占本市地域面积的 32%。粗骨土是在岩石风化碎屑上形成的幼年土壤，发育微弱，属于 A–C 型，甚至（A）–C 型土壤，零星分布在石质山地的陡坡地段。A 层发育不明显，与母质土层性状相似，略显有机质累积。有时母质层富含砾石，很少出现剖面分异与发育特征。

棕壤是商洛市第二大土壤类型，占本市地域面积的 25%。棕壤具有明显的有机质累积层和鲜棕色心土层，黏化作用较弱。表层有较厚的枯枝落叶层，其下的 A 层一般具团粒状结构，A 层以下为心土层。

褐土是商洛市第三大土壤类型，占本市地域面积的 24%，大部分为林草地。褐土是在暖温带半湿润区发育形成的具有黏化与钙质淋移淀积特征的土壤，具 A–Bt–Btk–C 剖面构型。该土壤盐基饱和，处于硅铝风化阶段，有明显的黏淀层，剖面无石灰反应。

紫色土占本市地域面积的 8%。成土母质为紫色岩石。其理化性质与母岩组成直接相关，土层浅薄，剖面层次发育不明显，仍处于初育阶段。母岩富含矿质养分，且风化迅速。

新积土占本市地域面积的 6%，分布在沟谷底部的河漫滩及阶地。新积土是由新近冲积、洪积、坡积、塌积或人工堆垫形成的土壤。该土壤成土期短，母质特性明显，具 A–C 或（A）–C 剖面构型。

小于本市地域面积 3% 的土壤类型有潮土、红黏土、黄棕壤、石质土、黄褐土、水稻土。

本区域中心区气候特征

本区域中心区气候特征值
Regional climate characteristics in central area of the region

气候带：暖温带亚湿润气候 Climate region: Warm temperate subhumid climate	
年平均气温 /℃ Annual average temperature /℃	13.6
年平均最高气温 /℃ Annual average maximum temperature /℃	19.6
年平均最低气温 /℃ Annual average minimum temperature /℃	8.9
年降水量 /mm Annual precipitation /mm	642
≥ 10℃ 的积温 /℃ Daily temperature accumulated in a year（≥ 10℃）/℃	7107
年日照时数 /h Annual sunshine /h	1788
年平均相对湿度 /% Annual average relative humidity /%	71
干燥度 Dryness	1.34

本区域中心区月平均气温与月平均降水量
Monthly temperature and precipitation in central area of the region

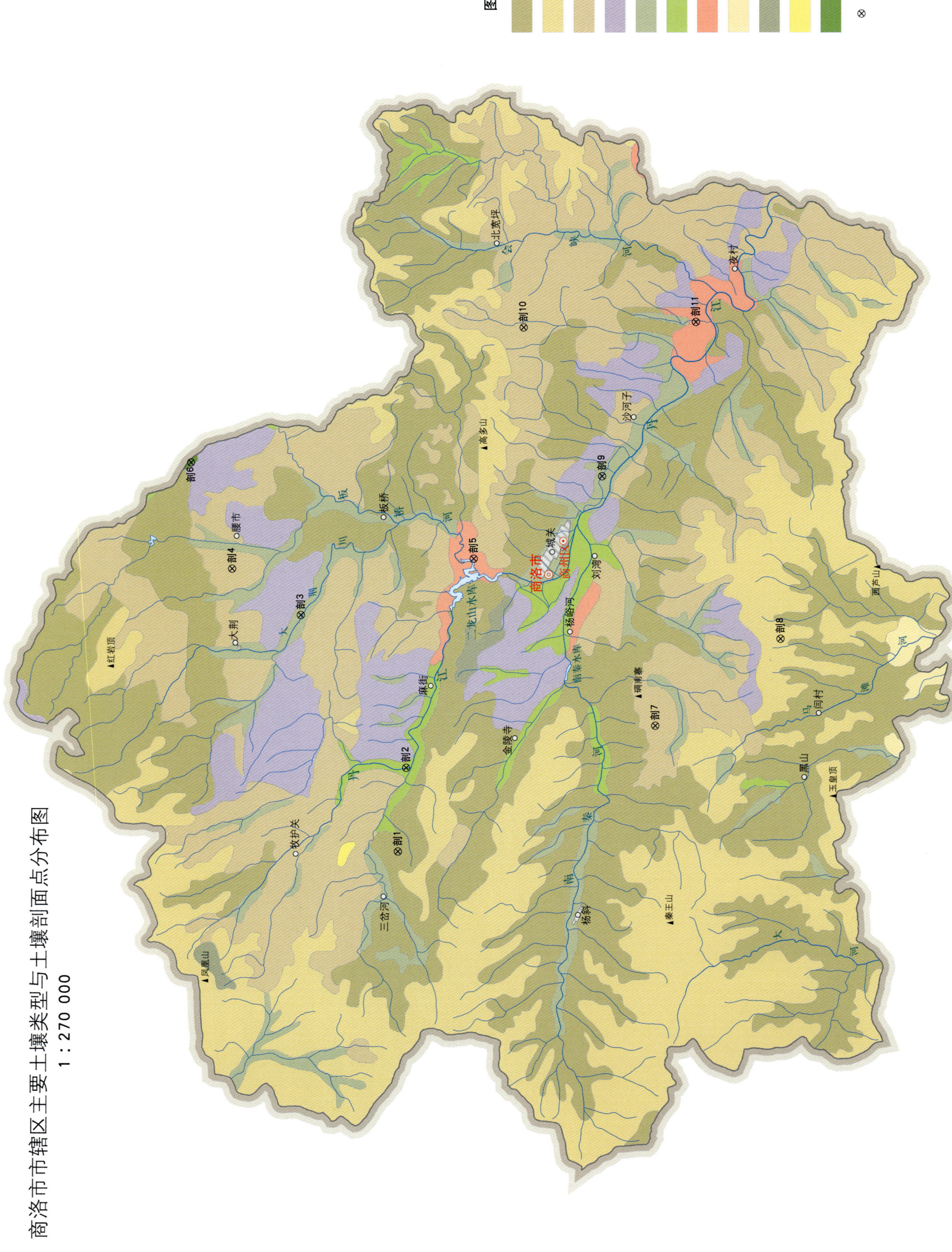

商洛市市辖区主要土壤类型与土壤剖面点分布图
1:270 000

商洛市土壤剖面理化性状表

剖面号 Soil profile	土纲 Soil order	土类 Soil great group	亚类 Soil subgroup	土属 Soil genus	土种 Soil species	土层码 Layer code	土层厚度 Depth/cm	颜色 Soil color	质地 Soil texture	土壤结构 Soil structure	pH	有机质 OM/(g/kg)	全氮 TN/(g/kg)	全磷 TP/(g/kg)	全钾 TK/(g/kg)	碱解氮 AN/(mg/kg)	有效磷 AP/(mg/kg)	阳离子交换量CEC/(cmol/kg)	土壤母质 Parent material	剖面点坐标 Profile coordinate	匹配指数 Matching index/%
剖1	初育土	粗骨土	粗骨性棕壤	粗骨性棕壤		1	0—14	黄褐色	砂土	团块状	5.8	8.7	0.47	0.40	9.0	44	7.0		残积物、坡积物	E 109°43′08.4″ N 33°57′36.0″	76
剖2	半水成土	潮土	潮土	潮砂土		2	14—28	黄褐色	砂土	团块状	5.7	11.5		0.64	15.4	50	7.0	8.7	冲积物	E 109°46′40.8″ N 33°57′21.6″	76
						3	28—	黄褐色	砂土	团块状							7.0				
剖3	初育土	新积土	冲积土	淤砂土		1	0—15	黄褐色	砂壤土	团粒状	6.6	12.9	0.75	1.88	23.4	53	6.0	17.1	冲积物	E 109°53′02.4″ N 34°01′08.4″	80
						2	15—27	黄褐色	砂壤土	团粒状	6.7	12.5	0.70	2.10	23.7	50	8.0	14.7			
						3	27—55	灰褐色	砂土	粒状											
剖4	半淋溶土	褐土	淋溶褐土	黑垆土		1	0—15	浅灰色	轻壤土	团块状	6.6	16.6	1.18	1.75	36.1	58	8.0	14.0	次生黄土	E 109°54′57.6″ N 34°03′36.0″	89
						2	15—27	灰黄色	轻壤土	团块状	6.6	12.7	0.86	1.76	32.9	47	6.0	13.2			
						3	27—51	灰黄色	轻壤土	团块状	6.6	12.7	0.68	1.67	32.8	57	5.0	11.8			
剖5	初育土	红黏土	红胶土	红胶土		1	0—15	暗褐色	重壤土	团块状	6.7	12.7	0.71	1.39	22.6	33	10.0	20.3	红色砂岩、砂砾岩坡积物	E 109°55′30.0″ N 33°55′04.8″	94
						2	15—75	黄褐色	重壤土	柱状、块状	6.5	11.5	0.62	1.33	22.3	25	4.0	21.4			
						3	75—135	黄褐色	黏土	棱块状	6.7	7.3	0.52	1.34	19.4	19	8.0	11.2			
						4	135—250	褐色	黏土	棱块状	6.9	6.6	0.62	2.01	29.6	20	12.0	16.2			
剖6	人为土	水稻土	潴育水稻田	锈黄泥田		1	0—12	红棕色	中壤土	粒状状		33.9	1.78	0.98	>40.0	126	7.0	16.3		E 109°59′24.0″ N 34°05′06.0″	77
						2	12—23	红棕色	中壤土	粒状		2.8	1.67	0.41	6.6	12	4.0	5.9			
						3	23—76	红棕色	重壤土	块状		5.4	0.48	1.05	15.9	27	7.0	8.3			
						4	76—90	红棕色	重壤土	块状		6.3	0.51	>4.00	22.8	124	6.0	15.8			
剖7	半淋溶土	褐土	淋溶褐土	黄胶土		1	0—17	暗褐色	中壤土	粒状		19.7	1.09	2.42	29.7	80	9.0	16.9	次生黄土	E 109°48′36.0″ N 33°48′36.0″	81
						2	17—42	黄褐色	重壤土	块状		16.4		2.19	21.8	73	7.0	17.0			
						3	42—160	黄褐色	中壤土	团块状		9.2	0.70	2.14	17.7	45	11.0	13.2			
剖8	淋溶土	棕壤	山地棕壤	山地棕壤		1	0—21	暗褐色	中壤土	团块状		10.6	0.85	1.20	27.6	36	6.0	24.5		E 109°52′19.2″ N 33°44′13.2″	74
						A_1	0—10	灰褐色	轻壤土	团块状		13.3	1.17	1.29	21.3	60	6.0	23.5			
						A_2	10—24	灰褐色	重壤土	核块状		11.4	1.05	0.29	28.3	56	6.0	24.6			
						B	24—50	灰棕色	重壤土	棱块状		9.0	1.16	1.23	24.5	26	9.0	22.0			
						C	50—	黄棕色	砂土	粒状											
剖9	初育土	新积土	新积土	河淤土		1	0—25	暗灰色	砂壤土	团粒状	6.7	8.9	0.51	1.92	18.7	41	6.0	8.4	淤积物	E 109°59′02.4″ N 33°50′34.8″	82
						2	25—50	浅灰色	砂壤土	团块状	6.7	6.2	0.30	2.02	26.6	25	2.0	8.0			
						3	50—105	暗灰色	砂壤土	团块状	6.8	7.4	0.44	1.73	22.7	33	3.0	11.5			
						4	105—	浅灰色	砂壤土	块状	6.8	4.7	0.16	0.85	16.1	15	2.0	8.5			
剖10	半淋溶土	褐土	褐土性土	黄壋土		1	0—12	黄褐色	轻壤土	团粒状	6.5	16.3	0.82	1.59	28.7	43	12.0	16.5	黄土	E 110°05′13.2″ N 33°53′24.0″	81
						2	12—28	黄褐色	中壤土	团块状	6.6	5.1	0.52	1.25	31.4	28	5.0	18.9			
						3	28—74	棕黄色	中壤土	块状	6.9	5.8	0.37	1.09	25.7	21	5.0	13.7			
						4	74—	暗棕色	重壤土	块状	6.9	7.1	0.39	1.24	28.5	30	4.0	14.8			
剖11	初育土	红黏土	红色土	红砂土		1	0—20	红色	中壤土	团粒状		5.5	0.48	0.84	10.3	59	4.0	16.2	红色砾岩	E 110°05′31.2″ N 33°47′20.4″	74
						2	20—125	红色	中壤土	团粒状		5.3	0.20	0.76	16.4		6.0	22.1			
						3	125—	灰色	砂土	块状											

洛 南 县

主要土类说明

褐土是洛南县主要土壤类型，占本县地域面积的 42%，主要分布在海拔 500—1400m 的低山和川塬地区。褐土是在暖温带半湿润区发育形成的具有黏化与钙质淋移淀积特征的土壤，具 A-Bt-Btk-C 剖面构型。该土壤盐基饱和，处于硅铝风化阶段，有明显的黏淀层。褐土分布区通常降水量大，植被茂盛，土壤淋溶作用较强，剖面中的碳酸钙已淋失，土壤呈中性至微碱性，剖面无石灰反应。

棕壤是洛南县第二大土壤类型，占本县地域面积的 30%，分布在海拔 1600m 以上的地区。棕壤是在暖温带湿润地区落叶阔叶林下形成的森林土壤，处于硅铝风化阶段，具 O-A-Bt-C 剖面构型。土体见黏粒淀积，盐基充分淋失，pH 为 6.0—7.0，见少量游离铁。棕壤具有明显的有机质累积层和鲜棕色心土层，黏化作用较弱。表层有较厚的枯枝落叶层，其下的 A 层一般具团粒状结构，A 层以下为心土层。

粗骨土是洛南县第三大土壤类型，占本县地域面积的 12%，零星分布在石质山地的陡坡地段。粗骨土是在岩石风化碎屑上形成的幼年土壤，发育微弱，属于 A-C 型，甚至（A）-C 型土壤。A 层发育不明显，与母质土层性状相似，略显有机质累积。有时母质层富含砾石，很少出现剖面分异与发育特征。

新积土占本县地域面积的 9%，分布在沟谷底部的河漫滩及阶地。新积土是由新近冲积、洪积、坡积、塌积或人工堆垫形成的土壤。该土壤成土期短，母质特性明显，具 A-C 或（A）-C 剖面构型。其形成主要受地形条件和母质特性的影响。

紫色土占本县地域面积的 4%，是由热带、亚热带紫红色岩层直接风化形成的 A-C 型土壤。由于侵蚀频繁，在其成土过程中生物作用微弱，腐殖质含量低，磷、钾含量一般较高，土壤呈微碱性，土层呈紫色并具有显著的薄层性。其理化性质与母岩组成直接相关，土层浅薄，剖面层次发育不明显，仍处于初育阶段。母岩富含矿质养分，且风化迅速。

小于本县地域面积 3% 的土壤类型有黄褐土、潮土、水稻土、黄棕壤。

本区域中心区气候特征

本区域中心区气候特征值
Regional climate characteristics in central area of the region

气候带：暖温带亚湿润气候 Climate region: Warm temperate subhumid climate	
年平均气温 /℃ Annual average temperature /℃	13.2
年平均最高气温 /℃ Annual average maximum temperature /℃	19.5
年平均最低气温 /℃ Annual average minimum temperature /℃	8.3
年降水量 /mm Annual precipitation /mm	619
≥10℃的积温 /℃ Daily temperature accumulated in a year (≥10℃) /℃	6076
年日照时数 /h Annual sunshine /h	1924
年平均相对湿度 /% Annual average relative humidity /%	70
干燥度 Dryness	1.31

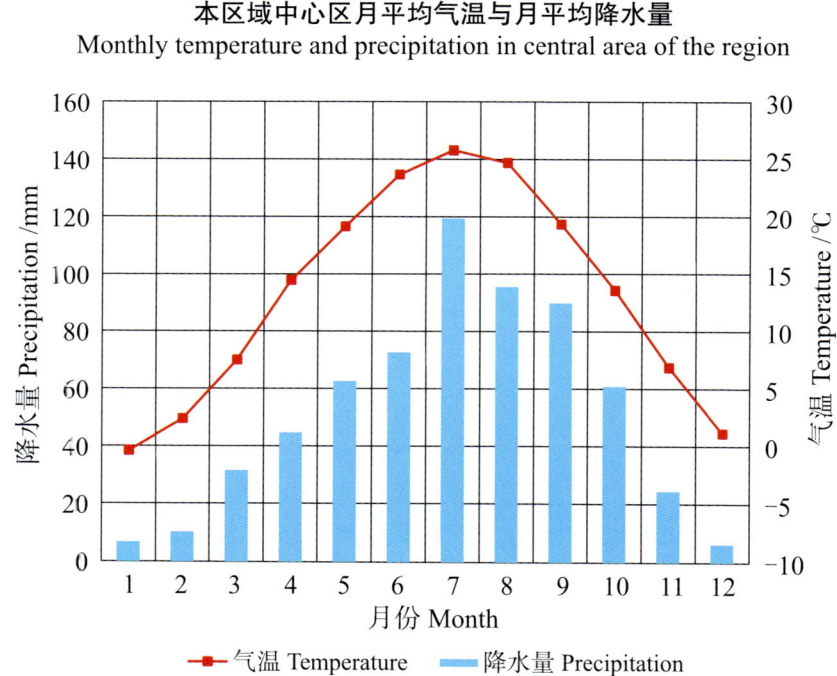

本区域中心区月平均气温与月平均降水量
Monthly temperature and precipitation in central area of the region

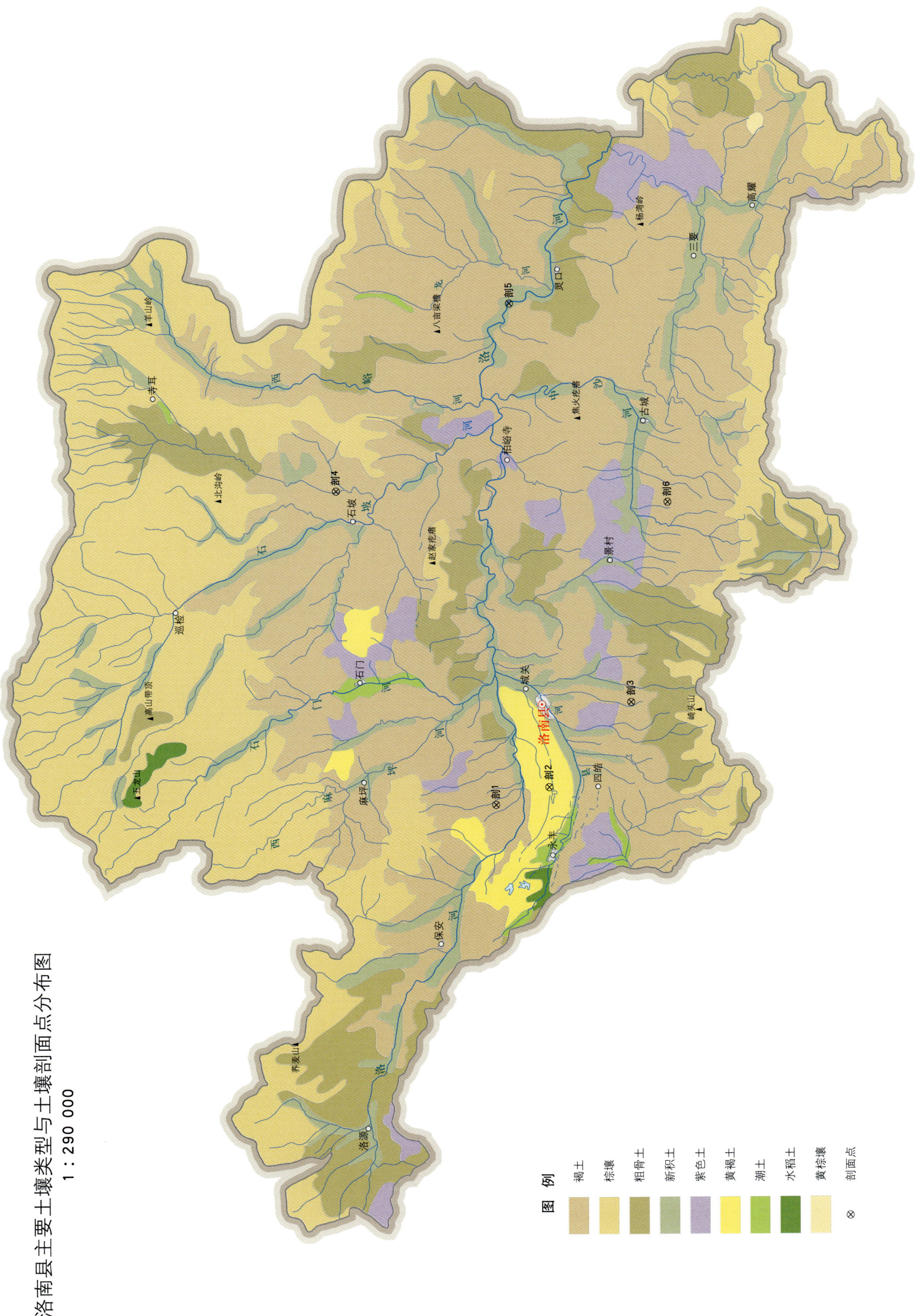

洛南县土壤剖面理化性状表

剖面号 Soil profile	土纲 Soil order	土类 Soil great group	亚类 Soil subgroup	土属 Soil genus	土种 Soil species	土层码 Layer code	土层厚度 Depth/cm	颜色 Soil color	质地 Soil texture	土壤结构 Soil structure	pH	有机质 OM/(g/kg)	全氮 TN/(g/kg)	全磷 TP/(g/kg)	全钾 TK/(g/kg)	碱解氮 AN/(mg/kg)	有效磷 AP/(mg/kg)	速效钾 AK/(mg/kg)	阳离子交换量CEC/(cmol/kg)	土壤母质 Parent material	剖面点坐标 Profile coordinate	匹配指数 Matching index/%
剖1	半淋溶土	褐土	褐土性土	扁砂泥褐土性土	厚层肝扁砂土	A₁	0—16	灰黄色	砂质黏壤土	团粒状		15.1	1.06	0.54	21.4	113			27.0		E 110°03′50.3″ N 34°07′11.6″	74
						[B]	16—33	灰褐色	黏壤土	小块状		9.8	0.80	0.49	19.6	74			28.9			
						BC	33—54	黄棕色	黏壤土	块状		9.1	0.78	0.54	19.0	64						
						C	54—77	灰白色	砂质黏壤土	块状		3.3	0.34	0.58	17.4	18						
剖2	淋溶土	黄褐土	黄褐土	黄泥土	黄泥土	A₁	0—16	浅灰棕色	黏质黏壤土	团块状	6.6	12.7	0.98	0.65	12.8	67	12.0	96	14.6	黄土状母质	E 110°04′40.2″ N 34°05′08.1″	89
						A₂	16—30	棕褐色	壤质黏土	块状	6.6	11.7	0.93	0.65	13.2	62	10.0	116	15.3			
						AB	30—85	黄褐色	壤质黏土	棱块状	7.3	4.0	0.47	0.55	14.4	24	9.0	111	14.8			
						Bt	85—164	黄棕色	壤质黏土	棱块状	7.2	2.0	0.38	0.53	15.1	17	13.0	140	16.1			
						C	164—200	黄棕色	壤土	块状	7.1	1.8	0.36	0.59	14.1	14	6.0	147	16.5			
剖3	半淋溶土	褐土	褐土性土	幼褐砂土	肝砂砾土	A₁₁	0—14	亮黄棕色	壤土	粒状	7.5	4.1	0.48	<0.10	12.5	23	2.0		6.1	砂砾岩风化残积物、坡积物	E 110°08′37.9″ N 34°01′58.4″	91
						A₁₂	14—26	黄棕色	壤土	块状	7.8	5.8	0.64	0.37	18.1	24	2.0		9.0			
						[B]	26—60	棕色	砂质黏壤土	小块状	8.0	4.2	0.52	0.35	14.9	24	2.0		5.7			
						C	60—100	浅黄橙色	砂质壤土		8.1	5.4	0.73	0.44	22.6	36	3.0					
剖4	半淋溶土	褐土	褐土性土	砂砾石褐土性土	肝砂砾土	A₁	0—14	棕黄色	壤土	粒状	7.5	4.1	0.48	<0.10	12.5	23	2.0		6.1	砂砾岩风化物	E 110°18′17.4″ N 34°13′27.8″	99
						A₂	14—26	浅黄棕色	砾质砂壤土	块状	7.8	5.8	0.64	0.37	18.1	24	2.0		9.0			
						[B]	26—60	黄棕色	砾质砂壤土	核状	8.0	4.2	0.52	0.35	14.9	24	2.0		5.7			
						C	60—100	黄棕色	砾质砂壤土	块状	8.1	5.4	0.73	0.44	22.6	36	3.0					
剖5	初育土	新积土	冲积土	黏壤质冲积土	表砂淤泥土	A₁	0—14	灰棕色	砂质壤土	团粒状	7.2	17.2	1.07	1.04	20.2	74	10.0		12.8	冲积物	E 110°27′02.0″ N 34°06′47.5″	73
						A₂	14—27	灰棕色	砂质壤土	块状	7.3	16.5	0.58	0.90	14.3	60	4.0		18.1			
						C₁	27—80	棕黄色	砂质黏壤土	块状	8.4	16.5	1.11		20.9	95	2.0		22.4			
						C₂	80—200	棕黄色	砂质壤土	块状	8.8	6.3	0.58	1.18	18.2	49	2.0		12.3			
剖6	半淋溶土	褐土	褐土性土	黄土质褐土性土	肝黄泥	A₁	0—15	浅棕色	黏壤土	团粒状	7.2	12.3	1.04	0.57	20.5	81	7.0		18.0	黄土	E 110°17′54.0″ N 34°00′36.5″	81
						A₂	15—23	黄棕色	黏壤土	小块状	7.5	11.2	0.89	0.59	19.4	64	4.0		18.2			
						[B]	23—78	浅黄棕色	黏壤土	棱块状	7.5	4.4	0.36	0.59	19.6	38	4.0					
						C	78—208	褐色	黏壤土	块状												

商 南 县

主要土类说明

黄棕壤是商南县主要土壤类型，占本县地域面积的 59%。黄棕壤是棕壤、褐土向黄壤过渡的地带性土壤，弱度富铝化，黏聚现象明显，呈黄棕色。该土壤具 A–B–C 或 A–（B）–C 剖面构型，黏粒硅铝率在 2.5 左右，铁的游离度较红壤低，B 层交换性酸大于 A 层。本县夏季高温多雨，冬季低温时间短，植被类型以落叶阔叶林为主，也有少量针叶林。在这样的生物气候条件下，原生矿物风化成次生矿物的速度较快，表现出明显的黏化作用。土壤中铝硅酸盐大量分解，造成硅的淋失，铁铝氧化物在土壤中聚积，该过程即富铝化过程。由于淋溶作用较强，土壤中的盐基离子多发生淋洗，土壤呈微酸性至酸性。同时，由于铁锰移动和淀积明显，结构体表面有铁锰结核，呈棕色或暗棕色。

黄褐土是商南县第二大土壤类型，占本县地域面积的 26%。黄褐土是在北亚热带暖湿气候条件和常绿阔叶林、落叶阔叶林植被条件下形成的地带性土壤，具 A–B–C 或 A–Bt–C 剖面构型。成土母质为黄土状母质和黏黄土。成土过程主要包括强烈的黏化过程、中度淋溶过程、腐殖质化过程及弱度脱硅富铝化过程。该土壤土体中游离碳酸钙已不复存在，土壤呈灰黄棕色，在底部可散见圆形石灰结核。土壤黏化淀积明显，B 层黏聚，黏粒硅铝率在 3.0 左右，盐基饱和度由表层向底层逐渐趋向饱和。

棕壤是商南县第三大土壤类型，占本县地域面积的 7%。棕壤是在落叶阔叶林下的地带性土壤，但大部分已被垦殖，以旱作为主。该土壤处于硅铝风化阶段，具有黏化特征，呈棕色，具 O–A–Bt–C 剖面构型。土体见黏粒淀积，盐基充分淋失，pH 为 6.0—7.0，见少量游离铁。本县海拔 1300m 以上的中山地区，夏季温暖多雨，冬季寒冷干燥，在这样的生物气候条件下，土壤淋溶作用强，土壤中的易溶盐类和碳酸盐均发生淋失，故土体无石灰反应；黏化作用明显，土壤质地十分黏重。棕壤剖面层次的分化情况为：最上层为枯枝落叶层，经微生物的分解作用，产生富里酸、胡敏酸和胡敏素等有机物质，在枯枝落叶层下形成暗灰色或灰褐色的腐殖质层；中层为棕色的淀积层，质地黏重；最下层为母质层，均为泥质或砂质基岩风化物。

新积土占本县地域面积的 4%，广泛分布在本县近河道的河滩地、山前洪积扇和大小山沟边的沟台地。新积土是由新近冲积、洪积、坡积、塌积或人工堆垫形成的土壤。该土壤成土期短，母质特性明显，具 A–C 或（A）–C 剖面构型。

小于本县地域面积 3% 的土壤类型有潮土、紫色土、水稻土、石灰（岩）土、粗骨土。

本区域中心区气候特征

本区域中心区气候特征值
Regional climate characteristics in central area of the region

气候带：北亚热带湿润气候 Climate region: North subtropical humid climate	
年平均气温 /℃ Annual average temperature /℃	13.5
年平均最高气温 /℃ Annual average maximum temperature /℃	19.8
年平均最低气温 /℃ Annual average minimum temperature /℃	8.8
年降水量 /mm Annual precipitation /mm	705
≥10℃的积温 /℃ Daily temperature accumulated in a year（≥10℃）/℃	5568
年日照时数 /h Annual sunshine /h	1880
年平均相对湿度 /% Annual average relative humidity /%	73
干燥度 Dryness	1.18

本区域中心区月平均气温与月平均降水量
Monthly temperature and precipitation in central area of the region

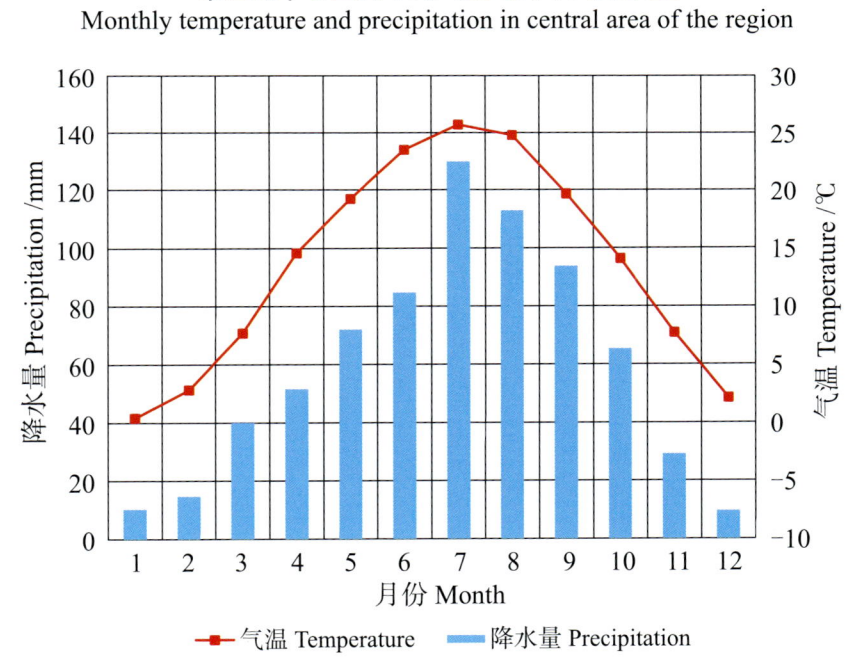

商南县主要土壤类型与土壤剖面点分布图
1 : 260 000

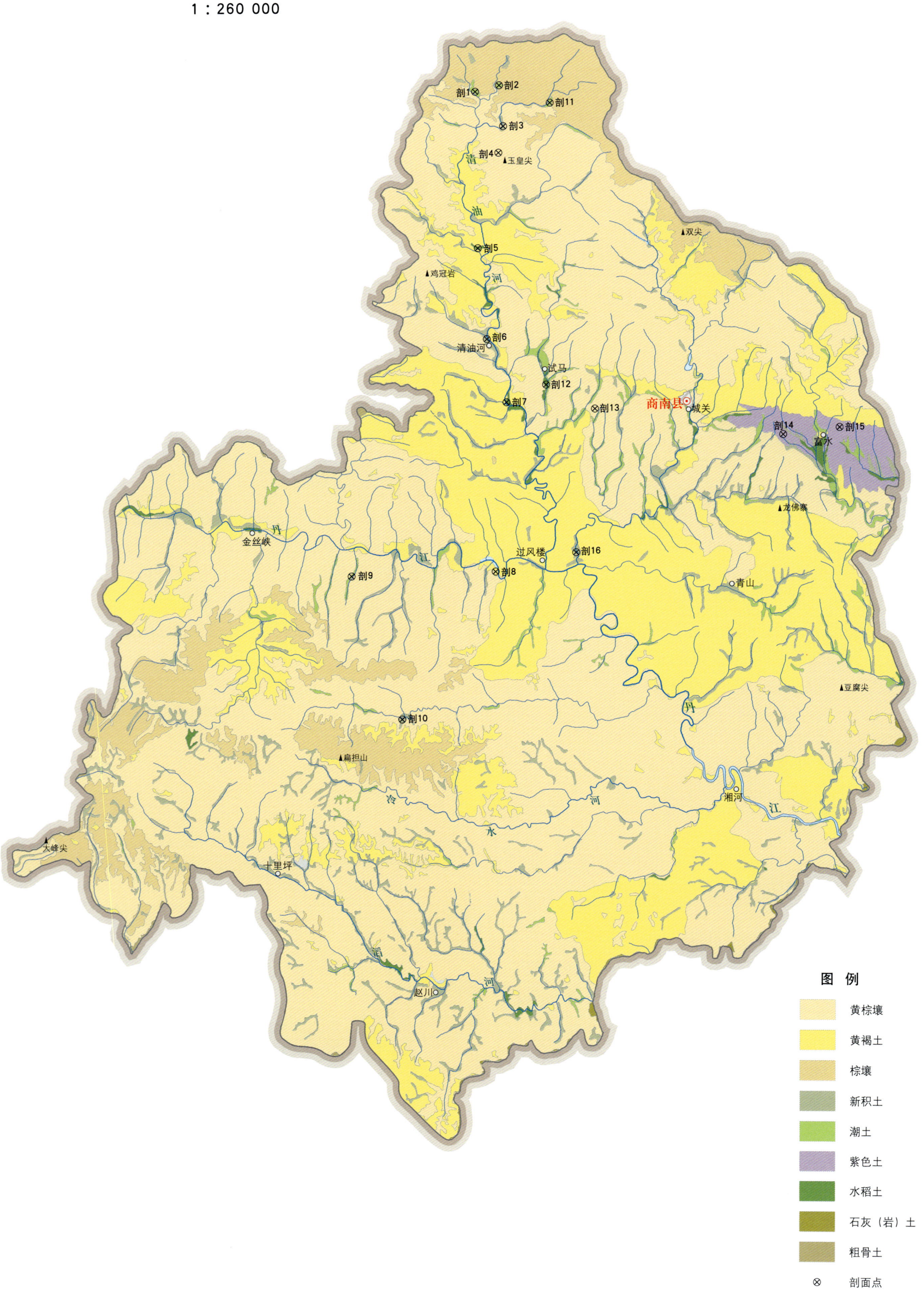

商南县土壤剖面理化性状表

剖面号	土纲	土类	亚类	土属	土种	土层码	土层厚度/cm	颜色	质地	土壤结构	pH	有机质 OM/(g/kg)	全氮 TN/(g/kg)	全磷 TP/(g/kg)	全钾 TK/(g/kg)	有效磷 AP/(mg/kg)	速效钾 AK/(mg/kg)	阳离子交换量CEC/(cmol/kg)	土壤母质	剖面点坐标	匹配指数/%
剖1	半水成土	潮土	湿潮土	黏质湿潮土		1	0—18	浅棕色	重壤土	团粒状	7.2	36.8	1.42	<0.10	22.9	18.1	151	23.5	冲积物	E 110°43′36.5″ N 33°42′41.9″	88
						2	18—30	棕色	重壤土	团块状	7.2	36.2	1.19	0.33	21.2	18.7	141	23.1			
						3	30—40	褐黄色	重壤土	块状	7.3	12.8	0.65	0.33	22.7	5.7	100	20.9			
						4	40—51	暗褐黄色	轻壤土	块状	7.2	4.8	0.29	0.11	8.4	5.4	90	7.5			
剖2	半水成土	潮土	湿潮土	壤质湿潮土	青泥砂土	1	0—13	棕褐色	中壤土	团粒状		21.8	1.01	0.26	17.8	6.5	137	18.3	冲积物	E 110°44′37.0″ N 33°42′55.3″	88
						2	13—21	黄棕色	中壤土	块状、粒状		12.8	0.58	0.21	19.6	3.9	100	19.0			
						3	21—89	棕灰色	中壤土	小块状		5.8	0.54	0.13	19.5	2.6	41	17.0			
						4	89—102	暗灰色	中壤土	块状		5.8	0.34	0.17	16.8	6.5	75	18.0			
剖3	初育土	新积土	新积土	洪冲型新积土	砾质淤砂土	A_{11}	0—17	浅棕色	轻壤土	团粒状		19.4	1.07	0.66	22.7	2.6	58	14.5	砂质岩类风化物	E 110°44′47.9″ N 33°41′29.0″	91
						A_{12}	17—28	棕灰色	中壤土	小块状		13.6	0.68	0.66	23.6	1.7	50	10.8			
						C_1	28—67	灰棕色	轻壤土	块状		10.6	0.57	0.29	24.0	1.7	50	11.7			
						C_2	67—110	浅棕色	中壤土	块状		5.9	0.30	0.17	16.7	1.7	41	13.0			
						C_3	110—	棕灰色	轻壤土	块状		6.5	0.41	0.51		2.6	37	9.6			
剖4	淋溶土	黄棕壤	始成黄棕壤	砂质岩类始成黄棕壤	薄层黄砂土	1	0—11	灰棕色	砂壤土	粒状	6.3	4.5	0.23	0.20	10.1	1.7	30	5.4		E 110°44′35.9″ N 33°40′33.2″	89
						2	11—20	灰棕色	砂壤土	粒状	6.3	4.1	0.25	0.16	10.0	<1.0	21	3.9			
						3	20—	灰棕色	中壤土	粒状	6.2	1.0	0.11	0.15	13.6		22	3.9			
剖5	人为土	水稻土	潴育水稻土	新积土型潴育水稻土	厚层淤泥土	1	0—20	黄棕色	轻壤土	团块状	5.9	31.6	1.31	0.23	17.7	5.2	131	16.3		E 110°44′43.8″ N 33°37′12.5″	83
						2	20—56	黄棕色	中壤土	棱柱状	6.9	11.2	0.60	0.17	37.8	3.6	90	19.0			
						3	56—100	棕灰色	重壤土	棱柱状	7.1	4.4	0.46	<0.10	15.9	3.9	50	13.5			
						4	100—	棕灰色	砂壤土	粒状	7.1	17.9	0.38	0.18	15.8	3.9	70	16.7			
剖6	人为土	水稻土	淹育水稻土	黏壤质黏壤土	黄泥泥田	A_1	0—30	灰棕色	砂质黏壤土	团块状	7.5	14.4	0.8	0.70	20.2	12.0	80	12.3		E 110°44′08.3″ N 33°33′56.2″	84
						A_2	30—40	灰棕色	砂质黏壤土	块状	7.4	7.2	0.47	0.65	16.6	7.0	60	11.7			
						C_1	40—62	棕灰色	黏壤土	棱柱状	7.6	1.1	0.12	0.58	13.1	11.0	37	4.4			
						C_2	62—100		重壤土		7.5	2.9	0.18	0.46	9.8	13.0	30	9.5			
剖7	初育土	新积土	冲积土	黏壤质冲积土	黄板土	1	0—13	灰棕色	重壤土	粒状	6.0	24.0	1.14	0.20	22.2	2.6	108	18.3	冲积物	E 110°44′57.5″ N 33°31′47.6″	96
						2	13—23	黄棕色	中壤土	小块状	6.9	16.6	0.90	0.20	20.6	2.6	124	17.3			
						3	23—45	棕灰色	重壤土	块状	7.2	9.5	0.71	0.45	23.4	2.2	124	17.8			
						4	45—	黄棕色	重壤土	块状	7.2	7.3	0.40	0.48	27.1	2.2	116	18.9			
剖8	淋溶土	黄褐土	黄褐土	下蜀黄土质黄褐土		1	0—17	棕色	中壤土	小团块状									下蜀黄土	E 110°44′31.2″ N 33°25′51.2″	74
						2	17—26	棕色	重壤土	团块状											
						3	26—47	褐色	黏壤土	块状											
						4	47—85	红褐色	重壤土	棱柱状											
						5	85—130	暗褐色	黏壤土	柱状											
						6	130—200														
剖9	半水成土	潮土	潮土	壤质潮土	石底厚层泥砂土	1	0—20	灰黄色	轻壤土	团粒状	6.9	7.0	0.48	0.21		10.0	90	12.1	冲积物	E 110°38′25.8″ N 33°25′39.8″	97
						2	20—29	浅灰黄色	中壤土	团块状	7.2	11.4	0.30	0.17		8.7	60	11.7			
						3	29—65	黄灰色	中壤土	团块状	7.2	5.6	0.49	0.24		7.9	60	11.9			
						4	65—105	黄灰色	砂壤土	粒状	7.2	5.6	0.50	0.18		8.7	80	14.0			
						5	105—	灰黄色	砂壤土	块状											
剖10	初育土	新积土	新积土	堆垫土	薄层堆垫土	A_1	0—14	灰黄棕色	砂壤土	粒状	8.1	15.2	0.94	0.25	19.7	3.0	110	16.0	人工堆垫物	E 110°40′35.9″ N 33°20′39.3″	84
						A_2	14—22	暗棕色	砂壤土	块状	8.2	10.4	0.57	0.24		3.0		13.5			
						C	22—40		砂壤土			7.6	0.67	0.23		3.0		11.0			

续表 Continued

剖面号 Soil profile	土纲 Soil order	土类 Soil great group	亚类 Soil subgroup	土属 Soil genus	土种 Soil species	土层码 Layer code	土层厚度 Depth/cm	颜色 Soil color	质地 Soil texture	土壤结构 Soil structure	pH	有机质 OM/(g/kg)	全氮 TN/(g/kg)	全磷 TP/(g/kg)	全钾 TK/(g/kg)	有效磷 AP/(mg/kg)	速效钾 AK/(mg/kg)	阳离子交换量CEC/(cmol/kg)	土壤母质 Parent material	剖面点坐标 Profile coordinate	匹配指数 Matching index/%
剖11	半水成土	潮土	潮土	砂质潮土	潮砂土	1	0—14	黄灰色	砂壤土	粒状		16.7	0.96	0.26	18.4	3.1	58	14.0	冲积物	E 110° 46′ 46.2″ N 33° 42′ 18.9″	81
						2	14—20	浅灰色	紫砂土	粒状		17.1	0.35	0.22	15.3	2.2	33	4.5			
						3	20—42	灰色	轻壤土	团块状		11.4	0.50	0.53	19.6	2.6	33	8.9			
						4	42—	灰色	紫砂土	粒状											
剖12	人为土	水稻土	淹育水稻土	新积土型淹育水稻土	石底中层泥砂田	1	0—13	灰黄色	轻壤土	团粒状	6.2	23.8	0.66	0.25	9.0	8.8	90	16.4		E 110° 46′ 37.7″ N 33° 32′ 25.2″	84
						2	13—23	灰棕色	中壤土	片状	7.0	16.6	1.04	0.18	23.0	7.4	70	>50.0			
						3	23—40	灰黄色	轻壤土	粒状	7.1	9.9	0.52	0.24	20.7	5.2	60	>50.0			
						4	40—	黄棕色	轻壤土	粒状	7.3	12.1	0.60	0.19	20.2	6.5	60	15.9			
剖13	淋溶土	黄棕壤	黄棕壤	泥质岩类黄棕壤		1	0—19	灰棕色	中壤土	块状	6.7	37.3	1.50		20.7	6.5	50	15.3	泥质基岩	E 110° 48′ 41.7″ N 33° 31′ 35.0″	76
						2	19—32	棕褐色	中砾中壤土	块状	6.7	31.7	1.04		23.5	2.6	80	15.4			
						3	32—82	黄褐色	中砾中壤土	块状	6.4	6.2	0.54		23.1	7.9	80	15.4			
						4	82—	暗褐色	重壤土		6.4	3.9	0.24		28.6	3.1	80	15.9			
剖14	初育土	紫色土	石灰性紫色土	紫色页岩石灰性紫色土		1	0—20				8.2	6.5	0.24	0.19	10.4	3.3	52	12.8	紫色页岩	E 110° 56′ 39.5″ N 33° 30′ 42.1″	81
						2	20—40			小团块状	7.9	6.9	0.25	0.17	11.4	3.4	49	11.6			
						3	40—78			团块状	8.2	5.3	0.22	0.16	10.5	2.5	57	13.5			
						4	78—			块状	8.2	4.9	0.20	0.17	13.8	2.9	57	15.7			
剖15	初育土	紫色土	石灰性紫色土	紫色页岩石灰性紫色土		1	0—14	红紫色	中壤土	块状									紫色页岩	E 110° 59′ 02.2″ N 33° 30′ 56.9″	89
						2	14—24	红褐色	中壤土	块状											
						3	24—68	深紫色	重壤土	块状											
						4	68—107	紫褐色	中壤土	块状											
						5	107—150	紫棕色		块状、粒状											
						6	150—														
剖16	初育土	新积土	新积土	冲积新积土	砂底薄层壤质堆垫土	1	0—14	灰黄色	轻壤土	粒状	7.5	15.2	0.94	0.25	23.3	3.5	110	15.9		E 110° 47′ 54.8″ N 33° 26′ 32.2″	97
						2	14—22	暗黄色	轻壤土	粒状	7.6	10.4	0.57	0.24	19.6	3.5	10	13.5			
						3	22—40	浅黄色	轻壤土	粒状	7.6	7.6	0.67	0.23		3.5	70	11.0			

山 阳 县

主要土类说明

黄棕壤是山阳县主要土壤类型，也是本县最重要的地带性土壤，占本县地域面积的48%。黄棕壤发生于北亚热带暖湿落叶阔叶林下，多由砂页岩及花岗岩风化物发育而成，弱度富铝化，黏聚现象明显，呈黄棕色。该土壤具A–B–C或A–（B）–C剖面构型，黏粒硅铝率在2.5左右，铁的游离度较红壤低，B层交换性酸大于A层。黄棕壤面积大，广泛分布在海拔800—1300m的高阶地和石质山地，在本县农、林、牧各业生产中占有举足轻重的地位。本县黄棕壤分为黄棕壤、黄棕壤性土、粗骨性黄棕壤等亚类。

粗骨土是山阳县第二大土壤类型，占本县地域面积的20%。粗骨土是在岩石风化碎屑上形成的幼年土壤，发育微弱，属于A–C型，甚至（A）–C型土壤，零星分布在石质山地的陡坡地段。A层发育不明显，与母质土层性状相似，略显有机质累积。有时母质层富含砾石，很少出现剖面分异与发育特征。

棕壤是山阳县第三大土壤类型，占本县地域面积的17%，分布在海拔1400m以上的山地。棕壤发生于落叶阔叶林下，但大部分已被垦殖，以旱作为主。该土壤处于硅铝风化阶段，具有黏化特征，呈棕色。土体见黏粒淀积，盐基充分淋失，pH为6.0—7.0，见少量游离铁。本县棕壤分为棕壤、棕壤性土、漂洗棕壤、粗骨性棕壤等亚类。

石灰（岩）土占本县地域面积的5%。石灰（岩）土是在北亚热带常绿阔叶林和落叶阔叶混交林下形成的厚薄不同的钙质饱和或含游离钙质的土壤，多见于石隙、溶洞或峰丛底部。该土壤碳酸钙淋溶程度不一，多黏土，多为铁钙质胶结物，风化程度不一，盐基饱和度高，有机质含量及胶结状态有较大差异。石灰（岩）土所处地形往往比较陡峭，侵蚀严重，土壤发育微弱，剖面分化不明显，具有较强的石灰反应。

新积土占本县地域面积的3%，广泛分布在本县近河道的河滩地、山前洪积扇和大小山沟边的沟台地。新积土是由新近冲积、洪积、坡积、塌积或人工堆垫形成的土壤。该土壤成土期短，母质特性明显，具A–C或（A）–C剖面构型。

小于本县地域面积3%的土壤类型有紫色土、黄褐土、石质土、水稻土、潮土、褐土、黑垆土。

本区域中心区气候特征

本区域中心区气候特征值
Regional climate characteristics in central area of the region

气候带：北亚热带湿润气候 Climate region: North subtropical humid climate	
年平均气温 /℃ Annual average temperature /℃	14.0
年平均最高气温 /℃ Annual average maximum temperature /℃	19.8
年平均最低气温 /℃ Annual average minimum temperature /℃	9.6
年降水量 /mm Annual precipitation /mm	750
≥10℃的积温 /℃ Daily temperature accumulated in a year（≥10℃）/℃	6829
年日照时数 /h Annual sunshine /h	1688
年平均相对湿度 /% Annual average relative humidity /%	73
干燥度 Dryness	1.24

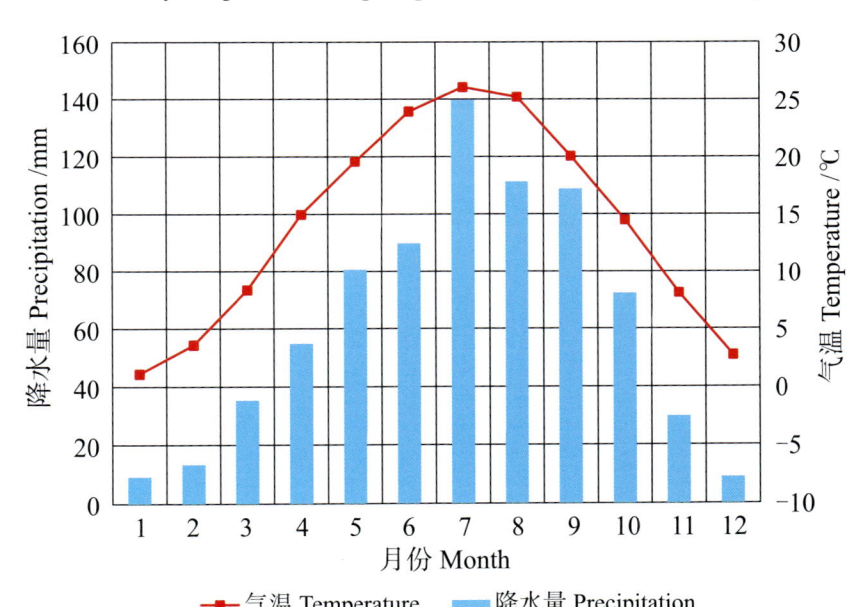

本区域中心区月平均气温与月平均降水量
Monthly temperature and precipitation in central area of the region

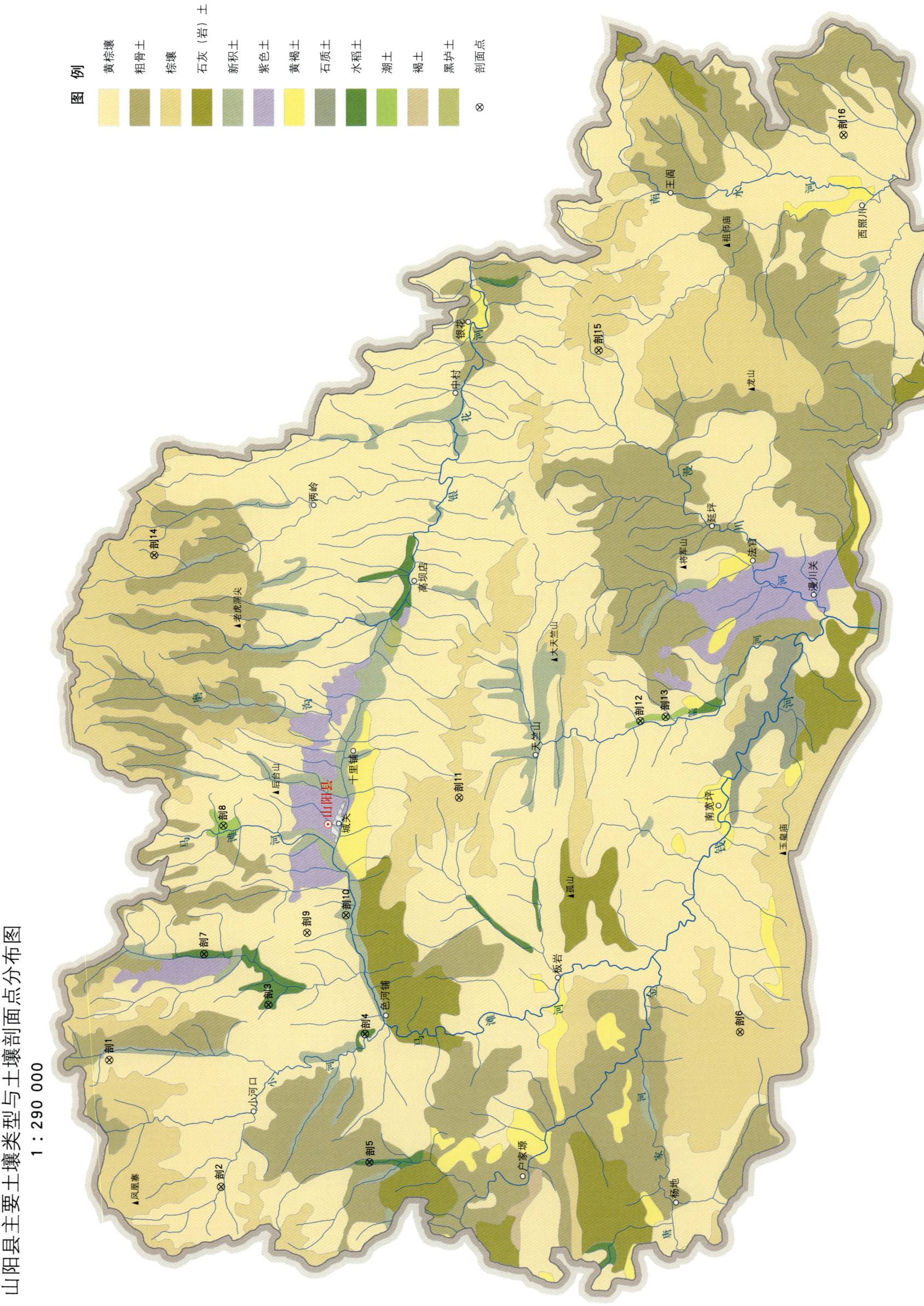

山阳县土壤剖面理化性状表

剖面号 Soil profile	土纲 Soil order	土类 Soil great group	亚类 Soil subgroup	土属 Soil genus	土种 Soil species	土层码 Layer code	土层厚度 Depth/cm	颜色 Soil color	质地 Soil texture	土壤结构 Soil structure	pH	有机质 OM/(g/kg)	全氮 TN/(g/kg)	全磷 TP/(g/kg)	全钾 TK/(g/kg)	碱解氮 AN/(mg/kg)	有效磷 AP/(mg/kg)	速效钾 AK/(mg/kg)	阳离子交换量CEC/(cmol/kg)	土壤母质 Parent material	剖面点坐标 Profile coordinate	匹配指数 Matching index/%
剖1	淋溶土	黄棕壤	黄棕壤性土	扁砂泥质黄棕壤性土	润扁砂土	A₁	0—12	浅黄色	黏壤土	块状	6.0	14.2		0.99		37	1.0	141	10.0	泥质岩风化物	E 109°42′11.3″ N 33°40′26.3″	80
						A₂	12—24	灰黄棕色	黏壤土	块状	6.2	10.1	0.63	0.62		40	1.0	110	6.1			
						[B]	24—36	棕色	黏壤土	棱块状	6.1	6.5	0.50	0.48		28	1.0	73				
						R	36—															
剖2	淋溶土	黄棕壤	黄棕壤	泥质岩类黄棕壤	黄泥土	1	0—17	浅棕色	重壤土	小团块状	5.5	29.9	1.86	0.54		82	4.0	178	25.0	泥质岩	E 109°36′38.4″ N 33°36′07.4″	99
						2	17—25	棕色	重壤土	块状	5.8	14.4	1.25	0.47		69	2.0	186	22.0			
						3	25—56	棕色	轻黏土	块状	5.4	14.5	1.01	0.45			1.0					
						C	56—															
剖3	人为土	水稻土	潴育水稻土	褐土型潴育水稻土	锈黄胶泥田	1	0—14	浅棕色	轻壤土	团块状		26.8	1.85	0.76		112	<1.0		21.0		E 109°44′47.1″ N 33°34′26.8″	92
						2	14—25	褐色	中壤土	小块状	5.5	18.3	1.39	0.55		81	3.0		23.0			
						3	25—110	褐黄色	中壤土	小块状	5.8	18.6	1.46	0.61		95	7.0		23.0			
						4	110—200	浅黄色	中壤土	块状	5.4	15.9	1.14	0.56		93			22.0			
剖4	人为土	水稻土	淹育水稻土	黄褐土型淹育水稻土	黄胶泥田	1	0—21	浅褐色	轻壤土	团粒状		17.5	1.44	0.52		78	2.0		18.9	黄褐土	E 109°43′32.0″ N 33°30′45.7″	71
						2	21—37	褐色	中壤土	团块状		14.4	1.34	0.51		76	2.0		20.9			
						3	37—60	灰色	中壤土	团块状		13.0	1.15	0.49		67	2.0		20.1			
						4	60—150	深灰色	中壤土	块状		13.0		0.29		63	2.0					
剖5	人为土	水稻土	淹育水稻土	淀土型淹育水稻土	砂底薄层泥砂田	1	0—12	黄棕色	中壤土	小团块状			0.64	0.41	11.6		5.0		14.0		E 109°37′51.7″ N 33°30′30.9″	81
						2	12—40	黄棕色	中壤土	小团块状			1.07	0.45	10.2	76	2.0		12.3			
						3	40—50	浅黄色	中壤土	块状			0.82	0.39		58	2.0					
						4	50—															
剖6	淋溶土	棕壤	棕壤	泥质棕壤	薄层泥质棕壤	A	0—14	浅棕色	重壤土	团块状		41.5	2.22	0.48	5.3		5.0	216	18.3		E 109°43′55.3″ N 33°16′32.8″	70
						B	14—31	黄棕色	重壤土	团块状		32.2	1.90	0.47	11.3	102	4.0	47	16.7			
剖7	人为土	水稻土	潴育水稻土	扁砂泥质黄棕壤性土	锈砂田	1	0—10	黄灰色	砂壤土	小团块状		17.0	0.92	0.57		92	2.0		17.3	冲积物	E 109°47′01.9″ N 33°36′54.7″	100
						2	10—14	黄灰色	砂壤土	团块状		14.8	1.29	0.60		52	2.0		16.2			
						3	14—25	浅黄色	砂壤土	团块状		7.2	0.32	0.57	24.4	27	2.0		9.6			
						4	25—40	棕黄色	砂壤土	粒状			0.18	0.48	20.0	45			7.4			
						5	40—52	浅黄色	砂壤土	粒状				0.50	20.4							
						6	52—															
剖8	半水成土	潮土	潮土	黏质潮土	潮泥土	1	0—13	棕黄色	中壤土	团粒状	6.0	14.5	0.96	0.43		1	7.0	116	16.4		E 109°52′49.5″ N 33°36′15.0″	79
						2	13—40	黄棕色	中壤土	小团块状	5.6	13.2	0.73	0.41		56	5.0	118	12.6			
						3	40—76	黄棕色	中壤土	小团块状	5.3	8.8	0.65	0.41		73	5.0	89	13.7			
						4	76—110	浅黄棕色	中壤土	团块状	5.1	7.1	0.55	0.32		62	5.0	81	12.8			
剖9	淋溶土	黄棕壤	黄棕壤性土	扁砂泥质黄棕壤性土	厚层润扁砂土	A₁	0—15	棕黄色	壤质黏土	团粒状		15.0	1.60	0.30		60	2.0	100	17.4	泥质岩风化物	E 109°48′03.9″ N 33°33′01.0″	99
						A₂	15—23	棕黄色	壤质黏土	块状		6.6	0.62	0.32		64	2.0	85	17.3			
						[B]	23—50	黄棕色	壤质黏土	大块状		4.6	0.31	0.21		77	1.0	81	13.7			
						C	50—100	浅棕黄色	壤质黏土	粒状		2.0	0.73	0.15		72	2.0	55	11.1			
剖10	初育土	新积土	新积土	堆垫土	厚层堆垫土	A	0—22	暗灰棕色	黏质壤土	团粒状	6.0	28.6	1.72	0.45	10.0	103	4.0	208	17.4	人工堆垫物	E 109°48′52.9″ N 33°31′33.2″	93
						C₁	22—60	褐色	黏质黏土	块状	6.0	21.9	1.36	0.56	13.1	94	5.0	227	20.3			
						C₂	60—100	棕黄色	黏质黏土	块状	5.9	20.3	1.42	0.52	12.4	76	5.0	208				
						C	100—															
剖11	淋溶土	棕壤	棕壤性土	砂砾石棕壤性土	暗冷砂砾土	A	0—12	暗灰棕色	壤质砂土	粒状	6.4	22.2	1.03	0.34	13.9	79	4.0	144	8.5	砂砾岩风化物	E 109°54′14.2″ N 33°27′19.9″	72
						[B]	12—24	灰棕色	砂壤土	小块状	6.4	4.4	0.32	0.18	12.6			41	5.2			
						C	24—															

续表 Continued

剖面号 Soil profile	土纲 Soil order	土类 Soil great group	亚类 Soil subgroup	土属 Soil genus	土种 Soil species	土层码 Layer code	土层厚度 Depth/cm	颜色 Soil color	质地 Soil texture	土壤结构 Soil structure	pH	有机质 OM/(g/kg)	全氮 TN/(g/kg)	全磷 TP/(g/kg)	全钾 TK/(g/kg)	碱解氮 AN/(mg/kg)	有效磷 AP/(mg/kg)	速效钾 AK/(mg/kg)	阳离子交换量CEC/(cmol/kg)	土壤母质 Parent material	剖面点坐标 Profile coordinate	匹配指数 Matching index/%
剖12	半水成土	潮土	潮土	壤质潮土	潮泥砂土	1	0—13					22.5	1.79	0.66	11.3	120	5.0	114	18.6	冲积物	E 109°57′48.0″ N 33°20′29.8″	87
						2	13—21					22.6	1.79	0.62	6.1	149	4.0	105	17.8			
						3	21—58					20.9	1.67	0.68	9.3	110	3.0	114	17.8			
						4	58—130					9.2	0.98	0.41	8.9			97				
剖13	半水成土	潮土	湿潮土	黏质湿潮土	青泥土	1	0—7	灰黄色	中壤土	团粒状		18.2	1.23			69	5.0		9.0	冲积物	E 109°57′59.7″ N 33°19′32.0″	71
						2	7—24	黄灰色	中壤土	团块状		17.1	1.31	0.81		63	2.0		11.0			
						3	24—42	黄灰色	中壤土	团块状		13.2	0.72	0.67		31	2.0		12.0			
剖14	淋溶土	棕壤	粗骨性棕壤	砂岩质类粗骨性棕壤	薄层灰砂土	1	0—17	暗褐色	砂壤土	粒状		20.7	0.91	0.43	13.6	74	1.0		9.0	砂质岩类风化物	E 110°04′59.0″ N 33°39′00.2″	89
剖15	淋溶土	棕壤	棕壤	砂质棕壤	薄层砂质棕壤	1	0—1	棕黑色		团粒状		22.2	1.29	0.56		62	2.0		8.5		E 110°14′20.5″ N 33°22′13.5″	96
						2	1—12	棕褐色	轻壤土	无明显结构		15.6	0.81	0.44			3.0		9.2			
						R	12—46															
剖16	淋溶土	黄棕壤	粗骨性黄棕壤	石灰岩类粗骨性黄棕壤	粗骨性黄泥土	1	0—13	浅黄色	轻黏土	小块状		18.7	1.10	0.40	22.3	145	2.0	196	27.8	石灰岩	E 110°24′02.0″ N 33°12′59.3″	79
						2	13—30	棕黄色	少砾轻黏土	小块状		17.7	0.77	0.37	22.7		2.0	169				
						3	30—45	棕色	重黏土	块状		15.3	0.86	0.41	22.2	159	2.0	133				
						4	45—	浅褐色	中砾中壤土	块状		14.0	0.78	0.31		126	2.0	150				

镇 安 县

主要土类说明

黄棕壤是镇安县主要土壤类型，也是本县最重要的地带性土壤，占本县地域面积的 60%。黄棕壤发生于北亚热带暖湿落叶阔叶林下，多由砂页岩及花岗岩风化物发育而成，弱度富铝化，黏聚现象明显，呈黄棕色。该土壤具 A–B–C 或 A–（B）–C 剖面构型，黏粒硅铝率在 2.5 左右，铁的游离度较红壤低，B 层交换性酸大于 A 层。黄棕壤面积大，分布广，在本县农、林、牧各业生产中占有举足轻重的地位。本县黄棕壤分为黄棕壤、粗骨性黄棕壤等亚类。

棕壤是镇安县第二大土壤类型，占本县地域面积的 25%，主要分布在海拔 1400m 以上的石质山地。棕壤发生于落叶阔叶林下，处于硅铝风化阶段，具有黏化特征，呈棕色。土体见黏粒淀积，盐基充分淋失，见少量游离铁。本县棕壤分为棕壤、漂洗棕壤、粗骨性棕壤等亚类。

黄褐土是镇安县第三大土壤类型，占本县地域面积的 12%。黄褐土是在北亚热带暖湿气候条件和常绿阔叶林、落叶阔叶林植被条件下形成的地带性土壤，具 A–B–C 或 A–Bt–C 剖面构型。成土过程主要包括强烈的黏化过程、中度淋溶过程、腐殖质化过程及弱度脱硅富铝化过程。该土壤土体中游离碳酸钙已不复存在，土壤呈灰黄棕色，在底部可散见圆形石灰结核。土壤黏化淀积明显，B 层黏聚，黏粒硅铝率在 3.0 左右，盐基饱和度由表层向底层逐渐趋向饱和。本县黄褐土分为黄褐土、粗骨性黄褐土等亚类。

小于本县地域面积 3% 的土壤类型有新积土、潮土、水稻土、山地草甸土、石灰（岩）土。

本区域中心区气候特征

本区域中心区气候特征值
Regional climate characteristics in central area of the region

气候带：北亚热带湿润气候 Climate region: North subtropical humid climate	
年平均气温 /℃ Annual average temperature /℃	14.1
年平均最高气温 /℃ Annual average maximum temperature /℃	19.6
年平均最低气温 /℃ Annual average minimum temperature /℃	9.8
年降水量 /mm Annual precipitation /mm	782
≥10℃的积温 /℃ Daily temperature accumulated in a year (≥10℃) /℃	7360
年日照时数 /h Annual sunshine /h	1595
年平均相对湿度 /% Annual average relative humidity /%	73
干燥度 Dryness	1.23

本区域中心区月平均气温与月平均降水量
Monthly temperature and precipitation in central area of the region

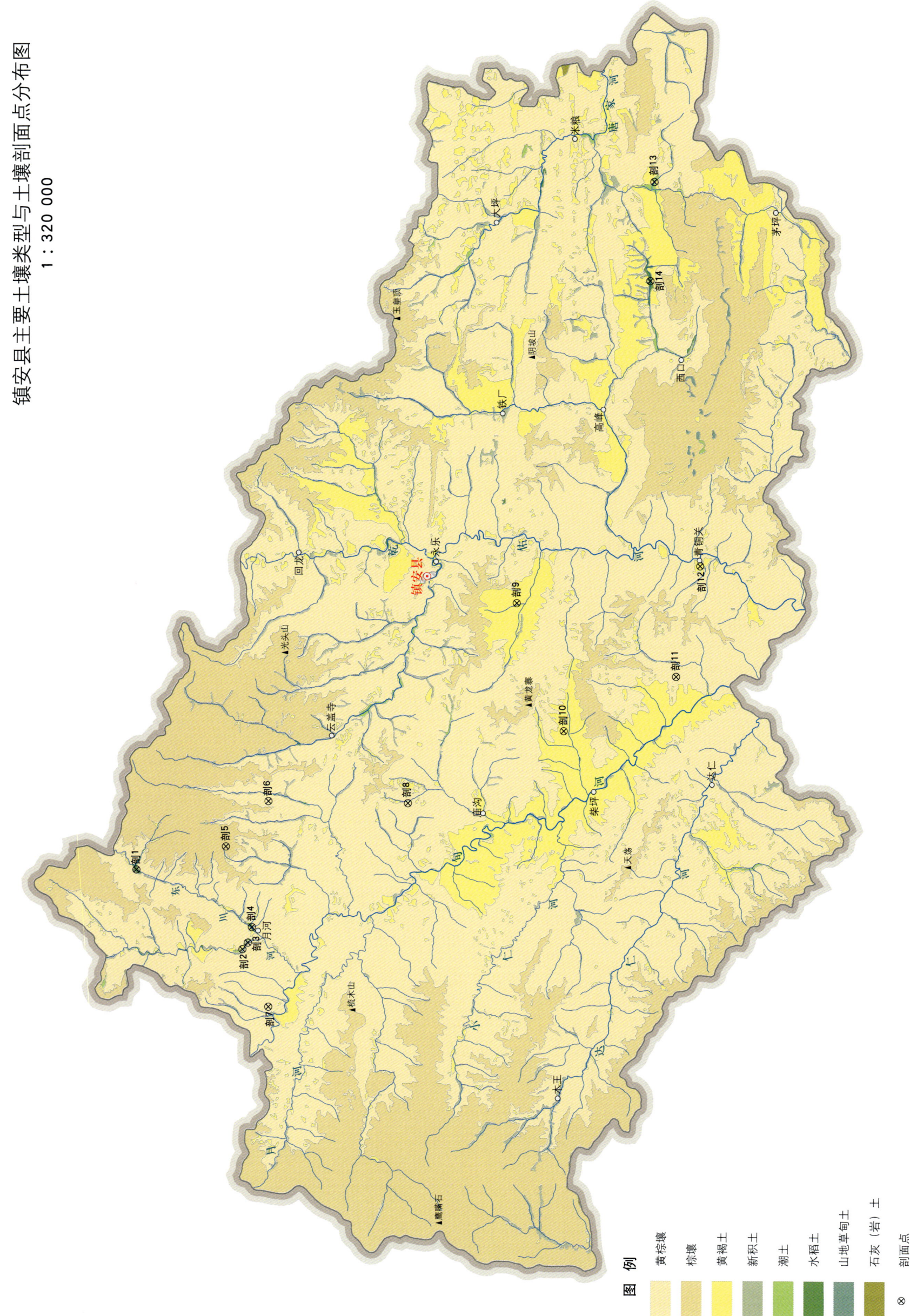

镇安县土壤剖面理化性状表

剖面号 Soil profile	土纲 Soil order	土类 Soil great group	亚类 Soil subgroup	土属 Soil genus	土种 Soil species	土层码 Layer code	土层厚度 Depth/cm	颜色 Soil color	质地 Soil texture	土壤结构 Soil structure	pH	有机质 OM/(g/kg)	全氮 TN/(g/kg)	全磷 TP/(g/kg)	全钾 TK/(g/kg)	碱解氮 AN/(mg/kg)	有效磷 AP/(mg/kg)	速效钾 AK/(mg/kg)	阳离子交换量CEC/(cmol/kg)	土壤母质 Parent material	剖面点坐标 Profile coordinate	匹配指数 Matching index/%
剖1	人为土	水稻土	潴育水稻土	新积土型潴育水稻土		1	0—20	棕灰色	轻壤土	团粒状	8.1	14.3	1.83	0.44	24.6	60		75	13.7	冲积物	E 108°53′42.7″ N 33°37′42.8″	87
						2	20—50	浅灰色	轻壤土	小团块状	7.8	6.1	0.72	0.48	16.8	30		60	9.2			
						3	50—65	青灰色	轻壤土	小团块状	7.8	9.9	0.76	0.42	19.8			79				
						4	65—110	褐灰色	砂壤土	块状	7.9	17.1	1.25	0.53	19.7			108				
剖2	半水成土	潮土	潮土	壤质潮土		1	0—21				7.8	12.5	0.98	0.45	25.5	42	81.0		11.7		E 108°49′48.4″ N 33°33′08.9″	98
						2	21—37				8.0	15.0	1.26	0.56	23.1	50	75.0		9.7			
						3	37—90	褐灰色	轻壤土	团粒状	8.0	9.6	0.84	0.56	19.4	34	79.0					
						4	90—95	灰黄色	轻壤土	小块状												
						5	95—100	黄褐色	轻壤土	块状												
						6	100—110															
						C	110—120															
剖3	人为土	水稻土	淹育水稻土			1	0—25	褐黄色	轻壤土	团粒状	7.8	15.9	1.21	0.41	16.8	125	79.0		9.2	黄褐土	E 108°50′09.0″ N 33°32′55.3″	73
						2	25—45	灰黄色	轻壤土	粒状	7.9	16.4	1.37	0.39	9.8	83	69.0		8.6			
剖4	人为土	水稻土	淹育水稻土	黄褐土型淹育水稻土		1	0—17	灰灰色	中壤土	粒状										黄褐土	E 108°50′56.1″ N 33°32′46.2″	92
						Ap	17—29	黄灰色	重壤土	小块状												
						3	29—53	黄褐色	重壤土	块状												
						C	53—	黄褐色	轻壤土	块状												
剖5	淋溶土	棕壤	棕壤	泥质岩黄棕壤	灰砾质黄泡土	1	0—19	深灰红色	中壤土	粒状	7.0	22.3	1.46	0.59	18.8		>100.0	95	16.3	泥质岩	E 108°54′58.7″ N 33°33′56.9″	97
						2	19—27	灰色	中壤土	块状、柱状	7.7	21.6	1.33	0.55	16.5	91	>100.0	83	17.2			
						3	27—39	灰色	重壤土	块状、柱状	7.7	13.9	0.88	0.66	21.3	54	142.0					
						4	39—84	黄黄色	重壤土	小块状	7.7	3.8	0.40	0.55	19.1	17	>100.0					
剖6	淋溶土	黄棕壤	黄棕壤	砂砾石黄棕壤		A	0—6	浅棕黄色	砂壤土	屑粒状	6.6	11.5	0.85	0.78	19.3	59		95	12.7	砂砾岩风化物	E 108°57′17.8″ N 33°32′10.9″	79
						Bt	6—15	浅棕黄色	砂壤土	屑粒状		8.2	0.59	0.48	16.0	27		83	9.1			
						C	15—50															
剖7	淋溶土	黄棕壤	黄棕壤	泥质岩类		1	0—12	浅黄棕色	轻壤土	小团块状	6.9	11.7		0.18	17.5	26	50.0		6.9	泥质岩	E 108°46′56.7″ N 33°31′59.0″	91
						2	12—46	浅黄棕色	重壤土	块状	6.9	7.2	0.59	0.28		44	50.0		9.3			
						C	46—															
剖8	淋溶土	黄棕壤	黄棕壤	砂质岩类黄棕壤		A	0—14	浅黄棕色	轻壤土	小团块状	6.1	11.5	0.85	0.78	19.3	59		95	12.7	砂质岩类风化物	E 108°57′20.0″ N 33°26′16.4″	70
						Bt	14—28	浅黄棕色	重壤土	块状	6.8	8.2	0.59	0.47	16.0	29		83	9.1			
						C	28—															
剖9	淋溶土	黄棕壤	粗骨性黄棕壤	泥质岩始成黄棕土		1	0—15	浅黄色	轻壤土	团粒状	7.7	11.9	0.91	0.32	12.2	93	>100.0		17.1	泥质岩	E 109°07′28.9″ N 33°27′50.1″	74
						2	15—32	浅黄红色	中壤土	团块状	7.8	5.4	0.52	0.21	7.8	35	74.0		14.1			
						3	32—67	棕黄色	重壤土	柱状	7.7		0.62	0.25	15.8	20	74.0					
						C	67—															
剖10	淋溶土	黄褐土	粗骨性黄褐壤			1	0—28	深灰色	轻壤土	粒状	7.7	10.9	0.83	0.57	13.7	29	73.0		7.8	砂质岩类风化物	E 109°01′06.7″ N 33°19′44.5″	95
						2	28—39	灰黄色	中壤土	小块状	7.8	10.1	0.94	0.46	10.1	40	69.0		10.0			
剖11	淋溶土	黄棕壤	粗骨性黄棕壤	砂质岩类黄棕壤	砾质黄泥土	1	0—7	暗棕色	轻壤土	团粒状	6.0	12.5	0.67	0.14	5.7	38		56	6.9	砂质岩类风化物	E 109°03′56.5″ N 33°15′01.6″	84
						2	7—19	暗棕色	中壤土	粒状、块状	6.2	6.2	0.42	0.12	5.6	29		34	6.5			
						3	19—30	黑棕色	中壤土	块状	5.9	8.3	0.75	0.21	6.4	37		63				
剖12	淋溶土	黄褐土	黄褐土	下蜀黄土质黄褐壤		1	0—14	暗棕色	中壤土	团粒状										下蜀黄土	E 109°09′30.0″ N 33°14′05.7″	87
						2	14—35	暗灰色	中壤土	块状												
						3	35—68	红棕色	中壤土	块状												
						4	68—98	红棕色	重壤土													

续表 Continued

剖面号 Soil profile	土纲 Soil order	土类 Soil great group	亚类 Soil subgroup	土属 Soil genus	土种 Soil species	土层码 Layer code	土层厚度 Depth/cm	颜色 Soil color	质地 Soil texture	土壤结构 Soil structure	pH	有机质 OM/(g/kg)	全氮 TN/(g/kg)	全磷 TP/(g/kg)	全钾 TK/(g/kg)	碱解氮 AN/(mg/kg)	有效磷 AP/(mg/kg)	速效钾 AK/(mg/kg)	阳离子交换量CEC/(cmol/kg)	土壤母质 Parent material	剖面点坐标 Profile coordinate	匹配指数 Matching index/%
剖13	半水成土	潮土	潮土	黏质潮土		1	0—15	黄褐色	中壤土	团粒状	7.7	19.2	1.45	0.73	20.6	96	>100.0		17.8	冲积物	E 109°28′38.2″ N 33°16′17.1″	91
						2	15—65	棕褐色	中壤土	块状	7.8	12.6	0.94	0.52	19.2	66	>100.0		18.9			
						3	65—75	灰褐色	中壤土	块状	7.8	10.8	0.84	0.50	18.9	54	77.0		16.3			
剖14	人为土	水稻土	潜育水稻土	冲积洪积型潜育水稻土	青泥田	1	0—25	灰蓝色	中壤土	无明显结构	8.4	16.9	1.09	0.39	16.0	74		81	12.3	洪冲积物	E 109°23′42.2″ N 33°16′23.7″	89
						2	25—40	灰蓝色	中壤土	无明显结构	8.4	21.7	3.19		21.4	92		94	13.1			
						3	40—105	灰蓝色	中壤土	无明显结构	8.0	17.0	1.17		20.2	83		95	11.9			
						C	105—132	灰蓝色	中壤土	无明显结构	8.0	14.4	1.11	0.43	19.5	76		95	11.3			
							132—															

柞 水 县

主要土类说明

棕壤是柞水县主要土壤类型，占本县地域面积的55%。棕壤多分布在本县海拔1300m以上的中山地区，夏季温暖多雨，冬季寒冷多雪。在这种雨量充沛的气候条件下，土壤淋溶作用强，土壤中的易溶盐类和碳酸盐均发生淋失，故土体无石灰反应；黏化作用明显，土壤质地十分黏重。除表层外，棕壤剖面均呈棕色或黄棕色。棕壤剖面层次的分化情况为：最上层为枯枝落叶层，经微生物的分解作用，产生富里酸、胡敏酸和胡敏素等有机物质，在枯枝落叶层下形成暗灰色或灰褐色的腐殖质层；中层为棕色的淀积层，质地黏重；最下层为母质层，均为泥质或砂质基岩风化物。本县棕壤分为棕壤、漂洗棕壤、粗骨性棕壤、白浆化棕壤等亚类。受地域性因素的影响，处在较缓坡度的山地棕壤受水的作用较大，土壤中的部分剖面颜色变浅，出现漂洗层，形成漂洗棕壤。自然植被下的棕壤，表层富含有机质，但一经开垦，自然植被遭到破坏，加上山高坡陡，水土流失严重，经过多次耕作，自然土体被破坏，原来表土覆盖下的母质（碎石屑）与土混为一体，形成粗骨性棕壤，这一变化使棕壤的土层变薄，肥力降低。

黄棕壤是柞水县第二大土壤类型，占本县地域面积的27%。黄棕壤发生于暖湿落叶阔叶林下，多由砂页岩及花岗岩风化物发育而成，弱度富铝化，黏聚现象明显，呈黄棕色。该土壤具A–B–C或A–（B）–C剖面构型，黏粒硅铝率在2.5左右，铁的游离度较红壤低，B层交换性酸大于A层。黄棕壤面积大，广泛分布在海拔800—1300m的高阶地和石质山地，在本县农、林、牧各业生产中占有举足轻重的地位。本县黄棕壤分为黄棕壤、粗骨性黄棕壤等亚类。

粗骨土是柞水县第三大土壤类型，占本县地域面积的9%，零星分布在石质山地的陡坡地段。粗骨土是在岩石风化碎屑上形成的幼年土壤，发育微弱，属于A–C型，甚至（A）–C型土壤。A层发育不明显，与母质土层性状相似，略显有机质累积。有时母质层富含砾石，很少出现剖面分异与发育特征。

石灰（岩）占土本县地域面积的4%。石灰（岩）土是在常绿阔叶林和落叶阔叶混交林下形成的厚薄不同的钙质饱和或含游离钙质的土壤，多见于石隙、溶洞或峰丛底部。该土壤碳酸钙淋溶程度不一，多黏土，多为铁钙质胶结物，风化程度不一，盐基饱和度高，有机质含量及胶结状态有较大差异。石灰（岩）土所处地形往往比较陡峭，侵蚀严重，土壤发育微弱，剖面分化不明显，具有较强的石灰反应。

小于本县地域面积3%的土壤类型有新积土、黄褐土、水稻土、潮土、紫色土。

本区域中心区气候特征

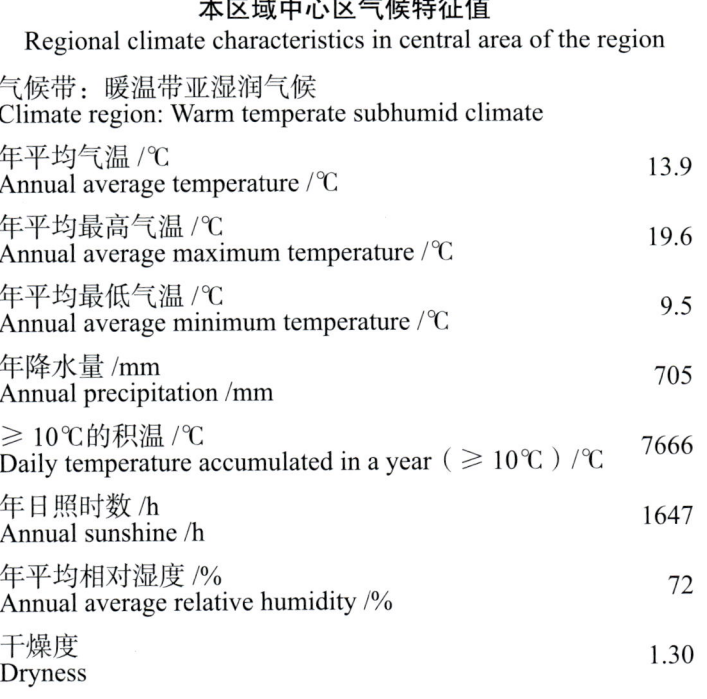

本区域中心区气候特征值
Regional climate characteristics in central area of the region

气候带：暖温带亚湿润气候 Climate region: Warm temperate subhumid climate	
年平均气温 /℃ Annual average temperature /℃	13.9
年平均最高气温 /℃ Annual average maximum temperature /℃	19.6
年平均最低气温 /℃ Annual average minimum temperature /℃	9.5
年降水量 /mm Annual precipitation /mm	705
≥10℃的积温 /℃ Daily temperature accumulated in a year (≥10℃) /℃	7666
年日照时数 /h Annual sunshine /h	1647
年平均相对湿度 /% Annual average relative humidity /%	72
干燥度 Dryness	1.30

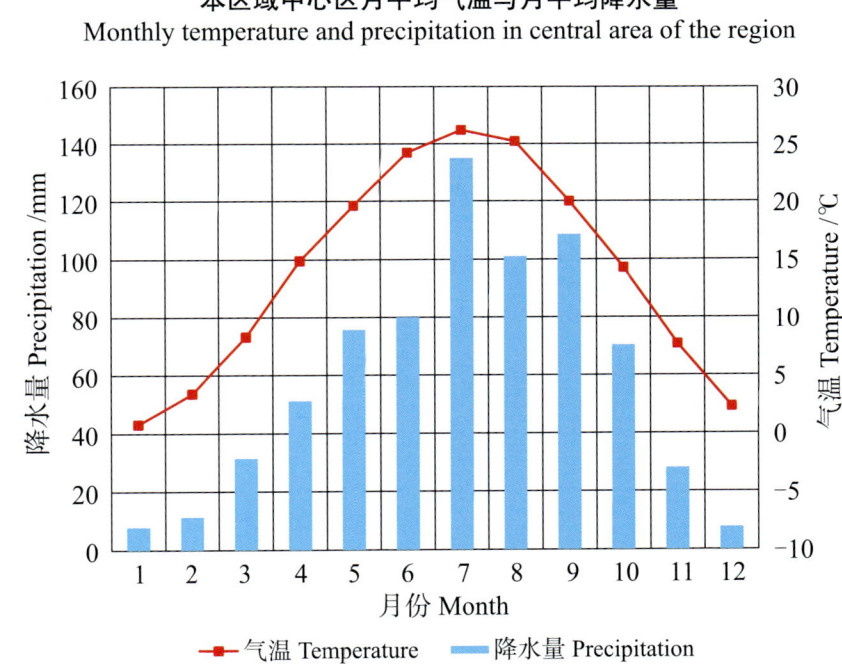

本区域中心区月平均气温与月平均降水量
Monthly temperature and precipitation in central area of the region

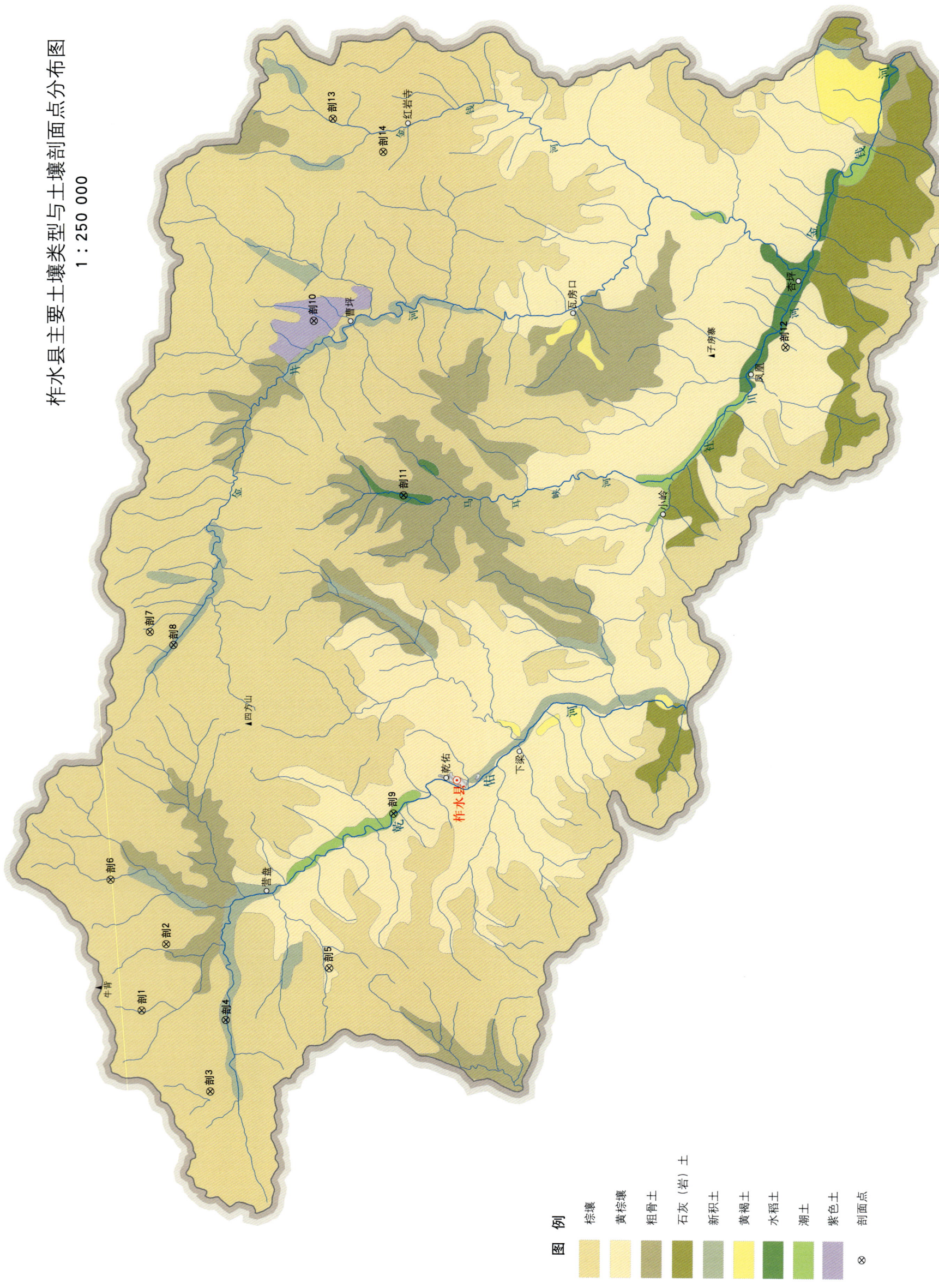

柞水县主要土壤类型与土壤剖面点分布图
1:250 000

柞水县土壤剖面理化性状表

剖面号 Soil profile	土纲 Soil order	土类 Soil great group	亚类 Soil subgroup	土属 Soil genus	土种 Soil species	土层码 Layer code	土层厚度 Depth/cm	颜色 Soil color	质地 Soil texture	土壤结构 Soil structure	pH	有机质 OM/(g/kg)	全氮 TN/(g/kg)	全磷 TP/(g/kg)	全钾 TK/(g/kg)	碱解氮 AN/(mg/kg)	速效钾 AK/(mg/kg)	阳离子交换量CEC/(cmol/kg)	土壤母质 Parent material	剖面点坐标 Profile coordinate	匹配指数 Matching index/%
剖1	淋溶土	棕壤	漂洗棕壤	泥质基岩漂洗棕壤		1	0—28	灰棕色	轻壤土	团粒状	6.9	17.8	1.07	0.62	12.1	60	125	13.6	泥质基岩	E 108°57′10.8″ N 33°51′14.2″	81
						2	28—54	灰黄棕色	中壤土	团块状	6.7	20.0	0.15	0.65	16.2	82	155	15.1			
						3	54—105	黄灰棕色	中壤土	块状	6.3	12.8	0.81	0.59	16.9	49	111				
						4	105—140	黄褐色	中壤土	块状	6.3	4.5	0.60	0.54	16.1	23	253				
						5	140—200	黄褐色	重壤土	柱状	6.5	2.4	0.31	0.41	17.2	26	206				
剖2	淋溶土	棕壤	白浆化棕壤	扁砂泥白浆化棕壤	扁白泡土	A	0—28	灰棕色	黏壤土	团块状	6.8	17.8	1.56	0.62	12.1	70	145	13.6	泥质岩风化残积物	E 108°59′47.6″ N 33°50′29.3″	75
						AB	28—54	浅灰棕色	黏壤土	团块状	6.8	20.0	1.44	0.65	16.2	82	154	16.3			
						Be	54—105	灰白色	黏壤土	片状	6.8	12.8	0.81	0.60	16.9	49	111				
						B	105—140	浅褐色	壤质黏壤土	小块状		4.0	0.50	0.54	16.1	23	253				
						BC	140—200	棕色	壤质黏壤土	块状	6.5	2.1	0.44	0.36	17.2	26	206				
						C	200—														
剖3	淋溶土	棕壤	白浆化棕壤	砂砾石白浆化棕壤	砂砾白泡土	A₁	0—18	灰棕色	砂质黏壤土	团粒状	6.7	11.0	0.65	0.31	13.1		57	13.3	砂砾岩风化残积物	E 108°54′05.9″ N 33°48′55.7″	86
						A₂	18—25	灰棕色	黏壤土	块状	6.8	10.6	0.75	0.35	15.6	53	111	13.0			
						Be	25—42	灰白色	砂质黏壤土	片状	6.9	7.0	0.54	0.29	15.2	22	89				
						B	42—63	棕色	黏壤土	块状	7.1	2.7	0.22	0.18	15.2	14	64				
						C	63—125														
剖4	初育土	新积土	冲积土	黏壤质冲积土	中层淤泥土	A	0—15	灰棕色	黏壤土	团粒状	8.1	16.8	1.31	0.50	19.7	48	123	12.4	冲积物	E 108°56′53.6″ N 33°48′29.3″	77
						C₁	15—48	黄灰棕色	黏壤土	块状	8.3	10.3	0.96	0.57	28.7	44	79	11.5			
						C₂	48—60	暗红棕色		块状		8.3	0.41	0.52	26.1	27	60				
剖5	淋溶土	黄棕壤	黄棕壤			1	0—10	黄棕色	重壤土	团块状	6.9	6.3	0.43	0.17	13.9	25	115	17.7		E 108°59′00.9″ N 33°45′07.7″	97
						2	10—35	红棕色	重壤土	块状	6.5	4.5	0.36	0.24	11.6	28	137	20.8			
						3	35—120		重壤土	块状	6.3	3.1	0.30	0.38	11.2	18	135				
剖6	淋溶土	棕壤	粗骨性棕壤			1	0—3	黑棕色	轻壤土	粒状	7.5	14.2	0.77	0.27	11.0	40	68	16.0	各种基岩风化物	E 109°02′17.7″ N 33°52′22.0″	75
						2	3—14	黑棕色	轻壤土	无明显结构	7.1	6.8	0.46	0.57	12.4	67	100	22.9			
剖7	淋溶土	棕壤	白浆化棕壤			1	0—6	黄褐色	砂壤土	团粒状	7.3	11.0	0.63	0.34	4.1		53	6.0		E 109°12′01.2″ N 33°51′15.3″	80
						2	6—23	棕褐色	中壤土	团块状	7.0	26.3	1.49	0.44	5.6	112	235	<2.0			
						3	23—51	棕褐色	轻壤土	块状	7.0	22.6	1.15	0.35	8.1	76	181				
						4	51—		重壤土	块状	7.0	14.6	0.76	0.29	6.3	66	84				
剖8	初育土	新积土	冲积土			1	0—13	灰黄色	轻壤土	团粒状	7.0	8.2	0.47	0.46	6.4	43	49	8.3	洪冲积物	E 109°11′32.0″ N 33°50′28.5″	89
						2	13—32	黄灰色	中壤土	块状	7.0	5.6	0.36	0.49	9.8	30	50	7.8			
						3	32—58	棕黄色	中壤土	块状		3.4	0.32		14.1	15	88				
						4	58—95	灰白色	中壤土	块状											
剖9	半水成土	潮土				1	0—20	浅灰色	轻壤土	团块状	8.3	12.1	0.89	0.50	11.3	60	74	11.7	沉积物	E 109°05′06.9″ N 33°43′08.3″	86
						2	20—35	黄灰色	中壤土	块状	7.8	14.7	0.87	0.56	11.1	63	61	12.5			
						3	35—80	棕黄色	中壤土	块状	7.7	15.6	1.00	0.67	11.0		78	13.4			
						4	80—135	灰白色	中壤土	块状	7.5	14.9	0.99	0.43	12.6	65	109				
						5	135—155	黄色	砂壤土	粒状											
剖10	初育土	紫色土	石灰性紫色土			1	0—9	黄紫色	中壤土	小团块状									紫色砂页岩	E 109°24′16.3″ N 33°46′03.7″	74
						2	9—41	红紫色	中壤土	块状											
						3	41—55	浅紫色	轻壤土	块状											

续表 Continued

剖面号 Soil profile	土纲 Soil order	土类 Soil great group	亚类 Soil subgroup	土属 Soil genus	土种 Soil species	土层码 Layer code	土层厚度 Depth/cm	颜色 Soil color	质地 Soil texture	土壤结构 Soil structure	pH	有机质 OM/(g/kg)	全氮 TN/(g/kg)	全磷 TP/(g/kg)	全钾 TK/(g/kg)	碱解氮 AN/(mg/kg)	速效钾 AK/(mg/kg)	阳离子交换量CEC/(cmol/kg)	土壤母质 Parent material	剖面点坐标 Profile coordinate	匹配指数 Matching index/%
剖11	人为土	水稻土	潜育水稻土	潜育水稻土	青泥砂田	1	0—10	灰黄色	中壤土	无明显结构	7.5	15.9	1.04	0.72	18.7	65	109	9.2	洪冲积物	E 109°17′32.0″ N 33°43′01.1″	99
						2	10—25	青灰色	中壤土	无明显结构	7.8	17.7	1.09	0.79		91	127	10.9			
						3	25—40	青灰色	中壤土	无明显结构	7.3	13.9	0.91	0.78		59	142				
						4	40—75	灰黄色	中壤土	无明显结构	7.7	12.8	0.78			78	79				
剖12	淋溶土	黄棕壤				1	0—25	棕黄色	中壤土	小团块状	7.1	4.3	0.70	0.50	14.1	57	237	19.3		E 109°23′32.4″ N 33°30′34.4″	96
						2	25—65	浅棕色	重壤土	块状	7.0	6.5		>4.00	12.8	44	199	21.1			
						3	65—185	暗棕色	黏壤土	柱状	7.3	1.6		0.50	14.2	34	20				
剖13	淋溶土	棕壤	白浆化棕壤	白浆化棕泥土	扁白泡土	A11	0—28	油棕色	壤质黏土	团块状	6.8	17.8	1.06	0.62	12.1	70	145	13.6	泥质岩风化残积物	E 109°32′09.8″ N 33°45′31.8″	74
						AB	28—54	油橙色	黏质黏土	碎块状	6.8	20.0	1.14	0.65	16.2	82	154	16.3			
						E	54—105	浅灰色	黏质黏土	片状	6.8	12.8	0.81	0.60	16.9	49	111	15.2			
						Btmo	105—140	油橙色	壤质黏土	小块状	6.5	4.0	0.50	0.54	16.1	23	253	15.4			
						BC	140—200	橙色	黏壤土	块状	6.5	2.1	0.44	0.36	17.2	26	206				
剖14	淋溶土	棕壤	漂洗棕壤	砂质基岩风化物		1	0—18	灰白色	中壤土	粒块状	6.2	6.1	0.36	0.17	7.3	53	102	13.3	砂质岩类风化物	E 109°30′53.7″ N 33°43′51.9″	85
						2	18—25	灰黄色	中壤土	片状	6.3	10.6	0.75	0.36	15.6	53	111	13.0			
						3	25—42	灰白色	中壤土	块状	6.4	7.0	0.55	0.30	15.2	32	89				
						4	42—63	灰黄色	中壤土	块状	6.6	4.4	0.36	0.30	17.8	17	77				
						5	63—125	褐色	轻壤土	小块状											

附 录

附录1 陕西省县级行政区及分县主要土壤类型与土壤剖面点分布图地域名对照表

地级行政区划	县级行政区划[1]	分县主要土壤类型与土壤剖面点分布图地域名[2]	地级行政区划	县级行政区划[1]	分县主要土壤类型与土壤剖面点分布图地域名[2]
西安市	新城区	市辖区*	咸阳市	秦都区	
	碑林区			杨陵区	杨陵区
	莲湖区			渭城区	
	灞桥区			三原县	三原县
	未央区			泾阳县	泾阳县
	雁塔区			乾县	乾县
	阎良区			礼泉县	礼泉县
	临潼区			永寿县	永寿县
	长安区	长安县		长武县	长武县
	高陵区	高陵县		旬邑县	旬邑县
	鄠邑区	户县		淳化县	淳化县
	蓝田县	蓝田县		武功县	武功县
	周至县	周至县		兴平市	兴平市
铜川市	耀州区	市辖区*		彬州市	彬县
	王益区	王益区、印台区	渭南市	临渭区	
	印台区			华州区	华县
	宜君县	宜君县		潼关县	潼关县
宝鸡市	渭滨区	市辖区*		大荔县	大荔县
	金台区			合阳县	合阳县
	陈仓区	宝鸡县		澄城县	澄城县
	凤翔区	凤翔县		蒲城县	蒲城县
	岐山县	岐山县		白水县	白水县
	扶风县	扶风县		富平县	富平县
	眉县	眉县		韩城市	韩城市
	陇县	陇县		华阴市	华阴市
	千阳县	千阳县	延安市	宝塔区	市辖区*
	麟游县	麟游县		安塞区	安塞县
	凤县	凤县		延长县	延长县
	太白县	太白县		延川县	延川县

续表

地级行政区划	县级行政区划[1]	分县主要土壤类型与土壤剖面点分布图地域名[2]	地级行政区划	县级行政区划[1]	分县主要土壤类型与土壤剖面点分布图地域名[2]
延安市	志丹县	志丹县	榆林市	绥德县	绥德县
	吴起县	吴起县		米脂县	米脂县
	甘泉县	甘泉县		佳县	佳县
	富县	富县		吴堡县	吴堡县
	洛川县	洛川县		清涧县	清涧县
	宜川县	宜川县		子洲县	子洲县
	黄龙县	黄龙县		神木市	神木县
	黄陵县	黄陵县	安康市	汉滨区	市辖区*
	子长市	子长县		汉阴县	汉阴县
汉中市	汉台区	市辖区*		石泉县	石泉县
	南郑区	南郑县		宁陕县	宁陕县
	城固县	城固县		紫阳县	紫阳县
	洋县	洋县		岚皋县	岚皋县
	西乡县	西乡县		平利县	平利县
	勉县	勉县		镇坪县	镇坪县
	宁强县	宁强县		白河县	白河县
	略阳县	略阳县		旬阳市	旬阳县
	镇巴县	镇巴县	商洛市	商州区	市辖区*
	留坝县	留坝县		洛南县	洛南县
	佛坪县	佛坪县		丹凤县	
榆林市	榆阳区	市辖区*		商南县	商南县
	横山区	横山县		山阳县	山阳县
	府谷县	府谷县		镇安县	镇安县
	靖边县	靖边县		柞水县	柞水县
	定边县	定边县			

注：1）为民政部于 2022 年 3 月发布的《2021 年中华人民共和国行政区划代码》中的县级行政区名称。该名称也作为本数据集分县目录。分县排序按《2021 年中华人民共和国行政区划代码》中的地级、县级行政区排列。

2）分县主要土壤类型与土壤剖面点分布图地域名是全国第二次土壤普查中分县采样调查、制图的县级行政区名称。分县主要土壤类型与土壤剖面点分布图采用的县级行政域是从国家测绘局获取的 1∶25 万 DLG（公众版）数据（使用许可协议编号：非 2011—1011）。附录 1 显示了全国第二次土壤普查时的县级行政区域名与《2021 年中华人民共和国行政区划代码》中的县级行政区名称之间的关联。附录 1 仅有《2021 年中华人民共和国行政区划代码》中的县级行政区名称，而没有对应的分县主要土壤类型与土壤剖面点分布图地域名的分县，表示该县级行政区无土壤剖面数据，未纳入分县目录。

* 在附录 1 中，凡分县主要土壤类型与土壤剖面点分布图地域名表示为"市辖区"的地域，均指在全国第二次土壤普查中，在城市中心区及近郊区完成的采样调查和制图。此时，县级行政区名称与分县主要土壤类型与土壤剖面点分布图地域名不是完全的对应关系。如西安市市辖区（部分）主要土壤类型与土壤剖面点分布图代表土壤调查中西安市城区及近郊区的土壤分布状况。此时将"市辖区"作为这一节的标题。

附录2 专题图基础地理要素图例

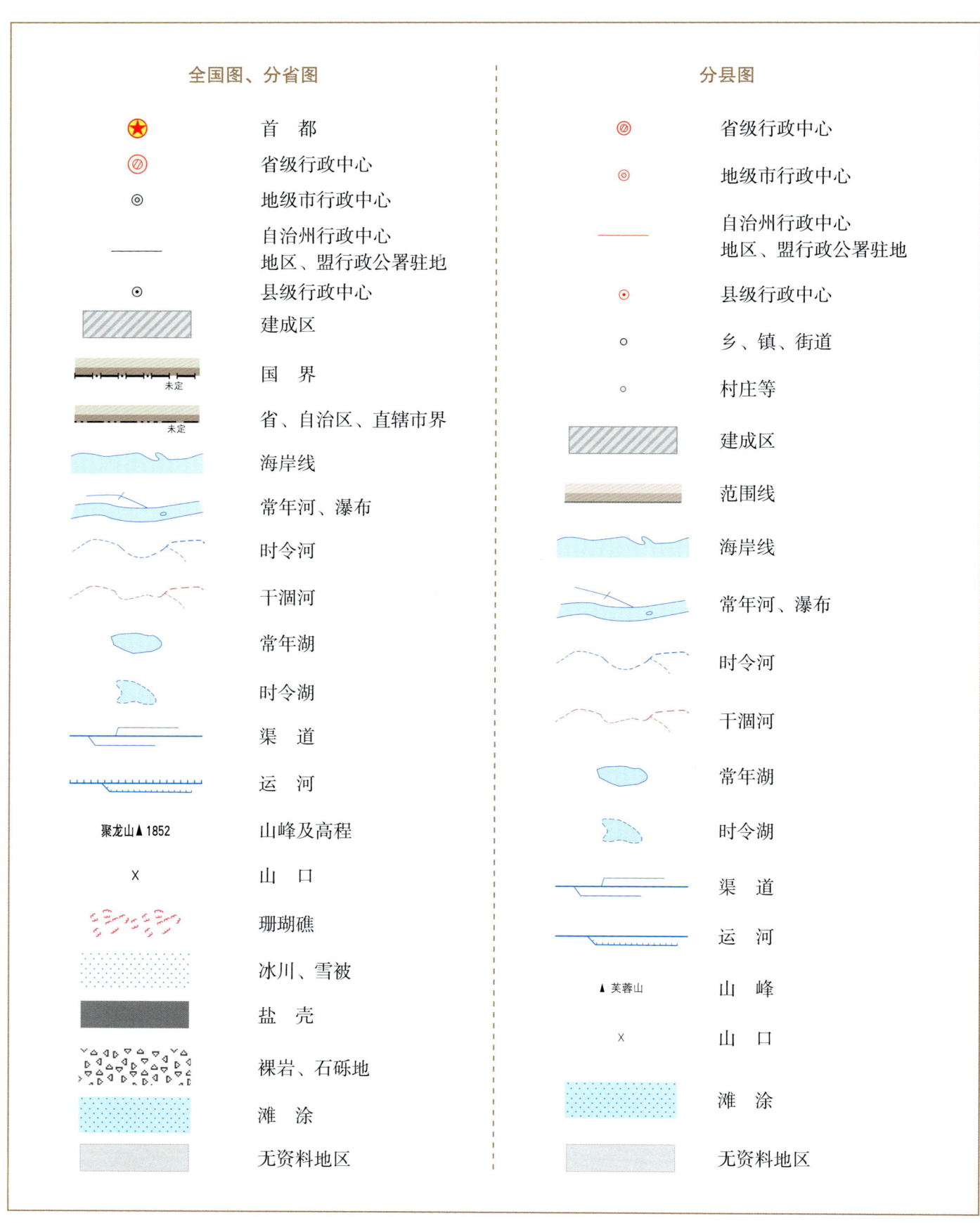

附录3 土壤图土类图例

图例	土类名	色码（RGB）	色码（CMYK）	图例	土类名	色码（RGB）	色码（CMYK）
	砖红壤	253，139，149	0，56，26，0		棕钙土	250，221，212	2，17，13，0
	赤红壤	253，160，170	0，47，17，0		灰钙土	230，214，165	11，15，40，1
	红 壤	252，199，209	1，29，6，0		灰漠土	246，237，182	4，6，36，0
	黄 壤	250，238，14	2，5，92，0		灰棕漠土	232，207，118	8，19，62，1
	黄棕壤	247，231，171	3，9，40，0		棕漠土	238，220，86	5，12，76，1
	黄褐土	249，236，121	2，5，64，0		黄绵土	249，223，2	1，13，93，0
	棕 壤	238，218，147	6，14，50，1		红黏土	247，149，143	1，52，33，0
	暗棕壤	226，181，98	9，33，68，2		新积土	184，199，156	30，11，44，2
	白浆土	223，226，205	15，7，22，0		龟裂土	254，252，55	0，7，86，0
	棕色针叶林土	206，169，142	18，35，40，4		风沙土	242，242，180	6，2，39，0
	灰化土	183，169，182	31，31，16，4		石灰（岩）土	176，175，85	28，21，75，9
	漂灰土*	220，219，162	15，9，44，1		火山灰土	223，167，170	11，41，19，2
	燥红土	250，161，9	0，46，95，0		紫色土	199，177，221	28，31，0，0
	褐 土	225，201，153	12，21，43，1		磷质石灰土	240，250，156	7，1，51，0
	灰褐土	228，219，186	12，12，30，0		石质土	171，181，150	35，18，43，5
	黑 土	142，164，151	46，21，38，8		粗骨土	196，187，132	23，21，53，4
	灰色森林土	162，178，175	40，19，27，4		草甸土	128，171，117	51，14，63，7

续表

图例	土类名	色码（RGB）	色码（CMYK）	图例	土类名	色码（RGB）	色码（CMYK）
	黑钙土	230，188，50	6，30，88，1		潮　土	169，219，118	34，1，68，0
	栗钙土	214，195，161	17，22，37，2		砂姜黑土	191，202，188	29，13，26，1
	栗褐土	240，213，157	5，18，43，1		林灌草甸土	171，191，44	31，12，93，5
	黑垆土	201，204，125	22，12，60，3		山地草甸土	132，184，161	52，9，42，3
	沼泽土	144，183，212	49，14，8，2		灌漠土	158，184，110	39，12，67，6
	泥炭土	150，140，173	46，41，10，6		草毡土	150，172，169	45，20，29，6
	草甸盐土	222，145，201	21，49，0，0		黑毡土	129，157，106	48，19，63，14
	滨海盐土	232，206，217	10，22，5，0		寒钙土	198，214，203	26，8，21，1
	酸性硫酸盐土	187，159，184	29，38，9，3		冷钙土	194，194，96	23，15，72，5
	漠境盐土	209，130，159	16，58，11，3		冷棕钙土	183，186，169	31，20，32，3
	寒原盐土	187，159，184	29，38，9，3		寒漠土	235，223，181	9，12，33，0
	碱　土	227，211，211	13，18，11，0		冷漠土	223，197，102	11，22，68，2
	水稻土	107，176，107	59，9，72，3		寒冻土	196，171，79	19，29，77，8
	灌淤土	136，146，47	38，24，90，21				

注：＊漂灰土，《中国土壤分类与代码》（GB/T 17296—2009）中无此土类，在全国第二次土壤普查中完成的中国1∶100万土壤图和分县土壤图中含漂灰土，主要分布于西藏自治区南部，总面积约为112 km²。

附录 4　中国主要土壤类型简表

土纲名[1]	土类名[2]	主要成土条件及特征[3]	分布区域	WRB 土组名[4]	MR[5]/%	百分比[6]/%
铁铝土纲 Ferrallisols	砖红壤 Latosols	热带雨林或季雨林下，强烈脱硅富铝化，游离铁占全铁的80%，土壤呈砖红色，具A-Bs-Bv-C剖面构型	海南、广东等	Acrisols	29	0.46
	赤红壤 Latosolic red soils	南亚热带季雨林下，脱硅富铝化程度次于砖红壤、强于红壤，铁的游离度介于二者之间，土壤呈赤红色，具A-Bs-C剖面构型	广东、云南、广西、福建等	Acrisols	40	2.23
	红壤 Red soils	中亚热带常绿阔叶林下，中度脱硅富铝化，具有深厚红色土层，具A-Bs-Bv或A-Bs-C剖面构型	南部的江西、福建、湖南等	Cambisols	35	6.79
	黄壤 Yellow soils	亚热带湿润气候条件下，多见于海拔700—1200m的山区，中度富铝化，土壤有机质累积较多，土壤呈黄色，具O-A-AB-B-C剖面构型	贵州、四川、云南、西藏、台湾等	Cambisols	45	2.65
淋溶土纲 Alfisols	黄棕壤 Yellow-brown soils	北亚热带暖湿落叶阔叶林下，弱度富铝化，母质多为砂页岩及花岗岩风化物，黏化特征明显，土壤呈黄棕色，具A-B-C或A-(B)-C剖面构型	长江中下游沿江低山丘陵区，以及云南、贵州、四川、陕西、西藏等	Cambisols	39	2.37
	黄褐土 Yellow-cinnamon soils	北亚热带地区，黄土状母质，无游离碳酸钙，黏化淀积明显，土壤呈灰黄棕色，具A-B-C或A-Bt-C剖面构型	河南、安徽面积最大，陕南、鄂北、江苏、川东北、江西等地也有分布	Luvisols	58	0.59
	棕壤 Brown soils	湿润暖温带地区，处于硅铝风化阶段，盐基已淋失，土体见黏粒淀积，土壤呈棕色，具O-A-Bt-C剖面构型	辽东至苏北低山丘陵，以及内蒙古、河南、西藏、云南、湖北等地的山地垂直带	Luvisols	51	2.73
	暗棕壤 Dark brown soils	湿润温带地区，针阔叶混交林下，弱酸性淋溶，有机质富集明显，土体B层呈棕色，具O-A-B-C剖面构型	黑龙江、吉林、内蒙古等	Cambisols	48	4.12

续表

土纲名[1]	土类名[2]	主要成土条件及特征[3]	分布区域	WRB 土组名[4]	MR[5]/%	百分比[6]/%
淋溶土纲 Alfisols	白浆土 Bleached baijiang soils	湿润温带平缓岗地森林草原下，上层土壤周期性滞水，还原铁、锰，漂洗形成灰黄色至灰白色白浆土层 E，具 Ah–E–Bt–C 剖面构型	黑龙江、吉林等	Luvisols	46	0.49
	棕色针叶林土 Brown coniferous forest soils	寒温带针叶林下，酸性淋溶，表层盐基饱和度降低，B 层呈棕色，具 O–A–AB–B–C 剖面构型	内蒙古、黑龙江、四川、云南、吉林、新疆等	Cambisols	47	1.15
	灰化土 Podzolic soils	寒冷湿润针叶林下，表层有机质层深厚，强烈淋溶和 SiO_2 淀积形成灰化层 A_2，具 A_1–A_2–B–BC 剖面构型	西藏	Podzols	100	<0.01
半淋溶土纲 Semi-alfisols	燥红土 Torrid red soils	热带、亚热带干旱河谷与雨区稀树草原下形成的盐基饱和的红色土壤，具 A–B–C（D）剖面构型	海南、贵州、云南、四川等	Luvisols	100	0.08
	褐土 Cinnamon soils	暖温带半湿润，黏化与钙质淋移淀积，盐基饱和，B 层呈棕褐色，具 A–B–Bk–C 剖面构型	河北、山西、北京等	Cambisols	48	2.88
	灰褐土 Gray-cinnamon soils	温带干旱、半干旱山地云冷杉下，腐殖质累积与钙积作用明显，弱黏淀特征，具 Ao–A–B–C 剖面构型	甘肃、内蒙古、新疆、西藏、青海、宁夏等地的山地垂直带	Cambisols	43	0.65
	黑土 Black soils	温带半湿润草甸草原下，具深厚的腐殖质层，无石灰性的黑色土壤，底层轻度淋溶，具 A–ABh–BhC–C 剖面构型	东北平原	Phaeozems	31	0.68
	灰色森林土 Gray forest soils	温带森林植被下，腐殖质层深厚，弱度淋溶，剖面下部见硅粉，具 O–A–AB 或（B）–BC–C 剖面构型	内蒙古、新疆、河北	Phaeozems	77	0.34
钙层土 Pedocals	黑钙土 Chernozems	温带半湿润草甸草原下，具深厚的腐殖质层、碳酸钙淋溶淀积层	内蒙古、新疆、吉林、黑龙江、青海、甘肃	Chernozems	50	1.51
	栗钙土 Castanozems	温带半干旱草原下，具有栗色腐殖质层和灰白色钙积层	内蒙古、新疆、河北、山西、吉林等	Kastanozems	61	4.18
	栗褐土 Castano-cinnamon soils	暖温带半干旱草原及灌木下，弱度黏化和弱度淋溶，通体有石灰反应	山西、内蒙古、河北	Cambisols	40	0.47
	黑垆土 Dark loessial soils	黄土高原上，由黄土母质发育，有机质含量低，腐殖质层深厚，无明显黏化层	甘肃面积最大，其次为陕北和宁南地区	Cambisols	59	0.21
干旱土 Aridisols	棕钙土 Brown caliche soils	温带干旱草原向荒漠过渡区，具浅棕色薄腐殖质层、灰白色薄钙积层，钙积层接近地表	内蒙古、甘肃、青海、新疆	Cambisols	36	2.81
	灰钙土 Sierozems	暖温带干旱草原下，母质多为黄土，低腐殖质、弱淋溶，具腐殖质层和钙积层	甘肃、宁夏、新疆、青海、内蒙古、陕西	Cambisols	63	0.50

续表

土纲名[1]	土类名[2]	主要成土条件及特征[3]	分布区域	WRB 土组名[4]	MR[5]/%	百分比[6]/%
漠土 Desert soils	灰漠土 Gray desert soils	温带干旱漠境边缘区	宁夏、内蒙古、甘肃、新疆等	Cambisols	44	0.72
	灰棕漠土 Gray-brown desert soils	温带干旱中心	新疆、内蒙古等	Cambisols	78	3.11
	棕漠土 Brown desert soils	暖温带极干旱漠境中心	新疆、甘肃等	Cambisols	65	2.69
初育土 Amorphic soils	黄绵土 Loessial soils	黄土高原上,由黄土母质直接翻耕形成,具 A-C 剖面构型	陕西、甘肃、山西、宁夏等	Cambisols	33	1.97
	红黏土 Red primitive soils	由第三纪红色黏土及部分第四纪老黄土发育	陕西、甘肃、河南、山西、辽宁等	Regosols	48	0.07
	新积土 Neo-alluvial soils	新近冲积、洪积、坡积、塌积或人工堆垫,具 A-C 或（A）-C 剖面构型	全国各地,以吉林、陕西面积最大,其次为黑龙江、宁夏、四川等	Fluvisols	51	0.57
	龟裂土 Takyr	干旱、漠境地区山前细土洪积微弱发育,表层为不规则龟裂结皮	新疆、甘肃、内蒙古、宁夏	Cambisols	72	0.06
	风沙土 Aeolian soils	半干旱、干旱及滨海地区,由风成沙性母质发育	新疆、内蒙古、甘肃、青海等	Arenosols	75	7.03
	石灰（岩）土 Limestone soils	由热带、亚热带石灰岩母质发育	贵州、广西、四川、湖南等	Cambisols	80	1.73
	火山灰土 Volcanic ash soils	由火山喷发碎屑、粉尘状堆积物发育,具 A-C 剖面构型	黑龙江、江苏、海南等	Andosols	53	0.04
	紫色土 Purplish soils	由热带、亚热带紫红色岩层侵蚀发育,土层浅薄,具 A-C 剖面构型	四川、云南、湖南、贵州、广西等	Cambisols	68	2.44
	磷质石灰土 Phospho-calcic soils	热带珊瑚岛礁上,由海鸟粪与珊瑚礁风化物形成	南海的西沙、南沙、东沙、中沙诸岛	Arenosols	81	<0.01
	石质土 Lithosols	石质山地岩石风化残积物,风化层厚度一般小于 10cm,具 A-R 剖面构型	西北和华北山地	Leptosols	100	1.87
	粗骨土 Skeletal soils	基岩风化残积物、坡积物,属于 A-C 或（A）-C 剖面构型	辽宁、内蒙古、山东、浙江等地的河谷阶地、丘陵、低山和中山	Regosols	93	1.76
水成土 Aqueous soils	沼泽土 Bog soils	所处地势低洼,长期地表积水,还原作用形成潜育层 G,泥炭层或腐泥层厚度小于 50cm,具 H-G 剖面构型	黑龙江、青海、内蒙古等地的沟谷、平原河湖滨低洼地区均有分布,主要分布于东北	Gleysols	53	1.53
	泥炭土 Peat soils	泥炭层 H 厚度大于 50cm,其下为潜育层 G,具 H-G 剖面构型	青海、四川、黑龙江、吉林等	Histosols	48	0.06

续表

土纲名[1]	土类名[2]	主要成土条件及特征[3]	分布区域	WRB 土组名[4]	MR[5]/%	百分比[6]/%
半水成土 Semi-aqueous soils	草甸土 Meadow soils	冷湿条件下受地下水浸润并在草甸植被下发育，有明显腐殖质累积，铁、锰氧化还原形成锈纹层 Cu，具 A–Cu 或 A–C–Cu 剖面构型	黑龙江、内蒙古、新疆、四川等	Cambisols	92	3.54
	潮土 Fluvo-aquic soils	河流冲积平原或低平阶地耕作土壤，地下水位高，底土氧化还原交替形成锈纹层 Cu，具 A_{11}–A_{12}–Cu 或 A_{11}–C–Cu 剖面构型	主要分布于黄淮海平原，内蒙古、辽宁、湖北等地的河谷平原，滨湖低地与山间谷地也有分布	Cambisols	85	3.71
	砂姜黑土 Lime concretion black soils	河湖沉积物经脱沼与长期耕作形成，底土见砂姜	主要分布于安徽、河南、山东、江苏等，河北、湖北、广西等地也有分布	Cambisols	79	0.54
	林灌草甸土 Shrubby meadow soils	漠境河谷平原沿河一带的胡杨林下发育，有交替氧化还原作用，具 Ao–AC–C 剖面构型	新疆、内蒙古、甘肃等	Cambisols	87	0.24
	山地草甸土 Mountain meadow soils	中海拔山顶平台草甸植被下发育的薄层土壤，草皮层 As 下见铁锰锈纹、胶膜，具 As–A–C–D 剖面构型	除青藏高原及西北高山区以外，各省、自治区、直辖市均有分布，以西部为多，西南部次之	Cambisols	60	0.04
盐碱土 Alkali-saline soils	草甸盐土 Meadow solonchaks	草甸土、潮土、沼泽土地区，盐分累积量大于 6g/kg，有盐化表土层 Az，具 Az–C 剖面构型	从长江口到松辽平原均有分布	Solonchaks	55	1.21
	滨海盐土 Coastal solonchaks	母质为滨海沉积物，盐分来自海水和高矿化潜水，通常含盐量为 10g/kg，具 Az–Cz 剖面构型	山东、浙江、福建等沿海地区	Solonchaks	47	0.31
	酸性硫酸盐土 Acid sulphate soils	热带、南亚热带滨海低平原的海潮可及处，红树林残体形成的硫化物经氧化形成硫酸，土壤呈强酸性	海南、广东、广西、福建、台湾等	Solonchaks	36	< 0.01
	漠境盐土 Desert solonchaks	极端干旱的漠境条件，含盐量通常在 100g/kg 以上	新疆、青海、甘肃等	Solonchaks	50	0.31
	寒原盐土 Frigid plateau solonchaks	青藏高寒地区退缩内陆湖盆、河间洼地	西藏	Solonchaks	88	0.10
	碱土 Solonetzes	碱化度（交换性钠占阳离子交换量百分比）大于 20%	零星分布于东北、华北、西北的内陆地区	Solonetz	50	0.06
人为土 Anthrosols	水稻土 Paddy soils	长期季节性淹灌、排水，水下翻耕，氧化还原交替，形成多种发生层分异：淹育层 Aa、犁底层 Ap、渗育层 P、潴育层 W 与潜育层 G	全国各地，以四川、江西、湖南等地面积为大	Anthrosols	83	4.93
	灌淤土 Irrigated warped soils	引用高泥沙含量灌溉水淤灌，加厚土层大于 50cm	新疆、宁夏、甘肃、河北、青海、西藏等	Anthrosols	70	0.22

续表

土纲名[1]	土类名[2]	主要成土条件及特征[3]	分布区域	WRB土组名[4]	MR[5]/%	百分比[6]/%
人为土 Anthrosols	灌漠土 Irrigated desert soils	干旱荒漠地区，坎儿井水长期耕灌	新疆、甘肃、宁夏、青海等地的荒漠绿洲地带	Anthrosols	68	0.12
高山土 Alpine soils	草毡土 Felty soils	高寒区平缓高原面上，强度生草腐殖质累积与弱度氧化还原形成草毡层	青海、西藏、四川、新疆等	Cambisols	69	5.46
	黑毡土 Dark felty soils	高寒区略较温湿的原面上，草毡层初步分解，色泽较暗，有机质含量较高	西藏、四川、新疆、甘肃等	Cambisols	61	2.73
	寒钙土 Frigid calcic soils	高寒半干旱区，弱度腐殖质累积，底层积钙	西藏、青海、新疆、甘肃等	Calcisols	70	7.88
	冷钙土 Cold calcic soils	高寒区冷凉半干旱原面下，具弱腐殖质累积与钙积特征	新疆、西藏、甘肃等	Cambisols	45	1.43
	冷棕钙土 Cold brown calcic soils	高寒区温凉的半干旱河谷处，土壤弱腐殖质累积，弱度淋溶与积钙	西藏	Cambisols	67	0.09
	寒漠土 Frigid desert soils	高寒干旱条件下成土	青藏高原西北部海拔4000m以上地区，涉及新疆、四川、西藏、青海等	Cryosols	87	0.29
	冷漠土 Cold desert soils	亚高山冷凉干旱条件下成土	西藏海拔4500m以下的湖盆、河谷及山地中下部	Cambisols	42	0.03
	寒冻土 Frigid frozen soils	高山冰川冰缘地带条件下，以物理风化为主	青藏高原冰缘地区，涉及新疆、西藏、甘肃等	Leptosols	100	3.23

注：1）中国土壤分类系统中土纲名及土纲英译名。
2）中国土壤分类系统中土类名及土类英译名。
3）本栏所用土层及后缀代码释义。
自然土壤：A表土层，As草根层、草毡层，A_2灰化层，B母质特征消失的表下层，C受成土作用影响小的母质层，D未受成土作用影响的碎屑层，R坚硬岩石层，E漂白层、白浆层，H泥炭状有机质层，Hi纤维状泥炭层，He半分解泥炭层，O凋落物有机质层。
旱地土壤：A_{11}旱耕层，A_{12}亚耕层，C_1心土层，C_2底土层。
水田土壤：Aa耕作层（淹育层），Ap犁底层（淹育层），P渗育层，W潴育层，G潜育层，Gw脱潜层，M腐泥层。
土层后缀代码：d漂灰特征，c铁结核或硬结核，f冰冻特征，h有机质淀积，k石灰聚积，n碱化特征，q硅聚积，t黏粒淀积，v网纹特征，x脆盘，z易溶盐聚积，su硫化物聚积，b埋藏或重叠，e漂洗特征，g潜育特征，i弱分解有机质，m胶结或固结，p人工扰动，s三氧化二物聚积，u锈色斑纹，w色泽或结构发育，y石膏聚积，mo铁锰胶膜。
4）世界土壤资源参比基础（world reference base for soil resources，WRB）工作组发布土组名，WRB土组划分原则与中国土壤分类系统中土纲接近。
5）WRB土组对中国土壤分类系统中各土类的最大可参比性（maximum referencibility，MR）。
6）该土类面积占各土类总面积的百分比。

附录 5 陕西省主要土壤类型表

土纲名[1]	土类名[2]	WRB 土组名[3]	MR[4]/%	百分比[5]/%
淋溶土纲 Alfisols	黄棕壤 Yellow-brown soils	Cambisols	39	16.3
	黄褐土 Yellow-cinnamon soils	Luvisols	58	2.2
	棕壤 Brown soils	Luvisols	51	10.0
	暗棕壤 Dark brown soils	Cambisols	48	0.5
半淋溶土纲 Semi-alfisols	褐土 Cinnamon soils	Cambisols	48	11.4
钙层土 Pedocals	栗钙土 Castanozems	Kastanozems	61	0.4
	黑垆土 Dark loessial soils	Cambisols	59	1.9
干旱土 Aridisols	灰钙土 Sierozems	Cambisols	63	0.1
初育土 Amorphic soils	黄绵土 Loessial soils	Cambisols	33	31.8
	红黏土 Red primitive soils	Regosols	48	2.1
	新积土 Neo-alluvial soils	Fluvisols	51	4.3
	风沙土 Aeolian soils	Arenosols	75	5.8
	石灰（岩）土 Limestone soils	Cambisols	80	1.7
	紫色土 Purplish soils	Cambisols	68	0.5
	石质土 Lithosols	Leptosols	100	0.7
	粗骨土 Skeletal soils	Regosols	93	6.5
水成土 Aqueous soils	沼泽土 Bog soils	Gleysols	53	0.3
半水成土 Semi-aqueous soils	潮土 Fluvo-aquic soils	Cambisols	85	1.6
	山地草甸土 Mountain meadow soils	Cambisols	60	0.1
盐碱土 Alkali-saline soils	草甸盐土 Meadow solonchaks	Solonchaks	55	0.1
人为土 Anthrosols	水稻土 Paddy soils	Anthrosols	83	1.6

注：1) 中国土壤分类系统中土纲名及土纲英译名。
2) 中国土壤分类系统中土类名及土类英译名。
3) 世界土壤资源参比基础（world reference base for soil resources, WRB）工作组发布土组名，WRB 土组划分原则与中国土壤分类系统中土纲接近。
4) WRB 土组对中国土壤分类系统中各土类的最大可参比性（maximum referencibility, MR）。
5) 该土类面积占陕西省省域面积百分比，土类面积不足本省省域面积 0.05% 的土类未列入本表。

附录6　分省土壤有机质含量图有机质含量分级图例

图例	分级序号	色码（CMYK）	色码（RGB）	图例	分级序号	色码（CMYK）	色码（RGB）
	1	2，2，17，0	255，255，220		8	38，0，74，0	157，218，104
	2	4，1，35，0	248，255，190		9	42，0，80，0	146，210，90
	3	8，0，47，0	238，255，165		10	48，1，85，0	132，200，80
	4	17，0，53，0	220，249，150		11	52，4，89，1	123，190，70
	5	23，0，60，0	203，242，135		12	54，11，94，3	115，175，55
	6	28，0，62，0	185，235，130		13	61，18，98，7	92，158，37
	7	34，0，68，0	169，225，118		14	64，24，100，15	70，138，20

附录7　陕西省典型剖面0—20cm土层土壤理化性状中位数与平均数

土壤理化性状[1]	陕西省[2]			西北地区[3]			全国[4]		
	中位数	平均数	样本量*	中位数	平均数	样本量*	中位数	平均数	样本量*
有机质/（g/kg）	11.2	15.0	1733	12.7	25.3	5132	18.6	25.4	53243
pH	8.1	7.7	1388	8.2	8.0	4727	6.8	6.8	54014
全氮/（g/kg）	0.75	0.92	1723	0.85	1.41	4954	1.06	1.37	49409
全磷/（g/kg）	0.59	0.71	1702	0.65	0.77	4844	0.60	0.78	50185
全钾/（g/kg）	18.7	18.6	903	19.4	19.3	3034	18.0	17.5	29736
碱解氮/（mg/kg）	50	68	429	57	98	1597	90	114	19316
有效磷/（mg/kg）	4.5	9.0	419	5.0	7.5	2643	4.4	7.5	23100
速效钾/（mg/kg）	112	129	361	149	171	2529	90	110	23841
阳离子交换量/（cmol/kg）	11.9	12.9	1073	12.3	15.0	3210	13.1	14.8	22361

注：1）土壤全氮、全磷、全钾、碱解氮、有效磷、速效钾含量均以N、P、K纯养分量计。
　　2）本卷收录的陕西省典型土壤剖面共计2215个。通过对剖面数据的土层厚度转换，附录7给出了这些典型剖面0—20cm土层土壤理化性状中位数与平均数。全国第二次土壤普查剖面采样为典型土类采样，而非网格化采样。0—20cm土层土壤理化性状中位数与平均数不代表本省土壤理化性状平均状况。但全国第二次土壤普查是我国最早的大样本量调查，附录7所示的0—20cm土层土壤理化性状中位数与平均数对了解陕西省20世纪80年代土壤肥力性状量化指标具有一定参考价值。
　　3）西北地区包括陕西、甘肃、宁夏、青海和新疆5个省、自治区，本数据集收录该地区的剖面共计6078个。
　　4）本数据集全集收录的剖面共计63792个。
　　*　样本量的单位为"个"。

附录 8　陕西省主要土地利用类型 0—30cm 土层土壤有机质含量[1]

土地利用类型	陕西省		西北地区[2]		全国	
	占省域面积百分比[3]/%	有机质/(g/kg)	占地域面积百分比/%	有机质/(g/kg)	占地域面积百分比/%	有机质/(g/kg)
耕地	14.28	10.51	5.62	12.35	13.52	18.65
园地	5.91	10.05	0.95	9.58	2.13	16.68
林地	60.73	19.79	12.67	19.03	30.04	26.96
草地	10.76	6.64	36.49	20.20	27.97	19.18
湿地	0.24	9.55	2.62	14.55	2.48	17.56

注：1）各土地利用类型 0—30cm 土层土壤有机质含量由本卷编制的陕西省土壤有机质含量图和自然资源部土地科学数据中心编制的 2019 年 1∶100 万比例尺全国土地利用缩编图通过叠加、计算生成。其中，耕地包括水田、水浇地和旱地；园地包括果园、茶园和其他园地；林地包括有林地、灌木林地和其他林地；草地包括天然牧草地、人工牧草地和其他草地；湿地包括沼泽地、沿海滩涂和内陆滩涂。
2）西北地区包括陕西、甘肃、宁夏、青海和新疆 5 个省、自治区。
3）土地利用类型占省域面积百分比根据第三次全国国土调查发布的 2019 年土地利用现状分类面积汇总数据计算生成。

附录 9 陕西省耕地、园地、林地和草地中主要土壤类型占比[1]

陕西省								西北地区[2]								全国							
耕地		园地		林地		草地		耕地		园地		林地		草地		耕地		园地		林地		草地	
土类名	占比/%	土类名	占比/%	土类名	占比/%	土类名	占比/%	土类名	占比/%	土类名	占比/%	土类名	占比/%	土类名	占比/%	土类名	占比/%	土类名	占比/%	土类名	占比/%	土类名	占比/%
黄绵土	37.0	黄绵土	43.2	黄棕壤	23.9	黄绵土	68.9	黄绵土	14.9	黄绵土	21.2	黄绵土	11.1	草毡土	18.2	水稻土	14.9	水稻土	14.3	红壤	16.7	黑钙土	21.8
褐土	24.3	褐土	26.1	黄绵土	23.4	风沙土	13.1	草甸盐土	8.9	褐土	14.3	风沙土	11.1	寒钙土	13.6	潮土	14.3	红壤	13.1	暗棕壤	10.3	草毡土	14.4
新积土	9.3	黑垆土	9.0	棕壤	15.0	新积土	3.7	黑垆土	7.4	棕漠土	9.0	黄棕壤	9.7	棕钙土	9.0	草甸土	9.1	砖红壤	11.5	黄壤	7.0	栗钙土	9.7
黑垆土	5.6	新积土	6.1	褐土	9.2	粗骨土	3.6	草甸土	6.9	灌淤土	8.0	棕壤	8.6	栗钙土	7.4	褐土	6.1	褐土	10.5	黄棕壤	6.3	棕钙土	7.4
潮土	4.7	红黏土	3.2	粗骨土	8.6	红黏土	3.1	潮土	6.9	黑垆土	6.4	褐土	8.0	灰棕漠土	7.0	紫色土	4.8	赤红壤	9.6	棕壤	5.8	寒冻土	5.3
水稻土	4.6	粗骨土	3.1	石质土	5.2	石质土	1.9	褐土	6.6	潮土	6.2	灰褐土	5.0	寒冻土	4.9	红壤	4.7	紫色土	5.6	赤红壤	5.1	风沙土	4.8
风沙土	4.4	潮土	2.9	新积土	2.8	栗钙土	1.5	灰钙土	5.4	草甸土	5.3	草甸盐土	4.9	冷钙土	4.9	黑土	3.4	粗骨土	5.0	褐土	4.6	灰棕漠土	4.4
红黏土	2.3	石质土	2.1	黄褐土	2.7	黑垆土	1.5	灰漠土	4.6	风沙土	4.8	草毡土	4.4	棕漠土	4.0	黑钙土	3.2	潮土	4.8	紫色土	4.5	黑毡土	4.0
合计	92.2	合计	95.7	合计	90.8	合计	97.3	合计	61.6	合计	75.2	合计	62.8	合计	69.0	合计	60.5	合计	74.4	合计	60.3	合计	71.8

注：1）耕地、园地、林地和草地中主要土壤类型占比由本卷编制的陕西省土壤图和自然资源部土地科学数据中心编制的2019年1:100万比例尺全国土地利用缩编图通过叠加、计算生成。其中，耕地包括水田、水浇地和旱地；园地包括果园、茶园和其他园地；林地包括有林地、灌木林地和其他林地；草地包括天然牧草地、人工牧草地和其他草地。当某省、自治区，直辖市中某土地利用类型所含土壤类型较多时，本表仅列出占比较大的土壤类型。

2）西北地区包括陕西、甘肃、宁夏、青海和新疆5个省、自治区。

附录10 《中国土壤剖面数据集》参编单位

国家科技基础性工作专项重点项目"我国1:5万土壤图籍编撰及高精度数字土壤构建"主持与参加单位	
中国农业科学院农业资源与农业区划研究所	湖南农业大学
中国科学院南京土壤研究所	西北农林科技大学
中国农业科学院农业环境与可持续发展研究所	沈阳大学
中国科学院地理科学与资源研究所	山东省国土测绘院
国家基础地理信息中心	辽宁省基础测绘院
全国农业技术推广服务中心	黑龙江省农业科学院土壤肥料与环境资源研究所
中国农业大学	海南省农业科学院
华中农业大学	上海市农业科学院生态环境保护研究所
中国地质大学(北京)	城信迪赛(北京)科技有限公司
参加数据集各分卷审核和修订工作的单位	
北京市农林科学院植物营养与资源研究所	广西农业科学院农业资源与环境研究所
河北省农林科学院农业资源环境研究所	重庆市农业技术推广总站
山西省农业科学院农业环境与资源研究所	贵州省农业科学院土壤肥料研究所
辽宁省农业科学院植物营养与环境资源研究所	云南省农业科学院农业环境资源研究所
吉林省农业科学院农业资源与环境研究所	甘肃省农业科学院土壤肥料与节水农业研究所
江苏省农业科学院农业资源与环境研究所	青海省农林科学院土壤肥料研究所
福建省农业科学院	宁夏农林科学院农业资源与环境研究所
江西省土壤肥料技术推广站	新疆农业科学院土壤肥料与农业节水研究所
山东省农业科学院农业资源与环境研究所	西藏自治区农牧科学院
湖南省土壤肥料研究所	

续表

参加分县大比例尺纸质土壤图与土种志收集的单位	
北京市耕地建设保护中心	福建省农田建设与土壤肥料技术总站
天津市农田建设管理处	山东省土壤肥料总站
河北省土壤肥料总站	河南省土壤肥料站
山西省耕地质量监测保护中心	湖北省耕地质量与肥料工作总站（湖北省土壤肥料调查测试中心）
内蒙古自治区土壤肥料和节水农业工作站	湖南省土壤肥料工作站
辽宁省土壤肥料总站	广东省农业科学院农业资源与环境研究所
吉林省土壤肥料总站	河池市土壤肥料工作站
黑龙江八一农垦大学	成都土壤肥料测试中心
上海市农业技术推广服务中心	云南省土壤肥料工作站
江苏省农业科学院	陕西省耕地质量与农业环境保护工作站
扬州市土壤肥料站	甘肃省耕地质量建设保护总站
安徽省土壤肥料总站	

注：表中各参编单位仅出现一次，参与多项工作的单位不重复列出。

参考文献

[1] 张维理，徐爱国，张认连，等.土壤分类研究回顾与中国土壤分类系统的修编[J].中国农业科学，2014，47（16）：3214-3230.

[2] 张维理，KOLBE H，张认连，等.世界主要国家土壤调查工作回顾[J].中国农业科学，2022，55（18）：3565-3583.

[3] MCBRATNEY A B，MENDONÇA SANTOS M L，MINASNY B. On digital soil mapping[J]. Geoderma，2003（117）：3-52.

[4] USDA. Natural Resources Conservation Service[EB/OL]. Soils National Soil Information System（NASIS）[2021-12-01]. http://www.nrcs.usda.gov/wps/portal/ nrcs/detail/soils/survey/cid=nrcs142p2_053552.

[5] CSIRO Land and Water. Australian Soil Resource Information System（ASRIS）[EB/OL].[2021-12-01]. http://www.asris.csiro.au/asris.

[6] European Soil Data Centre[EB/OL].[2021-12-01]. http://eusoils.jrc.ec.europa.eu/.

[7] 全国土壤普查办公室.全国第二次土壤普查暂行技术规程[M].北京：农业出版社，1979.

[8] 张维理，张认连，徐爱国，等.中国1∶5万比例尺数字土壤的构建[J].中国农业科学，2014，47（16）：3195-3213.

[9] 张维理，傅伯杰，徐爱国，等.中国土壤调查结果的地统计特征[J].中国农业科学，2022，55（13）：2572-2583.

[10] 张维理.海量空间数据提取、整合与制图表达方法概要[J].中国农业科学，2014，47（16）：3231-3249.

[11] 张维理.智能化海量空间信息分析与地图制图软件包IMAT设计及构建[J].中国农业科学，2014，47（16）：3250-3263.

[12]《第一次全国地理国情普查地图集》编纂委员会.第一次全国地理国情普查地图集[M].北京：中国地图出版社，2019.

[13] 中国地图出版社.中国地图集[M].3版.北京：中国地图出版社，2022.

[14] 全国土壤质量标准化技术委员会.土壤制图 1∶25 000 1∶50 000 1∶100 000 中国土壤图用色和图例规范：GB/T 36501—2018[S].北京：中国标准出版社，2018.

[15] 张维理，KOLBE H，张认连.土壤有机碳作用及转化机制研究进展[J].中国农业科学，2020，53（2）：317-331.

[16] 周北燕，石家星.中国地形图[M].北京：中国地图出版社，2009.

[17]《中华人民共和国气候图集》编委会.中华人民共和国气候图集[M].北京：气象出版社，2002.

[18] 中国标准化与信息分类编码研究所，全国农业技术推广服务中心.中国土壤分类与代码：GB/T 17296—1998[S].

[19] 中国标准研究中心.中国土壤分类与代码：GB/T 17296—2000[S].

[20] 全国信息分类编码标准化技术委员会.中国土壤分类与代码：GB/T 17296—2009[S].北京：中国标准出版社，2009.

[21] ISSS，ISRIC，FAO. World Reference Base for Soil Resources. Wageningen/Rome，1998.

[22] SHI X Z, YU D S, XU S X, et al. Cross-reference for relating Genetic Soil Classification of China with WRB at different scales [J]. Geoderma, 2010 (155): 344-350.

[23] 全国土壤普查办公室. 中国土种志　第一卷 [M]. 北京：中国农业出版社，1993.

[24] 全国土壤普查办公室. 中国土种志　第二卷 [M]. 北京：中国农业出版社，1994.

[25] 全国土壤普查办公室. 中国土种志　第三卷 [M]. 北京：中国农业出版社，1994.

[26] 全国土壤普查办公室. 中国土种志　第四卷 [M]. 北京：中国农业出版社，1995.

[27] 全国土壤普查办公室. 中国土种志　第五卷 [M]. 北京：中国农业出版社，1995.

[28] 全国土壤普查办公室. 中国土种志　第六卷 [M]. 北京：中国农业出版社，1996.

[29] 全国土壤普查办公室. 中国土壤 [M]. 北京：中国农业出版社，1998.